어류와 새우의 영양소 요구량

NUTRIENT REQUIREMENTS OF FISH AND SHRIMP

NATIONAL RESEARCH COUNCIL OF THE NATIONAL ACADEMIES

한현섭 · 김수환 · 김강웅 역

BIOSCIENCE (주)바이오사이언스출판

어류와 새우의 영양소 요구량

인　쇄: 2023년 3월 25일
발　행: 2023년 3월 30일

저　자: NATIONAL RESEARCH COUNCIL OF THE NATIONAL ACADEMIES
역　자: 한현섭 · 김수환 · 김강웅
감　수: 배승철
발행인: 문정구
발행처: (주)바이오사이언스출판
본　사: 10860 경기도 파주시 탄현면 국화향길 10-56, 1동
서울사무소: 06569 서울특별시 서초구 도구로 115, 3층(방배동)
전　화: (02)581-4057~8
팩　스: (02)581-4059
이메일: inquiry@biosciencepub.com
홈페이지: http://www.biobooks.co.kr
ISBN: 978-89-6824-145-1　(93470)

등록번호: 제22-3079호
값 32,000원

BIOSCIENCE (주)바이오사이언스출판

국립과학원

과학 · 기술 · 의학 분야의 국가 고문

국립과학원(National Academy of Sciences)은 과학 및 기술 연구에 종사하는 비영리 학술 단체이며, 과학 · 기술의 발전과 공공복지를 위하여 헌신하고 있다. 1863년 의회에서 부여한 헌장의 권한에 따라 과학원은 과학 및 기술 문제에 대하여 연방 정부에 조언할 의무가 있다. Ralph J. Cicerone 박사가 국립과학원의 회장직을 맡고 있다.

국립 공학 아카데미(National Academy of Engineering)는 1964년 국립과학원의 헌장에 따라 우수한 공학자들이 참여한 조직으로서 설립되었다. 국립 공학 아카데미는 회원 선정에서 자율적이며, 국립과학원과 함께 연방 정부에 조언하는 책임을 공유하고 있다. 국립 공학 아카데미는 또한 국가의 요구 사항을 충족시키기 위한 공학 프로그램을 후원하고, 교육 및 연구를 장려하며, 공학자의 우수한 성과를 장려하고 있다. Charles M. Vest 박사가 국립 공학 아카데미의 회장직을 맡고 있다.

국립의학원(The Institute of Medicine)은 1970년 국립과학원에 의해 설립되었으며, 대중의 건강과 관련된 정책 문제를 조사함에 있어 적합한 연구자들로 구성되었다. 국립의학원은 의회 헌장에 따라 국립과학원의 책임 하에 연방 정부의 고문으로서 역할을 수행하며, 자체적으로 의료, 연구 및 교육 문제를 식별하고 있다. Harvey V. Fineberg 박사가 국립의학원의 회장직을 맡고 있다.

국립연구위원회(The National Research Council)는 1916년 국립과학원에 의해 설립되었으며, 과학원의 연구 발전 및 연방 정부에 조언하는 목적과 함께 광범위한 과학 및 기술 공동체를 위하여 종사하고 있다. 과학원에서 결정한 정책에 따라 위원회는 국립과학원과 국립 공학 아카데미의 주요 운영 기관으로서 정부, 대중 및 과학 공동체를 위하여 헌신하고 있다. 위원회는 과학원과 의학원에서 공동으로 관리하고 있으며, Ralph J. Cicerone 박사와 Charles M. Vest 박사가 각각 국립연구위원회의 의장직 및 부의장직을 맡고 있다.

www.national-academies.org

역자 소개

한현섭

일본 Ehime대학 대학원(농학박사)
(전)국립수산과학원 사료연구센터장
(현)국립군산대학교 교수
smartfish@kunsan.ac.kr

김수환

국립군산대학교 대학원(이학박사)
(현)캐나다 Guelph대학 연구원(Post Doc.)

김강웅

부경대학교 대학원(수산학박사)
국립수산과학원 연구관
(현)국립수산과학원 사료연구센터장

감 수

배승철

미국 캘리포니아대학교(UC Davis) 수의과대학 대학원(영양학 박사)
(전)부경대학교 교수
(전)세계양식학회장
(현)부경대학교 명예교수
(현)FAO 수산대학 교수

역자 서문

본인이 2012년 국립수산과학원 사료연구센터장으로 부임했을 때, 당시만 해도 배합사료를 연구하는 기관의 기관장으로서 배합사료에 대해 아는 것이 거의 없었다. 그래서 배합사료에 대해 좀 더 이해하고 공부하기 위해 적당한 교재를 찾던 중에 미국 National Research Council에서 출판한 『*NUTRIENT REQUIREMENTS OF FISH*』라는 책을 접하게 되었다.

막상 책을 접하게 되니 산 넘어 산이었다. 영어도 어려웠지만 전공관련 내용도 너무 어려웠다. 그러나 어류나 새우의 영양학을 공부하거나 배합사료를 연구하는 사람이라면 누구라도 반드시 한 번쯤은 읽어봐야 할 매우 귀중한 책이라는 생각이 들었다. 그야말로 영어나 전문 용어가 너무 어려워서 쉽게 진도가 나가지 않았고, 이 분야 전문가들도 쉽게 접근할 수 없는 책이라고 생각했다.

요즘에는 모바일 앱이나 프로그램이 영어 번역을 대신해 주는 기계 번역도 매우 다양하면서 완성도가 높게 나오지만, 이 책만큼은 기계 번역도 제대로 되지 않을 정도로 내용이 매우 어렵고 까다로운 문장이 많았지만 최대한 원문에 가깝도록 번역하고자 노력했으며, 원문 이외의 어떠한 문장도 첨삭하지 않았다. 그러나 내용 하나하나는 매우 중요하고 이 분야를 연구하고 공부하는 사람이라면 반드시 알아야 할 내용들로 가득했다. 그래서 잠시나마 양어사료 분야에 몸 담고 있으면서 국내 양어사료 연구를 총괄하는 사람으로서 일종의 사명감을 갖게 되었고, 이 책을 좀 더 많은 사람들이 읽을 수 있었으면 좋겠다는 생각을 하게 되어 이 번역서를 출간하게 되었다.

특히 국내는 양어사료 관련 전문 서적이 거의 없어서, 이 분야를 연구하고 공부하는 학생들도 참고할 만한 제대로 된 교재가 전혀 없는 실정이며, 항상 이 부분에 대해서 매우 안타까운 생각이 들었다. 번역을 시작해서 거의 7년 만에 세상으로 나오게 되었으며, 그동안 세상으로 내보내기까지, 그리고 여러분 앞에 내놓기까지 너무 조심스럽고 또 조심스러웠다.

몇 년을 고치고 또 고치면서 드디어 세상에 내놓게 되었지만 지금도 부족한 부분이 너무 많다고 생각한다. 하지만 "구슬이 서말이라도 꿰어야 보배"라는 속담이 있듯이 내가 붙잡고만 있다고 완벽해지는 것이 아니라고 생각하여 일단 세상에 내놓고 더 많은 분들로부터 평가와 조언을 듣고자 하는 생각으로 미완성이지만 출판하게 되었다. 역자의 부족함을 충분히 헤아려 주시고, 이 책을 읽으시면서 잘못된 부분이나 고쳐야 할 부분이 있으면 언제든지 연락해 주시면 개정판을 통해서 바로 잡도록 노력하고자 한다. 이제는 어류영양학이나 양어사료학의 발전을 위해 함께 완성도를 높여가야 한다고 생각한다.

끝으로 아직도 아쉬운 부분이 많은 상태로 이 번역서를 세상에 내보내지만, 양어사료와 영양학을 전공하는 학생들뿐만 아니라 양어사료에 관심을 갖고 계신 많은 분들에게 조금이라도 도움이 되었으면 하는 바람으로 감히 출판을 결심하게 되었으며, 충분히 양해하여 주시리라 믿는다. 이 책을 내기까지 여러분의 도움이 있었다. 특히 원고 정리에 도움을 주신 정주영 박사와 김교찬 박사에게도 감사를 드린다. 이 책의 판권 계약과 출판에 도움을 주신 ㈜바이오사이언스의 문정구 사장님께도 깊은 감사를 드리는 바이다.

2023년 3월

역자 대표 한현섭

차례

개요 1

제 1 장 서론 5

참고문헌 6

제 2 장 기본 개념과 방법론 7

2.1 개관 7
2.2 영양소 요구량 측정 7
2.3 실험설계와 조건 8
2.3.1 사육실험 시스템 8
2.3.2 실험 어종 9
2.3.3 실험사료 9
2.3.4 사료관리와 실험기간 10
2.4 실험설계 내 반복구 11
2.5 측정 반응 11
2.5.1 증체량 11
2.5.2 사료효율 12
2.5.3 조직 구성 13
2.6 정량적 영양소 요구량 추정 14
2.6.1 파선분석(Broken-Line Model) 14
2.6.2 비선형분석(Nonlinear Models) 15
2.6.3 요인분석(Factorial Model) 16
2.6.4 생물에너지학 분석(Bioenergetic Modeling) 16
2.7 결론 16
참고문헌 17

제 3 장 어류와 새우의 소화생리학 19

3.1 어류 19
3.1.1 소화기관의 구조적, 기능적 측면 19
3.1.2 분비(Secretions) 23
3.1.3 중탄산염 분비와 장의 pH 27
3.1.4 막결합소화효소 27
3.1.5 장내 이동 시간 28
3.1.6 소화 28
3.1.7 영양분 흡수(Nutrient Absorption) 30
3.2 새우 32
3.2.1 소화관의 구조적 측면과 기능적 측면 33
3.2.2 소화효소 34
3.2.3 소화 36
3.2.4 흡수 36
3.3 결론 36
참고문헌 37

제 4 장 사료 에너지 이용 및 대사 통합 44

4.1 표준 에너지 분할 도식 – NRC(1981) 명명법 45
4.2 총에너지와 에너지 섭취 45
4.3 분에너지 손실 – 가소화 에너지 46
4.4 비분에너지 손실(Nonfecal Loss) – 대사에너지 47
4.5 표면 에너지 손실 48
4.6 열 손실 49
4.7 기초/최소대사 49
4.8 기초대사에서 어체중의 영향 50
4.9 기초대사에서 수온의 영향 51
4.10 새우의 기초대사 52
4.11 대사 에너지 요구량 52
4.12 자발적 활성을 위한 열 손실 54
4.13 사료 공급의 열량 증가 55
4.14 사료 공급의 열량 증가 추정 55
4.15 소화 흡수 과정 57
4.16 대사 노폐물의 형성과 배설 57
4.17 조직에서 기질과 정체의 변형 58
4.18 정미 에너지 시스템 58

4.19 축적에너지 61
4.20 생식과 생식소 – 난자 에너지 62
4.21 성장을 위한 에너지 요구량 계산 62
4.22 영양에너지학 분석의 제한 66
참고문헌 67

제 5 장 단백질과 아미노산 74

5.1 단백질과 아미노산: 생화학, 역할, 대사의 개요 74
5.1.1 아미노산 이용 개요 78
5.1.2 어체 단백질로서 아미노산 축적 80
5.1.3 아미노산 유지 요구량 80
5.1.4 필연적 아미노산 이화작용 81
5.1.5 선택적 이화작용 82
5.1.6 과잉 아미노산 이화작용 82
5.2 필수아미노산–생화학, 역할, 결핍 증상 83
5.2.1 라이신(Lysine) 83
5.2.2 황아미노산과 관련 분자 83
5.2.3 메티오닌 이성질체 85
5.2.4 메티오닌 하이드록시 유도체 85
5.2.5 타우린(Taurine) 86
5.2.6 셀레노시스테인(Selenocysteine)과 셀레노메티오닌(Selenomethionine) 86
5.2.7 분지사슬 아미노산: 류신(Leucine), 이소류신(Isoleucine), 발린(Valine) 87
5.2.8 분지사슬 아미노산의 길항작용 88
5.2.9 아르기닌(Arginine) 88
5.2.10 트레오닌(Threonine) 89
5.2.11 트립토판(Tryptophan) 90
5.2.12 히스티딘(Histidine) 90
5.2.13 페닐알라닌(Phenylalanine)과 티로신(Tyrosine) 91
5.3 정량적 단백질과 필수아미노산 요구량 91
5.3.1 단백질 요구량 91
5.3.2 가소화 단백질 대 가소화 에너지비 94
5.3.3 환경적 요인의 영향 95
5.4 정량적 필수아미노산 요구량 95
5.4.1 방법론적 접근법 95
5.4.2 성장 반응 분석 96
5.4.3 전어체 아미노산 구성 96
5.4.4 아미노산 요구량의 요인 분석 97
5.4.5 혈액과 근육 내 아미노산 수준 97
5.4.6 아미노산 산화 연구 98
5.5 어류와 새우의 필수아미노산 요구량에 대한 연구 98

5.6 사료 배합과 필수아미노산 요구량 113
5.6.1 기본 접근법과 고려사항 113
5.6.2 결정성 아미노산 효과 113
5.6.3 사료 구성과 필수아미노산 요구량 115
5.6.4 이상적인 단백질 개념 117
5.6.5 요인분석을 통한 어류 전체 생활사의 필수아미노산 요구량 추정 119
참고문헌 120

제 6 장 지질 133

6.1 지방산 구조와 명칭 133
6.2 지질 계층 구조 135
6.3 일반 지질대사 136
6.4 사료 내 지질 함량 138
6.4.1 어류 138
6.4.2 새우 139
6.5 특정 요구량 140
6.5.1 필수지방산 140
6.5.2 인지질 152
6.5.3 콜레스테롤 158
6.6 그 외 지질의 영양학적 내용 160
6.6.1 지질 소화율 160
6.6.2 자어 사료 160
6.6.3 지질원의 화학적 형태 160
6.6.4 사료 내 지질, 지방산, 항산화 요구량 161
6.6.5 생리활성 지질과 관련 화합물 162
참고문헌 163

제 7 장 탄수화물과 섬유 175

7.1 탄수화물 종류 176
7.2 어류와 새우에 첨가된 비전분성 다당류: 물리학적 결과 186
7.3 전분 소화율 188
7.4 포도당의 대사 경로 192
7.4.1 인슐린: 순환 수준과 수용체 192
7.4.2 포도당 수송 194
7.4.3 포도당 대사 경로 195
7.5 어류와 새우의 가소화 탄수화물의 영양학적 기능 200
참고문헌 202

제 8 장 무기질 210

8.1 칼슘과 인(Calcium and Phosphorus) 216
8.2 마그네슘(Magnesium) 219
8.3 나트륨과 칼륨, 염화물(Sodium, Potassium and Chloride) 220
8.4 크롬(Chromium) 221
8.5 구리(Copper) 222
8.6 요오드(Iodine) 223
8.7 철분(Iron) 224
8.8 망간(Manganese) 225
8.9 셀레늄(Selenium) 226
8.10 아연(Zinc) 227
8.11 기타 무기물 228
8.12 원료와 형태 228
8.13 사료원 구성과 상호작용 230
참고문헌 231

제 9 장 비타민 240

9.1 지용성 비타민(Fat–Soluble Vitamins) 253
9.1.1 비타민 A(Vitamin A) 253
9.1.2 비타민 D(Vitamin D) 255
9.1.3 비타민 E(Vitamin E) 256
9.1.4 비타민 K(Vitamin K) 258
9.2 수용성 비타민(Water–Soluble Vitamins) 259
9.2.1 티아민(Thiamin) 259
9.2.2 리보플라빈(Riboflavin) 260
9.2.3 비타민 B_6(Pyridoxine) 261
9.2.4 판토텐산(Pantothenic Acid) 262
9.2.5 니아신(Niacin) 262
9.2.6 비오틴(Biotin) 263
9.2.7 엽산(Folic Acid) 264
9.2.8 비타민 B_{12}(Vitamin B_{12}) 265
9.2.9 콜린(Choline) 266
9.2.10 미오이노시톨(Myoinositol) 267
9.2.11 비타민 C(Vitamin C) 268
9.3 비타민 유사 기타 화합물 271
9.3.1 아스타잔틴(Astaxanthin) 271
참고문헌 272

제 10 장 사료 첨가제 287

10.1 항균제(Antimicrobial Agents) 287
10.2 항산화제(Antioxidants) 288
10.3 점결제(Binding Agents) 288
10.4 착색제 289
10.5 효소 291
10.6 유기산(Organic Acid) 292
10.7 사료 유인성과 섭취 촉진제 293
10.8 면역강화제(Immunostimulants) 294
10.8.1 미생물, 식물, 동물 분획 294
10.8.2 뉴클레오사이드(Nucleoside)와 뉴클레오타이드(Nucleotide) 295
10.8.3 합성 화학물질 296
10.9 프로바이오틱스와 프리바이오틱스(Probiotics and Prebiotics) 296
10.10 호르몬제 297
참고문헌 297

제 11 장 사료 내 항영양인자와 외래독소 301

11.1 식물성 원료내 항영양인자 303
11.1.1 효소 저해제(Enzyme Inhibitors) 303
11.1.2 렉틴(Lectins) 304
11.1.3 사포닌(Saponins) 305
11.1.4 식물성 에스트로겐(Phytoestrogens) 306
11.1.5 글루코시놀산(Glucosinolates)과 갑상샘종 유발 물질(Goitrogens) 307
11.1.6 탄닌(Tannins) 307
11.1.7 피틴산(Phytic Acid) 308
11.1.8 고시폴(Gossypol) 309
11.1.9 사이클로프로펜 지방산(Cyclopropene Fatty Acids), 스테르쿨산(Sterculic Acid), 말발산(Malvalic Acid) 310
11.1.10 글리코알칼로이드(Glycoalkaloids) 310
11.1.11 아르기나아제 저해제(Arginase Inhibitors) 311
11.1.12 퀴놀리자이딘 알칼로이드(Quinolizidine Alkaloids) 312
11.1.13 시안화물 방출 화합물(Cyanide–Releasing Compounds) 313
11.1.14 에루신산(Erucic Acid) 314
11.1.15 알레르겐(Allergens) 314
11.2 식물성 영양소의 병용 효과 315
11.3 동물사료 내 항영양소 316
11.3.1 항비타민 · 티아민 분해효소(Thiaminase) 316

11.3.2 키틴(Chitin) 317
11.3.3 플루오린(Fluorine) 317
11.4 후천적 독성 317
11.4.1 산화지질 317
11.4.2 생체아민(Biogenic Amines) 318
11.4.3 진균독소(Mycotoxins) 318
11.4.4 살충제(Pesticides) 320
11.4.5 기타 화합물 320
11.5 미지 화합물 321
11.6 결론 321
참고문헌 321

제 12 장 소화율과 유용성 330

12.1 소화율을 이용한 분석방법 330
12.1.1 잠재적 오차 332
12.2 소화율과 사료원 333
12.2.1 소화율 측정의 해석과 한계 334
12.2.2 소화율에 영향을 미치는 요인 334
12.2.3 단백질 소화율 335
12.2.4 아미노산 소화율 335
12.2.5 에너지 소화율 341
12.2.6 탄수화물 소화율 341
12.2.7 섬유소 소화율 345
12.2.8 지질 소화율 346
12.2.9 미네랄 소화율 346
12.2.10 사료 가공 효과 348
12.2.11 ADC 값의 가중성에 영향을 미치는 상호작용 348
참고문헌 349

제 13 장 영양소와 사료 공급 354

13.1 초기사료 354
13.1.1 먹이생물 354
13.1.2 자어와 치어 사료 355
13.2 사료 제품과 관리 356
13.3 사료 이용과 어류 성장 356
13.3.1 밀도 평가 358
13.3.2 사료 공급 359
13.3.3 펠렛 특성 359

13.3.4 사료 공급 시스템 360
13.3.5 반집약적 양식시스템 사료 공급 360
13.3.6 집약적 양식시스템의 사료 공급 361
13.3.7 성장과 영양소, 사료 효율 예측 365

13.4 오염물 축적과 배설물 관리 366

13.5 결론 368
참고문헌 368

제 14 장 자어의 영양 372

14.1 소화효소 373

14.2 자어기, 장 보유 기간과 효소 활성 수준의 관계 374

14.3 먹이생물의 영양강화 375

14.4 배합사료 375
14.4.1 사료의 물리적 형태 376
14.4.2 자어 사료 공급 377
14.4.3 자어 사료의 성공적인 형태 378

14.5 영양소 요구량 379
14.5.1 단백질과 아미노산 379
14.5.2 지질과 지방산 380
14.5.3 인지질(Phospholipids) 382
14.5.4 콜레스테롤과 기타 스테롤 383
14.5.5 비타민 383

14.6 결론 384
참고문헌 385

제 15 장 원료, 배합, 가공 390

15.1 사료원 390

15.2 사료 배합 391

15.3 사료 제조 392

15.4 사료 품질 평가 394

15.5 환경과 지속 가능성 문제 395
참고문헌 396

제 16 장 해양자원의 대체: 대체 원료와 전략이 영양 품질에 미치는 영향 397

16.1 해양 자원, 어분과 어유의 공급, 사용의 제한 397

16.2 어분 대체 399
16.2.1 어분 대체원 399
16.2.2 어류 성장과 어분 대체 영향 400
16.2.3 어류의 영양분에서 어분 대체의 영향 401
16.3 어유 대체 402
16.3.1 어유 대체원 402
16.3.2 사료 내 어유를 식물성 지방으로 대체할 경우 어류의 성장에 미치는 영향 407
16.3.3 사료 내 어유를 식물성 콜레스테롤과 인지질로 대체했을 때 미치는 영향 410
16.3.4 어유 대체원이 어류의 영양소 함량과 영양 품질에 미치는 영향을 최소화하기 위한 전략 414
16.4 결론 415
참고문헌 416

제 17 장 핵심 연구 필요성 422

17.1 영양소 요구량과 전달, 상호작용 422
17.2 어분과 어유 대체원 423
17.3 사료 배합과 공정 424
17.4 영양유전학적 효과와 대사 424
17.5 결론 425

제 18 장 영양소 요구량표 426

제 19 장 사료 조성표 435

참고문헌 435

제 20 장 종의 일반명 및 학명 451

찾아보기 455

개요

미국 '국립연구위원회(NRC: The National Research Council)'는 그동안 어류의 영양과 사료에 관한 여러 종류의 서적을 발간해왔다. 1993년 발간한 『어류의 영양소 요구량(*Nutrient Requirements of Fish*)』에는 어류와 새우의 영양에 관한 많은 연구가 발표되었지만, 여기에 명시된 영양소 요구량과 권장량은 관련이 없거나 적절하지 않은 내용이었다. 그동안 양식 생산량이 10배 이상 증가하면서 수산양식업은 식품 공급과 수입원으로서 국가적, 국제적으로 그 중요성이 대두되었고, 현재에 이르러 수산양식업은 소비되는 전 세계의 해산물과 수산물의 절반을 공급하고 있다. 세계 수산물 현황을 살펴보면 미래의 해산물과 수산물 요구량은 양식 생산량의 증가로 충족될 수 있을 것으로 예측되고, 이에 따라 양식 생산은 지속 가능한 원료를 통해 영양가 있고 효율적인 배합사료에 의존하며 더욱 집약적으로 이루어질 것으로 전망된다. 이는 영양학적인 최신 지식과 사료 관련 정보를 충분히 활용할 때 비로소 충족될 수 있을 것이다.

수산생물에게 필요한 영양소 요구량의 최신 개정본이 요구되면서 수산업계와 연방기관의 지원을 받아 새로운 서적이 출판되었다. 국립연구위원회에서 연구를 수행하면서 하나의 서적이 냉수성과 온수성 어류와 새우 모두를 기술해야 한다는 의견이 모아졌다. 연구를 수행하는 영양학자에서 어류와 새우 사료산업에 종사하는 사람들에 이르기까지 개정본의 독자가 다양하기 때문에 이 책은 각각의 독자를 포괄할 수 있는 주제를 중점적으로 기술하였고, 양식 생산량이 전 세계적으로 급속도로 증가하였기에 국제적으로 대표성이 인정되는 것을 일반적 항목으로 간주하였다.

위원회에서 주어진 과제는 부록 A에 제시되었고, 어류와 새우의 모든 성장 단계에서 영양소 요구량에 관한 과학 문헌을 평가하는 서적을 집필하도록 요청받았다. 상업적으로 중요한 양식 종에 주로 초점을 두었지만 최근 부각하고 있는 종도 포함하였다. 이 책에는 영양소 보존성을 증가시키고 분변과 대사 과정 배설물을 감소시켜 환경오염 방지에 기여하는 전략을 검토하였고, 양어사료에 수산물을 포함했을 때 확인되는 이점과 단점에 관하여 논의하였으며, 특히 오메가-3 지방산 농도를 포함한 어류의 영양소 함량과 사료 조성의 관계를 고려하여 기술하였다.

이 프로젝트는 미국 농업부의 농업연구소(Agricultural Research Service)와 미국 국립대양대기국, 미국 대두위원회(United Soybean Board), 국립연구위원회가 후원하였다. 국제적인 대표성을 보장하기 위해 위원회는 미국과 캐나다, 프랑스, 노르웨이, 대만, 영국의 과학자들로 구성되었다.

위원회의 주요 목표는 수산양식 생산의 지속적인 성장은 영양소 요구량에 관한 정보뿐만 아니라 사료 원료의 이용 가능성과 영양분의 정보를 활용하여 정밀한 사료를 배합함으로써 어류의 성장과 건강을 극대화하고 환경적인 영향을 최소화할 수 있는 효율적인 사료를 생산하는 것이다. 따라서 이 책에서는 사료 제조 시 정보를 활용하는 방법과 효율적인 양식 생산을 위한 적절한 사료 공급 방법을 적용할 수 있도록 연구 문헌에서 요약한 영양소 요구량을 비롯한 기타 중요한 정보가 포함되어 있다. 위원회는 해양자원으로부터 얻은 어분 같은 원료를 대체하기 위해 곡물과 지방 종자(oil seed), 기타 대체 자원으로부터 생산한 원료를 사용함으로써 발생할 수 있는 양식 생산량의 세계적인 변화와 영양학적인 문제를 인지하여 수행하였다.

이 책은 1993년 발간 서적보다 정보가 크게 확장되었고 다양한 주제를 기술한 새로운 장을 포함하고 있다. 서론은 지난 20년 동안의 양식업 확장을 비롯해 어류와 새우의 영양소 요구량에 관한 많은 연구내용을 시작으로, 수산자원으로부터 얻은 어분과 어유의 대체원료 관련 내용과 함께 이 책에서 기술하는 다양한 주제를 간략하게 소개한 개요를 기술하였다.

제2장에서는 수산동물의 영양소 요구량을 결정하기 위한 실험적 연구에서 사용된 기본적인 개념과 방법에 관해서 기술하였다. 수산동물을 이용한 영양학적 연구는 가축과 가금류 연구에 비해 어려운 분야인데, 이는 사육 방법과 사료의 차이, 변온성 수산동물(체온이 주변 환경의 온도에 따라 변화하는 동물) 등 여러 가지 과제가 수산동물의 생활과 관련되어 있기 때문이다. 또 다른 과제는 가축과 가금류보다 각 개체 간, 어종 간의 가변성이 높다는 것이다. 이러한 복잡한 문제를 해결하기 위해서는 실험 결과에 따른 처리 효과가 인지될 수 있도록 충분한 반복구와 함께 적절한 실험 디자인을 사용해야 한다. 타당한 반응 기준을 선택하는 중요성과 함께 연구 결과의 적절한 해석의 필요성도 기술할 것이다.

제3장에서는 어류와 새우의 소화 생리학에 대해 기술하였다. 이전에 발간한 국립연구위원회 보고서에 포함되지 않은 이 자료는 어류 소화기관의 해부학적 특징과 소화액 분비의 구성과 역할의 설명을 시작으로 소화와 영양분 흡수 과정을 논의하였고, 이 장의 두 번째 부분에서는 새우를 기술할 것이다.

제4장에서 기술하는 주제는 사료의 에너지 이용과 신진대사에 관한 내용이다. 사료에서 유지되거나 회복되는 등의 다양한 에너지 손실에 관한 에너지 분배 체계를 시작으로, 어류와 새우의 실제 사료 공급 시스템에서 에너지 분배에 영향을 미치는 요소를 기술하였다. 에너지 효율에 관한 고찰은 1993년 발간된 서적보다 상당히 확대되었다.

제5장과 제6장, 제7장, 제8장, 제9장은 단백질과 아미노산, 지질, 탄수화물과 섬유소, 미네랄과 비타민을 각각 기술하였다. 이 책 내용의 40% 이상을 구성하는 이들 장에서는 영양소 종류의 광범위한 고찰과 영양소 요구량을 결정하기 위한 실험적 검토가 포함되어 있다. 각 장에서는 포괄적인 참조가 있으며, 이후 열거된 영양소 요구량의 기초를 형성하고 있다.

제5장에서는 단백질과 아미노산의 생화학적 기능과 역할의 개요를 시작으로 필수아미노산을 자세히 기술하고 아미노산 요구량의 정량화에 관련된 원칙을 검토하였다. 이 부분은 이상적인 단백질 개념(최적의 아미노산 비율)과 아미노산 요구량을 결정하는 요인의 접근법에 대한 고찰을 포함한다.

지질 기능과 사료 내 영양소 요구량 관련 지식이 상당히 확장되었는데, 이는 1993년 발간 서적보다 훨씬 방대한 내용이 기술되었다. 제6장에서는 지질의 구조와 기능에 대해 일반적인 논평을 하며, 사료 내 지질 함량과 함께 어류와 새우 모두의 특정 지방산, 인지질, 콜레스테롤 요구량에 대해 논하였고, 양식업과 관련한 다양한 문제를 고찰하였다.

비록 어류와 새우는 사료 내 탄수화물이나 섬유소의 특정한 요구량이 없지만, 이들은 대부분의 상업용 양어사료의 주요 구성 요소이다. 제7장은 탄수화물의 유형과 전분, 비전분 다당류의 역할, 포도당의 대사 과정, 어류와 새우에서 소화가 가능한 탄수화물의 영양학적인 역할을 검토하였다. 또한 어류의 다양한 탄수화물 종류의 소화에 관해서도 기술하고 있다.

수산생물의 미네랄 영양은 육상생물보다 더 복잡한데, 이는 수산생물이 서식하는 수생 환경에서 미네랄을 일부 흡수할 수 있기 때문이다. 제8장에서는 6개의 다량 미네랄과 7개의 미량 미네랄에 대해 기술하였다. 코발트와 몰리브덴과 같은 미네랄은 간략하게 언급되어 있다. 이 장은 미네랄의 근원과 형태, 다른 사료 성분 간 상호작용과 관련한 의견으로 결론을 냈다.

1993년 발간 서적의 비타민 요구량 관련 내용은 제9장에 추가로 기술하였다. 이 장은 비타민이 지용성과 수용성으로 나누어지며 다른 유사 비타민 화합물에 관한 간략한 설명과 사료에 사용되는 비타민의 공급원과 안정성을 포함했다.

제10장 '사료 첨가제'는 1993년 발간 서적의 '기타 사료 구성 요소' 장을 보완하였다. 이 장은 항생제와 효소, 어류와 새우 사료에 일반적으로 사용되는 기타 화합물 같은 물질의 고찰을 포함했다. 제11장의 '사료 내 항영양인자와 외래성 독소'는 항영양인자에 관한 표와 어류 사료에서 발견되는 바람직하지 않은 물질의 광범위한 목록을 제시하였다.

제12장은 영양소의 소화율과 유용성을 기술하였다. 그 방법론과 잠재적인 오류 같은 주제의 고찰 외에도 단백질, 탄수화물과 섬유소, 지질과 미네랄의 소화율을 검토하였다.

제13장에서는 어류의 영양과 섭취에 관해 더 응용된 측면에서 검토한다. 초기 성장 단계, 사료 생산과 관리를 기술할 것이며 집약적 양식시스템에서 이뤄지는 사료 공급, 오염물과 폐기물 관리 같은 중요한 주제가 포함되었다.

어류 자어에게 이뤄지는 먹이 공급은 1993년 발간 서적에서는 간략히 기술했던 주제이지만 이 책의 제14장에서 더 상세히 기술했다. 어류와 새우 유생의 영양소 요구량에 관한 제한된 자료 외에도 실용적인 먹이 공급도 검토하였다.

제15장에서는 수산동물의 사료 제조와 어류 영양 조성에 사용되는 원료에 관해 기술했다. 이 주제는 이전 책에서도 기술했지만 이 장에서는 수산동물을 위한 사료 생산과 관련된 다양한 고려사항의 최신 정보 외에도 이와 관련한 자세한 정보를 제공한다.

제16장은 새로운 자료를 담고 있으며 지난 10년 동안 대중과 소비자의 주목을 끌었던 두 가지 주제를 기술하고 있다. 첫 번째 쟁점은 수산자원, 특히 어분과 어유의 공급과 사용 제한이다. 많은 상업용 양어사료에는 상당량의 어분과 어유가 포함되어 있는데, 사료 내 첨가량을 줄이지 않으면 이와 같은 자원의 수요가 공급량을 넘어설 것이라는 우려가 발생함에 따라 대체 원료의 확인과 개발, 평가에 상당한 연구가 필요하게 되었다. 두 번째 쟁점은 인간의 영양에 영향을 미치는 어류와 수산식품의 영양학적 가치이다. 어류는 인간의 식단에서 중요한 요소인 긴 사슬, 다중 불포화지방산이 풍부한 식품이므로 이 장에서는 이러한 주제로 기술하였다.

제17장에서 위원회는 영양소 요구량을 정의하기 위한 중요한 연구의 필요성을 인지하였으며, 이에 따라 연구학자와 관리자에게 미래에 도움이 되는 연구 주제를 기술했다.

제18장은 어류와 새우의 영양소 요구량에 관한 표를 포함하고 있다. 요구량은 건식 기준으로 표현하였고, 100% 생체 내에서 이용된다는 가정 하에 특정한 실제 섭이 상황을 고려한 조정은 포함하지 않은 최소 요구량을 표현하였다. 문헌 내 대부분 요구량 값은 치어 또는 성장기의 어류와 새우의 연구 결과를 토대로 도출하였다. 위원회는 발표된 연구를 비판적으로 평가하였으며, 이러한 표의 요구량 값은 참고문헌의 평균값이 아닌 최선의 추정치를 기술하였다.

제19장은 어류와 새우에 일반적으로 공급되는 사료 성분표(평균값)를 나타냈는데, 독자들은 시장에서 구할 수 있는 제품의 가격이 표에 제시된 평균값과 다를 수 있음을 유의해야 한다.

양식 생산량의 증가는 다양한 생산시스템의 환경적인 영향을 줄이고 지속적으로 생산되는 사료 원료를 이용하는 방식으로 수행되어야 가능하며, 이러한 목표는 모두 영양소 요구량과 관련 있다. 양식 어종의 영양소 요구량의 정확한 정보가 없으면 사료 대체 원료를 사용한 사료 공식화는 불가능하다. 위원회는 이 책이 어류와 새우의 영양소 요구량과 관련한 현존 지식을 포괄적으로 요약하고 영양소 요구량을 뒷받침하는 영양학을 설명하기 위한 정보를 포함하기 때문에 미래 지향적이라고 평가한다. 이와 같은 접근법은 독자가 현재의 정보와 지식의 장 · 단점을 모두 이해할 수 있게 하여 적절하게 사용할 수 있도록 한다. 또한 독자는 양식에 사용하기 위한 효율적이고 경제적이며 지속 가능한 사료의 생산에 따른 영양소 요구량의 중요성을 이해하게 될 것이다. 위원회는 이 책에 수록된 정보와 지식이 과학자들로 하여금 기존의 접근법과 새로운 접근법을 모두 사용하여 양식 어류와 새우의 영양소 요구량을 보다 정확하게 예측하도록 노력하길 바란다.

제 1 장

서론

국립연구위원회에서 어류의 영양소 요구량에 관한 저서를 발표한 이래 어느새 20여 년이 흘렀다. 오늘날에 이르기까지 전 세계 양식 생산량은 연간 약 10% 비율로 증가하였으며 현재는 소비되는 어패류의 약 50%가 양식으로부터 공급되고 있다. 기업과 전문가의 의견에 따르면 증가하는 인구증가율, 개발도상국의 소득 증가, 선진국의 식량 선호도 변화 등으로 어획량이 기대 수요를 충족시키지 못할 것이라고 전망했기 때문에(FAO, 2008) 양식 생산량은 지속적으로 증가할 것으로 예측되고 있다.

전 세계 양식 생산량의 약 절반이 사료 공급에 의존하는 종에서 생산되고 있으며, 양식 어종 또한 100종이 넘었다. 양식업은 세계 주요 산업으로 자리 잡고 있으며 많은 국가에서 소득과 식량의 중요한 원천이 되었다.

가축이나 가금류 생산과 마찬가지로 영양은 어류 성장과 건강, 상품 품질, 폐기물 발생에 영향을 미침으로써 양식에서 중요한 역할을 한다. 사료비는 종종 양식업의 가변 비용의 50% 이상을 차지하며, 일반적으로 경제적 수익에 영향을 미친다. 영양가 높고 효율적으로 전달되고 비용을 절감한 사료의 개발은 종의 영양소 요구량을 파악하고 균형 잡힌 사료 조성과 적절한 사료 공급을 충족시키는 데 달려 있다. 따라서 이 책은 소화생리학(제3장)과 수산생물의 영양분 이용(제12장)뿐만 아니라 영양에너지학(제4장)과 모든 주요 영양소 그룹(제5장~제9장), 사료첨가제(제10장), 항영양인자(제11장)의 정보를 제공한다.

육상 가축과 달리 수산 종이 양식되고 있는 환경은 훨씬 다양하다. 실제로 척색동물문(Chordata), 절지동물문(Arthropoda), 연체동물문(Mollusca)의 수많은 종이 담수, 기수 그리고 해양 환경에서 양식되고 있는데, 다양한 문(phyla) 내의 어패류는 영양과 환경적 요구량에 영향을 미치는 각기 다른 생활사 단계에서 상당한 다양성을 보인다. 또한 수산 종은 확률적인 자연환경에서 충분한 보충을 보장하기 위해 형질의 광범위한 유전성을 허용하는 유전적 다양성을 지니고 있고, 그들이 생산되는 사육 시스템의 유형 또한 생산 강도와 비례해 다양하다. 많은 사육 시스템에서 시스템 내의 자연적인 생산력이 어류 또는 새우에 영양분을 공급하고 있다. 육상동물과 달리 이처럼 다양한 요인은 수산생물 종의 정량적인 영양소 요구량을 추정하는 데 상당한 복잡성을 초래하기 때문에 모든 양식 어종에 보편적으로 적용할 수 있는 영양소 요구량은 현실적으로 실현하기 어렵다.

어류와 새우의 영양에 관련된 특정 고려 사항은 양어사료의 배합(제19장)과 사료의 가공, 제조(제15장)에서 사용되고 있는 주요 사료의 최신 정보를 포함하여 기술하였다. 사료 수요가 증가함에 따라 세계적으로 어분과 어유의 공급이 제한되고 가격이 급격히 상승하고 있으므로 이에 따른 각별한 주의가 필요한 실정이다.

이에 따라 이 책 제16장에서는 사료, 양식 어종을 대상으로 어분과 어유의 장점을 유지하면서 사료를 대체하기 위한 개발 연구에 대해 기술할 것이다. 사료의 조성과 사료 공급의 개선을 통해 양식에서 발생할 수 있는 잠재적이고 부정적 환경 요인을 최소화하는 방법은 이 책의 여러 장(제8장, 제10장, 제12장, 제13장)에서 기술하였다. 수생 환경에서 영양가 있는 사료를 제공하고 효율적인 사료 공급을 수행하는 것은 양식 어종의 사료 섭취량을 정량화하고 사료를 섭취하기 이전에 물에 의한 영양분 손실(침출) 정도를 계산하는 등 여러 가지 요인에 따라 복잡하므로 이러한 특정 사료관리 문제는 제13장과 제14장에서 기술하였다.

지난 20년 동안 전 세계적으로 양식 생산량의 증가에 대응하여 전 세계에서 확립된 종과 신규 종의 생산을 지원하기 위한 연구가 증가함에 따라 양식 어류와 새우의 영양소 요구량의 정보 또한 급격하게 증가하였다. 양식으로 생산된 식량은 현재 상당히 증가하였으며 식량 생산과 자본 증대, 연구 모델로 평가된 수산 종의 수 역시 증가하였다. 수산생물은 특정 영양소의 필요성과 신진대사, 환경 문제, 동물 건강을 이해하기 위한 모델 종으로 이용되고 있다. 사료를 가장 많이 소비하는 주요 종은 초식성과 잡식성 종으로, 전체 사료 생산량의 42%를 잉어가 소비하며, 연어와 새우는 해양 유래 원료를 함유한 사료의 주요 소비자이다. 이러한 양적, 질적 사료 요구사항은 연구자의 중요한 고려 사항이었기에 이 책에서 다양한 어류와 갑각류의 영양소 요구량에 대한 지금까지의 자료를 제시하는 것을 신중히 고려하였다.

이 책(제18장)에 제시된 영양소 요구량은 이러한 진행 과정에서 제시할 수 있는 권장량을 나타내고 이러한 자료는 정상적인 성장이나 다른 생리적인 반응을 뒷받침하는데 필요한 최소한의 영양소 함량이다. 이 값은 100% 생물학적 이용도를 가정하므로 안전적인 한계는 포함하지 않았고, 제조되는 사료에 크게 영향을 받지 않는 수산생물의 영양소 요구량은 제외하였다. 이 책은 양식업에서 정립된 어류와 갑각류의 자료를 가장 종합적으로 제공할 수 있도록 고안되고, 또 다른 목적으로 잠재적인 양식 어종의 영양소 요구량 조사에 관한 향후의 연구 방법을 지원하기 위해서 2장에서 영양소 요구량의 정량화를 위한 방법론 정보를 제공하였다. 또한 다양한 생활 단계에서 요구량을 예측하기 위한 모델링 방법도 논할 것이다. 따라서 이 책은 사료업계와 수산동물 영양학 연구자에게 유용한 지침이 될 것으로 사료된다.

이전에 언급된 기준에 근거하여 이 책에서 특별히 집중적으로 기술할 주요 어종은 잉어 · 틸라피아 · 메기 같은 열대어류, 연어 같은 냉수성 육식동물, 농어 · 도미 같은 온대성 해산 어류이다. 주요 갑각류로는 흰다리새우와 보리새우 종이 포함된다.

참고문헌

FAO (Food and Agriculture Organization of the United Nations). 2008. FISHSTAT Plus: Universal software for fishery statistical time series, Version 2.32: Aquaculture production 1950-2006; Commodities production and trade 1976-2006, Fishery Information, Data and Statistics Unit, Fisheries and Aquaculture Department. Rome, Italy: FAO. Available online at: *http://www.fao.org/fi/oldsite/STATIST/FISOFT/FISH-Plus.asp*. Accessed on August 23, 2010.

제2장

기본 개념과 방법론

2.1 개관

수산동물 영양학은 비교적 새로운 과학 분야이다. 육상동물의 영양과 많은 유사점이 있지만, 어류 영양 연구자는 육상동물 영양 연구에서는 직면하지 않는 다양한 문제에 직면하게 된다. 이들 문제는 주로 다양한 어류와 새우의 독특한 생리 기능, 영양소 전달, 섭취량 모니터링, 노폐물 수집 및 정량 분석과 관련이 있으며 이는 여러 연구에서 고려되고 있다. 다양한 어종에 따른 사료의 원료와 각각의 영양소 구성은 앞으로의 연구에서 정확한 데이터를 수집하고 실제로 적용하기 위하여 필요한 요소이다.

수산동물의 영양은 가능한 한 육상동물 종의 개념과 방법론적 접근법을 참고하고, 이전의 연구 결과를 토대로 하며, 현재의 지식과 과학적 근거에 관한 연구 결과를 비판적으로 검토해야 한다. 어류와 새우, 기타 갑각류의 영양소 요구량에 대한 신뢰할 수 있는 정보는 이 장에서 제시된 일련의 권장 사항을 기반으로 하는데, 이는 실험설계와 데이터 분석에 따른 일반적인 이해의 기초가 되는 지침을 제공하기 위함이다. 영양소 요구량을 산정하는 적절한 실험 계획서와 그에 상응하는 통계 분석을 통해 어류와 새우의 영양과 관련한 지식을 적극적으로 향상시킬 수 있다.

2.2 영양소 요구량 측정

모든 실험은 설계를 계획하기 전에 실험의 목적을 신중하게 결정하는 것이 중요하다. 실험을 설계할 때는 어종, 양식시스템, 사료 조성, 샘플과 데이터 수집, 화학 분석과 데이터 분석을 포함한 많은 요소를 고려해야 한다. 실험적 설계는 명확하게 정의되고 간결해야 하며 가설 검증이 가능하도록 하는 것이 중요하다.

어류와 새우의 영양 연구를 진전시키기 위해서는 기존의 실험 과정을 이용한 가설 검증이 필요하다. 수행한 실험의 결과를 이전에 발표된 결과와 비교하기 위해서는 기존의 실험 방법을 사용해야 한다. 그러나 동일한 실험 과정이 모든 종의 성장 단계에 공통으로 적용되는 것은 아니다. 그럼에도 불구하고 실험 설계지침과 실험 시행, 데이터 분석 절차에 관한 기본 지식은 연구자에게 필수적이다. 그러므로 이번 장은 연구되고 있는 원료나 영양소에 대해 감지하기 어려운 반응에 따른 중요한 변수 또는 변동 사항을 통제하기 위한 권장 사항을 제공하는 것이다. 이러한 권장 사항은 표준화를 확립하는 한편, 어류와 새우의 영양소에 대한 반응을 측정하고 이를 평가하기 위한 보다 나은 접근법이 미래에 확립되고 성립될 것이라는 점을 고려하여 설계되었다.

2.3 실험설계와 조건

연구 조사의 공통 목표는 처리 효과의 결론을 도출하는 것이다. 따라서 실험설계의 목적은 실험 오차에 기인한 변수를 최소화하여 처리 효과가 존재할 경우 이를 발견하는 것이다. 수산동물 영양 연구에서 실험설계의 기본 원칙은 육돈, 육우, 가금류를 포함한 육상동물 대상의 조사 지침과 유사하지만, 별개의 고려 사항이 존재한다. 수서생물이 사는 환경, 즉 물은 양식 종의 관찰 유무를 결정하는 제한 요소이고 공급된 사료를 즉각적으로 섭취하지 않을 경우 영양소가 온전한 상태로 유지하기 어렵기 때문에 많은 문제점이 존재한다. 물 자체는 용존미네랄과 플랑크톤 등을 포함하고 있어 영양분을 제공할 수 있으므로 사육시스템과 물 공급에 주의를 기울여 실험기간 수질 조건을 일정하게 유지하는 것이 중요하다. 사육기간에 양식 종의 성장에 따라 사료 공급량 또한 증가하므로 수질을 일정하게 유지하는 것은 특히 어렵고 중요한 요소이다. 많은 양식 종에 내재한 밀도 의존적인 성장이나 계층적 우성 같은 사회적 상호작용은 사육 밀도(개체수와 중량)를 적절한 수준으로 유지함으로써 피할 필요가 있다.

어류와 새우의 유전적 다양성은 일반적으로 가금류와 쥐를 대상으로 한 많은 영양 연구에서 관찰된 것과 비교할 때 형질과 반응에서 더 다양한 변화를 나타내는데, 집단 간 반응 변화의 주된 원인으로는 유전과 환경적인 요인이다. 비교적 오랜 기간 수서생물의 관리된 종자(사육)의 생산 부족도 가축 실험 간 대조에 영향을 미치는 요소이다.

2.3.1 사육실험 시스템

사육실험 시스템의 설계는 영양학적 실험에 따른 반응의 평가 결과에 확신을 얻는데 중요한 요소이다. 궁극적으로 시스템의 설계는 사료의 효과적인 활용을 통해 연구 중인 어종의 잠재적인 성장에 도달하도록 한다.

유수식과 재순환, 반순환, 지수식 같은 다양한 사육시스템이 영양학적 실험을 수행하기 위해 사용되어 왔다. 시스템마다 장 · 단점이 존재하므로 물리적인 조건을 고려하여 실험하는 어종의 정상적인 성장을 가능하게 하는 사육시스템을 선택해야 한다. 지속적인 물의 공급이 없는 시스템의 사용은 성장을 감소시키거나 다른 반응 변수에 영향을 줄 수 있는 대사산물의 축적을 예방하기 위해 수질을 적절하게 관리해야 한다. 지수식 시스템에서는 정기적으로 사육수의 교환이 필요한데, 이 과정이 반응변수에 악영향을 미칠 수 있으므로 실험에 지장을 줄 수 있다. 재순환 시스템은 성장 또는 기타 반응변수에 악영향을 미칠 수 있는 대사산물과 미립자 물질(세균의 간접적인 증가)의 축적을 예방하기 위해 적절한 생물학적, 물리적 여과가 필요하다. 유수식 시스템은 수질 조건이 공간적, 시간적인 원점에서 크게 변하지 않도록 관리하는 것이 필요하다.

이상적으로 설계된 사육시스템은 하나 이상으로 분리하는 것이다. 즉, 한 수조의 실험 어종 또는 생물군과 접촉하는 사육수는 다른 반복구 수조와 접촉하지 않게 하는 것이다. 이러한 설계는 사육수가 순차적으로 다른 양식 수조를 통과함에 따라 대사산물이 전달되고 농축됨에 따라 나타나는 부정적인 효과를 피할 수 있게 된다. 이러한 대사산물은 성질상 일시적이지만, 적은 축적량이라도 사육수에 노출된 실험 어종의 성장에 부정적인 영향을 줄 수 있다. 그러므로 영양학적 실험에서 다른 반복구 수조에 물이 연속적으로 사용되는 시스템은 피해야 한다.

수조에서 사육하는 하나 이상의 반복구일 경우, 실험수조의 부피는 상당히 중요하다. 사육실험을 하는 동안에 어류의 성장이 각기 다른 함량의 영양소에 대한 반응으로 영향을 미치지 않도록 하는 것이 중요하므로 각 실험 수조는 충분한 용량을 확보해야 한다. 이러한 효과는 D'Abramo et al.(2000) 연구에서 큰징거미새우(*Macrobrachium rosenbergii*) 치하를 대상으로 개체별로 양식 수조를 분리하여 사육한 실험을 통하여 입증되었다. 따라서 실험 어종의 입식 밀도는 최종 밀도(생물량)를 예측하여 계획해야 한다. 적절한 수류와 수조 용량은 실험구의 여러 반응변수에 미칠 수 있는 수조의 영향을 제거하는 사육수 교환율을 생성하는 데 필요하다.

컨테이너 또는 수조와 같은 실험시스템은 일반적으로 통계 분석으로 측정된 결과를 통하여 분석된다. 분산분석(ANOVA) 또는 기타 매개변수 통계 분석을 수행하기 위해서는 물 공급을 고려한 개체별 분석이 필요하다. 실험 수조 내 어류의 개체수는 주로 종에 달려있다. 각 실험 수조에 배치된 실험어의 개체수는 계층적 섭취를 제한하기 위해 밀도를 고려하여 배치해야 한다. 실험 수조당 하나 이상의 어류가 있는 경우, 그룹 내 각 어류의 결과보다는 전체 그룹의 결과가 통계 분석에 적합하다. 경우에 따라 실험 수조 내의 실험어를 개체별로 파악할 수 있다면 개체별 상태를 측정할 수 있다. 두 가지 실험그룹만 비교할 경우 't−test'가 선호되는 통계 분석이다. 각 실험사료를 섭취한 실험어의 무게가 초기와 최종 가중치를 포함하여 실험기간에 다른 시간에 기록되는 경우 지수 성장률(GRE: Growth Rate Exponential)을 결정할 수 있다. GRE는 서로 다른 시간에 측정된 각 실험구에서 각 실험어의 개체 무게 로그값으로 계산된 직선회귀도표 기울기를 토대로 분석한다. 각 실험구 내에서 반복구의 기울기(성장률)는 ANOVA에 따라 통계적으로 분석되어 실험구 간에 유의적인 차이가 있는가를 측정할 수 있다. 그러나 특정 종의 반복된 측정은 스트레스를 유발해 폐사가 발생할 수 있으므로 주의해야 한다.

2.3.2 실험 어종

종자, 연령, 기존의 영양공급과 어류 또는 새우의 건강 상태는 모든 영양소 연구의 반응에 영향을 줄 수 있으므로 실험에 사용된 어류 또는 새우의 종자와 유전학적 배경을 반드시 확인하고 보고해야 한다. 그렇지 않으면 향후 비교 연구를 위한 중요한 변수가 파악되지 않을 수 있다. 적절한 성장률은 영양소에 보이는 반응을 관찰하는 데 필요하며, 실험 어종의 연령을 알면 영양소 요구량의 연령별 차이와 측정되는 반응변수에 따라 발생하는 원하지 않은 변화를 피할 수 있다.

실험의 목적에 따라 단일 교배(전체형) 또는 부수 교배에서 유래된 실험 어종은 반응변수의 변동 수준을 줄이기 위해 사용할 수 있다. 실험 어종이 여러 개의 독립적인 산란에서 유래된 경우, 여러 그룹에 관련된 다양성을 최소화하기 위해 실험그룹 간의 상관적인 개체가 도움이 될 수 있다.

2.3.3 실험사료

영양소 요구량을 결정하기 위해서 특정 영양소의 성분 또는 성분을 독립적으로 변화(증가, 감소, 제거)할 수 있는 사료가 필요하다. 여러 연구에서는 정의된 화학적 구성과 정제된 원료로 구성된 기초사료를 사용한다. 이러한 사료는 반정제(semi−purified) 또는 화학적으로 정의되며 실험용 사료, 특히 조사 중인 영양소의 영양 성분을 최대한 제어할 수 있다. 그러나 일부 종의 경우 반정제된 사료를 섭취할 때 사료 섭취량과 성장률이 최적량보다 훨씬 적을 수 있다. 따라서 실험설계의 일환으로 이미 알려진 사료 조성과 목표 실험 어종의 정상적인 체중 증가를 뒷받침하는 검증된 조성으로 실험조건에서 실현될 수 있는 성장 잠재력을 예측하는 것이 중요하다. 대조구 사료는 실용적인 원료(예: 옥수수와 어분) 또는 반정제 원료(예: 전분과 카제인)로 구성될 수 있다. 일관되고 고품질의 다양한 실질적인 원료는 영양소 요구량을 평가하는 실험에 사용되어야 한다. 실용원료의 사용은 일반적으로 연구 중인 영양소 이외에 모든 영양분의 동등한 수준을 유지하는데 많은 주의가 필요하다. 실용원료의 품질과 양을 면밀히 관리함으로써 연구 중인 영양소의 수준에서 적절한 범위를 구할 수 있고, 일부 종의 경우 생사료를 기준사료로 사용하여 실험시 실험 어종과 양식시스템의 적정성에 관한 중요한 기본 정보를 제공할 수 있다. 기준사료는 다른 실험사료와 성능을 비교하기 위해 통계 분석에 포함될 수 있지만 화학적으로 정의된 사료로 구성된 실험구가 영양소 요구량을 정량화하는 실험에서는 제외해야 한다.

반정제 또는 실용사료 중 한 가지를 사용하여 원하는 특성을 관리하고 유지하기 위해 적절한 준비가 중요하다. 모든 사료를 위한 각각의 원료는 하나의 균질한 품목으로 공급되어야 한다. 혼합 후 모든 사료를 표준 메시(mesh) 크기의 가루형태로 갈아서 사료 제조에 사용하기 전 균질성을 확보하기 위해 다시 혼합해야 한다. 사료가 실험 어종이 쉽게 섭취할 수 있는 형태로 준비된 후에는 특히 연구 중인 영양소의 생물학적 이용 가능성을 감소시킬 수 있는 열의 영향을 피하기 위해 주의를 기울여야 한다. 실험기간에 신선도(영양 상태)를 유지하는 조건(일반적으로 냉동)하에 보관하는 것이 중요하며, 소량의 사료는 공급 전까지 4℃에서 보관해야 한다.

사육실험을 시작하기 전에 사료를 분석하여 목표로 한 영양성분 수준에 도달했는지 확인해야 한다. 연구 중인 영양소가 의도된 수준까지 도달했는지 여부에 대한 지식이 없으면 혼란스러운 결과가 발생할 수 있다.

사료 내 영양소 요구량을 정확하게 파악하기 위해서는 연구 중인 영양소의 양이 지정된 양을 포함하도록 충분한 실험군이 필요하고 실험사료의 다른 모든 영양소는 요구량과 같거나 초과하는 양으로 포함되어야 한다. 목표 영양소가 첨가되지 않은 기준사료는 반응변수의 평가를 위해 기준으로 정해진다. 다른 실험사료는 예상되는 요구량이 상당히 부족한 수준에서 초과하는 수준까지 영양분 농도의 단계적 범위를 확장해서 설정해야 한다.

영양소 요구량을 결정하기 위한 실험설계는 일반적으로 반응의 초기 평가를 위한 넓은 간격으로 시작하고, 도출된 결과를 활용하여 요구량을 정확하게 추정할 수 있는 적절한 간격을 선택하고, 그 간격 내에서 적어도 실험구 5개는 배치되어야 한다.

2.3.4 사료관리와 실험기간

실험어는 최대 성장을 보장하기 위해 충분히 포화상태가 되도록 먹이를 공급함으로써 잠재적인 사료의 차이가 존재할 경우 이를 발견할 수 있다. 최대 성장은 적절한 공급 횟수에 따라 포화상태로 먹이거나 특정 시간 내에 실험어가 섭취할 사료의 양을 약간 초과하여 공급할 수 있다. 사료효율을 개선하기 위한 노력은 섭취하지 않은 사료의 양을 줄이거나 섭취하지 않은 사료를 회수하여 이를 섭취한 양에서 차감하는 데 중점을 둬야 한다. 최대 성장 또는 사료효율을 산출하는 사료의 양은 종 또는 생활사에 따라 달라질 수 있으며 이는 실험설계시 중요한 고려 사항이 될 수 있다. 치어기에 빠른 성장을 보이는 실험어의 경우 하루에 여러 번 사료를 섭취하므로 이에 따라 사료공급 횟수가 조정되어야 한다.

연구 조사에 사용되는 대부분의 어종은 사료가 변경될 때 단기간 사료 섭취량이 감소함을 보여준다. 일반적으로 사육실험은 어류 또는 새우가 일정기간 동일한 사료를 섭취하여 반응변수에 영향을 미치지 않을 때까지는 실험을 시작하지 않는다. '기준점'을 수립하기까지는 일정 기간이 필요하므로 순치와 전환기 사료 섭취가 필요할 수 있다. 특정 연구에서는 원료와 영양성분이 비교하기 위한 실험사료와 유사할 수 있다. 이러한 접근법은 실험그룹 간에 영양 기준을 설정하여 각 실험그룹에 평가가 이루어지기 전에 영양학적으로 동등한 실험어를 구성하도록 한다.

치어는 미성어나 성어보다 빨리 성장하므로 사료 내 다른 영양소 함량에 대한 반응을 보다 신속하게 나타낸다. 체중 증가가 반응변수로 사용될 때 반응의 크기가 실험이 종료되기 전에 실험그룹 간 비교를 위해 충분히 높은 수준으로 달성하도록 주의를 기울여야 한다. 성장이 빠른 실험어의 경우 초기 무게의 1,000%(10배)까지, 미성어 단계의 어류와 새우의 경우 200~300%(2~3배)까지 증가할 수 있다. 종종 사용되는 기준은 체중이 300% 증가하는 것이다(초기 무게의 두배). 앞서 언급한 증가는 지침이며 궁극적으로 허용되는 어체중 증가 반응은 실험의 목적뿐 아니라 고려 중인 수산생물의 수명 단계에 따라 결정될 수 있다. 이 권장 체중 증가를 관찰하는데 필요한 시간(실험기간)은 연구 중인 영양소에 반응하는 속도와 수온에 따라 다르다. 실험구 중 관측된 반응에서 쉽게 관찰 가능한 차이는 사육실험의 조기 종료를 허용할 수 있지만, 이 경우 연구 중인 영양소 수준의 범위에 잠재적으로 유의미한 반응이 관찰되지 않을 수도 있다.

사육기간은 보통 8~12주이지만, 임의로 특정 기간을 정하는 것은 적절하지 않다고 제안되어 왔다(Cowey, 1992). 중요한 점은 공급량에 대한 반응 실험을 수행할 경우 인지 가능하고 중요한 공급량 반응 관계를 관찰하기에 충분한 체중 증가(증체량)가 필요하다는 것이다. 기록된 증체량은 가장 일반적인 반응변수이지만, 항상 적절한 것은 아니다(Baker, 1986).

2.4 실험설계 내 반복구

요구량 추정은 일반적으로 회귀 설계를 기반으로 한다. 연구 중인 실험어의 반응 변화에 관한 지식은 사료에 필요한 반복구를 결정하기 위한 기초이다. 실험 어류와 새우의 반응은 실험적, 생물학적 다양성과 함께 적용된 실험구의 산물이다. 사료 실험의 변화는 반복구에서 사육된 실험어에서 나타나는 반응의 실험적, 생물학적 변화를 넘어 감지되어야 한다. 본질적으로 다양한 종류의 반응이 실제로 존재할 때 반복구가 불충분할 경우 이를 식별하지 못할 수 있다. 요구량 실험에서 사용되는 반복구 수는 실험설계, 종과 어류 또는 새우의 계통 그리고 연구 목적에 따라 달라질 것이다. 통계적 검증력 분석을 사용하여 측정된 반응변수에 대해 정확하고 신뢰할 수 있는 통계적 판단을 내릴 수 있는 반복구의 수를 결정할 수 있다(Bausell and Li, 2002). 확립된 검증력은 귀무가설에서 합리적인 이탈을 탐지할 수 있을 만큼 충분히 높아야 하고, 검증력 분석과 표본 크기 계산의 중요성에 대한 인식이 증가하고 있는 만큼 적절한 실험설계가 필수적이다.

2.5 측정 반응

균형잡힌 사료의 영양소는 모든 생리적 요구량과 양식 어종의 성장을 증진시키기 위한 것이다. 사료의 원료에는 긍정적, 부정적, 중립적으로 성장에 영향을 미치는 화합물이 포함될 수 있다. 연구자는 영양소, 첨가물 또는 대사조절원에 대한 동물의 통합 반응을 확실하고 정확하게 측정할 수 있는 생리학적 반응의 이해를 바탕으로 실험을 설계해야 한다.

2.5.1 증체량

새로운 조직의 증식인 성장은 사료 내 영양소 조성의 변화를 평가하는 가장 보편적인 반응이다. 수산동물의 성장 잠재력은 생활사와 유전적 변형, 환경조건, 영양섭취의 영향을 받는다. 성장은 생물의 무게 또는 길이의 변화로 측정할 수 있지만 증체량은 수산동물의 영양 연구에서 가장 일반적으로 측정되는 사항이다. 모든 실험 어류가 같은 중량에서 시작하면, 다른 사료 실험구의 증체량 반응은 다양한 방식으로 표현될 수 있다. 증체량 반응 계산 측정의 일반적인 예는 다음과 같다.

- 평균무게(Mean weight) = 동물의 총 무게/동물의 수
- 증체량(Weight gain) = 최종 무게(W_t) − 초기 무게(W_0)
- 증체율(Percent weight gain) = (최종 무게 − 초기 무게) × 100/초기 무게
- 동시 성장 속도(IGR: Instantaneous Growth Rate) = $W_t = W_0(1 + \alpha/100)\ t$
- $\alpha = (W_t - W_0) \times 100/t$, t = 시간(일)

성장률은 실험어의 특정 단계 반응에 적합한 모델에 기초해 기록되어야 한다(Dumas et al., 2010). 동물은 기하급수적으로 성장하지 않는다. 예를 들어, 일반적으로 유생기의 성장은 기하급수적이므로 IGR이 적절한 척도이지만, 이러한 척도는 유생기 성장을 제외한 다른 생활사의 성장 궤적을 예측하거나 기술하는 데 적합하지 않다(Dumas et al., 2010). 또한 변환은 초기 무게에 크게 의존하기 때문에 불가피한 시스템적(systematic) 편차를 발생하게 한다.

IGR는 여전히 성장률의 표현으로 사용되지만, 일반적으로 어류의 성장궤도를 제대로 반영하지 못하기 때문에 한계가 존재한다. IGR는 연구, 실험기간에 비교 적용을 하지 않으므로 이 수학적 모델을 사용하면 안된다.

수온과 관련하여 어류의 성장을 표현하거나 예측할 수 있는 정확하고 유용한 계수는 체중 지수의 3분의 1을 기반으로 한다(Iwama and Tautz, 1981).

- 열단위 성장 계수(TGC: Thermal−unit Growth Coefficient) = $(\mathrm{FBW}^{1/3} - \mathrm{IBW}^{1/3})/\Sigma(T \times D) \times 100$
- 예상 최종 무게 = $\{\mathrm{IBW}^{1/3} + \Sigma(\mathrm{TGC}/100 \times T \times D)\}^3$

IBW (Initial Body Weight)는 초기 무게(g/fish), FBW (Final Body Weight)는 최종 무게(g/fish), D는 일수, T는 수온(℃)이다.

이 모델 방정식은 다양한 온도에서 무지개송어와 강송어, 브라운송어, 왕연어, 대서양연어의 실제 성장곡선을 나타내는 설득력 있는 증거이다. TGC 모델은 양식업에 널리 이용되어 왔다(Einen et al., 1995; Kaushik, 1998; Willoughby, 1999; Stead and Laird, 2000; Hardy and Barrows, 2002). Lupatsch et al.(2003)의 연구에서 TGC와 유사한 성장 모델을 사용했으나 어종(도미, 농어, 바리과)의 성장을 설명하기 위해 각기 다른 체중 지수가 구체적으로 적용되었다는 점에서 차이가 있었다.

TGC 값과 성장률은 종과 영양, 환경, 기타 요소에 따라 다르므로 특정한 양식 조건의 TGC는 과거의 성장기록 또는 유사한 양식 조건으로부터 얻은 기록을 사용하여 계산한다. 이 간단한 모델은 생활사에 걸쳐 무지개송어의 다른 성장 표본에 최근 적용하였고(Dumas et al., 2007) 이는 어류의 성장을 평가하는데 유용하다고 여겨진다. 편리한 응용에도 불구하고 온도 단위접근법은 온도가 성장을 위한 최적 조건과 상이하여 발생하는 체계적인 오류를 초래할 수 있다(Krogh, 1914; Hayes, 1949; Ricker, 1979; Jobling, 2003).

2.5.2 사료효율

새로운 조직의 증식은 사료조성과 사료 섭취량, 생리적인 상태에 영향을 받는 동물의 영양소 유지에 따른 순수 결과물이지만, 결과적으로는 일정하지 않다. 사료가 증체로 전환되는 것을 기술하는 데 가장 일반적으로

사용되는 용어는 사료 전환율(FCR: Feed Conversion Ratio, 증체량으로 나눈 총 사료 공급량) 또는 사료효율(FE: Feed Efficiency, 증체량을 총 사료 섭취량으로 나눈 값 × 100)이다. 이러한 기술적인 반응은 효율성의 정량적 측정이지만, 성장과 사료의 영양소 모두 다를 수 있기 때문에 완전한 기술적인 것은 아니다. 따라서 이 용어는 영양소 이용에 관한 제한적이고 기술적인 정보를 제공하며 주로 경제적 실용성을 평가하는 데 사용된다. 변환 효율의 정확한 측정은 높은 생존율과 섭취하지 않은 사료의 정확한 산정을 통해서만 이루어질 수 있다.

다른 계산된 반응은 다른 종의 연구에서 사용되었지만 항상 적절하게 적용되지는 않는다. 예를 들면 단백질전환 효율(PER: Protein Efficiency Ratio)은 단백질의 품질을 평가하기 위해 생쥐를 사용하여 보고된 문헌에서 유래하였는데, 사료 단백질 수준과 일일 공급량이 일정하고 기준량 이하로 공급될 때 공급된 단백질의 단위당 증체량으로 정의된다. 이 분석은 개별적인 사육실험 내에서 실험구 반응의 비교에 적용되지만 조건이 거의 동일하지 않기 때문에 다른 실험 간의 비교는 제한적이다. 사료 실험구에 대한 실험 어체의 반응을 알아보기 위한 유익한 방법은 일반적으로 증가한 체중의 구성 성분을 확인하는 것이다.

2.5.3 조직 구성

일반적으로 지질보다 단백질로 이뤄지는 조직 합성에 따라 식품으로 생산되는 수산생물이 바람직한 형태이다. 따라서 대부분의 영양 실험에서 어류의 전체 조직의 일반성분(단백질과 지질, 회분, 수분 함량)과 총 에너지량은 사육실험 전후에 결정된다. 사료의 단백질, 지질 또는 에너지의 보유량은 다음과 같이 계산된다.

보유량(%) = {최종 무게 × 최종 영양소(또는 에너지) 함량} – {초기 무게 × 초기 영양소(또는 에너지) 함량} × 100/영양소(또는 에너지) 섭취량

동물은 유전적으로 결정된 성장 회로(Oldham et al., 1997)를 따르기 위해 영양적으로 균형 잡힌 충분한 양의 사료를 섭취하려고 하는데, 최대 단백질 축적과 어체 증가율은 성장의 구성과 구성 성분의 영양소 요구량을 결정한다(Schinkel and de Lange, 1996). 따라서 사료 내 단백질은 아미노산 요구량의 주요 결정인자이기 때문에 Rodehutscord et al.(1997), Susenbeth et al.(1999), Hauler and Carter (2001) 등이 제안한 대로 요구량의 정보는 단백질 또는 라이신의 함량과 관련된다. 영양소 요구량의 추정치는 반응 매개변수에 영향을 받는데, 예를 들면 단백질 증가를 극대화하기 위한 요구량은 증체량을 극대화하는 데 필요한 것보다 높다(Bureau and Encarnação, 2006).

증체량과 단백질 함량은 미네랄 같은 일부 미량영양소에 대한 요구량 연구에 크게 영향을 미치지 못한다. Wilson and El Naggar (1992)는 차넬메기의 증체량이 사료 내 추가적인 칼륨의 보충에 정량적으로 반응하지 않는다고 보고하였고, 결과적으로 이 종의 요구량은 어류 생체 내 칼륨 함량에 근거한 것이었다. 농어가 생체 내에서 이용하는 미네랄의 경우, 칼륨(Shiau and Hsieh, 2001), 나트륨(Shiau and Lu., 2004), 망간(Lin et al., 2008a)의 하이브리드 티타늄과 셀레늄(Lin and Shiau, 2005), 구리(Lin et al., 2008b) 등이 있다. 비타민과 같은 다른 영양소의 경우, 효소 활성이나 영양소 또는 그 대사산물의 조직 수준과 같은 준임상적 측정에 민감할 수 있음에도 장기간 연구에서 얻은 성장 자료는 일부 미량원소에 대한 사료 요구량을 결정하는 중요한 방법으로 남아 있다. 따라서 미량영양소에 대한 조직 연구는 성장과 사료 섭취 자료에 중요한 역할을 수행한다.

성장 반응에 대한 연구 외에도 조직의 효소 활성 측정은 생물의 영양 상태의 기능적 특성이 제공되기 때문에 일부 미네랄과 비타민의 영양소 요구량 연구에 유용하지만(Cowey, 1976), 비타민이 구성성분 또는 보조인자인 주요 효소의 활성에 기초하기 때문에 요구량을 결정하려는 시도는 성공하지 못했다(Yen et al., 1976;

Anderson et al., 1978). 이 접근법은 효소의 활성과 동물의 성장 단계별 간 상관관계에 의문을 제공하였음에도 불구하고, 효소 활성은 종종 초기 결핍의 유용한 지표임은 분명하다. 최근 연구에 따르면 사료 영양소는 유전자 발현 산물을 생성할 수 있으며 이러한 지식은 영양소 요구량을 결정하기 위한 기초를 마련한다(Cahu et al., 2003; Villeneuve et al., 2006). 비타민 결핍과 과잉, 기타 사료성분(인지질)은 골격 발달을 위한 유전자 발현에 영향을 미친다.

2.6 정량적 영양소 요구량 추정

ANOVA, 비선형회귀(nonlinear regression)와 다양한 선형운동모형(linear kinetic models)을 사용한 평균분리시험(mean separation test)을 포함해 다양한 통계 분석이 수산생물의 영양소 요구량의 정량화에 이용되었다. 평균분리는 기술적으로 영양분의 단계적 수준에 따라 공급되어 나타나는 양적자료의 정확한 통계 분석은 아니다. 또한 이 접근법은 성장을 극대화하기 위해 필요한 최소 수준의 영양소를 정확하게 예측하지 않기 때문에 사용이 제한적이다. 평균분리 기술과 달리 다양한 유형의 회귀분석 또는 근사반응곡선(fitting response curves)은 다양한 범위의 실험구를 설정할 경우 첨가 함량에 따른 영양소 수준의 반응을 평가하는데 선호되는 방법이다. 근사반응곡선의 경우 선형(파선모델)접근 방식뿐만 아니라 여러 가지 비선형 모델에 적용하여 활용되었다. Shearer (2000)는 어떠한 영양소 요구량도 실험설계와 그에 상응하는 통계적 절차에 따라 면밀히 연구되어야 한다고 강조했다. 그는 회귀분석을 사용하여 이전에 발표된 ANOVA와 파선분석에서 파생된 어류의 영양소 요구량 추정치가 과소평가된 것을 확인하였으며, 이는 주로 부적절한 선택의 통계 분석 때문이었던 것으로 나타났다.

2.6.1 파선분석(Broken-Line Model)

파선분석은 수산생물의 영양소 요구량 연구에서 섭이량-반응 자료를 평가하는데 가장 널리 사용되는 방법이었다. 이 기법에서는 섭이량-반응 관계를 모델링하기 위해 두 개의 직선을 사용하는 것을 포함한다(Robbins et al., 1979).

이 선형분석에서는 사료의 제한된 필수영양소의 섭취 증가에 따른 동물의 성장반응은 요구량이 충족될 때까지 선형적으로 증가하고, 그 후에는 수평선(기울기 = 0) 또는 부정적인 반응이 관찰된다. 중단점은 최대 반응을 일으키는 영양소 요구량 또는 최소 영양소 수준에 해당한다.

파선모델의 일반 방정식은 다음과 같다.

$$Y = f + 0.5g(x - h - |x - h|)$$

여기서 Y는 측정된 반응(증체량 g/어체 중량), x는 독립변수(g/kg 사료 내 영양분 농도), f는 세로좌표, h는 중단점의 가로좌표, g는 $x < h$에 대한 선의 기울기를 나타낸다.

이 모델은 일반 최소 제곱기법을 사용하여 여러 값의 x 대비 f와 g의 최소 제곱 추정을 얻는데 적합하며, h의 최대 가능도 추정치는 모형 제곱합을 최대화하는 h의 값으로 적용된다(Robbins et al., 1979).

많은 아미노산의 경우 섭취량과 증체량이 선형적으로 관련되어 있다. 따라서 요구량 곡선의 회귀분석은 주로 두 직선 함수의 교차점을 '요구량'이라 정의하는 직접적이고 편리한 방법으로 요구량 연구를 위한 모형이 되었다. 따라서 이 방법은 반응곡선의 해석을 단순화한 것이다. 그러나 일반적으로 이 모델은 다음에 설명하

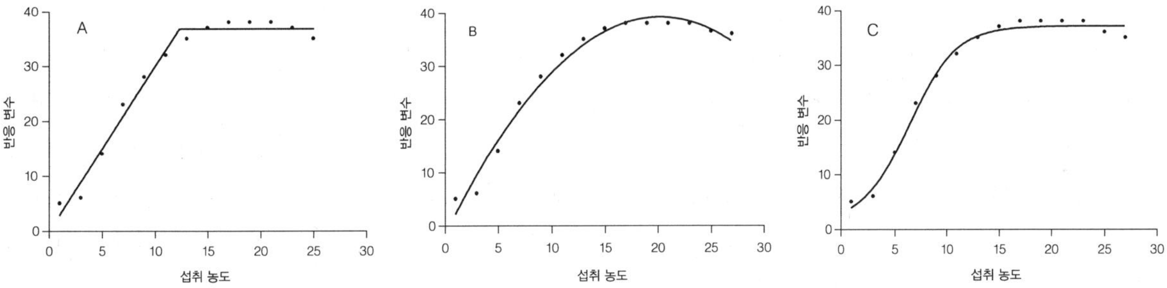

그림 2-1 용량-반응 실험 해석 모델. A: 점선 회귀(broken-line regression) B: 지수 모델(exponential model) C: S자형 모델(sigmoidal model)

는 다른 모형보다 요구량 추정치가 낮게 나타난다. 회귀분석이 사용되는 경우 각 실험구의 전체 평균 자료를 사용하는 일반적인 방법보다는 각 실험구의 반복구에서 파생된 모든 자료가 포함되어야 한다.

2.6.2 비선형분석(Nonlinear Models)

비선형분석은 자료가 파선분석에 적합하지 않은 상황을 해결하기 위해 사용되었다. 이 경우 동물의 증체량이 최대치에 도달한 후 유의적으로 감소하였다. 따라서 비선형분석은 종종 '수확 체감'이라고 하는 생물학적 원리에 기반을 두고 있다. 모든 비선형 접근법 중에서 지수함수(Rodehutscord et al., 1995; 1997)와 S자(Mercer et al., 1989; Gahl et al., 1991) 모형은 수산생물의 요구량 연구에서 일반적으로 사용되어 왔고(**그림 2-1b와 c**), 이 모델의 최대 반응 한계는 95%이다.

지수 모형(**그림 2-1b**)의 경우 증가하는 영양소 섭취에 따른 반응은 선형이 아니며 최대 영양이 실현되는 수준에서 사료 영양소의 동일한 증량이 추가되기 때문에 증가하는 증량으로 정의된다(Gahl et al., 1991). Rodehutscord et al.(1995)에서 유도된 지수 모형은 다음과 같다.

$$Y = Y_{max}(1-e^{-b(x-c)})$$

여기서 Y_{max}는 곡선의 정점(위 점근선)이고 b는 곡선의 기울기를 설명하는 매개변수이며 c는 $y = 0$일 때 x이다.

고도로 결핍된 수준에서 제한한 영양소의 첫 번째 첨가는 반응(선형)을 현저히 증가시킨다. 그 이상의 효과가 증가하지 않을 때까지 곡선의 기울기가 점차 감소하여 첨가량을 증가시키면 점차 감소한다. 비선형 곡선으로 추정되는 요구량은 일반적으로 증체량과 단백질 증가, 생존율 같은 경우는 최대 반응의 95%를 달성하는 데 필요한 영양분 함량으로 계산한다.

S자형 응답분석(**그림 2-1c**)은 반응 곡선의 S자 모형을 설명하기 위한 4개의 매개변수로 구성된다(Mercer et al., 1989). 이 영양분 반응곡선의 다른 부분을 임계치, 결핍, 적절, 최적수준이라고 정의되었으며, 포화 동력모형(SKM)의 개발을 위해 저해 상수가 포함되었다.

Gahl et al.(1991)에서 유래된 S자 모형은 다음과 같다:

$$Y = \frac{Y_{max} + (d(1+m) - Y_{max})e^{-kx}}{1 + m\, e^{-kx}}$$

여기서 곡선의 정점은(위쪽 점근선), d는 y축의 절편, k는 x의 축적 매개변수, m은 변곡점을 찾는 모양 매개

변수이다.

비선형 접근분석(nonlinear approach model)은 생물학적 반응을 설명하는 데 가장 적합하다고 제안되어 왔다(Mercer et al., 1989; Gahl et al., 1991; NRC, 1993; Cowey, 1994; Rodehutscord and Pack, 1999). 그러나 다른 모형이 사용된다면 실험설계, 특히 평가 대상인 영양소 농도의 범위를 고려하는 것이 중요하다. 영양소가 매우 부족한 상태에서 확실한 억제에 이르기까지 사료 내 농도가 매우 광범위하다면 저해가 있는 SKM이 가장 적절한 접근법으로 보인다(Rodehutscord and Pack, 1999). 그러나 발표된 영양소 요구량 연구의 대부분은 설계된 실험에서 연구된 영양소의 최대 농도로 나타낸다.

S자 모형 접근법은 일반적으로 반응 곡선 상승 구간의 선형 또는 거의 선형에 가까운 부분이 더 잘 묘사되기 때문에 영양소의 섭취 농도가 심각한 결핍 상태에서 최적의 상태로 변화하는 요구량 연구에서 지수적 접근법보다 우수하다(Rodehutscord and Pack, 1999). 그러나 영양소가 제한된 범위 내에서 평가한다면 단순하고 해석하기 쉬운 지수 접근 방식을 사용하는 것이 좋으며(Rodehutscord and Pack, 1999), 이 접근법은 사료 성분이 심하게 결핍된 영양분 수준을 포함하는 사료의 제형을 배제하는 연구에 특히 적합하다.

무지개송어의 필수아미노산(EAA) 요구량은 지수 모형(Rodehutscord et al., 1995)과 4가지 매개변수 로지스틱 함수(four parameter logistic equation models, Gahl et al., 1991), SKM (Mercer et al., 1989), 점선 모형(Robbins et al., 1979)의 적응에 적용한다. 요구량의 추정치는 사용된 모델에 따라 상당히 다르고 의존적이었다(Rodehutscord and Pack, 1999). 분석된 EAA에서 가장 낮은 요구량은 파선분석에서 나왔으며 지수 모델을 사용한 예상 요구량은 가장 높았다. Encarnação et al.(2004)은 파선 모델을 사용하여 지수와 4가지 매개변수 로지스틱 함수 모델에서 유도된 것보다 라이신(사료의 1.8%) 요구량이 낮을 수 있다는 점을 보고하였다(사료의 2.3%). 사료 내 예상 요구량(2.3%)은 Rodehutscord et al.(1997)과 유사한 자료 분석 모형에 사용되었다. 앞서 언급한 연구 비교 결과는 NRC (1993)에서 제안되었고 파선분석을 통한 무지개송어(사료의 1.8%)의 요구량이 체중 증가를 극대화하는 라이신 값보다 낮다는 것을 시사한다. 두 선형 함수의 절편은 체중 증가를 최대화하는 라이신 값보다 낮기 때문에 증가하는 아미노산 값에 나타나는 동물의 반응을 정확하게 나타내지는 못한다.

2.6.3 요인분석(Factorial Model)

Shearer (1995)는 요인성 모형을 통해 어류의 영양소 요구량을 결정하는 독특한 방법을 소개했다. 이 모형은 사료 내의 영양소 생체 이용률, 물에서 얻은 영양소 가용성, 새로운 조직의 합성에 관한 요구량과 내인성 손실 같은 요인을 결정해야 했다. 제안한 접근법은 이 모형을 통해 도출된 영양소 요구량이 다양한 다른 경험적 접근법에서 도출한 요구량보다 더 광범위한 적용 가능성이 있다는 주장에 기반을 두고 있다.

2.6.4 생물에너지학 분석(Bioenergetic Modeling)

기존의 다른 분석 방법은 생물에너지 모형을 사용하여 주로 단백질과 에너지의 영양소 요구량을 예측하는 것이다. 이 분석법은 제13장에서 설명할 것이다.

2.7 결론

현재 어류와 새우의 영양 연구에 사용된 많은 방법론적 원리가 육상동물의 영양 조사에서 비롯되었지만 연구 중인 종의 다양성과 수산양식 때문에 새롭고 다양한 접근법이 필요하다. 제한적 또는 만복 공급의 사용 여부 같은 실험적 방법은 연구의 목적에 따라 결정된다. 그럼에도 불구하고 이 장에서 제공하는 권장 사항은 실험설계와 데이터 수집, 결과 분석에서 유지되어야 할 중요한 기능과 관련하여 모든 종에 걸쳐 적용된다. 방법론의 지속적인 개선이 때로는 종에 따라 달라지므로 얻는 결과의 신뢰도가 높아진다. 미래의 연구는 영양소 자체 간의 상호작용과 가용성에 영향을 미치는 항영양인자의 이해를 높이는 데 더 중점을 두어야 하며, 사육 시스템과 생물의 특정 성장 단계, 측정된 반응변수 또는 담수 · 해양 · 연안 여부에 따라 차이가 존재할 수 있으므로 영양소 요구량에 관한 지식을 적용할 때는 주의를 기울여야 한다.

영양소 요구량 정보는 효율적인 비용과 실질적인 배합사료 개발을 위한 기초를 제공한다. 요구량을 충족시키기 위해서는 영양 성분과 실제 사료의 유용성 관련 지식이 필요하다. 수조에서 양식하는 종의 경우 1 · 2차 생산성이 영양소 요구량의 충족에 기여할지도 모른다. 집약적양식은 영양 균형이 잡힌 사료가 필요한 반면에 밀도가 감소된 반집약적인 조방적양식에서는 자연에서 얻는 영양물질을 이용할 수 있기 때문에 자연 먹이의 기여도에 따라 요구량을 낮출 수 있다. 영양소 요구량 관련 지식과 자연적으로 생산되는 영양분의 상대적인 기여도를 종합하면 수산 양식에 효과적인 사료를 개발할 수 있다.

참고문헌

Anderson, P. A., D. H. Baker and S. P. Mistry. 1978. Bioassay determination of the biotin content of corn, barley, sorghum and wheat. J. Anim. Sci. 47:654-659.

Baker, D. H. 1986. Problems and pitfalls in animal experiments designed to establish dietary requirements of essential nutrients. J. Nutr. 116:223-2249.

Bausell, R. B., and Y. Li. 2002. Power Analysis for Experimental Research. A Practical Guide for the Biological, Medical and Social Sciences. Cambridge, UK: Cambridge University Press.

Bureau, D. P., and P. M. Encarnação. 2006. Adequately determining the amino acid requirements of fish: The case example of lysine. Pp. 29-51 in Avances en Nutricion Acuicola VIII, L. E. Cruz-Suarez, D. Ricque-Marie, M. Tapia-Salazar, M. G. Nieto-Lopez, D. A. Villareal Cavazos, A. Puello Cruz, and A. Garcia-Ortega, eds. VIII Simposium Internacional de Nutricion Acuicola, 15-17 November 2006. Mazatlan, Sinaloa, Mexico. Monterrey, Nuevo Leon, Mexico: Universidad Autonoma de Nuevo Leon.

Cahu, C., J. Z. Infante, and T. Takeuchi. 2003. Nutritional components affecting skeletal development in fish larvae. Aquaculture 227(1-4):245-258.

Cowey, C. B. 1976. Use of synthetic diets and biochemical criteria in the assessment of nutrient requirement of fish. J. Fish. Res. Board Can. 33:1040-1045.

Cowey, C. B. 1992. Nutrition: Estimating requirements of rainbow trout. Aquaculture 100:177-189.

Cowey, C. B. 1994. Amino acid requirements of fish: A critical appraisal of present values. Aquaculture 124:1-11.

D'Abramo, L. R., W. H. Daniels, P. Gerard, W. H. Jun, and C. G. Summerlin. 2000. Influence of water volume, surface area, and water replacement rate on weight gain of juvenile freshwater prawns Macrobrachium rosenbergii. Aquaculture 182:161-171.

Dumas, A., J. France, and D. P. Bureau. 2007. Evidence of three growth stanzas in rainbow trout (*Oncorhynchus mykiss*) across life stages and adaptation of the thermal-unit growth coefficient. Aquaculture 267:139-146.

Dumas, A., J. France, and D. P. Bureau. 2010. Modelling growth and body composition in fish nutrition: Where have we been and where are we going? Aquac. Res. 41:161-181.

Einen, O., I. Holmefjord, T. Åsgård, and C. Talbot. 1995. Auditing nutrient discharges from fish farms: Theoretical and practical considerations. Aquac. Res. 26:701-713.

Encarnação, P., C. de Lange, M. Rodehutscord, D. Hoehler, W. Bureau, and P. Bureau. 2004. Diet digestible energy content affects lysine utilization, but not dietary lysine requirements of rainbow trout (*Oncorhynchus mykiss*) for maximum growth. Aquaculture 235:569-586.

Gahl, M. J., M. D. Finke, T. D. Crenshaw, and N. J. Benevenga. 1991. Use of four-parameter logistic equation to evaluate the response of growing rats to ten levels of each indispensable amino acid. J. Nutr. 121:1720-1729.

Hardy, R. W., and F. T. Barrows. 2002. Diet formulation and manufacture. Pp. 505-600 in Fish Nutrition, 3rd Edition, J. E. Halver and R. W. Hardy, eds. San Diego, CA: Academic Press.

Hauler, R., and C. Carter. 2001. Lysine deposition responds linearly to marginal lysine intake in Atlantic salmon (*Salmo salar* L) parr. Aquac. Res. 32(suppl. 1):147-156.

Hayes, F. R. 1949. The growth, general chemistry, and temperature relations of salmonid eggs. Q. Rev. Biol. 24:281-308.

Iwama, G. K., and A. F. Tautz. 1981. A simple growth model for salmonids in hatcheries. Can. J. Fish. Aquat. Sci. 38:649-656.

Jobling, M. 2003. The thermal growth coefficient (TGC) model of fish growth: A cautionary note. Aquac. Res. 34:581-584.

Kaushik, S. J. 1998. Nutritional bioenergetics and estimation of waste production in non-salmonids. Aquat. Living Resour. 11:211-217.

Krogh, A. 1914. On the influence of the temperature on the rate of embryonic development. Z. Allg. Physiol. 16:163-177.

Lin, Y.-H., and S. Y. Shiau. 2005. Dietary selenium requirements of juvenile grouper, *Epinephelus malabaricus*. Aquaculture 250:356-363.

Lin, Y.-H., S.-M. Lin, and S.-Y. Shiau. 2008a. Dietary manganese requirements of juvenile tilapia, *Oreochromis niloticus* × *O. aureus*. Aquaculture 284:207-210.

Lin, Y.-H., S.-M. Lin, and S.-Y. Shiau. 2008b. Dietary copper requirements of juvenile grouper, *Epinephelus malabaricus*. Aquaculture 274:161-165.

Lupatsch, I., G. Wm. Kissil, and D. Sklan. 2003. Comparison of energy and protein efficiency among three fish species: gilthead seabream (*Sparus aurata*), European seabass (*Dicentrarchus labrax*) and white grouper (Epinephelus aeneus): Energy expenditure for protein and lipid deposition. Aquaculture 225:175-189.

Mercer, L. P., H. E. May, and S. J. Dodds. 1989. The determination of nutritional requirements in rats: Mathematical modeling of sigmoidal, inhibited nutrient-response curves. J. Nutr. 119:1465-1471.

NRC (National Research Council). 1993. Nutrient Requirements of Fish. Washington, DC: National Academy Press.

Oldham, J. D., G. C. Emmans, and I. Kyriazakis.1997. Limits and limitations to nitrogen use in farm animals. Proc. Nutr. Soc. 56:525-534.

Ricker, W. E. 1979. Growth rates and models. Fish Physiol. 8:677-743.

Robbins, K. R., H. W. Norton, and D. H. Baker. 1979. A flexible growth function for empirical use. J. Exp. Bot. 10:290-300.

Rodehutscord, M., and M. Pack. 1999. Estimates of essential amino acid requirements from dose-response studies with rainbow trout and broiler chicken: Effect of mathematical model. Arch. Anim. Nutr. 52:223-244.

Rodehutscord, M., S. Jacobs, M. Pack, and E. Pfeffer. 1995. Response of rainbow trout (*Oncorhynchus mykiss*) growing from 50 to 150 g to supplements of DL-methionine in a semipurified diet containing low or high levels of cysteine. J. Nutr. 125:964-969.

Rodehutscord, M., A. Becker, M. Pack, and E. Pfeffer. 1997. Response of rainbow trout (*Oncorhynchus mykiss*) to supplements of individual essential amino acids in a semipurified diet, including an estimate of the maintenance requirement for essential amino acids. J. Nutr. 127:1166-1175.

Schinkel, A. P., and C. F. M. de Lange. 1996. Characterization of growth parameters needed as inputs for pig growth models. J. Anim. Sci. 74:2021-2036.

Shearer, K. D. 1995. The use of factorial modeling to determine the dietary requirements for essential elements in fishes. Aquaculture 133:57-72.

Shearer, K. D. 2000. Experimental design, statistical analysis and modeling of dietary nutrient requirements studies for fish: A critical review. Aquacult. Nutr. 6:91-102.

Shiau, S.-Y., and J. F. Hsieh. 2001. Dietary potassium requirement of juvenile grass shrimp *Penaeus monodon*. Fish. Res. 67:592-595.

Shiau, S.-Y., and L.-S. Lu. 2004. Dietary sodium requirement determined for juvenile hybrid tilapia (*Oreochromis niloticus* × *O. aureus*) reared in fresh water and seawater. Brit. J. Nutr. 91:585-590.

Stead, S. M., and L. Laird. 2000. Handbook of Salmon Farming. New York: Springer.

Susenbeth, A., T. Dickel, A. Diekenhorst, and D. Hohler. 1999. The effect of energy intake, genotype, and body weight on protein retention in pigs when dietary lysine is the first-limiting factor. J. Anim. Sci. 77:2985-2989.

Villeneuve, L. A. N., E. Gisbert, J. Moriceau, C. L.Cahu, and J. L. Zambo-nino Infante. 2006. Intake of high levels of vitamin A and polyunsaturated fatty acids during different developmental periods modifies the expression of morphogenesis genes in European sea bass (*Dicentrarchus labrax*). Br. J. Nutr. 95(4):677-687.

Willoughby, S. 1999. *Manual of Salmonid Farming*. Oxford, UK: Fishing News Books, Blackwell Science.

Wilson, R. P., and G. El Naggar. 1992. Potassium requirement of fingerling channel catfish, *Ictalurus punctatus*. Aquaculture 108:169-175.

Yen, J. T., A. H. Jensen, and D. H. Baker. 1976. Assessment of the concentrations of biologically available vitamin B-6 in corn and soybean meal. J. Anim. Sci. 42:866-870.

제 3 장

어류와 새우의 소화생리학

소화란 영양분이 소화 장벽을 통과하여 생리적 과정을 지원할 수 있도록 작은 입자로 용해, 분해하는 과정이다. 이 장에서는 양식과 관련된 어류와 새우의 소화 기능의 상대적인 측면을 검토할 것이다. 영양소 요구량을 충족시킬 수 있는 사료를 제조하려면 소화 과정의 이해가 필요하므로 먼저, 어류와 새우의 섭취 생태에 대한 여러 고려 사항을 제시하고, 다음으로 소화기관의 구조와 소화관 중 다른 부분의 분비물, 효소 활동, 가수분해 과정, 영양소 이동을 설명할 것이다. 이 장은 어류와 새우의 성어기 단계와 주요 영양소인 단백질과 지질, 탄수화물을 소화하는 능력에 중점을 둘 것이며, 치어기와 관련해서는 다른 장에서 부분적으로 기술할 것이다. 이 장의 내용은 Ceccaldi (1997), Carrillo–Farnes et al.(2007), Cyrino et al.(2008), Kuz'mina (2008), Holmgren and Olsson (2009) 등의 논문과 책을 참고하여 기술하였다.

3.1 어류

어류가 무엇을 섭취하는가에 대한 지식은 어류의 해부학적, 생리학적 특성의 다양성을 이해하는 데 도움이 된다. 일부 어종은 사체를 섭취하고, 또 다른 어종은 살아 있는 어류를 섭취하는데 그중 일부는 미생물만 섭취하고, 다른 일부 어종은 더 큰 식물과 동물을 섭취하기도 하며, 또 다른 일부 어종은 그들이 찾은 먹이가 무엇이든 기회가 있을 때 섭취한다. 야생에서 어류의 먹이는 사체, 식물플랑크톤, 동물플랑크톤, 미세조류와 대형조류, 수산식물, 중형저서생물, 곤충, 갑각류, 연체동물, 패류, 어류, 종자와 과일, 심지어 새와 포유동물까지도 포함된다(Platell and Potter, 2001; Lundstedt et al., 2004; De Almeida et al., 2006). 자연에서 먹이의 주요 성분에 따라 어류를 분류하는 한 가지 방법은 다음과 같다. 초식성 어류(방구스와 잉어), 잡식성 어류(차넬메기와 틸라피아), 육식성 어류(연어, 배스, 도미류, 넙치와 농어). 그러나 먹이의 선택이 비슷한 종끼리도 장의 해부학적 구조에서는 큰 변화가 있을 수 있으며, 같은 종 내에서도 발달 단계에서 차이가 발생할 수 있다.

3.1.1 소화기관의 구조적, 기능적 측면

어종 간 소화관의 해부학적 구조와 조직형태의 변화는 다른 어떤 계통보다 더 크다(Buddington and Kuz'mina, 2000a,b). 이 소화관은 입, 인두, 식도 · 위 · 전장, 유문수를 포함한 중장, 말단 또는 후장을 포함한 직장에서 종결된다. **그림 3–1**은 소화관의 해부학에 따라 네 가지 범주로 분류된 어류 소화관의 일반적인 특성을 보여준다.

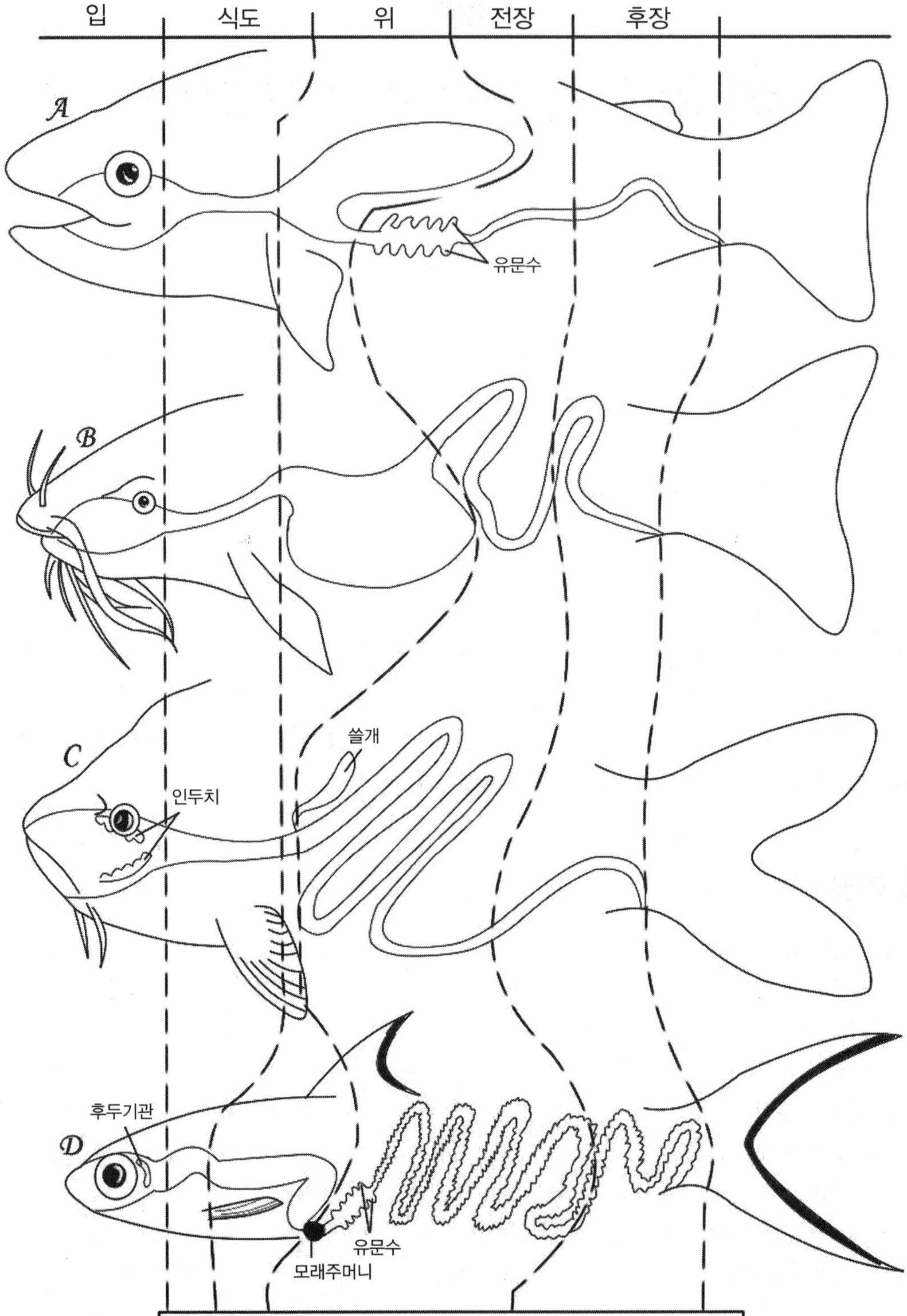

A. Y자 모양의 위를 가진 육식성 어류
B. 주머니 모양의 위를 가진 잡식성 육식동물
C. 위가 없는 잡식성 초식동물
D. 관모양의 위를 가진 소식성 플랑크톤 섭식동물

그림 3–1 어류의 소화 해부학.
Illustration courtesy of Victoria Blondin, University of Guelph, Ontario.

그림 3–2와 **그림 3–3**은 위와 유문수가 있는 일반적인 어류와 대서양대구의 내부 장기조직을 각각 보여준다. 특히 전장의 해부학적 구조는 아마 진화를 통해 발달했을 것이고, 효율적인 섭취와 소화를 가능하게 하도록 어종의 먹이 특성에 영향을 주었을 것이다. 바닥의 먹이를 섭취하는 종은 입이 아래쪽으로 향한 반면에 수면 위의 먹이를 섭취하는 종은 입이 위를 향하고 있다(Jobling, 1995). 어류의 구강 크기와 먹이의 크기는 밀접한 관계가 있는 것으로 보이나, 항상 일치하는 것은 아니며(Platell and Potter, 2001), 대표적인 예로 세계에서 두 번째로 큰 물고기인 돌묵상어(*Cetorhinus maximus*)는 플랑크톤을 여과하여 섭취하는 어류이다.

대부분의 어종은 위가 없는 간단한 소화관을 가지고 부화되며, 유생과 치어기를 거쳐 위장관(GI: Gastrointestinal)은 더 복잡한 구조로 발달하게 된다. 일부 어류는 짧고 비교적 간단한 관을 유지하는 반면에 어떤 어류는 길고 복잡한 관을 가지고 있다. 주로 초식성 어류의 성어기 때 위가 존재하지 않으며, 위가 없는 대부분의 어류는 미세물질 또는 유기물을 섭취한다. 반면에 Cyprinid Colorado squawfish (*Ptychocheilus oregonensis*) 같은 어류는 위가 없지만 육식성 어류이다(Jobling, 1995).

어류는 먹이를 포획하는 방식이 다양한데, 백상아리(*Carcharodon carcharias*) 같은 일부 어류는 이빨로 먹이를 포획한다. 연어는 먹이를 물과 함께 빨아들여 장에 넣는 반면에 *Piaractus mesopotamicus* 같은 파쿠(pacu, 남미산 열대어)는 사람의 치아처럼 씹고 갈아서 섭취한다. 백련어(*Hypophthalmichthys molitrix*), 푸른틸라피아(*Oreochromis aurea*), 나일틸라피아(*Oreochromis niloticus*) 같은 많은 종은 다량의 물을 빨아들이고 여과하여 플랑크톤을 섭취하고, 아가미의 새파로 먹이를 모은다(Sims, 2008).

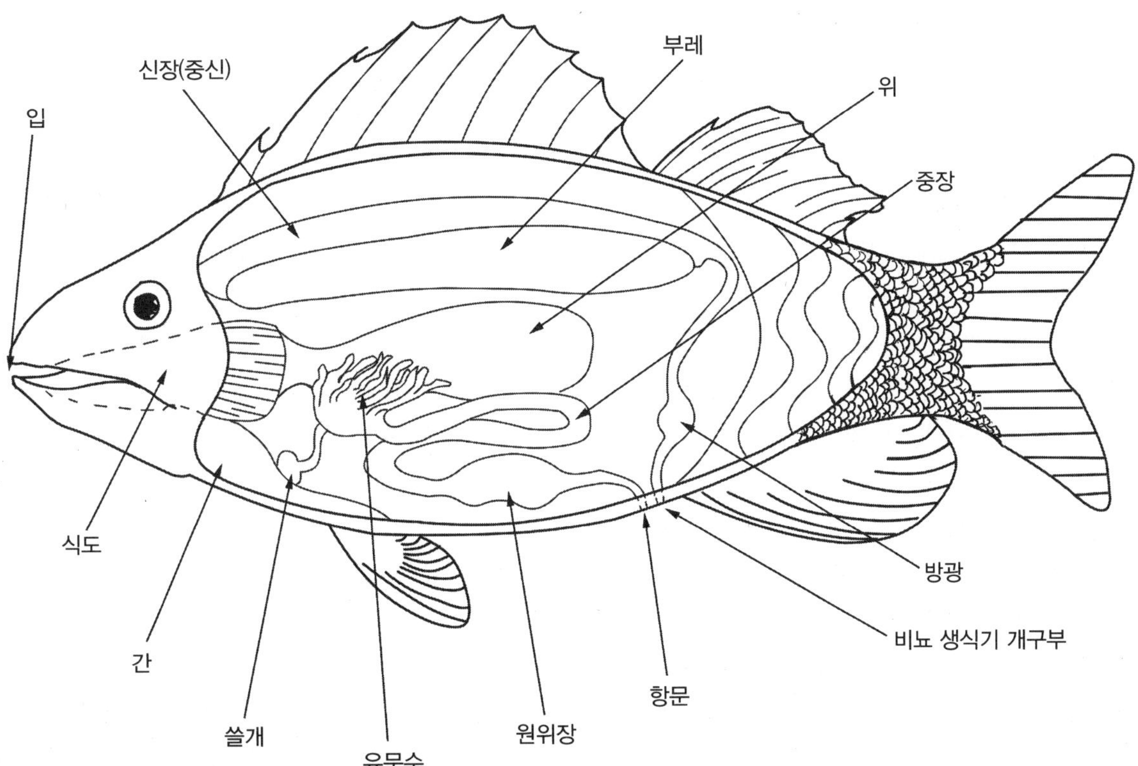

그림 3–2 어류의 일반적 장기 조직.
Illustration courtesy of Victoria Blondin, University of Guelph, Ontario.

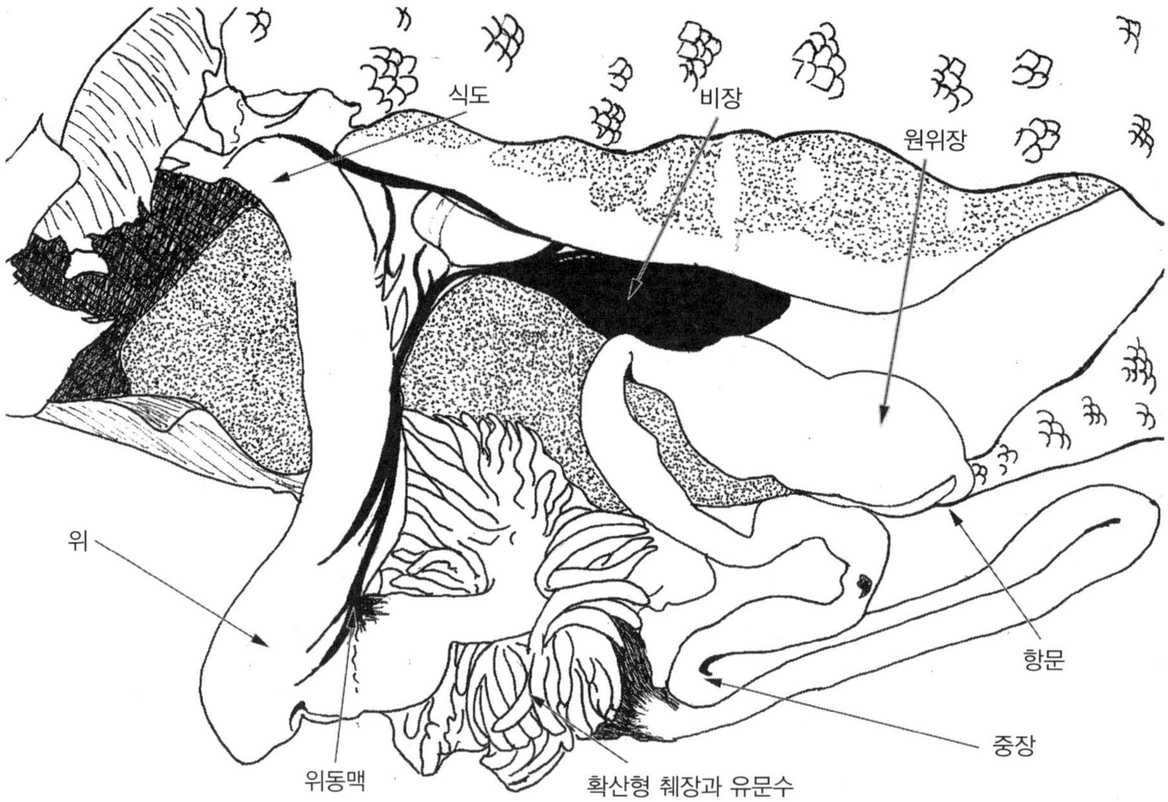

그림 3-3 대서양대구(*Gadus morhua*)의 위, 유문수 모양.
Illustration courtesy of Victoria Blondin, University of Guelph, Ontario.

물고기 위는 직선에서 U자형과 T자형 등 다양한 해부학적 구조를 보인다(Suyehiro, 1941). 위가 없는 일부 어류는 장내에 먹이를 갈아주는 역할을 수행하는 모래주머니 모양의 구조를 가지고 있다. 마찬가지로 장 또한 짧고 곧은 것부터 길고 복잡한 것으로 다양하다. 장은 다양한 만곡의 나선형 또는 공과 같은 3차원 형태일 수 있다. 연골 어종과 같이 장이 짧은 일부 어종은 표면이 내강 나선형 판막이 형성되어 증가한다. 어떤 어종은 1개에서 수백 개의 유문 부속기관이 형성되어 있다. 원위장 구조는 일반적으로 근위 구획과 다르며 매우 복잡할 수 있다(Suyehiro, 1941). 원위 구조의 기능적 형태와 생화학적 부분은 포유동물과 달리 물과 미네랄뿐만 아니라 단백질과 지질, 탄수화물, 거대분자가 이 기관에서 가수분해되어 흡수되는데, 이는 항원표출과 면역기능에서 매우 중요한 기관인 것으로 여겨진다(McLean and Ash, 1986, 1987a,b; Sire and Vernier, 1992; Amthauer et al., 2000a,b). 일부 종(예: 대서양대구, *Gadus morhua*)에서 원위장에는 식이섬유 성분을 발효시키는 부분이 있다. 그러나 대부분의 어종에서 장을 통과하는 속도가 빠르기 때문에 어류의 영양분 공급을 위한 발효의 양적인 중요성은 제한적이다(Kuz'mina, 2008).

소화관과 외분비 췌장, 간장 중 부속 기관의 해부학적 구조와 형태학적 구조 또한 어종 간에 높은 변동성을 보여주는데, 그 중에서 췌장 조직이 가장 다양한 변화를 나타낸다. 췌장은 철갑상어(*Acipenser* spp.) 같은 일부 종에서는 뚜렷한 기관이지만, 연어와 도미를 포함한 대부분의 종에서는 간(간췌장)으로서 장과 혈관을 따라 장간막 조직에 간헐적으로 산재되어 있다. 확산형 어류 췌장의 구조와 기능은 연구하기 어렵기 때문에 알려진 것이 많지 않다. 그러나 다발적으로 발견되는 췌장의 선포세포는 장에서 신호를 받으면 췌장관으로 수렴하는 세관(tubules)으로 분비되는 소화 효소를 생성하고 저장하는 것으로 여겨진다(Kurokawa and Suzuki, 1996; Morrison et al., 2004). 물과 중탄산염은 세포로부터 세관을 따라 공급된다. 일부 어종에서는 세관이 주요 췌장관으로 수렴하여 장, 담관 또는 두 기관 모두로 연결되는 반면에 다른 세관에서는 많은 미세세관이 유문수 또는 장으로 직접 개통하게 된다(Einarsson and Davies, 1997).

대부분 어종의 간은 단일 기관으로 구성되며 일부는 2개 이상의 엽(lobes, 구분된 부분)이 있다. 척추동물과 달리 어류의 간은 소포 단위의 소엽으로 조직되어 있지 않고(Rust, 2002) 혈관과 세관, 모세혈관의 복잡한 네트워크로 구성되어 있다. 담관은 담즙을 담낭으로 배출하고 간췌장이 있는 어류의 경우 췌장관은 췌장액을 장으로 배출한다. 간세포는 간의 주요 부분을 구성하여 글리코겐과 지질을 저장한다. 간지질 수준은 어종 간에 큰 차이가 존재한다. 대구 같은 일부 어종은 간에서만 지질을 저장하고 사료성분과 섭취량에 따라 다량으로 축적한다(Rosenlund et al., 2004). 대서양대구(*Gadus morhua*)의 간은 지질의 70%를 초과하는 반면에(Karlsen et al., 2006) 대서양연어는 일반적으로 10% 이하의 수준을 보인다(Pratoomyot et al., 2010). 또한 유럽 농어(*Dichentrarchus labrax*)의 간은 높은 지질 축적 능력이 있는 반면에 도미류는 연어에 필적하는 수준으로 지질을 축적한다(Peres et al., 1999). 포유동물과 달리 조류와 유사하게 어류는 간문맥과 간을 통해 장에서 지질을 체내로 옮기는 것처럼 보인다. 지질과 더 큰 분자와 복합체를 운반하는 암죽관은 어류에서는 관찰되지 않는다. 고탄수화물을 섭취한 어류는 보통 간에서 높은 글리코겐을 축적하게 되며, 이런 경우 간 기능이 손상될 수 있다(Hilton and Dixon, 1982). 이처럼 높은 글리코겐 축적과 관련된 메커니즘은 잘 알려지지 않았으므로 향후 연구가 필요하다(Enes et al., 2009).

3.1.2 분비(Secretions)

점액(Mucus)

점액은 소화관을 통해서 입에서 항문까지 특수화된 세포에서 분비된다. 물과 이온 뮤신(musins, 고도로 당화된 높은 수용성의 단백질)은 점액의 주성분이며 중탄산염과 항체를 함유할 수 있다. 점막에서 점액 생성세포의 밀도는 장의 부분마다 다양하며 일반적으로 구강 부위에서 낮고 장에서는 높다(Kuperman sad Kuzmina, 1994; Sklan et al., 2004; Abate et al., 2006; Diaz et al., 2008a; Dezfuli et al., 2009; Manjakasy et al., 2009). 점액 성분은 내인성 산과 알칼리, 소화효소의 작용으로 화학적 손상과 표면이 거친 사료 성분으로 발생하는 기계적 손상으로부터 기관의 표면을 보호한다. 또한 점액은 미생물과 화학물질로부터 신체를 보호하는데 중요하며, 동물의 건강 유지를 돕는다(Shephard, 1994). 점액 생성세포의 수와 점액의 흐름은 섭취 습관과 사료조성의 영향을 받을 수 있다. 사료 내 식물성 성분의 함량이 증가함에 따라 점액세포 수가 증가한다(Olsen et al., 2007).

위액(Gastric Juice)

위에서 분비되는 주요 소화액 성분은 펩시노겐과 염산이며, 두 성분은 위액과 함께 위벽에 내장된 세포에서 분비된다. 대부분 어류의 펩시노겐과 산은 동일한 세포 유형인 산분비성의 펩신세포에서 분비된다. 그러나 판새류(elasmobranchs) 같은 일부 어종에서는 펩시노겐 또는 염산을 분비하도록 특화된 것으로 보이는 위점막 세포가 산분비성의 펩신세포 중에서 발견된다(Holmgren and Oisson, 2009). 겨울에 가자미(*Pleuronectes americanus*)에서는 양성자 펌프를 나타내는 점액 생성세포가 관찰되었으며, 이는 이들 세포가 염산을 분비한다는 것을 의미한다(Gawlicka et al., 2001). 사료 섭취는 펩시노겐과 산의 분비를 자극한다. 그러나 펩시노겐 분비에 강한 영향을 미치는 일부 자극이 산 분비에는 약한 영향을 미치고 그 반대의 경우에도 약하게 영향을 미치기 때문에, 부분적으로 독립적인 조절이 일어나는 것으로 보인다(Holmgren and Oisson, 2009). 어종과 섭취율, 사료조성, 섭취 후 시간에 따라 위의 pH는 1에서 6까지 다양하다(Pérez-Jiménez et al., 2009). 위즙의 pH는 위벽에서 분비된 산과 먹는 물의 성분, 사료 성분의 완충 능력에 따른 결과이다. 단백질, 탄수화물, 미네랄은 완충 성분 중 하나이다(Thompson and Weber, 1979; Lawlor et al., 2005). 사료를 한 번 섭취한 후의 무지개송어 유미즙 pH 효과 연구에 따르면, 사료 섭취 전 위의 유미즙에서 pH가 3이하였으나 사료 섭취 직후 pH가 5에서 6사이로 상승한 것으로 나타났다(Bucking and Wood, 2006). pH는 사료 섭취 후 약 6시간까지는 일정한 상태로 유지되고, 24시간이 지난 후에는 pH가 4로 서서히 감소하였다. 청돔류(*Sparus aurata*)에서도 pH의 유사한 변화가 관찰되었다(Deguara et al., 2003). 다른 종에서와 마찬가지로 어류의 위 pH는 조절되고 있었고, 가스트린, 아세틸콜린, 그렐린, 오렉신 같은 자극제와 소마토스타틴, 산화질소, 도파민 같은 억제제가 포함되어 있었다(Schubert, 2009). 인간과 다른 비반추 육상동물에서 산성 분비를 촉진하는 히스타민이 어류에 존재하는지 여부는 관찰되지 않았으며, pH를 조절하는 메커니즘은 어류나 다른 동물 종에서도 정확히 규명되지 않고 있다(Schubert, 2009).

펩시노겐 전구효소는 염산작용에 따라 촉매된 위 내 펩신으로 활성화된다. 어류는 하나 이상의 형태로 펩시노겐을 분비하는 것으로 보이며, 다른 형태는 서로 다른 활성화 속도, pH 최적, 특이적인 활성, 가장 효율적으로 가수분해하는 펩타이드 결합에서 특이성을 나타낸다(Wu et al., 2009). 대부분의 어류 펩신은 pH 1과 pH 5 사이에서 하나 이상의 최적 pH를 나타내며, 일부는 더 높은 pH에서도 상당한 활성을 나타낸다. 펩신은 방향족 아미노산(페닐알라닌과 타이로신)에 인접한 펩타이드 결합에 특이성을 띤 엔도펩티다아제(말단 아미노산으로부터 어느 정도 떨어진 곳에서 펩타이드 결합을 가수분해하는 효소)이다. 위점막에서 펩시노겐의 분비는 대서양대구(Krogdahl et al., 2009)의 사료 내 단백질량에 따라 조절되는 것으로 보이며 절식 중에는 점막에 축적된다(Einarsson and Davies, 1996).

어류의 위액에는 리파아제와 아밀라아제가 포함되어 있다는 명확한 징후는 아직 없다. *Pseudoplatystoma corruscans*와 탐바키(*Colossoma macropomum*)의 위 조직 내 균질액에서 리파아제와 아밀라아제의 높은 특이적 활성과 관련한 보고는 이 어종의 위가 효소의 원천임을 시사한다(Lundstedt et al., 2004; De Almeida et al., 2006). 효소 활성의 경우 절식 중인 어류의 조직 샘플 추출물에서 관찰되었지만 위 내용물에서는 검출되지 않았다. 효소 활성에 관한 가장 신빙성 있는 주장은 위벽 안이나 위의 췌장 조직에 있다는 것이다.

어류가 갑각류의 외골격을 소화시키는 내생적 메커니즘을 가지고 있는지 여부는 불분명하다. 키틴 용해성의 활성은 많은 어종의 위장에서 측정되었다(Divakaran et al., 1999; Gutowska et al., 2004; Ikeda et al., 2009; Fange et al., 2010). 효소는 키틴질의 먹이를 먹지만 갑각류 외골격을 분해하는 기계적 구조가 없는 어류와 관련이 있는 것으로 보인다. 복어과에 속하는 종인 자주복(*Takifugu rubripes*, Altschul et al., 1997)의 유전학적 연구에서 키티나아제를 위한 염기서열 코드와 유사성이 높은 유전자 염기서열이 밝혀졌다. 그러나 이들 유전자가 단백질이 소화관으로 분비되도록 하는지 여부는 불분명하다. 소화관에서 키티나아제 활성은 사료나 미생물에서 비롯될 수 있다. 어류 내장에 있는 여러 종의 미생물이 키티나아제를 생산할 가능성이 있다(Sugita and Ito, 2006).

담즙(Bile)

담즙의 중요한 소화 성분은 담즙산과 인지질, 중탄산염이다. 담즙은 콜레스테롤, 지방산, 헤모글로빈의 색소 부분인 헴의 이화작용에서 담즙 안료와 기타 무기염을 함유하고 있다. 담즙산은 콜레스테롤에서 생성되거나 간세포의 작용으로 혈액에서 흡수되고 인지질은 세포에서 담즙관으로 연속 배설되어 담낭으로 운반된다. 담낭에서 들어오는 담즙은 유미즙으로 작동된 창자에서 자극되어 몸 중심부 쪽의 중장으로 비워진다. 콜레시스토키닌은 어류에서 담낭의 수축에 중요한 매개자로 보인다(Aldman et al., 1992; Aldman and Holmgren, 1995; Einarsson et al., 1997). 그러나 어류의 담즙 생성 조절에 관한 지식은 매우 제한적이다. 어류가 사료를 섭취하면 담즙이 모여 담낭에 농축되는데, 이때 담낭은 점점 팽창하고 어두운색으로 변하게 된다. 내장에서 담즙산은 지질 방울(lipid droplet)를 안정화하고 지질 분해 작용에 따라 유미즙에서 생성된 지질 성분의 확산을 위한 마이셀 구조를 형성한다. 담즙산은 소장에서 작용하는 주요 리파아제의 작용과 다른 소화효소의 안정성, 점막 보전성을 위한 필수 보조 인자이기도 하다(Ogata et al., 2003). 타우로콜릭산(taurocholic acid)과 타우로리토콜릭산(taurolithocholic acid), 타우로키노데옥시콜릭산(taurochenodeoxy cholic acid)은 어류에서 담즙산의 주요 형태인 것으로 보이지만, 이는 글리코콜릭산(glycocholic acid)에서도 보고된 바 있다(Haslewood, 1967; Une et al., 1991; Bogevik et al., 2009; Velez et al., 2009). 따라서 타우린은 사료와 함께 공급되거나 시스테인에서 생산되며 효율적인 영양소 소화에 필수적이다. 또한 담즙은 배설 분비물로도 분류될 수 있는데, 이는 콜레스테롤, 빌리루빈, 호르몬 스테로이드, 결합형 또는 비주입형 친유성 생체 이물질(lipophilic xenobiotics), 다원자가의 양이온(철, 구리, 비타민 B_{12})을 포함하여 담즙 또는 창자의 관에서 알려진 생리학적 기능이 없는 성분의 주요 배출경로 역할을 하기 때문이다. 인간의 경우, 담즙이 면역글로불린도 운반하는데, 어류의 경우에는 아직 알려진 바 없다(Hofmann, 1994). 어유를 대체하는 에스테르 지방을 섭이한 대서양연어의 연구에서 에스테르가 담즙의 양과 담즙산, 인지질의 농도를 증가시키는 것으로 나타났지만(Bogevik et al., 2009), 보충 메커니즘을 밝히는 데 한계가 있어 보인다. 무지개송어의 사료 실험 중 대두류 등의 먹이가 담즙염 농도에 미치는 영향 연구에서 보상 반응의 한계가 관찰되었고, 이 연구는 40일간의 섭이로 담즙산 농도가 급격하게 감소함을 보여주었다(Romarheim et al., 2008).

췌장액(Pancreatic Juice)

췌장 분비물은 물과 중탄산염을 운반하여 장의 용해력, 완충력을 증가시킨다. 소화효소는 췌액에서 가장 중요한 성분으로 간주된다. 대부분의 어류에서 외분비 췌장의 확산 성질은 연구를 어렵게 만들고, 현재의 지식은 다른 섭취 상황에서 기능과 능력, 한계를 이해하기 위해 강화되어야 한다. 어류의 췌장은 포유류와 조류의 췌장과 동일한 소화효소 대부분을 생산하는 것으로 보이며, 일부는 효소 전구체 형태로 생산된다. 그들은 펩타이드 내부 가수분해효소인 트립신과 키모트립신, 엘라스타아제 I과 II, 펩타이드 말단 분해효소인 카르복시펩티다제 A와 B, 리파아제의 활성 형태, 포스포리파아제, α-아밀라아제, DNase · RNase (Kurtovic et al., 2009)의 프로바이오틱스로 구성된다. 어류 지질 분해효소의 정보는 거의 없다. 비록 일부 종에 지질 분해효소가 존재하지만, 대부분 어류의 소화성 리파아제는 지질 분해효소의 영향이 없는 것으로 보인다(Kurtovic et al., 2009). 외분비 췌장 세포는 소화효소를 과립에 저장하고 장에서 신호에 따라 췌장액을 분비한다(Einarsson et al., 1996; Einarsson et al., 1997).

췌장에서 분비되는 소화효소는 종내와 종간의 분자량, 분자 구조, pH 최적화, 효율과 안정성의 변화를 나타내는 여러 개의 단백질에서 생성된다(Krogdahl et al., 2005; Asgeirsson and Cekan, 2006; Takahashi, 2007). **표 3-1**은 일반적인 생화학적 측면을 요약한 것인데, 어류에서 추출한 소화효소의 분자 특성에 관한 연구가 진행 중이며 새로운 염기서열과 아미노산 배열이 빈번하게 출현하고 있다(Froystad et al., 2006; Psochiou et al., 2007; Manchado et al., 2008; Kurtovic et al., 2009). 췌장효소는 주로 유미즙에서 자유롭게 혼합된다. 그러나 이들 효소는 장세포의 가장자리와 관련이 있으며, 이들 세포의 영양분 전달체와 매우 가깝게 작용한다(Kuz'mina, 2008).

효소 생산과 활성, 특히 α-아밀라아제에는 종별로 차이가 있다(Krogdahl et al., 2005). 일반적으로 초식성 어류는 잡식성 어류보다 높은 수준의 아밀라아제를 생성하는 것으로 보인다. 뱀장어(*Anguilla anguilla*) 같은 육식성 어류에서 가장 낮은 활성이 관찰되는데, 이는 잉어에서 관찰된 활성도의 100분의 1에도 미치지 못한 것으로 나타났다(Hidalgo et al., 1999). 대서양연어와 대서양대구, 무지개송어 중 장내 내용물의 탄수화물 가수분

표 3-1 소화관의 소화효소[a,b]

근원	효소	기질	특이성 또는 산물
위	펩신(펩시노젠)	단백질과 폴리펩타이드	방향족 아미노산에 인접한 펩타이드 결합
외분비 췌장	트립신(트립시노젠)	단백질과 폴리펩타이드	아르기닌 또는 라이신에 인접한 펩타이드 결합
	키모트립신(키모트립시노젠)	단백질과 폴리펩타이드	방향족 아미노산에 인접한 펩타이드 결합
	엘라스타아제 I(프로엘라스타아제 I)	엘라스틴, 다른 단백질들	지방족 및 중성 아미노산에 인접한 펩타이드 결합
	엘라스타아제 II(프로엘라스타아제 II)	엘라스틴, 다른 단백질들	지방족 및 중성 아미노산에 인접한 펩타이드 결합
	카르복시 펩티다아제 A(프로카르복시펩티다아제 A)	단백질과 폴리펩타이드	방향족 또는 분지형 지방족 측쇄를 가진 카르복시 말단 아미노산
	카르복시 펩티다아제 B(프로카르복시펩티다아제 B)	단백질과 폴리펩타이드	염기성 측쇄를 가진 카르복시 말단 아미노산
	코리파아제(프로코리파아제)	지질 방울	담즙염-트라이글리세라이드-물 계면에 결합, 리파아제에 대한 앵커 제조
	췌장 리파아제	트라이글리세라이드	모노글리세라이드와 지방산
	콜레스테릴 에스테르 가수분해효소	콜레스테릴 에스테르	콜레스테롤과 지방산
	췌장 α-아밀라아제	전분	1,4, α- 결합, α- 제한 덱스트린 생성, 말토트리오스 및 말토오스
	리보핵산 가수 분해 효소	RNA	뉴클레오타이드
	DNA 분해효소	DNA	뉴클레오타이드
	포스포리파아제 A (프로포스포리파아제 A)	인지질	지방산, 라이소포스포리피드
	엔테로키나아제	트립시노겐	트립신
	아미노펩티다아제	폴리펩타이드	펩타이드의 N-말단 아미노산
장 점막	다이펩티다아제	다이펩타이드	두 개의 아미노산
	글루코아밀라아제	말토오스, 말토트리오스	포도당
	수크레이스	수크로스	과당 및 포도당
	핵산분해효소 및 관련 효소	핵산	펜토오스와 퓨린 및 피리미딘 염기
점막 세포의 세포질	다양한 펩티다아제	다이-, 트라이-, 테트라펩타이드	아미노산

[a]Ganong (2009)에서 각색함.
[b]상응하는 효소전구물질은 괄호 안에 표시됨.

해 능력을 비교한 결과 대서양연어가 가장 낮았고(Froystad et al., 2006) 대서양대구는 중간 수준이었다. 연어 내 아밀라아제의 낮은 활성은 분자의 기질부착 구조의 결합에 기인한 것이라고 제안되었다. 종별 차이 또한 분자 구조, pH 최적과 열 안정성 측면에서도 단백질 분해효소에 대해 기술되어 있다(Glass et al., 1989).

일반적으로 어류는 해당 영양소의 급이 농도와 품질에 따라 췌장 소화효소의 분비를 조절할 수 있는 것으로 보인다(Buddington et al., 1997). 무지개송어와 방어(*Seriola quinqueradiata*)에서 지질의 양이 증가하면서 리파아제 활성도의 증가가 나타났다(Morais et al., 2004; Ducasse-Cabanot et al., 2007; Murashita et al., 2007). 어유를 칼라누스 핀마르키쿠스(*Calanus finmarchicus*)의 왁스 에스테르로 대체하면 장내 지방 분해효소의 특이 활성도가 증가한다(Bogevik et al., 2009). 그러나 왁스 에스테르(사료의 25%)의 가장 높은 함유 수준에서는 지질 소화가 감소하는 것이 관찰되었다. 유사하게 사료 내 단백질과 아미노산은 단백질 분해효소의 췌장 분비를 자극한다(Cahu et al., 2004). 어류의 섭취 시 단백질 분해효소 분비는 기질량의 최대 한도까지 반응하는 것으로 여겨진다. 반응 후의 메커니즘은 유미즙의 단백질 분해효소의 양과 관련이 있을 수 있다. 무지개송어의 섭취에서 단백질 분해효소 억제제가 혼합되어 트립신 활성도가 감소했지만, 장내 총 트립신 단백질 농도의 곡선형태의 증가를 유발하는 것으로 밝혀졌다(Berg-Lea et al., 1989). 그러나 사료의 단백질 함량이 5 g/kg 농도에서는 트립신 합성 용량을 초과하는 것으로 보였다. 어종 간에 사료 내 단백질 함량에 대한 반응의 차이점은 winter flounder (*Pseudopleuronectes americanus*)에서도 설명되어 있다(Gawlicka et al., 2001).

외분비 췌장 분비의 조절 기작은 잘 알려져 있지 않다. 콜레시스토키닌(cholecystokinin)은 췌장의 내분비 조절에 관여하지만(Koven et al., 2002), 신경학적 신호뿐만 아니라 다른 펩타이드 호르몬 조절에도 관여한다(Volkoff, 2006; Koji et al., 2008; Holmgren and Olsson, 2009).

3.1.3 중탄산염 분비와 장의 pH

기능적 위장이 있는 어류에서는 근위부의(proximal) 장으로 들어가는 산성 유미즙이 담즙과 췌액에서 중탄산이온의 작용으로 빠르게 중화되는 것으로 보인다. 상피세포로부터 이뤄지는 분비는 유미즙의 pH 조절을 증가시킬 수 있다(Cooper et al., 2010). 장내 pH의 변화와 사료 조성의 효과 연구는 일부에서만 이뤄졌다. 유럽넙치 장에서 내강의(liminal) pH 감소는 중탄산이온 분비를 자극하는 것으로 밝혀졌다(Wilson and Grosell, 2003; Cooper et al., 2010). 장내 완충능력은 아미노산과 지방산의 지속적인 방출을 고려하여 조절된다. pH는 무지개송어처럼 장관(intestinal tract)을 따라 7 이상으로 관찰되며 원위부(distal sections)로 갈수록 증가하는 경향이 나타난다(Bucking and Wood, 2006). 말단 대부분의 구획에서는 미생물 활동이 근위 부분보다 높기 때문에 대서양대구와 같이 pH가 낮을 것으로 예상된다(Seppola et al., 2005). 상피세포로부터의 중탄산이온의 분비는 사육수와 피식자 어류를 통해 섭취하는 칼슘이온의 과도한 섭취를 예방하는데 중요한 역할을 하는 것으로 보인다. 중탄산염은 탄산칼슘으로서 칼슘이온을 침전시키므로 흡수할 수 없다. 이 과정은 장내 수분 흡수에 중요한 요소로 보인다(Whittamore et al., 2010).

3.1.4 막결합소화효소

흡수성 세포의 브러시보더에는 세포로 이동되기 전에 펩타이드의 가수분해를 완료시키는 막에 결합되는 펩타이드를 갖추고 있다. 펩티다아제는 펩타이드의 아미노말단에서 결합에 작용한다. 이들 효소에는 다양한 특이성이 있다. 다른 어종의 펩티다아제는 pH 최적화와 내열 안정성, 장내의 분포 측면에서 서로 다른 특성을 나타낸다(Kuz'mina, 2008). 섭취된 단백질량은 초식성, 잡식성, 육식성 어류(Buddington et al., 1997)의 브러시보더 아미노 펩티다아제 활동에 영향을 미치고, 어류 그룹별로 적당한 차이가 존재한다(Cahu and Infante, 1995).

브러시보더는 저분자 탄수화물을 2~4개 단위로 가수분해하여 유리된 형태의 단당류를 생성한다. 말토오스는 장내 균질체를 가수분해하는 기능이 우수하다. 포도당은 말토오스로부터 자당(sucrose)과 트레할로오스(trehalose)보다 몇 배 높은 비율로 생산된다(Buddington and Hilton, 1987; Krogdahl et al., 1999; Kuz'mina, 2008). 어류 장내 점막의 균질 현탁액(homogenate) 또한 락토오스를 가수분해하는 능력을 보여준다. 이 활동에 관여하는 효소는 브러시보더의 세포막이 추출될 때 활성이 균질액에 남아 있으므로 사이토졸(cytosol)인 것으로 보인다(Krogdahl et al., 1999). 초식성 어류와 잡식성 어류는 육식성 어류에 비해 장내 브러시보더에서 몇 배 높은 이당분해효소 활성을 지닌다(Kuz'mina, 2008). 현재까지 연구 결과는 냉수성 어류의 이당분해효소가 온수성 어류보다 더 높은 특정 활성을 보인다고 보고되어 있다(Maffia et al., 1993). 대부분의 종에서 항문 쪽으로 활동이 감소하면서 근위부의 장에서 가장 높은 활동이 관찰된다. 브러시보더의 이당분해효소 활성도가 탄수화물 섭취에 영향을 받는지 여부는 어류의 섭취 상황에 따라 좌우되는 것으로 여겨진다. 무지개송어와 대서양연어의 사료 내 전분 수준의 영향 비교 연구는 두 종 모두 전분 농도를 증가시키면서 이당분해효소 능력을 증가시킨 반면에(Krogdahl et al., 2004) 다른 연구에서 다양한 사료 내 전분 농도는 이당분해효소 활성을 변화시키지 않았다(Buddington and Hilton, 1987; Krogdahl et al., 1999; Kuz'mina, 2008). 이와 상충되는 결과는 사료 전분 농도, 전분 처리, 사료의 기술적 품질, 사료 섭취량, 온도, 염분 같은 환경 요인에 관한 연구 간의 차이와 관련이 있을 수 있다. 어류는 장내에서 효소 농도를 증가시키거나 브러시보더 면적을 증가시키는 두 가지 방법으로 장내 브러시보더 효소 용량을 조절할 수 있다는 점을 명심해야 한다. 따라서 브러시보더 효소 용량 효과 연구에서 두 가지 가능성을 모두 고려해야 한다. 브러시보더에서 지질의 가수분해를 위한 기관은 확인되지 않았다.

3.1.5 장내 이동 시간

장내 통과율과 이동 시간은 많은 동물 종에서 사료 조성과 사료 크기, 사료 형태에 따라 다르다(Guilloteau, 1979; Hill, 2007). 소장의 원위부 위로 소화성 탄수화물과 단백질, 지질이 증가하면 장 운동성이 억제된다. 지질은 가장 강한 신호를 유도한다(Hasler, 2006). 이러한 관찰은 어류의 위 배출 비율에 대한 연구 결과와 일치한다(dos Santos and Jobling, 1988). 어류의 장내 통과율에 대한 대부분의 연구는 섬유소와 사료 첨가제 효과에 초점이 맞추어져 있다(Storebakken, 1985; Storebakken and Austreng, 1997; Dias et al., 1998). 일반적으로 알긴산염과 구아검 같은 소화 가능한 용해성 탄수화물은 물론이고 이산화규소와 제올라이트 같은 사료 첨가제는 어류의 장내 이동 속도를 감소시키는 것으로 보인다. 장내 통과율은 영양소 활용을 최적화하고 원위장 부분에서 영양소의 과부하를 방지하기 위해 조절할 것을 제안할 수 있다. 그러나 용해성 섬유와 사료 첨가제는 특히 지질의 소화력을 종종 감소시키는 반면에 셀룰로오스 같은 불용성 섬유는 소화율을 증가시킨다(Dohnalek, 2004). 장내 통과율은 어종에 따라 다를 것으로 예상되지만 비교 연구는 불가능하다. 무지개송어와 농어를 이용하여 수행한 연구에서 섭식 후 5시간에서 35시간 사이에 표지의 분(feces) 내 존재 유무에 따르면 이동시간이 유사한 것으로 나타났다(Storebakken, 1985; Dias et al., 1998).

3.1.6 소화

위 소화

영양소의 효율적인 소화, 흡수 조건은 용해성이다. 위 속의 염산과 펩신의 결합작용은 대부분의 단백질을 변성시키고 분해시켜 용해도를 증가시킨다. 이 과정은 또한 탄수화물과 사료에 결합되거나 포획되는 미네랄 같은 여러 가지 영양소의 용해도를 증가시킨다. 낮은 pH는 많은 미네랄의 용해도를 증가시키고 염화물 형태로 전환시킨다. 이는 사료의 고유 형태보다 수용성이 더 높은 경우가 많고, 지질 역시 방출되는데, 이 경우 지질의 소수성(hydrophobicity) 방울이 응집되는 경향이 있다. 정상적인 상황에서 인지질과 특정 단백질 같은 사료와 위장 유화제는 지질 방울의 크기를 제한하지만 지질 방출 속도가 너무 빠르거나 유화제 공급이 제한되면 지질 축적이 형성된다. 그 결과 일부 양식장에서 보인 것과 같이 지질이 분출될 수 있다(Baeverfjord et al., 2006). 이 상태는 여러 측면에서 확인되며, 펠렛 분해율과 급속한 염분 변화, 온도의 영향을 받는다.

어류의 소화 과정을 위해 사료에 존재하는 효소의 중요성은 여러 과학자 사이에 논의되었다(Kuz'mina, 2008). 살아 있는 먹이는 불가피하게 위, 췌장, 막 결합 효소를 공급하는 소화기관으로 흡수된다. 거기에다 먹이의 각 세포에는 산성 pH에서 단백질과 지질, 탄수화물, 핵산, 기타 세포 성분의 분해를 위한 효소를 함유하는 라이소좀이 있다. 따라서 산과 효소가 포함된 위액에 노출되었을 때와 같은 스트레스를 받으면 활성화될 수 있다. 이 과정에서 '자가분해(induced autolysis)'라는 용어가 만들어졌다(Kuz'mina, 2008). 연구진은 어류에서 관찰된 전체 동물먹이의 빠른 분해는 위액에서 세포 소화기의 활성화를 포함한다고 주장했다(Kuz'mina, 2008). 이온은 소화효소보다 동물의 먹이 속으로 1,000배 더 빠르게 확산되는 것으로 추정된다. 이 견해에서 위장 소화는 3개의 출발점인 숙주와 먹이 그리고 먹이의 조직 안에서 나오는 소화기관에서 시작되고, 소화를 위한 먹이 효소의 정량적 중요성은 확립되어 있지 않지만, 영양소, 어류와 발달 단계, 먹이와 생리적 상태, 환경 온도와 산소에 따라 달라지는 것은 분명하다(Kuz'mina, 2008).

장내 소화

일단 위 근육과 구조물의 혼합, 교반 작용으로 사료를 추가 수송과 공정에 적합한 입자 크기와 수분 함량으로 섭취하면, 유미즙의 작용에 따라 부분적으로 소화되고, 소화된 사료는 장의 유문 또는 간 췌장 영역인 중장으로 전달된다. 위 소화 과정의 산물은 용해된 영양소의 혼합물로서, 주요 단백질과 큰 펩타이드는 올리고당, 이당류, 단당류, 다당류, 용해성 비타민, 지질 수용성 비타민을 포함한 유화지질, 용해되지 않은 미네랄과 비타민 그리고 용해되지 않고 불용성인 사료 입자 등이다. 위가 없는 어류에서 사료 입자의 크기는 모래주머니 같은 다양한 구조가 있는 일부 종에서 줄어들고 영양소의 효소 분해는 중장에서 시작된다.

단백질과 펩타이드 가수분해효소는 효소의 펩타이드 내부분해효소(endopeptidase)와 펩타이드 말단분해효소(exopeptidase)의 결합작용으로 유미즙에서 생성된다(효소의 특성은 **표 3-1** 참조). 트립신은 라이신과 아르기닌에 인접한 내부 펩타이드 결합을 가수분해하여 카르복시펩티다아제 B의 기질인 카르복시 말단(즉, 기본 아미노산)으로 남는다. 키모트립신(chymotrypsin)은 분지사슬 아미노산(branched-chain amino acids)에 우선적으로 결합되고 가수분해하여 카르복시펩티다아제 A의 작용에 적합한 카르복시 말단을 생성시킨다. 엘라스타아제(elastase)는 지방족과 중성 아미노산에 인접한 펩타이드를 우선적으로 가수분해하며 특히 엘라스틴 가수분해를 개시하는데 효율적이다. 췌장효소의 작용 후 펩타이드 사슬은 짧으며, 일반적으로 5개 미만의 아미노산이 있다. 아미노펩티다아제로 추가 가수분해된 후 많은 양의 아미노산이 유리 아미노산으로 흡수된다. 그러나 세포 내에서 추가적인 가수분해를 위해 작은 펩타이드로서 상당한 양이 흡수될 가능성이 있다.

지질 소화에는 소화의 초기 단계에서 위와 장의 사료에서 방출된 지질의 유화작용이 필요하다. 담즙산에 의존적인 카르복실 에스테르 리파아제는 대부분의 어종에서 지배적인 리파아제이다. 이 카르복실 에스테르 리파아제는 트리아실글리세롤 1과 3 위치에서 긴사슬 고도불포화지방산을 포함하는 결합을 우선적으로 가수분해하는 넓은 기질특이성이 있는 것으로 보인다. 이 리파아제는 또한 왁스에스테르를 가수분해하는 능력이 있다(Tocher and Sargent, 1984; Gjellesvik et al., 1989; Tocher, 2003; Kurtovic et al., 2009). 어류는 인지질을 아주 효율적으로 가수분해하지만 특정 인지질 분해효소는 기술되어 있지 않다(Tocher, 2003). 하나 이상의 지방 분해효소의 협동작용 결과인 최종 가수분해 생성물이 유리 지방산과 모노글리세라이드 또는 글리세롤인지는 알려져 있지 않다. 그러나 이 종의 장 점막에서 트리아실글리세롤의 재합성을 담당하는 효소는 글리세롤보다 모노글리세라이드를 선호하는 것으로 보인다(Oxley et al., 2007). 이는 모노글리세롤이 중요한 최종 생성물임을 시사한다. 유미즙에서 지방 분해의 지방산 생성물은 담즙산과 인지질에 의해 형성된 1차 마이셀에 통합된다. 마이셀은 확대되면서 긴사슬 포화지방산, 콜레스테롤 에스테르, 지용성 비타민 같은 친유성 화합물을 포함할 수 있는 2차 마이셀로 전환된다. 지질 흡수의 추가 과정은 잘 알려져 있지 않지만 포유류와 유사하게 진행될 것으로 여겨진다. 2차 마이셀이 장의 브러시보더를 덮는 이른바 수분이 없는 수층에 도달하면 이 층의 낮은 pH에 의해 분해된다. 지방산은 단백질에 의해 확산되거나 이동을 촉진하여 브러시보더 막을 통과한다.

글루코오스, 말토오스, 자당 같은 저분자량 탄수화물은 모든 어류에서 효율적으로 소화되는 것으로 나타난다(Singh and Nose, 1967; Hilton et al., 1982; Hilton and Atkinson, 1982; Storebakken et al., 1998). 이러한 탄수화물은 모두 수용성이 높고, 이들의 가수분해는 브러시보더에 있는 글루코시다아제에만 의존한다. 가수분해의 생성물은 주로 포도당과 과당이다. 전분과 키틴의 소화는 각각 α-아밀라아제와 키티나제의 작용으로 일어난다. 그러나 대부분의 사료에서 전분은 대부분 불용성 과립에 함유되어 있어서 습기가 있는 상태에서 열처리가 원활하지 않는 한 어류의 아밀라아제에 의해 가수분해되지는 않는다(Krogdahl et al., 2005). 이 일반적인 패턴의 예외는 귀리의 전분인데, 이는 대서양연어에서도 가열하지 않고 소화될 수 있다(Arnesen et al., 1990; Arnesen and Krogdahl, 1995; Krogdahl et al., 2005). 키틴은 자연에서 갑각류를 섭취하는 어류에서도 저조하게 가수분해된 것으로 보인다(Krogdahl et al., 2005). 그 이유는 이 다당류의 용해도가 낮거나 키틴 분해효소 생성량이 매우 낮거나(또는 없거나), 키틴 분해효소 활성의 생성물인 N-아세틸 글루코사민(N-acetyl glucosamine)의 흡수효율이 낮기 때문이다(Gutowska et al, 2004).

미생물 소화(Microbial Digestion)

어류를 포함한 모든 동물의 소화관에는 호기성, 통풍성 호기성, 혐기성 등 많은 종류의 미생물이 있다. 어류의 박테리아 수는 일반적으로 항온성 동물보다 낮지만 어종 간에 큰 차이가 있다. 일부 박테리아, 외래성 일부 박테리아는 일시적이며 유미즙에 존재한다. 다른 자생의 박테리아는 점막 표면에 자리잡아, 그 자리에서 번식한다. 지난 10년 동안 장내 미생물에 대한 연구는 방법론적인 한계 때문에 크게 발전하지 못했다. 왜냐하면 이용 가능한 배지에서 자랄 수 있는 살아 있는 박테리아만 연구할 수 있었기 때문이다. 분자학적 방법의 개발과 국제 데이터베이스의 데이터 수집은 상황을 변화시켰으며 그에 따라 연구가 증가하고 있다. 어류의 소화관에는 단백질과 전분, 셀룰로오스, 다른 비전분 다당류, 키틴, 리그닌(lignin)을 가수분해하고 대사할 수 있는 효소를 분비하는 능력이 있는 미생물이 존재하고 있음이 분명하다(Kuz'mina, 2008; Ray et al., 2009). 원위부에서는 근위부보다 박테리아 농도가 높은 경향이 있는데, 이와 같은 차이는 사료 공급원의 차이와 관련이 있다. 또한 환경 미생물은 장내 미생물에 큰 영향을 미친다. 초식동물은 일반적으로 육식동물보다 박테리아 수가 더 많다. 그러나 이러한 그룹 내에서 장의 해부학적 차이에 따라 변이는 나타난다. 대구 같은 어류는 괄약근으로 폐쇄된 체임버 같은 구획을 지니며 대서양연어보다 박테리아 수가 더 많다(Seppola et al., 2005). 식이 영양소의 박테리아 발효의 산물은 아미노산과 포도당, acetate, propionate, butyrate이며 모든 화합물은 어류의 원위부 장에서 효율적으로 흡수될 수 있다. 그러나 미생물 발효에서 총 영양 공급에 대한 양적 기여는 초식종에도 거의 없을 것이다.

3.1.7 영양분 흡수(Nutrient Absorption)

소화효소 작용의 산물은 농도 차이에 따른 확산이나 촉진수송(facilitated transport) 또는 농도 차이에 반대되는 에너지 의존적 수송에 따라 브러시보더를 가로질러 어체에 진입할 수 있다. 세포 사이 경로를 통한 진입도 가능하지만 어류에서는 중요하지 않다고 여겨진다(Ferraris et al., 1990; Oxley et al., 2007). 촉진되고 활동적인 수송은 유사한 화학적 특성을 지닌 영양분 또는 영양소 그룹을 위한 특화된 전달체를 통해 이루어지는데 두 경우 모두 포용할 수 있는 메커니즘이다. 어류는 원위부를 포함하여 장내에 영양분을 흡수하는 기관이 있다(Ferraris and Aheam, 1984; Collie, 1985; Buddington and Diamond, 1987; Bakke-McKellep et al., 2000). 대부분의 어류는 원위부 쪽에 가까울수록 흡수율이 낮은 것으로 나타나지만 장내의 전달체 분포는 종마다 다른데(Buddington et al., 1987; Bakke et al., 2010) 이는 영양소 흡수의 기본 메커니즘이 포유류와 유사하기 때문이다. 그러나 대부분의 영양소 흡수율은 어류가 더 높다(Reshkin and Ahearn, 1987; Buddington et al., 1997).

능동수송은 일반적으로 Na^+, Cl^-, K^+ 또는 H^+ 같은 이온에 의존하며, 운반을 위한 에너지는 세포막을 가로질러 필요한 이온 기울기를 유지하는 데 필요하다. 영양분 수송은 진화를 통해 높은 수준의 보전을 보여준다. 그러나 기질 친화력(K_m)과 최대속도(V_{max}) 측면에서 어종 간 변화가 관찰되었고, 육식성 어류에 비해 초식성 어류에서 아미노산 수송의 기질 친화성이 높아지고 포도당 수송의 최대 속도와 반대되는 경향을 보였다(Ferraris and Aheam, 1984; Buddington and Diamond, 1987). 해수어보다 담수어에서 단위 조직당 영양소 유입이 더 높았는데(Ferraris and Ahearn, 1984; Collie, 1985; Buddington and Diamond, 1987; Collie and Ferraris, 1995; Lionetto et al., 1996), 수온이 증가함에 따라 수송 능력이 증가하는 경향이 있음을 시사한다(Houpe et al., 1996).

유럽뱀장어(*Anguilla anguilla*)를 대상으로 수행한 연구에 따르면 장어는 적어도 아미노산, 산성, 중성을 위한 수송체, N-메틸화 아미노산, 프롤린을 위한 4개의 다른 Na^+ 의존성 수송체를 갖는 것으로 여겨지고(Storelli et al., 1989), 나트륨-비의존적인 전달체는 포유류처럼 중성, 염기성 아미노산(즉, 글리신, 알라닌, 리신)의 흡수를 위해 존재하는 것으로 보인다. 히스티딘의 경우 수송이 다른 아미노산의 존재와 무관한 것처럼 보이기 때문에 매우 특이적인 수송체의 존재가 제안되기도 하였지만(Glover and Wood, 2008) 어종 간 아미노산의 기질 특이성에 관한 차이로 일반화될 수는 없다(Collie and Ferraris, 1995).

모잠비크틸라피아(*Oreochromis mossambicus*)와 유럽뱀장어, 처클헤드(*Sebastes caurinus*), 농어(*Dicentrarchus labrax*), 무지개송어, 대서양연어 같은 초식성, 육식성 어류에서 입증된 바와 같이 어류는 펩타이드 수송체를 갖추고 있다(Thamotharan et al., 1996a,b; Maffia et al., 1997; Baffke-McKellep et al., 2000; Nordrum et al., 2000; Verri et al., 2000; Terova et al., 2009; Ostaszewska et al., 2010). PepT1과 PepT2 수송체의 분자 구조는 제브라피시(*Danio rerio*)와 대구가 지닌 특성이다(Buddington et al., 1997; Verri et al., 2003; Romano et al., 2006). 사료조성은 무지개송어에 대해 입증된 PepT1의 발현에 영향을 주는 것으로 보인다(Ostaszewska et al., 2010). 무지개송어와 대서양연어를 이용하여 아미노산과 펩타이드 수송에 대한 비교 연구가 이루어져 장관(intestinal tract) 내 수송 활동에서 종의 차이가 있음을 보여주었다. 두 가지 종 모두 장을 따라 수송이 감소했다. 원위장(distal intestine)에서 연어보다 송어의 라이신과 메티오닌 수송량이 더 많았고, 페닐알라닌과 프롤린의 함량이 동일하거나 적었다. 대두 사료 섭취는 수송자 매개 섭취를 감소시키고 투과성을 증가시켰으며 영양분 수송은 두 가지 종 모두 물의 염분에도 영향을 받았다. 그 결과는 수송체 매개인 섭취는 담수보다 해수에서 더 중요하게 나타난다는 것을 시사한다(Bakke-McKellep et al., 2000; Nordrum et al., 2000).

일부 사료와 내생 단백질은 장의 근위부에서 소화되지 않을 수 있다. 이러한 단백질은 고분자로 흡수될 수 있다. 휴먼감마글로불린(human gamma globulin)과 horseradish peroxidase, ferritin, prion proteins, 경구백신의 섭취가 다양한 어종에서 증명되었다(Lavelle and Harris, 1997; Hemandez-Blazquez and da Silva, 1998; Amthauer et al., 2000a; Concha et al., 2002; Quentel et al., 2007; Uran et al., 2008; Valle et al., 2008). 원위장은 더 큰 펩타이드와 단백질 흡수의 가장 중요한 부위인 것으로 보이며 손상되지 않은 단백질의 섭취는 외인성 단백질과 병원체에 대한 방어 기관의 개발에 필수적인 것으로 간주되지만 고분자 섭취의 영양학적 중요성은 미미한 것으로 간주된다. 단백질의 장췌장 순환의 지표는 고분자 흡수 연구를 기반으로 존재한다. 그러나 이러한 단백질 재순환의 정보를 얻으려는 노력에도 불구하고 이 개념을 뒷받침할 수 있는 자료는 부족한 실정이다(Rothman et al., 2002).

어류의 장 점막을 통한 지질 수송에 관한 정보는 제한적이지만, 현재의 지식은 그 과정이 다른 척추동물과 매우 유사함을 나타낸다. 근위장은 대부분의 사료 내 지질을 흡수하는 것으로 보이며 중쇄(medium-chain), 고도불포화지방산은 근위부와 원위부에 흡수된다(Røsjø et al., 2000). 지방 알코올뿐만 아니라 지방산은 확산으로 브러시보더 막을 통과한다고 여겨진다. 그러나 어류 장에서도 수송을 촉진하는 지방산 결합 단백질(FABP)의 존재를 입증하였다(Andre et al., 2000; Concha et al., 2002; Iqbal and Hussain, 2009). 요각류(copepods) 같은 일부 해양생물에 풍부하게 존재하는 왁스 에스테르로부터 지방 알코올의 흡수는 지방산 섭취보다 느리고(Bogevik et al., 2008) 지방산과 알코올 모두 장세포(enterocytes)에서 에스터재결합(reesterified)된다. 트리아실글리세롤은 지방산과 모노글리세롤 또는 3-인산 글리세롤(glycerol-3-phosphate)에서 생산된다(Caballero et al., 2006). 모노글리세롤은 트리아실글리세롤 생산을 위한 기질로서 영향을 주고 인지질은 3-인산 글리세롤을 이용하여 합성되는데 이 둘 사이의 생산과 분배의 효율성은 사료의 지질원에 영향을 받는 것으로 여겨진다. 점막세포로 생성된 트리아실글리세롤은 세포의 지질 방울에 축적되어 세포 외피를 통해 세포 밖으로 배출되는 지질 단백질에 합쳐진다(Hernandez-Blazquez and da Silva, 1998; Kjaer et al., 2009). 장세포로 생성된 지질 단백질은 유미(chylus)에 의해 집합 림프관(collective lymph ducts)이나 소위 유미관(lacteals)으로 전달되지 않기 때문에 chylomicron보다는 portomicron이라고 명명해야 할 것이다(Tocher and Sargent, 1984; Bogevik et al., 2008). 그러나 내장과 일반 순환 사이의 지질 이동은 잘 알려져 있지 않다.

인지질의 사료공급은 효율적인 지질 소화와 흡수, 세포 내 신진대사, 신체에서 수송에 필수적이다(Tocher et al., 2008). 인지질 결핍은 장 흡수세포 내에서의 지질 축적을 일으키고 잉어와 연어에서 조직학적 변화를 일으키는 것으로 관찰되었다(Fontagne et al., 1998; Olsen et al., 2003).

포도당 섭취, 흡수는 여러 어종에서 연구한 결과 다른 척추동물과 유사한 것으로 나타났다. 글루코스와 갈락토오스는 동일한 브러시보더 수송체 SGLT1에 의해 흡수되고, 이는 전기 발생적이고 Na^{+}와 에너지에 의존한다(Krogdahl et al., 2005; Geurden et al., 2007). 과당은 어류에 흡수되는 것으로 알려져 있지만, 다른 척추동물에 있는 GLUT5 같은 과당을 위한 추정의 촉진 수송체는 확인되지 않았고 단당류에 대한 추가 수송능력을 제공할 수 있는 다른 수송체도 아직 어류에서는 설명되지 않았다.

탄수화물 흡수는 또한 대서양연어(Krogdahl et al., 1999; Bakke-McKellep et al., 2000) 실험에서 볼 수 있듯이 어류 장의 근위장 구획에서 주로 일어난다. 이것은 이당의 가수분해를 위한 브러시보더 효소가 근위부에서 가장 높은 활성을 갖는다는 관측과 일치한다. 대부분의 어류는 간에서 단당과 이당을 흡수한다(Singh and Nose, 1967; Hilton et al., 1982; Hilton and Atkinson, 1982; Storebakken et al., 1998). 용해성 키틴 활성의 가수분해 생성물인 N-아세틸글루코사민(N-acetylglucosamine)의 섭취 메커니즘과 관련한 과학 문헌에서는 어떤 정보도 발견되지 않았다.

브러시보더 막과 기저측면 막의 영양분 수송 능력의 증가와 감소에 대한 메커니즘 관련 지식은 매우 제한적이고 브러시보더 막의 수송체 농도는 세포 내 저장된 수송체를 도입하는 등 신속하게 변할 수 있으며, 신호는 내분비나 신경학적 신호에 따라 전달될 수 있다(Holmgren and Olsson, 2009).

3.2 새우

새우는 여과 섭식 동물이나 청소동물(scavenger), 포식자일 수 있으며 초식성, 육식성, 잡식성으로 분류된다. 새우의 위 내용물 관련 연구에 따르면 다른 갑각류와 환형동물, 연체동물, 극피동물, 선충류(nematodes), 어류 조직, 곤충, 종자, 해조류, 식물성 물질, 유기 퇴적물을 섭취하는 것으로 나타났다(Focken et al., 1998; Figueiredo and Anderson, 2009). 어떤 종은 다른 종보다 육식성 섭취 습관을 더 많이 발달시켰다. 조방적이고 반집약적인 연못에서 양식하는 새우의 경우 외부에서 공급된 사료보다 자연에서 섭이 가능한 먹이가 우세할 수 있지만, 집약적 양식시스템에서는 자연 먹이에 미치는 기여도는 감소하거나 영향을 미치지 않는다(Nunes et al., 1997; Nunes and Parsons, 2000).

3.2.1 소화관의 구조적 측면과 기능적 측면

새우 소화관의 해부학적 구조는 종종 전장, 중장, 후장 등 3가지 주요 부분으로 나누어진다. 전장은 식도(esophagus), 저작위(cardiac stomach), 유문위(pyloric stomach), 사료 입자가 분쇄되고 여과되는 부분으로 구분된다(Mantel, 1983; Ceccaldi, 1997). 관의 구조를 **그림 3-4**에 나타냈다. 다양한 크기의 라멜라(lamellae), 움푹 들어간 곳의 얇은 판은 위 구조를 다소 복잡하게 만든다. 대부분의 새우는 위에 모래주머니로 알려진 석회화 구조를 가지고 있다. 새우의 주요 소화기관인 간췌장(중장선)은 큰 여러 엽상(multilobate)으로 이루어진 구조이고, 중장의 게실(diverticulum)이다. 소화 특성을 지닌 단일 상피층으로 덮인 블라인드 세관이 기본 단위이다. 세관의 길이는 다양하고 더 큰 공통의 관으로 융합되어 하나 또는 두 개의 중장(midgut)으로 통하는 주요 관으로 끝난다. 후장은 곧고 직장으로 넓어지며 항문에서 끝나고, 새우 외골격의 일부인 키틴-단백질 복합체층은 전장과 후장의 외부 표면을 덮는다. 중장은 이 복합체에 따라 줄지어 있지 않고 장의 흡수성 표면의 특성을 띤 장의 유일한 부분이다. 각 탈피에서 키틴-단백질층의 분해와 교체가 일어난다. 일부 새우 종에서는 위장에 위치한 씹는 구조 또한 각 탈피에서 대체된다(Ceccaldi, 1997). 새우 유생은 단순한 내장에서 시작하여 뚜렷한 단계를 거치면서 복잡한 구조로 발전한다.

새우는 포획에 특수화된 외지와 주둥이로 먹이를 잡아 전처리한다. 사료는 비교적 짧은 식도를 거쳐 위를 통과한다. 먹이의 분쇄는 주로 모래주머니를 포함한 다양한 라멜라, 외지와 석회화된 부분의 작용으로 위장에서 일어난다(Ceccaldi, 1997). 먹이는 중장으로 전달되는 매우 미세한 입자로 전환된다. 더 큰 입자는 추가 분해를 위해서 부드러운 흐름으로 위장에서 가까운 근위부로 역류되어 운반된다. 다른 먹이 입자는 선상조직(팽대부)에서 여과되어 중장에서 분류된다. 소화가 되지 않은 입자는 기관의 말단부로 전달되는 반면에 영양가 있는 물질은 간췌장으로 들어간다.

간췌장은 췌장과 내장, 간 기능을 결합하고 소화효소의 합성과 분비, 소화 물질의 흡수와 지질, 탄수화물,

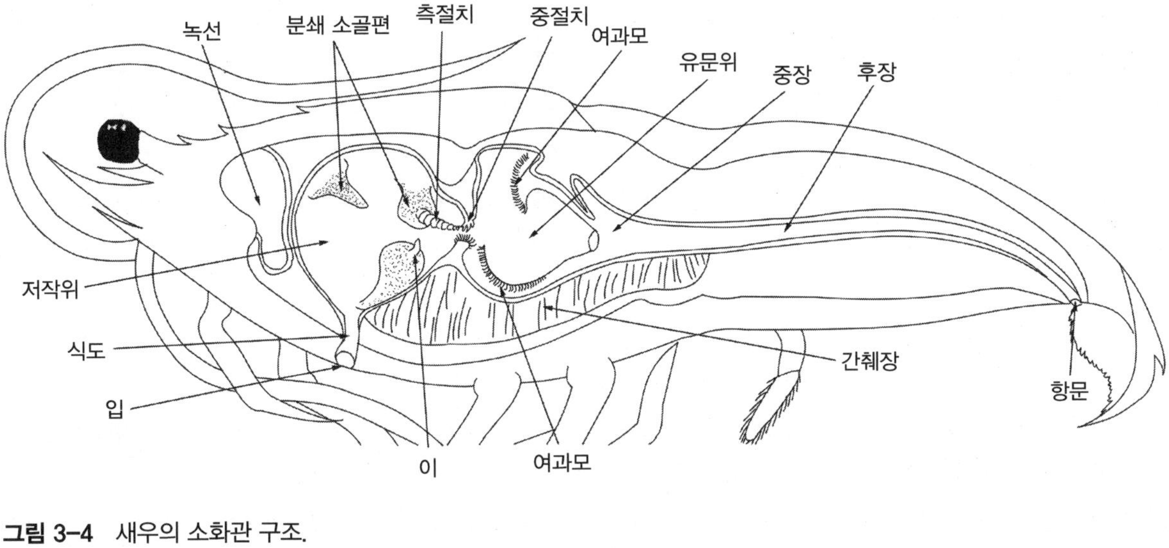

그림 3-4 새우의 소화관 구조.
Illustration courtesy of Victoria Blondin, University of Guelph, Ontario.

미네랄의 신진대사를 담당한다. 이것은 탈피와 난황 형성을 위해 필요한 물질을 생산하기 위한 중추기관이다. 선상 조직은 중금속과 유독성 유기화합물의 해독 역할을 하는 기관이다(Ceccaldi, 1997). 몇몇 새우 종은 위에서 가까운 담췌관의 시작 부분 또는 후장 입구에 위치한 다른 길이의 여러 개 중장 맹낭을 가지고 있다. 맹낭 세포에는 흡수 기능을 나타내는 미세세포가 있다. 새우 후장의 상피는 삼투압(물과 이온의 수송과 대사)과 분 배설을 위한 물질의 응축에 관여한다(Ceccaldi, 1997).

새우는 장 상피로부터 섭취된 물질을 분리하는 세포층인 위심막(peritrophic membrane) 안에 배설물을 넣는다. 키틴과 단백질을 함유하는 막은 중장에서 분비되는데(Martin et al., 2006), 이것은 명백한 소화력의 측정에 영향을 미치며 막으로부터 영양분과 분의 영양분 손실을 방지한다.

3.2.2 소화효소

키틴질로 덮인 새우 위장은 산과 효소를 분비하지 않지만, 그 내용물은 종종 소화효소 활동을 촉진하는 경우가 있고 일부는 간췌장에서, 일부는 먹이에서 비롯된다. 일부 갑각류에서는 간췌장에서 생성된 소화효소가 중장에서 위로 전달되므로(Vogt et al., 1989) 먹이가 중장에 들어가기 전에 소화 과정이 시작된다.

간췌장은 새우의 주요 분비 기관이다. 소화효소는 F세포(미소섬유세포)에서 합성되어 B세포(수포 같은 세포)에 축적된다(Vogt et al., 1989; Sousa et al., 2005). 모든 종은 아니지만 일부 종에서 B세포는 과립을 함유하며, 활성 또는 전구효소 형태의 효소를 함유하고 있을 것으로 추정된다(Babu and Manjulatha, 1995; Sainz et al., 2004; Ong and Johnston, 2006). 간췌장이 분비하는 소화효소는 광범위하다. 특정 콜라게나제를 포함한 프로테아제, 지방 분해효소, chitinase, cellulase, laminarinase, 식물 세포벽에서 셀룰로오스를 사용할 수 있는 α/β-글루코시다아제나 α-아밀라아제, 갈조류의 라미나린(laminarin), 다른 비전분 다당류(Xue et al., 1999; Johnston and Freeman, 2005; Carrillo-Fames et al., 2007; Figueiredo and Anderson, 2009) 등이다. 사료에서 단백질 함량이 높은 종의 경우 단백질 분해효소 활성도가 높다. 갑각류를 섭취하는 종은 chitinase를 합성한다. 초식성 종은 세포벽을 파괴하고 식물 세포벽으로부터 얻은 셀룰로오스, 갈조류의 라미나린과 비전분 다당류를 활용하기 위해 다양한 탄수화물 분해효소를 생산하는 경향이 있다(Xue et al., 1999; Johnston and Freeman, 2005). 잡식성의 포식자는 위에서 언급한 여러 효소의 높은 활성도를 보이며 광범위한 먹이원을 활용할 수 있다.

갑각류 대부분의 주요 엔도펩티다아제는 트립신과 키모트립신이다. 그러나 일부 종은 주요 단백질 분해효소로서 카텝신 L을 합성한다(Teschke and Saborowski, 2005; Carrillo-Fames et al., 2007; Chisty et al., 2009). 정제된 효소에 대한 연구는 거의 이루어지지 않았지만 많은 유전자 서열이 이용 가능하다(Carrillo-Fames et al., 2007). 효소의 억제 패턴과 pH 최적화, 열 안정 같은 특성은 주로 간췌장 추출물의 연구 결과이다(Carrillo-Fames et al., 2007). 새우의 트립시노겐은 척추동물의 트립신을 인식하기 위한 엔테로키나아제 인식서열이 부족한 것처럼 보이지만 간췌장의 추출물에 따라 활성화하면 키모트립시노겐도 활성화한다(Babu and Manjulatha, 1995; Viader-Salvado et al., 2007). 카르복시펩티다아제와 아미노펩타이드 분해효소 같은 엑소펩티다아제의 정보가 새우에서 발견되는 경우는 드물다(Carrillo-Fames et al., 2007).

트리글리세라이드와 인지질을 가수분해할 수 있는 효소가 몇몇 새우 종에서 관찰되었다(Carrillo-Fames et al., 2007). 그러나 트리글리세라이드의 가수분해가 트리글리세라이드 리파아제, 포스포리파아제 또는 두 가지에 의해 촉매화되는지 여부는 여전히 논쟁 중이지만 흰다리새우(*Litopenaeus vannamei*)는 모두 가지고 있는 것처럼 여겨진다. 흰다리새우에서 지방 분해활성이 있는 두 종류의 물질이 분리되었다. 하나는 트리글리세라이드 기질 선호도이고 다른 하나는 인지질 선호도이다(Carrillo-Farnes et al., 2007). *Litopenaeus schmitti*의 리파아제의 기질 특이성을 비교한 결과 n-3와 n-6 지방산에 높은 선호도를 나타냈고, *L. vannamei*, *Farfantepenaeus* *californiensis*와 *Farfantepenaeus notialis*의 경우도 유사하였다. 일부 새우의 지질 분해효소의 최적 pH는 5~11로 나타났다(Carrillo-Farnes et al., 2007). 지질 분해효소와 가수분해효소는 B세포의 액포, F세포의 핵상 액포, 간췌장관의 내강(lumen)과 관내 결합 조직뿐만 아니라 R세포(재흡수세포)의 미세융모와 관련이 있는 것으로 밝혀졌다(Lopez-Lopez et al., 2003). R세포는 내강에서 지방산을 흡수하거나 세포 내로 저장할 수 있다.

새우는 다량의 올리고당과 다당류를 가수분해할 수 있으며 이는 초식성 어류보다 훨씬 우수한 것으로 여겨진다. 다양한 새우 종 소화관의 다른 부분에서 나온 간췌장이나 조직은 α-galactosidase와 β-galactosidase, α-fucosidase, laminarinase, α-mannosidase, β-glucuronidase, β-glucosaminidase, xylanase, α-xylosidase, raffinase, β-fructofuranosidase, 셀룰라아제로 특징 지어진 광범위한 효소활동을 보였다(Carrillo-Farnes et al., 2007). 이 효소가 새우에 있는지 새우가 섭취한 먹이에 있는지는 분명하지 않지만 많은 새우 종이 전분과 다른 다당류를 매우 효율적으로 활용하는 것으로 보인다. 흰다리새우에서 세 개의 α-아밀라아제가 복제되었고 포유류의 α-아밀라아제와 매우 유사한 염기서열을 보였다(Van Wormhoudt and Sellos, 2003). α-갈락토시다제와 β-갈락토시다제, 키토오스 분해효소, α-푸코시다제, 라미나리나제, α-만노시다제, β-글루쿠로니다아제, β-글루코사미니다아제, 크실라나아제, α-키시로다제 활성이 하나 이상의 종에서 관찰되었다(Van Wormhoudt and Sellos, 2003). 다당류를 가수분해하는 새우의 뛰어난 능력은 식물플랑크톤을 주요 영양원으로 하는 초식성 어류 또는 잡식성 어류로 시작한다는 사실과 관련이 있을 수 있다(Le Vay et al., 2001; Diaz et al., 2008b).

간췌장의 두 종류 세포인 R세포와 F세포에는 흡수기능을 지닌 미세융모가 있다. 또한 몇몇 새우 종에 존재하는 장내 맹낭의 상피세포에는 조직화된 미세융모가 있다(Ceccaldi, 1997). 아미노펩티다아제와 이당류 분해효소 같은 소화효소의 포함 여부는 명확하지 않다(Ceccaldi, 1997). 간췌장의 균질화물은 α-글루코시다아제 활성을 보이지만, 효소는 세포 내에 있을 수 있다.

간췌장의 효소함량 변화는 탈피 기간에 나타난다(예: 트립신, 키틴분해효소) (Hernandez and Murueta, 2009). 키틴 분해효소는 오래된 외골격을 소화하여 재흡수하고 새로 합성된 키틴으로 대체될 수 있다. 소화효소의 생산도 이용 가능한 영양분 공급원에 따라 일년 내내 심지어 종 내부에서 다양하게 보인다. 비단새우(*Crangon crangon*)는 여름에 트립신 활성도가 높고, 겨울철에는 활성도가 낮았다(Pohlmann, 2007; Sahlmann, 2008). 후자의 경우 새우가 소화효소를 재순환시킬 수 있음이 밝혀졌다. 섭취한 먹이의 효소에서도 내장의 가수분해 조건에서 생존할 수 있으며 간췌장을 통해 재생될 수 있다(Sahlmann, 2008).

효소는 섭식할 때마다 간췌장에서 비워지는 것 같다(Ong and Johnston, 2006). 중장에서 위까지 효소의 통과는 효소의 추가 합성과 분비를 유도하는 것으로 밝혀졌다(Vogt et al., 1989). 프로테아제와 지방분해효소, 아밀라아제에 대한 식이요법 조절은 많은 종에서 나타났지만, 반응 정도는 종에 따라 다르다. 일부 종에서는 단백질 분해와 아밀라아제 활성에서는 반응이 나타나지만 지방 분해 활성에서는 나타나지 않고, 다른 종에서는 아밀라아제나 단백질 분해효소 활성이 반응하지 않는 것으로 나타났다(Moss et al., 2001; Gamboa-Delgado et al., 2003; Lopez-Lopez et al., 2005). 흰다리새우에서 먹이의 높은 전분량이 α-아밀라아제와 α-글루코시다아제의 특이적 활성을 증가시키는 것으로 밝혀졌고(Le Moullac et al., 1997; Gaxiola et al., 2005), 동일 종의 경우 단백질량 대비 트립신과 키모트립신 활성의 변화가 함께 나타났다(Le Moullac et al., 1997; Lemos et al., 2000; Muhlia-Almazan et al., 2003, 2008). 활성의 크기는 종간에 다르며 먹이의 단백질 공급원에 의존한다.

먹이 구성의 조절 메커니즘은 잘 알려져 있지 않다. 장내 호르몬이 이 조절에 포함될 가능성이 있다(Santos et al., 1997). 해양 갑각류인 *Nephrops norvegicus*의 위장에서 분리된 가스트린-콜레시스토키닌(gastrin-cholecystokinin) 유사 펩타이드 성분이 분리된 중장선 세포를 자극하는 것으로 밝혀졌다(Favrel et al., 1991). 또한 척추동물의 GI 호르몬과 CCK-8(탈황화 형태), 가스트린, 봄베신(bombesin), 세크레틴(secretin), P물질(substance P)

은 모두 간췌장에서 단백질 분해효소와 아밀라아제의 방출을 촉진했다(Resch-Sedlmeier and Sedlmeier, 1999). 또한 고혈당증 호르몬 같은 안병(눈자루)의 호르몬은 소화 기능의 조절에 관여하는 것이라고 제안하였다(Carrillo-Fames et al., 2007).

3.2.3 소화

새우와 어류의 소화 과정은 유사한 것으로 여겨진다. 새우는 위의 분비물이 없지만, 영양분의 가수분해는 간췌장 또는 동물에게서 전달된 효소의 활성에 따라 전장(foregut)에서 개시되는 것으로 보인다. 모든 주요 영양소는 단백질 분해효소와 리파아제, 아밀라아제가 포함되어 있는 간췌장으로부터 분비되는 액으로서 중장에 도달했을 때 부분적으로 가수분해된다. 간췌장의 세포(chamber) 안에서 주요 영양소의 분해가 계속되며, 최종 생성물은 작은 펩타이드와 아미노산, 지방산, 모노글리세롤 또는 유리 글리세롤일 가능성이 있다. 갑각류의 지질 소화는 어류와 비슷하며 지질 소화율은 일반적으로 90% 이상이다. 흰다리새우의 중장선은 발달 초기 단계에서 지질 분해효소 활성을 나타내고, 지질 소화능력에서 그 중요성을 나타냈다(Rivera-Pérez et al., 2010). 새우와 어류의 가장 큰 차이점은 어류와 달리 갑각류는 담즙을 생성하지 않아 지질 소화와 신진대사에 담즙염을 사용하지 않는다는 사실이다(Cherif et al., 2007). 따라서 다른 유화제의 요구는 척추동물보다 새우가 더 높을 수도 있다.

새우의 장내 미생물은 탄수화물 먹이를 섭취하는 일부 새우 종에서 역할을 할 수 있다. 그러나 운반시간이 길기 때문에 미생물에 의한 발효는 발생하지 않는다. 미생물은 비타민을 공급하고 일부 소화효소를 추가할 수 있지만 장의 근위부나 원위부에는 균체 형성을 촉진하는 표면이 없다(Ceccaldi, 1997).

3.2.4 흡수

갑각류의 주요 영양소 흡수는 간췌장에서 일어난다. 이 관형 시스템은 상피세포의 단세포층이 있어 혈액림프(haemolymph)로 신속한 세포 간 영양물 이동을 촉진하지만, 간췌장 조직의 다른 세포 유형의 흡수 기능은 완전히 연구되지 않았다. 간췌장 내 여러 브러시보더 막 수송체의 활성은 pH 의존적으로 보고되었다(Verri et al., 2001). 이것은 Na^+/D-글루코스 공수송체, Na^+/Cl^-/Al-알라닌 공수송체, $Na^+/2Cl^-$/L-류신 공수송체, Na^+/Cl^-/L-글루타메이트 공수송체에서 입증되었다. 간췌장 루멘의 낮은 pH는 상피세포로 영양염 유입을 촉진한다.

3.3 결론

어류와 새우는 소화관의 해부학적 특성이 크게 다르고, 어류보다 새우가 더 복잡해 보이지만, 구조상 어류의 변화가 더 크다. 반면에 소화 과정은 변성도가 낮고 고등동물에서 발견되는 것과 동일한 원칙을 따른다. 현재까지 어류의 소화생리학의 정보는 새우의 생리학보다 많지만, 많은 세부 사항에서 여전히 추가적인 조사가 필요하다. 영양소 요구량을 충족하고 배양된 생물의 건강과 웰빙을 확보할 수 있는 최적의 사료를 구성하고 처리할 수 있도록 소화관에서 먹이의 운명과 소화 과정의 한계를 이해할 필요가 있다. 이 과정은 동물의 발달 단계와 환경 조건에 따라 달라질 수 있다. 조절 대사 과정에서는 여전히 알려지지 않은 부분이 많다. 장내에서 먹이의 혼합물과 방어기작 사이에서 상호작용을 규명하기 위해서 보다 많은 관심이 필요하다.

참고문헌

Abate, F., G. Germana, F. De Carlos, G. Motalbano, R. Laura, M. Levanti, and A. Germana. 2006. The oral cavity of the adult zebrafish (*Danio rerio*). Anat. Histol. Embryol. 35:304.

Aldman, G., and S. Holmgren. 1995. Intraduodenal fat and amino-acids activate gallbladder motility in the rainbow-trout, *Oncorhynchus-mykiss*. Gen. Comp. Endocrinol. 100:27-32.

Aldman, G., D. Grove, and S. Holmgren. 1992. Duodenal acidification and intraarterial injection of Cck8 increase gallbladder motility in the rainbow-trout, *Oncorhynchus-mykiss*. Gen. Comp. Endocrinol. 86:20-25.

Altschul, S. F., T. L. Madden, A. A. Schaffer, J. H. Zhang, Z. Zhang, W. Miller, and D. J. Lipman. 1997. Gapped BLAST and PSI-BLAST: A new generation of protein database search programs. Nucleic Acids Res. 25:3389-3402.

Amthauer, R., C. Santander, J. Villanueva, and M. Concha. 2000a. Specific binding of horseradish peroxidase to carp (*Cyprinus carpio*) intestinal apical membrane. Mol. Biol. Cell 11:557.

Amthauer, R., H. Tobar, H. Molina, M. Concha, and J. Villanueva. 2000b. Horseradish peroxidase binding to intestinal brush-border membranes of *Cyprinus carpio*. Identification of a putative receptor. J. Cell Biochem. 80:274-284.

Andre, M., S. Ando, C. Ballagny, M. Durliat, G. Poupard, C. Briancon, and P. J. Babin. 2000. Intestinal fatty acid binding protein gene expression reveals the cephalocaudal patterning during zebrafish gut morphogenesis. Int. J. Dev. Biol. 44:249-252.

Arnesen, P., and Å. Krogdahl. 1995. Nutrient digestibilities, weight gain and plasma and liver levels of carbohydrate in rainbow trout, *Oncorhynchus mykiss* (Walbaum), fed diets with oats. Aquacult. Nutr. 1:201-211.

Arnesen, P., L. E. Brattås, J. J. Olli, and Å. Krogdahl. 1990. Soybean carbohydrates appear to restrict the utilization of nutrients by Atlantic salmon (*Salmo salar* L.). P. 273 in Proc. Third Int. Symp. on Feeding and Nutr. in Fish, Toba, Japan, 1989, M. Takeda and T. Watanabe, eds. Tokyo, Japan: Laboratory of Fish Nutrition, Department of Aquatic Biosciences.

Asgeirsson, B., and P. Cekan. 2006. Microscopic rate-constants for substrate binding and acylation in cold-adaptation of trypsin I from Atlantic cod. FEBS Lett. 580:4639-4644.

Babu, D., and C. Manjulatha. 1995. Zymogen secreting cells in the hepato-pancreatic duct of *Pagurus bernhardus* (Linnaeus, 1758) and *Clibanarius longitarsus* (de Haan, 1849) (Anomura). Crustaceana 68:616-628.

Baeverfjord, G., S. Refstie, P. Krogedal, and T. Asgard. 2006. Low feed pellet water stability and fluctuating water salinity cause separation and accumulation of dietary oil in the stomach of rainbow trout (*Oncorhynchus mykiss*). Aquaculture 261:1335-1345.

Bakke, A. M., D. Tashjian, C. Wang, S. Bai, and S. Hong. 2010. Competition between selenomethionine and methionine absorption in the intestinal tract of green sturgeon (*Acipenser medirostris*). Aquat. Toxicol. 96:62-69.

Bakke-McKellep, A. M., S. Nordrum, Å. Krogdahl, and R. K. Buddington. 2000. Absorption of glucose, amino acids, and dipeptides by the intestines of Atlantic salmon (*Salmo salar* L.). Fish Physiol. Biochem. 22:33-44.

Berg-Lea, T., L.-E. Brattås, and A. Krogdahl. 1989. Soybean proteinase inhibitors affect nutrient digestion in rainbow trout. P. 99 in Recent Advances of Research in Antinutritional Factors in Legume Seeds, J. Huisman, T. F. B. van der Pool, and I. Liener, eds. Wageningen, the Netherlands: Pudoc.

Bogevik, A. S., R. E. Olsen, and D. R. Tocher. 2008. Utilization and metabolism of palmityl and oleoyl fatty acids and alcohols in caecal enterocytes of Atlantic salmon (*Salmo salar* L.). Aquacult. Nutr. 14:270-280.

Bogevik, A. S., D. R. Tocher, E. Langmyhr, R. Waagbo, and R. E. Olsen. 2009. Atlantic salmon (*Salmo salar*) postsmolts adapt lipid digestion according to elevated dietary wax esters from Calanus finmarchicus. Aquacult. Nutr. 15:94-103.

Bucking, C., and C. M. Wood. 2006. Water dynamics in the digestive tract of the freshwater rainbow trout during the processing of a single meal. J. Exp. Biol. 209:1883-1893.

Buddington, R. K., and J. M. Diamond. 1987. Pyloric ceca of fish—a new absorptive organ. Am. J. Physiol. Gastr. L. 252:G65-G76.

Buddington, R. K., and J. W. Hilton. 1987. Intestinal adaptations of rainbow-trout to changes in dietary carbohydrate. Am. J. Physiol. Gastr. L. 253:G489-G496.

Buddington, K. K., and V. Kuz'mina. 2000a. Digestive system. Part 4 Microscopic functional anatomy. P. 379 in The Laboratory Fish, G. K. Ostrander, ed. San Diego, CA: Academic Press.

Buddington, K. K., and V. Kuz'mina. 2000b. Digestive system. Part 3 Gross functional anatomy. P. 173 in The Laboratory Fish, G. K. Ostrander, ed. San Diego, CA: Academic Press.

Buddington, R. K., J. W. Chen, and J. Diamond. 1987. Genetic and phenotypic adaptation of intestinal nutrient transport to diet in fish. J. Physiol.- London 393:261-281.

Buddington, R. K., Å. Krogdahl, and A. M. Bakke-McKellep. 1997. The intestine of carnivorous fish: Structure and functions and the relations with diet. Acta Physiol. Scand. 161:67-80.

Caballero, M. J., G. Gallardo, L. Robaina, D. Montero, A. Fernandez, and M. Izquierdo. 2006. Vegetable lipid sources affect in vitro biosynthesis of triacylglycerols and phospholipids in the intestine of sea bream (*Sparus aurata*). Brit. J. Nutr. 95:448-454.

Cahu, C. L., and J. L. Z. Infante. 1995. Maturation of the pancreatic and intestinal digestive functions in sea bass (*Dicentrarchus labrax*): Effect of weaning with different protein sources. Fish Physiol. Biochem. 14:431-437.

Cahu, C., I. Ronnestad, V. Grangier, and J. L. Z. Infante. 2004. Expression and activities of pancreatic enzymes in developing sea bass larvae (*Dicentrarchus labrax*) in relation to intact and hydrolyzed dietary protein; involvement of cholecystokinin. Aquaculture 238:295-308.

Carrillo-Farnes, O., A. Forrellat-Barrios, S. Guerrero-Galvan, and F. Vega-Villasante. 2007. A review of digestive enzyme activity in penaeid shrimps. Crustaceana 80:257-275.

Ceccaldi, H. 1997. Anatomy and physiology of the digestive system. P. 261 in Crustaceaen Nutrition, L. R. D'Abramo, D. Conklin, and D. M. Akiyama, eds. Baton Rouge, LA: The World Aquaculture Society.

Cherif, S., A. Fendri, N. Miled, H. Mejodoub, and Y. Gargouri. 2007. Crab digestive lipase acting at high temperature: Purification and biochemical characterization. Biochimie 89:1018.

Chisty, M. A. H., R. Hashim, and A. S. C. Chong. 2009. Identification and partial characterization of selected proteolytic enzymes in the digestive system of giant freshwater Prawn Macrobrachium rosenbergii (De Man) Postlarvae. Aquac. Res. 40:519-525.

Collie, N. L. 1985. Intestinal nutrient transport in coho salmon (*Oncorhynchus kisutch*) and the effects of development, starvation, and seawater adaptation. J. Comp. Physiol. B 156:163-174.

Collie, N. L., and R. P. Ferraris. 1995. Nutrient fluxes and regulation in fish intestine. P. 221 in Metabolic Biochemistry, P. W. Hochachka and T. P. Mommsen, eds. Amsterdam, the Netherlands: Elsevier Science.

Concha, M. I., C. N. Santander, J. Villanueva, and R. Amthauer. 2002. Specific binding of the endocytosis tracer horseradish peroxidase to intestinal fatty acid-binding protein (I-FABP) in apical membranes of carp enterocytes. J. Exp. Zool. 293:541-550.

Cooper, C. A., J. M. Whittamore, and R. W. Wilson. 2010. Ca_2^+-driven intestinal HCO_3^- secretion and $CaCO_3$ precipitation in the European flounder in vivo: Influences on acid-base regulation and blood gas transport. Am. J. Physiol. Reg. I 298:R870-R876.

Cyrino, J. E. P., D. P. Bureau, and B. G. Kapoor. 2008. Feeding and Digestive Functions of Fishes. Enfield, NH: Science Publishers.

De Almeida, L. C., L. M. Lundstedt, and G. Moraes. 2006. Digestive enzyme responses of tambaqui (Colossoma macropomum) fed on different levels of protein and lipid. Aquacult. Nutr. 12:443-450.

Deguara, S., K. Jauncey, and C. Agius. 2003. Enzyme activities and pH variations in the digestive tract of gilthead sea bream. J. Fish Biol. 62:1033-1043.

Dezfuli, B. S., C. Szekely, G. Giovinazzo, K. Hills, and L. Giari. 2009. Inflammatory response to parasitic helminths in the digestive tract of Anguilla anguilla (L.). Aquaculture 296:1-6.

Dias, J., C. Huelvan, M. T. Dinis, and R. Metailler. 1998. Influence of dietary bulk agents (silica, cellulose and a natural zeolite) on protein digestibility, growth, feed intake and feed transit time in European seabass (*Dicentrarchus labrax*) juveniles. Aquat. Living Resour. 11:219-226.

Diaz, A. O., A. M. Garcia, D. E. Figueroa, and A. L. Goldemberg. 2008a. The mucosa of the digestive tract in Micropogonias furnieri: A light and electron microscope approach. Anat. Histol. Embryol. 37:251-256.

Diaz, A. C., A. V. F. Gimenez, S. M. Velurtas, and J. L. Fenucci. 2008b. Ontogenetic changes in the digestive system of Pleoticus muelleri (Decapoda, Penaeoidea). Invertebr. Reprod. Dev. 52:1-12.

Divakaran, S., B. G. Kim, and A. C. Ostrowski. 1999. Digestive enzymes present in Pacific threadfin Polydactylus sexfilis (Bloch & Schneider 1801) and bluefin trevally Caranx melampygus (Cuvier 1833). Aquac. Res. 30:781-787.

Dohnalek, M. H. 2004. The role of fibre in clinical nutrition. P. 271 in Dietary Fibre, J. W. van der Kamp, N.-G. Asp, J. Miller Jones, and G. Schaafsma, eds. Wageningen, the Netherlands: Academic Publishers.

dos Santos, J., and M. Jobling. 1988. Gastric-emptying in cod, gadusmorhua l—effects of food particle-size and dietary energy content. J. Fish Biol. 33:511-516.

Ducasse-Cabanot, S., J. Zambonino-Infante, N. Richard, F. Medale, G. Corraze, M. Mambrini, J. Robin, C. Cahu, S. Kaushik, and S. Panserat. 2007. Reduced lipid intake leads to changes in digestive enzymes in the intestine but has minor effect on key enzymes of hepatic intermediary metabolism in rainbow trout (*Oncorhynchus mykiss*). Animal 1:1272-1282.

Einarsson, S., and P. S. Davies. 1996. On the localisation and ultrastructure of pepsinogen, trypsinogen and chymotrypsinogen secreting cells in the atlantic salmon, *Salmo salar* L. Comp. Biochem. Phys. B 114B:295-301.

Einarsson, S., and P. S. Davies. 1997. A multiductal system conveys digestive enzymes from the pancreas into the intestine in the Atlantic salmon. J. Fish Biol. 50:1120-1123.

Einarsson, S., P. S. Davies, and C. Talbot. 1996. The effect of feeding on the secretion of pepsin, trypsin and chymotrypsin in the Atlantic salmon, *Salmo salar* L. Fish Physiol. Biochem. 15:439-446.

Einarsson, S., P. S. Davies, and C. Talbot. 1997. Effect of exogenous cholecystokinin on the discharge of the gallbladder and the secretion of trypsin and chymotrypsin from the pancreas of the Atlantic salmon, *Salmo salar* L. Comp. Biochem. Phys. C. 117:63-67.

Enes, P., S. Panserat, S. Kaushik, and A. Oliva-Teles. 2009. Nutritional regulation of hepatic glucose metabolism in fish. Fish Physiol. Biochem. 35:519-539.

Fange, R., G. Lundblad, J. Lind, and K. Slettengren. 2010. Chitinolytic enzymes in the digestive-system of marine fishes. Mar. Biol. 53:317-321.

Favrel, P., G. Kegel, D. Sedlmeier, R. Keller, and A. VanWormhoudt. 1991. Structure and biological-activity of crustacean gastrointestinal peptides identified with antibodies to gastrin cholecystokinin. Biochimie 73:1233-1239.

Ferraris, R. P., and G. A. Ahearn. 1984. Sugar and amino-acid-transport in fish intestine. Comp. Biochem. Phys. A 77:397-413.

Ferraris, R. P., S. Yasharpour, K. C. K. Lloid, R. Mirzayan, and J. M. Diamond. 1990. Luminal glucose concentration in the gut under normal conditions. Am. J. Physiol. Gastr. L. 259:G820-G837.

Figueiredo, M., and A. J. Anderson. 2009. Digestive enzyme spectra in crustacean decapods (Paleomonidae, Portunidae and Penaeidae) feeding in the natural habitat. Aquac. Res. 40:282-291.

Focken, U., A. Groth, R. M. Coloso, and K. Becker. 1998. Contribution of natural food and supplemental feed to the gut content of *Penaeus monodon* Fabricius in a semi-intensive pond system in the Philippines. Aquaculture 164:105-116.

Fontagne, S., I. Geurden, A. M. Escaffre, and P. Bergot. 1998. Histological changes induced by dietary phospholipids in intestine and liver of common carp (*Cyprinus carpio* L.) larvae. Aquaculture 161:213-223.

Froystad, M. K., E. Lilleeng, A. Sundby, and A. Krogdahl. 2006. Cloning and characterization of alpha-amylase from Atlantic salmon (*Salmo salar* L.). Comp. Biochem. Phys. A 145:479-492.

Gamboa-Delgado, J., C. Molina-Poveda, and C. Cahu. 2003. Digestive enzyme activity and food ingesta in juvenile shrimp *Litopenaeus vannamei* (Boone, 1931) as a function of body weight. Aquac. Res. 34:1403-1411.

Ganong, W. 2009. Digestion and absorption. P. 398 in Review of Medical Physiology, W. Ganong, ed. London, UK: Appelton & Lange.

Gawlicka, A., C. T. Leggiadro, J. W. Gallant, and S. E. Douglas. 2001. Cellular expression of the pepsinogen and gastric proton pump genes in the stomach of winter flounder as determined by *in situ* hybridization. J. Fish Biol. 58:529-536.

Gaxiola, G., G. Cuzon, T. Garcia, G. Taboada, R. Brito, M. Chimal, A. Paredes, L. Soto, C. Rosas, and A. van Wormhoudt. 2005. Factorial effects of salinity, dietary carbohydrate and moult cycle on digestive carbohydrases and hexokinases in *Litopenaeus vannamei* (Boone, 1931). Comp. Biochem. Phys. A 140:29-39.

Geurden, I., M. Aramendi, J. Zambonino-Infante, and S. Panserat. 2007. Early feeding of carnivorous rainbow trout (*Oncorhynchus mykiss*) with a hyperglucidic diet during a short period: Effect on dietary glucose utilization in juveniles. Am. J. Physiol. Reg. I. 292:R2275-R2283.

Gjellesvik, D. R., A. J. Raae, and B. T. Walther. 1989. Partial-purification and characterization of a triglyceride lipase from cod (*Gadus morhua*). Aquaculture 79:177-184.

Glass, H. J., N. L. MacDonald, R. M. Moran, and J. R. Stark. 1989. Digestion of protein in different marine species. Comp. Biochem. Phys. B 94:607-611.

Glover, C. N., and C. M. Wood. 2008. Histidine absorption across apical surfaces of freshwater rainbow trout intestine: Mechanistic characterization and the influence of copper. J. Membrane Biol. 221:87-95.

Guilloteau, P., R. Toullec, and P. Patureau-Miraud. 1979. Influence de la vitesse d'évacuation gastrique des protéines et des lipides sur l'utilisation digestive chez le veau préruminant. Ann. Biol. Anim. Bioch. 19:955-958.

Gutowska, M. A., J. C. Drazen, and B. H. Robison. 2004. Digestive chitinolytic activity in marine fishes of Monterey Bay, California. Comp. Biochem. Phys. A 139:351-358.

Hasler, W. 2006. Small intestinal motility. P. 935 in Physiology of the intestinal tract, L. R. Johnsen, ed. New York: Academic Press.

Haslewood, G. A. 1967. Bile salt evolution. J. Lipid Res. 8:535-551.

Hernandez, J., and J. Murueta. 2009. Activity of trypsin from *Litopenaeus vannamei*. Aquaculture 290:190-195.

Hernandez-Blazquez, F. J., and J. R. M. C. da Silva. 1998. Absorption of macromolecular proteins by the rectal epithelium of the Antarctic fish Notothenia neglecta. Can. J. Zool. 76:1247-1253.

Hidalgo, M. C., E. Urea, and A. Sanz. 1999. Comparative study of digestive enzymes in fish with different nutritional habits. Proteolytic and amylase activities. Aquaculture 170:267-283.

Hill, J. 2007. Impacts of nutritional technology on feeds offered to horses: A review of effects of processing on voluntary intake, digesta characteristics and feed utilisation. Anim. Feed Sci. Tech. 138:92-117.

Hilton, J. W., and J. L. Atkinson. 1982. Response of rainbow trout (*Salmo gairdneri*) to increased levels of available carbohydrate in practical trout diets. Brit. J. Nutr. 47:597-607.

Hilton, J. W., and D. G. Dixon. 1982. Effect of increased liver-glycogen and liver weight on liver-function in rainbow-trout, *Salmo gairdneri* Richardson: Recovery from anesthesia and plasma S-35-Sulphobromophthalein clearance. J. Fish Dis. 5:185-195.

Hilton, J. W., J. L. Atkinson, and S. J. Slinger. 1982. Maximum tolerable level, digestion, and metabolism of D-glucose (cerelose) in rainbow trout (*Salmo gairdneri*) reared on a practical trout diet. Can. J. Fish Aquat. Sci. 39:1229-1234.

Hofmann, A. F. 1994. Biliary secretion and excretion. P. 1555 in Physiology of the Gastrointesinal Tract, L. R. Johnson, ed. New York: Raven Press.

Holmgren, S., and C. Olsson. 2009. The neuronal and endocrine regulation of gut function. P. 467 in Fish Neuroendocrinology, N. Bernier, G. VanDer Krak, A. Farrell, and C. Brauner, eds. New York: Elsevier.

Houpe, K. L., C. Malo, P. B. Oldham, and R. K. Buddington. 1996. Thermal modulation of channel catfish intestinal dimensions, BBM fluidity, and glucose transport. Am. J. Physiol. Reg. I. 270:R1037-R1043.

Ikeda, M., K. Miyauchi, A. Mochizuki, and M. Matsumiya. 2009. Purification and characterization of chitinase from the stomach of silver croaker Pennahia argentatus. Protein Expres. Purif. 65:214-222.

Iqbal, J., and M. M. Hussain. 2009. Intestinal lipid absorption. Am. J. Physiol. Endoc. M. 296:E1183-E1194.

Jobling, M. 1995. Environmental Biology of Fishes. London, UK: Chapman & Hall.

Johnston, D., and J. Freeman. 2005. Dietary preference and digestive enzyme activities as indicators of trophic resource utilization by six species of crab. Biol. Bull. 208:46.

Karlsen, Ø., G. I. Hemre, K. Tveit, and G. Rosenlund G. 2006. Effect of varying levels of macro-nutrients and continuous light on growth, energy deposits and maturation in farmed Atlantic cod (*Gadus morhua* L.). Aquaculture 255:242-254.

Kjaer, M. A., A. Vegusdal, G. M. Berge, T. F. Galloway, M. Hillestad, A. Krogdahl, H. Holm, and B. Ruyter. 2009. Characterisation of lipid transport in Atlantic cod (*Gadus morhua*) when fasted and fed high or low fat diets. Aquaculture 288:325-336.

Koji, M., H. Fukada, I. Ronnestad, T. Kurokawa, and T. Masumoto. 2008. Nutrient control of release of pancreatic enzymes in yellowtail (Seriola quinqueradiata): Involvement of CCK and PY in the regulatory loop. Comp. Biochem. Phys. A 150:438-443.

Koven, W., C. R. Rojas-Garcia, R. N. Finn, A. Tandler, and I. Ronnestad. 2002. Stimulatory effect of ingested protein and/or free amino acids on the secretion of the gastro-endocrine hormone cholecystokinin and on tryptic activity, in early-feeding herring larvae, Clupea harengus. Mar. Biol. 140:1241-1247.

Krogdahl, Å., S. Nordrum, M. Sørensen, L. Brudeseth, and C. Røsjø. 1999. Effects of diet composition on apparent nutrient absorption along the intestinal tract and of subsequent fasting on mucosal disaccharidase activities and plasma nutrient concentration in Atlantic salmon, *Salmo salar* L. Aquacult. Nutr. 5:121-133.

Krogdahl, Å., A. Sundby, and J. J. Olli. 2004. Atlantic salmon (*Salmo salar*) and rainbow trout (*Oncorhynchus mykiss*) digest and metabolize nutrients differently. Effects of water salinity and dietary starch level. Aquaculture 229:335-360.

Krogdahl, A., G. I. Hemre, and T. P. Mommsen. 2005. Carbohydrates in fish nutrition: Digestion and absorption in postlarval stages. Aquacult. Nutr. 11:103-122.

Krogdahl, Å., H. Holm, B. Ruyter, T. F. Galloway, G. M. Berge, and M. Hillestad. 2009. Cod (*Gadus morhua*) adjust digestive processes to variation in diet composition. P. 333 in Aquaculture Europe 2009. Brussels, Belgium: Aquaculture Europe.

Kuperman, B. I., and V. V. Kuzmina. 1994. The ultrastructure of the intestinal epithelium in fishes with different types of feeding. J. Fish Biol. 44:181-193.

Kurokawa, T., and T. Suzuki. 1996. Formation of the diffuse pancreas and the development of digestive enzyme synthesis in larvae of the Japanese flounder *Paralichthys olivaceus*. Aquaculture 141:267-276.

Kurtovic, I., S. N. Marshall, X. Zhao, and B. K. Simpson. 2009. Lipases from mammals and fishes. Rev. Fish. Sci. 17:18-40.

Kuz'mina, V. 2008. Classical and modern concepts in fish digestion. P. 85 in Feeding and Digestive Functions of Fishes, J. E. P. Cyrino, D. P. Bureau, and B. G. Kapoor, eds. Enfield, NH: Science Publishers.

Lavelle, E. C., and J. E. Harris. 1997. The processing of an orally administered protein antigen in the digestive tract of rainbow trout, *Oncorhynchus mykiss*. Comp. Biochem. Phys. A 117:263-275.

Lawlor, P. G., P. B. Lynch, P. J. Caffrey, J. J. O'Reilly, and M. K. O'Connell. 2005. Measurements of the acid-binding capacity of ingredients used in pig diets. Irish Vet. J. 58:447-452.

Le Vay, L., D. A. Jones, A. C. Puello-Cruz, R. S. Sangha, and C. Ngamphongsai. 2001. Digestion in relation to feeding strategies exhibited by crustacean larvae. Comp. Biochem. Phys. A 128:623-630.

Lemos, D., J. M. Ezquerra, and F. L. Garcia-Carreno. 2000. Protein digestion in penaeid shrimp: Digestive proteinases, proteinase inhibitors and feed digestibility. Aquaculture 186:89-105.

Le Moullac, G., B. Klein, D. Sellos, and A. VanWormhoudt. 1997. Adaptation of trypsin, chymotrypsin and alpha-amylase to casein level and protein source in Penaeus vannamei (Crustacea Decapoda). J. Exp. Mar. Biol. Ecol. 208:107-125.

Lionetto, M. G., M. Maffia, F. Vignes, C. Storelli, and T. Schettino. 1996. Differences in intestinal electrophysiological parameters and nutrient transport rates between eels (*Anguilla anguilla*) at yellow and silver stages. J. Exp. Zool. 275:399-405.

Lopez-Lopez, S., H. Nolasco, and F. Vega-Villasante. 2003. Characterization of digestive gland esterase-lipase activity of juvenile redclaw crayfish *Cherax quadricarinatus*. Comp. Biochem. Phys. B 135:347.

Lopez-Lopez, S., H. Nolasco, H. Villarreal-Colmenares, and Civera-Cerecedo R. 2005. Digestive enzyme response to supplemental ingredients in practical diets for juvenile freshwater crayfish *Cherax quadricarinatus*. Aquacult. Nutr. 11:79-85.

Lundstedt, L. M., J. Melo, and G. Moraes. 2004. Digestive enzymes and metabolic profile of Pseudoplatystoma corruscans (Teleostei: Siluriformes) in response to diet composition. Comp. Biochem. Phys. B 137:331-339.

Maffia, M., R. Acierno, G. Deceglie, S. Vilella, and C. Storelli. 1993. Adaptation of intestinal cell membrane enzymes to low temperatures in the Antarctic teleost *Pagothenia bernacchii*. J. Comp. Physiol. B 163:265-270.

Maffia, M., T. Verri, A. Danieli, M. Thamotharan, M. Pastore, G. A. Ahearn, and C. Storelli. 1997. H+-glycyl-L-proline cotransport in brush-border membrane vesicles of eel (Anguilla anguilla) intestine. Am. J. Physio. Reg. I. 272:R217-R225.

Manchado, M., C. Infante, E. Asensio, A. Crespo, E. Zuasti, and J. P. Cañavate. 2008. Molecular characterization and gene expression of six trypsinogens in the flatfish Senegalese sole (*Solea senegalensis* Kaup) during larval development and in tissues. Comp. Biochem. Phys. B 149:334-344.

Manjakasy, J. M., R. D. Day, A. Kemp, and I. R. Tibbetts. 2009. Functional morphology of digestion in the stomachless, piscivorous needlefishes Tylosurus gavialoides and Strongylura leiura ferox (Teleostei: Beloniformes). J. Morphol. 270:1155-1165.

Mantel, L. H. 1983. Internal anatomy and physiological regulation. Pp. 1-53 in The Biology of Crustacea, Vol. 5, D. E. Bliss, ed. New York: Academic Press.

Martin G. G., R. Simcox, A. Nguyen, and A. Chilingaryan. 2006. Peritrophic membrane of the penaeid shrimp Sicyonia ingentis: Structure, formation, and permeability. Biol. Bull. 211:275-285.

McLean, E., and R. Ash. 1986. The time-course of appearance and net accumulation of horseradish peroxidase (HRP) presented orally to juvenile carp *Cyprinus carpio* (L.). Comp. Biochem. Phys. A 84:687-690.

McLean, E., and R. Ash. 1987a. Intact protein (antigen) absorption in fishes: Mechanism and physiological significance. J. Fish Biol. 31:219-223.

McLean, E., and R. Ash. 1987b. The time-course of appearance and net accumulation of horseradish peroxidase (HRP) presented orally to rainbow trout *Salmo gairdneri* (Richardson). Comp. Biochem. Phys. A 88:507-510.

Morais, S., C. Cahu, J. L. Zambonino-Infante, J. Robin, I. Ronnestad, M. T. Dinis, and L. E. C. Conceicao. 2004. Dietary TAG source and level affect performance and lipase expression in larval sea bass (*Dicentrarchus labrax*). Lipids 39:449-458.

Morrison, C. M., B. Pohajdak, J. Tam, and J. R. Wright. 2004. Development of the islets, exocrine pancreas, and related ducts in the Nile tilapia, *Oreochromis niloticus* (Pisces:Cichlidae). J. Morphol. 261:377-389.

Moss, S., S. Divakaran, and B. Kim. 2001. Stimulating effects of pond water on digestive enzyme activity in the Pacific white shrimp, *Litopenaeus vannamei* (Boone). Aquac. Res. 32:125-131.

Muhlia-Almazan, A., F. L. Garcia-Carreno, J. A. Sanchez-Paz, G. Yepiz-Plascencia, and A. B. Peregrino-Uriarte. 2003. Effects of dietary protein on the activity and mRNA level of trypsin in the midgut gland of the white shrimp Penaeus vannamei. Comp. Biochem. Phys. B 135:373-383.

Muhlia-Almazan, A., A. Sanchez-Paz, and F. L. Garcia-Carreno. 2008. Invertebrate trypsins: A review. J. Comp. Physiol. B 178:655-672.

Murashita, K., H. Fukada, H. Hosokawa, and T. Masumoto. 2007. Changes in cholecystokinin and peptide Y gene expression with feeding in yellowtail (Seriola quinqueradiata): Relation to pancreatic exocrine regulation. Comp. Biochem. Phys. B 146:318-325.

Nordrum, S., A. M. Bakke-McKellep, A. Krogdahl, and R. K. Buddington. 2000. Effects of soybean meal and salinity on intestinal transport of nutrients in Atlantic salmon (*Salmo salar* L.) and rainbow trout (*Oncorhynchus mykiss*). Comp. Biochem. Phys. B 125:317-335.

Nunes, A. J. P., and G. J. Parsons. 2000. Effects of the southern brown shrimp, Penaeus subtilis, predation and artificial feeding on the population dynamics of benthic polychaetes in tropical pond enclosures. Aquaculture 183(1-2):125-147.

Nunes, A. J. P., T. C. V. Gesteira, and S. Goddard. 1997. Food consumption and assimilation by the Southern brown shrimp *Penaeus subtilis* under semi-intensive culture in NE Brazil. Aquaculture 149:121-136.

Ogata, Y., M. Nishi, H. Nakayama, T. Kuwahara, Y. Ohnishi, and S. Tashiro. 2003. Role of bile in intestinal barrier function and its inhibitory effect on bacterial translocation in obstructive jaundice in rats. J. Surg. Res. 115:18-23.

Ogiwara, K., and T. Takahashi. 2007. Specificity of the medaka entero-peptidase serine protease and its usefulness as a biotechnological tool for fusion-protein cleavage. P. Natl. Acad. Sci. USA 104:7021-7026.

Olsen, R. E., B. T. Dragnes, R. Myklebust, and E. Ringo. 2003. Effect of soybean oil and soybean lecithin on intestinal lipid composition and lipid droplet accumulation of rainbow trout, *Oncorhynchus mykiss* Walbaum. Fish Physiol. Biochem. 29:181-192.

Olsen, R. E., A. C. Hansen, G. Rosenlund, G. I. Hernre, T. M. Mayhew, L. Knudsen, O. T. Eroldogan, R. Myklebust, and O. Karlsen. 2007. Total replacement of fish meal with plant proteins in diets for Atlantic cod (*Gadus morhua* L.) II—Health aspects. Aquaculture 272:612-624.

Ong, B. L., and D. Johnston. 2006. Influence of feeding on hepatopancreas structure and digestive enzyme activities in Penaeus monodon. J. Shell-fish Res. 25:113-121.

Ostaszewska, T., M. Kamaszewski, P. Grochowski, K. Dabrowski, T. Verri, Aksakal, I. Szatkowska, Z. Nowak, and S. Dobosz. 2010. The effect of peptide absorption on PepT1 gene expression and digestive system hormones in rainbow trout (*Oncorhynchus mykiss*). Comp. Biochem. Phys. A 155:107-114.

Oxley, A., F. Jutfelt, K. Sundell, and R. E. Olsen. 2007. Sn-2-monoacylglycerol, not glycerol, is preferentially utilised for triacylglycerol and phosphatidylcholine biosynthesis in Atlantic salmon (*Salmo salar* L.) intestine. Comp. Biochem. Phys. B 146:115-123.

Peres, H., P. Goncalves, and A. Oliva-Teles. 1999. Glucose tolerance in gilthead seabream (*Sparus aurata*) and European seabass (*Dicentrarchus labrax*). Aquaculture 179:415-423.

Pérez-Jiménez, A., G. Cardenete, A. E. Morales, A. García-Alcázar, E. Abellán, and M. C. Hidalgo. 2009. Digestive enzymatic profile of Dentex dentex and response to different dietary formulations. Comp. Biochem. Phys. A 154:157-164.

Platell, M. E., and I. C. Potter. 2001. Partitioning of food resources amongst 18 abundant benthic carnivorous fish species in marine waters on the lower west coast of Australia. J. Exp. Mar. Biol. Ecol. 261:31-54.

Pöhlmann, K. 2007. Regional and seasonal differences in triacylglyceride and digestive enzymes in North sea brown shrimp. Masters Thesis, University of Bremen, Germany.

Pratoomyot, J., E. A. Bendiksen, J. G. Bell, and D. R. Tocher. 2010. Effects of increasing replacement of dietary fishmeal with plant protein sources on growth performance and body lipid composition of Atlantic salmon (*Salmo salar* L.). Aquaculture 305:124-132.

Psochiou, E., E. Sarropoulou, Z. Mamuris, and K. A. Mouton. 2007. Sequence analysis and tissue expression pattern of *Sparus aurata* chymotrypsinogens and trypsinogen. Comp. Biochem. Phys. B147:367-377.

Quentel, C., M. Bremont, and H. Pouliquen. 2007. Farm fish vaccination. Prod. Anim. 20:233-238.

Ray, A. K., T. Roy, S. Mondale, and E. Ringø. 2009. Identification of gutassociated amylase, cellulase and protease-producing bacteria in three species of Indian major carps. Aquac. Res. 41:1462-1469.

Resch-Sedlmeier, G., and D. Sedlmeier. 1999. Release of digestive enzymes from the crustacean hepatopancreas: Effect of vertebrate gastrointestinal hormones. Comp. Biochem. Phys. B 123:187-192.

Reshkin, S. J., and G. A. Ahearn. 1987. Basolateral glucose transport by intestine of teleost, *Oreochromis mossambicus*. Am. J. Physiol. Reg. I. 252:R579-R586.

Rivera-Pérez, C., M. d. l. Á. N. del Toro, and F. L. García-Carreño. 2010. Digestive lipase activity through development and after fasting and re-feeding in the whiteleg shrimp Penaeus vannamei. Aquaculture 300:163-168.

Romano, A., G. Kottra, A. Barca, N. Tiso, M. Maffia, F. Argenton, H. Daniel, C. Storelli, and T. Verri. 2006. High-affinity peptide transporter PEPT2 (SLC15A2) of the zebrafish Danio rerio: Functional properties, genomic organization, and expression analysis. Physiol. Genomics 24:207-217.

Romarheim, O. H., A. Skrede, M. Penn, L. T. Mydland, A. Krogdahl, and T. Storebakken. 2008. Lipid digestibility, bile drainage and development of morphological intestinal changes in rainbow trout (*Oncorhynchus mykiss*) fed diets containing defatted soybean meal. Aquaculture 274:329-338.

Rosenlund, G., O. Karlsen, K. Tveit, A. Mangor-Jensen, and G. I. Hemre. 2004. Effect of feed composition and feeding frequency on growth, feed utilization and nutrient retention in juvenile Atlantic cod, *Gadus morhua* L. Aquacult. Nutr. 10:371-378.

Røsjø, C., S. Nordrum, J. J. Olli, Å. Krogdahl, B. Ruyter, and H. Holm. 2000. Lipid digestibility and metabolism in Atlantic salmon (*Salmo salar*) fed medium-chain triglycerides. Aquaculture 190:65-76.

Rothman, S., C. Liebow, and L. Isenman. 2002. Conservation of digestive enzymes. Physiol. Rev. 82:1-18.

Rust, M. 2002. Nutritional physiology. P. 367 in Fish Nutrition, J. E. Halver and R. M. Hardy, eds. Amsterdam, the Netherlands: Academic Press.

Sahlmann, C. 2008. Seasonal and regional aspects of the nutritional ecology and physiology of the brown shrimp, *Crangon crangon* (Decapoda: Caridea). Masters Thesis, University of Bremen, Germany.

Sainz, J. C., F. L. Garcia-Carreno, and P. Hernandez-Cortes. 2004. Penaeus vannamei isotrypsins: Purification and characterization. Comp. Biochem. Phys. B 138:155-162.

Santos, E. A., L. E. M. Nery, R. Keller, and A. A. Goncalves. 1997. Evidence for the involvement of the crustacean hyperglycemic hormone in the regulation of lipid metabolism. Physiol. Zool. 70:415-420.

Schubert, M. L. 2009. Gastric exocrine and endocrine secretion. Curr. Opin. Gastroen. 25:529-536.

Seppola, M., R. E. Olsen, E. Sandaker, P. Kanapathippillai, W. Holzapfel, and E. Ringø. 2005. Random amplification of polymorphic DNA (RAPD) typing of Carnobacteria isolated from hindgut chamber and large intestine of Atlantic cod (*Gadus morhua I.*). Syst. Appl. Microbiol. 29:131-137.

Shephard, K. L. 1994. Functions for fish mucus. Rev. Fish Biol. Fisher. 4:401-429.

Sims, D. 2008. Sieving a living: A review on the biology, ecology and conservation status of the plankton-feeding basking shark Cetorhinus maximus. P. 171 in Advances in Marine Biology, D. W. Sim, ed. London, UK: Elsevier.

Singh, R. P., and T. Nose. 1967. Digestibility of carbohydrates in young rainbow trout. Bull. Freshwater Fish. Res. Lab. (Japan) 17:21-25.

Sire, M. F., and J. M. Vernier. 1992. Intestinal absorption of protein in teleost fish. Comp. Biochem. Phys. A 103:771-781.

Sklan, D., T. Prag, and I. Lupatsch. 2004. Structure and function of the small intestine of the tilapia *Oreochromis niloticus* × *Oreochromis aureus* (Teleostei, Cichlidae). Aquac. Res. 35:350-357.

Sousa, L., E. Cuartas, and A. Petrielle. 2005. Fine structural analysis of the epithelial cells in the hepatopancreas of *Palaemonetes argentinus* (Crustacea, Decapoda, Caridea) in intermoult. Biocell 29:25-31.

Storebakken, T. 1985. Binders in fish feeds. I. Effect of alginate and guar gum on growth, digestibility, feed intake and passage through the gastrointestinal tract of rainbow trout. Aquaculture 47:11-26.

Storebakken, T., and E. Austreng. 1987. Binders in fish feeds. II. Effect of different alginates on the digestibility of macronutrients in rainbow trout. Aquaculture 60:121-131.

Storebakken, T., K. D. Shearer, S. Refstie, S. Lagocki, and J. McCool. 1998. Interactions between salinity, dietary carbohydrate source and carbohydrate concentration on the digestibility of macronutrients and energy in rainbow trout (*Oncorhynchus mykiss*). Aquaculture 163:347-359.

Storelli, C., S. Vilella, M. P. Romano, M. Maffia, and G. Cassano. 1989. Brush-border amino acid transport mechanisms in carnivorous eel intestine. Am. J. Physiol. Reg. I. 257:R506-R510.

Sugita, H., and Y. Ito. 2006. Identification of intestinal bacteria from Japanese flounder (*Paralichthys olivaceus*) and their ability to digest chitin. Lett. Appl. Microbiol. 43:336-342.

Suyehiro, Y. 1941. A study of the digestive system and feeding habits of fish. Jpn. J. Zool. 10:1-303.

Terova, G., S. Cora, T. Verri, S. Rimoldi, G. Bernardini, and M. Saroglia. 2009. Impact of feed availability on PepT1 mRNA expression levels in sea bass (*Dicentrarchus labrax*). Aquaculture 294:288-299.

Teschke, M., and R. Saborowski. 2005. Cysteine proteinases substitute for serine proteinases in the midgut glands of Crangon crangon and Crangon allmani (Decapoda:Caridea). J. Exp. Mar. Biol. Ecol. 316:213-229.

Thamotharan, M., J. Gomme, G. V. Zonno, M. Maffia, C. Storelli, and G. A. Ahearn. 1996a. Electrogenic, proton-coupled, intestinal dipeptide transport in herbivorous and carnivorous teleosts. Am. J. Physiol. Reg. I. 270:R939-R947.

Thamotharan, M., V. Zonno, C. Storelli, and G. A. Ahearn. 1996b. Baso-lateral dipeptide transport by the intestine of the teleost *Oreochromis mossambicus*. Am. J. Physiol. Reg. I. 270:R948-R954.

Thompson, S. A., and C. W. Weber. 1979. Influence of Ph on the binding of copper, zinc and iron in 6 fiber sources. J. Food Sci. 44:752-754.

Tocher, D. R. 2003. Metabolism and functions of lipids and fatty acids in teleost fish. Rev. Fish. Sci. 11:107-184.

Tocher, D. R., and J. R. Sargent. 1984. Studies on triacylglycerol, wax ester and sterol ester hydrolases in intestinal caeca of rainbow trout (*Salmo gairdneri*) fed diets rich in triacylglycerols and wax esters. Comp. Biochem. Phys. B 77:561-571.

Tocher, D. R., E. A. Bendiksen, P. J. Campbell, and J. G. Bell. 2008. The role of phospholipids in nutrition and metabolism of teleost fish. Aquaculture 280:21-34.

Une, M., T. Goto, K. Kihira, T. Kuramoto, K. Hagiwara, T. Nakajima, and T. Hoshita. 1991. Isolation and identification of bile—Salts conjugated with cysteinolic acid from bile of the red seabream, Pagrosomus major. J. Lipid Res. 32:1619-1623.

Uran, P. A., R. Aydin, J. W. Schrama, J. A. J. Verreth, and J. H. W. M. Rombout. 2008. Soybean meal-induced uptake block in Atlantic salmon *Salmo salar* distal enterocytes. J. Fish Biol. 73:2571-2579.

Valle, A. Z. D., M. Iriti, F. Faoro, C. Berti, and S. Ciappellano. 2008. In vivo prion protein intestinal uptake in fish. APMIS 116:173-180.

Van Wormhoudt, A., and D. Sellos. 2003. Highly variable polymorphism of the alpha-amylase gene family in *Litopenaeus vannamei* (Crustacea decapoda). J. Mol. Evol. 57:659-671.

Velez, Z., P. C. Hubbard, K. Welham, J. D. Hardege, E. N. Barata, and A. V. M. Canario. 2009. Identification, release and olfactory detection of bile salts in the intestinal fluid of the Senegalese sole (*Solea senegalensis*). J. Comp Physiol. A. 195:691-698.

Verri, T., M. Maffia, A. Danieli, M. Herget, U. Wenzel, H. Daniel, and C. Storelli. 2000. Characterisation of the H+/peptide cotransporter of eel intestinal brush-border membranes. J. Exp. Biol. 203:2991-3001.

Verri, T., A. Mandal, L. Zilli, D. Bossa, P. K. Mandal, L. Ingrosso, V. Zonno, S. Vilella, G. A. Ahearn, and C. Storelli. 2001. D-glucose transport in decapod crustacean hepatopancreas. Comp. Biochem. Phys. A 130:585-606.

Verri, T., G. Kottra, A. Romano, N. Tiso, M. Peric, M. Maffia, M. Boll, F. Argenton, H. Daniel, and C. Storelli. 2003. Molecular and functional characterisation of the zebrafish (Danio rerio) PEPT1-type peptide transporter. FEBS Lett. 549:115-122.

Viader-Salvado, J., M. Castillo-Galvan, L. Galan-Wong, and M. Guerrero-Olazaran. 2007. Biochemical characterization of recombinant shrimp trypsinogen. J. Biotechnol. 131:S233.

Vogt, G., W. Söcker, V. Storch, and R. Zwillinger. 1989. Biosynthesis of *Astacus* protease, a digestive enzyme from crayfish. Histochemistry 91:373-383.

Volkoff, H. 2006. The role of neuropeptide Y, orexins, cocaine and amphetamine-related transcript, cholecystokinin, amylin and leptin in the regulation of feeding in fish. Comp. Biochem. Phys. A 144:325-331.

Whittamore, J. M., C. A. Cooper, and R. W. Wilson. 2010. HCO_3^- secretion and $CaCO_3$ precipitation play major roles in intestinal water absorption in marine teleost fish in vivo. Am. J. Physiol. Reg. I. 298:R877-R886.

Wilson, R. W., and M. Grosell. 2003. Intestinal bicarbonate secretion in marine teleost fish-source of bicarbonate, pH sensitivity, and consequences for whole animal acid-base and calcium homeostasis. BBA-Biomembranes 1618:163-174.

Wu, T., L. C. Sun, C. H. Du, Q. F. Cai, Q. B. Zhang, W. J. Su, and M. J. Cao. 2009. Identification of pepsinogens and pepsins from the stomach of European eel (Anguilla anguilla). Food Chem. 115:137-142.

Xue, X. M., A. J. Anderson, N. A. Richardson, A. J. Anderson, G. P. Xue, and P. B. Mather. 1999. Characterisation of cellulase activity in the digestive system of the redclaw crayfish (*Cherax quadricarinatus*). Aquaculture 180:272-386.

제4장

사료 에너지 이용 및 대사 통합

동물의 생명과 활동, 성장, 번식을 유지하기 위해서는 영양소가 필요하다. 영양소는 구조 또는 저장 분자, 효소, 대사 매개체, 다른 분자의 생합성을 위한 전구체 역할을 한다. 소비되는 영양소 일부는 동화작용 및 기타 생명 유지 과정에 사용되는 화학적(자유) 에너지를 활용하기 위한 대사작용으로 분해된다(Blaxter, 1989; Mayes, 2000). 단순히 영양소 자체를 대사작용에 사용하지 않고 특정 물질 대사와 대사작용을 통해 특정 영양소의 대사작용을 한다(Van Milgen, 2002). 영양소에서 파생된 여러 가지 대사 매개체는 동일한 과정에서 사용되나 영양소 간의 상호 작용은 다양하다. 많은 내인성 요인(유전적, 성별, 생리학적 상태, 영양 등)과 외인성 요인(온도, 스트레스 요인) 또한 동물의 영양 상태에 영향을 미친다(Blaxter, 1989). 모든 사료성분의 이용을 상세하고 통합적인 방식에 따라 정량적으로 검사하는 것이 가장 바람직하지만 이는 매우 복잡한 일이다. 이에 실용적인 방식으로 동물의 사료를 통한 영양분 이용을 기술하고 예측하기 위한 다양한 체계가 성립되었다(Dumas et al., 2008). 생물에너지학 또는 생화학적 열역학은 생물학적 시스템에서 생화학 반응을 동반하는 에너지 변화를 연구하여(Patton, 1965; Mayes, 2000) 대중적인 체계의 기초가 되었다. 생명 과정(예: 동화반응, 근육수축, 활성수송)은 합성반응으로 전달되는 일부 에너지와 열로 손실되는 일부 에너지의 화학결합으로 에너지를 얻는다. 열역학의 제 1법칙에 따르면, 에너지로 산출되는 성분의 연료 이화작용과 조직 내 저장 같은 동화작용의 구분은 사료를 통한 에너지 섭취량과 에너지 소비의 균형 연구를 통해 추적할 수 있다.

Ege and Krogh (1914)는 생체에너지의 원리를 어류에 적용한 첫 번째 연구일 것이다. 그 이후로 다양한 어류의 에너지 이용 및 소비 연구에 관한 수백 건의 연구논문이 발표되었다. Phillips (1972), Brett and Groves (1979), Cho et al.(1982), Elliott (1982), Cho and Kaushik (1985; 1990), Tytler and Calow (1985), Smith (1989), Jobling (1994), Kaushik and Medale (1994), Cho and Bureau (1995), Cui and Xie (1999), Medale and Guillaume (1999), Bureau et al.(2002) 등 수많은 연구를 포함하여 영양에너지학(영양 맥락에서 적용되는 생물에너지학)에 관한 수많은 리뷰가 작성되었다.

영양상의 에너지 체계는 섭취된 주요 영양소의 유형 또는 신체 조직 구성 요소(예: 체내 단백질과 체지방)의 유형 또는 사료 성분의 소화와 관련해 더 많거나 적지만 명시적인 표현, 흡수된 영양물의 대사 및 동물 내의 조직과 기능 사이의 영양분 분리에 대한 고려 사항을 포함하여 지난 50년간 진화해왔다(Kielanowski 1965; Baldwin and Bywater, 1984; Emmans and Fisher, 1986; Emmans, 1994; Noblet et al., 1994; DeLange, 1997; Lupatsch et al., 1998; Lupatsch et al., 2003; Birkett and de Lange, 2001; Van Milgen, 2002). 이 장의 목적은 영양학적 에너지와 그 근

본적인 대사, 생리적 기전의 주요 원리를 제시하고 어류와 새우 종의 에너지 소비량을 재검토하는 것이며 또한 정보의 격차를 규명하고, 일반적인 영양학적 에너지 체계의 한계점을 강조하여 향후 보다 명백하고 기계적이며 통합적인 방식으로 성장과 영양 이용을 검토하는 어류와 새우의 영양학자들의 필요를 충족시키기 위함이다.

4.1 표준 에너지 분할 도식 – NRC(1981) 명명법

동물의 에너지 분배를 설명하는 다른 체계의 명명법이 사용되어 왔다. 특히 어류생물학에서 사용되는 명명법과 에너지 처리의 표현 방식이 매우 다양하다. 1981년 어류를 포함한 동물의 에너지 이용에 관해 설명하기 위한 체계적인 용어를 개발하려는 목적으로 미국 국립연구위원회(NRC: National Research Council)의 동물영양위원회 소위원회가 신설되었다(NRC, 1981). 이 시스템은 **그림 4–1**에 도식으로 나타냈으며, 때로는 일부 수정과 함께 세계적인 동물영양학자에게 채택되었다. 이 실용적인 명명법(**표 4–1**)은 많은 어류영양 연구자들도 사용하고 있다. 이 명명법은 일부 수정 및 추가사항과 함께 본 연구에서 사용되었다.

전통적으로 동물영양학자들은 에너지 처리의 모든 측정치를 칼로리(cal)로 표현했다. 영양에 사용되는 칼로리는 15°C 칼로리라고 하며, 1 g의 물의 온도를 14.5°C에서 15.5°C로 올리는데 필요한 에너지이다. 1,000 cal는 1 kcal이다. Kcal는 동물영양학에서 섭취 에너지를 표현하는 공통 단위이다. 줄(J)은 전기나 기계, 화학 에너지의 표현 단위로 국제단위계(SIU: Système International d'unités)에서 채택되었다. 1 J은 1 kg · m^2/sec^2 또는 10^7에르그(erg)로 정의된다. 15°C의 cal는 4.184 J과 같다. 대부분의 다른 SIU 단위와 마찬가지로 J도 과학 문헌에서 섭취 에너지를 표현하는 단위이지만 NRC는 kcal를 영양학적 에너지의 기준 단위로 사용하기로 한다. 본 연구에서는 실현 가능하고 실용적인 두 가지 단위로 표시하였다.

4.2 총에너지와 에너지 섭취

총에너지(GE)는 영양 산화의 엔탈피(ΔH)에 일반적으로 사용되는 용어이다. 그러나 엔탈피와 반대로 GE

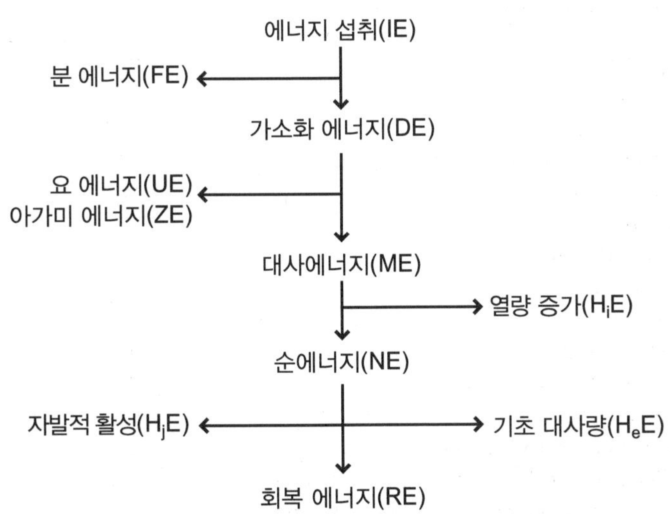

그림 4–1 동물 에너지 흐름의 개략적 도식(NRC, 1981).

는 일반적으로 플러스(+) 기호로 표시된다(Mayes, 2000). 물질의 GE 함량은 일반적으로 압축된 산소 공기에서 과도하게 벽으로 둘러싸인 금속 용기(폭탄) 내 산화에 따라 측정된다. 이 같은 방법을 폭탄열량측정법(bomb calorimetry)이라고 한다. 이러한 조건하에서 탄소와 수소는 생체 내에서와 같이 이산화탄소와 물로 완전히 산화되고 질소의 경우는 산화물로 전환되지만 생체 내에서는 발생하지 않는다. 질소산화물은 물과 상호 작용하여 강산을 생성하며 내성반응을 일으킨다. 이러한 산은 적정법(titration)으로 추정될 수 있으며, 산소 공기에서 산화율과 생체 내 이화반응 간 차이에 대한 보정을 적용한다(Blaxter, 1989).

사료 원료 또는 배합의 총에너지양은 화학 성분에 따라 다르다. 탄수화물, 단백질, 지질의 총에너지 평균값은 각각 4.11과 5.64 그리고 9.44 kcal/g (17.2와 23.6 그리고 39.5 kJ/g)이다(Blaxter, 1989). 에너지 섭취량(IE)은 동물의 총에너지 섭취량을 위해 NRC (1981)에서 채택한 표기법으로(**그림 4-1**) 사료 섭취량(g)에 총에너지(kcal/g)를 곱한 값이다.

4.3 분에너지 손실 – 가소화 에너지

사료 성분이 동물에게 에너지 역할을 하기 전에 소화되고 흡수되어야 한다. 일부 사료 성분은 소화되지 않고 소화관을 통과해 배설물로 처리된다. 총에너지를 함유하는 성분의 배설(분으로 배출)을 분에너지(FE: Fecal Energy) 손실이라고 한다. 이 사료의 단위 수량에 대한 GE와 FE의 차이를 가소화 에너지(DE: Digestible Energy)라고 한다. 가소화 에너지를 나타내기 위해 NRC (1981)에서 채택한 DE 섭취(DEI)는 사료 섭취량(g/fish)과 사료의 DE (kcal/g) 또는 IE에서 FE를 차감한 DE (kcal/g)로 나타냈다(**표 4-1**, **그림 4-1**).

표 4-1 섭취 에너지 및 에너지 구성 요소 용어

섭취 에너지 형태	약어
Gross energy	GE
Digestible energy	DE
Metabolizable energy	ME
Net energy	NE
에너지 수지 구성 요소/용어	
Intake of energy	IE
Fecal energy losses	FE
Digestible energy intake	DEI
Urinary and branchial (nonfecal) energy losses	UE + ZE
Metabolizable energy intake	MEI
Surface losses	SE
Heat losses (heat production)	HE
Basal metabolism	H_eE
Fasting heat losses	HE_f
Maintenance energy	HE_m
Voluntary activity energy losses	H_jE
Heat increment of feeding	H_iE
Heat of digestion and absorption processes	H_dE
Heat of formation and excretion of metabolic wastes	H_wE
Heat of transformation and retention of substrates	H_rE
Recovered energy	RE

사료 구성 요소의 소화 가능성 변화는 일반적으로 동물의 에너지원으로서 유용성의 변화에 영향을 미치는 주요 요인이다. FE는 어류와 새우가 실용적인 사료를 섭취하기 위해 IE의 15~30%를 차지하는 것으로 유의적인 에너지 손실이다. DE 값은 먹이와 영양성분의 GE 값보다 동물에게 이용 가능한 에너지의 수준을 더 정확하게 추정한 것이다(Cho and Kaushik, 1990). 결과적으로 DE (또한 가소화 영양소) 기준의 배합표는 GE 또는 조영양소(예: 조단백질) 기준의 공식화보다 더 실용적이고 논리적이다. DE에 기초한 배합은 지난 30년 동안 어류와 갑각류의 영양 분야에서 인기를 얻었다. 소화율을 결정하는 방법, 영양소와 에너지의 소화율에 영향을 미치는 요소는 본 연구의 후반부에서 검토한다(12장).

DE 함량은 어류의 사료 섭취를 조절하는 주된 인자 중 하나라고 여겨지는데(Lee and Putnam, 1972; Jobling and Wandsvik, 1983; Kentouri et al., 1995; Paspatis and Boujard, 1996; Lupatsch et al., 2001a), 이 가정은 다양한 DE 수준의 사료가 공급될 때 어류가 특정한(1일) 에너지 섭취량을 유지하기 위해 먹이 섭취량을 조절한다는 실험결과에서 비롯되었다(Jobling and Wandsvik, 1983; Boujard and Médale, 1994; Kaushik and Médale, 1994; Yamamoto et al., 2000; Lupatsch et al., 2001b; Yamamoto et al., 2002; Yamamoto et al., 2005). 다른 DE 밀도의 사료에 적응하기 위한 어류의 능력은 소화관의 물리적 능력에 따라 결정되는 것으로 여겨지지만(Lupatsch et al., 2001b) 몇몇 다른 연구에서는 양어사료의 DE에 대한 예상 사료 섭취량 조절은 관찰되지 않았다(Alanärä, 1994; Alanärä and Kiessling, 1996; Helland and Grisdale-Helland, 1998; Koskela et al., 1998; Peres and Oliva-Tele, 1999; Encarnação et al., 2004; Geurden et al., 2006). 지질이 풍부한 사료를 공급하는 사육 실험은 무지개송어가 사료를 섭취할 때 추가되는 사료의 DE로부터 부정적인 피드백은 제공하지 않았다(Geurden et al., 2006). 동물의 사료 섭취가 부분적으로 동물의 미세한 성장 잠재력에 따라 조절된다는 연구 결과가 증가하고 있다(Encarnação et al., 2004; Geurden et al., 2006; Dumas et al., 2007). 동물은 외부적으로 관리되는 개입으로 제약되거나 제한된 경우가 아니면 목표 또는 선호하는 성취를 달성할 수 있도록 충분한 영양가가 있는 적절한 사료를 섭취하려고 할 것이다(Oldham et al., 1997). 여러 연구에서 관찰된 다른 DE 수준의 양어사료 섭취량의 차이는 단순히 사료 자체의 DE 수준에 대한 반응이 아니라, 섭취량을 조정하여 어류의 성장 또는 체성분을 충족할 수 있는 충분한 양의 다른 가소화 영양소를 섭취하려고 하는 동물적 반응일 가능성이 높다. 사료의 DE 밀도 자체가 어류의 사료 섭취 조절에 제한적인 영향을 미친다. 그러나 그것은 사료의 가소화 영양소 밀도의 실용적이고 가치있는 표현방식을 나타낸다.

4.4 비분에너지 손실(Nonfecal Loss) – 대사에너지

특정 영양소의 이화작용은 동물이 배설하는 대사 노폐물(예: 암모니아)을 생성한다. 어류와 새우는 아가미와 뇨(urine)를 통해 대사 노폐물을 배출한다. 수용성 비타민, 포도당, 아미노산, 대사산물 같은 일부 영양소는 대부분의 어류에 존재하는 사구체 여과(glomerular filtration) 결과로서 소변으로 배출된다(Dantzler, 1989). 요소와 크레아티닌, 포도당, 아미노산, 트리메틸아민(TMA), 트리메틸아민산화물(TMAO) 같은 암모니아와 기타 유형의 이연성 물질(combustible materials)은 아가미와 뇨를 통해 배설되어 에너지 손실을 초래한다. 아가미를 통한 이연성 물질의 배출은 아가미의 에너지 손실(ZE) 또는 뇨의 에너지 손실(UE)로 불린다. DE에서 이 같은 비정상적인 손실을 차감하면 사료의 대사에너지(ME) 값이 추정된다.

$$ME = IE - (FE + UE + ZE)$$

어류와 새우 사료의 ME 값을 직접 결정하는 것은 매우 어렵다. Smith (1971)는 아가미에서 배출된 이연성 물질을 수집하고 UE + ZE를 정량화하고 사료의 ME를 계산할 수 있는 신진대사 챔버와 실험 과정을 개발했다. 그러나 이 방법은 후면 부분과 전면 부분을 분리하는 격막(diaphragm)을 갖춘 밀봉된 용기에서 어류를 통제하게 되는데 이 경우 대부분의 어류가 상당한 스트레스를 받게 된다. 이 같은 조건에서 어류는 자유롭게 사료를 섭취하지 못하고 강제로 섭취하게 하다 보니 자주 구토하게 된다. 스트레스를 받는 동물은 일반적으로 자유롭게 유영하며 정상적으로 섭취 활동을 하는 것보다 훨씬 더 비활동적이고 종종 질소 노폐물의 불균형을 보인다. 결과적으로 이 방법으로 얻은 UE + ZE의 추정치는 통제되지 않은 어류가 정상적으로 섭취하는 경우보다 훨씬 더 크고 사료와 사료원의 ME는 예상보다 훨씬 낮을 수밖에 없다(Cho and Kaushik, 1990).

아가미(ZN)와 뇨(UN)의 질소 노폐물은 어류와 갑각류의 비분에너지 손실의 대부분에 해당한다. 암모니아는 어류가 배설하는 질소 노폐물 비중이 약 85%인 반면에 요소는 보통 15% 미만이다(Kaushik and Cowey, 1991). 사육환경에서 질소 노폐물 생산을 모니터링하는 것은 일반적으로 사용되는 접근방법이다(Brett and Zala, 1975; Kaushik, 1980a; Kaushik, 1980b; Kaushik et al., 1982; Dosdat et al., 1996; Chakraborty and Chakraborty, 1998). 그러나 정교한 샘플링 방법과 상당한 주의가 필요하다.

UE + ZE와 UN + ZN의 직접 측정의 한계를 감안할 때 현실적인 추정치를 얻는 수단으로 UE + ZE를 추정하기 위한 간접적인 방법의 사용이 권장되었다(Cho and Kaushik, 1985). Cho and Kaushik (1990)은 정상상태에서 어류가 아가미와 뇨로 배출하는 질소 1 g은 암모니아(중량기준 82.3% 질소)의 산화값 4.90 kcal/g (20.5 kJ/g)을 기준으로 5.95 kcal (24.9 kJ)의 에너지 손실과 동일할 수 있다고 보고했다(Bradfield and Llewellyn, 1982). 다음과 같은 접근법을 사용하면 가소화 질소 섭취량(DNI)과 질소 회복(RN)의 차이에 근거해 분기와 뇨 배설량의 합계(ZN + UN)를 추정할 수 있다.

$$
\begin{aligned}
ZN + UN &= DNI - RN, \\
ZE + UE &= (ZN + UN)\ 5.95\ \text{kcal/g N}, \\
ME &= DE - (ZE + UE)
\end{aligned}
$$

비분에너지 손실의 추정치는 다양하지만, 에너지 수지 기여도는 일반적으로 ME의 3~6%를 초과하지 않는다(Kaushik, 1998; Bureau et al., 2002). 비분에너지 손실은 어체의 단백질/아미노산 유지에 영향을 미치므로 아가미 또는 뇨를 통한 질소성 최종 산물의 손실을 통제한다.

다른 이연성 화합물의 배설은 종종 동물의 UE + ZE에 기여할 수 있다. 질소성 배설물에 근거한 UE + ZE의 추정치는 실제 비분에너지 손실이 낮다고 평가할 수 있다(Bureau et al., 1998). 예를 들면 뇨 내 포도당이 함유돼 있을 뿐만 아니라(Yokote, 1970; Furuichi, 1988; Kakuta and Namba, 1989; Bureau et al., 1998; Deng et al., 2000) 아가미를 통해서도 포도당이 많이 함유되거나 소화를 요하는 탄수화물을 함유한 사료를 섭취함으로써 고혈당증을 일으킨 어류가 발견되었다(Hemre and Kahrs, 1997). 그럼에도 불구하고 뇨에서 포도당으로 손실된 에너지는 동물의 ME 섭취량의 5% 이하로 추정되면서 상대적으로 적다(Bureau, 1997).

4.5 표면 에너지 손실

점액과 비늘, 상피세포의 손실을 통해 가연성 구성 요소를 배출하는 것을 표면에너지 손실(SE)이라고 한다. 이러한 손실은 어류에서 정량화하기 어려울 정도로 양 또한 적을 것이다. 그러나 탈피는 갑각류의 성장 과정에서 필수적인 부분이다. 갑각류의 탈피된 껍질은 가연성 물질의 손실을 초래하고 또한 SE로 분류될 수 있다. 과거의 미공개 정보 중 이용 가능한 정보의 간략한 검토를 바탕으로 갑각류의 SE 손실에 관한 제한된 연구를 수행한 결과, Bureau et al.(2000)은 보리새우 양식에서 탈피와 관련된 추정 SE가 ME 섭취량의 3%에 해당하는 것으로 추정했다.

4.6 열 손실

유기 분자의 연소로 열이 방출된다. 예를 들면 봄베열량계에서 포도당 1mole이 연소하면 670 kcal (2,803 kJ)의 열량으로 배출된다(Blaxter, 1989). 세포조직에서 포도당 산화가 일어나면 에너지 중 일부는 열로 즉시 손실되지 않지만 결합반응을 통해 고에너지 인산결합에서 포획된다. 호기성 환경에서 포도당은 완전히 이산화탄소와 물로 산화되며, 분자당 36개의 고에너지 인산결합이 생성된다. 산화된 포도당 1mole 당 ATP에서 포획된 총에너지는 334 kcal (1,398 kJ)로, 연소 엔탈피(GE)의 약 50%에 해당하며, 나머지는 열로 소멸된다(Blaxter, 1989). 결국 글루코스의 이화작용으로 생성된 ATP가 에너지 흡수반응(endergonic reaction)과 결합하는 동안 가수분해될 때 자유에너지의 일부만 합성된 화합물에 보존될 수 있으나 나머지는 열로 방출된다. 따라서 궁극적으로 동화작용의 산물(예: 단백질, 지질, 탄수화물, 핵산)에 포획되지 않은 에너지 방출반응으로 유리된 자유에너지는 생물학적 유기체의 작용에 따라 열로 방출된다.

열역학 제1법칙은 화학반응으로 생성되는 열이 바로 발생했는지 아니면 여러 중간 단계를 거쳤는지에 상관없이 항상 동일하다는 것을 나타낸다(Blaxter, 1989). 따라서 방출되는 열의 양은 이화작용이 일어난 화학반응 경로가 아닌, 대사된 화합물의 화학적 성질(에너지 함량)과 전반적인 반응의 정도에 달려 있다.

NRC (1981)의 명명법에 따르면, HE는 동물의 총열손실이다. 또한 일반적으로 '대사율'로 지칭되며(Kleiber, 1975), 실제로는 더 광범위한 용어로 표현된다. HE는 동물에서 진행되는 대사반응의 강도를 나타내는데, 그 동안 어류에서 HE 측정을 위한 수많은 검토와 다양한 방법론적 접근법의 장점에 관해 오랫동안 논의해왔다(Cho and Kaushik, 1985; Tytler and Calow, 1985; Cho and Kaushik, 1990; Cho and Bureau, 1995; Bureau et al., 2002).

동물 신진대사의 세 가지 구성 요소는 모두 열로서 에너지를 방출한다. 신체 조직의 구조와 기능을 유지하기 위해 방출되는 열은 NRC (1981)의 명명법에 따르면 기초대사(H_eE)라고 하고 Blaxter (1989)의 명명법에 따르면 최소대사라고 한다. 신체 활동은 수행된 작업에 따라 대사율을 증가시키기도 하는데, 이를 자발적 활성의 열(H_jE)이라고 한다. 사료 섭취는 사료의 영양성분을 섭취하고 소화시키며 대사작용을 하는데 필요한 추가적인 작업의 결과로서 대사율을 증가시킨다. 이 증가를 '사료 공급의 열량 증가(H_iE)'라고 한다. SDA (Standard Dynamic Action)는 이러한 유형의 열 손실을 연구한 문헌에서 일반적으로 사용되는 또 다른 용어이다.

4.7 기초/최소대사

동물은 사료 섭취 여부와 관계없이 생명 유지에 필요한 신체 기능을 할 수 있도록 자유에너지를 지속적으로 공급해야 한다. 기초/최소대사(H_eE)는 혈액순환, 폐 환기(pulmonary ventilation), 세포 복원과 교체, 항상성, 이온 수송(특히 나트륨과 칼륨), 근 긴장도 등에 에너지를 사용한다는 것을 나타낸다. 어류와 새우에서 H_eE는 환경 온도가 동물의 체내 온도, 생화학 반응 속도와 신진대사 속도에 결정적인 영향을 미치기 때문에 H_eE가 온도와 관련이 있는 것은 분명하다.

H_eE의 중요도 평가에는 표준화된 측정이 이루어지는 조건이 필요하다. 이 목표는 열 생산량을 증가시키는 것으로 알려진 제어 요인으로부터 열 생산(HE_f)의 최소율을 측정하려는 시도로 달성된다. 이러한 요인으로는

운동(수의 운동), 사료 섭취와 그에 따른 신진대사, 물리적 환경을 포함한다. 표준화의 목적은 생명과 양립 가능한 신진대사의 절대적인 최소값을 정한다기보다는 추정치의 비교 가능성을 확보하는 것이다. 사육 동물의 신진대사에 대한 최소한의 표준화된 측정을 설명하기 위해 많은 용어가 생겨났고, 양식어류의 경우 일반적으로 측정되는 것은 공복 상태의 열 생산(HE_f)이다(Blaxter, 1989). HE_f는 어류생물학 문헌에서 표준대사로 알려져 있다(Elliott, 1982). 다양한 조건에서 측정된 어류의 종류에 따른 HE_f는 매우 많은 연구에서 보고되고 있음에도 문헌에 보고된 어류의 HE_f 또는 H_eE 추정치에서 상당한 차이가 존재하는 것은 아마 방법론적 접근과 실험 조건에서 나타나는 차이가 매우 크기 때문일 것이다(Cho and Bureau, 1995).

어류는 근육 활동이 필요한 물속에서 방향을 유지하기 때문에 어류가 근육 안식상태(완전 휴식)가 되어 있는지를 확인하기는 어렵다. H_eE는 제로 활동의 외삽법(extrapolation)을 통해 다른 속도로 헤엄치는 공복 상태의 어류에서 추정할 수 있다고 보고되었다(Smith, 1989). 그러나 많은 어종은 수조 바닥에서 휴식을 취하거나 최소한의 활동으로 조용한 물속에서 자세를 유지하는 데 상당한 시간을 소비한다. 결과적으로 자유 유영하는 동물의 HE_f는 최소대사 또는 기초대사의 근사값으로 간주되어 왔다(Cho and Kaushik, 1990). 자유 유영하는 어류가 섭취한 먹이는 산소 소비에 영향을 주므로 섭취한 먹이의 영향을 최소화하기 위해 3~7일 동안 절식하며, 그 이후의 신진대사는 HE_f를 측정하는 것으로 이는 가장 일반적인 방법이다(Kaushik and Médale, 1994; Cho and Bureau, 1995; Glencross and Felsing, 2006). 절식 중 전어체 에너지 손실을 측정하는 것은 HE_f와 H_eE를 추정하는 또 다른 일반적인 방법이다(Cho and Kaushik, 1985; Lupatsch et al., 1998, 2003; Glencross et al., 2010). 절식하는 어류의 전어체 에너지 손실의 산소 소비량은 무지개송어(Bureau, 1997), 아시아농어와 유사한 HE_f 추정치를 산출하는 것으로 나타났다(Glencross and Felsing, 2006; Glencross, 2008).

어류의 HE_f에 대한 연구 결과에 따르면 무게 기준 비율이 육상 척추동물의 1/5에서 1/20이다. Kaushik and Gomes (1988), Cho (1991) 그리고 Bureau (1997)의 자료에 따르면 15~18°C에서 무지개송어는 하루에 약 7.17~9.56 kcal/kg · $BW^{0.80}$ (30~40 kJ/kg · $BW^{0.80}$)의 HE_f라고 보고되었다. 공복 기간 전어체 에너지 손실에 기초하여 Kaushik et al.(1995)은 28°C의 수온에서 나일틸라피아를 16.73 kcal/kg · $BW^{0.80}$ (70 kJ/kg · $BW^{0.80}$) 잃었다고 계산했다. 동일한 접근 방식으로 Lupatsch et al.(2003)은 먹도미류(*Sparus aurata*)가 10.04 kcal/kg · $BW^{0.82}$ (42 kJ/kg · $BW^{0.82}$), 유럽농어(*Dicentrarchus labrax*)의 HE_f가 약 8.37 kcal/kg · $BW^{0.80}$ (35 kJ/kg · $BW^{0.80}$), 흰농어(*Epinephelus aeneus*)는 수온 23°C에서 5.98 kcal/kg · $BW^{0.79}$ (25 kJ/kg · $BW^{0.79}$)로 추정했고, 아시아농어(*Lates calcarifer*)는 수온 30°C에서 10.28 kcal/kg · $BW^{0.80}$ (43 kJ/kg · $BW^{0.80}$)로 추정했다. 이들을 비교하면, HE_f는 사육 동물에서 하루에 40.6~141.0 kcal/kg · $BW^{0.75}$ (170~590 kJ/kg · $BW^{0.75}$)로 다양하다고 보고되었다(Blaxter, 1989). 항온동물에 비해 어류의 낮은 HE_f는 체온 조절, 나트륨 펌프 활성의 감소, 부력, 질소 배설의 형태에 기인한다고 볼 수 있다.

4.8 기초대사에서 어체중의 영향

항온동물뿐만 아니라 변온동물에서도 H_eE (kcal/animal per day)는 절대 조건에서 동물의 질량 증가에 비례한다. 동물의 체중과 대사율의 관계는 일반 식 $Y = aW^b$로 나타낼 수 있다. 여기서 Y는 대사율, W는 체중, 'a'는 종과 온도에 의존하는 계수이다.

H_eE의 대수는 체질량 대수와 함께 선형으로 증가한다(Blaxter, 1989). 그러나 이 관계의 기울기가 1보다 작다는 것은 모든 종에서 작은 동물이 큰 동물보다 질량당 더 많은 에너지를 소비한다는 것을 의미한다. 어류의 지수를 0.5~1.0 범위로 설명했다. 문헌에서 실험자료를 검토한 Hepher (1988)는 지수 0.8이 몇몇 어류의 체중

과 함께 대사율의 변화를 합리적인 정확도로 설명한다고 결론지었다. Brett and Groves (1979)와 Hogendoom (1983)은 아프리카메기(*Clarias gariepinus*)를, Cui and Liu (1990)는 6종류의 경골어류(*Cyprinus carpio*, *Oreochromis mossambicus*, *Pseudobagrus fulvidraco*, *Carassius auratus*, *Macropodus chinensis*, *Pseudorasbora parva*)를, Cho(1991)는 무지개송어를, Sanchez et al.(1993)는 터봇(*Scophthalmus maximus*)을, Lupatsch et al.(1998)는 먹도미류를, Liu et al.(2000)는 쏘가리(*Siniperca chuatsi*)와 중국가물치(*Channa argus*)를, Lupatsch et al.(2003)는 유럽농어와 흰농어를, Glencross (2008)는 아시아농어로 알려진 바라문디를 자세히 관찰한 결과 종 전체에서 지수가 0.7보다 크고 1.0보다 작다고 보고되었다. 따라서 대부분의 $kg^{0.8}$으로 측정된 어류의 대사 체중량(MBW)을 계산할 수 있다고 가정하는 것이 합리적이다. 그러나 최근 증거에 따르면 보리새우의 적절한 스케일링(scaling)계수는 1.0에 가깝다는 것을 알 수 있다(Lupatsch et al., 2008).

4.9 기초대사에서 수온의 영향

수온은 경골어류나 갑각류와 같은 양식동물의 신진대사율과 에너지 소비를 결정하는 주된 요인이다.

Cho and Kaushik (1990)은 5~16°C의 수온에서 양식되는 무지개송어의 공복 산소 소비 자료의 수학적 분석에 기초한 수온 함수로서 H_eE는 다음과 같이 기술할 수 있다.

$$H_eE = \{(-1.04 + 3.26(T) - 0.05(T)^2)/(BW^{0.824})\}/d$$

H_eE는 기초대사(kilojoules), T는 수온(°C), BW는 어체중(kg)이다. Glencross (2008)는 바라문디(아시아농어)의 H_eE를 추정하기 위해 다음 식을 개발했다.

$$H_eE = \{0.4462426 - 0.0848448(T) + 0.0048282(T)^2 - 0.0000750(T)^3\} \times BW^{0.80}$$

여기서 BW는 어체중(g)이다.

어류의 특정한 온도 범위 내에서 수온을 높이면 H_eE 곡선은 거의 선형으로 증가한다(**그림 4-2**). 바라문디(아시아농어) 연구에서 수온을 높이면 이 종의 최적 온도에서보다 H_eE가 현저히 증가했다고 보고되었다(Bermudes et al., 2010). 최적 온도보다 수온이 상승하면 H_eE에 영향을 줄 수 있는 대사장애가 발생한다는 연구 결과이다. 수온이 계속 상승하면 어류는 섭취 활동을 줄이고 신진대사 혼란(metabolic perturbation)을 겪으며 폐사(치사온도 초과)로 이어진다. 치사온도 초과는 다양하며, H_eE에 미치는 온도의 영향은 종에 따라 다를 수 있다(Jonsson and Jonsson, 2009). 반대로 수온이 낮아지면 어류의 대사율이 낮아지고 결과적으로 어류의 체온도 감소한다. 이 같은 감소 현상은 치명적인 한계에 도달해 어류가 폐사에 이를 때까지 지속된다. 그러나 치명적인 한계는 종에 따라 다르며 일부 남극 어종 등 일부 종에서는 0°C보다 낮을 수도 있다(Clarke and Johnson, 1999).

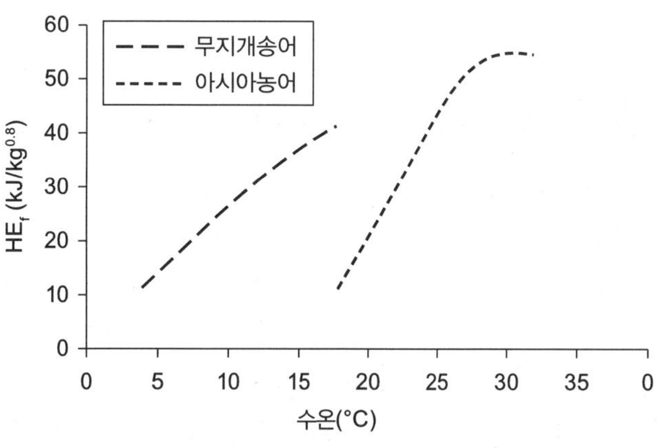

그림 4-2 무지개송어(*Oncorhynchus mykiss*), 농어류(Asian sea bass, *Lates calcarifer*)의 열 손실(HE_f, kJ/kg$^{0.8}$/일, 수온의 영향).

온대와 열대 어종 연구는 선호하는 환경 온도와 종 간의 H_eE 사이에 명확한 관계를 보여주지 못한다(Médale and Guillaume, 1999). Clarke and Johnson (1999)은 69종의 경골어류 자료를 분석한 결과를 바탕으로 신진대사율과 온도 사이의 곡선 관계를 관찰했다. 이 같은 서로 다른 결론 중에서 Clarke and Johnson (1999)의 분석이 야생에서 경험한 가장 대표적인 실험 온도로 정의된 한 종당 하나의 온도만으로 조사된 69종의 자료를 조사한 결과에 기초한다는 것을 알 수 있다. 이 접근법을 활용하여 통계적으로 유의한 곡선 관계가 나타났으나 대부분 극지종(수온 < 5°C)의 대사율이 낮고 35~40°C의 특정 종의 대사율이 높다는 결과로 나타났다(Bureau et al., 2002). 최적의 성장 온도에서 연어(Cho and Kaushik, 1990), 쏘가리(Liu et al., 2000), 중국가물치(Liu et al., 2000), 먹도미류(Lupatsch et al., 1998), 유럽농어(Kaushik, 1998; Lupatsch et al., 2003), 능성어(Lupatsch et al., 2003), 바라문디(Glencross, 2008)의 H_eE는 약 5.98~11.95 kcal/kg · $BW^{0.80}$ (25~50 kJ/kg · $BW^{0.80}$)인 것으로 나타났다.

4.10 새우의 기초대사

22°C에서 체중이 30 g인 가재(*Cherax tenuimanus*)의 공복 산소 소비량은 분당 약 0.04 mg · O_2로 추정되며 이는 약 26 kJ/kg · BW/day의 H_eE에 해당한다(Villarreal, 1990). Tchung (1995)은 28°C에서 20~28 g의 꽃새우(*Penaeus stylirostris*)의 HE_f는 탈피 기간 하루에 약 14.82 kcal/kg · $BW^{0.66}$ (62 kJ/kg · $BW^{0.66}$)이었다. Gauquelin (1996)의 연구에 따르면 체중이 20~30 g인 꽃새우(*Penaeus stylirostris*)의 공복 산소 소모량은 하루에 3.3 g O_2/kg · BW이었으며, HE_f는 하루에 10.76 kcal/kg · BW (45 kJ/kg · BW)에 해당한다. Lupatsch et al.(2008)는 28°C에서 체중이 1~35 g인 흰다리새우의 HE_f (금식 중 어체에너지 손실 기준)가 약 32 cal/g · $BW^{0.95}$ (134 J/g · $BW^{0.95}$)이었는데, 이는 하루 11.7 kcal/kg · $BW^{0.8}$ (49 kJ/kg · $BW^{0.8}$)과 동일하다. Maldonaldo et al.(2009)의 산소 소비량 연구에 따르면 28~32°C에서 체중이 0.2~6.0 g인 흰다리새우의 1일 HE_f는 2.4~8.4 kcal/kg · $BW^{0.8}$ (10~35 kJ/kg · $BW^{0.8}$)으로 측정되었다. 이 연구에 따르면 각각의 최적 온도에서 다른 새우와 다른 갑각류의 H_eE는 어류와 비슷하다.

Ocampo (1998)연구에서는 탈피 중이던 *Penaeus californiensis*를 이용하여 절식 상태의 산소 소비에 미치는 온도의 영향을 연구했다. 절식 상태의 산소 소비량은 수온이 19에서 23, 23에서 27°C로 높아질 때마다 시간당 0.19에서 0.35, 0.35에서 0.43 mg/g으로 증가했는데, 종합하면 새우의 H_eE에 미치는 온도의 영향은 어류와 유사하다. 절식 상태 갑각류의 산소 소비량에 관한 여러 연구 결과는 문헌에 많이 나와있다. 고등척추동물에 적용된 접근법을 활용하여 이용 가능한 실험적 증거를 검토하고 분석할 필요가 있다.

4.11 대사 에너지 요구량

유지 에너지 요구량(HE_m)과 기초대사(H_eE)는 밀접한 관계이긴 하나 서로 구분되는 개념이다. **그림 4–3**은 유지 및 기초 신진대사의 개념을 대조적으로 보여준다. HE_m은 일반적으로 동물이 제로 에너지 균형을 유지하는 데 필요한 ME의 양(제로에너지 획득, RE = 0)으로 정의된다. HE_m을 추정하기 위해 가장 일반적으로 사용되는 방법은 어류에게 다른 함량으로 에너지를 공급하고 ME 섭취량의 함수로 RE의 결과를 회귀하여 제로 어체 에너지 획득(RE = 0)으로 외삽법을 하는 것이다(**그림 4–3**). 이론적으로 HE_m은 H_eE와 유지반응으로 H_iE와 동일해야 한다. 따라서 HE_m 값은 H_eE보다 20~60% 더 높을 것으로 예상된다. 같은 종의 연구를 통해 얻어진 HE_m의 추정치는 종종 비교적 큰 차이를 보인다. 방법론적 접근법, 대사 중량, 회귀모형, 사용된 사료의 조성을 계산하기 위해 사용된 스케일링 계수 같은 여러 요소가 HE_m 추정에 중요한 영향을 미칠 수 있다. 발표된 많

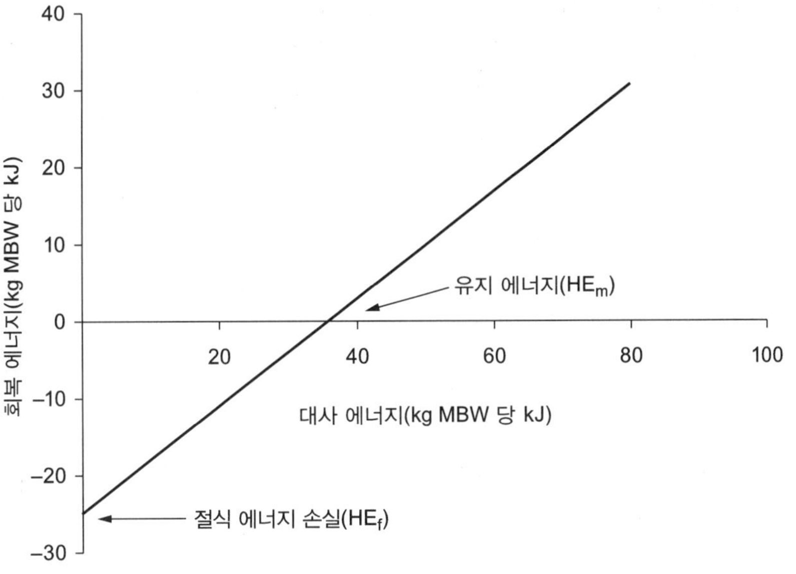

그림 4-3 항상성 유지와 열 손실의 개념([RE] 회복 에너지[ME] 대사성 에너지[HE_m] 유지 에너지[HE_f] 열 손실(H_eE) 기초 대사 에너지]).

은 연구에서 얻은 결과에 따르면, 최적 성장 온도에서 사육한 치어의 HE_m은 하루에 9.6~19.1 kcal/kg · $BW^{0.8}$ [40~80 kJ ME/($BW^{0.8}$)]이다. 이러한 여러 연구의 결과 요약은 **표 4-2**에 나와 있다. ME 측정과 UE + ZE는 일반적으로 작은 값을 나타내기 때문에 어류와 새우의 DE 기준으로 HE_m을 추정한다(이론적으로는 부정확함).

어체 에너지 획득(RE = 0)에서 영양가가 높은 사료를 섭취한 어류는 어체 단백질(긍정적 단백질 에너지 획득)을 축적하고 어체 지질(부정적 비단백질 에너지 획득)을 동원하여 체중을 증가하는 점에 주목할 필요가 있다(**그림 4-4**). 이 현상은 충분한 단백질이 유지되는 사료를 섭취한 모든 치어에서 발견된다(Blaxter, 1989). 많은 사람은 유지 관리 개념이 성장하는 동물에게는 비합리적인 개념이므로 단계적으로 폐지되어야 한다고 주장해 왔으나 여전히 유용하다(Baldwin and Bywater, 1984).

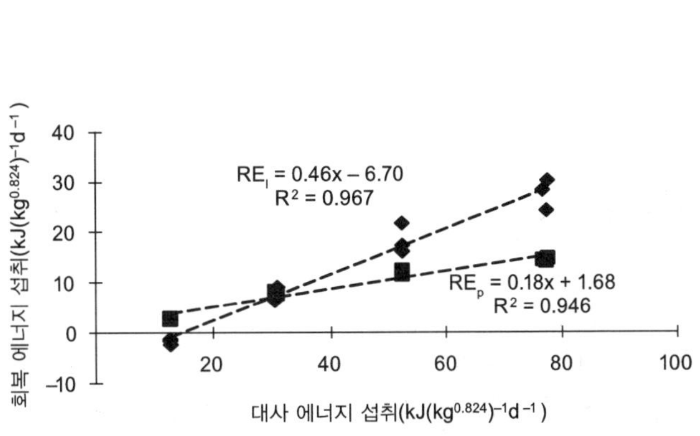

그림 4-4 무지개송어(*Oncorhynchus mykiss*)의 에너지 순환/회복과 대사 사용 가능 에너지(회복 에너지[RE], 단백질[RE_p, 사각형] 및 지질[RE_l, 다이아몬드] 대사 에너지 함수[ME] 8.5°C에서 성장한 무지개송어[data from Bureau et al., 2006]).

표 4-2 사료 실험으로 획득한 다양한 어류 및 새우의 유지/항상성을 위한 에너지 요구량 평가

Species	체중 (g/fish)	수온 (°C)	열 손실 [HE_m] (kcal ME/$kg^{0.80}$ per day)	열 손실 [HE_m] (kJ ME/$kg^{0.80}$ per day)	Reference
Atlantic salmon (*Salmo salar*)	5	15	4.06	17	Bureau et al. (1999)
Asian sea bass/Barramundi (*Lates calcarifer*)	15	30	8.37[b]	35[b]	Glencross (2008)
	410	30	11.00[b]	46[b]	Glencross (2008)
Channel catfish (*Ictalurus punctatus*)	8–10	27	5.98	25	Gatlin et al. (1986)
Chinese sucker (*Myxocyprinus asiaticus*)	12	27	9.08	38	Yuan et al. (2009)
European sea bass (*Dicentrarchus labrax*)	15–140	24	10.76[b]	45[b]	Lupatsch et al. (2001a, 2003)
Gilthead sea bream (*Sparus aurata*)	30–160	24	11.47[b]	48[b]	Lupatsch et al. (1998, 2003)
Pacific white shrimp (*Litopenaeus vannamei*)	1.5–7.5	28	26.29[b]	110[b]	Lupatsch et al. (2008)
Rainbow trout (*Oncorhynchus mykiss*)	150	18	13.86–17.93	58–75	Kaushik and Gomes (1988)
	158	9	4.54	19	Bureau et al. (2006)
	300	15	7.89	33	Storebakken et al. (1991)
	96	14	10.04[b]	42[b]	Glencross (2008)
	55	16	10.52[b]	44[b]	Glencross (2009)
Red drum (*Sciaenops ocellatus*)	5.5	25	11.47	48	McGoogan and Gatlin(1998)
Nile tilapia (*Oreochromis niloticus*)	330	28	14.34	60	Lupatsch et al. (2010b)
Tra catfish (*Pangasianodon hypothalamus*)	40	32	9.56[b]	40[b]	Glencross et al. (2010)
Yellowtail (*Seriola quinqueradiata*)	750	15	18.40	77	Watanabe et al. (2000)

[a]대사성 에너지.
[b]가소화 에너지(DE) 기준으로 표시함.

4.12 자발적 활성을 위한 열 손실

어류에게는 효율적인 이동수단이 있다. 어류의 몸은 물로 지지되고 육상동물처럼 중력 유지에 에너지를 소비할 필요가 없다. 물을 통해 움직이는 유선형 몸체가 가장 효율적인 이동수단 중 하나이다. 어류의 유영에 필요한 대사 비용에 초점을 맞춘 많은 연구가 있다(Brett and Groves, 1979). Krohn and Boisclair (1994)는 회전과 가속의 대사 비용이 일정 속도로 직선으로 유영하는 비용보다 훨씬 클 수 있다고 보고했다. 야생 어류는 먹이를 확보하고 포식동물을 피하기 위해 상당한 양의 에너지를 소비해야 하기 때문에 에너지 활동비의 추정이 야생

어류에게 매우 중요할 수 있다. 어떤 그룹의 어류든 항상 일정한 양의 자발적 활동이 있기 때문에 활동에 따른 H_jE는 H_eE와 별도로 추정하기가 어렵다(Cho et al., 1982). 정상적인 양식 조건에서 자유 유영 어류의 에너지수지를 구성할 때, 활동비는 오히려 무시할만하며 H_eE의 추정치에 이미 포함되어 있다고 가정되었다(Bureau et al., 2002). Cooke et al.(2000)는 전자파 원격측정법을 활용하여 자발적인 유영활동이 60% 증가했고, 낮은 입식밀도에서 유지된 것과 비교하여 높은 입식밀도로 유지되는 무지개송어의 산소소비량이 26% 증가했음을 관찰하였다. 연구자들은 다양한 입식밀도로 유지되는 어류에서 관찰된 사료 효율의 차이가 활동에 따른 에너지 손실의 증가와 관련이 있다는 가설을 세웠다. 그러나 유럽농어(Lupatsch et al., 2010a)를 대상으로 한 최근의 연구에 따르면, 낮은 입식밀도에서 유지되는 어류의 체지방 함량이 약간 감소된 것 외에 어류의 HE_m뿐만 아니라 산소 소비량도 더 높게 나타났다. 반면에 먹이 효율이나 성장률에서는 아무런 차이가 없었다. H_iE는 특정 조건에서 어류 HE에 상당한 기여를 하지만 종, 수명, 사육환경, 환경 조건 간에 유의적인 차이가 있을 수 있다. 다양한 사육 환경에서 양식되는 수많은 어종의 H_jE를 정량화하기 위해 더 많은 작업이 수행되어야 한다. 오늘날 이용 가능한 광범위한 기술(예: 격리수계, 수중 카메라, 소나, 무선 송신기, 위성위치확인시스템[GPS], 내부 온도 기록기, 근전도 원격 측정, 이미지 분석 소프트웨어)이 전통 기법(호흡측정학, 어체 비교분석)과 결합되어 실제 조건에서 사육되는 어류의 H_jE를 정확하게 정량화할 수 있다.

4.13 사료 공급의 열량 증가

절식한 동물이 사료를 섭취하면 동물의 HE가 증가한다. 사료 공급에 따른 에너지 소비를 사료 공급의 열량 증가(H_iE)라고 한다. 에너지 수지의 구성 요소는 문헌에서 여분의 열, 특이 동적 작용(specific dynamic action, SDA), 열량 생산적 영향, 사료 열발생으로도 불린다. H_iE에 기여하는 요인은 전통적으로 (1) 소화 및 흡수 과정(H_dE), (2) 대사 노폐물(H_wE)의 형성과 배설, (3) 기질의 변환과 상호 전환, 조직 내 보유(H_rE). 갑각류의 경우, H_iE는 또한 탈피 비용(H_xE)을 포함해야 한다.

4.14 사료 공급의 열량 증가 추정

사료의 소비가 HE에 영향을 미치는 기간은 여러 가지 요인에 달려 있다. 주된 요인으로는 사료의 양과 질, 수온, 동물의 성장(영양염 축적)이다. 산소 흡수량의 증가는 먹이가 소화관을 통과하는 속도와 거의 일치한다(Kaushik and Dabrowski, 1983). H_iE는 주로 사료 영양소의 균형과 영양 평면에 의존한다(Brody, 1945). 그러므로 영양 불균형 사료(Smith et al., 1978; Tandler and Beamish, 1979)나 강제적인 활동 조건에서 수행된 어류 크기(Beamish, 1974)와 밀도(Medland and Beamish, 1985)에 미치는 영향을 측정할 때는 조심해야 한다. 마찬가지로 성장과 영양염 침착(에너지 또는 단백질 및 지질 침착, Ross et al., 1992)을 고려하지 않은 동물의 H_iE 추정도 정확하지 않다.

많은 연구에서 ME 섭취량과 RE 사이에 매우 중요한 선형 관계가 나타났다(**그림 4–5**). 기울기는 종종 '생산용 대사물 이용 효율'인 K_g 또는 K_{pf}로 확인되며 실제 사료를 섭취한 다양한 어종에서는 0.26~0.70 사이에서 변동하는 것으로 보고되었다(Meyer–Burgorff et al., 1989; Cui and Liu, 1990; Azevedo et al., 1998; Lupatsch et al., 1998; Médale et al., 1998; Ohla and Watanabe, 1998; Rodchutscord and Pfeffer, 1999; Peres and Oliva–Teles, 2000; Lupatsch et al., 2006; Glencross, 2008; Yuan et al., 2009). 결과적으로 지금까지 연구된 대부분의 종에서 H_iE는 영양가 있는 적절한 사료를 섭취한 어류에서 ME 섭취의 30~75%에 해당하는 것으로 보인다. 비록 어종 간에 유의미한 차

이가 존재하지만, 연구 중 H_iE 추정치의 변동성의 많은 부분은 사료 조성의 차이와 증체(단백질 대 지질 침착)의 구성뿐만 아니라 다양한 방법론적 문제(실험 범위, 데이터 범위, 스트레스 조건, 사료 섭취량 및 영양소 소화율 평가, 통계분석 등)에 기인한다고 할 수 있다. H_iE의 추정치는 특정 조건(동종, 생활사와 사료 조성)에만 적용될 수 있다. 그러나 공급된 사료나 어종에 따라 ME 섭취량, DE 섭취량 또는 RE의 비율로 표현되는 H_iE는 적어도 특정 온도 범위(종, 계통 및 사육 환경)에서는 수온에 따라 크게 변하지 않는 것으로 나타났다(Azevedo et al., 1998; Lupatsch et al., 1998; Rodehutscord and Pfeffer, 1999; Lupatsch et al., 2003; Lupatsch and Kissil, 2005). 열 범위 밖에서 신진대사 혼란이 발생하는데, 이는 ME 및 DE 이용 효율에 부정적인 영향을 미친다(Bermudes et al., 2010). 사료 공급 수준의 효과는 연구 결과마다 일관성이 낮게 나타난다. 일부 연구(Azevedo et al., 1998; Lupatsch et al., 2001a, Lupatsch et al., 2001b; Bureau et al., 2006)에서는 사료 공급 수준이 ME 사용 효율성(K_{pf})에 영향을 보이지 않는 것으로 나타난 반면에(**그림 4-5**) 다른 연구(Glencross, 2008; Lupatsch et al., 2008; Helland et al., 2010)에서는 높은 공급수준에서 에너지 이용 효율이 감소하는 경향이 있으며, H_iE는 ME 또는 RE의 비율로 상당히 증가하는 것으로 나타났다. 이러한 에너지 이용 효율성의 감소 또는 H_iE의 증가는 동물의 최대 단백질 침전속도 또는 PD_{max}에 도달할 때 높은 먹이 수준에서 관찰되는 단백질 침착의 곡선 반응(curvilinear response)에 기인할 수 있다(Bureau et al., 2006; Dumas et al., 2007). ME와 RE, H_iE 사이의 관계는 복잡한 대사 과정의 결과이며 연구결과를 적절하게 대조하려면 ME 섭취 그리고 에너지 보존의 단순한 관계와 달리 영양소 이용 및 신진대사를 더 포괄적으로 분석하는 과정이 필요하다.

새우 연구에는 H_iE와 관련한 자료가 한정적이다. Warukamkul et al.(2000)의 연구에 따르면 홍다리얼룩새우의 K_{pf}가 약 0.5로 추정할 수 있다고 보고되었다. 0.12 kcal (0.5 kJ)의 RE 또는 H_eE의 0.12 kcal (0.5 kJ)마다 0.12 kcal (0.5 kJ)가 H_iE로 소비된다. Lupatsch et al.(2008)는 흰다리새우의 DE 이용 효율이 약 30%에 불과하다는 것을 관찰하였고, 그 결과 RE 또는 H_eE의 0.07 kcal (0.3 kJ)마다 0.17 kcal (0.7 kJ)가 H_jE로 소비된다는 것을 알 수 있었다. 갑각류에서 H_iE 산정은 동물의 ME 섭취량을 적절히 산정하는 것이 어렵고 탈피 과정에서 에너지 손실이 이뤄짐에 따라 매우 복잡하다. 탈피 비용(H_xE) 실현은 매우 희박하다. Read and Caulton (1980)은 탈피 내 축적된 RE의 25% 정도가 탈피와 함께 소비될 것으로 추정했다. 이 높은 추정치는 확증하기가 매

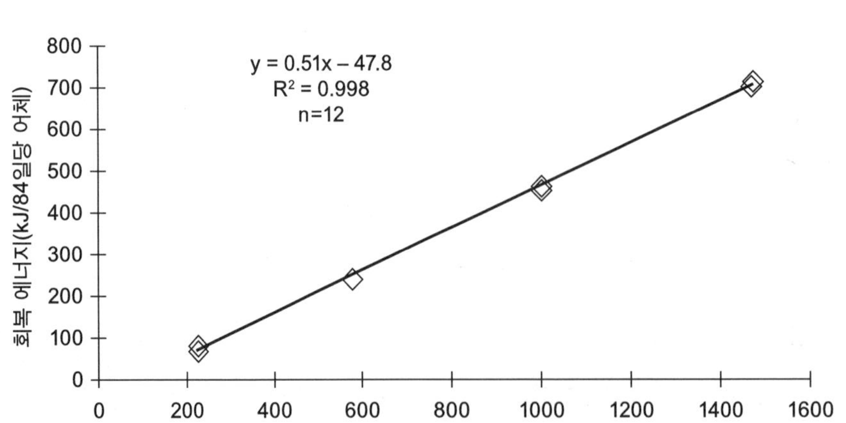

그림 4-5 유럽 농어(*Dicentrarchus labrax*)의 에너지, 산소 요구량 및 사료 효율(회복 에너지는[RE] 다양한 먹이 수준에서 공급된 대서양연어에서 대사 가능한 에너지[ME] 섭취의 함수로 나타낸다. 기울기는 "생산을 위한 ME 활용의 효율성[K_{pf}]"을 나타내고 1-기울기는 동물의 먹이[H_iE]에 대한 열 증가 추정치다. [Bureau et al., 1999, n = 12]).

우 어려워 새우의 성장 과정 내내 열 손실을 추정하기 위해서는 더 많은 연구가 필요하다.

4.15 소화 흡수 과정

소화 흡수 과정(H_dE)은 어류의 사료 공급을 비롯해 소화의 생화학적 · 기계적 측면과 관련된 열 손실을 나타낸다. 위이법(僞餌法, sham feeding) 또는 카올린이나 셀룰로오스같이 소화가 안되는 물질을 대상으로 한 초기 연구 결과에 따르면 '기계적 SDA'가 총 H_jE의 10~30%에 근접했다는 보고가 있다(Tandler and Beamish, 1979). 그러나 다른 연구에서는 위이법과 카올린 공급도 어류의 신진대사율을 크게 증가시키지 않는다는 점을 발견했다(Jobling and Davies, 1980). Emmans (1994)는 소화가 잘되지 않는 물질과 관련된 열 손실이 육상동물의 배설 유기물(FOM) 1 g당 약 0.91 kcal (3.8 kJ)라고 추정했는데, 이 값이 어류에 적용 가능하다면 H_dE는 아마도 고품질의 배합사료를 섭취한 어류의 H_iE 중 10% 미만일 것이다.

창자 내강의 지질 · 다당류 · 단백질의 효소 가수분해와 관련된 열 손실은 이론적으로 가수분해된 기질의 GE중 0.1~0.2%로 추정하였다(Blaxter, 1989). 장 점막에서 이뤄지는 아미노산, 펩타이드, 포도당 같은 특정 소화 생산물 흡수는 활성 수송으로 알려진 에너지 의존적 수송 시스템을 통해 종종 발생한다. 수송 단백질은 표적 분자와 공동 수송 이온을 동시에 수송하고, 막을 가로지르는 나트륨 기울기의 유지는 반대방향으로 작용하는 ATP-의존성 나트륨 수송체의 작용으로 달성된다. 이 수송체는 3개의 나트륨 이온이 추출될 때마다 하나의 ATP 분자를 가수분해한다. 능동수송을 통한 포도당 수송의 이론적인 비용은 ATP의 3분의 1이며, 이는 포도당의 GE중 1% 미만 또는 포도당의 호기성 대사에 따라 생성된 잠재적인 ATP 양의 약 1%에 해당한다(즉, 36 ATP). 지질 분해 산물의 흡수는 크게 다르다. 트리아실글리세라이드(TAG)는 루멘에서 유리 지방산(FFA)과 모노아실글리세롤(MAG)로 가수분해된다. FFA와 MAG는 수동적으로 흡수되고, TAG는 점막에서 재합성되어 순환을 위해 킬로미크론(chylomicrons)으로 전해지는데, TAG와 킬로미크론의 합성에는 일정량의 에너지가 필요하지만, 이 양은 이들 분자의 GE 함량 중 작은 부분을 차지한다(Blaxter, 1989).

창자에서 혐기성 발효로 발생한 열 손실은 H_dE에 기여하는 또 다른 요인이다. 그러나 대부분 어종에서 일어나는 발효는 아마도 특정 해산어류의 경우를 제외한다면(Clement, 1996) 매우 제한적이다(Leenhouwers et al., 2008). 어류에 대한 휘발성 지방산의 운명과 발효 과정에서 손실된 에너지에 관한 정량적인 실험은 거의 수행되지 않았지만 이용 가능한 발효 추정치는 발효와 관련된 열 손실이 적다는 것을 시사한다(Leenhouwers et al., 2008).

전반적으로 사료 섭취, 소화(H_dE)와 관련된 열 손실은 아마도 대사 작용과 관련된 열 손실($H_rE + H_wE$, Brody, 1945)보다 적을 것이다. 증가된 열의 생리학적 기본은 섭취된 사료와 관련된 흡수 후 과정인데, 이는 새로 흡수되고 대사된 아미노산, 지방산, 포도당으로부터 조직의 단백질과 지질 합성에 필요한 대사 과정이다.

4.16 대사 노폐물의 형성과 배설

아미노산의 탈아미노화 및 이화작용은 암모니아 생산을 유도한다. 암모니아는 독성이 있고 포유류와 조류에서는 신속하게 제거될 수 없다(이들 동물은 유독한 요소와 요산을 비교적 적게 합성). 이들의 합성 에너지 비용은 요소 및 요산이 각각 3.11 kcal/g · N (13 kJ/g · N) 및 2.39 kcal/g · N (10 kJ/g · N)이다(Martin and Blaxter, 1965). 육상동물에서 신장을 통한 추가 배설을 위해 요소와 요산의 농도 변화는 추가적인 에너지 소비에 달려 있다. 이와 대조적으로 암모니아는 어류에서 단백질 이화작용의 주요 노폐물이다(Kaushik and Cowey,

1991). 요소는 주로 퓨린이나 아르기닌 이화작용 저하의 산물이다. 암모니아는 아가미를 통해 효율적으로 배설되기 때문에 어류는 일반적으로 이 배설물을 해독하거나 농축하는데 에너지가 필요하지 않다. 결과적으로 생성열(heat of formulation)과 대사 폐기물(H_wE)의 배설은 어류의 H_iE 중 극히 일부분만을 나타낸다.

4.17 조직에서 기질과 정체의 변형

기질 변환과 관련된 열 손실과 조직에서 보유(H_rE)는 동물에서 매우 큰 비율의 H_iE를 나타낸다. 많은 연구에서 ME의 이용 효율이 흡수된 에너지 생성 영양소의 화학적 성질에 따라 다양함을 시사한다(Blaxter, 1989). 절식하는 동물에게 사료를 다시 공급하면 동물에 흡수된 영양분이 어체 구성 성분을 에너지원으로 대체한다. ME의 이용 효율은 흡수된 영양소의 ATP 수율에 비례한다(Blaxter, 1989; Van Milgen, 2002).

성장기의 동물은 공급된 에너지의 일부가 주로 단백질, 지질, 글리코겐으로 저장되는 새로운 조직을 만든다. 고등 척추동물의 조직 내 기질 변형 또는 유지에 관한 이론적인 효율이 계산되었다(Blaxter, 1989; Flatt, 1992; van Milgen, 2002). 이러한 이론적 비용은 어류와 고등 척추동물의 중간 대사 간 큰 유사성을 고려할 때 어류에도 적용된다. Blaxter (1989)와 van Milgen (2002)의 계산에 따르면 포도당을 글리코겐으로 전환하는 것은 포도당 에너지의 5%를 H_iE로 소비하는 반면에 포도당을 지질로 전환하는 것은 GE중 약 30%에 해당하는 H_iE의 증가를 수반한다. 사료 내 지질의 체지방 전환은 이론적으로 약 96%이다. 그러므로 지질의 GE 중 4%가 H_iE로서 소멸된다. 식이성 아미노산을 체내 단백질로 전환하는 효율의 이론적인 최대치는 85%, 단백질 GE 값의 15%에 달한다(Blaxter, 1989; van Milgen, 2002). 아미노산을 체지방으로 전환하는 이론적인 효율은 단지 66%이므로 약 34%의 에너지가 H_iE로 손실될 것이다.

단백질 및 지질 침착은 각각 단백질 또는 지질의 합성 및 분해 속도, 즉 전환율의 결과이다. 단백질 합성과 분해, 지방 생성과 분해로 이어지는 생화학 반응에서 열이 나고 단백질 및 지질 침전과 관련된 다양한 세포 대사 활동을 조절 및 통합하는데서 에너지가 손실된다(van Milgen, 2002). 단백질, 지질 침착의 이론적인 비용 계산은 매우 복잡하고 아직까지 충분한 연구가 수행되지 않았지만 에너지 소비와 단백질, 지질 침착의 통계적 분석에 기초하여 이 비용을 경험적 방식으로 추정할 수 있다.

4.18 정미 에너지 시스템

많은 연구에서 대사 에너지를 축적에너지(또는 자율활동 에너지)와 연관지어서 열 증가 에너지를 설명하였다. 주로 사용되는 방법은 요인분석이며 Kielanowski (1965) 연구에서 처음 개발되었는데, 이는 돼지(NRC, 1998), 닭(NRC, 1994), 소(NRC, 2000), 젖소 등의 에너지 요구량 시스템의 기초가 되어왔다(NRC, 2001; Kebreab et al., 2003).

기존 요인분석에서 단백질과 지질 축적을 위한 부분적인 에너지가(energy value)는 다중회귀분석 방법(대사에너지–독립변수, 단백질과 지질에너지 축적률–종속변수로 사용)을 활용해 분석하였다(Reeds, 1991). 지질과 단백질 축적에 대한 에너지가는 어체 단백질 또는 지질 함량을 증가시킬 때 필요한 대사에너지로 정의될 수 있다. 다음은 어체 성장(K_{pf})과 단백질 축적(K_p) 지질 축적(K_f)의 해당 대사 에너지(ME) 흡수에 관한 계산식이다.

$$ME = HE_m + RE_p/K_p + RE_f/K_f$$

이러한 계산식을 사용하여 Emmans (1994)는 육상에서 사육하는 종의 단백질 축적(protein retention)의 순 에너지가는 축적된 단백질의 1 kcal당 2.54 kcal, 즉 40%의 K_p에 상당하는 단백질의 1 kcal당 1.54 kcal의 열을 소비한다고 보고하였다. 지질 축적의 에너지가는 비지질 또는 지질로부터 각각 축적되었을 때, 각각 1.4 kcal와 1.1 kcal (예: 1 kcal 지질당 0.4 또는 0.1 kcal의 열 손실)이다. 이들은 지질로부터 축적될 때는 축적률이 90%이고, 무지방 기질로부터 축적될 때는 축적률이 70%이다.

많은 연구에서 어류의 HE_m, K_p, K_f 값을 추정하기 위해 요인분석을 사용해왔다(**표 4–3**). K_p 값은 0.49~0.81, K_f 값은 0.66~0.91로 포유류와 조류에서 관찰된 값과 유사하다.

과거에 사용되었던 요인분석 방법(Kielanowski, 1965)은 현재 사용하지 않는데, 일반적으로 단백질과 지질의 축적에는 상관관계가 높으며 단백질과 지질 축적을 조절하는 것보다 대사에너지 섭취를 조절하는 편이 훨씬 간단하기 때문이다(Emmans, 1995). 다중공선성(multicollinearity)과 같이 예측 변수가 유해한 수준에 미칠 경

표 4–3 팩토리얼 접근방식(Factorial Approach[d])을 이용하여 결정된 유지[a], 단백질[b] 및 지질 축적[c] 비용 추정

Species	Temp. (°C)	HE_m (per day)	HE_m (per day)	K_p	K_f	Reference
Common carp (*Cyprinus carpio*)	18	10.04 kcal/kg$^{0.75}$	42 kJ/kg$^{0.75}$	0.56	0.72	Schwartz and Kirchgessner (1995)
European sea bass (*Dicentrarchus labrax*)	23	9.56 kcal/kg$^{0.79}$	40 kJ/kg$^{0.79}$	0.53	0.90	Lupatsch et al. (2003)
Gilthead sea bream (*Sparus aurata*)	23	10.28 kcal/kg$^{0.83}$	43 kJ/kg$^{0.83}$	0.53	0.76	Lupatsch et al. (2003)
Grouper (*Epinephelus* spp.)	23	7.41 kcal/kg$^{0.83}$	31 kJ/kg$^{0.83}$	0.56	0.91	Lupatch et al. (2003)
Rainbow trout (*Oncorhynchus mykiss*)	15	0.33 kcal/g$^{0.39}$	1.37 kJ/g$^{0.39}$	0.54	0.90[e]	Rodehutscord and Pfeffer (1999)
Rainbow trout (*O. mykiss*)	8.5	8.37 kcal/kg$^{0.80}$	35 kJ/kg$^{0.80}$	0.53	0.90[e]	Azevedo et al. (2005)
Rainbow trout[f] (*O. mykiss*)	8.5	4.78 kcal/kg$^{0.80}$	20 kJ/kg$^{0.80}$	0.43	0.81	Azevedo et al. (2005)
Rainbow trout (*O. mykiss*)	8.5	4.54 kcal/kg$^{0.80}$	19 kJ/kg$^{0.80}$	0.63	0.72	Bureau et al. (2006)
Atlantic salmon (*Salmo salar*)	8.5	8.37 kcal/kg$^{0.80}$	35 kJ/kg$^{0.80}$	0.81	0.90[e]	Azevedo et al. (2005)
Atlantic salmon[f] (*S. salar*)	8.5	4.78 kcal/kg$^{0.80}$	20 kJ/kg$^{0.80}$	0.52	0.81	Azevedo et al. (2005)
Mulloway (*Argyrosomus japonicus*)	20–26	10.76 kcal/kg$^{0.80}$	45 kJ/kg$^{0.80}$	0.49	0.75	Pirozzi et al. (2010)

[a] HE_m.
[b] K_p. [c] K_f.
[d] Kielanowski (1965)의 방법을 사용함.
[e] 고정됨.
[f] 다변량분석.

우, 다중선형 회귀분석(multiple linear regressions)으로는 정확한 결과를 도출할 수 없다(Slinker and Glantz, 1985; Birkett and de Lange, 2001; Azevedo et al., 2005). 이러한 요인분석의 한계를 극복하기 위해 van Milgen and Noblet (1999)의 연구에서 다변량분석(multivariate approach)이 개발되었다. 이 다변량분석에서는 단백질 축적(PD)과 지질 축적(LD, 종속 변수)은 대사에너지 섭취 능력으로 간주되었다. Azevedo et al.(2005)은 무지개송어와 대서양연어의 성장과 유지의 대사에너지 활용도를 요인분석과 다변량분석을 활용해 연구하였다. 요인분석과 다변량분석으로 얻은 추정값(**표 4-3**)은 다르지만 모델과 가정에 크게 의존한다(Azevedo et al., 2005).

이론적 가정(86% 효율)과 요인분석, 다변량분석(43~81% 효율)을 사용하여 계산된 결과는 단백질 축적의 에너지가와 현저한 차이를 나타내는데, 이는 생물학적 원리에 입각한 것이 아닌 통계적 관계에 기초하기 때문이다. 따라서 요인분석과 다변량분석으로 얻은 결과는 통계적으로 왜곡된 결과일 수 있다. 단백질 축적과 지질 축적은 단순히 에너지 축적이 아니라 매우 복잡한 대사 과정에 따른 결과이다. 축적률과 효율성(회전율)은 사료(영양 균형, 이용)와 생물학적 요인(예: 유전, 생리 상태, 조직)에 따라 결정된다.

성장기 동물에서 단백질 합성률은 단백질 축적 속도를 크게 초과한다(Reeds et al., 1981). 어류의 단백질 축적 효율은 30~70%이다(Langar and Guillaume, 1994). 그러므로 단백질 전환율(protein turnover)의 변화는 단백질 축적의 에너지가 변화한 것이라고 할 수 있다(Reeds et al., 1985; Milligan and Summers, 1986). 반면에 아미노산 급원(amino acid pools)의 구조적, 운동학적 불균일과 관련된 문제(Watt et al., 1991)가 발생할 때, 즉 빠른 단백질 전환(Wheatley et al., 1988)의 합성을 측정하기 어려울 때 생체 내 단백질 합성의 추정값이 실제값보다 과소평가되었을 수 있다는 결론이 도출되었다. 사료의 영양 성분 또한 K_p 값에 기여할 수 있다. 사료 내 아미노산 과잉이나 불균형 또는 낮은 비단백질 에너지 함량으로 아미노산의 이화작용은 에너지 낭비(지질보다 높은 아미노산의 이화작용과 관련된 H_iE)와 K_p 감소를 초래한다. 아미노산 구성이 불균형한 사료는 단백질 유지 에너지를 낮추므로 결과적으로 균형이 완벽한 사료보다 K_p 값이 낮아지게 된다. 대사 작용으로 분해된 아미노산은 에너지가 손실될 때 역할을 수행한다(van Milgen et al., 2002).

그럼에도 불구하고 요인분석과 다변량분석으로 추정된 지질축적과 관련된 열손실은 이론적으로 화학 물질가에 가깝게 나타난다. K_f는 축적된 지질의 기원에 따라 다르므로 사료 조성도 지질 축적의 효율에 영향을 미칠 것이다. 사료로 섭취된 지질은 지질 축적을 위한 이용 효율이 높은 반면에 사료 내 탄수화물로부터 합성된 지질은 효율이 낮게 나타난다. 어류의 지질 형성 과정은 다른 척추동물의 형성 과정과 질적으로 유사하다. 이전 연구에서는 같은 종과 다른 종 간에는 지질 합성에서 상당한 차이가 존재한다고 밝혔다. 일부 연구에 따르면 지질 함량이 높은 사료를 섭취한 어류에서는 새로운 지방산 합성이 제한적이었다(Brauge, 1994; Dias et al., 1998). 결과적으로 지질 함량이 높은 사료를 섭취한 어류에서는(Brauge, 1994) 지질 축적률이 낮게 나타났다(**표 4-3**).

Cho et al.(1976)의 연구에서는 사료의 지질 함량이 증가할수록 H_iE가 감소하였다. LeGrow and Beamish (1986)는 사료의 단백질 함량이 증가할 경우 산소 섭취가 증가하였지만, 지질 함량의 변화는 영향을 미치지 않았으므로 사료의 가소화 단백질/가소화 에너지(DP/DE)비가 중요하다는 것을 강조하였다. 또한 어류의 다른 아미노산의 이화작용으로부터 유래된 에너지의 효과는 명확하지 않다고 주장하였고(Encarnação et al., 2006), 가소화 탄수화물이 아마도 H_iE (Beamish et al., 1986; Hilton et al., 1987)에 영향을 줄 수 있다고 주장하였다. Beamish et al.(1986)은 포도당 함량이 높은 사료를 섭취한 어류는 단백질 함량은 동일하지만 지질 함량이 풍부한 사료를 섭취한 어류보다 산소를 더 많이 소비하는 것으로 나타났는데, 이는 가소화 탄수화물 섭취가 증가하면 H_iE가 증가한다는 것을 의미한다. 포도당 함량이 높은 사료를 섭취한 어류는 지질이 높은 사료를 섭취한 어류보다 질소 축적 효율이 낮게 나타났는데(질소 획득: 질소 섭취)(Beamish et al., 1986), 이러한 결과는 H_iE에 미치는 영향이 가소화 탄수화물보다 사료 내 지질의 변화, 단백질과 더 관련이 있음을 시사한다. 그러나 Helland and Grisdale-Helland (1998)는 섭취량이 적으면 가소화 단백질을 소비하여 가소화 전분과 산소 소모 또한 증가하지만 질소 축적 효율에는 변화가 없는 것을 관찰하였다. Bureau et al.(1998)은 무지개송어가 섭취한 가소화 전분의 대사에너지가 잘 유지되지 않는 것을 관찰하였는데, 이는 섭취량이 높을 경우 가소화 탄수화물 이용이 H_jE에 영향을 미치기 때문이었다. 그러나 연구자들은 가소화 전분 함량이 높은 양어사료를 섭취한 어류의 산소 소모량이 크게 증가하지 않는 것을 관찰했다. 그들은 포도당의 혐기성 이화작용이 탄수화물 함량이 높은 사료를 섭취한 어류의 에너지 손실에 영향을 미칠 수 있다고 추측했지만, 이 가설은 충분한 검증이 필요하다.

지금까지 단백질 축적과 지질 축적을 추정하는 순에너지시스템(요인분석, 다변량분석)에 관하여 설명하였다. 앞으로 더 정확하고 상세하게 설명하기 위해서는 소화, 대사, 각 영양소 유지에 관한 상세한 분석이 필요하므로 에너지 이용과 달리 영양소 이용을 기반으로 한 추가적인 연구가 수행되어야 할 것이다.

4.19 축적에너지

단백질과 지질은 동물의 몸에서 에너지를 생성하는 주요 성분이다. 에너지를 생산하는 다른 어체 성분인 글리코겐은 일반적으로 어체에서 차지하는 비율(<1%)이 작다. Shearer (1994)와 Dumas et al.(2007)은 상대성장(allometric)분석을 통하여 성장기 연어의 어체 단백질 함량은 비교적 일정하지만, 지질 함량은 변동성이 크고 내인성(어류 크기, 성장률)과 외인성(사료, 환경) 인자에 많은 영향을 받는다고 보고하였다. 여러 종의 연구에서도 이러한 연구 결과를 뒷받침하고 있다(Lupatsch et al., 2003; Glencross, 2008; Glencross et al., 2010).

어체 성분 구성은 작은 어류보다 큰 어류에서 지질함량이 더 높은 반면에 수분 함량은 적게 나타난다(Shul'man, 1974; Dumas et al., 2007). 결과적으로 작은 어류(예: 0.96~1.20 kcal/g · BW 또는 4~5 kJ/g · BW)보다 큰 어류(예: 2.39 kcal/g · BW 또는 10 kJ/g · BW)가 얻는 생물량 단위에 더 많은 에너지가 포함되어 있다. 어종에 따라 체내 단백질은 성장에 따라 거의 변하지 않는 반면에 체내 GE 함량은 시간이 지남에 따라 상당히 변한다. 축적된 단백질 조직 1 g당 약 4 g의 수분이 포함되어 있다(Dumas et al., 2007). 습중량 기준으로 조직은 약 16%의 단백질을 함유하고 있다. 단백질은 GE가 5.64 kcal/g (23.6 kJ/g)이기 때문에 단백질은 약 0.88 kcal · GE/g (3.7 kJ · GE/g)의 습조직(wet tissue)에 영향을 미친다. 일반적으로 지질은 수분으로 대체된 조직에 저장된다(Dumas et al., 2007). 그러나 이전 연구에 따르면 지질 축적이 체중 증가에 크게 기여할 수 있다고 한다. 종과 계통, 생활사, 영양학적 차이에 따라 동물 사이에는 동적인 지질 축적에 차이가 나타나게 된다. 어류의 체중이 증가할 때 나타나는 체내 GE 함량의 증가는 주로 지질 함량의 증가에 기인한다.

어체의 연소 엔탈피(총에너지)와 일정 기간이 끝날 때의 차이를 축적에너지라 한다. 축적에너지를 도출하는 가장 직접적인 방법은 사육실험의 시작과 종료시에 실험군 전어체의 GE를 분석하는 것이다. 이 방법은 전어체 비교 분석으로 불린다. 축적에너지는 총에너지와 FE, UE + ZE 그리고 HE (Blaxter, 1989)의 차이로 추정할 수 있는데 이를 에너지 균형 기술이라고 한다. 축적에너지는 양성 또는 음성이거나 동물의 몸에 저장되거나 손실된 유기 화합물의 연소 엔탈피를 나타낸다.

단백질 축적과 지질 축적은 서로 다른 메커니즘으로 조절되는 별개의 생물학적 과정이다. 단백질 축적과 지질 축적의 중요성은 여러 영양학적 요인에 달려 있다. 제한된 배합사료에 따라 어류의 지질 축적 비율에 대한 단백질 축적 비율의 상당한 변화가 일어난다. 앞에서 언급했듯이, 유지사료를 섭취하는 어류(RE = 0)는 체지방을 동원하면서 체단백질(유용단백질 에너지 획득)을 축적할 수 있다(**그림 4-4**). 생물의 증체량은 단백질 축적에 따라 크게 좌우된다(Dumas et al., 2007). 어류 사료 공급량의 영향에 관한 연구에 따르면 단백질 축적과 지질 축적은 사료 공급량에 따라 선형적으로 증가하지만, 기울기와 절편(intercepts)에 차이가 있다는 것을 알 수 있다(**그림 4-4**). 사료의 제한적 조건에서 단백질 축적은 지질 축적을 크게 초과하지만 사료 섭취 시 지질로 축적되는 에너지는 단백질로 축적되는 에너지를 초과한다(Lupatsch et al., 2001b; Dumas et al., 2007). 많은 연구에서 단백질 축적은 섭취량이 높을 경우 정체되는 경향이 있는 반면에(Lupatsch et al., 2003; Glencross, 2008; Glencross et al., 2010), 지질 축적은 선형으로 증가하게 된다. 지질 축적률과 비교하였을 때 단백질이 감소하게 되는 경향은 사료 공급으로 단백질이 최대 축적에 도달하였을 때 관찰할 수 있다(Dumas et al., 2007). 전어체의 GE 함량과 어류 RE의 차이는 주로 지질 축적이 변할 때 나타난다.

사료 내 DP와 DE가 불균형을 이룰 경우 축적에너지의 높은 비율을 지질로 축적하게 된다. 계절적 변화에 따라 특정 생리적 단계 또는 내분비 상태와 관련하여 어체 구성 또한 변하는 것으로 보고되었다. 또한 지질 축적과 조직 분포에는 상당한 차이가 존재한다. 따라서 어류의 영양분 축적, 일시적인 체조성 변화를 포함해 앞서 언급하였던 모든 요인은 과거의 연구보다 더욱 체계적으로 조사되어야 한다(Dumas et al., 2010).

4.20 생식과 생식소 – 난자 에너지

번식기는 생물체에게는 가장 중요한 시기이다. 영양분은 체세포 성장으로부터 번식을 위한 영양분으로 전환될 필요가 있다(Thorpe, 1992; Hendry and Berg, 1999). 여러 어종을 대상으로 생식소와 생식세포의 화학적 조성과 에너지 함량에 관하여 활발하게 연구되어 왔다(Kaushik and Médale, 1994). 무지개송어의 에너지 함량은 NRC (1981)에서 개발한 명명법에서 난자 에너지(OE: Ovum Energy)로 명명되었고, 크기에 관계없이 약 6.45 kcal/g (27 kJ/g)의 건물(dry matter)인 것으로 보고되었다. 50여종의 경골어류에서 측정한 난자의 평균 에너지 함량은 크기에 상관없이 건조된 상태로 약 5.62 kcal/g (23.5 kJ/g)인 것으로 보고되었다. Lupatsch et al.(2010b)은 틸라피아의 난자가 2.51 kcal/g (10.5 kJ/g)의 습중량(wet weight)을 포함한 총에너지를 함유하고 있다고 보고하였다. 난자에 저장된 총에너지는 전어체 총에너지의 8~15%를 차지하며, 생식소 성숙도 지수(gonado-somatic index)와 매우 밀접한 관련이 있다(Kaushik and Médale, 1994). 대다수 종의 경우 성숙한 수컷 생식소는 어체중의 작은 비율만을 나타낸 반면에 성숙한 난소는 특정 종에서 어체중의 30%까지 나타낼 수 있다. 먹도미류에서는 한 계절 동안 총 산란 수가 체중의 100%에 달한다(Tandler et al., 1995). Lupatsch et al.(2010b)은 성숙한 암컷 틸라피아가 하루에 kg · BW당 약 1 g의 알을 산란한다고 보고하였다.

생식소 형성의 실질적인 에너지가 관련 연구를 수행한 사례는 거의 없다(예: 생식소의 영양분 축적과 관련된 H_iE). 성숙한 암컷 틸라피아에서 생식소 형성과 체세포 성장 모두에 대한 DE 이용 효율(K_{pf})은 0.63으로 추정되고 있으며, 이는 동종의 체세포 성장에 대한 K_{pf} 추정치와 매우 유사하다(Lupatsch et al., 2010b).

2세대 번식률은 각 생식세포 증가율을 초과한다. 2차 생식소의 발달, 정액 생산, 교미행동과 활동은 모두 에너지 소모와 관련이 있다. 양식장의 번식률은 자연환경보다 낮다. 그러나 번식은 양식종의 에너지 분배에 상당히 큰 영향을 미치게 된다. 번식은 사료 섭취량이 충분하지 않을 경우 다른 신체 조직에서 필요한 에너지를 끌어내어 새로운 조직을 합성하는 것을 포함한다(Jonsson et al., 1991, 1997). 결과적으로 산란기에 발생하는 조직에 대한 에너지의 재분배는 에너지 균형 측정을 복잡하게 할 수 있다(Lupatsch et al., 2010b).

4.21 성장을 위한 에너지 요구량 계산

동물의 에너지를 연구하는 목적은 체중과 성장률, 성별, 활동, 생리학적 상태, 환경, 사료 조성에 기초하여 영양소 요구량 또는 효율성을 예측할 수 있는 편리하고 정확한 시스템을 제공하기 위한 것이다(Baldwin and Bywater, 1984). 다양한 조건에서 다양한 어류의 성장과 사료공급, FCR, 배설물량을 예측하기 위하여 다양한 생물에너지 분석방법이 개발되었다(Cho, 1992; Cho and Bureau, 1998; Kaushik, 1998; Lupatsch and Kissil, 1998; Cui and Xie, 1999; Bureau et al., 2002, 2003; Zhou et al., 2005; Glencross, 2008; Lupatsch et al., 2008; Glencross et al., 2010; Pirozzi et al., 2010).

어류의 성장은 보통 생물에너지학 측면에서 두 가지 분석방법을 사용한다. 첫 번째 방법은 총에너지가 어체중 증가를 촉진한다고 가정한다. 이 가정은 주로 자연생태계에서 먹이 포획 기회에 따라 어류의 성장이 제한되기 때문에 어업과 생태학 연구에서 주로 사용한다(Elliott, 1976; Kitchell et al., 1977; From and Rasmussen, 1989). 다른 분석방법은 어류의 성장을 제한하는 요인으로 영양분보다 유전적인 요인에 따른 성장률을 고려하여 수행한다(Hubbell, 1971; Calow, 1973; Oldham et al., 1997). 여기에서 총에너지는 유전적인 성장 잠재력과 관련이 있다. 이 분석은 Winberg (1956)의 연구에서 처음 제기되었고 만복급이를 하는 대부분의 양식장에서 주로 활용된다(Cho, 1990,1992; Lupatsch, et al., 2001b; Zhou et al., 2005; Glencross, 2008).

몇몇 생물에너지학 연구에서 어체의 총에너지량뿐만 아니라 FE, UE + ZE, H_iE와 H_eE 또한 사료조성에 관계없이 총에너지의 주요 부분으로 간주되고 있지만(Hanson et al., 1997), 영양학적으로는 이러한 가정은 합리적이지 않다. 또한 수많은 생물에너지학 연구에서 최대 생산량 또는 에너지 소모는 kg당 필요한 가소화 에너지의 절대량으로 표시되는 '최대 사료 섭취량'(C_{max})의 비율로 표현된 축적을 통하여 도출하는 것이 일반적이다(Gatlin et al., 1986; McGoogan and Gatlin, 1998; Ohta and Watanabe, 1998; Cui and Xie, 1999; Elliott and Hurley, 1999; Watanabe et al., 2000). 동물의 최대 생산 또는 C_{max}는 유전과 사료조성, 환경 조건(예: 온도), 건강 상태, 기타 변수에 의존한다. 최대 생산량과 C_{max}는 가변적인 매개변수이다. 결과적으로 일부 연구의 에너지 요구량(하루에 어류 1마리당 kcal 같은 에너지 요구량)은 극히 특수한 조건(예: 사료조성, 온도, 환경조건)에서만 유효할 수 있다. 다른 속도로 성장하는 어종은 영양분을 다른 속도로 축적할 것이고 결과적으로 에너지와 사료 요구량이 달라진다. 따라서 에너지 요구량은 사료 조성과 생활사에 따라 분석되어야 한다(Cho, 1991, 1992; Cho and Bureau, 1998; Kaushik, 1998; Guillaume et al., 1999). 이것은 최근 다양한 양식 종의 에너지 요구량이 보고되고 있는데(Cho and Bureau, 1998; Lupatsch et al., 1998, 2003, 2008; Bureau et al., 2003; Glencross, 2008) 이러한 요인분석은 에너지 요구량을 다른 구성 요소로 나눈 값이다.

Cho (1991)는 예상되는 성장과 사료조성, 어체 구성을 바탕으로 어류의 에너지 요구량을 결정하기 위한 요인분석을 개발하였다. Cho (1991)의 분석방법은 Cho (1992), Cho et al.(1994), Cho and Bureau (1998), Bureau et al.(2002, 2003)의 연구에서 일부 수정되었고, 현장실험에서 사육된 연어의 사료 요구량과 배설물 산출량을 계산하는데 사용되었다. Lupatsch et al.(1998)은 여러 어종(Lupatsch et al., 1998, 2001a, 2003, 2008)의 에너지와 단백질, 사료 요구량을 추정하기 위해 이 분석방법을 사용했다.

Cho (1991)의 분석방법을 사용하여 가소화 에너지 요구량 추정, 그에 따른 어류의 사료 요구량은 다음과 같다.

1. 사료의 특성화(가소화 에너지량 포함)
2. 예상 증체율과 축적에너지 계산
3. 어류의 크기와 수온에 따른 기초대사 에너지(H_eE) 분배
4. 유지와 에너지 축적을 위한 자율활동 에너지(H_iE) 분배
5. 뇨 에너지(UE) + 아가미 에너지(ZE) 분배

6. 최소 가소화 에너지 요구량 계산
7. 사료 요구량 계산

Cho (1991) 연구와 유사한 분석방법을 사용하여 서로 다른 환경에서 사육된 어류의 에너지, 산소와 사료 요구량, 예상되는 사료효율을 계산할 수 있다(Cho and Bureau, 1998). **표 4-4**는 12℃에서 사육한 서로 다른 크기(1~1,000 g)의 무지개송어를 대상으로 배합사료(44% 가소화단백질, 4.54 Mcal [19 MJ] 가소화 에너지)를 공급할 때의 에너지, 산소 요구량과 이론적인 사료효율을 보여주고 있다. 무지개송어를 1 kg까지 사육하기 위한 가소화 에너지 요구량은 어체중 1 g당 약 2.51 Mcal (10.5 MJ)부터 어체중 1 kg당 6.41 Mcal (26.8 MJ)에 이르기까지 다양하다.

표 4-5는 유럽농어의 에너지, 산소요구량과 이론적 사료효율을 제시하지만 Lupatsch et al.(1998)의 분석방법을 활용하여 계산하였다. Glencross (2008)는 아시아농어를 대상으로 유사한 분석방법을 사용했다(**표 4-6**). 이러한 추정값은 일정 조건(어종, 수온, 성장률, 사료조성 등)에서만 유효할 뿐이므로 맹목적으로 적용하면 안된다.

가소화 에너지 요구량(1일 동안의 어류 마리당 kcal)은 주로 동물의 성장률에 크게 좌우된다. 일반적으로 수온이 상승함에 따라 성장률, 총에너지 섭취량, 축적에너지는 증가하지만 대사에너지와 가소화 에너지 이용효율(RE/ME 또는 RE/DE)은 변하지 않는다(Azevedo et al., 1998). FE와 IE는 섭취하는 사료 조성에 크게 의존적이기 때문에 총에너지 요구량은 가소화 에너지로 표현되어야 한다. 동물에 의한 FE 손실은 주로 사료의 구성 요소이며 생물학적 요인에 크게 영향을 받는 것은 아니다.

표 4-4 무지개송어의 에너지/산소 요구량[a] 및 사료 효율[b]

Live Weight (g/fish)	RE[c]	H_eE[d]	H_iE[e]	UE + ZE[f]	DE[g]	Oxygen[h] (g/kg weight gain)	Feed Efficiency[i]
	Mcal/kg (MJ/kg) Weight Gain						
1	1.34 (5.6)	0.24 (1.0)	0.81 (3.4)	0.12 (0.5)	2.51 (10.5)	320	1.8
5	1.34 (5.6)	0.33 (1.4)	0.81 (3.4)	0.12 (0.5)	2.63 (11.0)	350	1.7
10	1.36 (5.7)	0.41 (1.7)	0.81 (3.4)	0.12 (0.5)	2.68 (11.2)	370	1.7
50	1.43 (6.0)	0.53 (2.2)	0.86 (3.6)	0.14 (0.6)	2.99 (12.5)	430	1.5
100	1.55 (6.5)	0.60 (2.5)	0.93 (3.9)	0.14 (0.6)	3.21 (13.4)	470	1.4
500	1.79 (7.5)	0.76 (3.2)	1.39 (5.8)	0.22 (0.9)	4.54 (19.0)	670	1.0
1,000	3.27 (13.7)	0.86 (3.6)	1.96 (8.2)	0.31 (1.3)	4.41 (26.8)	880	0.7
1–1,000	2.51 (10.5)	0.79 (3.3)	1.51 (6.3)	0.24 (1.0)	5.04 (21.1)	710	0.9

[a]Mcal (MJ) 또는 g/kg 증체량.
[b]어류가 12°C에서 사육되고, 열 단위 성장 계수(TGC) = 0.220으로 성장하며, 420 g DP, 220 g 지질 및 kg당 4.54 Mcal(19 MJ) 소화 가능 에너지(DE)로 사료를 공급한다는 가정에 근거하여 다양한 크기 또는 1~1,000 g까지의 성장을 나타냄.
[c]RE (kJ/fish) = (−0.0039 ($T_{(i+1)}$에서 어체중, g/fish)^2 + 5.5812 ($T_{(i+1)}$에서 어체중, g/어류)) − (−0.0039 ($T_{(i)}$에서 어체중, g/fish)^2 + 5.5812 ($T_{(i)}$에서 어체중)).
[d]$H_eE = ((-1.04 + 3.26\ (T) - 0.05\ (T)^2) / (0.020^{0.824})) / d$.
[e]$H_iE = 0.6 \times RE$.
[f]$UE + ZE = 0.05 \times (RE + H_eE + H_iE)$.
[g]가소화 에너지 요구량 = RE + H_eE + H_iE + (UE + ZE).
[h]산소 요구량 = H_eE + H_iE/산소 열량 계수(13.6 kJ/g 섭취한 O_2).
[i]예상 사료 효율(섭취/공급).

표 4–5 에너지 및 산소 요구량[a] 및 유럽 농어(*Dicentrarchus labrax*)[b]의 예상 사료 효율

Live Weight (g/fish)	RE[c]	H_eE[d]	H_iE + (UE + ZE)[e]	DE[f]	Oxygen[g] (g/kg weight gain)	Feed Efficiency[h]
	Mcal/kg (MJ/kg) Weight Gain					
1	1.15 (4.8)	0.62 (2.6)	0.57 (2.4)	2.34 (9.8)	360	2.0
5	1.43 (6.0)	0.84 (3.5)	0.72 (3.0)	2.99 (12.5)	480	1.6
10	1.58 (6.6)	1.00 (4.1)	0.81 (3.4)	3.37 (14.1)	550	1.4
50	1.98 (8.3)	1.41 (5.9)	1.08 (4.5)	4.47 (18.7)	770	1.1
100	2.15 (9.0)	1.65 (6.9)	1.22 (5.1)	5.07 (21.2)	880	0.9
250	2.41 (10.1)	2.01 (8.4)	1.41 (5.9)	5.83 (24.4)	1,050	0.8
400	2.56 (10.7)	2.22 (9.3)	1.53 (6.4)	6.26 (26.2)	1,160	0.8
1–400	2.34 (9.8)	1.89 (7.9)	1.34 (5.6)	5.59 (23.4)	1,039	0.8

[a]Mcal (MJ) 또는 g/kg 증체량.
[b]어류가 22℃에서 사육되고, y = 0.64 × BW $(kg)^{0.587}$ × $exp^{0.07T}$ (Lupatsch et al., 2001a)에 따라 성장하며, 가소화단백질 500 g, 지질 180 g 및 kg 당 4.78 Mcal (20 MJ) DE를 함유한 사료를 섭취한다는 가정하에 다양한 크기 또는 1~400g에서 성장.
[c]RE (kJ/어류) = $(5.17(T_{(I+1)}$에서 어체중(g))$^{0.107}$) − (5.17 kJ($T_{(i)}$에서 어체중(g))$^{0.107}$.
[d]H^eE = 35 × ($T_{(i)}$에서 어체중(kg))$^{0.8}$/d.
[e]H^iE + (UE + ZE) = 0.32 × (RE + H_eE).
[f]가소화 에너지 요구량 = RE + H_eE + H_iE.
[g]산소 요구량 = H_eE + H_iE / 산소 열량 계수(13.6 kJ/g 섭취한 O_2).
[h]예상 사료 효율(섭취/공급).

표 4–6 에너지 및 산소 요구량[a] 및 아시아 농어(*Lates calcarifer*)[b]의 예상 사료 효율

Live Weight (g/fish)	Growth Rate[c] (g/fish per day)	RE[d]	H_eE[e]	H_iE + (UE + ZE)[f]	DE[g]	Oxygen[h] (g/kg weight gain)	Feed Efficiency[i]
		Mcal/kg (MJ/kg) weight gain					
10	1.1	1.08 (4.5)	0.29 (1.2)	0.74 (3.1)	2.13 (8.9)	319	2.6
50	2.2	1.36 (5.7)	0.55 (2.3)	0.93 (3.9)	2.84 (11.9)	454	1.9
100	3.0	1.51 (6.3)	0.69 (2.9)	1.03 (4.3)	3.25 (13.6)	533	1.7
250	4.4	1.72 (7.2)	0.98 (4.1)	1.17 (4.9)	3.90 (16.3)	666	1.4
500	5.9	1.91 (8.0)	1.29 (5.4)	1.29 (5.4)	4.49 (18.8)	794	1.2
1,000	8.0	2.10 (8.8)	1.67 (7.0)	1.43 (6.0)	5.21 (21.8)	953	1.0
2,000	10.7	2.32 (9.7)	2.15 (9.0)	1.58 (6.6)	6.07 (25.4)	1,152	0.9
3,000	12.7	2.46 (10.3)	2.51 (10.5)	1.67 (7.0)	6.64 (27.8)	1,290	0.8

[a]Mcal (MJ) 또는 g/kg 증체량.
[b]30℃에서 사육되고, 성장률에 따라 성장(g/일일 물고기) = $(0.54 - 0.1199T + 0.0074T^2 - 0.0001T^3)$ × BW $(kg)^{0.424}$ × $exp^{0.07T}$ (Glencross, 2008) 및 kg 당 5.38 Mcal (22.5 MJ) DE 사료를 공급한다는 가정하에 다양한 크기 또는 10에서 3,000g까지의 성장.
[c]1일당 g/어류의 성장률 = $(0.54 - 0.1199T + 0.0074T^2 - 0.0001T^3)$ $BW^{0.424}$.
[d]RE (kJ/어류) = 3.273(어체중(g/어류)) × 어체중(g/어류)$^{0.143}$.
[e]H_eE (kJ/1일당 어류) = $(0.44624 - 0.08484T + 0.00483T^2 + 0.0008T^3)$ × $BW^{0.8035}$.
[f]H_iE + (UE + ZE) = 0.684 × (RE).
[g]가소화 에너지 요구량 = RE + H_eE + H_iE.
[h]산소 요구량 = H_eE + H_iE / 산소 열량 계수(13.6 kJ/g 섭취한 O_2).
[i]예상 사료 효율(섭취/공급).

4.22 영양에너지학 분석의 제한

영양에너지학 분석은 간단하고 실용적이지만 한계가 있다(Birkett and de Lange, 2001; Bureau et al., 2002; Bajer et al., 2004; Dijkstra et al., 2007; Dumas et al., 2008). 에너지 시스템은 사료의 구성 요소가 연소열에 기초하여 영양분을 어체에 축적시키는 것을 단순화하고 다양한 영양소의 특정 대사와 증체량에 대한 단백질과 지질이 미치는 영향의 차이를 고려하지 않는다. 1세기 전 Rubner (1902)는 생물에너지학을 '열의 원칙'으로 표현하였다(Dumas et al., 2008). 에너지가를 토대로 영양소를 통합하여 분석하는 것은 대부분 비합리적인데, 이는 사료의 화학적 구성 효과와 특정 영양소의 역할 또는 효율을 고려하지 않기 때문이다. '에너지 요구량'과 사료 내 '에너지 이용률'은 불변적 개념이 아닌 대사 요구량과 영양소 요구량의 복잡성을 기술하는데 활용되는 매개 변수일 뿐이다.

생물에너지학 분석의 실질적인 한계 중 하나는 에너지는 계층적으로 분배되고, 에너지가 다른 모든 구성 요소를 충족한 후의 에너지가 초과되면서 성장이 이루어진다는 가정이다(Elliot and Hurley, 1999). 생물에너지학 원리에 기초한 분석은 동물이 유지사료(RE = 0)를 섭취할 때 성장과 사료효율이 없다고 가정한다. 이 가정은 어류뿐만 아니라 다른 동물에서도 부정확한 것으로 증명되었는데, 동물이 영양학적으로 적절한 유지사료를 섭취하면 체중이 증가하는 것으로 관찰되었다(Le Dividich et al., 1980; Bureau et al., 2006). 체중의 증가는 단백질 축적과 수분에 따라 발생한다(Shearer, 1994; Dumas et al., 2007). 축적된 지질은 단백질 축적에 활용될 수 있다(Black, 1974; Campbell, 1988; Bureau et al., 2006, **그림 4-4**). Azevedo et al.(2004a,b)은 무지개송어의 사료효율이 대폭 증가하였는데, 단백질 축적의 효율성은 유의적으로 감소되었지만 대사 에너지 효율은 변하지 않았다.

생물에너지학 분석은 실험 결과의 통계분석을 통하여 계산된 성장결과에 의존한다. 에너지가는 어떠한 수치가 '생물학적으로 비효율적인' 수치인지는 아직까지 알려져 있지 않다(France and Thomley, 1984; Baldwin, 1995). 비록 영양에너지학은 사료 내 영양소 대사를 자세하게 설명하고 있지만, 현재의 생물에너지학 분석은 어류 양식 기간에 발생하는 다양한 변화에 적용하기에는 합리적이지 않다(Bureau and Hua, 2008; Dumas et al., 2008). 따라서 어류를 연구할 때 특정 영양소의 역할과 그들 대사의 명확한 이해를 바탕으로 접근하는 것이 필요하고(Reynolds, 1999; Dumas et al., 2008) 사료 평가와 요구량의 경우 다양한 조건에서 동물의 소화와 대사, 축적과 관련된 영양분의 특성을 기반으로 분석해야 한다(Boisen and Verstegen, 1998).

아미노산과 지방산, 포도당의 생화학적 반응과 대사를 명확하게 표현한 메커니즘 분석은 아프리카메기(Machieis and Henken, 1986; Conceição et al., 1998)와 나일틸라피아(van Dam and De Vries, 1995), 무지개송어(van dam and De Vries, 1995, Hua and Bureau, 2010), 넙치(Conceição ei al., 1998), 대서양연어(Bar et al., 2007) 같은 다양한 어종을 대상으로 수행되었다. 기계적인 분석에는 충분한 시스템 지식이 필요하며, 시스템을 정량화할 수 있는 정확한 자료를 바탕으로 도출한다(Baldwin, 1995). 매개변수화(parameterization) 과정은 기계적인 분석의 개발과 적용에 주요한 장애물이 될 수 있다(Kyriazakis 1999; McNamara, 2004; Dumas et al., 2010). 결과적으로 모든 대사 경로를 단순화한 생화학적 분석을 수행하였고, 여기에는 수많은 가정을 포함하고 있으며, 대사 분석은 동물에서 성장을 나타내는데 필요 이상으로 복잡하게 되어 있다(van der Honing, 1998; Birkett and de Lange, 2001). 이러한 세부적인 분석은 매개변수화되거나 작은 범위에서는 적용되지만, 일반적으로 어류 양식에서 다양한 조건(사료조성, 환경 조건, 생활사, 유전적 차이)에 영향을 받는 어류의 영양소 활용에는 적합하지 않다(Dumas et al., 2010; Hua and Bureau, 2010). 따라서 어류와 새우의 성장과 영양소 요구량을 정확하게 설명하고 예측할 수 있는 시스템이 개발되어야 할 것이다.

참고문헌

Alanärä, A. 1994. The effect of dietary temperature, dietary energy content and the reward level on the demand feeding activity of rainbow trout (*Oncorhynchus mykiss*). Aquaculture 126:349-359.

Alanärä, A., and A. Kiessling. 1996. Changes in demand feeding behaviour in Arctic charr, *Salvelinus alpinus* L., caused by differences in dietary energy content and reward level. Aquac. Res. 27:479-486.

Azevedo, P. A., C. Y. Cho, S. Leeson, and D. P. Bureau. 1998. Effects of feeding level and water temperature on growth, nutrient and energy utilization and waste outputs of rainbow trout (*Oncorhynchus mykiss*). Aquat. Living Resour. 11:227-238.

Azevedo, P. A., S. Leeson, C. Y. Cho, and D. P. Bureau. 2004a. Growth, nitrogen and energy utilization of juveniles from four salmonid species: Diet, species and size effects. Aquaculture 234:393-414.

Azevedo, P. A., S. Leeson, C. Y. Cho, and D. P. Bureau. 2004b. Growth and feed utilization of large size rainbow trout (*Oncorhynchus mykiss*) and Atlantic salmon (*Salmo salar*) reared in freshwater: Diet and species effects, and responses over time. Aquacult. Nutr. 10:401-411.

Azevedo, P. A., J. van Milgen, S. Leeson, and D. P. Bureau. 2005. Comparing efficiency of metabolizable energy utilization by rainbow trout (*Oncorhynchus mykiss*) and Atlantic salmon (*Salmo salar*) using factorial and multivariate approaches. J. Anim. Sci. 83:842-851.

Bajer, P. G., G. W. Whitledge, and R. S. Hayward. 2004. Widespread consumption-dependent systematic error in fish bioenergetics models and its implications. Can. J. Fish. Aquat. Sci. 61:2158-2167.

Baldwin, R. L. 1995. Modeling Ruminant Digestion and Metabolism. New York: Chapman and Hall.

Baldwin, R. L., and A. C. Bywater. 1984. Nutritional energetics of animals. Annu. Rev. Nutr. 4:101-114.

Bar, N. S., T. Sigholt, K. D. Shearer, and Å. Krogdahl. 2007. A dynamic model of nutrient pathways, growth, and body composition in fish. Can. J. Fish. Aquat. Sci. 64:1669-1682.

Beamish, F. W. H. 1974. Apparent specific dynamic action of large-mouth bass (*Micropterus salmonides*). J. Fish. Res. Board Can. 31:1763-1769.

Beamish, F. W. H., J. W. Hilton, E. Niimi, and S. J. Slinger. 1986. Dietary carbohydrate and growth, body composition and heat increment in rainbow trout (*Salmo gairdneri*). Fish Physiol. Biochem. 1:85-91.

Bermudes, M., B. D. Glencross, K. Austen, and W. Hawkins. 2010. Effect of high water temperatures on nutrient and energy retention in barramundi (*Lates calcarifer*). Aquaculture 306:160-166.

Birkett, S., and K. de Lange. 2001. Limitations of conventional models and a conceptual framework for a nutrient flow representation of energy utilization by animals. Brit. J. Nutr. 86:647-659.

Black, J. L. 1974. Manipulation of body composition through nutrition. P. Aus. S. Ani. 10:211-218.

Blaxter, K. L. 1989. Energy Metabolism in Animals and Man. Cambridge, UK: Cambridge University Press.

Boisen, S., and M. W. A. Verstegen. 1998. Evaluation of feedstuffs and pig diets. Energy or nutrient-based evaluation systems? I. Limitations of present energy evaluation systems. Acta Agr. Scand. A-An. 48:86-94.

Boujard, T., and F. M. Médale. 1994. Regulation of voluntary feed intake in juvenile rainbow trout fed by hand or by self-feeders with diets containing two different protein/energy ratios. Aquat. Living Resour. 7:211-215.

Bradfield, A. E., and M. J. Llewellyn. 1982. Animal Energetics. Glasgow, UK: Blackie and Son, Ltd.

Brauge, C. 1994. Influences des Sources Non Protéiques d'Énergie et des Facteurs Environnementaux sur les Métabolismes Énergétique et Lipique de la Truite Arc-en-Ciel, *Oncorhynchus mykiss*. Ph.D. thesis, L'Université de Bordeaux, Bordeaux, France.

Brett, J. R., and T. D. D. Groves. 1979. Physiological energetics. Pp. 279-352 in Fish Physiology, W. S. Hoar, D. J. Randall, and J. R. Brett, eds. New York: Academic Press, Inc.

Brett, J. R., and C. A. Zala. 1975. Daily pattern of nitrogen excretion and oxygen consumption of sockeye salmon (*Oneorhynchus nerka*) under controlled condition. J. Fish. Res. Board Can. 32:2479-2486.

Brody, S. 1945. Bioenergetics and Growth with Special Reference to the Efficiency Complex in Domestic Animals. New York: Hafner Publishing Company Inc.

Bureau, D. P. 1997. The partitioning of energy from digestible carbohydrate by rainbow trout (*Oncorhynchus mykiss*). Ph.D. thesis, University of Guelph, Guelph, Ontario.

Bureau D. P., and K. Hua. 2008. Models of nutrient utilization by fish and potential applications for fish culture operations. Pp. 442-461 in Mathematical Modelling in Animal Nutrition, J. France and E. Kebreab, eds. Wallingford, UK: CAB International Press.

Bureau, D. P., J. B. Kirkland, and C. Y. Cho. 1998. The partitioning of energy from digestible carbohydrate by rainbow trout (*Oncorhynchus mykiss*). Pp. 163-166 in Energy Metabolism of Farm Animals, K. J. McCracken, E. F. Unsworth, and A. R. G. Wylie, eds. Wallingford, UK: CAB International Press.

Bureau, D. P., P. A. Azevedo, and C. Y. Cho. 1999. Growth and nutrient deposition as a function of feeding level in salmonids. P. 41 in International Workshop on Fish Nutrition and Growth, Wuhan, Hubei, P.R. China, 10-14 October 1999.

Bureau, D. P., P. A. Azevedo, M. Tapia-Salazar, and G. Cuzon. 2000. Pattern and cost of growth and nutrient deposition in fish and shrimp: Potential implications and applications. Pp. 111-140 in Avances en Nutricion Acuicola V. Memorias del V Simposium Internacional de Nutricion Acuicola, L. E. Cruz-Suarez, D. Ricque-Marie, M. Tapia-Salazar, M. A. Olvera-Novoa, and R. Civera-Cerecedo, eds. 19-22 Noviembre, 2000. Merida, Yucatan, Mexico.

Bureau, D. P., S. J. Kaushik, and C. Y. Cho. 2002. Bioenergetics. Pp. 1-56 in Fish Nutrition, J. E. Halver and R. W. Hardy, eds. San Diego, CA: Academic Press.

Bureau, D. P., S. J. Gunther, and C. Y. Cho. 2003. Chemical composition and preliminary theoretical estimates of waste outputs of rainbow

trout reared on commercial cage culture operations in Ontario. N. Am. J. Aquacult. 65:33-38.
Bureau, D. P., K. Hua, and C. Y. Cho. 2006. Effect of feeding level on growth and nutrient deposition in rainbow trout (*Oncorhynchus mykiss* Walbaum) growing from 150 to 600 g. Aquac. Res. 37:1090-1098.
Calow, P. 1973. The relationship between fecundity, phenology, and longevity: A systems approach. Am. Nat. 107:559-574.
Campbell, R. G. 1988. Nutritional constraints to lean tissue accretion in farm animals. Nutr. Res. Rev. 1:233-253.
Chakraborty, S. C., and S. Chakraborty. 1998. Effect of dietary protein level on excretion of ammonia in Indian major carp, *Labeo rohita*, fingerlings. Aquacult. Nutr. 4:47-51.
Cho, C. Y. 1990. Fish nutrition, feeds, and feeding: With special emphasis on salmonid aquaculture. Food Rev. Int. 6:333-357.
Cho, C. Y. 1991. Prediction model for energy requirement of salmonid fishes. Pp. 446-449 in Energy Metabolism of Farm Animals, C. Wenk and M. Boessinger, eds. Zürich, Switzerland: Institut für Nutztierwis-senschaften, Gruppe Ernährung.
Cho, C. Y. 1992. Feeding systems for rainbow trout and other salmonids with reference to current estimates of energy and protein requirements. Aquaculture 100:107-123.
Cho, C. Y., and D. P. Bureau. 1995. Determination of the energy requirements of fish with particular reference to salmonids. J. Appl. Ichthyol. 11:141-163.
Cho, C. Y., and D. P. Bureau. 1998. Development of bioenergetics models and the Fish-PrFEQ software to estimate production, feeding ration and waste output in aquaculture. Aquat. Living Resour. 11:199-210.
Cho, C. Y., and S. J. Kaushik. 1985. Effects of protein intake on metabolizable and net energy values of fish diets. Pp. 95-117 in Nutrition and Feeding in Fish, C. B. Cowey, A. M. Mackie, and J. G. Bell, eds. London, UK: Academic Press.
Cho, C. Y., and S. J. Kaushik. 1990. Nutritional energetics in fish: Energy and protein utilization in rainbow trout (*Salmo gairdneri*). World Rev. Nutr. Diet. 61:132-172.
Cho, C. Y., H. S. Bayley, and S. J. Slinger. 1976. Energy metabolism in growing rainbow trout: Partition of dietary energy in high protein and high fat diets. Pp. 299-302 in Energy Metabolism of Farm Animals, M. Vermorel, ed. Clermont-Ferrand, France: G. de Bussac.
Cho, C. Y., S. J. Slinger, and H. S. Bayley. 1982. Bioenergetics of salmonid fishes: Energy intake, expenditure and productivity. Comp. Biochem. Phys. B 73B:25-41.
Cho, C. Y., J. D. Hynes, K. R. Wood, and H. K. Yoshida. 1994. Development of high nutrient-dense, low pollution diets and prediction of aquaculture wastes using biological approaches. Aquaculture 124:293-305.
Clarke, A., and N. M. Johnson. 1999. Scaling of metabolic rate with body mass and temperature in teleost fish. J. Anim. Ecol. 68:893-905.
Clement, K. D. 1996. Fermentation and gastrointestinal microorganisms in fishes. Pp. 156-198 in Gastrointestinal Microbiology, R. I. Mackie and B. A. White, eds. New York: Chapman and Hall.
Conceição, L. E. C., J. A. J. Verreth, M. W. A. Verstegen, and E. A. Huisman. 1998. A preliminary model for dynamic simulation of growth in fish larvae: Application to the african catfish (*Clarias gariepinus*) and turbot (*Scophthalmus maximus*). Aquaculture 163(3-4):215-235.
Cooke, S. J., K. P. Chandroo, T. A. Beddow, R. D. Moccia, and R. S. McKinley. 2000. Swimming activity and energetic expenditure of captive rainbow trout *Oncorhynchus mykiss* (Walbaum) estimated by electromyogram telemetry. Aquac. Res. 31:495-505.
Cui, Y., and J. Liu. 1990. Comparison of energy budget among six teleosts. II. Metabolic rates. Comp. Biochem. Phys. A 97A:169-174.
Cui, Y., and S. Xie. 1999. Modelling growth in fish. Pp. 413-434 in Feeding Systems and Feed Evaluation Models, M. K. Theodorou and J. France, eds. Wallingford, UK: CAB International Press.
Dantzler, W. H. 1989. Comparative Physiology of the Vertebrate Kidney. Zoophysiology, Volume 22. Berlin, Germany: Springer-Verlag.
De Lange, C. F. M. 1997. Modelling energy intake and utilization in grower-finisher pigs. Pp. 96-108 in Proceedings of Canadian Feed Industry Association Eastern Nutrition Conference, May 6-7, 1997, Guelph, Ontario, Canada.
Deng, D. F., S. Refstie, H. I. Hemre, C. E. Crocker, H. Y. Chen, J. J. Cech, Jr., and S. S. O. Hung. 2000. A new technique of feeding, repeated sampling of blood and continuous collection of urine in white sturgeon. Fish Physiol. Biochem. 22:191-197.
Dias, J., M. J. Alvarez, A. Diez, J. Arzel, G. Corraze, J. M. Bautista, and S. J. Kaushik. 1998. Regulation of hepatic lipogenesis by dietary protein/energy in juvenile European seabass (*Dicentrarchus labrax*). Aquaculture 161:169-186.
Dijkstra, J., E. Kebreab, J. A. N. Mills, W. F. Pellikaan, S. López, A. Bannink, and J. France. 2007. Predicting the profile of nutrients available for absorption: From nutrient requirement to animal response and environmental impact. Animal 1:99-111.
Dosdat, A., F. Servais, R. Métailler, C. Huelvan, and E. Desbruyères. 1996.
Comparison of nitrogenous losses in five teleost fish species. Aquaculture 141:107-127.
Dumas, A., C. F. M. de Lange, J. France, and D. P. Bureau. 2007. Quantitative description of body composition and rates of nutrient deposition in rainbow trout (*Oncorhynchus mykiss*). Aquaculture 273:165-181.
Dumas, A., J. Dijkstra, and J. France. 2008. Mathematical modelling in animal nutrition: A centenary review. J. Agr. Sci. 146:123-142.
Dumas, A., J. France, and D. P. Bureau. 2010. Modelling growth and body composition in fish nutrition: Where have we been and where are we going? Aquac. Res. 41:161-181.
Ege, R., and A. Krogh. 1914. On the relation between the temperature and the respiratory exchange in fishes. Internationale Revue der Gesamten Hydrobiologie und Hydrographie 1:48-55.
Elliott, J. M. 1976. The energetics of feeding, metabolism and growth of brown trout (*Salmo trutta* L.) in relation to body weight, water temperature and ration size. J. Anim. Ecol. 45:923-948.
Elliott, J. M. 1982. The effects of temperature and ration size on the growth and energetics of salmonids in captivity. Comp. Biochem. Phys. B 73B:81-92.
Elliott, J. M., and M. A. Hurley. 1999. A new energetics model for brown trout, *Salmo trutta*. Freshwater Biol. 42:235-246.

Emmans, G. C. 1994. Effective energy: A concept of energy utilization applied across species. Brit. J. Nutr. 71:801-821.

Emmans, G. C. 1995. Models of the relationship between animal performance and dietary energy. Pp. 47-58 in Modelling Growth in the Pig, P. J. Moughan, M. W. A. Verstegen, and M. I. Visser-Reyneveld, eds. Wageningen, the Netherlands: Wageningen Pers.

Emmans, G. C., and C. Fisher. 1986. Problems in nutritional theory. Pp. 9-39 in Nutrient Requirements of Poultry and Nutritional Research, C. Fisher and K. N. Boorman, eds., London, UK: Butterworths.

Encarnação P., C. F. M. de Lange, M. Rodehutscord, D. Hoehler, W. Bureau, and D. P. Bureau. 2004. Diet digestible energy content affects lysine utilisation, but not dietary lysine requirements of rainbow trout (*Oncorhynchus mykiss*) for maximum growth. Aquaculture 235:569-586.

Encarnação, P., C. F. M. de Lange, and D. P. Bureau. 2006. Diet energy source affect lysine utilization for protein deposition in rainbow trout (*Oncorhynchus mykiss*). Aquaculture 261:1371-1381.

Flatt, J. P. 1992. Energy cost of ATP synthesis. Pp. 319-343 in Energy Metabolism: Tissue Determinants and Cellular Corollaries, J. M. Kinney, and H. N. Tucker, eds. New York: Raven Press Ltd.

France, J., and J. H. M. Thornley. 1984. Mathematical Models in Agriculture. London, UK: Butterworths.

From, J., and G. Rasmussen. 1989. Fish growth. Pp. 331-339 in Mathematical Submodels in Water Quality Systems, S. E. Jørgensen and M. J. Gromiec, eds. Amsterdam, the Netherlands: Elsevier Science Publishers.

Furuichi, M. 1988. Carbohydrates. Pp. 44-55 in Fish Nutrition and Mariculture, T. Watanabe, ed. Tokyo, Japan: Kanagawa International Fisheries Training Centre, Japan International Cooperation Agency.

Gatlin, D. M., W. E. Poe, and R. P. Wilson. 1986. Protein and energy requirements of fingerling channel catfish for maintenance and maximum growth. J. Nutr. 116:2121-2131.

Gauquelin, F. 1996. Etude de l'excrétion azotée et de l'influence de régimes alimentaires chez *P. stylirostris*. Issy-Les-Moulineaux, France: Rapport Interne Ifremer.

Geurden, I., E. Gondouin, M. Rimbach, W. Koppe, S. Kaushik, and T. Boujard. 2006. The evaluation of energy intake adjustments and preferences in juvenile rainbow trout fed increasing amounts of lipid. Physiol. Behav. 88:325-332.

Glencross, B. D. 2008. A factorial growth and feed utilization model for barramundi, *Lates calcarifer*, based on Australian production conditions. Aquacult. Nutr. 14:360-373.

Glencross, B. D., and M. Felsing. 2006. Influence of fish size and water temperature on the metabolic demand for oxygen by barramundi, *Lates calcarifer* (bloch), in freshwater. Aquac. Res. 37(11):1055-1062.

Glencross, B. D., T. T. T. Hien, N. T. Phuong, and T. L. Cam Tu. 2010.A factorial approach to defining the energy and protein requirements of Tra catfish, *Pangasianodon hypothalamus*. Aquacult. Nutr. doi 10.111/j.1365-2095.2010.00774.x.

Guillaume, J., S. J. Kaushik, P. Bergot, and R. Métailler. 1999. Nutrition et Alimentation des Poissons et des Crustacés, Collections Du Labo au Terrain. Paris, France: Éditions INRA.

Hanson, P., T. Johnson, J. Kitchell, and D. E. Schindler. 1997. Fish bioenergetics 3.0. University of Wisconsin Sea Grant Institute, Report WISCU-T-97-001, Madison, Wisconsin.

Helland, S. J., and B. Grisdale-Helland. 1998. The influence of dietary carbohydrate and protein levels on energy and nitrogen utilization of Atlantic salmon in seawater. Pp. 391-394 in Energy Metabolism of Farm Animals, K. J. McCracken, E. F. Unsworth, and A. R. G. Wylie, eds. Wallingford, UK: CAB International Press.

Helland, S. J., B. Hatlen, and B. Grisdale-Helland. 2010. Energy, protein and amino acid requirements for maintenance and efficiency of utilization for growth of Atlantic salmon post-smolts determined using increasing ration levels. Aquaculture 305:150-158.

Hemre, G. I., and F. Kahrs. 1997. 14C-glucose injection in Atlantic cod, *Gadus morhua*, metabolic responses and excretion via the gill membrane. Aquacult. Nutr. 3:3-8.

Hendry, A. P., and O. K. Berg. 1999. Secondary sexual characters, energy use, senescence, and the cost of reproduction in sockeye salmon. Can. J. Zoolog. 77:1663-1675.

Hepher, B. 1988. Nutrition of Pond Fishes. Cambridge, UK: Cambridge University Press.

Hilton, J. W., J. L. Atkinson, and S. J. Slinger. 1987. Evaluation of the net energy value of glucose (cerelose) and maize starch in diets for rainbow trout (*Salmo gairdneri*). Brit. J. Nutr. 58:453-461.

Hogendoorn, H. 1983. Growth and production of the African catfish, *Clarias lazera*. III. Bioenergetic relations of body weight and feeding level. Aquaculture 35:1-17.

Hua, K., and D. P. Bureau. 2010. Construction of a growth and nutrient utilization model for salmonid fish and its application in meta-analysis of fish meal replacement by plant proteins. Technical Report prepared for the United Soybean Board.

Hubbell, S. P. 1971. Of sowbugs and systems: The ecological bioenergetics of a terrestrial isopod. Pp. 269-324 in Systems Analysis and Simulation in Ecology, Volume 1, B. C. Patten, ed. New York: Academic Press.

Jobling, M. 1994. Fish Bioenergetics, Fish and Fisheries Series 13. London, UK: Chapman and Hall.

Jobling, M., and P. S. Davies. 1980. Effects of feeding on metabolic rate, and the specific dynamic action in plaice, *Pleuronectes platessa* L. J. Fish Biol. 16:629-638.

Jobling, M., and A. Wandsvik. 1983. An investigation of factors controlling food intake in Arctic charr, *Salvelinus alpinus* L. J. Fish Biol. 23:397-404.

Jonsson, B., and N. Jonsson. 2009. A review of the likely effects of climate change on anadromous Atlantic salmon *Salmo salar* and brown trout *Salmo trutta*, with particular reference to water temperature and flow. J. Fish Biol. 75:2381-2447.

Jonsson, N., B. Jonsson, and L. P. Hansen. 1991. Energetic cost of spawning in male and female Atlantic salmon (*Salmo salar* L.). J. Fish Biol.

39:739-744.

Jonsson, N., B. Jonsson, and L. P. Hansen. 1997. Changes in proximate composition and estimates of energetic costs during upstream migration and spawning in Atlantic salmon *Salmo salar*. J. Anim. Ecol. 66(3):425-436.

Kakuta, I., and K. Namba. 1989. Urine properties in carp, *Cyprinus carpio* L., with Sekoke disease. J. Fish Biol. 12:241-248.

Kaushik, S. J. 1980a. Influence of a rise in temperature on the nitrogen excretion of rainbow trout (*Salmo gairdneri* R.). Pp. 77-89 in Aquaculture in Heated Effluents and Recirculated Systems, Volume 1, K. Tiews, ed., Berlin, Germany: Heenemann GmbH.

Kaushik, S. J. 1980b. Influence of nutritional status on the daily patterns of nitrogen excretion in the carp (*Cyprinus carpio* L.) and the rainbow trout (*Salmo gairdneri* R.). Reprod. Nutr. Dev. 20:1751-1765.

Kaushik, S. J. 1998. Nutritional bioenergetics and estimation of waste production in non-salmonids. Aquat. Living Resour. 11:211-217.

Kaushik, S. J., and C. B. Cowey. 1991. Dietary factors affecting nitrogen excretion by fish. Pp. 3-19 in Nutritional Strategies and Aquaculture Waste, Proceedings of the 1st International Symposium on Nutritional Strategies in Management of Aquaculture Waste, C. B. Cowey and C. Y. Cho, eds. Guelph, Ontario, Canada.

Kaushik S. J., and K. Dabrowski. 1983. Postprandial metabolic changes in larval and juvenile carp (*Cyprinus carpio*). Reprod. Nutr. Dev. 23:223-234.

Kaushik, S. J., and E. F. Gomes. 1988. Effect of frequency of feeding on nitrogen and energy balance in rainbow trout under maintenance conditions. Aquaculture 73:207-216.

Kaushik, S. J., and F. Médale. 1994. Energy requirements, utilization and dietary supply to salmonids. Aquaculture 124:81-97.

Kaushik, S. J., K. Dabrowski, and P. Luquet. 1982. Patterns of nitrogen excretion and oxygen consumption during ontogenesis of common carp (*Cyprinus carpio*). Can. J. Fish. Aquat. Sci. 39:1095-1105.

Kaushik, S. J., T. Doudet, F. Medale, P. Aguirre, and D. Blanc. 1995. Protein and energy needs for maintenance and growth of Nile tilapia (*Oreochromis niloticus*) using different criteria. J. Appl. Ichthyol. 11:290-296.

Kebreab, E., J. France, R. E. Agnew, T. Yan, M. S. Dhanoa, J. Dijkstra, D. E. Beever, and C. K. Reynolds. 2003. Alternatives to linear analysis of energy balance data from lactating dairy cows. J. Dairy Sci. 86:2904-2913.

Kentouri, M., P. Divanach, I. Geurden, and M. Anthouard. 1995. Evidence of adaptative behavior in gilthead sea bream (*Sparus aurata* L.) in relation to diet composition in a self-feeding condition. Ictyophysiol. Acta 18:125-143.

Kielanowski, J. 1965. Estimates of the energy cost of protein deposition in growing animals. Pp. 13-20 in Proceedings of the 3rd Symposium on Energy Metabolism, K. L. Blaxter, ed. London, UK: Academic Press.

Kitchell, J. F., D. J. Stewart, and D. Weininger. 1977. Applications of bioenergetics model to yellow perch (*Perca flavescens*) and walleye (*Stizostedion vitreum vitreum*). J. Fish. Res. Board Can. 34:1922-1935.

Kleiber, M. 1975. The Fire of Life. New York: Robert E. Kleiber Publishing Co.

Koskela, J., M. Jobling, and R. Savolainen. 1998. Influence of dietary fat level on feed intake, growth and fat deposition in the whitefish *Coregonus lavaretus*. Aquacult. Int. 6:95-102.

Krohn, M. M., and D. Boisclair. 1994. Use of a stereo-video system to estimate the energy expenditure of free swimming fish. Can. J. Fish. Aquat. Sci. 51:1119-1127.

Kyriazakis, I. 1999. A Quantitative Biology of the Pig. Oxon, UK: CABI Publishing.

Langar, H., and J. Guillaume. 1994. Effect of feeding pattern and dietary protein source on protein synthesis in European sea bass (*Dicentrarchus labrax*). Comp. Biochem. Phys. A 108A:461-466.

Le Dividich, J., M. Vermorel, J. Noblet, J. C. Bouvier, and A. Aumaitre. 1980. Effects of environmental temperature on heat production, energy retention, protein and fat gain in early weaned piglets. Brit. J. Nutr. 44:313-323.

Lee, D. J., and G. B. Putnam. 1972. The response of rainbow trout to varying protein/energy ratios in a test diet. J. Nutr. 103:916-922.

Leenhouwers, J. I., W. F. Pellikaan, H. F. A. Huizing, R. O. M. Coolen, J. A. J. Verreth, and J. W. Schrama. 2008. Fermentability of carbohydrates in an *in vitro* batch culture method using inocula from Nile tilapia (*Oreochromis niloticus*) and European sea bass (*Dicentrarchus labrax*). Aquacult. Nutr. 14:523-532.

LeGrow, S. M., and F. W. H. Beamish. 1986. Influence of dietary protein and lipid on apparent heat increment of rainbow trout, *Salmo gairdneri*. Can. J. Fish. Aquat. Sci. 43:19-25.

Liu, J., Y. Cui, and J. Liu. 2000. Resting metabolism and specific dynamic action in the mandarin fish *Siniperca chuatsi* and the Chinese snakehead *Channa argus*. Comp. Biochem. Physiol. 127A, 131-138.

Lupatsch, I., G. W. and Kissil. 1998. Predicting aquaculture waste from gilthead seabream (*Sparus aurata*) culture using a nutritional approach. Aquat. Living Resour. 11:265-268.

Lupatsch, I., and G. W. Kissil. 2005. Feed formulations based on energy and protein demands in white grouper (*Epinephelus aeneus*). Aquaculture 248:83-95.

Lupatsch, I., G. W. Kissil, D. Sklan, and E. Pfeffer. 1998. Energy and protein requirements for maintenance and growth in gilthead seabream (*Sparus aurata* L.). Aquacult. Nutr. 4:165-173.

Lupatsch, I., G. W. Kissil, and D. Sklan. 2001a. Optimization of feeding regimes for European sea bass *Dicentrarchus labrax*: A factorial approach. Aquaculture 202:289-302.

Lupatsch, I., G. W. Kissil, D. Sklan, and E. Pfeffer. 2001b. Effects of varying dietary protein and energy supply on growth, body composition and protein utilization in gilthead seabream (*Sparus aurata* L.). Aquacult. Nutr. 7:71-80.

Lupatsch, I., G. W. Kissil, and D. Sklan. 2003. Comparison of energy and protein efficiency among three fish species, gilthead sea bream (*Sparus aurata*), European sea bass (*Dicentrarchus labrax*) and white grouper (*Epinephelus aeneus*): Energy expenditure for protein and lipid deposition. Aquaculture 225:175-189.

Lupatsch, I., L. Cuthbertson, S. Davies, and R. J. Shields. 2008. Studies on energy and protein requirements to improve feed management of the Pacific white shrimp, Litopenaeus vannamei. Pp. 281-295 in Avances en Nutricion Acuicola IX, L. E. Cruz Suarez, D. Ricque Marie, M. Tapia Salazar, M. G. Nieto Lopez, D. A. Villarreal Cavazos, J. Pablo Lazo, and M. Teresa Viana, eds. IX Symposio Internacional de Nutricion Acuicola, Universidad Autonoma de Nuevo Leon, Monterrey, Nuevo Leon, Mexico, November 24-27, 2008.

Lupatsch, I., G. A. Santos, J. W. Schrama, and J. A. J. Verreth. 2010a. Effect of stocking density and feeding level on energy expenditure and stress responsiveness in European sea bass (*Dicentrarchus labrax*). Aquaculture 298:245-250.

Lupatsch, I., R. Deshev, and I. Magen. 2010b. Energy and protein demands for optimal egg production including maintenance requirements of female tilapia *Oreochromis niloticus*. Aquac. Res. 41:763-769.

Machiels, M. A. M., and A. M. Henken. 1986. A dynamic simulation model for growth of the African catfish, *Clarias gariepinus* (Burchell 1822) I. Effect of feeding level on growth and energy metabolism. Aquaculture 56:29-52.

Maldonado, C., G. Cuzon, E. Guzman, R. Brito, L. Soto, L. Arena, and G. Gaxiola. 2009. Effect of an herbivorous diet on energy balance of *Litopenaeus vannamei* at selected ontogenetic stages. Aquaculture 296:123-128.

Martin, A. K., and K. L. Blaxter. 1965. The energy cost of urea synthesis in sheep. Pp. 83-91 in Energy Metabolism, K. L. Blaxter, ed. New York: Academic Press.

Mayes, P. A. 2000. Bioenergetics and the metabolism of carbohydrates and lipids. Pp. 123-298 in Harper's Biochemistry, R. K. Murray, D. K. Graner, P. A. Mayes, and V. W. Rodwell, eds. Stamford, CT: Appleton and Lange.

McGoogan, B. B., and D. M. Gatlin. 1998. Metabolic requirements of red drum, *Sciaenops ocellatus*, for protein and energy based on weight gain and body composition. J. Nutr. 128:123-129.

McNamara, J. P. 2004. Research, improvement and application of mechanistic, biochemical, dynamic models of metabolism in lactating dairy cattle. Anim. Feed Sci. Tech. 112:155-176.

Médale, F., and J. Guillaume. 1999. Nutrition énergétique. Pp. 87-111 in Nutrition et alimentation des poissons et des crustacés, Collections Du Labo au Terrain, J. Guillaume, S. J. Kaushik, P. Bergot, and R. Métailler, eds. Paris, France: Éditions INRA.

Médale, F., T. Boujard, F. Vallée, D. Blanc, M. Mambrini, A. Roem, and S. J. Kaushik. 1998. Voluntary feed intake, nitrogen and phosphorus losses in rainbow trout (*Oncorhynchus mykiss*) fed increasing dietary levels of soy protein concentrate. Aquat. Living Resour. 11:239-246.

Medland, T. E., and F. W. H. Beamish. 1985. The influence of diet and fish density on apparent heat increment in rainbow trout, *Salmo gairdneri*. Aquaculture 4T:1-10.

Meyer-Burgdorff, K.-H., M. F. Osman, and K. D. Günther. 1989. Energy metabolism in *Oreochromis niloticus*. Aquaculture 79:283-291.

Milligan, L. P., and M. Summers. 1986. The biological basis of maintenance and its relevance to assessing responses to nutrients. P. Nutr. Soc. 45:185-193.

NRC (National Research Council). 1981. Nutritional Energetics of Domestic Animals and Glossary of Energy Terms. Washington, DC: National Academy Press.

NRC. 1994. Nutrient Requirements of Poultry. Washington, DC: National Academy Press.

NRC. 1998. Nutrient Requirements of Swine. Washington, DC: National Academy Press.

NRC. 2000. Nutrient Requirements of Beef Cattle. Washington, DC: National Academy Press.

NRC. 2001. Nutrient Requirements of Dairy Cattle. Washington, DC: National Academy Press.

Noblet, J., H. Fortune, X. S. Shi, and S. Dubois. 1994. Prediction of net energy value of feeds for growing pigs. J. Anim. Sci. 72:344-354.

Ocampo. V. L. 1998. Metabolizable energy and growth efficiency of the shrimp under the effect of environmental variations. Pp. 44-60 in Simposium Internacional de Nutricion Acuicola, La Paz, Baja California Sur, Mexico, November 15-18, 1998.

Ohta, M., and T. Watanabe. 1998. Effect of feed preparation methods on dietary energy budgets in carp and rainbow trout. Fish. Sci. 64:99-114.

Oldham, J. D., G. C. Emmans, and I. Kyriazakis. 1997. Limits and limitations to nitrogen use in farm animals. P. Nutr. Soc. 56:525-534.

Paspatis, M., and T. Boujard. 1996. A comparative study of automatic feeding and self-feeding in juvenile Atlantic salmon (*Salmo salar*) fed diets of different energy levels. Aquaculture 145:245-257.

Patton, A. R. 1965. Biochemical Energetics and Kinetics. Philadelphia, PA: W.B. Saunders Co.

Peres, H., and A. Oliva-Teles. 1999. Effect of dietary lipid level on growth performance and feed utilization by European sea bass juveniles (*Dicentrarchus labrax*). Aquaculture 179:325-334.

Peres, H., and A. Oliva-Teles. 2000. Maintenance requirements and efficiency of protein and energy utilization in European sea bass (*Dicentrarchus labrax*) (abstract). Second Workshop on Energy Metabolism of Fish; Efficiency of Energy Utilization: Methodological Considerations and Effects of Dietary, Biological and Environmental Factors, Miyazaki, Japan, May 22, 2000.

Phillips, A. J. 1972. Calorie and energy requirement. Pp. 2-28 in Fish Nutrition, J. E. Halver, ed. New York: Academic Press.

Pirozzi, I., M. A. Booth, and G. L. Allan. 2010. Protein and energy utilization and the requirements in juvenile mulloway (*Argyrosomus japonicus*). Fish Physiol. Biochem. 36:109-121.

Read, G. H. L., and M. S. Caulton. 1980. Changes in mass and chemical composition during the moult cycle and ovarian development in immature and mature *Penaeus indicus* Milne Edwards. Comp. Biochem. Phys. A 66A:431-437.

Reeds, P. J. 1991. The energy cost of protein deposition. Pp. 473-479 in Energy Metabolism of Farm Animals, C. Wenk and M. Boessinger, eds. Proceedings of the 12th Symposium, EAAP Publication 58:473-479.

Reeds, P. J., M. F. Fuller, A. Cadenhead, G. E. Lobley, and J. D. McDonald. 1981. Effects of changes in the intakes of protein and non-protein energy on whole-body protein turnover in growing pigs, nitrogen retention and body protein synthesis. Brit. J. Nutr. 45:539-546.

Reeds, P. J., M. F. Fuller, and B. A. Nicholson. 1985. Metabolic basis of energy expenditure with particular reference to protein. Pp. 46-67 in

Substrate and Energy Metabolism in Man, J. S. Garrow and D. Halliday, eds. London, UK: John Libbey and Son.

Reynolds, C. K. 1999. Measurement of energy metabolism. Pp. 87-107 in Feeding Systems and Feed Evaluation Models, M. K. Theodorou and J. France, eds. Wallingford, UK: CABI Publishing.

Rodehutscord, M., and E. Pfeffer. 1999. Maintenance requirement for digestible energy and efficiency of utilisation of digestible energy for retention in rainbow trout, *Oncorhynchus mykiss*. Aquaculture 179:95-107.

Ross, L. G., R. W. McKinney, S. K. Cardwell, J. G. Fullarton, S. E. J. Roberts, and B. Ross. 1992. The effects of dietary protein content, lipid and ratio level on oxygen consumption and specific dynamic action in *Oreochromis niloticus* L. Comp. Biochem. Phys. A 103A:573-578.

Rubner, M. 1902. Die Gesetze des Energieverbrauchs bei der Erndhrung. Leipzig, Germany: F. Deuticke.

Sanchez, F. J., R. M. Cal, and C. Guisande. 1993. Oxygen consumption of turbot *Scophthalmus maximus* juveniles between 15°C and 22°C, under experimental conditions. P. 459 in Proceedings of the World Aquaculture Society Meeting, Torremolinos, Spain, May 26-28, 1993.

Schwartz, F. J., and M. Kirchgessner. 1995. Effects of different diets and levels of feeding on retention and efficiency of utilization of energy and protein by carp. J. Appl. Ichthyol. 11:363-366.

Shearer, K. D. 1994. Factors affecting the proximate composition of cultured fishes with emphasis on salmonids. Aquaculture 119:63-88.

Shul'man, G. E. 1974. Life Cycles of Fish, Physiology and Biochemistry. Jerusalem, Israel: Halsted Press.

Slinker, B. K., and S. A. Glantz. 1985. Multiple regression for physiological data analysis: The problem of multicollinearity. Am. J. Physiol. Reg. I 249(1):1-12.

Smith, R. R. 1971. A method for measuring digestibility and metabolizable energy of feeds. Prog. Fish Cult. 33:132-134.

Smith, R. R. 1989. Nutritional energetics. Pp. 2-29 in Fish Nutrition, J. E. Halver, ed. San Diego, CA: Academic Press.

Smith, R. R., G. L. Rumsey, and M. L. Scott. 1978. Heat increment associated with dietary protein, fat and carbohydrate and complete diets in salmonids: Comparative energetic efficiency. J. Nutr. 108:1025-1032.

Storebakken, T., S. S. O. Hung, C. C. Calvert, and E. M. Plisetskaya. 1991. Nutrient partitioning in rainbow trout at different feeding rates. Aquaculture 96:191-203.

Tandler, A., and F. W. H. Beamish. 1979. Mechanical and biochemical components of apparent specific dynamic action in largemouth bass, *Micropterm salmoides Laceepede*. J. Fish Biol. 14:343-350

Tandler, A., M. Harel, W. M. Koven, and S. Kolkovski. 1995. Broodstock and larvae nutrition in gilthead seabream (*Sparus aurata*). New findings on its mode involvement in improving growth, survival and swimbladder inflation. Isr. J. Aquacult. Bamidgeh 47:95-111.

Tchung, B. 1995. Effet de la Nourriture sur le Métabolisme de la Crevette *Penaeus stylirostris*. Mémoire de Diplôme d'Études Approfondies, Université Française du Pacifique, Polynésie Française.

Thorpe, J. E. 1992. Reproductive strategies in Atlantic salmon, *Salmo salar* L. Aquacult. Fish. Manage. 25(1):77-87.

Tytler, P., and P. Calow. 1985. Fish Energetics: New Perspectives. London, UK: Croom Helm.

van Dam, A. A., and F. W. T. P. De Vries. 1995. Parameterization and calibration of a model to simulate effects of feeding level and feed composition on growth of *Oreochromis niloticus* (L.) and *Oncorhynchus mykiss* (Walbaum). Aquac. Res. 26:415-425.

van der Honing, Y. 1998. Perspectives of future feed information based on energy and nutrient availability. Arch. Tierernahr. 51:135-153.

Van Milgen, J. 2002. Modeling biochemical aspects of energy metabolism in mammals. J. Nutr. 132(10):3195-3202.

Van Milgen, J., and J. Noblet. 1999. Energy partitioning in growing pigs: The use of a multivariate model as an alternative for the factorial analysis. J. Anim. Sci. 77:2154-2162.

Villarreal, H. 1990. Effect of temperature on oxygen consumption and heart rate of the Australian crayfish *Cherax tenuimanus* (Smith). Comp. Biochem. Phys. 95A:189-193.

Warukamkul, P., V. Viyakarn, C. Nitithamyong, and S. Piyatiratitivorakul. 2000. Effects of salinity and protein levels on energy budget of juvenile black tiger prawn, *Penaeus monodon* (abstract O56). IX International Symposium on Nutrition and Feeding of Fish, May 21-25, 2000, Miyazaki, Japan.

Watanabe, K., H. Aoki, Y. Yamagata, V. Kiron, S. Satoh, and T. Watanabe. 2000. Energy and protein requirements of yellowtail during winter season. Fish. Sci. 66:521-527.

Watt, P. W., Y. Lindsay, C. M. Scrimgeour, P. A. F. Chien, J. N. A. Gibson, D. J. Taylor, and M. J. Rennie. 1991. Isolation of aminoacyl-tRNA and its labeling with stable-isotope tracers: Use in studies of human tissue protein synthesis. P. Natl. Acad. Sci. USA 88:5892-5896.

Wheatley, D. N., A. Glenesk, and M. S. Inglis. 1988. Protein synthesis and mitosis. 1. Influence of anti-tubulins on protein synthetic activity in synchronous M-phase and asynchronous populations of HeLa S-3 cells. Cytobios 55(220):41-50.

Winberg, G. G. 1956. Rate of Metabolism and Food Requirements of Fishes. Fisheries Resources Board of Canada Translation Series No. 194. Nanaimo, Canada: Fisheries Resources Board of Canada.

Yamamoto, T., T. Shima, T. Unuma, M. Shiraishi, T. Akiyama, and M. Tabata. 2000. Voluntary intake of diets with varying digestible energy contents and energy sources, by juvenile rainbow trout *Oncorhynchus mykiss*, using self feeders. Fish. Sci. 66:528-534.

Yamamoto, T., T. Shima, H. Furuita, and N. Suzuki. 2002. Influence of dietary fat level and whole-body adiposity on voluntary energy intake by juvenile rainbow trout *Oncorhynchus mykiss* (Walbaum) under self-feeding conditions. Aquac. Res. 33:715-723.

Yamamoto, T., T. Sugita, and H. Furuita. 2005. Essential amino acid supple-mentation to fish meal-based diets with low protein to energy ratios improves the protein utilization in juvenile rainbow trout *Oncorhynchus mykiss*. Aquaculture 246(1-4):379-391.

Yokote, M. 1970. Sekoke disease, spontaneous diabetes in carp found in fish farms—II. Some metabolic aspects. B. Jpn. Soc. Sci. Fish. 36:1214-1218.

Yuan, Y.-C., H. J. Yang, S. Y. Gong, Z. Luo, H. W. Yuan, and X. K. Chen. 2009. Effects of feeding levels on growth performance, feed utilization, body composition and apparent digestibility coefficients of nutrients for juvenile Chinese sucker, *Myxocyprinus asiaticus*.

Aquac. Res. 1-13; doi:10.1111/j.1365-2109.2009.02387.x.

Zhou, Z., S. Xie, W. Lei, X. Zhu, and Y. Yang. 2005. A bioenergetic model to estimate feed requirement of gibel carp, *Carassius auratus gibelio*. Aquaculture 248:287-297.

제5장

단백질과 아미노산

단백질과 아미노산은 모든 생물의 구조와 신진대사에 중요한 분자이다. 어류와 새우는 필수아미노산을 체내에서 합성할 수 없으므로 단백질 섭취나 아미노산 혼합물이 함유된 사료에서 획득해야만 한다.

François Magendie (1783~1855)는 그의 저서 『*Précis Élémentaire de Physiologie*』(1817)에서 동물의 먹이에서 질소 화합물의 중요성을 처음으로 발표하였다. 한 세기 뒤인 1914년에 L.B. Mendel과 T.B. Osborne은 쥐의 단백질 요구량을 연구하고, 아미노산 요구량을 증명하였다(Carpenter, 2003). 일리노이대학의 W. Rose는 1940년대 초에 수행한 연구에서 쥐의 성장에 10가지 아미노산이 필수적이라는 것을 발견했다. 쥐의 먹이에서 필수아미노산 중 하나라도 제거하면 급격한 체중감소, 식욕저하 그리고 결국 사망에 이르는 심각한 영양실조가 관찰되었다(Carpenter, 2003). 어류의 단백질과 아미노산에 대한 최초의 연구는 1950년대 후반과 1960년대 초, Halver와 연구원들이 왕연어(*Oncorhynchus tshawytscha*)를 대상으로 한 연구로 수행되었다. 이 연구 이후 어류와 새우를 대상으로 다양한 연구가 진행되었고, 여러 건의 논문이 출판되었다.

이 장에서는 단백질, 아미노산과 관련된 영양생화학의 개요 설명과 아미노산의 필수성, 역할, 영양소의 이용 효율에 영향을 미치는 몇 가지 요인을 논의하고자 한다. 상업적으로 중요한 여러 어종과 새우 종의 정량적 아미노산 요구량을 연구한 발표 논문을 정리하고, 어류와 새우의 필수아미노산 요구량의 정의와 충족 방법도 기술할 것이다.

5.1 단백질과 아미노산: 생화학, 역할, 대사의 개요

단백질과 그 구성 요소인 아미노산은 모든 유기체의 필수 구성 요소인 유기화합물이다. 아미노산은 한 아미노산의 α-카르복실기 말단과 다른 아미노기 말단 사이의 공유 펩타이드 결합으로 연결될 수 있다(Brody, 1999). 몇 개의 아미노산이 연속적인 펩타이드 결합으로 연결되어 펩타이드 사슬을 형성할 수 있다. 2개의 아미노산으로 이루어진 올리고머(oligomer)를 디펩타이드(dipeptide)라고 하고, 2~20개의 아미노산 잔기의 펩타이드는 폴리펩타이드(polypeptides)라고 한다. 단백질은 전형적으로 약 300개의 아미노산을 함유한다. 단백질을 구성하는 폴리펩타이드 사슬은 선형이며 분지(branching)를 포함하지 않는다(Brody, 1999). 아미노산은 다양한 염기서열로 연결되어 큰 단백질을 형성할 수 있다. 단백질은 유기체의 유전물질에 코드화되어있는 아미노산 잔기의 순서에 따라 정의된다. 아미노산 염기서열은 단백질의 1차 구조이다. 펩타이드 사슬은 단백질의 2차, 3차, 4차 구조를 형성하는 이황화결합, 수소결합, 반데르발스 힘(van der Waals forces)에 따라 교차 결합된다(Buxbaum, 2007).

단백질은 수많은 구조와 대사 기능의 역할을 한다. 액틴과 튜불린 같은 단백질은 다른 유동적인 생물학적 구성 요소에 강도(stiffness)와 강성률(rigidity)을 부여한다(Buxbaum, 2007). 콜라겐과 엘라스틴은 연골 같은 결합조직의 중요한 구성 요소이다. 미오신 같은 다른 단백질 또한 같은 기능이 있으며 근육이 수축하는 것과 같은 힘을 생성할 수 있다(Buxbaum, 2007). 많은 단백질은 생화학적 반응이나 세포를 통한 분자 출입을 허용하는 운반체를 촉매하는 효소로 기능한다. 일부 단백질은 세포신호와 면역반응, 세포부착, 세포순환 기능에 중요하다(Buxbaum, 2007).

단백질은 근육과 뼈, 기관, 힘줄, 인대를 비롯한 신체의 모든 유형의 세포에 필수 구성 요소이다. 신체 조직은 지속적으로 형성되고 파괴된다. 성장기 동물에서 단백질 합성은 분해보다 빠르며, 이 두 과정 간의 균형은 단백질 축적 또는 증식을 하게 된다(Millward, 1989). 단백질 축적은 어체의 주된 구성 인자이다(Dumas et al., 2007). 증체량과 단백질 질량(**그림 5–1**) 간의 밀접한 관련성은 단백질과 수분의 관계 때문이다(**그림 5–2**). 단백질 수화(protein hydration)는 그 구조와 활동에 중요하며, 단백질은 수용성 세포 내 환경을 겔(gel) 상태로 유지하는데 도움을 준다(Chaplin, 2006). 반대로 지질 축적은 많은 양의 트리글리세라이드가 수분을 대체하여 조직에 저장되기 때문에 증체량에 항상 영향을 주는 것은 아니지만(Dumas et al., 2007), 일부 연구 결과에 따르면 지질 축적은 어류의 증체에 크게 기여할 수 있으며 어종과 생활사에 따라 차이가 존재한다고 보고하였다.

생물의 단백질 축적은 동물의 유전적, 후천적 코드에 따라 결정되는 요인과 내인성(유전, 생활사), 외인성(환경, 사료) 요인에 따라 결정된다. 수천 개의 다른 단백질이 생물에 의해 형성되며 이들 각각의 단백질은 특정 구조, 기능이나 고유한 아미노산 배열을 갖는다(Buxbaum, 2007; Finn and Fyhn, 2010)(**표 5–1**). 조직은 서로 다른 단백질이나 동일한 단백질을 다른 비율로 함유하고 있다. 예를 들면 근육세포에서 액틴은 총단백질 함량의 약 20%를 차지하는 반면에 비근육세포에서는 단지 5~10%만 차지한다. 각 단백질의 아미노산 조성도 크게 다르다. 결합조직의 주성분인 콜라겐은 약 3%의 라이신(lysine)만 함유하고 있고, 근육조직의 주요 성분인 미오신과 트로포미오신은 14% 이상의 라이신을 함유하고 있다(Pellett and Young, 1984). 흥미롭게도 어류 간 전어체 아미노산 조성의 차이는 제한적이다(Wilson and Cowey, 1985; Kaushik, 1998; Kaushik and Seiliez, 2010). 새우와

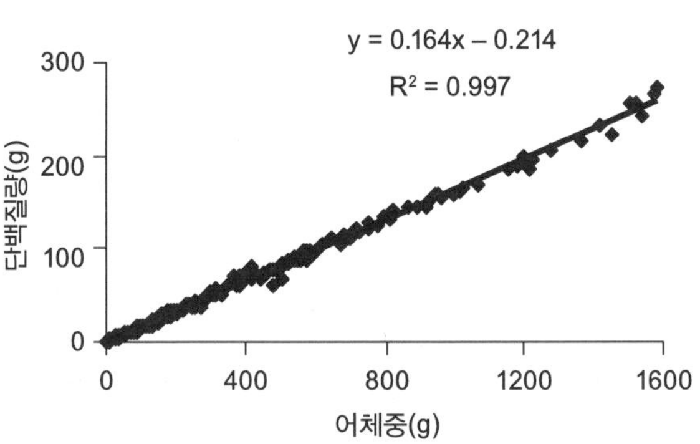

그림 5–1 무지개송어(*Oncorhynchus mykiss*)의 단백질량과 어체중의 관계(Dumas et al., 2007).

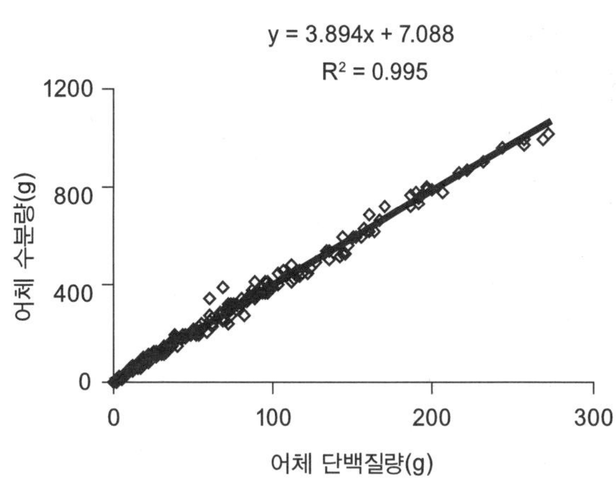

그림 5–2 무지개송어(*Oncorhynchus mykiss*)의 수분량과 단백질량의 관계(Dumas et al., 2007).

표 5-1 동물 체내 단백질의 아미노산 조성

Protein	Lysine (%)	Leucine (%)	Methionine (%)	Threonine (%)
Collagen	3.0	2.8	0.8	1.8
Myosin	14.6	10.8	3.3	5.4
Actin	7.0	8.2	4.2	7.7
Tropomyosin	18.4	12.1	2.5	3.1
Elastin	0.4	7.2	Traces	0.9

출처: Pellett and Young (1984) 연구에 근거함.

어류의 전어체 아미노산 구성 사이에는 약간의 차이가 있지만, 전반적으로 이러한 차이는 미미하게 나타난다(**표 5-2**). 이전 연구에 따르면 치어의 전어체 아미노산 조성은 체장의 영향을 받는 것으로 나타났다(Kaushik, 1998; Portz and Cyrino, 2003). 어체 단백질 구성 요소는 어체중이 다르더라도 상대적으로 일정한 것으로 보고되었다(Dumas et al., 2007).

아미노산의 일반적인 화학식은 $H_2NCHRCOOH$ (R은 곁사슬)로 아민과 카르복실기 모두를 함유하는 분자이다. 대사 과정에서 중요한 아미노산은 아미노기와 카르복실기가 동일한 탄소 원자에 결합되어 있는 L-α-아미노산이며, 유기화학 용어로는 α-carbon으로 불린다(Brody, 1999). 여러 α-아미노산은 종종 '곁사슬'로 불

표 5-2 어류 및 새우의 아미노산 조성(g/16 g N)

Amino Acid	Rainbow Trout (*Oncorhynchus mykiss*)	Atlantic Salmon (*Salmo salar*)	Channel Catfish (*Ictalurus punctatus*)	Largemouth Bass (*Micropterus salmoides*)	European Sea Bass (*Dicentrarchus labrax*)	Gilthead Sea Bream (*Sparus auratus*)	Turbot (*Scophthalmus maximus*)	Penaeid Shrimp
Alanine	6.6	6.5	6.3	6.0	6.8	6.8	7.3	5.6
Arginine	6.4	6.6	6.7	8.5	7.5	8.8	7.7	7.4
Asparate	9.9	9.9	9.7	11.8	9.5	9.4	10.3	8.8
Cysteine	0.8	1.0	0.9	0.8	1.0	1.0	1.1	0.8
Glutamate	14.2	14.3	14.4	13.3	15.5	15.1	16.5	16.2
Glycine	7.8	7.4	8.1	7.8	8.1	7.9	9.7	9.0
Histidine	3.0	3.0	2.2	2.1	2.6	2.7	2.5	2.5
Isoleucine	4.3	4.4	4.3	4.0	4.3	4.3	4.3	3.6
Leucine	7.6	7.7	7.4	8.0	7.1	7.3	7.5	6.5
Lysine	8.5	9.3	8.5	8.1	7.9	8.1	8.1	7.8
Methionine	2.9	1.8	2.9	2.6	2.7	3.0	3.4	2.3
Phenylalanine	4.4	4.4	4.1	4.0	4.3	4.7	4.5	3.6
Proline	4.9	4.6	6.0	6.0	5.3	5.3	5.5	8.0
Serine	4.7	4.6	4.9	4.2	4.5	4.5	5.2	3.6
Threonine	4.8	5.0	4.4	4.4	4.4	4.6	4.6	3.8
Tryptophan	1.0	0.9	0.8	0.9	N/A	N/A	N/A	N/A
Tyrosine	3.4	3.5	3.3	2.8	3.9	4.0	4.1	7.5
Valine	5.1	5.1	5.2	4.6	4.7	4.8	4.7	5.1

참고: N/A: 해당 없음, 보고되지 않음
출처: Wilson and Cowey (1985), Kaushik (1998), Portz and Cyrino (2003), Alam (2004), Sara (2007).

리는 R기가 α-carbon에 부착되는 것에서 차이를 보인다. R기의 성질과 크기는 글라이신 내의 단일 수소원자로부터 알라닌의 메틸기를 통해 트립토판의 이형환기(heterocyclic group)까지 다양할 수 있다.

아미노산의 특성은 크기와 형태, 전기 전하, 다른 특성에 영향을 미치는 다른 R기의 구조 변화에 기인한다. 아미노산은 D-또는 L-이성질체 또는 생성물의 혼합물로 존재할 수 있다. 아미노산은 일반적으로 자연상태에서 L형으로 발견되며, 일부 예외는 있지만 생물학적으로 가장 활동적인 형태이다. D-아미노산은 무척추동물과 박테리아에 의해 합성된 특정 분자에서 소량으로 발생한다. 열처리 성분은 또한 열유도 라세미화(racemization)에 따라 D-아미노산을 함유할 수 있으며, 아미노산의 화학적 합성은 L과 D 이성질체의 라세미 혼합물을 생성시킨다.

아미노산은 일반적으로 3글자 또는 1글자 약어(**표 5-3**)로 표시된다(IUPAC-IUB-JCBN, 1984; Buxbaum, 2007). 3글자 약어는 일반적으로 동물의 영양에 사용되는 반면에 1글자 약어는 일반적으로 분자생물학과 생물정보학에서 사용된다. 분자유전학과 영양학의 융합과 분자생물학 기술 그리고 생물정보학의 사용이 증가한다면, 향후 동물영양학 연구에서 단일 문자 약어를 더 많이 사용하게 될 것이다.

20개의 주요 아미노산은 단백질 생합성에서 세포를 통하여 이용된다(**표 5-3**). 단백질에는 주요 아미노산 이외에 번역 후 변형에 따라 형성된 수많은 아미노산이 있다. 이러한 변형은 일반적으로 단백질의 기능 또는 조절에 필수적이다. 예를 들면 글루타민산염의 카르복실화는 칼슘 양이온의 결합을 가능하게 하고, 프롤린(proline)의 수산화(hydroxylation)는 결합 조직을 유지하는데 중요하다.

아미노산은 단백질 구성 요소 역할 외에도 대사에서 다양한 역할을 한다. 아미노산은 조효소 형성, 헴, 키

표 5-3 필수 및 비필수아미노산

Essential	Abbreviations	
Arginine	Arg	R
Histidine	His	H
Isoleucine	Ile	I
Leucine	Leu	L
Lysine	Lys	K
Methionine	Met	M
Phenylalanine	Phe	F
Threonine	Thr	T
Tryptophan	Trp	W
Valine	Val	V
Nonessential		
Alanine	Ala	A
Asparagine	Asn	N
Aspartate	Asp	D
Cysteine[a]	Cys	C
Glycine	Gly	G
Glutamate	Glu	E
Glutamine	Gln	Q
Proline	Pro	P
Serine	Ser	S
Tyrosine[a]	Tyr	Y

[a]조건부 필수.

틴과 퓨린 염기 같은 분자의 생합성을 위한 전구체, 대사산물(예: 아세트산염, 피루브산), 신경전달물질, 호르몬, 생체아민 또는 자극에 따른 반응에 중요한 분자(예: 세로토닌, 감마-아미노부티르산, 멜라민, 산화질소, 히스타민)에서 중요하다. 그러나 아미노산의 이러한 특정 화합물로 전환은 생물체에 의해 단백질 합성이나 이화작용에 사용되는 것과 비교하였을 때 정량적으로 경미하다(Cowey and Walton, 1989; Moughan, 1999).

대부분의 미생물과 식물은 20개의 주요 아미노산을 생합성할 수 있지만 동물은 일부 아미노산을 먹이로 섭취하여야 한다. 생물이 자체적으로 합성할 수 없는(또는 충분한 양을 합성할 수 없는) 아미노산을 '필수아미노산'(EAAs, **표 5-3**)이라고 한다. 대조적으로 비필수아미노산(NEAAs)은 α-케토글루타르산염 또는 옥살로아세트산 같은 트리카복실산(TCA)-주기 중간에 아미노기를 첨가함으로써 전구체에서 합성될 수 있다(Cowey and Walton, 1989; Zubay, 1993).

어류와 새우를 위한 다양한 아미노산의 필수성은 사료에서 각 아미노산을 제거하여 비교하는 실험 또는 동위원소 표지방법(Wilson, 1989)으로 연구되었다. 동위원소 표지방법에서 방사성 표지 기질(예: ^{14}C 포도당)을 주입하고 동물이 합성할 수 있는 아미노산에 방사성동위원소 표지를 부착한다. ^{14}C를 포함하지 않은 모든 아미노산은 필수적인 것으로 간주된다(Coloso and Cruz, 1980; Kanazawa and Teshima, 1981).

EAAs와 NEAAs를 구별하는 것은 사육실험에서 사료 내 각 아미노산을 제거하여 공급하는 실험으로도 가능하다(Wilson, 1989; Cowey, 1994). EAA의 삭제는 동물의 성장을 현저하게 감소시키는 반면에 NEAA는 성장에 영향을 미치지 않으므로 동물 체내에서 합성될 수 있음을 시사한다. Nose et al.(1974)은 잉어를 대상으로 18개 아미노산의 필수성을 시험하기 위해 이 실험방법을 사용했다. 이 연구에서는 4주 동안 사료를 공급하면서 이들 아미노산 중 10개가 성장에 필수적인 아미노산인 것을 확인하였다.

모든 어류와 새우는 다른 대부분의 동물에서 동일한 10개의 EAA (**표 5-2**)가 필요하다는 것이 현재까지 보고된 연구 결과이다(Ketola, 1982; Wilson, 1989; NRC, 1993). 이들은 아르기닌과 히스티딘, 이소류신, 류신, 라이신, 메티오닌, 페닐알라닌, 트레오닌, 트립토판, 발린이 포함된다. 타이로신은 페닐알라닌으로부터 합성되고, 시스테인은 메티오닌에서 합성된다. 따라서 이 두 아미노산은 반필수적이거나 조건적으로 필수적이다. 이러한 아미노산은 요구량(예: 총 황아미노산 요구량 또는 TSAA) 추정에 자주 포함된다. 타우린 같은 일부 아미노산이나 관련 화합물이 일부 어종의 자어기에 필수적이거나 조건부 필수적일 수 있다는 연구 결과가 보고되어 있다.

이 10가지 EAA와 함께 어류는 NEAAs의 합성을 위해 아미노기(비특이적 질소)의 공급원에 비특이적 요건을 갖추고 있다. 타이로신을 제외한 대부분의 NEAAs는 4가지 대사 중간생성물(피루브산, α-케토글루타르산염, 옥살로아세트산 또는 3-인글리세르산) 중 하나에서 유도된 경로를 통하여 합성할 수 있다(Zubay, 1993). 알라닌과 아스파라긴, 아스파르트산염, 글루타민산염, 글루타민은 유기전구체인 피루브산, α-케토글루타르산염 또는 옥살로아세트산으로부터 반응해 합성된다. 시스테인과 글라이신은 세린에서 파생되며, 세린은 차례로 3-인글리세르산에서 합성된다.

5.1.1 아미노산 이용 개요

섭취된 단백질은 소화 과정에서 소화효소가 분비되고, 가수분해를 통해 분해되어 아미노산, 디펩타이드, 트리펩타이드(tripeptide)로 유리된다. 이들 물질은 점막세포에 흡수되고 그중 아미노산만이 간문맥으로 배출된다(Murai et al., 1987). 특정 단백질은 위장관 벽을 통해 흡수되는 것으로 보고되었다(McLean et al., 1999). 이러한 특정 단백질은 정량적으로는 미미하지만 이 과정은 생리학적으로 중요한 메커니즘일 수 있으며, 면역 시스템을 위한 것으로 추측되고 있다(McLean et al., 1999).

사료 내 단백질(외인성 공급원)의 소화 또는 체단백질(내인성 공급원)의 분해로 공급되는 아미노산은 대사 급원(Cowey and Walton, 1989; Kaushik and Seiliez, 2010)인 유리아미노산풀로 들어간다. 이 급원으로부터 아미노산은 체단백질 합성에 사용될 수 있고 다른 물질의 전구체로서 사용될 수 있다. 아미노산 이용은 생물의 대사와 동물이 흡수한 영양소의 요구량을 충족시키기 위한 것이다. 아미노산 대사는 세포 내부와 세포 사이의 연속적인 유동으로 통합된다(Wilson and Cowey, 1985; Cowey and Walton, 1989; Kaushik and Seiliez, 2010). 세포막을 통과하는 영양소 이동, 혈류율, 생화학적 경로와 관련된 효소 활성률 같은 요인은 모두 아미노산의 대사를 제어하기 위해 상호작용하며, 호르몬과 신경계의 영향을 받는다(Cowey and Walton, 1989).

많은 요인이 아미노산 산화를 유발한다. 이들 요인의 공통적인 특징은 단백질 합성을 위한 아미노산 공급과 아미노산 이용 사이의 불균형에서 비롯된다(Weijs, 1993). 아미노산 이화작용의 주된 최종 생성물은 암모니아와 이산화탄소, 중탄산염이다. 암모니아는 독성이 강하기 때문에 독성을 방지하기 위해 고등 척추동물이 암모니아를 요소로 전환시켜 뇨로 배설한다. 어류와 갑각류는 아가미 전체에서 암모니아에 매우 효율적인 전달 메커니즘이 있으므로 암모니아를 요소로 전환시키는 에너지가 소비되지 않는다(Cowey and Walton, 1989). 대부분의 어류와 새우는 암모니아의 형태로 질소 배설물의 80% 이상을 배출한다(Kaushik and Cowey, 1991; Mambrini and Guillaume, 1999). 아가미는 주요 배설기관이며 총 질소 배설량의 75~90%를 차지한다(Cowey and Walton, 1989; Kaushik and Cowey, 1991).

아미노산의 분해는 일반적으로 두 단계로 이루어진다. 첫 번째는 탈아미노화이며 암모니아로 전환되거나 또는 글루탐산(glutamic acid) 분자의 아미노기로 전환될 수 있는 아미노기를 제거하는 것이다(Cowey and Walton, 1989; Zubay, 1993). 두 번째는 탄소 골격(탈황으로 생성된 α-케토산)을 구연산 주기 매개체로 전환시키는 것이다(Cowey and Walton, 1989; Zubay, 1993). 아미노산의 탄소 골격은 TCA 회로에 이용될 수 있는 에너지를 포함하거나 지방산이나 글리코겐으로 전환될 수 있다(Cowey and Walton, 1989). 아미노산마다 서로 다른 탄소 골격이 있으며, 그 전환이 서로 달라 시트르산 물질이 시트르산 회로(citric acid cycle)에 유입되는 중간체에 따라 분류될 수 있다(Cowey and Walton, 1989). 이와 같은 측면에서 아미노산은 3가지(당 생성, 케톤 생성 또는 포도당과 케톤 생성)로 분류될 수 있다. 당생성 아미노산은 α-케토글루타르산염 또는 옥살로아세트산과 피루브산염 또는 TCA-회로 중간체의 생성을 유도하는 아미노산으로 글루코스 신합성(Guillaume et al., 1999)을 통한 포도당의 전구체 기능을 수행한다. 라이신과 류신을 제외한 모든 아미노산은 부분적으로 당 생성 아미노산이다(Cowey and Walton, 1989). 라이신과 류신은 케톤합성에 사용될 수 있지만 포도당을 생성할 수는 없으며, 아세틸 CoA 또는 아세토아세틸-CoA만 생성하는 유일한 아미노산이다. 그들의 경로는 마지막 단계에서 유사하며 지방산의 β-산화 단계와 유사한 경향을 보인다(Cowey and Walton, 1989). 이소류신, 페닐알라닌, 트레오닌, 트립토판, 타이로신은 포도당과 지방산 전구체를 모두 생성하며 당 생성과 케톤 생성으로 특화되었다(Cowey and Walton, 1989).

무척추동물과 경골어류를 포함한 하등 척추동물은 포유류보다 아미노산의 D-이성질체를 이용하는 능력이 더 우수하다고 보고되었다(Cowey and Walton, 1989; Deng et al., 2010). 특정 D-아미노산 전이효소(D-AAO)는 α-케토산으로 D-이성질체의 탈아민화를 촉매할 수 있으며, 이는 다시 L-형태로 재아미노화될 수 있다(Deng et al., 2010). 또한 라세미화효소와 에피머화효소는 D-이성질체를 라세미 혼합물로 전환시킬 수 있다. 이러한 효소 과정의 중요한 활동은 아미노산의 D-이성질체가 함유된 사료를 공급할 때 무척추동물과 어류 조직에서 유도되는 것으로 보인다(Deng et al., 2010).

아미노산 이용은 사료조성, 사료 내 아미노산의 화학적 형태, 생물학적 요인(어종, 생활사) 등 수많은 요소의 영향을 받는다. 이러한 복잡한 요인에 따라 단백질 축적(PD)에 관한 필수아미노산 활용과 관련된 여러 연구가 수행되어왔다. 요인분석은 약 40년간 가금류와 육돈의 영양에 활용되어 왔으며 다양한 분석방법으로 수행되었다(D' Mello, 2003; Moughan, 2003).

가장 보편적인 EAA 활용은 단백질 축적, 유지 요구량, 에너지 활용을 위한 이화작용 그리고 섭취 요구량과 관련된 이화작용이다(Moughan, 2003). 이들 요인은 어류의 EAA 요구량을 예측하는데 활용되어 왔으며(예: Hauler and Carter, 2001b; Bodin et al., 2008), 어류에 적용할 때 여러 가지 제한이 있지만(Bureau and Encarnação, 2006), 이는 아미노산 이화작용을 설명하기 위해서 필요하다.

5.1.2 어체 단백질로서 아미노산 축적

이전 연구에 따르면 대부분의 어종과 새우 종에서 양질의 사료를 섭취한 경우 아미노산을 체단백질에 축적하는 것은 섭취한 총아미노산의 25~55%를 차지하는 것으로 나타났다. 결과적으로 단백질 축적은 아미노산 이용, 어류와 새우의 요구량을 결정하는 중요한 요소이다(Cowey and Walton, 1989).

증체량과 단백질 축적 사이에는 밀접한 연관성이 있으므로(Shearer, 1994; Dumas et al., 2007), 절대적인 조건(g/fish/day)에서도 증체량과 아미노산 요구량 사이에는 연관성이 있다. 단백질 축적에 대한 EAA 요구량은 조직 내 단백질 증가에 대한 아미노산 함량이다(Kaushik and Seiliez, 2010).

5.1.3 아미노산 유지 요구량

아미노산 유지 요구량은 동물의 단백질 급원(protein pool)을 평형상태로 유지하는데 필요한 사료 내 아미노산의 양으로 정의된다. 아미노산 유지 요구량은 내인성 장단백질, 점액과 기타 분비물에 따른 손실량을 포함한다. 아미노산은 또한 다양한 대사산물, 신경 전달물질, 호르몬, 보조인자 등의 전구체로 필요하다. 특정 아미노산의 유지 요구량은 단백질 합성 외에 다양한 대사 반응에 관여하거나 또는 유의적인 내인성 손실이 발생될 수 있기 때문에 총 아미노산 요구량(유지+성장) 중 더 많은 부분을 차지할 수 있다(Rodehutscord et al., 1997; Nichols and Bertolo, 2008).

아미노산 유지 요구량 추정은 일반적으로 선형회귀분석으로 수행된다. 단백질과 필수아미노산을 농도별로 포함하는 사료를 섭취하고 단백질(질소) 증가를 관찰한다(Rodehutscord et al., 1997; Richard et al., 2010). 동물에서 순단백질(질소)이 증가하지 않는 아미노산 섭취는 유지 요구량인 것으로 가정한다.

Rodehutscord et al.(1997)은 무지개송어(중량 = 50 g/1마리)의 EAA 유지 요구량을 다음과 같이 추정했다(mg/kg$^{0.75}$/day): 라이신 4, 트립토판 2, 히스티딘 2, 발린 5, 류신 16, 이소류신은 2. Bodin et al.(2009)은 무지개송어의 라이신 유지 요구량(24 mg/kg$^{0.75}$/day)이 상당히 높게 나타났다. Rollin et al.(2006), Abboudi et al.(2007)은 대서양연어 치어(중량 = 1~2 g/1마리)의 유지 요구량은 5~7 mg/kg$^{0.75}$/day인 것으로 보고하였다. Richard et al.(2010)은 *Penaeus monodon*의 라이신과 메티오닌 유지 요구량을 20~40 mg/kg$^{0.75}$/day로 추정하였다.

이전 연구에 따르면 최소 EAA 유지 요구량은 조직 단백질 내 EAA와 유의적으로 다르다고 보고되었다(Rodehutscord et al., 1997). 이러한 차이는 어종에 따라 다를 수 있는데, Fournier et al.(2003), Kaushik and Seiliez (2010)는 무지개송어와 터봇 사이에는 아미노산 손실에서 유의적인 차이가 있다고 결론지었다.

회귀분석을 통한 유지 요구량 추정범위는 매우 광범위할 수 있다. 단백질 내 아미노산 조성은 어류가 EAA가 부족한 사료를 섭취할 경우 가변적일 수 있는데, 이러한 경우 질소는 아미노산 유지 요구량의 적절한 지표가 아닐 수 있다(Encarnação et al., 2004). 사료 내 아미노산이 부족한 경우에도 일부 EAA의 이화작용에 영향을 줄 수 있다(Encarnação et al., 2004, 2006). EAA가 매우 부족한 사료를 섭취한 어류는 영양분이 균형잡힌 사료를 섭취한 어류와 비교할 때 성장에 유의적인 차이가 발생하게 된다. 빠른 성장을 보이는 어류와 유지 요구량의 관련성은 동물영양학 논문에서 다양하게 논의되고 있는 주제이다(Baldwin and Bywater, 1984; Bureau et al., 2002).

전체적으로 양식 어류와 새우의 아미노산 유지 요구량은 전체 아미노산 요구량에서 작은 비율(일반적으로 5~20%)을 차지한다(Rodehutscord et al., 1997; Abboudi et al., 2007, 2009; Richard et al., 2010). 전체 아미노산 요구량에 대한 유지의 상대적인 필요성은 급성장하는 어종에 비해 느리게 성장하는 어종에서 더 높게 나타날 것이다.

5.1.4 필연적 아미노산 이화작용

필연적 아미노산 이화작용은 활성 이화작용 경로를 통해 아미노산이 분해되는 것으로 정의되며, 이는 단백질 합성을 위해 에너지 공급이 제한되지 않았을 때 발생한다(Moughan, 1995). 이러한 분해는 비활성화되지 않는 세포 내에서의 이화작용에 따른 '필연적' 결과인 것으로 추측된다. 결과적으로 최대 단백질 축적 요구량보다 아미노산의 섭취가 낮은 경우에도 흡수된 아미노산의 일부분은 이화작용이 발생한다(Moughan, 1995; de Lange et al., 2001). 필연적 아미노산 이화작용은 아미노산 섭취량이 최대 단백질 축적(PD_{max})을 달성하기 위한 요구량보다 낮을 때 단백질 축적에 대한 아미노산 이용 한계에 영향을 미친다. 필수아미노산 이화작용의 비율은 아미노산 섭취량이 PD_{max}를 달성하는데 필요량의 70~100%일 때 일정하다고 가정한다(de Lange et al., 2001; Moehn et al., 2004). 그러나 Gahl et al.(1995)은 제한적인 EAA 섭취가 유지보다 증가함에 따라 이용 효율이 감소하는 것으로 나타났다. EAA 활용의 효율성을 비교한 연구는 EAA 항목별 그 효율성이 다르다는 것을 나타낸다(Fuller, 1994; Adeola, 1995; Gahl et al., 1996).

Hauler and Carter (2001b)는 라이신 획득(라이신 유지, 섭취)에 대한 라이신 이용률이 사료 내 라이신 함량과 섭취량의 차이에도 불구하고 일정하다는 것을 관찰하였다. Hauler and Carter (2001b)는 이러한 관찰에 근거하여 라이신 이용률이 다른 사료와 생활사에 걸쳐 라이신 한계 섭취량에서 일정하게 유지될 것이라고 보고했다. Rodehutscord et al.(2000), Hauler and Carter (2001a), Encarnação et al.(2004, 2006), Bodin et al.(2009)은 무지개송어와 대서양연어의 라이신 축적률이 각각 최대 71%, 78%라고 보고했다. 이러한 관찰에 따르면 필연적 이화작용은 어류에서 유지 요구량을 초과하여 소비되는 가소화 라이신의 20~30%를 차지한다. 라이신 이용 효율성은 대서양연어의 전체 생활사에서 일정하게 유지된다(Hauler and Carter, 2001a). 다른 아미노산 종류와 어종에 관한 연구는 거의 없는 실정이나, 이전 연구 결과를 참고하였을 때 필연적 아미노산 이화작용은 어류가 유지 요구량 이상으로 섭취할 경우 가소화 아미노산의 20~40%인 것으로 추정된다.

한편 Encarnação et al.(2004, 2006)과 Encarnação (2005)의 연구 결과에 따르면, 섭취 한계량에서 단백질 축적의 라이신 이용 효율은 일정하지 않지만 사료 내 라이신 농도와 소화에너지(DE) 섭취량에 영향을 받는다고 보고하였다. 또한 아미노산(예: NEAA, 류신의 혼합물) 같은 에너지 생성 영양소가 공급되는 DE는 영향을 받지 않는다고 보고하였다. **그림 5-3**은 무지개송어의 라이신 이용 효율성의 DE 함량에 따른 영향을 보여준다(Encarnação et al., 2004). 이전 연구는 사료 내 아미노산의 공급원(Tanlikitli and March, 1995; Zarate and Lovell, 1997; Williams et al., 2001; El Haroun and Bureau, 2006)과 사료 성분(Nang Thu et al., 2007)이 PD의 EAA 이용 효율에 영향을 미칠 수 있다고 보고하였다. 육식동물(Moughan, 2003)과 어류에서(Bureau and Encarnação, 2006) 필연적 아미노산 이화작용의 비율과 이화작용에 영향을 미치는 요인은 여전히 논쟁의 대상이 되고 있다. 어류는 다른 비반추동물보다 더 '선택적'이고, 필연적인 EAA 대사를 갖고 있으며 '필연적' 대사 과정과 '선호되는' 이

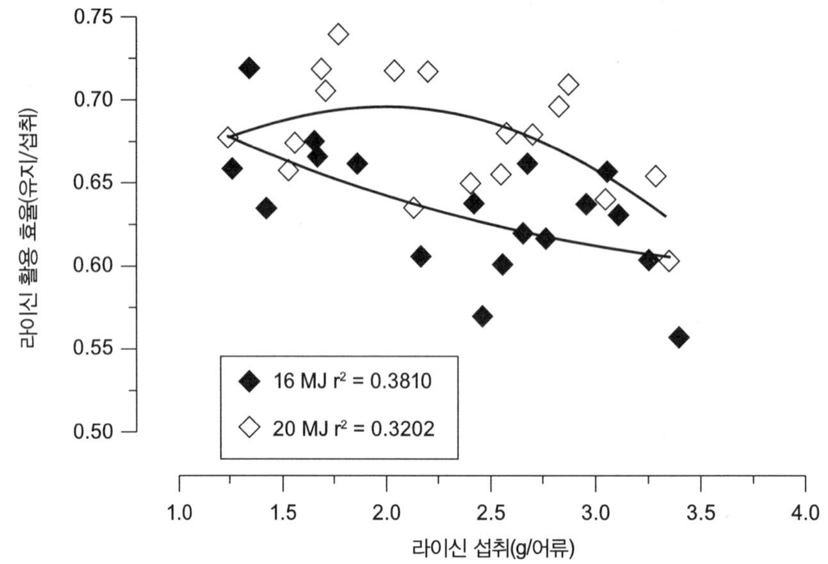

그림 5-3 사료 내 라이신과 DE 함량이 무지개송어(*Oncorhynchus mykiss*)의 라이신 활용도에 미치는 영향(Encarnação et al., 2004).

화작용 사이의 경계는 모호해질 수 있다(Bureau and Encarnação, 2006).

5.1.5 선택적 이화작용

선택적 이화작용은 사료 에너지 섭취가 단백질 축적을 제한할 때 에너지를 제공하는 아미노산의 이화작용을 의미한다. 이것은 동물이 특정 대사활동을 하기 위해 단백질 합성으로부터 필수아미노산을 이화작용으로 분리하고 있다는 것을 의미한다(Moughan, 2003). 선택적, 필연적인 이화작용을 구분하는 방법은 대사에너지(ME) 흡수와 단백질 축적의 관계를 나타낸 기울기로부터 도출될 수 있다(Mohn and de Lange, 1998).

높은 아미노산이 총에너지(ATP) 요구량을 충족하는 어류에서는(Ronnestad et al., 1999, 2003; Finn et al., 2002; Kaushik and Seiliez, 2010) 선택적, 필연적인 이화작용을 구분하는 것이 어려울 수 있다. 적정 대사에너지와 순에너지(NE) 흡수(Enarnação et al., 2006)에도 불구하고 아미노산의 중요한 이화작용이 아미노산의 불가피한 손실(유지 요구량, 불가피 이화작용)이나 요구량을 초과하는 아미노산의 이화작용 또는 에너지원으로 아미노산의 선택적 이화작용 간 관련성은 명확하지 않다. 따라서 어류에서 아미노산 이화작용의 결정요인은 향후 더 체계적으로 연구되어야 할 것이다.

5.1.6 과잉 아미노산 이화작용

단백질 침착, 유지 요구량, 불가피한 이화작용, 선택적 이화작용 등에 필요한 아미노산 양을 초과하여 섭취할 경우, 아미노산의 추가적인 이화작용이 발생할 것이다. 아미노산 구성이 요구량에 비해 하나 또는 그 이상이 결핍된 사료를 섭취하면 단백질 침착이 발생하고, 다른 아미노산 유지가 제한되어 탈아미노화와 이화작용이 강제적으로 발생한다.

5.2 필수아미노산-생화학, 역할, 결핍 증상

5.2.1 라이신(Lysine)

라이신(약자로 Lys 또는 K)은 화학식 $HO_2CCH(NH_2)(CH_2)_4NH_2$인 α-아미노산이다. 라이신은 2개의 아미노기를 함유하고 있으며, 이는 종종 수소결합 그리고 촉매 작용에서 염기성을 띠는 아미노산이다. 라이신의 일반적인 번역 후 변형은 아세틸화뿐만 아니라 메틸-, 디메틸-, 트리메틸릴리신을 주는 ε-아미노기의 메틸화가 포함된다(Buxbaum, 2007). 콜라겐은 라이실수산화효소(lysyl hydroxylase)로부터 파생된 하이드록시라이신을 함유한다(Sassi, 2001). 알리신과 하이드록시라이신은 세포외 기질에서 라이신과 수산화효소의 작용으로 생성되는데, 이들은 콜라겐의 구조를 안정화하는 교차결합에 필수적이다(Sassi, 2001).

라이신은 어류와 다른 동물의 체단백질에 풍부하다. 라이신은 어분과 혈분 같은 단백질원에 고농도로 함유되어 있고, 일부 식물성 단백질원, 특히 옥수수 글루텐과 밀글루텐 같은 곡물 부산물에서는 저농도로 함유되어 있다. 라이신은 ε-아미노기의 반응성 때문에 열손상과 비효소적 글리콜화 반응에 민감하며 결과적으로 메일라드 반응(Maillard reaction) 생성물이 발생된다(Moughan and Rutherfurd, 1996). 이에 따라 라이신에 치명적인 화학적 손상이 발생하고 사료에서 사용 가능한 라이신 양이 감소한다(Carpenter, 1960; Moughan and Rutherfurd, 1996). 결과적으로 라이신은 일반적으로 사료에서 가장 먼저 제한되는 아미노산이며, 특히 사료 내 식물성 단백질 성분이 높을 경우 제한적일 수 있다.

라이신이 결핍될 경우 성장과 사료효율이 저하되는 현상 외에도 무지개송어와 잉어의 등지느러미와 꼬리지느러미가 침식되는 것으로 나타났다(Ketola, 1983; Guillaume et al., 1999).

5.2.2 황아미노산과 관련 분자

메티오닌(Met 또는 M으로 약칭)과 시스테인(약자 Cys 또는 C)은 황함유 아미노산이다. 메티오닌은 무극성 아미노산이다. 다른 소수성 아미노산처럼 지질 같은 소수성 리간드의 결합 또는 인식하는 역할을 수행한다(Brosnan and Brosnan, 2006b). 티올(thiol) 곁가지로 시스테인은 친수성 아미노산으로 분류된다. 이 티올의 높은 반응성은 시스테인이 단백질과 효소의 중요한 구조적, 기능적 구성 요소라는 것을 의미하며, 일부 단백질에서 단백질 사슬(RSH + RSH → RS − RS)을 폴딩(folding)하는데 이황화결합(dimer)을 형성한다는 것을 의미한다(Brosnan and Brosnan, 2006b; Buxbaum, 2007). 시스테인은 환경에서 시스틴(Cys-Cys)으로 쉽게 산화되며 유기체에 따라 2개의 시스테인 분자로 즉각 환원된다.

L-메티오닌은 단백질 합성의 전구체 역할 외에도 S-아데노실 메티오닌(SAM)(Baker, 2006), L-시스테인, 글루타치온, 타우린, 황산염, 포스파티딜콜린, 기타 인지질 등의 다양한 대사 반응에 참여한다(Brosnan and Brosnan, 2006b). SAM 자체는 여러 다른 물질 중에서 크레아틴, 에피네프린, 멜라토닌, 폴리아민, 스페르민, 스페르미딘의 합성에 관여한다(Brosnan and Brosnan, 2006b). L-메티오닌은 또한 글리코겐 아미노산이며 D-글루코오스와 글리코겐의 형성에 관여하게 된다.

메티오닌은 메티오닌 아데노실 전달효소에 의해 SAM으로 전환된다. SAM은 많은 메틸 전달효소 반응에서 메틸 공여체 역할을 하며 S-아데노실호모시스테인(SAH)으로 전환된다. 다양한 분자인 SAM은 그것이 필요한 효소의 수가 ATP에 이어 두 번째로 많은 것으로 알려져 있다(Brosnan and Brosnan, 2006b). 아데노실호모시스테인 분해효소는 SAH를 호모시스테인으로 전환하는데, 이것은 메티오닌을 재생하거나 시스테인을 형성하는데 이용될 수 있다. 메티오닌은 메티오닌 합성효소를 통해 호모시스테인으로부터 재생될 수 있다(Brosnan and Brosnan, 2006b). 또한 베타인-호모시스테인 메틸 전달효소(BHMT)를 통해 글라이신 베타인(NNN-trimethyl glycine)을 메티오닌으로 재메틸화할 수 있다. 일정 한도까지 베타인과 콜린은 메티오닌을 메틸 공여체 기능을 수행하여 메티오닌을 축적하는데 도움을 줄 수 있다(Baker, 2006). 호모시스테인은 또한 시스테인으로 전환될 수 있다. 시스타티오닌-β-합성효소는 호모시스테인과 세린을 결합하여 시스타티오닌을 생산한다. 생합성 경로에서와 같이 시스타티오닌-β-분해효소를 통해 시스타티오닌을 분해하는 대신 시스타티오닌-γ-분해효소를 통해 시스타티오닌과 α-케토부티레이트로 분해된다(Brosnan and Brosnan, 2006b). 효소 α-케토산탈수소효소는 α-케토부티레이트를 삭시닐-CoA (succinyl-CoA)로 대사되는 프로피오닐-CoA (propionyl-CoA)로 전환시킨다(Brosnan and Brosnan, 2006b).

Walton et al.(1982)은 무지개송어의 사료 내 시스테인 함량이 0%에서 2%로 증가함에 따라 메티오닌 요구량이 감소함을 입증했다. 이러한 결과는 이후 Rumsey et al.(1983)과 Cowey et al.(1992)의 연구와 그 밖의 수많은 어종 관련 연구(NRC, 1993)로 입증되었다. 시스틴이 사료에 포함되면 시스테인과 그 유도체의 합성에서 시스틴이 메티오닌을 대체하기 때문에 메티오닌에 대한 요구량이 감소된다. 시스테인은 시스타티오닌 합성효소 반응의 불가역성에 따라 시스테인이 호모시스테인과 세린으로 다시 전환되는 것을 방지하기 때문에 전체 메티오닌 요구량을 충족시킬 수는 없다(Brosnan and Brosnan, 2006b).

메티오닌의 시스테인으로의 전환은 사료 내 시스테인 함량이 어류가 요구하는 사료 내 메티오닌 요구량을 변화시키므로 정확한 메티오닌 요구량 추정을 복잡하게 만든다. 따라서 일부 연구자는 요구량을 단일 총황아미노산(TSAA) 요구량 또는 'Met + Cys' 요구량으로 표시했다. 무지개송어의 TSAA 요구량 추정치는 사료 내 0.8~1.1% 범위이다(Rumsey et al., 1983; Cowey et al., 1992). 사료 내 시스테인은 다양한 어종에서 메티오닌 대체율이 40~60%로 추정된다(Wilson, 2002). 차넬메기(Harding et al., 1977)의 경우 60%, 틸라피아(Liou, 1989)의 경우 44%, 무지개송어의 경우 42% (Kim et al., 1992a), *Sciaenops ocellatus*, 잡종 줄무늬농어(Moon and Gatlin, 1991; Griffin et al., 1992)의 경우 40%이다. 이전 연구에 따르면 여러 어종에서 시스테인이 TSAA 요구량의 약 50%를 단백질 축적에 활용할 수 있다고 보고하였다(NRC, 1993; Goff and Gatlin, 2004). 일부 연구는 3 g/kg의 사료 내 시스테인(0.3 %) 함량이 어류 내 황아미노산의 효과적인 공급원이며, 이를 초과하는 사료 내 시스테인 함량은 메티오닌 대체 효과가 없다고 보고하였다(Kim et al. 1992a; Pack et al., 1995). 어류 성장에 효과적일 수 있도록 사료 내 메티오닌과 시스테인 요구량을 각각 조성하는 것이 권장된다(Rodehutscord et al., 1995a). 대부분의 사료에서는 시스테인이 과다하게 포함되어 있으므로 영양학자들은 주로 메티오닌 요구량을 충족하는 연구에 집중하고 있다.

다른 필수영양소의 경우와 마찬가지로 메티오닌 함량이 낮은 사료를 섭취하면 사료효율이 떨어지게 된다. 또한 무지개송어, 대서양연어, 강송어(*Salvelinus namaycush*)를 포함한 연어류는 메티오닌이 결핍된 사료를 섭취할 경우 백내장이 발생하게 된다(Poston et al., 1977). 결핍 정도에 따라 수정체가 2~3개월 후 불투명해지기 시작한다. 리보플라빈, 티아민, 비타민 A, 아연, 트립토판 그리고 최근에는 히스티딘 결핍이 어류의 안구 병리학 발달과 관련이 있다(Poston et al., 1977; Simmons et al., 1999; Waagbo, 2010).

메티오닌 결핍과 백내장 발생을 연결하는 메커니즘은 아직 완전히 밝혀지지 않았다. 그러나 이것은 글루타치온 형성에서 메티오닌의 역할과 관련이 있을 것으로 보인다. 산화 손상은 고령의 포유류 수정체에 있는 단백질 결합 티올기에 발생하는 것으로 알려져 있는데, 합성을 위해 메티오닌이나 N-아세틸시스테인이 필요한 글루타치온(Ferrer et al., 1990)은 아마도 그러한 손상으로부터 수정체를 보호하는 역할을 하는 것으로 추측된다(Cowey et al., 1992). 사료 내 낮은 메티오닌 함량은 수정체 내의 산화된 메티오닌 분자의 이전을 차단하여 이황화결합의 형성과 안구 혼탁을 초래할 수 있다(Simmons et al., 1999).

메티오닌은 주요 아미노산 중 독성이 가장 많이 있다. 요구량의 2~3배를 초과하는 메티오닌 함량은 포유류의 성장에도 영향을 미치는 것으로 나타났다(Edmonds and Baker, 1987; Baker, 2006). 메티오닌을 과다하게 섭취할 경우 무지개송어의 성장에 부정적인 영향을 미친다(Poppi et al., 2010). 메티오닌 독성은 SAM의 간 축적으로 발생한 것으로 생각된다(Regina et al., 1993). 메티오닌 독성 효과의 완화는 글라이신과 세린을 첨가한 사료를 섭취한 쥐에서도 나타났다. 글라이신은 글라이신-N-메틸전달효소에 의한 SAM의 과다한 이화작용을 촉진하고(Baker, 2006), 세린은 시스타티오닌과 시스테인을 형성하기 위해 황전환(transulfuration)경로에서 호모시스테인과 결합하는데, 이 경로에서 동물이 쉽게 배설할 수 있는 타우린을 생성할 수 있다. Yokoyama and Nakazoa (1992)는 과량의 메티오닌을 함유한 사료를 무지개송어에게 공급하였을 때 시스타티오닌의 간 수치가 증가하고 세린의 간 수치가 감소하는 것을 발견했다. 그들은 무지개송어에서 시스타티오닌으로부터 시스테인 생합성보다 더 빠른 속도로 이황화 경로를 통한 시스타티오닌 합성이 진행된다고 보고하였다.

5.2.3 메티오닌 이성질체

다량의 메티오닌은 동물 사료에 사용하기 위해 화학적 합성 방법에 따라 공업적으로 생산된다. 화학합성 공정은 DL-메티오닌(DL-Met)의 D형과 L형 이성질체의 라세미 혼합물을 생성한다. 대부분의 동물은 유사한 효율을 지닌 메티오닌의 D-와 L-이성질체를 이용한다(Baker, 2006). D-메티오닌을 이용하려면 D-아미노산 산화효소에 의한 탈아미노화와 L-메티오닌의 재아미노화가 필요하다. 무지개송어는 L-메티오닌을 대체하기 위해 D-메티오닌을 이용할 수 있는데(Kim et al., 1992a), 이 대사능력은 아마도 갑각류뿐만 아니라 다른 어류의 특징일 수 있다(Guillaume et al., 1999).

5.2.4 메티오닌 하이드록시 유도체

DL-메티오닌-하이드록시 유도체(MHA)로도 알려진 2-하이드록시-4-(메틸티오)부탄산(HMB 또는 OH-Met)의 하이드록시 유도체는 상업적으로 사용 가능하며 동물 사료에 널리 사용된다(Baker, 2006). HMB는 아미노기가 아닌 알파 탄소에 수산기를 띠고 있으므로 메티오닌과 다르다(Dibner, 2003). 합성 DL-met과 마찬가지로 HMB는 하나의 비대칭 탄소원자를 가지므로 L-이성질체와 D-이성질체의 라세미 혼합물로 발생한다(Baker, 2006). HMB는 아미노기 대신 수산기를 가지고 있기 때문에 유기산이다(Dibner, 2003). 브러시 보더 막에서 DL-met과 HMB의 흡수는 두 개의 서로 다른 운반 시스템에서 일어난다(Brachet and Puigserver, 1987; Richards et al., 2005). 메티오닌은 시스템 B 아미노산 수송체로 운반되는 반면에 MHA-FA는 H^+-의존 수송체인 모노카복실레이트 운반체 1을 통해 운반되는데, 이는 젖산 운반에도 관여한다(Martin-Venegas et al., 2007). HMB는 동물에게 흡수되면 D-이성질체와 L-이성질체에 대한 두 가지 다른 효소, L-이성질체에 대한 탈수소효소와 L-이성질체에 대한 산화효소를 사용하여 간에 있는 L-메티오닌으로 빠르게 전환된다(Baker, 2006).

HMB의 액체 유리산 형태와 결정성 칼슘염을 포함한 다양한 형태의 HMB의 생물학적 효율은 서로 다른 육상 가축 종에 대한 수많은 연구의 초점이 되어왔다. DL-메티오닌에 비해 HMB의 생물학적 효능에는 상당한 논란이 있었다(Jansman et al., 2003). 여러 가금류를 이용한 실험을 통해 얻은 다양한 메타분석 자료는 DL-메티오닌과 비교하여 HMB의 상대적 생물학적 효율이 equimolar 기준으로 75~80%로 나타났다(Jansman et al., 2003; Baker, 2006; Sauer et al., 2008). 다른 어종(Robinson et al., 1978; Keembiyehetty and Gatlin, 1995, 1997a; Cheng et al., 2003a; Goff and Gatlin, 2004; Kelly et al., 2006)을 대상으로 수행한 연구 결과에서는 HMB가 어류에 의해 메티오닌의 공급원으로 사용될 수 있지만 상대적 생물학적 효율은 equimolar 기준으로 DL-메티오닌보다 낮다는 개념을 뒷받침한다. 이전 연구에서는 어류에 대한 HMB의 생물학적 효율이 등몰 기준으로 DL-메티오닌의 생물학적 효율의 75~80%라고 가정하는 것이 합리적인 것으로 간주되었다. HMB와 DL-메티오닌 사이의 생물학적 효율의 차이는 가금류에서는 입증되었지만(Drew et al., 2003), 어류와 갑각류에서는 아직 연구되지 않았다.

5.2.5 타우린(Taurine)

타우린 또는 2-아미노에테인술폰산(2-aminoethanesulfonic acid)은 유기산으로 담즙의 주요 구성 성분이며 동물의 소장 내 조직에서 소량으로 관찰된다. 타우린은 시스테인의 유도체이고, 황전환 경로(transsulfuration pathway)로 합성된다(Goto et al., 2002). 타우린은 카르복실기가 없으므로 아미노산으로 분류되지 않지만 문헌에서는 종종 아미노산으로 여겨지고 있다.

타우린의 기능적 역할에는 담즙산 결합, 삼투압 조절, 신경 전달물질 기능, 세포막 안정화, 항산화 효과가 있다(Lombardini et al., 1979; Gaull and Wright, 1986; Huxtable, 1992). 타우린을 포함하는 작은 폴리펩타이드가 확인되었으나, 현재까지 아미노아실 tRNA 합성효소는 타우린을 특이적으로 인식하여 단백질에 혼입하지 않는 것으로 나타났다.

타우린은 일부 동물의 삼투압 균형에 중요한 역할을 수행한다. 해양어류와 무척추동물의 총 아미노산 급원에서 높은 농도로 관찰된다. 이전 연구에 따르면 어종에 따라 타우린의 생합성 경로와 기능에서 유의적인 차이가 나타난다(Goto et al., 2002; Kim et al., 2008). 타우린 생합성은 일부 어종에서 매우 낮게 나타난다(Tagaki et al., 2005). 이전 연구에 따르면 타우린은 넙치(Park et al., 2002; Kim et al., 2003, 2005a,b), 참돔(Goto et al., 2001), 방어(Matsunari et al., 2005; Tagaki et al., 2005; Kim et al., 2008), 날새기(*Rachycentron canadum*)(Lunger et al., 2007)와 홍다리얼룩새우(*Penaeus monodon*)(Shiau and Chou, 1994) 같은 일부 해산 어류 치어와 새우 종의 성장에 조건적으로 필수 요소일 수 있다. 그러나 잉어와 대서양연어(Espe et al., 2008)는 필수가 아닌 것으로 나타났다. 한 연구는 무지개송어를 대상으로 타우린을 첨가할 경우 성장에 긍정적인 영향을 주는 것으로 보고하였는데(Gaylord et al., 2006), 이는 타우린이 초기 생활사(예: 자어기) 동안 담수 어류에서 조건적 성장 단계에서 필수성분일 수 있음을 나타낸다(Zhang et al., 2006). 또 다른 예로 어분이 포함되지 않은 사료에 0.1% 미만의 타우린을 첨가하여 방어에게 공급한 결과, 녹색간 질병을 유의적으로 감소시켰는데(Tagaki et al., 2005), 이는 타우린 결핍이 영양 질환의 원인일 수 있음을 시사한다. 시스테인으로부터 타우린의 합성 속도의 차이와 타우린의 대사와 생리학적 요구는 어종과 생활사 연구에서 관찰될 수 있다. 이전의 타우린 요구량 연구는 동일한 환경조건에서 이루어지지 않았으므로 향후 어종별로 추가적인 요구량 연구가 필요하다.

5.2.6 셀레노시스테인(Selenocysteine)과 셀레노메티오닌(Selenomethionine)

셀레노시스테인(약어로 Sec 또는 U)은 여러 효소, 특히 글루타치온 과산화효소, 테트라요오드티로닌 5'탈요소효소, 티오레독신환원효소, 포름산탈수소효소, 글라이신환원효소, 일부 수소화효소에 존재하는 아미노산이다. 셀레노시스테인은 tRNA에서 직접 합성된 유일한 아미노산으로(Ganich-kin et al., 2008; Castellano et al., 2009) 시스테인의 황이 셀레늄으로 대체되는 것을 제외하고는 시스테인과 구조적으로 유사하여 곁사슬-CH_2-SeH를 만든다. 그러나 셀레노시스테인은 Cys로부터 합성되지 않고, Se로 산소를 대체함으로써 tRNA에 공유결합된 세린(곁사슬-CH_2-OH)으로부터 합성된다. 셀레늄은 하나의 ATP 분자를 사용하여 고에너지 분자인 셀레늄인산염(selenophosphate)으로 변환된 후 세린과 반응하여 셀레노시스테닐-tRNA를 형성한다(Ganichkin et al., 2008). 전반적으로 Sec와 Cys 잔기는 단백질에서 기능적으로 교환되지 않는 것으로 보이며, 셀레늄함유

단백질은 척추동물의 신진대사에 중요한 역할을 한다는 것을 시사한다(Castellano et al., 2009). 셀레늄함유 단백질을 포함하는 단백질은 척추동물에 대한 Se의 역할을 나타내고, Se 결핍과 관련된 여러 질병에서 중요한 역할을 하는 것으로 나타났다(Behne and Kyriakopoulos, 2001; Castellano et al., 2009). 포유류에는 각각 기능을 보유하는 19개의 셀레늄함유 단백질이 있으며 모두 효소이다(Behne and Kyriakopoulos, 2001). 글루타치온 과산화효소(GPx) 계열의 셀레늄함유 단백질은 글루타치온을 환원제로 하여 각각 지질 알코올과 물에 대하여 지질, 과산화수소의 감소를 촉진한다(Miranda et al., 2009). GPx 계열은 막지질과 고분자를 산화적 손상으로부터 보호하는 항산화시스템의 필수 구성 요소이다(Miranda et al., 2009).

셀레노메티오닌(Se−met과 Sem)은 셀레늄을 함유하는 또 다른 L−아미노산이다. L−Se−met은 이용 가능한 Se의 양에 따라 Met과 함께 식물과 해조류, 효모에 의해 합성된다(Schrauzer, 2000). 셀레노메티오닌은 온전한 형태로 장기에서 검출되었는데, 포유류에서 손상되지 않은 형태로 장기에 흡수되어 전달된다는 것을 의미한다(Suzuki et al., 2006). Se−met이 필수 영양소임을 증명하는 연구는 아직까지 수행되지 않았지만, Se−met은 Se의 생물학적 이용 가능성이 높은 것으로 여겨진다. 생체 내에서 단백질에 메티오닌 대신 Se−met이 무작위로 첨가한 실험에서 Se−met에 의한 Met의 치환은 단백질 구조를 크게 변화시키지 않지만 Se− met이 활성 부위의 Met을 대체하는 경우 효소의 활성에 영향을 미쳤다(Scrauzer, 2000). 단백질에 함유된 셀레노메티오닌은 Se−met 산화물로 쉽게 산화되고, 글루타치온(GSH)에 의해 Se−met로 쉽게 환원된다. Se−met이 GPx 같은 셀레늄함유 단백질의 합성을 자극하기 위해서는 Se가 효소분해로 방출되고 번역보조로서(cotranslational) Sec 합성(Allmang and Krol, 2006; Miranda et al., 2009)을 위한 기질인 셀레늄 인산염으로 전환되어야 한다.

5.2.7 분지사슬 아미노산: 류신(Leucine), 이소류신(Isoleucine), 발린(Valine)

분지사슬 아미노산(BCAAs)은 지방족 측쇄가 비선형인 3가지 아미노산(류신, 이소류신, 발린)을 의미한다. 류신(Leu 또는 L로 약칭)은 이소부틸 R기를 띠는 α−아미노산이다. 이소류신(약자 Ile 또는 I)은 큰 지방족 소수성 키랄성 측쇄인 Sec−부틸 측쇄를 갖는다. 자연적으로 오직 하나의 이성질체인(2S,3S)−2−아미노−3−메틸펜탄산이 존재하지만 이소류신은 4개의 입체 이성질체가 가능하다. 발린(Val 또는 V로 약칭)은 이소프로필 측쇄를 가지고 있다.

3가지 BCAA의 주요 특성은 소수성이다. 따라서 단백질에서 이러한 아미노산은 주로 수생 환경에서 제외되지만 다른 소수성 분자와 효율적으로 상호작용한다(Brosnan and Brosnan, 2006a). 이들 아미노산은 대체로 구형 단백질의 소수성 내핵에서 발견되고, 다른 유사 아미노산 간 상호작용이 이들 단백질의 3차원 모양을 결정하는데 핵심적인 역할을 한다. 이 3가지 EAA는 구조적 역할을 하며, 주로 체단백질, 특히 골격근에 축적된다(Cowey, Walton, 1989; Brosnan and Brosnan, 2006a). 발린은 또한 신경의 미엘린 커버링(myelin covering)의 합성에 관여하며, 발린 결핍은 포유동물에서 퇴행성 신경학적 상태를 유발할 수 있다. 단백질 구조에서 중요한 역할을 하기 때문에 대부분의 단백질은 BCAA의 비율이 비교적 높으며 동물이 소비하는 아미노산의 상당 부분을 차지한다.

단백질을 함유한 사료를 섭취한 후에 발생하는 순환 BCAA의 증가는 다양한 조직에 의해 분해되고 이러한 조직에 중요한 영향을 미친다(Yang et al., 2008). 따라서 BCAA는 다른 조직에 중요한 신호 역할을 한다. BCAA 농도에 반응하는 조직 중에는 뇌와 골격근이 있다(Brosnan and Brosnan, 2006a). 류신은 섭취한 단백질에 대한 신호를 말초조직에 전달하고, 라파마이신 신호전달 경로를 통하여 근육과 지방조직 내 단백질 합성과 췌장의 β−세포의 인슐린 분비를 자극하면서 동화작용 신호로 인식되고 있다(Yang et al., 2008).

BCAAs의 신진대사는 3가지 중요한 측면에서 다른 아미노산의 신진대사와 다르다. 첫째, 대부분의 EAA에 대해 간에 국한되기보다는 BCAAs의 대사효소가 신장, 근육, 심지어 중추신경계를 포함한 신체 조직에 광범위하게 분포되어 있다(Cowey and Walton, 1989; Brosnan and Brosnan, 2006a). 둘째, 세 가지 BCAAs는 모두 장 흡수를 위한 동일한 공통 전달체를 공유한다. 셋째, 이 3가지 아미노산 각각의 산화 첫 번째 단계는 두 가지 효소에 의해 촉매되므로 유기체는 동일한 효소 시스템을 사용하여 3가지 아미노산을 대사한다(Cowey and Walton, 1989; Brosnan and Brosnan, 2006a). BCAA 이화작용의 첫 번째 단계는 BCAT (분지사슬 아미노기전이효소) 동종효소에 의해 아미노기 전이가 된다. 이 반응에서 아미노기는 BCAA로부터 α-케토글루타레이트로 전환되어 글루타메이트와 각각의 분지사슬 α-케토산(BCKA)을 형성하고, 케토산 생성물은 이화작용 경로의 두 번째 효소인 미토콘드리아의 BCKA 탈수소효소 복합체에 의해 비가역적으로 산화된다(Brosnan and Brosnan, 2006a).

5.2.8 분지사슬 아미노산의 길항작용

BCAAs, 류신, 이소류신, 발린의 상호작용은 병아리, 돼지, 쥐, 인간에서 길항작용을 하는 것으로 알려져 있다(D' Mello, 1994). 쥐, 병아리, 돼지, 인간의 경우 과량의 류신을 섭취한 후 혈장 내 이소류신과 발린의 농도가 감소된다고 보고되었다(Block and Harper, 1991; Langer et al., 2000). 류신에 의한 이소류신과 발린의 혈장 수준의 변화는 주로 장 흡수 시 경쟁 억제와 BCKA 탈수소 효소의 활성화를 통한 산화촉진이 원인이었다(Block and Harper, 1991; D' Mello, 1994; Langer et al., 2000).

어류에서 BCAA를 포함하는 길항작용은 완전히 연구되지 않았고, 이전 결과는 약간의 모순을 보였다. Robinson et al.(1984), Choo et al.(1991), Rodehutscord et al.(1997)의 연구에서 다른 BCAA에 과량의 류신이 미치는 영향을 관찰하지 않았다. 그러나 Chance et al.(1964)은 왕연어(*Oncorhynchus tshawytscha*)의 이소류신 요구량이 사료 내 류신의 농도가 증가함에 따라 약간 증가한다는 것을 관찰했다. Hughes et al.(1983)은 발린 함량을 농도별로 증가시킨 사료를 강송어(*Salvelinus namaycush*)에게 공급하였을 때 BCAA 농도 변화를 관찰한 결과 혈장 이소류신과 류신은 모두 발린이 결핍된 사료를 섭취한 어류에서 증가하였으며 사료의 발린이 증가함에 따라 농도가 감소하였다. 다른 BCAA의 혈장과 근육량에 대한 과량의 류신의 길항작용은 Hughes et al.(1994)이 연구한 강송어와 Yamamoto et al.(2004)이 연구한 무지개송어에 의해 보고되었다. Yamamoto et al.(2004)은 낮은 Ile:Leu와 Val:Leu 비율로 조성된 사료에 대한 부정적인 영향을 보고했다. Choo et al.(1991)과 Encarnação (2005)는 과량의 류신이 혈장 내 발린과 이소류신 농도에 미치는 영향을 관찰하지 못했다. 무지개송어는 사료 내 류신에 높은 내성을 보였고, 9.2%의 높은 농도에서도 성장 둔화(depression)가 나타나지 않았다(Choo et al., 1991). 지나치게 독성이 강한 류신 농도(사료 내 13.4%)에도 혈장, 간, 근육에서 발린과 이소류신의 농도는 감소하지 않았다(Choo et al., 1991).

5.2.9 아르기닌(Arginine)

아르기닌(약칭 Arg 또는 R)은 3-탄소 지방족 직쇄로 이루어진 측쇄를 갖는 α-아미노산이며, 말단에는 복합 구아니딘기(guanidinium group)가 있다. 아르기닌은 중성 pH에서 양성 이온 형태이다. 구아니딘기는 중성, 산성, 기본적인 환경에서 양전하를 띠기 때문에 아르기닌에 기본적인 화학적 성질을 부여한다. 이중결합과 질소 단독쌍의 결합 때문에 양전하는 비화산되어 다중 H-결합의 형성을 가능하게 한다. 기하학, 전하 분포, 다중 H-결합을 형성하는 기능에서 발견되는 중간 구조는 아르기닌이 음으로 하전된 그룹을 결합시키는데 이상적이다. 포유류에서 아르기닌은 개체의 발달 단계와 건강 상태에 따라 반필수성 또는 조건부 필수아미노산으로 분류된다(Baker, 2007). 아르기닌은 요소 회로의 중간체이며 시트룰린에서 합성될 수 있다(Wan et al.,

2006). 그러나 어류와 새우에서 요소 회로의 활동이 매우 저조하여 아르기닌이 EAA로 판명되었다. Huggins et al.(1969)은 요소 회로의 다섯 가지 효소가 모두 경골어류에 존재함을 입증했다. 요소 회로 효소는 다수의 경골어류의 배발생 과정에서 발현되는 것으로 보이나, 이들의 활동은 후기 단계에서 매우 낮게 조절된다(Chadwick and Wright, 1999). 경골어류는 오르니틴과 시트룰린을 이용하여 아르기닌을 합성하게 할 수 있다는 연구 결과가 있다(Chiu et al., 1986). *Heteropneustes fossilis*와 *Oreochromis alcalicus grahami* 같은 일부 경골어류에서는 특정 환경 조건에서 요소 회로의 활동을 상향 조절한다(Randall et al., 1989). 이러한 동물이 아르기닌 요구량을 충족시키기 위해 요소 회로에서 아르기닌을 생산하는 능력은 아직 연구되지 않았다.

아르기닌은 크레아틴과 질소산화물 합성의 전구체로서 인슐린과 성장호르몬의 강력한 자극제 역할을 하여 동화 과정에서 중요한 역할을 한다(Wan et al., 2006).

사료 내 과다한 류신에 의한 아르기닌의 반작용은 병아리, 쥐, 기니피그, 개 등 다양한 동물 종의 특징적 현상이다(Baker, 2007). 사료 내 과다한 라이신은 성장 저하를 일으키는 것으로 나타났으며, 이는 사료 내 아르기닌을 보충함으로써 완화할 수 있다(Austic and Scott, 1975). 라이신과 아르기닌은 동일한 이염기성 아미노산 운반체를 통해 운반되며 이 두 아미노산 간의 경쟁적 저해는 흡수, 운반, 대사에 영향을 줄 수 있다(Kaushik and Fauconneau, 1984). 조류(birds)에서 고농도의 라이신은 아르기닌 이화작용을 증가시키고 신장의 아르기나아제를 유도함으로써 아르기닌 요구량을 증가시킨다(Jones et al., 1967; D' Mello and Lewis, 1970). 포유류에서는 L-Lys에 의한 아르기나아제의 경쟁적 저하가 관찰되었으며 이는 아르기닌 이화작용과 요소 생성을 감소시킬 수 있다(Statter et al., 1978; Fico et al., 1982).

다른 어종을 대상으로 한 연구에서는 라이신과 아르기닌 간 대립작용의 확실한 증거를 보고하지 못했다. Robinson et al.(1981), Tibaldi et al.(1994), Alam et al.(2002a)은 라이신의 고함량이 차넬메기, 유럽농어, 넙치의 성장이나 혈장 아르기닌 수치에 부정적인 영향을 미치지 않는 것으로 보고하였다. 반대로 Kaushik and Fauconneau (1994)는 1.8%에서 3.0%로 사료 내 라이신 함량을 증가시킬 경우 무지개송어에서 혈장 아르기닌이 유의적으로 감소하는 것을 관찰했다(Encarnação et al., 2004). 그러나 Kaushik and Fauconneau (1994)의 결과는 아마도 대조군 사료(1.8% 라이신) 내 라이신 함량이 약간 부족하여 나타난 결과인 것으로 추측되고 있다(Encarnacao et al., 2004). 사료 내 라이신 함량이 증가하면 단백질 축적이 개선되고 아르기닌을 포함한 다른 EAA의 수요가 증가하여 혈장 수준과 아르기닌의 산화가 감소될 수 있다.

5.2.10 트레오닌(Threonine)

트레오닌(Thr 또는 T로 약칭)은 세린, 티로신과 함께 수산기를 갖는 3가지 주요 아미노산 중 하나이다. 트레오닌 잔기는 수많은 번역 후 변형에 민감하다. 하이드록시 측쇄는 O-결합형 글리코실화 과정을 거칠 수 있고, 트레오닌 잔기는 트레오닌키나아제의 작용을 통해 인산화되는데, 이를 포스포트레오닌이라고 한다.

트레오닌은 점액에 풍부하게 분포한다. 포유류에서는 장내 점액 합성이 전어체 트레오닌 요구량의 상당한 부분을 차지할 수 있음을 보여준다(Nichols and Bertolo, 2008). 어류는 해수 이동, 중금속, 암모니아, 오염물질에 노출되는 등 스트레스 조건에서 현저한 양의 점액을 생성한다(Eddy and Fraser, 1982). 따라서 점액 생산은 특정 조건에서 트레오닌 요구량에서 중요하게 고려되어야 한다.

트레오닌은 트레오닌 탈수소효소를 통해 피루브산으로 대사된다. 이 경로의 중간체는 아세틸-CoA와 글리신을 생산하기 위해 CoA와 함께 티올리시스(thiolysis) 과정을 거칠 수 있다. 성장과 사료 효율의 저하 외에는 트레오닌 결핍은 특정한 결핍 증상이 나타나지 않는다(Ahmed, 2007).

5.2.11 트립토판(Tryptophan)

트립토판(Trp 또는 W로 축약)은 인돌(indole) 작용기를 함유하는 α-아미노산이다. 트립토판의 L-입체 이성질체만이 구조 또는 효소 단백질에 사용되지만 D-입체 이성질체는 천연 유래 펩타이드에서 발견된다. 트립토판은 트립토판 수산화효소를 통해 합성되는 신경 전달물질인 5-HT(세로토닌)를 포함한 여러 화합물의 생화학적 전구체로서의 기능을 담당한다. 세로토닌은 N-아세틸 전달효소와 5-하이드록시인돌-O-메틸 전달효소 활성을 통해 멜라토닌(신경호르몬)으로 전환될 수 있다.

성장과 사료 효율 저하 외에도 트립토판 결핍은 척추만곡증(척추의 횡곡)을 유발하고, 무지개송어(Walton et al., 1984a), 붉은연어(*Oncorhynchus nerka*)(Halver and Shanks, 1960), 백연어(*Oncorhynchus keta*)(Akiyama et al., 1986) 등을 포함한 특정 연어류에서 미네랄 신진대사를 저하시킨다. 트립토판이 결핍된 사료를 섭취한 송어의 신장에서 칼슘(Ca)(대조군보다 4배 증가), 나트륨(Na), 칼륨(K)의 농도가 유의적으로 높았다(Walton et al., 1984a). 트립토판이 결핍된 사료를 섭취한 송어 간에서 Ca, 마그네슘(Mg), Na, K의 농도는 일반 송어보다 유의적으로 높았다. 그러나 간이나 신장에 미네랄이 축적되는 기본 메커니즘에 대한 구체적인 연구는 아직 수행되지 않았다.

트립토판 결핍으로 유발된 척추만곡증은 사료에 트립토판을 적절한 농도로 첨가하거나 세로토닌을 첨가함으로써 극복할 수 있다(Akiyama et al., 1986). 따라서 연구 결과는 이러한 상태가 세로토닌 순환 수치의 감소와 관련있다고 보고한다(Akiyama et al., 1986).

뇌에서 세로토닌의 합성은 트립토판의 유효성에 달려있다. 이것은 5-HT의 생합성 경로인 트립토판 수산화효소의 속도 결정 효소(rate-limiting enzyme)가 정상적인 생리학적 조건에서 트립토판과 불포화되기 때문에 발생한다(Hoglund et al., 2005). 트립토판 함량이 높은 사료를 섭취하면 몸과 뇌의 트립토판 함량이 증가하고 뇌의 5-HTergic 활성이 증가하며 스트레스에 반응하는 행동에 영향을 미치고 다른 어종의 공격성을 감소시켰다(Winberg et al., 2001; Lepage et al., 2002; Hseu et al., 2003; Hoglund et al., 2005, 2007).

니아신은 주요 생합성 중간체로서 트립토판으로부터 합성될 수 있지만, 어류는 트립토판의 대부분을 니아신으로 전환시킬 수 없다고 보고되어 있다(Ng et al., 1997).

5.2.12 히스티딘(Histidine)

아르기닌, 라이신과 마찬가지로 히스티딘(His 또는 H로 약칭)은 염기성 아미노산으로 분류된다. 그러나 히스티딘은 양으로 하전된 이미다졸 작용기를 가지며, 산과 염기 두 가지로서 작용할 수 있는데, 즉 일부 조건하에서 양성자를 부여, 수용할 수 있다. 이 아미노산 곁사슬은 금속단백질의 리간드로서 중요한 역할을 하며 또한 키모트립신(소화효소)의 촉매 작용과 단백질, 탄수화물 대사에 관여하는 특정 효소의 촉매 부위로도 작용한다. 잔기는 또한 단백질의 접힌 구조를 안정화하는 역할을 할 수 있다. 히스티딘은 헤모글로빈에서 풍부하게 발견되며, 히스타민의 직접적인 전구체이고, 퓨린 합성에서 중요한 탄소원이다.

히스티딘 암모니아-효소는 히스티딘을 간에서 암모니아와 우로칸산(urocanic acid)으로 전환시킨다(Cowey and Walton, 1989). 간에서 우로카네이트(urocanate)는 암모니아, 글루타민산염, 엽산 조효소 시스템에서 사용되는 1-C 조각으로 추가 처리된다. 히스타민으로의 탈카복실반응은 면역기능과 위장에 작용하는 주변 분비(paracrine) 촉매로서 중요한 역할을 한다.

1990년대 중반 사료에서 혈분을 제거한 사료를 공급한 북유럽의 대서양연어(2년생 연어)에서 백내장 발생률이 높았다(Breck et al., 2003; Waagbo et al., 2010). 이 연구는 대서양연어를 대상으로 백내장 발생에 대한 혈분 효과를 확인했다(Breck et al., 2003). 혈분(4~6% 히스티딘)은 어분(1~2% 히스티딘), 기타 원료보다 히스티딘 함량이 풍부하다. Bjerkas and Sveier (2004), Breck et al.(2005: 2005a,b), TroBe et al.(2009)이 발표한 연구에서는 히스티딘 함량이 0.9~1.0%인 사료를 대서양연어에게 공급하면 성장에 긍정적인 영향을 미치지만, 백내장의 높은 발병률과 중증도를 보이는 것을 관찰하였다. 이러한 연구는 연어의 백내장 발달에 대해 유전형, 염도 변화/해수 전환, 수온과 사료 내 히스티딘 사이의 유의적인 상호작용을 나타낸다. 그러나 히스티딘이 백내장 발달을 완화시키는 정확한 메커니즘은 완전히 밝혀지지 않았다(Waagbo et al., 2010). 히스티딘과 관련 화합물(이미다졸)은 중요한 생화학적 역할을 할 수 있으며, 삼투압과 근육 pH 완충, 활성 카르보닐기의 해독 작용을 할 수 있다(Waagbo et al., 2010). Brack et al.(2005b)은 스몰트화 과정을 거쳐가는 연어에서 사료 내 히스티딘 함유량을 0.9%에서 1.4% 수준으로 증가시키면 안구 수정체 단백질 대사회전과 수정체의 n-아세틸 히스티딘(NAH) 함량에 유의적으로 긍정적인 영향을 미친다는 것을 발견했다. NAH는 삼투압과 해수 수송과 관련된 산화 스트레스에서 수정체의 변형을 보호하는 역할을 할 수 있다(Breck et al., 2005b). 단백질 대사회전은 안구의 수정체 손상을 치료하고 안구 수정체의 선명도를 유지하는 데 필수적인 메커니즘일 가능성이 높다(Breck et al., 2005b). 히스티딘에 대한 '신진대사' 요구량은 해수에서 빠르게 성장하는 일정 기간 증가할 수 있다. 최적의 안구 건강을 위한 히스티딘 요구량은 빠르게 성장하는 대서양연어의 최대성장보다 훨씬 더 높은 것으로 보이며(Waagbo et al., 2010) 이는 알프스송어(*Salvelinus alpinus*)의 메티오닌과 관련된 연구에서도 보고되었다(Simmons et al., 1999).

5.2.13 페닐알라닌(Phenylalanine)과 티로신(Tyrosine)

페닐알라닌(Phe 또는 F로 약칭)은 벤질 곁사슬의 소수성에 의한 비극성의 α-아미노산이다. 티로신(Tyr 또는 Y로 약칭) 또는 4-하이드록시 페닐알라닌은 페닐알라닌으로부터 체내에서 합성되며, 필수적이지 않거나 조건상 필수적인 아미노산으로 간주된다. 어류는 페닐알라닌을 티로신으로 쉽게 전환시키므로 페닐알라닌만이 방향족 아미노산 요구량을 충족시킬 수 있다(Wilson, 1989; Guillaume et al., 1999). 그러나 사료 내 티로신 함량은 페닐알라닌에 대한 요구량 중 일부를 감소시킬 수 있는데, 티로신에 의한 페닐알라닌 대체는 현재까지 연구된 어종에서 40~60%인 것으로 보고되었다(예: NRC, 1993; Guillaume et al., 1999).

티로신은 단백질 생성 아미노산을 제외하고, 페놀 기능성의 특수한 역할을 하고 있으며, 대상 단백질의 활성화를 변화시키는 인산화와 함께 단백질 키나아제(일명 수용체 타이로신키나아제)에 의해 하이드록기에 전달되는 인산염기의 수신기 기능을 한다. L-티로신은 카테콜아민, 노르에피네프린, 에피네프린, 도파민 (신경전달물질), 티록신(Cowey and Walton, 1989)으로 전환될 수 있다.

L-티로신의 이화작용은 푸마르산염과 아세토아세트산(3-케토부티레이트)을 생성하는 일련의 반응을 수반한다. 아세토아세트산은 아세틸-CoA로 전환될 수 있는 케톤체로서 TCA 회로에 의해 산화되거나 지방산 합성에 사용될 수 있다(Cowey and Walton, 1989).

5.3 정량적 단백질과 필수아미노산 요구량

5.3.1 단백질 요구량

동물에 대한 단백질 요구량은 특정 EAA에 대하여 더 잘 이해되고 NEAA의 합성을 위한 아미노기(비특이적 질소)에 대한 비특이적 요구와 일치하며, 동물의 에너지와 기타 대사 요구를 충족시키는 아미노산의 기여에 해당한다.

단백질은 일반적으로 조단백질(CP: Crude Protein)을 의미한다. 즉, N × 6.25는 단백질이 16% N을 함유한다는 가정에 기초한 정의이다. 순수 단백질에서 N의 비율이 아미노산 조성에 따라 크게 변하기 때문에 이 가정은 단순하고 적합하지 않다(Mariotti et al., 2008). 고정 전환 계수(예: 6.25)를 사용하면 특정 단백질이 풍부한 원료의 실제 단백질 함량을 추정할 때 10~20%의 오차가 발생할 수 있다(Mariotti et al., 2008). 사료 내 질소 화합물은 단백질과 아미노산만을 구성하는 것이 아니라 핵산과 아민, 요소, 암모니아, 질산염, 아질산염, 인지질, 질소성 배당체 같은 여러 가지 화합물을 포함한다(Mariotti et al., 2008). 이러한 서로 다른 화합물이 단백질원의 총 질소 함량에 미치는 영향은 매우 다양하다. 결과적으로 조단백질(가소화 단백질 포함)은 생화학적 특성과 영양분 측면에서 다른 물질의 혼합물을 의미한다(Mariotti et al., 2008). 단백질원 내 개별 아미노산의 합(엄격한 방법론적 접근법과 현대 장비를 사용하는 표준 실험실에서 분석된 함량)은 사료원 내 단백질 함량의 80~90%를 차지하는 것으로 나타났는데(Helland et al., 2010), 이는 아미노산을 제외한 질소 함유 화합물이 사료원 내 조단백질 함량의 10~20%를 차지할 수 있음을 시사한다.

모든 사료 내 단백질은 영양소 값이 동일하지 않은데, 이는 소화율과 아미노산 조성의 함수값 때문이다. 서로 다른 단백질원의 아미노산 조성은 현저하게 다르고(NRC, 1993), 단백질 소화율과 개별 아미노산의 이용 가능성 또한 다르다. 따라서 EAA와 동물의 다른 대사 요구를 충족시키기 위한 다른 사료 내 단백질원의 요구량은 상당히 다를 것으로 추정된다.

아미노산은 또한 어류와 새우의 에너지(신진대사) 요구량을 충족시키는 데 중요한 역할을 하며 대부분의 어류와 갑각류 종의 대사 연료 역할을 한다(Kaushik and Seiliez, 2010). 대부분의 영양학자와 사료 제조업체가 사료 내 조단백질 개념을 사용하는 것은 간단하고 실용적인 매개 변수이지만 다소 복잡하다.

단백질 요구량은 여러 어종과 새우 종 각각의 생활사에서 많은 연구가 이루어졌다. **표 5-4**와 **표 5-5**는

표 5-4 상업적으로 중요한 어종에 대한 단백질 권장 요구량(공급 기준)

Species	Weight Range				
	< 20 g	20–200 g	200–600 g	600–1,500 g	> 1,500 g
Atlantic salmon (*Salmo salar*)	48	44	40	38	34
Channel catfish (*Ictalurus punctatus*)	44	36	32	32	28
Common carp (*Cyprinus carpio*)	45	38	32	28	28
Nile tilapia (*Oreochromis niloticus*)	40	34	30	28	26
Pacific salmon (*Oncorhynchus* spp.)	55	45	40	38	38
Rainbow trout (*Oncorhynchus mykiss*)	48	40	38	38	36
European sea bass[a] (*Dicentrarchus labrax*)	55	50	45	45	—
Gilthead sea bream[b] (*Sparus auratus*)	50	45	40	40	—

[a]본 권장사항은 다른 농어 종에도 적용됨.
[b]본 권장사항은 다른 도미 종에도 적용됨.

표 5–5 새우 단백질 권장 요구량

Species	Weight Range		
	0.1–5 g	5–20 g	> 30 g
Tiger shrimp (*Penaeus monodon*)	45	40	40
Pacific white shrimp (*Litopenaeus vannamei*)	40	35–40	35
Kuruma prawn (*Marsupenaeus japonicus*)	50	45	40

어류와 새우의 단백질 요구량의 실제 추정치를 사료 내 백분율로 나타낸다. 이것을 적절하게 적용하기 위해서는 단백질 요구량에 도달하는 데 사용되는 영양적 제약 조건과 한계를 이해하는 것이 중요하다. 이 정보는 사료를 조성할 때 특정 종의 에너지원이 명확하게 정의되어 있지 않거나, EAA 요구량과 지질, 탄수화물의 최적 함량(또는 효과)에 대해서 명확하지 않을 때 이용된다. 단백질 요구량의 추정치는 어류와 새우 종의 사료 배합에 사용되는 사료원의 종류가 점점 다양해지는 현재 상황에서 최대한 근사치로 고려되어야 한다.

어류와 새우의 사료 내 단백질 요구량은 육지의 온혈동물보다 유의적으로 높다. 그러나 사료 내 함량(사료 내 백분율) 측면에서 단백질 요구량은 높고, 절대 요구량(증체량 kg당 단백질 섭취 g)은 매우 유사하지만 어종 간 유의적인 차이가 있는 것으로 보인다(**그림 5–4**). 이것은 어류가 항온동물보다 유지 에너지 요구량이 낮아 항온동물에서 섭취한 단백질의 단위당 증체량은 유사하지만 사료 효율은 우수하기 때문이다(증체: 사료). 일반적으로 대서양연어 같은 일부 어류는 전형적으로 사육된 항온동물과 틸라피아, 잉어 같은 '잡식성' 어종보다 단백질을 더 효율적으로 전환시킨다(**그림 5–4**). 종의 직접적 또는 간접적 비교에 따르면 육식성 어류가 잡식

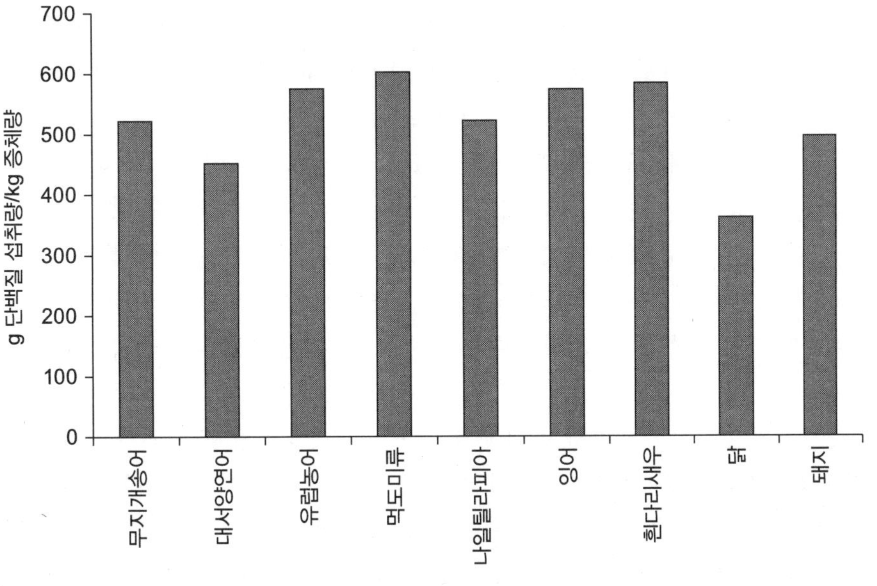

그림 5–4 다양한 어류 및 새우, 닭, 돼지의 체중 증가에 따른 단백질 섭취량.

성 어류(Pei et al., 2004)보다 단백질 보유 효율(N획득/N섭취)이 더 높다. 이러한 관찰은 '육식성' 어종은 잡식성 어종보다 에너지, 대사 요구량을 충족시키기 위해 아미노산에 더 많이 의존한다는 의견에 이견을 제시한다.

5.3.2 가소화 단백질 대 가소화 에너지비

아미노산은 어류와 새우의 에너지(대사) 요구량을 충족시키는 데 중요한 역할을 하며 어류와 갑각류 종의 효율적인 대사 연료이다. 다른 에너지원 영양소(전분과 지질)가에 따라 상대적으로 단백질가가 높고 아미노산의 이화작용과 관련된 암모니아의 방출로 사료 내 에너지원으로서 단백질을 사용하는 것은 바람직하지 않은 것으로 간주된다. 일반적으로 다른 사료 내 에너지 이용 영양소가 사료 내 아미노산 이화작용을 감소시키기 위해 적절한 양으로 존재하는 것을 '단백질 절약(protein sparing)'이라고 한다. 가소화 단백질(DP) 대 가소화 에너지(DE) 비율은 사료 내 '조단백질'보다 단백질 요구량을 더 합리적으로 표현하는 방법이라는 주장이 강하다.

사료 내 비단백질 DE 공급의 증가 또는 감소 없이 사료 내 DP 수준을 감소시킴으로써 달성되는 가소화 단백질 대 가소화 에너지 비율(DP:DE)의 감소는 많은 양식 어종을 대상으로 한 연구에서 단백질(질소) 이용을 개선하고 질소 손실을 감소시키는데 매우 효율적인 것으로 입증되었다(Lee and Putnam, 1973; Cho and Kaushik, 1985; Kaushik and Oliva-Teles, 1985; Cho and Woodward, 1989; Hillestad and Johnsen, 1994; Vergara et al., 1996; Einen and Roem, 1997; Grisdale-Helland and Helland, 1997, Helland and Grisdale-Helland, 1998; Hillestad et al., 1998; Steffens et al., 1999; Azevedo et al., 2004a,b; Satoh et al. 2004). 사료 내 DE 함량의 변화는 어류와 여분의 아미노산이 활용할 수 있는 기능이 없는 다른 에너지 생성 영양소도 포함한다(Encarnação et al., 2006). 일반적으로 사료 내 지질 함량을 증가시키면 여러 종의 단백질(아미노산) 이화작용의 감소에 도움이 될 수 있는데, 여러 연구에서 지질로 공급되는 여분의 DE가 특정 조건에서 단백질 이용 효율에 제한적인 영향을 미칠 수 있음을 보여주었다(Azevedo et al., 2004a,b). 많은 어종은 탄수화물(예: 전분)이 젤라틴화되어도 효율적으로 이용할 수 있는 능력이 제한적이다. 일정 수준을 초과하여 흡수된 포도당의 대사 이용은 대부분의 어류에서 제한적이며, 어종 간에 차이가 있지만 가소화 탄수화물에서 추출할 수 있는 순에너지 양은 제한된다(Bureau, 1997; Kaushik and Seiliez, 2010).

전반적으로 최적의 DP/DE의 관점에서 어종과 생활사에 따라 차이가 있는 것으로 보인다. 지금까지 연구된 대부분의 종에서 최적의 DP/DE는 84~105 g DP/Mcal DE (20~25 g DP/MJ DE) 범위인 것으로 보인다(Winfree and Stickney, 1981; Cho and Woodward, 1989; Azevedo et al., 2004a,b; Wang et al., 2006). 사료 내 지질의 많은 양을 활용할 수 있는 종(예: 대서양연어)의 최적 DP/DE는 84 g DP/Mcal DE (20 g DP/MJ DE) 이하일 수 있다(Einen and Roem, 1997). 아시아농어와 해덕대구, 날새기 같은 사료 내 지질에 비교적 내성이 약한 육식성 어류의 최적 DP/DE는 117~134 g DP/Mcal DE (28~32 g DP/MJ DE)에 근접한 것으로 나타났다(Catacutan and Coloso, 1995; Kim et al., 2004; Tibbett et al., 2005; Webb et al., 2010). 일부 어종은 DP/DE가 낮은 사료(예: 고지질 사료)를 섭취하면 단백질 이용을 향상시킬 수 있지만 비적합한 수준의 지질 축적을 유발하고(Tibbett et al., 2005), 어체의 품질 또는 동물의 건강 측면에서도 장기적인 영향을 미칠 수 있다.

이전 연구결과는 어류가 성장함에 따라 단백질 요구량이 사료 내 질량 비율에 따라 감소하는 것으로 나타났다. 예를 들면 114~500 g의 차넬메기 사료에서 25%의 단백질 함량은 적절했지만 14~100 g에서 35%의 단백질은 25%의 단백질보다 더 높은 성장률을 보였다(Page and Andrews, 1973). 연어류, 잉어, 틸라피아 등에서도 이와 비슷한 결과가 나타났다(Wilson and Halver, 1986). 대서양연어 치어의 최적 DP:DE 비율은 84~100 g DP/Mcal DE (20~24 g DP/MJ DE)로 추정되는 반면에 연어 성어(> 2.5 kg)의 경우는 67~71 g DP/Mcal DE

(16~17 g DP/MJ DE)로 감소되었다(Einen and Roem, 1997). 귀족도미(*Sparus aurata L.*)를 대상으로 수행한 연구 결과에 따르면 최적의 DP:DE 비율은 어류가 성장함(10 g → 250 g)에 따라 DP/Mcal DE가 119에서 82로 감소하였다(DP/MJ DE가 28.5 → 19.5)(Lupatsch et al., 2001b).

성어는 단백질 요구량이 상대적으로 낮지만, 치어보다 단백질 보유 효율(N이득/N섭취)이 낮은 것으로 나타난다. 무지개송어를 대상으로 한 연구에 따르면 단백질 보유 효율이 크게 감소했으며, 체중이 증가함에 따라 지질 대 단백질 축적 비율(LD:PD)이 크게 증가했다(Azevedo et al., 2004a,b; Pena-Ortega and Bureau, 2004; Azevedo et al., 2005; Dumas et al., 2007). 따라서 일부 어종은 단백질 농도나 최적의 DP:DE 비율의 현저한 감소에도 불구하고 더 크게 성장함에 따라 더 높은 단백질량(성장 1 kg당 단백질 g)을 요구할 수 있다.

5.3.3 환경적 요인의 영향

어류와 새우의 대사는 온도와 기타 환경적 요소의 영향을 받기 때문에(Bureau et al., 2002), 환경 조건이 어류와 갑각류의 영양소 요구량에 영향을 미칠 수 있다고 가정하는 경우가 많다. 그러나 현재까지 단백질 요구량이나 최소한 '정상'범위 내(각 어종이나 변형에 특정한 범위)에서 수온 또는 기타 환경요인(예: 염분)의 영향을 받는 최적의 DP:DE 비율을 보여줄 수 있는 설득력 있는 연구 결과는 없었다(NRC, 1981; Lupatsch and Kissil, 2005). 수온이 낮을수록 단백질과 에너지 소화율이 약간 감소하지만, 무지개송어와 능성어는 수온에 따라 DP와 DE를 효율적으로 사용하는 데 영향을 받지 않는다(Azevedo et al., 1998; Rodehutscord and Pfeffer, 1999; Lupatsch et al., 2001; Lupatsch and Kissil, 2005). 일반적으로 수온 상승에 따라 모든 사료공급과 성장 기능이 동시에 증가한다. 서식 적온보다 상당히 높은 온도에서 사육되는 아시아농어(바라문디)에서 단백질 요구량이 유의적으로 증가할 수 있으며, 이는 동물의 낮은 사료 섭취량, 단백질 이용 효율의 감소, 단백질 손실률의 증가를 개선하는 수단일 수 있다(Bermudes et al., 2010).

요인분석은 사료 조성과 생활사, 성장률, 환경 요인의 잠재적인 영향을 설명하기 위해 어류와 새우의 단백질 요구량을 추정하는 간단한 수단으로 제안되었다(Lupatsch et al., 1998a, 1998a, 2003a, 2008, 2010; Glencross, 2008; Glencross et al., 2010; Richard et al., 2010). 요인 접근법을 사용하여 명시적으로 표현된 성장 수준(예: 예상되거나 달성 가능한 성장 수준)과 생활사에 대해 1일 체중 1 kg당 필요한 단백질(또는 가소화 단백질)의 절대량으로 요구량을 추정했다. 사료 섭취와 조성(예: 가소화 에너지 수준)의 정보를 통해 사료 내 최적의 단백질 함량을 다시 계산할 수 있다. 여러 연구에서 절대 단백질 요구량(1일 체중 1 kg당 요구되는 DP [g])은 '최대 생산량'으로 추정되었다(Gatlin et al., 1986; Watanabe et al., 2000; Richard et al., 2010). 동물의 최대 생산은 유전과 사료 조성, 환경 조건(예: 온도), 사육 조건, 건강 상태, 기타 변수에 따라 크게 달라지므로 산출된 최대 생산량의 절대 단백질 요구량은 연구에서 발생하는 특정 조건에서만 유효할 수 있다. 결과적으로 단백질(또는 아미노산) 요구량은 절대값(1일 체중 1 kg당 요구되는 DP [g])의 추정치가 아닌 생산 또는 성장 모델링에서 제시될 수 있다(Lupatsch et al., 1998; Bureau et al., 2002; Glencross et al., 2010).

5.4 정량적 필수아미노산 요구량

5.4.1 방법론적 접근법

어류의 필수아미노산(EAA) 요구량은 50년 이상 연구 주제가 되어 왔다. 1950년대 후반에 Halver와 동료들은 왕연어를 대상으로 한 초기 연구를 수행했는데, 그들은 다양한 아미노산 검증 사료를 평가했다. 대부분의 성공적인 사료는 전체 암탉 닭알의 프로필을 기반으로 하였으며, 이 사료는 왕연어(Halver, 1957)의 질적 아미노산 요구량을 결정하는데 사용되었다. 결과적으로 10개 EAA의 정량적 요구량은 동일한 그룹에서 조사하여 다른 어종의 정량적 EAA 요구량 연구에 많은 분석 방법을 제공했다(Wilson, 1989). EAA 요구량의 정량적인 추정치는 함량-반응 연구로 수립되었지만 다른 많은 방법도 적용되었다. 이러한 방법론적 접근법은 혈장 또는 조직 아미노산 농도, 아미노산 산화율 같은 분석을 기반으로 한다. 그러나 방법은 항상 성장 연구에 보조적이었다(Kim et al., 1992c; Cowey, 1994).

5.4.2 성장 반응 분석

대부분의 EAA 요구량 추정치는 전통적인 성장 반응 분석에 근거하여 결정되었다. 단일 EAA 함량을 낮추고, 다른 모든 영양소 요구량은 충족하는 기초 사료에 연구하고자 하는 EAA를 농도별로 첨가하여 수행된다. 다양한 화학적 유형, 정제 원료, 천연 원료는 아미노산의 농도별 첨가 연구에 사용되었다. 대부분의 연구는 질소 성분이 아미노산 또는 아미노산과 카제인, 젤라틴의 혼합물로 구성된 원료를 사용하고, 일부 단백질(예: 암탉의 난자 단백질 또는 전체 단백질)에서 연구 대상 아미노산을 제외한 EAA 성분을 첨가하였다(Cowey, 1994). 이 사료는 조사의 목적에 따라 다른 생활사에도 적용할 수 있지만, 일반적으로 치어 또는 미성어기 어류에게 공급한다.

EAA 요구량의 정량화는 일반적으로 증체율을 기준으로 함량-반응 곡선 분석방법을 기반으로 수행된다. 증체율을 최대화하는 EAA의 최저 수준은 최소 사료 요구량으로 확인된다. 단백질과 EAA 축적은 증체율과 함께 반응 매개변수로서 많이 사용되고 있다(Pfeffer et al., 1992; Rodehutscord et al., 1995a, 1997; Hauler and Carter, 2001b; Encarnação et al., 2004). 이전 연구에서는 단백질과 EAA 축적이 합리적인 기준이 될 수 있는 것으로 여겨졌고, 단백질 축적에 근거한 요구량 추정치는 일부 연구에서 증체량에 근거하여 획득한 것보다 높은 것으로 나타났다(Encarnação et al., 2004).

여러 연구에서 단백질과 EAA 요구량을 추정하기 위해 대안 사료와 실험설계가 사용되었다(Gatlin et al., 1986; Gurure, 1997; Hung et al., 2004; Abboudi et al., 2006, 2007; Liebert and Benkendorff, 2007; Helland et al., 2010). 이러한 접근법은 영양학적으로 완전하거나 또는 그렇지 않은 사료를 단계별로 공급하여 유지, 최대 성장 또는 단백질 요구량을 추정하기 위한 단백질이나 아미노산의 단계적 섭취를 달성하는 요구량 비율 측정(RRL) 방법을 포함한다. 특정 EAA에서 처음으로 제한되는 것으로 알려진 '정상(summit)사료'의 연속 희석법이 아미노산 요구량을 추정할 수 있는 접근법이다. 이러한 접근법의 주요 이점은 사료 내 아미노산 균형이 동물에게 공급된 단계적 수준의 EAA에 따라 다른 사료에서는 변하지 않는다는 것이다(Gous and Morris, 1985; D' Mello, 2003). 그러나 에너지를 생성하는 영양소를 다양하게 첨가할 경우, 아미노산 균형을 이루는데 어려움이 발생할 수 있다(D' Mello, 2003). RRL 방법으로 얻은 요구량의 추정치는 일반적으로 절대값(예: g/fish BW/day)으로 표시되며 연구에서 관찰된 특정 조건(성장률과 단백질 축적)에만 적용될 수 있다.

5.4.3 전어체 아미노산 구성

이전 연구에서 양질의 사료를 섭취한 대다수의 어류가 아미노산을 체내 단백질에 축적시키는 것은 총 아미노산의 25~55%를 차지하는 것으로 나타났다. 결과적으로 단백질 축적은 어류의 아미노산 요구량을 결정짓는 요인 중 하나이며 축적된 체단백질 구성은 동물에게 필요한 사료의 지표를 제공하는데 사용될 수 있다. 어류의 아미노산 요구량의 초기 추정치는 어류, 알, 전어체 단백질의 아미노산 구성을 기반으로 했다

(Wilson, 1989; NRC, 1993). 이 접근법은 어류와 새우의 아미노산 요구량의 초기 추정치를 연구하는데 사용하는 대표적인 방법이며, 어류의 영양소 요구량은 제한된 정보를 이용할 수 있다(Kaushik, 1998; Kaushik and Seiliez, 2010). 그러나 가소화 아미노산(일반적으로 50% 미만)이 일반적으로 유지되기 때문에 EAA 구성이 동물에게 필요한 EAA 구성과 완전히 일치하지 않을 수 있다. 특정 아미노산은 조직에 우선적으로 보유되는 것으로 알려져 있는 반면에 다른 아미노산은 보다 큰 활성 대사 역할을 하는 것으로 보이며 효율성이 약하게 보존될 수 있다.

대부분의 경우 전어체 EAA 구성과 EAA 요구량(% 단백질) 사이에 합리적으로 일치하는 것이 관찰되었다. Wilson and Poe (1987)는 차넬메기의 EAA 요구량 패턴과 전어체 EAA 구성, 메기 알 EAA 구성 사이에 유사성을 관찰했다. Nose (1979)는 보편적인 잉어와 전어체 EAA 요구량 간에 일치하는 것을 발견했다.

또한 어류 EAA 요구량의 단순한 정량적 추정치를 생성하기 위해 전어체와 근육 단백질(Ogino, 1980; Mambrini and Kaushik, 1995) 또는 전어체 A:E 비율(EAA 함량/전어체 EAA × 1,000)(Arai, 1981; Moon and Gatlin, 1991; Wilson, 1994; Brown, 1995)을 사용하는데 이들은 아미노산의 '이상적인 단백질' 패턴 추정치의 기초가 되었다(이 장의 뒷부분에서 논의됨). 그러나 체내 단백질을 기반으로 하는 EAA 요구량은 류신과 라이신 같은 어체 단백질에 아미노산 요구량을 과대 산출하고 메티오닌과 트레오닌, 히스티딘, 아르기닌 같은 대사 아미노산의 요구량을 낮게 산출하는 것이 일반적이다.

5.4.4 아미노산 요구량의 요인 분석

어체 단백질 축적에 EAA 이용을 결정하는 주요 생물학적 과정의 통계 분석은 어류와 새우의 EAA 요구량을 추정하는데 주로 사용되고 있는 방법론적 접근법이다(Hauler and Carter, 2001b; Teshima et al., 2002; Bodin et al. 2008, 2009; Richard et al., 2010). 이러한 분석은 앞서 논의된 단백질과 에너지 요구량 분석의 확장이다(Lupatsch et al., 1998; Bureau et al., 2002; Glencross et al., 2010). EAA 요구량 요인분석은 일반적으로 서로 다른 방법론적 접근법(예: 전어체 EAA 구성, 유지 요구량 또는 이전 연구에서 얻은 비필수아미노산의 이화작용, 성장, 생물에너지학 모델링)에서 도출된 정보의 통합에 기초한다.

요인 분석은 사료 조성과 생활사, 성장률에 따라 EAA 요구량을 추정할 수 있기 때문에 실용적인 분석이다. 현재 요인 분석의 주된 한계는 EAA와 다른 영양소(예: 지방산, 포도당) 사이에 상호작용이 없다는 가정과 생리학적 상태에서의 아미노산의 활용도는 일정하다는 것과 '사료 섭취량'과 '에너지 요구량' 또는 '사료 전환 효율'이 '결정 요인'이라는 가정이다. 즉, 사료 조성, 영양 섭취, 영양소 간의 상호작용, 목표 단백질의 변화, 지질 축적 또는 생리적 상태와는 '독립적'인데 합리적이면서도 실용적인 EAA와 어류, 새우의 영양소 요구량을 개발하는데 더 많은 노력을 기울일 필요가 있다(Bureau and Encarnação, 2006; Hua and Bureau, 2010).

5.4.5 혈액과 근육 내 아미노산 수준

필요 이하의 섭취 수준에서는 EAA 요구량이 충족될 때까지 시험된 EAA의 혈청 또는 조직 함량을 낮게 유지한 다음 과도한 양의 아미노산이 공급될 때 높은 수준으로 증가시켜야 한다(Wilson, 1989). 이 기법은 EAA 요구량을 확증하는데 유용한 것으로 입증되었지만 특정한 경우에만 적용된다. 차넬메기에서는 혈청 라이신(Wilson et al., 1977)은 증체량으로 요구량을 추정하는데 유용했지만, 이 기술은 EAA 요구량을 평가하는데는 항상 신뢰할 수 있는 방법은 아니었다(Kaushik and Luquet, 1979; Hughes et al., 1983; Walton et al., 1986; Were, 1989; Kim et al., 1992b). 그 유효성은 ① 시험 EAA의 성질 ② 다른 아미노산 간의 상호작용 ③ 사료와 혈액 샘플링

사이의 경과 시간과 관련이 있는 것으로 보인다(Mambrini and Kaushik, 1995).

5.4.6 아미노산 산화 연구

직간접적인 산화 연구는 조직 내 존재하지 않는 아미노산 농도를 기반으로 하며 단백질 합성과 산화 사이의 EAA 분배를 측정한다(Kim et al., 1983). 직접 산화법은 연구 대상 EAA의 산화율이 낮아야 한다는 원리에 기초하는데, 이는 자유 아미노산 급원의 농도가 낮아야 하기 때문이다. 단백질 합성에 활용되는 주요 부분은 거의 산화되지 않는다(Kim et al., 1983). 따라서 시험된 아미노산의 산화율은 요구 수준에 도달한 다음 급격히 증가할 때까지 낮게 유지되어야 한다. 아미노산 산화의 현저한 증가를 초래하는 섭취 수준은 특정 아미노산의 요구량을 직접적으로 나타내는 지표일 수 있다(Kim et al., 1983).

간접적 산화연구는 연구 중인 EAA 이외의 다른 EAA의 산화를 측정한다. 이 경우 조직 단백질에 다른 아미노산을 결합시키는 것은 연구 중인 아미노산의 섭취 수준에 따라 제한되기 때문이다. 따라서 다른 아미노산의 산화 속도가 높아지게 된다. 연구 중인 아미노산의 사료 내 함량이 증가함에 따라 조직 단백질 합성은 점진적으로 증가할 것이고, 산화되는 다른 아미노산의 양은 단백질 합성을 위해 상대적으로 더 많은 양이 사용될 것이므로 감소할 것이다(Kim et al., 1983; Cowey, 1994).

이러한 기술은 무지개송어에서 시험되어 왔지만 그 성공은 제한적이다. 성장 실험과 비교하여 산화 연구는 라이신(Walton et al., 1984b) 요구량과 트립토판(Were, 1989) 요구량의 유사한 추정치를 제시했지만, 아르기닌 요구량은 신뢰할 수 없는 추정치를 도출했다(Fauconneau et al., 1992; Lall et al., 1994). 이러한 불일치는 다양한 EAA의 산화율, 표지된 아미노산 축적 차이 그리고 분석의 기술적 복잡성과 관련된 고유한 가변성으로 설명될 수 있다(Mambrini and Kaushik, 1995).

5.5 어류와 새우의 필수아미노산 요구량에 대한 연구

어류와 새우의 EAA 요구량 추정은 여러 연구(논문 200편 이상)의 목표였다. 이들 연구는 사용된 범위와 방법론적 접근법 면에서 매우 다양하게 수행되었다. 차넬메기, 잉어, 인도잉어(*Labeo rohita*와 *Cirrhinus cirrhosus*), 나일틸라피아(Nile tilapia), 태평양연어(Chinook, chum, coho)를 포함하여 여러 어종의 모든 필수아미노산 10개에 대해 정량적인 추정치가 연구되었다. 해산 어류(날새기, 황강달이, 민어, 농어, 돔, 터봇, 넙치 등) 연구가 많이 수행되었다. 그러나 EAA의 유의적인 숫자(10)와 전 세계에서 양식되는 어류와 새우 종의 수가 매우 많아 연구 노력은 비교적 괄목할 만한 것은 아니었다. 또한 여러 연구에서 실험설계가 부족하고, 신뢰할 수 있는 EAA 요구량의 추정치를 결정하기에 충분한 연구도 거의 수행되지 않았다. 다양한 어류와 새우 종의 EAA 요구량 추정에 투자된 노력의 질을 향상시킨다면, 어류 양식을 위한 영양소 연구에 크게 기여할 것이다.

표 5-6에서 **표 5-15**는 실험 조건과 어류의 EAA 요구량 관련 연구 결과를 요약한 것이다. **표 5-16**은 penaeid속 새우 종 연구에서 얻은 결과를 요약한 것이다. EAA 요구량의 추정치는 연구마다 크게 다르다. 이러한 다양성의 일부는 종간 차이에 기인할 수 있지만 종 내에서 중요한 가변성이 존재한다. 이 다양성은 실험설계와 조건(실험사료의 조성과 물리적 특성, 실험구와 반복구, 사료공급 방법과 성장률을 포함)뿐만 아니라 광범위한 수학적, 통계적 접근법에 기인할 수 있으며, EAA 요구량의 추정에 중요한 영향을 미칠 수 있다(Rodehutscord and Pack, 1999; Encarnação et al., 2004; Wang et al., 2010).

표 5-6 아르기닌(Arginine)

Species	IBW (g/fish)	Diet CP (%)	Diet DE (kcal/g)	Diet DE (kJ/g)	Arg Levels (% diet DM)	Estimated Arg Requirement	TGC (%)	Response Variable	Model	Reference
Atlantic salmon (*Salmo salar*)	383	42	3.51	14.7	1.13–2.86	2.0–2.2% of diet 4.8% of CP	0.10–0.21	Weight gain	Logistic model	Berge et al. (1997)
	110	40	4.06	17.0	1.1–3.2	1.6% of diet 4.1% of CP	0.18–0.22	Weight gain	Broken-line regression	Lall et al. (1994)
Asian sea bass (*Lates calcarifer*)	2.6	48	4.21	17.6	0–3.00	1.8% of diet 3.8% of CP	0.04–0.05	Weight gain	Broken-line regression	Murillo-Gurrea et al. (2001)
Black sea bream (*Sparus macrocephalus*)	10.5	38	4.18	17.5	1.85–3.46	2.8–3.1% of diet 7.7–8.1% of CP	0.06	Weight gain	Broken-line and quadratic regressions	Zhou et al. (2010a)
Channel catfish (*Ictalurus punctatus*)	195–205	24	2.29	9.6	0.20–1.60	1.0% of diet 4.3% of CP	0.02–0.12	Weight gain	Broken-line regression	Robinson et al. (1981)
Chinook salmon (*Oncorhynchus tshawytscha*)	3.5	40	3.78	15.8	1.60–3.60	2.4% of diet 6.0% of CP	0.07–0.09	Weight gain	ANOVA, least squares regression	Klein and Halver (1970)
Coho salmon (*Oncorhynchus kisutch*)	0.9	45	3.73–3.97	15.6–16.6	2.28–4.32	2.2–2.5% of diet 4.9–5.5% of CP	0.07–0.09	Weight gain	Broken-line regression	Luzzana et al. (1998)
	2.9–2.9	40	3.78	15.8	1.20–3.60	2.3% of diet 5.8% of CP	0.06–0.10	Weight gain	ANOVA, least squares regression	Klein and Halver (1970)
Common carp (*Cyprinus carpio*)	0.6	48	3.51	14.7	0–2.89	1.7% of diet 4.3% of CP	–0.03–0.04	Weight gain	Broken-line regression	Nose (1979)
European sea bass (*Dicentrarchus labrax*)	2.1	46	4.30	18	1.00–2.87	1.8% of diet 3.9% of CP	0.05–0.06	Weight gain	Broken-line regression	Tibaldi et al. (1994)
Hybrid catfish (*Clarias gariepinus* × *Clarias macrocephalus*)	0.6	40	3.59–3.61	15.0–15.1	1.00–2.25	1.8–2.0% of diet 4.5–5.0% of CP	0.12–0.22	Weight gain, feed conversion	Quadratic regression	Singh and Khan (2007)
Hybrid striped bass (*Morone saxatilis* × *Morone chrysops*)	3.1	33	3.47	14.5	1.0–2.4	1.5% of diet 4.4% of CP	0.16–0.17	Feed efficiency	Broken-line regression	Griffin et al. (1992)
	7.1	33	3.47	14.5	0.6–2.0	1.5% of diet 4.4% of CP	0.16–0.21	Weight gain, feed efficiency	ANOVA, broken-line regression	Griffin et al. (1992)
Mrigal carp (*Cirrhinus mrigala*)	0.6	40	3.51	14.7	1.00–2.25	1.8% of diet 4.6% of CP	0.02–0.04	Weight gain	ANOVA, quadratic regression	Ahmed and Khan (2004a)

(계속)

표 5-6 계속

Species	IBW (g/fish)	Diet CP (%)	Diet DE (kcal/g)	Diet DE (kJ/g)	Arg Levels (% diet DM)	Estimated Arg Reuirement	TGC (%)	Response Variable	Model	Reference
Japanese flounder (*Paralichthys olivaceus*)	1.9	50	3.75–3.87	15.7–16.2	1.25–3.25	2.0–2.5% of diet 4.1–4.9% of CP	0.05–0.09	Weight gain, feed conversion	Broken-line regression	Alam et al. (2002a,b)
Nile tilapia (*Oreochromis niloticus*)	0.02	28	2.01	8.4	0.60–1.80	1.2% of diet 4.2% of CP	0.05	Weight gain	Broken-line regression	Santiago and Lovell (1988)
Rainbow trout (*Oncorhynchus mykiss*)	2.5	30	4.28	17.9	1.01–5.65	1.4% of diet 4.2% of CP	0.12–0.15	Weight gain	Saturation kinetic model	Cho et al. (1992)
	2.6–4.7	40	3.35	14.0	1.30–2.40	1.4–1.7% of diet 3.5–4.2% of CP	0.14–015	Weight gain	Polynomial regression	Chiu et al. (1988)
	7.0	45	4.02	16.8	0.80–2.80	1.6–1.8% of diet 3.6–4.0% of CP	0.08–0.14	Weight gain	Broken-line regression	Walton et al. (1986)
	9.3	43	4.76–4.85	19.9–20.3	1.60–4.00	1.6% of diet 4.0% of CP	0.13–0.16	Weight gain	ANOVA Fisher's test	Fournier et al. (2003)
	12.4	50	3.59	15.0	0.47–2.50	1.4% of diet 4.0% of CP	0.11–0.18	Weight gain	Broken-line regression	Kim et al. (1992b)
Tilapia (*Sarotherodon mossambicus*)	1.7	40	3.01	12.6	1.59–3.18	1.6% of diet 4.0% of CP	0.04–0.05	Weight gain	ANOVA Duncan's multiple range test	Jackson and Capper (1982)
Turbot (*Psetta maxima*)	7.4	55	4.80–4.92	20.1–20.6	1.60–4.00	1.6–3.0% of diet 3.0–5.4% of CP	0.07–0.14	Weight gain	ANOVA Fisher's test	Fournier et al. (2003)
Yellow perch (*Perca flavescens*)	11.0	33	4.06	17.0	0.44–1.84	1.6% of diet 4.9% of CP	0.04–0.29	Weight gain	Quadratic regression	Twibell and Brown (1997)

표 5-7 히스티딘(Histidine)[a]

Species	IBW (g/fish)	Diet CP (%)	Diet DE (kcal/g)	Diet DE (kJ/g)	His Levels (% diet)	Estimated His Requirement	TGC (%)	Response Variable	Model	Reference
Channel catfish (*Ictalurus punctatus*)	200	24	2.87	12.0	0.10–0.80	0.4% of diet 1.5% of CP	0.03–0.18	Weight gain	Broken-line regression	Wilson et al.(1980)
Chinook salmon (*Oncorhynchus tshawytscha*)	2.9	40	3.73	15.6	0.70–1.30	0.7% of diet 1.8% of CP	0.09–0.10	Weight gain	Least squares regression	Klein and Halver (1970)
Chum salmon (*Oncorhynchus keta*)	1.5	40	3.85	16.1	0–2.11	0.7% of diet 1.6% of CP	0.05–0.10	Weight gain	Duncan's multiple range test	Akiyama et al. (1985)

표 5-7 계속

Species	IBW (g/fish)	Diet CP (%)	Diet DE (kcal/g)	Diet DE (kJ/g)	His Levels (% diet)	Estimated His Requirement	TGC (%)	Response Variable	Model	Reference
Coho salmon (*Oncorhynchus kisutch*)	3.2	40	3.73	15.6	0.50–1.30	0.7% of diet 1.8% of CP	0.08–0.09	Weight gain	Least squares regression	Klein and Halver (1970)
Common carp (*Cyprinus carpio*)	1.7	48	3.51	14.7	0–1.00	0.8% of diet 2.1% of CP	0.01–0.04	Weight gain	Broken-line regression	Nose (1979)
Mrigal carp (*Cirrhinus mrigala*)	0.6	40	ND	ND	0.25–1.50	0.9% of diet 2.1% of CP	—	Weight gain	Quadratic regression	Ahmed and Khan (2005a)
Nile tilapia (*Oreochromis niloticus*)	0.08	28	2.01	8.4	0.20–0.80	1.0% of diet 1.7% of CP	0.04–0.05	Weight gain	Broken-line regression	Santiago and Lovell (1988)
Rainbow trout (*Oncorhynchus mykiss*)	40.0	34	4.80	20.1	0.26–1.35	0.5–0.6% of diet 1.0–1.2% of CP	—	Weight gain, protein deposition	Exponential function	Rodehutscord et al. (1997)

[a]ND = 결정되지 않음.

표 5-8 이소류신(Isoleucine)

Species	IBW (g/fish)	Diet CP (%)	Diet DE (kcal/g)	Diet DE (kJ/g)	Ile Levels (% diet)	Estimated Ile Requirement	TGC (%)	Response Variable	Model	Reference
Channel catfish (*Ictalurus punctatus*)	200	28	2.87	12.0	0.3–1.30	0.6% of diet 2.6% of CP	0.04–0.18	Weight gain	Broken-line regression	Wilson et al. (1980)
Chinook salmon (*Oncorhynchus tshawytscha*)	1.0	41	3.54	14.8	0.50–2.00	1.0% of diet 2.6% of CP	0.03–0.08	Weight gain	Not reported	Chance et al. (1964)
Common carp (*Cyprinus carpio*)	3.5	48	3.51	14.7	0–4.29	1.0% of diet 2.5% of CP	−0.01–0.04	Weight gain	Broken-line regression	Nose (1979)
Mrigal carp (*Cirrhinus mrigala*)	0.6	40	3.51	14.7	0.50–1.75	1.3% of diet 3.2% of CP	0.02–0.03	Weight gain	Polynomial regression	Ahmed and Khan (2006)
Rohu carp (*Labeo rohita*)	0.4	40	3.51	14.7	0.75–2.00	1.5–1.6% of diet 3.8–4.0% of CP	0.02–0.04	Weight gain	Polynomial regression	Khan and Abidi (2007a)
Lake trout (*Salvelinus namaycush*)	3.2	35	3.49	14.6	0.54–1.26	0.7–0.9% of diet 1.5–2.1% of CP	0.12	Weight gain	Duncan's multiple range test	Hughes et al. (1983)
Nile tilapia (*Oreochromis niloticus*)	0.09	28	2.01	8.4	0.40–1.10	1.8% of diet 3.1% of CP	0.04–0.05	Weight gain	Broken-line regression	Santiago and Lovell (1988)
Rainbow trout (*Oncorhynchus mykiss*)	47.0	33	4.80	20.1	0.50–1.53	0.7–1.4% of diet 1.5–2.8% of CP	0.10–0.14	Weight gain, protein deposition	Exponential function	Rodehutscord et al. (1997)

표 5-9 류신(Leucine)[a]

Species	IBW (g/fish)	Diet CP (%)	Diet DE (kcal/g)	Diet DE (kJ/g)	Leu Levels (% diet)	Estimated Leu Requirement	TGC (%)	Response Variable	Model	Reference
Channel catfish (*Ictalurus punctatus*)	200	24	2.87	12.0	0.60–2.00	0.8% of diet 3.5% of CP	0.11–0.16	Weight gain	Broken-line regression	Wilson et al. (1980)
Chinook salmon (*Oncorhynchus tshawytscha*)	2.5	41	3.54	14.8	1.0–3.1	1.6% of diet 3.9% of CP	0.02–0.06	Weight gain	N/A	Chance et al. (1964)
Common carp (*Cyprinus carpio*)	0.5	48	3.51	14.7	0–2.50	1.3% of diet (with 1.0% isoleucine) 3.3% of CP	0.01–0.05	Weight gain	Broken-line regression	Nose (1979)
Mrigal carp (*Cirrhinus mrigala*)	0.6	40	3.51	14.7	0.75–2.00	1.5% of diet 3.9% of CP	0.02–0.03	Weight gain	Polynomial regression	Ahmed and Khan (2006)
Rohu carp (*Labeo rohita*)	0.4	40	3.51	14.7	0.75–2.00	1.5–1.6% of diet 3.8–3.9% of CP	0.01–0.03	Weight gain	Polynomial regression	Abidi and Khan (2007)
Lake trout (*Salvelinus namaycush*)	3.2	35	3.49	14.6	0.96–2.24	1.3–1.7% of diet 2.7–3.7% of CP	0.11–0.13	Weight gain	Duncan's multiple range test	Hughes et al. (1983)
Nile tilapia (*Oreochromis niloticus*)	0.06	28	2.01	8.4	0.60–1.20	1.9% of diet 3.4% of CP	0.05	Weight gain	Broken-line regression	Santiago and Lovell (1988)
Rainbow trout (*Oncorhynchus mykiss*)	6.0	43	ND	ND	1.10–13.4	3.4 of diet 9.2% of CP	0.12–0.16	Weight gain	Tukey's HSD test difference test	Choo et al. (1991)
	49.0	34	4.80	20.1	1.00–4.20	1.1–1.4% of diet 2.3–2.9% of CP	0.09–0.15	Weight gain, protein deposition	Exponential function	Rode-hutscord et al. (1997)

[a]ND = 결정되지 않음.

표 5-10 라이신[a]

Species	IBW (g/fish)	Diet CP (%)	Diet DE (kcal/g)	Diet DE (kJ/g)	Lys Levels (% diet)	Estimated Lys Requirement	TGC (%)	Response Variable	Model	Reference
Atlantic salmon (*Salmo salar*)	4.7	50	4.78	20.0	1.24–2.94	2.0% of diet 4.0% of CP	0.03–0.06	Weight gain	Broken-line regression	Anderson et al. (1993)
	642	43.8	3.51	14.7	0.4–5.6	2.2% of diet 5.0% of CP	0.15–0.26	Weight gain	Exponential equation	Espe et al. (2007)
Asian sea bass (*Lates calcarifer*)	13.1	45	4.09	17.1	0–1.50	2.1% of diet 4.5% of CP	0.05–0.07	Weight gain	Broken-line regression	Murillo-Gurrea et al. (2001)
Black sea bream (*Sparus macrocephalus*)	9.1	38	3.75–3.78	15.7–15.8	2.08–4.05	3.3% of diet 8.6% of CP	0.07–0.08	Weight gain	Polynomial regression	Zhou et al. (2010b)

표 5–10 계속

Species	IBW (g/fish)	Diet CP (%)	Diet DE (kcal/g)	Diet DE (kJ/g)	Lys Levels (% diet)	Estimated Lys Requirement	TGC (%)	Response Variable	Model	Reference
Channel catfish (*Ictalurus punctatus*)	200	24	2.87	12.0	0.75–1.65	1.2% of diet 5.1% of CP	0.09–0.18	Weight gain	Duncan's multiple range test	Wilson et al. (1977)
	200	30	2.87	12.0	0.75–2.00	1.5% of CP 5.0% of CP	0.05–0.15	Weight gain	Duncan's multiple range test	Robinson et al. (1980a)
Chum salmon (*Oncorhynchus keta*)	1.5	40	3.85	16.1	0–4.47	1.9% of diet 4.8% of CP	0.04–0.10	Weight gain	Duncan's multiple range test	Akiyama et al. (1985)
Cobia (*Rachycentron canadum*)	1.3	44	4.09	17.1	1.15–3.25	2.3% of diet 5.3% of CP	0.09–0.11	Weight gain	Broken-line regression	Q.-C. Zhou et al. (2007)
Common carp (*Cyprinus carpio*)	1.5	48	3.51	14.7	0–2.40	2.2% of diet 5.7% of CP	0.00–0.03	Weight gain	Broken-line regression	Nose (1979)
European sea bass (*Dicentrarchus labrax* L.)	0.9	50	4.18	17.5	1.20–2.45	2.2% of diet 4.4% of CP	0.04–0.05	Weight gain	Broken-line regression	Tibaldi and Lanari (1991)
Freshwater catfish (*Mystus nemurus*)	150	35	ND	ND	0.70–3.10	1.2% of diet 3.5% of CP	0.04–0.06	Weight gain	Nonlinear regression	Tantikitti and Chim-sung (2001)
Grass carp (*Ctenopharyngodon idella*)	3.2	38	3.30–3.42	13.8–14.3	0.69–3.08	2.1% of diet 5.4% of CP	0.02–0.04	Weight gain	Broken-line regression	Wang et al. (2005)
Grouper (*Epinephelus coloides*)	15.8	48	4.02	16.8	1.92–3.95	2.8% of diet 5.6% of CP	0.07–0.14	Weight gain	Broken-line regression	Luo et al. (2006)
Hybrid striped bass (*Morone chrysops* × *Morone saxatilis*)	8.0	35	3.25	13.6	1.14–2.37	1.4% of diet 4.0% of CP	0.09–0.11	Weight gain, plasma free lysine	Broken-line regression	Keembiyehetty et al. (1992)
	5–12	35	3.59	15.0	1.2–2.6	1.4% of diet 4.0% of CP	0.07–0.08	Weight gain	Broken-line regression	Griffin et al. (1992)
Mrigal carp (*Cirrhinus mrigala*)	0.6	40	ND	ND	1.50–2.75	2.3% of diet 5.8% of CP	0.02–0.04	Weight gain	Quadratic regression	Ahmed and Khan (2004b)
Japanese flounder (*Paralichthys olivaceusa*)	3.0	46	3.68–3.70	15.4–15.5	0–2.50	1.5–2.1% of diet 3.3–4.6% of CP	0.04–0.09	Weight gain, feed efficiency, N retention	Broken-line regression	Forster and Ogata (1998)
Japanese sea bass (*Lateolabrax japonicus*)	5.5	43	—	—	1.28–4.25	2.5–2.6% of diet 5.8–6.1% of CP	0.10–0.12	Weight gain, FER, PER	Broken-line regression	Mai et al. (2006)
Jundia (*Rhamdia quelen*)	1.4	33	—	—	3.00–6.50	1.5–1.7% of diet 4.5–5.1% of CP	0.02–0.03	Weight gain	Broken-line and polynomial regression	Montes-Girao and Fracalossi (2006)

(계속)

표 5-10 계속

Species	IBW(g/fish)	Diet CP (%)	Diet DE (kcal/g)	Diet DE (kJ/g)	Lys Levels (% diet)	Estimated Lys Requirement	TGC (%)	Response Variable	Model	Reference
Nile tilapia (*Oreochromis niloticus*)	0.04	28	2.01	8.4	1.10–1.90	1.4% of diet 5.1% of CP	0.04–0.05	Weight gain	Broken-line regression	Santiago and Lovell (1988)
	118	25	3.08	12.9	1.13-1.57	1.3–.4% of diet	0.07–0.09	Weight gain	Polynomial regression	Furuya et al. (2004a)
	5.7	30	3.23	13.5	1.04-1.74	1.44% of diet 5.23% of CP	0.12–0.15	Weight gain	Broken-line regression	Furuya et al. (2006)
Rainbow trout (*Oncorhynchus mykiss*)	5.0	45	4.04	16.9	1.00–2.60	1.9% of diet 5.3% of CP	0.11-0.17	Weight gain	Duncan's multiple range test	Walton et al. (1984b)
	5.2	50	4.80-4.95	20.1-20.7	1.30–3.40	2.1–2.7% of diet 6.6–8.4% of CP	0.16-0.21	Weight gain, protein gain, lysine gain	Exponential, polynomial and broken-line regression	Wang et al. (2010)
	7.0	45	4.04	16.9	1.00–2.60	1.9% of diet 4.3% of CP	0.17-0.28	Weight gain	Broken-line regression	Walton et al. (1986)
	13.7	35	3.59	15.0	0.72–1.60	1.3% of diet 3.7% of CP	0.12-0.20	Weight gain	ANOVA	Kim et al. (1992b)
	51.0	34	4.80	20.1	0.45–5.80	1.4–2.5% of diet 3.0–5.3% of CP	0.09-0.15	Weight gain, protein gain	Exponential function	Rode-hutscord et al. (1997)
	14.9	45	3.51-4.02	14.7-16.8	1.50–2.25	1.8–2.3% of diet 4.1–5.1% of CP	0.21-0.26	Weight gain	ANOVA	Cheng et al. (2003b)
	24.0	40	4.21-5.07	17.6-21.2	1.20–2.50	1.8–2.3% of diet 4.5–5.8% of CP	0.16-0.22	Weight gain	Broken-line regression, fourpara-meter logistic equation, exponential equation	Encarnacao et al. (2004)
Encarnacao et al. (2004)	1.70	46	3.92-4.21	16.4-17.6	0-2.50	1.7–.1% of diet 3.6–.4% of CP	0.06–0.10	Weight gain, feed efficiency, N gain	Broken-line regression	Forster and Ogata (1998)
Tilapia (*Sarotherodon mossambicus*)	1.70	40	3.01	12.6	1.42-2.44	1.6% of diet 4.1% of CP	0.03-0.05	Weight gain	Duncan's multiple range test	Jackson and Capper (1982)
Turbot (*Psetta maxima*)	18.1	50	4.42	18.5	1.19-3.11	2.5% of diet 5.0% of CP	0.04-0.06	Weight gain	Broken-line regression	Peres and Oliva-Teles(2008)

[a]ND = 결정되지 않음.

표 5-11 메티오닌(Methionine)[a]

Species	IBW (g/fish)	Diet CP (%)	Diet DE (kcal/g)	Diet DE (kJ/g)	Met Levels (% diet)	Estimated Met Requirement	TGC (%)	Response Variable	Model	Reference
Arctic charr (*Salvelinus alpinus*)	20.5	40	4.52–4.68	18.9–19.6	0.90–2.40	0.7% of diet (with 0.2% Cys) 1.8% of CP	0.04–0.21	Weight gain	Quadratic regression	Simmons et al. (1999)
Atlantic salmon (Salmo salar)	493	42.9	4.9	ND	0.7–1.28	0.7% of diet (with 0.6% Cys) 1.73% of CP	0.32–0.40	Weight gain	ANOVA	Espe et al. (2008)
Asian sea bass (*Lates calcarifer*)	2.59	46	3.82	16.0	0.62–1.26	1.0% of diet (with 0.3% Cys) 2.2% of CP	0.07–0.08	Weight gain	Duncan's multiple range test, break point analysis	Coloso et al. (1999)
Channel catfish (*Ictalurus punctatus*)	200	24	2.53	10.6	0.25–0.81	0.6% of diet 2.3% of CP	0.10–0.17	Weight gain	Linear regression	Harding et al. (1977)
Cobia (*Rachycentron canadum*)	11.6	44	4.11	17.2	0.61–1.68	1.2% of diet (with 0.7% Cys) 2.6% of CP	0.09–0.13	Weight gain	Quadratic regression	Q. C. Zhou et al. (2006)
Common carp (*Cyprinus carpio*)	2.4	48	3.51	14.7	0–1.20	0.8% of diet (with 2.0% Cys) 2.0% of CP	0.00–0.02	Weight gain	Broken- line regression	Nose (1979)
European sea bass (*Dicentrarchus labrax*)	13.4	44	4.06	17.0	0.49–1.62	0.8–0.9% of diet	0.03–0.05	Weight	Broken-	Tulli et al.
Hybrid striped bass (*Morone chrysops × Morone saxatilis*)	52.7	35	3.25	13.6	0.60–1.60	0.8–0.9% of diet(with 1.3% Cys) 1.8–2.0% of CP	0.03–0.09	Weight gain	Broken-line regression	Keem-biy-ehetty and Gatlin (1993)
	94.4	35	3.25	13.6	0.60–1.00	0.9% of diet (with 1.3% Cys) 1.9% of CP	0.06–0.11	Weight gain	Broken-line regression	Keembiy-ehetty and Gatlin (1993)
Japanese flounder (*Paralichthys olivaceus*)	2.8	50	3.78–3.82	15.8–16.0	0.53–2.03	1.4–1.5% of diet (with 0.06% Cys) 2.9–3.0% of CP	0.02–0.11	Weight gain, feed efficiency	Broken-line regression	Alam et al. (2000)
Mrigal carp (*Cirrhinus mrigala*)	3.9	40	2.86	12.0	0.50–2.00	1.0–1.2% of diet (with 1.0% Cys) 2.0–3.0% of CP	—	Weight gain	Polynomial regression	Ahmed et al. (2003)

(계속)

표 5-11 계속

Species	IBW (g/fish)	Diet CP (%)	Diet DE (kcal/g)	Diet DE (kJ/g)	Met Levels (% diet)	Estimated Met Requirement	TGC (%)	Response Variable	Model	Reference
Nile tilapia (*Oreochromis niloticus*)	0.06	28	2.01	8.4	0.15–1.35	0.8% of diet (with 0.2% Cys) 2.7% of CP (with 0.5% Cys)	0.04–0.05	Weight gain	Broken-line regression	Santiago and Lovell (1988)
	1.3	30.6	3.06	12.8	0.89–1.29	1.1% of diet (total sulfur amino acids) 2.1% of CP	0.07–0.08	Weight gain	Polynomial regression	Furuya et al. (2001)
	1.28	28	3.35	14.0	0.31–1.01	0.85% of the diet (total sulfur amino acids) 2.8% of CP	0.02–0.04	Weight gain	Broken-line (2009)	Nguyen and Davis
Rainbow trout (*Oncorhynchus mykiss*)	2.5	40	4.35	18.2	0–2.20	0.8% of diet 1.9% of CP	0.11–0.13	Weight gain	ANOVA	Cowey et al. (1992)
	11.0–15.0	45	3.59	15.0	0.23–0.80	0.5% of diet (with 0.5% Cys) 1.5% of CP	0.11–0.18	Weight gain	Broken-line regression	Kim et al. (1992a)
	51.0	34	4.80	20.1	0–1.20	0.4–0.9% of diet 0.7–1.9% of CP	0.09–0.15	Weight gain, protein deposition	Regression analysis	Rodehut-scord et al. (1995a)
Red drum (*Sciaenops ocellatus*)	0.9	35	3.25	13.6	0.35–1.85	0.9% of diet (with 0.12% Cys) 2.7% of CP (with 0.3% Cys)	0.02–0.09	Weight gain	Broken-line regression	Moon and Gatlin (1991)
Mossambique tilapia (*Oreochromis mossambicus*)	1.7	40	3.01	12.6	0.53–0.86	0.5% of diet (with 0.7% Cys) 1.3% of CP	0.04–0.05	Weight gain	Duncan's multiple range test	Jackson and Capper (1982)
Yellow croaker (*Pseudosciaena crocea*)	1.2	43	3.82	16	0.66–1.89	1.3–1.4% of diet (with 0.29% Cys) 3.2–3.3% of CP (with 0.78% Cys)	0.06–0.08	Specific growth rate, feed conversion efficiency	Polynomial regression	Mai et al. (2006)
Yellow perch (*Perca flavescens*)	4.7	34	3.51	14.7	0.37–1.77	1.0% of diet (with 0.03% Cys) 3.1% of CP	0.01–0.03	Weight gain	Broken-line regression	Tibwell et al. (2000)
	8.2	34	3.51	14.7	0.5–1.2 (TSAA)	0.85% of diet (TSAA) 2.5% of CP	0.01–0.05	Weight gain	Broken-line regression	Tibwell et al. (2000)

[a]ND = 결정되지 않음.

표 5-12 페닐알라닌(Phenylalanine)

Species	IBW (g/fish)	Diet CP (%)	Diet DE (kcal/g)	Diet DE (kJ/g)	Phe Levels (% diet)	Estimated Phe Requirement	TGC (%)	Response Variable	Model	Reference
Channel catfish (*Ictalurus punctatus*)	195–205	24	2.29	9.6	0.20–0.80	0.5% of diet (with 0.6% Tyr) 2.1% of CP	0.05–0.12	Weight gain, feed efficiency	Broken-line regression	Robinson et al. (1980b)
Chinook salmon (*Oncorhynchus tshawytscha*)	2.5	41	3.54	14.8	0.96–3.50	1.7% of diet (with 0.4% Tyr) 4.4% of CP	0.04–0.05	Weight gain	Not reported	Chance et al. (1964)
Common carp (*Cyprinus carpio*)	1.5	48	3.51	14.7	0–2.75	1.3% of diet (with 2.9% Tyr) 3.3% of CP (with 2.9% Tyr) 2.5% of diet (with 0% Tyr) 6.5% of CP (with 0% Tyr)	–0.01–0.04	Weight gain	Broken-line regression	Nose (1979)
Rohu carp (*Labeo rohita*)	0.2	40	3.51	14.7	0.40–1.65	1.2% of diet (with 1.0% Tyr) 2.9–3.1% of CP (with 2.5% Tyr)	0.02–0.03	Weight gain, feed efficiency	Polynomial and quadratic regression	Khan and Abidi (2007b)
Mrigal carp (*Cirrhinus mrigala*)	0.6	40	3.35	14	0.50–1.75	1.3% of diet (with 0.1% Tyr) 3.3% of CP	0.02–0.03	Weight gain	Quadratic regression	Ahmed (2009)
Nile tilapia (*Oreochromis niloticus*)	0.01	28	2.01	8.4	0.60–1.80	1.1% of diet (with 0.5% Tyr) 3.8% of CP	0.04–0.05	Weight gain	Broken-line regression	Santiago and Lovell (1988)
Rainbow trout (*Oncorhynchus mykiss*)	12.7	35	3.82	16.0	0.26–1.75	0.7% of diet 2.0% of CP	0.06–0.13	Weight gain	ANOVA	Kim (1993)

표 5-13 트레오닌(Threonine)[a]

Species	IBW (g/fish)	Diet CP (%)	Diet DE (kcal/g)	Diet DE (kJ/g)	Thr Levels (% diet)	Estimated Thr Requirement	TGC (%)	Response Variable	Model	Reference
Atlantic salmon (*Salmo salar*)	1.8	40	4.78	20	0.50–2.18	1.1% of diet 2.6% of CP	0.02–0.08	Weight gain, protein gain, threonine accretion	Broken-line regression	Bodin et al. (2008)
Channel catfish (*Ictalurus punctatus*)	195–205	24	2.29	9.6	0.30–1.25	0.5% of diet 2.2% of CP	0.08–0.16	Weight gain	Duncan's multiple range test	Wilson et al. (1978)
Chum salmon (*Oncorhynchus keta*)	1.5	40	3.85	16.1	0–2.56	1.2% of diet 3.0% of CP	0.03–0.09	Weight gain	Duncan's multiple range test	Akiyama et al.(1985)
Common carp (*Cyprinus carpio*)	1.9	48	3.51	14.7	0–2.00	1.5% of diet 3.9% of CP	–0.01–0.04	Weight gain	Broken-line regression	Nose (1979)
European sea bass (*Dicentrarchus labrax*)	7.5	49	4.25	17.8	0.76–2.46	1.1–1.3% of diet 2.3–2.6% of CP	0.05–0.06	Weight gain	Broken-line, quadratic regressions and sigmoidal model	Tibaldi and Tulli (1999)
Hybrid striped bass (*Morone chrysops* × *Morone saxatilis*)	3.0 9.8	35 35	3.25 3.25	13.6 13.6	0.49–1.25 0.49–1.75	0.9% of diet 2.6% of CP 0.8% of diet 1.8% of CP	0.06–0.08 0.07–0.10	Weight gain, feed efficiency Weight gain, feed efficiency	Broken-line regression Broken-line regression	Keembiy-ehetty and Gatlin(1997b) Keembiy-ehetty and Gatlin(1997b)
Indian catfish (*Heteropneustes fossilis*)	3.6	40	ND	ND	0.50–1.75	1.3% of diet 3.2% of CP	0.02–0.05	Weight gain	Polynomial regression	Ahmed (2007)
Mrigal carp (*Cirrhinus mrigala*)	0.5	40	3.51	14.7	1.00–2.25	1.8% of diet 4.5% of CP	0.02–0.03	Weight gain	Polynomial regression	Ahmed et al. (2004)
Rohu carp (*Labeo rohita*)	0.6	40	3.51	14.7	0.75–2.00	1.5–1.7% of diet 3.8–4.2% of CP	0.01–0.03	Weight gain	Polynomial regression	Abidi and Khan (2008)
Nile tilapia (*Oreochromis niloticus*)	0.05	28	2.01	8.4	0.20–1.60	1.1% of diet 3.8% of CP	0.04–0.05	Weight gain	Broken-line regression	Santiago and Lovell (1988)
Rainbow trout (*Oncorhynchus mykiss*)	1.8	40	4.78	20.0	0.50–2.18	1.1% of diet 2.6% of CP	0.07–0.16	Weight gain, protein gain, threonine accretion	Broken-line regression	Bodin et al. (2008)
Red drum (*Sciaenops ocellatus*)	2.8	35	3.20	13.4	0.49–1.25%	0.8% of diet 2.3% of CP	–0.04–0.14	Weight gain, feed efficiency, PER	Broken-line regression	Boren and Gatlin (1995)

[a]ND = 결정되지 않음.

표 5-14 트립토판(Tryptophan)

Species	IBW (g/fish)	Diet CP (%)	Diet DE (kcal/g)	Diet DE (kJ/g)	Trp Levels (% diet)	Estimated Trp Requirement	TGC (%)	Response Variable	Model	Reference
Channel catfish (*Ictalurus punctatus*)	195–205	24	2.29	9.6	0.05–0.34	0.1% of diet 0.5% of CP	0.04–0.16	Weight gain	Duncan's multiple range test	Wilson et al. (1978)
Common carp (*Cyprinus carpio*)	1.8	48	3.51	14.7	0–0.50	0.3% of diet 0.8% of CP	–0.01–0.04	Weight gain	Broken-line regression	Nose (1979)
Hybrid striped bass (*Morone chrysops* × *Morone saxatilis*)	42.4	35	3.61	15.1	0.10–1.40	0.2–0.3% of diet 0.6–0.7% of CP	0.02–0.05	Weight gain, protein retention efficiency	Nonlinear regression	Gaylord et al. (2005)
Mrigal carp (*Cirrhinus mrigala*)	0.6	40	4.09	17.1	0.06–0.56	0.4% of diet 1.0% of CP	0.01–0.03	Weight gain	Polynomial regression	Ahmed and Khan (2005b)
Nile tilapia (*Oreochromis niloticus*)	0.06	28	2.01	8.4	0.05–0.45	0.28% of diet 1.0% of CP	0.04–0.05	Weight gain	Broken-line regression	Santiago and Lovell (1988)
Rainbow trout (*Oncorhynchus mykiss*)	1.6	42	3.92	16.4	0.00–0.38	0.2% of diet 0.6% of CP	0.01–0.12	Weight gain	Duncan's multiple range test	Poston and Rumsey (1983)
	7.0	45	3.90	16.3	0.08–2.60	% of diet % of CP	0.02–0.13	Weight gain	Break-point plot	Walton et al. (1986)
	14.0	55	4.37	18.3	0.08–0.60	0.3% of diet 0.9% of CP	0.02–0.11	Weight gain	Duncan's multiple range test	Walton et al. (1984a)
	50.0	33	4.80	20.1	0.13–0.56	0.1–0.2% of diet 0.3–0.4% of CP	0.07–0.14	Weight gain, protein deposition	Exponential function	Rodehut-scord et al. (1997)

표 5-15 발린(Valine)[a]

Species	IBW (g/fish)	Diet CP (%)	Diet DE (kcal/g)	Diet DE (kJ/g)	Val Levels (% diet)	Estimated Val Requirement	TGC (%)	Response Variable	Model	Reference
Channel catfish (*Ictalurus punctatus*)	200	24	2.87	12.0	0.40–1.60	0.7% of diet 3.0% of CP	0.07–0.16	Weight gain	Broken-line regression	Wilson et al. (1980)
Common carp (*Cyprinus carpio*)	1.5	48	3.51	14.7	0–1.50	1.40% of diet 3.60% of CP	0.00–0.03	Weight gain	Broken-line regression	Nose (1979)
Mrigal carp (*Cirrhinus mrigala*)	0.6	40	3.51	14.7	0.75–2.00	1.52% of diet 3.80% of CP	0.02–0.03	Weight gain	Polynomial regression	Ahmed and Khan (2006)
Rohu carp (*Labeo rohita*)	0.16	40	ND	ND	0.75–2.00	1.50% of diet 3.75% of CP	–0.01	Weight gain	Polynomial regression	Abidi and Khan (2004)
Lake trout (*Salvelinus namaycush*)	7.0	35	3.87	16.2	0.78–1.82	0.8–1.0% of diet 1.8–2.2% of CP	0.03–0.06	Weight gain	Duncan's multiple range test	Hughes et al. (1983)
Nile tilapia (*Oreochromis niloticus*)	0.09	28	2.01	8.4	0.04–1.40	1.6% of diet 2.8% of CP	0.04–0.05	Weight gain	Broken-line regression	Santiago and Lovell (1988)
Rainbow trout (*Oncorhynchus mykiss*)	49.0	34	4.80	20.1	0.62–3.42	0.8–1.6% of diet 1.7–3.4% of CP	0.03–0.14	Weight gain, protein deposition	Exponential function	Rodehutscord et al. (1997)

[a]ND = 결정되지 않음.

표 5-16 새우의 필수아미노산 요구량 요약[a]

Species	EAA Studied	IBW (g/shrimp)	Diet CP (%)	Diet DE (kcal/g)	Diet DE (kJ/g)	EAA Level (% diet)	Estimated EAA Requirement	Response variable	Model	Reference
Atlantic ditch shrimp (*Palaemonetes varians*)	Arg	0.02	45	3.51	14.7	1.10–2.70	1.9–2.1% of diet 4.2–4.7% CP	Weight gain, feed efficiency	Broken-line regression, exponential model	Palma et al. (2009)
	Lys	0.02	45	3.51	14.7	1.10–2.80	1.9–2.1% of diet 4.2–4.7% CP	Weight gain, feed efficiency	Broken-line regression, exponential model	Palma et al. (2009)
	Met	0.02	45	3.51	14.7	0.50–1.30	0.9–1.1% of diet (with 0.8% Cys) 2.0–2.4% CP	Weight gain, feed efficiency	Broken-line regression, exponential model	Palma et al. (2009)
Kuruma shrimp (*Marsupenaeus japonicus*)	Arg	0.25	50	3.37	14.1	1.20–3.19	2.7% of diet 5.3% of CP	Weight gain	Broken-line regression	Alam et al. (2004)
	Arg	0.79	50	3.37	14.1	ND	1.6% of diet 3.2% of CP	Weight gain	Factorial model based on EAA profiles of whole-body protein	Teshima et al. (2002)
	His	0.79	50	3.37	14.1	ND	0.6% of diet 1.2% of CP	Weight gain	Factorial model based on EAA profiles of whole-body protein	Teshima et al. (2002)
	Ile	0.79	50	3.37	14.1	ND	1.3% of diet 2.6% of CP	Weight gain	Factorial model based on EAA profiles of whole-body protein	Teshima et al. (2002)
	Leu	0.79	50	3.37	14.1	ND	1.9% of diet 3.8% of CP	Weight gain	Factorial model based on EAA profiles of whole-body protein	Teshima et al. (2002)
	Lys	0.79	50	3.37	14.1	ND	1.9% of diet 3.8% of CP	Weight gain	Factorial model based on EAA profiles of whole-body protein	Teshima et al. (2002)
	Met	0.79	50	3.37	14.1	ND	0.7% of diet 1.4% of CP	Weight gain	Factorial model based on EAA profiles of whole-body protein	Teshima et al. (2002)
	Phe	0.79	50	3.37	14.1	ND	1.5% of diet 3.0% of CP	Weight gain	Factorial model based on EAA profiles of whole-body protein	Teshima et al. (2002)
	Thr	0.79	50	3.37	14.1	ND	1.3% of diet 2.6% of CP	Weight gain	Factorial model based on EAA profiles of whole-body protein	Teshima et al. (2002)

(계속)

표 5-16 계속

Species	EAA Studied	IBW (g/ shrimp)	Diet CP (%)	Diet DE (kcal/g)	Diet DE (kJ/g)	EAA Level (% diet)	Estimated EAA Requirement	Response variable	Model	Reference
	Trp	0.79	50	3.37	14.1	ND	0.4% of diet 0.8% of CP	Weight gain	Factorial model based on EAA profiles of whole-body protein	Teshima et al. (2002)
	Val	0.79	50	3.37	14.1	ND	1.4% of diet 2.8% of CP	Weight gain	Factorial model based on EAA profiles of whole-body protein	Teshima et al. (2002)
Black tiger shrimp (*Penaeus monodon*)	Arg	0.02	40	ND	ND	0.60–3.00	1.9% of diet 5.3% of CP	Weight gain	Broken-line regression	Millamena et al. (1998)
	Arg	0.32	45	ND	ND	1.31–3.61	2.5% of diet 5.5% of CP	Weight gain	Broken-line regression	Chen et al. (1992)
	His	0.02	35–40	ND	ND	0.42–1.17	0.8% of diet 2.2% of CP	Weight gain	Quadratic regression	Millamena et al. (1999)
	Ile	0.02	35–40	ND	ND	0.52–2.02	1.0% of diet 2.7% of CP	Weight gain	Broken-line regression	Millamena et al. (1999)
	Leu	0.02	35–40	ND	ND	0.95–2.95	1.7% of diet 4.3% of CP	Weight gain	Quadratic regression	Millamena et al. (1999)
	Lys	0.02	40	ND	ND	1.18–3.28	2.1% of diet 5.2% of CP	Weight gain	Broken-line regression	Millamena et al. (1998)
		2.4	34	ND	ND	0.6–4.5	2.0% of diet (5.8% of CP)	Weight gain	Dilution technique/ factorial model	Richard et al. (2010)
	Met	0.02	37	3.61	15.1	0.72–1.12	0.9% of diet (with 0.4% Cys) 2.4% of CP	Weight gain	Broken-line regression	Millamena et al. (1996)
		2.4	34	ND	ND	0.3–1.6%	0.9% of diet (0.1–0.3% Cys) 2.9% of CP	Weight gain	Dilution technique/ factorial model	Richard et al. (2010)
	Phe	0.02	35–40	ND	ND	0.62–2.12	1.4% of diet 3.7% of CP	Weight gain	Quadratic regression	Millamena et al. (1999)
	Thr	0.05	40	ND	ND	0.72–2.12	1.4% of diet 3.5% of CP	Weight gain	Quadratic regression	Millamena et al. (1997)
	Trp	0.02	35–40	ND	ND	0.04–0.36	0.2% of diet 0.5% of CP	Weight gain	Quadratic regression	Millamena et al. (1999)
Pacific white shrimp (*Litopenaeus vannamei*)	Lys	0.10 0.10	35 45	3.13 3.39	13.1 14.2	1.2–2.3 1.5–3.0	1.6% of diet 4.5% of CP 2.1% of diet 4.7% of diet	Weight gain Weight gain	Broken-line regression Broken-line regression	Fox et al. (1995) Fox et al. (1995)

[a]ND = 결정되지 않음.

5.6 사료 배합과 필수아미노산 요구량

영양소 요구량은 사료 배합의 영양소 권장사항으로 변환하는데 유용하게 사용된다. 어류와 새우의 필수아미노산(EAA) 요구량을 충족하는 비용 효율적인 사료를 조성하는 것은 어려운 부분이다. 양어사료는 가소화 단백질과 지질, 탄수화물, DE 함량 면에서 구성의 다양성이 크기 때문에 가축 사료와 다르다(Encarnação et al., 2004; Bureau and Encarnação, 2006). 사료 조성이 EAA 이용률, 어류와 새우에 미치는 영향에 대한 연구는 제한적이므로 논쟁의 여지가 있다(Encarnação et al., 2004, 2006, Bureau and Encarnação, 2006). EAA 요구량이 어떻게 표현되어야 하고 사료 배합에서 적절한 EAA 수준을 어떻게 계산해야 하는지는 연구자 사이에 상당한 의견 차이가 존재한다(Bureau and Encarnação, 2006). 이러한 상황은 어류의 EAA 요구량의 정보를 검토하고 해석하는 능력을 제한한다. 예를 들어, 양어용 상업사료 내 단백질의 가변성 및 DE 함량 계산에서 의견 차이가 존재하므로 향후 지속적인 연구가 필요하다(Encarnacao et al., 2004; Bureau and Encarnacao, 2006).

5.6.1 기본 접근법과 고려사항

사료를 배합할 때 영양소의 첨가와 손실, 성분 변화, 소화율, 사료원 내 영양소의 생물학적 이용 가능성, 환경적 요인과 생물학적 요인에 따른 요구량의 변화를 보상하기 위해 설정된 EAA 요구량보다 높은 함량이 포함된다(NRC, 1993). 이 함량의 일부는 실험사료에 사용되는 고품질 사료원과 비교하여 사료원의 낮은 소화율을 고려하는데 해당한다(NRC, 1993). EAA 요구량의 대부분 추정치는 공급된 EAA가 어류에서 거의 100% 소화가 가능한 사료로 결정되었다. EAA 요구량은 가소화 아미노산 요구량(총 아미노산 요구량과 반대 개념)으로 가정해야 한다(NRC, 1993). 실제 상업적 사료의 아미노산 소화율은 실험적 사료의 소화율보다 현저히 낮을 수 있다(Cho and Bureau, 1997). 일반적인 사료원의 단백질과 아미노산의 가소화 추정치는 제12장에 자세히 설명되어 있다.

사료 배합에서 아미노산이 결핍된 경우(예: 질이 낮은 단백질로 조성된 경우), 어류의 가소화 EAA 요구량을 충족시키기 위한 3가지 기본 접근법이 존재한다. ① 사료의 총 단백질 함량 증가(**그림 5-5a**) ② 결정성 아미노산(crystalline amino acid)으로 첨가(**그림 5-5b**) 또는 ③ 상이한 아미노산 구성을 지닌 다른 단백질원을 조합하여 사용(**그림 5-5c**, 예: Guillaume et al., 1999). 이러한 3가지 접근법은 영양학자 사이에 일부 의견 차이가 있지만 수용 가능한 것으로 간주된다(이 문제 중 일부는 아래에서 검토).

5.6.2 결정성 아미노산 효과

결정성 아미노산(CAA)은 40년 이상 동물의 EAA 요구량을 충족시키기 위해 상업적으로 사용되어 왔다. 화학 합성으로 생성된 DL-메티오닌과 발효로 생성된 L-라이신은 1960년대 초부터 시작되었고, L-트레오닌과 L-트립토판은 1980년대, L-이소류신과 L-발린은 1990년대부터 동물 사료에 사용되기 시작했다. 생명공학의 발전으로 아미노산의 대규모 생산비용을 절감할 수 있게 되었고, 이는 동물 사료에 보충 아미노산의 사용을 확대하는 주된 요인 중 하나가 되었다. 어분의 고비용과 '불완전한' EAA 구성으로 보다 경제적인 단백질 공급이 필요하게 되었고, 이에 따라 CAA는 어류의 EAA 요구량을 충족시키기 위해 점점 더 많이 사용되고 있다. 따라서 CAA는 비용 효율적인 양어사료 조성의 핵심 구성 요소가 되었다. 그럼에도 불구하고 양식업의 일부 종사자는 사료 내 CAA 사용의 효율성 우려 때문에 어류와 새우의 EAA 요구량을 충족시키기 위한 CAA의 광범위한 사용을 비교적 오랜 시간이 흐른 후에 사용하였다. 여러 연구에 따르면 CAA는 어류의 EAA 요구량을 충족하는 안정적인 단백질에서 유래한 것인 만큼 효율적으로 이용될 수 있음을 증명하였다(Murai et

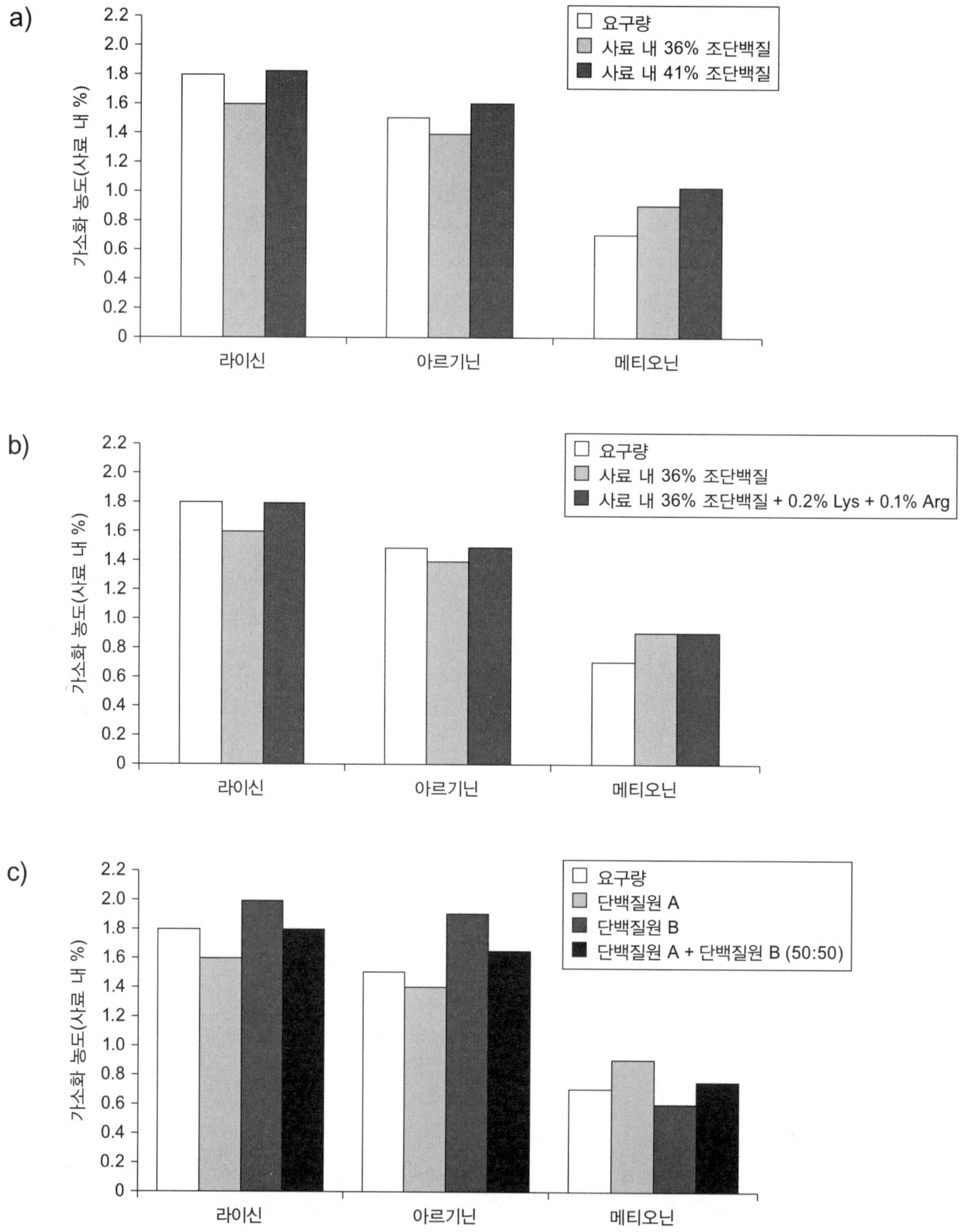

그림 5–5 세 가지 접근법을 사용한 무지개송어(*Oncorhynchus mykiss*)의 필수아미노산 요구량: (a) 사료 내 단백질 수준 증가, (b) 결정질 아미노산 보충제, (c) 다른 상보적 아미노산 프로필을 가진 단백질 조합 사용.

al., 1987; Kim et al., 1991; Espe and Lied, 1994; Rodehutscord et al., 1995b; Rollin, 1999; Williams et al., 2001; Rollin et al., 2003; Espe et al., 2006). 반대로 CAA는 안정적인 단백질로 공급되는 EAA보다 낮은 효율로 활용되는 것으로 나타나기도 하였다(Yamada et al., 1981b; Murai et al., 1987; Espe and Njaa, 1991; Schuhmacher et al. Zarate and Lovell, 1997; de la Higuera et al., 1998; Refstie et al., 2001; Sveier et al., 2001; Liu et al., 2002; Dabrowski et al., 2003; Peres and Oliva-Teles, 2005; El Haroun and Bureau, 2006; Hauler et al., 2007; X. Q. Zhou et al., 2007; Dabrowski et al., 2010).

CAA가 단백질 결합 아미노산보다 위장관에서 더 빠르게 흡수될 수 있다는 사실이 다른 어종과 새우 종을 대상으로 수행한 여러 연구에서 입증되었다(Deshimaru, 1976; Yamada et al., 1981a; Kaushik and Dabrowski, 1983; Murai et al., 1987; Cowey and Walton, 1988; Tantikitti and March, 1995; Zarate and Lovell, 1997; Zarate et al., 1999). 이처럼 빠르게 흡수되면 CAA로 제공되는 아미노산의 조직 또는 혈장 농도가 일시적으로 높아질 수 있는데, 이는 단백질 소화에서 유래된 아미노산 간의 대사 불일치와 CAA의 더 많은 부분이 대사될 수 있기 때문이다(Batterham, 1984; Cowey and Walton, 1988; Tantikitti and March, 1995; Schumacher et al., 1997; Zarate et al., 1999; Fox et al., 2006). 이 가설은 사료를 더 자주 섭취한 동물에서 CAA의 대사 효용성이 더 우수하다는 증거로 뒷받침된다(Batterham and Morrison, 1981; Tacon and Cowey, 1985; Tantikitti and 1995, March; Zarate et al., 1999). 코팅, 캡슐화 또는 중합 기술을 사용하여 CAA의 용해도와 흡수율을 감소시키면 어류와 새우에서 CAA의 이용 효율이 향상되는 것으로 보고되었다(Murai et al., 1981; Teshima et al., 1990, 1992; Chen et al. 1992; Cho et al., 1992; Fox et al., 1995; Dabrowski et al., 2003; Alam et al., 2004; Segovia-Quintero and Reigh, 2004; X. Q. Zhou et. al., 2007; Dabrowski et al., 2010). 이전 연구에서는 사료원 매트릭스(밀글루텐: 옥수수글루텐 기초 사료)와 동물의 생활사가 일부 종에서 CAA 이용 효율에 영향을 미칠 수 있다고 보고하였다(Dabrowski et al., 2003; Nang Thu et. al., 2007). 잉어과 어류(Nose et al., 1974; Murai et al., 1981)와 새우(Lim, 1993)에서 사료 내 pH 조절은 CAA 함량이 높은 사료를 섭취한 어류에서 향상되는 것으로 나타났다. 또한 사료의 수분 안정성과 동물의 섭취 행위가 CAA 이용 효율성에 영향을 미치게 된다. 갑각류를 대상으로 한 연구에서 사료 내 CAA 침출(leaching)은 부분적으로는 동물이 CAA를 이용하는데 부족하게 되는 원인을 설명할 수 있다(Fox et al., 2006). CAA 활용 효율성은 사료와 생리적 요인의 상호작용에 역동적인 역할을 한다(El Haroun and Bureau, 2006). 이 복잡한 문제는 체계적이고 포괄적인 방식으로 조사할 가치가 있다.

이전 연구를 바탕으로 CAA를 사용하여 아미노산 요구량의 상당 부분을 충족시킬 경우 높은 가소화 단백질 결합 아미노산 공급원을 사용하는 것보다 약간 더 높은 '안전여유(safety margin)' 함량을 포함하는 것이 바람직하다. 그러나 어류와 새우의 EAA 요구량의 추정치는 일반적으로 결핍된 EAA 함량에 결정성 아미노산(CAA)을 첨가, 실험을 통하여 성장 결과를 분석, 도출한다. 따라서 EAA 요구량의 추정치는 어류와 새우의 CAA 이용 효율이 역학적으로 감소된 안전여유 함량을 고려해야 한다.

5.6.3 사료 구성과 필수아미노산 요구량

EAA 요구량을 표현하는 다른 방식은 여러 논문에서 상호 교환이 가능하다. 이러한 표현 방식은 사료 구성이 EAA 요구량에 어떻게 영향을 미치는지에 정반대의 다른 가정이 존재한다. 실제로 다른 표현 방법을 사용할 경우 '학설(school of thought)'에 따라 극적으로 다른 요구량을 얻게 될 것이다(**표 5-17**). 사료에서 적절한 함량으로 간주되는 개별 EAA 함량은 선택한 표현 방식과 조성된 사료 구성, 제조에 사용된 사료원의 아미노산 조성에 따라 차이가 나타날 수 있다(**표 5-18**).

어류와 다른 동물의 EAA 요구량은 많은 영양학자의 연구와 참고문헌(예: NRC, 1993)에서 사료 내 백분율로 표시되었다. 이 접근법으로 가정하는 것은 대사 요구량을 충족시키는데 필요한 EAA의 농도가 사료 내 가

표 5-17 다양한 사육 방식에서의 무지개송어(*Oncorhynchus mykiss*)의 아르기닌 요구량

Reference	Requirement
NRC (1993)	1.5% of diet
Rodehutscord et al. (1997)[a]	4.184 g/Mcal (1.0 g/MJ) digestible energy
Mambrini and Guillaume (1999)	4.4% of protein (g/16 g N)

[a]NRC (1993)의 요구량은 Rodehutscord et al. (1997)의 요구량을 참고하였으며, 사료 내 DE 함량을 고려하여 요구량을 도출하였음.

표 5-18 무지개송어(*Oncorhynchus mykiss*) 사육에 적합한 아르기닌 요구량

Item	Starter	Grower	High Energy
Composition			
Crude Protein, %	50	42	45
Lipids, %	12	18	25
Digestible energy, Mcal/kg (MJ/kg)	4.06 (17)	4.30 (18)	4.78 (20)
School of Thought	**Arginine level deemed adequate (g/kg feed)**		
1. % diet	15	15	15
2. Mcal/kg (MJ/kg)	4.06 (17)	4.30 (18)	4.78 (20)
3. % Protein	22	18	20
High-Low, % difference[a]	36	18	29

[a](최고값 - 최저값)/최저 농도.

소화 영양소 구성에 영향을 받지 않는다는 것이다. 이러한 가정은 가소화 영양소 공급의 낮은 밀도와 높은 밀도 사이에서 필수 영양소의 최적 농도가 다를 것으로 예상되기 때문에 이 가정을 합리화하는 것은 어렵다.

이러한 문제를 해결하기 위해 Pfeffer et al.(1992)과 Rodehutscord et al.(1997)은 어류의 EAA 요구량이 DE 단위(g/Mcal DE)당 함량으로 표현되어야 한다고 가정했다. 이들 연구자는 DE 사료가 동물의 사료 섭취량을 결정하고, DE가 높은 사료는 어류의 사료 섭취량을 줄이기 위해 더 높은 EAA 함량으로 조성되어야 한다고 제안했다. 이러한 가정은 다양한 DE 함량의 사료가 제공될 때 어류가 특정(일일) 에너지 섭취량을 유지하기 위해 사료 섭취량을 조정한다는 연구 결과가 있다(Jobling and Wandsvik, 1983; Boujard and Médale, 1994; Kaushik and Mdale, 1994; Yamamoto et al., 2000, 2002, 2005). 그러나 Encarnação et al.(2004년)은 사료 내 DE 함량(3.82 대 4.78 Mcal DE 또는 16 대 20 MJ DE)을 포함시켜 라이신 요구량(사료 내 2.28 대 2.33%)에 가장 근접한 추정치를 얻었다. Encarnação et al.(2004)은 사료 내 DE 함량과 관련하여 EAA 요구량을 표현하는 것은 적절하지 않다고 제안한다. 병아리를 대상으로 수행한 EAA 요구량 연구의 비판적인 분석에 근거하여 매우 유사한 결론이 도출되었다(Lemme, 2007). Encarnação et al.(2004)에 따르면 DE 함량이 높은 사료를 섭취한 어류는 DE가 낮은사료를 섭취한 어류에 비해 증체량, 단백질 효율, 사료 효율이 높은 것으로 나타났다. 사료 내 DE 함량이 증가함에 따라 사료 섭취량은 낮아졌지만, 체단백질 축적은 라이신의 높은 효율로 상쇄되었다(**그림 5-3**). 그러나 후속 연구에서는 이 '라이신 절약' 효과가 사료 내 DE 원료에 따라 결정된다는 것을 증명하였다(Encarnação et al., 2006). 지방산은 아미노산 같은 다른 에너지 생성 영양소(Encarnação et al., 2006)와 비교할 때 라이신과 단백질 축적을 개선하는데 더 효과적인 것으로 나타났다. 이것은 사료 내 DE 함량과 관련하여 EAA 요구량을 표

현하는 것이 적절하지 않다는 결론을 뒷받침한다.

Cowey and Cho (1993)와 Mambrini and Guillaume (1999)이 수행한 연구에서는 EAA 요구량이 사료 내 단백질 함량에 따라 결정된다고 가정할 경우, EAA 요구량은 사료 내 단백질(g/16 g N)의 비율로 표현되어야 하며, 아미노산 간의 균형을 높게 평가할 필요가 있다고 주장했다(Cowey and Cho, 1993). Cowey and Cho (1993)는 단백질 함량이 증가함에 따라 사료 내 첫 번째 제한 EAA의 이용 효율이 감소한다고 가정했다. 높은 단백질 함량 또는 높은 가소화 단백질 대 에너지 비율(DP:DE) 그리고 더 많은 아미노산이 에너지를 공급하기 위해 대사작용으로 분해되며, 사료 내 첫 번째 제한 EAA는 NEAAs 또는 기타 비제한적 EAA를 소모하므로 절약할 수 없다. 이 가정은 높은 단백질 함량으로 제조된 사료는 '균형 잡힌' 아미노산 구성으로 제조될 필요가 있음을 의미한다.

최근 연구에 따르면 대서양연어 치어(Abboudi et al., 2006)와 무지개송어(Nang Thu et al., 2009), 홍민어(Webb and Gatlin, 2003)의 라이신 요구량은 사료 내 단백질 함량과 무관하다. 이러한 결과는 또한 '단백질의 백분율'로 EAA 요구량을 표현하는 것이 적절하지 않음을 시사한다. Webb and Gatlin (2003)의 연구에서 단백질량이 다른 사료(35%와 45% CP)를 홍민어에게 공급한 결과(사료 내 1.5%), 라이신 요구량과 유사한 추정치를 얻었고, Encarnação et al.(2006)의 연구는 이 결과를 뒷받침했다. 단백질 함량은 서로 다르지만(32% CP; Rodehutscord et al.[1997] 대 40% CP; Encarnação et al.[2004]), 유사한 사료를 무지개송어에게 공급한 결과 라이신 요구량과 유사하게 나타났다(사료 내 2.3%). 극적으로 다른 요구량(7.3 g/16 g N; Rodehutscord 등[1997] 대 5.8 g/16 g N)은 라이신이 사료 내 단백질 함량과 관련하여 표현될 때 얻어지므로 라이신의 단백질 요구량은 일반적으로 적절하지 않다.

대부분의 EAA 요구량 연구에서 결함을 방지하여 실험한 EAA가 모든 실험 수준에서 첫 번째 제한임을 확인하기 위해 나머지 EAA(또는 NEAA)는 요구량을 초과하여 첨가되었다. 이러한 사료 내 아미노산의 상대적인 공급과잉은 사료 내 단백질의 백분율로 표시될 때 EAA 요구량을 과소평가한 결과를 초래하게 된다. 더욱이 어류의 특정 생활사 단계에서 과도한 단백질을 첨가한 사료를 사용하면 사료 내 단백질의 비율로 표현된 요구량을 과소평가할 가능성이 있다(Hauler and Carter, 2001b). 마지막으로, 위에서 설명한 바와 같이 조단백질의 함량이 실제 단백질과 아미노산 조성을 반영하는 경우는 거의 없다(Mariotti et al., 2008). 사료 내 조단백질 함량은 서로 다른 비율로 혼합된 다른 N의 혼합물을 나타내며 EAA 요구량의 표현에 합리적인 증명을 제시하지 않는다.

EAA 요구량의 현재 표현 양식에는 상당한 한계가 있으며, 어류와 새우의 EAA 요구량을 구하거나 추론하는 것보다 합리적인 방식을 개발하기 위해서는 많은 노력이 필요하다. 단백질 함량이나 사료 내 DE와 관련하여 EAA를 표현하는 한계를 감안하여, 위원회는 이전의 NRC 책(1993, **표 18-1**)과 마찬가지로 EAA 요구량을 건물 백분율로 표현하기로 결정했다.

5.6.4 이상적인 단백질 개념

'이상적인 단백질'은 과잉 또는 결핍이 없는 동물의 요구량을 정확히 충족시키는 아미노산의 구성으로 정의되었다(Wang and Fuller, 1989; Emmert and Baker, 1997). 모든 EAA는 균등하게 제한되도록 균형이 잡혀있다. 이상적인 단백질 개념은 1840년 Phon Liebig가 제시한 유명한 배럴 비유에 기반을 두고 있으며 1950년대 Mitchell and Scott이 동물 영양학에 적용했다. 이상적인 단백질 개념은 돼지와 가금류를 연구하는 영양학자들이 수년간 사용했으며, 어류에 이 개념의 적용은 일부 연구의 목표였다(Green and Hardy, 2002; Rollin et al., 2003; Furuya et al., 2004a,b).

이상적인 단백질 개념에 따르면 최적 EAA 함량은 전체 사료에 비례하는 비율이 아니라 상대적인 총 EAA 양으로 간주된다(Wang and Fuller, 1989). 이상적인 아미노산 패턴은 보통 라이신 대 9개의 다른 EAA의 비율로 명시되며, 이 비율은 임의의 값인 100으로 주어진다. 이 접근법의 사용은 다양한 조건에서 서로 크기가 다른 어류의 라이신 요구량을 정의할 필요성을 의미하며, 기존의 EAA 요구량 연구를 대체할 수 없다. 이상적인 단백질 개념은 EAA 요구량이 부분적으로 알려지지 않은 어종을 대상으로 실용적이거나 실험적인 사료를 제조하기 위한 EAA 구성을 확립하기 위한 지침으로 특히 유용할 수 있다.

이상적인 단백질 개념은 첫 번째 제한 EAA의 이용 효율이 단백질 함량이 증가함에 따라 감소한다고 가정한다. 단백질 함량이 높거나 단백질 대 에너지 비율이 높을수록 더 많은 아미노산이 에너지를 공급하기 위해 대사작용으로 분해되며, 첫 번째 제한 EAA는 NEAAs 또는 다른 비제한적 EAA를 소모하여 보존되지 않는다고 가정한다. 다른 EAA와 관련한 EAA 요구량의 표현은 고단백질 수준으로 제조된 사료의 아미노산 함량을 '불균형' 단백질원과 균형을 맞출 필요가 있다고 가정한다. 대사작용으로 분해된 아미노산이 '이상적인' 균형을 유지할 필요가 있는지는 논쟁의 여지가 있다. 연구에 따르면 사료 내 아미노산 구성의 '불균형'은 사료 섭취와 성장 장애를 감소시킬 수 있다고 하지만(예: Yamamoto et al., 2004) '불균형 아미노산 구성'을 정의하기는 쉽지 않다. 많은 다른 아미노산이 조작될 수 있고 이와 다른 아미노산(그리고 이들의 조합)은 다른 영향을 미칠 수 있다. 사료 내 '아미노산 균형'의 효과 연구는 거의 수행되지 않은 실정이다. 과량의 히스티딘과 아르기닌, 류신은 이상적인 단백질 개념(Green and Hardy, 2008)에 따라 '균형 잡힌 아미노산 구성'의 사료를 섭취한 무지개송어에서 어떤 효과도 나타나지 않았다. Richard et al.(2010)은 이상적인 단백질 개념에 따라 제조된 새우 사료에 과량의 메티오닌과 라이신이 전혀 영향을 미치지 않음을 관찰했다. 이 연구는 과잉의 아미노산(에너지의 대사작용으로 분해되는 아미노산)이 '이상적으로' 균형을 유지할 필요가 없음을 나타낸다.

이상적인 단백질 개념의 주된 적용은 저단백질 사료를 제조하여 단백질 이용 효율을 최적화하고 질소 폐기물을 최소화하는 것이다. 이상적인 사료 내 아미노산 구성을 정의하는 것은 여러 연구의 초점이 되어왔다. 대부분의 연구는 관심있는 어종(Wilson and Cowey, 1985)의 전어체 또는 수정란의 EAA 구성에 이상적인 아미노산 구성을 기반으로 하고 있지만, 양어사료의 이상적인 아미노산 구성을 정의하려는 연구는 거의 없다(Alam et al., 2002b; Green and Hardy, 2002; Rollin et al., 2003; Peres and Oliva-Teles, 2009). 종간의 이상적인 아미노산 구성의 추정치 변동은 주어진 어종의 추정치 변동성보다 크지 않다. 성장, 유지 아미노산 요구량의 상대적 기여는 어류의 이상적인 단백질 구성을 현저하게 변화시킬 수 있다. 다른 아미노산 유지 요구량의 매우 제한된 정보는 이상적인 아미노산 구성이 성장률 또는 기타 요인에 따라 어떻게 달라질 수 있는지 정확하게 정의하기 어렵게 만든다. **표 5-19**는 약 10종의 어류와 새우 종을 대상으로 수행한 약 15편의 연구 결과를 바탕으로 경골어류와 penaeid 새우 종을 대상으로 한 이상적인 '평균' 단백질 구성을 제안한다. 이러한 '이상적인' 구성은 아마도 불완전할 것이지만 이상적인 단백질 기준으로 사료를 제조하기 위한 합리적인 출발점을 제시할 수 있다.

표 5-19 경골어류와 페네이드(Penaeid) 새우의 아미노산 요구량에 대한 종합적 고찰

Amino Acid	Teleost Fish	Penaeid Shrimp
Lysine (Reference)	100	100
Arginine	82	95
Histidine	35	38
Isoleucine	54	48
Leucine	70	81
Methionine	38	48
Met + Cys	54	65
Phenylalanine	55	55
Phe + Tyr	90	100
Threonine	56	67
Tryptophan	14	10
Valine	61	65

5.6.5 요인분석을 통한 어류 전체 생활사의 필수아미노산 요구량 추정

요인분석은 가금류(Baker et al., 1996), 돼지(Moughan, 1989; Susenbeth, 1995) 그리고 최근에는 어류의 EAA 요구량을 추정하는데 사용되어 왔다(Hauler and Carter, 2001b; Abboudi et al., 2006; Bodin et al., 2008). 가장 일반적으로 사용되는 방법(이 장의 앞부분에서 검토함)에서 EAA 활용은 유지 관리 요구량과 요구량을 초과하여 공급된 EAA의 이화작용, 불가피 이화작용, 에너지 사용을 위한 EAA의 선택적 이화작용, 체단백질의 축적 측면에서 명시적으로 표현된다(Moughan, 2003). 이러한 유형의 접근법은 어류에 적용할 때 여러 가지 한계가 있지만(Bureau and Encarnacao, 2006) 어류의 EAA 요구량을 산정하는 비교적 간단한 방법을 제공한다.

EAA는 개별적으로 표현되는 반면에 NEAA는 구별되지 않고 비특이적 질소와 동등한 것으로 변환된다. 가장 단순한 요인 접근법은 체중 증가 또는 단백질 축적 단위당 EAA 보유율, 각 EAA의 이용 효율, 각 EAA의 손실(유지)을 가정한다. 요구량(1일당 어체 1 g)은 보유된 단백질의 EAA 농도에 따른 단백질 보유를 곱하고 일정한 효율성과 손실을 나누어 각 EAA를 계산할 수 있다(Susenbeth, 1995). 각 EAA의 목표 농도는 동물의 예상 사료 섭취량과 체중 증가량(또는 사료 전환율)에 따라 계산하고, 예상 사료 섭취량은 과거 연구 결과에서 얻거나 사료 요구량 분석법을 사용하여 계산한다.

표 5-20과 **표 5-21**은 무지개송어와 대서양연어의 서로 다른 체중에 따른 EAA 요구량을 보여준다. EAA 요구량의 추정치는 '혼합 영양소 흐름 생물에너지 분석'(Bureau and Huau, 2006)을 사용한 시뮬레이션에 기초했다. 이 방법은 어류를 위한 생물에너지의 고전적인 개념과 고영양분 분할 시스템 그리고 Hua et al.(2010)의 연구에서 가져온 유지 요구량 추정치와 아미노산의 불가피 이화작용의 추정치를 결합한 것인데, 이 방법은 가소화 단백질과 아미노산, 가소화 에너지 공급에 따라 적용되는 체중 증가 대비 단백질 축적의 효과를 기반으로 한다. EAA의 유지 요구량은 Rotehutscord et al.(1997)의 연구에서 보고되었으나, 대사체중량(MBM, kg · $BW^{0.8}$)과 수온의 영향을 고려하기 위해 1일, 1도당 mg/kg · MBM으로 변환한 것이었다. 가소화 아미노산 섭취량의 30%에 해당하는 불가피 이화작용 비율은 Rotehutscord et al.(2000)에서 도출되었다.

이 방법은 동물의 체중 증가에 따른 EAA 요구량을 도출했다. 추정된 EAA 요구량은 일반적으로 어류의 체중이 증가했을 때 점진적으로 감소했다. 이러한 추정치는 새로운 방법의 최초 적용(또는 반복)에서 도출되었

표 5-20 무지개송어(*Oncorhynchus mykiss*)에 대한 요인 모델을 이용한 소화 가능한 아미노산 요구량(%, 건중량, 4.78 Mcal DE (20 MJ DE))

	Weight Class		
	0.2–20 g	20–500 g	500–1,500 g
Amino Acid	% diet DM		
Arginine	1.91	1.77	1.62
Histidine	0.83	0.77	0.69
Isoleucine	1.27	1.19	0.98
Leucine	2.26	2.11	1.78
Lysine	2.47	2.31	1.92
Met + Cys	1.32	1.23	1.10
Phe + Tyr	2.49	2.33	1.82
Threonine	1.77	1.63	1.60
Tryptohan	0.43	0.40	0.42
Valine	1.90	1.76	1.64

표 5-21 대서양연어(*Salmo salar*)에 대한 요인 모델을 이용한 소화 가능한 아미노산 요구량(%, 건중량, 4.78 Mcal DE (20 MJ DE))

	Weight Class			
	0.2–20 g	20–500 g	500–1,500 g	> 1,500 g
Amino Acid	% diet DM			
Arginine	1.79	1.82	1.70	1.46
Histidine	0.80[a]	0.80[a]	0.75[a]	0.64[a]
Isoleucine	1.32	1.32	1.22	1.04
Leucine	2.31	2.31	2.14	1.82
Lysine	2.55	2.54	2.35	2.00
Met + Cys	1.28	1.30	1.21	1.03
Phe + Tyr	2.71	2.68	2.46	2.09
Threonine	1.55	1.60	1.51	1.30
Tryptohan	0.35	0.37	0.35	0.30
Valine	1.75	1.79	1.67	1.44

[a]최적의 성장을 도출하는 히스티딘 요구량이며, 최적의 안구 건강이 나타나는 요구량은 아님.

기에 향후 재확인해야 한다. 상업적으로 중요한 다른 어종의 합리적이고 정확한 EAA 요구량 분석방법을 개발하기 위해서는 더 많은 연구가 필요하다.

참고문헌

Abboudi, T., M. Mambrini, W. Ooghe, Y. Larondelle, and X. Rollin. 2006. Protein and lysine requirements for maintenance and protein tissue accretion in Atlantic salmon (*Salmo salar*) fry. Aquaculture 261:383.

Abboudi, T., W. Ooghe, Y. Larondelle, and X. Rollin. 2007. Determination of the threonine requirement for maintenance in Atlantic salmon (*Salmo salar*) fry with the diet dilution procedure. Aquacult. Nutr. 13:281-290.

Abboudi, T., M. Mambrini, Y. Larondelle, and X. Rollin. 2009. The effect of dispensable amino acids on nitrogen and amino acid losses in Atlantic salmon (*Salmo salar* L.) fry fed a protein-free diet. Aquaculture 289:327-333.

Abidi, S. F., and M. A. Khan. 2004. Dietary valine requirement of Indian major carp, *Labeo rohita* (Hamilton) fry. J. Appl. Ichthyol. 20:118-122.

Abidi, S. F., and M. A. Khan. 2007. Dietary leucine requirement of fingerling Indian major carp, *Labeo rohita* (Hamilton). Aquac. Res. 38:478-486.

Abidi, S. F., and M. A. Khan. 2008. Dietary threonine requirement of fingerling Indian major carp, *Labeo rohita* (Hamilton). Aquac. Res. 39:1498-1505.

Adeola, O. 1995. Dietary lysine and threonine utilization by young pigs: Efficiency for carcass growth. Can. J. Anim. Sci. 75:445-452.

Ahmed, I. 2007. Dietary amino acid L-threonine requirement of fingerling Indian catfish, *Heteropneustes fossilis* (Bloch) estimated by growth and biochemical parameters. Aquacult. Int. 15:337-350.

Ahmed, I. 2009. Dietary total aromatic amino acid requirement and tyrosine replacement value for phenylalanine in Indian major carp: *Cirrhinus mrigala* (Hamilton) fingerlings. J. Appl. Ichthyol. 25:719-727.

Ahmed, I., and M. A. Khan. 2004a. Dietary arginine requirement of fingerling Indian major carp, *Cirrhinus mrigala* (Hamilton). Aquacult. Nutr. 10:217-225.

Ahmed, I., and M. A. Khan. 2004b. Dietary lysine requirement of fingerling Indian major carp, *Cirrhinus mrigala* (Hamilton). Aquaculture 235:499-511.

Ahmed, I., and M. A. Khan. 2005a. Dietary histidine requirements of fingerling Indian major carp, *Cirrhinus mrigala* (Hamilton). Aquacult. Nutr. 11:359-366.

Ahmed, I., and M. A. Khan. 2005b. Dietary tryptophan requirements of fingerling Indian major carp, *Cirrhinus mrigala* (Hamilton). Aquac. Res. 36:687-695.

Ahmed, I., and M. A. Khan. 2006. Dietary branched-chain amino acid valine, isoleucine and leucine requirements of fingerling Indian major carp, *Cirrhinus mrigala* (Hamilton). Brit. J. Nutr. 96:450-460.

Ahmed, I., M. A. Khan, and A. K. Jafri. 2003. Dietary methionine requirement of fingerling Indian major carp, *Cirrhinus mrigala* (Hamilton).

Aquacult. Int. 11:449-462.

Ahmed, I., M. A. Khan, and A. K. Jafri. 2004. Dietary threonine requirement of fingerling Indian major carp, *Cirrhinus mrigala* (Hamilton). Aquac. Res. 35:162-170.

Akiyama, T., S. Arai, T. Murai, and T. Nose. 1985. Threonine, histidine and lysine requirements of chum salmon fry. B. Jpn. Soc. Sci. Fish. 51:635-639.

Akiyama, T., T. Murai, and K. Mori. 1986. Role of tryptophan metabolites in inhibition of spinal deformity of chum salmon fry caused by tryptophan deficiency. B. Jpn. Soc. Sci. Fish. 52:1255-1259.

Alam, M. S., S. Teshima, M. Ishikawa, and S. Koshio. 2000. Methionine requirement of juvenile Japanese flounder *Paralichthys olivaceus*. J. World Aquacult. Soc. 31:618-626.

Alam, M. S, S. I. Teshima, M. Ishikawa, and S. Koshio. 2002a. Effects of dietary arginine and lysine levels on growth performance and biochemical parameters of juvenile Japanese flounder *Paralichthys olivaceus*. Fish. Sci. 68:509-516.

Alam, M. S., S. Teshima, S. Koshio, and M. Ishikawa. 2002b. Arginine requirement of juvenile Japanese flounder *Paralichthys olivaceus* estimated by growth and biochemical parameters. Aquaculture 205:127-140.

Alam, M. S., S. Teshima, M. Ishikawa, D. Hasegawa, and S. Koshio. 2004. Dietary arginine requirement of juvenile kuruma shrimp *Marsupenaeus japonicus* (Bate). Aquac. Res. 35:842-849.

Allmang, C., and A. Krol. 2006. Selenoprotein synthesis: UGA does not end the story. Biochimie 88:1561-1571.

Anderson, J. S., S. P. Lall, D. M. Anderson, and M. A. McNiven. 1993. Quantitative dietary lysine requirement of Atlantic salmon (*Salmo salar*) fingerlings. Can. J. Fish. Aquat. Sci. 50:316-322.

Arai, S. 1981. A purified test diet for coho salmon, *Oncorhynchus kisutch*, fry. B. Jpn. Soc. Sci. Fish. 47:547-550.

Austic R. E., and R. L. Scott. 1975. Involvement of food intake in the lysinearginine antagonism in chick. J. Nutr. 105:1122-1131.

Azevedo, P. A., C. Y. Cho, S. Leeson, and D. P. Bureau. 1998. Effects of feeding level and water temperature on growth, nutrient and energy utilization and waste outputs of rainbow trout (*Oncorhynchus mykiss*). Aquat. Living Resour. 11:227-238.

Azevedo, P. A., S. Leeson, C. Y. Cho, and D. P. Bureau. 2004a. Growth and feed utilization of large size rainbow trout (*Oncorhynchus mykiss*) and Atlantic salmon (*Salmo salar*) reared in freshwater: Diet and species effects, and responses over time. Aquacult. Nutr. 10:401-411.

Azevedo, P. A., S. Leeson, C. Y. Cho, and D. P. Bureau. 2004b. Growth, nitrogen and energy utilization of juveniles from four salmonid species: Diet, species and size effects. Aquaculture 234:393-414.

Azevedo, P. A., J. van Milgen, S. Leeson, and D. P. Bureau. 2005. Comparing efficiency of metabolizable energy utilization by rainbow trout (*Oncorhynchus mykiss*) and Atlantic salmon (*Salmo salar*) using factorial and multivariate approaches. J. Anim. Sci. 83:842-851.

Baker, D. H. 2006. Comparative species utilization and toxicity of sulfur amino acids. J. Nutr. 136:1670S-1675S.

Baker, D. H. 2007. Lysine, arginine, and related amino acids: An introduction to the 6th Amino Acid Assessment Workshop. J. Nutr. 137:1599S-1601S.

Baker, D. H., S. R. Fernandez, C. M. Parsons, H. M. Edwards, III, J. L. Emmert, and D. M. Webel. 1996. Maintenance requirement for valine and efficiency of its use above maintenance for accretion of whole body valine and protein in young chicks. J. Nutr. 126:1844-1851.

Baldwin, R. L., and A. C. Bywater 1984. Nutritional energetics of animals. Annu. Rev. Nutr. 4:101-114.

Batterham, E. S. 1984. Utilization of free lysine by pigs. Pig News Info 5:85-86.

Batterham, E. S., and R. D. Morrison. 1981. Utilization of free lysine by growing pigs. J. Nutr. Res. Rev. 5:1-18.

Behne, D., and A. Kyriakopoulos. 2001. Mammalian selenium-containing proteins. Annu. Rev. Nutr. 21:453-473.

Berge, G. E., E. Lied, and H. Sveier. 1997. Nutrition of Atlantic salmon (*Salmo salar*): The requirement and metabolism of arginine. Comp. Biochem. Phys. A 117:501-509.

Bermudes, M., B. D. Glencross, K. Austen, and W. Hawkins. 2010. Effect of high water temperatures on nutrient and energy retention in barramundi (*Lates calcarifer*). Aquaculture 306:160-166.

Bjerkas, E., and H. Sveier. 2004. The influence of nutritional and environmental factors on osmoregulation and cataracts in Atlantic salmon (*Salmo salar* L). Aquaculture 235:101-122.

Block, K. P. and A. E. Harper. 1991. High levels of dietary amino and branched-chain α-keto acids alter plasma and brain amino acid concentrations in rats. J. Nutr. 121:663-671.

Bodin, N., M. Mambrini, J. P. Wauters, T. Abboudi, W. Ooghe, E. Le Boulenge, Y. Larondelle, and X. Rollin. 2008. Threonine requirements in rainbow trout (*Oncorhynchus mykiss*) and Atlantic salmon (*Salmo salar*) at the fry stage are similar. Aquaculture 274:353-365.

Bodin, N, B. Govaerts, T. Abboudi, C. Detavernier, S. De Saeger, Y. Larondelle, and X. Rollin. 2009. Protein level affects the relative lysine requirement of growing rainbow trout (*Oncorhynchus mykiss*) fry. Brit. J. Nutr. 102:37-53.

Boren, R. S., and D. M. Gatlin, III. 1995. Dietary threonine requirement of juvenile red drum *Sciaenops ocellatus*. J. World Aquacult. Soc. 26:279-283.

Boujard, T., and F. Médale. 1994. Regulation of voluntary feed intake in juvenile rainbow trout fed by hand and by self-feeders with diets containing different protein/energy ratios. Aquat. Living Resour. 7:211-215.

Brachet, P., and A. Puigserver. 1987. Transport of methionine hydroxy analog across the brush border membrane of rat jejunum. J. Nutr. 117:1241-1246.

Breck, O., E. Bjerkas, P. Campbell, P. Arnesen, P. Haldorsen, and R. Waagbo. 2003. Cataract preventative role of mammalian blood meal, histidine, iron and zinc in diets for Atlantic salmon (*Salmo salar* L.) of different strains. Aquacult. Nutr. 9:341-350.

Breck, O., E. Bjerkas, P. Campbell, J. D. Rhodes, J. Sanderson, and R. Waagbo. 2005a. Histidine nutrition and genotype affect cataract development in Atlantic salmon, *Salmo salar* L. J. Fish. Dis. 28:357-371.

Breck, O., E. Bjerkas, J. Sanderson, R. Waagbo, and P. Campbell. 2005b. Dietary histidine affects lens protein turnover and synthesis of N-acetylhistidine in Atlantic salmon (*Salmo salar* L.) undergoing parrsmolt transformation. Aquacult. Nutr. 11:321-332.

Brody, T. 1999. Classification of biological structure. Pp. 1-56 in Nutritional Biochemistry, Second Edition. San Diego, CA: Academic Press.

Brosnan, J. T., and M. E. Brosnan. 2006a. Branched-chain amino acids: Enzyme and substrate regulation. J. Nutr. 136:207S-211S.

Brosnan, J. T., and M. E. Brosnan. 2006b. The sulfur-containing amino acids: An overview. J. Nutr. 136:1636S-1640S.

Brown, P. B. 1995. Using whole body amino acid patterns and quantitative requirements to rapidly develop diets for new species such as striped bass (*Morone saxatilis*). J. Appl. Ichthyol. 11:342-346.

Bureau, D. P. 1997. The Partitioning of Energy from Digestible Carbohydrates by Rainbow Trout (*Oncorhynchus mykiss*). Ph.D. Thesis, University of Guelph, Guelph, Ontario, Canada.

Bureau, D. P., and P. M. Encarnação. 2006. Adequately determining the amino acid requirements of fish: The case example of lysine. Pp. 29-54 in Avances en Nutricion Acuicola, VIII Simposium Internacional de Nutricion Acuicola, L. E. Cruz-Suarez, D. Ricque-Marie, M. Tapia-Salazar, M. G. Nieto-Lopez, D. A. Villareal Cavazos, A. C. Puello Cruz, and A. Garcia-Ortega, eds. Mazatlan, Sinaloa, Mexico, 15-17 November, 2006.

Bureau, D. P., and K. Hua. 2006. Predicting feed efficiency of rainbow trout: Transitioning from bioenergetics models to approaches based on protein accretion. XII International Symposium on Fish Nutrition and Feeding, 28 May-1 June 2006, Biarritz, France.

Bureau, D. P., S. J. Kaushik, and C. Y. Cho. 2002. Bioenergetics. Pp. 1-56 in Fish Nutrition, J. E. Halver and R. W. Hardy, eds. San Diego, CA: Academic Press.

Buxbaum, E. 2007. Fundamentals of Protein Structure and Function. New York: Springer.

Carpenter, K. J. 1960. The estimation of the available lysine in animalprotein foods. Biochem. J. 77:604-610.

Carpenter, K. J. 2003. A short history of nutritional science: Part 3 (1912-1944). J. Nutr. 133:3023-3032.

Castellano S., A. M. Andrés, E. Bosch, M. Bayes, R. Guigó, A. G. Clark. 2009. Low exchangeability of selenocysteine, the 21st amino acid, in vertebrate proteins. Mol. Biol. Evol. 26:2031-2040.

Catacutan, M. R., and R. M. Coloso. 1995. Effect of dietary protein to energy ratios on growth, survival, and body composition of juvenile Asian seabass, *Lates calcarifer*. Aquaculture 131:125-133.

Chadwick, T. D., and P. A. Wright. 1999. Nitrogen excretion and expression of urea cycle enzymes in the Atlantic cod (*Gadus morhua* L.): A comparison of early life stages with adults. J. Exp. Biol. 202:2653-2662.

Chance, R. E., E. T. Mertz, and J. E. Halver. 1964. Nutrition of salmonoid fishes: XII. Isoleucine, leucine, valine and phenylalanine requirements of Chinook salmon and interrelations between isoleucine and leucine for growth. J. Nutr. 83:177-185.

Chaplin, M. 2006. Do we underestimate the importance of water in cell biology? Nat. Rev. Mol. Cell. Bio. 7:861-866.

Chen, H. Y., Y. T. Len, and I. Roelants. 1992. Quantification of arginine requirements of juvenile marine shrimp *Penaeus monodon* using microencapsulated arginine. Mar. Biol. 114:229-233.

Cheng, Z. J., R. W. Hardy, and M. Blair. 2003a. Effects of supplementing methionine hydroxy analogue in soybean meal and distiller's dried grain-based diets on the performance and nutrient retention of rainbow trout *Oncorhynchus mykiss* (Walbaum). Aquac. Res. 34:1303-1310.

Cheng, Z. J., R. W. Hardy, and J. L. Usry. 2003b. Effects of lysine supplementation in plant protein-based diets on the performance of rainbow trout (*Oncorhynchus mykiss*) and apparent digestibility coefficients of nutrients. Aquaculture 215:255-265.

Chiu, Y. N., R. E. Austic, and G. L. Rumsey. 1986. Urea cycle activity and arginine formation in rainbow trout (*Salmo gairdneri*). J. Nutr. 116:1640-1650.

Chiu, Y. N., R. E. Austic, and G. L. Rumsey. 1988. Effect of feeding level and dietary electrolytes on the arginine requirement of rainbow trout (*Salmo gairdneri*). Aquaculture 69:79-91.

Cho, C. Y., and D. P. Bureau. 1997. Reduction of waste output from salmonid aquaculture through feeds and feedings. Prog. Fish Cult. 59:155-160.

Cho, C. Y., and S. J. Kaushik. 1985. Effects of protein intake on metabolizable and net energy values of fish diets. Pp. 95-177 in Nutrition and Feeding in Fish in Nutrition and Feeding in Fish, C. B. Cowey, A. M. Mackie, and J. G. Bell, eds. London, UK: Academic Press, Proc. of the Int. Symp. on Fish Feeding and Nutrition, C. B. Cowey, A. M. Mackie, and J. G. Bell, eds. Aberdeen, UK.

Cho C. Y. and W. D. Woodward. 1989. Studies on the protein-to-energy ratio in diets for rainbow trout (*Salmo gairdneri*). Pp. 37-40 in Energy Metabolism of Farm Animals, Y. Van der Honing and W. H. Close, eds. Proceedings of the 11th Symposium, 18-24 September 1988, Lunteren, Netherlands. Wageningen, The Netherlands: Pudoc.

Cho, C. Y., S. J. Kaushik, and B. Woodward. 1992. Dietary arginine requirement of young rainbow trout (*Oncorhynchus mykiss*). Comp. Biochem. Phys. A 102:221-216.

Choo, P.-S., T. K. Smith, C. Y. Cho, and H. W. Ferguson. 1991. Dietary excesses of leucine influence growth and body composition of rainbow trout. J. Nutr. 121:1932-1939.

Coloso, R. M., and L. J. Cruz. 1980. Preliminary studies in some aspects of amino acid biosynthesis in juveniles of *Penaeus monodon Fabricius*. I. Incorporation of $^{14}C(U-^{14}C)$ acetate into amino acids of precipitable proteins. B. Phil. Biochem. Soc. 3:12-22.

Coloso, R. M., D. P. Murillo-Gurrea, I. G. Borlongan, and M. R. Catacutan. 1999. Sulphur amino acid requirement of juvenile Asian sea bass *Lates calcarifer*. J. Appl. Ichthyol. 15:54-58.

Cowey, C. B. 1994. Amino acid requirements of fish—a critical appraisal of present values. Aquaculture 124:1-11.

Cowey, C. B., and C. Y. Cho. 1993. Nutritional requirements of fish. Proc. Nutr. Soc. 52:417-426.

Cowey, C. B., and M. J. Walton. 1988. Studies on the uptake of (14C) amino acids derived from both dietary (14C) protein and dietary (14C) amino acids by rainbow trout, *Salmo gairdneri* Richardson. J. Fish Biol. 33:293-305.

Cowey, C. B., and M. J. Walton. 1989. Intermediary metabolism. Pp. 259-329 in Fish Nutrition, Second Edition, J. E. Halver, ed. New York: Academic Press.

Cowey, C. B., C. Y. Cho, J. G. Sivak, J. A. Weerheim, and D. D. Stuart. 1992. Methionine intake in rainbow trout (*Oncorhynchus mykiss*), relationship to cataract formation and the metabolism of methionine. J. Nutr.122:1154-1163.

Dabrowski, K., K. J. Lee, and J. Rinchard. 2003. The smallest vertebrate, teleost fish, can utilize synthetic dipeptide based diets. J. Nutr. 133:4225-4229.

Dabrowski, K., Y. F. Zhang, K. Kwasek, P. Hliwa, and T. Ostaszewska. 2010. Effects of protein-, peptide- and free amino acid-based diets in fish nutrition. Aquac. Res. 41:668-683.

de Lange, C. F. M., A. M. Gillis, and G. J. Simpson. 2001. Influence of threonine intake on whole-body protein deposition and threonine utilization in growing pigs fed purified diets. J. Anim. Sci. 79(12):3087-3095.

de la Higuera, M., A. Garzón, M. C. Hidalgo, J. Peragón, G. Cardenete, and J. A. Lupiáñez. 1998. Influence of temperature and dietary-protein supplementation either with free or coated lysine on the fractional protein-turnover rates in the white muscle of carp. Fish Physiol. Biochem. 18:85-95.

Deng, J., X. Zhang, L. Tao, H. Bi, L. Kong, and X. Lei. 2010. D-lysine can be effectively utilized for growth by common carp (*Cyprinus carpio*). Aquacult. Nutr. doi:10.1111/j.1365-2095.2010.00783.x

Dibner, J. J. 2003. Review of the metabolism of 2-hydroxy-4-(methylthio) butanoic acid. World Poultry Sci. J. 59:99-110.

D'Mello, J. P. F. 1994. Amino acid imbalances, antagonisms and toxicities. Pp. 63-97 in Amino Acids in Farm Animal Nutrition, J. P. F. D'Mello, ed. Wallingford, UK: CAB International.

D'Mello, J. P. F. 2003. Amino Acids in Animal Nutrition. Edinburgh, UK: CABI Publishing.

D'Mello, J. P. F., and D. Lewis. 1970. Amino acid interactions in chick nutrition. 3. Interdependence in Amino Acid Requirements. Braz. J. Poult. Sci. 11:367-385.

Deshimaru, O. 1976. Studies on a purified diet for prawn. VI. Absorption rate of amino acids in amino acid test diet. B. Jpn. Soc. Sci. Fish. 40:421-424.

Drew, M. D., A. G. Van Kessel, and D. D. Maenz. 2003. Absorption of methionine and 2-hydroxy-4-methylthiobutanoic acid in conventional and germ-free chickens. Poultry Sci. 82:1149-1153.

Dumas, A., C. F. M. de Lange, J. France, and D. P. Bureau. 2007. Quantitative description of body composition and rates of nutrient deposition in rainbow trout (*Oncorhynchus mykiss*). Aquaculture 263:165-181.

Eddy, F. B., and J. E. Frasert. 1982. Sialic acid and mucus production in rainbow trout (Salmo gairdnei Richardson) in response to zinc and seawater. Comp. Biochem. Physiol. 73C:357-359.

Edmonds, M. S., and D. H. Baker. 1987. Amino acid excesses for young pigs: Effects of excess methionine, tryptophan, threonine or leucine. J. Anim. Sci. 64:1664-1671.

Einen, O., and A. J. Roem. 1997. Dietary protein/energy ratios for Atlantic salmon in relation to fish size: Growth, feed utilization and slaughter quality. Aquacult. Nutr. 3:115-126.

El Haroun, E. R., and D. P. Bureau. 2006. Effect of increasing digestible energy of feeds by increasing digestible protein using protein sources with different amino acid profiles on growth and feed efficiency of rainbow trout (*Oncorhynchus mykiss*). Abstract in XII International Symposium on Fish Nutrition and Feeding, May 28-June 1, 2006, Biarritz, France.

Emmert, J. L., and D. H. Baker. 1997. Use of the ideal protein concept for precision formulation of amino acid levels in broiler diets. J. Appl. Poultry Res. 6:462-470.

Encarnação, P. M. 2005. Effect of Diet Composition on Lysine Requirement and Utilization in Rainbow Trout (*Oncorhynchus mykiss*). Ph.D. Dissertation, University of Guelph, Guelph, Ontario, Canada.

Encarnação, P., C. de Lange, M. Rodehutscord, D. Hoehler, W. Bureau, and D. P. Bureau. 2004. Diet digestible energy content affects lysine utilization, but not dietary lysine requirements of rainbow trout (*Oncorhynchus mykiss*) for maximum growth. Aquaculture 235:569-586.

Encarnação, P., C. F. M. de Lange, and D. P. Bureau. 2006. Diet energy source affects lysine utilization for protein deposition in rainbow trout (*Oncorhynchus mykiss*). Aquaculture 261:1371-1381.

Espe, M., and E. Lied. 1994. Do Atlantic salmon (*Salmo salar*) utilize mixtures of free amino acids to the same extent as intact protein sources for muscle protein synthesis? Comp. Biochem. Phys. 107A:249-254.

Espe, M., and L. R. Njaa. 1991. Growth and chemical composition of Atlantic salmon (*Salmo salar*) given a fish meal diet or a corresponding free amino acid diet. Fisk. Dir. Skr. Ser. Ernæring, 6:260-266.

Espe, M., A. Lemme, A. Petri, and A. El-Mowafi. 2006. Can Atlantic salmon (*Salmo salar*) grow on diets devoid of fish meal? Aquaculture 255:255-262.

Espe, M., A. Lemme, A. Petri, and A. El-Mowafi. 2007. Assessment of lysine requirement for maximal protein accretion in Atlantic salmon using plant protein diets. Aquaculture 263:168-178.

Espe, M., E. M. Hevroy, B. Liaset, A. Lemme, and A. El-Mowafi. 2008. Methionine intake affect hepatic sulphur metabolism in Atlantic salmon, *Salmo salar*. Aquaculture 274:132-141.

Fauconneau, B., A. Basseres, and S. J. Kaushik. 1992. Oxidation of phenylalanine and threonine in response to dietary arginine supply in rainbow trout (*Salmo gairdneri* R.). Comp. Biochem. Phys. A 101:395-401.

Ferrer, J. V., E. Gasco, J. Sastre, F. V. Pallardo, M. Asensi, and J. Vina. 1990. Age-related changes in glutathione synthesis in the eye lens. Biochem. J. 269:531-534.

Fico, M. E., A. S. Hassan, and J. A. Mimer. 1982. The influence of excess lysine on urea cycle operation and pyrimidine biosynthesis. J. Nutr.

112:1854-1861.

Finn, R. N., and H. J. Fyhn. 2010. Requirement for amino acids in ontogeny of fish. Aquac. Res. 41:684-716.

Finn, R. N., I. Ronnestad, T. van der Meeren, and H. J. Fyhn. 2002. Fuel and metabolic scaling during the early life stages of Atlantic cod *Gadus morhua*. Mar. Ecol-Prog. Ser. 243:217-234.

Forster, I., and H. Y. Ogata. 1998. Lysine requirement of juvenile Japanese flounder *Paralichthys olivaceus* and juvenile red sea bream *Pagrus major*. Aquaculture 161:131-142.

Fournier, V., M. F. Gouillou-Coustans, R. Metailler, C. Vachot, J. Moriceau, H. Le Delliou, C. Huelvan, E. Desbruyeres, and S. J. Kaushik. 2003. Excess dietary arginine affects urea excretion but does not improve N utilisation in rainbow trout *Oncorhynchus mykiss* and turbot *Psetta maxima*. Aquaculture 217:559-576.

Fox, J. M., A. L. Lawrance, and E. Li-Chan. 1995. Dietary requirements for lysine by juvenile *Penaeus vannamei* using intact and free amino acid sources. Aquaculture 131:279-290.

Fox, J. M., D. A. Davis, M. Wilson, and A. L. Lawrence. 2006. Current status of amino acid requirement research with marine penaeid shrimp. Pp. 182-196 in Avances en Nutricion Acuicola, VIII Simposium Internacional de Nutricion Acuicola, L. E. Cruz-Suarez, D. Ricque-Marie, M. Tapia-Salazar, M. G. Nieto-Lopez, D. A. Villareal Cavazos, A. C. Puello Cruz, and A. Garcia-Ortega, eds. 15-17 November, 2006, Mazatlan, Sinaloa, Mexico.

Fuller, M. F. 1994. Amino acid requirements of maintenance, body protein accretion and reproduction in pigs. Pp. 155-184 in Amino Acids in Farm Animal Nutrition, J. P. F. D'Mello, ed. Wallingford, UK: CAB International.

Furuya, W. M., C. Hayashi, V. R. B. Furuya, D. Botaro, L. C. da Silva, and P. R. Neves. 2001. Exigências de metionina + cistina para alevinos revertidos de tilápia do Nilo (*Oreochromis niloticus*), baseadas no conceito de proteína ideal. Maringa 23:885-889.

Furuya, W. M., D. Botaro, P. R. Neves, L. C. R. Silva, and C. Hayashi. 2004a. Lysine requirement of Nile tilapia, (*Oreochromis niloticus*), for grow-out phase. Cienc. Rural 34:1571-1577.

Furuya, W. M., L. E. Pezzato, M. M. Barros, A. C. Pezzato, V. R. B. Furuya, and E. C. Miranda. 2004b. Use of ideal protein concept for precision formulation of amino acid levels in fish-meal-free diets for juvenile Nile tilapia (*Oreochromis niloticus* L.). Aquac. Res. 35:1110-1116.

Furuya, W. M., V. G. dos Santos, L. C. R. Silva, V. R. B. Furuya, and E. S. Sakaguti. 2006. Digestible lysine requirements of Nile tilapia juveniles. Rev. Bras. Zootecn. 35:937-942.

Gahl, M. J., T. D. Crenshaw, and N. J. Benevenga. 1995. Diminishing returns in weight, nitrogen, and lysine gain of pigs fed six levels of lysine from three supplemental sources. J. Anim. Sci. 73:3177-3187.

Gahl, M. J., M. D. Finke, T. D. Crenshaw, and N. J. Benevenga. 1996. Efficiency of lysine or threonine retention in growing rats fed diets limiting in either lysine or threonine. J. Nutr. 126:3090-3099.

Ganichkin, O. M., X. M. Xu, B. A. Carlson, H. Mix, D. L. Hatfield, V. N. Gladyshev, and M. C. Wahl. 2008. Structure and catalytic mechanism of eukaryotic selenocysteine synthase. J. Biol. Chem 283:5849-5865.

Gatlin, D. M., W. E. Poe, and R. P. Wilson. 1986. Protein and energy requirements of fingerling channel catfish for maintenance and maximum growth. J. Nutr. 116:2121-2131.

Gaull, G. E., and C. E Wright. 1986. Proteins and growth modulators in human milk. Pp. 87-95 in Energy and Protein Needs during Infancy, S. J. Fomon and W. C. Heird, eds. Orlando, FL: Academic Press.

Gaylord, T. G., S. D. Rawles, and K. B. David. 2005. Dietary tryptophan requirements of hybrid striped bass (*Morone chrysops* × *M. saxatilis*). Aquacult. Nutr. 11:367-374.

Gaylord, T. G., A. M. Teague, and F. T. Barrows. 2006. Taurine supplementation of all-plant protein diets for rainbow trout (*Oncorhynchus mykiss*). J. World Aquacult. Soc. 37:509-517.

Glencross, B. D. 2008. A factorial growth and feed utilization model for barramundi, *Lates calcarifer*, based on Australian production conditions. Aquacult. Nutr. 14:360-373.

Glencross, B. D., T. T. T. Hien, N. T. Phuong, and T. L. Cam Tu. 2010. A factorial approach to defining the energy and protein requirements of Tra catfish, *Pangasianodon hypothalamus*. Aquacult. Nutr. In press DOI 10.111/j.1365-2095.2010.00774.x.

Goff, J. B., and D. M. Gatlin. 2004. Evaluation of different sulfur amino acid compounds in the diet of red drum, *Sciaenops ocellatus*, and sparing value of cystine for methionine. Aquaculture 241:465-477.

Goto, T., S. Takagi, T. Ichiki, T. Sakai, M. Endo, T. Yoshida, M. Ukawa, and H. Murata. 2001. Studies on the green liver in cultured red sea bream fed low level and non-fish meal diets: Relationship between hepatic taurine and billiverdin levels. Fish. Sci. 67:58-63.

Goto, T., A. Mochizuki, and F. Hasumi. 2002. Distribution and activities of enzymes involved in taurine biosynthesis in the liver of fish. Suisan Zoshoku 50:443-449.

Gous, R. M., and T. R. Morris. 1985. Evaluation of a diet dilution technique for measuring the response of broiler chickens to increasing concentrations of lysine. Braz. J. Poult. Sci. 26:147-161.

Green, J. A., and R. W. Hardy. 2002. The optimum dietary essential amino acid pattern for rainbow trout (*Oncorhynchus mykiss*), to maximize nitrogen retention and minimize nitrogen excretion. Fish Physiol. Biochem. 27:97-108.

Green, J. A., and R. W. Hardy. 2008. The effects of dietary protein:energy ratio and amino acid pattern on nitrogen utilization and excretion of rainbow trout *Oncorhynchus mykiss* (Walbaum). J. Fish. Biol. 73:663-682.

Griffin, M. E., P. B. Brown, and A. L. Grant. 1992. The dietary lysine requirement of juvenile hybrid striped bass. J. Nutr. 122:1332-1337.

Grisdale-Helland, B. and S. J. Helland. 1997. Replacement of protein by fat and carbohydrate in diets for Atlantic salmon (*Salmo salar*) at the end of the freshwater stage. Aquaculture 152:167-180.

Guillaume, J., S. Kaushik, P. Bergot, and R. Métailler. 1999. Nutrition et Alimentation des Poissons et Crustacés. Paris: INRA Edition.

Gurure, R. M. 1997. Defining the protein and amino acid requirements of Arctic charr using in vivo and modelling techniques. Ph.D. Dissertation, University of Guelph, Guelph, Ontario, Canada.

Halver, J. E. 1957. Nutrition of salmonoid fishes: III. Water soluble vitamin requirements of Chinook salmon. J. Nutr. 62:225-243.

Halver, J. E., and W. E. Shanks. 1960. Nutrition of salmonoid fishes:VIII. Indispensable amino acids for sockeye salmon. J. Nutr. 72:340-346.

Harding, D. E., O. W. Allen, Jr., and R. P. Wilson. 1977. Sulfur amino acid requirement of channel catfish: L-Methionine and L-Cystine. J. Nutr. 107:2031-2035.

Hauler, R. C., and C. G. Carter. 2001a. Lysine deposition responds linearly to marginal lysine intake in Atlantic salmon (*Salmo salar* L.) parr. Aquac. Res. 32(Suppl. 1):147-156.

Hauler, R. C., and C. G. Carter. 2001b. Re-evaluation of the quantitative dietary lysine requirements of fish (review paper). Rev. Fish. Sci. 9:133-163.

Hauler, R. C., C. G. Carter, and S. J. Edwards. 2007. Feeding regime does not influence lysine utilization by Atlantic salmon, *Salmo salar* L., parr. Aquaculture 273:545-555.

Helland, S. J., and B. Grisdale-Helland. 1998. The influence of replacing fish meal in the diet with fish oil on growth, feed utilization and body composition of Atlantic salmon (*Salmo salar*) during the smoltification period. Aquaculture 162:1-10.

Helland, S. J., B. Hatlen, and B. Grisdale-Helland. 2010. Energy, protein and amino acid requirements for maintenance and efficiency of utilization for growth of Atlantic salmon post-smolts determined using increasing ration levels. Aquaculture (in press).

Hillestad, M., and F. Johnsen. 1994. High energy/low protein diets for Atlantic salmon: Effects on growth, nutrient retention and slaughter quality. Aquaculture 124:109-116.

Hillestad, M., F. Johnsen, E. Austreng, and T. Asgard. 1998. Long-term effects of dietary fat-level and feeding rate on growth, feed utilization and carcass quality of Atlantic salmon. Aquacult. Nutr. 4:89-97.

Hoglund, E., M. J. Bakke, Ø. Øverli, S. Winberg, and G. E. Nilsson. 2005. Suppression of aggressive behaviour in juvenile Atlantic cod (*Gadus morhua*), by L-tryptophan supplementation. Aquaculture 249:525-531.

Hoglund, E, C. Sørensen, M. Jørgensen Bakke, G. E. Nilsson and Ø. Øverli. 2007. Attenuation of stress-induced anorexia in brown trout (*Salmo trutta*) by pre-treatment with dietary L-tryptophan. Brit. J. Nut. 97:786-789.

Hseu, J. R., F. I. Lu, H. M. Su, L. S. Wang, C. L. Tsai, and P. P. Hwang. 2003. Effect of exogenous tryptophan on cannibalism, survival and growth in juvenile grouper, *Epinephelus coioides*. Aquaculture 218:251-263.

Hua, K., and D. P. Bureau. 2010. Quantification of differences in digestibility of phosphorus among cyprinids, cichlids, and salmonids through a mathematical modeling approach. Aquaculture 308(3-4):152-158.

Hua, K., C. F. M. de Lange, S. Birkett, and D. P. Bureau. 2010. Adaptation of a non-ruminant nutrient-based growth model to rainbow trout (*Oncorhynchus mykiss* Walbaum). J. Agr. Sci. 148:17-29.

Huggins, A. K., G. Skutch, and E. Baldwin. 1969. Ornithine-urea cycle enzymes in teleost fish. Comp. Biochem. Physiol. 28:587-602.

Hughes, S. G., G. L. Rumsey, and M. C. Nesheim. 1983. Dietary requirements for essential branched-chain amino acids by lake trout. T. Am. Fish. Soc. 112:812-817.

Hughes, S. G., G. L. Rumsey, and M. C. Nesheim. 1984. Effects of dietary excesses of branched-cahin amino acids on the metabolism and tissue composition of lake trout (Salvelinus namaycush). Comp. Biochem. Phys. A 78A:413-418.

Hung, L. T., N. Suhenda, J. Slembrouck, J. Lazard, and Y. Moreau. 2004. Comparison of dietary protein and energy utilization in three Asian catfishes (Pangasius bocourti, P. hypophthalmus and P. djambal). Aquacult. Nutr. 10(5):317-326.

Huxtable, R. J. 1992. Physiological actions of taurine. Physiol. Rev. 72(1):101-164.

IUPAC-IUB Joint Commission on Biochemical Nomenclature (JCBN). 1984. Nomenclature and symbolism for amino acids and peptides. Eur. J. Biochem. 138:9-37.

Jackson, A. J., and B. S. Capper. 1982. Investigations into the requirements of the tilapia *Sarotherodon mossambicus* for dietary methionine, lysine and arginine in semi-synthetic diets. Aquaculture 29:289-297.

Jansman, A. J. M., C. A. Kan, and J. Wiebenga. 2003. Comparison of the biological efficacy of DL-methionine and hydroxy-4-methylthiobutanoic acid (HMB) in pigs and poultry. CVB, Central Bureau for Livestock Feeding: Documentation Rep. No. 29. Lelystad, the Netherlands: Centraal Veevoederbureau.

Jobling, M., and A. Wandsvik. 1983. An investigation of factors contributing to the control of food intake in Arctic charr, *Salvelinus alpines*. J. Fish. Biol. 43:487-489.

Jones J. D., S. J. Petersburg, and P. C. Burnett. 1967. The mechanism of the lysine-arginine antagonism in the chick: effect of lysine on digestion, kidney arginase liver transaminase. J. Nutr. 93:103-116.

Kanazawa, A., and S. Teshima. 1981. Essential amino acids of the prawn. B. Jpn. Soc. Sci. Fish. 47:1375-1377.

Kaushik, S. J. 1998. Nutritional bioenergetics and estimation of waste production in non-salmonids. Aquat. Living Resour. 11:211-217.

Kaushik, S. J., and C. B. Cowey. 1991. Dietary factors affecting nitrogen excretion by fish. Pp. 3-20 in Nutritional Strategies and Aquaculture Waste, C. B. Cowey and C. Y. Cho, eds. Guelph, Ontario: University of Guelph.

Kaushik, S. J., and K. Dabrowski. 1983. Nitrogen and energy utilization in juvenile carp fed casein, amino acids or a protein-free diet. Reprod. Nutr. Dev. 23:741-754.

Kaushik, S. J., and B. Fauconneau. 1984. Effects of lysine administration on plasma arginine and on some nitrogenous catabolites in rainbow trout. Comp. Biochem. Phys. A 79A:459-462.

Kaushik, S. J., and P. Luquet. 1979. Influence of dietary amino acid patterns on the free amino acid contents of blood and muscle of rainbow trout *Salmo gairdneri*. Comp. Biochem. Phys. B 64:175-180.

Kaushik, S. J., and F. Médale. 1994. Energy requirements, utilization and dietary supply to salmonids. Aquaculture 124:81-97.

Kaushik, S. J., and A. Oliva-Teles. 1985. Effect of digestible energy on nitrogen and energy balance in rainbow trout. Aquaculture 50:89-101.

Kaushik, S. J., and I. Seiliez. 2010. Protein and amino acid nutrition and metabolism in fish. Aquac. Res. 41:322-332.

Keembiyehetty, C. N., and D. M. Gatlin. 1992. Dietary lysine requirement of juvenile hybrid striped bass (*Morone chrysops* × *M. saxatilis*). Aquaculture 104:271-277.

Keembiyehetty, C. N., and D. M. Gatlin. 1993. Total sulfur amino acid requirement of juvenile hybrid striped bass (*Morone chrysops* × *M. saxatilis*). Aquaculture 110:331-339.

Keembiyehetty, C. N., and D. M. Gatlin. 1995. Evaluation of different sulfur compounds in the diet of juvenile sunshine bass (*Morone chrysops* (female) × *M. saxatilis* (male)). Comp. Biochem. Phys. A 112A:155-159.

Keembiyehetty, C. N., and D. M. Gatlin. 1997a. Performance of sunshine bass fed soybeanmeal-based diets supplemented with different methionine compounds. Prog. Fish Cult. 59:25-30.

Keembiyehetty, C. N., and D. M. Gatlin, III. 1997b. Dietary threonine requirement of juvenile hybrid striped bass (*Morone chrysops* × *M. saxatilis*). Aquacult. Nutr. 3:217-221.

Kelly, M., B. Grisdale-Helland, S. J. Helland, and D. M. Gatlin. 2006. Refined understanding of sulphur amino acid nutrition in hybrid striped bass, *Morone chrysops* × *M. saxatilis*. Aquac. Res. 37:1546-1555.

Ketola, H. G. 1982. Amino acid nutrition of fishes: Requirements and supplementation of diets. Comp. Biochem. Phys. B 73:1-17.

Ketola, H. G. 1983. Requirement for dietary lysine and arginine by fry of rainbow trout. J. Anim. Sci. 56:101-107.

Khan, M. A., and S. F. Abidi. 2007a. Dietary isoleucine requirement of fingerling Indian major carp, *Labeo rohita* (Hamilton). Aquacult. Nutr. 13:424-430.

Khan, M. A., and S. F. Abidi. 2007b. Total aromatic amino acid requirement of Indian major carp *Labeo rohita* (Hamilton) fry. Aquaculture 267:111-118.

Kim, K.-I. 1993. Requirement for phenylalanine and replacement value of tyrosine for phenylalanine in rainbow trout (*Oncorhynchus mykiss*). Aquaculture 113:243-250.

Kim, K. I., I. McMillan, and H. S. Bayley. 1983. Determination of amino acid requirements of young pigs using an indicator amino acid. Brit. J. Nutr. 50:369-382.

Kim, K.-I., T. B. Kayes, and C. H. Amundson. 1991. Purified diet development and re-evaluation of the dietary protein requirement of fingerling rainbow trout (*Oncorhynchus mykiss*). Aquaculture 96:57-67.

Kim, K.-I., T. B. Kayes, and C. H. Amundson. 1992a. Requirements for sulfur amino acids and utilization of D-methionine by rainbow trout (*Oncorhynchus mykiss*). Aquaculture 101:95-103.

Kim, K.-I., T. B. Kayes, and C. H. Amundson. 1992b. Requirements for lysine and arginine by rainbow trout (*Oncorhynchus mykiss*). Aquaculture 106:333-344.

Kim, K.-I, T. W. Grimshaw, T. B. Kayes, and C. H. Amundson. 1992c. Effect of fasting or feeding diets containing different levels of protein or amino acids on the activities of the liver amino acid-degrading enzymes and amino acid oxidation in rainbow trout (*Oncorhynchus mykiss*). Aquaculture 107(1):89-105.

Kim, K.-W., X. Wang, S. M. Choi, G. J. Park, and S. C. Bai. 2004. Evaluation of optimum dietary protein-to-energy ratio in juvenile olive flounder *Paralichthys olivaceus* (Temminck et Schlegel). Aquac. Res. 35:250-255.

Kim, S.-K., T. Takeuchi, M. Yokoyama, and Y. Murata. 2003. Effect of dietary supplementation with taurine, ß-alanine and GABA on the growth of juvenile and fingerling Japanese flounder *Paralichthys olivaceus*. Fish. Sci. 69:242-248.

Kim, S.-K., T. Takeuchi, A. Akimoto, H. Furuita, T. Yamamoto, M. Yokoyama, and Y. Murata. 2005a. Effect of taurine supplemented practical diet on growth performance and taurine contents in whole body and tissues of juvenile Japanese flounder *Paralichthys olivaceus*. Fish. Sci. 71:627-632.

Kim, S.-K., T. Takeuchi, M. Yokoyama, Y. Murata, M. Kaneniwa, and Y. Sakakura. 2005b. Effect of dietary taurine levels on growth and feeding behavior of juvenile Japanese flounder *Paralichthys olivaceus*. Aquaculture 250:765-774.

Kim, S.-K., H. Matsunari, T. Takeuchi, M. Yokoyama, H. Furuita, Y. Murata, and T. Goto. 2008. Comparison of taurine biosynthesis ability between juveniles of Japanese flounder and common carp. Amino Acids 35:161-168.

Klein, R. G., and J. E. Halver. 1970. Nutrition of salmonoid fishes: Arginine and histidine requirements of Chinook and coho salmon. J. Nutr. 100:1105-1109.

Lall, S. P., S. J. Kaushik, P. Y. Le Bail, R. Keith, J. S. Anderson, and E. Plisetskaya. 1994. Quantitative arginine requirement of Atlantic salmon (*Salmo salar*) reared in sea water. Aquaculture 124:13-25.

Langer, S., P. W. D. Scislowski, D. S. Brown, P. Dewey, and M. F. Fuller. 2000. Interactions among the branched-chain amino acids and their effects on methionine utilization in growing pigs: Effects on plasma amino- and keto-acid concentrations and branched-chain keto-acid dehydrogenase activity. Brit. J. Nutr. 83:49-58.

Lee, D. J., and G. B. Putnam. 1973. The response of rainbow trout to varying protein/energy ratios in a test diet. J. Nutr. 103:916-922.

Lemme, A. 2007. How to adjust dietary amino acids to energy in broiler diets? AminoNews 8:1-13.

Lepage, O., O. Tottmar, and S. Winberg. 2002. Elevated dietary intake of L-tryptophan counteracts the stress-induced elevation of plasma cortisol in rainbow trout (*Oncorhynchus mykiss*). J. Exp. Biol. 205:3679-3687.

Liebert, F., and K. Benkendorff. 2007. Modeling lysine requirements of *Oreochromis niloticus* due to principles of the diet dilution technique. Aquaculture 267:100-110.

Lim, C. 1993. Effect of dietary pH on amino acid utilization by shrimp (Penaeus vannamei). Aquaculture 114:293-303.

Liou, C. H. 1989. Lysine and Sulfur Amino Acid Requirements of Juvenile Blue Tilapia (*Oreochromis aureus*). Ph.D. Dissertation, Texas A&M University, College Station, TX.

Liu, Y. J., L. X. Tian, and D. H. Liu. 2002. Influence of practical diet supplemented with free or coated lysine on the growth, plasma free amino acids and protein synthesis rates in the muscle of Ctenopharyngodon idellus (*in Chinese with English Abstract*). J. Fish. China 26:252-258.

Lombardini, J. B., P. K. T. Pang, and R. W. Griffith. 1979. Amino acids and taurine in intracellular osmoregulation in marine animals. Occas. Pap. Calif. Acad. Sci. 134:160-171.

Lunger, A. N., E. McLean, T. G. Gaylord, D. Kuhn, and S. R. Craig. 2007. Taurine supplementation to alternative dietary proteins used in fish meal replacement enhances growth of juvenile cobia (*Rachycentron canadum*). Aquaculture 27:401-410.

Luo, Z., Y.-J. Liu, K.-S. Mai, L.-X. Tian, X.-Y. Tan, H.-J. Yang, G.-Y. Liang, and D.-H. Liu. 2006. Quantitative L-lysine requirement of juvenile grouper *Epinephelus coioides*. Aquacult. Nutr. 12(3):165-172.

Lupatsch, I., and G. W. Kissil. 2005. Feed formulations based on energy and protein demands in white grouper (Epinephelus aeneus). Aquaculture 248:83-95.

Lupatsch, I., G. W. Kissil, D. Sklan, and E. Pfeffer. 1998. Energy and protein requirements for maintenance and growth in gilthead seabream (*Sparus aurata* L.). Aquacult. Nutr. 4:165-173.

Lupatsch, I., G. W. Kissil, and D. Sklan. 2001a. Optimization of feeding regimes for European sea bass *Dicentrarchus labrax*: A factorial approach. Aquaculture 202:289-302.

Lupatsch, I., G. W. Kissil, D. Sklan, and E. Pfeffer. 2001b. Effects of varying dietary protein and energy supply on growth, body composition and protein utilization in gilthead seabream (*Sparus aurata* L.). Aquacult. Nutr. 7:71-80.

Lupatsch, I., G. W. Kissil, and D. Sklan. 2003. Comparison of energy and protein efficiency among three fish species, gilthead sea bream (*Sparus aurata*), European sea bass (*Dicentrarchus labrax*) and white grouper (Epinephelus aeneus): Energy expenditure for protein and lipid deposition. Aquaculture 225:175-189.

Lupatsch, I., L. Cuthbertson, S. Davies, and R. J. Shields. 2008. Studies on energy and protein requirements to improve feed management of the Pacific white shrimp, *Litopenaeus vannamei*. Pp. 281-295 in Avances en Nutricion Acuicola IX, L. E. Cruz Suarez, D. Ricque Marie, M. Tapia Salazar, M. G. Nieto Lopez, D. A. Villarreal Cavazos, J. Pablo Lazo, and M. Teresa Viana, eds. IX Symposio Internacional de Nutricion Acuicola, Universidad Autonoma de Nuevo Leon, Monterrey, Nuevo Leon, Mexico, 24-27 November, 2008.

Lupatsch, I., R. Deshev, and I. Magen. 2010. Energy and protein demands for optimal egg production including maintenance requirements of female tilapia *Oreochromis niloticus*. Aquac. Res. 41:763-769.

Luzzana, U., R. W. Hardy, and J. E. Halver. 1998. Dietary arginine requirement of fingerling coho salmon (*Oncorhynchus kisutch*). Aquaculture 163:137-150.

Magendie, P. F. 1817. Précis Élémentaire de Physiologie, Tome Second. Paris: Chez Méquignon-Marvis.

Mai, K., L. Zhang, Q. Ai, Q. Duan, C. Zhang, H. Li, J. Wan, and Z. Liufu. 2006. Dietary lysine requirement of Japanese seabass, *Lateolabrax japonicus*. Aquaculture 258:535-542.

Mambrini, M., and J. Guillaume. 1999. Nutrition proteique. Pp. 113-146 in Nutrition et Alimentation des Poissons et des Crustaces, J. Guillaume, S. J. Kaushik, P. Bergot, and R. Metailler, eds. Paris: Collection du Labo au terrain, Editions INRA.

Mambrini, M., and S. J. Kaushik. 1995. Indispensable amino acid requirements of fish: Correspondence between quantitative data and amino acid profiles of tissue proteins. J. Appl. Ichthyol. 11:240-247.

Mariotti, F., D. Tome, and P. P. Mirand. 2008. Converting nitrogen into protein—beyond 6.25 and Jones' Factors. Crit. Rev. Food Sci. Nutr. 48:177-184.

Martín-Venegas, R., M. J. Rodríguez-Lagunas, P. A. Geraert, and R. Ferrer. 2007. Monocarboxylate Transporter 1 mediates DL-2-hydroxy-(4-methylthio)butanoic acid transport across the apical membrane of Caco-2 cell monolayers. J. Nutr. 137:49-54.

Martinez, J. B., S. Chatzifotis, P. Divanach, and T. Takeuchi. 2004. Effect of dietary taurine supplementation on growth performance and feed selection of sea bass *Dicentrarchus labrax* fry fed with demand-feeders. Fish. Sci. 70:74-79.

Matsunari, H., T. Takeuchi, M. Takahashi, and K. Mushiake. 2005. Effect of dietary taurine supplementation on growth performance of yellowtail juveniles Seriola quinqueradiata. Fish. Sci. 71:1131-1135.

McLean, E., B. Ronsholdt, C. Sten, and J. F. Najamuddin. 1999. Gastrointestinal delivery of peptide and protein drugs to aquacultured teleosts. Aquaculture 177:231-247.

Millamena, O. M., M. N. Bautista, and A. Kanazawa. 1996. Methionine requirement of juvenile tiger shrimp *Penaeus monodon* Fabricius. Aquaculture 143:403-410.

Millamena, O. M., M. N. Bautista, O. S. Reyes, and A. Kanazawa. 1997. Threonine requirement of juvenile marine shrimp *Penaeus monodon*. Aquaculture 151:9-14.

Millamena, O. M., M. N. Bautista-Teruel, O. S. Reyes, and A. Kanazawa. 1998. Requirements of juvenile marine shrimp, *Penaeus monodon* (Fabricius) for lysine and arginine. Aquaculture 164:95-104.

Millamena, O. M., M. B. Teruel, A. Kanawaza, and S. Teshima. 1999. Quantitative dietary requirements of postlarval tiger shrimp, *Penaeus monodon*, for histidine, isoleucine, leucine, phenylalanine and tryptophan. Aquaculture 179:169-179.

Millward, D. J. 1989. The nutritional regulation of muscle growth and protein turnover. Aquaculture 79:1-28.

Miranda, S. G., Y. J. Wang, N. G. Purdie, V. R. Osborne, B. L. Coomber, and J. P. Cant. 2009. Selenomethionine stimulates expression of glutathione peroxidase 1 and 3 and growth of bovine mammary epithelial cells in primary culture. J. Dairy Sci. 92:2670-2683.

Moehn, S., R. O. Ball, M. F. Fuller, A. M. Gillis, and C. F. M. de Lange. 2004. Growth potential, but not body weight or moderate limitation of lysine intake, affects inevitable lysine catabolism in growing pigs. J. Nutr. 134:2287-2292.

Mohn, S., and C. F. M. de Lange. 1998. The effect of body weight on the upper protein limit to protein deposition in a defined population of growing gilts. J. Anim. Sci. 76:124-133.

Montes-Girao, P. J., and D. M. Fracalossi. 2006. Dietary lysine requirement as basis to estimate the essential dietary amino acid profile for jundia, *Rhamdia quelen*. J. World Aquacult. Soc. 37:388-396.

Moon, H. Y., and D. M. Gatlin, III. 1991. Total sulfur amino acid requirement of juvenile red drum, *Sciaenops ocellatus*. Aquaculture 95:97-106.

Moughan, P. J. 1989. Simulation of the daily partitioning of lysine in the 50kg liveweight pig—A factorial approach to estimating amino acid requirements for growth and maintenance. Res. Dev. Agric. 6:7-14.

Moughan, P. J. 1995. Modelling protein metabolism in the pig—Critical evaluation of a simple reference model. Pp. 103-112 in Modelling Growth in the Pig, P. J. Moughan, M. W. A. Verstegen, and M. I. Visser-Reyneveld, eds. Wageningen Pers, The Netherlands: EAAP Publishing.

Moughan, P. J. 1999. Protein metabolism in the growing pig. Pp. 299-331 in A Quantitative Biology of the Pig, I. Kyriazakis, ed. Wallingford, UK: CAB International.

Moughan, P. J. 2003. Simulating the partitioning of dietary amino acids: New directions. J Anim. Sci. 81:60-67.

Moughan, P. J., and S. M. Rutherfurd. 1996. A new method for determining digestible reactive lysine in foods. J. Agric. Food Chem 44:2202-2209.

Murai, T., T. Akiyama, and T. Nose. 1981. Use of crystalline amino acids coated with casein in diets for carp. B. Jpn. Soc. Sci. Fish. 47:523-527.

Murai, T., H. Ogata, Y. Hirasawa, T. Akiyama, and T. Nose. 1987. Portal absorption and hepatic uptake of amino acids in rainbow trout force-fed complete diets containing casein or crystalline amino acids. Nippon Suisan Gakk. 53:1847-1859.

Murillo-Gurrea, D. P., R. M. Coloso, I. G. Borlongan, and A. E. Serrano, Jr. 2001. Lysine and arginine requirements of juvenile Asian sea bass (*Lates calcarifer*). J. Appl. Ichthyol. 17:49-53.

Nang Thu, T. T., C. Parkouda, S. de Saeger, Y. Larondelle, and X. Rollin. 2007. Comparison of the lysine utilization efficiency in different plant protein sources supplemented with L-lysine·HCl in rainbow trout (*Oncorhynchus mykiss*) fry. Aquaculture 272:477-488.

Nang Thu, T. T., C. Parkouda, S. de Saeger, Y. Larondelle, and X. Rollin. 2009. Protein level does not affect lysine utilization efficiency at marginal lysine intake in growing rainbow trout (*Oncorhynchus mykiss*) fry. Aquaculture 288:312-320.

Ng, W.-K., G. Serrini, Z. Zhang, and R. P. Wilson. 1997. Niacin requirement and inability of tryptophan to act as a precursor of NAD^+ in channel catfish, *Ictalurus punctatus*. Aquaculture 152:273-285.

Nguyen, T. N., and D. A. Davis. 2009. Methionine requirement in practical diets of juvenile Nile tilapia, *Oreochromis niloticus*. J. World Aquacult. Soc. 40:410-416.

Nichols, N. L., and R. F. Bertolo. 2008. Luminal threonine concentration acutely affects intestinal mucosal protein and mucin synthesis in piglets. J. Nutr. 138:1298-1303.

Nose, T. 1979. Summary report on the requirements of essential amino acids for carp. Pp. 145-156 in Finfish Nutrition and Fishfeed Technology, J. E. Halver and K. Tiews, eds. Berlin, Germany: Heenemann GmbH.

Nose, T., S. Arai, D.-L. Lee, and Y. Hashimoto. 1974. A note on amino acids essential for growth of young carp. B. Jpn. Soc. Sci. Fish. 40:903-908. NRC (National Research Council). 1981. Nutrient Requirements of Cold-water Fishes. Washington, DC: The National Academy Press.

NRC. 1993. Nutrient Requirements of Fish. Washington, DC: National Academy Press. Ogino, C. 1980. Requirements of carp and rainbow trout for essential amino acids. B. Jpn. Soc. Sci. Fish. 46:171-174.

Pack, M., M. Rodehutscord, S. Jacobs, and E. Pfeiffer. 1995. Amino acid requirement of rainbow trout (*Oncorhynchus mykiss*) II. Protein deposition as function of dietary methionine, threonine and arginine. J. Appl. Ichthyol. 11:390-393.

Page, J. W., and J. W. Andrews. 1973. Interactions of dietary levels of protein and energy on channel catfish (*Ictalurus punctatus*). J. Nutr. 103:1339-1346.

Palma, J., D. P. Bureau, A. Lemme, M. Correia, and J. P. Andrade. 2009. Quantitative dietary requirement of juvenile Atlantic ditch shrimp *Palaemonetes varians* (Leach) for lysine, methionine and arginine. Unpublished. (Abstract ISFNF 2006).

Park, G.-S., T. Takeuchi, M. Yokoyama, and T. Seikai. 2002. Optimal dietary taurine level for growth of juvenile Japanese flounder *Paralichthys olivaceus*. Fish. Sci. 68:824-829.

Pei, Z., S. Xie, W. Lei, X. Zhu, and Y. Yang. 2004. Comparative study on the effect of dietary lipid level on growth and feed utilization for gibel carp (*Carassius auratus gibelio*) and Chinese longsnout catfish (*Leiocassis longirostris* Gunther). Aquacult. Nutr. 10:209-216.

Pellett, P. L., and V. R. Young. 1984. Evaluation of the use of amino acid composition data in assessing the protein quality of meat and poultry products. Am. J. Clin. Nutr. 40:718-736.

Peña-Ortega, L. O., and D. P. Bureau. 2004. Investigation into the differences in nitrogen metabolism between rainbow trout and Atlantic salmon of different sizes/ages. International Congress of Fish Biology, August 1-6, 2004, Manaus, Brazil.

Peres, H., and A. Oliva-Teles. 2005. The effect of dietary protein replacement by crystalline amino acid on growth and nitrogen utilization of turbot *Scophthalmus maximus* juveniles. Aquaculture 250:755-764.

Peres, H., and A. Oliva-Teles. 2008. Lysine requirement and efficiency of lysine utilization in turbot (*Scophthalmus maximus*) juveniles. Aquaculture 275:283-290.

Peres, H., and A. Oliva-Teles. 2009. The optimum dietary essential amino acid profile for gilthead seabream (*Sparus aurata*) juveniles.

Aquaculture 296(1-2):81-86.
Pfeffer, E., H. Al-Sabty, and R. Haverkamp. 1992. Studies on lysine requirements of rainbow trout (*Oncorhynchus mykiss*) fed wheat gluten as only source of dietary protein. J. Anim. Physiol. An. N. 67:74-82.
Poppi, D. A., V. M. Quinton, K. Hua, and D. P. Bureau. 2010. Development of a protocol for assessing the bioavailability of arginine in feather meal fed to rainbow trout (*Oncorhynchus mykiss*). Aquaculture (accepted for publication August 2010). doi:10.1016/j.aquaculture.2011.01.06.
Portz, L., and J. E. P. Cyrino. 2003. Comparison of the amino acid contents of roe, whole body and muscle tissue and their A/E ratios for largemouth bass *Micropterus salmoides* (Lacepéde, 1802). Aquac. Res. 34:585-592.
Poston, H. A., and G. L. Rumsey. 1983. Factors affecting dietary requirement and deficiency signs of L-tryptophan in rainbow trout. J. Nutr. 113:2568-2577.
Poston, H. A., R. C. Riis, G. L. Rumsey, and H. G. Ketola. 1977. The effect of supplemental dietary amino acids, minerals and vitamins on salmonids fed cataractogenic diets. Cornell Vet. 67:472-509.
Randall, D. J., C. M. Wood, S. F. Perry, H. Bergman, G. M. O. Maloiy, T. P. Mommsen, and P. A. Wright. 1989. Urea excretion as a strategy for survival in a fish living in a very alkaline environment. Nature 337:165-166.
Refstie, S., T. Storebakken, G. Baeverfjord, and A. J. Roem. 2001. Longterm protein and lipid growth of Atlantic salmon (*Salmo salar*) fed diets with partial replacement of fish meal by soy protein products at medium or high lipid level. Aquaculture 193:91-106.
Regina, M., V.-P. Korhonen, T. K. Smith, L. Alakuijala, and T. O. Eloranta. 1993. Methionine toxicity in the rat in relation to hepatic accumulation of S-adenosylmethionine: Prevention by dietary stimulation of the hepatic transsulfuration pathway. Arch. Biochem. Biophys. 300:598-607.
Richard, L., P. P. Blanc, V. Rigolet, S. J. Kaushik, and I. Geurden. 2010. Maintenance and growth requirements for nitrogen, lysine and methionine and their utilisation efficiencies in juvenile black tiger shrimp, Penaeus monodon, using a factorial approach. Brit. J. Nutr. 103:984-995.
Richards, J. D., C. A. Atwell, M. Vazquez-Anon, and J. J. Dibner. 2005. Comparative in vitro and in vivo absorption of 2-hydroxy-4-(methylthio) butanoic acid and methionine in the broiler chicken. Poultry Sci. 84:1397-1405.
Robinson, E. H., O. W. Allen, Jr., W. E. Poe, and R. P. Wilson. 1978. Utilization of dietary sulfur compounds by fingerling channel catfish: L-methionine, DL-methionine, methionine hydroxy analogue, taurine and inorganic sulfate. J. Nutr. 108:1932-1936.
Robinson, E. H., R. P. Wilson, and W. E. Poe. 1980a. Re-evaluation of the lysine requirement and lysine utilization by fingerling channel catfish. J. Nutr. 110:2313-2316.
Robinson, E. H., R. P. Wilson, and W. E. Poe. 1980b. Total aromatic amino acid requirement, phenylalanine requirement and tyrosine replacement value for fingerling channel catfish. J. Nutr. 110:1805-1812.
Robinson, E. H., R. P. Wilson, and W. E. Poe. 1981. Arginine requirement and apparent absence of a lysine-arginine antagonist in fingerling channel catfish. J. Nutr. 111:46-52.
Robinson, E. H., W. E. Poe, and R. P. Wilson. 1984. Effects of feeding diets containing an imbalance of branched-chain amino acids on fingerling channel catfish. Aquaculture 37:51-62.
Rodehutscord, M., and M. Pack. 1999. Estimates of essential amino acid requirements from dose-response studies with rainbow trout and broiler chicken: Effect of mathematical model. Arch. Anim. Nutr. 52:223-244.
Rodehutscord, M., and E. Pfeffer. 1999. Maintenance requirement of digestible energy and efficiency of utilization of digestible energy for retention in rainbow trout, (*Oncorhynchus mykiss*). Aquaculture 179:95-107.
Rodehutscord, M., S. Jacobs, M. Pack, and E. Pfeffer. 1995a. Response of rainbow trout (*Oncorhynchus mykiss*) growing from 50 to 150 g to supplements of DL-methionine in a semipurified diet containing low or high levels of cystine. J. Nutr. 125:964-969.
Rodehutscord, M., S. Jacobs, M. Pack, and E. Pfeffer. 1995b. Response of rainbow trout (*Oncorhynchus mykiss*) growing from 50 to 170 g to supplements of either l-arginine or l-threonine in a semipurified diet. J. Nutr. 125:970-975.
Rodehutscord, M., A. Becker, M. Pack, and E. Pfeffer. 1997. Response of rainbow trout (*Oncorhynchus mykiss*) to supplements of individual essential amino acids in a semipurified diet, including an estimate of the maintenance requirement for essential amino acids. J. Nutr. 127:1166-1175.
Rodehutscord, M., F. Borchert, Z. Gregus, M. Pack, and E. Pfeffer. 2000. Availability and utilization of free lysine in rainbow trout (*Oncorhynchus mykiss*): 1. Effect of dietary crude protein level. Aquaculture 187:163-176.
Rollin, X. 1999. Critical Study of the Indispensable Amino Acids Requirements in Atlantic Salmon (*Salmo salar* L.) Fry. Ph.D. Dissertation, Université Catholique de Louvain, Louvain-la-Neuve, Belgium.
Rollin, X., M. Mambrini, T. Abboudi, Y. Larondelle, and S. J. Kaushik. 2003. The optimum dietary indispensable amino acid pattern for growing Atlantic salmon (*Salmo salar* L.) fry. Brit. J. Nutr. 90:865-876.
Rollin, X., J. B. Wauters, N. Bodin, Y. Larondelle, W. Ooghe, B. Wathelet, and T. Abboudi. 2006. Maintenance threonine requirement and efficiency of its use for accretion of whole-body threonine and protein in Atlantic salmon (*Salmo salar* L.) fry. Brit. J. Nutr. 95:234-245.
Ronnestad, I., A. Thorsen, and R. N. Finn. 1999. Fish larval nutrition: recent advances in amino acid metabolism. Aquaculture 177:201-216.
Ronnestad, A., S. K. Tonheim, H. J. Fyhn, C. R. Rojas-Garcia, Y. Kamisaka, W. Koven, R. N. Finn, B. F. Terjesen, Y. Barr, and L. E. C. Conceicao. 2003. The supply of amino acids during early feeding stages of marine fish larvae: A review of recent findings. Aquaculture 227:147-164.
Rumsey, G. L., J. W. Page, and M. L. Scott. 1983. Methionine and cystine requirements of rainbow trout. Prog. Fish Cult. 45:139-143.
Santiago, C. B., and R. T. Lovell. 1988. Amino acid requirements for growth of Nile tilapia. J. Nutr. 118:1540-1546.

Sara, J. R. 2007. Establishing the Protein Requirement in the Marine Prawn *Fenneropenaeus indicus*. Ph.D. Dissertation, School of Biological and Conservation Sciences, University of KwaZulu-Natal, Durban, South Africa.

Sassi, M. J. 2001. Carboxyterminal Degradation Products of Type I Collagen. Academic Dissertation, Oulu University Press, Oulun, Finland.

Satoh, S., M. A. Alam, K. I. Satoh, and V. Kiron. 2004. Effects of dietary lipid and phosphorus levels on nitrogen and phosphorus excretion in young yellowtail Seriola quinqueradiata: A preliminary observation. Fisheries Sci. 70:1082-1088.

Sauer, N., K. Emrich, H.-P. Piepho, A. Lemme, M. S. Redshaw, and R. Mosenthin. 2008. Meta-analysis of the relative efficiency of methionine-hydroxy-analogue-free-acid compared with dl-methionine in broilers using nonlinear mixed models. Poultry Sci. 87:2023-2031.

Schrauzer, G. N. 2000. Selenomethionine: A review of its nutritional significance, metabolism and toxicity. J. Nutr. 130:1653-1656.

Schuhmacher, A., C. Wax, and J. M. Gropp. 1997. Plasma amino acids in rainbow trout (*Oncorhynchus mykiss*) fed intact protein or a crystalline amino acid diet. Aquaculture 151:15-28.

Segovia-Quintero, M. A., and R. C. Reigh. 2004. Coating crystalline methionine with tripalmitin-polyvinyl alcohol slows its absorption in the intestine of Nile tilapia, *Oreochromis niloticus*. Aquaculture 238:355-367.

Shearer, K. D. 1994. Factors affecting the proximate composition of cultured fishes with emphasis on salmonids. Aquaculture 119:63-88.

Shiau, S.-Y., and B.-S. Chou. 1994. Grass shrimp, *Penaeus monodon*, growth as influenced by dietary taurine supplementation. Comp. Biochem. Biophys. A 108(1):137-142.

Simmons, L., R. D. Moccia, and D. P. Bureau. 1999. Dietary methionine requirement of juvenile Arctic charr *Salvelinus alpinus* (L.). Aquacult. Nutr. 5:93-100.

Singh, S., and M. A. Khan. 2007. Dietary arginine requirement of fingerling hybrid Clarias (*Clarias gariepinus* × *Clarias macrocephalus*). Aquac. Res. 38:17-25.

Statter, M., A. Russell, and S. Rotaro. 1978. Competitive interrelationships between lysine and arginine in rat under normal conditions and in experimental hyperammonia. Life Sci. 22:2097-2102.

Steffens, W., B. Rennert, M. Wirth, and R. Krüger. 1999. Effect of two lipid levels on growth, feed utilization, body composition and some biochemical parameters of rainbow trout, *Oncorhynchus mykiss* (Walbaum 1792). J. Appl. Ichthyol. 15:159-164.

Susenbeth, A. 1995. Factors affecting lysine utilization in growing pigs: An analysis of literature data. Livest. Prod. Sci. 43:193-204.

Suzuki, K. T., C. Doi, and N. Suzuki. 2006. Metabolism of ^{76}Semethylselenocysteine compared with that of ^{77}Se-selenomethionine and ^{82}Se-selenite. Toxicol. Appl. Pharmacol. 217:185-195.

Sveier, H., H. Nordås, G. E. Berge, and E. Lied. 2001. Dietary inclusion of crystalline D- and L-methionine: Effects on growth, feed and protein utilization, and digestibility in small and large Atlantic salmon (*Salmon salar* L.). Aquacult. Nutr. 7(3):169-181.

Tacon, A. G. J., and C. B. Cowey. 1985. Protein and amino acid requirements. Pp. 155-183 in Fish Energetics: New Perspectives, P. Tyler and P. Calow, eds. London, UK: Croom Helm.

Tagaki, S., H. Murata, T. Goto, T. Ichiki, D. Munasinghe, M. Endo, T. Matsumoto, A. Sakurai, H. Hatate, T. Yoshida, T. Sakai, H. Yamashita, M. Ukawa, and T. Kuramoto. 2005. The green liver syndrome is caused by taurine deficiency in yellowtail, *Seriola quinqueradiata*, fed diets without fishmeal. Suisan Zoshoku 53:279-290.

Tantikitti, C., and B. E. March. 1995. Dynamics of plasma free amino acids in rainbow trout (*Oncorhynchus mykiss*) under variety of dietary conditions. Fish Physiol. Biochem. 14(3):179-194.

Tantikitti, C., and N. Chimsung. 2001. Dietary lysine requirement of freshwater catfish (*Mystus nemurus* Cuv. and Val). Aquac. Res. 32:135-141.

Teshima, S., A. Kanazawa, and S. Koshio. 1990. Effects of methionine enriched plastein supplemented to soybean-protein based diets on common carp and tilapia. Pp. 279-282 in The Second Asian Fisheries Forum, R. Hirano and I. Hanyu, eds. Manilla, the Philipines: Asian Fisheries Society.

Teshima, S., A. Kanazawa, and S. Koshio. 1992. Supplemental effects of methionine-enriched plastein in *Penaeus japonicus* diets. Aquaculture 101:85-93.

Teshima, S., M. S. Alam, S. Koshio, M. Ishikawa, and A. Kanazawa. 2002. Assessment of requirement values for essential amino acids in the prawn, *Marsupenaeus japonicus* (Bate). Aquac. Res. 33:395-402.

Tibaldi, E., and D. Lanari. 1991. Optimal dietary lysine levels for growth and protein utilisation of fingerling sea bass (*Dicentrarchus labrax* L.) fed semipurified diets. Aquaculture 95:297-304.

Tibaldi, E., and F. Tulli. 1999. Dietary threonine requirement of juvenile European sea bass (*Dicentrarchus labrax*). Aquaculture 175:155-166.

Tibaldi, E., F. Tulli, and D. Lanari. 1994. Arginine requirement and effect of different dietary arginine and lysine levels for fingerling sea bass (*Dicentrarchus labrus*). Aquaculture 127:207-218.

Tibbetts, S. M., S. P. Lall, and J. E. Milley. 2005. Effects of dietary protein and lipid levels and DP DE) 1 ratio on growth, feed utilization and hepatosomatic index of juvenile haddock, *Melanogrammus aeglefinus* L. Aquacult. Nutr. 11:67-75.

Tröβe, C., R. Waagbo, O. Breck, A.-K. Stavrum, K. Petersen, and P. A. Olsvik. 2009. Genome-wide transcription analysis of histidine-related cataract in Atlantic salmon (*Salmo salar* L). Mol. Vis. 15:1332-1350.

Tulli, F., M. Messina, M. Calligaris, and E. Tibaldi. 2010. Response of European sea bass (*Dicentrarchus labrax*) to graded levels of methionine (total sulfur amino acids) in soya protein-based semi-purified diets. Brit. J. Nutr. doi:10.1017/S0007114510001029.

Twibell, R. G., and P. B. Brown. 1997. Dietary arginine requirement of juvenile yellow perch. J. Nutr. 127:1838-1841.

Twibell, R. G., K. A. Wilson, and P. B. Brown. 2000. Dietary sulfur amino acid requirement of juvenile yellow perch fed the maximum cystine replacement value for methionine. J. Nutr. 130:612-616.

Vergara, A. M., L. Robaina L., M. Izquierdo, and M. de la Higuera. 1996. Protein sparing effect of lipids in diets for fingerlings of gilthead sea bream. Fish. Sci. 62:624-628.

Waagbø, R., C. Trosse, W. Koppe, R. Fontanillas and O. Breck. 2010. Dietary histidine supplementation prevents cataract development in adult Atlantic salmon, *Salmo salar* L., in seawater. Brit. J. Nutr. doi:10.1017/ S0007114510002485.

Walton, M. J., C. B. Cowey, and J. W. Adron. 1982. Methionine metabolism in rainbow trout fed diets of differing methionine and cystine content. J. Nutr. 112:1525-1535.

Walton, M. J., R. M. Coloso, C. B. Cowey, J. W. Adron, and D. Knox. 1984a. The effects of dietary tryptophan levels on growth and metabolism of rainbow trout (*Salmo gairdneri*). Brit. J. Nutr. 51:279-287.

Walton, M. J., C. B. Cowey, and J. W. Adron. 1984b. The effect of dietary lysine levels on growth and metabolism of rainbow trout (*Salmo gairdneri*). Brit. J. Nutr. 52:115-122.

Walton, M., R. M. Coloso, C. B. Cowey, and J. W. Adron. 1986. Dietary requirements of rainbow trout for tryptophan, lysine and arginine determined by growth and biochemical measurements. Fish Physiol. Biochem. 2:161-169.

Wan, J., K. Mai, and Q. Ai. 2006. The recent advance on arginine nutritional physiology in fish. J. Fish. Sci. 13:679-685.

Wang, S., Y. J. Liu, L. X. Tian, M. Q. Xie, H. J. Yang, Y. Wang, and G. Y. Liang. 2005. Quantitative dietary lysine requirement of juvenile grass carp *Ctenopharyngodon idella*. Aquaculture 249:419-429.

Wang, S., P. M. Encarnacao, R. L. Payne, and D. P. Bureau. 2010. Estimating dietary lysine requirements for live weight gain and protein deposition in juvenile rainbow trout (*Oncorhynchus mykiss*). International Symposium on Fish Nutrition and Feeding, 31 May-4 June 2010, Qingdao, China.

Wang, T. C., and M. F. Fuller. 1989. The optimum dietary amino acid pattern for growing pigs. 1. Experiments by amino acid deletion. Brit. J. Nutr. 62:77-89.

Wang, Y., J. Guo, K. Li, and D. P. Bureau. 2006. Effects of dietary protein and energy levels on growth, feed utilization and body composition of cuneate drum (Nibea miichthioides). Aquaculture 252:421-428.

Watanabe, K., H. Aoki, Y. Yamagata, V. Kiron, S. Satoh, and T. Watanabe. 2000. Energy and protein requirements of yellowtail during winter season. Fish. Sci. 66:521-527.

Webb, K. A., Jr., and D. M. Gatlin, III. 2003. Effects of dietary protein level and form on production characteristics and ammonia excretion of red drum *Sciaenops ocellatus*. Aquaculture 225:17-26.

Webb, K. A., L. T. Rawlinson, and, G. J. Holt. 2010. Effects of dietary starches and the protein to energy ratio on growth and feed efficiency of juvenile cobia (*Rachycentron canadum*). Aquacult. Nutr. 16:447-456.

Weijs, P. J. M. 1993. Dietary Protein, Physiological Condition and Metabolic Amino Acid Utilization. Ph.D. Dissertation, Proefschrift Wageningen.

Were, K.E. 1989. Determination of the Tryptophan Requirement of the Juvenile Rainbow Trout Using the Indicator Oxidation Technique. M.Sc. Thesis, University of Guelph, Guelph, Ontario, Canada.

Williams, K., C. Barlow, and L. Rodgers. 2001. Efficacy of crystalline and protein-bound amino acid enrichment of diets for barramundi/Asian seabass (*Lates calcarifer* Bloch). Aquac. Res. 32:415-429.

Wilson, R. P. 1989. Amino acids and proteins. Pp. 111-151 in Fish Nutrition, Second Edition, J. E. Halver, ed. New York: Academic Press.

Wilson, R. P. 1994. Amino acid requirements of fish. Pp. 377-399 in Amino Acids in Farm Animal Nutrition, J. P. F. D'Mello, ed. Wallingford, UK: CAB International.

Wilson, R. P. 2002. Amino acids and proteins. Pp. 143-179 in Fish Nutrition, Third Edition, J. E. Halver and R. W. Hardy, eds. New York: Academic Press.

Wilson, R. P., and C. B. Cowey. 1985. Amino acid composition of whole body tissue of rainbow trout and Atlantic salmon. Aquaculture 48:373-376.

Wilson, R. P., and J. E. Halver. 1986. Protein and amino acid requirements of fish. Annu. Rev. Nutr. 6:225-244.

Wilson, R. P., and W. E. Poe. 1987. Apparent inability of channel catfish to utilize dietary mono- and disaccharides as energy sources. J. Nutr. 117:280-285.

Wilson, R. P., D. E. Harding, and D. L. Garling, Jr. 1977. Effect of dietary pH on amino acid utilization and the lysine requirement of fingerling channel catfish. J. Nutr. 107:166-170.

Wilson, R. P., O. W. Allen, Jr., E. H. Robinson, and W. E. Poe. 1978. Tryptophan and threonine requirements of fingerling channel catfish. J. Nutr. 108:1595-1599.

Wilson, R. P., W. E. Poe, and E. H. Robinson. 1980. Leucine, isoleucine, valine and histidine requirements of fingerling channel catfish. J. Nutr. 110:627-633.

Winberg, S., Ø. Øverli, and O. Lepage. 2001. Suppression of aggression in rainbow trout (*Oncorhynchus mykiss*) by dietary L-tryptophan. J. Exp. Biol. 204:3867-3876.

Winfree, R. A., and R. R. Stickney. 1981. Effects of dietary protein and energy on growth, feed conversion efficiency and body composition of Tilapia aurea. J. Nutr. 111:1001-1012.

Yamada, S., K. L. Simpson, and Y. Tanaka, 1981a. Plasma amino acid changes in rainbow trout *Salmo Gairdneri* force-fed casein and a corresponding amino acid mixture. B. Jpn. Soc. Sci. Fish. 47:1035-1040.

Yamada, S., Y. Tanaka, and T. Katayama. 1981b. Feeding experiments with carp fry. B. Jpn. Soc. Sci. Fish. 47:1247.

Yamamoto, T., T. Shima, H. Furuita, M. Shiraishi, F. J. Sánchez-Vázquez, and M. Tabata. 2000. Self-selection of diets with different amino acid profiles by rainbow trout (*Oncorhynchus mykiss*). Aquaculture 187:375-386.

Yamamoto, T., T. Shima, H. Furuita, and N. Suzuki. 2002. Influence of dietary fat level and whole-body adiposity on voluntary energy intake by juvenile rainbow trout *Oncorhynchus mykiss* (Walbaum) under self-feeding conditions. Aquac. Res. 33:715-723.

Yamamoto, T., T. Shima, and H. Furuita. 2004. Antagonistic effects of branched-chain amino acids induced by excess protein-bound leucine in diets for rainbow trout (*Oncorhynchus mykiss*). Aquaculture 232:539-550.

Yamamoto, T., T. Sugita, and H. Furuita. 2005. Essential amino acid supplementation to fish meal-based diets with low protein to energy ratios improves the protein utilization in juvenile rainbow trout *Oncorhynchus mykiss*. Aquaculture 246:379-391.

Yang, X., C. Yang, A. Farberman, T. C. Rideout, C. F. M. de Lange, J. France, and M. Z. Fan. 2008. The mammalian target of rapamycin-signaling pathway in regulating metabolism and growth. J. Anim. Sci. 86(E Suppl):E36-E50.

Yokoyama, M., and J.-I. Nakazoe. 1992. Accumulation and excretion of taurine in rainbow trout (*Oncorhynchus mykiss*) fed diets supplemented with methionine, cystine and taurine. Comp. Biochem. Phys. A 102:565-568.

Zarate, D. D., and R. T. Lovell. 1997. Free lysine (L-lysine.HCl) is utilized for growth less efficiently than protein-bound lysine (soybean meal) in practical diets by young channel catfish (*Ictalurus punctatus*). Aquaculture 159:87-100.

Zarate, D. D., R. T. Lovell, and M. Payne. 1999. Effects of feeding frequency and rate of stomach evacuation on utilization of dietary free and protein-bound lysine for growth by channel catfish *Ictalurus punctatus*. Aquacult. Nutr. 5:17-22.

Zhang, Y., K. Dabrowski, P. Hilwa, and P. Gomulka. 2006. Indispensable amino acid concentrations decrease in tissues of stomachless fish, common carp in response to free amino acid- or peptide-based diets. Amino Acids 31:165-172.

Zhou, F., W. Xiong, J. X. Xiao, Q. J. Shao, O. N. Bergo,Y. Hua, and X. Chai. 2010a. Optimum arginine requirement of juvenile black sea bream, *Sparus macrocephalus*. Aquac. Res. doi:10.1111/j.1365-2109.2009.02474.x.

Zhou, F., J. Shao, R. Xu, J. Ma, and Z. Xu. 2010b. Quantitative L-lysine requirement of juvenile black sea bream (*Sparus macrocephalus*). Aquacult. Nutr. 16(2):194-204.

Zhou, Q.-C., Z.-H. Wu, B.-P. Tan, S.-Y. Chi, Q.-H. Yang. 2006. Optimal dietary methionine requirement for Juvenile Cobia (*Rachycentron canadum*). Aquaculture 258:551-557.

Zhou, Q.-C., Z.-H. Wu, S.-Y. Chi, Q.-H. Yang 2007. Dietary lysine requirement of juvenile cobia (*Rachycentron canadum*). Aquaculture 273:634-640.

Zhou, X. Q., C. R. Zhao, and Y. Lin. 2007. Compare the effect of diet supplementation with uncoated or coated lysine on juvenile Jian carp (*Cyprinus carpio* Var. Jian). Aquacult. Nutr. 13:457-461.

Zubay, G. 1993. Biochemistry, Third Edition, W. C. Brown, ed. Dubuque, IA: Brown Publishers.

제6장

지질

사료 내 지질 요구량을 정의하는 것은 지질의 다양한 화학적 특성과 기능적 역할에 따라 복잡하다. 단백질과 달리 지질은 유기용매의 용해도를 토대로 그룹화된 매우 다양한 화합물이다. 대부분의 지질은 '복합체'로, 아실글리세롤(글리세리드)의 경우 알코올기, 스핑고지질의 경우 아미노기로 보통 에스테르화된 지방산을 함유하고 있다. 기능면에서 지질은 ① 구조적인 역할을 주로 하는 인지질을 포함한 극지질과 ② 저장 기능을 포함한 중성지질로서 주로 에너지뿐만 아니라 세포 구성 요소도 포함하는 트리아실글리세롤(TAG 또는 트리글리세리드)과 같이 두 그룹으로 나눌 수 있다. 단순 지질에는 지방산이 들어 있지 않으며, 어류를 포함한 동물에서 가장 중요한 것은 세포막의 기능적 구성 요소로서 또는 지방산으로 에스테르화된 저장 형태로서 방해받지 않을 수 있는 콜레스테롤이다.

대부분의 지질은 복잡하기 때문에 지방산은 일반적으로 사료 내 지질의 대부분을 차지한다. 특정 지방산 요구량은 서로 다른 기능적 역할과 내생적으로 합성될 수 있는지 여부에 달려 있다. 모든 지방산은 에너지원으로 작용할 수 있지만, 일부 특정한 긴사슬의 고도불포화지방산(LC−PUFA)도 대사에서 필수적인 역할을 한다. 따라서 지질 요구량은 에너지의 총 요구량뿐만 아니라 콜레스테롤, 인지질, 필수지방산 같은 기능성 지질의 구체적인 요구량을 포함한다. 또한 각각의 지방산은 TAG, 인지질, 스테릴과 왁스에스테르, 유리지방산 또는 메틸, 에틸에스테르 같은 합성 농축물을 비롯한 다양한 화학 형태로 전달될 수 있다.

6.1 지방산 구조와 명칭

'n' 또는 'ω (오메가)' 명명법에서 지방산은 일반적인 공식인 X:Yn−z로 설명되며, 여기서 X는 사슬 길이, Y는 에틸렌/이중결합의 수이며, n−z (또는 ωz)는 지방족 사슬(aliphatic chain)의 메틸 말단에서 첫 번째 이중결합 위치를 나타낸다. 따라서 16:0은 16개의 탄소를 함유하고 이중결합(수소로 포화된 모든 탄소)이 없는 포화지방산을 나타내며, 18:ln−9 (18:1ω9)는 메틸 말단에서 일반적으로 9개의 단일의 시스(*cis*) 이중결합 탄소원자와 18개의 탄소원자를 가진 단일 불포화지방산을 지정한다(**그림 6−1**). 고도불포화지방산(PUFA)은 일반적으로 단일 메틸렌(CH_2)기로 분리되는 두 개 이상의 이중결합을 포함한다. 따라서 20:4n−6 (20:4ω6)은 분자의 메틸 말단에서 6개의 탄소원자가 위치하는 최초의 이중결합과 4개의 메틸렌 간섭 이중결합을 가진 20개의 탄소 사슬이다. 마찬가지로 22:6n−3 (22:6ω3)은 메틸 말단에서 3개의 탄소원자가 위치하는 첫 번째 이중 결

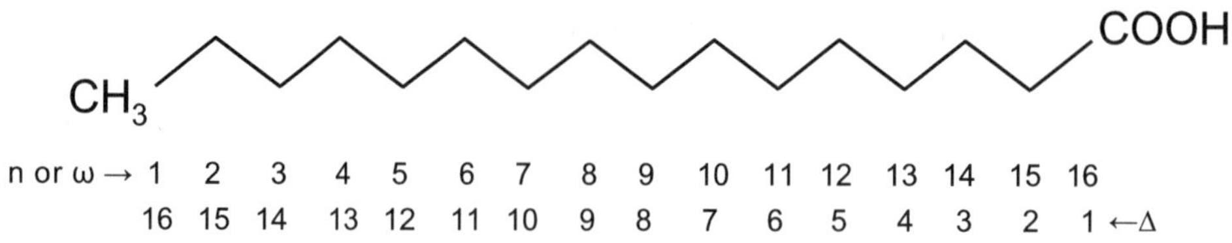

hexadecaenoic acid (Palmitic acid;16:0)

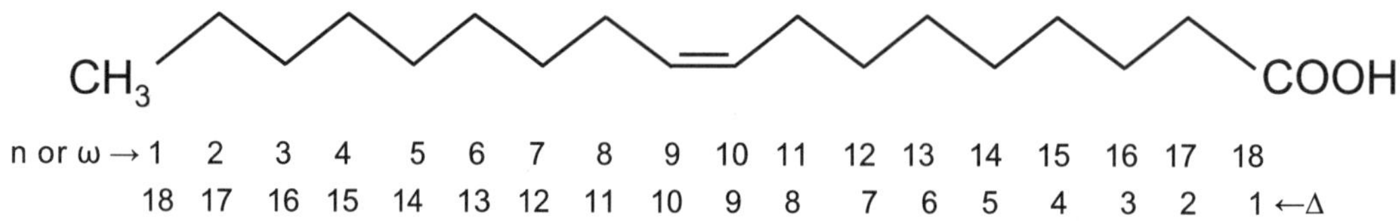

cis delta-9-octadecaenoic acid (Oleic acid;18:1n-9)

그림 6-1 팔미트산(palmitic, 16:0)과 올레익산(oleic, 18:1n–9)

합과 6개의 이중결합을 가진 22개의 탄소 사슬이다(**그림 6-2**).

Δ (델타) 명명법에서 22:6n−3은 22:6Δ4,7,10,13,16,19로 표기되며, Δ는 분자의 카르복실 말단에서 이중결합의 위치를 나타낸다. Δ명명법은 지방 아실 불포화효소(Fad) 활성을 나타내는데 자주 사용되지만 n명명법이 더 편리하고 일반적으로 사용되고 있다. 따라서 분자의 카르복실 말단에서 에틸렌(이중결합) 6탄소를 도입하는 불포화효소를 Δ6 Fad라고 부른다. 지방산은 야자유에서 나온 팔미트산(16:0), 올리브유에서 나온 올레

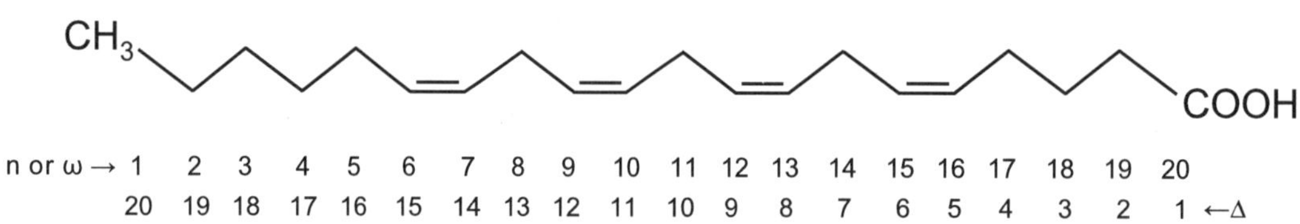

all cis delta-5,8,11,14-eicosatetraenoic acid (Arachidonic acid, ARA; 20:4n-6)

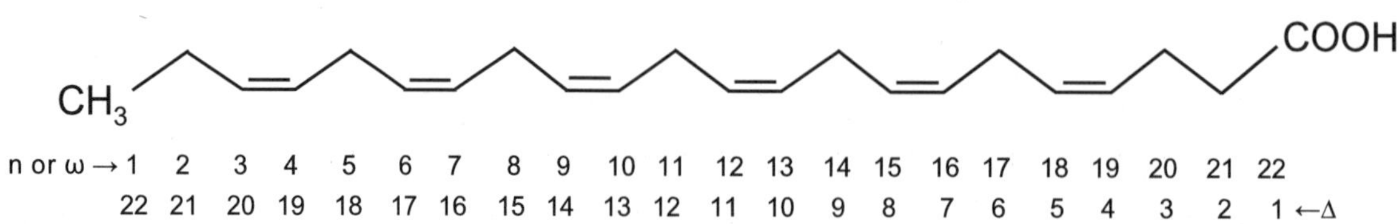

all cis delta-4,7,10,13,16,19-docosahexaenoic acid (DHA; 22:6n-3)

그림 6-2 아라키돈산(20:4n–6)과 도코사핵사엔산(22:6n–3)

산(18:1n−9), 아마인유에서 나온 α−리놀렌산(18:3n−3)과 같이 그들의 원천에 기초한 보통의 명칭을 보유하고 있다. 에이코사펜타엔산(Eicosapentaenoic acid, EPA, 20:5n−3)과 도코사헥사엔산(docosahexaenoic acid, DHA, 22:6n−3) 같은 화학적인 이름은 탄소원자와 이중결합의 수를 모두 반영하는 것이다.

6.2 지질 계층 구조

스테롤, 어류를 포함한 동물에서 4환계 탄화수소알코올(tetracyclic hydrocarbon alcohol) 화합물은 콜레스테롤이 주된 스테롤인 가장 중요한 단순지질(즉, 지방산을 함유하지 않음)이다(**그림 6−3**). 비에스테르화 콜레스테롤은 모든 세포막의 필수 성분이지만 호르몬 전구체 저장소로서 중성 지방소립의 형태로 지방산에 에스테르화된 스테로이드 생성 조직에서도 발견될 수 있다.

주요 중성 지질은 글리세롤의 알코올기로 에스테르화된 3개의 지방산으로 구성된 트리아실글리세롤(TAG)이다(**그림 6−3**). 일반적으로 포화, 단일 불포화지방산은 *sn*1과 *sn*3에 우선적으로 위치한 반면에 PUFA는 우선적으로 *sn*1(중간)에 위치해 있으나 인지질과 마찬가지로 많은 예외가 존재한다(Tocher, 2003). TAG의 주된 역할은 에너지 저장이며 또 다른 형태의 지질 저장소는 지질 알코올에 에스테르화된 지방산으로 구성된 왁스에스테르이다. 왁스에스테르는 해양 동물성 플랑크톤, 특히 많은 해양 어류를 위한 자연식품인 칼라누스목(calanoida) 요각류와 크릴새우류에 풍부하다. 지질 알코올은 일반적으로 포화 또는 단일 불포화이며, 고위도 해양 동물성 플랑크톤의 경우 $C_{20/22}$ 단일 불포화 알코올이 풍부할 수 있다. 북반구 어유의 20:1n−9와 22:1n−11 지방산은 동물성 플랑크톤 섭식성 어류에서 왁스에스테르의 소화, 흡수 시 해당하는 지방 알코올의 산화로부터 유래한다(Tocher, 2003).

인지질은 스핑고미엘린(sphingomyelin)뿐만 아니라 인을 함유하는 모든 지질을 포함하는 일반적인 용어이지만, 주로 극성지질인 포스포글리세리드(phosphoglycerides)를 설명하는 데 사용된다. 포스포글리세리드는 모두 2개의 지방산으로 에스테르화된 L−글리세롤 3−인산인 포스파티드산(PA: phosphatidic acid)으로부터 유도된다. 콜린과 에탄올아민(ethanolamine), 세린, 이노시톨을 PA의 인산염기로 에스테르화하면 주요 포스포글리세리드와 포스파티딜콜린(PC), 포스파티딜에탄올아민(PE), 포스파티딜세린(PS), 포스파티딜이노시톨(PI)이 생성된다(**그림 6−4**). 일반적으로 포화, 단일 불포화지방산은 *sn*−1에서 우선적으로 에스테르화되고

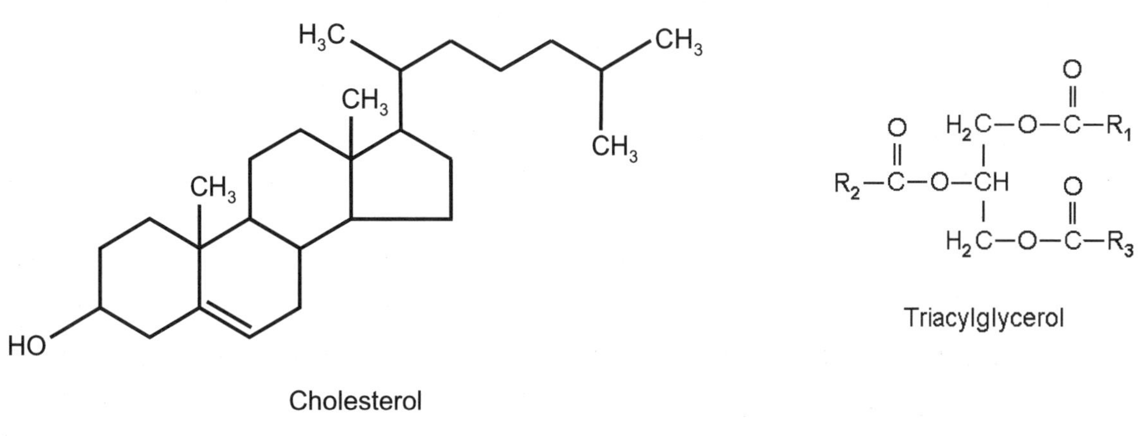

그림 6−3 콜레스테롤과 트리아실글리세롤의 구조

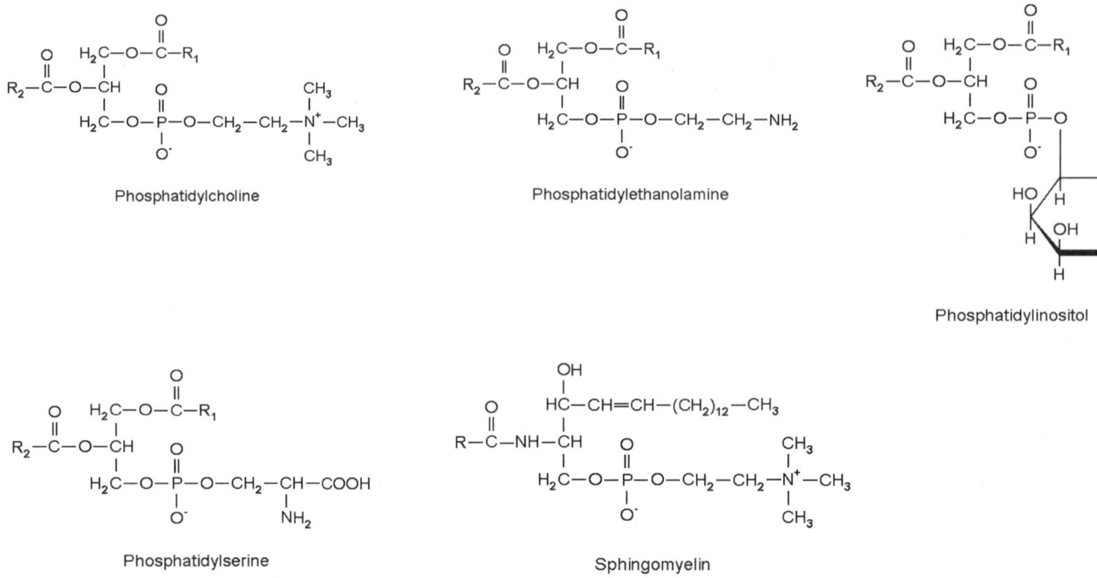

그림 6-4 주요 인지질 종류의 구조

PUFA는 *sn*-2 위치에서 우선적으로 에스테르화되지만, 많은 예외가 존재한다(Tocher, 1995, 2003). 스핑고지질은 긴사슬 아미노 알코올 스핑고신 또는 관련 염기를 기반으로 하는 복합 극성 지질 부분으로 아미노기에 연결된 긴사슬 포화 또는 단일 불포화지방산이 세라미드(ceramide)를 형성하고 있으며, 1차 수산기에는 서로 다른 극성 머리 부분이 부착되어 있다. 더 많은 그룹은 포스포콜린 같은 스핑고신의 알코올기와 에스테르화하여 스핑고미엘린(sphingomyelin)(**그림 6-4**)을 형성하거나 당 부분으로 셀레브로시드(cerebroside)를 형성할 수도 있다.

6.3 일반 지질대사

소화와 흡수, 지질 수송과 생성, β-산화를 포함하는 지질대사의 기본 경로는 포유류와 마찬가지로 어류에서도 본질적으로 동일하다. 아래에서는 여러 리뷰 논문을 기반으로 설명하였다(Sargent et al., 1989, 2002; Olsen and Ringø, 1997; Tocher, 2003; Mourente et al., 2007; Tocher et al., 2008).

일반적으로 사료 내 지질은 주로 소화효소와 TAG 리파아제, 포스포리파아제의 주요 공급원으로 인식되는 췌장 또는 간장과 함께 근위장과 유문부에서 주로 소화된다. 주요 지질의 소화에서 주된 생성물은 유리지방산과 부분 아실글리세롤, 주로 2-모노아실 글리세롤, 리소인지질, 콜레스테롤, 지방 알코올이다. 담즙 강화 유화와 가수분해물의 운반을 포함한 소화, 흡수의 기본적인 물리적 과정은 일반적으로 포유류와 유사하다고 가정한다. 따라서 주요 가수분해 생성물은 담즙산 미셀에 용해되거나 유화되고 이어서 장내 점막으로 확산되어 장세포로 흡수되면 주로 수동 확산에 따라 일어난다. 장 점막 세포에서 흡수된 유리지방산의 주된 역할은 TAG와 인지질을 재편성하기 위해 글리세롤과 부분적인 아실글리세롤, 리소인지질의 재에스테르화이다. 스테릴과 왁스에스테르 또한 유리콜레스테롤이 점막세포에서 쉽게 수송되고 지방 알코올이 상피세포에서 상응하는 지방산으로 산화되지만 재편성될 수 있다.

일부 유리지방산은 알부민 유사 단백질에 결합되어 운반될 수 있지만 대부분의 지질은 포유류에서 발견되는 것과 질적으로 유사한 지질단백질 형태로 혈액 내에서 운반된다. 이 지질단백질의 지질과 단백질의 상대적 비율은 지질단백질이 높은 킬로미크론(흡수된 사료 내 지질을 장으로부터 운반), 매우 낮은 밀도의 지질단백질(VLDL)에서 저밀도 지질단백질(LDL)을 거쳐 고밀도 지질단백질(HDL)까지 다양하다. 각기 다른 지질단백질 계통의 비율은 종에 따라 다르다. 암컷 어류는 또 다른 지질단백질인 vitellogenin을 생산하는데, 특히 vitellogenin의 과정 동안 지질을 발달시키는 난모세포로 운반하기 위한 것이다. 지방산의 세포 내 수송은 장쇄 지방산과 다른 소수성 리간드 모두를 결합시키는 특정 저분자량의 고도로 보존된 조직 특이적 세포질의 지방산 결합 단백질(FABP)에 따라 촉진된다. 비록 정확한 조직 위치는 어종마다 다를 수 있지만, 과도한 사료 내 지질은 지방세포에 축적된다. 대부분의 어종에는 복강 내(장) 지방 조직이 있으며, 일부는 비늘과 근육 사이의 층으로 지질을 축적한다. 그러나 청어와 연어 같은 소위 지방이 많은 어류는 근육에 지질을 축적하고, 대구와 넙치 같은 어종은 지질을 주로 간에 저장한다.

지방 생성은 새로운 지질의 내생적 형성을 위한 생합성 반응을 설명한다. 새로운 지질의 생합성을 위한 탄소원은 피루브산(탄수화물 공급원)의 산화적 탈카복실화 또는 일부 아미노산의 산화 분해(단백질 공급원)를 통하여 미토콘드리아에서 형성된 아세틸-CoA이다. 핵심적인 지질 형성 경로는 16:0과 18:0의 포화지방산을 생성하는 세포질 지방산 합성효소(FAS)의 다중 효소 복합체로 촉매된다. 단일 불포화지방산은 마이크로솜 스테아로일 CoA 불포화효소(SCD: microsomal stearoyl CoA desaturase) 또는 Δ9 불포화 효소에 따라 생성되어 18:ln-9 또는 16: ln-7을 생성한다. 지방산 신장효소(elongases)는 20:0과 20:ln-9 같은 긴사슬 포화지방산과 단일 불포화지방산을 생성한다. 그러나 PUFA는 모든 척추동물에서 새롭게 합성될 수 없으며, 먹이에서 얻어야 한다. 지방산은 포유류와 같은 본질적으로 동일한 경로에 따라 막인지질과 TAG를 포함하는 복합 지질로 에스테르화된다. 어류 지질, 특히 막인지질은 카탈라아제와 글루타치온 과산화효소, 글루타치온 S-트랜스퍼라제, 글루타치온 환원효소와 글루타치온, 비타민 E, C 같은 항산화 화합물을 포함한 내인성 시스템에 의한 과산화로부터 반드시 보호되어야 하는 LC-PUFA가 풍부하게 포함되어 있다.

지방산 이화작용은 많은 어종에서 에너지의 주된 원천이다. 지방산의 생합성이 세포질에서 일어나지만, 지방산의 이화작용은 세포기관과 미토콘드리아, 과산화물에서 발생한다. 이 공정은 β-산화이며, 아세틸-CoA로 방출되는 2개의 탄소 단위가 다중 효소 복합체가 아닌 몇 가지 별개의 효소 활성으로 촉매된 일련의 반복적인 반응을 통해 순차적으로 절단되는 과정을 포함한다. 간단히 말해서 활성화된 지방산은 카르니틴 아실 전이효소의 작용을 통해 형성된 지방 아실 카르니틴 에스테르의 형태로 미토콘드리아로 운반되고 지방산 아실-CoA 유도체로 다시 변환되어 탈수, 수화, 제2차 수소화, 절단 단계를 거쳐 아세틸-CoA와 NADH를 생성한다. 아세틸-CoA는 TCA 회로를 통해 대사되어 더 많은 NADH를 생성할 수 있으며, 이 NADH는 산화적 인산화 과정을 통해 ATP의 형태로 대사 에너지를 제공할 수 있다. 지방산의 상대적 산화율을 비교한 in vitro 연구는 다음과 같다. 일반적으로 포화, 단일 불포화 > PUFA > LC-PUFA, 더 짧은 사슬 > 더 긴 사슬과 n-6 > n-3 등의 선호도 순서를 보여왔다. 지방산 축적을 조사하는 생체 내 연구는 일반적으로 사료 내 지방산의 농도가 높을수록 상대적 축적(retention)이 낮아져 산화가 증가한다는 것을 보여준다. 따라서 지방산의 산화는 효소 특이성과 기질 지방산 농도(경쟁) 사이의 균형이다. 하나의 예외는 β-산화에 내성이 있는 DHA인데, Δ4 이중결합은 과산화소체 산화를 제거해야 하므로 미토콘드리아에서 원활하게 산화되지 않아 DHA가 섭취 농도와 관계없이 조직에 유지된다.

6.4 사료 내 지질 함량

어류 또는 새우 종의 지질 요구량은 다양한 영양 요인의 영향을 받기 때문에 구체적으로 규정할 수는 없다. 주요 영양소인 지질은 주로 에너지의 원천이다. 필요한 사료 내 지질 함량은 사료 내 단백질과 탄수화물의 함량에 영향을 받아 에너지원 역할도 할 수 있다. 앞서 설명한 바와 같이 단백질과 탄수화물은 아미노산과 피루브산을 주원료로 하여 지방 생성을 통한 지질의 공급원이 될 수도 있다. 단백질원은 상업적 용도로 제조된 사료에서 가장 비용이 많이 드는 원료이기 때문에 에너지원으로 사용될 수 있는 사료 내 단백질을 최소화해야 한다. 따라서 지질에서 공급되는 적절한 양의 에너지로 단백질 요구량을 줄이거나 '절약'할 수 있다. 에너지 요구량을 충족시키는 데 필요한 지질 수준은 이러한 영양소를 효과적으로 활용할 수 있는 종의 탄수화물 공급원을 통해 감소될 수 있다. 그러나 탄수화물은 일부 종(보통 초식성, 잡식성)에서 더 효율적으로 소화된다. 따라서 일부 종은 탄수화물 소화 능력이 제한적일 수 있어 효과적인 에너지원으로 사용되는 것이 제한된다. 지방 함량이 높은 종은 사료 내 탄수화물의 활용도가 낮을 가능성이 더 높기 때문이다. 대부분의 육식성 어류는 냉수종이며 대부분의 초식성 어류는 온수종이기 때문에 환경적 온도의 차이는 또 다른 요인일 수 있다. 사료 내 지질 함량은 필수지방산(EFA) 요구량의 충족과 관련하여 지질원의 영향을 받는다. EFA 요구량을 충족시키는 지질의 상대적인 양은 지질원과 지방산 구성에 따라 다르다. 상업사료 조성의 경우 일반적으로 PUFA나 LC-PUFA의 특정 요구량이 효과적으로 충족되도록 하기 위해 일반적으로 TAG가 풍부한 기름, 지방이 사료 내 지질원으로 공급된다.

사료 내 지질의 '최적' 함량은 모든 종에서 정확히 정의될 수는 없지만 지질을 첨가해야 하는 범위가 있다. 최소 함량은 적절한 지질원과 해당 지방산 구성에 의존하는 EFA (특정 생활사에서 일부 어종의 콜레스테롤과 인지질) 요구량을 충족시키는 데 필요한 지질의 양으로 정의된다. 그러나 생식기(이주, 산란)와 관련된 생리학적 단계를 성공적으로 달성하기 위해 요구되는 필수 지질 축적을 충족시키기 위해서는 사료 내 높은 함량이 필요할 수 있다. 사료 내 지질 함량이 최소 수준 이상으로 증가하면 부분적으로는 단백질 보호와 동시에 성장률을 증가시킬 수 있지만, 과도하게 첨가될 경우 복막강, 간 또는 기타 조직에 원치 않는 지질 침착으로 이어질 수 있다(Company et al., 1999 Craig et al., 1999; Gaylord and Gatlin, 2000). 이것은 단순히 조직 저장소에 사용되지 않고 퇴적되는 에너지를 내는 영양소를 공급하는데 낭비되는 에너지를 나타낸다. 물론 축적된 지질은 증체량에 기여하지만 근육이 아니기 때문에 상품성에는 기여하지 않는다. 이러한 지질은 간에서 지질이 침착되는 대서양대구(*Gadus morhua*)와 같은 종이나, 내장 주위에 큰 저장소를 가진 다른 종들에서 두드러지게 나타난다. 육체에 상당한 양의 지질을 축적하는 대서양연어(*Salmo salar*)와 같은 소위 "기름진" 어종은 사료 내 더 높은 지질 함량을 활용하고 극복할 수 있다.

6.4.1 어류

다양한 연구에서 어류의 사료 내 지질 함량과 성장, 지질 축적 사이의 관계를 조사했다. 무지개송어를 대상으로 사료 내 지질을 첨가하여 공급한 결과 증체율이 8~11% 첨가 대비 21% 첨가한 실험구에서 유의적으로 증가하였으며(Luzzana et al., 1994), 갈색송어(*Salmo trutta*)를 대상으로 사료 내 지질 함량이 21% 대비 29% 실험구에서 성장률이 높게 나타났다(Arzel et al., 1993). 또한 대서양연어의 증체율은 31% 지질이 첨가된 사료를 섭취한 실험군에 비해 38~47%의 지질을 첨가한 사료를 섭취한 실험군에서 더 높았다(Hemre and Sandnes, 1999). 그러나 사료 내 지질 함량이 높은 사료를 섭취한 민물고기, 무지개송어(Dias et al., 1999)와 대서양연어(Bell et al., 1998; Hemre and Sandnes, 1999)를 포함한 연어류에서 체내 지질량을 증가시켰다. 그럼에도 불구하고 연어 사료의 사료 내 지질 함량은 1970년대부터 1990년대까지 두 배가 되었고, 사료 내 최적 지질 함량은 35%로 보고되었다(Einen and Roem, 1997). 체내에 지질이 과도하게 축적되면 어체와 제품의 품질에 영향을 주어 유분과 색소 침착으로 소비자와 가공업자의 불만을 유발할 수 있으며(Bell et al., 1998; Hillestad et al., 1998), 수컷의 초기 성적 성숙에도 영향을 미칠 수 있다(Shearer and Swanson, 2000). 일부 문제는 도축 전에 저지방의 '마무리' 사료를 공급함으로써 완화될 수 있다(Rasmussen et al., 2000).

위에서 설명한 연어와는 대조적으로 모든 양식 어류의 85% 이상이 담수어종이라는 점에 유의해야 하며, 일반적으로 사료 내 지질 함량(종종 10% 미만)이 높을 경우 부정적인 영향을 받는 잉어와 틸라피아 같은 어종이 다수이다(Tacon et al., 2010). 이것은 일반적으로 저지방과 아마도 더 높은 수준의 탄수화물을 함유하고 있는 자연 사료를 섭취하는 종과 관련될 수 있다(제7장 참조). 결과적으로 이들 어종은 사료 내 지질을 이용하는 능력이 떨어지는 것으로 보이며 따라서 상업사료를 이용할 수 있는 능력이 떨어지는 것으로 관찰된다.

유럽농어(*Dicentrarchus labrax*)의 증체율은 지질 함량이 9%인 사료를 섭취한 실험군(Manuel Vergara et al., 1996)에 비해 15% 첨가한 사료를 섭취한 실험구에서 더 높게 나타났으며, 또한 지질함량이 11%, 15%인 사료를 섭취한 실험구에 비해 지질 함량이 19%인 사료를 섭취한 실험구에서 더 높게 나타났지만(Lanari et al., 1999), 30% 지질을 섭취한 어류와 비교하여 24% 지질을 섭취한 농어에서 성장률이 더 높게 나타났으므로, 이와 같은 해산어종에서 고지방 사료의 성장 촉진 효과의 한계 함량이 나타났다(Peres and Oliva-Teles, 1999). 터봇(*Psetta maximus*)(Saether and Jobling, 2001)과 농어과 어류(Catacutan and Coloso, 1995)를 포함한 해산어종은 사료 내 지질 함량이 증가함에 따라 근육, 장기, 내장 지질도 증가한다. 고지방 사료는 지방간 질병을 촉진할 수도 있다(Caballero et al., 1999).

6.4.2 새우

일반적으로 새우와 다른 갑각류는 사료 내 다양한 지질 함량 대비 증체율 반응은 단독 또는 조합하였을 때 지질 함량이 5~6%인 사료에서 가장 높은 증체율을 나타낸다. 높은 지질함량(> 10%)은 성장을 저하시키는 경우가 많으며(Kanazawa et al., 1977a; Davis and Robinson, 1986; Sheen and D' Abramo, 1991), 대부분 고칼로리 함량에 따른 대사 불능(소화성 저하)을 원인으로 발생할 수 있다. 성장 감소는 조직 내 지질 축적과 관련 있음이 밝혀졌다(Castell and Covey, 1976; Ponat and Adelung, 1983; González-Félix 등, 2002a). 사료 내 지질 함량과 관련한 이들 연구 결과는 대구간유와 청어유, 명태간유, 모시조개유를 포함한 n-3 LC-PUFA를 풍부하게 함유하는 해양 유래 지질원을 대상으로 한 여러 연구로부터 도출된 것이다. 일부 연구는 n-6 PUFA의 좋은 공급원인 식물성 기름을 기술하였다.

요약하면 본문의 시작 부분에서 언급된 단백질과 지질, 탄수화물 사이의 복잡한 대사 상호작용으로 어류와 새우에서는 사료 내 지질 요구량의 정의는 의미가 없다. 사료 내 건물 함량의 20%까지 지질을 첨가할 경우 많은 어종에서 단백질을 효과적으로 이용할 수 있다(Sargent et al., 2002). 많은 종이 사육될 때 이른바 '고에너지'(고지질) 사료가 섭취되고 있다. 고에너지 사료는 어류의 지질과 지방산 신진대사를 변화시킴으로써 어류의 건강도와 소비자의 선호도에 나쁜 영향을 미치게 된다(Sargent and Tacon, 1999). 영양 에너지와 에너지원으로서 지질의 역할과 단백질, 탄수화물을 포함한 다른 사료원과 상호작용의 보다 자세한 설명은 제4장에서 제시되었다.

6.5 특정 요구량

6.5.1 필수지방산

척추동물과 갑각류 종은 1차적으로 단일 불포화지방산으로부터 PUFA를 합성할 수 없으므로(**그림 6–5**) 특정 n−3과 n−6 PUFA에 필수적으로 요구된다. 이러한 '필수지방산'의 결핍은 다양한 병리 현상을 일으키며 어류의 성장과 생식에 부정적인 영향을 미치고 결국 폐사에 이르게 한다(Das, 2006). 여러 필수 대사와 생리 과정에 필요한 PUFA는 LC−PUFA와 20:4n−6 (ARA, 아라키돈산), 20:5n−3 (EPA), 22:6n−3 (DHA)이다(Das, 2006). 대조적으로 리놀레산 18:2n−6과 α−리놀렌산 18:3n−3으로 대표되는 짧은 사슬 C_{18} PUFA는 상응하는 n−6과 n−3 LC−PUFA의 전구체로서 작용할 수는 있지만, 그 자체로는 특정한 대사 역할을 갖지 않는다(Sargent et al., 1995a). 척추동물과 갑각류는 n−6과 n−3 PUFA 계열을 상호 변환할 수 없다는 점을 유의해야 한다(**그림 6–5**). 종마다 C_{18} PUFA를 LC−PUFA로 전환시키는 능력이 다르다. 이러한 전환 능력이 없는 종에서 사료 내 C_{20}와 C_{22} LC−PUFA 첨가는 필수적이며, 이들의 C_{18} 동형체(homologues)만으로는 EFA 요구량을 충족시키지 못한다. 전환할 수 있는 종에서 C_{18} PUFA와 $C_{20\text{-}22}$ LC−PUFA는 모두 EFA로 불릴 수 있으며, LC−PUFA가 종종 C_{18}보다 영양적으로 더 효과적이다. 정상적인 성장과 발달을 위한 최적의 EFA 함량은 여러 연구에서 수행되었다. 특히 개체발생(ontogenesis) 과정에서 요구량이 정량적으로 달라질 수 있기 때문에 특정 종의 EFA 요구량은 특정 PUFA의 요구량과 다른 PUFA 간의 최적 균형뿐만 아니라 이러한 요구량이 다른 생활사에서 어떻게 변화하는지 결정하는 것을 포함한다(Tocher, 2010).

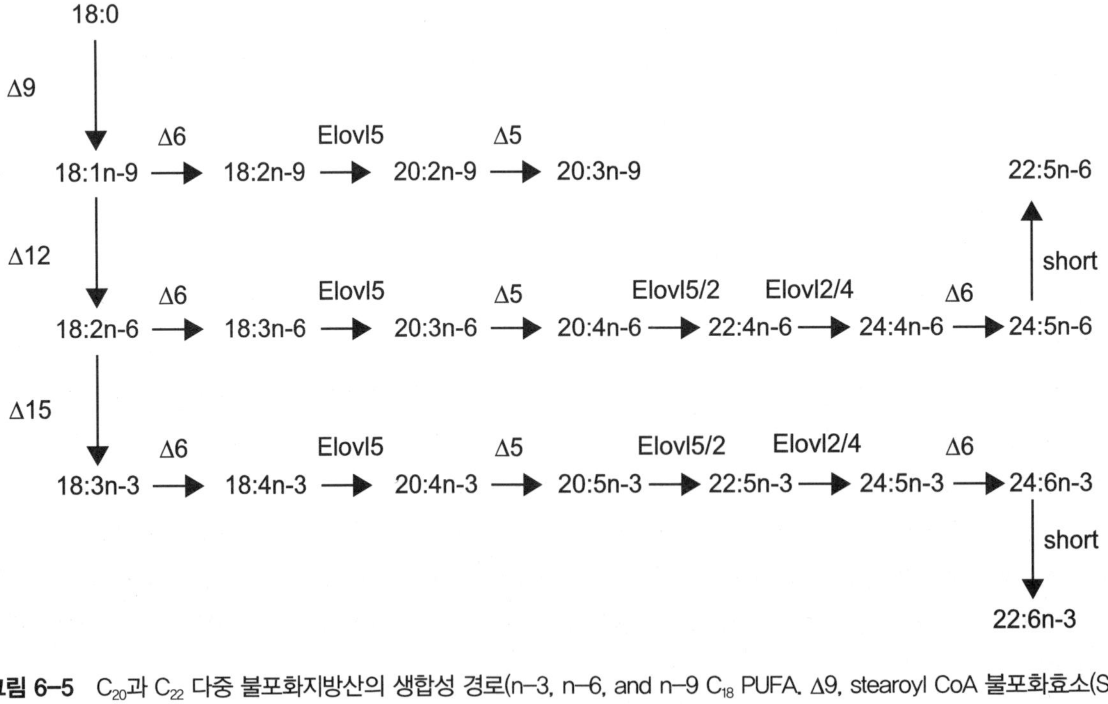

그림 6–5 C_{20}과 C_{22} 다중 불포화지방산의 생합성 경로(n–3, n–6, and n–9 C_{18} PUFA. Δ9, stearoyl CoA 불포화효소(SCD); Δ5 and Δ6, front–end fatty acyl 불포화효소(Fad). Δ6 Fad가 C_{18}과 C_{24} 지방 아실 기질에 작용; Δ12 and Δ15, Fads는 식물과 일부 무척추동물에서만 발견되므로 18:2n–6 and 18:3n–3은 척추동물에서 합성될 수 없음; Elovl2, Elovl4, Elovl5, PUFA 연장 효소; short는 과산화 소체 사슬 단절을 의미함.

방법론적 연구

EFA의 정량적 결과를 이해하려면 요구량을 결정하는 데 사용된 방법론을 이해해야 한다. 이 방법론은 EFA가 부족한 사료가 제조되어야 하기 때문에 지질을 함유하지 않은 사료가 요구된다. 유인성, 기호성 같은 다른 중요한 측면에 영향을 미치지 않으면서 달성하기는 어렵다. 이러한 결과는 EFA 요구량이 낮은 지질 함량의 사료를 치어에게 공급할 경우 결과적으로 성장률이 낮아지는 현상이 관찰되었다. 따라서 EFA 요구량의 추정치는 ① 결핍 증상을 예방하고 ② 비록 사료 내 지질 함량은 낮지만 성장률을 유지하기에 충분한 수준을 나타낼 수 있다. EFA 요구량은 총 지질 비율, 사료 내 함량 비율, 총 지방산 비율로 나타낼 수 있다. EFA의 정량적 요구량은 총 사료 내 지질 함량에 따라 달라질 수 있으며, 이는 발달 단계에 따라서도 달라질 수 있다(Izquierdo, 1996). 예를 들면 참돔 치어(*Pagrus major*)(Takeuchi et al., 1992a), 방어 치어(*Seriola quinqueradiata*)(Takeuchi et al., 1992b), 얼룩새우(Glencross et al., 2002a)에서 사료 내 지질 함량이 증가함에 따라 n−3 LC−PUFA의 요구량 또한 증가하는 것으로 나타났다. 지중해돔 미성어(*Sparus aurata*)(Salhi et al., 1994) 또는 흰다리새우(*Litopenaeus vannamei*)(Gonzalez−Félix et al., 2002a, 2003)에서는 사료 내 지질 함량이 증가해도 뚜렷한 변화가 관찰되지 않았다. 그러나 다른 연구에서는 식물성유지(LC−PUFA 제외)로 어유를 대체한 사료를 터봇에게 공급할 경우 EPA와 DHA를 각 요구량 이상으로 첨가하였음에도 불구하고 성장에 영향을 미치지 않는 것이 관찰되었다(Caballero et al., 2003; Regost et al., 2003). 또 다른 연구에서는 이전의 EFA 요구량(8~12%)보다 지질을 더 높은 함량(16~20%)으로 첨가할 경우 더 높은 성장률이 나타났다(Kalegeropoulos et al., 1992; Ibeas et al., 1994, 1997). 이러한 결과들을 통하여 유추해보면, 성장률이 증가하기 위해서는 사료 내 지질 함량이 증가하더라도 EFA가 유사하게 증가하여야만 달성될 수 있다는 것으로 설명될 수 있다. 따라서 식물성 기름으로 대체하여 EFA 함량이 "EFA 요구량"보다 높을지라도, EFA 함량이 감소하게 되면 성장 감소가 나타나게 된다(Caballero et al., 2003; Regost et al., 2003).

식물성 기름이 첨가된 사료를 섭취한 연어류에서는 성장의 저하는 관찰되지 않았으며, 사료 내 18:3n−3의 EPA와 DHA의 내인성 생성이 이러한 지방산의 생리적 요구를 유지하고 성장 저하를 예방하기에 충분할 수 있음을 나타내기도 하였다(Bell et al. 2004; Torstensen et al., 2005). 따라서 보고된 '요구량'보다 사료 내 EFA 함량이 높으면 성장률과 생존율을 향상시킬 수 있으며, 이는 '최적' EFA 함량이 있을 수 있다는 것을 증명한다. EFA 요구량은 사료 조성에 따라 달라질 수 있다는 가정에도 불구하고 이 섹션의 시작 부분에서 논한 것과 같이 이전에 연구된 EFA 요구량은 병리학 예방을 위한 최소 함량의 좋은 참고문헌이 될 수 있다.

어류

약 30종의 어류를 대상으로 EFA의 정량적, 반정량적 요구량이 보고되었다(**표 6-1~표 6-3**). 지난 10년 동안 치어와 성어의 절대적인 EFA 요구량을 규정하기보다는 해양어류 자어와 ARA, EPA, DHA의 상대적인 요구량에 더 중점을 두었다(Lund et al., 2007, 2008; Hamre and Harboe, 2008a,b). 이들 연구는 실험이 어렵고 비용이 많이 드는데, 이는 위의 논의된 사료 조성 문제 외에도 회귀분석을 사용하여 여러 실험을 반복해야 하기 때문이다. 그러나 새로운 대상 종의 질적, 반정략적 EFA 요구량을 예측할 수 있는 범위의 정보는 충분히 있다(Tocher, 2003, 2010). EFA 요구량은 발달 단계와 생리학적 단계에 따라 달라지며 절대적인 양적 요구량의 정의를 더욱 복잡하게 만든다(Sargent et al., 2002).

■ 담수 회유성 어류

담수어종과 기수어종의 치어와 성어를 대상으로 보고된 추정치는 C_{18} PUFA, 18:3n−3, 18:2n−6으로 EFA

표 6–1 담수 종 어류의 미성어와 육성어의 필수지방산 요구량[a]

Species	Scientific Name	EFA	Requirement (% Dry Diet)	Reference
Arctic charr	*Salvelinus alpinus*	18:3n-3	1.0–2.0	Yang et al. (1994)
Atlantic salmon	*Salmo salar*	18:3n-3 n-3 LC-PUFA	1.0 0.5–1.0	Ruyter et al. (2000a) Ruyter et al. (2000b)
Ayu	*Plecoglossus altivelus*	18:3n-3 or EPA	1.0	Kanazawa et al. (1982)
Channel catfish	*Ictalurus punctatus*	18:3n-3	1.0–2.0	Satoh et al. (1989)
Cherry salmon	*Oncorhynchus masou*	18:3n-3 or n-3 LC-PUFA	1.0	Thongrod et al. (1990)
Chum salmon	*Oncorhynchus keta*	18:2n-6 and 18:3n-3	1.0 of each	Takeuchi et al. (1979)
Coho salmon	*Oncorhynchus kisutch*	18:2n-6 and 18:3n-3	1.0 of each	Yu and Sinnhuber (1979)
Common carp	*Cyprinus carpio*	18:2n-6 18:3n-3	1.0 0.5–1.0	Takeuchi and Watanabe (1977) Takeuchi and Watanabe (1977)
Grass carp	*Ctenopharyngodon idella*	18:2n-6 18:3n-3	1.0 0.5	Takeuchi et al. (1991) Takeuchi et al. (1991)
Japanese eel	*Anguilla japonicus*	18:2n-6 and 18:3n-3	0.5 of each	Takeuchi et al. (1980)
Milkfish	*Chanos chanos*	18:2n-6 and 18:3n-3	0.5 of each	Bautista and de la Cruz (1988)
Rainbow trout	*Oncorhynchus mykiss*	18:3n-3 n-3 LC-PUFA	0.7–1.0 0.4–0.5	Castell et al. (1972) Takeuchi and Watanabe (1976)
Sheatfish	*Silurus glanis*	18:3n-3	1.0	Borgut et al. (1998)
Striped bass	*Morone chrysop* × *Morone saxatilis*	n-3 LC-PUFA	1.0	Gatlin et al. (1994)
Tilapia	*Tilapia zilli* *Oreochromis nilotica* *Oreochromis niloticus* × *Oreochromis aureus*	18:2n-6 18:2n-6 n-3 required	1.0 0.5 ?	Kanazawa et al. (1980) Takeuchi et al. (1983) Chou and Shiau (1999)
Whitefish	*Coregonus laveratus*	18:3n-3 n-3 LC-PUFA	> 1.0 0.5–1.0	Thongrod et al. (1989) Watanabe et al. (1989)

[a]Tocher (2010) 연구에 기반함.

요구량을 사료 건물의 약 1%에서 충족할 수 있음을 나타낸다(**표 6–1**). EFA의 경우 전통적으로 담수, 기수어종은 18:3n–3 (18:2n–6에 대비)의 요구량이 높은 연어과의 어류를 포함한 냉수종, 18:2n–6의 요구량이 높은 틸라피아 등 온수종, 잉어 같은 두 가지 모두 상당한 양이 필요한 종 등 3개 그룹으로 세분화되었다. 그러나 잡종 틸라피아(*O. niloticus* × *O. aureus*)의 성장은 옥수수유에 비해 대구간유를 공급함으로써 현저하게 개선되었고, 양적으로 정의되지는 않았지만, 틸라피아 역시 최대 성장을 위해 n–3 지방산, 즉 최소한의 n–3 LC–PUFA가 필요한 것으로 관찰되었다(Chou and Shiau, 1999). 그러므로 모든 담수, 기수 어류는 n–3, n–6 PUFA가 모두 필요할 가능성이 있으며 냉수어종은 n–6에 비해 높은 n–3 수준이 요구될 수 있다. C_{18} PUFA

표 6-2 어류의 유생과 치어의 필수지방산 요구량[a]

Species	Scientific Name	EFA	Requirement (% Dry Diet)	Reference
Freshwater				
Common carp	*Cyprinus carpio*	n-6 PUFA n-3 PUFA	1.0 ~ 0.05	Radunzneto et al. (1996) Radunzneto et al. (1996)
Rainbow trout	*Oncorhynchus mykiss*	DHA essential	?	Wirth et al. (1997)
Marine				
Atlantic cod	*Gadus morhua*	EPA required DHA	? ~ 1.0	Zheng et al. (1996) Takeuchi et al. (1994)
Gilthead sea bream	*Sparus aurata*	n-3 LC-PUFA n-3 LC-PUFA n-3 LC-PUFA DHA:EPA	5.5 (DHA:EPA = 0.3) 1.5 (DHA:EPA = 2.0) 1.5 (in phospholipid) ~ 2	Rodriguez et al. (1994a) Rodriguez et al. (1998a) Salhi et al. (1999) Rodriguez et al. (1994b)
Mahi mahi	*Coryphaena hippurus*	n-3 LC-PUFA	0.6–1.0	Ostrowski and Kim (1993)
Red sea bream	*Pagrus major*	n-3 LC-PUFA DHA EPA	2.1 (with 1.0 DHA) 1.0–1.6 2.3	Furuita et al. (1996a) Furuita et al. (1996a) Furuita et al. (1996a)
Striped bass	*Morone chrysops* × *Morone saxatilis*	18:3n-3 n-3 LC-PUFA	? < 0.5%	Webster and Lovell (1990) Webster and Lovell (1990)
Striped jack	*Pseudocaranx dentex*	DHA EPA	1.6–2.2 < 3.1	Takeuchi et al. (1996) Takeuchi et al. (1996)
Turbot	*Psetta maxima*	DHA required	?	Reitan et al. (1994)
Yellowtail	*Seriola quinqueradiata*	n-3 LC-PUFA DHA EPA	3.9 (DHA:EPA = 0.5) 1.4–2.6 3.7	Furuita et al. (1996b) Furuita et al. (1996b) Furuita et al. (1996b)

[a]Tocher (2010) 연구에 기반함.

는 보통 담수어의 EFA 요구량을 충족시키는 데 효과적이지만 연어를 포함한 일부 종의 경우 n−3 LC−PUFA는 18:3n−3보다 낮은 수준에서 EFA 요구량을 충족하고 18:3n−3만으로 얻은 것보다 성장률을 높일 수 있다(Ruyter et al., 2000b). 차넬메기(*Ictalurus punctatus*)에서도 사료 내 n−3 LC−PUFA를 포함시킴으로써 성장이 증가하였다(Santha and Gatlin, 1991). 그러나 아직까지 담수어류를 대상으로 한 주요 n−6 LC−PUFA, ARA 요구량에 관한 연구는 거의 없다(Bell and Sargent, 2003).

담수어류의 초기 생활사는 거의 연구되어 있지 않으며, 따라서 예상되는 EFA 요구량을 제공하는 연구 결과는 거의 없다(**표 6-2**). 담수어류 자어 또는 치어는 최대 성장과 생존을 보장할 수 있도록 조성된 사료를 섭취하기에 충분하며 이러한 사료는 좋은 치어를 사육할 수 있다. 친어의 영양은 발생 중인 배아와 자어의 특정 요구량에 최적화된 EFA 함량을 지닌 고품질 난자와 유생을 생산하기 위해서 중요하며(Tandler et al., 1995; Izquierdo et al., 2001; Quintero et al., 2010), n−3 LC−PUFA와 DHA가 성어나 치어에 비해 담수어의 일부 종의 자어에 더 중요하며 필수적이다(Webster and Lovell, 1990; Wirth et al., 1997). 추가적으로 유라시아농어(*Perca*

표 6-3 해수어의 미성어와 육성어의 필수지방산 요구량[a]

Species	Scientific Name	EFA	Requirement (% Dry Diet)	Reference
European sea bass	*Dicentrarchus labrax*	n-3 LC-PUFA	1.0	Coutteau et al. (1996a)
Gilthead sea bream	*Sparus aurata*	n-3 LC-PUFA n-3 LC-PUFA DHA:EPA	0.9 (DHA:EPA = 1) 1.9 (DHA:EPA = 0.5) 0.5	Kalegeropoulos et al. (1992) Ibeas et al. (1994) Ibeas et al. (1997)
Grouper	*Epinephelus malabaricus*	n-3 LC-PUFA DHA > EPA	1.0	Wu et al. (2002)
Japanese flounder	*Paralicthys olivaceus*	n-3 LC-PUFA	1.4	Takeuchi (1997)
Korean rockfish	*Sebastes schlegelii*	n-3 LC-PUFA EPA or DHA	0.9 1.0	Lee et al. (1993) Lee et al. (1994)
Red drum	*Sciaenops ocellatus*	n-3 LC-PUFA EPA + DHA	0.5–1.0 0.3–0.6	Lochman and Gatlin (1993) Lochman and Gatlin (1993)
Red sea bream	*Pagrus major*	n-3 LC-PUFA or EPA EPA DHA	0.5 1 0.5	Yone (1978) Takeuchi et al. (1990) Takeuchi et al. (1990)
Silver bream	*Rhabdosargus sarba*	n-3 LC-PUFA	1.3	Leu et al. (1994)
Starry flounder	*Paralichthys stellatus*	n-3 LC-PUFA	0.9	Lee et al. (2003)
Striped bass	*Morone chrysop* × *Morone saxatilis*	n-3 LC-PUFA	1.0	Gatlin et al. (1994)
Striped jack	*Pseudocaranx dentex*	DHA	1.7	Takeuchi et al. (1992c)
Turbot	*Psetta maxima*	n-3 LC-PUFA ARA	0.8 ~ 0.3	Gatesoupe et al. (1977) Castell et al. (1994)
Yellowtail flounder	*Pleuronectes ferrugineus*	n-3 LC-PUFA	2.5	Whalen et al. (1999)
Yellowtail/ Kingfish	*Seriola* spp.	n-3 LC-PUFA	2.0–2.4	Deshimaru et al. (1982)

[a]Tocher (2010) 연구에 기반함.

fluviatilis)(Abi-ayad et al., 1997)와 나일틸라피아(Santiago and Reyes, 1993) 같은 난자의 지방산 성분에 영향을 주는 것으로 나타났다.

■ 해산 어류

보고된 해산 어류의 유생과 미성어의 EFA 요구량은 C_{18} PUFA가 요구량을 충족시킬 수 없으므로 n-3 LC-PUFA, EPA, DHA가 요구된다(**표 6-3**). 사료 내 건물량의 1% 이하 또는 1% 이하의 n-3 LC-PUFA 함량은 터봇 치어, 참돔, 유럽농어, 홍민어(*Sciaenops ocellatus*) 그리고 조피볼락(*Sebastes schlegelii*)의 요구량을 만족시킬 수 있는 반면에, 청돔(*Rhabdosargus sarba*), 흑점줄전갱이(*Pseudocaranx dentex*) 그리고 노란꼬리각시가자미(*Pleuronectes ferrugineus*)에서는 1% 이상의 n-3 LC-PUFA의 수준을 요구하는 것으로 나타났다. n-6 LC- PUFA의 정량적 요구량은 완전히 결정되지 않았지만(Bell and Sargent, 2003), 다른 연구에 따르면 ARA는 터봇 자어 사료 내 약 0.3% (건물)의 요구량이 필수적인 것으로 나타났다(Castell et al., 1994; Bell et al., 1995a). 도미 치어의 정량적 EFA 요구량은 사료 내 DHA:EPA 비율에 따라 달라지며 DHA:EPA가 0.5%, 1.0%인 사료에서 총 n-3 LC-PUFA의 요구량은 사료 내 약 1.9%, 0.9 %인데, 이러한 결과는 DHA가 일반적으로 EPA보다 어류에 더 높은 EFA 값을 갖는다는 사실과 일치한다(Kalogeropoulos et al., 1992; Watanabe, 1993; Ibeas et al., 1994; Brinkmeyer and Holt, 1998; Wu et al., 2002).

해산 어류 자어의 정확한 EFA 요구량 측정은 크기가 작고, 발달되지 않은 소화기, 미립자 사료 제조의 어려움, 생사료 사용 등으로 복잡하다(Izquierdo et al., 2000; Cahu and Zambonino-Infante, 2001; Koven et al., 2001a; Robin and Vincent, 2003; Kvale et al., 2006; Conceição et al., 2007,2010; Yufera and Darias, 2007). 다양한 해산 어종의 자어에 대한 정량적, 반정량적 EFA 요구량은 풍부한 생사료와 가공된 미립자 사료를 조합하여 추정되었다(**표 6-2**). 보고된 수치는 사료 내 지질 함량뿐만 아니라 생존율, 성장률, 건강도 같은 측정 기준에 따라 달라질 수 있다(Salhi et al., 1994; Furuita et al., 1996b). 자어 또는 치어기의 요구량을 직접 비교할 수 있는 종은 거의 없지만, 자어는 일반적으로 치어와 미성어의 n-3 LC-PUFA 요구량보다 높다(**표 6-2**와 **표 6-3**). 치어와 마찬가지로 자어의 EFA 요구량은 EPA (Watanabe, 1993)로 충족할 수 있는 수준보다 DHA의 수준이 낮을 때 충족될 수 있으며 발달하는 시각 조직과 신경 조직에서 이뤄지는 역할과 관련하여 DHA의 효능이 더 높다. 따라서 다른 EFA의 상대적 비율은 DHA:EPA 비율이 증가함에 따라 n-3 LC-PUFA가 절대적으로 요구되는 해산 어류 자어에게 중요하다(Rodriguez et al., 1994a, 1998a). 지중해돔 치어의 성장은 ARA (Rodriguez et al., 1994a)의 영향을 받았고, 사료 내 n-3 LC-PUFA와 DHA:EPA 비율의 고정된 함량에서 사료 건물의 1.5%와 1%의 건물량에 이르는 ARA는 각각 도미 자어(Bessonart et al., 1999)와 넙치(*Paralichthys olivaceus*)의 성장을 향상시켰다(Estevez et al., 1997). 사료 내 ARA는 또한 도미 자어의 스트레스를 절감하고 생존율을 향상시켰으며, 특히 스트레스를 받기 전에 공급하였을 때(Koven et al., 2001b), 사료 내 높은 ARA 첨가는 성장을 저해하고 사망률을 증가시켰으며 노란꼬리각시가자미 자어의 색소 침착에 부정적인 영향을 미쳤다(Ishizaki et al., 1998).

최근에는 색소 침착과 안구 이동을 포함한 해산 가자미의 변태에서 EFA, 특히 ARA의 역할에 관심이 증대되고 있다(Lund et al., 2007, 2008). n-3 LC-PUFA 감소와 ARA, ARA:EPA 증가는 색소 침착과 안구 이동 장애와 관련되어 사료 내 DHA:EPA:ARA 비율에 초점을 높인다(Villalta et al., 2005; Hamre and Harboe, 2008a,b). 전유동형 단계에서 EFA의 절대량과 상대량, 사료 공급 등이 종에 따라 다르지만 특히 중요한 시기가 존재한다. 터봇에게는 DHA의 조기 공급이 색소 침착에 필수적이었고(Reitan et al., 1994), 신경 조직의 ARA 수치는 색소 침착과 상관관계를 보였다. 최적의 사료 내 EPA 수치는 DHA 수치보다 사료 내 ARA에 더 의존하고 있어서 사료 내 DHA:EPA:ARA 비율의 중요성을 강조했다(Estevez et al., 1999). 색소 침착은 넙치(Estevez and Kanazawa, 1996; Estevez et al., 1997)의 신경 조직에서 ARA와 LC-PUFA의 사료 내 함량과 일반적인 박대(*Solea solea*)의 사료 내 ARA와 관련성이 있었다(Lund et al., 2008). 그러므로 해산 어류 자어의 최적 성장과 발육에서 사료 내 ARA의 중요성 관련 연구가 증가하고 있다. 연구에서 정확한 요구량이 정의되어 있지는 않지만, 과다 첨가는 넙치류의 변태에 문제를 일으킬 수 있다(Rodriguez et al., 1994a; Ishizaki et al., 1998; Bessonart et al., 1999; Estevez et al., 1999; Hamre et al., 2007; Lund et al., 2007, 2008).

담수어류와 마찬가지로 해산 어류에서도 EFA 요구량이 증가할 때 배아와 자어 성장의 성공적 발달을 위해서는 최적화된 EFA 함량을 지닌 양질의 난과 자어를 생산하기 위해 친어의 영양이 필수적이다(Tandler et al., 1995; Izquierdo et al., 2001). 알의 지방산 조성은 도미류(Fernandez-Palacios et al., 1995; Almansa et al., 1999), 농어(Bell et al., 1997), 흑점줄전갱이(Vassallo Agius et al., 1998), 대서양대구(Silversand et al., 1995) 그리고 방어(Verakunpiriya et al., 1996) 등 다양한 종에서 친어의 사료에 따라 영향을 받는다는 것이 많은 연구에서 입증되었다. 부

표 6-4 새우의 필수지방산 요구량

Species	Requirement Level	Reference
18:3n-3 or 18:2n-6		
Brown shrimp (*Penaeus aztecus*)	1–2% (18:3n-3)	Shewbart and Mies (1973)
Tiger shrimp (*Penaeus monodon*)	1.2% (18:3n-3)	Glencross and Smith (1999)
P. monodon	1.2% (18:2n-6)	Glencross and Smith (1999)
Fleshy prawn (*Fenneropenaeus chinensis*)	0.7–1.0% (18:3n-3)	Xu et al. (1993)
18:3n-3 > 18:2n-6		
Kuruma prawn (*Marsupenaeus japonicus*)	—	Kanazawa et al. (1977b)
F. chinensis	—	Xu et al. (1994)
20:5n-3 or 22:6n-3		
M. japonicus *M. japonicus*	1.1% (20:5n-3) 1.1% (22:6n-3)	Kanazawa et al. (1978) Kanazawa et al. (1979b)
P. monodon *P. monodon*	0.9% (22:6n-3) 0.9% (20:5n-3)	Glencross and Smith (2001a) Glencross and Smith (2001a)
F. chinensis	1.0% (22:6n-3)	Xu et al. (1994)
Giant river prawn (*Macrobrachium rosenbergii*)	0.075% (22:6n-3)	D'Abramo and Sheen (1993)
Pacific white shrimp (*Litopenaeus vanamei*)	0.50% (20:5n-3; 22:6n-3)	Gonzalez-Félix et al. (2003)
20:4n-6		
M. rosenbergii	0.08%	D'Abramo and Sheen (1993)
P. monodon	No requirement identified	Glencross and Smith (2001b)
L. vanamei	0.50%	Gonzalez-Félix et al. (2003)
n-3 to n-6 ratio		
Blue shrimp(*Penaeus stylirostris*)	1.18:1 (n-3:18:2n-6)	Fenucci et al. (1981)
Common prawn (*Palaemon serratus*)	0.45 (18:3n-3:18:2n-6)	Martin (1980)
M. rosenbergii	0.083 (18:3n-3:18:2n-6)	Teshima et al. (1994)
P. monodon	2.5:1 (n-3:n-6)	Glencross et al. (2002a)

화, 수정률, 생존율 같은 알의 품질 기준은 도미(Harel et al., 1992; Fernandez-Palacios et al. 1995, Rodriguez et al., 1998b), 대서양대구(Pickova et al., 1997; Salze et al., 2005), 농어(Bruce et al., 1999)의 알과 대구(Pickova et al., 1997)의 DHA:EPA 비율에서 n-3 LC-PUFA와 ARA의 증가와 양(+)의 상관관계가 있었다.

새우

Kanazawa and Tesima (1977)는 보리새우(*Marsupenaeus japonicus*)가 n-3와 n-6 PUFA, LC-PUFA를 합

성할 수 있는 능력이 없다는 것을 밝혀냈다. 지난 30년 동안 새우와 다른 갑각류를 대상으로 한 모든 연구에서 이 같은 가설을 뒷받침했다. 그러므로 모든 갑각류는 특정 PUFA나 LC–PUFA의 절대적인 요구량을 지니고 있는 것으로 보고되었다(**표 6–4**). 이전 연구에서는 새우의 EFA 요구량을 사료 공급량, 총 사료 내 지질 또는 총 사료 내 지방산의 백분율을 포함하여 다양한 방식으로 표현했다. 일부 실험에서는 사료에 다양한 지방산을 첨가했을 때 나타나는 반응을 연구하기 위해 다양한 지방산 구성을 띤 지질원을 사용했다. 순수한 TAG 또는 지방산 메틸 또는 에틸에스테르 농축액을 사용하여 영양소 요구량을 파악하는 다른 접근법이 사용되었다. 새우 치하를 대상으로 수행한 대부분의 연구에서 TAG 원료가 사용되었고 사료 내 지질 함량은 일반적으로 30~75 g/kg (3.0~7.5%)이었다.

Kanazawa et al.(1979a,b)의 초기 연구에서는 18:1n–9 (40 g/kg)와 18:2n–6, 18:3n–3, EPA, DHA나 18:1n–9 (50 g/kg)의 10 g/kg이 첨가된 사료에서 메틸에스테르 형태의 순수 지방산을 사용하여 보리새우에게 공급하였다. PUFA 또는 LC–PUFA를 함유한 사료를 섭취한 새우의 증체율은 18:1n–9만 함유된 사료를 섭취한 새우의 증체율보다 높았다. EPA > DHA > 18:3n–3 > 18:2n–6의 순으로 LC–PUFA와 PUFA의 지방산 유효성에 따른 계층 구조가 나타났다. 이 연구는 LC–PUFA, 특히 EPA가 PUFA보다 생물학적으로 활성도가 더 높으며 유의적으로 높은 성장률을 나타냈다. Merican and Shim (1997)은 DHA가 얼룩새우(*P. monodon*)에서 증체율에 긍정적인 영향을 미치는 가장 높은 EFA 활성을 띤다는 것을 관찰했다.

Glencross와 연구진의 얼룩새우를 대상으로 한 연구에서 n–3과 n–6 PUFA, LC–PUFA의 EFA 요구량을 증명했고(Glencross and Smith, 1999, 2001a,b; Glencross et al., 2002a,b), Glencross and Smith (1999)는 18:2n–6 또는 18:3n–3의 첨가가 12 g/kg의 농도로 포함되었을 때 최대 성장을 나타내며, 전체 지질 수준은 75 g/kg이라는 것을 밝혀냈다. 그들은 또한 두 가지 EFA가 모두 포함될 때 요구량이 달라진다는 사실을 발견했는데, 약 9 g/kg에서 EPA 또는 DHA를 더 첨가해도 증체율이 높아지는 것으로 나타났다(Glencross and Smith, 2001a). 추가 연구에 따르면 두 지방산의 요구량이 두 지방산을 단일 원료로 첨가했을 때 관찰된 요구량에서 약 3분의 1 수준의 EFA 상호작용 효과를 확인했다. 추가 연구를 통해 이상적인 n–3 대 n–6 비율이 2.5:1로 추정했다(Glencross et al., 2002a). 이 관찰은 n–3과 n–6 지방산의 공급원인 해양 유래 지방과 식물성유지의 조합에 따라 최상의 성장 반응이 도출된다는 사실을 발견한 초기 연구 결과를 뒷받침했다(Deshimaru et al., 1979). Glencross et al.(2002b)은 또한 EFA의 요구량이 사료 내 지질의 총량에 근거한다는 것을 입증했다. 그러므로 지질에서 EFA의 비율은 절대적인 양보다 EFA 요구량을 만족시키는 것이 더 중요하다. 그러나 흰다리새우(*L. vannamei*)를 대상으로 한 다른 연구는 사료 내 지질 함량이 증가해도 LC–PUFA의 절대 요구량은 변하지 않는 것으로 나타났다(González–Félix et al., 2002a, 2003). 또한 사료에 PUFA와 LC–PUFA를 첨가하면 증체율이 향상되었고, 18:3n–3의 요구량은 7~10 g/kg, DHA 요구량의 경우에는 10 g/kg인 것으로 나타났다(Xu et al., 1993, 1994). Kanazawa et al.(1979b,c)은 또한 사료 내 PUFA와 LC–PUFA의 조합으로 첨가하여 높은 성장 반응을 관찰하였고, 보리새우 치하에서도 명태 간유와 바지락의 지방에서 추출한 n–3 LC–PUFA와 18:2n–6 또는 18:3n–3을 조합하여 10 g/kg 비율로 첨가된 사료를 섭취하였을 때 성장이 가장 높게 나타났다.

D' Abramo and Sheen (1993)은 생활사의 대부분을 담수에서 보내는 큰징거미새우(*Macrobrachium rosenbergii*)를 대상으로 18:2n–6, 18:3n–3, ARA, DHA의 순수한 원료를 함유한 사료를 치하에게 공급하여 정성적 EFA 요구량을 조사하였다. 포화·단일 불포화지방산의 순수한 TAG의 혼합물로 구성된 지질 60 g/kg을 함유한 사료를 섭취한 대조군에 비해 DHA 또는 ARA를 첨가한 실험구에서 높은 증체율이 관찰되었다. 또한 갑오징어 간유의 추출물에서 메틸에스테르로 함유되도록 제조된 EPA 또는 DHA의 혼합물은 성장을 유의적으로 증가시켰다. 18:2n–6 또는 18:3n–3에서 성장 촉진 효과는 발견되지 않았지만 18:2n–6에서는 더 높은 생물학

적 활성이 관찰되었다. 이러한 지방산이 모두 사료에서 이용 가능하다면, 아마도 n−3:n−6 PUFA 비율이 1보다 낮을 경우 증체율을 높일 수 있을 것으로 여겨진다. 18:3n−3과 18:2n−6이 LC−PUFA 형태로 대사될 수 있다는 증거가 관찰되었지만, 최적의 성장률을 유지하기에는 불충분한 비율인 것으로 나타났다. n−6 LC−PUFA는 n−3 LC−PUFA보다 더 큰 EFA 활성을 가질 수 있다.

해산 penaeid 새우의 요구량은 18:2n−6인 약 10 g/kg을, 18:3n−3의 경우 약 15 g/kg의 비율로 첨가해야 한다. 이러한 사료에서 가장 높은 성장률을 달성하려면 EPA와 DHA (3 g/kg)가 추가로 첨가되어야 한다. 이들의 요구량은 일반적으로 각각 50 g/kg의 총 사료 내 지질함량의 10~15%와 3%의 C_{18} PUFA, LC−PUFA이다. Martin (1980)은 담수산 새우(*Palaemon serratus*)가 18:3n−3 대 18:2n−6의 사료 내 비율이 1 : 2.2인 사료를 섭취해야 한다고 보고했다. 따라서 고효율 배합 사료는 TAG 연구를 통해 관찰된 적절한 함량을 토대로 총 약 30 g/kg의 PUFA와 LC−PUFA를 함유해야 한다. 이러한 권장 요구량을 충족시키는 데 필요한 사료 내 지질 함량은 30 g/kg을 초과할 것이며 요구량을 달성하기 위한 지방산 공급원의 선택은 사료 지질(TAG + 인지질)의 총량을 결정할 때 중요한 고려사항이 될 것이다. 담수산 갑각류의 경우 EFA 요구량 충족은 ARA, EPA, DHA 또는 이들의 조합으로서 충분한 양의 LC−PUFA를 공급(0.8~6.0 g/kg)함으로써 달성될 수 있을 것으로 추정되므로 LC−PUFA 요구량은 해산 새우의 요구량에 비해 낮을 것으로 추정된다. 따라서 해산, 담수산 새우 모두 사료 내 LC−PUFA가 필요하지만 요구량을 충족시키기 위해 필요한 수준은 극히 다르며, 아마도 자연 환경에서 먹이의 지방산 구성 차이를 반영하는 것으로 추측된다.

새우 사료에서 최상의 성장률과 생존율을 달성하는 지질 함량은 EFA 요구량과 지질 에너지 요구량의 충족, 사료 내 탄수화물을 사용하는 종의 능력, 단백질의 양을 조합한 것이다. 최상의 결과는 해양, 식물 유래 지방의 조합으로 n−3, n−6 PUFA, LC−PUFA의 이상적인 비율을 구성하는 것이다. 해산 새우의 경우 총 사료 내 지질 함량이 50~60 g/kg 수준에서 18:3n−3과 18:2n−6 함량이 약 15 g/kg, 10 g/kg이면 충분하고 EPA와 DHA는 약 3 g/kg이 필요하다. 담수산 갑각류의 경우 LC−PUFA 요구량이 낮은 것으로 보이며, n−6 EFA가 최적의 성장에 필요한 것으로 보인다. 이상적인 비율 산정은 상당히 어려우며, 새우 종의 EFA 요구량에 관한 연구 결과를 양식을 위한 실용적인 사료 제조에 적용하는 것은 TAG 내 지질 함량이 제조 공정에서 손실될 수 있다.

소화율 또한 사료 내 지질함량에 영향을 미치는 요인이다. 대부분의 연구는 해양에서 추출한 트리아실글리세롤을 1차 지질원으로 함유한 실험적 또는 실질적으로 제조된 사료에서 외관상 지질 소화율(ALD)로 표현되는 지질 소화율이 매우 높게 나타난 반면에 4.5% 이상, 10% 이하의 함량은 얼룩새우(*P. monodon*)의 소화율 감소와 관련이 있는 것으로 나타났다(Glencross et al., 2002b). Merican and Shim (1994, 1995)은 얼룩새우를 대상으로 사료에서 지질원으로 사용된 지질과 다양한 육상, 해양 유래 지방, 지방산과 소화율을 평가했다. 그들은 대구, 정어리, 정제된 오징어 같은 해양에서 유래된 지방이 콩, 야자 같은 육상에서 유래된 지방보다 소화율이 높은 것을 관찰했다. 지질 종류 중 트리아실글리세롤은 인지질, 스테릴에스테르, 유리스테롤, 유리지방산 순으로 가장 소화가 잘되는 것으로 나타났다. PUFA의 소화율은 포화지방산의 소화율보다 현저히 높았다. 사슬 길이가 증가함에 따라 포화지방산의 소화율이 감소하는 반면에 사슬 길이가 증가함에 따라 단일 불포화지방산(모노엔)의 소화율이 증가했다. 다른 사료원(지방 대두, 오징어간분, 어분)의 ALD는 각각의 외관상 건물 소화율(ADMD, 78~95%)보다 낮았다(62~81%). 간 유래 해산 원료는 전어체 원료보다 소화율이 높게 나타났다.

새우의 양식시스템은 상업사료에서 EFA 요구량을 충족시키기 위한 고려사항이 될 수 있다. 반집약적 양식시스템에서 자연적, 특히 2차 생산성 소비로부터 공급이 높을 경우 배합에 필요한 EFA 함량을 상당히 줄일 수 있다. 해양 유래 EPA와 DHA의 공급원은 부족하기 때문에 새우 사료 제조의 제한요인이 될 수 있으므로 이는 중요한 고려사항이다(Tacon and Metian, 2008). 고밀도 사육시스템에서 성공적인 양식을 위하여 영양이 풍부한 사료가 실용성이 있는지는 의문의 여지가 있다. 다른 시스템에서는 사료에 첨가해야 하는 EFA의 양을 크게 감소시킬 수 있다. 갑각류 사료에서 어분의 최소화를 목표로 하는 연구와 동시에 n−3 LC−PUFA의 감소를 보충할 수 있는 대체원료를 발굴해야 한다. 사료 내 LC−PUFA의 함량을 낮추어 EFA 요구량만 충족할 경우 조직 내 n−3 LC−PUFA의 함량을 감소시켜 새우가 수용하는 데 영향을 줄 수 있다(제16장 참조).

생화학, 분자 기준 요구량

어류와 갑각류의 질적 EFA 요구량은 환경이나 섭취 습관에 따라 다른 것으로 관찰된다(Sargent et al., 2002). 이것은 1차 생산자인 식물성 플랑크톤이 해양 환경에서 n−3 LC−PUFA, EPA, DHA를 높은 수준으로 생산하므로(Sargent et al., 1995b), LC−PUFA를 내생적으로 생산할 수 있는 능력을 유지하기 위한 진화론적 압력이 적었던 해양 생물과 갑각류의 진화적인 적응일 수 있다. 대조적으로 담수계의 먹이사슬은 일반적으로 EPA, 특히 DHA (Sargent et al., 1995b)의 수준이 낮아서 담수 종에서는 LC−PUFA의 내인성 생산에 진화적인 압력이 유지되어 왔다. 현재까지 이러한 관찰이 가설을 뒷받침하고 있지만 계통학적 문제뿐만 아니라 다른 종의 섭식 습성(초식성 대어류 섭식성, 육식성)을 포함하는 교란 요인이 있다. 실제로 해산 어종과 담수 어종으로 정의하는 것은 종종 기수종과 광염성 종을 고려할 때 이상적이지는 않다. 또한 이와 유사한 일반화는 초식성 어류에서 유지되는 C−PUFA를 내생적으로 생산할 수 있는 능력을 지닌 섭식 습관에 따라 이루어질 수 있지만 잡식성 어류, 육식성 어류, 어류섭식성(piscivorous) 어류에서는 그렇지 않다. 한 연구에 따르면 저서성 조류와 해초류를 소비하는 관독가시치(*Siganus canaliculatus*) 또는 독가시치는 초식성 해양 종의 희귀한 예로서 EPA와 DHA를 생합성할 수 있었다(Li et al., 2008). 최근 독가시치는 LC−PUFA의 내인성 합성에 필요한 모든 잠재적인 지방성 아실 불포화 효소 활성이 있는 것으로 관찰되었다(Li et al., 2010). 이러한 연구결과는 영양 수준이나 섭식 습관이 내인성 LC−PUFA 합성을 위한 종의 능력과 관련되거나 결정하는 중요한 요인임을 나타낸다.

척추동물에서 EPA의 합성은 18:3n−3의 Δ6 불포화반응에 따라 달성되어 20:4n−3까지 신장되고 Δ5 불포화반응이 신장된 18:4n−3을 생성한다(Cook and McMaster, 2004). EPA의 DHA 합성은 적어도 쥐와 무지개송어에서 2가지 신장 단계, 두 번째 Δ6 불포화와 사슬 단축 단계가 필요하다(Sprecher, 2000; Tocher, 2003)(**그림 6−5**). 18:2n−6의 ARA 합성은 EPA와 동일한 효소와 경로를 사용한다. C_{18} PUFA를 LC−PUFA로 전환하는 능력은 Fad와 신장효소(Elovl, 매우 긴사슬 지방산의 신장)의 보완과 관련이 있다(Bell und Tocher, 2009). 위에서 설명한 EFA 요구량은 대부분의 담수어류가 C_{18} PUFA로부터 생물학적으로 활성인 LC−PUFA를 생산할 수 있으며, 필요한 모든 생합성 활동을 나타내야 함을 설명한다. 그러나 대부분의 해산 어류와 갑각류는 그러한 기능이 없거나 있다 해도 제한적이다(Tocher, 2003). 방사성 지방산을 이용한 생화학적 연구는 LC−PUFA 합성 경로의 결핍이 다른 어종 간 EFA 요구량의 차이를 설명한다는 가설을 증명했는데, 체내 주입 연구에 따르면 무지개송어에서는 EPA와 ARA가 각각 18:3n−3과 18:2n−6으로 생성되었지만 터봇(Owen et al., 1975)에서는 생성되지 않았으며, 체외 연구에서 해산 어류의 세포 선은 연어 선과 비교하여 매우 낮은 Δ5 Fad 또는 지방산 아실 신장효소 활성을 보였다(Ghioni et al., 1999; Tocher and Ghioni, 1999). 큰징거미새우(*M. rosenbergii*)는 C_{18} PUFA가 상응하는 LC−PUFA 형태로 대사될 수 있지만, 가장 높은 성장률을 유지하기에는 생성 속도가 느린 것으로 나타났다(D' Abramo and Sheen, 1993). 근육과 중장선 조직을 이용한 실험은 해양 갑각류가 C_{18} PUFA를 LC−PUFA로 생합성하는 능력이 거의 없거나 전혀 없다는 것을 증명하였다(Kanazawa et al., 1979d).

이러한 효소 결핍의 분자적인 기초가 증명되고 있다. Δ6 Fad의 cDNA는 복제되었고, 담수(잉어), 연어과

(무지개송어와 대서양연어), 해산 어종[터봇, 대구, 도미, 조기류, 날새기(*Rachycentron canadum*), 유럽과 아시아 농어류, 큰입선농어(*Lates calcarifer*)]을 포함하여 지금까지 연구된 모든 어류에 나타났다(Hastings et al., 2001; Seiliez et al., 2001, 2003; Zheng et al., 2004a, 2005a; Tocher et al., 2006; González-Rovira et al., 2009; Zheng et al., 2009a; Mohd-Yusof et al., 2010; Monroig et al., 2010). 대조적으로 최근까지 Δ5 Fad의 cDNA는 대서양연어와 제브라피시(*Danio rerio*)(Hastings et al., 2001, 2005)에서만 복제되었다. 제브라피시는 실제로 C_{24} PUFA에 낮은 활성을 나타내는 양방향 Δ6/Δ5 Fad를 발현했는데, 이는 LC-PUFA 합성 경로(**그림 6-5**)의 두 단계에서 기능할 수 있음을 나타내며, 제브라피시 염기서열에서 오직 PUFA Fad만 일치한다(Hastings et al., 2001, 2005). 유사한 두 기능을 지닌 Δ6/Δ5 Fad는 최근 해산 초식성 어류 독가시치로부터 분리되었는데, 이는 22:5n-3의 직접적인 불포화 반응에 따라 합성을 위한 대안 경로를 제공하는 Δ4 Fad를 표현했다(Li et al., 2010). 그러나 상당한 노력에도 불구하고 다른 해산 어류에서 Δ5 Fad가 발견되지 않았고, 3개의 극기류(Acanthopterygii) 염기서열을 조사한 결과, 송사리(*Oryzias latipes*)는 LC-PUFA FAD 1개, 큰가시고기(*Gasterosteus aculeatus*)는 매우 밀접하게 연관된 2개의 유전자를 가지고 있었고, 복어(*Tetraodon nigroviridis*와 *Takifugu rubripes*)에서 Δ5 또는 Δ6 동형체는 확인되지 않았다(Leaver et al., 2008a). 포유류에서 여러 Elovl 유전자가 알려져 있으며, LC-PUFA 생합성에 최소한 두 개의 Elovl2와 Elovl5가 포함된다(Jakobsson et al., 2006). Elovl5 cDNA는 담수어류(제브라피시, 잉어, 틸라피아), 연어(무지개송어와 대서양연어), 해산 어류(대구, 터봇, 귀족도미, 날새기, 큰입선농어) 등 많은 어류에서 복제되었다(Agaba et al., 2004, 2005; Hastings et al., 2005; Zheng et al., 2009a; Mohd-Yusof et al., 2010). 대조적으로 Elovl2는 대서양연어와 제브라피시에서만 복제되었다(Monroig et al., 2009; Morais et al., 2009). 어류의 기능적 특성 Elovls는 Elovl5가 주로 C_{18}와 C_{20} PUFA에 활성을 띠는 반면에 Elovl2는 주로 C_{20}와 C_{22} PUFA에 활성을 띤다는 것을 나타냈다. 염기서열을 조사한 결과 복어, 큰가시고기와 송사리 그리고 모든 극기류는 Elovl2 동형체를 가지고 있지 않을 수 있기 때문에 농어와 터봇의 특징적인 Elov15 cDNA가 이 종에서 유일한 PUFA Elovl 유전자일 가능성이 높다(Leaver et al., 2008a). 따라서 Δ5 Fad와 Elovl2 신장효소가 부족한 많은 해산 어종에서 LC-PUFA를 생합성하기 위한 다양한 기능은 불포화 효소와 신장 효소 유전자의 게놈 보완에 달려있다.

지금까지 연구된 모든 어류로부터 복제된 Δ6 Fad cDNAs는 이종 효모 발현 시스템에서 유의적인 활성을 보였다. 대조적으로 연어 조직의 Δ6 Fad의 활성과 발현보다 대구 간과 장에서 Δ6 불포화 활성, Δ6 Fad의 발현은 매우 낮다(Tocher et al., 2006). 또한 담수어와 연어류에서 Δ Fad의 발현과 활성은 영양 조절에 달려 있다. 잉어 세포에서 LC-PUFA 경로의 활성은 EFA 결핍(Tocher and Dick, 1999)으로 증가되었고 다른 C_{18} PUFA (Tocher and Dick, 2000)의 작용으로 조절되었다. 사육 실험 결과 담수어와 연어류는 EPA와 DHA가 풍부한 어유에 비해 식물성유지가 첨가된 사료를 섭취한 실험구에서 LC-PUFA 생합성 경로의 활성이 증가한 것으로 나타났다(Tocher et al., 1997, 2002, 2003). Δ6 Fad mRNA의 발현은 어유를 함유한 연어 사료는 LC-PUFA가 부족한 식물성유지를 함유한 사료에 비해 감소했다(Zheng et al., 2004b, 2005a,b; Leaver et al., 2008b; Taggart et al., 2008). 대조적으로 대구를 대상으로 식물성유지 또는 어유를 함유한 사료 공급 실험에서 Δ6 Fad 발현과 활성에 약간의 차이가 있었다(Tocher et al., 2006). 따라서 대구 같은 많은 해산 어류는 담수 또는 연어류와 비교하여 LC-PUFA 생합성 유전자와 Δ6 Fad의 발현 수준과 조절이 부족할 수 있다. 최근의 연구는 대구와 연어의 *fad* 유전자 촉진제의 차이가 유전자 발현에 영향을 미칠 수 있다고 보고했다(Zheng et al., 2009b). 해산 어류인 대구, 날새기, 큰입선농어에서 Δ6 fad의 가장 높은 수준의 발현은 뇌에서 관찰되었지만 연어는 간과 장에서 발현이 가장 높은 조직이 발견되었는데(Zheng et al., 2005a, 2009a; Tocher etal., 2006; Mohd-Yusof et al., 2010), 이는 해산 어류에서 Δ6 Fad의 유지가 배아기와 자어기 발달의 신경조직에서 DHA 필요성과 관련이 있음을 증명한다.

EPA/DHA 합성에 필요한 유전자, 효소가 있는 종과 유전자, 효소가 없는 종 사이의 차이점은 어류의 EFA 결핍의 생화학적 표지에 영향을 미친다. 포유류에서 20:3n−9 매드산(Mead acid)은 20:3n−9:ARA의 비율을 지닌 생화학적 표지로, ARA는 0.4 이상의 조직 인지질에서 EFA 결핍 상태를 나타낸다. 20:3n−9 생산의 생화학적 메커니즘은 18:3n−3 > 18:2n−6 > 18:1n−9 순으로 Fad의 발현과 지방산 특이성에 근거한다(Tocher et al., 1998). 사료 내 PUFA가 없는 경우 18:ln−9는 LC−PUFA 합성 경로에 기질로 작용할 수 있고 20:3n−9가 생산된다(**그림 6−5**). 담수어류와 연어류에서도 20:3n−9는 18:1n−9에서 생성에 필요한 모든 활동을 포함하고 있어 EFA 결핍의 지표이기도 하다. 그러나 Castell et al.(1972)은 조직 인지질에서 20:3n−9:DHA가 더 효율적인 지표이고, 0.4는 여전히 EFA 결핍을 나타내는 값이라는 것을 증명하였고, 이는 후속 연구(Watanabe et al., 1974, 1989)에서 뒷받침되었다. 많은 해산 어류에서 20:3n−9의 생성은 불가능하지만 EFA 수치가 낮은 도미 사료에서 18:2n−9와 20:2n−9가 관찰되었고(Kalogeropoulos et al., 1992), PUFA가 없을 때는 성장한 터봇 세포선에 18:2n−9가 축적되었다고 보고하였다(Tocher et al., 1988).

지방산 기능

모든 지방산은 일부 PUFA가 EFA로 가질 수 있는 기능과 무관하게 세포 에너지의 중요한 원천이다(Tocher, 2003). 지방산이 에너지에 이용되는 정도는 주로 첨가 농도에 따라 다르며, 고농도에서는 모든 지방산이 산화된다. 농도에 관계없이 산화가 심한 경향이 있는 22:ln−11과 미토콘드리아 β−산화(Sargent et al., 2002)에 상대적으로 빈약한 기질에 따라 보존되는 경향이 있는 DHA 등이 예외이다. 단, DHA도 고농도로 섭취할 때 상대적으로 낮은 보유력을 유지할 수 있다(Stubhaug et al., 2007). 심근염(myocarditis), 창백하거나 또는 부풀은(지방) 간, 장 지방증, 지느러미 침식, 아가미 출혈, 척추 전만증, 재생산 잠재력 감소, 쇼크 증후군(Tacon, 1996)을 포함하여 다양한 병리학적 증상이 보고된 바 있지만, 사료에서 EFA가 장기간 결핍되면 성장률 감소와 폐사율 증가를 포함한 결핍 증상이 나타난다(Glencross, 2009). 이러한 결핍 증상은 적어도 몇몇 지방산이 단순한 에너지 생산 이외의 중요한 역할을 하고 있다는 것을 가리킨다.

다량의 PUFA는 세포막 구조와 기능에 필요하며, 지질 이중층의 기본 구성 요소인 인지질의 필수 요소이다(Gylfason et al., 2010). 막지질의 지방산 조성 변화는 환경 변화의 항상성 적응에 중요하다(Farkas et al., 2001). 예를 들면 저수온과 증가된 수압의 적응은 막인지질에서 PUFA와 모노엔(monoenes)의 증가, 포화지방산의 감소를 가져온다(Tocher, 2003). 인지질 분자 종 조성은 또한 막의 물리적 성질에 영향을 미치므로 인지질 부류와 *sn* 위치 사이에서 지방산의 재분배는 지방산 조성의 변화 없이 영향을 미칠 수 있다(Farkas et al., 1994; Farkas and Halver, 1996). 아실전이효소의 특이성이 온도에 따라 변화되어 구조 조정에 기여하는 것이 관찰되었다(Tocher, 1995). 특히 DHA는 모든 막에서 중요한 구조적, 기능적 역할을 하고, 신경막에서 중요한 구조적, 기능적 역할을 하며(Feller, 2008; Wasall and Stillwell, 2008), 자어에서 신경막(Feller, 2008; Wasall and Stillwell, 2008)과 신경조직의 적절한 발달을 위한 중요성이 입증되었다. DHA 결핍으로 대서양청어 자어(Bell et al., 1995b)의 자연 채광도에서 사료를 포획하는 능력이 저하되고, 도미 자어의 시각적 자극에 나타내는 반응이 지연되었으며(Benitez−Santana et al., 2007), 방어(*S. quinqueradiata*)(Masuda et al., 1998; Ishizaki et al., 2001)와 날가지숭어(*Polydactylus sexfilis*)(Masuda et al., 2001)의 활동에도 부정적인 영향을 미쳤다.

소량의 PUFA, 특히 특정 C_{20} PUFA는 세포 대사와 생리를 조절하는데 기능적으로 중요한 역할을 한다. 이 역할의 중심에는 고도의 생체 활성 에이코사노이드(eicosanoids)를 생산하기 위한 ARA와 EPA의 조절된 이산화효소 촉매 산화 작용이 있으며, 여기에는 prostaglandins (PG), leukotrienes (LT), 세포가 생산한 반감기가 짧은 자가분비 호르몬인 리포신(lipoxins)이 포함된다(Schmitz and Ecker, 2008). 거의 모든 조직은 에이코사노이드가 생산되며, 혈액 응고, 면역과 염증 반응, 심혈관 색조, 신장과 신경 기능, 생식에서 다양한 생리학적 활동을 한다(Schmitz and Ecker, 2008). 특히 염증 반응에 대응하는 역할이 중요하다. 프로텍틴(protectin) 생성 효소를 위해 ARA와 EPA 사이에 경쟁이 존재하며, ARA는 전염증성 2-series PG와 4-series LT를 생성하지만, EPA는 비교적 약한 3-series PG와 5-series LT를 생성한다(Tocher, 1995). 조직 지질에서 EPA가 과다함에도 불구하고 ARA는 여전히 어류의 1차적인 에이코사노이드 전구체이다(Tocher, 1995). 비록 염증이 손상과 감염에 대응하는 보호 반응이지만, ARA 유래 에이코사노이드에 따라 진행되는 과도하거나 부적절한 염증은 n-3 LC-PUFA, EPA, DHA가 중재할 수 있는 다양한 급성, 만성 병리학에 기여한다. EPA와 DHA 작용 메커니즘은 완전히 정의되지는 않았지만, 최근에는 EPA의 RvE1 (레졸빈 El)과 DHA의 D-series 레졸빈, PD1 (프로텍틴 D1)과 같은 레졸빈을 포함하는 n-3 LC-PUFA 유래 매개체가 관련되어 있다는 연구 결과가 보고되었다(Seki et al., 2009). DHA에서 레졸빈과 프로텍틴은 무지개송어의 뇌 세포에서 동정되었다(Hong et al., 2005).

최근 몇 년 동안 지방산, 특히 PUFA가 유전자 전사의 조절에 영향을 주어 지질의 항상성에서 중요한 역할을 하는 것이 명백해졌다(Jump, 2002). PUFA는 막 구성과 프로텍틴 생성의 변화를 포함하는 다수의 기작에 따라 잠재적으로 유전자 전사에 영향을 미칠 수 있고, 특정 PUFA 자체는 현재 퍼옥시즘 증식체 활성화 수용체(PPAR: peroxisome proliferator-activated receptors), 간 X 수용체(LXR)를 포함한 2가지 종류의 전사인자의 활동에 영향을 미치는 것으로 알려져 있다. 스테롤 조절 요소 결합 단백질(SREBP)은 지질 항상성 과정에 관여하는 유전자의 중요한 조절물질이다(Sampath and Ntambi, 2005). 이러한 전사인자는 모든 어류에 존재하며 지질, 지방산 대사 조절에서 유사한 역할을 한다(Leaver et al., 2008a; Cruz-Garcia et al., 2009). 포유류에서 18:1n-9를 포함한 일부 단일 불포화지방산은 특정한 대사 작용을 나타내는데, 포유류 생체막의 내용물은 아데닐사이클라제(adenyl cyclase), 포스포리파아제 C (Teres et al., 2008), 16:ln-7를 포함한 G 단백질 관련 캐스케이드를 통한 세포 내 신호 전달에 영향을 미치는 것으로 나타났다. 최근에는 그 조직과 간, 근육 등 다른 조직 간 소통을 매개하는 지질 신호 역할을 하는 지방 조직 유래 호르몬(리포카인)으로 확인되고 있다(Cao et al., 2008).

6.5.2 인지질

새우

사료로 공급되는 인지질은 새우 유생과 치하의 성장과 생존에 필수적이다(**표 6-5**). 대부분의 연구에서 인지질 원료는 대두박에서 추출한 레시틴의 한 형태였다. 새우 대하 요구량의 부재는 요구량이 연령에 따라 다르고 초기 생활사의 성장률 특성에 대한 요구량이 대하의 크기에서 적용되지 않는다는 것을 암시한다.

Kanazawa et al.(1997c)은 바지락에서 추출된 인지질을 사료에 첨가하여 보리새우(*M. japonicus*)에게 공급한 결과, 이 새우 종의 인지질 요구량을 처음 입증하였다. Kanazawa et al.(1985)의 연구에서 보리새우 치하를 대상으로 23.6% 포스파티딜콜린(PC: phosphatidylcholine)을 함유한 3.5~6%의 대두 레시틴을 사료에 첨가하여 공급한 결과, 유의적인 성장률과 생존율이 나타났다. Paibulkichakul et al.(1998)은 사료 내 인지질을 1.0~1.5% (10~15 g/사료 1 kg) 첨가한 사료는 얼룩새우 치하의 성장이 유의적으로 증가되는 것을 관찰했다. Thongrod and Boonyaratpalin (1998)은 60% 순도의 대두 레시틴 2.5%가 첨가된 사료를 바나나새우 치하에게 공급했을 때 증체율이 유의적으로 향상하는 것을 관찰하였다.

모든 인지질이 동일한 효과를 내는 것은 아니다. 바닷가재(*Homarus americanus*) 치하의 경우 PC는 파티딜에탄올아민(PE: phatidylethanolamine, 가축 양에서 추출)과 포스파티딜이노시톨(PI: phosphatidylinositol,

표 6–5 새우 유생과 성장기 단계에서의 인지질 요구량

Species	Requirement	Reference
Tiger shrimp (*Penaeus monodon [juvenile]*)	1.0–1.5%	Paibulkichakui et al. (1998)
P. monodon	80% pure soybean PC	Chen (1993)
Marine shrimp (*Penaeus penicillatus*)	80% pure soybean PC	Chen and Jenn (1991)
Pacific white shrimp (*Litopenaeus vannamei*)	1.5% PC (from soybean) 6.5% deoiled soybean lecithin	Coutteau et al. (1996b)
Kuruma prawn (*Marsupenaeus japonicus [juvenile]*)	1.0% (PC + PE)	Kanazawa et al. (1979c)
M. japonicus (juvenile)	3.0% soybean (lecithin) PE and PI	Teshima et al. (1986a,b)
M. japonicus (larvae)	3.0% soybean lecithin	Kanazawa (1983)
M. japonicus (larvae)	0.5 to 1.0% (PC and PI)	Kanazawa et al. (1985)
Banana shrimp (*Fenneropenaeus merguiensis*)	2.5% pure soybean lecithin	Thongrod and Boonyaratpalin (1998)

대두박)과 비교했을 때 폐사율을 유의적으로 감소시키는 활성 화합물인 것으로 확인되었다(D' Abramo et al., 1981). 가다랑어 알과 대두에서 추출한 순수 PC 또는 PI가 1.0% 첨가된 사료를 보리새우 치하에 공급했을 때 성장과 생존에 가장 효과적인 것으로 밝혀졌다(Kanazawa et al., 1985). 계란에서 추출한 순수 PC와 가다랑어 알, 양의 뇌에서 추출한 순수한 PE는 동일한 효과가 나타나지 않았다.

Penaeid 새우 치하의 경우, PC 함량으로 표시되는 사료 내 인지질 요구량은 일반적으로 1.2~1.5% 범위에 속하는 것으로 알려져 있다(Chen and Jenn, 1991; Chen, 1993; Kanazawa, 1993; Coutteau et al., 1996b). 이러한 추정치 중 일부는 고도로 정제된 인지질원이 사료에 첨가된 연구를 기반으로 도출하였다. Chen and Jenn (1991), Chen (1993)은 80% 순도의 대두 PC를 사용했다. Coutteau et al.(1996b)은 대두박으로부터 1.5% PC (95% 순도) 또는 6.5% 탈황 대두 레시틴(23% PC)을 첨가한 사료를 흰다리새우에게 공급할 경우 PC가 부족한 사료를 섭취한 그룹보다 성장률이 유의적으로 증가하였다. 계란에서 추출한 1.5% PC (94% 순도)의 첨가는 대두박 유래 95% 순도의 PC에서 관찰된 성장률과 유사했다.

그럼에도 불구하고 이전 연구에서 보고된 사료 내 레시틴 원료는 구성이 일정하지 않기 때문에 PC 또는 PC/PI 요구량을 정확하게 설명하기에 어려운 점이 존재한다. 사료 내 인지질의 실험 원료는 양적, 질적 구성이 다르다. 예를 들면 인지질의 공급원으로 알려진 효과적인 원료인 대두 레시틴은 PC의 형태인 인지질의 양에 비해 순도가 다른 형태일 수 있다. 또한 탈지대두박과 기존 대두박 내 레시틴을 비교할 때, 인지질의 양은 상당히 다르다. 따라서 사료 내 인지질의 정량적 양을 규정하기는 어렵지만, 모든 연구 결과를 종합한 결과 요구량 추정치는 PC를 0.5~1.5% 수준으로 첨가하는 것이다. 상업사료의 경우 레시틴 성분의 함량은 원료 조성에 따라 다르지만 일반적으로 2.5~3.5% 범위 내에서 '사료 등급' 유형을 추가해야 한다. 특정 종 내에서 치하기 요구량에는 차이가 없는 것으로 보인다. 그러나 주목할 점은 담수산 큰징거미새우(*M. rosenbergii*)와 가재(*Cherax quadricarinatus*) 치하의 사료 내 인지질의 특정 요구량이 없으므로, 이는 해산 새우, 갑각류에 특정하게 요구되지 않을 수도 있다는 것이다(**표 6–5**). 일련의 연구가 집합적으로 조사될 때 사료 내 콜레스테

표 6–6 어류의 양적, 질적 인지질 요구량[a]

Species	Developmental Stage	Phospholipid Supplement[b] and Levels Studied[c]	Optimal Requirement and Criteria Used[d]	Feeding Period	Reference
Atlantic salmon	Juvenile (180 mg)	0, 2, 4, 6, and 8% SL/CPL	6% (G)	14 weeks	Poston (1991)
(*Salmo salar*)	Juvenile (180 mg)	0 and 4% SL	4% (G)	16 weeks	Poston (1990b)
	Juvenile (1.0 g)	0 and 4% SL	4% (G)	12 weeks	Poston (1990b)
	Juvenile (1.7 g)	0 and 4% SL	4% (G)	12 weeks	Poston (1990b)
	Juvenile (7.5 g)	0 and 4% SL	0% (no requirement)	12 weeks	Poston (1990b)
Ayu	Larvae	0 and 3% SL or EL	3% (G,S,M)	20 days	Kanazawa et al. (1981)
(*Plecoglossus*	Larvae	0, 1, 3, and 5% SL	3% (M), 5% (G,S)	50 days	Kanazawa et al. (1983a)
altivelus)	Larvae	0 and 3% EL or BPL	3% (G,S,M)	50 days	Kanazawa et al. (1983a)
	Juvenile	0 and 3% SL or BPL	3% (G)	33 days	Kanazawa et al. (1981)
	Juvenile	0, 1, 3, and 5% EL	3% (G)	33 days	Kanazawa et al. (1981)
Common carp	Larvae	0 and 2% EL	2% (G,S)	25 days	Geurden et al. (1995a)
(*Cyprinus carpio*)	Larvae	0 and 2% PL	2% (G,S)	21 days	Geurden et al. (1995a)
	Larvae	0 and 2% SPC, SPI, or EL	2% (G,S,M except EL)	25 days	Geurden et al. (1997a)
European sea bass	Larvae	3, 6, 9, and 12% SL	12% (G,S,M)	40 days	Cahu et al. (2003)
(*Dicentrarchus*	Juvenile	0 and 3% SL	3% (G)	40 days	Geurden et al. (1995b)
labrax)	Juvenile	0 and 2% EPC or SPC	2% (G)	40 days	Geurden et al. (1995b)
Gilthead sea bream (*Sparus aurata*)	Larvae	9, 11, and 15% SL	> 9% (G,S)	23 days	Seiliez et al. (2006)
Japanese flounder	Larvae	0, 3, 5, and 7% SL	7% (G,S)	30 days	Kanazawa (1993)
(*Paralichthys olivaceus*)	Juvenile	0, 3, 5, and 7% SL	7% (G)	30 days	Kanazawa (1993)
Knife jaw	Larvae	0, 2.5, 5 ,and 7.4% SL	7.4% (G,S)	22 days	Kanazawa et al. (1983b)
(*Oplegnathus*	Larvae	0, 3, 5, and 7% SL	5% (G,S,R)	28 days	Kanazawa (1993)
fasciatus)	Juvenile	0, 3, 5, and 7% SL	3% (G)	60 days	Kanazawa (1993)
Pikeperch (*Sander lucioperca*)	Larvae	1, 5, and 9% SL	9% (G)	24 days	Hamza et al. (2008)
Rainbow trout	Juvenile	0, 2, 4, and 8% SL	4% (G)	20 weeks	Poston (1990a)
(*Oncorhynchus mykiss*)	Juvenile	0 and 14%	14% (G)	8 weeks	Rinchard et al. (2007)
Red sea bream (*Pagrus major*)	Larvae	0 and 5% SL	5% (G,S)	20 days	Kanazawa et al. (1983b)
Striped jack	Juvenile	0, 0.5, 1, 1.5, and 2% SPC	1.5% (G,S,R)	6 weeks	Takeuchi et al. (1992c)
(*Pseudocaranx dentex*)	Juvenile	0 and 1.5% SPE	1.5% (G)	6 weeks	Takeuchi et al. (1992c)
Turbot (*Psetta maximus*)	Juvenile	0 and 2% EL	2% (G)	—	Geurden et al. (1997b)
White sturgeon (*Acipenser transmontanus*)	Juvenile (5–10 g)	0 and 8% SL	0% (no requirement)	6 weeks	Hung and Lutes (1988)

[a]Tocher et al. (2008) 연구에 기반함.
[b]BPL, 가다랑어 알 극성지질; CPL, 옥수수 극성지질; EL, 계란 레시틴; EPC, 정제된 계란 PC; PL, 다양한 인지질 공급원, EL, SL, 해바라기, 유채 및 해양 인지질을 포함한 2% 사료 내 인지질 공급을 위해 보충됨; SL, 대두 레시틴; SPC, 정제 대두 PC; SPE, 정제 대두 PE; SPI, 정제 대두 PI.
[c]사료 중량의 백분율.
[d]G, 성장; S, 생존; M, 기형; R, 스트레스 저항.

롤 요구량을 감소시키는데 사료 내 인지질의 역할이 제안되기도 했지만, 이와 관련한 최종적인 결론에 이르지는 못한 상태이다.

어류

표 6-6은 어류의 질적, 양적 인지질 요구량 연구 결과를 요약한 것이다. 온전한 인지질이 포함된 사료는 자어기와 치어기의 성장을 향상시키고, 생존율 향상, 기형 발생률을 감소시키며 다양한 민물, 해산 어류의 스트레스 저항력을 증가시킨다(Tocher et al., 2008). 사료의 완전한 인지질 요구량을 정의하는 것은 인지질 함량과 성분 구성이 다른 다양한 인지질 원료를 사용하기 때문에 복잡하다. 또한 자어 대상의 연구는 사료 내 인지질과 지방산 조성과 여러 사료원의 농축을 통하여 인지질을 공급해야 하는 필요성에 따라 절충되었다. 인지질 요구량은 자어기의 사료 건물 기준 8~12%까지 될 수 있으며(Cahu et al., 2009), 치어의 경우(약 2~4%) 비교적 낮을 수 있고, 성어의 경우에는 사료 내 인지질 요구량이 증명되지 않았다(Tocher et al., 2008). 많은 연구에도 대두박과 다른 식물 유래 레시틴을 포함한 혼합 인지질 원료나 여러 개의 인지질 종류로 농축된 난황 레시틴을 사용함으로써 어떤 인지질 종류가 유익한 효과를 주는지를 특정하는 것이 어려워졌다. 그러나 순수 인지질을 1종만 사용한 일부 연구 결과에 따르면 효능의 순서는 PC > PI > PE > PS (phosphatidylserine)인 것으로 관찰된다. PC는 성장에, PI는 생존과 기형을 방지하는 데 더 중요하다(Geurden et al., 1998a; Tocher et al., 2008). 다른 인지질 종류나 스핑고지질의 효능은 알려져 있지 않다.

생화학적 기초 요구량

어류의 자어와 치어, 새우 치하의 인지질 기능에 대한 기작은 성어에게 효과가 없다는 것도 설명해야 한다. 새우(갑각류)에서는 비교적 연구가 거의 수행되지 않았지만, 인지질은 주로 지질단백질(lipoproteins) 분자, 특히 콜레스테롤이나 TAG의 수송분자로서 고밀도 지질단백질의 역할에 기인한다. Teshima and Kanazawa (1980)는 보리새우의 혈청에서 고밀도 지질단백질이 65~85%의 극성지질을 함유하고 있으며 지방산의 50%가 DHA인 것으로 관찰했다. 지질단백질은 지질을 장 상피 세포에서 혈액 림프쪽으로 수송한 뒤 조직으로 운반한다. 가재 치하에게 공급한 반정제 사료에서 대두 레시틴을 제거한 결과 PC와 콜레스테롤 수치가 낮아지고(D' Abramo et al., 1982), 주장선에서 혈액 림프로 콜레스테롤 수송률이 감소되었다(D' Abramo et al., 1985a). Teshima et al.(1986c,d)이 보리새우 치하를 연구한 결과 간췌장(중장선)으로부터 혈액 림프로 콜레스테롤 수송을 강화해 최종적으로 근육 조직에 축적하는 것을 증명하였다. 지질 수송에서 PC의 역할을 확인한 연구에서 콜레스테롤 요구량과 사료 내 인지질 양 간 관계를 검토하지 않았다.

Gong et al.(2000)은 사료 내 콜레스테롤 요구량과 탈지대두 레시틴 사이의 상호작용을 보고했다. 레시틴 성분이 없는 경우 흰다리새우(*L. vannamei*)의 사료 내 콜레스테롤 요구량은 0.35%라고 보고하였다. 레시틴 성분이 1.5%와 3.0%로 증가하면 콜레스테롤 요구량은 각각 0.14%와 0.13%로 감소했다. 그러나 Chen (1993)과 Chen and Jenn (1991)은 얼룩새우의 증체율에 대한 PC와 콜레스테롤 요구량 사이의 상호작용을 관찰하지 못했다.

다른 인지질에 비해 PC의 비교적 높은 영양가는 세포막의 인지질 성분으로서 PC의 필요성에 기인할 수 있다. PC 분자의 구조 내에서 EFA는 우선적으로 *sn*2 위치에 에스테르화된다. 이러한 지방산은 PC 분자와 혼합 또는 개별적으로 동화될 수 있다. Chen and Jenn (1991)은 *Penaeus penicillatus*를 대상으로 *sn*2 위치에서 주로 18:2n−6을 함유하는 대두 레시틴이 들어간 사료를 공급한 결과 이들의 기능에 관한 여러 가지 반응이 관찰되었다. 그들은 18:2n−6 함량이 높아짐에 따라 근육 조직의 극성 지질 분획에서 n−3 LC−PUFA 농도가 낮아졌고 DHA 또는 n−3LC−PUFA의 혼합물이 사료에 포함되었을 때 18:2n−6에 대한 상호작용이 Gonzalez Félix et al.(2002b)의 연구에서 확인되었다.

PC 분자의 또 다른 활성 성분인 콜린은 Kanazawa et al.(1985)이 연구를 수행했으나, 반응은 관찰되지 않았다. Kanazawa et al.(1979c)은 또한 인지질 분자의 일부로서 EFA 전달이 인지질의 필수가 아님을 입증했다. 대두 레시틴 원료와 같은 형태로 사료에 첨가되는 인지질은 사육수에 유입될 때 실험 사료의 물리적 안정성을 증가시켜 수용성 영양소의 손실을 감소시킬 수 있다. 지질 소화율을 높이기 위한 유화제로서 레시틴의 긍정적인 효과가 관찰되었지만 D' Abramo et al.(1981), Kanazawa et al.(1985), Teshima et al.(1986c, d)은 소화율 향상에 사료 내 인지질의 기능을 관찰하지 못했다.

어류의 인지질 요구량에 대한 다양한 연구가 수행되었다. 사료 내 인지질은 EFA 비율이 높고 소화율이 증가되어 중성지질(TAG)보다 자어에게 EF의 효과적인 공급원이 될 수 있지만(Tocher, 1995; Sargent et al., 1997, 1999a, b), 자어의 증체율과 생존율에서 인지질은 EFA 요구량과 무관한 것으로 나타났다(Geurden et al., 1995a). 이와 유사한 예로 사료 내 인지질은 치어의 소화율을 증가시켰지만(Craig and Gatlin, 1997; Kasper and Brown, 2003), 성장 촉진 효과와 관련은 없는 것으로 나타났다(Geurden et al., 1997c, 1998b). 또한 인지질 요구량은 염기성 콜린과 이노시톨 같은 다른 필수 영양분의 전달과 관련이 없었다(Geurden et al., 1995a). 인지질이 결핍된 사료를 섭취한 자어의 장 지방증(intestinal steatosis)은 초기발달 단계에서 사료 내 지질을 소장으로부터 운반하는 능력이 저하되었을 수 있으며, 이는 지단백질 합성의 제한을 통해 가능하다고 가정되었는데(Fontagné et al., 1998; Geurden et al. 1998b; Olsen et al., 1999; Salhi et al., 1999) 이는 자어가 새롭게 인지질을 생합성하는 능력이 제한되었기 때문이다(Geurden et al., 1995a; Coutteau et al., 1997; Fontagné et al., 1998; Geurden et al., 1999). Sargent et al.(2002)은 제한적 효소의 위치가 인산기글리세롤 골격 형성에 있다고 가정했다. Tocher et al.(2008)은 디아실글리세롤(DAG)의 PC와 PE로의 전환하는 데 관여하는 CDP−콜린과 CDP−에탄올아민 인산기전이효소(CPT, EPT)가 각각 결핍의 가능한 후보 물질이라고 추측했다. 그러나 CPT와 EPT의 제한은 CPT, EPT 경로를 통해 형성되지 않기 때문에 관찰된 PI의 영향을 설명할 수 없으므로 제한 단계가 인지질 합성 경로로 돌아가야 한다는 것을 암시하고, PC와 PI 합성을 제한하는 효소는 존재하지 않는다(Tocher et al., 2008). 요약하면 자어의 인지질 합성은 제한되므로 지단백질 합성을 강화함으로써 사료 내 지방산과 지질을 장에서 신체의 나머지 부분으로 효율적으로 수송하기 위해서는 효과적인 인지질이 필요하다.

인지질 기능

인지질의 양극성은 세포 생체막과 지질단백질의 구성 요소로서 중요한 구조적 역할의 핵심이다. 포유류 세포막은 인지질이 비대칭으로 분포하고, 콜린이 함유된 인지질과 PC, 스핑고미엘린이 외부 소엽(leaflet)에, 아민 함유 PE와 PS가 내부 소엽에 집중되어 있다. 이는 어류의 세포막에서도 관찰된다(Kagan et al., 1984). 막인지질의 조성과 대사는 유동성을 조절하는 항상성 메커니즘의 일부로서 환경 요인에 동적으로 반응한다(Hochachka and Mommsen, 1995). 예를 들면 온도 저하와 저온 적응은 PE를 증가시키고 PC를 감소시킨다(Tocher, 1995). 또한 생체막은 여러 대사 경로를 위한 인지질의 근원 역할을 한다. 지질단백질에서 인지질은 콜레스테롤, 단백질과 함께 지질, 수계면을 형성함으로써 TAG와 steryl 에스테르 같은 소수성 지질을 혈청으로 이동할 수 있게 한다(Tocher, 1995). 그러나 위에서 언급한 바와 같이 인지질 또는 인지질로부터 유도된 분자는 또한 중요한 신호 메커니즘에 많이 관여하는 세포와 세포 간 지질 매개체로서 다수의 특정 대사 작용을 한다. 일반적으로 인지질 대사 관련 연구는 거의 수행되지 않았지만, 이러한 경로의 대부분은 포유류에서처럼 어류에서 유사한 역할을 한다는 것을 보여준다(Tocher, 1995, 2003).

■ 포스파티딜이노시톨(Phosphoinositides)과 단백질 키나아제 C

포스파티딜이노시톨은 PIP_2와 같은 PI의 인산화된 유도체를 포함하는 세포 내 매개체로서 골지체/리소좀/심내막-이동, 세포 증식, 생존, 회유를 포함한 중요한 대사작용을 하며(Hirsch et al., 2007), 이온 통로(ion channel)와 수송 단백질의 조절을 통해 종종 매개된다(Gamper and Shapiro, 2007). 세포 내 2차 메신저(second messengers)는 인산화된 PI 유도체의 절단으로 생성된다(Michell, 2007). 따라서 다양한 자극에 따른 인지질 분해효소 C-β에 의한 PIP_2의 절단은 DAG와 이노시톨 포스페이트(IP_3)를 생성하여 소포체로부터 칼슘 운송을 자극한다(Berridge, 2005). 이후 증가된 세포 내 Ca^{2+}와 DAG는 단백질 키나아제 C (PKC), 트레오닌/세린키나아제의 활성화 인자이며, 대사의 중요한 조절인자로 밝혀졌다(Gomez-Fernandez and Corbalan-Garcia, 2007). 그러나 2차 메신저로서 DAG의 활동은 PKC 간 상호작용에 국한되지 않으며 DAG는 인지질 분해효소를 포함한 다른 단백질을 통해 다양한 생물학적 반응을 유발할 수 있고, 막의 생물학적, 물리학적 특성을 변경하여 막 관련 단백질과 공정을 변조할 수 있다(Gomez-Fernandez and Corbalan-Garcia, 2007). 다른 인지질, 특히 PS는 DAG와 Ca^{2+} 이온과 함께 단백질 키나아제 C의 활성제로서 대사작용을 한다(Newton, 2009). 어류에서 이노시톨 인지질 대사는 전기가오리(*Discopyge tschudii*)의 전기세포에서 연구되었고, 무지개송어와 스몰스파티드캣샤크(*Scyliorhinus canicula*) 조직에서 단백질 키나아제 C와 PS 활성화가 보고되었으며, 단백질 키아나제 C는 금붕어(*Carassius auratus*)에서 스테로이드 생성의 자극에 관여하였다(Tocher et al., 2008).

■ 에이코사노이드(Eicosanoids)

인지질은 세포 간 지방산 매개체 합성을 위한 LC-PUFA 기질의 원료이다. 에이코사노이드 생합성 경로의 첫 번째 단계는 인지질 분해효소 A_2의 활성화로 막인지질의 *sn*2 위치에서 지방산이 방출된다. 포유류에서 핵심 효소는 *sn*2 위치에서 ARA (또는 EPA)를 포함하는 인지질에 특이적인 유형 IV 세포질 인지질 분해효소 A_2 ($cPLA_2$)이지만 어류에서 인지질 분해효소의 특이성에 관해서는 알려진 바가 거의 없다(Tocher, 1995, 2003). 에이코사노이드의 역할은 위에 설명되어 있다.

■ 혈소판 활성화 인자(Platelet-Activating Factor)

PC의 에테르 유사체인 혈소판 활성화 인자(PAF) 또는 1-O-알킬-2-아세틸-*sn*-글리세로-3-포스포콜린은 염증세포에 의해 합성되며 혈소판 응집, 염증, 아나필락시스(anaphylaxis) 등의 백혈구 기능의 강력한 세포 간 매개체이다(Snyder, 1990). PAF 생합성을 위한 주요 경로는 리소-PAF 아세틸 전이효소와 아세틸-CoA에 의한 리소-PAF의 아세틸화, 분해(종결 활성)는 인지질 분해효소 A_2와 관련된 PAF 아세틸 하이드로라아제 때문이다. 포유류에서 리소-PAF의 리아실화는 ARA에 매우 특이적이며, 1-알킬-2-아라키도닐-글리세로포스콜린은 에이코사노이드 합성을 위해 ARA를 생성하는 ARA 특이적 인지질 분해효소 A_2를 통해 PAF를 합성하기 위한 기질이다(Snyder, 1990). PAF 생합성과 분해는 어류에서 증명되었다(Tocher et al., 2008).

■ 지질성 세포 간 전달물질과 G-단백질 결합 수용체

가장 간단한 디아실 인지질인 포스파티드산(PA)은 증식과 분화, 형질 전환, 종양 진행, 생존 신호를 포함한 많은 세포 과정의 조절에 관여하는 중요한 세포 내 신호 전달 분자로서 확립되어 있다(Wang et al., 2006). 포모노에스테르(phomonoester)로 연결된 음이온 인산염 선두 그룹은 PA를 다른 인지질과 구별하며 PA-단백질 상호작용의 특수성과 그 기능적 역할의 특이성이 중요하다(Kooijman and Burger, 2009). 대조적으로 많은 세포 간 지질 매개체는 혈장막에서 G-단백질 결합 수용체(GPCR)와 상호작용하여 표적 세포의 기능을 조절하는 것으로 알려져 있다(Im, 2009). 예를 들면 에이코사노이드와 PAF는 GPCR를 통해 작용하는데, 이러한 방식으로 작용하는 다른 것들은 lyso-PA와 스핑고신-1-인산염 같은 lyso-인지질 매개체를 포함하며 생체 내 많은 세포 과정에서 필수적인 역할을 한다(Makide et al., 2009). lyso-PS와 lyso-PE, lyso-PI, lyso-포스파티딜글리세롤, lyso-포스파티딜트레오닌을 비롯한 다른 lyso-인지질의 역할은 정확하게 규명되지 않았지만 지질 매개체와 비슷한 반응이 관찰되었다(Makide et al. 2009). GPCR에 작용하는 세포 간 신호 전달 매개체를 갖는 것으로 인식된 다른 새로운 지질은 레졸빈 E1, 아실에탄올아미드(예: 내인성 칸나비노이드, 아라키돈에탄올아민 또는 아난다미드), 담즙산과 지방산을 포함한다(Im, 2009). 이러한 지질 매개체의 대부분 또는 전부가 모든 척추동물의 생화학적, 생리학적 조절에 중요함에도 불구하고 어류에서 이러한 메커니즘에 관해서는 현재 알려진 바가 없다.

6.5.3 콜레스테롤

새우

갑각류의 특이성은 콜레스테롤을 생합성할 수 없다는 점이다(Teshima, 1997). 새우의 콜레스테롤 요구량을 조사한 모든 연구는 성장반응이 감소하거나 비교적 높은 폐사율 결과를 바탕으로 입증하였다. 보고된 콜레스테롤 요구량은 사료 내 백분율로 표시되며, 일반적으로 0.2~1.0% 범위이다(**표 6-7**). 사료 내 콜레스테롤 수치가 높을수록 성장에 악영향을 미칠 수 있다는 연구 결과가 있다(Thongrod and Boonyaratpalin, 1998). Duerr and Walsh (1996)는 추가로 첨가하지 않아도 사료원을 통하여 스테롤 요구량의 일부 또는 전체가 충족될 수 있다고 제안했다. 일부 새우 종에서 요구되는 콜레스테롤은 일부 식물 종의 식물성 스테롤인 피토스테롤을 효과적으로 활용할 수 있는 능력을 통해 다소 감소될 수 있다. D' Abramo et al.(1985b)은 피토스테롤 혼합(사료 내 1.39%)과 콜레스테롤(사료 내 0.22%)을 혼합하면 민물가재(*Pacifastacus leniusculus*)의 콜레스테롤 요구량

표 6-7 새우와 기타 갑각류의 콜레스테롤/스테롤 요구량

Species	Requirement	Reference
Cholesterol alone		
Pacific white shrimp (*Litopenaeus vannamei*)	0.35%	Gong et al. (2000)
Kuruma prawn (*Marsupenaeus japonicus*)	0.50%	Kanazawa et al. (1971)
M. japonicus (larval)	1.00%	Teshima et al. (1983)
M. japonicus	0.20%	Shudo et al. (1971)
M. japonicus	2.00%	Deshimaru and Kuroki (1974)
American lobster (*Homarus americanus*)	0.50%	Kean et al. (1985)
H. americanus	0.50%	Castell et al. (1975)
Signal crayfish (*Pacifastacus leniusculus*)	0.40%	D'Abramo et al. (1985b)
Cholesterol + phospholipid		
L. vannamei	0.14% (1.5% deoiled soybean lecithin)	Gong et al. (2000)
L. vannamei	0.13% (3.0% deoiled soybean lecithin)	Gong et al. (2000)
H. americanus	(8% soybean lecithin)	D'Abramo et al. (1985a)

(사료 내 0.4%)을 부분적으로 보전할 수 있음을 관찰했다. 시토스테롤(sitosterol)은 혼합물 중 주요 비례 성분(~63%)이었다. 그러나 바닷가재(*H. americanus*) 치하에서도 비슷한 효과는 관찰되지 않았다(D. Abramo et al., 1984). 1:1에서 1:100의 비율로 유생(1.0% 수준) 또는 보리새우 치하(0.5% 수준)에 대한 사료 내 시토스테롤과 함께 콜레스테롤의 보존은 Teshima et al.(1989)의 연구에서 관찰되지 않은 것으로 확인되었다. Teshima and Kanazawa (1986)는 사료 내 시토스테롤이 다소 효과적이었지만, 사료 내 콜레스테롤(0.5%)을 완전히 대체할 수 없으며, 0.45% 시토스테롤과 0.05% 콜레스테롤의 혼합물을 보리새우의 사료에 첨가하여 공급했을 때 콜레스테롤 요구량을 부분적으로 절약할 수 없는 것을 관찰했다. 보리새우의 유생 사료 내 콜레스테롤을 대체하는 역할을 하는 일련의 스테롤 화합물(콜레스테롤 전구체)은 존재하지 않는다고 보고하였다(Teshima et al., 1983). 이와 같이 시토스테롤의 제한적인 콜레스테롤 전환성으로 첨가제나 상업사료에 피토스테롤의 결합을 통한 효과적인 적용은 비현실적인 것으로 여겨진다.

어류

비록 경골어류의 콜레스테롤에 대하여 지금까지 보고된 요구량은 없지만, 사료 제조 과정에서 식물성 원료와 기름의 포함 수준이 증가함에 따라 사료 내 콜레스테롤 함량이 감소하고, 스테롤은 증가하였으며, 향후 이와 관련된 연구가 더 필요할 것으로 사료된다(16장 참조). 어류의 성장 또는 신진대사에 콜레스테롤 수치가 미치는 영향과 관련한 보고서는 거의 없다. 한 연구에서 사료 내 콜레스테롤 수치는 대서양연어의 일간성장률(SGR)과 폐사율, 주요 영양소의 외관상 소화율, 총 지질 함량에 유의적인 영향은 미치지 않았다(Bjerkeng et al., 1999). 그러나 간 콜레스테롤 수치와 간장 지수는 모두 사료 내 콜레스테롤 첨가제에 따라 증가되었다. 최근 간에서 콜레스테롤 생합성 경로의 유전자는 연어가 섭취한 식물성지방의 함량이 어유의 함량에 따른 영향에 비해 양성피드백(upregulated)되는 것으로 밝혀졌는데(Leaver et al., 2008b; Taggart et al., 2008), 이는 콜레스테롤 함량이 낮은 식물성지방이 첨가된 사료를 섭취해도 합성 증가에 따라 충분히 보완되었음을 시사한다(Leaver et al., 2008b).

새우의 생화학적 요구량

새우의 콜레스테롤요구량 연구는 거의 수행되지 않았다. 새우의 콜레스테롤 요구량은 이 영양소를 새로 합성할 수 없다는 데 근거하지만, 특정 유전자가 존재하지 않거나, 또는 기능하지 않거나, 또한 어떤 효소의 활성이 제한되는지와 같은 생화학적 또는 분자 적인 부분에서는 아직 보고되지 않았다.

콜레스테롤 기능

콜레스테롤은 모든 동물의 중요한 구조적 역할을 하는 세포막의 필수 구성 요소이며 양성자와 나트륨 이온에 대한 원형질막의 유동성과 침투성을 감소시킨다(Lange and Steck, 2008). 구획 사이의 막콜레스테롤 분포는 높은 친화력의 스핑고지질(sphingolipids)에 따라 부분적으로 조절된다(Ikonen, 2008). 막콜레스테롤은 포낭 의존성(caveola-dependent)과 클라트린(clathrin) 의존성 내포작용(endocytosis)의 중요한 성분으로 세포 내 수송, 지질 형성에 따른 세포 신호 전달과 절연성 미엘린초(myelin sheath)의 중요한 성분으로 신경전도의 기능적 역할을 한다(Simons and Ikonen, 2000).

콜레스테롤은 조직에 있는 여러 기능성 분자의 전구체이기도 하다. 간에서는 콜레스테롤-7α 수산화효소에 따라 시토크롬(cytochrome) P450 매개 산화를 통해 콜산염(cholate)을 포함한 담즙산으로 전환되며, 담낭에 담즙으로 저장하기 전에 타우린과 결합한다(Moschetta et al., 2005). 담즙은 담즙산, 담즙이 지질과 지용성 비타민의 유화를 돕는 장으로 분비된다(Olsen and Ringø, 1997). 피부에서 콜레스테롤 전구체(7-dehydrocholesterol)

는 UV 방사선에 의해서 활성 형태의 비타민 D 전구체 세코스테로이드(secosteroid; 고리 구조가 깨진 구조)인 콜레칼시페롤(cholecalciferol; 비타민 D_3)로 변환된다(Halver, 2002). 콜레스테롤은 스테로이드의 합성을 위한 전구체로서 유전자 영향(즉, 유전자 전사에 영향을 미침)을 수반하지만, 더 빠른 비유전자 효과를 유발하는 고전적인 핵호르몬이다(Wehling, 1997). 부신 스테로이드 호르몬에는 전해질과 물의 균형에 중요한 역할을 하는 미네랄 코르티코이드(예: 알도스테론)와 단백질과 탄수화물 대사에 핵심적인 역할을 하는 코르티코스테로이드, 그 중에서 스트레스 반응에 중요한 기능을 하는 코르티코이드가 있다(Jobling, 1994). 에스트로겐(예: 에스트라다이올과 프로게스테론), 안드로겐(예: 테스토스테론), 이들의 유도체를 포함하는 생식 호르몬과 그 유도체는 성 분화, 줄기세포 생성, 비늘 형성을 포함한 생식 조절에 중요한 역할을 한다(Jobling, 1994).

6.6 그 외 지질의 영양학적 내용

6.6.1 지질 소화율

지질의 효능은 내강측에서 장막측으로 전달되는 영양분의 비율에 따라 다르다. 따라서 효율적인 소화와 흡수는 소화율로 정의되고 측정된다(Bell and Koppe, 2010). 종, 사료 내 지질 함량과 조성, 다른 영양성분, 수온 같은 사육 환경, 동물의 사료 적응 등 여러 가지 요인이 어류의 지질과 지방산 소화율에 영향을 미친다(Hua and Bureau, 2009). 짧은 사슬의 고도불포화지방산은 소화율이 높고, 포화지방산은 저온에서 불포화지방산보다 소화율이 낮기 때문에 지방산 그룹의 비율은 중요하다. 일부 식물성 원료에서 흔히 볼 수 있는 비전분 다당류나 갑각류에 함유된 키틴 또는 키토산 등의 비지질 성분은 지질 소화율에 부정적인 영향을 미칠 수 있다. 지질과 지방산을 포함하여 일반적으로 영양소 소화율은 제12장에서 더 자세히 기술할 것이다.

6.6.2 자어 사료

해산어 자어의 소화기관은 작고 발달되지 않아서 지질 흡수는 자어에게 중요한 영향을 미친다(Izquierdo et al., 2000; Conceição et al., 2007; Yufera and Darias, 2007). 미립자 사료는 개발이 어렵고 느려서 생사료를 사용했다(Cahu and Zambonino–Infante, 2001; Koven et al., 2001a; Robin and Vincent, 2003; Kvale et al., 2006). 요각류 같은 자연 생사료는 대체원에 비해 영양이 우수한 것으로 입증되었지만, 비용면에서 요각류를 일정한 양을 안정적으로 확보하지 못해 여전히 제한적이다(Stottrup, 2000). 대조적으로 로티퍼와 알테미아 같은 생사료는 편리하지만, 해산 어류는 영양학적으로 부적합하며, LC–PUFA가 상대적으로 열악하므로 농축 공급을 해야 한다. 상당한 노력에도 불구하고 LC–PUFA와 특히 충분한 DHA를 적절히 균형 잡힌 수준으로 제공하기 위해서는 생사료만으로는 부족하다(Conceição et al., 2010). 참치 오비탈 유지, 조류 추출물, 에틸 에스테르 LC–PUFA 농축액을 포함한 어유는 모두 LC–PUFA 비율의 농축을 보다 정확하게 제어하기 위한 수단으로 연구되어 왔지만(Sargent et al., 1999b; Izquierdo et al. 2000), 지방산 산화와 역변환(Sargent et al., 1997,1999b)을 포함한 사료 유기체에 의한 LC–PUFA의 농축시 내인성 대사에 잠재적인 산화가 문제될 수 있다. 해산 어류 자어의 영양소, 생사료와 농축액에 관해서는 제14장에서 자세히 기술하였다.

6.6.3 지질원의 화학적 형태

온전한 인지질의 특정 요구량은 식이성 지질이나 지방산의 화학적 형태가 중요할 수 있다. 어류와 갑각류의 EFA 요구량을 결정하기 위한 연구에서는 주로 메틸 또는 에틸에스테르 같은 지방산 농축액을 사용하는데,

그 이유는 그 조성을 보다 쉽게 조절할 수 있기 때문이다(Castell et al., 1972; Kanazawa et al., 1979b; Lochman and Gatlin, 1993). 이들 지방산 에스테르의 효능에 관한 연구는 거의 없었다. 성장률 억제는 에틸에스테르로 n−3 LC−PUFA를 공급한 무지개송어와 참돔에서 보고되었고(Castell et al., 1972; Lochman and Gatlin, 1993), 참돔 자어는 n−3 LC−PUFA가 TAG로 농축된 로티퍼를 섭취한 그룹에 비해 n−3 LC−PUFA 메틸에스테르가 농축된 로티퍼를 섭취한 그룹에서 높은 사망률과 낮은 성장률을 보였다(Izquierdo et al., 1989; Rodriguez, 1994). 그러나 최근 메틸에스테르는 귀족도미 치어의 TAG와 동일하게 n−3 LC−PUFA를 공급하는 효과가 있는 것으로 나타났다(Ibeas et al., 2000).

전반적인 주요 유지와 지방은 대부분 TAG가 풍부하며, C_{14}부터 C_{22}까지의 탄소 수를 가진 지방산을 함유하고 있으며(Gunstone, 2010), 사료 내 지질과 지방산을 함유하는 것이 일반적인 특성이다(Sargent et al., 2002). 그러나 중사슬 지방산(6:0, 8:0, 10:0, 12:0)이 많이 함유된 TAG는 어류의 대체 에너지원으로 연구되어 왔다. 잉어 자어의 경우 12:0 (코코넛유)과 트리올레인(triolein)을 섭취했을 때와 8:0 (트리카프릴린)을 섭취했을 때를 비교하면 성장과 생존율이 감소하였다(Fontagné et al., 1999). 6:0 (트리카프로인)과 8:0을 첫 주에 공급했을 때는 성장에 긍정적인 영향이 나타났지만, 이후에는 8:0을 섭취한 잉어 자어는 트리올레인을 섭취한 그룹에 비해 성장률과 생존율 모두 감소하였다(Fontagné et al., 2000a,b). 이와 대조적으로 참돔 자어의 경우 6:0이나 8:0을 공급하였을 때 성장률에 긍정적인 영향을 미쳤고, 8:0에서는 10:0 (트리카프린)이나 트리올레인 첨가 사료를 섭취했을 때보다 생존율이 더 높았다(Fontagné et al., 2000c). 중사슬 TAG를 공급하면 잉어의 체내 중성지방이 감소하고(Fontagné et al., 2000a), 참돔 치어의 복막 내 지방 축적이 감소하였다(Craig and Gatlin, 1997; Davis et al., 1999). 유사하게 대서양연어에서 8:0과 10:0이 소화가 잘되었지만, 다른 지방산의 흡수는 줄어들고, 근육 지방 함량이 감소하는 것으로 나타났다(Roesjoe et al., 2000). 소량의 중사슬 지방산은 어류 조직에 축적될 수 있으며, 이는 참돔 자어에서 1~3%는 축적된 것이 관찰되었고, 반면에 잉어 자어에서는 중성지질의 8:0과 10:0이 모두 축적되었다(Fontagné et al., 1999, 2000a,b,c). 중사슬 TAG는 에너지원으로 잠재적으로 유용하고, 체지방 수치를 낮추는데 유익한 영향을 미칠 수 있다. 이와는 대조적으로 총 사료 내 건물의 2%까지 짧은 사슬의 지방산(C_2, C_3, C_4)을 포함하면 대서양연어의 성장률, 사망률, 지질 또는 지방산 조성에 영향을 미치지 않았다(Bjerkeng et al., 1999).

왁스에스테르는 대서양연어에 효과적으로 이용되는 것으로 보인다. 왁스에스테르로서 38%의 지질을 함유하는 요각류를 첨가하여 조성된 사료를 140일 동안 섭취한 연어는 증체율, SGR, FCR는 모든 지질을 TAG로 공급하는 어유를 함유한 사료를 섭취한 그룹과 차이가 없었다(Olsen et al., 2004).

6.6.4 사료 내 지질, 지방산, 항산화 요구량

사료 내 지질 함량과 PUFA, 특히 LC−PUFA 함량이 증가함에 따라 사료 내 불포화지수(사료의 산패도 증가)는 잠재적으로 어류의 산화 스트레스를 증가시키므로 항산화 성분, 특히 비타민 E (토코페롤)를 증가시켜서 균형을 이루어야 한다. 틸라피아에서 비타민 E 요구량은 사료 내 지질 함량이 높아짐에 따라 증가하였고, 틸라피아 치어(*O. niloticus* × *O. aureus*)의 최적량은 5% 또는 12% 지질을 함유한 사료에서 각각 42~44 mg/kg과 60~66 mg/kg인 것으로 보고되었다(Shiau and Shiau, 2001). 대서양연어에서 어유로 공급되는 지질이 증가하면 토코페롤 수치가 감소했고(Hemre and Sandnes, 1999), 무지개송어와 농어의 근육 균질액이 저지방 사료보다 고지방 사료를 섭취한 어류의 지질 과산화작용에 더 민감한 것으로 나타났다(Dias et al., 1999). 그러나 토코페롤이 풍부한 야자유로 공급될 때 지질이 증가하여 토코페롤 수치의 증가가 관찰되었다(Lim et al., 2001).

6.6.5 생리활성 지질과 관련 화합물

어류를 대상으로 생체 활성 지방산, 피브레이트, 세사민을 포함한 지질과 지방산 대사의 다양한 잠재적 조절인자를 조직 내 지질 함량 또는 분포의 변화, LC-PUFA 합성 등의 관점에서 조사하였다.

포유류에서 18:2n-6의 다양한 위치와 기하 이성질체의 총칭인 공액리놀레산(CLA: conjugated linoleic acid)은 항암작용, 면역력 증진(Belury, 2002)과 지방체질량 증가 등 지질대사에 영향을 미치는 등의 생리학적 효과를 내포하고 있다(LeLan and West, 2000; Wang and Jones, 2004). 어류의 경우 하이브리드 줄무늬농어(*Morone saxatilis* × *M. chrysops*), 틸라피아(tilapia), 미국 강 농어(yellow perch, *Perca flavescens*), 차넬메기, 무지개송어, 대서양연어를 포함한 여러 종에서 최대 5%(보통 1~2%)까지 사료 내 CLA는 성장률이나 사료 효율에 큰 영향을 미치지 않았다(Twibell et al., 2000, 2001; Twibell and Wilson, 2003; Berge et al., 2004; Yasmin et al., 2004; Figueired- Silva et al., 2005; Kennedy et al., 2005, 2007a,b; Valente et al., 2007a). 또한 CLA는 연어나 송어의 전신 근위부 구성이나 지질 함량(Berge et al., 2004; Kennedy et al., 2005; Bandarra et al., 2006)과 전어체, 차넬메기의 복강 내 또는 지방간(Twibell and Wilson, 2003), 틸라피아의 조직 지질 함량(Yasmin et al., 2004)에 영향을 미치지 않았다. 그러나 미국 강 농어와 틸라피아에서처럼 간세포 지수는 증가하였지만(Twibell et al., 2001; Yasmin et al., 2004), 줄무늬농어는 CLA에 따라 복강 내 지방과 지방간 함량은 감소하였다(Twibell et al., 2000). 그러므로 CLA가 어류의 성장, 체구성 또는 지방 함량에 긍정적인 영향을 미친다는 일반적 증거는 없다. 그러나 CLA는 n-3 LC-PUFA 함량에 악영향을 미치지 않고 근육에 축적되었다(Twibell et al., 2000; Berge et al., 2004; Kennedy et al., 2005, 2007a, b; Valente et al., 2007b). 사실 CLA가 연어와 송어에서 DHA를 증가시킬 수 있다는 보고는 있었지만(Berge et al., 2004; Kennedy et al., 2007b) LC-PUFA에 미치는 CLA의 효과는 지속적으로 관찰되지 않았다. 요약하면 어류의 영양 상태에 미치는 CLA의 긍정적인 효과는 근육에 있는 생리 활성 지방산을 통한 것이다.

16탄소 황함유 포화지방산인 테트라데실티오아세트산(TTA: tetradecylthioacetic acid)을 포함한 3-티아 지방산은 포유류에서 사료 첨가제로 연구되어 왔고, 페록시즘 증식체(Berge et al., 2002)와 체지방이 감소된 것으로 관찰되었다(Madsen et al., 2002). 그러나 사료 내 TTA (0.5~0.6%)는 2년생 연어의 성장과 폐사율을 유의적으로 감소시켰고(Moya-Falcon et al., 2004), 대구에서는 폐사율이 증가된 것으로 나타났다(Kennedy et al., 2007a). 사료 내 TTA는 연어와 송어 간에서 지질 대사에 관여하는 여러 가지 유전자의 발현을 변형시켰고(Kleveland et al., 2006; Kennedy et al., 2007b), 0.6%를 섭취할 경우 연어에서 전어체 지방이 감소했다(Moya -Falcon et al., 2004). 대조적으로 0.5% TTA는 대구와 송어에서 성장, 구성 성분 또는 간과 근육 내 지방 농도에 영향을 미치지 않았다(Kennedy et al., 2007a,b). TTA는 DHA의 비율을 크게 증가시켰고 대구의 근육에서 EPA의 비율을 감소시켰다(Kennedy et al., 2007a). 이는 LC-PUFA 합성경로의 전체적인 자극이 아닌 EPA에서 생성된 핵산의 생성을 강화한 것으로 여겨졌다(Kennedy et al., 2007b). CLA와 마찬가지로 TTA는 근육을 포함한 조직에 축적되지만, 3-티아 지방산을 함유한 사료 첨가제가 어류의 영양 성분에 축적되는지 연구한 사례는 거의 없다.

어류에서 피브레이트(예: 시프로피브레이트, 클로피브레이트, 젬브로프로필, 페노피 브레이트) 같은 저지질혈증의 영향은 거의 알려져 있지 않다. 여러 연구의 결과는 피브레이트가 과산화지질 증식 활동이 매우 약하고, 송어와 연어, 송사리 등의 지방산 산화에 미미한 영향만 미친다는 것을 증명한다(Donohue et al., 1993; Scarano et al., 1994; Ruyter et al., 1997). 1차 세포 배양을 이용한 초기 연구는 클로피브레이트(clofibrate)가 첨가된 무지개송어의 뇌 성상세포에서 LC-PUFA 합성이 증가한 반면에(Tocher and Sargent, 1993), 페노피브레이트(fenofibrate)를 첨가한 무지개송어의 간에서는 EPA와 DHA가 감소한 것으로 나타났다(Du et al., 2004). 어류에서 피브레이트가 함유된 첨가제의 효과는 추가 연구가 필요하다.

세사민(sesamin)은 참깨의 주요 리그난이며 β-산화를 증가시키고, 혈청 TAG와 콜레스테롤 수치를 감소시키며, 쥐의 지방산 연장과 불포화에 영향을 미친다(Fujiyama–Fujiwara et al., 1995; Jeng ind Hou, 2005). 무지개송어에서는 0.58%의 사료 내 세사민이 백색근육 지질에서 DHA를 37%까지 증가시켰다(Trattner et al., 2008a). 체외 실험에서 세사민(0.05 mM)은 연어 간세포로부터 TAG 분비를 낮추고, CPT1의 발현 증가와 관련하여[1–^{14}C] 18:3n–3의 β 산화를 증가시켰고, DHA의 지방산은 불포화되고 연장되었지만, A5와 A6 Fad 유전자 발현은 하향 조절되었다(Trattner et al., 2008b).

참고문헌

Abi-ayad, S.-M. E.-A., C. Melard, and P. Kestemont. 1997. Effects of n-3 fatty acids in Eurasian perch broodstock diet on egg fatty acid composition and larvae stress resistance. Aquacult. Int. 5:161-168.

Agaba, M., D. R. Tocher, C. A. Dickson, J. R. Dick, and A. J. Teale. 2004. Zebrafish cDNA encoding multifunctional fatty acid elongase involved in production of eicosapentaenoic (20:5n-3) and docosahexaenoic (22:6n-3) acids. Mar. Biotechnol. 6:251-261.

Agaba, M. K., D. R. Tocher, X. Zheng, C. A. Dickson, J. R. Dick, and A. J. Teale. 2005. Cloning and functional characterisation of polyunsaturated fatty acid elongases of marine and freshwater teleost fish. Comp. Biochem. Phys. B 142:342-352.

Almansa, E., M. J. Perez, J. R. Cejas, P. Badia, J. E. Villamandos, and A. Lorenzo. 1999. Influence of broodstock gilthead seabream (*Sparus aurata* L.) dietary fatty acids on egg quality and egg fatty acid composition throughout the spawning season. Aquaculture 170:323-336.

Arzel, J., M. Cardinal, J. Cornet, R. Metailler, and J. C. Guillaume. 1993. Nutrition of brown trout (*Salmo trutta*) reared in seawater, effect of dietary lipid on growth performances, body composition andfillet quality. P. 19 in From Discovery to Commercialization, Special Publication no.19. Oostende, Belgium: European Aquaculture Society.

Bandarra, N. M., M. L. Nunes, A. M. Andrade, J. A. M. Prates, S. Pereira, M. Monteiro, P. Rema, and L. M. P. Valente. 2006. Effect of conjugated linoleic acid on muscle, liver and visceral lipid deposition in rainbow trout juveniles (*Oncorhynchus mykiss*). Aquaculture 254:496-505

Bautista, M. N., and M. C. de la Cruz. 1988. Linoleic and linolenic acids in the diet of fingerling milkfish (*Chanos chanos* Forsskal). Aquaculture 71:347-359.

Bell, J. G., and W. Koppe. 2010. Lipids in aquafeeds. Pp. 21-59 in Fish Oil Replacement and Alternative Lipid Sources in Aquaculture Feeds, G. M. Turchini, W. K. Ng, and D. R. Tocher, eds. Boca Raton, FL: Taylor & Francis, CRC Press.

Bell, J. G., and J. R. Sargent. 2003. Arachidonic acid in aquaculture feeds: Current status and future opportunities. Aquaculture 218:491-499.

Bell, M. V., and D. R. Tocher. 2009. Biosynthesis of fatty acids; general principles and new directions. Pp. 211-236 in Lipids in Aquatic Ecosystems, M. T. Arts, M. Brett, and M. Kainz, eds. New York: Springer-Verlag.

Bell, J. G., J. D. Castell, D. R. Tocher, F. M. MacDonald, and J. R. Sargent. 1995a. Effects of different dietary arachidonic acid:docosahexaenoic acid ratios on phospholipid fatty acid compositions and prostaglandin production in juvenile turbot (*Scophthalmus maximus*). Fish Physiol. Biochem. 14:139-151.

Bell, M. V., R. S. Batty, J. R. Dick, K. Fretwell, J. C. Navarro, and J. R. Sargent. 1995b. Dietary deficiency of docosahexaenoic acid impairs vision at low light intensities in juvenile herring (*Clupea harengus* L.). Lipids 30:443-449.

Bell, J. G., B. M. Farndale, M. P. Bruce, J. M. Navas, and M. Carillo. 1997. Effects of broodstock dietary lipid on fatty acid compositions of eggs from sea bass (*Dicentrarchus labrax*). Aquaculture 149:107-119.

Bell, J. G., J. McEvoy, J. L. Webster, F. McGhee, R. M. Millar, and J. R. Sargent. 1998. Flesh lipid and carotenoid composition of Scottish farmed Atlantic salmon (*Salmo salar*). J. Agr. Food Chem. 46:119-127.

Bell, J. G., R. J. Henderson, D. R. Tocher, and J. R. Sargent. 2004. Replacement of dietary fish oil with increasing levels of linseed oil; modification of flesh fatty acid compositions in Atlantic salmon (*Salmo salar*) using a fish oil finishing diet. Lipids 39:223-232.

Belury, M. A. 2002. Dietary conjugated linoleic acid in health: Physiological effects and mechanisms of action. Annu. Rev. Nutr. 22:505-531.

Benitez-Santana, T., R. Masuda, E. J. Carrillo, E. Ganuza, A. Valencia, C. M. Hernandez-Cruz, and M. S. Izquierdo. 2007. Dietary n-3 HUFA deficiency induces a reduced visual response in gilthead seabream *Sparus aurata* larvae. Aquaculture 264:408-417.

Berge, G. M., B. Ruyter, and T. Asgard. 2004. Conjugated linoleic acid in diets for juvenile Atlantic salmon (*Salmo salar*); effects on fish performance, proximate composition, fatty acid and mineral content. Aquaculture 237:365-380.

Berge, R. K., J. Skorve, K. J. Tronstad, K. Berge, O. A. Gudbrandsen, and H. Grav. 2002. Metabolic effects of thia fatty acids. Curr. Opin. Lipidol. 13:295-304.

Berridge, M. J. 2005. Unlocking the secrets of cell signaling. Annu. Rev. Physiol. 67:1-21.

Bessonart, M., M. S. Izquierdo, M. Salhi, C. M. Hernandez-Cruz, M. M. Gonzalez, and H. Fernandez-Palacios. 1999. Effect of dietary arachidonic acid levels on growth and survival of gilthead sea bream (*Sparus aurata* L.) larvae. Aquaculture 179:265-275.

Bjerkeng, B., T. Storebakken, and E. Wathne. 1999. Cholesterol and short-chain fatty acids in diets for Atlantic salmon *Salmo salar* (L.): Effects on growth, organ indices, macronutrient digestibility, and fatty acid composition. Aquacult. Nutr. 5:181-191.

Borgut, I., Z. Bukvic, Z. Steiner, Z. Milakovic, and I. Stevic. 1998. Influence of linolenic fatty acid (18:3ω3) additive on European sheat fish (*Silurus glanis*) growth bred in cages. Czech. J. Anim. Sci. 43:133-137.

Brinkmeyer, R. L., and G. J. Holt. 1998. Highly unsaturated fatty acids in diets for red drum (*Sciaenops ocellatus*) larvae. Aquaculture 161:253-268.

Bruce, M., F. Oyen, G. Bell, J. F. Asturiano, B. Farndale, M. Carrillo, S. Zanuy, J. Ramos, and N. Bromage. 1999. Development of broodstock diets for the European sea bass (*Dicentrarchus labrax*) with special emphasis on the importance of n-3 and n-6 highly unsaturated fatty acid to reproductive performance. Aquaculture 177:85-97.

Caballero, M. J., G. Lopez-Calero, J. Socorro, F. J. Roo, M. S. Izquierdo, and A. J. Fernandez. 1999. Combined effect of lipid level and fish meal quality on liver histology of gilthead seabream (*Sparus aurata*). Aquaculture 179:277-290.

Caballero, M. J., M. S. Izquierdo, E. Kjørsvik, D. Montero, J. Socorro, A. J. Fernández, and G. Rosenlund. 2003. Morphological aspects of intestinal cells from gilthead seabream (*Sparus aurata*) fed diets containing different lipid sources. Aquaculture 225:325-340.

Cahu, C., and J. Zambonino-Infante. 2001. Substitution of live food by formulated diets in marine fish larvae. Aquaculture 200:161-180.

Cahu, C., J. Zambonino Infante, and V. Barbosa. 2003. Effect of dietary phospholipid level and phospholipid: Neutral lipid value on the development of sea bass (*Dicentrarchus labrax*) larvae fed a compound diet. Brit. J. Nutr. 90:21-28.

Cahu, C. L., E. Gilbert, L. A. N. Villeneuve, S. Morais, N. Hamza, P.-A. Wold, J. L. Zamonino Infante. 2009. Influence of dietary phospholipids on early ontogenesis of fish. Aquac. Res. 40:989-999.

Cao, H., K. Gerhold, J. R. Mayers, M. M. Wiest, S. M. Watkins, and G. S. Hotamisligil. 2008. Identification of a lipokine, a lipid hormone linking adipose tissue to systemic metabolism. Cell 134:933-944.

Castell, J. D., and J. F. Covey. 1976. Dietary lipid requirements of adult lobsters, homarus americanus (M.E.). J. Nutr. 106:1159-1165.

Castell, J. D., R. O. Sinnhuber, J. H. Wales, and J. D. Lee. 1972. Essential fatty acids in the diet of rainbow trout: Lipid metabolism and fatty acid composition. J. Nutr. 102:77-86.

Castell, J. D., E. G. Mason, and J. F. Covey. 1975. Cholesterol requirements of juvenile American lobster (*Homarus americanus*). J. Fish. Res. Board Can. 32:1432-1435.

Castell J. D., J. G. Bell, D. R. Tocher, and J. R. Sargent. 1994. Effects of purified diets containing different combinations arachidonic and docosahexaenoic acid on survival, growth and fatty acid composition of juvenile turbot (*Scophthalmus maximus*). Aquaculture 128:315-333.

Catacutan, M. R., and R. M. Coloso. 1995. Effect of dietary protein to energy ratios on growth, survival, and body composition of juvenile Asian seabass, *Lates calcarifer*. Aquaculture 131:125-133.

Chen, H. Y. 1993. Requirements of marine shrimp, *Penaeus monodon*, juveniles for phosphatidylcholine and cholesterol. Aquaculture 109:165-176. Chen, H. Y., and J. S. Jenn. 1991. Combined effects of dietary phosphatidylcholine and cholesterol on the growth, survival, and body composition of marine shrimp, *Penaeus penicillatus*. Aquaculture 96:167-178.

Chou, B.-S., and S.-Y. Shiau. 1999. Both n-6 and n-3 fatty acids are required for maximal growth of juvenile hybrid tilapia. N. Am. J. Aquacult. 61:13-20.

Company, R., J. A. Calduch-Giner, S. Kaushik, and J. Perez-Sanchez. 1999. Growth performance and adiposity in gilthead sea bream (*Sparus aurata*): Risks and benefits of high energy diets. Aquaculture 171:279-292.

Conceição, L. E. C., S. Morais, and I. Rønnestad. 2007. Tracers in fish larvae nutrition: A review of methods and applications. Aquaculture 267:62-75.

Conceição, L. E. C., M. Yufera, P. Makridis, S. Morais, and M. T. Dinis. 2010. Live feeds for early stages of fish rearing. Aquac. Res. 41:613-640.

Cook, H. W., and R. C. R. McMaster. 2004. Fatty acid desaturation and chain elongation in eukaryotes. Pp. 181-204 in Biochemistry of Lipids, Lipoproteins and Membranes, 4th Edition, D. E. Vance, and J. E. Vance, eds. Amsterdam, the Netherlands: Elsevier.

Coutteau, P., G. VanStappen, and P. Sorgeloos. 1996a. A standard experimental diet for the study of fatty acid requirements of weaning and first ongrowing stages of the European sea bass *Dicentrarchus labrax* L: Comparison of extruded and extruded/coated diets. Arch. Anim. Nutr. 49:49-59.

Coutteau, P., M. R. Camara, and P. Sorgeloos. 1996b. The effect of different levels and sources of dietary phosphatidylcholine on the growth, survival, stress resistance, and fatty acid composition of *Penaeus vannamei*. Aquaculture 147:261-273.

Coutteau, P., I. Geurden, M. R. Camara, P. Bergot, and P. Sorgeloos. 1997. Review on the dietary effects of phospholipids in fish and crustacean larviculture. Aquaculture 155:149-164.

Craig, S. R., and D. M. Gatlin. 1997. Growth and body composition of juvenile red drum (*Sciaenops ocellatus*) fed diets containing lecithin and supplemental choline. Aquaculture 151:259-267.

Craig, S. R., B. S. Washburn, and D. M. Gatlin. 1999. Effects of dietary lipids on body composition and liver function in juvenile red drum, *Sciaenops ocellatus*. Fish Physiol. Biochem. 21:249-255.

Cruz-Garcia, L., M. Minghetti, I. Navarro, and D. R. Tocher. 2009. Molecular cloning, tissue expression and regulation of Liver X Receptor (LXR) transcription factors of Atlantic salmon (*Salmo salar*) and rainbow trout (*Oncorhynchus mykiss*). Comp. Biochem. Phys. B 153:81-88.

D'Abramo, L. R., and S. S. Sheen. 1993. Polyunsaturated fatty acid nutrition in juvenile freshwater prawn *Macrobrachium rosenbergii*. Aquaculture 115:63-86.

D'Abramo, L. R., C. E. Bordner, D. E. Conklin, and N. A. Baum. 1981. Essentiality of dietary phosphatidylcholine for the survival of juvenile lobsters. J. Nutr. 111:425-431.

D'Abramo, L. R., C. E. Bordner, and D. E. Conklin. 1982. Relationship between dietary phosphatidylcholine and serum cholesterol in the American lobster. Mar. Biol. 67:231-235.

D'Abramo, L. R., C. E. Bordner, D. E. Conklin, and N. A. Baum. 1984. Sterol requirements of juvenile lobsters *Homarus* sp. Aquaculture 42:13-25.

D'Abramo, L. R., N. A. Baum, C. E. Bordner, D. E. Conklin, and E. S. Chang. 1985a. Diet-dependent cholesterol transport in the American lobster. J. Exp. Mar. Biol. Ecol. 49:245-255.

D'Abramo, L. R., J. S. Wright, K. H. Wright, C. E. Bordner, and D. E. Conklin. 1985b. Sterol requirement of cultured juvenile crayfish *Pascifastacus leniusculus*. Aquaculture 49:245-255.

Das, U. N. 2006. Essential fatty acids—a review. Curr. Pharm. Biotechno. 7:467-482.

Davis, D. A., and E. H. Robinson. 1986. Estimation of the dietary lipid requirement level of the white crayfish *Procambarus acutus acutus*. J. World Aquacult. Soc. 17:37-43.

Davis, D. A., J. P. Lazo, and C. R. Arnold. 1999. Response of juvenile red drum (*Sciaenops ocellatus*) to practical diets supplemented with medium chain triglycerides. Fish Physiol. Biochem. 21:235-247.

DeLany, J. P., and D. B. West. 2000. Changes in body composition with conjugated linoleic acid. J. Am. Coll. Nutr. 19:487S-493S.

Deshimaru, O., and K. Kuroki. 1974. Studies on a purified diet for prawn-II. Optimum contents of cholesterol and glucosamine in the diet. B. Jpn. Soc. Sci. Fish. 40:421-424.

Deshimaru O., K. Kuroki, and Y. Yone. 1979. The composition and level of dietary lipid appropriate for the growth of prawn. B. Jpn. Soc. Sci. Fish. 45:591-594.

Deshimaru, O., K. Kuroki, and Y. Yone. 1982. Nutritive value of various oils for yellowtail. B. Jpn. Soc. Sci. Fish. 48:1155-1157.

Dias, J., G. Corraze, J. Arzel, M. J. Alvarez, J. M. Bautista, C. Lopez-Bote, and S. J. Kaushik. 1999. Nutritional control of lipid deposition in rainbow trout and European seabass: Effect of dietary protein/energy ratio. Cybium 23(suppl.):127-137.

Donohue, M., L. A. Baldwin, D. A. Leonard, P. T. Kostecki, and E. J. Calabrease. 1993. Effect of hypolipidemic drugs gemfibrozil, ciprofibrate, and clofibric acid on peroxisomal β-oxidation in primary cultures of rainbow trout hepatocytes. Ecotox. Environ. Safe. 26:127-132.

Du, Z., L. Demizieuz, P. Degrace, J. Gresti, B. Moindrot, Y. Liu, L. Tian, J. Cao, and P. Clouet. 2004. Alteration of 20:5n-3 and 22:6n-3 fat contents and liver peroxisomal activities in fenofibrate-treated trout. Lipids 39:849-855.

Duerr, E. O., and W. A. Walsh. 1996. Evaluation of cholesterol additions to a soybean meal based diet for juvenile Pacific white shrimp *Penaeus vannamei* (Boone) in an outdoor growth trial. Aquacult. Nutr. 2:111-116.

Einen, O., and A. J. Roem. 1997. Dietary protein/energy ratios for Atlantic salmon in relation to fish size: Growth, feed utilisation and slaughter quality. Aquacult. Nutr. 3:115-126.

Estevez, A., and A. Kanazawa. 1996. Fatty acid composition of neural tissues of normally pigmented and unpigmented juveniles of Japanese flounder using rotifer and *Artemia* enriched in n-3 HUFA. Fish. Sci. 62:88-93.

Estevez, A., M. Ishikawa, and A. Kanazawa. 1997. Effects of arachidonic acid on pigmentation and fatty acid composition of Japanese flounder, *Paralichthys olivaceus* (Temminck & Schlegel). Aquac. Res. 28:279-289.

Estevez, A., L. A. McEvoy, J. G. Bell, and J. R. Sargent. 1999. Growth, survival, lipid composition and pigmentation of turbot (*Scophthalmus maximus*) larvae fed live-prey enriched in arachidonic and eicosapen-taenoic acids. Aquaculture 180:321-343.

Farkas, T., and J. E. Halver. 1996. Involvement of phospholipid molecular species in controlling structural order of vertebrate brain synaptic membranes during thermal evolution. Lipids 31:1045-1050.

Farkas, T., I. Dey, C. Buda, and J. E. Halver. 1994. Role of phospholipid molecular species in maintaining lipid membrane structure in response to temperature. Biophys. Chem. 50:147-155.

Farkas, T., E. Fodor, K. Kitajka, and J. E. Halver. 2001. Response of fish membranes to environmental temperature. Aquac. Res. 32:645-655.

Feller, S. E. 2008. Acyl chain conformations in phospholipid bilayers: a comparative study of docosahexaenoic acid and saturated fatty acids. Chem. Phys. Lipids 153:76-80.

Fenucci, J. L., A. L. Lawrence, and Z. P. Zein-Eldin. 1981. The effects of fatty acid and shrimp meal composition of prepared diets on growth of juvenile shrimp, *Penaeus stylirostris*. J. World Maricult. Soc. 12:315-324.

Fernandez-Palacios, H., M. S. Izquierdo, L. Robaina, A. Valencia, M. Salhi, and J. M. Vergara. 1995. Effect of n-3HUFA level in broodstock diets on egg quality of gilthead sea bream (*Sparus aurata* L.). Aquaculture 132:325-337.

Figueiredo-Silva, A. C., P. Rema, N. M. Bandarra, M. L. Nunes, and L. M. P. Valente. 2005. Effects of dietary conjugated linoleic acid on growth, nutrient utilization, body composition, and hepatic lipogenesis in rainbow trout juveniles (*Oncorhynchus mykiss*). Aquaculture 248:163-172.

Fontagné, S., I. Geurden, A.-M. Escaffre, and P. Bergot. 1998. Histological changes induced by dietary phospholipids in intestine and liver of common carp (*Cyprinus carpio* L.) larvae. Aquaculture 161:213-223.

Fontagné, S., T. Pruszynski, G. Corraze, and P. Bergot. 1999. Effect of coconut oil and tricaprylin vs. triolein on survival, growth and fatty acid composition of common carp (*Cyprinus carpio* L.) larvae. Aquaculture 179:241-251.

Fontagné, S., L. Burtaire, G. Corraze, and P. Bergot. 2000a. Effects of dietary medium-chain triacylglycerols (tricaprylin and tricaproin) and phospholipid supply on survival, growth and lipid metabolism in common carp (*Cyprinus carpio* L.) larvae. Aquaculture 190:289-303.

Fontagné, S., G. Corraze, and P. Bergot. 2000b. Tricaproin, tricaprin and trilaurin are utilized more efficiently than tricaprylin by carp (*Cyprinus carpio* L.) larvae. J. Nutr. 130:2009-2015.

Fontagné, S., J. Robin, G. Corraze, and P. Bergot. 2000c. Growth and survival of European sea bass (*Dicentrarchus labrax*) larvae fed from first feeding on compound diets containing medium-chain triacylglycerols. Aquaculture 190:261-271.

Fujiyama-Fujiwara, Y., R. Umeda-Sawada, M. Kuzuyama, and O. Igarashi. 1995. Effects of sesamin on the fatty acid composition of the liver of rats fed n-6 and n-3 fatty acids-rich diet. J. Nutr. Sci. Vitaminol. 41:217-225.

Furuita, H., T. Takeuchi, M. Toyota, and T. Watanabe. 1996a. EPA and DHA requirements in early juvenile red sea bream using HUFA enriched *Artemia* Nauplii. Fish. Sci. 62:246-251.

Furuita, H., T. Takeuchi, T. Watanabe, H. Fujimoto, S. Sekiya, and K. Imaizumi. 1996b. Requirements of larval yellowtail for eicosapentaenoic acid, docosahexaenoic acid, and n-3 highly unsaturated fatty acid. Fish. Sci. 62:372-379.

Gamper, N., and M. S. Shapiro. 2007. Regulation of ion transport proteins by membrane phosphoinositides. Nat. Rev. Neurosci. 8:921-934.

Gatesoupe, F. J., C. Leger, R. Metailler, and P. Luquet. 1977. Alimentation lipidique du turbot (*Scophthalmus maximus* L.) I. Influence de la langeur de chaire de acides gras de la serie w3. Ann. Hydrobiol. 8:89-97.

Gatlin, D. M., M. L. Brown, C. N. Keembiyehetty, F. Jaramillo, and G. R. Nematipour. 1994. Nutritional requirements of hybrid striped bass (*Morone chrysops* × *M. saxatilis*). Aquaculture 124:127.

Gaylord, T. G., and D. M. Gatlin, III. 2000. Dietary lipid level but not L-carnitine affects growth performance of hybrid striped bass (*Morone chrysops* × *M. saxatilis*). Aquaculture 190:237-246.

Geurden, I., J. Radünz-Neto, and P. Bergot. 1995a. Essentiality of dietary phospholipids for carp (*Cyprinus carpio* L.) larvae. Aquaculture 131:303-314.

Geurden, I., P. Coutteau, and P. Sorgeloos. 1995b. Dietary phospholipids for European sea bass (*Dicentrarchus labrax* L.) during first ongrowing. Pp. 175-178 in Larvi '95—Fish and Shellfish Symposium, September 3-7, 1995, EAS Spec. Publ. 24, P. Lavens, R. Jaspers, and I. Roelants, eds. Ghent, Belgium: European Aquaculture Society.

Geurden, I., N. Charlon, D. Marion, and P. Bergot. 1997a. Influence of purified soybean phospholipids on early development of common carp. Aquacult. Int. 5:137-149.

Geurden, I., P. Coutteau, and P. Sorgeloos. 1997b. Effect of dietary phospholipid supplementation on growth and fatty acid composition of European sea bass (*Dicentrarchus labrax* L.) and turbot (*Scophthalmus maximus* L.) juveniles from weaning onwards. Fish Physiol. Biochem. 16:259-272.

Geurden, I., P. Coutteau, and P. Sorgeloos.1997c. Increased docosahexaenoic acid levels in total and polar lipid of European sea bass (*Dicentrarchus labrax* L.) postlarvae fed vegetable or animal phospholipids. Mar. Biol. 129:689-698.

Geurden, I., D. Marion, N. Charlon, P. Coutteau, and P. Bergot. 1998a. Comparison of different soybean phospholipidic fractions as dietary supplements for common carp, *Cyprinus carpio*, larvae. Aquaculture 161:225-235.

Geurden, I., P. Bergot, I. Schwarz, and P. Sorgeloos. 1998b. Relationship between dietary phospholipids class composition and neutral lipid absorption in postlarval turbot. Fish Physiol. Biochem. 19:217-228.

Geurden, I., P. Bergot, K. Van Ryckeghem, and P. Sorgeloos. 1999. Phospholipid composition of common carp (*Cyprinus carpio*) larvae starved or fed different phospholipid classes. Aquaculture 171:93-107.

Ghioni, C., D. R. Tocher, M. V. Bell, J. R. Dick, and J. R. Sargent. 1999. Low C_{18} to C_{20} fatty acid elongase activity and limited conversion of stearidonic acid, 18:4n-3, to eicosapentaenoic acid, 20:5n-3, in a cell line from the turbot, *Scophthalmus maximus*. Biochim. Biophys. Acta 1437:179-181.

Glencross, B. D. 2009. Exploring the nutritional demand for essential fatty acids by aquaculture species. Rev. Aquacult. 1:71-124.

Glencross, B. D., and D. M. Smith. 1999. The linoleic and linolenic acids requirements of the prawn, *Penaeus monodon*. Aquacult. Nutr. 5:53-64.

Glencross, B. D., and D. M. Smith. 2001a. Optimising the essential fatty acids, eicosapentaenoic and docosahexaenoic acid in the diet of the prawn, *Penaeus monodon*. Aquacult. Nutr. 7:101-112.

Glencross, B. D., and D. M. Smith. 2001b. A study of the arachidonic acid requirements of the giant tiger prawn *Penaeus monodon*. Aquacult. Nutr. 7:59-70.

Glencross, B. D., D. M. Smith, M. R. Thomas, and K. C. Williams. 2002a. The effect of dietary n-3 to n-6 fatty acid balance on the growth of the prawn, *Penaeus monodon*. Aquacult. Nutr. 8:43-52.

Glencross, B. D., D. M. Smith, M. R. Thomas, and K. C. Williams. 2002b. Optimising the essential fatty acid and total neutral lipid requirements for weight gain of the prawn, *Penaeus monodon*. Aquaculture 204:85-59.

Gomez-Fernandez, J. C., and S. Corbalan-Garcia. 2007. Diacylglycerols, multivalent membrane modulators. Chem. Phys. Lipids148:1-25.

Gong, H., A. L. Lawrence, J. Dong-Huo, F. L. Castille, and D. M. Gatlin. 2000. Lipid nutrition of juvenile *Litopenaeus vanamei*. I. Dietary cholesterol and de-oil lecithin requirements and their interaction. Aquaculture 190:305-324.

González-Félix, M. L., D. M. Gatlin, III, A. L. Lawrence, and M. Perez-Velazquez. 2002a. Effect of various dietary lipid levels on quantitative essential fatty acid requirements of juvenile Pacific white shrimp *Litopenaeus vannamei*. J. World Aquacult. Soc. 33:330-340.

González-Félix, M. L., D. M. Gatlin, III, A. L. Lawrence, and M. Perez-Velazquez. 2002b. Effect of dietary phospholipids on essential fatty acid requirements and tissue composition of *Litopenaeus vannamei* juveniles. Aquaculture 207:151-167.

González-Félix, M. L., D. M. Gatlin, III, A. L. Lawrence, and M. Perez-Velazquez. 2003. Nutritional evaluation of fatty acids for the open thelycum shrimp, *Litopenaeus vannamei*: II. Effect of dietary n-3 and n-6 polyunsaturated and highly unsaturated fatty acids on juvenile shrimp growth, survival, and fatty acid composition. Aquacult. Nutr. 9:115-122.

González-Rovira, A., G. Mourente, X. Zheng, D. R. Tocher, and C. Pendon. 2009. Cloning, molecular and functional characterization and expression analysis of a fatty acyl Δ6 desaturase cDNA of European sea bass (*Dicentrarchus labrax* L.). Aquaculture 298:90-100.

Gunstone, F. D. 2010. The world's oils and fats. Pp. 61-98 in Fish Oil Replacement and Alternative Lipid Sources in Aquaculture Feeds, G. M. Turchini, W.-K. Ng, and D. R. Tocher, eds. Boca Raton, FL: Taylor & Francis, CRC Press.

Gylfason, G. A., E. Knútsdóttir, and B. Ásgeirsson. 2010. Isolation and biochemical characterisation of lipid rafts from Atlantic cod (*Gadus morhua*) intestinal enterocytes. Comp. Biochem. Phys. B 155:86-95.

Halver, J. E. 2002. The vitamins. Pp. 61-141 in Fish Nutrition, 3rd Edition, J. E. Halver and R. W. Hardy, eds. San Diego, CA: Academic Press.

Hamre, K., and T. Harboe. 2008a. Critical levels of essential fatty acids for normal pigmentation in Atlantic halibut (*Hippoglossus hippoglossus* L.) larvae. Aquaculture 277:101-108.

Hamre, K., and T. Harboe. 2008b. Artemia enriched with n-3 HUFA may give a large improvement in performance of Atlantic halibut (*Hippoglossus hippoglossus* L.) larvae. Aquaculture 277:239-243.

Hamre, K., E. Holen, and M. Moren. 2007. Pigmentation and eye-migration in Atlantic halibut (*Hippoglossus hippoglossus* L.) larvae: New findings and hypotheses. Aquacult. Nutr. 13:65-80.

Hamza, N., M. Mhetli, I. B. Khemis, C. Cahu, and P. Kestemont. 2008. Effect of dietary phospholipids levels on performance, enzyme activities and fatty acid composition of pikeperch (*Sander lucioperca*) larvae. Aquaculture 275:274-282.

Harel, M., A. Tandler, G. W. Kissil, and S. Applebaum. 1992. The kinetics of nutrient incorporation into body tissues of gilthead seabream *S. aurata* females and the subsequent effects on egg composition and egg quality. Isr. J. Aquacult. Bamidgeh 44:127.

Hastings, N., M. Agaba, D. R. Tocher, M. J. Leaver, J. R. Dick, J. R. Sargent, and A. J. Teale. 2001. A vertebrate fatty acid desaturase with Δ6 and Δ5 activities. P. Natl. Acad. Sci. USA 98:14304-14309.

Hastings, N., M. K. Agaba, D. R. Tocher, X. Zheng, C. A. Dickson, J. R. Dick, and A. J. Teale. 2005. Molecular cloning and functional characterization of fatty acyl desaturase and elongase cDNAs involved in the production of eicosapentaenoic and docosahexaenoic acids from α-linolenic acid in Atlantic salmon (*Salmo salar*). Mar. Biotechnol. 6:463-474.

Hemre, G.-I., and K. Sandnes. 1999. Effect of dietary lipid level on muscle composition in Atlantic salmon *Salmo salar*. Aquacult. Nutr. 5:9-16.

Hillestad, M., F. Johnsen, E. Austreng, and T. Asgard. 1998. Long-term effects of dietary fat level and feeding rate on growth, feed utilization and carcass quality of Atlantic salmon. Aquacult. Nutr. 4:89-97.

Hirsch, E., C. Costa, and E. Ciraolo. 2007. Phosphoinositide 3-kinase as a common platform for multi-hormone signaling. J. Endocrinol. 194:243-256.

Hochachka, P. W., and T. P. Mommsen, eds. 1995. Biochemistry and Molecular Biology of Fishes, Environmental and Ecological Biochemistry, Vol. 5. Amsterdam, the Netherlands: Elsevier Press.

Hong, S., E. Tjonahen, E. L. Morgan, Y. Lu, C. N. Serhan, and A. F. Rowley. 2005. Rainbow trout (*Oncorhynchus mykiss*) brain cells biosynthesize novel docosahexaenoic acid-derived resolvins and protectins—Mediator lipidomic analysis. Prostag. Leukotr. Ess. 78:107-116.

Hua, K., and D. P. Bureau. 2009. Development of a model to estimate digestible lipid content of salmonid fish feeds. Aquaculture 286:271-276.

Hung, S. S., and P. B. Lutes. 1988. A preliminary study on the non-essentiality of lecithin for hatchery-produced juvenile white sturgeon (*Acipenser transmontanus*). Aquaculture 68:353-360.

Ibeas, C., M. S. Izquierdo, and A. Lorenzo. 1994. Effect of different levels of n-3 highly unsaturated fatty acids on growth and fatty acid composition of juvenile gilthead seabream (*Sparus aurata*). Aquaculture 127:177-188.

Ibeas, C., J. R. Cejas, R. Fores, P. Badia, T. Gomez, A. Lorenzo, and A. Hernandez. 1997. Influence of eicosapentaenoic to docosahexaenoic acid ratio (EPA/DHA) of dietary lipids on growth and fatty acid composition of gilthead seabream (*Sparus aurata*) juveniles. Aquaculture 150:91-102.

Ibeas, C., C. Rodriguez, P. Badia, J. R. Cejas, F. J. Santamaria, and A. Lorenzo. 2000. Efficacy of dietary methyl esters of n-3 HUFA vs. triacylglycerols of n-3 HUFA by gilthead seabream (*Sparus aurata* L.) juveniles. Aquaculture 190:273-287.

Ikonen, E. 2008. Cellular cholesterol trafficking and compartmentalization. Nat. Rev. Mol. Cell. Bio. 9:125-138.

Im, D.-S. 2009. New intercellular lipid mediators and their GPCRs: An update. Prostag. Oth. Lipid M. 89:53-56.

Ishizaki, Y., T. Takeuchi, T. Watanabe, M. Arimoto, and K. Shimizu. 1998. A preliminary experiment on the effect of *Artemia* enriched with arachidonic acid on survival and growth of yellowtail. Fish. Sci. 64:295-299.

Ishizaki, Y., R. Masuda, K. Uematsu, K. Shimizu, M. Arimoto, and T. Takeuchi. 2001. The effect of dietary docosahexaenoic acid on schooling behaviour and brain development in larval yellowtail. J. Fish Biol. 58:1691-1703.

Izquierdo, M. S. 1996. Essential fatty acid requirements of cultured marine fish larvae. Aquacult. Nutr. 2:183-191.

Izquierdo, M. S., T. Watanabe, T. Takeuchi, T. Arakawa, and C. Kitajima. 1989. Requirement of larval red seabream *Pagrus major* for essential fatty acids. Nippon Suisan Gakk. 55:859-867.

Izquierdo, M. S., J. Socorro, L. Arantzamendi, and C. M. Hernandez-Cruz. 2000. Recent advances in lipid nutrition in fish larvae. Fish Physiol. Biochem. 22:97-107.

Izquierdo, M. S., H. Fernandez-Palacios, and A. G. J. Tacon. 2001. Effect of broodstock nutrition on reproductive performance of fish. Aquaculture 197:25-42.

Jakobsson, A., R. Westerberg, and A. Jacobsson. 2006. Fatty acid elongases in mammals: Their regulation and roles in metabolism. Prog. Lipid Res. 45:237-249.

Jeng, K. C. G., and R. C. W. Hou. 2005. Sesamin and sesamolin: Nature's therapeutic lignans. Curr. Enzym. Inhib. 1:11-20.

Jobling, M. 1994. Fish Bioenergetics-Fish and Fisheries Series, Vol. 13. London, UK: Chapman & Hall.

Jump, D. B. 2002. Dietary polyunsaturated fatty acids and regulation of gene transcription. Curr. Opin. Lipidol. 13:155-164.

Kagan, V. E., V. A. Tyurin, N. V. Gorbunov, L. L. Prilipko, and V. P. Chelomin. 1984. Are changes in the microviscosity and an asymmetrical distribution of phospholipids in the membrane necessary conditions for signal transmission? A comparison of the mechanisms of signal transmission in plasma membranes of brain synaptosomes and photoreceptor membranes of the retina. J. Evol. Biochem. Phys. 20:6-11.

Kalogeropulos, N., M. N. Alexis, and R. J. Henderson. 1992. Effects of dietary soybean and cod-liver oil levels on growth and body composition of gilthead bream (*Sparus aurata*). Aquaculture 104:293-308.

Kanazawa, A. 1983. Penaeid nutrition. In Proceedings of the Second International Conference on Aquaculture Nutrition: Biochemical and Physiological Approaches to Shellfish Nutrition, G. D. Pruder, D. E. Conklin, and C. Langdon, eds. Baton Rouge, LA: Louisiana State University, Division of Continuing Education.

Kanazawa, A. 1993. Essential phospholipids of fish and crustaceans. Pp. 519-530 in Fish Nutrition in Practice, IV International Symposium on Fish Nutrition and Feeding, S. J. Kaushik and P. Luquet, eds. Paris, France: National Institute for Agricultural Research.

Kanazawa, A., and S. Teshima. 1977. Biosynthesis of fatty acids from acetate in the prawn, *Penaeus japonicus*. Mem. Fac. Fish. Kagoshima University 26:49-53.

Kanazawa, A., N. Tanaka, and S. Teshima. 1971. Nutritional requirements of prawn-II. Requirement for sterols. B. Jpn. Soc. Sci. Fish. 37:211-215.

Kanazawa, A., S. Teshima, and S. Tokiwa. 1977a. Nutritional requrements of prawn-VII. Effect of dietary lipids on growth. B. Jpn. Soc. Sci. Fish. 43:849-856.

Kanazawa A., S. Tokiwa, M. Kayama, and M. Hirata. 1977b. Essential fatty acids in the diet of prawn. I. Effects of linoleic and linolenic acids on growth. B. Jpn. Soc. Sci. Fish. 43:1111-1114.

Kanazawa, A., S. Teshima, M. Endo, and M. Kayama. 1978. Effects of eicosapentaenoic acid on growth and fatty acid composition of the prawn. Mem. Fac. Fish. Kagoshima University 27:35-40.

Kanazawa, A., S. Teshima, and M. Endo. 1979a. Requirements of the prawn, *Penaeus japonicus* for essential fatty acids. Mem. Fac. Fish. Kagoshima University 28:27-33.

Kanazawa, A., S. Teshima, S. Tokiwa, M. Kayama, and M. Hirata. 1979b. Essential fatty acids in the diet of the prawn. II. Effect of docosahexenoic acid on growth. B. Jpn. Soc. Sci. Fish. 45:1151-1153.

Kanazawa, A., S. Teshima, S. Tokiwa, M. Endo, and F.A. Abdel Razek. 1979c. Effects of short-necked clam phospholipids on the growth of the prawn. B. Jpn. Soc. Sci. Fish. 45:961-965.

Kanazawa A., S. Teshima, and S. Ono. 1979d. Relationship between essential fatty acid requirements of aquatic animals and the capacity for bioconversion of linolenic acid to highly unsaturated fatty acids. Comp. Biochem. Physiol. 63:295-298.

Kanazawa, A., S. Teshima, M. Sakamoto, and M. A. Awal. 1980. Requirement of *Tilapia zilli* for essential fatty acids. B. Jpn. Soc. Sci. Fish. 46:1353-1356.

Kanazawa, A., S. Teshima, S. Inamori, T. Iwashita, and A. Nagao. 1981. Effects of phospholipids on survival rate and incidence of malformation in the larval ayu. Mem. Fac. Fish. Kagoshima University 30:301-309.

Kanazawa, A., S. Teshima, and M. Sakamoto. 1982. Requirements of essential fatty acids for the larval ayu. B. Jpn. Soc. Sci. Fish. 48:586-590.

Kanazawa, A., S. Teshima, T. Kobayashi, M. Takae, T. Iwashita, and R. Uehara. 1983a. Necessity of phospholipids for growth of the larval ayu. Mem. Fac. Fish. Kagoshima University 32:115-120.

Kanazawa, A., S. Teshima, S. Inamori, and H. Matsubara. 1983b. Effects of dietary phospholipids on growth of the larval red sea bream and knife jaw. Mem. Fac. Fish. Kagoshima University 32:109-114.

Kanazawa, A., S. Teshima, and M. Sakamoto 1985. Effects of dietary lipids, fatty acids and phospholipids on growth and survival of the prawn (*Penaeus japonicus*) larvae. Aquaculture 50:39-49.

Kasper, C. S., and P. B. Brown. 2003. Growth improved in juvenile Nile tilapia fed phosphatidylcholine. N. Am. J. Aquacult. 65:39-43.

Kean, J. C., J. D. Castell, A. G. Boghen, L. R. D'Abramo, and D. E. Conklin. 1985. A re-evaluation of the lecithin and cholesterol requirements of juvenile lobster (*Homarus americanus*) using crab protein based diets. Aquaculture 47:143-149.

Kennedy, S. R., P. J. Campbell, A. Porter, and D. R. Tocher. 2005. Influence of dietary conjugated linoleic acid (CLA) on lipid and fatty acid composition in liver and flesh of Atlantic salmon (*Salmo salar*). Comp. Biochem. Phys. B 141:168-178.

Kennedy, S. R., R. Bickerdike, R. K. Berge, A. R. Porter, and D. R. Tocher. 2007a. Influence of dietary conjugated linoleic acid (CLA) and tetradecylthioacetic acid (TTA) on growth, lipid composition and key enzymes of fatty acid oxidation in liver and muscle of Atlantic cod (*Gadus morhua* L.). Aquaculture 264:372-382.

Kennedy, S. R., R. Bickerdike, R. K. Berge, J. R. Dick, and D. R. Tocher. 2007b. Effects of dietary conjugated linoleic acid (CLA) and tetradecylthioacetic acid (TTA) on growth, lipid composition, fatty acid metabolism and lipid gene expression of rainbow trout (*Oncorhynchus mykiss* L.). Aquaculture 272:489-501.

Kleveland, E. J., B. Ruyter, A. Vegusdal, H. Sundvold, R. K. Berge, and T. Gjøen. 2006. Effects of 3-thia fatty acids on expression of some lipid related genes in Atlantic salmon (*Salmo salar* L.). Comp. Biochem. Phys. B 145:239-248.

Kooijman, E. E., and K. N. J. Burger. 2009. Biophysics and function of phosphatidic acid: A molecular perspective. Biochim. Biophys. Acta 1791:881-888.

Koven, W. M., S. Kolkovski, E. Hadas, K. Gamsiz, and A. Tandler. 2001a. Advances in the development of microdiets for gilthead seabream, *Sparus aurata*: A review. Aquaculture 194:107-121.

Koven, W., Y. Barr, S. Lutzky, I. Ben-Atia, R. Weiss, M. Harel, P. Behrens, and A. Tandler. 2001b. The effect of dietary arachidonic acid (20:4n-6) on growth, survival and resistance to handling stress in gilthead sea-bream (*Sparus aurata*) larvae. Aquaculture 193:107-122.

Kvale, A., M. Yufera, E. Nygard, K. Aursland, T. Harboe, and K. Hamre. 2006. Leaching properties of three different microparticulate diets and preference of the diets in cod (*Gadus morhua* L.) larvae. Aquaculture 251:402-415.

Lanari, D., B. M. Poli, R. Ballestrazzi, P. Lupi, E. D'Agaro, and M. Mecatti. 1999. The effects of dietary fat and NFE levels on growing European sea bass (*Dicentrarchus labrax* L.). Growth rate, body and fillet composition, carcass traits and nutrient retention efficiency. Aquaculture 179:351-364.

Lange, Y., and T. L. Steck. 2008. Cholesterol homeostasis and the escape tendency (activity) of plasma membrane cholesterol. Prog. Lipid Res. 47:319-332.

Leaver, M. J., J. M. Bautista, T. Björnsson, E. Jönsson, G. Krey, D. R. Tocher, and B. E. Torstensen. 2008a. Towards fish lipid nutrigenomics: Current state and prospects for fin-fish aquaculture. Rev. Fish. Sci. 16:71-92.

Leaver, M. J., L. A. N. Villeneuve, A. Obach, L. Jensen, J. E. Bron, D. R. Tocher, and J. B. Taggart. 2008b. Functional genomics reveals increased cholesterol and highly unsaturated fatty acid biosynthesis after dietary substitution of fish oil with vegetable oils in Atlantic salmon (*Salmo salar*). BMC Genomics 9:299. doi:10.1186/1471-2164-9-299

Lee, S.-M., J.-Y. Lee, Y. J. Kang, H.-D. Yoon, and S. B. Hur. 1993. n-3 highly unsaturated fatty acid requirement of the Korean rockfish *Sebastes schlegeli*. B. Kor. Fish. Soc. 26:477-492.

Lee, S.-M., J.-Y. Lee, and S.-B. Hur. 1994. Essentiality of dietary eicosapentaenoic acid and docosahexaenoic acid in Korean rockfish, *Sebastes schlegeli*. B. Kor. Fish. Soc. 27:712-726.

Lee, S. M., J. H. Lee, and K. D. Kim. 2003. Effect of dietary essential fatty acids on growth, body composition and blood chemistry of juvenile starry flounder (*Platichthys stellatus*). Aquaculture 225:269-281.

Leu, M.-Y., S.-D. Yang, C.-H. Wu, and C.-H. Liou. 1994. Effect of dietary n-3 highly unsaturated fatty acids on growth, feed efficiency and fatty acid composition of juvenile silver bream *Rhabdosargus sarba* (Sparidae). Asian Fish. Sci. 7:233-240.

Li, Y., C. Hu, Y. Zheng, X. Xia, W. Xu, S. Wang, W. Chen, Z. Sun, and J. Huang. 2008. The effects of dietary fatty acids on liver fatty acid composition and delta 6-desaturase expression differ with ambient salinities in *Siganus canaliculatus*. Comp. Biochem. Phys. B 151:183-190.

Li, Y. , Ó. Monroig, L. Zhang, S. Wang, X. Zheng, J. R. Dick, C. You, and D. R. Tocher. 2010. A vertebrate fatty acyl desaturase with Δ4 activity. Natl. Acad. Sci. USA 107:16840-16845.

Lim, P.-K., P.-L. Boey, and W.-K. Ng. 2001. Dietary palm oil level affects growth performance, protein retention and tissue vitamin E concentration of African catfish, *Clarias gariepinus*. Aquaculture 202:101-112.

Lochmann, R. T., and D. M. Gatlin. 1993. Essential fatty acid requirement of juvenile red drum (*Sciaenops ocellatus*). Fish Physiol. Biochem. 12:221-235.

Lund, I., S. J. Steenfeldt, and B. W. Hansen. 2007. Effect of dietary arachidonic acid, eicosapentaenoic acid and docosahexaenoic acid on survival, growth and pigmentation in larvae of common sole (*Solea solea* L.). Aquaculture 276:143-153.

Lund, I., S. J. Steenfeldt, G. Banta, and B. W. Hansen. 2008. The influence of dietary concentrations of arachidonic acid and eicosapentaenoic acid at various stages of larval ontogeny on eye migration, pigmentation and prostaglandin content of common sole larvae (*Solea solea* L.). Aquaculture 276:143-153.

Luzzana, U., G. Serrini, V. M. Moretti, C. Gianesini, and F. Valfre. 1994. Effect of expanded feed with high fish oil content on growth and fatty acid composition of rainbow trout. Aquacult. Int. 2:239-248.

Madsen, L., M. Guerre-Millo, E. N. Flindt, K. Berge, K. J. Tronstad, Bergene, E. Sebokova, A. C. Rustan, J. Jensen, S. Mandrup, K. Kristiansen, I. Klimes, B. Staels, and R. K. Berge. 2002. Tetradecy-lthioacetic acid prevents high fat diet induced adiposity and insulin resistance. J. Lipid Res. 43:742-750.

Makide, K., H. Kitamura, Y. Sato, M. Okutani, and J. Aoki. 2009. Emerging lysophospholipid mediators, lysophosphatidylserine, lysophosphati-dylthreonine, lysophosphatidylethanolamine and lysophosphatidylglycerol. Prostag. Oth. Lipid M. 89:135-139.

Manuel Vergara, A., L. Robaina, M. Izquierdo, and M. Higuera. 1996. Protein sparing effect of lipids in diets for fingerlings of gilthead sea bream. Fish. Sci. 62:624-628.

Martin, B. J. 1980. Croissance et acides gras de la crevette *Paleamon serratus* (Crustacea, decapods) nourrie avec des aliments composes contenant differentes proportions d'acide linoleique et linolenique. Aquaculture 19:325-337.

Masuda, R., T. Takeuchi, T. Tsukamoto, Y. Ishizaki, M. Kanematsu, and K. Imaizumi. 1998. Critical involvement of dietary docosahexaenoic acid in the ontogeny of schooling behaviour in the yellowtail. J. Fish Biol. 53:471-484.

Masuda, R., D. A. Ziemann, and A. C. Ostrowski. 2001. Patchiness formation and development of schooling behavior in pacific threadfin *Polydactylus sexfilis* reared with different dietary highly unsaturated fatty acid contents. J. World Aquacult. Soc. 32:309-316.

Merican, Z. O., and K. F. Shim. 1994. Lipid and fatty acid utilization in adult *Penaeus monodon* fed diets supplemented with various oils. Aqauculture 123:335-347.

Merican, Z. O., and K. K. Shim. 1995. Apparent digestibility of lipid and fatty acids in residual lipids of meals by adult *Penaeus monodon*. Aquaculture 133:275-286.

Merican, Z. O., and K. F. Shim. 1997. Quantitative requirements of essential fatty acids for juvenile Penaeus monodon. Aquaculture 157:277-295.

Michell, R. H. 2007. Evolution of the diverse biological roles of inositols. Biochem. Soc. Symp. 74:223-246.

Mohd-Yusof, N. Y., Ó. Monroig, A. Mohd-Adnan, K.-L. Wan, and D. R. Tocher. 2010. Investigation of highly unsatiurated fatty acid metabolism in barramundi, the Asian sea bass *Lates calcarifer*. Fish Physiol. Biochem. doi: 10.1007/s10695-010-9409-4.

Monroig, Ó., J. Rotllant, E. Sánchez, J. M. Cerdá-Reverter, and D. R. Tocher. 2009. Expression patterns of genes of long-chain polyunsaturated fatty acid (LC-PUFA) biosynthesis during embryonic development of zebrafish *Danio rerio*. Biochim. Biophys. Acta 1791:1093-1101.

Monroig, Ó., X. Zheng, S. Morais, M. J. Leaver, J. B. Taggart, and D. R. Tocher. 2010. Multiple fatty acyl desaturase (FAD) genes in Atlantic salmon: Cloning and functional expression of cDNAs confirm presence of three Δ6 FADs. Biochim. Biophys. Acta 1801:1072-1081.

Morais, S., O. Monroig, X. Zheng, M. J. Leaver, and D. R. Tocher. 2009. Highly unsaturated fatty acid synthesis in Atlantic salmon: Isolation of genes of fatty acyl elongases and characterisation of ELOVL5- and ELOVL2-like elongase cDNAs. Mar. Biotechnol. 11:627-639.

Moschetta, A., F. Xu, L. R. Hagey, G. P. van Berge-Henegouwen, K. J. van Erpecum, J. F. Browers, J. C. Cohen, M. Bierman, H. H. Hobbs, J. H. Steinbach, and A. F. Hofmann. 2005. A phylogenetic survey of biliary lipids in vertebrates. J. Lipid Res. 46:2221-2232.

Mourente, G., J. G. Bell, and D. R. Tocher. 2007. Does dietary tocopherol level affect fatty acid metabolism in fish? Fish Physiol. Biochem. 33:269-280.

Moya-Falcon, C., E. Hvattum, E. Dyrøy, J. Skorve, S. O. Stefansson, M. Thomassen, J. V. Jakobsen, R. K. Berge, and B. Ruyter, B., 2004. Effects of 3-thia fatty acids on feed intake, growth, tissue fatty acid composition, β-oxidation and Na^+, K^+-ATPase activity in Atlantic salmon. Comp. Biochem. Phys. B 139:657-668.

Newton, A. C. 2009. Lipid activation of protein kinases. J. Lipid Res. 50:S266-S271.

Olsen, R. E., and E. Ringø. 1997. Lipid digestibility in fish: A review. Rec. Res. Dev. Lipids Res. 1:199-265.

Olsen, R. E., R. Myklebust, T. Kaino, and E. Ringø. 1999. Lipid digestibility and ultrastructural changes in the enterocytes of Arctic char (*Salvelinus alpinus* L.) fed linseed oil and soybean lecithin. Fish Physiol. Biochem. 21:35-44.

Olsen, R. E., R. J. Henderson, J. Sountama, G.-I. Hemre, E. Ringø, W. Melle, and D. R. Tocher. 2004. Atlantic salmon effectively utilizes wax ester rich oil from *Calanus finmarchicus*. Aquaculture 240:433-449.

Ostrowski, A. C., and B. G. Kim. 1993. Responses of larval and juvenile mahimahi (*Coryphaena hippurus*) to various dietary lipid sources and n-3 HUFA contents. Pp. 424 in From Discovery to Commercialization, Special Publication No. 19. Oostende, Belgium: European Aquaculture Society.

Owen, J. M., J. A. Adron, C. Middleton, and C. B. Cowey. 1975. Elongation and desaturation of dietary fatty acids in turbot (*Scophthalmus maximus*) and rainbow trout (*Salmo gairdneri*). Lipids 10:528-531.

Paibulkichakui, C., S. Piyatiratitivorakul, P. Kittakpp, V. Voranop, A. W. Fast, and P. Menasveta. 1998. Optimal dietary levels of lecithin and cholesterol for black tiger prawn *Penaeus monodon* larvae and postlarvae. Aquaculture 167:273-281.

Peres, H., and A. Oliva-Teles. 1999. Effect of dietary lipid level on growth performance and feed utilization by European sea bass juveniles (*Dicentrarchus labrax*). Aquaculture 179:325-334.

Pickova, J., P. C. Dutta, P.-O. Larsson, and A. Kiessling. 1997. Early embryonic cleavage pattern, hatching success, and egg-lipid fatty acid composition: Comparison between two cod (*Gadus morhua*) stocks. Can. J. Fish. Aquat. Sci. 54:2410-2416.

Ponat, A., and D. Adelung. 1983. Studies to establish an optimal diet for *Carcinus maenus*: III. Vitamin and quantitative lipid requirements. Mar. Biol. 74:275-279.

Poston, H. A. 1990a. Performance of rainbow trout fed supplemental soybean lecithin and choline. Prog. Fish Cult. 52:218-225.

Poston, H. A. 1990b. Effect of body size on growth, survival and chemical composition of Atlantic salmon fed soy lecithin and choline. Prog. Fish Cult. 52:226-230.

Poston, H. A. 1991. Response of Atlantic salmon fry to feed-grade lecithin and choline. Prog. Fish Cult. 53:224-228.

Quintero, H., E. Durland, D. A. Davis, and R. Dunham. 2010. Effects of lipid supplementation on reproductive performance of female channel catfish *Ictalurus punctatus*, induced and strip-spawned for hybridization. Aquacult. Nutr. In press.

Radunzneto, J., G. Corraze, P. Bergot, and S. J. Kaushik. 1996. Estimation of essential fatty acid requirements of common carp larvae using semipurified diets. Arch. Anim. Nutr. 49:41-48.

Rasmussen, R. S., T. H. Ostenfeld, B. Roensholdt, and E. McLean. 2000. Manipulation of end-product quality of rainbow trout with finishing diets. Aquacult. Nutr. 6:17-23.

Regost, C., J. Arzel, J. Robin, G. Rosenlund, and S. J. Kaushik. 2003. Total replacement of fish oil by soybean or linseed oil with a return to fish oil in turbot (*Psetta maxima*) 1. Growth performance, flesh fatty acid profile, and lipid metabolism. Aquaculture 217:465-482.

Reitan, K. I., J. R. Rainuzzo, and Y. Olsen. 1994. Influence of lipid composition of live feed on growth, survival and pigmentation of turbot larvae. Aquacult. Int. 2:33-48.

Rinchard, J., S. Czesny, and K. Dabrowski. 2007. Influence of lipid class and fatty acid deficiency on survival, growth, and fatty acid composition in rainbow trout juveniles. Aquaculture 264:363-371.

Robin, J. H., and B. Vincent. 2003. Microparticulate diets as first food for gilthead sea bream larvae (*Sparus aurata*): Study of fatty acid incorporation. Aquaculture 225:463-474.

Rodriguez, C. 1994. Estudio de los requerimientos de acidos grasos esenciales de la dorada europea *Sparus aurata* L. durante las dos primeras semanas de alimentacion. Ph.D. Dissertation, Universidad de La Laguna, Tenerife, Spain.

Rodriguez, C., J. A. Perez, M. S. Izquierdo, J. Mora, A. Lorenzo, and H. Fernandez-Palacios. 1994a. Essential fatty acid requirements of larval gilthead sea bream *Sparus aurata* (L). Aquacult. Fish. Manage. 25:295-304.

Rodriguez, C., J. A. Perez, M. S. Izquierdo, A. Lorenzo, and H. Fernandez-Palacios. 1994b. The effect of n-3 HUFA proportions in diets for gilthead sea bream (*Sparus aurata*) larval culture. Aquaculture 124:284.

Rodriguez, C., J. A. Perez, P. Badia, M. S. Izquierdo, H. Fernandez-Palacios, and A. L. Hernandez. 1998a. The n-3 highly unsaturated fatty acids requirements of gilthead seabream (*Sparus aurata* L.) larvae when using an appropriate DHA/EPA ratio in the diet. Aquaculture 169:9-23.

Rodriguez, C., J. R. Cejas, M. V. Martin, P. Badia, M. Samper, and A. Lorenzo. 1998b. Influence of n-3 highly unsaturated fatty acid deficiency on the lipid composition of broodstock gilthead seabream (*Sparus aurata* L.) and on egg quality. Fish Physiol. Biochem. 18:177-187.

Roesjoe, C., S. Nordrum, J. J. Olli, A. Krogdahl, B. Ruyter, and H. Holm. 2000. Lipid digestibility and metabolism in Atlantic salmon (*Salmo salar*) fed medium-chain triglycerides. Aquaculture 190:65-76.

Ruyter, B., Ø. Anderson, A. Dehli, A. Östlund Farrants, T. Gjøen, and M. S. Thomassen. 1997. Peroxisome proliferator activated receptors in Atlantic salmon (*Salmo salar*): Effects on PPAR transcription and acyl-CoA oxidase activity in hepatocytes by peroxisome proliferators and fatty acids. Biochim. Biophys. Acta 1348:331-338.

Ruyter, B., C. Rosjo, O. Einen, and M. S. Thomassen. 2000a. Essential fatty acids in Atlantic salmon: Time course of changes in fatty acid composition of liver, blood and carcass induced by a diet deficient in n-3 and n-6 fatty acids. Aquacult. Nutr. 6:109-118.

Ruyter, B., C. Rosjo, O. Einen, and M. A. Thomassen. 2000b. Essential fatty acids in Atlantic salmon: Effects of increasing dietary doses of n-3 and n-6 fatty acids on growth, survival and fatty acid composition of liver, blood and carcass. Aquacult. Nutr. 6:119-127.

Saether, B. S., and M. Jobling. 2001. Fat content in turbot feed: Influence on feed intake, growth and body composition. Aquac. Res. 32:451-458.

Salhi, M., M. S. Izquierdo, C. M. Hernandez-Cruz, M. Gonzalez, and H. Fernandez-Palacios. 1994. Effect of lipid and n-3 HUFA levels in microdiets on growth, survival and fatty acid composition of larval gilthead sea bream (*Sparus aurata*). Aquaculture 124:275-282.

Salhi, M., C. M. Hernandez-Cruz, M. Bessonart, M. S. Izquierdo, and H. Fernandez-Palacios. 1999. Effect of different dietary polar lipid levels and different n-3 HUFA content in polar lipids on gut and liver histological structure of gilthead seabream (*Sparus aurata*) larvae. Aquaculture 179:253-263.

Salze, G., D. R. Tocher, W. J. Roy, and D. A. Robertson. 2005. Egg quality determinants in cod (*Gadus morhua* L.): Egg performance and lipids in eggs from farmed and wild broodstock. Aquac. Res. 36:1488-1499.

Sampath, H., and J. M. Ntambi. 2005. Polyunsaturated fatty acid regulation of genes of lipid metabolism. Annu. Rev. Nutr. 25:317-340.

Santha, C. R., and D. M. Gatlin. 1991. Growth response and fatty acid composition of channel catfish fry fed practical diets supplemented with menhaden fish oil. Prog. Fish Cult. 53:135-140.

Santiago, C. B., and O. S. Reyes. 1993. Effects of dietary lipid source on reproductive performance and tissue lipid levels of Nile tilapia *Oreochromis niloticus* (Linnaeus) broodstock. J. Appl. Ichthyol. 9:33-40.

Sargent, J. R., and A. G. J. Tacon. 1999. Development of farmed fish: A nutritionally necessary alternative to meat. Proc. Nutr. Soc. 58:377-383.

Sargent, J. R., R. J. Henderson, and D. R. Tocher. 1989. The lipids. Pp. 154-219 in Fish Nutrition, 2nd Edition, J. E. Halver, ed. San Diego, CA: Academic Press.

Sargent, J. R., J. G. Bell, M. V. Bell, R. J. Henderson, and D. R. Tocher. 1995a. Requirement criteria for essential fatty acids. J. Appl. Ichthyol. 11:183-198.

Sargent, J. R., J. G. Bell, M. V. Bell, R. J. Henderson, and D. R. Tocher. 1995b. Dietary origins and functions of long-chain (n-3) polyunsaturated fatty acids in marine fish. J. Mar. Biotechnol. 3:26-28.

Sargent, J. R., L.A. McEvoy, and J. G. Bell. 1997. Requirements, presentation and sources of polyunsaturated fatty acids in marine fish larval feeds. Aquaculture 155:119-129.

Sargent, J., G. Bell, L. McEvoy, D. R. Tocher, and A. Estevez. 1999a. Recent developments in the essential fatty acid nutrition of fish. Aquaculture 177:191-199.

Sargent, J., L. McEvoy, A. Estevez, G. Bell, M. Bell, J. Henderson, and D. R. Tocher. 1999b. Lipid nutrition of marine fish during early development: Current status and future directions. Aquaculture 179:217-229.

Sargent, J. R., D. R. Tocher, and J. G. Bell. 2002. The lipids. Pp. 181-257 in Fish Nutrition, 3rd Edition, J. E. Halver and R. W. Hardy, eds. San Diego, CA: Academic Press.

Satoh, S., W. E. Poe, and R. P. Wilson. 1989. Studies on the essential fatty acid requirement of channel catfish, *Ictalurus punctatus*. Aquaculture 79:121-128.

Scarano, L. J., E. J. Calabrese, P. T. Kostecki, L. A. Baldwin, and D.A Leonard. 1994. Evaluation of rodent peroxisome proliferator in two species of freshwater fish: Rainbow trout (*Oncorhynchus mykiss*) and Japanese medaka (*Oryzias latipes*). Ecotox. Environ. Safe. 29:13-19.

Schmitz, G., and J. Ecker. 2008. The opposing effects of *n-3* and *n-6* fatty acids. Prog. Lipid Res. 47:147-155.

Seiliez, I., S. Panserat, S. Kaushik, and P. Bergot. 2001. Cloning, tissue distribution and nutritional regulation of a delta 6-desaturase-like enzyme in rainbow trout. Comp. Biochem. Phys. B 130:83-93.

Seiliez, I., S. Panserat, G. Corraze, S. Kaushik, and P. Bergot. 2003. Cloning and nutritional regulation of a delta 6-desaturase-like enzyme in the marine teleost gilthead seabream (*Sparus aurata*). Comp. Biochem. Phys. B 135:449-460.

Seiliez, I., J. S. Bruant, J. Zambonino-Infante, S. Kaushik, and P. Bergot. 2006. Effect of dietary phospholipid level on the development of gilthead sea bream (*Sparus aurata*) larvae fed a compound diet. Aquacult. Nutr. 12:372-378.

Seki, H., Y. Tani, and M. Arita. 2009. Omega-3 PUFA derived anti-inflammatory lipid mediator resolving E1. Prostag. Oth. Lipid M. 89:126-130.

Shearer, K. D., and P. Swanson. 2000. The effect of whole body lipid on early sexual maturation of 1+ age Chinook salmon (*Oncorhynchus tshawytscha*). Aquaculture 190:343-367.

Sheen, S.-S., and L. R. D'Abramo. 1991. Response of juvenile freshwater prawn, *Macrobrachium rosenbergii*, to different levels of a cod liver oil/corn oil mixture in a semi-purified diet. Aquaculture 93:121-134.

Shewbart, K. L., and W. L. Mies. 1973. Studies on the nutritional requirements of brown shrimp: The effect of linolenic acid on growth of *Penaeus aztecus*. P. World Maricult. Soc. 4:277-287.

Shiau, S. Y., and L. F. Shiau 2001. Re-evaluation of the vitamin E requirements of juvenile tilapia (*Oreochromis niloticus* × *O. aureus*). Anim. Sci. 72:529-534.

Shudo, K., K. Nakamura, S. Ishikawa, and K. Kitabayshi. 1971. Studies on the growth-promoting effects of both squid liver oil and cholesterol. B. Tokai Regional Fish. Res. Lab. 65:129-137.

Silversand, C., B. Norberg, J. C. Holm, Ø. Lie, and C. Haux. 1995. Dietary influence on the fatty acid composition of vitellogenin and the subsequent effect on the egg composition in cod (*Gadus morhua*). P. 375 in Proceedings of the 5th International Symposium on the Reproductive Physiology of Fish, July 2-8, 1995, in Austin, TX. Austin: University of Texas at Austin.

Simons, K., and E. Ikonen. 2000. How cells handle cholesterol. Science 290:1721-1726.

Snyder, F. 1990. Platelet-activating factor and related acetylated lipids as potent biologically active cellular mediators. Am. J. Physiol.-Cell

Physiol. 259:C697-C708.

Sprecher, H. 2000. Metabolism of highly unsaturated n-3 and n-6 fatty acids. Biochim. Biophys. Acta 1486:219-231.

Stottrup, J. G. 2000. The elusive copepods: Their production and suitability in marine aquaculture. Aquac. Res. 31:703-711.

Stubhaug, I., Ø. Lie, and B. E. Torstensen. 2007. Fatty acid productive value and β-oxidation capacity in Atlantic salmon tissues (*Salmo salar* L.) fed on different lipid sources along the whole growth period. Aquacult. Nutr. 13:145-155.

Tacon, A. G. J. 1996. Lipid nutritional pathology in farmed fish. Arch. Anim. Nutr. 49:33-39.

Tacon, A. G. J., and M. Metian. 2008. Global overview on the use of fish meal and fish oil in industrially compounded aquafeeds: Trends and future prospects. Aquaculture 285:146-158.

Tacon, A. G. J., M. Metian, G. M. Turchini, and S. S. DeSilva. 2010. Responsible aquaculture and trophic level implications to global fish supply. Rev. Fish. Sci. 18:94-105.

Taggart, J. B., J. E. Bron, S. A. M. Martin, P. J. Seear, B. Hoyheim, R. Talbot, L. Villeneuve, G. E. Sweeney, D. F. Houlihan, C. J. Secombes, D. R. Tocher, and A. J. Teale. 2008. A description of the origins, design and performance of the TRAITS/SGP Atlantic salmon (*Salmo salar* L.) cDNA microarray. J. Fish Biol. 72:2071-2094.

Takeuchi, T. 1997. Essential fatty acids requirements of aquatic animals with emphasis on fish larvae and fingerlings. Rev. Fish. Sci. 5:1-25.

Takeuchi, T., and T. Watanabe. 1976. Nutritive value of ω3 highly unsaturated fatty acids in pollock liver oil for rainbow trout. B. Jpn. Soc. Sci. Fish. 42:907-919.

Takeuchi, T., and T. Watanabe. 1977. Requirement of carp for essential fatty acids. B. Jpn. Soc. Sci. Fish. 43:541-551.

Takeuchi, T., T. Watanabe, and T. Nose. 1979. Requirement for essential fatty acids of chum salmon (*Oncorhyncus keta*) in freshwater environment. B. Jpn. Soc. Sci. Fish. 45:1319-1323.

Takeuchi, T., S. Arais, T. Watanabe, and Y. Shimma. 1980. Requirements of the eel *Anguilla japonica* for essential fatty acids. B. Jpn. Soc. Sci. Fish. 46:345-353.

Takeuchi, T., S. Satoh, and T. Watanabe. 1983. Requirement of *Tilapia nilotica* for essential fatty acids. B. Jpn. Soc. Sci. Fish. 49:1127-1134.

Takeuchi, T., M. Toyota, S. Satoh, and T. Watanabe. 1990. Requirement of juvenile red sea bream (*Pagrus major*) for eicosapentaenoic and docosahexaenoic acids. Nippon Suisan Gakk. 56:1263-1269.

Takeuchi, T., K. Watanabe, W.-Y. Yong, and T. Watanabe. 1991. Essential fatty acids of grass carp (*Ctenopharyngodon idella*). Nippon Suisan Gakk. 57:467-473.

Takeuchi, T., Y. Shiina, and T. Watanabe. 1992a. Suitable levels of n-3 highly unsaturated fatty acids in diet for fingerlings of red sea bream. Nippon Suisan Gakk. 58:509-514.

Takeuchi, T., Y. Shiina, T. Watanabe, S. Sekiya, and K. Imaizumi. 1992b. Suitable levels of n-3 highly unsaturated fatty acids in diet for fingerlings of yellowtail. Nippon Suisan Gakk. 58:1341-1346.

Takeuchi, T., T. Arakawa, S. Satoh, and T. Watanabe. 1992c. Supplemented effect of phospholipids and requirement of eicosapentaenoic acid and docosahexaenoic acid of juvenile striped jack. Nippon Suisan Gakk. 58:707-713.

Takeuchi, T., Z. Feng, K. Yoseda, J. Hirokawa, and T. Watanabe. 1994. Nutritive value of DHA-enriched rotifer for larval cod. Nippon Suisan Gakk. 60:641-652.

Takeuchi, T., R. Masuda, Y. Ishizaki, T. Watanabe, M. Kanematsu, K. Imaizumi, and K. Tsukamoto. 1996. Determination of the requirement of larval striped jack for eicosapentaenoic acid and docosahexaenoic acid using enriched *Artemia* nauplii. Fish. Sci. 62:760-765.

Tandler, A., M. Harel, W. M. Koven, and S. Kolkovski. 1995. Broodstock and larvae nutrition in gilthead seabream *Sparus aurata*—new findings on its mode involvement in improving growth, survival and swimbladder inflation. Isr. J. Aquacult. Bamidgeh 47:95-111.

Teres, S., G. Barcelo-Coblijn, M. Benet, R. Alvarez, R. Bressani, J. E. Halver, and P. V. Escriba. 2008. Oleic acid content is responsible for the reduction in blood pressure induced by olive oil. P. Natl. Acad. Sci. USA 105:13811-13816.

Teshima, S. I. 1997. Phospholipids and sterols. Pp. 85-107 in Crustacean Nutrition, L. R. D'Abramo, D. E. Conklin, and D. M. Akiyama, eds. Baton Rouge, LA:World Aquaculture Society.

Teshima, S., and A. Kanazawa. 1980. Lipid constituents of serum lipoproteins in the prawn. B. Jpn. Soc. Sci. Fish. 46:57-62.

Teshima, S., and A. Kanazawa. 1986. Nutritive value of sterols for the juvenile prawn. B. Jpn. Soc. Sci. Fish. 52:1417-1422.

Teshima, S., A. Kanazawa, and H. Sasada. 1983. Nutritional value of dietary cholesterol and other sterols to larval prawn, *Penaeus japonicus* Bate. Aquaculture 31:159-167.

Teshima, S., A. Kanazawa, and Y. Kakuta 1986a. Effects of dietary phospholipids on growth and body composition of the juvenile prawn. B. Jpn. Soc. Sci. Fish. 52:155-158.

Teshima, S., A. Kanazawa, and Y. Kakuta. 1986b. Growth, survival, and body composition of the prawn larvae receiving several dietary phospholipids. Mem. Fac. Fish. Kagoshima University 35:17-27.

Teshima, S., A. Kanazawa, and Y. Kakuta. 1986c. Role of dietary phospholipids in the transport of ^{14}C tripalmitin in the prawn. B. Jpn. Soc. Sci. Fish. 52:519-524

Teshima, S., A. Kanazawa, and A. Kakuta. 1986d. Role of dietary phospholipids in the transport of ^{14}C cholesterolin the prawn. B. Jpn. Soc. Sci. Fish. 52:719-723.

Teshima, S., A. Kanazawa, S. Koshio, and N. Kondo. 1989. Nutritive value of sitosterol for prawn, *Penaeus japonicus*. Nippon Suisan Gakk. 55:153-157.

Teshima, S., S. Koshio, A. Kanazawa and K. Oshida. 1994. Essential fatty acids of the prawn Macrobrachium rosenbergii. Pp. 705-708 in Proceedings of the 3rd Asian Fisheries Society Forum, L. M. Chou, A. D. Munro, T. J. Lam, T. W. Chen, L. K. K. Cheong, J. K. Ding, K. K. Hooi, H. W. Khoo, V. P. E. Phang, K. F. Shim, and C. H. Tan, eds., October 26-30, 1992, Singapore. Manila, the Philipines: Asian Fisheries

Society.

Thongrod, S., and M. Boonyaratpalin. 1998. Cholesterol and lecithin requirement of juvenile banana shrimp *Penaeus merguiensis*. Aquaculture 161:315-321.

Thongrod, S., T. Takeuchi, S. Satoh, and T. Watanabe. 1989. Requirement of fingerling white fish *Coregonus lavaretus maraena* for dietary n-3 fatty acids. B. Jpn. Soc. Sci. Fish. 55:1983-1987.

Thongrod, S., T. Takeuchi, S. Satoh, and T. Watanabe. 1990. Requirement of Yamane (*Oncorhynchus masou*) for essential fatty acids. Nippon Suisan Gakk. 56:1255-1262.

Tocher, D. R. 1995. Glycerophospholipid metabolism. Pp. 119-157 in Biochemistry and Molecular Biology of Fishes, Volume 4: Metabolic and Adaptational Biochemistry, P. W. Hochachka and T. P. Mommsen, eds. Amsterdam, the Netherlands: Elsevier Press.

Tocher, D. R. 2003. Metabolism and functions of lipids and fatty acids in teleost fish. Rev. Fish. Sci. 11:107-184.

Tocher, D. R. 2010. Fatty acid requirements in ontogeny of marine and freshwater fish. Aquac. Res. 41:717-732.

Tocher, D. R., and J. R. Dick. 1999. Polyunsaturated fatty acid metabolism in a cell culture model of essential fatty acid deficiency in a freshwater fish, carp (*Cyprinus carpio*). Fish. Physiol. Biochem. 21:257-267.

Tocher, D. R., and J. R. Dick. 2000. Essential fatty acid deficiency in freshwater fish: The effects of linoleic, α-linolenic, γ-linolenic and stearidonic acids on the metabolism of [1-^{14}C]18:3n-3 in a carp cell culture model. Fish Physiol. Biochem. 22:67-75.

Tocher, D. R., and C. Ghioni. 1999. Fatty acid metabolism in marine fish: Low activity of fatty acyl Δ5 desaturation in gilthead sea bream (*Sparus aurata*) cells. Lipids 34:433-440.

Tocher, D. R., and J. R. Sargent. 1993. No relationship between morphology and metabolism of α-linolenate and eicosapentaenoate in rainbow trout (*Oncorhynchus mykiss*) astroglial cells in primary culture. Comp. Biochem. Phys. B 106:211-219.

Tocher, D. R., J. R. Sargent, and G. N. Frerichs. 1988. The fatty acid compositions of established fish cell lines after long-term culture in mammalian sera. Fish Physiol. Biochem. 5:219-227.

Tocher, D. R., J. G. Bell, J. R. Dick, and J. R. Sargent. 1997. Fatty acyl desaturation in isolated hepatocytes from Atlantic salmon (*Salmo salar*): Stimulation by dietary borage oil containing γ-linolenic acid. Lipids 32:1237-1247.

Tocher, D. R., M. J. Leaver, and P. A. Hodgson. 1998. Recent advances in the biochemistry and molecular biology of fatty acyl desaturases. Prog. Lipid Res. 37:73-117.

Tocher, D. R., M. Agaba, N. Hastings, J. G. Bell, J. R. Dick, and A. J. Teale. 2002. Nutritional regulation of hepatocyte fatty acid desaturation and polyunsaturated fatty acid composition in zebrafish (*Danio rerio*) and tilapia (*Oreochromis nilotica*). Fish Physiol. Biochem. 24:309-320.

Tocher, D. R., J. G. Bell, J. R. Dick, and V. O. Crampton. 2003. Effects of vegetable oil diets on Atlantic salmon hepatocyte desaturase activities and liver fatty acid compositions. Lipids 38:723-732.

Tocher, D. R., X. Zheng, C. Schlechtriem, N. Hastings, J. R. Dick, A. J. Teale. 2006. Highly unsaturated fatty acid synthesis in marine fish; cloning, functional characterization and nutritional regulation of fatty acid Δ6 desaturase of Atlantic cod (*Gadus morhua* L.). Lipids 41:1003-1016.

Tocher, D. R., E. Å. Bendiksen, P. J. Campbell, and J. G. Bell. 2008. The role of phospholipids in nutrition and metabolism of teleost fish. Aquaculture 280:21-34.

Torstensen, B. E., J. G. Bell, G. Rosenlund, R. J. Henderson, I. E. Graff, D. R. Tocher, Ø. Lie, and J. R. Sargent. 2005. Tailoring of Atlantic salmon (*Salmo salar* L.) flesh lipid composition and sensory quality by replacing fish oil with a vegetable oil blend. J. Agr. Food Chem. 53:10166-10178.

Trattner, S., A. Kamal-Eldin, E. Brännäs, A. Moazzami, V. Zlabek, P. Larsson, B. Ruyter, T. Gjøen, and J. Pickova. 2008a. Sesamin supplementation increases white muscle docosahexaenoic acid (DHA) levels in rainbow trout (*Oncorhynchus mykiss*) fed high alpha-linolenic acid (ALA) containing vegetable oil: Metabolic actions. Lipids 43:989-997.

Trattner, S., B. Ruyter, T. K. Østbye, T. Gjøen, V. Zlabek, A. Kamal-Eldin, and J. Pickova. 2008b. Sesamin increases alpha-linolenic acid conversion to docosahexaenoic acid in Atlantic salmon (*Salmo salar* L.) hepatocytes: Role of altered gene expression. Lipids 43:999-1008.

Twibell, R. G., and R. P. Wilson. 2003. Effects of conjugated linoleic acids and total dietary lipid concentrations on growth responses of juvenile channel catfish, *Ictalurus punctatus*. Aquaculture 221:621-628.

Twibell, R. G., B. A. Watkins, L. Rogers, and P. B. Brown. 2000. Effects of dietary conjugated linoleic acids on hepatic and muscle lipids in hybrid striped bass. Lipids 35:155-161.

Twibell, R. G., B. A. Watkins, and P. B. Brown. 2001. Dietary conjugated linoleic acids and lipid source alter fatty acid composition of juvenile yellow perch, *Perca flavescens*. J. Nutr. 131:2322-2328.

Valente, L. M. P., N. M. Bandarra, A. C. Figueiredo-Silva, P. Rema, P. Vaz-Pires, S. Martins, J. A. M. Prates, and M. L. Nunes. 2007a. Conjugated linoleic acid in diets for large-size rainbow trout (*Oncorhynchus mykiss*): Effects on growth, chemical composition, and sensory attributes. Brit. J. Nutr. 97:289-297.

Valente, L. M. P., N. M. Bandarra, A. C. Figueiredo-Silva, A. R. Cordeiro, R. M. Simoes, and M. L. Nunes. 2007b. Influence of conjugated linoleic acid on growth, lipid composition, and hepatic lipogenesis in juvenile European sea bass (*Dicentrarchus labrax*). Aquaculture 267:225-235. Vassallo Agius, R., T. Watanabe, K. Mushiake, K. Kawano, and S. Satoh. 1998. Chemical components of eggs and yolksac larvae obtained from striped jack broodstock fed on a raw fish mix or dry pellets. Fish. Sci. 64:759-765.

Verakunpiriya, V., T. Watanabe, K. Mushiake, V. Kiron, S. Satoh, and T. Takeuchi. 1996. Effect of broodstock diets on the chemical components of milt and eggs produced by yellowtail. Fish. Sci. 62:610-619.

Villalta, M., A. Estevez, and M. P. Bransden. 2005. Arachidonic acid enriched live prey induces albinism in Senegalese sole (*Solea senegalensis*) larvae. Aquaculture 245:193-209.

Wang, X., S. P. Devaiah, W. Zhang, and R. Welti. 2006. Signaling functions of phosphatidic acid. Prog. Lipid Res. 45:250-278.

Wang, Y., and P. J. Jones. 2004. Dietary conjugated linoleic acid and body composition. Am. J. Clin. Nutr. 79:1153S-1158S.

Wasall, S. R., and W. Stillwell. 2008. Docosahexaenoic acid domains: The ultimate non-raft membrane domain. Chem. Phys. Lipids 153:57-63.

Watanabe, T. 1993. Importance of docosahexaenoic acid in marine fish larvae. J. World Aquacult. Soc. 24:152-161.

Watanabe, T., C. Ogino, Y. Kashiishi, and T. Matsunaga. 1974. Requirement of rainbow trout for essential fatty acids. B. Jpn. Soc. Sci. Fish. 40:493-497.

Watanabe, T., S. Thongrod, T. Takeuchi, S. Satoh, S. S. Kubota, Y. Fujimaki, and C. Y. Cho. 1989. Effect of dietary n-6 and n-3 fatty acids on growth, fatty acid composition and histological changes of white fish *Coregonus lavaretus maraena*. B. Jpn. Soc. Sci. Fish. 55:1977-1982.

Webster, C. D., and R. T. Lovell. 1990. Response of striped bass larvae fed brine shrimp from different sources containing different fatty acid compositions. Aquaculture 90:49-61.

Wehling, M. 1997. Specific, nongenomic actions of steroid hormones. Annu. Rev. Physiol. 59:365-393.

Whalen, K. S., J. A. Brown, C. C. Parrish, S. P. Lall, and J. S. Goddard. 1999. Effect of dietary n-3 HUFA on growth and body composition of juvenile yellowtail flounder (*Pleuronectes ferrugineus*). Bull. Aqua. Assoc. Can. 98:21-22.

Wirth, M., W. Steffens, T. Meinelt, and C. Steinberg. 1997. Significance of docosahexaenoic acid for rainbow trout (*Oncorhynchus mykiss*) larvae. Fett 99:251-253.

Wu, P. C., Y. Y. Ting, and H. Y. Chen. 2002. Docosahexaenoic acid is superior to eicosapentaenoic acid as the essential fatty acid for growth of grouper, *Epinephelus malabancus*. J. Nutr. 132:72-79.

Xu, X. L., W. J. Ji, J. D. Castell, and R. K. O'Dor. 1993. The nutritional value of dietary n-3 and n-6 fatty acids for the Chinese prawn (*Penaeus chinensis*). Aquaculture 118:277-285.

Xu, X. L., W. J. Ji, J. D. Castell, and R. K. O'Dor. 1994. Essential fatty acid requirements of the Chinese prawn, *Penaeus chinensis*. Aquaculture 127:29-40.

Yang, X., J. L. Tabachek, and T. A. Dick. 1994. Effects of dietary n-3 polyunsaturated fatty acids on lipid and fatty acid composition and haematology of juvenile Arctic charr *Salvelinus alpinus* (L.). Fish Physiol. Biochem. 12:409-420.

Yasmin, A., T. Takeuchi, M. Hayashi, T. Hirota, W. Ishizuka, and S. Ishida. 2004. Effect of conjugated linoleic and docosahexaenoic acids on growth of juvenile tilapia *Oreochromis niloticus*. Fish. Sci. 70:473-481.

Yone, Y. 1978. Essential fatty acids and lipid requirements of marine fish. Pp. 43-59 in Dietary Lipids in Aquaculture, Japanese Society of Scientific Fisheries. Tokyo, Japan: Koseisha-Koseik-Abu.

Yu, T. C., and R. O. Sinnhuber. 1979. Effect of dietary ω3 and ω6 fatty acids on growth and feed conversion efficiencies of coho salmon (*Oncorhyncus kisutch*). Aquaculture 16:31-38.

Yufera, M., and M. J. Darias. 2007. The onset of exogenous feeding in marine fish larvae. Aquaculture 268:53-63.

Zheng, F., T. Takeuchi, K. Yoseda, M. Kobayashi, J. Hirokawa, and T. Watanabe. 1996. Requirement of larval cod for arachidonic acid, eicosapentaenoic acid, and docosahexaenoic acid using by their enriched *Artemia* nauplii. Nippon Suisan Gakk. 62:669-676.

Zheng, X., I. Seiliez, N. Hastings, D. R. Tocher, S. Panserat, C. A. Dickson, P. Bergot, and A. J. Teale. 2004a. Characterization and comparison of fatty acyl Δ6 desaturase cDNAs from freshwater and marine teleost fish species. Comp. Biochem. Phys. B 139:269-279.

Zheng, X., D. R. Tocher, C. A. Dickson, J. G. Bell, and A. J. Teale. 2004b. Effects of diets containing vegetable oil on expression of genes involved in highly unsaturated fatty acid biosynthesis in liver of Atlantic salmon (*Salmo salar*). Aquaculture 236:467-483.

Zheng, X., D. R. Tocher, C. A. Dickson, J. G. Bell, and A. J. Teale. 2005a. Highly unsaturated fatty acid synthesis in vertebrates: New insights with the cloning and characterization of a Δ6 desaturase of Atlantic salmon. Lipids 40:13-24.

Zheng, X., B. E. Torstensen, D. R. Tocher, J. R. Dick, R. J. Henderson, and J. G. Bell. 2005b. Environmental and dietary influences on highly unsaturated fatty acid biosynthesis and expression of fatty acyl desaturase and elongase genes in liver of Atlantic salmon (*Salmo salar*). Biochim. Biophys. Acta 1734:13-24.

Zheng, X., Z. Ding, Y. Xu, O. Monroig, S. Morais, and D. R. Tocher. 2009a. Physiological roles of fatty acyl desaturase and elongase in marine fish: Characterisation of cDNAs of fatty acyl Δ6 desaturase and Elovl5 elongase of cobia (*Rachycentron canadum*). Aquaculture 290:122-131.

Zheng, X., M. J. Leaver, and D. R. Tocher. 2009b. Regulation of fatty acyl desaturase (FAD) gene transcription: Isolation and characterisation of Δ6 FAD gene promoters of Atlantic salmon (*Salmo salar* L.) and Atlantic cod (*Gadus morhua* L.). Comp. Biochem. Phys. B 154:255-263.

제 7 장

탄수화물과 섬유

일반적으로 어류와 새우에는 사료 내 탄수화물의 특정 요구량이 없다. 종에 관계없이 생존이 가능하고 성장할 수 있다. 이것은 특히 포도당 신생합성 주요 기질인 아미노산을 통해 포도당이 비글루코오스 전구체로부터 효율적으로 합성되기 때문이다(Walton and Cowey, 1982; Suarez and Mommsen, 1987; Cowey and Walton, 1989). 포도당은 또한 글리코겐 분해를 통해 간과 근육 글리코겐 축적의 동원으로부터 유도될 수 있다(Suarez and Mommsen, 1987).

저분자량 당과 전분, 다양한 세포벽과 저장 비전분 다당류(NSP)를 포함하는 탄수화물은 인간과 축산 동물을 위한 사료 내 에너지의 주요 부분을 제공한다. 그들은 가장 경제적인 사료 에너지원이다. 산화 경로는 탄수화물 소화로 발생하는 포도당이 ATP (아데노신 트리포스페이트) 생산을 위해 사용된다. 포도당은 또한 지질 생합성에 필요한 5탄당 경로와 NADPH의 생합성과 뉴클레오타이드 합성에 필요한 리보오스 5인산염의 생산을 위한 기질이다. 포도당은 글리코겐 저장소를 공급하는 글리코겐 합성과 지질 생성에 사용될 수 있다.

일반적으로 수산 양식종의 사료 내 탄수화물은 가금류와 포유류 사료에 비해 제한적이다. 탄수화물의 소화율은 원료 구성이나 가공, 함유량에 따라 크게 달라지며 종종 단백질과 지방 공급원에 비해 낮은 경우가 많다. 또한 포도당 부하(가소화 탄수화물의 섭취 또는 포도당 주입)는 지속적인 고혈당을 초래한다. 수많은 연구에서 어류와 새우의 성장을 위한 최적 수준보다는 생리와 성장 장애없이 견딜 수 있는 최대 탄수화물 함량을 연구했다. 그러나 탄수화물이 사료에 첨가되지 않을 경우 단백질과 지질 같은 다른 에너지 생성 영양소는 에너지를 생성하기 위해 분해되며, 생물학적 화합물은 탄수화물로부터 파생된다. 따라서 양식된 수산생물을 위해 제조된 사료에 적절한 양의 가소화 탄수화물을 공급하는 것은 지질과 단백질을 에너지원으로 사용되는 것을 절약하기 위해 중요하다. 또한 어류의 탄수화물 이용은 많은 양의 탄수화물 성분을 함유하고 있는 식물성 단백질 공급원으로 어분을 효과적으로 대체하려는 노력 때문에 관심을 가질 필요가 있다. 성장을 위해 탄수화물을 사용하는 어류의 능력은 종간 크게 다르고 기본적으로 종의 섭취 습관에 해당한다. 서로 다른 섭취 습관은 가소화 탄수화물 분해효소와 내인성 대사 효소의 활성에서 차이가 생기며, 혈류에서 포도당이 제거되고 조직에 흡수되며 성장과 단백질 보존을 위한 소화성 탄수화물의 이용 효율에 차이가 존재하게 된다. 포도당, 에너지원으로서 탄수화물의 이용에 영향을 미치는 주된 요인은 조성과 분자 복잡성, 물리적 상태, 사료에 포함된 양이다.

이 장에서는 수산생물을 위한 사료원에 포함된 탄수화물의 다양한 범주와 이들의 물리화학적 성질을 결정하는 구조의 개요를 제공한다. 이는 어류와 새우의 소화율에 영향을 미친다. 포도당의 대사 경로와 수산생물 종의 영양 조절에 대해 설명한 후 어류와 새우 종에서 여러 유형의 탄수화물에 관한 실험을 수행해 얻은 결과를 요약하였다.

7.1 탄수화물 종류

탄수화물은 하나 이상의 알데히드(aldehyde) 또는 케톤 기능이 있는 다가 알코올(polyalcohol)인 탄소, 산소, 수소로 구성되어 있다. 이 분자 그룹은 당 단위, 단위 간의 연결과 분지의 관점에서 상당히 복잡하다. 탄수화물의 구성과 분자 구조는 효소 분해 또는 박테리아 발효에 대한 감수성과 동물생리학에 미치는 영향을 결정한다. 탄수화물은 중합도(DP: degree of polymerization)에 따라 당류(1~2분자를 함유한 단당류와 이당류), 올리고당류(3~9개의 단당류 단위), 다당류(10개 이상의 단당류 단위)로 분류할 수 있다(**표 7–1**).

표 7–1 탄수화물의 분류

분류	구성 요소
Monosaccharides	
Trioses	Glyceraldehyde, dihydroxyacetone
Tetroses	Erythrose
Pentoses	Ribose, arabinose, xylose
Hexoses	Glucose, galactose, mannose, fructose
Disaccharides	
Lactose	glucose + galactose
Maltose	glucose + glucose
Saccharose or sucrose	glucose + fructose
Oligosaccharides	
Trisaccharides	Raffinose (galactose + glucose + fructose)
Tetrasaccharides	Stachyose (galactose + galactose + glucose + fructose)
Pentasaccharides	Verbascose (galactose + galactose + galactose + glucose + fructose)
Polysaccharides	
Homopolysaccharides	Hexosans: starch, cellulose, β-glucans, laminarin
	Fructans
	Galactans
	Mannans
Heteropolysaccharides	Hemicelluloses, pectins, guar-gums
	Chitin (polymer of N-acetyl-glucosamine)

단당류는 하이드록시알데하이드(hydroxyaldehyde) 또는 하이드록시케톤(hydroxyketone)의 단일 단위를 포함한다. 3, 4, 5개 또는 6개의 탄소 원자를 지닐 때 삼탄당(triose), 사탄당(tetrose), 오탄당(pentose) 또는 육탄당(hexose)으로 특징지어진다. 오탄당과 육탄당의 결정형태는 α–아노머(anomer)와 β–아노머로 존재하는 순환화합물(**그림 7–1**)이고, α–아노머에서 –OH 그룹 중 하나는 고리면에 수직이다. 결과적으로, α–아노머는 β–아노머보다 비교적 불안정하다(**그림 7–2**).

이당류는 2개의 단당류를 응축하여 형성되고, 올리고당류는 3개 이상의 단당류가 응축되어 형성된다. 올리고당류는 포함된 분자 수에 따라 삼당류, 사당류, 오당류 등으로 분류된다(**표 7–1**). 올리고당류는 갈락토실자

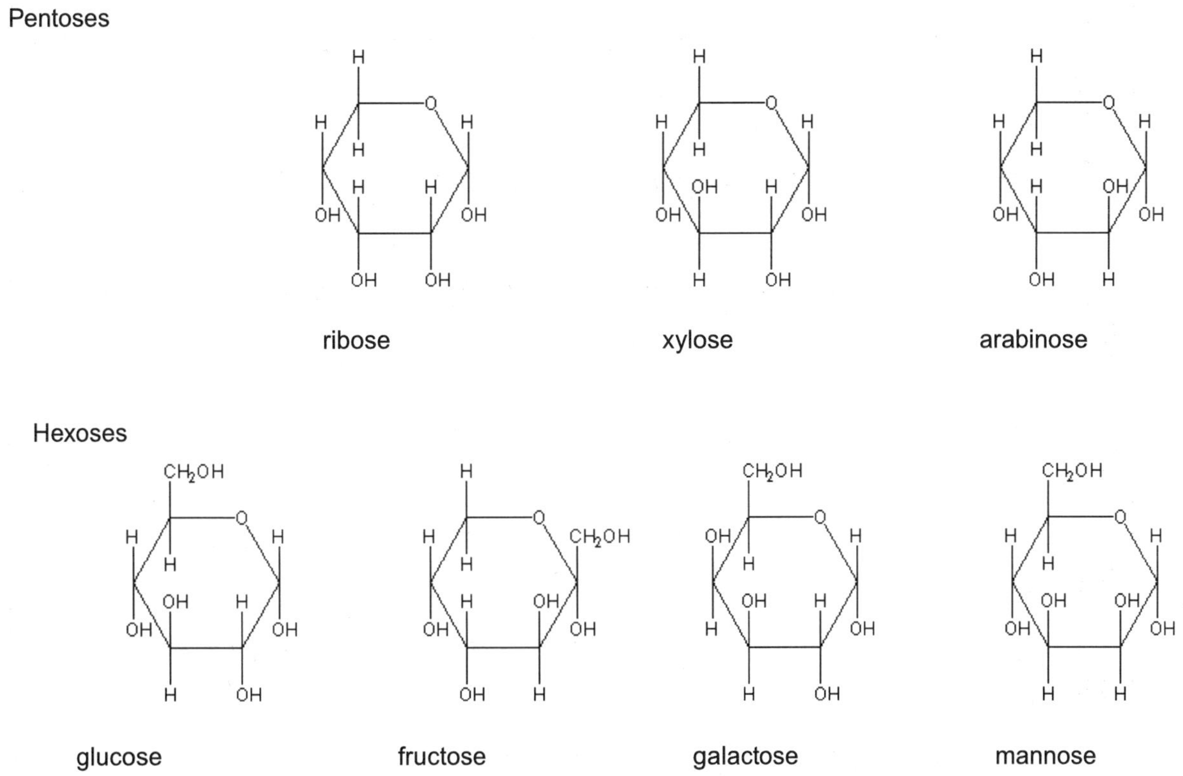

그림 7-1 주요 펜토스와 헥소스의 구조

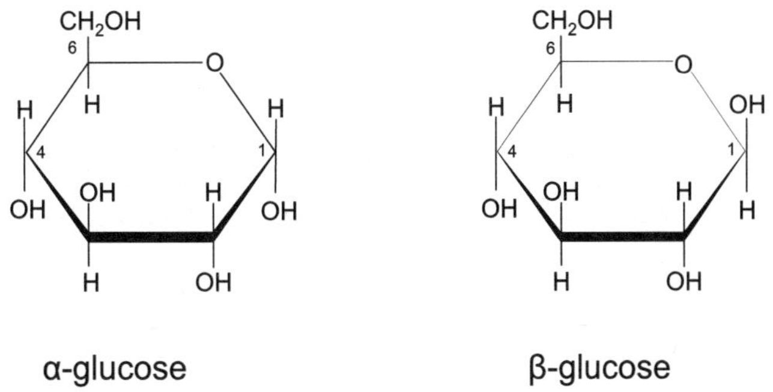

그림 7-2 포도당의 α- 및 β-anomers

당(galactosylsucroses, 보통 α-galactosides라고 함)과 프룩토 올리고당(fructo-oligosaccharides)을 제외하고는 자주 표현되지 않는다. 올리고당의 갈락토실자당류는 위장 효소로 분해되지 않는 라피노스(raffinose, 삼당류), 스타키오스(stachyose, 사당류), 베르바스코오스(verbascose, 오당류)가 포함된다. 완두콩, 콩, 루핀 같은 콩류에서 올리고당의 함량은 사료 건물 기준으로 5~8%까지 다양하다(Asp, 1995). β (2 → 1) 결합에 따라 연결되는 과당 잔기로 구성된 과당 올리고당(fructose oligosaccharide, FOS)은 밀과 호밀, 라이밀(triticale), 그 외 여러 식물에 존재한다. 오시딕 결합(osidic bond) 구성 때문에 FOS는 장내 소화효소의 가수분해에 내성이 있다. 이들 물질은 보통 어류와 새우 사료에 프리바이오틱스로 첨가된다(제10장 '사료 첨가제' 참조).

표 7-2 어류와 새우 사료용 탄수화물 사료원(g/kg dry matter)

Carbohydrate	옥수수 (Whole grain)	옥수수 (Feed meal)	옥수수 (Flour)	옥수수 (Bran)	밀 (Whole grain)	밀 (Flour)	밀 (Bran)	호밀 (Whole grain)	호밀 (Bran)	보리 (Hulled)	보리 (Dehulled)	귀리 (Hulled)	귀리 (Feed meal)
Total sugars	20	40	10	32	19	17	53	32	75	21	15	17	17
Monosaccharides	4	6	4	5	3	1	7	6	6	4	2	2	2
Sucrose	1.3	29	6	21	11	8	30	19	39	12	7	11	12
Raffinose	2	4	1	4	4	3	12	4	24	5	4	3	2
Stachyose	1	1	0	1	2	3	4	3	6	1	1	2	2
Verbascose	0	0	0	0	0	0	0	0	0	0	0	0	0
Starch	690	566	902	376	651	820	222	613	87	587	654	468	623
Fructan	6	2	2	4	15	16	20	31	23	4	5	3	2
Total dietary fiber	108	174	25	379	138	35	449	174	490	221	146	298	108
Total NSP[a]	97	156	21	354	119	35	374	152	422	186	127	232	89
β-Glucan	1	1	1	2	8	4	24	16	45	42	44	28	42
Soluble NCP[b]	9	10	8	32	25	16	29	42	63	56	50	40	42
Rhamnose	0	0	0	0	0	0	0	0	0	0	0	0	0
Arabinose	3	1	3	6	7	8	7	12	11	6	4	3	2
Xylose	2	2	3	5	9	7	10	20	33	6	7	2	1
Mannose	2	1	1	1	2	0	1	2	1	2	1	2	2
Galactose	1	1	1	2	2	2	2	1	2	1	2	2	2
Glucose	1	0	0	6	4	2	8	6	13	39	34	28	33
Uronic acids	1	4	1	12	1	2	2	1	2	2	1	3	2
Insoluble NCP	66	114	13	240	74	17	273	94	321	88	58	110	39
Rhamnose	0	0	0	0	0	0	0	0	0	0	0	0	0
Arabinose	19	32	3	66	22	6	83	24	67	22	17	15	8
Xylose	28	46	3	111	38	8	138	41	180	50	29	78	15
Mannose	1	1	0	3	1	1	4	3	2	2	2	1	1
Galactose	4	8	0	18	2	0	7	4	10	2	0	5	1
Glucose	9	10	5	10	7	4	27	20	53	8	8	5	10
Uronic acids[c]	6	16	2	32	4	0	13	3	8	4	2	7	3
Cellulose	22	33	0	83	20	3	72	16	39	43	19	82	8

Carbohydrate	면실 (Cake)	면실 (Meal)	아마인 (Meal)	코코넛 (Cake)	팜나무 (Cake)	해바라기 (Cake)	해바라기 (Cake, partly dehulled)	대두 (Meal)	유채 (Meal)	유채 (Cake)	완두콩	백색 루핀
Total sugars	66	69		124	24	58	56	137	82	90	88	104
Monosaccharides	2	3	3	7	5	5	5	7	8	4	9	3
Sucrose	10	16	28	113	17	36	33	70	58	68	30	24
Raffinose	39	35	10	2	2	14	14	10	4	3	5	10
Stachyose	14	13	2	2	0	3	5	47	12	13	23	53
Verbascose	1	2	0	0	0	0	0	3	0	0	22	14
Starch	18	19	27	10	11	10	17	27	18	15	454	14
Fructan	0	0	0	0	0	0	0	—	—	—	—	—
Total dietary fiber	340	375	423	488	602	448	326	233	354	295	192	416
Total NSP[a]	257	283	303	422	466	315	240	217	220	205	180	405
β-Glucan	0	0	0	0	0	0	0	—	—	—	—	—
Soluble NCP[b]	61	66	138	32	32	57	52	63	55	43	52	144
Rhamnose	1	0	6	1	0	2	1	1	1	1	1	2
Arabinose	16	11	17	5	3	8	9	9	12	13	19	19
Xylose	6	17	38	0	0	4	4	2	4	2	1	0
Mannose	1	1	1	12	16	1	1	5	1	1	1	4
Galactose	7	6	21	7	3	5	5	16	6	5	4	80
Glucose	6	14	10	3	3	5	5	6	9	3	5	1
Uronic acids	23	18	45	4	1	34	27	23	22	18	20	27
Insoluble NCP	103	127	112	336	361	136	99	92	123	103	76	139
Rhamnose	1	1	1	0	0	2	1	2	2	2	0	1
Arabinose	18	23	19	9	9	23	17	17	31	31	17	24
Xylose	54	68	28	8	31	55	38	17	13	15	12	36
Mannose	3	3	3	294	293	11	9	8	5	4	1	8
Galactose	5	6	12	18	12	8	7	25	13	15	3	64
Glucose	2	0	27	1	4	12	5	1	12	5	31	1
Uronic acids[c]	22	27	23	6	12	33	26	23	39	32	12	12
Cellulose	92	90	53	54	73	123	89	62	52	59	53	131

[a]NSP: nonstarch polysaccharides.
[b]NCP: noncellulosic polysaccharides.
[c]우론산(Uronic acids) = 펙틴.
출처: Bach Knudsen (1997) 연구에 근거함.

표 7–2 계속

Carbohydrate	노르웨지안 켈프 *Ascophyllum nodosum*	대형 갈조류 *Laminaria digitata*	자이언트 켈프 *Macrocystis pyrifera*	모자반 *Sargassum* spp.
Total carbohydrates	500–760	500–650	500–750	500–680
β-Glucan	0–10	0–180	—	—
Laminaran	—	—	—	—
Mannitol	50–100	40–160	70–80	—
Alginic acid	150–300	200–450	200–400	—
Fucoidan	40–100	20–40	—	200
Uronic acid (pectin)	—	—	—	460
Cellulose	80	80	ND	ND

ND = 결정되지 않음.
출처 : Guiry and Bluden (1991) 및 Ortiz et al. (2009).

다당류는 글리코시드 결합을 통해 결합되는 단당류의 큰 응집체로 이루어져 불균일성 화합물 그룹으로 구성된다. 모든 단당류 단위가 동일한 유형인 경우 다당류는 단일 다당류라고 하고, 둘 이상의 단당류가 존재할 경우 이들은 이형 다당류로 불린다(**표 7-1**). 다당류는 자연계에 존재하는 주요 탄수화물로, 2가지 주요 기능을 수행한다. 즉, 미래 에너지원으로 당류를 저장하고 세포의 물리적 구조 중 일부를 제공한다.

전분은 많은 식물에서 에너지 비축물로 저장되는 주요 다당류이다. 전분은 곡물(예: 밀, 옥수수, 보리)의 배유와 감자 같은 덩이줄기(tubers)에 축적되는 반면에 지방 종자와 콩류, 해조류 같은 다른 육상식물에서는 전분 수준이 매우 낮다(**표 7-2**).

전분은 α-아밀라아제로 가수분해될 수 있는 글리코시드 결합에 따라 연결되어 포도당 단위로만 구성된 단일 단당류인 α-글리칸이다. 전분 분자는 반결정과립 형태로 배열되며, 그 크기와 조성은 전분의 효소 소화의 민감성을 결정한다(Buleon et al., 1998).

전분 과립 크기는 식물의 기원에 따라 다르다(**표 7-3**). 귀리 전분은 3~10 μm이고 쌀 전분 8 μm, 밀 전분 22 μm, 옥수수 전분 35 μm, 감자 전분은 40~100 μm이다. 호밀과 밀, 옥수수, 라이밀에서 큰 과립과 작은 과립이 공존하면서 과립 크기의 이중분포가 보고되었다. 전분 과립의 크기는 표면적, 즉 과립의 크기가 증가함에 따라 기질과 효소 사이의 접촉이 감소하기 때문에 소화율에 영향을 미친다(Zobel, 1988).

전분 과립은 아밀로오스(amylose), 과립의 수용성 내측 부분과 전분 과립의 외측 부분에서 거의 불용성인 2개의 아밀로펙틴(amylopectin) 중합체 혼합물로 이루어져 있다. 아밀로오스(**그림 7-3**)는 α (1 → 4) 글리코시드 결합으로 연결된 포도당 단위의 선형사슬인 반면에 아밀로펙틴(**그림 7-4**)은 포도당 밀도가 높은 중합체이다. α (1 → 4) 글리코시드 결합에 따라 선형으로 연결되어 있는 포도당 단위의 사슬은 24~30개의 포도당 단위마다 α (1 → 6) 결합과 함께 분기된다. 다른 기원의 전분에서 아밀로오스와 아밀로펙틴의 비율은 소화에 영향을 미치며, 아밀로펙틴은 아밀로오스보다 효소 분열에 더 취약하다(Zhou and Kaplan, 1997; Svihus et al., 2005). 효소 α-아밀라아제는 중합체 사슬의 한쪽 말단을 공격하고 포도당 분자를 분리한다. 가지가 많을수록 효소가 다당류를 공격할 수 있는 지점이 많아진다. 따라서 고도로 분지된 다당류는 선형 중합체보다 신속한 포도당 방출에 더 적합하다. 아밀로오스와 아밀로펙틴의 상대적 비율은 식물 종과 품종에 따라 다양하다. 대부분의 전분은 720~790 g/kg의 아밀로펙틴과 210~280 g/kg의 아밀로오스를 함유하고 있다(**표 7-3**). 그러나 아밀

표 7-3 어류와 새우 사료용 원료의 전분 함량 및 각 전분의 특성[a](% Dry Matter)

원료	전분 함량 (% dry matter)	젤라틴화 온도 (°C)	입자 크기 (μm)	아밀로오스 함량 (%)
Barley	58.7	51–60	20–25	22
Maize	69	63–72	35–40	21–28
Waxy maize	—	63–72	20	1
High amylose maize	—	67–80	—	70
Potato	73	59–68	40 (15–100)	20–23
Rice	88	—	—	17–22
Waxy rice	—	68–78	8	0
Rye	61	57–70	28 (12–40)	27
Sorghum	69.5	68–78	25 (15–35)	23–28
Waxy sorghum	—	—	—	0
Wheat	65–68	58–64	22 (2–26)	26 (23–27)

[a]평균값, 농도는 원료를 재배하는 위치에 따라 다르며, 매년 다른 값이 나타난다. 곡물은 통 곡물로 이루어져 있다. Zobel (1988), Buleon et al.(1998), Svihus et al.(2005), Zeng et al.(2008) 및 Hirose et al.(2010)의 값을 참고함.

로오스 함량이 10 g/kg 미만(왁스형)뿐만 아니라, 아밀로오스 함량이 700 g/kg (아밀로오스가 풍부한 유형)에 이르는 유전자형이 존재한다(Cummings and Englyst, 1995; Gaylord et al., 2009).

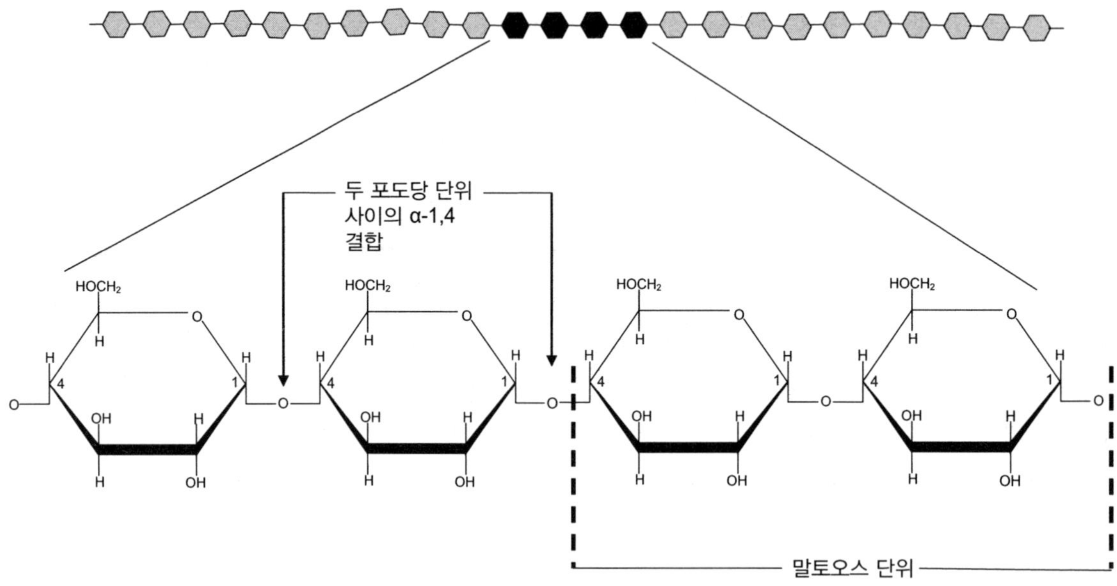

그림 7-3 아밀로스(amylose)의 구조

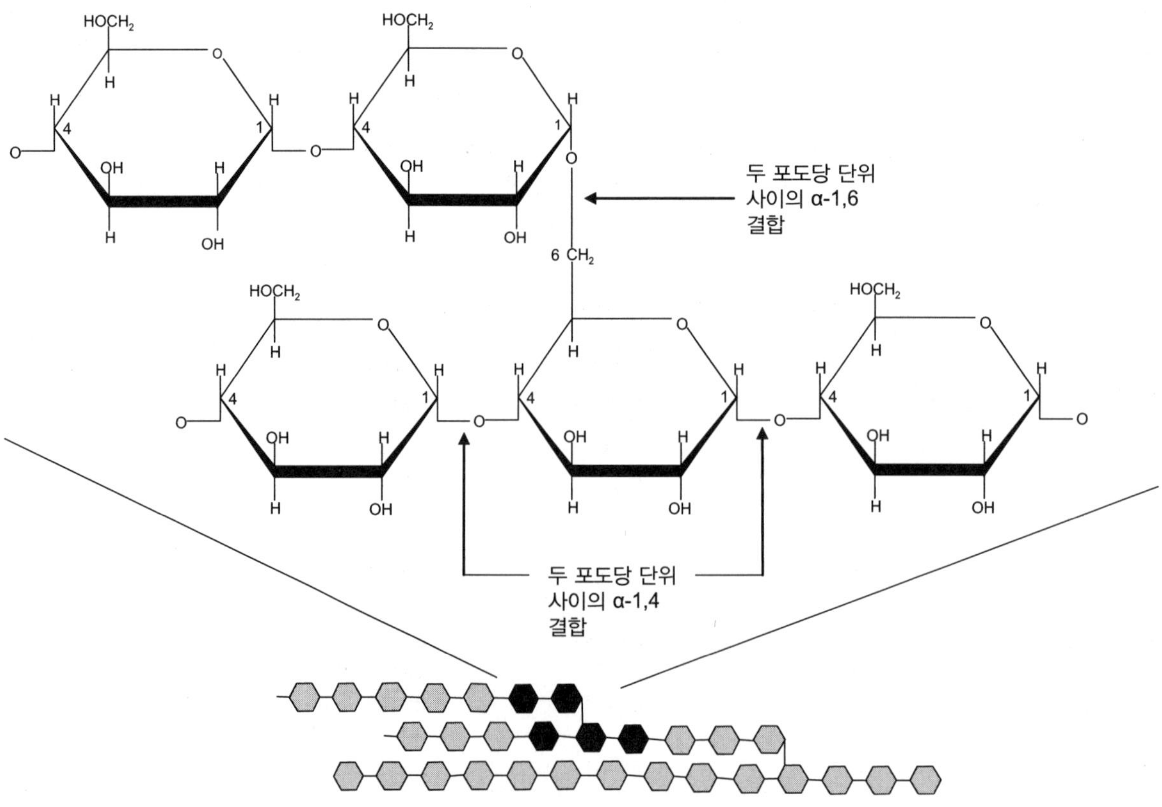

그림 7-4 아밀로펙틴(amylopectin)의 구조

전분은 냉수에는 녹지 않지만 과량의 물에서는 가열하면 팽창한다. 물이 과립의 외층을 관통하고 과립은 파열될 때까지 팽창한다. 아밀로오스와 아밀로펙틴의 일부가 과립에서 침출되어 점성 현탁액을 생성한다. 파열과 팽창의 모든 과정은 젤라틴화로 알려져 있다(Zeng et al., 1997). 일부 선택된 전분원의 젤라틴화 온도 범위는 전분 함량, 평균 과립 크기, 아밀로오스 비율과 함께 **표 7–3**에 나와 있다.

전분 함량은 용해성 당분을 제거하기 위해 미리 에탄올로 추출한 잔류물의 산 또는 효소 가수분해로 측정할 수 있다(Smith, 1981). α–아밀라아제 효소는 전분을 포도당으로 가수분해한다. 포도당 농도는 동등한 전분 농도로 변환된다. 식물에서 전분 측정은 방법 948.02 (AOAC, 2002b)와 방법 920.40 (AOAC, 2002a)에 따른 동물 사료에서 기술된다.

식물에 존재하는 다른 다당류(NSP)는 주로 세포벽의 구조적 성분이다. NSP는 셀룰로오스와 β–글루칸(β–결합을 취하는 포도당 중합체), 헤미셀룰로오스(β–결합으로 연결된 다양한 당), 펙틴, 검류(각각 α–와 β–갈락토스)로 구성된다. NSP는 '식이섬유' 그룹의 주요 부분을 형성하고(**그림 7–5**), 이는 '포유류 효소에 의한 분해에 저항하는 사료 구성'으로 정의된다(Bach Knudsen, 2001). 이들은 수분 결합력에 따라 2가지 범주, 점성 또는 수용성 다당류와 비점성 또는 불수용성 다당류로 분류할 수 있다. 수용성 NSP (펙틴, 검류, 일부 헤미셀룰로오스)는 물과 혼합될 때 분산되며 소화 점도를 증가시킬 수 있다. 불용성 NSP (셀룰로오스와 대부분의 헤

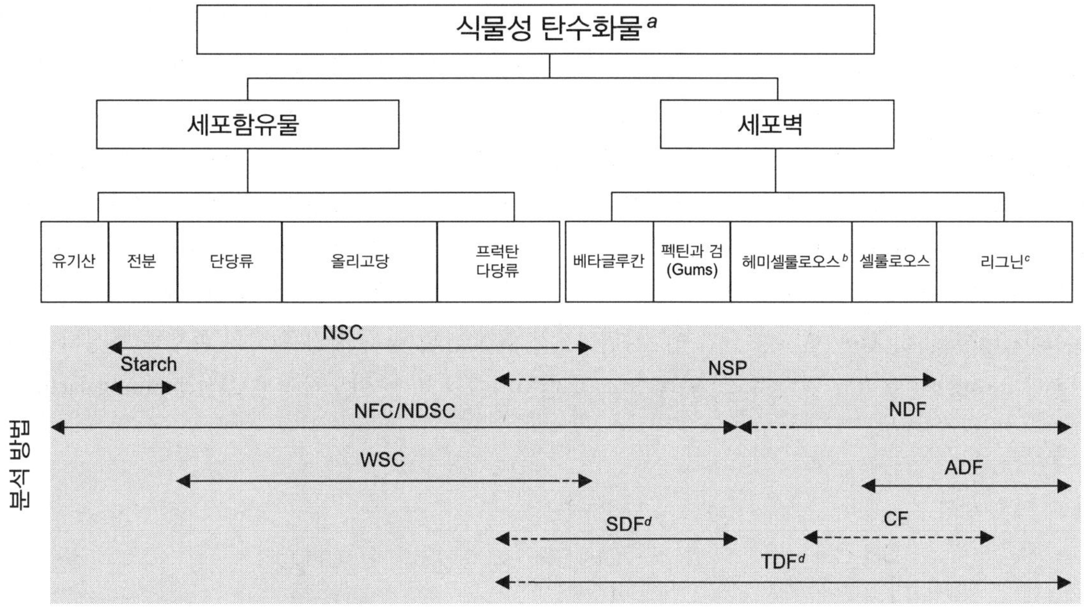

그림 7–5 분석 방법에 따른 탄수화물 종류.
ABBREVIATIONS: ADF = 산성세제섬유(acid detergent fiber); CF = 조섬유(crude fiber); NDF = 중성세제섬유(neutral detergent fiber); NDSC = 중성세제 가용성 탄수화물(neutral detergent soluble carbohydrates); NFC = 비 섬유질 탄수화물(nonfiber carbohydrates); NSC = 비구조 탄수화물(nonstructural carbohydrates); NSP = 비 전분 다당류(nonstarch polysaccharides); SDF = 가용성 식이섬유(soluble dietary fiber); TDF = 총 식이섬유(total dietary fiber); WSC = 수용성 탄수화물(water–soluble carbohydrates). 점선은 화합물의 회수가 불완전할 수 있음을 나타냄.
[a]식물에서 생산되는 탄수화물은 포함되지 않을 수 있음.
[b]일부 헤미셀룰로오스는 중성세제에 용해될 수 있으므로 NDF 분획이 아닌 NFC/NDSC 분획에서 회수됨.
[c]일부 비 탄수화물은 특정 분석 분획의 성분이기 때문에 여기에 포함.
[d]영양학적 관점에서 TDF는 포유류 소화에 저항하는 모든 탄수화물을 포함함. 그러나 TDF(및 SDF)의 분석 방법은 올리고당을 회수하지 못하고 여분의 프럭탄(fructan) 다당류를 회수할 수 있음.

미셀룰로오스)는 이동 속도를 증가시키고 대변 배설 용량 조절을 특징으로 한다(Davidson and McDonald, 1998).

셀룰로오스는 식물에서 가장 풍부한 세포벽 구조의 다당류로, 포도당의 선형 중합체이다. 포도당 단위는 연결이 α형인 전분과 달리 β-로 연결된다(**그림 7-6**). 여러 동물(인간과 어류 포함)은 β-결합을 파괴하는 효소가 부족하여 셀룰로오스를 소화할 수 없다. 반추동물은 적절한 효소를 지닌 박테리아가 장내에 존재하기 때문에 제한적이긴 하지만 셀룰로오스를 소화할 수 있다. 셀룰로오스는 수분 흡수 능력이 뛰어나고 용해도가 매우 낮기 때문에 수산생물의 사료에서 증량제로 사용될 수 있다.

서로 다른 β-결합(1 → 4 결합 외에 1 → 3과 1 → 6)으로 연결된 포도당 단위로 만들어진 다른 다당류는 β-글루칸 또는 혼합되어 연결된 β-글루칸으로 불린다. 셀룰로오스와 달리 수용성이 높고, 그 중 일부는 면역 강화에 도움이 된다(10장 참조). β-글루칸은 귀리와 보리의 배유(endosperm) 세포벽의 주요 성분이고, 라미나린(laminarin), 저분자 β (1 → 3), β (1 → 6) 글루칸은 갈조류의 예비 물질이다(**표 7-2**).

셀룰로오스와 함께 거의 모든 식물에 존재하는 다른 세포벽 다당류는 헤미셀룰로오스군에 속한다. 포도당만 함유된 셀룰로오스와 달리 헤미셀룰로오스는 β-결합으로 연결된 다른 5탄당과 6탄당을 함유한다. 헤미셀룰로오스의 당 단량체에는 포도당과 자일로스, 만오스, 갈락토스, 람노스, 아라비노스(arabinose)가 포함될 수 있으며, 최대 당량의 당 단량체가 존재한다. 헤미셀룰로오스는 짧은 사슬(헤미셀룰로오스의 중합체당 500~3,000개의 당 단위 대 셀룰로오스의 중합체당 7,000~15,000개의 포도당 분자)로 구성된다. 또한 헤미셀룰로오스는 분지형 중합체인 반면에 셀룰로오스는 비분지형 중합체이다. 헤미셀룰로오스는 가용성, 불용성 형태로 존재한다. 아라비녹실란(arabinoxylans)은 옥수수와 밀, 호밀의 주요 NSP이다. 아라비노갈락탄(arabinogalactans)과 갈락토만난(galactomannans)은 콩과 유채, 루핀 같은 코코넛과 콩과 식물의 저장 다당류로 발아의 주요 에너지원으로 전분을 대체한다(**표 7-2**).

펙틴(우론산)과 구아검은 갈락토오스와 포도당 이외의 일부 당을 함유하고 있다. 모두 수용성이다. 구아검은 갈락토오스와 만노스로 구성된다. 골격사슬은 갈락토스 잔기가 2초마다 초당 1 → 6으로 연결되어 짧은 분지를 형성하는 β (1 → 4) 결합 만노스 잔기의 선형 사슬이다. 펙틴 계열에서 갈락토스 잔기는 α (1 → 4) 결합으로 연결된다. 가장 일반적인 펙틴은 β (1 → 4) 결합된 갈락토오스 잔류물의 선형사슬 호모갈락투로난(homogalacturonans), 당류 분지형 잔기(예: 자일로 갈락투로난의 경우 자일로스)의 존재로 특징되는 갈락투로난(galacturonans) 그리고 갈락토오스와 람노스의 골격사슬을 가진 람노갈락투로난(rhamnogalacturonans)

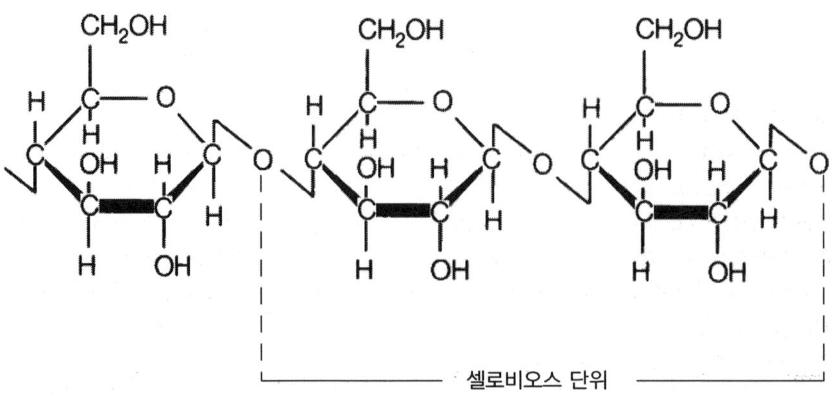

그림 7-6 셀룰로오스(cellulose)의 구조

이다. 많은 람노스 잔기로부터 다양한 중성 당의 측쇄가 분지화된다. 중성 당의 형태와 비율은 펙틴의 기원에 따라 다른데 주로 갈락토스와 아라비노스, 자일로스(xylose)이다(**그림 7-1**). 해조류에서 발견되는 가장 일반적인 껌류 중 하나는 β (1 → 4) 결합 마누론산(mannuronic acid)과 α (1 → 4) 결합 글루쿠론산(glucuronic acid)으로 구성된 선형 중합체인 알긴산이다(**표 7-2**).

식이섬유 성분의 분석방법은 주로 반추동물과 인간을 위해 개발되었다. 기존의 방법은 측정한 분율을 토대로 탄수화물을 분류하는 것으로 이어졌다(**그림 7-6**).

- 조섬유(CF)는 셀룰로오스와 불용성 헤미셀룰로오스, 리그닌(비록 리그닌이 실제 탄수화물은 아니지만)의 합계이다. 리그닌은 셀룰로오스와 헤미셀룰로오스, 펙틴 사이의 식물 세포벽을 채우는 이질적인 복합체로서 다른 식물 다당류와 교차 연결되어 있다.
- 중성세제 불용성 섬유(NDF)는 리그닌과 셀룰로오스, 중성세제 불용-헤미셀룰로오스의 합계이다.
- 산성세제 불용성 섬유(ADF)는 리그닌과 셀룰로오스, 산-불용성 헤미셀룰로오스의 합계이다.

조섬유를 분석하기 위해 시료를 산으로 처리한 다음 알칼리로 처리하여 위액 분비에 따른 소화를 모방한다(방법 962.09; AOAC, 2002c). 이 절차는 아직 구조적, 비구조적 탄수화물의 결정에 오류가 있음에도 불구하고 규제기관에서 사용하고 있다. 가장 중대한 오류는 리그닌과 셀룰로오스, 헤미셀룰로오스의 일부 가용화와 손실에 따른 것이다(Van Soest, 1994). Van Soest 세제 시스템(Van Soest et al., 1991)은 수용성 잔여물의 회수에 따른 수용성 처리를 기본으로 한다. 주된 단점은 수용성 NSP 분획의 손실이어서 기존의 NDF 방법이 수정되었다. NDF는 전분의 오염을 최소화하기 위해 아밀라아제 처리(aNDF)가 되고 NDF에서 오염된 질소를 제거하기 위해 황산나트륨이 사용된다(Mertens, 2002). ADF 분율은 Van Soest and Wine (1967)이 제안한 방법으로 분석할 수 있다. 헤미셀룰로오스는 NDF에서 ADF를 뺀 값으로 추정할 수 있다(Robertson and Van Soest, 1981). 오류를 줄이려면 동일한 샘플의 NDF와 ADF를 순차적으로 분석하는 것이 좋다.

1990년대 초반부터 섬유의 용해성, 불용성 분획을 측정하기 위해 일부 효소-중량법, 효소-화학적 방법이 개발되었다. 총 식이섬유(TDF, **그림 7-6**)는 인산염 완충액에서 배양한 세 가지 효소(열에 안정적인 α-아밀라아제, 프로테아제, 아밀로스 글루코시다아제)를 사용하여 측정한다. AOAC 방법 991.43, 섹션 32.1.17 (AOAC, 1995)에 자세히 기술된 절차는 전분과 단백질의 효소 분해와 지질, 저분자-중량-당분의 추출 과정을 포함한다. 수용성 식이섬유(SDF, β-글루칸과 펙틴, 검류, 헤미셀룰로오스의 가용성 형태)는 TDF에서 NDF를 빼거나(Baer et al., 1997), AOAC 방법(방법 991.43; AOAC, 2002d)으로 추정할 수 있다.

NSP는 또한 전분의 효소 제거와 NSP의 침전, 산 가수분해, 방출된 구성 당의 측정을 포함하는 Englyst 방법으로 알려진 효소 화학 방법으로 측정할 수 있다. 초기 프로토콜에서는 당을 비색법으로 분석했다. 최근의 분석방법에서는 기체-액체 크로마토그래피 또는 고성능 액체 크로마토그래피로 정량화된다(Englyst et al., 1994). 우론산(펙틴)은 비색법으로 분석된다. **표 7-2**에 나와 있는 어류와 새우 사료용으로 선별 성분의 NSP를 효소 화학적 방법을 사용해 정량화하였다(Bach Knudsen, 1997).

식물 탄수화물 외에도 수산생물의 식단에는 갑각류와 곤충의 외골격과 오징어, 문어 등 두족류의 아가미에 β (1 → 4) 결합으로 연결된 N-아세틸글루코사민의 긴사슬 고분자인 키틴이 포함될 수 있다(**그림 7-7**). 키틴은 곰팡이 세포벽의 주요 성분이기도 하며, 특정한 키틴 용해성 효소(키틴분해효소, 키티나제, 라이소자임)가 필요하다.

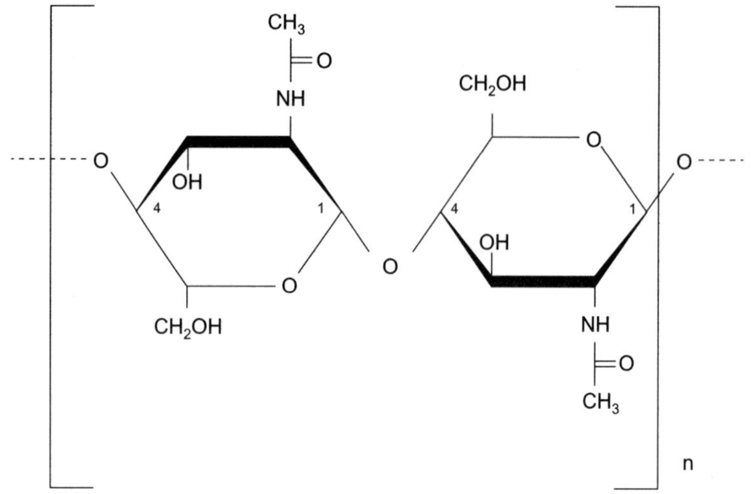

그림 7-7 키틴(chitin)을 구성하는 단위 키토산(chitosan)의 구조

7.2 어류와 새우에 첨가된 비전분성 다당류: 물리학적 결과

일부 유형의 전분은 잘 분해될 수 있지만 어류와 새우의 소화 과정에서 없어지는 NSP가 거의 없다(Krauger-ud et al., 2007; Ovrum-Hansen and Storebakken, 2007). 탄수화물의 화학적 구성과 화학적 결합은 여러 종류의 다당류 사이의 소화율 차이를 설명한다. 전분의 α-글리코시드 결합은 대부분의 어류 종의 소화관에 존재하는 α-아밀라아제로 가수분해될 수 있다. 대조적으로 β-아밀라제와 β-글루카나제, β-만나제, β-자일란 분해효소 같은 NSP의 β-글리코시드 결합을 특이적으로 가수분해하는 소화효소의 존재는 초식성 종을 포함한 어류에서 매우 낮거나 존재하지 않는 것으로 보인다(Rust, 2002). 어류는 또한 갈락토오스의 중합체를 가수분해하는데 필요한 효소 α-갈락토시다아제가 부족하다(Glencross et al., 2003). 셀룰라아제 활성, 셀룰로오스성 미생물군은 인도 주산 잉어와 일부 해양생물을 섭취하는 무척추동물 같은 일부 온대성 어류 종에서 검출되었다(Lindsay and Harris, 1980). Stickney and Shumway (1974)는 민물메기의 셀룰라아제 활성이 어류의 장내 미생물에 기인한다고 보고하였지만, 대부분의 어류 종에서 셀룰라아제는 내인성이 없다는 주장이 제기되었다. 새우(*Macrobrachium rosenbergii*)와 가재(*Cherax quadricarinatus*)를 포함한 갑각류의 위액과 소화관에서 내생 셀룰라아제 활성이 검출되었다(Crawford et al., 2005). 그러나 α-셀룰라아제의 첨가 함량 증가는 가재와 새우의 생존과 성장을 촉진시키지 않으므로 셀룰로오스 가수분해효소의 존재에도 불구하고 셀룰로오스에서 가소화 에너지의 공급이 제한된다(Pavasovic et al., 2006). 스펙트럼의 다른 쪽 끝에서 본질적으로 셀룰라아제 활성과 관련 미생물은 연어에서 발견되지 않았다.

NSP는 소화가 제한적이기 때문에 어류와 새우 영양에서 탄수화물 또는 에너지원으로 작은 역할을 한다. 그중 일부는 프리바이오틱스 또는 펠렛 사료나 분을 안정시키는 점결제로 소량의 양어사료에 첨가된다(10장 참조). 사료 내 높은 함량의 NSP는 점도, 수분 유지 용량과 유기, 무기 분자를 결합하는 능력을 포함하는 물리화학적 특성으로 해로운 영향을 미칠 수 있다. 영양소를 공급하는 대신 초식성 어류뿐만 아니라 육식성 어류에서도 항영양 성분으로 작용하여 다른 영양소의 활용을 감소시킬 수 있다. 일부 NSP는 어분 대체로 사용되는 식물성 원료와 함께 사료에 첨가될 수 있기 때문에(Francis et al., 2001; Gatlin et al., 2007) 최근에는 어류와 새우 사료의 NSP에 관련한 우려가 증가하고 있다. 이 보고서는 주로 수용성, 불용성 NSP가 어류와 새우의 영양소의 소화율과 성장에 미치는 영향에 중점을 두고 있다.

Shiau et al.(1989)은 4가지 용해성 섬유(구아검, 한천, 카라기난, 카르복시메틸셀룰로오스[CMC])와 불용성 섬유(셀룰로오스)가 틸라피아 사료 내 덱스트린의 이용에 미치는 영향을 연구했다. 섬유소가 첨가되지 않은 사료원을 제외하면 사료에는 탄수화물 공급원으로서 30% 덱스트린과 섬유형태의 10%가 함유되어 있다. 증체량은 섬유소가 함유된 틸라피아 사료의 경우 섬유소가 함유되어 있지 않은 사료의 경우보다 훨씬 더 낮았다. 이는 섬유질을 함유한 사료 내 가소화 에너지(DE) 감소의 영향일 가능성이 높다. 덱스트린 소화 과정에서 방출된 포도당의 장 흡수는 공급원과 관계없이 섬유질이 함유된 어류 사료에서 낮게 나타났다. 틸라피아 사료에서 탄수화물 흡수율이 낮다는 것은 덱스트린 소화 또는 포도당 흡수가 섬유질로 지연되었음을 시사한다. 식이섬유가 다른 사료원의 소화율에 미치는 영향은 틸라피아(Amirkolaie et al., 2005), 잉어(Hossain et al., 2001), 대서양연어(Refstie et al., 1999), 무지개송어(Glencross et al., 2003; Ovrum-Hansen and Storebak, 2007), 유럽농어(Dias et al., 1998; Leenhouwers et al., 2004), 아프리카메기(Leenhouwers et al., 2006), 가재(Pavasovic et al., 2006) 등 여러 종을 대상으로 수행한 연구 등에서 확인되었다. 수용성(구아검, 펙틴, 올리고당), 불용성(셀룰로오스) NSP는 모두 10% 이상의 수준으로 유기물의 소화율과 에너지에 악영향을 미쳤다. 대부분의 연구에서 불용성 섬유소에 의한 단백질 소화율은 거의 또는 전혀 영향이 없었지만 수용성 섬유소를 함유할 때 감소하였다. 구아검(guar gum)과 펙틴 같은 수용성 식이섬유는 육상동물의 위에서 처리 속도를 낮추는 것으로 보고되는데, 이는 사료 내 점성때문이다. 어류에서 수용성 섬유소로 유발된 부작용이 위의 처리 속도의 변화 여부 때문인지는 아직 입증되지 않았다. Leenhouwers et al.(2006)은 4~8%의 구아검을 사료에 첨가할 때 아프리카메기에서 장 점도가 증가한 것을 발견했다. 이 연구에서 결과적으로 감소된 소화율은 점성 용액에서 소화효소의 분포 변화와 장내 유속 감소와 관련이 있다고 보고했다. 지질 소화율의 악영향은 지질을 결합하는 섬유질의 능력과 관련 있을 수 있기 때문에 장내 지질 흡수를 감소시키기도 한다.

새우는 보통 탈피한 껍질을 섭취한다고 알려져 있기 때문에 새우 외골격의 주요 구조 성분인 키틴(chitin)을 사료에 추가하면 효과가 있을 수 있다고 추측되어 왔다. 공급의 형태에 따라 새우 종에서 다른 반응이 관찰되었다. 사료 내 5%의 키틴은 얼룩새우(*P. monodon*)의 성장을 강화시켰지만 키토산은 첨가 수준과 무관하게 새우의 성장을 감소시켰다(Shiau and Yu, 1998). Deshimaru and Kuroki (1974)는 사료 내 글루코사민이 보리새우(*M. japonicus*)에서 사료 내 콜레스테롤의 성장 촉진 효과를 억제한다는 점을 관찰했다. 일부 실험은 어류에서도 수행되었는데 틸라피아 또는 송어가 섭취하는 사료에 키틴 또는 키토산을 첨가하면 양과 무관하게 영양소 소화율과 성장이 감소했다(Shiau, 1997; Shiau and Yu, 1999). 반면에 내인성 키틴 분해효소의 존재, 즉 항생제 첨가 시의 활성은 최근 날새기(cobia) 자어의 소화관에서 관찰되었다. 키틴의 ADC 값은 새우 사료 또는 게 사료로 제공되는 3% 또는 10%의 키틴을 함유한 날새기 사료의 67~78% 범위에 속한다(Fines and Holt, 2010).

어류와 새우의 NSP (oligosaccharides, cellulose, CMC, guar gum)의 사용을 평가한 연구에서 NSP가 10%를 초과했을 때 성장률이 감소했다고 보고되었다(Hilton et al., 1983; Shiau et al. 1988; Dioundick and Stom, 1990). 그 결과 NSP의 영양학적 가치를 향상시키기 위한 여러 연구가 수행되었다. NSP에 특정한 탄수화물 분해효소로 섭취한 물질을 처리하면 이전에 사용할 수 없었던 포도당과 갈락토스, 자일로스의 방출을 가능하게 하여 가소화 에너지를 향상시킬 수 있다. 그러나 NSP의 해중합(depolymerization)에는 여러 등급의 효소가 필요하며, 분명한 결과는 관찰되지 않았다. Glencross et al.(2003)은 루핀을 α-갈락토시다제로 처리했을 때 무지개송어의 단백질 소화율이 향상되었다고 보고했지만 질소가 없는 추출물의 소화율은 크게 변하지 않았다. 또한 탄수화물 내성 연구 결과에 따르면 어류가 NSP 소화에 따라 방출될 수 있는 갈락토스와 자일로스 같은 단당류를 견디지 못하는 것으로 나타났다. Stone (2003), Stone et al.(2003a)은 바라문디와 은농어가 복강 내 주사(1 g/kg 체중)하고 24시간 후 순환하는 자일로스와 갈락토스를 혈류에서 제거할 수 없다고 보고하였다. Shikata et al.(1994)에 따르면 잉어에서 0.5 g/kg 무게를 경구 투여한 후 갈락토스의 제거율은 잉어의 당화율보다 낮았다. 갈락토스를 30% 함유한 사료를 섭취함으로써 계속되는 갈락토스 혈증은 사료 섭취량 감소와 성장률 감소, 중간 대사 효소 활성 감소를 동반했다. 연어류에서도 갈락토스의 이용률이 저조한 것으로 보고되었다(Stone, 2003). 곡물의 발효 또한 NSP의 탄수화물 함량을 변경하기 위해 수행되었다. Skrede et al.(2002)은 젖산균(*Lactobacillus*) 균주를 사용하는 보리와 밀의 유산 발효가 혼합된 β-글루칸의 함량을 절반으로 줄이고 대서양연어의 지질과 전분, 에너지 소화율을 증가시키는 것으로 보고하였다. 셀룰로오스 분해균으로 처리된 개구리밥(duckweed leaf meal)이 첨가되었을 때 잉어 자어에서 성장과 사료 효율이 향상되었다. 그러나 Ng et al.(2002)은 *Trichoderma koningii*가 있는 야자 펠렛 사료를 선호하는 것이 생커널박 사료와 비교하여 적색 하이브리드 틸라피아의 소화율과 성장률을 감소시킨다는 것을 발견하였다.

이들 결과는 사료 내 NSP 구성 요소에 특별한 주의를 기울일 필요가 있음을 시사한다. 양어사료의 식물성 단백질 공급원의 사용 증가와 가공 부산물의 증가는 NSP 양의 증가를 초래할 것이다. 단백질이 적거나 적당하게 함유된 사료에는 상당량의 탄수화물이 포함된다. 따라서 NSP의 화학적 특성과 허용 가능한 수준의 NSP를 이해하는 것이 점차 중요해지고 있다.

7.3 전분 소화율

전분 소화율의 정확한 지식은 어류와 새우에 공급되는 포도당의 양을 결정하기 때문에 필요하다. 소화는 전분의 성장을 위한 효율적 이용의 주요 제한 요소이다. 전분 성분은 α-아밀라아제의 작용으로 말토오스로 가수분해되고, 잔여물(맥아당과 단쇄 덱스트린)은 말타아제와 이소말타아제에 따라 추가로 가수분해된다. 이들 효소는 복합적으로 전분의 α-글리코시드 결합을 가수분해하여 포도당을 생성한다. 이 효소는 어류와 새우의 소화관에 존재하며, 활성 수준은 일반적으로 종의 영양 형태와 일치한다. 육식성, 잡식성, 초식성 종에서 저, 중, 고활성이 각각 관찰되었다(Stone, 2003). 예를 들면 Hidalgo et al.(1999)은 텐치(tench)와 도미류, 무지개송어, 장어보다 잉어와 금붕어에서 비교적 높은 아밀라아제 활성을 관찰하였다(제3장 '소화생리학' 참조).

종 내에서 4가지 주요 요인(분자 복잡성과 전분 공급원, 젤라틴화, 사료 내 함량)이 전분 소화율에 영향을 미치고(**표 7-4**; Krogdahl et al., 2005). 탄수화물 공급원의 분자 복잡성이 감소함에 따라 소화율과 흡수율이 증가한다(**표 7-4**; Singh and Nose, 1967; Stone et al., 2003b). α-아밀라아제 활성이 낮은 육식성 종에서도 말토오스와 덱스트린의 외관상 소화율(ADC) 값이 전분보다 높게 나타나고, 각 전분 공급원 간의 소화율 차이는 과립 크기와 아밀로오스, 아밀로펙틴 함량에 기인하며(즉, 전분을 효소적으로 분해하는 능력에 영향을 미치는 인자, **표 7-3** 참조). 밀 같은 중소 과립 크기의 곡물은 전분 과립이 큰 감자보다 연어와 해양 어류, 새우류에서 비교적 높은 전분 소화율을 보인다(**표 7-4**; Hemre et al., 1990; Bergot, 1993; Cousin et al., 1996). 아밀로오스와 아밀로펙틴의 비율은 분지된 아밀로펙틴이 선형 아밀로오스보다 효소 분해에 더 민감하기 때문에 전분 소화율에 영향을 미친다(Bergot, 1993; Cousin et al., 1996; Gaylord et al., 2009). 천연 과립은 아밀라아제에 의해 매우 천천히 분해되고, 전분의 젤라틴화에 따른 결정질 구조의 손실로 아밀로 분해 저하의 감수성을 현저하게 증가시키는 것으로 알려져 있는데 혼합, 가열, 팽창, 압출 등 전분의 젤라틴화로 이어지는 공정을 사료에 적용할 경우 많은 어류와 새우류에서 소화율의 개선이 이루어진다(**표 7-4**). 이 변화는 소화효소에서 요구되는 양을 감소시키기 때문에 특히 아밀라아제 활성이 낮은 육식성 어종에게 사료로 공급하는데 도움이 된다. 부분적 젤라틴화와 전분 소화율 증가는 전체 사료의 압출을 통해서 달성할 수 있다.

표 7-4 어류와 새우 종에 따른 전분의 표면적 소화율 및 섭취량

어종 (*Genus species*)	수온[a]	어체중 (g)	분 수집 방법	탄수화물 원료	사료[b]	사료 내 함량 (g/kg)	ADC (%)	참고문헌
Rainbow trout (*Oncorhynchus mykiss*)	FW 15°C	10–25	Stripping	Potato starch	Moist	200	69	Singh and Nose (1967)
					P	300	65	
						400	53	
						500	38	
						600	26	
				Dextrin		200	77	
						300	74	
						400	60	
						500	50	
						600	46	
	FW 17°C	120	Filtration	Raw maize starch	P			Bergot and Breque (1983)
				50% feeding		310	55	
				100% feeding		310	38	
				Cooked maize starch	P			
				50% feeding		270	90	
				100% feeding		270	87	
	FW 17°C	100	Filtration	Potato starch	P	270	5	Bergot (1993)
				Manioc starch		270	19	
				Rice starch		260	43	
				Wheat starch		260	58	
				Maize starch		280	34	
				Amylomaize starch		260	24	
				Waxy maize starch		270	56	
				Gelatinized maize starch		280	96	
				Extruded maize starch		260	96	
	FW 17°C	230	Filtration	Raw wheat starch	P	271	35	Brauge et al. (1994)
				Wheat starch raw + gelatinized (1:1)		320	73	
				Gelatinized wheat starch		369	81	
	FW 8°C	80	Filtration	Raw maize starch	P	300	45	Aguirre et al. (1995)
	FW 18°C					300	63	
	FW 8°C			Gelatinized maize starch		300	79	
	FW 18°C					300	85	
	FW	100	Stripping	Whole oat	P	140	68	Arnesen and Krogdahl
	10°C			Flaked oat		140	91	(1995)
	FW 8–9°C	700	Stripping	Maize dextrin	P	100	38	Storebakken et al. (1998)
						200	48	
	SW 8–9°C					100	38	
						200	44	
	FW 17°C	38	Filtration	Wheat starch raw + gelatinized (3:1)	Ex	280	78	Yamamoto et al., (2001)

표 7–4 계속

어종 (*Genus species*)	수온[a]	어체중 (g)	분 수집 방법	탄수화물 원료	사료[b]	사료 내 함량 (g/kg)	ADC (%)	참고문헌
Atlantic salmon (*Salmo salar*)	SW 8°C	145	Stripping	Whole oat	P	70	61	Arnesen et al. (1995)
						90	50	
						120	43	
						140	30	
						160	33	
	SW 7.3°C	1900	Dissection	Precooked maize	Ex	60	80	Krogdahl et al. (1999)
						170	39	
	FW 9°C	200	Stripping	Gelatinized maize	Ex	70	90	Krogdahl et al. (2004)
						230	60	
	SW 9°C					70	83	
						230	56	
	SW 10.2°C	80	Stripping	Wheat starch	Ex	105	88	Grisdale-Helland and Helland (1997)
						145	82	
						161	78	
						213	75	
	SW 7–8°C	940	Stripping	Wheat starch	Ex	120	72	Storebakken et al., (2000)
	SW 10°C	275	Stripping	Potato starch	Ex	80	62	Hillestad et al. (2001)
						120	54	
						180	46	
	SW 8°C	500	Stripping	Rye flour	Ex	120	51	Thodesen and Storebakken (1998)
						15	53	
						130	53	
						160	54	
Cod (*Gadus morhua*)	SW	150	Dissection	Raw wheat meal	P	200	45	Hemre et al. (1990)
				Cooked wheat meal		200	59	
				Extruded wheat		200	62	
				Extruded potato		200	46	
	SW 8°C	200	Dissection	Extruded wheat	Ex	70	95	Hemre et al. (2003)
						180	92	
Atlantic halibut (*Hippoglossus hippoglossus*)	SW 10–12°C	1000	Stripping	Extruded wheat	Ex	90	83.0	Grisdale-Helland and Helland (1998)
						170	55.0	
Turbot (*Psetta maxima*)	SW 16°C	110	Settling	Gelatinized wheat	P	144	82	Burel et al. (2000)
European sea bass (*Dicentrarchus labrax*)	SW 25°C	28	Settling	Raw starch	P	250	66	Peres and Oliva-Teles (2002)
				Raw + gel starch		250	85	
				Gelatinized starch		250	98	
	SW 18°C	15	Settling	Gelatinized starch	P	100	97	Moreira et al. (2008)
						200	94	
						300	91	
	SW 25°C			Gelatinized starch	P	100	98	
						200	95	
						300	94	

표 7-4 계속

어종 (*Genus species*)	수온[a]	어체중 (g)	분 수집 방법	탄수화물 원료	사료[b]	사료 내 함량 (g/kg)	ADC (%)	참고문헌
Silver perch (*Bidyanus bidyanus*)	FW 24°C	2.7	Settling	Raw wheat starch	P	300	76	Stone et al. (2003a,b)
				Raw + Gelatinized 75:25		300	73	
				Raw + Gelatinized 50:50		300	79	
				Raw + Gelatinized 80:20		300	89	
				Raw wheat starch		600	41	
				Raw + Gelatinized 75:25		600	48	
				Raw + Gelatinized 50:50		600	58	
				Raw + Gelatinized 80:20		600	70	
		16	Settling	Raw pea starch	P	300	76	
				Raw wheat starch		300	90	
				Gelatinized wheat starch		300	98	
				Dextrin		300	99.7	
				Maltose		300	99.7	
				Glucose		300	99.8	
Common carp (*Cyprinus carpio*)	FW 25°C	180	Filtration	Flaked wheat	P	300	99	Médale et al. (1999)
	FW 25°C	45	Filtration	Wheat flour + gelatinized starch (3:1)	Ex	280	89	Yamamoto et al. (2001)
Tilapia (*Oreochromis niloticus* × *O. aureus*)	FW 24°C	6	Siphoning	Raw corn starch	P	310	92	Shiau and Liang (1994)
						470	86	
	FW 28°C	8	Filtration	Raw wheat starch	P	280	96	Kaushik et al. (1995)
						420	92	
						550	82	
						660	71	
Pacific white shrimp (*Litopenaeus vannamei*)	SW 27°C	21	Siphoning	Raw maize starch	P	350	85	Cousin et al. (1996)
				High amylose maize starch		350	63	
				Waxy maize starch		350	85	
				Gelatinized maize starch		350	94	
				Gelatinized waxy maize starch		350	96	
				Raw potato starch		350	72	
				Gelatinized potato starch		350	93	
				Raw wheat starch		350	92	
	SW 27°C	15	Siphoning	Wheat flour	P	360	78	Rivas-Vega et al. (2006)
				Raw cowpea		150	77	
				Cooked cowpea		150	83	
				Extruded cowpea		150	82	

[a]Temp, 수온; FW, 담수; SW, 해수.
[b]P, 펠렛사료; Ex, 배합사료.

사료 내 전분 함량이 증가하면 전분 공급원과 무관하게 거의 모든 어류와 새우류에서 소화율이 감소되는 것이 관찰된다(**표 7–4**). Stone (2003)에 따르면 탄수화물의 소화율 감소는 사료 내 함량이 증가할 때 기질로 포화상태가 되는 소화효소의 과부하 때문인 것으로 나타났다. 기질에 따른 효소 포화의 한계점은 틸라피아(Wang et al., 1985)와 잉어(Appleford and Anderson, 1996), 흰다리새우(Cuzon et al., 2004) 등의 탄수화물 소화율 수준이 종마다 다른데, 유의적으로 영향을 미치지 않는다는 것을 시사한다. 어류와 새우 종간 또는 탄수화물 공급원 사이의 다양성이 높기 때문에 사료를 조성할 때 탄수화물 소화율의 고려는 절대적인 전제 조건이다. Hua and Bureau (2009)는 무지개송어와 대서양연어를 대상으로 수행한 26편의 연구논문 결과를 종합하여 전분의 가소화 변화를 설명하고 연어 사료의 가소화 전분 함량을 추정하는 분석방법을 구축했다. 이 분석방법은 원료와 젤라틴화 전분의 소화율이 크게 다르며 사료 내 첨가 함량에 따라 부정적인 영향을 받는다는 것을 확인하였다. 이 분석방법은 물의 온도가 전분 소화율에 긍정적인 효과가 있는 것으로 관찰되었는데, 이는 젤라틴화된 전분보다 생전분에서 높게 나타났다. 따라서 무지개송어가 대서양연어보다 더 효율적으로 전분을 소화할 수 있는 것으로 보인다. 분 수집 방법은 여러 연구에서 보고된 전분 소화율의 다양성에 크게 기여하는 것으로 나타났다.

7.4 포도당의 대사 경로

포도당은 소화된 탄수화물의 주요 생성물로 과당과 갈락토오스, 자일로스 같은 다른 단당류가 존재한다.

소화로 방출되는 포도당의 흡수는 효율적이고(> 92%, Singh and Nose, 1967; Furuichi and Yone, 1981), 모든 어류와 새우의 혈당 수치를 증가시킨다(**표 7–5**). 혈당 피크(blood glucose peak)의 강도는 사료 내 소화성 탄수화물의 양에 따라 증가한다(Bergot, 1979; Brauge et al., 1995a; Stone et al., 2003a). 포도당 축적률과 제거율은 탄수화물의 복잡성, 포함 수준과 관련이 있는 것으로 보인다. 전분과 덱스트린 같은 복잡한 탄수화물은 소화되어 혈류에 흡수되기까지 일반적으로 말토스와 포도당보다 오랜 시간이 걸린다. 온혈 초식동물과 잡식성 어류는 냉수 육식성 어류보다 혈당 상승 시간이 더 짧은데(**표 7–5**), 이는 정맥주사를 이용한 포도당 축적 실험으로 관찰되었다. 예를 들면 Legate et al.(2001)은 250 mg/kg 체중의 정맥 내 포도당 주사가 무지개송어와 눈동자개(black bullhead catfish)에서 혈당(기준치의 + 250%)을 비슷하게 증가시켰지만 기저 수준으로 복귀에는 눈동자개에서 30분, 무지개송어에서 24시간이 소요되었다. 포도당 축적 반응('포도당 내성 시험'이라고도 함)에 근거하여 경골어류는 혈류에서 포도당 제거율이 느리기 때문에 일반적으로 포유류에 비해 포도당에 과민한 것으로 간주된다(Moon, 2001).

수산 종 간의 혈당 조절 차이와 지속적인 고혈당증을 설명하기 위해 많은 가설이 제시되었다. 이들 가설에는 인슐린 분비 자극제로서 포도당의 비효율성, 근육 내 인슐린 수용체의 수가 적거나 낮은 반응성(Parrizas et al., 1994), 근육 내 포도당 전달체의 부재(Wright et al., 1998), 포도당의 추가적인 대사 활용에 필수적인 제한된 포도당 인산화 용량(Cowey and Walton, 1989), 포도당신생합성(gluconeogenesis)을 통한 포도당의 내생성 생산의 부적절한 조절(Panserat et al., 2000a, 2001)을 포함한다.

7.4.1 인슐린: 순환 수준과 수용체

지속적인 고혈당의 초기 가설은 탄수화물 섭취 대비 인슐린 수치가 어류의 혈당 조절에 너무 낮거나 비효율적이라는 데 근거하였다(Palmer and Ryman, 1972). 어류의 인슐린 측정을 위해 특별히 개발된 방사성 면역측

표 7–5 다양한 탄수화물의 경구, 복강 내 또는 정맥 투여 시 혈당에 미치는 영향

어종	탄수화물 원료	투여	투여량 (g/kg BW)	기저 혈당 (mM)	혈당 피크 (mM)	피크(peak)까지 소요시간 (hours after administration)	기저수준 회귀 (hours after administration)	참고문헌
Atlantic salmon (*Salmo salar*)	Glucose	IP	1.0	5.0	15	3	> 72[a]	Hemre et al. (1995)
Rainbow trout (*Oncorhynchus mykiss*)	Glucose	IV	0.25	6.2	21.9	—	24	Legate et al. (2001)
American eel (*Anguilla rostrata*)	Glucose	IV	0.25	9.3	32.6	—	1	Legate et al. (2001)
Gilthead sea bream (*Sparus auratus*)		IP	1.0	3.8	20	3	24	Peres et al. (1999)
European sea bass (*Dicentrarchus labrax*)		IP	1.0	3.6	15.5	6	24	
Asian sea bass (*Lates calcarifer*)		IP	1.0	4.2	10.2	8	16	Stone (2003)
Red sea bream (*Pagellus bogaraveo*)		O	0.2	2.6	9.8	2	> 5[a]	Furuichi and Yone(1981)
Yellowtail (*Seriola lalandi*)		O	0.2	6.1	10.8	3	> 5[a]	
Turbot (*Scophthalmus maximus*)		IP	0.1	4.5	13.8	3	> 24[a]	Garcia Riera and Hemre (1995)
White sturgeon (*Acipenser transmontanus*)	None (sham)	O	0	3.9	4	—	—	Deng et al. (2001)
	Glucose	O	0.1	3.9	10.2	6	24	
	Maltose	O	0.1	3.9	8	6	24	
	Maize dextrin	O	0.1	3.9	6.7	6	15	
	Maize starch	O	0.1	3.9	5.3	6	15	
Hybrid tilapia (*Oreochromis niloticus* × *Oreochromis aureus*)	Maize starch	O	2.5	2.2	4.4	3	6	Shiau and Chuang (1995)
	Glucose	O	2.5	2.2	6.6	2	6	
	Maltose	O	2.5	3.1	4.9	3	6	
	Sucrose	O	2.5	3.0	4.6	4	6	
	Glucose	IP	1.0	4.3	15	2	4	Stone (2003)
Common carp (*Cyprinus carpio*)	Glucose	O	1.7	2.2	10	1	5 5	Furuichi and Yone(1981)
	Dextrin	O	0.2	2.6	9.4	1		Stone (2003)
Channel catfish (*Ictalurus punctatus*)	Glucose	O O	1.7	3.7	9.8	3	> 6[a]	Wilson and Poe(1987)
	Dextrin	O	0.8	3.4	3.8	< 1	< 1	Ng and Wilson(1997)
	Glucose		0.8	3.3	4.8	1	> 6[a]	
Black bullhead catfish (*Ameiurus melas*)	Glucose	IV	0.25	3.4	12.3	—	0.5	Legate et al. (2001)
Silver perch (*Bidyanus bidyanus*)	Glucose	IP	1.0	3.4	22.2	1	12	Stone et al. (2003a)
	Glucose	IP	2.0	4.8	30.2	3	24	
	Glucose	IP	4.0	4.8	30.7	3	> 24[a]	

[a]혈당이 기저 수준에 도달하기 이전에 실험이 종료되었음.

정법(radioimmunoassays)은 어류의 인슐린 수치(0.2~5 nmol/L)가 포유류에서 발견된 것보다 동일하거나 더 높은 것으로 나타났다. 고혈당을 유도하는 가소화 탄수화물 섭취는 인슐린 순환 수준의 증가를 유도하지만(Mommsen and Plisetskaya, 1991; Blasco et al., 1996; Capilla et al., 2003, 2004a), 가소화 탄수화물 섭취의 인슐린 반응 정도는 어종에 따라 다르다(Krogdahl et al., 2004).

in vivo와 in vitro 접근법을 결합시킴으로써 무지개송어의 인슐린이 신호 전달 경로를 활성화하고 간 표적 유전자의 발현을 조절하는 본질적인 능력을 보유한다는 것이 최근 입증되었다(Plagnes –Juan et al., 2008). 간 조직에서 인슐린 수용체의 수가 적으면 포유류에 비해 상대적으로 인슐린 저항성에 기여할 수 있다(Navarro et al., 1999). 인슐린 수용체는 어류의 주요 인슐린 반응 조직(즉, 백색근육, 간, 지방 조직, Navarro et al., 1999)에서 발견되었다. 인슐린 결합과 타이로신인산화효소 활성의 상향 조정은 각각 인슐린 첨가와 탄수화물이 풍부한 사료를 섭취한 그룹에서 관찰되었다(Parrizas et al., 1994; Baños et al., 1998; Capilla et al., 2003a, 2004a). 그러나 무지개송어와 브라운송어의 골격근에서 발견되는 수용체 수(친화도 크로마토그래피로 반감됨)는 동일한 실험 절차를 사용하는 포유류에서 발견된 수용체 수보다 낮게 나타났다(Gutiérrez and Plisetskaya, 1991). 틸라피아와 잉어의 근육 수용체 수는 포유류보다 낮지만(Parrizas et al., 1994), 연어류보다 높아 Navarro et al.(1999)은 근육 인슐린 수용체 수가 어류의 먹이 선호도와 일치한다고 결론지었다. 인슐린은 포도당 항상성의 조절에서 글루카곤(glucagon)과 함께 작용한다(Puviani et al., 1990). 내분비 췌장의 세포에서 분비되는 글루카곤은 글리코겐 분해성, 고혈당 성호르몬으로 잘 알려져 있다. 어류에서 글루카곤의 순환 수준은 쥐와 사람보다 높으며 수용체 친화성이 낮기 때문에 호르몬의 생리적 효과가 반드시 결핍을 반영하는 것은 아니다(Sundby et al., 1991; Navarro et al., 1999). 인슐린과 글루카곤, 글루카곤 유사 펩타이드의 관계는 어류에서 정의되어야 한다. 다른 호르몬도 혈장 포도당 수치를 변화시킬 수 있고, 기타 다른 호르몬에는 인슐린 유사 성장인자(IGF)와 성장호르몬, 소마토스타틴(somatostatins), 코티솔이 포함될 수 있다.

인슐린, 인슐린 유사 성장인자 펩타이드의 존재는 갑각류에서 보고되었다. 바닷가재(Homarus americanus)의 간장에서 인슐린 면역 활성 펩타이드 성분이 확인되었다(Sanders, 1983a). 이 성분은 근육세포에서 글리코겐 합성을 자극하는 것으로 관찰되었다(Sanders, 1983b). 타이로신인산화효소 인슐린 유사 수용체는 간췌장과 얼룩새우(Lin et al., 1993)와 보리새우(Chuang and Wang, 1994)의 근육에서 특징지어졌다. *Penaeus*속을 대상으로 한 인슐린의 주요 구조는 아직 알려지지 않았기 때문에 최근 소(bovine)의 인슐린(경구 또는 복강 내 주사)을 사용하여 수행되었다. Gutierrez et al.(2007)과 Gonzales et al.(2010)은 소 인슐린이 혈액에서 포도당 수치를 변화시키고 간췌장과 아가미, 근육의 글리코겐 함량을 증가시킴으로써 새우의 인슐린 경로 기능을 제안했다. Verri et al.(2001)에 따르면 갑각류 고혈당 호르몬(CHH)은 체액의 포도당 수준이 낮을 때 간췌장과 근육 글리코겐 저장고에서 포도당을 동원하여 포도당 항상성을 조절하는 데 중요한 역할을 한다고 보고하였다.

7.4.2 포도당 수송

일단 혈류로 들어가면 소화로 발생하는 포도당은 주로 촉진 포도당 전달 물질을 통해 세포막을 가로질러 이동한다(Pilkis and Granner, 1992). 세포 내부의 포도당 수송은 모든 유기체에서 포도당 이용의 첫 번째 단계이다. 분자 연구에 따르면 포도당 수송체 1(GLUT1, 유비쿼터스 수송체)과 포도당 수송체 2(GLUT2, 장에서 혈액과 간세포 사이의 고농도 포도당이 이동하는데 관여하는 운반체), 포도당 수송체 4(GLUT4, 인슐린에 민감한 전달체)의 존재를 증명했다(Wright et al., 1998; Planas et al, 2000; Krasnov et al., 2001; Capilla et al., 2002). 어류 GLUT2와 GLUT4는 포유류의 동일한 전달체보다 포도당 친화력이 낮은 것이 특징인데, 이는 가소화 탄수화물을 함유한 사료를 섭취하는 어류에서 관찰되는 지속성 식후 고혈당을 부분적으로 설명할 수 있다(Krasnov et al., 2001; Capilla et al., 2002, 2004b; Diaz et al., 2007). 탄수화물의 포도당 전달체 조절에 관한 향후 추가 연구가 필요하고, 갑각류의 GLUT 단백질은 아직 연구되지 않았다.

7.4.3 포도당 대사 경로

호기성 조건에서 포도당은 해당 경로와 트리카르복실산 순환, 호흡 연쇄를 통해 ATP 생성을 일으키거나 또는 지질 생합성에 필요한 NADPH 생산을 유도하는 오탄당 인산 경로와 뉴클레오타이드 합성에 필요한 리보오스 5 인산염을 통해 대사작용으로 분해된다. 과도한 포도당은 글리코겐 합성을 통해 글리코겐으로 저장되거나, 지질로 전환되거나, 배설될 수 있다. 운동 중 어류 근육에 우세한 혐기성 조건 하에서 피루브산은 젖산염으로 전환되는데, 이 경로에 관여하는 모든 효소는 어류와 새우에서 확인되었다(Knox et al., 1980; Cowey and Walton, 1989). 이러한 경로의 규제에 관한 어류 영양소 요구량(NRC, 1993)과 관련한 저서가 발간된 이후 얻은 지식을 요약하면 아래와 같다.

포도당 인산화를 통한 포도당-6-인산 생성

세포에서 포도당을 이용하는 첫 단계는 포도당이 헥소키나아제(HK)가 매개하는 포도당-6-인산으로 인산화하는 것이다. 포유류에서 4개의 헥소키나아제 동질 효소가 기술되었다. 조직 분포가 다른 3가지(HK I-III)는 포도당 친화력이 상대적으로 높고 고농도 포도당-6-인산에 저해된다. 헥소키나제 I~III의 기능은 혈당치가 낮을 때에도 당분해 경로에 포도당이 제공되도록 하는 것이다. 글루코키나아제(GK; EC 2.7.1.2) 또는 헥소키나아제 IV로 알려진 네 번째 헥소키나아제는 포도당 친화력이 낮고 포도당-6-인산 억제력이 감소하는 것이 특징이다(Printz et al., 1993). 다른 헥소키나아제와 달리 글루코키나아제의 기능은 식후에 혈중 포도당을 제거하는 것이다. 글루코스 내성 시험 후 또는 소화성 탄수화물의 고농도 섭취 후 어류에서 관찰된 고혈당증은 HK에 따른 제한된 글루코스 인산화 또는 유도성 간 GK 발현의 부재로 야기될 수 있다고 보고되었다(Nagayama et al., 1973; Nagayama and Ohshima, 1974; Cowey et al., 1977; Walton and Cowey, 1982; Shiau, 1997).

이후 생화학적, 분자적 분석은 이 가설을 반박했다. 지금까지 조사된 모든 어종에서 헥소키나아제와 글루코키나아제의 발현과 활성이 검출되었다(Borrebaek et al., 1993; Tranulis et al., 1996, 1997; Panserat et al., 2000b; Soengas et al., 2006). 비록 낮은 K_m HK (HK I-III)의 활동은 영양학적으로 조절되지 않는 것으로 보이지만(Kirchner et al., 2005; Enes et al., 2006,2008a,b; Moreira et al., 2008), 사료 내 탄수화물은 GK 활성과 유전자 발현 모두의 변화를 촉진한다는 사실이 밝혀졌다(Caseras et al., 2000; Borrebaek and Christophersen, 2001; Panserat et al., 2000c; Borrebaek et al., 2003; Capilla et al., 2003; Meton et al., 2003; Enes et al., 2006, 2008b). 간 GK 활성은 사료 내 가소화 탄수화물의 존재에 따라 증가하며 혈장 인슐린 수치와 무관한다. 예를 들면 유럽농어와 귀족도미에서 간의 GK 활성도가 10~20%의 상당한 증가가 관찰되었지만(Enes et al., 2006,2008a; Moreira et al., 2008), 탄수화물량이 20%에서 30%로 증가함에 따라 유럽농어 간장에서 GK 활성이 더는 증가하지 않았다. Moreira et al.(2008)은 20% 가소화 전분이 이 종의 포도당 대사 이용에서 허용 한계치에 근접한다고 제안하였다.

새우의 포도당 대사 관련 지식은 다소 제한적이다. Cuzon et al.(2004)에 따르면 전분 소화로 방출되는 포도당 섭취는 흰다리새우가 밀 전분 40%를 함유한 사료를 섭취했을 때 최대 8~9 mM까지 혈당 수치가 증가하였다. 포도당은 포도당-6-인산으로 인산화되어 어류의 대사 경로와 유사한 대사 경로로 들어간다. 탄수화물에 대한 헥소키나아제의 반응은 탈피 단계에서 달라지는 것으로 나타났다(Gaxiola et al., 2005).

해당 과정(Glycolysis)

당분해는 다른 동물과 마찬가지로 어류에서 포도당 대사의 주요 경로이며 포도당 1분자가 피루브산의 2분자로 점진적으로 산화되는 것이다(**그림 7-8**). 헥소키나아제 외에 2가지 효소가 당화 경로의 규제를 조절한다. 6-포스포프럭토-1-인산화효소(PFK-1, EC 2.7.1.11)는 과당-6-인산염을 과당-1,6-이중 인산으로 촉매하는 효소로, 인산염의 마지막 단계인 해당 과정(glycolysis)을 촉매로 하는 phosphoenolpyruvate을 피루브산으로 변환시킨다. 어류 조직 중 PFK-1의 가장 높은 활성 수준은 골격근에서 관찰된다. 포유류와 마찬가지로 저탄수화물, 고단백 사료를 섭취한 어류보다 고탄수화물, 저단백질 사료를 섭취한 어류에서 더 높은 간 PFK-1 활성이 발견되었다(Fideu et al., 1983; Walton, 1986; Baanante et. al., 1991; Meton et al., 1999, 2000). 공급 빈도는 하이브리드 틸라피아(*Oreochromis niloticus* × *O. aureus*)에서 간 PFK-1 활성에 상당한 영향을 미치는 것으로 보고되었다(Tung and Shiau, 1991). 포도당 또는 전분이 함유된 사료를 섭취한 하이브리드 틸라피아에서 간 PFK-1 활성의 차이는 관찰되지 않은 반면에(Lin and Shiau, 1995). 잉어에서는 사료에 30% 갈락토오스를 첨가했을 때 PFK-1 활성이 감소하였다(Shikata et al., 1994).

어류에서 간 포도당 대사의 영양적 조절에 대한 리뷰(Enes et al., 2009)는 탄수화물 공급원과 함량에 따른 PK 활성 조절에 관한 연구 결과의 불일치를 확인했다. 유럽농어에서는 포도당이 전분보다 높은 PK 활성을 나타

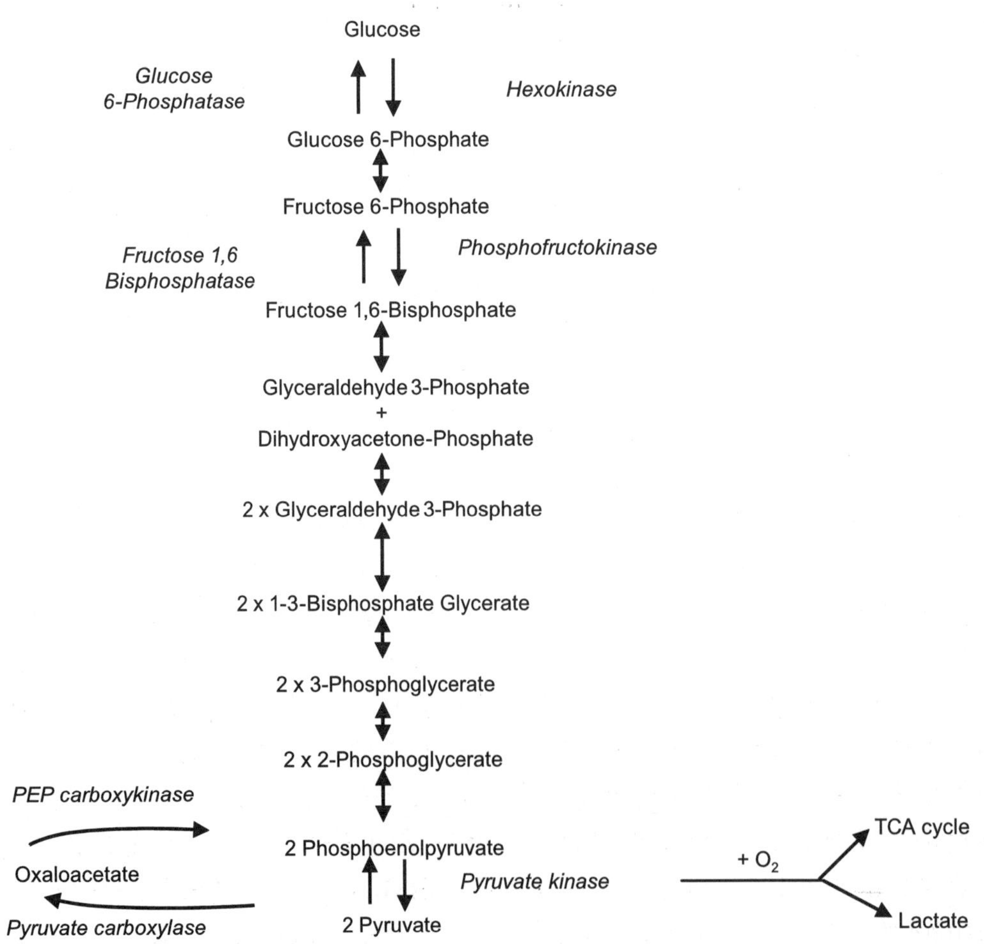

그림 7-8 해당 과정 및 포도당 생성

냈고, 반면에 금붕어(*Carassius auratus*)와 종어(*Leiocassis longirostris*)의 경우 어류가 포도당, 덱스트린 또는 전분을 함유한 사료를 섭취했을 때 PK 활성이 유사했다(Tan et al., 2006). 잉어에서는 30% 전분이나 포도당을 이용한 사료 첨가제가 간 PK 활성에 영향을 미치지 않았다(Shikata et al., 1994). 일부 연구는 탄수화물 함량과 무관하게 PK 활성도가 변하지 않는 것으로 나타났으며, 많은 연구에서 다른 어종의 탄수화물 함량에 따른 PK 활성의 유도를 밝혀냈다.

당분해 경로의 영양 조절을 관찰한 최근의 연구는 탄수화물 섭취에 따른 지속성 고혈당이 이 경로의 비효율적인 핵심 효소 조절로 발생하지 않는다고 보고하였다. 어류에서 ^{14}C−포도당으로 수행된 실험은 투여된 포도당의 대부분이 대사작용에 따라 분해되는 것으로 나타났다(Brauge et al., 1995b; Garcia−Riera and Hemre, 1996; Hemre and Kahrs, 1997; Hemre and Storebakken, 2000). 실험기간 포도당 산화율은 포유류에 비해 낮은 것으로 관찰되었는데(최소 2배 이상), 이는 포유류에 비해 어류의 체온 저하에 관련된 대사율이 낮기 때문인 것으로 추측된다. 다른 실험에서는 포도당이 실제로 근육과 뇌에서 연료로 사용되었다(Johnston and Goldspink, 1973; Soengas and Aldegunde, 2002).

현재 조사 중인 하나의 가설은 지속적인 고혈당의 원인이 될 수 있는 포도당 신생합성을 통한 포도당의 내인성 생산과 관련이 있다.

포도당 신생합성

포도당 신생합성은 α−케톤산(당생성아미노산의 이화작용에서 파생)과 글리세롤(트리아실글리세롤의 가수분해에서 파생), 젖산 같은 기질을 사용하는 일련의 대사 과정을 포함한다(Walton and Cowey, 1982; Suarez and Mommsen, 1987; Cowey and Walton, 1989). 포스포에놀피루브산 카르복시키나아제(PEPCK: phosphoenolpyruvate carboxykinase), 과당−1,6−이중인산(FBPase)와 포도당−6−인산가수분해효소(G6Pase)는 포도당 신생합성을 조절하는 주요 효소이다. 쥐에서는 탄수화물이 이러한 효소의 발현과 활성을 억제한다(Pilkis and Granner, 1992). 무지개송어 간세포 1차 배양에서, 배지 내 포도당(10 mmol/L)이 존재해도 알라닌에서 포도당 신생합성을 변형시키지 않았다. 어류의 포도당 신생합성 효소의 영양과 호르몬 조절에 관한 자료가 Enes et al.(2009)의 연구에서 조사되었다. 잉어에서는 가소화 탄수화물의 섭취가 PEPCK과 FBPase, G6Pase의 유전자 발현 또는 활성 감소를 초래한 반면에(Panserat et al., 2002), 대서양연어와 무지개송어, 귀족도미, 유럽농어는 가소화 탄수화물 섭취 후 간에서 이들 효소의 변형은 관찰되지 않았다(Tranulis et al., 1996; Panserat et al., 2000a, 2001; Caseras et al., 2002; Enes et al., 2008c; Moreira et al., 2008). 또한 내장과 신장 같은 간 조직에서 FBPase의 발현 수준이 높았는데, 이는 탄수화물의 포도당 신생합성 조절이 부족하기 때문에 어류에서 내생 포도당 생산량이 지속적으로 높다는 것을 시사한다. 이러한 조절 부족은 특히 연어류와 해양 어종의 사료에서 포도당 신생합성 생성 아미노산이나 지방산의 높은 함량과 관련이 있을 수 있다. 이 가설은 저단백질 사료를 섭취한 무지개송어의 간에서 PEPCK와 G6Pase의 낮은 발현이 더 뒷받침된다(Kirchner et al., 2003).

포도당의 글리코겐 합성과 수송

포도당은 글리코겐 합성효소(GSase: glycogen synthase)로 촉매되는 합성 과정을 통하여 글리코겐으로 저장될 수 있다. 송어 간세포 연구로 글리코겐 합성(글리코겐 생성)과 분해(GPase로 촉매된 글리코겐 분해)가 체외에서 동시에 활성화한다는 결과가 보고되었다(Pereira et al., 1995). GSase와 GPase는 모두 인산화와 탈인산화 반응을 통해 조절된다. GSase의 인산화는 글리코겐 합성의 불활성화를 일으키는 반면에 GPase의 인산화는 글리코겐의 활성화와 그에 따른 분해를 수행한다. 인산화는 아데닐사이클라아제(adenyl cyclase)의 활성화로 일어나고, 아데닐 사이클라아제는 세포 내 cAMP의 형성을 증가시키며, 결합을 통해 단백질 인산화효소를 활성화한다. 이 조절은 호르몬 통제하에 있는데 글루카곤/인슐린 비율, 에피네프린, 노르에피네프린의 역할이 어류에서 증명되었다(Moon et al., 1999). GSase의 발현과 활성에 미치는 탄수화물의 영향에 관한 연구는 거의 수행되지 않았다.

백색 근육에 존재하는 글리코겐 보유량은 모든 어종을 통틀어서 매우 낮게(0.4~2 mg/g) 나타난다. 심장에는 3~9 mg/g, 뇌에는 약 3.5 mg/g이 함유되어 있다(Soengas et al., 1996; Kaushik, 1999). 간은 어류에서 글리코겐 저장의 주요 부위이다. 간 글리코겐 농도는 200 mg/g까지 도달할 수 있으며 사료(**표 7-6**, **표 7-7**)와 수온 같은 다른 요소와 함께 종에 따라 다르다(Hemre et al., 2002). 간 글리코겐 저장을 감소시키는 공복 기간 이후에 사료를 공급하면 간 글리코겐 함량이 증가한다(**표 7-6**). 일부 연구에서는 사료에서 가소화 탄수화물의 농도

표 7-6 절식과 사료공급에 따른 클리코겐 함량 변화

어종(*Genus species*)	사료공급 유무	기간	글리코겐	참고문헌
Atlantic salmon (*Salmo salar*)	Fed	7 weeks	20.2	Sundby et al. (1991)
	Fasted	7 weeks	14.8	
Brown trout (*Salmo trutta fario*)	Fed	30 days	39	Navarro et al. (1992)
	Fasted	8 days	9	
	Fasted	30 days	9	
	Fasted	50 days	6	
Common carp (*Cyprinus carpio*)	Fed	10 days	85	Nagai and Ikeda (1971)
	Fasted	2 days	122	
	Fasted	4 days	107	
	Fasted	10 days	88	
	Fasted	15 days	111	
	Fasted	22 days	107	
	Fasted	110 days	16	
Hybrid tilapia (*Oreochromis niloticus* × *Oreochromis aureus*)	Fed	8 weeks	102	Hsieh and Shiau (2000)
	Fasted	1 week	89	
	Fasted	2 weeks	86	
	Fasted	3 weeks	79	
Cod (*Gadus morhua*)	Fed	8 weeks	47	Sundby et al. (1991)
	Fasted	4 weeks	34	
European sea bass (*Dicentrarchus labrax*)	Fed	22 days	115	Perez-Jimenez et al. (2007)
	Fasted	1 day	94	
	Fasted	3 days	67	
	Fasted	9 days	17	
	Refed	1 day	4	
	Refed	3 days	127	
	Refed	9 days	101	
Gilthead sea bream (*Sparus aurata*)	Fed	17 days	180	Meton et al. (2003)
	Fasted	8 days	50	
	Fasted	18 days	0	
	Refed	8 hour	55	
	Refed	2 days	150	
	Refed	8 days	170	
	Refed	21 days	210	

에 따른 간 글리코겐 농도의 증가를 보고했다(**표 7–7**; Moreira et al., 2008[농어]; Rosas et al., 2000, 2001[새우]). 일부에서는 간 글리코겐 함량과 가소화 탄수화물 또는 혈당 수치 간의 관계를 찾지 못했다(**표 7–7**). Moon and Foster (1995)와 Pereira et al.(1995)에 따르면 어류 대부분의 글리코겐은 포도당신생합성을 통해 형성된 포도당으로부터 합성된 것이라고 주장하였다.

글리코겐 저장은 어류의 백색 근육에서 적지만, 글리코겐 분해는 집중적인 운동성에 동력을 공급하기 위해 백색 근육을 구성하는 빠른 속도의 당분해 섬유에 사용된다. 활발한 유영을 하는 동안 백색 근육에서 글리코겐 분해가 빠르게 활성화되어 젖산 축적을 초래한다(Johnston and Goldspink, 1973; Kieffer, 2000). West et al.(1993)은 활발하게 유영할 때, 포도당 이용률이 30배 증가한다고 보고했다. 어류의 뇌 대사와 관련된 연구에서는 포도당 산화가 다른 동물처럼 경골어류의 뇌 기능에 필요한 대부분의 ATP를 제공한다는 것을 암시한다. 어류가 사료를 섭취할 때 외인성 포도당이 사용된다. 공복은 뇌 글리코겐 저장량의 이동을 증가시킨다. 이 저장

표 7–7 다양한 어류와 새우 종의 글리코겐 함량에 대한 탄수화물 공급원 및 공급량이 미치는 영향

어종 (*Genus species*) (reference)	탄수화물 원료	사료 내 함량 (g/kg DM)	탄수화물 ADC[a] (%)	간 글리코겐 (mg/g)	근육 글리코겐 (mg/g)
European sea bass	Gelatinized starch	100	98	4.1	—
(*Dicentrarchus labrax*)		200	95	8.8	—
(Moreira et al., 2008)		300	94	10.5	—
White sturgeon	Carbohydrate-free	0	—	14	0.5
(*Acipenser transmontanus*)	Hydrolyzed potato	45	—	38	0.5
(Deng et al., 2005)	starch	103	—	68	1.0
	Glucose	45	—	48	2.7
		103	—	76	2.0
Silver perch	None	0	—	55	0.5
(*Bidyanus bidyanus*)	Raw pea starch	300	76	63	0.9
(Stone et al., 2003)	Raw wheat starch	300	90	62	1.4
	Gel wheat starch	300	98	60	1.4
	Dextrin	300	99.7	59	1.1
	Maltose	300	99.7	63	0.8
	Glucose	300	99.8	60	1.1
Hybrid tilapia	Raw starch	400	89.0	102.0	—
(*Oreochromis niloticus* × *Oreochromis aureus*)	Glucose	400	99.0	82.0	—
(Hsieh and Shiau, 2000)					

Shrimp (*Genus species*) (reference)	Carbohydrate Source	Level in the Diet (g/kg DM)	Carbohydrate ADC (%)	Digestive Gland (mg/g)	Muscle Glycogen (mg/g)
Blue shrimp	Wheat flour	50	—	6.4	—
(*Litopenaeus stylirostris*)		150	—	9.3	—
(Rosas et al., 2000)		350	—	13.3	—
Pacific white shrimp	Wheat + starch	10	—	3.4	—
(*Litopenaeus vannamei*)		360	—	6.7	—
(Rosas et al., 2001)					

[a]외관상 소화율 계수.

량이 고갈되면 경골어류의 뇌는 젖산염이나 케톤 같은 다른 연료를 이용한다(Soengas and Aldegunde, 2002). 간에서 공복 중 글리코겐을 이용하는 속도는 종에 따라 다르다. 대구, 잉어, 틸라피아에서는 간 글리코겐 저장의 동원이 보통이다. 브라운송어와 농어, 도미에서 글리코겐 동원은 공복 후, 수일 내에 발생해서 고갈될 때까지 계속된다(**표 7-7**). Meton et al.(2003)과 Perez-Jimenez et al.(2007)은 사료를 재섭취할 때 귀족도미와 유럽농어의 간 저장량을 신속하게 보충한다고 보고하였다. 절식 전에 관찰된 수준에 가까운 농도는 사료 재공급 2~3일 후에 도달하였다.

지질의 합성

여러 어종을 대상으로 수행한 이전 연구에 따르면 사료에서 가소화 탄수화물의 농도에 따라 체지방 축적이 증가하는 것으로 밝혀졌다(Kaushik et al., 1989; Shimeno et al., 1993; Brauge et al., 1994; Hemre et al., 2002). 포유류에서 아세틸-CoA의 전구물질 중 하나인 포도당은 간에서 지방산 합성을 위한 주요 기질이다. 지방산 합성에 필요한 NADPH를 생성하고(포도당-6-인산탈수소효소, 말산효소, ATP-시트르산 분해효소), 지방 생성 경로(아세틸-CoA-카르복실라제, 지방산 합성효소)에 관여하는 간 효소는 탄수화물이 풍부한 사료를 섭취함으로써 자극된다(Hellerstein et al., 1996). 사료 내 가소화 탄수화물의 높은 농도에 따른 간 지방 생성 효소의 자극이 무지개송어(Hilton and Atkinson, 1982; Rollin et al., 2003)와 농어(Dias et al., 1998, 2004), 흰철갑상어(Fynn-Aikins et al., 1992), 차넬메기(Likimani and Wilson, 1982), 틸라피아(Lin and Shiau, 1995), 잉어(Shimeno et al. 1995)를 포함한 많은 어류에서 보고되었다. 그러나 방사성 표식 포도당이 지질 분획으로 회수되는 것을 조사한 일부 연구에서는 포도당으로부터 지질의 신생합성이 어류에서 매우 제한적이라는 결론을 도출하였다(Brauge et al., 1995b; Hemre and Kahrs, 1997; Hemre and Storebakken, 2000). Hemre et al.(2002)은 지질 생성에서 가소화 탄수화물의 기능은 지질 합성을 위한 탄소 중추 전달보다 세포질 환원성 등가물의 생산을 위한 것이라고 제안했다. 어류가 탄수화물이 풍부한 사료를 섭취함에 따라 지방 축적이 강화된 결과에 따르면, 그들은 포도당이 지질 대신 산화됨으로써 지질의 축적을 증가시킬 수 있고, 지질 산화 대사에 미치는 영향을 감소시킬 수 있다는 가설을 세웠다. 지질 합성에 포도당의 기여와 지질 산화 조절 역할은 더 주목할 만하다. 혈당 수치를 낮추는 약인 메트포르민(metformin)을 이용한 연구(Panserat et al., 2009) 또는 포도당 제거율이 다른 무지개송어를 대상으로 수행한 연구(Skiba-Cassy et al., 2009)는 지방산 합성의 활성과 포도당 항상성의 조절 간 관계의 증거를 제공했다.

포도당 배출

혈당이 상승할 때 과도한 포도당은 소변과 아가미를 통해 배출될 수 있다. 대서양연어와 참돔, 틸라피아, 방어, 흰철갑상어가 가소화 탄수화물 함량이 높은 사료를 섭취할 경우 당뇨가 관찰된다(Furuichi and Yone, 1981; Lin et al., 2000; Deng et al., 2001; Hemre et. al., 2002). 반면에 대구에서는 아가미를 통하여 포도당을 배설하는 것으로 보고되었다(Hemre and Kahrs, 1997). 참돔과 방어에서 당뇨는 탄수화물 공급원에 따라 차이가 있는 것으로 나타났다. 전분을 포함한 사료에서 포도당 배설량은 낮거나 없었고 탄수화물 공급원의 분자 복잡성이 감소함에 따라 증가했다(전분 < 덱스트린 < 포도당). 이것은 대부분의 어류와 새우에서 전분과 덱스트린 같은 소화 복합 탄수화물이 포도당보다 성장촉진에 더 효율적이라는 것을 설명한다.

7.5 어류와 새우의 가소화 탄수화물의 영양학적 기능

포도당은 어류와 새우에서도 탄소 기질로서 사용될 수 있다. 즉, 산화 경로를 통한 ATP 생산, 오탄당 인산염 경로를 통한 NADPH와 리보오스 5-인산의 생산, 글리코겐 합성, 지방 신생합성(de novo lipogenesis) 등이 있다. 이러한 모든 역할은 외인성 포도당(전분과 전분 분해 산물의 소화에 따라 공급됨) 또는 포도당 신생합성을 통해 생산된 포도당이 그 기능을 하게 된다. 포도당 신생합성은 어류에서 매우 효율적인 것으로 보고되었다(Cowey and Walton, 1989). 젖산 외에 아미노산은 어류의 간과 신장에서 작용하는 포도당 신생합성의 주요 기질이다. 포도당 생산을 위한 기질로 사용될 때 아미노산은 탈아미노화되어 단백질 합성 경로에서 벗어난다. 이러한 대사 이용은 단백질 축적을 감소시키고 질소 배설을 증가시킨다. 따라서 어류와 새우 사료에 가소화 전분을 첨가하면 전분이 단백질이나 지질원보다 경제적일 뿐만 아니라, 환경적인 측면에서도 도움이 될 수 있다. 탄수화물의 단백질 절약 효과는 종마다 다르다. 이러한 변화의 정의와 최대 권장량을 설정하기 위해 일련의 기준이 연구되었다. 이러한 기준에는 성장률과 소화 아밀라아제 수치, 혈당량, 혈류에서 포도당의 제거율, 인슐린 수용체의 수와 사료 내 탄수화물에 따른 포도당 신생합성 조절 등이 포함된다. 이들 기준이 잡식성과 육식성 종을 구별하게 되었고(NRC, 1993; Wilson, 1994; Hemre et al., 2002; Stone, 2003), 부분적으로 종의 열환경과 관련된 대사율과 연관성이 있다. 잡식성 어류는 일반적으로 육식성 어류보다 가공되지 않은 전분을 더 효율적으로 소화한다. 그들은 제한된 혈당 수치와 더 빠른 포도당 제거율을 보여 포도당을 조직에 더 효율적으로 전달한다. 이는 근육 내 인슐린 수용체 수가 증가하는 것과 관련이 있을 수 있다. 한편 포도당 신생합성은 잉어의 간에서 소화성 탄수화물에 따라 억제되는 것으로 밝혀졌다(Panserat et al., 2002; Enes et al., 2009).

소화성 전분의 단백질 절약 효과는 많은 육식성 종을 대상으로 연구되었고, 그 차이는 잡식성, 육식성 어종에서 발견되었다(Hemre et al., 2002; Stone, 2003). 전분의 물리적 상태와 분자 복잡성과 함류량이 소화력과 포도당 내성, 궁극적으로는 탄수화물의 효율적 이용에 영향을 미치는 요인이기 때문에 각 종의 허용 가능한 수준을 정확하게 정의하는 것은 어려운 일이다. 또한 전분 공급원은 다른 주요 영양소(단백질과 지방)와 상호작용하며, 같은 종 내에서 환경적 요인, 특히 온도와 상호작용할 가능성이 있다(Brauge et al., 1995a; Médale et al., 1999; Hemre et al., 2002). 종 간에 포도당의 대사작용의 차이가 발견되기도 하였다(Mazur et al., 1992; Kolditz et al., 2008; Skiba-Cassy et al., 2009).

Phillips et al.(1948)은 연어류의 에너지원으로서 탄수화물의 이용을 최초로 보고했으며 12%의 전분이 무지개송어의 최적 첨가량이라고 결론지었다. 더 높은 농도에서는 낮은 성장률을 보였는데, 아마도 이러한 결과는 사료에 포함된 탄수화물 공급원의 낮은 소화율과 관련성이 있는 것으로 추측된다. 그 후 수많은 연구에서 탄수화물은 반드시 사료에서 이용 가능한 형태로 공급되어야 하며 전분의 젤라틴화가 소화 효율에 미치는 긍정적인 효과가 입증되었다. 전분 젤라틴화는 사료 성분의 열처리 또는 전체 사료의 압출로 이루어질 수 있다. 사료에 α-아밀라아제를 첨가하여 전분 소화를 개선하기도 한다. 현재 양어사료에 포함되어 있는 가소화 탄수화물의 농도는 일반적으로 Phillips et al.(1948)이 권장하는 농도를 초과한다. 일부 연구는 연어류의 여러 가지 건강 특성에 탄수화물이 미치는 영향을 평가하기도 했는데 결과는 어떤 부작용도 나타나지 않았다. 무지개송어에게 고탄수화물을 장기간 섭이한 것은 라이소자임 활성(lysozyme activity)이나 대식세포 슈퍼옥사이드 생산(macrophage superoxide production) 같은 비특이성 면역계에 큰 영향을 미치지 않았다(Page et al., 1999). 대서양연어를 대상으로 *Vibrio salmonicida*와 백신을 접종한 후 체액성 면역 반응은 사료의 건물기준 0.5~30% 범위의 탄수화물 농도로, 양어사료 섭취량과 비슷했다.

혈류로부터 포도당 제거와 소화에 따른 포도당 전달률은 포도당을 효율적으로 대사하는 것으로 중요하다. 대부분의 어종과 새우류의 경우 소화 가능한 복합 탄수화물이 간단한 탄수화물보다 더 빠른 성장률을 나타낸다. 포도당이나 다른 단당류에 비해 젤라틴화된 전분으로 얻은 개선된 성장률은 틸라피아(Shiau and Liang, 1995)와 철갑상어(Hung et al., 1989), 대서양연어(Amesen et al., 1995)에서 간 지방 생성 효소의 높은 활성 그리고 높은 체지방 함량이 높은 것과 일치한다. 능성어는 전분과 포도당의 이용이 비슷하다고 보고되었기 때문에 다른 대부분의 어류와 다르게 반응하는 것으로 보인다(Shiau and Lin, 2001).

새우는 성장을 위해 단순 당분자, 특히 포도당보다 복합 탄수화물을 더 효율적으로 사용한다. Deshimaru and Yone (1978)은 전분, 덱스트린, 포도당 또는 자당을 10% 함유한 사료를 보리새우에게 공급하였을 때, 전분을 함유한 사료를 섭취한 그룹에서 사료효율이 가장 높았고, 그 다음으로 자당과 덱스트린이 높은 것으로 나타났다. 이 결과는 Abdel-Rahman et al.(1979)이 같은 종 보리새우를, Cuzon et al.(2004)이 흰다리새우를, Shiau and Peng (1992)이 얼룩새우를 연구한 결과에서 확인하였고, 또한 Shiau and Peng (1992)은 옥수수 전분이 포도당보다 단백질 절약 효과가 우수하였음을 입증했다. 따라서 포도당이나 덱스트린보다는 전분이 탄수화물 공급원으로 식단에 포함되었을 때 얼룩새우의 사료 내 단백질 요구량이 낮은 것으로 나타났다.

보고된 다른 어류와 새우 연구의 결과를 토대로 사료 내 전분 함유량의 최대 권장량은 연어와 해산 어류에서 15~25%, 새우에서 20~40%, 잡식성 어종에서 50%로 감소한다. 식이섬유의 수준은 가능한 한 낮게 유지되어야 하되 10%를 초과하면 안 된다. 이러한 권장량의 정확성을 높이려면 추가 연구가 필요하다.

참고문헌

Abdel-Rahman, S. H., A. Kanazawa, and S. I. Teshima. 1979. Effects of dietary carbohydrate on the growth and the levels of the hepatopancreatic glycogen and serum glucose of prawn. B. Jpn. Soc. Sci. Fish. 45:1491-1494.

Aguirre, P., F. Médale, and S. J. Kaushik. 1995. Influence of the type of dietary starch on the use of two protein sources by rainbow trout reared at 8° or 18°C. Reprod. Nutr. Dev. 35:129-136.

Amirkolaie, A. K., J. I. Leenhouwers, J. A. J. Verreth, and J. W. Schrama. 2005. Type of dietary fibre (soluble versus insoluble) influences digestion, faeces characteristics and faecal waste production in Nile tilapia (*Oreochromis niltoticus*). Aquac. Res. 36:1157-1166.

AOAC Method 991.43. 1995. Total, Soluble and Insoluble Dietary Fiber in Foods. Official Methods of Analysis, 16th ed. Gaithersburg, MD: Assoc. Official Anal. Chem.

AOAC Method 920.40. 2002a. Starch in Animal Feed. Official Methods of Analysis, 17th ed. Gaithersburg, MD: Assoc. Official Anal. Chem.

AOAC Method 948.02. 2002b. Starch in Plants. Official Methods of Analysis, 17th ed. Gaithersburg, MD: Assoc. Official Anal. Chem.

AOAC Method 962.09. 2002c. Fiber (Crude) in Animal Feed and Pet Food. Official Methods of Analysis, 17th ed. Gaithersburg, MD: Assoc. Official Anal. Chem.

AOAC Method 991.43. 2002d. Total Soluble, and Insoluble Dietary Fiber in Foods. Official Methods of Analysis, 17th ed. Gaithersburg, MD: Assoc. Official Anal. Chem.

Appleford, P., and T. A. Anderson. 1996. The effect of inclusion level and time on digestibility of starch for common carp (*Cyprinus carpio*). Asian Fish. Sci. 9:121-126.

Arnesen, P., and Å. Krogdahl. 1995. Nutrient digestibilities weight gain and plasma and liver levels of carbohydrate in rainbow trout, *Oncorhynchus mykiss* (Walbaum), fed diets with oats. Aquacult. Nutr. 1:201-211.

Arnesen P., Å. Krogdahl, and A. Sundby. 1995. Nutrient digestibilities, weight gain and plasma and liver levels of carbohydrate in Atlantic salmon (*Salmo salar*, L) fed diets containing oats and maize. Aquacult. Nutr. 1:151-158.

Asp, N-G. L. 1995. Classification and methodology of food carbohydrates as related to nutritional effects. Am. J. Clin. Nutr. 61(4 Suppl.):930S-937S.

Baanante, I. V., P. Garcia de Frutos, L. Bonamusa, and F. Fernandez. 1991. Regulation of fish glycolysis-gluconeogenesis: Role of fructose 2,6 P2 and PFK-2. Comp. Biochem. Phys. B 100(1):11-17.

Bach Knudsen, K. E. 1997. Carbohydrate and lignin contents of plant materials used in animal feeding. Anim. Feed Sci. Tech. 67:319-338.

Bach Knudsen, K. E. 2001. The nutritional significance of "dietary fibre" analysis. Anim. Feed Sci. Tech. 90:3-20.

Baer, D. J., W. V. Rumpler, C. W. Miles, and G. C. Fahey, Jr. 1997. Dietary fiber decreases the metabolizable energy content and nutrient digestibility of mixed diets fed to humans. J. Nutr. 127:579-586.

Baños, N., J. Baró, C. Castejón, I. Navarro, and J. Gutiérrez. 1998. Influence of high-carbohydrate enriched diets on plasma insulin levels and insulin and IGF-I receptors in trout. Regul. Pept. 77(1-3):55-62.

Bergot, F. 1979. Effects of dietary carbohydrates and of their mode of distribution on glycemia in rainbow trout (*Salmo gairdneri* Richardson). Comp. Biochem. Phys. A 64:543-547.

Bergot, F. 1993. Digestibility of native starches of various botanic origins by rainbow trout (*Oncorhynchus mykiss*). Pp. 857-865 in Fish Nutrition in Practice, S. J. Kaushik and P. Luquet, eds. Paris, France: INRA.

Bergot, F., and J. Breque. 1983. Digestibility of starch by rainbow trout: Effects of the physical state of starch and the intake level. Aquaculture 34:203-212.

Blasco, J., J. Fernandez-Borras, I. Marimon, and A. Requena. 1996. Plasma glucose kinetics and tissue uptake in brown trout in vivo: Effect of an intravascular glucose load. J. Comp. Physiol. B 165:534-541.

Borrebaek, B., and B. Christophersen. 2001. Activities of glucose phosphorylation, glucose-6-phosphatase and lipogenic enzymes in the liver of perch, *Perca fluviatilis*, after different dietary treatment. Aquac. Res 32:221-224.

Borrebaek, B., R. Waagbo, B. Christophersen, M. A. Tranulis, and G. I. Hemre. 1993. Adaptable hexokinase with low affinity for glucose in the liver of Atlantic salmon (*Salmo salar*). Comp. Biochem. Phys. B 106:833-836.

Borrebaek, B., B. Christophersen, and A. Sundby. 2003. Metabolic function of hepatic hexokinase in perch, Perca fluviatilis. Aquac. Res 34:235-239.

Brauge, C., F. Médale, and G. Corraze. 1994. Effect of dietary carbohydrate levels on growth, body composition and glycaemia in rainbow trout (*Oncorhynchus mykiss*) reared in seawater. Aquaculture 123:109-120.

Brauge, C., G. Corraze, and F. Médale. 1995a. Effect of dietary levels of lipid and carbohydrate on growth performance, body composition, nitrogen excretion and plasma glucose levels in rainbow trout reared at 8 or 18°C. Reprod. Nutr. Dev. 35:277-290.

Brauge, C., G. Corraze, and F. Médale. 1995b. Effects of dietary levels of carbohydrate and lipid on glucose oxidation and lipogenesis from glucose in rainbow trout, *Oncorhynchus mykiss* reared in freshwater or in seawater. Comp. Biochem. Phys. A 111:117-124.

Buléon, A., P. Colonna, V. Planchot, and S. Ball. 1998. Starch granules: Structure and biosynthesis. Int. J. Biol. Macromol. 23:85-112.

Burel, C., T. Boujard, F. Tulli, and S. J. Kaushik. 2000. Digestibility of extruded peas, extruded lupin, and rapeseed meal in rainbow trout (*Oncorhynchus mykiss*) and turbot (*Psetta maxima*). Aquaculture 188:285-298.

Capilla, E., M. Diaz, J. Gutierrez, and J. V. Planas. 2002. Physiological regulation of the expression of a GLUT4 homolog in fish skeletal muscle. Am. J. Physiol. Endoc. M. 283:44-49.

Capilla, E., F. Médale, I. Navarro, S. Panserat, C. Vachot, S. Kaushik, and J. Gutierrez. 2003. Muscle binding and plasma levels in relation to liver glucokinase activity, glucose metabolism and dietary carbohydrates in rainbow trout. Regul. Pept. 110(2):123-132.

Capilla, E., F. Médale, S. Panserat, C. Vachot, P. Rema, E. Gomes, S.

Cousin, M., G. Cuzon, and J. Guillaume. 1996. Digestibility of starch in *Penaeus vannamei:* In vivo and vitro study on eight samples of various origin. Aquaculture 140:361-372.

Cowey, C. B., and M. J. Walton. 1989. Intermediary metabolism. Pp. 260-329 in Fish Nutrition, J. E. Halver, ed. San Diego, CA: Academic Press. Cowey, C. B., D. Knox, M. J. Walton, and J. W. Adron. 1977. The regulation of gluconeogenesis by diet and insulin in rainbow trout (*Salmo gairdneri*). Brit. J. Nutr. 38:463-470.

Crawford, A. C., N. R. Richardson, and P. B. Mather. 2005. A comparative study of cellulose and xylanase activity in freshwater crayfish and marine prawns. Aquac. Res. 36:586-592.

Cummings, J. H., and H. N. Englyst. 1995. Gastrointestinal effects of food carbohydrate. Am. J. Clin. Nutr. 61:938-945.

Cuzon, G., A. Lawrence, G. Gaxiola, C. Rosas, and J. Guillaume. 2004. Nutrition of *Litopenaeus vannamei* reared in tanks or in ponds. Aquaculture 235:513-551.

Davidson, M. H., and A. Mc Donald. 1998. Fiber: Forms and functions. Nutrition Res. 18:617-624.

Deng, D. F., S. Refstie, and S. S. O. Hung. 2001. Glycemic and glycosuric responses in white sturgeon (*Acipenser transmontanus*) after oral administration of simple and complex carbohydrates. Aquaculture 199:107-117.

Deng, D. F., G.-I. Hemre, T. Storebakken, S.-Y. Shiau, and S. S. O. Hung. 2005. Utilization of diets with hydrolyzed potato starch, or glucose by juvenile white sturgeon (*Acipenser transmontanus*), as affected by Maillard reaction during feed processing. Aquaculture 248:103-109.

Deshimaru, O., and K. Kuroki. 1974. Studies on purified diet for prawn: II. Optimum contents of cholesterol and glucosamine in the diet. B. Jpn. Soc. Sci. Fish. 40:421-424.

Deshimaru, O., and Y. Yone. 1978. Effect of dietary carbohydrate source on the growth and feed efficiency of prawn. B. Jpn. Soc. Sci. Fish. 44: 1161-1163.

Dias, J., C. Huelvan, M. T. Dinis, and R. Métailler. 1998. Influence of dietary bulk agents (silica, cellulose and a natural zeolite) on protein digestibility, growth, feed intake and feed transit time in European seabass (*Dicentrarchus labrax*) juveniles. Aquat. Living. Resour. 11:219-226.

Dias, J., R. Rueda-Jasso, S. Panserat, L. E. C. da Conceicao, E. F. Gomes, and M. T. Dinis. 2004. Effect of dietary carbohydrate-to-lipid ratios on growth, lipid deposition and metabolic hepatic enzymes in juvenile Senegalese sole (*Solea senegalensis*, Kaup). Aquac. Res. 35:1122-1130.

Diaz, M., E. Capilla, and J. V. Planas. 2007. Physiological regulation of glucose transporter (GLUT4) protein content in brown trout (*Salmo trutta*) skeletal muscle. J. Exp. Biol. 210:2346-2351.

Dioundick, O. B., and D. I. Stom. 1990. Effects of dietary α-cellulose levels on the juvenile tilapia, *Oreochromis mossambicus* (Peters). Aquaculture 91:311-315.

Enes, P., S. Panserat, S. Kaushik, and A. Oliva-Teles. 2006. Effect of normal and waxy maize starch on growth, food utilization and hepatic glucose metabolism in European sea bass (*Dicentrarchus labrax*) juveniles. Comp. Biochem. Phys. A 143:89-96.

Enes, P., S. Panserat, S. Kaushik, and A. Oliva-Teles. 2008a. Growth performance and metabolic utilization of diets with native and waxy maize starch by gilthead seabream (*Sparus auratus*) juveniles. Aquaculture 274:101-108.

Enes, P., S. Panserat, S. Kaushik, and A. Oliva-Teles. 2008b. Hepatic glucokinase and glucose-6-phosphatase responses to dietary glucose and starch in gilthead sea bream (*Sparus aurata*) juveniles reared at two temperatures. Comp. Biochem. Phys. A. 149:80-86.

Enes, P., S. Panserat, S. Kaushik, and A. Oliva-Teles. 2008c. Rearing temperature enhances hepatic glucokinase but not glucose-6-phosphatase activities in European sea bass (*Dicentrarchus labrax*) and gilthead sea bream (*Sparus aurata*) juveniles fed with the same level of glucose. Comp. Biochem. Phys. A 150:355-358.

Enes, P., S. Panserat, S. Kaushik, and A. Oliva-Teles. 2009. Nutritional regulation of hepatic glucose metabolism in fish. Fish Physiol. Biochem. 35:519-539.

Englyst, H. N., M. E. Quigley, and G. J. Hudson. 1994. Determination of dietary fibre as non-starch polysaccharides with gas-liquid chromatographic, high-performance liquid chromatographic or spectrophotometric measurement of constituent sugars. Analyst 119:1497-1509.

Fideu, M. D., G. Soler, and M. Ruiz-Amil. 1983. Nutritional regulation of glycolysis in rainbow trout (*Salmo gairdneri* R.). Comp. Biochem. Phys. B 74:795-799.

Fines, B. C., and G. J. Holt. 2010. Chitinase and apparent digestibility of chitin in the digestive tract of juvenile cobia, *Rachycentron canadum*. Aquaculture 303:34-39.

Francis, G., H. P. S. Makkar, and K. Becker. 2001. Antinutritional factors present in plant-derived alternate fish feed ingredients and their effect in fish. Aquaculture 199:197-227.

Furuichi, M., and Y. Yone. 1981. Change of blood sugar and plasma insulin levels of fishes in glucose tolerance test. B. Jpn. Soc. Sci. Fish. 47:761-764.

Fynn-Aikins, K., S. S. O. Hung, W. Liu, and H. Li. 1992. Growth, lipogenesis and liver composition of juvenile white sturgeon fed different levels of D-glucose. Aquaculture 105:61-72.

Garcia-Riera, M. P., and G. I. Hemre. 1995. Glucose tolerance in turbot, *Scophthalmus maximus* (L.). Aquacult. Nutr. 2:117-120.

Garcia-Riera, M. P., and G.-I. Hemre. 1996. Effect of adaptation to three different levels of dietary carbohydrates on the incorporation of 14C-glucose in several organs of Atlantic halibut (*Hippoglossus hippoglossus*). Aquac. Res. 27:565-571.

Gatlin, D. M., F. T. Barrows, P. Brown, K. Dabrowski, T. G. Gaylord, R. W. Hardy, E. Herman, G. Hu, K. Krogdahl, R. Nelson, K. Overturf, M. Rust, W. Sealy, D. Skonberg, E. J. Souza, D. Stone, R. Wilson, and E. Wurtele. 2007. Expanding the utilisation of sustainable plant products in aquafeeds: A review. Aquac. Res. 38:551-579.

Gaxiola, G., G. Cuzon, T. García, G. Taboada, R. Brito, M. E. Chiml, A. Paredes, L. Soto, C. Rosas, and A. VanWormhoudt. 2005. Factorial effects of salinity, dietary carbohydrate and moult cycle on digestive carbohydrases and hexokinases in *Litopenaeus vannamei* (Boone, 1931). Comp. Biochem. Phys A. 140:29-39.

Gaylord, T. G., F. T. Barrows, S. D. Rawles, K. Liu, P. Bregitzer, A. Hang, D. E. Obert, and C. Morris. 2009. Apparent digestibility of nutrients and energy in extruded diets from cultivars of barley and wheat selected for nutritional quality in rainbow trout *Oncorhynchus mykiss*. Aquacult. Nutr. 15:306-312.

Glencross, B. D., T. B. Boujard, and S. J. Kaushik. 2003. Evaluation of the influence of oligosaccharides on the nutritional value of lupin meals when fed to rainbow trout, *Oncorhynchus mykiss*. Aquaculture 219:703-713.

Gonzalez, J. P., O. Carrillo Farnés, G. Gaxiola, C. Pascual, and C. Rosas. 2010. The effects of microencapsulated bovine insulin given to *Litopenaeus vannamei* juveniles as a feed additive on growth, metabolism, and digestive enzyme activities. Aquaculture 306:252-258.

Grisdale-Helland, B., and S. J. Helland. 1997. Replacement of protein by fat and carbohydrate in diet for Atlantic salmon (*Salmo salar*) at the end of the freshwater stage. Aquaculture 152:167-180.

Grisdale-Helland, B., and S. J. Helland. 1998. Macronutrient utilization by Atlantic halibut (*Hippoglossus hippoglossus*): Diet digestibility and growth of 1 kg fish. Aquaculture 166:57-65.

Guiry, M. D., and G. Blunden. 1991. Seaweeds resources in Europe: Uses and potential. Chichester, UK: John Wiley and Sons.

Gutiérrez, A., J. Nieto, F. Pozo, S. Stern, and L. Schoofs. 2007. Effect of insulin/IGF-I like peptides on glucose metabolism in the white shrimp *Penaeus vannamei*. Gen. Comp. Endocr. 153:170-175.

Gutiérrez, J., and E. M. Plisetskaya. 1991. Insulin binding to liver plasma membranes in salmonids with modified plasma insulin levels. Can. J. Zoolog. 69:2745-2750.

Hellerstein, M. K., J. M. Schwarz, and R. A. Neese. 1996. Regulation of hepatic de novo lipogenesis in humans. Annu. Rev. Nutr. 16:523-557.

Hemre, G.-I., and F. Kahrs. 1997. 14C-injection in Atlantic cod (*Gadus morhua*), metabolic responses and excretion via the gill membrane. Aquacult. Nutr. 2:3-8.

Hemre, G.-I., and T. Storebakken. 2000. Tissue and organ distribution of 14C-activity in dextrin-adapted Atlantic salmon after oral administration of radiolabelled 14C1-glucose. Aquacult. Nutr. 6:229-234.

Hemre, G.-I., O. Lie, and G. Lambertsen. 1990. Digestibility of different carbohydrates sources in cod (*Gadus morhua*) and its relation to glucose content in blood and urine. Fisk Dir. Skr. 3:3-9.

Hemre, G.-I., O. Torrissen, Å. Krogdahl, and O. Lie. 1995. Glucose tolerance in Atlantic salmon (*Salmo salar*), dependence on preadaptation to dietary starch and water temperature. Aquacult. Nutr. 2:69-75.

Hemre, G.-I., T. P. Mommsen, and Å. Krogdahl, 2002. Carbohydrates in fish nutrition: Effects on growth, glucose metabolism and hepatic enzymes. Aquacult. Nutr. 8:175-194.

Hemre, G.-I., Ø. Karlsen, A. Mangor-Jensen, and G. Rosenlund. 2003. Digestibility of dry matter, protein, starch and lipid by cod, *Gadus morhua*: Comparison of sampling methods. Aquaculture 225:225-232.

Hidalgo, M. C., E. Urea, and A. Sanz. 1999. Comparative study of digestive enzymes in fish with different nutritional habits. Proteolytic and amylase activities. Aquaculture 170:267-283.

Hillestad, M., F. Johnsen, and T. Asgard. 2001. Protein to carbohydrate ratio in high-energy diets for Atlantic salmon (*Salmo salar* L.). Aquac. Res. 32:517-529.

Hilton, J. W., and J. L. Atkinson. 1982. Response of rainbow trout (*Salmo gairdneri*) to increased levels of available carbohydrate in practical trout diets. Brit. J. Nutr. 47:597-607.

Hilton, J. W., J. L. Atkinson, and S. J. Slinger. 1983. Effect of dietary fiber on the growth of rainbow trout. Can. J. Fish. Aquat. Sci. 40:81-85.

Hirose, R., Y. Tezuka, T. Kondo, K. Hirao, T. Hatta, S. Nemoto, K. Saio, S. Takahashi, and K. Kainuma. 2010. Characteristic physico-chemical properties and potential uses of enset (*Ensete ventricosum*) starch: comparative studies with starches of potato, sago and corn. J. Appl. Glycosci. 57:185-192.

Hossain, M. A., U. Focken, and K. Becker. 2001. Evaluation of an unconventional legume seed, Sesbnia aculeate, as a dietary protein source for common carp, *Cyprinus carpio* L. Aquaculture 198:129-140.

Hsieh, S. L., and S.-Y. Shiau. 2000. Effects of diets containing different carbohydrates on starved condition in juvenile tilapia *Oreochromis niloticus* × *O. aureus*. Fisheries Sci. 66:32-37.

Hua, K., and D. P. Bureau. 2009. A mathematical model to explain variations in estimates of starch digestibility and predict digestible starch content of salmonid fish feeds. Aquaculture 294:282-287.

Hung, S. S. O., K. Fynn-Aikins, P. B. Lutes, and R. P. Xu. 1989. Ability of juvenile white sturgeon (*Acipenser transmontanus*) to utilize different carbohydrate sources. J. Nutr. 119:727-733.

Johnston, I. A., and G. Goldspink. 1973. A study of the swimming performance of the crucian carp *Carassius cavassius* L. in relation to the effects of exercise and recovery on biochemical changes in the myotomal muscles and liver. J. Fish Biol. 5:249-260.

Kaushik, S. 1999. Nutrition glucidique: Intérêt et limites des apports de glucides. Pp. 171-186 in Nutrition et Alimentation des Poissons et Crustacés, J. Guillaume, S. Kaushik, P. Bergot, and R. Métailler, eds. Paris, France: INRA.

Kaushik, S. J., F. Médale, B. Fauconneau, and D. Blanc. 1989. Effect of digestible carbohydrates on protein/energy utilization and on glucose metabolism in rainbow trout (*Salmo gairdneri* R.). Aquaculture 79:63-74.

Kaushik, S. J., T. Doudet, F. Médale, P. Aguirre, D. Blanc. 1995. Protein and energy needs for maintenance and growth of Nile tilapia (*Oreochromis niloticus*) using different criteria. J. Appl. Ichthyol. 11:290-296.

Kieffer, J. D. 2000. Limits to exhaustive exercise in fish. Comp. Biochem. Physiol. 126:161-179.

Kirchner, S., S. Kaushik, and S. Panserat. 2003. Low protein intake is associated with reduced hepatic gluconeogenic enzyme expression in rainbow trout (*Oncorhynchus mykiss*). J. Nutr. 133:2561-2564.

Kirchner, S., P. Seixas, S. Kaushik, and S. Panserat. 2005. Effects of low protein intake on extra-hepatic gluconeogenic enzyme expression and peripheral glucose phosphorylation in rainbow trout (*Oncorhynchus mykiss*). Comp. Biochem. Phys. B. 140:333-340.

Knox, D., M. J. Walton, and C. B. Cowey. 1980. Distribution of enzymes of glycolysis and gluconeogenesis in fish tissues. Mar. Biol. 56:7-10.

Kolditz, C., M. Borthaire, N. Richard, G. Corraze, S. Panserat, C. Vachot, F. Lefevre, and F. Médale. 2008. Liver and muscle metabolic changes induced by dietary energy content and genetic selection in rainbow trout (*Oncorhynchus mykiss*). Am. J. Physiol. Reg. I. 294:R1154-R1164.

Krasnov, A., H. Teerijoki, and H. Molsa. 2001. Rainbow trout (*Onchorhynchus mykiss*) hepatic glucose transporter. Biochim Biophys. Acta 1520:174-178.

Kraugerud, O. F., M. Penn, T. Storebakken, S. Refstie, Å. Krogdahl, and B. Svilhus. 2007. Nutrient digestibilities and gut function in Atlantic salmon (*Salmo salar*) fed diets with cellulose or non-starch polysaccharides form soy. Aquaculture 273:96-107.

Krogdahl, Å., S. Nordrum, M. Sørensen, L. Brudeseth, and C. Røsjø. 1999. Effects of diet composition on apparent nutrient absorption along the intestinal tract and of subsequent fasting on mucosal disaccharidase activities and plasma nutrient concentration in Atlantic salmon, *Salmo salar* L. Aquacult. Nutr. 5:121-133.

Krogdahl, Å., A. Sundby, and J. J. Olli. 2004. Atlantic salmon (*Salmo salar*) and rainbow trout (*Oncorhynchus mykiss*) digest and metabolize nutrients differently depending on water salinity and dietary starch level. Aquaculture 229:335-360.

Krogdahl, Å., G.-I. Hemre, and T. P. Mommsen. 2005. Carbohydrates in fish nutrition: Digestion and absorption in postlarval stages. Aquacult. Nutr. 11:103-122.

Leenhouwers, J. I., G. A. Santos, J. W. Schrama, and J. A. J. Verreth. 2004. Digesta viscosity and nutrient digestibility in European sea bass in a fresh water and marine environment. Proceedings "Biotechnologies for Quality", October 20-23, 2004, Barcelona, Spain, pp. 475-476.

Leenhouwers, J. I., D. Adjei-Boateng, J. A. J. Verreth, and J. W. Schrama. 2006. Digesta viscosity, nutrient digestibility and organ weights in African catfish (Clarias gariepinus) fed diets supplemented with different levels of a soluble non-starch polysaccharide. Aquacult. Nutr. 12:111-116.

Legate, N. J., A. Bonen, and T. W. Moon. 2001. Glucose tolerance and peripheral glucose utilization in three fish species. Gen. Comp. Endocr. 122:48-59.

Likimani, T. A., and R. P. Wilson. 1982. Effect of diet on lipogenic enzyme activities in channel catfish hepatic and adipose tissue. J. Nutr. 112:112-117.

Lin, C. L., P. C. Wang, and N. N. Chuang. 1993. Specific phosphorylation of membrane proteins of Mr. 44,000 and Mr. 32,000 by the autophosphorylated insulin receptor from the hepatopancreas of the shrimp *Penaeus monodon* (crustacea: decapoda). J. Exp. Zool. 267:113-119.

Lin, J. H., and S.-Y. Shiau. 1995. Hepatic enzyme adaptation to different carbohydrates in juvenile tilapia (*Oreochromis niloticus* × *O. aureus*). Fish Physiol. Biochem. 14:165-170.

Lin, S. C., C. H. Liou, and S.-Y. Shiau. 2000. Renal threshold for urinary glucose excretion by tilapia in response to orally administered carbohydrate and injected glucose. Fish Physiol. Biochem. 23:127-132.

Lindsay, G. J. H, and J. E. Harris. 1980. Carboxymethylcellulase activity in the digestive tracts of fish. J. Fish Biol. 16:219-233.

Mazur, C. N., D. A. Higgs, E. Plisetskaya, and B. E. March. 1992. Utilization of dietary starch and glucose tolerance in juvenile Chinook salmon (*Oncorhynchus tshawytscha*) of different strains in seawater. Fish Physiol. Biochem. 10:303-313.

Médale, F., J. M. Poli, F. Vallée, and D. Blanc. 1999. Utilisation of a carbohydrate-rich diet by common carp reared at 18 and 25°C. Cybium 23:139-152.

Mertens, D. R. 2002. Gravimetric determination of amylase-treated neutral detergent fiber in feeds with refluxing in beakers or crucibles: Collaborative study. J. AOAC Int. 85:1217-1240.

Meton, I., A. Caseras, D. Mediavilla, F. Fernandez, and I. V. Baanante. 1999. Molecular cloning of a cDNA encoding 6-phosphofructo-2-kinase/fructose-2,6-bisphosphatase from liver of *Sparus aurata*: Nutritional regulation of enzyme expression. Biochim. Biophys. Acta 1444:153-165.

Meton, I., A. Caseras, F. Fernandez, I. V. Baanante. 2000. 6-Phosphofructo-2-kinase/fructose-2,6-bisphosphatase gene expression is regulated by diet composition and ration size in liver of gilthead sea bream, *Sparus aurata*. Biochim. Biophys. Acta 1491:220-228.

Meton, I., F. Fernandez, and I. V. Baanante. 2003. Short- and longterm effects of refeeding on key enzyme activities in glycolysis-gluconeogenesis in the liver of gilthead seabream (*Sparus aurata*). Aquaculture 225:99-107.

Mommsen, T. P., and E. M. Plisetskaya. 1991. Insulin in fishes and agnathans: History, structure and metabolic regulation. Rev. Aquat. Sci. 4:225-259.

Moon, T. W. 2001. Glucose intolerance in teleost fish: Fact or fiction? Comp. Biochem. Phys. B 129:243-249.

Moon, T. W., and G. D. Foster. 1995. Tissue carbohydrate metabolism, gluconeogenesis and hormonal and environmental influences. Pp. 65-100 in Biochemistry and Molecular Biology of Fishes, P. W. Hochachka and T. P. Mommsen, eds. Amsterdam, the Netherlands: Elsevier.

Moon, T. W., E. R. Busby, G. A. Cooper, and T. P. Mommsen. 1999. Fish hepatocyte glycogen phosphorylase—a sensitive indicator for hormonal modulation. Fish Physiol. Biochem. 21:15-24.

Moreira, I. S., H. Peres, A. Couto, P. Enes, and A. Oliva-Teles. 2008. Temperature and dietary carbohydrate levels effects on performance and metabolic utilisation of diets in European sea bass (*Dicentrarchus labrax*) juveniles. Aquaculture 274:153-160.

Nagai, M., and S. Ikeda. 1971. Carbohydrate metabolism in fish. I. Effects of starvation and dietary composition on the blood glucose level and the hepatopancreatic glycogen and lipid contents in carp. B. Jpn. Soc. Sci. Fish. 37:404-409.

Nagayama, F., and H. Ohshima. 1974. Studies on enzyme-system of carbohydrate-metabolism in fish. 1. Properties of liver hexokinase. B. Jpn. Soc. Sci. Fish. 40:285-290.

Nagayama, F., H. Ohshima, and T. Takeushi. 1973. Activities of hexokinase and glucose dehydrogenase in fish liver. B. Jpn. Soc. Sci. Fish. 39:1349.

Navarro, I., J. Gutierrez, and J. Planas. 1992. Changes in plasma glucagon, insulin and tissues metabolites associated with prolonged fasting in brown trout (*Salmo trutta*-Fario) during 2 different seasons of the year. Comp. Biochem. Phys. A 102:401-407.

Navarro, I., B. Leibush, T. W. Moon, E. M. Plisetskaya, N. Baños, E. Méndez, V. Planas, and J. Gutiérrez. 1999. Insulin, insulin-like growth factor-I (IGF-I) and glucagon: The evolution of their receptors. Comp. Biochem. Phys. B 122:137-153.

Ng, W.-K., and R. P. Wilson. 1997. Chromic oxide inclusion in the diet does not affect glucose utilization or chromium retention by Channel catfish, *Ictalurus punctatus*. J. Nutr. 127:2357-2362.

Ng, W. K., H. A. Lim, S. L. Lim, and C. O. Ibrahim. 2002. Nutritive value of palm kernel meal pretreated with enzyme or fermented with *Trichoderma koningii* (Oudemans) as a dietary ingredient for red hybrid tilapia (*Oreochromis* sp.). Aquac. Res. 33:1199-1207.

NRC (National Research Council). 1993. Nutrient Requirements of Fish. Washington, DC: National Academy Press.

Ortiz, J., E. Uquiche, P. Robert, P. N. Romero, V. Quitral, and C. Llantén. 2009. Functional and nutritional value of the Chilean seaweeds *Codium fragile*, *Gracilaria chilensis* and *Macrocystis pyrifera*. Eur. J. Lipid Sci. Tech. 111:320-327.

Ovrum-Hansen, J., and T. Storebakken. 2007. Effects of dietary cellulose level on pellet quality and nutrient digestibilities in rainbow trout (*Oncorhynchus mykiss*). Aquaculture 272:458-465.

Page, G. I., K. M. Hayworth, R. R. Wade, A. M. Harris and, D. P. Bureau. 1999. Non-specific immunity parameters and the formation of advanced glycosylation end-products (AGE) in rainbow trout, *Oncorhynchus mykiss* (Walbaum), fed high levels of dietary carbohydrates. Aquac. Res. 30:287-297.

Palmer, T. N., and B. E. Ryman. 1972. Studies on glucose intolerance in fish. J. Fish Biol. 4:311-319.

Panserat, S., F. Médale, J. Brèque, E. Plagnes-Juan, and S. Kaushik. 2000a. Lack of significant long-term effect of dietary carbohydrates on hepatic glucose-6-phosphatase expression in rainbow trout (*Oncorhynchus mykiss*). J. Nutr. Biochem. 11:22-29.

Panserat, S., C. Blin, F. Médale, E. Plagnes-Juan, J. Brèque, J. Krishnamoorthy, and S. J. Kaushik. 2000b. Molecular cloning, tissue distribution and sequence analysis of complete glucokinase cDNAs from gilthead seabream (*Sparus aurata*), rainbow trout (*Oncorhynchus mykiss*) and common carp (*Cyprinus carpio*). Biochim. Biophys. Acta 1474:61-69.

Panserat, S., F. Médale, C. Blin, J. Brèque, C. Vachot, E. Plagnes-Juan, J. Krishnamoorthy, and S. J. Kaushik. 2000c. Hepatic glucokinase is induced by dietary carbohydrates in rainbow trout, gilthead seabream, and common carp. Am. J. Physiol. Reg. I 278:R1164-R1170.

Panserat, S., E. Plagnes-Juan, J. Brèque, and S. Kaushik. 2001. Hepatic phosphoenolpyruvate carboxykinase gene expression is not repressed by dietary carbohydrates in rainbow trout (*Oncorhynchus mykiss*). J. Exp. Biol. 204:359-365.

Panserat, S., E. Plagnes-Juan, and S. Kaushik. 2002. Gluconeogenic enzyme gene expression is decreased by dietary carbohydrates in common carp (*Cyprinus carpio*) and gilthead seabream (*Sparus aurata*). Biochim. Biophys. Acta 1579:35-42.

Panserat, S., S. Skiba-Cassy, I. Seiliez, M. Lansard, E. Plagnes-Juan, C. Vachot, P. Aguirre, L. Larroquet, G. Charvegnac, F. Médale, G. Corraze, S. Kaushik, and T. W. Moon. 2009. Metformin improves postprandial glucose homeostasis in rainbow trout fed dietary carbohydrates: A link with the induction of hepatic lipogenic capacities? Am. J. Physiol. Reg. I 297:707-715.

Parrizas, M., J. Planas, E. M. Plisetskaya, and J. Gutierrez. 1994. Insulin binding and receptor tyrosine kinase activity in skeletal muscle of carnivorous and omnivorous fish. Am. J. Physiol. Reg. I 266:R1944-R1950. Pavasovic, A., N. R. Richardson, P. B. Mather, and A.

J. Anderson. 2006. Influence of insoluble dietary cellulose on digestive enzyme activity, feed digestibility and survival in the red clay crayfish, *Cherax quadricarinatus* (von Martens). Aquac. Res. 37:25-32.

Pereira, C., M. M. Vijayan, K. B. Storey, R. A. Jones, and T. W. Moon. 1995. Role of glucose and insulin in regulating glycogen synthase and phosphorylase activities in rainbow trout hepatocytes. J. Comp. Physiol. B 165:62-70.

Peres, H., and E. Oliva-Teles. 2002. Utilization of raw and gelatinized starch by European sea bass (*Dicentrarchus labrax*) juveniles. Aquaculture 205:287-299.

Peres, H., P. Goncalves, and A. Oliva-Teles. 1999. Glucose tolerance in gilthead seabream (*Sparus aurata*) and European sea bass (*Dicentrarchus labrax*). Aquaculture 179:415-423.

Perez-Jimenez, A., M. J. Guedes, A. E. Morales, and A. Oliva-Teles. 2007. Metabolic responses to short starvation and refeeding in *Dicentrarchus labrax*. Effect of dietary composition. Aquaculture 265:325-335.

Phillips, S. N., Jr., A. V. Tunison, and D. R. Brockway. 1948. Utilization of carbohydrates by trout. Fish. Res. B. NY 11:1-44.

Pilkis, S., and D. K. Granner. 1992. Molecular physiology of the regulation of hepatic gluconeogenesis and glycolysis. Annu. Rev. Physiol. 54:885-909.

Plagnes-Juan, E., M. Lansard, I. Seiliez, F. Médale, G. Corraze, S. Kaushik, S. Panserat, and S. Skiba-Cassy. 2008. Insulin regulates the expression of several metabolism-related genes in the liver and primary hepatocytes of rainbow trout (*Oncorhynchus mykiss*). J. Exp. Biol. 211:2510-2518.

Planas, J. V., E. Capilla, and J. Gutierrez. 2000. Molecular identification of a glucose transporter from fish muscle. FEBS Lett. 481:266-270.

Printz, R. L., M. A. Magnuson, and D. K. Granner. 1993. Mammalian glucokinase. Annu. Rev. Nutr. 13:463-496.

Puviani, A. C., C. Ottolenghi, M. E. Gavioli, E. Fabbri, and L. Brighenti. 1990. Action of glucagon and glucagon-like peptide on glycogen metabolism of trout isolated hepatocytes. Comp. Biochem. Phys. B 96:387-391.

Refstie, S., B. Svihus, K. D. Shearer, and T. Storebakken. 1999. Nutrient digestibility in Atlantic salmon and broiler chickens related to viscosity and non-starch polysaccharide content in different soyabean products. Anim. Feed Sci. Tech. 79:331-345.

Rivas-Vega, M. E., E. Goytortua-Bores, J. M. Ezquerra-Brauer, M. G. Salazar-Garcia, L. E. Cruz-Suarez, H. Nolasco, and R. Civera-Cerecedo. 2006. Nutritional value of cowpea (*Vigna unguiculata L. Walp*) meals as ingredients in diets for Pacific white shrimp (*Litopenaeus vannamei* Boone). Food Chem. 97:41-49.

Robertson, J. B., and P. J. Van Soest. 1981. The detergent system of analysis and its application to human foods. Pp. 123-158 in The Analysis of Dietary Fiber in Food, W. P. T. James and O. Theander, eds. New York: Marcel Dekker.

Rollin, X., F. Médale, S. Gutières, D. Blanc, and S. J. Kaushik. 2003. Short and long term nutritional modulation of acetyl-coenzyme A carboxylase activity in selected tissues of rainbow trout (*Oncorhynchus mykiss*). Brit. J. Nut. 89:1-9.

Rosas, C., G. Cuzon, G. Gaxiola, L. Arena, P. Lemaire, C. Soyez, and A. Van Wormhoud. 2000. Influence of dietary carbohydrate on the metabolism of juvenile *Litopenaeus stylirostris*. J. Exp. Mar. Biol. Ecol. 249:181-198.

Rosas, C., G. Cuzon, G. Gaxiola, Y. Le Priol, C. Pascual, J. Rossignyol, F. Contreras, A. Sanchez, and A. Van Wormhoud. 2001. Metabolism and growth of juveniles of *Litopenaeus vannamei*: Effect of salinity and dietary carbohydrate levels. J. Exp. Mar. Biol. Ecol. 259:1-22.

Rust, M. B. 2002. Nutritional Physiology. Pp. 367-505 in Fish Nutrition, J. E. Halver and R. W. Hardy, eds. San Diego, CA: Academic Press.

Sanders, B. 1983a. Insulin-like peptides in the lobster *Homarus americanus*. II Insulin immunoreactivity. Gen. Comp. Endocr. 50:366-373.

Sanders, B. 1983b. Insulin-like peptides in the lobster *Homarus americanus*. I Insulin-like Biological activity. Gen. Comp. Endocr. 50:374-377.

Shiau, S-Y., 1997. Utilization of carbohydrates in warmwater fish—with particular reference to tilapia, *Oreochromis niloticus* × *O. aureus*. Aquaculture 151:79-96.

Shiau, S-Y., and J. C. Chuang. 1995. Utilization of disaccharides by juvenile tilapia, *Oreochromis niloticus* × *O. aureus*. Aquaculture 133:249-256.

Shiau, S. Y., and H. S. Liang. 1994. Nutrient digestibility and growth of hybrid tilapia, *Oreochromis niloticus* × *Oreochromis aureus*, as influenced by agar supplementation at 2 dietary protein levels. Aquaculture 127:41-48.

Shiau, S-Y., and H. S. Liang. 1995. Carbohydrate utilization and digestibility by tilapia, *Oreochromis niloticus* × *O. aureus*, are affected by chromic oxide inclusion in the diet. J. Nutr. 125:976-982.

Shiau, S. Y., and Y. H. Lin. 2001. Carbohydrate utilization and its protein-sparing effect in diets for grouper, *Epinephelus malabaricus*. Animal Sci. 73:299-304.

Shiau, S. Y., and C. Y. Peng. 1992. Utilization of different carbohydrates at different dietary protein levels in grass prawn, *Penaeus monodon*, reared in seawater. Aquaculture 101:241-250.

Shiau, S-Y., and Y. P. Yu. 1998. Chitin but not chitosan supplementation enhances grass shrimp, Penaeus monodon, growth. J. Nutr. 128:908-912.

Shiau, S-Y., and Y. P. Yu. 1999. Dietary supplementation of chitin and chitosan depresses growth in tilapia, *Oreochromis niloticus* × *O. aureus*. Aquaculture 179:439-446.

Shiau, S-Y., H. L. Yu, S. Hwa, S. Y. Chen, and S. I. Hsu. 1988. The influence of carboxymethylcellulose on growth, digestion, gastric emptying time and body composition of tilapia. Aquaculture 70:345-354.

Shiau, S-Y., C. C. Kwok, C. J. Chen, H. T. Hong, and H. B. Hsieh. 1989. Effects of dietary fibre on the intestinal absorption of dextrin, blood sugar level and growth of tilapia, *Oreochromis niloticus* × *O. aureus*. J. Fish Biol. 34:929-935.

Shikata, T., S. Iwanaga, and S. Shimeno. 1994. Effects of dietary glucose, fructose, and galactose on hepatopancreatic enzyme activities and body composition in carp. Fisheries Sci. 60:613-617.

Shimeno, S., D-C. Ming, and M. Takeda. 1993. Regulation of carbohydrate metabolism in fish XVI. Metabolic response to dietary carbohydrate to lipid ratios in *Oreochromis niloticus*. B. Jpn. Soc. Sci. Fish. 59:827-833.

Shimeno, S., D. Kheyyalid, and T. Shikata. 1995. Metabolic response to dietary carbohydrate to protein ratios in carp. Fisheries Sci. 61:277-281.

Singh, R. P., and T. Nose. 1967. Digestibility of carbohydrates in young rainbow trout. B. Fresh. Fish Res. Lab. 17:21-25.

Skiba-Cassy, S., M. Lansard, S. Panserat, and F. Médale. 2009. Rainbow trout genetically selected for greater muscle fat content display increased activation of liver TOR signaling and lipogenic gene expression. Am. J. Physiol. Reg. I 297:1421-1429.

Skrede, G., T. Storebakken, A. Skrede, S. Sahlstrom, M. Sorensen, K. D. Shearer, and E. Slind. 2002. Lactic acid fermentation of wheat and barley whole meal flours improves digestibility of nutrients and energy in Atlantic salmon (*Salmo salar*) diets. Aquaculture 210:305-321.

Smith, D. 1981. Removing and analyzing total non-structural carbohydrates from plant tissues. Wisconsin Ag. Exp. Stn. Rep. No R2107, Madison.

Soengas, J. L., and M. Aldegunde. 2002. Energy metabolism of fish brain. Comp. Biochem. Phys. B 131:271-296.

Soengas, J. L., E. F. Strong, J. Fuentes, J. A. R. Veira, M. D. Andres. 1996. Food deprivation and refeeding in Atlantic salmon, *Salmo Salar*—effects on brain and liver carbohydrate and ketone bodies metabolism. Fish Physiol. Biochem. 15:491-511.

Soengas, J. L., S. Polakof, X. Chen, S. Sangiao-Alvarellos, and T. W. Moon. 2006. Glucokinase and hexokinase expression and activities in rainbow trout tissues: Changes with food deprivation and refeeding. Am. J. Physiol. Reg. I 291: R810-R821

Stickney, R. R., and S. E. Shumway. 1974. Occurrence of cellulose activity in the stomachs of fishes. J. Fish Biol. 6:779-790.

Stone, D. A. J. 2003. Dietary carbohydrate utilization by fish. Rev. Fish. Sci. 11:337-369.

Stone, D. A. J., G. L. Allan, and A. J. Anderson. 2003a. Carbohydrate utilization by juvenile silver perch, *Bidyanus bidyanus* (Mitchell). I. Uptake and clearance of monosaccharides following intraperitoneal injection. Aquac. Res. 34:97-107.

Stone, D. A. J., G. L. Allan, and A. J. Anderson. 2003b. Carbohydrate utilization by juvenile silver perch, *Bidyanus bidyanus* (Mitchell). II. Digestibility and utilization of starch and its breakdown products. Aquac. Res. 34:109-121.

Storebakken, T., K. D. Shearer, S. Refstie, S. Lagocki, and J. McCool. 1998. Interactions between salinity, dietary carbohydrate source and carbohydrate concentration on the digestibility of macronutrients and energy in rainbow trout (*Oncorhynchus mykiss*). Aquaculture 163:347-359.

Storebakken, T., K. D. Shearer, G. Baeverfjord, B. G. Nielsen, T. Asgard, T. Scott, and A. DeLaporte. 2000. Digestibility of macronutrients, energy and amino acids, absorption of elements and absence of intestinal enteritis in Atlantic salmon, *Salmo salar*, fed diets with wheat gluten. Aquaculture 184:115-132.

Suarez, R. K., and T. P. Mommsen. 1987. Gluconeogenesis in teleost fishes. Can. J. Zoolog. 65:1869-1882.

Sundby, A., G. I. Hemre, B. Borrebaek, B. Christophersen, and A. K. Blom. 1991. Insulin and glucagon family peptides in relation to activities of hepatic hexokinase and other enzymes in fed and starved Atlantic salmon (*Salmo salar*) and cod (*Gadus morhua*). Comp. Biochem. Phys. B 100:467-470.

Svihus, B., A. K. Uhlen, and O. M. Harstad. 2005. Effect of starch granule structure, associated components and processing on nutritive value of cereal starch: A review. Anim. Feed Sci. Tech. 122:303-320.

Tan, Q., S. Xie, X. Zhu, W. Lei, and Y. Yang. 2006. Effect of dietary carbohydrate sources on growth performance and utilization for gibel carp (*Carassius auratus gibelio*) and Chinese longsnout catfish (*Leiocassis longirostris* Gunther). Aquacult. Nutr. 12:61-70.

Thodesen, J., and T. Storebakken. 1998. Digestibility of diets with precooked rye or wheat by Atlantic salmon, *Salmo salar* L. Aquacult. Nutr. 4:123-126.

Tranulis, M. A., O. Dregni, B. Christophersen, Å. Krogdahl, and B. Borrebaek. 1996. A glucokinase-like enzyme in the liver of Atlantic salmon (*Salmo salar*). Comp. Biochem. Phys. B. 114:35-39.

Tranulis, M. A., B. Christophersen, and B. Borrebaek. 1997. Glucokinase in Atlantic halibut (*Hippoglossus hippoglossus*) Brockmann bodies. Comp. Biochem. Phys. B. 116:367-370.

Tung, P. S., and S. Y. Shiau. 1991. Effects of meal frequency on growth performance of hybrid tilapia, *Oreochromis niloticus* × *O. aureus*, fed different carbohydrate diets. Aquaculture 92:343-350.

Van Soest, P. J. 1994. Nutritional Ecology of the Ruminant. Ithaca, NY: Cornell University Press.

Van Soest, P. J., and R. H. Wine. 1967. Use of detergents in the analysis of fibrous feeds. IV. J. Assoc. Off. Agric. Chem. 50:50-55.

Van Soest, P. J., J. B. Robertson, and B. A. Lewis. 1991. Methods for dietary fiber, neutral detergent fiber, and nonstarch polysaccharides in relation to animal nutrition. J. Dairy Sci. 74:3583-3597.

Verri, T., A. Mandal, L. Zilli, D. Bossa, P. K. Mandal, L. Ingrosso, V. Zonno, S. Vilella, G. A. Ahearn, and C. Storelli. 2001. Review: D-Glucose transport in decapod crustacean hepatopancreas. Comp. Biochem. Phys. A. 130:585-606.

Walton, M. J. 1986. Metabolic effects of feeding a high protein/low carbohydrate diet as compared to a low protein/high carbohydrate diet to rainbow trout *Salmo gairdneri*. Fish Physiol. Biochem. 1:7-15.

Walton, M. J., and C. B. Cowey. 1982. Aspects of intermediary metabolism in salmonid fish. Comp. Biochem. Phys. B 73:59-79.

Wang, K. W., T. Takeuchi, and T. Watanabe. 1985. Optimum protein and digestible energy levels in diets for tilapia nilotica. B. Jpn. Soc. Sci. Fish. 51:141-146.

West, T. G., P. G. Arthur, R. K. Suarez, C. J. Doll, and P. W. Hochachka. 1993. In vivo utilization of glucose by heart and locomotory muscles of exercising rainbow trout (*Oncorhynchus mykiss*). J. Exp. Biol. 177:63-79.

Wilson, R. P. 1994. Utilization of dietary carbohydrate by fish. Aquaculture 124:67-80.

Wilson, R. P., and W. E. Poe. 1987. Apparent inability of Channel catfish to utilize dietary monosaccharides and disaccharides as energy sources. J. Nutr. 117:280-285.

Wright, J. J. R., W. Ohali, H. Yang, X. Han, and A. Bonen. 1998. GLUT-4 Deficiency and severe peripheral resistance to insulin in the teleost fish tilapia. Gen. Comp. Endocr. 111:20-27.

Yamamoto, T., T. Shima, H. Furuita, N. Suzuki, and M. Shiraishi. 2001. Nutrient digestibility values of a test diet determined by manual feeding and self-feeding in rainbow trout and common carp. Fish Sci. 67:355-357. Zeng, M., C. F. Morris, I. L. Batey, and C. W. Wrigley. 1997. Sources of variation for starch gelatinization, pasting, and gelation properties in wheat. Cereal Chem. 74:63-71.

Zhou, X., and M. L. Kaplan. 1997. Soluble amylose corn starch is more digestible than soluble amylopectin potato starch in rats. J. Nutr. 127:1349-1356.

Zobel, H. F. 1988. Molecules to granules: A comprehensive starch review. Starch 40:44-50.

제8장

무기질

어류와 갑각류의 무기영양에 관한 정보는 대부분의 다른 영양군에 비해 제한적이다. 또한 육상동물에 비해 수산동물의 미네랄 요구량 관련 정보가 훨씬 적다. 그 이유는 어류가 먹이뿐만 아니라 수생환경으로부터 약간의 미네랄을 흡수할 수 있기 때문이다. 그럼에도 불구하고 삼투압 조절을 제외하고는 수산동물과 육상동물의 기본적인 미네랄 성분의 대사작용은 동일하다(**표 8–1**). 육상동물과 수산동물 사이의 무기영양 지식의 큰 차이는 초기 단계 수산동물의 영양과 무기영양에 관한 연구 수행의 어려움 때문이다. 미네랄 요구량의 정량화와 관련된 문제는 수중 미네랄의 잠재적인 기여도 파악, 사료 내 미네랄 침출, 목표 미네랄의 농도가 낮은 적합한 실험사료의 가용성과 미네랄 생체 이용률의 제한된 정보 등이 있다. 이러한 문제에도 불구하고 다양한 환경에서 비롯된 다양한 종의 미네랄 요구량 자료가 확립되고 있다(**표 8–2, 표 8–3, 표 8–4**).

표 8–1 어류와 새우에서 관찰되는 미네랄의 주요 기능 및 결핍 징후

미네랄	기능	결핍 징후
다량 미네랄		
칼슘	골격 조직, 막 투과성	성장 장애 및 경조직 무기화
염화물	삼투 균형	성장 장애
마그네슘	효소 활성화	테타니(*Tetany*), 근육 이완
인	골격 조직, 인지질	성장 장애, 경조직 무기화 감소, 골격 기형, 지방 축적
칼륨	삼투 균형, 산–염기 평형	경련, 테타니
나트륨	삼투 균형, 산–염기 평형	성장 장애
미량 미네랄		
구리	금속효소	구리 함유 효소의 성장 장애 및 활성 감소
코발트	비타민 B_{12}	빈혈증
크롬	탄수화물 대사	포도당 이용 장애
요오드	갑상선 호르몬	갑상선 비대
철분	헤모글로빈	성장 장애, 빈혈증
망간	뼈의 유기 매트릭스	성장 장애, 골격 이상, 백내장
몰리브덴	잔틴 산화효소	효소 활성 감소
셀레늄	글루타치온 퍼옥시다제	성장 장애, 빈혈, 삼출성 체질, 글루타치온 퍼옥시다제 활성 감소
아연	금속 효소	성장 장애, 백내장, 골격 이상, 아연 금속 효소 활성 감소

표 8-2 어류의 다량 미네랄 요구량

미네랄	어종	첨가 요구량 (g/100 g diet)	사육조건[a]	참고문헌
Calcium	Channel catfish	1.5	FW Practical diet	Andrews et al. (1973)
	(Ictalurus punctatus)	Dispensable	FW (14 mg Ca/L)	Lovell (1978)
		0.45	FW (Ca-free)	Robinson et al. (1986)
	Blue tilapia	0.17-0.65	FW (Ca-free)	Robinson et al. (1984)
	(Oreochromis aureus)	0.7	FW (Ca-free)	Robinson et al. (1987)
	Red sea bream *(Chrysophrys major)*	Dispensable	SW	Sakamoto and Yone (1976a)
	Common carp *(Cyprinus carpio)*	Dispensable	FW (20 mg Ca/L)	Ogino and Takeda (1976)
	Rainbow trout *(Oncorhynchus mykiss)*	Dispensable	FW (20-23 mg Ca/L)	Ogino and Takeda (1978)
	Chum salmon *(Oncorhynchus keta)*	Dispensable	FW (20 mg Ca/L)	Watanabe et al. (1980)
	Hybrid tilapia *(Oreochromis niloticus × Oreochromis aureas)*	0.35-0.43	FW (27-33 mg Ca/L)	Shiau and Tseng (2007)
Phosphorus	*I. punctatus*	0.8	FW Practical diet	Andrews et al. (1973)
		0.45	FW (0.03 mg P/L)	Lovell (1978)
		0.33 (available P)	FW (0.04 mg P/L)	Wilson et al. (1982)
	Cyprinus carpio	0.6-0.7	FW (0.002 mg P/L)	Ogino and Takeda (1976)
	Oreochromis aureus	0.5	FW (Ca-free)	Robinson et al. (1987)
	Oncorhynchus mykiss	0.7-0.8	FW (0.002 mg P/L)	Ogino and Takeda (1978)
		0.54-0.61	FW	Ketola and Richmond (1994)
	Oncorhynchus keta	0.5-0.6	FW (0.002 mg P/L)	Watanabe et al. (1980)
	Atlantic salmon*(Salmo salar)*	0.6 (available P)	FW (< 0.5 mg P/L) 0.7% dietary P from plant sources	Ketola (1975)
		0.83-0.93	FW	Vielma and Lall (1998)
		1.0 (0.9 available P)	FW	Asgard and Shearer (1997); Lall and Bishop (1977)
	Hybrid striped bass *(Morone chrysops × Morone saxatili)*	0.5	FW (150 mg/L hardness as $CaCO_3$)	Brown et al. (1993)
	Chrysophrys major	0.68	SW	Sakamoto and Yone (1978a)
	Milkfish*(Chanos chanos)*	0.85	SW	Borlongan and Satoh (2001)
	Red drum *(Sciaenops ocellatus)*	0.86	BW (5-6‰)	Davis and Robinson (1987)
	Yellow croaker *(Pseudosciaena crocea)*	0.89-0.91 (available P)	SW	Ma et al. (2006)
	Haddock *(Melanogrammus aeglefinus)*	0.96 (0.72 available P)	SW	Roy and Lall (2003)
	Japanese flounder *(Paralichthys olivaceus)*	0.6-1.5 (total P)	SW	Choi et al. (2005); Wang et al. (2005); Uyan et al. (2007)
	Black sea bream *(Acanthopagrus schlegelii)*	0.55 (available P)	SW	Shao et al. (2008)
	Japanese sea bass *(Lateolabrax japonicus)*	0.86-0.90	SW	Zhang et al. (2006)

표 8-2 계속

미네랄	어종	첨가 요구량 (g/100 g diet)	사육조건[a]	참고문헌
Phosphorus	Orange-spotted grouper *(Epinephelus coioides)*	1.09	SW	Ye et al. (2006)
	Gilthead sea bream *(Sparus auratus)*	0.75	SW	Pimentel-Rodrigues and Olivia-Teles (2001)
	European sea bass *(Dicentrarchus labrax)*	0.65	SW	Olivia-Teles and Pimentel-Rodrigues (2004)
Ca:P ratio	*I. punctatus*	1.5:0.8	FW Practical diet	Andrews et al. (1973)
		No relationship	FW (14 mg Ca/L)	Lovell (1978)
	Chrysophrys major	0.34:0.68	SW	Sakamoto and Yone (1973)
		No relationship	SW	Sakamoto and Yone (1976a)
	Cyprinus carpio	No relationship	FW (20 mg Ca/L)	Ogino and Takeda (1976)
	Oncorhynchus mykiss	No relationship	FW (20-23 mg Ca/L)	Ogino and Takeda (1978)
	Oncorhynchus keta	No relationship	FW (20 mg Ca/L)	Watanabe et al. (1980)
	Chinook salmon *(Oncorhynchus tshawytscha)*	0.6-1.2	FW	Shearer (1988)
Potassium	*I. punctatus*	0.26	FW (4 mg K/L)	Wilson and El Naggar (1992)
	Chrysophrys major	Dispensable	SW	Sakamoto and Yone (1978b)
	I. punctatus	Dispensable	FW Practical diet	Murray and Andrews (1979)
	Oreochromis niloticus × *Oreochromis aureas*	0.2-0.3	FW	Shiau and Hsieh (2001a)
Sodium/ chloride	*Oncorhynchus mykiss*	Dispensable	FW; Levels up to 11.6% produced no adverse effects	Salman and Eddy (1988)
	Red drum*(Sciaenops ocellatus)*	2	FW and BW (6‰)	
		Dispensable	35‰	Gatlin et al. (1992)
Sodium	*Chrysophrys major*	Dispensable	SW	Sakamoto and Yone (1978b)
	Oreochromis niloticus × *Oreochromis aureas*	0.15	FW	Shiau and Lu (2004)
	Oreochromis niloticus × *Oreochromis aureas*	Dispensable	SW	Shiau and Lu (2004)
Magnesium	*I. punctatus*	0.04	FW (1.6 mg Mg/L)	Gatlin et al. (1982)
	Oncorhynchus mykiss	0.06-0.07	FW (3.1 ppm Mg)	Ogino et al. (1978)
		0.05	FW (1.2 mg Mg/L)	Knox et al. (1981)
		0.06	FW (1.3 mg Mg/L)	Shearer (1989)
	Nile tilapia *(Oreochromis niloticus)*	0.059-0.077	FW (1.0 mg Mg/L)	DaBrowska et al. (1989)
	Mozambique tilapia *(Oreochromis mossambicus)*	Dispensable	FW	Sakamoto and Yone (1979a)
	Oreochromis aureus	0.023	FW	van der Velden et al. (1991)
	Cyprinus carpio	0.06	FW (9.4 mg Mg/L)	Reigh et al. (1991)
	Chrysophrys major	Dispensable	SW (0.012% basal diet)	Dabrowska et al. (1991)

[a]실험에 사용된 사료 및/또는 사육수. FW = 담수, BW = 기수, SW = 해수.

표 8-3 어류의 미량 미네랄 요구량

미네랄	어종	첨가 요구량 (mg/kg diet)	사육조건[a]	참고문헌
Copper	Channel catfish	1.5	FW	Murai et al. (1981)
	(Ictalurus punctatus)	5	FW	Gatlin and Wilson (1986a)
	Common carp *(Cyprinus carpio)*	3	FW	Ogino and Yang (1980)
	Rainbow trout	3	FW	Ogino and Yang (1980)
	(Oncorhynchus mykiss)	3.5	FW	Julshamn et al. (1988)
	Atlantic salmon	5-10 (as supplement)	FW; 3.5 mg Cu/kg	Lorentzen et al. (1998)
	(Salmo salar)	≥ 500 toxic	FW (0.6 μg/L)	Berntssen et al. (1999)
	Hybrid tilapia *(Oreochromis niloticus × Oreochromis aureas)*	4	FW	Shiau and Ning (2003)
	Malabar grouper *(Epinephelus malabaricus)*	4-6	SW	Lin et al. (2008a)
Iron	*I. punctatus*	30	FW (0.43 mg Fe/L)	Gatlin and Wilson (1986b)
	Cyprinus carpio	199	FW (dietary levels 1 and 199 mg Fe/kg)	Sakamoto and Yone (1978b)
	Red sea bream *(Chrysophrys major)*	199	SW (dietary levels 1 and 199 mg Fe/kg)	Sakamoto and Yone (1976b)
		150	SW	Sakamoto and Yone (1978c)
	Oreochromis niloticus × Oreochromis aureas	85	FW	Shiau and Su (2003)
Zinc	*I. punctatus*	20	FW (25 μg Zn/L)	Gatlin and Wilson (1983)
		150	FW with 1.1% phytate	Gatlin and Wilson (1984c)
	Cyprinus carpio	15-30	FW (10 μg Zn/L)	Ogino and Yang (1979)
	Oncorhynchus mykiss	15-30	FW (11 μg Zn/L)	Ogino and Yang (1978)
		20-40	FW	Satoh et al. (1987)
		40	4% Tricalcium phosphate	
		80	7% Tricalcium phosphate	
	Blue tilapia *(Oreochromis aureus)*	20	FW (4 μg Zn/L)	McClain and Gatlin (1988)
	Red drum *(Sciaenops ocellatus)*	20	BW (6‰)	Gatlin et al. (1991)
	Nile tilapia *(Oreochromis niloticus)*	30	FW	Eid and Ghonim (1994)
	Oreochromis niloticus × Oreochromis aureas	26-29	FW	Lin et al. (2008c)
Manganese	*I. punctatus*	2.4	FW (2 μg Mn/L)	Gatlin and Wilson (1984a)
	Cyprinus carpio	12-13	FW	Ogino and Yang (1980)
	Oncorhynchus mykiss	12-13	FW	Ogino and Yang (1980)
	Mossambique tilapia *(Oreochromis mossambica)*	1.7	FW	Ishac and Dollar (1968)
	Oreochromis niloticus × Oreochromis aureas	7	FW	Lin et al. (2008b)
Selenium	*I. punctatus*	0.25	FW; adequate vitamin E	Gatlin and Wilson (1984b)
	Oncorhynchus mykiss	0.15-0.38	FW (0.4 μg Se/L); adequate vitamin E	Hilton et al. (1980)
		0.07	Prevented overt deficiency	Poston et al. (1976)
		3	May produce toxicity	

(계속)

표 8-3 계속

미네랄	어종	첨가 요구량 (mg/kg diet)	사육조건[a]	참고문헌
		13	Toxic	
	Malabar grouper *(Epinephelus malabaricus)*	0.7	SW	Lin and Shiau (2005)
Iodine	Chinook salmon *(Oncorhynchus tshawytscha)*	0.6-1.1	FW (0.2 μg I/L)	Woodall and LaRoche (1964)

[a]실험에 사용된 사료 및/또는 사육수. FW = 담수, BW = 기수, SW = 해수.

표 8-4 갑각류의 미네랄 요구량

다량 미네랄	종	단백질원	요구량 (g/100 g)	참고문헌
Calcium	Kuruma prawn *(Marsupenaeus japonicus)*	Casein—egg	Dispensable	Deshimaru and Yone (1978)
		Squid meal	1.2	Kitabayashi et al. (1971)
		Casein	1.0-2.0	Kanazawa et al. (1984)
	Pacific white shrimp *(Litopenaeus vannamei)*	Casein—gelatin	Dispensable	Davis et al. (1993a)
	Tiger shrimp *(Penaeus monodon)*	Casein—gelatin	Dispensable	Penaflorida (1999)
Phosphorus	*M. japonicus*	Casein—egg	2.0	Deshimaru and Yone (1978)
		Casein	1.0-2.0	Kanazawa et al. (1984)
		Squid meal	1.0	Kitabayashi et al. (1971)
	L. vannamei	Casein—gelatin	0.03% dietary Ca, ≤ 0.34% P 1% Ca, 0.5-1.0% P 2% Ca, 1.0-2.0% P	Davis et al. (1993a)
		Casein—gelatin	0.5% Ca, 0.93% total P (EAP[a] = 0.77% P) 1.5% Ca, 2% total P (EAP = 1.22% P)	Cheng et al. (2006)
		Fish meal, soybean meal	> 1.33%, practical diet	Pan et al. (2005)
	P. monodon	Casein—gelatin	0.5% (0.74 total) at low Ca	Penaflorida (1999)
Ca:P ratio	American lobster *(Homarus americanus)*	Casein, yeast	0.56:1.10	Gallagher et al. (1978)
	H. americanus (juvenile)	Casein—fish meal	1:1	Gallagher et al. (1982)
	H. americanus (adult)	Casein	1:1	Kanazawa et al. (1984)
	M. japonicus	Squid meal	1.24:1.04	Kitabayashi et al. (1971)
	Yellow leg shrimp *(Penaeus californiensis)*	Soybean meal, shrimp head meal, and fish meal	2.06:1, < 2.42:1	Huner and Colvin (1977)
Potassium	*L. vannamei*	Casein—gelatin	Unclear	Davis et al. (1993a)
	M. japonicus	Casein—egg	1	Deshimaru and Yone (1978)
		Casein	0.9	Kanazawa et al. (1984)
	P. monodon	Casein	1.20	Shiau and Hsieh (2001b)
		Casein	1.09	Zhu et al. (2006)
Magnesium	*M. japonicus*	Casein—egg	Dispensable	Deshimaru and Yone (1978)
		Casein	0.3	Kanazawa et al. (1984)
	L. vannamei	Casein—gelatin	0.26-0.35	Cheng et al. (2005)

표 8-4 계속

미량 미네랄	종	단백질원	요구량 (g/100 g)	참고문헌
Copper	*M. japonicus*	Casein	Dispensable	Kanazawa et al. (1984)
	Fleshy prawn *(Penaeus orientalis)*	Fish meal, peanut meal	53	Liu et al. (1990)
	L. vannamei	Casein—gelatin	16-32	Davis et al. (1993b)
	P. monodon	Casein	10-30	Lee and Shiau (2002)
	Fleshy prawn *(Fenneropenaeus chinensis)*		25.3	Wang et al. (1997)
	M. japonicus	Casein—egg	Dispensable	Deshimaru and Yone (1978)
Iron	*M. japonicus*	Casein	Dispensable	Kanazawa et al. (1984)
	vannamei	Casein—gelatin	Dispensable	Davis et al. (1992b)
	japonicus	Casein	Dispensable	Kanazawa et al. (1984)
Manganese	*M. japonicus*	Casein	Dispensable	Kanazawa et al. (1984)
	L. vannamei	Casein—gelatin	Required	Davis et al. (1992a)
Selenium	*L. vannamei*	Casein—gelatin	0.2-0.4	Davis (1990)
Zinc	*P. monodon*	Casein	32-34 (growth) 35-48 (immunity)	Shiau and Jiang (2006)
	L. vannamei	Casein—gelatin	15 (32 total) 200 (218 total) in the presence of phytate	Davis et al. (1993c)

[a]유효 인 추정치.

수산동물의 다양한 미네랄 신진대사는 첨가 함량뿐만 아니라 수중 용존 이온의 농도와 상대적 조성에 영향을 받는다. 이는 유기체의 삼투조절과 이온조절, 산염기 균형에 영향을 줄 수 있기 때문이다(Moyle and Cech, 2000). 다량 미네랄은 아가미로 흡수되어 신진대사 요구량을 충족할 수 있다. 사료나 수생 매질(aquatic medium)을 통해 미네랄을 섭취하고 소변과 대변으로 미네랄을 배설하는 것은 수생 매질의 염분에 반응하는 삼투압 조절 과정에서 영향을 받는다. 담수 서식생물은 환경적으로 고삼투압(hyperosmotic)의 특징이 있다. 그들은 지속적으로 아가미에서 이온을 잃고 수동적으로 물을 흡수해 물을 마시지 않고 묽은 소변을 다량 배출한다. 반면에 해양생물은 환경에 저삼투압(hypoosmotic)이기 때문에 물을 섭취해야 한다(그러나 환경으로부터 1가 이온을 얻는다). 과다 섭취된 염분은 주로 아가미의 염류세포와 주새개골피부 상피(opercular skin epithelia)를 통해 능동적으로 수송되는 반면에 신장에서 소량의 소변으로 2가 이온을 배출하며, 다른 염분은 대변으로 집중된다. 수생환경에서 안정적인 내부 삼투압 농도를 유지하는 것 외에도 어류는 아가미, 신장, 위장관을 포함한 다양한 기관에서 능동적이고 수동적인 과정을 통해 적절한 이온과 산성화 균형을 유지하기 위해 에너지를 발휘한다(Moyle and Cech, 2000). 따라서 이 같은 다양한 과정은 특정 무기질의 신진대사에 직접적인 영향을 미칠 수 있다.

사료와 어체에서 비교적 고농도로 요구되는 주요 미네랄의 기능에는 골격 구조와 기타 경질 조직(예: 지느러미, 비늘, 치아, 외골격)의 구성, 전자 전달, 산과 염기 평형 조절, 막전위(membrane potentials) 생성, 삼투압 조절이 있다. 칼슘과 염소, 마그네슘, 인, 칼륨, 나트륨을 포함한 6가지 무기질이 가장 일반적으로 알려진 무기질이다. 각각의 주요 무기질 정보는 이 장의 뒷부분에 있는 개별 섹션에서 자세히 설명한다. 일반적으로 주요 무기질보다 훨씬 낮은 농도로 섭취하거나 체내에 요구되는 미량 미네랄 또는 다량 미네랄은 호르몬과 효소의 중요한 요소이며, 다양한 효소의 보조 인자나 활성제 역할을 하고, 다양한 생화학적 과정에 참여한다. 가장 흔히 사용되는 미량 미네랄은 크롬과 구리, 요오드, 철, 망간, 셀레늄, 아연이다. 각각의 미량 미네랄의 자세한 정보 또한 이 장의 뒷부분에 있는 개별 섹션에서 제공된다. 중요한 미네랄 중 칼슘(Ca^{++}), 구리(Cu^{2+}), 철(Fe^{2+}), 마그네슘(Mg^{2+}), 망간(Mn^{2+}), 칼륨(K^{+}), 나트륨(Na^{+}), 아연(Zn^{2+}) 등 8개는 양이온이다. 염소(Cl^{-}), 요오드화물(I^{-}), 몰리브덴산염(MoO_4^{2-}), 인산염(PC_4^{3-}), 셀레나이트(SeO_3^{2-}) 등 5개는 보통 음이온이거나 같은 음이온 그룹에서 발견된다(Scott et al., 1982). 알루미늄과 비소, 코발트, 불소, 몰리브덴, 니켈, 실리콘, 주석, 바나듐(vanadium) 같은 기타 미량 미네랄은 일반적으로 사료 내 첨가가 필요하지 않은 소량으로 요구된다.

이 장의 나머지 부분은 다량, 미량 미네랄의 일반적인 기능과 사료 내 필수 · 정량적 요구량, 생체 이용률과 사료 내 상호작용, 일반적인 권장 첨가량을 포함하여 어류와 갑각류의 미네랄 영양에 관한 관련 정보가 요약되어 있다.

8.1 칼슘과 인(Calcium and Phosphorus)

섭취되는 주된 미네랄은 칼슘과 인이다. 정량적 칼슘과 인은 주로 경조직(예: 뼈, 외골격, 비늘, 치아)의 구조적 구성 요소이다. 칼슘은 구조적 기능 외에도 혈액 응고(척추동물)와 근육 기능, 적절한 신경 충격 전달, 삼투압 조절, 효소 과정의 보조 인자로서 필수적이다(Lall, 2002). 인은 뉴클레오타이드와 인지질, 보조효소, 데옥시리보핵산(DNA), 리보핵산(RNA) 같은 다양한 유기인산염의 구성성분이다. 또한 무기인산염은 세포 내, 세포 외 액의 정상 pH를 유지하는 중요한 완충제 역할을 한다(Zubay, 1983).

어류에게서 칼슘 같은 대부분의 주요 무기질의 섭취가 부족한 이유는 일반적으로 무기질이 수중에서 이온 상태로 존재하기 때문이다. 그러나 어류의 섭취가 제한적이기 때문에 사료 내 인의 첨가가 가장 중요하다. 인 섭취 부족은 중간 대사를 저해하여 성장과 사료 효율을 감소시킨다. 경조직의 무기화(mineralization) 감소와 관련된 다양한 골격 기형은 인 섭취가 최적 함량에 미달할 때에도 발생한다(Sugiura et al., 2004).

배설된 인이 수돗물의 부영양화에 미치는 영향으로 최근 몇 년 동안 인의 배설을 최소화하기 위한 목적으로 인산 영양에 초점을 맞춘 많은 연구가 집중되고 있으며, 특히 유출물이 연어류에서 직접적인 영향을 미치는 것으로 알려져 있다. 소변 내 인 농도 측정 실험은 어류의 사료 내 인산화의 민감한 지표가 되었다(Sigiura et al., 2000). 파이타아제(phytase) 효소(제10장 참조; Gatlin and Li, 2008에서 검토됨) 또는 다른 첨가제가 포함된 사료에서 인의 가용성을 증가시키는 것 같은 다양한 실험사료(Green et al., 2002a)에서 구연산(Sugiura et al., 1998; 제10장 참조)은 소변 등 배설물로 인의 배출을 감소시키는 데 효과적인 것으로 나타났다. 이러한 영양 처리는 무지개송어가 생산하는 고체형, 용해된 인의 노폐물을 50% 이상 감소시키는 것으로 나타났다(Green et al., 2002a,b). 사료 내 단계적 전략은 또한 사료 내 인의 첨가를 최소화하면서 양식하는 유기체의 적절한 생산 특성을 유지하기 위해 다양한 인 첨가 실험과 함께 연구되었다(Lellis et al., 2004). 상업적으로 양식된 대서양연어에서 척추의 압축에 따른 척추 기형의 발생 같은 양식 어류 품질의 감소가 수년간 문제로 인식되어 왔으며(Sullivan et al., 2007a), 이는 미네랄 영양이 부족하여 발생했을 가능성이 높다. 다양한 연구를 통해 이 질병은 유전적 근거가 없다는 결론을 내렸으나(Sullivan et al., 2007b), 주로 초기 사료 내 인의 결핍에 기인한다는 결론을 얻었다(Sullivan et al., 2007c). 또한 연어 자어 사료 내 칼슘과 인을 높게 첨가할 경우 척추 기형 발생을 감소시켰다(Fjellhal et al., 2009). 무지개송어 치어 대상의 또 다른 연구에 따르면 인 결핍이 전어체 조직에 인의 감소를 유도할 뿐만 아니라 연골과 피부 골격의 골화를 저하시키거나 지연시키는 것으로 나타났다(Fontagne et al.,

2009). 이 연구는 또한 칼슘 결핍이 최종 뼈의 미네랄화에 영향을 주지 않고 골격 발달의 개체 발생을 지연하지만, 척추의 크기와 모양에 변화를 초래한다고 보고했다.

인 첨가제(Hua and Bureau, 2006)를 사용하여 제조된 다양한 사료에서 인의 가용성을 정확하게 예측하기 위해 다중회귀분석법을 사용하는 분석방법이 개발되었다. 또한 요인분석은 연어 양식시스템에서 인의 폐기물 배출량을 예측하기 위해 개발되었다(Hua et al., 2008).

칼슘과 달리 일반적으로 자연수 내의 인의 농도는 매우 낮다(Boyd, 1981). 따라서 담수와 해수에서 상당량의 인을 흡수한다는 것은 쉽지 않다(Lall, 1991). 사료 내 인 공급원은 잠재적으로 어류와 새우에게 중요하다. 어류의 인 요구량은 사료 내 0.3~1.5% 범위로 보고되었다(Lall, 2002). 이러한 요구량의 가변성 중 일부는 요구량을 정량화하는데 사용되는 사료 내 인의 가용성 차이 때문일 수 있다. 인 요구량은 차넬메기(*Ictalurus punctatus*) 미성어가 0.3% (Eya and Lovell, 1997a), 차넬메기 자어는 0.34%로 낮게 나타났다(Wilson et al., 1982). 무지개송어는 0.56%로 비교적 높은 수치가 보고되었다(Rochutscord et al., 1995). 잡종 줄무늬농어(*Morone chrysops* × *M. saxatilis*, Brown et al., 1993)와 줄무늬농어 치어를 대상으로 한 연구에서는 각각 0.45%와 0.58%로 요구량이 보고되었다(Dougall et al., 1996). 극지연어송어(*Coregonus lavaretus*)는 최대 성장과 척추 회분 함량을 기준으로 사료 내 0.62~0.65%를 사용할 수 있다고 보고되었다(Vielma et al., 2002). 농어(*Lateolabrax japonicus*)의 최소 인 요구량은 증체율 결과에 따르면 0.68%인 것으로 보고되었고, 전어체와 척추 내 인을 기준으로 할 경우에는 각각 0.86%와 0.90%의 높은 것으로 추정하였다(Zhang et al., 2006). 잉어(*Cyprinus carpio*) 치어와 은농어(*Bidyanus bidyanus*)를 대상으로 최대 성장과 인의 최소 배설을 고려하였을 때, 인 요구량은 사료 내 0.7%인 것으로 보고되었다(Kim et al., 1998; Yang et al., 2006). 부세(*Pseudosciaena crocea*)를 대상으로 척추 또는 전어체에 인이 축적된 것을 기준으로 0.9%의 높은 요구량 값이 관찰되었으며, 요구량이 동일한 것으로 추정되었다(Ma et al., 2006). 해덕대구(*Melanogrammus aeglefinus*)의 경우 요구량은 0.72%인 것으로 보고되었고, 홍민어(*Sciaenops ocellatus*)의 경우 0.86%의 값이 보고되었다(Davis and Robinson, 1987; Roy and Lall, 2003). 감성돔(*Acanthopagrus schlegelii*)은 체중 증가에 따른 사료 내 인 요구량은 0.55%이지만 전어체와 척추, 비늘 각각의 축적에 근거한 인 요구량은 0.81%와 0.87%, 0.88%로 보고되었다(Shao et. al., 2008). 방어(*Seriola quinqueradiata*)는 배설되지 않은 인에 근거하여 0.44%의 요구량이 추정되었다(Sarker et al., 2009).

어류의 면역과 질병 저항성에 미치는 인의 영향은 현재까지 제한적으로 조사되었다. Eya and Lovell (1998)은 차넬메기에서 인의 결핍이 항체 생산과 박테리아 *Edwardsiella ictaluri* 감염의 저항성을 감소시켰다고 보고했다. *E. ictaluri*로부터 최대한의 보호를 위한 최소한의 인 요구량은 사료 내 0.4%로 최대 증체율에 필요한 것과 유사한 반면에 사료 내 0.5%의 인은 항체 생성을 극대화했다(Eya and Lovell, 1998).

이전 연구에서 갑각류의 인 요구량은 다양한 어종에서 보고된 값보다 훨씬 높았다. 예를 들면 보리새우(*Marsupenaeus japonicus*)는 1% (Kitabayashi et al., 1971), 1~2% (Kanazawa et al., 1984), 2% (Deshimaru and Yone, 1978)의 인 요구량이 보고되었다. Pan et al.(2005)은 흰다리새우 사료에 제1 인산칼슘을 농도별로 첨가하였고 최적의 증체량과 사료 효율을 위해서는 총 인이 1.33%가 필요하다는 것을 발견했다. 그러나 Davis et al.(1993a)과 Cheng et al.(2006)은 흰다리새우의 사료 내 인 요구량은 사료 내 칼슘 함량에 달려 있음을 입증했다. Davis et al.(1993a)은 칼슘 첨가가 없는 경우 정상적인 성장을 위해서는 기초사료(0.03%의 Ca, 0.34%의 P)에 인을 적절하게 첨가해야 한다는 점을 관찰했다. Cheng et al.(2006)은 흰다리새우 증체율이 칼슘 첨가가 없는 상태에서 사료 내 가용성 인이 0.77%로 최적이지만, 1.22%의 가용성의 인에는 1%의 칼슘이 필요하다고 보고했다. Penaflorida (1999)는 증체량에 따르면 얼룩새우는 사료 내 칼슘이 첨가되지 않았을 때 인(0.5%, 총 인 0.74%) 첨가가 필요하며, 칼슘 첨가와 함께 더 높은 인의 보충이 필요하다고 보고했다. Ambasankar and Ali (2002)는 인도흰새우(*Penaeus indicus*)를 대상으로 1.25%의 칼슘과 여러 가지 농도의 인을 포함해 반정제된 사료를 공급하였으며, 총 인의 함량이 1%인 사료를 섭취한 새우가 증체율과 전어체 구성에서 최적인 것으로 나타났고 새우는 체내 인을 칼슘으로 유지한다고 보고했다. 새우는 사료 내 인의 함량과 상관없이 비율을 1:2로 유지했다.

Gallagher et al.(1978)은 Ca:P 비율의 변화가 랍스터 치하에게 미치는 영향을 조사했다. 내표피(endocuticle)의 성장과 조직학적 평가에 따르면 Ca:P 비율은 0.51 (0.56:1.10)로 랍스터 치하에게 가장 좋으며 1.55 이상의 Ca:P 비율은 내표피의 비정상을 초래한다. 보리새우에서는 사료 내 Ca:P 비율이 1:1로 권장되었다(Kitabayashi et al., 1971; Kanazawa et al., 1984). Davis et al.(1993a)은 기초 사료에 칼슘을 보충하면 인의 생체 이용률을 억제하는 것으로 나타났으며 Ca:P는 칼슘의 억제 효과를 완전히 설명하지 못했다고 보고했다. 이러한 연구에 근거하여 칼슘은 사료에서 2.5%를 초과하는 수치를 피하도록 해야 하며, 그렇지 않으면 인의 가용성에 영향을 줄 수 있다. 비록 최적의 결과를 만들어내는 Ca:P 비율이 정해져 있지는 않지만 Ca:P 비율이 2:1 미만일 때 대서양연어(Vielma and Lall, 1998)와 그루퍼(*Epinephelus coioides*) 같은 어류뿐만 아니라 새우에게도 긍정적인 결과를 미치는 것으로 보인다(Ye et al., 2006).

인과 대조적으로 칼슘 결핍은 아가미를 통해 수인성 칼슘을 흡수하는 능력 때문에 정상정인 칼슘 농도를 지닌 담수에서 사육된 잉어(Ogino and Takeda, 1976)와 차넬메기(Andrews et al., 1973; Lovell, 1978) 같은 어종에서는 확립하기 어려웠다. 그러나 저칼슘인 수중에서 증체율과 사료효율 감소, 골밀도화 등 명백한 결핍 증상이 발견되었다(Robinson et al., 1984, 1986, 1987). 수인성 칼슘의 흡수는 주로 아가미에서 발생하지만, 지느러미와 구강상피 같은 다른 조직도 이 기능과 관련되어 있다. 적절한 칼슘의 농도는 어류 양식을 위한 담수의 중요한 특징이며, 칼슘 이온은 해수에 풍부하기 때문에 칼슘의 대사 요구량은 일반적으로 수생 매질에서 섭취함으로써 충족된다. 저칼슘 담수에서 수행된 연구에서 차넬메기와 블루틸라피아(*Oreochromis aureus*)의 칼슘 요구량은 각각 0.45%, 0.7%로 나타났다(Robinson et al., 1986, 1987). Shiau and Tseng (2007)은 증체량과 뼈 칼슘, 척도 칼슘을 기준으로 27~33 mg Ca/L의 물에서 양식된 잡종 틸라피아(*Oreochromis niloticus* × *O. aureus*)의 칼슘 요구량을 0.35~0.43% 범위로 보고했다. 잉어와 뱀장어(*Anguilla japonica*)의 칼슘 농도는 0.34%로 낮은 것으로 나타났다(Ogino and Takeda, 1976). 대서양연어는 바닷물에서 보충이 불필요할 정도로 수인성 칼슘을 이용했다(Lall and Bishop, 1977). 대조적으로 참돔(*Chrysophrys major*)은 해수에서 충분한 칼슘을 섭취하지 못하므로 사료에서 0.34%의 칼슘이 필요했다(Sakamoto and Yone, 1973, 1976a). 최근 Hossain and Furuichi (1998, 1999, 2000)의 연구에서 해산 어종을 대상으로 한 실험이 수행되었는데, 이 실험은 자주복(*Takifugu rubripes*)과 쏨뱅이의 정상적인 성장을 뒷받침하기 위해 젖산칼슘으로부터 칼슘의 공급이 필요했지만 감성돔(*A. schlegelii*)에서는 필요하지 않았다.

다양한 갑각류 종에서도 칼슘 요구량이 보고되었다(Kitabayashi et al., 1971; Gallagher et al., 1978; Kanazawa et al., 1984). 그러나 해수에서 성장한 흰다리새우는 칼슘 보충이 필요하지 않았다(Davis et al., 1993a). 저염도(2‰ppt [parts per thousand])의 물에서도 흰다리새우의 칼슘 요구량은 명확하지 않았지만 이전에 얼룩새우에서 관찰된 것처럼(Penaflorida, 1999) 인 요구량에 영향을 미쳤다(Cheng et al., 2006). 비록 사료 내 칼슘이 중요한 역할을 하지만 갑각류는 아가미, 외골격 또는 두 가지 모두를 통해 직접 흡수함으로써 물에서 일부 미네랄을 흡수할 수 있는 것으로 보인다(Deshimaru et al., 1978; NRC, 1993).

많은 요인이 칼슘과 인의 흡수와 분포, 배설에 영향을 미친다. 칼슘은 주로 활성 수송에 따라 장으로 흡수된다. 척추동물의 경우 비타민 1,25-디하이드록시콜레칼시페롤은 장내 흡수율(Ca^{2+} 결합 단백질 사용), 신장 재흡수율과 뼈 운송(Zubay, 1983)의 비율을 변화시켜 혈청 칼슘과 인 농도를 유지 관리한다. 비타민 D와 그 대사산물이 골수에 있는 칼슘 항상성에 영향을 미칠 수 있다는 증거가 관찰되었다. 그러나 O'Connell and Gatlin

(1994)은 블루틸라피아가 저칼슘 물에서 성장과 조직 미네랄화를 위해, 사료 내 칼슘을 활용하기 위해 콜리칼시페롤(비타민 D_3)의 첨가가 필요하지 않다고 보고했다. 무지개송어는 비타민 D_3와 그 대사산물 또는 인산칼슘 공수송체에 비해 인 신진대사의 주요 조절기가 사료 내 인이었다(Coloso et al., 2003). 따라서 어류의 장내 칼슘 섭취에 비타민 D_3의 역할은 육상 척추동물과 마찬가지로 확립되지 않았다. 해양 무척추동물에서 세포 외 칼슘 농도를 통제하는 것은 다소 제한적이다(Cameron, 1990).

8.2 마그네슘(Magnesium)

척추동물에서는 체내 마그네슘의 약 60%가 뼈에 있으며, 그중 약 3분의 1이 인산염과 결합하고 나머지는 미네랄 구조의 표면에 느슨하게 흡착된다(Pike and Brown, 1975). 연조직에서는 마그네슘이 세포 내와 세포 외 모두에서 발생한다. 마그네슘은 어류(Moyle and Cech, 2000)와 갑각류(Mantel and Farmer, 1983)의 세포 내외 항상성 유지에 필수적이다. 또한 마그네슘은 아데노신 tri-, di-와 단인산염을 포함한 세포 호흡과 인산염 전달 반응에 필수적이다. 모든 티아민파이로인산염 반응을 위한 활성제로 지방과 탄수화물, 단백질의 신진대사에 관여한다.

사료 내 마그네슘 결핍은 다양한 담수어를 대상으로 입증되었으며 성장 불량, 식욕 부진, 무기력, 근육 쇠약, 경련, 척추 만곡, 높은 폐사율, 전어체, 혈청, 뼈의 침체된 마그네슘 수치를 포함한다(Lall, 2002). 1~3 mgMg/L을 함유한 담수어는 사료에서 0.025~0.07%의 마그네슘이 필요한 것으로 나타났다(Lall, 2002). 무지개송어는 신진대사 요건 중 일부를 충족시키기 위해 수인성 마그네슘(1.3 mgMg/L)을 섭취할 수 있다(Shearer, 1989). 해수에는 일반적으로 마그네슘(1,350 mg/L)이 많이 함유되어 있으며, 마그네슘은 해양 갑각류와 어류가 배설함으로써 외부 매개체보다 혈중 수치가 낮다. 따라서 해양생물은 사료 내 마그네슘 공급원이 필요하지 않을 수도 있다(Dall and Moriarty, 1983). 염수(54 mgMg/L)에서 사육된 대서양연어는 전어체와 혈청뿐만 아니라 적절한 뼈 미네랄화(El-Mowafi and Maage, 1998)의 경우에서 정상 마그네슘 농도를 유지하기 위해 적어도 0.01%의 마그네슘이 필요했다. 대조적으로 해수에서 성장한 참돔은 0.012%의 마그네슘을 함유한 사료를 섭취했을 때 결핍 징후를 보이지 않았다(Sakamoto and Yone, 1979a).

어류의 면역 반응에 미치는 마그네슘의 영향은 현재까지 제한적으로 연구되어 왔다. 대서양연어는 *Vibrio anguillarum*에 대응하기 위한 백신 접종과 마그네슘 수치에 관계없이 비슷한 항체티터와 라이소자임, 혈청 보체 용혈 활성도가 마그네슘 농도와 무관하게 유사했다(El-Mowafi et al., 1997). 그러나 라이소자임과 혈청 용혈 활성은 백신 접종된 어류에서 백신 접종을 하지 않은 어류에 비해 증가하였다.

갑각류 보리새우를 대상으로 한 이전 연구는 마그네슘 0.3%를 보충해도 반정제된 사료의 영양가가 향상되지 않는다고 지적했다(Deshimaru and Yone, 1978). Kanazawa et al.(1984)은 보리새우의 마그네슘 요구량을 재평가하고 0.1~0.5%의 마그네슘 첨가제가 성장을 개선한다고 보고했다. 그러나 이 일련의 연구에서 증체율은 매우 낮았고(< 100%) 사료 내 필수성은 입증되지 않았다. Davis et al.(1992a)은 반정제된 사료에서 마그네슘 결핍 반응으로 흰다리새우의 마그네슘 수치가 간세포 암에 미치는 영향을 보고했다. 그러나 갑각류의 체중 증가와 마그네슘 수치는 영향을 받지 않았다. 해수에 함유된 마그네슘의 높은 함량과 담수어의 마그네슘 요구량에 근거했을 때, 해산 종에게 필요한 사료 내 마그네슘 요구량은 예상하지 못한다. 최근에 저염분수(2‰)에서 양식한 흰다리새우의 마그네슘 요구량은 체중 증가에 근거하여 0.26~0.35%로 추정되었다(Cheng et al., 2005). 인공염분수(4‰)의 또 다른 연구는 염화마그네슘 150 mg/kg과 300 mg/kg을 첨가했을 때 흰다리새우의 성장이 개선되지 않음을 발견했다(Roy et al., 2007).

실제 사료의 경우 대부분의 사료원, 특히 식물성 사료원은 마그네슘 함량이 높아 실제 사료에 마그네슘을 보충하는 것은 일반적으로 필요하지 않다. 그러나 백색어분 사료(Watanabe et al., 1988)에서 얻은 마그네슘의 생체 이용률은 낮기 때문에 이 원료를 첨가한 일부 양어사료에서는 마그네슘 보충이 필요할 수 있다.

8.3 나트륨과 칼륨, 염화물(Sodium, Potassium and Chloride)

나트륨과 칼륨, 염화물은 산염기 평형과 삼투 조절을 포함한 다양한 생리학적 과정에 필수적인 것으로 알려져 있다(Lall, 2002). 어류에서 사료 내 나트륨과 염화물의 결핍은 입증이 어렵다(NRC, 1993). 이러한 미네랄은 물과 사료에 풍부하게 함유되어 있어 대사 장애가 거의 관찰되지 않는다.

고농도(사료 내 4.5~11.6%) 염화나트륨을 보충하는 것은 영양염의 희석에 따라 담수에서 자란 무지개송어의 사료 효율을 저해하는 것으로 보고되었다(Salman and Eddy, 1988). 또한 담수에서 자란 차넬메기(Murray and Andrews, 1979) 또는 담수나 해수에서 양식된 대서양연어(Shaw et al., 1975)에게 염화나트륨 보충의 긍정적 또는 부정적 영향은 없었다. 그러나 담수에서 사육된 잡종 틸라피아는 최적의 체중 증가와 아가미 Na^+−K^+ ATPase 활성, 전어체 보유 나트륨을 위해 정제된 사료에서 약 0.15%의 Na이 필요한 반면에 해수에서는 필요하지 않았다(Shiau and Lu, 2004).

광염성인 홍민어로 연구한 결과 2~10%의 낮은 염도 사료에 염화나트륨을 보충하는 것이 성장률을 증가시킨다는 결과를 보여주었다(Gatlin et al., 1992). 담수에서 유럽농어(*Dicentrarchus labrax*)(Eroldogan et al., 2005)와 아시아농어(*Lates calcarifer*)(Harpaz et al., 2005)의 성장과 사료효율이 각각 3%, 4%로 유사한 향상 효과가 보고되었다. 이 긍정적 반응에 하나의 가능한 설명은 아미노산 흡수의 증가이다. Boge et al.(1983)은 Na^+−구배로 에너지를 공급받는 것 외에도 유럽농어의 장내 세포로부터 준비된 경계막 소포에 따른 아미노산 수송이 Cl^- 이온의 존재에 달려 있음을 입증했다. 저염분에서 사료 내 염화나트륨을 첨가하면 아미노산의 흡수가 증가하고 다른 신진대사 요구량을 충족시켜 일부 종에서는 생리적 이점을 얻을 수 있다. Harpaz et al.(2005)은 담수에 염을 첨가하면 알칼리성 인산염과 락타아제, 류신 아미노말단 펩타이드 가수분해효소를 비롯한 여러가지 브러시보더 효소의 활성이 증가했으며 그 효과는 유문수에 가장 두드러진 효과가 있다고 보고했다.

실제 사료에 7~10%의 염화나트륨을 첨가하면 산란 시 스트레스를 줄이고 삼투압력과 담수에서 해수로 옮겨지는 어류의 생존율을 증가시키는 것으로 밝혀졌다(Zaugg et al., 1983; Al-Amoudi, 1987; Duston, 1993). 이것은 삼투압 기능과 아가미 나트륨, 칼륨 ATPase 활성의 자극을 통해 나타났다(Al-Amoudi, 1987).

최근 저염도 지하수에서 흰다리새우 등 새우 양식에 관심이 높아지고 있는 추세로서 염화나트륨 등 미네랄의 첨가 효과가 평가되고 있다. 사료 중 1%와 2%의 염화나트륨은 염분 4%의 인공해수에서 흰다리새우의 증체율을 향상시키지 못했다(Roy et al., 2007).

사료 내 칼륨 요구량은 담수산 어종인 차넬메기(Wilson and El Naggar, 1992)와 왕연어에서 확인되었지만 해산 어종인 참돔(Sakamoto and Yone, 1978b)에서는 확인되지 않아 해산 어류가 물에서 적절한 수준의 칼륨을 얻을 수 있음을 관찰하였다. 차넬메기와 왕연어는 수인성 칼륨을 모두 흡수하지만 사료 내 공급 없이는 대사 요구량을 충족시킬 수 없다. 차넬메기와 왕연어의 사료 내 칼륨 요구량은 각각 0.26%와 0.8%로 나타났다. 담수에서 사육되는 잡종 틸라피아는 최적의 증체율을 위해 0.2~0.3%의 칼륨이 필요했고, 아가미 Na^+−K^+ ATPase 활성과 전어체 칼륨 보유가 필요했다(Shiau and Hsieh, 2001a). 최근에는 아시아농어(바라문디)가 저염도(5‰)에서 삼투압이 서로 같거나 고삼투압 환경에 비해 더 많은 칼륨이 필요하다고 보고되었다(Partridge and Lymbery, 2008). 아프리카메기(*Clarias gariepinus*)를 대상으로 한 연구에 따르면 칼슘 대비 칼륨의 비율이 1.5:2.5에서 가장 좋은 성장과 영양소 이용률을 보였고, 나트륨 대비 과량의 칼륨은 성장 감소를 나타냈다.

갑각류의 칼륨 영양은 또한 해산 새우에서 많은 연구가 수행되어 왔다. Kanazawa et al.(1984)은 0.9%의 칼륨을 함유한 사료가 1.8%의 칼륨을 함유한 사료에 비해 보리새우의 성장을 개선하였다고 보고했다. Deshimaru and Yone (1978)은 마그네슘과 칼륨 보충제가 없는 새우의 비교 성장에 근거하여 1%의 칼륨 첨가를 권장했다. 그러나 칼륨과 마그네슘 사이의 잠재적인 상호작용은 평가되지 않았다. Davis et al.(1992a)은 반정제된 사료에서 칼륨을 개별적으로 제거해도 흰다리새우의 조직 칼륨이나 성장에 심각한 영향을 초래하지 않는다고 보고했다. 그러나 조직 수준의 마그네슘은 잠재적 상호작용을 나타냈다. 또 다른 연구에서는 19~21‰의 염분(360 mgK/L)에서 사육된 얼룩새우는 체중 증가와 단백질 효율성 비율을 토대로 1.2%의 칼륨 요구량을 보였다(Shiau and Hsieh, 2001b). 최근 연구(Zhu, 2006)에서 30‰ 해수에서 다양한 농도의 칼륨과 함께 사료 내 칼륨의 여러 농도에서 보이는 흰다리새우의 반응을 모니터링하였다. 사료 내 칼륨은 물속의 칼륨 수준에 비해 새우에 미치는 영향이 제한적이었다. 염분 30‰에서 사료 내 칼륨의 동화가 제한되어 사료와 수인성 칼륨 사이의 상호작용은 관찰되지 않았다. 앞에서 언급했듯이 최근 저염분 환경에서 해산 새우 양식이 증가하여 이러한 생물체의 사료와 환경, 미네랄 요구량 연구가 증가했다. 최소 3회의 실험에서 저염도수(4‰)에서 흰다리새우의 체중 증가를 1% 개선한 킬레이트 칼륨의 첨가가 있었지만 나트륨과 염화물 간 불균형을 바로 잡기 위해 물에 칼륨을 첨가하는 것이 성장과 생존을 개선하는데 더 효과적인 것으로 나타났다(Roy et al., 2007; Saoud et al., 2007). 따라서 염분이 낮은 물에서 해산 새우를 양식하는 것을 제외하고는 대부분의 담수와 모든 해수는 다양한 종의 생리적 요구를 충족시키기에 충분한 양의 나트륨과 칼륨, 염화물 이온을 함유하고 있다(Lovell, 1989). 이들 이온은 또한 대부분의 사료에서 상당한 양으로 발견되어 보충이 거의 필요하지 않다. 그러나 상업사료는 상대적으로 저렴하게 1~2%의 염화나트륨을 보충할 수 있다.

8.4 크롬(Chromium)

주로 3가 형태로 발견되는 크롬은 1950년대 후반부터 인간과 동물의 필수영양소로 인식되었다. 주요 신진대사 역할 중 하나는 탄수화물 신진대사에서 인슐린의 작용을 촉진하는 유기금속분자(NRC, 1997)와 관련되어 있다. 또한 크롬은 단백질과 핵산의 안정성을 유지할 뿐만 아니라 지질대사에 영향을 미치는 다양한 효소를 활성화하는 데 필수적이다(NRC, 1997).

지금까지 어류에 미치는 크롬의 영향 관련 연구는 갑각류에 비해 제한적이었다. 염화크롬을 0, 1, 3, 6 mg/kg으로 첨가한 무지개송어를 이용한 초기 연구에서 체중 증가 또는 조직 크롬 분포의 변화가 일어나지 않았다(Tacon and Beveridge, 1982). 무지개송어를 이용한 다른 연구에서 0.5 mg/kg의 킬레이트화 크롬으로 실제 사료에 보충하여 혈당 간극을 증가시켰지만 체중 증가나 단백질, 에너지 보존에는 영향을 미치지 않았다(Bureau et al., 1995). Gatta et al.(2001a)은 크롬 효모에서 무지개송어에 이르기까지 4.1 mgCr/kg으로 첨가된 반정제된 사료를 공급하였으며, 6주 후 증가된 혈청 라이소자임과 식세포, 전어체 대식세포의 활성을 보고했다. 그러나 유기 크롬 첨가제는 귀족도미(*Sparus aurata*)의 성장, 전어체와살코기 조성, 또는 간 생체 내 대사 효소에 영향을 미치지 않았다(Gatta et al., 2001b).

잡종 틸라피아(*O. niloticus* × *O. aureas*)를 대상으로 수행한 여러 연구에 따르면 크롬을 보충할 때 특히 옥수수전분과 비교하여 포도당을 함유한 사료에서 체중 증가, 에너지 축적과 간 글리코겐의 증가가 나타났으며(Shiau and Chen, 1993; Shian and Lin, 1993; Shiau and Liang, 1995) 후속 연구 중 오직 하나의 연구에서만 2 mg/kg 크롬피콜리나이트 첨가제가 잡종 틸라피아의 성장 또는 탄수화물 이용에서 유의한 효과가 나타나지 않은 것으로 보고하였다(Pan et al., 2003). 다른 연구에서 크롬 첨가제는 염화크롬으로부터 2 mg/kg 이하의 농도(Shiau and Lin., 1993)와 산화크롬의 0.5%의 높은 농도(Shiau and Liang, 1995)에 효과적이었으며, 산화크롬은 염화크롬과 중크롬산나트륨에 비해 크게 효과적이었다. 글루코스를 함유한 잡종 틸라피아 사료(Shiau and Shy, 1998)의 최대 체중 증가에 기초하여 204 mg/kg의 사료 내 산화크롬 수치를 추정했다. 잡종 틸라피아를 사용한 연구와 대조적으로 글루코스를 함유한 사료의 크롬산 첨가는 체중 증가, 사료 효율성, 단백질 효율성 또는 차넬메기의 글루코스 활용도를 변화시키지 않았다(Ng and Wilson, 1997). 또한 사료 내 크롬은 전어체의 크롬 농도에 영향을 주지 않아 차넬메기에 크롬이 유지되지 않았음을 나타낸다. Hertz et al.(1989)은 크롬으로 첨가된 실제 사료를 섭취한 잉어의 글루코스 이용률이 개선되었다고 보고했다. 1 mmol/L의 크롬에 노출된 가물치(*Channa punctata*)에서도 글루코스의 장 흡수 증가가 관찰되었다(Sastry and Sunita, 1982). 크롬이 어류의 탄수화물 이용에 영향을 미치는 특정 기작은 밝혀지지 않았다.

8.5 구리(Copper)

구리는 조혈(hematopoiesis)과 라이실옥시다제(lysyl oxidase), 사이토크롬C 산화효소(CCO: cytochrome C oxidase), 페록시다아제(ferroxidase), 티로시나제(tyrosinase), 초과산화물 불균등화효소(SOD: superoxide dismutase) 같은 다수의 구리 의존성 효소로 작용한다. 라이실옥시다제는 콜라겐과 엘라스틴의 합성 과정에서 교차결합(crosslinks)에 관여한다. 뼈의 유기 매트릭스에서 콜라겐 성숙(crosslinking)의 실패는 뼈의 취약성 증가, 구리 결핍과 관련된 비정상적인 현상을 설명한다(O' Dell, 1976). 콜라겐과 엘라스틴 교차결합의 실패와 정의되지 않은 근육 결손은 구리가 결핍된 동물에서 심장 확대와 심부전증을 초래한다.

구리는 또한 철분 흡수와 신진대사에 관여하며 척추동물에서 헤모글로빈 형성에 관여한다. 갑각류는 헤모시아닌을 산소 운반 색소로 사용한다. 이 구리 함유 색소는 적혈구 동물에서 헤모글로빈과 비슷한 역할을 한다(Lovell, 1989). Depledge (1989)는 생체중을 기준으로 새우 전어체 내 구리의 40%가 헤모시아닌에서 발견된다고 추정했다. 이것은 척추동물에게 필요한 것보다 갑각류의 생리학적 구리 수요가 증가했음을 증명한다.

구리의 생리학적 기능에 추가하여 높은 농도의 사료 내 구리($\geq$ 500 mg/kg)는 집약적 환경의 구리와 마찬가지로 독성(Julshamn et al., 1988; Bemtssen et al., 1999)이 있을 수 있다(Bryan, 1976). 수인성 구리에 노출되어도 조직 내 구리의 축적이 증가하지 않는 것은 사료 내 구리를 높게 공급하는 것과 같다(Clearwater et al., 2002; Bielmyer et al., 2005; Hoyle et al., 2007). 해양 환경에서 구리 오염은 일반적으로 인위적 투입 증가에 기인하며, 해수의 구리 농도(0.5 μg Cu/L)를 훨씬 초과하는 구리 농도(0.6 mg Cu/L 이상)가 있는 해안과 하구역에서 주로 발생한다(Bjerregaard and Vislie, 1986). 용존 구리와 기타 중금속의 독성 영향에 따라 새우 종자 배양장은 일반적으로 에틸렌디아민사초산(EDTA: ethylenediaminetetraacetic acid)으로 처리된 물을 사용하여 구리를 킬레이트화한다(Lawrence et al., 1981). 용존 구리의 독성에 관한 많은 연구가 수행되었지만, 해산 종 대상으로는 거의 수행되지 않았다.

사료 내 구리 결핍에 관한 연구는 일부 담수어종(Ogino and Yang, 1980; Murai et al., 1981; Gatlin and Wilson, 1986a, Julshamn et al., 1988)을 대상으로는 수행되었으나 해산어종 대상의 연구는 거의 수행되지 않았다(Lin et al., 2008a). 구리 요구량은 잉어, 무지개송어(Ogino and Yang, 1980), 차넬메기(Gatlin and Wilson, 1986a), 잡종 틸라피아(Shiau and Ning, 2003) 등의 종에서 1.5~5 mg Cu/kg까지 확립되었다. 이와 유사하게 그루퍼의 구리 요구량은 4~6 mg Cu/kg로 결정되었다(Lin et al., 2008a). 성장과 사료효율 이외에도 세룰로플라스민(ceruloplasmin)과 구리, 아연 의존성 SOD와 CCO 같은 구리 의존성 효소는 구리 영양소의 우수한 지표로 나타났다(Gatlin and Wilson, 1986a).

Kanazawa et al.(1984)은 철과 구리의 이중 결실(dual deletion)이 보리새우의 성장과 생존율에 유의적인 영향을 미치지 않는다는 것을 발견했다. 그러나 이 일련의 실험에서 증체율은 40%로 낮았으며, 생존율도 57%로 낮았다. 따라서 영양학적 스트레스나 사료 품질이 섭취 부족을 유도하기에 적합하지 않을 수 있다. Davis et al.(1993b)은 34 mg Cu/kg 이하를 함유한 반정제된 사료를 섭취한 흰다리새우에서 구리 결핍증이 관찰되었다. 결핍증 증상으로는 저조한 성장과 갑각(carapace), 간췌장, 혈림프의 구리 함량 감소 그리고 심장 비대증이 있다. 이러한 반응은 W. Wang et al.(1997)이 성장과 조직 내 무기화작용에 기초하여 *Fenneropenaeus chinensis*를 대상으로 구리 요구량이 25.3 mg Cu/kg인 것으로 보고한 것과 유사하다. Liu et al.(1990)은 성장과, 생존율, CCO 활성, 조직 내 무기화작용에 기초하여 *Platanus orientalis*에 대한 식이 구리 요구량 53 mg Cu/kg을 보고했다. 얼룩새우의 구리 요구량은 증체율과 사료 효율, 전어체 구리 함량에 근거하여 15~21 mg Cu/kg으로 정량화되었다(Lee and Shiau, 2002). 이 같은 결과는 새우가 해수에서 생리적인 구리 요구량을 충족시킬 수 없으며, 최대의 성장과 조직 무기화작용을 위해 사료 내 공급원이 필요하다는 것을 나타낸다. 구리를 호흡기 색소의 성분으로 이용하는 무척추동물이 철분 호흡기 색소를 이용하는 척추동물에 비해 구리 요구량이 증가하는 것으로 나타났다.

일부 육상동물에서는 사료에서 구리와 아연의 상호작용이 관찰되어 다른 단계의 생물학적 이용 가능성을 감소시켰다(NRC, 2005). 그러나 그러한 상호작용은 어류에서 확립되어 있지 않다(Knox et al., 1982, 1984; Gatlin et al., 1989). 구리와 셀레늄의 상호작용은 간의 셀레늄이 구리와 반비례하다는 결과가 대서양연어에서 보고되었다(Lorentzen et al., 1998). 또한 증가된 구리 함량(20 mg Cu/kg)으로 그루퍼의 산화스트레스가 증가하면 셀레늄을 보충하여 완화시킬 수 있다(Lin and Shiau, 2007).

8.6 요오드(Iodine)

요오드는 다양한 동물에서 필수적인 요소이다. 신체의 거의 모든 세포에는 요오드가 들어 있다. 그러나 척추동물에서 요오드 보유의 주요 위치는 갑상샘이다. 요오드가 함유된 갑상샘 호르몬은 온도 조절, 중간대사, 생식, 성장과 발달, 조혈과 순환뿐만 아니라 신경근 작용(NRC, 2005)에서 역할을 하는 것으로 알려져 있다. 갑상샘 비대증(갑상샘종)은 척추동물에서 요오드 결핍으로 오는 가장 명백한 증상으로서, 주로 어류에서 관찰되며 글루코시놀레이트 같은 고도 질소화합물이 사료에 첨가될 때 관찰된다(Lall, 2002).

최초의 어류 미네랄 연구 중 하나는 왕연어의 요오드 요구량을 평가한 것이다(Woodall and LaRoche, 1964). 연어의 증체율은 요오드화나트륨 농도에 따라 24주, 9개월간 섭취해도 영향을 받지 않았지만, 최대 갑상샘 요오드 저장량을 바탕으로 추정한 요오드 요구량은 자어에서 0.6 mg I/kg, 치어에서는 1.1 mg I/kg이었다. 1~5 mg I/kg의 사료는 대부분의 종에 적합하다고 평가되었다(Lall, 2002). 상업사료 내 요오드 첨가는 송어의 증체율을 향상시키고 스트레스 반응을 감소시키는 것으로 보고되었다(Gensic et al., 2004). 다른 연구는 대서양연어를 대상으로 사료 내 4.5 mg I/kg으로 첨가할 경우 세균성 신장질환으로부터 보호되는 것으로 관찰되었다(Lall, 2002). 생사료에 80 mg I/kg까지 요오드를 첨가하면 건강, 성장 또는 혈장 갑상샘 호르몬 상태에 영향을 주지 않고 근육 내 요오드를 증가시켰다(Julshamn et al., 2006). 요오드의 생리적 필수성은 새우에서 평가되지 않았다.

8.7 철분(Iron)

철분은 헤모글로빈과 미오글로빈, 사이토크롬, 기타 효소 시스템의 생산과 정상적 기능에 필수적인 미량 원소이다. 척추동물에서 철분의 주요 역할은 헤모글로빈의 구성이다. 적혈구는 정기적으로 재생되며 대부분의 철분은 재활용된다. 재활용되지 않은 철분은 담즙을 통해 내장으로 배출된다. 아연, 구리와 같이 용해도가 낮은 다른 요소와 마찬가지로 철분은 단백질에 결합된 형태로 체내로 흡수되어 운반된다(Lovell, 1989). 척추동물의 경우 점막 트랜스페린(transferrin)은 장의 내강에서 Fe^{2+}와 결합하여 점막의 브러시보더를 가로질러 운반된다. 세포 내에서 Fe^{3+}는 페리틴을 형성하는 아포페리틴과 결합한다. 점막에 존재하는 아포페리틴의 양은 철분의 생리적 필요에 따라 조절된다. 철분 결합 트랜스페린은 혈액으로 운반되며, 철분은 표적 부위(간과 조혈 조직)에 방출된다. 철분과 다른 용해성이 낮은 미네랄은 쉽게 배출되지 않는다. 따라서 과다한 무기물은 소화기관의 세포에 침착되어 소화관으로 옮겨져 제거된다.

갑각류의 간세포에는 철분이 가장 풍부하다. 미국가재(*Procambarus clarkii*)와 애틀랜타돌게(*Cancer irroratus*)(Martin, 1973)에서 철분을 함유한 저장세포가 보고되었다(Ogura, 1959; Miyazaki et al., 1961; Martin, 1973). 철 운반 단백질은 2종의 게 혈액에서 발견되었다(Ghidalia et al., 1972; Depledge et al., 1986). 이러한 관찰은 척추동물과 유사한 조절 메커니즘이 존재한다는 것을 나타낸다. 아가미는 소화시스템 외에도 철분 대사에 중요한 역할을 하는 것으로 관찰된다. 애틀랜타돌게에서 철분은 탈피 주기 중 아가미판 주변에 코팅을 형성함으로써 축적되고, 외피의 탈피는 억제된다(Marlin, 1973). 아가미를 통해 물에서 철분이 흡수되면 추가로 공급될 수 있다.

여러 종류의 어류를 대상으로 철분 결핍에 관한 연구가 보고되었다. 그러나 새우에서 철분 결핍 증상은 관찰되지 않았다(Deshimaru and Yone, 1978; Kanazawa et al., 1984; Davis et al., 1992b). 철분 결핍성 빈혈의 원인이 되는 철분 결핍이 민물송어(*Salvelinus fontinalis*)와 잉어 같은 담수어류, 도미와 방어 같은 해산 어류에서 보고되었다(Kawatsu, 1972; Ikeda et al., 1973; Sakamoto and Yone, 1976b; Sakamoto and Yone, 1978c). 그러나 이러한 철분 결핍성 증상이 나타난 어류에서 성장 저하는 관찰되지 않았다. Gatlin and Wilson (1986b)은 차넬메기에서 철분 결핍 증상이 나타나며, 기본 사료를 섭취한 어류(9.6 mg Fe/kg)는 억제된 성장과 사료효율뿐만 아니라 헤모글로빈, 헤마토크리트, 혈장 철, 트랜스페린 포화도 감소를 나타냈다. Lim and Klesius (1997)의 연구에서도 차넬메기를 대상으로 유사한 결핍 증상이 보고되었다. 또한 철분 결핍 사료를 섭취한 메기는 박테리아 병원체인 *Edwardsiella ictaluri*에 노출되었을 때 폐사율이 높게 나타났다(Lim et al., 2000).

Gatlin and Wilson (1986b)은 최상의 성장과 혈액학적 수치를 위해 차넬메기에 최소 20 mg이 첨가된 Fe/kg 사료(30 mg 총 Fe/kg)가 필요하다고 결론지었다. 참돔은 150 mg Fe/kg보다 훨씬 높은 염화철 요구량이 권장되었다(Sakamoto anc Yone, 1978d). 반면에 농어에서 100 mg Fe/kg은 증체율, 사료효율, 간에서 철분 저장량을 최대화하는 것으로 보고되었다(Ye et al., 2007). 또한 잡종 틸라피아에게 철분은 체중 증가, 간장 철, 헤모글로빈 농도를 기준으로 황산철에서 85 mg Fe/kg으로 추정되는 반면에 생체 이용률은 감소하여 철분 구연산염에서 철의 약 2배가 요구되었다(Shiau and Su, 2003).

철분은 미생물의 가용성이 감염을 유발하는 기능에 영향을 미치기 때문에 질병 저항성과 관련하여 특별한 주의를 기울였다. Ravnda et al.(1994)은 높은 수준의 혈청 철분 수치가 높은 대서양연어가 비브리오 감염에 더 취약하다는 점을 보여주었으나 절창증(furunculosis)이나 세균성 신장질환과는 아무런 관련이 없었다. 대서양연어에 관한 또 다른 연구에 따르면 160 mg Fe/kg을 함유한 사료에 400 mg Fe/kg을 첨가하면 혈청 총 단백질, 혈청 총 항체, 용혈성 보체 활성 또는 혈청, 전신(head kidney) 또는 비장의 라이소자임 활성에는 변화가 관찰되지 않았으나, 전신의 과산화수소분해효소 활성은 증가시켰다(Andersen et al., 1998). 차넬메기의 철분 결핍은 *E. ictaluri* 박테리아 감염으로 폐사율이 증가되고, 복막 대식세포의 주화성 이동을 감소시켰다(Sealey et al., 1997, Lim and Klesius, 1997). 그러나 항체 생산은 사료 내 철분 수치에 영향을 받지 않았다(Sealey et al., 1997). 철 메티오닌 또는 황산철에서 60 mg Fe/kg을 함유한 사료에서 가장 높은 화학주성(chemotactic) 지수를 보였다(Sealey et al., 1997).

철분 결핍에 따른 생리학적 문제 외에도 철분의 과도한 수준은 독성이 있을 수 있다. 과도한 철분 첨가는 보리새우의 성장에 잠재적으로 악영향을 미친다(Deshimaru and Yone, 1978; Kanazawa et al., 1984). 또한 철분이 공급된 지질 산화는 철분 공급과 함께 증가하여 사료 안정성에 악영향을 미칠 수 있다(Desjardins et al., 1987; Sutton et al., 2006). 그러나 Andersen et al.(1998)은 사료 내 황산철 400 mg Fe/kg을 함유한 압출 어분을 첨가하여 공급하여도 성장, 혈액, 항산화 상태 등 대서양연어의 건강에 아무런 영향을 주지 않는 것을 관찰했다.

철은 지질 산화에 관여하는 주요 금속 중 하나이며, 제1철은 제2철보다 지질 과산화의 촉매로서 우수하다(Chvapil et al., 1974; Lee et al., 1981). 제1철은 불포화지방산과 산소가 존재하는 곳에서 유리기(free radical) 개시제를 제공함으로써 하이드로과산화물과 유리기 과산화물의 형성을 촉진한다. 따라서 이러한 사료는 산화되기 쉬운 다중불포화지방이 존재하기 때문에 해산 어류와 갑각류의 사료에 과도한 철분 첨가는 피해야 한다. 이러한 산화는 비타민 C의 안정성을 감소시킬 수도 있다(Hilton, 1989). 여러 상업 사료에 상당 수준의 내인성 철분을 함유하고 있다 하더라도 그 형태와 유용성은 알려진 바가 거의 없다(Lall, 1989). 따라서 사료 내 적절성을 보장하기 위해 가용한 공급원의 낮은 수준의 첨가제(사료 내 요구량의 10%)가 권장된다.

8.8 망간(Manganese)

망간은 암모니아와 아미노산 대사, 지방산 대사, 포도당 산화로부터 요소 합성에 관여하는 것을 포함하여 여러 효소 시스템에서 보조 인자로서 기능한다(Lall, 2002). 육상 종에서 망간 결핍의 주된 증상으로는 성장 속도 감소, 골격 이상, 경련, 수컷과 암컷의 비정상적인 생식기능, 자어의 운동 장애 등이 있다(Lall, 1991).

양어사료 내 결핍은 성장 저하와 골격 이상, 자어의 높은 폐사율, 저조한 부화율을 초래한다(Lall, 2002). 잉어와 무지개송어에는 사료 내 12~13 mg Mn/kg의 총 망간 함유량이 권장된다(Ogino and Yang, 1980). Gatlin and Wilson (1984a)은 차넬메기의 정상적인 성장과 건강을 위해서는 2.4 mg Mn/kg 사료가 적합하다는 것을 발견했다. 간 내의 망간 superoxide dismutase와 전어체 망간 보존에 기초하여 잡종 틸라피아는 7 mg Mn/kg의 요구량이 추정되었다(Lin et al., 2008b). Pan et al.(2008)은 붕어의 경우 약 14 mg Mn/kg의 높은 요구량을 예측했다.

면역력과 질병 저항성 측면에서 아연과 함께 망간 결핍은 무지개송어의 백혈구 자연살해세포 활성을 감소시키는 것으로 보고되었다. 미네랄의 보충으로 활성이 회복된다(Inoue et al., 1998). 그러나 망간과 아연을 100 mg Mn/kg 이상으로 섭취해도 연어의 세균성 신장 질환 내성이 향상되지 않았고 혈청 항체 생성에 유의한 영향을 미치지 못했다(Bell et al., 1984).

현재 갑각류의 망간 요구량에 관한 일부 연구가 있다. Kanazawa et al.(1984)은 10 mg Mn/kg와 100 mg Mn/kg을 첨가해도 보리새우의 성장을 개선하지 못한다는 것을 발견했다. 그러나 연구기간의 증체율은 70% 미만이었고, 새우의 영양적 스트레스는 고려되지 않았다. 해수의 망간 함량이 매우 낮기 때문에(0.01 mg/L) 물을 통한 흡수는 거의 없다. 따라서 새우와 어류에는 사료 내 망간 공급원이 필요할 수 있다.

8.9 셀레늄(Selenium)

셀레늄은 과산화수소와 지질 하이드로과산화물을 각각 물과 지질 알코올로 전환시키는 글루타치온 페록시다아제(glutathione peroxidase)로 불리는 효소 계열의 성분으로 작용하는 미량 원소이다. 따라서 이 효소 그룹은 과산화물의 해로운 영향으로부터 세포를 보호하는 역할을 한다(Little et al., 1970). 글루타치온 페록시다아제는 비타민 E와 함께 작용하여 세포와 세포 내 막의 다중불포화인지질을 과산화물 손상으로부터 보호한다(Lovell, 1989). 이 효소의 기능은 지용성 항산화제인 비타민 E의 기능을 보완한다. 일반적으로 셀레늄 결핍은 글루타치온 페록시다아제의 활성 감소뿐만 아니라 성장 감소를 가져오는 것으로 보고되었다. 그러나 셀레늄과 지용성 항산화 비타민 E의 결합된 결핍은 차넬메기의 영양성 근위축증과 삼출성 체질(exudative diathesis) 같은 명백한 결핍 증상이 나타났다(Gatlin and Wilson, 1984b; Lall, 2002).

다양한 동물에 작용하는 셀레늄의 독성은 사료 내 필수성보다 훨씬 앞서 입증되었다. 셀레늄의 독성은 노출의 출처와 기간을 포함하여 여러 요인에 따라 달라지는 것으로 나타났다. 만성 셀레늄 독성은 아셀렌산나트륨으로부터 13~15 mg Se/kg을 첨가할 경우 다양한 어종을 대상으로 성장 감소와 폐사율 증가(Hilton et al., 1980; Gatlin and Wilson, 1984b; NRC, 2005)와 신장결석(Hilton and Hodson, 1983)이 입증되었다. 최근에 흰철갑상어(*Acipenser transmontanus*)의 셀레노메티오닌을 급등시킨 셀레늄 독성의 역가는 10~20 mg Se/kg으로 추정되었다(Tashjian et al., 2006). 컷스로트송어(*Oncorhynchus clarkii bouvieri*)는 셀레노메티오닌과 함께 최대 10 mg Se/kg까지 함유하는 사료를 섭취하여도 독성이 나타나지 않았다(Hardy et al., 2010). 담수에서 부화한 은연어(*Oncorhynchus kisutch*)가 야생 어류와 유사한 체세포 셀레늄 농도를 갖기 위해서는 8 mg Se/kg의 셀레늄 수준이 요구되었고, 이 수준은 야생 어류에서 관찰된 것과 유사한 생존율을 보였다. 야생 어류에서 관찰된 것처럼(Felton et al., 1996) 후속 연구(Halver et al., 2004)는 30시간의 운송 과정 중 발생한 스트레스는 왕연어 전어체 내 셀레늄의 20%를 줄이는 반면에 간 글루타치온 페록시다아제 활성은 증가되었다고 보고했다. 이러한 연구는 글루타치온 페록시다아제 활성을 증가시킴으로써 운송, 염수 이동과 관련된 스트레스 조건에 따라 높은 셀레늄 섭취가 연어에 유익하게 영향을 미친다는 것을 나타냈다.

수인성 셀레늄 독성과 관련된 자연환경에서의 어류 폐사율 또한 지난 20년 동안 광범위하게 연구되어왔다(Hamilton, 2004). 연구기관과 현장 실험에 기초하여 셀레늄의 어류에 미치는 역효과의 역가 수준은 사료 내 3~4 mg Se/kg과 2~5 μg/L로 추정되었다(NRC, 2005).

셀레늄과 비타민 E 상호 관계는 여러 동물에서 조사되었으며, 공통적이고 고유한 결핍 증상이 다양하게 기술되었다(NRC, 1993). 대서양연어(Poston et al., 1976)와 무지개송어(Bell et al., 1985), 차넬메기(Gatlin et al., 1986)를 대상으로 사료를 공급했을 때 특히 결핍 증상과 관련하여 다른 반응이 관찰되었다. 그루퍼를 대상으로 셀레늄 또는 비타민 E의 대사 요구량 상호 보전이 체중 증가와 간 지질 산화로서 증명되었다(Lin and Shiau, 2009). 구리의 증가는 산화 스트레스를 유발하고 어류의 면역 반응을 감소시켰다는 점에서 셀레늄과 구리 사이의 상호작용이 보고되었지만, 셀레늄은 최소 요구량 농도(1.6 mg Se/kg)의 두 배에서 산화스트레스를 감소시키고 면역반응을 개선하였다(Lin and Shiau, 2007). 셀레늄 농도와 첨가 형태에 관한 연구 중에서 셀레노메티오닌 0.20 mg Se/kg과 셀레노효모 0.40 mg Se/kg이 첨가된 사료를 섭취한 어류는 *E. ictaluri*에 다양한 면역학적 반응과 저항력에 영향을 미치는 것으로 보고되었다(Wang et al., 1997). 항체 생산량은 일반적으로 셀레늄 첨가로 증가했지만 메기의 경우 셀레노 효모를 섭취할 때 가장 높게 나타났다. 대식세포 화학반응은 셀레노이드와 셀레노메티오닌을 섭취한 메기에서도 높게 나타났다(Wang et al., 1997). 유기 셀레늄 첨가제는 아프리카메기(Abdel-Tawwab et al., 2007)와 나일틸라피아(Abdel-Tawwab and Wafeek, 2010)에 미치는 카드뮴 독성의 유해성을 감소시키는 것으로 보고되었다.

무지개송어와 차넬메기에서 최대 성장과 글루타치온 페록시다아제 활성을 제공하기 위해서는 0.15~0.38 mg Se/kg 첨가(Hilton et al., 1980)와 0.25 mg Se/kg 첨가(Gatlin and Wilson, 1984b) 사료원이 각각 필요했다. Lin and Shiau (2005)는 증체율과 전어체 셀레늄 농도에 기초하여 그루퍼의 최소 셀레늄 요구량을 0.7 mg Se/kg로 추정했다. 앞서 언급한 바와 같이 셀레늄 5~8 mg Se/kg으로 연어 스몰트(smolt)에서 간 글루타치온 페록시다아제 활성을 증가시키고 운송, 해수 이동과 관련된 스트레스 조건에 나타내는 반응을 향상시켰다. 미국 식품의약국(FDA: Food and Drug Administration)은 현재 수산생물을 포함한 모든 동물의 사료 내 나트륨 셀레네이트 또는 아셀렌산 나트륨으로부터 최대 0.3 mg Se/kg의 셀레늄 첨가를 허용하고 있다.[1]

현재 갑각류의 셀레늄 영양 정보는 제한적이다. Davis (1990)는 흰다리새우 치하가 0.2~0.4 mg Se/kg을 첨가한 반정제 사료를 섭취했을 때 최적의 성장을 관찰하였다. 특정농도가 정량화되지는 않았지만, 이 연구는 새우에 셀레늄 요구량이 있음을 나타냈다.

8.10 아연(Zinc)

아연은 연구된 모든 동물 종에서 정상적인 성장과 발달, 기능에 필요하다(NRC, 1980). 아연은 여러 효소 시스템에서 보조 인자로서 기능하며 탄산탈수효소, 카르복시펩티다제 A와 B, 알코올탈수소효소, 글루탐산 탈수소효소, D-글리세르알데하이드-3-인산탈수소효소(D-glyceraldehyde-3-phosphate dehydrogenase), 젖산탈수소효소, 말산탈수소효소, 알칼리인산분해효소, 알돌라아제, SOD, 리보뉴클레아제, DNA중합효소(NRC, 1980; Lall, 2002)를 포함한다.

아연에 대한 요구량은 증체율, 조직 내 아연 포화나 전어체 아연 농도에 기초한 반농축 사료를 섭취한 다양한 민물어류를 대상으로 정량화되었다. 이러한 요구량 추정치는 차넬메기(Gatlin and Wilson, 1983; Scarpa and Gatlin, 1992)와 푸른틸라피아(McClain and Gatlin, 1988)는 20 mg Zn/kg, 잉어는 15~30 mg Zn/kg (Ogino and Yang, 1979), 무지개송어는 15~30 mg Zn/kg (Ogino and Yang, 1978), 잡종 틸라피아는 26~29 mg Zn/kg인 것으로 나타났다(Lin et al., 2008c). 홍민어의 아연 요구량은 20 mg Zn/kg으로 추정되었다(Gatlin et al., 1991).

어류의 내성과 질병 저항성에 미치는 아연의 영향도 조사되었다. 한 연구에 따르면 아연을 200 mg Zn/kg을 사료에 첨가하여도 차넬메기 치어를 대상으로 *Aeromonas hydrophila* 저항성이 향상되지 않는 것으로 판명되었다(Scarpa and Gatlin, 1992). 아연 결핍은 *E. ictaluri*에 감염된 차넬메기에서 100%의 폐사율을 유발하였고, 감염 후 최대 생존율은 아연 메티오닌에서 5 mg Zn/kg 또는 황산아연에서 30 mg Zn/kg으로 달성되었다(Paripatananont and Lovell, 1995a). 이 연구에서 최대 항체 생산량은 아연 메티오닌에서 15 mg Zn/kg 또는 황산아연에서 30 mg Zn/kg 이상으로 달성되었다. Lim et al.(1996)의 유사한 연구에서는 아연 메티오닌을 20 mg Zn/kg, 60 mg Zn/kg과 황산아연 60 mg Zn/kg을 섭취한 메기에서는 대식세포의 화학주성 반응이 더 높았다. 그러나 아연은 *E. ictaluri*의 대식세포 식균 활성에 영향을 미치지 않았다. 또한 식이성 아연의 공급원 또는 농도는 *E. ictaluri* 감염을 보호하지 못했다.

다양한 갑각류에서도 아연 영양에 관하여 연구되었다. Davis et al.(1993c)은 흰다리새우가 정상적인 조직의 무기화 작용을 유지하기 위해 아연 33 mg Zn/kg의 사료가 필요하다고 보고했다. 성장은 아연 농도에 따라 영향을 받지 않았다. Shiau and Jiang (2006)의 얼룩새우의 증체율과 전어체 아연 농도에 기초하여 32~34 mg

[1]Title 21, Code of Federal Regulations, Part 573.920.

Zn/kg의 유사한 요구량을 정량화했다.

앞서 언급했듯이 구리와 관련한 사료 내 아연의 증가는 육상동물에서 구리의 생체 이용률을 감소시키는 것으로 나타났다(NRC, 2005). 그러나 이러한 상호작용은 어류에서 잘 확립되지 않았다(Knox et al., 1982, 1984; Gatlin et al., 1989).

8.11 기타 무기물

육상동물과 인간에게 필수적인 것으로 입증된 몇 가지 다른 미량 무기물이 있지만 수산생물 종과 관련한 정보는 훨씬 적다. 코발트는 수산생물 종에서 제한된 범위에서만 연구된 그룹에 포함된 광물 중 하나이다. 코발트는 비타민 B_{12}의 성분이기 때문에 영양적으로 중요하다. 차넬메기의 장내세균에 의한 비타민 B_{12}의 합성은 사료에서 코발트를 제거함으로써 감소되었다(Limsuwan and Lovell, 1981). 러시아에서 수행된 일련의 연구(Castell et al., 1986)는 사료 또는 사육수에 코발트를 첨가함으로써 잉어의 성장과 헤모글로빈 형성을 증가시킨다고 보고했다. 0.6에서 1 ppm의 코발트염화물을 수중에 첨가하고, 쌀겨와 겨자, 깻묵, 어분으로 조성된 분말사료를 공급했을 때 숭어 치어의 성장률과 생존율이 강화되었다고 Ghosh (1975)의 연구에서 보고되었다. 또 다른 연구(Hertz et al., 1989)는 코발트와 크롬이 잉어의 혈당 조절에 미치는 영향을 조사하였고, 코발트 첨가제를 통해 포도당 활용도가 향상되고 단백질에 아미노산 통합이 증가했다고 보고했다. 몰리브덴은 잉어의 성장과 생존을 향상시키는데 관여되어 있다(George, 1970; Lall, 2002). 그러나 다른 어종 간 유사한 연구는 수행되지 않았다. 불소의 섭취는 무지개송어에서 뼈의 불소 함량을 증가시키는 것으로 나타났으나 명백한 반응을 유발하지는 않았다(Tiews et al., 1982). 비소와 바륨, 로민, 카드뮴, 스트론튬 같은 다른 무기원소는 잠재적으로 신체에 요구되지만 고도로 통제된 조건을 제외하고는 그 필수성을 확립하기가 어렵다. 이들 요소의 영양소 요구량은 어류에서 특별히 연구되지 않았다. 그러나 비소와 수은 같은 일부 미네랄은 어류 조직에 축적되어 잠재적으로 인간 소비자에게 악영향을 줄 수 있다. 따라서 이러한 미네랄 관련 연구는 주로 제16장에서 기술한 해산물의 축적과 영양 품질에서 중점을 두었다.

8.12 원료와 형태

실용적인 동물 사료에 사용되는 사료 성분 중 어분은 내인성 미네랄의 가장 풍부한 원천이다. 어분에 포함된 미네랄의 생체 이용률에 관한 연구에 따르면 어종 간에 상당한 차이가 있으며(내강 pH에 따른 것으로 추정됨), 미네랄의 생체 이용률은 사료원 형태와 회분 함량에 영향을 받는다는 사실이 입증되었다. 육분과 골분, 가금부산물, 우모분 같은 동물성 단백질원의 다른 사료뿐만 아니라 어분도 미네랄이 풍부하다. 그러나 낮은 미네랄 가용성과 잠재적으로 억제된 상호작용에 따른 사료 내 결핍을 예방하고 어류 성장을 극대화하기 위해 구리와 인, 망간, 아연의 공급원이 사료에 첨가된다(Watanabe et al., 1988). 양어사료는 일반적으로 미네랄이 부족한 식물성 사료원의 사용이 증가되고 미네랄의 생체 이용률을 감소시키는 요소를 포함할 수 있기 때문에 미네랄 첨가제가 필요하다.

칼슘과 인을 섭취하는 형태와 무관하게 칼슘과 인의 흡수는 흡수막과 접촉하는 지점의 용해성에 의존한다. 따라서 루미날(luminal) pH에서 가용해되는 미네랄 공급원은 잠재적으로 더 유용하다. NRC (1983)는 4종 어류를 대상으로 인의 다양한 공급원의 상대적인 이용 가능성 또는 흡수를 요약했다. 일반적으로 인(미네랄)의 생체 이용률은 용존 미네랄의 용해성과 긍정적인 상관관계가 있는 것으로 밝혀졌다. 제1인산나트륨과 제1

인산칼륨은 차넬메기(Lovell, 1978), 잉어(Ogino et al., 1979), 참돔(Sakamoto and Yone, 1979b), 무지개송어(Ogino et al., 1979)에 매우 풍부(90~95%)하다. 2가, 3가 인산염은 참돔에 매우 유용하다(Sakamoto and Yone, 1979b). 제2인산칼슘은 차넬메기(Lovell, 1989)에 65%의 이용 가능성이 있다. 차넬메기의 제1인산염과 1인산암모늄, 탈플루오르화 인산염, 제1인산석회의 가용성 값은 각각 88.8%, 85.4%, 81.7%, 81.2%로 추정되었다(Eya and Lovell, 1997b). Li et al.(1996)은 제2인산칼슘과 탈플루오르화 인산염이 차넬메기의 인산 첨가제와 동등한 효능이 있다는 것을 확인했다. 제2인산칼슘과 제3인산칼슘은 무지개송어에 각각 71%와 64%의 유용성 값을 갖는다(Ogino et al., 1979). 유럽농어의 미네랄 공급원인 인 가용성은 제2인산칼슘(68%), 제1인산칼슘(56%), 제3인산칼슘(50%) 순으로 감소했다(Pimentel-Rodrigues and Oliva-Teles, 2007). 방어에서는 제2인산칼슘(52.9%)과 제3인산칼슘(48.8%)에 비해 나트륨과 칼륨, 인산 칼슘의 제1염기 형태에 92% 이상의 명백한 인 가용성 값이 보고되었다(Sarker et al., 2009). 잉어의 경우 인의 생체 이용 가능성이 제3인산칼슘의 경우 13%, 제2인산칼슘의 경우 46%, 제1인산칼슘의 경우 94%가 되어 가변성이 높은 것으로 보고되었다(Ogino et al., 1979). Nakamuara and Yamada (1980)는 젖산칼슘, 제3인산칼슘, 탄산칼슘으로부터 잉어의 칼슘 사용량을 각각 58%, 37%, 27%로 추정했다. 칼슘 이용성의 차이는 잉어의 산성 소화의 부족에 영향을 받았다.

해산 새우의 인 생체 이용률은 어류의 생물학적 이용 가능성의 중간 정도인 것으로 추측된다. 흰다리새우의 인 가용성 값은 제1인산칼슘 46%, 제2인산칼슘 19%, 제3인산칼슘 10%, 제1인산칼륨 68%, 제1인산나트륨 68%(Davis and Arnold, 1994)이다.

미네랄의 가용성에 영향을 미치는 화학적 형태(용해도) 외에도 기타 미네랄은 특정 미네랄의 가용성에 영향을 미친다. 예를 들면 락토오스는 흡수성 세포와 상호작용하여 칼슘 이온의 투과성을 증가시킬 수 있다. 철과 알루미늄, 마그네슘의 다량 섭취는 불용성 인산염을 형성하여 인의 흡수를 방해할 수 있다. 지방은 칼슘과 상호작용하여 불용성 비누를 형성할 수 있다(Maynard et al., 1979). 따라서 칼슘과 인의 유용성은 미네랄 형태(장내 pH에서의 용해도)와 칼슘, 인, 비타민 D, 철, 알루미늄, 망간, 칼륨, 마그네슘, 지방의 사료 내 수준에 따라 달라질 수 있다.

어분의 인은 주로 뼈 같은 단단한 조직에서 유래한 불용성 히드록시파타이트의 형태로 존재한다. 어분에 함유된 인의 가용성은 무지개송어(60~81%)와 비교하여 잉어(10~33%)에서는 상당히 낮다(Watanabe et al., 1988). Akiyama and Dominy (1989)는 흰다리새우의 경우 어분의 인 흡수가 46.5%로 보고했다. 식물성 사료원에서 인의 약 67%를 차지하는 파이테이트인은 어류(Lovell, 1989)와 새우(Civera et al., 1990; Davis et al., 1993c)에 거의 이용하지 않는다. Civera et al.(1990)은 파이테이트의 존재가 흰다리새우와 보리새우의 식이 칼슘과 인의 가용성을 저해한다는 것을 발견했다. 이는 아마도 소화 시스템에 불용성 복합체가 형성되었기 때문일 것이다. 피트산염 인의 이용 가능성은 보리새우에서 47.3%, 흰다리새우에서 8.4%로 결정되었다(Civera et al., 1990). 유사하게 Davis et al.(1993c)는 1.5%의 피트산염의 존재가 흰다리새우의 인과 아연 이용 가능성을 저해한다고 보고했다. 사료원에서 인의 상당 부분을 피트산염인이 차지할 수 있다. 식물성 단백질원과 파이타아제를 첨가한 사료는 무지개송어(Ketola, 1994; Riche and Brown, 1996; Dalsgaard et al., 2009), 대서양연어(Storebakken et al., 1998; Sajjadi and Carter, 2004), 차넬메기(Eya and Lovell, 1997b), *Pangasius spp.*(Debnath et al., 2005), 줄무늬농어(Hughes and Soares, 1998), 조피볼락(*Sebastes schlegelii*)(Yoo et al., 2005) 등 다양한 어종을 대상으로 인의 이용 가능성을 높인다는 것이 입증되었다. 결과적으로 사료 내 파이타아제 첨가는 사료원에서 인의 가용성을 높이기 위해 활용될 수 있다. 식물 육종의 발전은 또한 보리 같은 작물의 낮은 피틴산 품종을 생산했다(Overturf et al., 2003; Buentello et al., 2010).

유기 분자의 킬레이트 무기물 생체 이용률은 일반적으로 무기형태보다 높다고 보고되어왔다. 어떤 원소가 흡수 부위에서 이온 형태로 방출되거나 기존의 킬레이트로 쉽게 흡수되는 화합물에 킬레이트된 경우인데 이 형태는 장에서 불용성 화합물로 전환을 막거나 불용성 콜로이드에 강한 흡착을 방지하여 원소의 흡수를 크게 향상시킬 수 있다(Scott et al., 1982). 무기 공급원과 비교하여 킬레이트화된 미네랄은 일반적으로 다른 화합물(피트산염, 섬유)의 억제 작용에 덜 민감하고, 실제 식단에서는 더 높은 생체 이용률을 지닐 수 있다. 수산생물에 대한 미네랄 킬레이트의 또 다른 잠재적 이점은 수중에서 용해도를 줄인다는 것이다. 그러나 무기 공급원에 비해 대부분의 미네랄 킬레이트가 고비용임에 따라 일반적으로 지금까지 양식업에서 사용하는 데는 한계가 있었다.

유기 또는 킬레이트 미네랄의 여러 가지 형태가 다양한 요소를 위해 개발되었다. 구리, 망간, 아연의 아미노산 킬레이트는 무지개송어의 뼈와 간 침착의 증가에 기초하여 무기염보다 쉽게 이용할 수 있다(Apines et al., 2001; Apines–Amar et al., 2004). 구리 교환 몬트모릴로나이트는 비교적 드문 구리 형태이다. 1.5 g/kg의 사료에 30 mg Cu/kg을 첨가할 경우 나일틸라피아의 성장을 증가시켰고 병원성 박테리아의 장 점막 침입으로부터 보호했다(Hu et al., 2007).

셀레늄의 함량과 가용성은 여러 사료에서 상당히 다양하게 나타났다. 식물성 단백질원이 주성분인 사료에서는 셀레늄 첨가제가 필요할 수 있다. 다양한 무기, 유기 공급원으로부터 셀레늄 이용 가능성이 수산생물 종에서 평가되었다. Bell and Cowey (1989)는 셀레노메티오닌의 셀레늄이 대서양연어에게 가장 많이 사용되었고 셀레늄은 어분에서 가장 적은 것으로 보고되었다. 그러나 글루타치온 페록시다아제 활성을 기준으로 셀레노메티오닌과 어분에 비해 셀레늄과 셀레노시스틴이 효율적인 공급원이었다. Lorentzen et al.(1994)은 대서양연어에서 셀레노메티오닌과 비교하여 셀레나이트가 간 세포의 높은 수준을 유지하지만 후자는 근육과 전어체 셀레늄 농도를 제공한다는 결론을 내렸다. 독성이 매우 강하기 때문에 아셀렌산염이나 셀렌산나트륨은 순수한 형태로 취급하면 안된다. 셀레노메티오닌은 최근에 셀레나이트나트륨(Jaramillo et al., 2009)보다 잡종 줄무늬농어에 약 3배 더 유용한 것으로 추정되었다. 마찬가지로 셀레노메티오닌은 셀레늄의 독성이 가장 강한 형태이다(NRC, 2005). 적절한 안전 계수를 설정하기 위한 더 많은 연구가 권고되었지만 건강이나 성능이 손상되지 않는 어류의 최대 허용 셀레늄 수치는 2 mg Se/kg으로 제안되었다(NRC, 2005).

아연의 여러 가지 다른 공급원은 다양한 어종으로 평가되어 왔다. 글루콘산 아연은 대서양연어의 황산아연과 동등한 것으로 밝혀졌다(Maage et al., 2001). 유기 킬레이트 아연 메티오닌은 차넬메기(Paripatananont and Lovell, 1995b)를 대상으로 사료 내 황산아연과 비교되었다. 아연 메티오닌은 정제된 사료에서 황산아연보다 3배, 대두를 이용한 사료에서 4~5배 더 많은 효능이 있는 것으로 추정됐다. 아연 피콜리네이트(picolinate)는 사료에 30 mg Zn/k, 60 mg Zn/k으로 첨가하여 평가되었다. 이 첨가는 무지개송어의 산화 스트레스 감소뿐만 아니라 혈청과 전어체 아연을 선형적으로 증가시켰다(Kucukbay et al., 2006).

8.13 사료원 구성과 상호작용

동물의 다양한 생리적 미네랄 요구량을 충족시키기 위해서는 사료원을 이용해야 한다. 수많은 요소가 미네랄의 가용성에 영향을 준다. 용해도가 가장 높고 결과적으로 가장 쉽게 흡수되는 형태는 원소 또는 이온성 그룹(예: Ca^{2+}, Mg^{2+}, Mn^{2+}, PO_4^{3-})의 단순한 상태이다. 그러나 사실상 전기 전하가 다른 화합물은 물에 적게 용해되는 안정한 화합물을 형성하는 무기물과 결합할 수 있다. 이러한 화합물은 물 용해도가 낮지만, 위장의 산성 상태는 화합물을 장에서 쉽게 흡수될 수 있는 염으로 해리시킬 수 있다. 결과적으로 산성 소화기관이 없는 동물에서는 미네랄의 생체 이용률이 일반적으로 감소한다.

위장이 일반적으로 미네랄의 가용성을 증가시키지만, 일부 미네랄은 불용성 침전물을 형성하여 알칼리성 장으로 방출된 후 상호작용할 수 있다. 과량의 칼슘과 인은 마그네슘, 아연과 반응하여 불용성 침전물을 형성한다. 또한 점토 입자와 알루미늄, 마그네슘, 철, 기타 원소의 불용성 염과 같은 콜로이드는 양이온을 강하게 흡수한다. 이 흡수는 콜로이드 표면의 높은 전기 음성 구역과 물리적 결합, 물리적 힘에 따른 양이온의 인력을 통해 발생한다(Scott et al., 1982). 결과적으로 주어진 미네랄의 생체 이용률은 해리뿐만 아니라 다른 사료 내 구성 요소 간 상호작용에 달려 있다.

사료 내 아연의 생체 이용률은 일반적으로 낮기 때문에 첨가가 필수적이다(Watanabe et al., 1988). 다양한 어분에서 아연의 생체 이용률은 사료 내 제3인산칼슘 함량과 반비례 관계임이 밝혀졌다. 따라서 일반적으로 아연의 생체 이용률은 제3인산칼슘이 가장 많이 함유된 백색어분에서 가장 낮고 갈색어분에서는 약간 높다(Watanabe et al., 1988). 인산칼슘 보충에 관한 아연의 생체 이용률의 감소는 무지개송어에서도 관찰되었다(Ketola, 1979; Hardy and Shearer, 1985; Satoh et al., 1987). 또한 망간의 생물학적 이용 가능성은 고농도의 칼슘과 인이 사료에 포함되어 있을 때 감소한다(Watanabe et al., 1997).

상업사료에서는 종종 피틴산의 함량이 높은데, 이것은 아연의 생물학적 이용 가능성을 감소시킬 수 있다. 피틴산이 아연 생체 이용률에 미치는 영향은 다양한 육상동물(Oberleas et al., 1962; O' Dell et al., 1964; Savage et al., 1964; Lo et al., 1981); 어류(Gatlin and Wilson, 1984c; Richardson et al., 1985; McClain and Gatlin, 1988; Gatlin and Phillips, 1989; Satoh et al., 1989)와 새우(Davis et al., 1993c)에서도 보고되었다. 결과적으로 실용적인 사료는 피틴산 같은 억제제의 효과를 극복하기 위해 요구량의 초과 수준(100~150 mg Zn/kg)으로 첨가된다. 예를 들면 Eid and Ghonim (1994)은 나일틸라피아 사료의 최소 아연 요구량은 증체율, 사료 효율, 혈청 아연, 뼈 아연을 기준으로 30 mg Zn/kg이라고 추정했다. 그러나 Do Carmo e Sa et al.(2004)의 연구에서는 틸라피아의 뼈 아연 저장을 극대화하기 위해서는 식물성 원료에 79.5 mg Zn/kg의 황산아연을 보충해야 하는 것으로 나타났다.

모든 미량 미네랄 중 구리와 철, 망간, 셀레늄, 아연은 생물학적 이용 가능성을 감소시킬 수 있는 다른 사료원 간 상호작용과 실제 사료의 낮은 수준이어서 사료 첨가에 가장 중요한 것으로 일부 어종에서 입증되었다(Watanabe et al., 1997). 비록 다른 미량원소의 실용적인 사료의 첨가가 대부분의 경우에는 필수적이지 않은 것으로 나타났지만, 미네랄의 형태를 포함한 경제적인 미네랄 프리믹스의 적정성을 보장하기 위해 대부분의 영양학적으로 완전한 사료에 첨가할 수 있다.

참고문헌

Abdel-Tawwab, M., and M. Wafeek. 2010. Response of Nile tilapia, *Oreochromis niloticus* (L.) to environmental cadmium toxicity during organic selenium supplementation. J. World Aquacult. Soc. 41:106-114.

Abdel-Tawwab, M., M. A. A. Mousa, and F. E. Abbass. 2007. Growth performance and physiological response of African catfish, *Clarias gariepinus* (B.) fed organic selenium prior to the exposure to environmental copper toxicity. Aquaculture 272:335-345.

Akiyama, D. M., and W. G. Dominy. 1989. Penaeid Shrimp Nutrition for the Commercial Feed Industry. St. Louis, MO: American Soybean Association.

Al-Amoudi, M. M. 1987. The effect of high salt diet on the direct transfer of *Oreochromis mossambicus*, *O. spilurus* and *O. aureus/O. niloticus* hybrids to sea water. Aquaculture 64:333-338.

Ambasankar, K., and S. A. Ali. 2002. Effects of dietary phosphorus on growth and phosphorus excretion in Indian white shrimp. J. Aquacult. Trop. 17:119-126.

Andersen, F., B. Lygren, and A. Maage. 1998. Interaction between two dietary levels of iron and two forms of ascorbic acid and the effect on growth, antioxidant status and some non-specific immune parameters in Atlantic salmon (*Salmo salar*) smolts. Aquaculture 161:437-451.

Andrews, J. W., T. Murai, and C. Campbell. 1973. Effects of dietary calcium and phosphorus on growth, food conversion, bone ash and hematocrit levels of catfish. J. Nutr. 103:766-771.

Apines, M. J., S. Satoh, V. Kiron, T. Watanabe, N. Nasu, and S. Fujita. 2001. Bioavailability of amino acids chelated and glass embedded zinc to rainbow trout, *Oncorhynchus mykissi* fingerlings. Aquacult. Nutr. 7:221-228.

Apines-Amar, M. J. S., S. Satoh, C. M. A. Caipang, V. Kiron, T. Watanabe, and T. Aoki. 2004. Amino acid-chelate: A better source of Zn, Mn and Cu for rainbow trout, *Oncorhynchus mykissi*. Aquaculture 240:345-358.

Åsgård, T., and K. Shearer. 1997. Dietary phosphorus requirement of juvenile Atlantic salmon, *Salmo salar* L. Aquacult. Nutr. 3:17-23.

Bell, J. G., and C. B. Cowey. 1989. Digestibility and bioavailability of dietary selenium from fishmeal, selenite, selenomethionine and selenocystine in Atlantic salmon (*Salmo salar*). Aquaculture 81:61-68.

Bell, G. R., D. A. Higgs, and G. S. Traxler. 1984. The effect of dietary ascorbate, zinc and manganese on the development of experimentally induced bacterial kidney disease in sockeye salmon (*Oncorhynchus nerka*). Aquaculture 36:293-311.

Bell, J. G., C. B. Cowey, J. W. Adron, and A. M. Shanks. 1985. Some effects of vitamin E and selenium deprivation on tissue enzyme levels and indices of tissue peroxidation in rainbow trout (*Salmo gairdneri*). Brit. J. Nutr. 53:149-157.

Berntssen, M. H. G., A.-K. Lundebye, and A. Maage. 1999. Effects of elevated dietary copper concentrations on growth, feed utilization and nutritional status of Atlantic salmon (*Salmo salar* L.) fry. Aquaculture 174:167-181.

Bielmyer, G. K., D. M. Gatlin, III, J. J. Isely, J. Tomasso, and S. J. Klaine. 2005. Responses of hybrid striped bass to waterborne and dietary copper in freshwater and saltwater. Comp. Biochem. Phys. C 140:131-137.

Bjerregaard, P., and T. Vislie. 1986. Effect of copper on ion- and osmoregulation in the shore crab *Carcinus maenas*. Mar. Biol. 91:69-76.

Boge, G., A. Rigal, and G. Peres. 1983. Analysis of the chloride requirements for sodium-dependent amino acid and glucose transport by intestinal brush-border membrane vesicles of fish. Biochim. Biophys. Acta 729:209-218.

Borlongan, I. G., and S. Satoh. 2001. Dietary phosphorus requirement of juvenile milkfish, *Chanos chanos* (Forsskal). Aquac. Res. 32(Suppl. 1):26-32.

Boyd, C. E. 1981. Water Quality in Warmwater Fish Ponds. Opelika, AL: Craftmaster Printers Inc.

Brown, M. L., F. Jaramillo, Jr., and D. M. Gatlin, III. 1993. Dietary phosphorus requirement of juvenile sunshine bass, *Morone chrysops* × *M. saxatilis*. Aquaculture 119:359-264.

Bryan, G. W. 1976. Heavy metal contamination in the sea. Pp. 185-302 in Marine Pollution, R. Johnston, ed. New York: Academic Press, Inc.

Buentello, A. J., and D. M. Gatlin, III. 2010. Phosphorus availability in lowphytate varieties of barley: Digestibility studies with channel catfish and red drum. N. Am. J. Aquacult. 72:188-194.

Bureau, D. P., J. B. Kirkland, and C. Y. Cho. 1995. The effects of dietary chromium supplementation on performance, carcass yield and blood glucose of rainbow trout (*Oncorhynchus mykiss*) fed two practical diets. J. Anim. Sci. 73(Suppl 1):194.

Cameron, J. N. 1990. Unusual aspects of calcium metabolism in aquatic animals. Annu. Rev. Physiol. 52:77-95.

Castell, J. D., D. E. Conklin, J. S. Craigie, S. P. Lall, and K. Norman-Boudreau. 1986. Aquaculture nutrition. Pp. 251-308 in Realism in Aquaculture: Achievements, Constraints, Perspectives, M. Bilio, H. Rosenthal, and C. Sindermann, eds. Bredene, Belgium: European Aquaculture Society.

Cheng, K.-M., C.-Q. Hu, Y.-N. Liu, S.-X. Zheng, and X.-J. Qi. 2005. Dietary magnesium requirement and physiological responses of marine shrimp *Litopenaeus vannamei* reared in low salinity water. Aquacult. Nutr. 11:385-393.

Cheng, K.-M., C.-Q. Hu, Y.-N. Liu, S.-X. Zheng, and X.-J. Qi. 2006. Effects of dietary calcium, phosphorus and calcium/phosphorus ratio on the growth and tissue mineralization of *Litopenaeus vannamei* reared in low-salinity water. Aquaculture 251:472-483.

Choi, S.-M., K.-W. Kim, Y.-J. Kang, X. Wang, J.-W. Kim, G.-Y. Yoo, and S. C. Bai. 2005. Reevaluation of the phosphorus requirement of juvenile olive flounder *Paralichthys olivaceus* and the bioavailability of various inorganic phosphorus sources. J. World Aquacult. Soc. 36:217-212.

Chvapil, M., A. L. Aronson, and Y. M. Peng. 1974. Relation between zinc and iron and peroxidation of lipids in liver homogenate in Cu EDTA-treated rats. Exp. Mol. Pathol. 20:216-227.

Civera, R., M. Fakhfakh, and J. C. Guillaume. 1990. Digestive utilization of phytate phosphorus in two species of shrimp: *Penaeus japonicus* and *Penaeus vannamei* (Abstract.). World Aquaculture Meeting, 1990, Halifax, Canada.

Clearwater, S. J., A. M. Farag, and J. S. Meyer. 2002. Bioavailability and toxicity of dietborne copper and zinc to fish. Comp. Biochem. Phys. C 132:269-313.

Coloso, R. M., K. King, J. W. Fletcher, P. Weis, A. Werner, and R. P. Ferraris. 2003. Dietary P regulates phosphate transporter expression, phosphatase activity, and effluent P partitioning in trout culture. J. Comp. Physiol. 173:519-530.

Dabrowska, H., K. Meyer-Burgdorff, and K. D. Gunther. 1989. Interaction between dietary protein and magnesium level in tilapia (*Oreochromis niloticus*). Aquaculture 76:277-291.

Dabrowska, H., K. Meyer-Burgdorff, and K. D. Gunther. 1991. Magnesium status in freshwater fish, common carp (*Cyprinus carpio*) and the dietary protein-magnesium interaction. Fish Physiol. Biochem. 9:165-172.

Dall, W., and J. W. Moriarty. 1983. Functional aspects of nutrition and digestion. Pp. 215-216 in The Biology of the Crustacea, Vol. 5, D. E. Bliss, ed. New York: Academic Press, Inc.

Dalsgaard, J., K. S. Ekmann, P. B. Pedersen, and V. Verlhac. 2009. Effect of supplemented fungal phytase on performance and phosphorus availability by phosphorus-depleted juvenile rainbow trout (*Oncorhynchus mykiss*), and on the magnitude and composition of phosphorus waste output. Aquaculture 286:105-112.

Davis, D. A. 1990. Dietary Mineral Requirements of *Penaeus vannamei*: Evaluation of the Essentiality for Thirteen Minerals and the Requirements for Calcium, Phosphorus, Copper, Iron, Zinc and Selenium. Ph.D. Dissertation, Texas A&M University, College Station, TX.

Davis, D. A., and C. R. Arnold. 1994. Estimation of apparent phosphorus availability from inorganic phosphorus sources for *Penaeus vannamei*. Aquaculture 127:245-254.

Davis, D. A., and E. H. Robinson. 1987. Dietary phosphorus requirement of juvenile red drum *Sciaenops ocellatus*. J. World Aquacult. Soc.

18:129-136.

Davis, D. A., A. L. Lawrence, and D. M. Gatlin, III. 1992a. Mineral requirements of *Penaeus vannamei*: A preliminary examination of the dietary essentiality of thirteen minerals. J. World Aquacult Soc. 23:8-14.

Davis, D. A., A. L. Lawrence, and D. M. Gatlin, III. 1992b. Evaluation of the dietary iron requirement of *Penaeus vannamei*. J. World Aquacult. Soc. 23:15-22.

Davis, D.A.,A. L. Lawrence, and D. M. Gatlin, III. 1993a. Response of *Penaeus vannamei* to dietary calcium, phosphorus, and calcium:phosphorus ratio. J. World Aquacult. Soc. 24:504-515.

Davis, D. A., A. L. Lawrence, and D. M. Gatlin, III. 1993b. Dietary copper requirement of *Penaeus vannamei*. Nippon Suisan Gakk. 59:117-122.

Davis, D. A., A. L. Lawrence, and D. M. Gatlin, III. 1993c. Dietary zinc requirement of *Penaeus vannamei* and the effects of phytic acid on zinc and phosphorus bioavailability. J. World Aquacult. Soc. 24:40-47.

Debnath, D., N. P. Sahu, A. K. Pal, K. K. Jain, S. Yengkokpam, and S. C. Mukherjee. 2005. Mineral status of *Pangasius pangasius* (Hamilton) fingerlings in relation to supplemental phytase: Absorption, whole-body and bone mineral content. Aquac. Res. 36:326-335.

Depledge, M. H. 1989. Re-evaluation of metabolic requirements for copper and zinc in decapod crustaceans. Mar. Environ. Res. 27:115-126.

Depledge, M. H., R. Chan, and T. T. Loh. 1986. Iron distribution and transport in *Scylla serrata* (Forskal). Asian Mar. Biol. 3:101-110.

Deshimaru, O., and Y. Yone. 1978. Requirement of prawn for dietary minerals. B. Jpn. Soc. Sci. Fish. 44:907-910.

Deshimaru, O., K. Kuroki, S. Sakamoto, and Y. Yone. 1978. Absorption of labeled-^{45}Ca by prawn from sea water. B. Jpn. Soc. Sci. Fish. 44:975-977.

Desjardins, L. M., B. D. Hicks, and J. W. Hilton. 1987. Iron catalyzed oxidation of trout diets and its effect on the growth and physiological response of rainbow trout. Fish Physiol. Biochem. 3:173-182.

Do Carmo e Sa, M. V., L. E. Pezzato, M. M. B. F. Lima, and P. De Magalhaes Padilha. 2004. Optimum zinc supplementation level in Nile tilapia *Oreochromis niloticus* juveniles diets. Aquaculture 238:385-401.

Dougall, D. S., L. C. Woods, III, L. W. Douglass, and J. H. Soares. 1996. Dietary phosphorus requirement of juvenile striped bass *Morone saxatilis*. J. World Aquacult. Soc. 27(1):82-91.

Duston, J. 1993. Effects of dietary betaine and sodium chloride on seawater adaptation in Atlantic salmon parr (*Salmo salar* L.). Comp. Biochem. Phys. A 105:673-677.

Eid, A. E., and S. I. Ghonim. 1994. Dietary zinc requirement of fingerling *Oreochromis niloticus*. Aquaculture 119:259-264.

El-Mowafi, A. R. A., and A. Maage. 1998. Magnesium requirement of Atlantic salmon (*Salmo salar* L.) parr in seawater-treated fresh water. Aquacult. Nutr. 4:31-38.

El-Mowafi, A. R. A., R. Waagbo and A. Maage. 1997. Effect of low dietary magnesium on immune response and osmoregulation of Atlantic salmon. J. Aquat. Anim. Health 9:8-17.

Eroldogan, O. T., M. Kumlu, M. Kir, and G.A. Kiris. 2005. Enhancement of growth and feed utilization of the European sea bass (*Dicentrarchus labrax*) fed supplementary dietary salt in freshwater. Aquac. Res. 36:361-369.

Eya, J. C., and R. T. Lovell. 1997a. Available phosphorus requirements of food-size channel catfish (*Ictalurus punctatus*) fed practical diets in ponds. Aquaculture 154(3-4):283-291.

Eya, J. C., and R. T. Lovell. 1997b. Net absorption of dietary phosphorus from various inorganic sources and effect of fungal phytase on net absorption of plant phosphorus by channel catfish *Ictalurus punctatus*. J. World Aquacult. Soc. 28:386-391.

Eya, J. C., and R. T. Lovell. 1998. Effects of dietary phosphorus on resistance of channel catfish to *Edwardsiella ictaluri* challenge. J. Aquat. Anim. Health 10:28-34.

Felton, S. P., M. L. Landolt, R. Grace, and A. Palmisano. 1996. Effects of selenium dietary enhancement on hatchery-reared coho salmon, *Oncorhynchus kisutch* (Walbaum), enzymes and seawater adaptation evaluated. Aquac. Res. 27:135-142.

Fjelldal, P. G., T. Hansen, O. Breck, R. Sandvik, R. Waagbo, A. Berg, and R. Ornsrud. 2009. Supplementation of dietary minerals during the early seawater phase increase vertebral strength and reduce the prevalence of vertebral deformities in fast-growing under-yearling Atlantic salmon (*Salmo salar* L.) smolt. Aquacult. Nutr. 15:366-378.

Fontagne, S., N. Silva, D. Bazin, A. Ramos, P. Aguirre, A. Surget, A. Abrantes, S. J. Kaushik, and D. M. Power. 2009. Effects of dietary phosphorus and calcium level on growth and skeletal development in rainbow trout (*Oncorhynchus mykiss*) fry. Aquaculture 297:141-150.

Gallagher, M. L., W. D. Brown, D. E. Conklin, and M. Sifri. 1978. Effects of varying calcium/phosphorus ratios in diets fed to juvenile lobsters (*Homarus americanus*). Comp. Biochem. Phys. A 60A:467-471.

Gallagher, M. L., R. C. Bayer, J. H. Rittenburg, and D. F. Leavitt. 1982. Studies on the mineral requirements of the adult American lobster. Prog. Fish Cult. 44:210-212.

Gatlin, D. M., III, and P. Li. 2008. Use of diet additives to improve nutritional value of alternative protein sources. Pp. 501-522 in Alternative Protein Sources in Aquaculture Diets, C. Lim, C. D. Webster, and C.-S. Lee, eds. New York: Haworth Press.

Gatlin, D. M., III, and H. F. Phillips. 1989. Dietary calcium, phytate and zinc interactions in channel catfish. Aquaculture 79:259-266.

Gatlin, D. M., III, and R. P. Wilson. 1983. Dietary zinc requirement of fingerling channel catfish. J. Nutr. 113:630-635.

Gatlin, D. M., III, and R. P. Wilson. 1984a. Studies on the manganese requirement of fingerling channel catfish. Aquaculture 41:85-92.

Gatlin, D. M., III, and R. P. Wilson. 1984b. Dietary selenium requirement of fingerling channel catfish. J. Nutr. 114:627-633.

Gatlin, D. M., III, and R. P. Wilson. 1984c. Zinc supplementation of practical channel catfish diets. Aquaculture 41:31-36.

Gatlin, D. M., III, and R. P. Wilson. 1986a. Dietary copper requirement of fingerling channel catfish. Aquaculture 54:277-285.

Gatlin, D. M., III, and R. P. Wilson. 1986b. Characterization of iron deficiency and the dietary iron requirement of fingerling channel catfish.

Aquaculture 52:191-198.

Gatlin, D. M., III, E. H. Robinson, W. E. Poe, and R. P. Wilson. 1982. Magnesium requirement of fingerling channel catfish and signs of magnesium deficiency. J. Nutr. 112:1182-1187.

Gatlin, D. M., III, W. E. Poe, and R. P. Wilson. 1986. Effects of singular and combined dietary deficiencies of selenium and vitamin E on fingerling channel catfish (*Ictalurus punctatus*). J. Nutr. 116:1061-1067.

Gatlin, D. M., III, H. F. Phillips, and E. L. Torrans. 1989. Effects of various levels of dietary copper and zinc on channel catfish. Aquaculture 76:127-134.

Gatlin, D. M., III, J. P. O'Connell, and J. Scarpa. 1991. Dietary zinc requirement of the red drum, *Sciaenops ocellatus*. Aquaculture 92:259-265.

Gatlin, D. M., III, D. S. MacKenzie, S. R. Craig, and W. H. Neill. 1992. Effects of dietary sodium chloride on red drum juveniles in waters of various salinities. Prog. Fish-Cult. 54:220-227.

Gatta, P. P., K. D. Thompson, R. Smullen, A. Piva, S. Testi, and A. Adams. 2001a. Dietary organic chromium supplementation and its effect on the immune response of rainbow trout (*Oncorhynchus mykiss*). Fish Shellfish Immun. 11:371-382.

Gatta, P. P., A. Piva, M. Paolini, S. Testi, A. Bonaldo, A. Antelli, and A. Mordenti. 2001b. Effects of dietary organic chromium on gilthead seabream (*Sparus aurata* L.) performances and liver microsomal metabolism. Aquac. Res. 32:60-69.

Gensic, M., P. J. Wissing, T. R. Keefe, and A. Mustafa. 2004. Effects of iodized feed on stress modulation in steelhead trout, *Oncorhynchus mykiss* (Walbaum). Aquac. Res. 35:1117-1121.

Ghidalia, W., J. M. Fine, and M. Marneux. 1972. On the presence of an iron-binding protein in the serum of a decapod crustacean [*Macropipus puber* (Lnne)]. Comp. Biochem. Phys. B 41B:349-354.

Ghosh, S. R. 1975. Preliminary observation on the effect of cobalt on the survival and growth of *Mugil parsia*. Isr. J. Aquacult. Bamidgeh 27:110-111.

Green, J. A., R. W. Hardy, and E. L. Brannon. 2002a. Effects of dietary phosphorus and lipid levels on utilization and excretion of phosphorus and nitrogen by rainbow trout (*Oncorhynchus mykiss*). 1. Laboratory-scale study. Aquacult. Nutr. 8:279-290.

Green, J. A., E. L. Brannon, and R. W. Hardy. 2002b. Effects of dietary phosphorus and lipid levels on utilization and excretion of phosphorus and nitrogen by rainbow trout (*Oncorhynchus mykiss*). 2. Production-scale study. Aquacult. Nutr. 8:291-298.

Halver, J. E., S. P. Felton, and R. Zbanyszek. 2004. Carcass selenium loss as an indicator of stress in barge transported salmon (*Oncorhynchus tshawytscha* Walbaum) smolts. Aquac. Res. 35:1099-1103.

Hamilton, S. J. 2004. Review of selenium toxicity in the aquatic food chain. Sci. Total Environ. 326:1-31.

Hardy, R. W., and K. D. Shearer. 1985. Effect of dietary calcium phosphate and zinc supplementation on whole body zinc concentration of rainbow trout (*Salmo gairdneri*). Can. J. Fish. Aquat. Sci. 42:181-184.

Hardy, R. W., L. L. Oram and G. Moller. 2010. Effects of dietary selenomethionine on cutthroat trout (*Oncorhynchus clarki bouvieri*) growth and reproductive performance over a life cycle. Arch. Environ. Con. Tox. 58:237-245.

Harpaz, S., Y. Hakim, T. Slosman, and O. T. Eroldogan. 2005. Effects of adding salt to the diet of Asian sea bass *Lates calcarifer* reared in fresh or salt water recirculating tanks, on growth and brush border enzyme activity. Aquaculture 248:315-324.

Hertz, Y., Z. Madar, B. Hepher, and A. Gertler. 1989. Glucose metabolism in the common carp (*Cyrpinus carpio* l.): The effects of cobalt and chromium. Aquaculture 76:255-267.

Hilton, J. W. 1989. The interaction of vitamins, minerals and diet composition in the diet of fish. Aquaculture 79:223-244.

Hilton, J. W., and P. V. Hodson. 1983. Effect of increased dietary carbohydrate on selenium metabolism and toxicity in rainbow trout (*Salmo gairdneri*). J. Nutr. 113(6):1241-1248.

Hilton, J. W., P. V. Hodson, and S. J. Slinger. 1980. The requirement and toxicity of selenium in rainbow trout (*Salmo gairdneri*). J. Nutr. 110:2527-2535.

Hossain, M. A., and M. Furuichi. 1998. Availability of environmental and dietary calcium in tiger puffer. Aquacult. Int. 6:121-132.

Hossain, M. A., and M. Furuichi. 1999. Necessity of dietary calcium supplement in black sea bream. Fish. Sci. 65:893-897.

Hossain, M. A., and M. Furuichi. 2000. Essentiality of dietary calcium supplement in fingerling scorpion fish (*Sebastiscus marmoratus*). Aquaculture 189:155-163.

Hoyle, I., B. J. Shaw, and R. D. Handy. 2007. Dietary copper exposure in the African walking catfish, *Clarias gariepinus*: Transient osmoregulatory disturbances and oxidative stress. Aquat. Toxicol. 83:62-72.

Hu, C. H., Y. Xu, M. S. Xia, L. Xiong, and Z. R. Xu. 2007. Effects of Cu^{2+}- exchanged montmorillonite on growth performance, microbial ecology and intestinal morphology of Nile tilapia (*Oreochromis niloticus*). Aquaculture 270:200-206.

Hua, K., and D. P. Bureau. 2006. Modelling digestible phosphorus content of salmonid fish feeds. Aquaculture 254(1-4):455-465.

Hua, K., C. F. M. De Lange, A. J. Niimi, G. Cole, R. D. Moccia, M. Z. Fan, and D. P. Bureau. 2008. A factorial model to predict phosphorus waste output of rainbow trout (*Oncorhynchus mykiss*). Aquac. Res. 39(10):1059-1068.

Hughes, K. P., and J. H. Soares, Jr. 1998. Efficacy of phytase on phosphorus utilization in practical diets fed to striped bass *Morone saxatilis*. Aquacult. Nutr. 4:133-140.

Huner, J. V., and L. B. Colvin. 1977. A short-term study on the effects of diets with varied calcium:phosphorus ratios on the growth of juvenile shrimp, *Penaeus californiensis*. A short communication. Proc. 8th Ann. Mtg. World Maricult. Soc. 8:775-778.

Ikeda, Y., H. Ozaki, and K. Uematasu. 1973. Effect of enriched diet with iron in culture of yellowtail. J. Tokyo Univ. Fish. 59:91-99.

Inoue, M., S. Satoh, M. Maiat, V. Kiron, and N. Okamoto. 1998. Recovery from derangement of natural killer-like activity of leucocytes due to Zn and Mn deficiency in rainbow trout, *Oncorynchus mykiss* (Walbaum), by the oral administration of these elements. J. Fish Dis. 21:233-

236.

Ishac, M. M., and A. M. Dollar. 1968. Studies on manganese uptake in *Tilapia mossambica* and *Salmo gairdneri*. 1. Growth of *Tilapia mossambica* in response to manganese. Hydrobiologia 31:572-584.

Jaramillo, F., Jr., P. Li, and D. M. Gatlin, III. 2009. Selenium nutrition of hybrid striped bass (*Morone chrysops* × *M. saxatilis*) bioavailability, toxicity and interaction with vitamin E. Aquacult. Nutr. 15:160-165.

Julshamn, K., K.-J. Andersen, O. Ringdal, and J. Brenna. 1988. Effect of dietary copper on the hepatic concentration and subcellular distribution of copper and zinc in the rainbow trout (*Salmo gairdneri*). Aquaculture 73:143-155.

Julshamn, K., A. Maage, R. Waagbo, and A. K. Lundebye. 2006. A preliminary study on tailoring of fillet iodine concentrations in adult Atlantic salmon (*Salmo salar* L.) through dietary supplementation. Aquacult. Nutr. 12:45-51.

Kanazawa, A., S. Teshima, and M. Sasaki. 1984. Requirements of the juvenile prawn for calcium, phosphorus, magnesium, potassium, copper, manganese and iron. Mem. Fac. Fish. Kagoshima University 33:63-71.

Kawatsu, H. 1972. Studies on the anemia of fish. V. Dietary iron deficient anemia in brook trout, *Salvelinus fontinalis*. B. Freshwater Fish. Res. Lab. 22:59-67.

Ketola, H. G. 1975. Requirement of Atlantic salmon for dietary phosphorus. T. Am. Fish. Soc. 104:548-551.

Ketola, H. G. 1979. Influence of dietary zinc on cataracts in rainbow trout (*Salmo gairdneri*). J. Nutr. 109:965-969.

Ketola, H. G. 1994. Use of enzymes in diets of trout to reduce environmental discharges of phosphorus. P. 211 in World Aquaculture Society Book of Abstracts. Baton Rouge, LA: World Aquaculture Society.

Ketola, H. G., and M. E. Richmond. 1994. Requirement of rainbow trout for dietary phosphorus and its relationship to the amount discharged in hatchery effluent. T. Am. Fish. Soc. 123:587-594.

Kim, J. D., K. S. Kim, J. S. Song, J. Y. Lee, and K. S. Jeong. 1998. Optimum level of dietary monocalcium phosphate based on growth and phosphorus excretion of mirror carp, *Cyprinus carpio*. Aquaculture 161(1-4):337-344.

Kitabayashi, K., H. Kurata, K. Shudo, K. Nakamura, and S. Ishikawa. 1971. Studies on formula feed for kuruma prawn—I. On the relationship among glucosamine, phosphorus and calcium. B. Tokai Regional Fish. Res. Lab. Tokyo 65:91-108.

Knox, D., C. B. Cowey, and J. W. Adron. 1981. Studies on the nutrition of salmonid fish. The magnesium requirement of rainbow trout (*Salmo guairdneri*). Br. J. Nutr. 45:137-148.

Knox, D., C. B. Cowey, and J. W. Adron. 1982. Effects of dietary copper and copper:zinc ratio on rainbow trout *Salmo gairdneri*. Aquaculture 27:111-119.

Knox, D., C. B. Cowey, and J. W. Adron. 1984. Effects of dietary zinc intake upon copper metabolism in rainbow trout (*Salmo gairdneri*). Aquaculture 40:199-207.

Kucukbay, Z., H. Yazlak, N. Sahin, M. Tuzcu, M. N. Cakmak, F. Gurdogan, V. Juturu, and K. Sahin. 2006. Zinc picolinate supplementation decreases oxidative stress in rainbow trout (*Oncorhynchus mykiss*). Aquaculture 257:465-469.

Lall, S. P. 1989. The minerals. Pp. 219-257 in Fish Nutrition, Second Edition, J. E. Halver, ed. New York: Academic Press.

Lall, S. P. 1991. Digestibility, metabolism and excretion of dietary phosphorus. Pp. 77-90 in Nutritional Strategies and Aquaculture Waste. Proceedings of the First International Symposium on Nutritional Strategies on Management of Aquaculture Waste, 1990, C. B. Cowey and C. Y. Cho, eds. Guelph, Ontario, Canada: University of Guelph.

Lall, S. P. 2002. The Minerals. Pp. 259-308 in Fish Nutrition, Third Edition, J. E. Halver and R. W. Hardy, eds. London, UK: Academic Press. Lall, S. P., and F. J. Bishop. 1977. Studies on mineral and protein utilization by Atlantic salmon (*Salmo salar*) grown in sea water. Fish. Mar. Serv. Tech. Rep. 688:1-16.

Lawrence, A. L., J. Fox, and F. L. Castille, Jr. 1981. Decreased toxicity of copper and manganese ions to shrimp nauplii (*Penaeus stylirostris* Stimpson) in the presence of EDTA. J. World Maricult. Soc. 12:271-280. Lee, M.-H., and S.-Y. Shiau. 2002. Dietary copper requirement of juvenile grass shrimp, *Penaeus monodon*, and effects on non-specific immune responses. Fish Shellfish Immun. 13:259-270.

Lee, Y. H., D. K. Layman, R. R. Bell, and H. W. Norton. 1981. Response of glutathione peroxidase and catalase to excess iron in rats. J. Nutr. 111:2195-2202.

Lellis, W. A., F. T. Barrows, and R. W. Hardy. 2004. Effects of phase-feeding dietary phosphorus on survival, growth, and processing characteristics of rainbow trout (*Oncorhynchus mykiss*). Aquaculture 242(1-4):607-616.

Li, M. H., H. R. Robinette, and E. H. Robinson. 1996. Efficacy of dicalcium and defluorinated rock phosphates as dietary phosphorus sources for channel catfish (*Ictalurus punctatus*). Aquaculture 147(1-2):107-114.

Lim, C., and P. H. Klesius. 1997. Responses of channel catfish (*Ictalurus punctatus*) fed iron-deficient and replete diets to *Edwardsiella ictaluri* challenge. Aquaculture 157:83-93.

Lim, C., P. H. Klesius, and P. L. Duncan. 1996. Immune response and resistance of channel catfish to *Edwardsiella ictaluri* challenge when fed various dietary levels of zinc methionine and zinc sulfate. J. Aquat. Anim. Health 8:302-307.

Lim, C., P. H. Klesius, and M. H. Li. 2000. Interaction between dietary levels of iron and vitamin C on growth, hermatology, immune response and resistance of channel catfish (*Ictalurus punctatus*) to *Edwardsiella ictaluri* challenge. Aquaculture 185:313-327.

Limsuwan, T., and R. T. Lovell. 1981. Intestinal synthesis and absorption of vitamin B-12 in channel catfish. J. Nutr. 111:2125-2132.

Lin, Y.-H., and S.-Y. Shiau. 2005. Dietary selenium requirements of juvenile grouper, *Epinephelus malabaricus*. Aquaculture 250:356-363.

Lin, Y.-H., and S.-Y. Shiau. 2007. The effects of dietary selenium on the oxidative stress of grouper, *Epinephelus malabaricus*, fed high copper. Aquaculture 267:38-43.

Lin, Y.-H., and S.-Y. Shiau. 2009. Mutual sparing of dietary requirements for alpha-tocoperol and selenium in grouper, *Epinephelus malabaricus*. Aquaculture 294:242-245.

Lin, Y.-H., Y.-Y. Shie, and S.-Y. Shiau. 2008a. Dietary copper requirements of juvenile grouper, *Epinephelus malabaricus*. Aquaculture 274:161-165.

Lin, Y.-H., S.-M. Lin, and S.-Y. Shiau. 2008b. Dietary manganese requirements of juvenile tilapia, *Oreochromis niloticus* × *O. aureus*. Aquaculture 284:207-210.

Lin, Y.-H., L.-C. Jiang, and S.-Y. Shiau. 2008c. Dietary zinc requirements of juvenile tilapia, *Oreochromis niloticus* × *O. aureus*. J. Fish. Soc. Taiwan 35:117-125.

Little, C., R. Olinescu, K. G. Reid, and P. J. O'Brien. 1970. Properties and regulation of glutathione peroxidase. J. Biol. Chem. 245:3632-3636.

Liu, F., D. Liang, F. Sun, H. Li, and X. Lan. 1990. Effects of copper on the prawn *Penaeus orientalis*. Oceanol. Limnol. Sinica. 21:404-410.

Lo, G. S., S. L. Settle, F. H. Steinke, and D. T. Hopkins. 1981. Effect of phytate: Zinc molar ratio and isolated soybean protein on zinc bioavailability. J. Nutr. 111:2223-2235.

Lorentzen, M., A. Maage, and K. Julshamn. 1994. Effects of dietary selenite or selenomethionine on tissue selenium levels of Atlantic salmon (*Salmo salar*). Aquaculture 121:359-367.

Lorentzen, M., A. Maage, and K. Julshamn. 1998. Supplementing copper to a fish meal based diet fed to Atlantic salmon parr affects liver copper and selenium concentrations. Aquacult. Nutr. 4:67-72.

Lovell, T. 1978. Dietary phosphorus requirement of channel catfish (*Ictalurus punctatus*). T. Am. Fish. Soc. 107(4):617-621.

Lovell, T. 1989. Nutrition and Feeding of Fish. New York: Van Nostrand Reinhold.

Ma, K., C. Zhang, Q. Ai, Q. Duan, W. Xu, L. Zhang, Z. Luifu, and B. Tan. 2006. Dietary phosphorus requirement of large yellow croaker, *Pseudosciaena crocea* R. Aquaculture 251:346-353.

Maage, A., K. Julshamn, and G. E. Berge. 2001. Zinc gluconate and zinc sulphate as dietary zinc sources for Atlantic salmon. Aquacult. Nutr. 7:183-187.

Mantel, L. H., and L. L. Farmer. 1983. Osmotic and ionic regulation. Pp. 215-261 in The Biology of the Crustacea, Volume 5, D. E. Bliss, ed. New York: Academic Press.

Martin, J.-L. M. 1973. Iron metabolism in *Cancer irroratus* (Crustacean Decapoda) during the intermoult cycle, with special reference to iron in the gills. Comp. Biochem. Phys. A 46A:123-129.

Maynard, L. A., J. K. Loosli, H. F. Hintz, and R. G. Warner. 1979. Animal Nutrition. New York: McGraw-Hill Book Co.

McClain, W. R., and D. M. Gatlin, III. 1988. Dietary zinc requirement of *Oreochromis aureus* and effects of dietary calcium and phytate on zinc bioavailability. J. World Aquacult. Soc. 19:103-108.

Miyawaki, M., M. Matsuzaki, and N. Sasaki. 1961. Histochemical studies on the hepatopancreas of the crayfish, *Procambarus clarkii*. Kumamato J. Sci. 5:170-172.

Moyle, P. B., and J. J. Cech, Jr. 2000. Hydromineral balance. Pp. 79-96 in Fishes: An Introduction to Ichthyology. Upper Saddle River, NJ: Prentice-Hall, Inc.

Murai, T., J. W. Andrews, and R. G. Smith Jr. 1981. Effects of dietary copper on channel catfish. Aquaculture 22:353-357.

Murray, M. W., and J. W. Andrews. 1979. Channel catfish: The absence of an effect on dietary salt on growth. Prog. Fish-Cult. 41:151-152.

Nakamuara, Y., and J. Yamada. 1980. Effects of dietary calcium levels, Ca/P ratios, and calcium components on the calcium absorption rate in carp. Bull. Fac. Fish. Hokkaido University 31:277-282.

Ng, W.-K., and R. P. Wilson. 1997. Chromic oxide inclusion in the diet does not affect glucose utilization or chromium retention by channel catfish, *Ictalurus punctatus*. J. Nutr. 127:2357-2362.

NRC (National Research Council). 1980. Mineral Tolerance of Domestic Animals. Washington, DC: National Academy Press.

NRC. 1983. Nutrient Requirements of Warmwater Fishes and Shellfishes. Washington, DC: National Academy Press.

NRC. 1993. Nutrient Requirements of Fish. Washington, DC: National Academy Press.

NRC. 1997. The Role of Chromium in Animal Nutrition. Washington, DC: National Academy Press.

NRC. 2005. Mineral Tolerance of Domestic Animals, 2nd revised edition. Washington, DC: National Academies Press.

Oberleas, D., M. E. Muhrer, and B. L. O'Dell. 1962. Effects of phytic acid on zinc availability and parakeratosis in swine. J. Anim. Sci. 21:57-61.

O'Connell, J. P., and D. M. Gatlin, III. 1994. Effects of dietary calcium and vitamin D3 on weight gain and mineral composition of the blue tilapia (*Oreochromis aureus*) in low-calcium water. Aquaculture 125:107-117.

O'Dell, B. L. 1976. Biochemistry of copper. Med. Clin. N. Am. 60:697-703.

O'Dell, B. L., J. M. Yohe, and J. E. Savage. 1964. Zinc availability in the chicken as affected by phytate, calcium and ethylenediaminetetraacetate. Poultry Sci. 43:45-419.

Ogino, C., and H. Takeda. 1976. Mineral requirements in fish-III calcium and phosphorus requirements in carp. B. Jpn. Soc. Sci. Fish. 42:793-799.

Ogino, C., and H. Takeda. 1978. Requirement of rainbow trout for dietary calcium and phosphorus. B. Jpn. Soc. Sci. Fish. 44:1019-1022.

Ogino, C., and G.-Y. Yang. 1978. Requirement of rainbow trout for dietary zinc. B. Jpn. Soc. Sci. Fish. 44:1015-1018.

Ogino, C., and G.-Y. Yang. 1979. Requirement of carp for dietary zinc. B. Jpn. Soc. Sci. Fish. 45:967-969.

Ogino, C., and G.-Y. Yang. 1980. Requirement of carp and rainbow trout for dietary manganese and copper. B. Jpn. Soc. Sci. Fish. 46:455-458.

Ogino, C., F. Takashima, and J. Y. Chiou. 1978. Requirement of rainbow trout for dietary magnesium. B. Jpn. Soc. Sci. Fish. 44:1105-1108.

Ogino, C., L. Takeuchi, H. Takeda, and T. Watanabe. 1979. Availability of dietary phosphorus in carp and rainbow trout. B. Jpn. Soc. Sci. Fish. 45:1527-1532.

Ogura, K. 1959. Midgut gland cells accumulating iron or copper in the crayfish, *Procambarus clarkii*. Annot. Zool. Japon. 32:133-142.

Oliva-Teles, A., and A. Pimentel-Rodrigues. 2004. Phosphorus requirement of European sea bass (*Dicentrarchus labrax* L.) juveniles. Aquac. Res. 35:636-642.

Overturf, K., V. Raboy, Z. Cheng, and R. Hardy. 2003. Mineral availability from barley low phytic acid grains in rainbow trout (*Oncorhynchus mykiss*) diets. Aquacult. Nutr. 9:239-246.

Pan, Q., S. Liu, Y.-G. Tan, and Y.-Z. Bi. 2003. The effect of chromium picolinate on growth and carbohydrate utilization in tilapia, *Oreochromis niloticus* × *Oreochromis aureus*. Aquaculture 225:421-429.

Pan, Q., X.-Y. Chen, F. Li, Y.-Z. Bi, and S.-X. Zheng. 2005. Response of juvenile *Litopenaeus vannamei* to varying levels of calcium phosphate monobasic supplemented to a practical diet. Aquaculture 248:97-102.

Pan, L., X. Zhu, S. Xie, W. Lei, D. Han, and Y. Yang. 2008. Effects of dietary manganese on growth and tissue manganese concentrations of juvenile gibel carp, *Carassius auratus gibelio*. Aquacult. Nutr. 14:459-463.

Paripatananont, T., and R. T. Lovell. 1995a. Response of channel catfish fed organic and inorganic sources of zinc to *Edwardsiella ictaluri* challenge. Aquat. Anim. Health 7:147-154.

Paripatananont, T., and R. T. Lovell. 1995b. Chelated zinc reduces the dietary zinc requirement of channel catfish, *Ictalurus punctatus*. Aquaculture 133:73-82.

Partridge, G. J., and A. J. Lymbery. 2008. The effect of salinity on the requirement for potassium by barramundi (*Lates calcarifer*) in saline groundwater. Aquaculture 278:164-170.

Penaflorida, V. D. 1999. Interaction between dietary levels of calcium and phosphorus on growth of juvenile shrimp, *Penaeus monodon*. Aquaculture 172:281-289.

Pike, R. L., and M. L. Brown. 1975. Nutrition: An Integrated Approach, 2nd Edition. New York: John Wiley & Sons.

Pimentel-Rodrigues, A. M., and A. Oliva-Teles. 2001. Phosphorus requirements of gilthead sea bream (*Sparus aurata* L.) juveniles. Aquac. Res. 32(Suppl. 1):157-161.

Pimentel-Rodrigues, A., and A. Oliva-Teles. 2007. Phosphorus availability of inorganic phosphates and fish meals in European sea bass (*Dicentrarchus labrax* L.) juveniles. Aquaculture 267(1-4):300-307.

Poston, H. A., G. F. Combs, Jr., and L. Leibovitz. 1976. Vitamin E and selenium interactions in the diet of Atlantic salmon (*Salmo salar*): Gross, histological and biochemical deficiency signs. J. Nutr. 106:892-904.

Ravndal, J., T. Lovold, H. B. Bentsen, K. H. Roed, T. Gjedrem, and A. Rorvik. 1994. Serum iron levels in farmed atlantic salmon: Family variation and associations with disease resistance: Aquaculture 125(1-2):37-45.

Reigh, R., E. H. Robinson, and P. B. Brown. 1991. Effects of dietary magnesium on growth and tissue magnesium content of blue tilapia *Oreochromis aureus*. J. World Aquacult. Soc. 22:192-200.

Richardson, N. L., D. A. Higgs, R. M. Beames, and J. R. McBride. 1985. Influence of dietary calcium, phosphorus, zinc and sodium phytate level on cataract incidence, growth and histopathology in juvenile Chinook salmon (*Oncorhynchus tshawytscha*). J. Nutr. 115:553-567.

Riche, M., and P. B. Brown. 1996. Availability of phosphorus from feedstuffs fed to rainbow trout, *Oncorhynchus mykiss*. Aquaculture 142:269-282.

Robinson, E. H., S. D. Rawles, H. E. Yette, and L. W. Greene. 1984. An estimate of the dietary calcium requirement of fingerling *Tilapia aurea* reared in calcium-free water. Aquaculture 41:389-393.

Robinson, E. H., S. D. Rawles, P. B. Brown, H. E. Yette, and L. W. Greene. 1986. Dietary calcium requirement of channel catfish *Ictalurus punctatus*, reared in calcium-free water. Aquaculture 53:263-270.

Robinson, E. H., D. LaBomascus, P. B. Brown, and T. L. Linton. 1987. Dietary calcium and phosphorus requirements of *Oreochromis aureus* reared in calcium-free water. Aquaculture 64:267-276.

Rodehutscord, M., E. Pfeffer, and C. B. Cowey. 1995. Requirement for phosphorus in rainbow trout (*Oncorhynchus mykiss*) growing from 50 to 200 g. Water Sci. Technol. 31:137-141.

Roy, L. A., D. A. Davis, I. P. Saoud, and R. P. Henry. 2007. Supplementation of potassium, magnesium and sodium chloride in practical diets for the Pacific white shrimp, *Litopenaeus vannamei*, reared in low salinity waters. Aquacult. Nutr. 13:104-113.

Roy, P. K., and S. P. Lall. 2003. Dietary phosphorus requirement of juvenile haddock (*Melanogrammus aeglefinus* L.). Aquaculture 221(1-4):451-468.

Sajjadi, M., and C. G. Carter. 2004. Dietary phytase supplementation and the utilization of phosphorus by Atlantic salmon (*Salmo salar* L.) fed a canola-meal-based diet. Aquaculture 240:417-431.

Sakamoto, S., and Y. Yone. 1973. Effect of dietary calcium/phosphorus ratio upon growth, feed efficiency and blood serum Ca and P level in red sea bream. B. Jpn. Soc. Sci. Fish. 39:343-348.

Sakamoto, S., and Y. Yone. 1976a. Requirement of red sea bream for dietary Ca. Rep. Fish. Res. Lab. Kyushu Univ. (Jpn) 3:59-64.

Sakamoto, S., and Y. Yone. 1976b. Requirement of red sea bream for dietary Fe-I. Rep. Fish. Res. Lab. Kyushu Univ. (Jpn) 3:53-58.

Sakamoto, S., and Y. Yone. 1978a. Effect of dietary phosphorus level on chemical composition of red sea bream. B. Jpn. Soc. Sci. Fish. 44:227-229.

Sakamoto, S., and Y. Yone. 1978b. Requirement of red sea bream for dietary Na and K. J. Fac. Agric. Kyushu Univ. (Jpn) 23:79-84.

Sakamoto, S., and Y. Yone. 1978c. Iron deficiency symptoms of carp. B. Jpn. Soc. Sci. Fish. 44:1157-1160.

Sakamoto, S., and Y. Yone. 1978d. Requirement of red sea bream for dietary iron-II. B. Jpn. Soc. Sci. Fish. 44:223-225.

Sakamoto, S., and Y. Yone. 1979a. Requirement of red sea bream for dietary Mg. B. Jpn. Soc. Sci. Fish. 45:57-60.

Sakamoto, S., and Y. Yone. 1979b. Availabilities of phosphorus compounds as dietary phosphorus sources for red sea bream. J. Fac. Agric. Kyushu Univ. (Jpn) 23:177-184.

Salman, N. A., and F. B. Eddy. 1988. Effect of dietary sodium chloride on growth, food intake and conversion efficiency in rainbow trout (*Salmo gairdneri* Richardson). Aquaculture 70:131-144.

Saoud, I. P., L. A. Roy, and D. A. Davis. 2007. Chelated potassium and arginine supplementation in diets of Pacific white shrimp reared in low-salinity waters of west Alabama. N. Am. J. Aquacult. 69:265-270.

Sarker, P. K., S. Satoh, H. Fukada, and T. Masumoto. 2009. Effects of dietary phosphorus level on non-faecal phosphorus excretion from yellowtail (*Seriola quinqueradiata* Temminck & Schlegel) fed purified and practical diets. Aquac. Res. 40:225-232.

Sastry, K. V., and K. Sunita. 1982. Effect of cadmium and chromium on the intestinal absorption of glucose in snakehead (*Channa punctatus*). Toxicol. Lett. 10:293-296.

Satoh, S., K. Tabata, K. Izume, T. Takeuchi, and T. Watanabe. 1987. Effect of dietary tricalcium phosphate on availability of zinc to rainbow trout. Nippon Suisan Gakk. 53:1199-1205.

Satoh, S., W. E. Poe, and R. P. Wilson. 1989. Effect of supplemental phytate and/or tricalcium phosphate on weight gain, feed efficiency and zinc content in vertebrae of channel catfish. Aquaculture 80:155-161.

Savage, J. E., J. M. Yohe, E. E. Picket, and B. L. O'Dell. 1964. Zinc metabolism in the growing chick. Tissue concentration and effect of phytate on absorption. Poultry Sci. 43:420-426.

Scarpa, J., and D. M. Gatlin, III. 1992. Dietary zinc requirements of channel catfish, *Ictalurus punctatus*, swim-up fry in soft and hard water. Aquaculture 106:311-322.

Scott, M. L., M. C. Nesheim, and R. J. Young. 1982. Nutrition of the Chicken. New York: M. L. Scott and Associates.

Sealey, W. M., C. Lim, and P. H. Klesius. 1997. Influence of the dietary level of iron from iron methionine and iron sulfate on immune response and resistance of channel catfish to *Edwardsiella ictaluri*. J. World Aquacult. Soc. 42:142-149.

Shao, Q., J. Ma, Z. Xu, W. Hu, J. Xu, and S. Xie. 2008. Dietary phosphorus requirement of juvenile black seabream, *Sparus macrocephalus*. Aquaculture 277:92-100.

Shaw, H. M., R. L. Saunders, H. C. Hall, and E. B. Henderson. 1975. Effect of dietary sodium chloride on growth of Atlantic salmon (*Salmo salar*). J. Fish. Res. Board Can. 32:1813-1819.

Shearer, K. D. 1988. Dietary potassium requirement of juvenile Chinook salmon. Aquaculture 73:119-129.

Shearer, K. D. 1989. Whole body magnesium concentration as an indicator of magnesium status in rainbow trout (*Salmo gairdneri*). Aquaculture 77:201-210.

Shiau, S.-Y., and M.-J. Chen. 1993. Carbohydrate utilization by tilapia, *Oreochromis niloticus* × *O. aureus* as influenced by different chromium sources. J. Nutr. 123:1747-1753.

Shiau, S.-Y., and J.-F. Hsieh. 2001a. Quantifying the dietary potassium requirement of juvenile hybrid tilapia (*Oreochromis niloticus* × *O. aureus*). Brit. J. Nutr. 85:213-218.

Shiau, S.-Y., and J.-F. Hsieh. 2001b. Dietary potassium requirement of juvenile grass shrimp *Penaeus monodon*. Fish. Res. 67:592-595.

Shiau, S.-Y., and L. C. Jiang. 2006. Dietary zinc requirements of grass shrimp, *Penaeus monodon*, and effects on immune responses. Aquaculture 254:476-482.

Shiau, S.-Y., and H.-S. Liang. 1995. Carbohydrate utilization and digestibility by tilapia, *Oreochromis niloticus* × *O. aureus* are affected by chromium oxide inclusion in the diet. J. Nutr. 125:976-982.

Shiau, S.-Y., and S.-F. Lin. 1993. Effects of supplemental dietary chromium and vanadium on the utilization of different carbohydrates in tilapia, *Oreochromis niloticus* × *O. aureus*. Aquaculture 110:321-330.

Shiau, S.-Y., and L.-S. Lu. 2004. Dietary sodium requirement determined for juvenile hybrid tilapia (*Oreochromis niloticus* × *O. aureus*) reared in fresh water and seawater. Brit. J. Nutr. 91:585-590.

Shiau, S.-Y., and Y. C. Ning. 2003. Estimation of dietary copper requirements of juvenile tilapia, *Oerochromis niloticus* × *O. aureus*. Anim. Sci. 77:287-292.

Shiau, S.-Y., and S.-M. Shy. 1998. Dietary chromic oxide inclusion level required to maximize glucose utilization in hybrid tilapia, *Oreochromis niloticus* × *O. aureus*. Aquaculture 161:357-362.

Shiau, S.-Y., and L.-W. Su. 2003. Ferric citrate is half as effective as ferrous sulfate in meeting the requirement of juvenile tilapia, *Oerochromis niloticus* × *O. aureus*. J. Nutr. 133:483-488.

Shiau, S.-Y., and H. C. Tseng. 2007. Dietary calcium requirements of juvenile tilapia, *Oerochromis niloticus* × *O. aureus*, reared in fresh water. Aquacult. Nutr. 13:298-303.

Storebakken, T., K. D. Shearer, and A. J. Roem. 1998. Availability of protein, phosphorus and other elements in fish meal, soy-protein concentrate and phytase-treated soy-protein-concentrate-based diets to Atlantic salmon, *Salmo salar*. Aquaculture 161:365-377.

Sugiura, S. H., F. M. Dong, and R. W. Hardy. 1998. Effects of dietary supplements on the availability of minerals in fish meal: Preliminary observations. Aquaculture 160:283-303.

Sugiura, S. H., F. M. Dong, and R. W. Hardy. 2000. Primary responses of rainbow trout to dietary phosphorus concentrations. Aquacult. Nutr. 6:235-245.

Sugiura, S. H., R. W. Hardy, and R. J. Roberts. 2004. The pathology of phosphorus deficiency in fish—A review. J. Fish Dis. 27:255-265.

Sullivan, M., G. Hammond, R. J. Roberts, and N. J. Manchester. 2007a. Spinal deformation in commercially cultured Atlantic salmon, *Salmo salar* L.: A clinical and radiological study. J. Fish Dis. 30:745-752.

Sullivan, M., D. R. Guy, R. J. Roberts, and N. J. Manchester. 2007b. The aetiology of spinal deformity in Atlantic salmon, *Salmo salar* L.: Influence of genetic factors on the frequency and severity in freshwater stages. J. Fish Dis. 30:753-758.

Sullivan, M., S. W. J. Reid, H. Ternent, N. J. Manchester, R. J. Roberts, D. A. J. Stone, and R. W. Hardy. 2007c. The aetiology of spinal deformity in Atlantic salmon, *Salmo salar* L.: Influence of different commercial diets on the incidence and severity of the preclinical condition in salmon parr under two contrasting husbandry regimes. J. Fish Dis. 30:759-767.

Sutton, J., S. Balfry, D. Higgs, C. H. Huang, and B. Skura. 2006. Impact of iron-catalyzed dietary lipid peroxidation on growth performance, general health and flesh proximate and fatty acid composition of Atlantic salmon (*Salmo salar* L.) reared in seawater. Aquaculture 257:534-557.

Tacon, A. J., and M. M. Beveridge. 1982. Effects of trivalent chromium on rainbow trout, *Salmo gairdneri*. Nutr. Rep. Int. 25:49-56.

Tashjian, D. H., S. J. The, A. Sogomonyan, and S. S. O. Hung. 2006. Bioaccumulation and chronic toxicity of dietary l-selenomethionine in juvenile white sturgeon (*Acipenser transmontanus*). Aquat. Toxicol. 79:401-409.

Tiews, K., M. Manthey, and M. Koops. 1982. The carry-over of fluoride from krill meal pellets into rainbow trout (*Salmo gairdneri*). Arch. Fischereiwiss 32:39-42.

Uyan, O., S. Koshio, M. Ishikawa, S. Uyan, T. Ren, S. Yokoyama, C. F. Komilus, F. R. Michael. 2007. Effects of dietary phosphorus and phospholipid level on growth, and phosphorus deficiency signs in juvenile Japanese flounder, *Paralichthys olivaceus*. Aquaculture 267:44-54.

van der Velden, J. A., F. A. T. Spanings, G. Flik, C. Zegers, Z. I. Kolar, and S. E. Wendelaar Bonga. 1991. Growth rate and tissue magnesium concentration in adult freshwater tilapia, *Oreochromis mossambicus* (Peters), fed diets differing in magnesium content. J. Fish Biol. 39:83-91.

Vielma, J., and S. P. Lall. 1998. Phosphorus utilization by Atlantic salmon (*Salmo salar*) reared in freshwater is not influenced by higher dietary calcium intake. Aquaculture 160:117-128.

Vielma, J., J. Koskela, and K. Ruohonen. 2002. Growth, bone mineralization, and heat and low oxygen tolerance in European whitefish (*Coregonus lavaretus* L.) fed with graded levels of phosphorus. Aquaculture 212:321-333.

Wang, C., R. T. Lovell, and P. H. Klesius. 1997. Response to *Edwardsiella ictaluri* challenge by channel catfish fed organic and inorganic sources of selenium. J. Aquat. Anim. Health 9:172-179.

Wang, W., A. Wang, C. Liu, S. Wang, R. Wang and Z. Ma. 1997. Effect of copper concentrations in diets on the growth and copper, zinc and iron contents of *Penaeus chinensis*. J. Fish. China 21:259-262.

Wang, X., S. Choi, S. Park, G. Yoo, K. Kim, J.-C. Kang, and S. C. Bai. 2005. Optimum dietary phosphorus level of juvenile Japanese flounder *Paralichthys olivaceus* reared in the recirculating system. Fish. Sci. 71:168-173.

Watanabe, T., A. Murakami, L. Takeuchi, T. Nose, and C. Ogino. 1980. Requirement of chum salmon held in freshwater for dietary phosphorus. B. Jpn. Soc. Sci. Fish. 46:361-367.

Watanabe, T., S. Satoh, and T. Takeuchi. 1988. Availability of minerals in fish meal to fish. Asian Fish. Soc. 1:175-195.

Watanabe. T., V. Kiron, and S. Satoh. 1997. Trace minerals in fish nutrition. Aquaculture 151:185-207.

Wilson, R. P., and G. El Naggar. 1992. Potassium requirement of fingerling channel catfish, *Ictalurus puntatus*. Aquaculture 108:169-175.

Wilson, R. P., E. H. Robinson, D. M. Gatlin, III, and W. E. Poe. 1982. Dietary phosphorus requirement of channel catfish. J. Nutr. 112:1197-1202.

Woodall, A. N., and G. LaRoche. 1964. Nutrition of salmonoid fishes. XI. Iodide requirements of Chinook salmon. J. Nutr. 82:475-482.

Yang, S.-D., T.-S. Lin, F.-G. Liu, and C.-H. Liou. 2006. Influence of dietary phosphorus levels on growth, metabolic response and body composition of juvenile silver perch (*Bidyanus bidyanus*). Aquaculture 253:592-601.

Ye, C. X., Y. J. Liu, L. X. Tian, K. S. Mai, Z. Y. Du, H. J. Yang, and J. Niu. 2006. Effects of dietary calcium and phosphorus on growth, feed efficiency, mineral content and body composition of juvenile grouper, *Epinephelus coioides*. Aquaculture 255:264-271.

Ye, C. X., Y. J. Liu, K. S. Mai, T. Li-Xia, H. J. Rang, J. Niu, and J. W. Huang. 2007. Effect of dietary iron supplement on growth, haematology and microelements of juvenile grouper, *Epinephelus coioides*. Aquacult. Nutr. 13:471-477.

Yoo, G.-Y., X. Wang, S. Choi, K. Han, J.-C. Kang, and S. C. Bai. 2005. Dietary microbial phytase increased the phosphorus digestibility in juvenile Korean rockfish *Sebastes schlegeli* fed diets containing soybean meal. Aquaculture 243:315-322.

Zaugg, W. S., D. D. Roley, E. F. Prentice, K. X. Gores, and F. W. Waknitz. 1983. Increased seawater survival and contribution to the fishery of chinook salmon (*Oncorhynchus tshawytscha*) by supplemental dietary salt. Aquaculture 32:183-188.

Zhang, C., K. Mai, Q. Ai, W. Zhang, Q. Duan, B. Tan, H. Ma, W. Xu, Z. Liufu, and X. Wang. 2006. Dietary phosphorus requirement of juvenile Japanese seabass, *Lateolabrax japonicus*. Aquaculture 255:201-209.

Zhu, C.-B., S.-L. Dong, F. Wang, H.-H. Zhang. 2006. Effects of seawater potassium concentration on the dietary potassium requirement of *Litopenaeus vannamei*. Aquaculture 258:543-550.

Zubay, G. L. 1983. Biochemistry. Reading, MA: Addison-Wesley Publishing Company, Inc.

제9장

비타민

비타민(vitamins)은 아미노산과 탄수화물, 지질과는 다른 유기화합물로, 정상적인 성장과 번식, 건강을 위한 외인성 원료(일반적인 사료)로서 미량으로 요구된다. 비타민은 수용성, 지용성으로 분류된다. 수용성 비타민 중 8개는 비교적 소량이 필요하며 주로 조효소 기능이 있고, 비타민 B 복합체로 알려져 있다. 수용성 비타민 중 콜린, 이노시톨, 비타민 C는 많은 양이 필요하고 조효소 이외의 다른 기능이 있다. 비타민 A, D, E, K는 효소와 독립적으로 기능하는 지용성 비타민이며, 경우에 따라 비타민 K 같은 경우에는 조효소 역할을 할 수 있다. 포유류는 비타민이 없으면 특징적인 결핍 질병이 발생하지만 수산 종에서는 그런 질병이 구체적으로 규명되지 않는다. 어류와 새우에서 보고된 비타민 결핍 증상은 **표 9–1**에 나와 있다.

표 9–1 어류와 새우에서 보고된 비타민 결핍 징후

결핍 징후	비타민	어종
비정상적 유영 (ataxia)	Riboflavin Pantothenate Niacin Biotin C	Salmonids, channel catfish Japanese eel Japanese eel Japanese eel Channel catfish, Korean rockfish, *Clarias* hybrid catfish
복부 팽창 (Ascites)	A E C	Salmonids Salmonids Salmonids
흑사병 증후군 (Black death syndrome)	C	Tiger shrimp, Pacific white shrimp, fleshy prawn, Kuruma shrimp, giant river prawn, blue shrimp
지느러미, 비늘, 기관지 이상 증상 (Congested fin, skin, or bronchial mantles)	E Thiamin Pantothenate B_{12} Folate	Yellowtail Yellowtail, Japanese eel, red sea bream Japanese eel Yellowtail Yellowtail
비늘(피부) 착색 (Dark skin coloration)	A E Thiamin	Yellowtail Yellowtail, hybrid striped bass Channel catfish, yellowtail

표 9–1 계속

결핍 징후	비타민	어종
비늘(피부) 착색 (Dark skin coloration)	Riboflavin	Salmonids, yellowtail, hybrid striped bass
	Biotin	Japanese eel, Indian catfish, African catfish
	Inositol	Salmonids, yellowtail
	Folate	Salmonids, Japanese eel
	Choline	Yellowtail
	C	Yellowtail, Korean rockfish, Mexican cichlid
간 지질 감소 (Decreased liver lipid)	Choline	Hybrid tilapia, red drum
기형(Deformities) (척추, 턱, 주둥이)	A	Jian carp
	Riboflavin	Salmonids
	Niacin	Channel catfish, hybrid tilapia
	C	Channel catfish, yellowtail, olive flounder, Korean rockfish, Indian catfish, parrotfish, Asian sea bass, *Clarias* hybrid catfish, Mexican cichlid
피부염(Dermatitis)	Riboflavin	Japanese eel
	Pantothenate	Japanese eel
부종(Edema)	A	Salmonids, channel catfish
	E	Salmonids
	Niacin	Salmonids, hybrid tilapia
여윔증(Emaciation)	Riboflavin	Common carp
	Pantothenate	Channel catfish
부식증(Erosion)	A	Grouper
	Riboflavin	Yellowtail, blue tilapia, rainbow trout
	Pantothanate	Channel catfish
	Inositol	Salmonids
	C	Channel catfish, Japanese eel, hybrid tilapia, Indian catfish, Asian sea bass, *Clarias* hybrid catfish Japanese sea bass, Mexican cichlid
삼출성 체질 (Exudative diathesis)	E	Channel catfish
눈의 병리학적 변화 (홍채염, 백내장)	A	Salmonids
	Riboflavin	Yellowtail, salmonids, channel catfish, hybrid striped bass
	C	Olive flounder, Mexican chichlid
아가미 병리학적 변화 (공봉형; 상피 세포 증식; 퇴행성)	Pantothenate	Salmonids, channel catfish, yellowtail, blue tilapia
	Biotin	Salmonids
	C	Salmonids
혈액 지수 변화 (빈혈; 비정상 적혈구; 적혈구 취약성 값 감소; 헤마토크리트 값 감소; 거대 적아 세포증; 적혈구의 작은 비율에서 기형 핵; 낮은 혈소판 수; 더 높은 혈구 모세포 및 호중구 수; 단편화된 적혈구; 혈액 응고)	A	Yellowtail, rainbow trout
	E	Salmonids, Indian major carp, hybrid striped bass
	K	Salmonids, fleshy prawn
	Pyridoxine	Salmonids, common carp, Indian catfish
	Pantothenate	Salmonids, channel catfish, common carp, yellowtail, blue tilapia
	Niacin	Salmonids, channel catfish, common carp, Japanese eel, Indian catfish
	Folate	Salmonids, channel catfish, rainbow trout
	B_{12}	Salmonids, yellowtail, Indian major carp
	Inositol	Salmonids

표 9-1 계속

결핍 징후	비타민	어종
출혈 (Hemorrhage)	A	Channel catfish, common carp, yellowtail, hybrid striped bass, Atlantic halibut, grouper, Jian carp, rainbow trout
	E	Channel catfish
	K	Salmonids, channel catfish
	Thiamin	Common carp, Japanese eel, red sea bream
	Riboflavin	Salmonids, common carp, Japanese eel
	Pantothenate	Common carp, Japanese eel, Jian carp
	Niacin	Common carp, yellowtail, Japanese eel, hybrid tilapia, Indian catfish
	Biotin	Yellowtail
	Choline	Salmonids, channel catfish
	C	Salmonids, yellowtail, Japanese eel, hybrid tilapia, olive flounder, Korean rockfish, *Clarias* hybrid catfish, Mexican cichlid
과민성(Hyperirritability)	Thiamin	Salmonids
	Riboflavin	Tiger shrimp
	Pyridoxine	Salmonids, channel catfish
	Pantothenate	Tiger shrimp
	Biotin	Channel catfish
간 지질 증가 (지방간, 간의 지질 침윤)	D	Salmonids, rainbow trout
	E	Channel catfish
	Biotin	Salmonids
	Choline	Salmonids, channel catfish, common carp, hybrid striped bass
	Inositol	Grouper, hybrid tilapia, tiger shrimp
장애 증상(Lesion)	A	Salmonids
	Pyridoxine	Red hybrid tilapia
	Niacin	Salmonids, channel catfish, yellowtail, hybrid tilapia, common carp, rainbow trout
	Biotin	Salmonids
혼수(Lethargy) (게으름; 무감각; 부진한 움직임; 부동)	A	Jian carp
	Riboflavin	Salmonids, Japanese eel, blue tilapia, parrotfish
	Pyridoxine	Yellowtail, red hybrid tilapia, Indian catfish
	Pantothenate	Common carp, blue tilapia
	Niacin	Channel catfish, Indian catfish
	Biotin	Common carp, yellowtail, Indian catfish
	Folate	Salmonids, channel carp
	Inositol	Yellowtail
	C	Salmonids, Pacific white shrimp
전만증(Lordosis)	E	Common carp, grass carp
	C	Channel catfish, yellowtail, Indian catfish, red drum, Japanese sea bass
평형 상실 (Loss of equilibrium)	Thiamin	Salmonids, channel catfish
	C	Red drum
규모 손실	C	Mexican cichlid
점막(진피 점막 세포 수 증가, 피부 점막 손실)	Biotin	Common carp
	Inositol	Common carp
근이영양증(근육 쇠약)	Vitamin E	Salmonids, channel catfish, common carp, Korean rockfish, grass carp
	Niacin	Salmonids

표 9-1 계속

결핍 징후	비타민	어종
장기 병리학 적 변화 (췌장 위축; 신장 및 췌장 변성; 전 신장 괴사; 간, 신장 및 장의 조직 병리학 적 변화; 위축된 췌장 선포 세포; 간 세포의 공포화; 백 회색 장; 심한 간의 위축)	E	Channel catfish, common carp
	Riboflavin	Common carp
	Pyridoxine	Indian major carp, rainbow trout, gilthead sea bream
	Pantothenate	Salmonids
	Biotin	Salmonids
	Choline	Common carp
	Inositol	Japanese eel
	C	Parrotfish, Pacific white shrimp
식욕부진(신경성)	A	Hybrid striped bass, Jian carp, common carp
	Riboflavin	Channel catfish, hybrid striped bass, blue tilapia
	Pyridoxine	Hybrid tilapia, red hybrid tilapia, Indian catfish
	Pantothenate	Jian carp, parrotfish
	Niacin	Channel catfish, Indian catfish
	Biotin	African catfish
	B_{12}	Japanese eel
	C	Olive flounder, Korean rockfish, parrotfish, yellowtail
뼈 콜라겐 감소	C	Channel catfish
척추만곡증	C	Salmonids, channel catfish, yellowtail, olive flounder, Korean rockfish, red drum, Japanese sea bass, Mexican cichlid
단신체 왜소증 (높은 조건 인자)	Riboflavin	Channel catfish, red hybrid tilapia, blue tilapia
	C	Indian catfish
피부탈색(Skin depigmentation)	A	Salmonids, channel catfish, common carp, Jian carp
	E	Salmonids, channel catfish
	Thiamin	Common carp
	Riboflavin	Blue tilapia, rainbow trout, tiger shrimp
	Biotin	Channel catfish
	C	Pacific white shrimp
복부 팽창	Inositol	Salmonids
	C	Mexican cichlid
신경장애;신경질;경련;위축경련	D	Salmonids, rainbow trout
	Thiamin	Salmonids, channel catfish, common carp
	Pyridoxine	Salmonids, channel catfish, common carp, yellowtail, Japanese eel, red hybrid tilapia
	Pantothenate	Gilthead sea bream, Indian catfish
	Biotin	Parrotfish
	E	Salmonids, Indian catfish, African catfish, yellowtail
아가마 뒤틀림 (Twisted gill opercula)	A	Common carp, yellowtail, rainbow trout
	E	Korean rockfish
	Pantothenate	Salmonids
	C	Mexican cichlid

일부 비타민은 사료 요구량의 일부를 보충하기 위해 다른 필수영양소에서 합성될 수 있다. 예를 들면 메티오닌 같은 적절한 메틸 공여자(methyl donor)가 사료에 존재하면 차넬메기는 콜린을 합성하는 것으로 관찰된다. 그러나 사료 내 메티오닌의 농도가 제한되는 경우 콜린이 요구될 수 있다(Wilson and Poe, 1988). 특정 온수성 어류를 위한 수용성 비타민의 일부 외인성 공급원은 위장관의 미생물에서 유래한 것으로 나타났다(Limsuwan and Lovell, 1981; Lovell and Limsuwan, 1982; Burtle and Lovell, 1989; Shiau and Lung, 1993a). 냉수 육식성 어류에서 미생물은 중요한 비타민의 공급원이 아니다(Hepher, 1988).

어류와 새우의 정성적 · 정량적 비타민 요구량은 특정 비타민이 결핍된 화학적으로 규정된 사료를 섭취함으로써 추정되었다. 왕연어와 무지개송어, 잉어, 차넬메기, 잡종 틸라피아, 방어의 정량적 비타민 요구량이 확립되었다. 정성적 요구량은 여러 다른 종에서 확인되었다. 얼룩새우, 보리새우, 대하, 흰다리새우, *Farfantepenaeus californiensis*, 인도흰새우(*Fenneropenaeus indicus*)를 포함한 일부 새우 종의 비타민 요구량이 연구되어 왔다. 그중 얼룩새우는 15가지 필수 비타민이 모두 요구되는 종이다. 요구량은 크기와 연령, 성장률뿐만 아니라 다양한 환경적 요인과 영양소 간 상호관계의 영향을 받는다. 따라서 다른 연구자는 동일한 종의 성장에 필요한 요구량을 상당히 광범위하게 보고했다. 어류와 새우의 비타민 요구량을 결정하기 위한 유일한 매개변수는 성장만이 아닐 수도 있다. 지질 축적과 골격 기형, 특정 효소 활성, 조직 비타민 저장, 결핍증 부재, 간 지질 함량, 간 중량 지수, 지질 산화도, 열 쇼크 단백질, 면역 반응은 또한 수산동물의 비타민 요구량을 정량화하는데 사용되어 왔다(**표 9-2, 표 9-3, 표 9-4**).

표 9-2 제한환경에서 화학적 정의에 의하여 결정된 미성어 사료 내 비타민 요구량

비타민과 어종	요구량 (units/kg diet)	반응 기준	참고문헌
Vitamin A[c]			
Pacific salmon (*Oncorhynchus* spp.)	R		Halver (1972)
Rainbow trout (*Oncorhynchus mykiss*)	0.75 mg	WG, ADS	Kitamura et al. (1967a)
Channel catfish (*Ictalurus punctatus*)	0.3-0.6 mg	WG	Dupree (1970)
Common carp (*Cyprinus carpio*)	1.2-6 mg	WG, MLS	Aoe et al. (1968)
Yellowtail (*Seriola lalandi*)	5.68 mg	WG, MLS	Shimeno (1991)
Grouper (*Epinephelus* spp.)	0.93 mg	WG	Shaik Mohamed et al. (2003)
Atlantic halibut (*Hippoglossus hippoglossus*)	2.5 mg	MLS, ADS	Moren et al. (2004)
Hybrid striped bass (*Morone chrysops* female × *Morone saxatilis*)	0.51-40.52 mg	WG	Hemre et al. (2004)
Japanese flounder (*Paralichthys olivaceus*)	2.7 mg	WG	Hernandez et al. (2005)
Hybrid tilapia (*Oreochromis niloticus* × *Oreochromis aureus*)	1.76-2.09 mg	WG, MLS	Hu et al. (2006)
European sea bass (*Dicentrarchus labrax*)	31 mg	WG	Villeneuve et al. (2005a,b)
Vitamin D[d]			
Pacific salmon (*Oncorhynchus* spp.)	NR		Halver (1972)
Rainbow trout (*Oncorhynchus mykiss*)	40–60 μg	WG, FE	Barnett et al. (1982a)
Channel catfish (*I. punctatus*)	12.5 μg	WG	Lovell and Li (1978)
	25 μg	WG	Andrews et al. (1980)
	6.25 μg	WG	Brown (1988)
Yellowtail (*Seriola lalandi*)	NR		Shimeno (1991)
Hybrid tilapia (*Oreochromis niloticus* × *Oreochromis aureus*)	9.35 μg	WG	Shiau and Hwang (1993)

표 9–2 계속

비타민과 어종	요구량 (units/kg diet)	반응 기준	참고문헌
Vitamin E			
Atlantic salmon (*Salmo salar*)	35 mg	WG, ADS	Lall et al. (1988)
	60 mg	WG	Hamre and Lie (1995)
Pacific salmon (*Oncorhynchus* spp.)	30 mg	WG, ADS	Woodall et al. (1964)
	40-50 mg	WG, MLS	Halver (1972)
Rainbow trout (*Oncorhynchus mykiss*)	30 mg	WG, ADS	Woodall et al. (1964)
	25 mg	WG, ADS	Hung et al. (1980)
	100 mg	MLS	Watanabe et al. (1981a)
	50 mg	AASLP	Cowey et al. (1983)
Channel catfish (*I. punctatus*)	25 mg	WG, ADS	Murai and Andrews (1974)
	50 mg	AASLP	Wilson et al. (1984)
Common carp (*Cyprinus carpio*)	100 mg	WG, ADS	Watanabe et al. (1970a)
Grass carp (*Ctenopharyngodon idella*)	200 mg	MLS	Takeuchi et al. (1992)
	62.9 mg	WG, FE	Wu et al. (1990)
Yellowtail (*Seriola lalandi*)	119 mg	MLS	Shimeno (1991)
Blue tilapia (*Oreochromis aureus*)	25 mg	WG	Roem et al. (1990)
Nile tilapia (*Oreochromis niloticus*)	50-100 mg	WG, ADS	Satoh et al. (1987)
Hybrid tilapia (*Oreochromis niloticus* × *Oreochromis aureus*)	60-67 mg	WG, AASLP	Shiau and Shiau (2001)
Hybrid striped bass (*M. chrysops* female × *M. saxatilis*)	28 mg	WG	Kocabas and Gatlin (1999)
Korean rockfish (*Sebastes schlegelii*)	45 mg	WG	Bai and Lee (1998)
Mrigal (*Cirrhinus mrigala*)	99 mg	WG	Paul et al. (2004)
Rohu (*Labeo rohita*)	131.91 mg	WG	Sau et al. (2004)
Grouper (*Epinephelus* spp.)	104-115 mg	WG, AASLP	Lin and Shiau (2005a)
Red drum (*Sciaenops ocellatus*)	31 mg	WG	Peng and Gatlin (2009)
Vitamin K			
Pacific salmon (*Oncorhynchus* spp.)	R		Halver (1972)
Lake trout (*Salvelinus namaycush*)	0.5-1 mg	NHV	Poston (1976a)
Channel catfish (*I. punctatus*)	R		Dupree (1966)
	NR		Murai and Andrews (1977)
Yellowtail (*Seriola lalandi*)	NR		Shimeno (1991)
Grass carp (*Ctenopharyngodon idella*)	1.9 mg	BCT	Jiang et al. (2007)
Atlantic cod (*Gadus morhua*)	0.2 mg	WG	Grahl-Madsen and Lie (1997)
Atlantic salmon (*Salmo salar*)	< 10 mg	WG	Krossøy et al. (2009)
Thiamin			
Pacific salmon (*Oncorhynchus* spp.)	10-15 mg	MLS	Halver (1972)
Rainbow trout (*Oncorhynchus mykiss*)	1-10 mg	WG, ADS	McLaren et al. (1947)
	1 mg	WG, ED	Morito et al. (1986)
Channel catfish (*I. punctatus*)	1 mg	WG, ADS	Murai and Andrews (1978a)
Common carp (*Cyprinus carpio*)	0.5 mg	WG, ADS	Aoe et al. (1969)
Yellowtail (*Seriola lalandi*)	11.2 mg	MLS	Shimeno (1991)
Riboflavin			
Pacific salmon (*Oncorhynchus* spp.)	20-25 mg	MLS	Halver (1972)
	7 mg	WG, ADS	Leith et al. (1990)
Rainbow trout (*Oncorhynchus mykiss*)	5-15 mg	WG, ADS	McLaren et al. (1947)
	6 mg	MLS	Takeuchi et al. (1980)
	3 mg	ED	Hughes et al. (1981a)
	2.7 mg	MLS, ED	Amezaga and Knox (1990)
Channel catfish (*I. punctatus*)	9 mg	WG, ADS	Murai and Andrews (1978b)

(계속)

표 9-2 계속

비타민과 어종	요구량 (units/kg diet)	반응 기준	참고문헌
	6 mg	ED	Serrini et al. (1996)
Common carp (*Cyprinus carpio*)	4 mg	WG, ADS	Aoe et al. (1967a)
	6.2 mg	MLS	Aoe et al. (1967a)
	7 mg	MLS	Takeuchi et al. (1980)
Yellowtail (*Seriola lalandi*)	11 mg	MLS	Shimeno (1991)
Blue tilapia (*Oreochromis aureus*)	6 mg	WG, ADS	Soliman and Wilson (1992a)
Red hybrid tilapia (*Oreochromis mossambicus* × *Oreochromis niloticus*)	5 mg	WG	Lim et al. (1993)
Hybrid striped bass (*M. chrysops* female × *M. saxatilis*)	4.1-5.0 mg	WG, MLS	Deng and Wilson (2003)
Jian carp (*Cyprinus carpio* var. Jian)	5.0 mg	WG	W. Li et al. (2010)
Vitamin B_6			
Atlantic salmon (*Salmo salar*)	5 mg	WG, ADS	Lall and Weerakoon (1990)
Pacific salmon (*Oncorhynchus* spp.)	10-20 mg	MLS	Halver (1972)
	6 mg	WG, ADS	Leith et al. (1990)
Rainbow trout (*Oncorhynchus mykiss*)	1-10 mg	WG, ADS	McLaren et al. (1947)
	2 mg	WG, ADS	Woodward (1990)
	3-6 mg	ED	Woodward (1990)
Channel catfish (*I. punctatus*)	3 mg	WG, ADS	Andrews and Murai (1979)
Common carp (*Cyprinus carpio*)	5-6 mg	WG, ADS	Ogino (1965)
Yellowtail (*Seriola lalandi*)	11.7 mg	MLS	Shimeno (1991)
Hybrid tilapia (*Oreochromis niloticus* × *Oreochromis aureus*)	15-16.5 mg	WG, ED	Shiau and Hsieh (1997)
Red hybrid tilapia (*Oreochromis mossambicus* × *Oreochromis niloticus*)	3 mg	WG	Lim et al. (1995)
Indian catfish (*Heteropneustes fossilis*)	3.21 mg	WG	Shaik Mohamed (2001a)
Jian carp (*C. carpio* var. Jian)	6.07 mg	WG	He et al. (2009)
Gibel carp (*Carassius auratus gibelio*)	7.26-11.36 mg	ED	Wang et al. (2009)
Pantothenic acid			
Pacific salmon (*Oncorhynchus* spp.)	40-50 mg	MLS	Halver (1972)
	17 mg	WG, ADS	Leith et al. (1990)
Rainbow trout (*Oncorhynchus mykiss*)	10-20 mg	WG, ADS	McLaren et al. (1947)
	20 mg	WG, ADS	Cho and Woodward (1990)
Channel catfish (*I. punctatus*)	10 mg	WG, ADS	Murai and Andrews (1979)
	15 mg	WG, ADS	Wilson et al. (1983)
Common carp (*Cyprinus carpio*)	30-50 mg	WG, ADS	Ogino (1967)
Yellowtail (*Seriola lalandi*)	35.9 mg	MLS	Shimeno (1991)
Blue tilapia (*Oreochromis aureus*)	10 mg	WG, ADS	Soliman and Wilson (1992b)
Grass carp (*Ctenopharyngodon idella*)	25 mg	WG	A. Liu et al. (2007)
Jian carp (*C. carpio* var. Jian)	23 mg	WG	Wen et al. (2009)
Niacin			
Pacific salmon (*Oncorhynchus* spp.)	150-200 mg	MLS	Halver (1972)
Rainbow trout (*Oncorhynchus mykiss*)	1-5 mg	WG, ADS	McLaren et al. (1947)
	10 mg	WG, ADS	Poston and Wolfe (1985)
Channel catfish (*I. punctatus*)	14 mg	WG, ADS	Andrews and Murai (1978)
	7.4 mg	WG, ED	Ng et al. (1997)
Common carp (*Cyprinus carpio*)	28 mg	WG, ADS	Aoe et al. (1967b)
Yellowtail (*Seriola lalandi*)	12 mg	MLS	Shimeno (1991)
Hybrid tilapia (*Oreochromis niloticus* × *Oreochromis aureus*)	26 mg	WG	Shiau and Suen (1992)
Grass carp (*Ctenopharyngodon idella*)	25.5 mg	SGR	Wu et al. (2007a)

표 9-2 계속

비타민과 어종	요구량 (units/kg diet)	반응 기준	참고문헌
Mrigal (*Cirrhinus mrigala*)	20 mg	WG	Shaik Mohamed and Ibrahim (2001)
African catfish (*Heterobranchus longifilis*)	33.1 mg	FE	Morris et al. (1998)
Biotin			
Pacific salmon (*Oncorhynchus* spp.)	1-1.5 mg	MLS	Halver (1972)
Rainbow trout (*Oncorhynchus mykiss*)	0.05-0.25 mg	WG, ADS	McLaren et al. (1947)
	0.08 mg	WG, ADS	Woodward and Frigg (1989)
	0.14 mg	ED	Woodward and Frigg (1989)
Lake trout (*Salvelinus namaycush*)	0.1 mg	WG, ADS	Poston (1976b)
	0.5-1 mg	OSS	Poston (1976b)
Channel catfish (*I. punctatus*)	R		Robinson and Lovell (1978)
Common carp (*Cyprinus carpio*)	1 mg	WG, ADS	Ogino et al. (1970a)
Yellowtail (*Seriola lalandi*)	0.67 mg	MLS	Shimeno (1991)
Hybrid tilapia (*Oreochromis niloticus* × *Oreochromis aureus*)	0.06 mg	WG, ED	Shiau and Chin (1999)
Asian catfish (*Clarias batrachus*)	2.49 mg	WG	Shaik Mohamed et al. (2000)
Indian catfish (*H. fossilis*)	0.25 mg	WG	Shaik Mohamed (2001b)
Goldspot mullet (*Liza parsia*)	1.6-3.2 mg	WG	Chavan et al. (2003)
Japanese sea bass (*Lateolabrax japonicus*)	0.046 mg	WG	J. Li et al. (2010)
Vitamin B_{12}			
Pacific salmon (*Oncorhynchus* spp.)	0.015-0.02 mg	MLS	Halver (1972)
Rainbow trout (*Oncorhynchus mykiss*)	R		Phillips et al. (1964)
Channel catfish (*I. punctatus*)	R		Limsuwan and Lovell (1981)
Common carp (*Cyprinus carpio*)	NR		Kashiwada et al. (1970)
Yellowtail (*Seriola lalandi*)	0.053 mg	MLS	Shimeno (1991)
Nile tilapia (*Oreochromis niloticus*)	NR		Lovell and Limsuwan (1982)
Hybrid tilapia (*Oreochromis niloticus* × *Oreochromis aureus*)	NR		Shiau and Lung (1993a)
Grass carp (*Ctenopharyngodon idella*)	0.094 mg	SGR	Wu et al. (2007b)
Folate			
Pacific salmon (*Oncorhynchus* spp.)	6-10 mg	MLS	Halver (1972)
	2 mg	WG, ADS	Leith et al. (1990)
Rainbow trout (*Oncorhynchus mykiss*)	1.0 mg	WG, ADS	Cowey and Woodward (1993)
Channel catfish (*I. punctatus*)	1.5 mg	WG, NHV	Duncan and Lovell (1991)
	1 mg	WG, NHV	Duncan et al. (1993)
Common carp (*Cyprinus carpio*)	NR		Aoe et al. (1967c)
Yellowtail (*Seriola lalandi*)	1.2 mg	MLS	Shimeno (1991)
Hybrid tilapia (*Oreochromis niloticus* × *Oreochromis aureus*)	0.82	WG, MLS, HSI	Shiau and Huang (2001a)
Grass carp (*Ctenopharyngodon idella*)	3.6-4.3 mg	WG, STG, STC, NHV	Zhao et al. (2008)
Choline			
Pacific salmon (*Oncorhynchus* spp.)	600-800 mg	MLS	Halver (1972)
Rainbow trout (*Oncorhynchus mykiss*)	50-100 mg	WG, ADS	McLaren et al. (1947)
	714-813 mg	WG, LLC	Rumsey (1991)
Lake trout (*Salvelinus namaycush*)	1,000 mg	WG	Ketola (1976)
Channel catfish (*I. punctatus*)	400 mg	WG, LLC	Wilson and Poe (1988)
Common carp (*Cyprinus carpio*)	1,500 mg	WG, LLC	Ogino et al. (1970b)
Yellowtail (*Seriola lalandi*)	2,920 mg	MLS	Shimeno (1991)

(계속)

표 9–2 계속

비타민과 어종	요구량 (units/kg diet)	반응 기준	참고문헌
Hybrid tilapia (*Oreochromis niloticus* × *Oreochromis aureus*)	1,000 mg	WG, MBS	Shiau and Lo (2000)
Hybrid striped bass (*M. chrysops* female × *M. saxatilis*	500 mg	WG	Griffin et al. (1994)
Cobia (*Rachycentron canadum*)	696 mg	WG	Mai et al. (2009)
Yellow perch (*Perca flavescens*)	598-634 mg	WG	Twibell and Brown (2000)
Red drum (*Sciaenops ocellatus*)	588 mg	WG	Craig and Gatlin (1996)
Grass carp (*Ctenopharyngodon idella*)	3,000 mg	WG, FE, LLC	Wang et al. (1995)
Myoinositol			
Pacific salmon (*Oncorhynchus* spp.)	300-400 mg	MLS	Halver (1972)
Rainbow trout (*Oncorhynchus mykiss*)	250-500 mg	WG, ADS	McLaren et al. (1947)
Channel catfish (*I. punctatus*)	NR		Burtle and Lovell (1989)
Common carp (*Cyprinus carpio*)	440 mg	WG, ADS	Aoe and Masuda (1967)
Yellowtail (*Seriola lalandi*)	423 mg	MLS	Shimeno (1991)
Hybrid striped bass (*M. chrysops* female × *M. saxatilis*)	NR		Deng et al. (2002)
Nile tilapia (*Oreochromis niloticus*)	NR		Peres et al. (2004)
Hybrid tilapia (*Oreochromis niloticus* × *Oreochromis aureus*)	400 mg	WG, MLS	Shiau and Su (2005)
Grouper (*E.* spp.)	335-365 mg	WG, MLS	Su and Shiau (2004)
Olive flounder (*Paralichthys olivaceus*)	617 mg	WG	Lee et al. (2009)
Grass carp (*Ctenopharyngodon idella*)	166-214 mg	WG, FE	Wen et al. (2007)

참고: AAASLP, 아스코르브산 자극 지질 과산화; ADS, 결핍 징후 없음; ED, 효소 데이터; FE, 사료 효율; HSI, 간체 지수; LLC, 간 지질 함량; MBS, 최대 신체 저장 공간; MLS, 최대 간 저장량; MKS, 최대 신장 저장량; NHV, 정상 헤마토크리트 값; NR, 결정된 요구사항 없음; OSS, 최적의 유영력; R, 필수이지만 값이 결정되지 않음. VC, 척추 콜라겐 함량; 및 WG, 체중 증가.

[a]비타민 C 결핍.

[b]사료에 포함된 각 성분의 유형과 양을 나타냄.

[c]10,000 IU = 3,000 μg 비타민 A (레티놀).

[d]1IU = 0.025 μg 콜레칼시페롤.

표 9–3 제한 환경에서 새우의 비타민 요구량

비타민과 어종	요구량 (units/kg diet)	반응 기준	참고문헌
Vitamin A[c]			
Tiger shrimp (*Penaeus monodon*)	2.51 mg	WG	Shiau and Chen (2000)
Pacific white shrimp (*Litopenaeus vannamei*)	1.44 mg	WG	He et al. (1992)
Fleshy prawn (*Fenneropenaeus chinensis*)	36-54 mg	WG	Chen and Li (1994)
Vitamin D[d]			
Tiger shrimp (*P. monodon*)	100 μg	WG, ED	Shiau and Hwang (1994)
Vitamin E			
Tiger shrimp (*P. monodon*)	85-89 mg	WG, THC	Lee and Shiau (2004)
Pacific white shrimp (*L. vannamei*)	99 mg	WG	He and Lawrence (1993a)
Vitamin K			
Tiger shrimp (*P. monodon*)	30-40 mg	WG	Shiau and Liu (1994a)
Fleshy prawn (*F. chinensis*)	185 mg	WG	Shiau and Liu (1994b)

표 9-3 계속

비타민과 어종	요구량 (units/kg diet)	반응 기준	참고문헌
Thiamin			
Tiger shrimp (*P. monodon*)	14 mg	WG	Chen et al. (1991)
Kuruma shrimp (*Marsupenaeus japonicus*)	60-120 mg	WG	Deshimaru and Kuroki (1979)
Indian white prawn (*Fenneropenaeus indicus*)	100 mg	WG	Boonyaratpalin (1998)
Riboflavin			
Tiger shrimp (*P. monodon*)	22.5 mg	MLS	Chen and Hwang (1992)
Kuruma shrimp (*M. japonicus*)	80 mg		NRC (1983)
Vitamin B_6			
Tiger shrimp (*P. monodon*)	72-89 mg	WG, ED, MLS	Shiau and Wu (2003)
Kuruma shrimp (*M. japonicus*)	120 mg	WG	Deshimaru and Kuroki (1979)
Pacific white shrimp (*L. vannamei*)	80-100 mg	WG	He and Lawrence (1991)
Indian white prawn (*F. indicus*)	100-200 mg	WG, SUR	Boonyaratpalin (1998)
Pantothenic acid			
Tiger shrimp (*P. monodon*)	101-139 mg	WG, ED, MLS	Shiau and C. W. Hsu (1999)
Fleshy prawn (*F. chinensis*)	100 mg	WG	Liu et al. (1995)
Indian white prawn (*F. indicus*)	750 mg	WG, SUR, FE	Boonyaratpalin (1998)
Niacin			
Tiger shrimp (*P. monodon*)	7.2 mg	WG	Shiau and Suen (1994)
Kuruma shrimp (*M. japonicus*)	400 mg		NRC (1983)
Indian white prawn (*F. indicus*)	250 mg	WG, SUR	Boonyaratpalin (1998)
Biotin			
Tiger shrimp (*P. monodon*)	2.0-2.4 mg	WG	Shiau and Chin (1998)
Fleshy prawn (*F. chinensis*)	0.4 mg	WG	Liu et al. (1995)
Vitamin B_{12}			
Tiger shrimp (*P. monodon*)	0.2 mg	WG	Shiau and Lung (1993b)
Fleshy prawn (*F. chinensis*)	0.01 mg	WG	Liu et al. (1995)
Folate			
Tiger shrimp (*P. monodon*)	1.9-2.1 mg	WG, MLS, HSI	Shiau and Huang (2001b)
Fleshy prawn (*F. chinensis*)	5 mg	WG	Liu et al. (1995)
Choline			
Tiger shrimp (*P. monodon*)	6,200 mg	WG	Shiau and Lo (2001)
Kuruma shrimp (*M. japonicus*)	600 mg	WG	Kanazawa et al. (1976)
	NR		Deshimaru and Kuroki (1979)
Myoinositol			
Tiger shrimp (*P. monodon*)	3,400 mg	WG, MLS, HSI	Shiau and Su (2004)
Kuruma shrimp (*M. japonicus*)	2,000 mg	WG	Kanazawa et al. (1976)
Fleshy prawn (*F. chinensis*)	4,000 mg	WG	Liu et al. (1993)

참고: ED, 효소 데이터; FE, 사료 효율; HSI, 간체 지수; MLS, 최대 간 저장량; NR, 결정된 요구 사항 없음; R, 필수이지만 값이 결정되지 않음. SUR, 생존율; THC, 총 혈구 수; 및 WG, 체중 증가.

[a]비타민 C 결핍.

[b]사료에 포함된 각 성분의 유형과 양을 나타냄.

[c]10,000 IU = 3,000 μg 비타민 A (레티놀).

[d]1 IU = 0.025 μg 콜레칼시페롤.

표 9–4 제한 환경에서 새우의 비타민 C 요구량[a]

종	비타민 C 공급원	요구량 (mg/kg diet)	반응 기준	참고문헌
Rainbow trout	AA	250-500	WG, ADS	McLaren et al. (1947)
(*Oncorhynchus mykiss*)	AA	100	WG, ADS	Halver et al. (1969)
	AA	40	WG, ADS	Hilton et al. (1978)
	AA	20	WG, ADS,	Sato et al. (1982)
	C2PP	5-100	C/H	Sato et al. (1982)
		500	MLS	Sato et al. (1982)
		20	WG, ADS	Grant et al. (1989)
Coho salmon (*Oncorhynchus kisutch*)	AA	50-100	WG, ADS	Halver et al. (1969)
Atlantic salmon	AA	50	WG, ADS	Lall et al. (1990)
(*Salmo salar*)	C2MP-Ca	10	WG, ADS	Sandnes et al. (1992)
		20	C/H	Sandnes et al. (1992)
Channel catfish	AA	50	WG, FE	Andrews and Murai (1975)
(*Ictalurus punctatus*)	AA	60	WG, FE, C/H	Lim and Lovell (1978)
	AA	45	WG, ADS	Robinson (1990)
	AA	25	ADS	Murai et al. (1978)
		50	WG, FE	Murai et al. (1978)
	C2S	2,000	WG, FE	Murai et al. (1978)
	AA	30	WG, ADS, C/H	Durve and Lovell (1982)
	C2MP	11	WG, ADS, C/H	El Naggar and Lovell (1991)
	C2MP-Na	15	WG, ADS	Mustin and Lovell (1992)
	C2MP	50	WG, FE	Li et al. (1998)
		150	MLS	Li et al. (1998)
Blue tilapia (*Oreochromis aureus*)	AA	50	WG, ADS, FE	Stickney et al. (1984)
Hybrid tilapia	AA	79	WG, FE, MLS	Shiau and Jan (1992a)
(*Oreochromis niloticus* ×	C2MP	17-20	WG, C/H	Shiau and Hsu (1995)
Oreochromis aureus)	C2S	19-23	WG, C/H	Shiau and Hsu (1995)
	C2MP-Mg	18.82	WG	Shiau and Hsu (1999)
	C2MP-Na	15.98	WG	Shiau and Hsu (1999)
Nile tilapia	AA	420	WG, FE	Soliman et al. (1994)
(*Oreochromis niloticus*)	C2PP	50	WG	Abdelghany (1996)
	C2S	50	WG	Abdelghany (1996)
Sabaki tilapia	C2S	75	ADS	Al-Amoudi et al. (1992)
(*Oreochromis spilurus*)		400	MMS, MLS	Al-Amoudi et al. (1992)
Rohu carp	AA	670-750	WG, ADS	Mahajan and Agrawal (1980)
(*Labeo rohita*)	AA	200	WG	Misra et al. (2007)
Hybrid striped bass (*Morone chrysops* female × *Morone saxatilis*)	C2PP	22	WG, ADS	Sealey and Gatlin (1999)
Mexican cichlid (*Cichlasoma urophthalmus*)	AA	40	WG	Chavez de Martinez (1990)
African catfish (*Clarius gariepinus*)	AA	46	ADS, C/H	Eya et al. (1996)

표 9–4 계속

종	비타민 C 공급원	요구량 (mg/kg diet)	반응 기준	참고문헌
Indian catfish	AA	69	WG	Mishra and Mukhopadhyay (1996)
(*Heteropneustes fossilis*)	AA	82.2	WG	Ibiyo et al. (2007)
Common carp	C2PP	45	WG	Gouillou-Coustans et al. (1998)
(*Cyprinus carpio*)		354	MBS	Gouillou-Coustans et al. (1998)
Ayu	C2PP	116	WG	Xie and Niu (2006)
(*Plecoglossus altivelis*)		47	ADS, C/H	Xie and Niu (2006)
Parrot fish	AA	250	WG, ADS	Ishibashi et al. (1992)
(*Oplegnathus fasciatus*)	C2MP	500	MLS, MKS	Ishibashi et al. (1992)
		118	WG	Wang et al. (2003a)
Plaice	AA	200	WG, ADS, C/H	Rosenlund et al. (1990)
(*Pleuronectes platessa*)				
Gilthead sea bream	AA	63	ADS	Alexis et al. (1997)
(*Sparus auratus*)				
Korean rockfish	AA	144	WG	Lee et al. (1998)
(*Sebastes schlegelii*)	AA	100-102	WG, SGR, PER, FE	Bai (2001)
	C2MP-Ca	112	WG	Wang et al. (2003b)
	C2MP-Na/Ca	101	WG	Wang et al. (2003b)
	C2D	50	WG, ADS	Wang et al. (2003c)
Yellowtail	AA	122	WG, ADS	Shimeno (1991)
(*Seriola lalandi*)	C2MP-Mg	14-28	WG, ADS, C/H	Kanazawa et al. (1992)
	C2MP-Mg	52	WG	Ren et al. (2008)
	C2MP-Na/Ca	43	WG	Ren et al. (2008)
Olive flounder	C2MP-Mg	28-47	WG	Teshima et al. (1991)
(*Paralichthys olivaceus*)	C2PP	91-93	WG, PER	Wang et al. (2002)
Turbot	C2PP	20	WG	Merchie et al. (1996)
(*Scophthalmus maximus*)				
Red drum	C2PP	15	WG, ADS, FE	Aguirre and Gatlin (1999)
(*Sciaenops ocellatus*)				
Asian sea bass	C2MP-Mg	30	WG, ADS, FE	Phromkunthong et al. (1997)
(*Lates calcarifer*)				
European sea bass	AA	200	WG, ADS, MLS	Saroglia and Scarano (1992)
(*Dicentrarchus labrax*)	C2PP	20	WG	Merchie et al. (1996)
	C2PP	5	WG, ADS, FE	Fournier et al. (2000)
		5-31	C/H	Fournier et al. (2000)
		121	MLS	Fournier et al. (2000)
Yellow croaker	C2PP	28.2	SUR	Ai et al. (2006)
(*Pseudosciaena crocea*)		87	MLS	Ai et al. (2006)
Angelfish	C2MP-Mg	360	MLS	Blom et al. (2000)
(*Pterophylum scalare*)				
Japanese sea bass	C2PP	53.5	WG	Ai et al. (2004)
(*Lateolabrax japonicus*)		93.4	MLS	Ai et al. (2004)
		207.2	MMS	Ai et al. (2004)

(계속)

표 9–4 계속

종	비타민 C 공급원	요구량 (mg/kg diet)	반응 기준	참고문헌
Grouper (*Epinephelus* spp.)	AA	45.3	WG	Lin and Shiau (2005b)
	C2MP-Mg	17.9	WG	Lin and Shiau (2004)
	C2MP-Na	8.3	WG	Lin and Shiau (2004)
	C2PP	17.8	WG	Lin and Shiau (2005c)
	C2S	46.2	WG	Lin and Shiau (2005c)
Clarias hybrid catfish (*Clarias gariepinus* × *Clarias macrocephalus*)	C2D	42	WG, FE, ADS	Khajarern and Khajarern (1997)
	C2MP-Ca	12.6	WG, ADS	Boonyaratpalin and Phromkunthong(2001)
Tiger puffer (*Takifugu rubripes*)	C2MP	29	WG, SGR	Eo and Lee (2008)
Pacu (*Piaractus mesopotamicus*)	Ascorbyl-6-palmitate	139	WG, ADS	Martins (1995)
Cobia (*Rachycentron canadum*)	C2PP	44.7-53.9	WG, MLS	Xiao et al. (2009)
Tiger shrimp (*Penaeus monodon*)	AA	2,000	WG	Shiau and Jan (1992b)
	C2PP	210	WG, MLS, MMS	Chen and Chang (1994)
	C2MP-Mg	100-200	ADS, FE, SUR	Catacutan and Lavilla-Pitogo (1994)
	C2MP-Mg	40	WG	Shiau and Hsu (1994)
	C2S	157	WG	Hsu and Shiau (1997)
	C2MP-Na	106	WG	Hsu and Shiau (1998)
Kuruma shrimp (*Marsupenaeus japonicus*)	AA	3,000	WG, FE, ADS	Deshimaru and Kuroki (1976)
	AA	5,000-10,000	WG, SUR	Guary et al. (1976)
	C2MP-Mg	215-430	ADS	Shigueno (1988)
	C2MP-Mg	71	WG	Moe et al. (2004)
	C2MP-Na/Ca	43	WG	Moe et al. (2004)
	C2MP-Na/Ca	91.8	WG	Moe et al. (2005)
Pacific white shrimp (*Litopenaeus vannamei*)	C2PP	90-120	MBS	He and Lawrence (1993b)
	C2MP	130	WG	Lavens et al. (1999)
	C2PP	150	WG	Zhou et al. (2004)
	C2PP	191	WG	Niu et al. (2009)
Fleshy prawn (*Fenneropenaeus califoriensis*)	C2PP	600	WG	Qin et al. (2007)
	AA	2,000	ADS	Lightner et al. (1979)
Indian white prawn (*Fenneropenaeus indicus*)	AA	4,000-8,000	WG, SUR, FE	Boonyaratpalin (1998)
Giant river prawn (*Macrobrachium rosenbergii*)	C2MP-Ca	104	SUR	D'Abramo et al. (1994)
	Ascorbyl-6-palmitate	104	SUR	D'Abramo et al. (1994)
	C2PP	135	SUR	Hari and Kurup (2002)

참고: AA, L–아스코르빅산; ADS, 결핍 징후 없음; C2D, L–아스코르빌–2–글루코스; C2MP, 아스코르빌–2–모노포스페이트; C2PP, L–아스코르빌–2–폴리–포스페이트; C2S, L–아스코르빌–2–설페이트; C/H, 콜라겐 또는 히드록시 프롤린 농도; FE, 사료 효율; MBS, 최대 신체 저장 공간; MKS, 최대 신장 저장량; MLS, 최대 간 저장량; MMS, 최대 근육 저장; SGR, 특정 성장률; SUR, 생존; 및 WG, 체중 증가.

[a]사료에 포함된 각 성분의 종류와 양을 나타냄.

9.1 지용성 비타민(Fat-Soluble Vitamins)

지용성인 비타민 A, D, E, K는 지방과 함께 장내로 흡수된다. 그러므로 지방 흡수에 유리한 조건 또한 지용성 비타민의 흡수를 향상시킨다. 어류는 포유류에서 볼 수 있는 림프계가 부족하기 때문에 지질성, 지용성 비타민은 대부분 문맥과 간을 통해 말초 조직으로 전달될 가능성이 가장 높다. 동물은 사료 내 섭취가 신진대사의 필요량을 초과하는 경우 특정 세포 구획에 지용성 비타민을 적극적으로 저장하거나 지질 구획에 간단한 축적으로 저장한다. 따라서 동물은 조직에 충분한 지용성 비타민을 축적하여 독성 상태(비타민 과다증)를 유발할 수 있다. 실험실 수준에서는 송어를 대상으로 한 비타민 A, D, E 연구에서 입증되었지만 실제 양식장에서는 발생하지 않을 가능성이 있다(Poston et al., 1966; Poston, 1969a; Poston and Livingston, 1969).

지용성 비타민은 체내에 저장될 수 있기 때문에 요구량 연구에 사용하기 전 실험용 어류의 영양학적 연구가 중요하다. 어류가 축적한 지용성 비타민을 고갈시키는데 걸리는 시간은 매우 다양하다. 실험 전에 비타민 섭취량의 차이는 결핍증상의 유도와 중증도에 대한 일부 상반되는 결과의 원인이 될 수 있다.

9.1.1 비타민 A(Vitamin A)

비타민 A는 동물의 최적 기능에 필요한 여러 생리학적 과정에서 중요하다. 그것은 세포 분화에 관여하며, 따라서 배아 발달의 핵심 요소로서 번식에 필수적이다. 특히 줄기세포에서 점액 생성 세포를 포함한 기능성 층까지의 상피세포의 발달, 병원체 또는 외래 단백질 노출에 미치는 면역 세포의 적절한 분화에 관여한다. 시각적인 기능 또한 정립되어 있다. 비타민 A의 작용 기작은 다른 기능도 동일하게 정립되어 있지 않다. 그러나 세포핵에서 레티노산 수용체에 결합하는 레티노산은 세포의 분화에 관여하는 유전자 발현의 핵심 요소이다. 요구량의 5~10배 범위에서 비타민 A의 과다 섭취는 필수 기능과 동일한 기능을 방해할 수 있다. 시각 장애, 건조 상피, 번식 실패, 피부 질환, 뼈와 근육의 통증 같은 증상이 나타날 수 있다.

비타민 A는 알코올(레티놀)과 알데히드(레티날), 산(레티노산) 등 세 가지 형태로 나타난다. 비타민 A_1 (레티놀)은 포유류와 해산 어류에서 발견되는 반면에 비타민 A_1과 비타민 A_2 (3-데히드로레티놀)는 담수어류에서 발견된다(Braekkan et al., 1969; Lee, 1987). 담수어류에서는 레티놀을 3-데히드로레티놀(3-dehydroretinol)로 산화적 변화(Goswami, 1984)뿐만 아니라 레티놀에서 레티날, 3-데히드로레티놀에서 3-데히드로레티날(3-dehydroretinal)로 가역적 산화와 환원 반응이 일어난다(Wald, 1945, 1946). 예를 들면 나일틸라피아는 레티놀을 3-데히드로레티놀로, 레티날을 3-데히드로레티날로 전환시키는 것으로 나타났다(Katsuyama and Matsuno, 1988).

냉수성 어류는 비타민 A 전구체(Poston et al., 1977)로서 β-카로틴을 사용할 수 있다. Dupree (1970)는 차넬메기의 사료 내 농도가 2,000 IU/kg를 초과하는 경우에만 β-카로틴을 비타민 A 공급원으로 사용할 수 있음을 발견했다. 나일틸라피아의 간에서 β-카로틴과 칸타잔틴은 비타민 A_1으로 생체내 변환이 가능하고 아스타잔틴과 제아잔틴, 루테인, 튜나잔틴 같은 디하이드록시 카로티노이드가 비타민 A_2로 직접 생체전환될 수 있음이 밝혀졌다(Katsuyama and Matsuno, 1988). 포유류에서 카로티노이드는 비타민 A와 독립적으로 다양한 생물학적 기능을 수행하는 것으로 밝혀졌다(Olson, 1989). 최근에는 β-카로틴과 비타민 A의 전환율이 잡종 틸라피아에서 19:1로 정해졌다(Hu et al., 2006). 다양한 어류와 새우를 대상으로 카로티노이드와 비타민 A의 전환율에 관한 더 많은 연구가 필요하다.

무지개송어의 비타민 A 결핍은 빈혈과 꼬인 아가미 굴곡, 안구와 안구 밑의 출혈을 일으킨다(Kitamura et al., 1967a). 북미곤들매기(*Salvelinus fontinalis*)가 비타민 A가 결핍된 정제 사료를 섭취하였을 때 부종과 퇴행성 망막 같은 안구 병변의 이상과 높은 폐사율이 나타났다(Poston et al, 1977). 차넬메기가 3년 동안 β-카로틴 0.4 mg/kg을 섭취했을 때 안구 돌출증, 부종과 출혈성 신장이 발생했다(Dupree, 1966). 거식증, 색소 침착, 출혈성 피부와 지느러미, 안구 돌출증, 꼬인 아가미 굴곡이 8~11주 후 비타민 A 결핍 사료를 섭취한 잉어에서 발생했다(Aoe et al., 1968). 방어 치어가 비타민 A 결핍 사료를 섭취했을 때, 20일 만에 결핍증상이 나타났는데, 이는 질산염, 어두운 색소 침착, 빈혈, 눈과 간 출혈 등이 포함되며 높은 폐사율을 동반했다(Hosokawa, 1989). 비타민 A 결핍은 대서양넙치(*Hippoglossus hippoglossus*)의 지느러미와 눈 주위를 둘러싸고 있는 부위의 출혈을 일으켰으며, 그루퍼(*Epinephelus tauvina*)에서 꼬리지느러미 줄기에 겹쳐지는 피부의 출혈을 유발했다(Shaik Mohamed et al., 2003; Moren et al., 2004). Furuita et al.(2003)은 사료 내 비타민 A 함량이 적으면 넙치 자어의 정상적인 비율과 같은 번식에 부화율 저하 같은 부정적인 영향을 미친다고 보고했다. Mengqing et al.(2004)은 사료에 다량의 비타민 A (60 mg/kg)가 첨가되면 새우의 생산성과 치하의 품질이 향상되었다고 보고했다.

다량의 레티닐 팔미테이트 섭취량(660 mg/kg 또는 220만 IU 비타민 A)은 8.3°C에서 북미곤들매기의 꼬리지느러미 느린 성장, 빈혈과 심각한 괴사를 유발했고(Poston et al., 1966), 12.4°C에서 750 mg 레티닐 팔미트산염을 섭취하면 체지방과 간 크기가 감소했다(Poston, 1971a). 송어 치어가 사료 내 단백질(Poston and Livingston, 1971)이나 메티오닌(Eckhert and Kemmerer, 1974)을 많이 섭취하면 저단백질 사료를 섭취한 어류에서 관찰되는 과잉 비타민 A의 독성이 감소했다. Takeuchi et al.(1998)은 넙치 자어를 대상으로 레티놀, 레티닐 팔미테이트 또는 레티닐 아세테이트의 30 mg/kg 또는 전트랜스형 레티노산의 100 mg/kg의 풍부한 알테미아를 공급하였을 때, 어류의 척추뼈가 압축되었다고 보고했다. 938 mg retinol/kg를 섭취한 대서양연어에서는 폐사율 증가, 비정상적인 척추 성장과 성장 감소 같은 비타민 A 독성 증상이 관찰되었다(Ørnsrud et al., 2002). Villeneuve et al.(2005a)은 유럽농어(*Dicentrarchus labrax*) 자어가 31 mg 비타민 A/kg가 요구되고 유럽농어는 과량의 레티닐 아세테이트 섭취로 내장두개골(splanchnocranium), 신경두개골(neurocranium)과 척추만곡증 어류의 비정상적인 발달에 따른 머리 구성의 교체를 초래했다고 보고했다. 1,000 mg 레티닐 아세테이트/kg 사료를 섭취한 자어 중 78.8%가 골격 이상을 보였다. 연구자들은 자어의 비타민 A 농도와 기형 발생률의 선형 상관관계가 상대적인 레티노산 수용체 유전자 발현에서의 수정과 관련이 있다고 지적했다. 이것은 레티노이드 경로의 영양분 영향이 유럽농어가 부화 후에 성장하는 동안 무늬를 형성하거나 골격의 기형을 유발하는 역할을 한다는 것을 증명한다. 레티노이드 경로는 또한 사료 내 지질의 영향을 받아 농어 자어의 발달 단계 동안 골격 기형을 유발할 수 있다(Villeneuve et al., 2005b).

비타민 A는 실제 무지개송어 사료에서 면역강화제로 잠재력이 제한적으로 보고되었지만(Thompson et al., 1995), 넙치의 항균 활성(Hernandez et al., 2007)과 잉어(*Cyprinus carpio* var. Jian)의 면역반응과 질병 저항성을 크게 향상시켰다(Yang et al., 2008).

비타민 A는 화학적으로 합성된 제품으로 산화 방지를 위해 비들렛(beadlet)으로 싸여 있다. 실제로 비타민 A는 기계에 크게 영향을 받는 비타민 중 하나이다. 비들렛은 전형적으로 교차연계된 젤라틴 같은 매트릭스를 포함하며 매트릭스 전체에 비타민 A가 분산되어 있다. 매트릭스 내에서 비타민은 항산화제로 추가 보호될 수 있다. 비들렛은 전분 같은 보호층으로 코팅되어 조작을 향상시킨다. 그러한 비들렛에서 비타민 A의 형태는 비타민 A 아세테이트이다. 일부 제조자는 비타민 A와 비타민 D를 모두 포함하는 비들렛을 생성한다. 압출을 통한 비타민 A 비들렛의 안정성과 3개월의 실내 온도 저장성은 다른 비타민 A 비들렛 제품에 비해 최대 약 80%, 최악의 경우 약 40%이며, 후자의 경우 교차 연결 기질은 없다(Gabaudan and Hardy, 2000).

9.1.2 비타민 D(Vitamin D)

비타민 D는 2가지 펩타이드 호르몬인 칼시토닌, 부갑상선 호르몬과 함께 칼슘 항상성을 유지하는 기능을 하고, 부화할 때부터 폐사할 때까지 건강한 골격의 개발, 성장, 유지에 매우 중요하다. 또한 알칼리성 인산 가수분해효소 활성에 관여하며 칼슘의 장 흡수를 촉진하고 뼈에 부갑상샘 호르몬의 작용에 영향을 미친다. 이러한 기능 외에도 비타민 D는 뼈, 피부, 혈액세포의 분화, 인슐린과 프로락틴의 분비, 근육 기능, 면역, 스트레스 반응, 멜라닌 합성에 중요한 역할을 하는 것으로 밝혀졌다. 비타민 D의 과다섭취는 심장과 신장, 다른 연조직의 석회화를 유발할 수 있다.

비타민 D의 2개 주요 자연 공급원은 에르고칼시페롤(주로 식물에서 발생하는 비타민 D_2)과 콜레칼시페롤(동물에서 발생하는 비타민 D_3)이다. 두 형태의 비타민 D는 간에서 25-하이드록시 형태로 하이드록실화된다. 25-히드록시-D_3는 신장에서 추가로 히드록실화되어 1,25-디히드록시비타민 D_3로 전환되는데, 이는 부갑상샘 호르몬과 칼시토닌의 작용과 함께 칼슘과 인의 동원, 운반, 흡수를 촉진하는 역할을 담당하는 생물학적인 비타민 D의 활성화 형태이다.

콜레칼시페롤은 무지개송어의 비타민 D 요구량을 충족시킬 때 에르고칼시페롤보다 최소 3배 이상 효과가 있는 것으로 나타났다(Barnett et al., 1982a). Andrews et al.(1980)은 50 μg/kg의 사료(1 IU = 0.025 μg 콜레칼시페롤)에서 비타민 D_3가 비타민 D_2보다 메기에서 더 효과적으로 사용되고 고농도 비타민 D_3 (500~1,250 μg/kg 사료)는 체중 감소를 방지한다는 사실을 발견했다. 그러나 Brown (1988)은 비타민 D_2와 함께 비타민 D_3가 37.5 μg/kg 사료에 첨가되었지만, 비타민 D_2의 농도가 높을수록 칼슘이 없는 물에서 양식된 차넬메기의 증체율과 사료 효율을 저하한다는 사실을 발견했다. 얼룩새우에서 비타민 D_2는 성장을 위해 비타민 D_3의 비타민 D 역가의 대략 2%인 것으로 보고되었다(Shiau and Hwang, 1994).

비타민 D가 결핍된 사료를 섭취한 무지개송어는 성장 저하, 간 지질 함량의 증가, 백색 골격 근육의 테타니(tetany)에 따라 나타나는 근육 항상성의 손상 그리고 축상 근조직(epaxial musculature)의 백색 근육 섬유의 극미세 구조 변화를 보였다(George et al., 1981). 그러나 무지개송어와 비슷한 연구에서 저칼슘 혈증이나 뼈 회분의 변화는 관찰되지 않았다(Barnett et al., 1982a). 린바테일(droopy tail) 질병은 비타민 D가 결핍된 송어에서 약한 후두근과 관련이 있다고 시사했다(Barnett et al., 1982b). 차넬메기가 비타민 D가 결핍된 사료를 16주간 섭취한 결과 성장률이 저조했고, 체내 칼슘과 인 농도가 낮아졌으며, 전체 회분을 낮추었다(Lovell and Li, 1978). Andrews et al.(1980)은 차넬메기의 척추 회분 농도가 비타민 D 결핍의 영향을 크게 받지 않았다고 보고했다. Cerezuela et al.(2009)은 사료 내 비타민 D_3 첨가가 귀족도미(*Sparus aurata*)의 타고난 면역 매개 변수를 강화시켰다고 보고했다.

40주 동안 93.75 mg의 비타민 D_3/kg 사료를 섭취한 송어 치어는 고칼슘 혈증을 나타내었고 헤마토크리트 수치는 증가했지만 성장률과 생존율에는 차이가 없었다(Poston, 1969a). 그러나 Hilton and Ferguson (1982)은 최대 25 mg의 비타민 D_3/kg 사료를 섭취한 무지개송어에서 신장결석증의 발생률을 관찰하지 못했다. 1.25 mg의 비타민 D_3/kg 사료 내 첨가는 차넬메기의 성장률을 상당히 감소시켰다(Andrews et al., 1980). 대조적으로, 25 mg 비타민 D_3/kg의 사료는 14주간 칼슘이 없는 물에서 양식된 메기류에 독성 영향을 나타내지 않는 것으로 보고되었다(Brown, 1988). 대서양연어 치어는 일정기간 비타민 D_3의 다량 공급에 내성이 높은 것으로 보였다. 치어에 14주 동안 3가지 농도의 비타민 D_3 (0.2,5 그리고 57 mg/kg)을 첨가했을 때 체중과 체장, 일간성장률, 폐사율, 신장 칼슘 농도 또는 골격 기형의 차이가 없거나 조직학적 변화가 관찰되지 않았다(Graff et al., 2002).

비타민 D는 콜레칼시페롤(D_3)을 둘러싸고 있는 비들렛으로 사료에 첨가되거나 건물로 첨가된다. 다른 형태의 비타민 D인 에르고칼시페롤(ergocalciferol, D_2)은 동물이나 양어사료에서 비타민 D 첨가제로 사용되지 않는다. 산화 방지제와 비들렛 내 캡슐화는 산화로부터 비타민 D_3를 보호한다. 일반적인 안정성은 압출 후 75~100% 범위에서 3개월 상온 보관까지이다(Gabaudan and Hardy, 2000).

9.1.3 비타민 E(Vitamin E)

비타민 E는 α-토코페롤(α-tocopherol)의 생물학적 활성을 띤 모든 분자의 포괄적인 물질이다. 자연 형태의 비타민 E는 모두 d-입체이성질체이며, 치환된 방향족 고리와 긴 이소프레노이드 측쇄로 구성된다. 비타민 E 활동을 지닌 8개의 자연적으로 발생하는 화합물이 있다. d-α-, d-β-, d-γ-, d-δ-토코페롤은 방향족 고리에 있는 메틸기의 수와 위치가 다르고 그에 대응하는 토코트리에놀을 포함한다. 생물학적 효능이 가장 높은 화합물은 d-α-토코페롤이다. 다른 토코페롤과 토코트리에놀 이성질체는 일부는 있으나 매우 낮은 생물학적 활성을 띤다. d-α-토코페롤 당량으로 표현될 때, 다음의 값들이 다양한 동형 단백질에 할당되었다. α-토코페롤 1.0, β-토코페롤 0.5, γ-토코페롤 0.1, δ-토코페롤 0.03, α-토코트리에놀 0.3, β-토코트리에놀 0.05, γ-토코트리에놀, δ-토코트리에놀(Ng et al. 2004). 최근 연구에 따르면 일부 비타민 E 이성질체는 α-토코페롤이 아닌 다른 생물학적 기능이 있거나 실험실 동물의 일부 상황(예: 항산화 작용)에서 α-토코페롤보다 유용한 것으로 나타났다. 그러나 어류와 새우의 다른 비타민 E 이성질체의 이용과 대사에 관한 일부 연구 결과를 이용할 수 있다. Li et al.(2008)은 α-토코페롤 아세테이트가 홍민어(*Sciaenops ocellatus*)의 α-토코페릴석신산보다 더 높고 생물학적으로 이용 가능한 원료인 것으로 보고했다. α-토코페롤과 다른 토코페롤 형태 사이의 상호 변환은 무지개송어의 간 조직이나 근육 조직에서 관찰되지 않았다(Watanabe et al., 1981b). Hsu and Shiau (1999a)가 보고한 바에 따르면 홍민어의 α-토코페릴석신산, dl-α-토코페롤이 간에서 비타민 E의 형태인 반면에 dl-α-토코페릴 아세테이트는 비타민 E의 공급원으로서 dl-α-토코페릴 아세테이트가 첨가된 사료를 섭취한 잡종 틸라피아의 혈액에서 비타민 E 형태이다. 그러나 dl-α-토코페릴 아세테이트가 첨가된 사료를 섭취하였을 때 얼룩새우의 간 세포와 근육에서 비타민 E의 유일한 저장 형태로 발견되었다(Hsu and Shiau, 1999b). 비타민 E의 유리 토코페롤 형태는 산화 조건에 불안정한 반면에 아세테이트와 석신산에스테르는 상당히 안정적이다. 이러한 에스테르 형태는 항산화 작용이 없지만 소화관에서 생물학적으로 활성인 자유 토코페롤로 쉽게 가수분해된다. 비타민 E의 1 IU는 dl-α-토코페롤 1 mg의 생물학적 활성으로 정의된다.

비타민 E는 여러 개의 합성 항산화 물질과 유사한 방식으로 체외에서 매우 우수한 항산화 물질로서 기능하다. 생체 내에서 비타민 E와 Se (글루타치온 페록시다아제를 통한)는 다중성분(multicomponent) 항산화 방어 시스템의 일부로 기능한다. 이 시스템은 다중불포화막 인지질, 임계 단백질 또는 두 물질이 산화반응에 따른 활성 산소와 기타 자유 라디칼 개시제의 부작용으로부터 세포를 보호한다. 그루퍼(*Epinephelus malabaricus*)의 비타민 E와 Se 요구량의 상호 보전은 비타민 E 또는 Se 중 낮은 섭취 함량에서 보고되었으며, 이들 영양소 중 하나의 높은 첨가는 다른 것의 대사 요구량을 최소화한다(Lin and Shiau, 2009).

비타민 E가 결핍된 귀족도미 사료는 수정란의 비율을 감소시켰다(Fernández-Palacios et al., 2005). 이것은 은어 같은 어류에서 기술된 바와 같이 정자 수 그리고 운동성 감소와 관련이 있을 수 있다(Hsiao and Mak, 1978). Lee and Dabrowski (2004)는 비타민 E가 부족한 사료를 섭취한 옐로퍼치(*Perca flavescens*) 친어에서 정자 혈장 토코페롤 수치가 현저히 감소하고 정자의 생존 능력이 심각하게 손상됨을 발견했다. 비타민 E 함량은 일반적으로 산란기 이후 어란 함량에 높고 친어 조직에서 낮다(Mukhopadhyay et al., 2003). 이것은 터봇과 대서양연어에서 볼 수 있듯이 난황형성 과정(vitellogenesis) 동안 말초조직에서 난소로 비타민 E의 운송 결과일 수 있다(Hemre et al., 1994; Lie et al., 1994). Furuita et al.(2008)은 인공적인 성숙기에 친어에게 비타민 E를 주입하면 알의 비타민 함량이 증가하고 알 품질을 향상시킬 수 있다는 것을 발견했다. 100 mg/kg을 첨가한 비타민 E는 민물가재(*Astacus leptodactylus*)에서 현저히 크고 더 많은 유영각의(pleopodal) 알을 유발했고, 가재 치하를 생산하였다고 보고했다(Harlioğlu and Barum, 2004).

비타민 E 결핍 징후는 왕연어(Woodall et al., 1964), 대서양연어(Poston et al., 1976), 차넬메기(Dupree, 1968; Murai and Andrews, 1974; Lovell et al., 1984; Wilson et al., 1984), 잉어(Watanabe et al., 1970a,b; 1981c), 무지개송어(Coweyetal., 1981, 1983; Hung et al., 1981; Watanabe et al., 1981a; Moccia et al., 1984), 나일틸라피아(Roem et al. 1990), 초어(*Ctenopharyngodon idella*, Takeuchi et aL, 1992), 조피볼락(*Sebastes schlegelii*, Bai and Lee, 1998), 잡종 줄무늬농어(*Morone chrysops female* × *M. saxatilis*, Kocabas and Gatlin, 1999)에서 나타났다. 다양한 어류에서 비타민 E 결핍 증상은 유사하고, 백색 근육 섬유의 위축, 괴사와 관련된 근골근위축증, 모세관 투과성 증대로 심장과 근육, 다른 조직의 부종 등이 있다. 이는 헤모글로빈 분해로 종종 녹색인 삼출물이 빠져나와 축적, 빈혈과 손상된 적혈구증, 탈색, 간의 세로이드(ceroid) 색소를 포함한다. 비타민 E와 셀레늄이 결핍된 사료가 대서양연어(Poston et al., 1976), 무지개송어(Bell et al., 1985), 차넬메기(Gatlin et al., 1986a)에 공급되었을 때 이러한 결핍 증상의 발병률과 심각성이 높아진 것으로 나타났다. 이러한 후자의 관찰은 어류의 영양에서 셀레늄과 비타민 E 사이에 중요한 상호작용을 보여주었다.

적혈구의 취약성은 일부 동물에서 비타민 E 상태를 나타내는 지표로 사용되어 왔다(Draper and Csallany, 1969). 적혈구의 과산화물 용혈은 무지개송어(Hung et al., 1981)와 *Cirrhinus mrigala* (Paul et al., 2004), 로후(*Labeo rohita*)의 비타민 E 결핍을 추정하는 데 사용되어 왔다(Sau et al., 2004). 그러나 이러한 과정은 무지개송어(Cowey et al., 1981)와 차넬메기(Wilson et al., 1984)의 비타민 E 요구량을 결정하는 데 도움이 될 정도로 민감하지 않았다. Cowey et al.(1981)은 시험관 내 아스코르빈산이 지질과산화를 자극했다는 것이 발견했다. 즉, 무지개송어의 간 마이크로솜에서 티오바르투르산 반응 물질(TBARS) 값은 명확하게 α-토코페롤 상태를 반영한다는 것을 관찰했다. 이 후자의 과정은 또한 차넬메기(Wilson et al., 1984; Gatlin et al., 1986a)와 잡종 틸라피아(Shiau and Shiau, 2001), 그루퍼(YH Lin and Shiau, 2005)의 비타민 E 상태를 평가하는 데 사용되어왔다.

무지개송어(Cowey et al., 1983)와 잡종 틸라피아(Shiau and Shiau, 2001), 그루퍼 (Y.H. Lin and Shiau, 2005)의 사료에서 지질 함량이 증가함에 따라 사료 내 비타민 E 요구량이 증가했다. 고농도의 고도불포화지방산이 잉어(Watanabe et al., 1981c)와 무지개송어(Watanabe et al., 1981a; Cowey et al., 1983)의 사료에 첨가되면 비타민 E 요구량이 증가한다. 비타민 E가 결핍된 무지개송어는 면역 반응과 비특이적 반응을 현저하게 감소시킨 것으로 보고되었다(Blazer and Wolke, 1984a). 사료에 비타민 E가 적으면 귀족도미의 스트레스 저항력이 감소하였고(Montero et al., 2001), 터봇과 넙치, 도미 등에서도 과산화지질 함량이 높아졌다(Tocher et al., 2002). 대서양연어(Hardie et al., 1990)와 터봇(Stéphan et al.,1995), 귀족도미(Ortuno et al., 2000), 무지개송어(Clerton et al., 2001, Puangkaew et al., 2004)와 그루퍼(Y. H. Lin and Shiau, 2005)의 면역 반응을 개선하고, 도미의 자연 세포 독성의 활성을 강화했다(Cuesta et al., 2001). 비타민 E와 n-3 고도불포화지방산(PUFA)은 넙치의 비특이적인 면역반응과 질병 저항성에 시너지 효과가 있었다(Z. Wang et al., 2006). 그러나 Salte et al.(1988)은 대서양연어의 히트라병 예방을 위해 비타민 E 첨가제 단독으로 또는 셀레늄과 병용하였을 때 긍정적인 효과가 나타나지 않았다. 또한 사료 내 비타민 E의 증가는 무지개송어의 면역 반응을 향상시키지 못했다(Kiron et al., 2004). 비타민 E는 흰다리새우의 삼투압 균형과 염분 변화 저항성을 조절함으로써 효과적인 항산화제 역할을 한다(Y. Liu et al., 2007).

고농도 비타민 E (DL-α-토코페롤 5,000 mg/kg)는 송어 혈액에서 적혈구 농도를 감소시키는 것으로 나타났다(Poston and Livingston, 1969). Kaewsrithong et al.(2001)은 사료에 첨가된 비타민 E (10,000 mg/kg)가 고지질 과산화를 촉진시키고 혈액 내 하이드로퍼옥사이드의 축적을 증가시키며 은어에서 적혈구 침투성을 감소시키는 것으로 보고했다.

비타민 E는 α-토코페롤의 초산 에스테르인 dl-α-토코페릴 아세테이트로 사료에 공급된다. 아세테이트 일부분은 토코페롤 분자의 활성 부위에 부착되어서 토코페롤 활동의 손실을 초래할 수 있는 다른 반응을 예방한다. 사료에서 가장 우려되는 반응은 토코페롤이 수소 원자를 공급하여 산화 방지제가 되는 산화 지질과 관련이 있다. 아세테이트 일부분의 존재는 산화를 방지할 뿐만 아니라 사료 내 항산화 기능과 관련하여 dl-α-토코페릴 아세테이트를 비활성화한다. 일단 내장에 들어가면 아세테이트 일부분은 효소적으로 제거되어 항산화 성질을 토코페롤 분자로 회복시킨다. 비타민 E는 펠렛팅과 압출 후 10% 이하의 손실없이 첨가했을 때 압출 사료가 비교적 안정적인 것으로 나타났다(Gabaudan and Hardy, 2000).

9.1.4 비타민 K(Vitamin K)

비타민 K는 일반적으로 혈액 응고와 관련이 있고 칼슘 수송에 중요한 역할을 한다. 척추동물에서 주요 골기질 단백질인 오스테오칼신(osteocalcin) 작용은 비타민 K 의존성이다. 비타민 K는 특정 글루타메이트 잔기의 γ-카르복시 글루타메이트 잔기로 번역 후 카르복실화를 위해 필요하다. 이러한 잔여물은 칼슘과 상호작용하여 오스테오칼신이 칼슘 인산염을 뼈 조직에 결합시키는 것을 조절한다.

비타민 K는 혈장에서 프로트롬빈 활성을 자극하고 혈액 응고인자 VII, IX, X의 합성에 필요하다. 비타민 K의 대사작용에는 비타민 K 의존성 카르복실화 효소가 관여하며, 이는 비타민 K-의존성 혈장 단백질을 γ-카복시-글루타밀 잔기에 결합시킨다. 이러한 잔기는 비타민 K 의존성 응고인자와 인지질 표면의 정상적인 Ca^{2+} 의존성 상호작용에 필수적이다(Suttie, 1985).

'비타민 K'라는 용어는 2-메틸-1,4-나프토퀴논과 이 화합물의 모든 3-치환된 유도체에 대한 포괄적인 설명으로 사용되며, 비타민 K가 결핍된 사료를 섭취한 동물은 항혈성 활성을 나타낸다. 3가지 주요 형태의 비타민 K는 식물에서 분리할 수 있는 비타민 K_1 또는 필로퀴논이다. 비타민 K_2 또는 메나퀴논은 박테리아와 비타민 K_3 또는 합성 제품인 메나디온으로 합성된다. 메나디온은 기술적으로 천연 지성 화합물보다 사용하기 쉬운 황색분말이며, 일반적으로 어류와 새우 사료에 첨가된다.

많은 동물이 장에서 세균성 합성을 하기 때문에 사료에서 비타민 K가 필요하지 않지만, 장내 비타민 K 합성 미생물은 어류에서 설명되지 않았다(Margolis, 1953). 저수온 시 비타민 K 결핍 사료에 설파구아니진(sulfaguanidine)을 첨가하면 송어의 성장에 영향을 미치지 않고, 혈액 응고 시간이 길어지며 헤마토크리트 값이 낮아졌다(Poston, 1964). 비타민 K가 결핍된 사료에 항생제(nifurazolidon)를 첨가하면 성장이 감소했지만 대서양대구에서는 비타민 K 결핍에 따른 외적인 증상을 유발하지 않았다(Grahl-Madsen and Lie, 1997). Dupree (1966)는 비타민 K 결핍 사료를 섭취한 차넬메기의 출혈을 관찰했다. 그러나 Murai and Andrews (1977)는 비타민 K가 결핍된 사료를 공급하고 설파구아니진을 첨가했을 때 차넬메기에서 어떤 결핍 증상도 관찰하지 못했다. 또한 비타민 K 길항제인 디쿠마롤(dicumarol)의 첨가는 메기에서 프로트롬빈 시간을 증가시키지 않았다. 디쿠마롤보다 더 강한 피발로일(pivaloyl)(20배) 비타민 K 길항제의 첨가는 차넬메기의 혈액 응고를 차단하였다(Murai and Andrews, 1977). 고농도의 메나디온중아황산나트륨(menadione sodium bisulfite) 2,400 mg/kg은 성장, 생존, 혈액 응고 또는 송어 치어의 적혈구에 부정적인 영향을 미치지 않았다(Poston, 1971b). 비타민 K가 첨가되지 않은 사료를 섭취한 대하에서는 총 혈장 프로트롬빈 농도가 낮게 나타났다(Shiau and Liu, 1994b). 현재 사용되는 사료 성분(약 0.1 mg/kg)에서 자연적으로 발견되는 비타민 K의 양은 대서양연어 치어의 초기 사료 섭취에서 최적의 성장과 건강, 골 강도를 유지하기에 충분하다(Krossøy et al., 2009).

비타민 K는 메나디온(K_3)염으로 공급된다. 사료에 사용되는 메나디온염은 4가지 형태가 있다. 메나디온나트륨 바이설파이트(MSB, 50% 활성 K_3)과 메나디온 니코틴 아미드바이설파이트(MNB, 43% 활성 K_3), 메나디온나트륨 바이설파이트 복합체(MSBC, 33% 활성 K_3), 다이메틸파이리미디놀 술폰산(dimethylpyrimidinol bisulfite, MPB, 45.4% 활성 K_3)의 메나디온 등이다. 모두 열과 습기, 미량 무기물의 존재에 영향을 받는다. 압출 펠렛과 3개월간의 상온 저장하면 비타민 K 활성의 20~50%가 남는다(Gabaudan and Hardy, 2000).

9.2 수용성 비타민(Water-Soluble Vitamins)

2가지 수용성 성장인자(콜린과 미오이노시톨)와 아스코르브산을 제외하고, 수용성 비타민은 세포 대사에 독특한 조효소 기능이 있다. 그러나 결핍증상과 비타민이 필수적인 효소 시스템의 기능 저하를 항상 연관지을 수는 없다. 일부 온대성 어류의 경우 미생물로 이뤄진 내장 합성은 특정 비타민의 요구량을 제공한다. 따라서 결핍 증상은 항생제가 불충분한 사료와 함께 섭취되는 경우에만 나타난다. 이러한 비타민은 신체 조직에 저장되지 않기 때문에 필수 수용성 비타민의 지속적인 공급은 어류의 결핍 징후를 예방하는 데 필요하다.

9.2.1 티아민(Thiamin)

티아민은 최초로 검증받은 비타민이다. 동물조직에서 티아민은 주로 티아민 피로인산염(TPP)으로 알려진 di-인산염 형태로 나타난다. TPP는 탈카르복실화와 트랜스케토라제 반응을 포함하여 에너지 생산에서 많은 중요한 효소 단계에서 필수 보조인자이다.

코엔자임 형태의 티아민은 티아민 피로인산염이다. 티아민 피로인산염은 피루베이트와 α-케토글루타레이트 같은 α-케토산의 산화 탈카복실화와 오탄당의 트랜스케토라아제에 따라 작용한다.

사료 내 티아민 결핍은 연어류(Halver, 1957; Coates and Halver, 1958; Kitamura et al., 1967b; Lehmitz and Spannhof, 1977), 차넬메기(Dupree, 1966; Comacho, 1978), 뱀장어(Hashimoto et al., 1970), 파랑비늘돔(*Scarus coeruleus*, Ikeda et al., 1988)에서 과민성 신경장애를 일으키는 것으로 밝혀졌다. 그러나 Murai and Andrews (1978b)는 티아민이 결핍된 차넬메기에서 신경장애를 관찰하지 않았다. Arai et al.(1972)은 뱀장어 치어의 피하 출혈과 충혈된 지느러미만 발견했으며, Hashimoto et al.(1970)은 뱀장어 치어에서 신경 장애를 관찰했다. 유사한 결핍증상과 폐사율을 잉어(Aoe et al., 1969), 홍민어(Yone and Fujii, 1974), 터봇(Cowey et al., 1975), 방어(Hosokawa, 1989)에서 확인되었다. 티아민이 결핍된 사료를 섭취한 얼룩새우는 성장과 사료 효율, 생존율 저하와 같은 보편적인 증상을 제외하고, 특정 결핍 증상은 나타내지 않았다(Chen et al., 1991). 어류와 달리 수산 갑각류는 느린 포식자이고, 일반적으로 사료 입자는 소비되기 전에 수중에 잔존해 있다. 새우가 사료를 섭취하는 동안 사료 내 수용성 비타민의 침출이 더 증가할 수 있다. 그러므로 갑각류의 티아민 요구량은 어류에 비해 높을 것으로 추측된다(Chen et al., 1991). 티아민 결핍은 담수 또는 해수에 서식하는 야생 어류에서 관찰된다. 특정 조류에서 유래된 높은 티아민 분해효소 활성을 지닌 식품을 섭취하는 어류에서는 결핍이 유발된다.

적혈구 전이 효소활성은 터봇 내 티아민 상태를 나타내는 특정 지표로 사용되어 왔다(Cowey et al., 1975). 무지개송어(Lehmitz and Spannhof, 1977; Masumoto et al., 1987)와 그루퍼(Huang et al., 2007)의 신장 또는 간 전염 효소 활성과 방어(Hosokawa, 1989)의 혈액 내 티아민 함량도 외부 결핍증상의 출현보다 훨씬 빠르게 감소하는 것으로 나타났다. 얼룩새우의 조직에서 티아민 피로인산염의 측정은 트랜스케토라아제 활성의 측정보다 티아민 상태에 더 민감하다(Chen et al., 1994).

티아민(비타민 B_1)은 결정성 모노나이트 또는 하이드로 클로라이드 염으로 상업적으로 판매된다. 티아민 질산염(thiamine mononitrate)(1 g 티아민 = 1.088 g 티아민 질산염)은 일반적으로 동물 사료에 사용되며, 티아민 염산염은 수용성이 높기 때문에 경구 비타민 제품에 일반적으로 사용된다. 사료를 압출하고 상온에서 3개월 동안 보관한 후 일반적으로 티아민 활성의 60~80%가 관찰된다(Gabaudan and Hardy, 2000).

9.2.2 리보플라빈(Riboflavin)

리보플라빈은 2가지 조효소인 플라빈 모노뉴클레오타이드(FMN)와 플라빈 아데닌 디뉴클레오타이드(FAD)의 성분으로서 대사 산화-환원 반응에서 전자의 중간 전달에 작용한다. 이러한 조효소는 미토콘드리아 전자 수송 시스템에서 케토산과 지방산, 아미노산의 대사에 관여하는 산화환원 효소의 인공(prosthetic) 그룹으로 작용한다.

종 특이적 결핍 증상은 어류에서 발견된다. 유일한 증상은 식욕 부진과 저조한 성장이다. 연어류에서 관찰된 리보플라빈 결핍의 첫 번째 증상(McLaren et al., 1947; Halver, 1957; Steffens, 1970; Takeuchi et al., 1980; Hughes et al., 1981a,b)은 백내장과 결막하출혈이었다. 리보플라빈이 결핍된 왕연어(Halver, 1957)와 무지개송어(Kitamura et al., 1967b; Steffens, 1970)의 경우 유영 부족과 어두운 피부 채색이 보고되었다. 대조적으로 Woodward (1984)는 리보플라빈 결핍성 무지개송어 치어와 작은 어류에서 백내장이나 각막 폐색을 관찰하지 않았지만, 심각한 지느러미 침식과 높은 폐사율을 동반한 가벼운 피부 착색이 관찰되었다. 리보플라빈이 결핍된 사료를 섭취한 차넬메기(Dupree, 1966)에서 단측성 또는 쌍측성 백내장이 보고되었지만, Murai and Andrews (1978a)는 차넬메기를 대상으로 두 번의 사육실험에서 오직 저성장, 단신체 왜소증만을 발견했다. 리보플라빈 결핍은 파랑비늘돔에서 무기력과 높은 폐사율을 유발했다(Ikeda et al., 1988). 방어(Hosokawa, 1989)는 안구 병변과 어두운 피부 착색, 높은 폐사율을 보였고 잉어(Aoe et al., 1967a; Ogino, 1967; Takeuchi et al., 1980)와 뱀장어(Arai et al., 1972)는 어체의 여러 부위에서 출혈과 신경과민, 착색증을 보였다. 블루틸라피아(Soliman and Wilson, 1992a)는 무기력과 지느러미 침식, 식욕 부진, 정상 체색 상실, 단신체 왜소증, 백내장을 보였고 잡종 틸라피아(Lim et al., 1993)는 단신체 왜소증과 백내장을 보였다. 차넬메기(Serrini et al., 1996)는 단신체 왜소증과 식욕 부진, 저성장을 보였고 잡종 줄무늬농어(Deng and Wilson, 2003)는 식욕 부진과 어두운 체색, 백내장을 보였으며 얼룩새우(Chen and Hwang, 1992)는 밝은 착색증, 과민성, 중간체의 돌출된 표피와 왜소증을보였다. Huang et al.(2010)은 리보플라빈이 결핍된 그루퍼가 높은 산화 스트레스와 낮은 항산화 효소 활성을 보였다고 보고했다.

Hughes et al.(1981a)은 무지개송어의 리보플라빈 상태를 측정하기 위해 적혈구 글루타치온 환원효소의 활성화 계수(FAD: 기초 활성과 함께 사육 후 활성비율)를 사용했다. 그러나 Woodward (1983)는 적혈구 글루타치온 환원효소의 활성도가 낮아 정량화가 어렵기 때문에 무지개송어에서 D-아미노산 산화효소의 활성이 리보플라빈 상태를 좀 더 민감하게 나타내는 지표라는 사실을 발견했는데 이는 적혈구 글루타치온 환원효소의 낮은 활성도가 계량화에 부정적인 영향을 미치기 때문이다. 무지개송어(Amezaga and Knox, 1990)와 차넬메기(Serrini et al., 1996), 잡종 줄무늬농어(Deng and Wilson, 2003)에서 리보플라빈 상태의 지표로 D-아미노산 산화효소가 검출되었다. 그러나 Amezaga and Knox (1990)는 적혈구에서 글루타치온 환원효소 활성 분석은 어류에 사용할 수 있기 때문에 유리하다고 지적했다. Chen and Hwang (1992)은 혈림프 글루타치온의 환원효소 활성이 얼룩새우의 리보플라빈 상태에 민감하고 특이적인 지표는 아니라고 보고했다. Woodward (1985)는 리보플라빈 요구량이 온도나 성장률의 유전적 차이에 영향을 받지 않는다고 보고했다. 이것은 **표 9-1**에 나타난 리보플라빈 요구량이 다른 종 사이에서도 상당히 일치하는 한 가지 이유일 수 있다. 얼룩새우의 체중 증가는 사료 내 리보플라빈 첨가 농도에 따라 변하지 않았기 때문에 요구량은 체내 리보플라빈 농도로 추정되었다(Cher and Hwang, 1992).

Hughes (1984)는 고농도의 리보플라빈(최대 600 mg/kg)을 공급하면 무지개송어의 성장에 악영향을 미치지 않는다는 것을 발견했다. 이러한 결과는 리보플라빈이 다른 동물에서 과다 비타민증을 일으키지 않았기 때문으로 예상되었다. 그러나 이전의 두 연구(McLaren et al., 1947; Woodward, 1982)는 적당한 농도의 리보플라빈을 섭취한 무지개송어의 성장 부진을 보고했다. 초기 연구에서 관찰된 성장 부진은 리보플라빈 이외의 요인에서 비롯되었다고 결론지었다.

리보플라빈은 결정성 화합물 또는 발효 산물로 생산된다. 결정성 생성물은 정전기, 흡습성이며 사료 혼합물에 잘 혼합되지 않는다. 이 제품의 취급성은 건조 분말로 조성했을 때 현저히 향상된다. 리보플라빈은 압출 펠렛과 저장에 비교적 영향을 받지 않으며 압출된 펠렛을 3개월 보관한 후에 10% 이상의 손실이 발생한다(Gabaudan and Hardy, 2000).

9.2.3 비타민 B_6(Pyridoxine)

'비타민 B_6'는 피리독신의 생물학적 활성을 갖는 2-메틸피리딘 유도체의 포괄적인 설명자이다. 피리독신은 식물성 제품에서 발견되는 주된 형태이며, 피리독살과 피리독사민은 동물 조직에서 발견되는 주된 형태이다. 3가지 형태는 모두 동물조직에서 코엔자임 형태인 피리독살 인산염과 피리독사인 인산염으로 쉽게 전환된다. 피리독살 인산염은 아미노산 대사 반응(transamination, decarboxylation, dehydration) 같은 많은 효소 반응에 필요하다. 피리독살 인산염은 또한 포르피린의 생합성과 글리코겐의 이화작용에서 활성화한다.

피리독살 인산염은 트립토판으로부터 신경전달물질인 5-하이드록시 트립타민과 세로토닌의 합성에 필요하다. 결론적으로 피리독신 결핍 증상으로는 연어류(Halver, 1957; Coates and Halver, 1958)와 귀족도미(Kissil et al., 1981), 차넬메기(Andrews and Murai, 1979), 잉어(Ogino, 1965), 방어(Sakaguchi et al., 1969), 뱀장어(Arai et al., 1972), 잡종 틸라피아(Lim et al., 1995; Shiau and Hsieh, 1997)에서 관찰된 신경계 장애와 불규칙한 유영, 과민성, 경련 등이 있다. 잡종 틸라피아에서는 식욕부진과 성장저하 같은 다른 결핍 증상이 보고되었으며, 주로 피리독신이 결핍된 사료를 섭취한 후 3~6주 안에 어류에서 결핍 증상이 나타난다. 피리독신 결핍은 무지개송어 간(Jurss and Jonas, 1981), 신장(Smith et al., 1974), 무지개송어(Smith et al., 1974)와 귀족도미(Kissil et al., 1981)의 장 조직, 인도잉어(*Heteropneustes fossilis*, Shaik Mohamed, 2001a)의 장 조직과 신장에 다양한 조직 병리학적 변화를 일으킨다고 보고되었다.

조효소로 피리독살 인산이 필요한 특정 아미노전이효소의 활성은 어류에서 피리독신 상태의 지표로 사용되어 왔다. 혈청 또는 조직 알라닌이나 아스파테이트 아미노전이효소 활성은 잉어(Ogino, 1965)와 무지개송어(Smith et al., 1974; Jurss, 1978), 왕연어(Hardy et al., 1979), 터봇(Adron et al., 1978), 귀족도미(Kissil et al., 1981), 잡종 틸라피아(Shiau and Hsieh, 1997), 얼룩새우(Shiau and Wu, 2003) 등의 피리독신 상태를 평가하는데 사용되었다.

잡종 틸라피아의 비타민 B_6 요구량은 사료 내 단백질 함량에 따라 다르며, 각각 28%와 36%의 단백질을 함유한 사료에서 1.7~9.5 mg B_6/kg, 15~16.5 mg B_6/kg의 사료가 필요하다고 보고되었다(Shiau and Hsieh, 1997). 비타민 B_6 첨가는 무지개송어 근육 지질의 DHA 농도를 증가시켰다(Maranesi et al., 2005).

Albrektsen et al.(1995)은 최소한의 요구량을 넘어서는 비타민 B_6 첨가 수준을 추가로 증가시켰으나, 대서양연어의 면역 기능과 질병 저항성을 향상시키지 못한다고 지적했다. Feng et al.(2009)은 사료 내 비타민 B_6 농도를 5 mg/kg까지 증가시키면 잉어에 병원균 투여 후 생존율과 백혈구의 식세포 활성이 향상되고 그 이후에는 안정성을 유지한다고 보고했다.

비타민 B_6는 일반적으로 결정성 피리독신 하이드로클로라이드로 사료에 첨가되는데, 이는 82.3% 활성을 지닌다. 피리독신은 특히 습기에 노출된 프리믹스인데, 예를 들면 고습도의 미량 무기물을 함유하는 프리믹스에서 비교적 불안정하다. 가혹한 조건에 노출된 프리믹스에서 피리독신 활동의 최대 50%는 3개월 후 사라질 수 있다. 피리독신의 안정성은 결정 입자의 크기에 부분적으로 의존한다. 따라서 미세한 과립결정은 매우 미세한 결정과 비교하여 사료 가공 중 안정성이 향상된다. 적절하게 제형화된 피리독신은 일반적인 압출, 저장 손실이 10~20%인 펠렛이 조성되는 동안 비교적 안정적이다(Gabaudan and Hardy, 2000).

9.2.4 판토텐산(Pantothenic Acid)

판토텐산은 코엔자임 A(CoA)와 아실 CoA 합성효소, 아실 운반체 단백질의 성분이다. 따라서 비타민의 코엔자임 형태는 아실 그룹 전달 반응을 일으킨다. 코엔자임 A는 포도당과 지방산, 아미노산의 탄소골격이 에너지 생성 트리카르복시산 경로로 들어가는 반응에서 필요하다. 아실 운반 단백질은 지방산 합성에 필요하다.

이 비타민의 결핍은 빠른 유사분열과 높은 에너지 소비를 하는 미토콘드리아가 풍부한 세포의 신진대사를 손상시킨다. 따라서 방어 치어 같은 어류에서 10~14일 이내에 결핍 증상이 발견되었다(Hosokawa, 1989). 아가미 주름의 과형성이나 곤봉모양의 아가미는 대부분의 어류에서 특징적인 판토텐산 부족 증상이다. 원형 모양의 아가미 외에도 판토텐산 결핍성 연어(Phillips et al., 1945; McLaren et al., 1947; Coates and Halver, 1958; Kitamura et al., 1967b; Poston and Page, 1982; Karges and Woodward, 1984), 차넬메기(Dupree, 1966; Murai and Andrews, 1979; Brunson et al, 1983; Wilson et al., 1983), 방어(Hosokawa, 1989)에서 빈혈과 높은 폐사율이 관찰되었다. 판토텐산이 부족한 파랑비늘돔은 식욕 부진과 경련, 성장 저하, 높은 폐사율을 보였다(Ikeda et al., 1988). 참돔에서도 이와 유사한 결핍 증상이 관찰되었다(Yone and Fujii, 1974). 잉어에서는 성장 저하, 섭취 부진, 빈혈이 관찰되었다(Ogino, 1967). 판토텐산이 결핍된 사료를 섭취한 뱀장어에서 성장 저하와 출혈, 피부 병변, 비정상적인 유영이 발견되었다(Arai et al., 1972). 판토텐산 결핍은 블루틸라피아의 성장 저하, 출혈, 아가미 주름 상피세포의 심각한 과형성, 높은 폐사율, 빈혈이 발생하고(Soliman and Wilson, 1992b), 잉어의 표피와 지느러미의 신경성 식욕 부진, 성장부진, 안구 돌출, 출혈을 유발한다(Wen et al., 2009). 판토텐산이 결핍된 사료를 섭취한 얼룩새우에서는 과민성, 연한 색소화, 얇고 부드러운 껍질, 성장 저하, 높은 폐사율이 관찰되었다(Shiau and Hsu, 1999).

판토텐산은 일반적으로 d-판토텐산 92%를 함유하는 칼슘 d-판토텐산 칼슘으로 사료에 첨가된다. 칼슘 d-판토테네이트도 존재하지만, 판토텐테이트의 한 가지 형태가 생물학적으로 활성적이지 않기 때문에 이 활성의 절반 수준이다. 칼슘 d-판토테네이트는 펠렛팅과 사료 보관 시 상대적으로 안정적이며, 압출과 저장 후 20% 이하의 손실을 보인다(Gabaudan and Hardy, 2000).

9.2.5 니아신(Niacin)

니아신은 니코틴아미드(니코틴산의 아미드)의 생물학적 활성을 나타내는 피리딘 3-카복실산과 그 유도체의 일반적인 기술어로 사용된다. 니아신 활성을 띠는 화합물 중에서 니코틴산과 니코틴아미드는 가장 큰 생물학적 활성을 띤다. 니아신은 식물과 동물 조직에 널리 분포한다. 일반적으로 식물성 원료에 있는 니아신의 대부분은 어류에 이용할 가능성에 한계가 있는 형태로 존재한다고 간주된다. 차넬메기 사료에 흔히 사용되는 원료(즉, 청어 어분, 육분과 육골분, 밀, 옥수수, 대두)에서 니아신의 생체 이용률은 100%, 60%, 44%, 28%,

58%, 57%로 추정되었다(Ng et al., 1998). 연구자들은 차넬메기 사료에 사용된 원료에 존재하는 내인성 니아신은 니아신 첨가없이 니아신 요구량을 충족시키기에 충분하다고 결론지었다.

니아신은 2가지의 코엔자임 성분이다. 니코틴아미드 아데닌디뉴클레오타이드(NAD)와 니코틴아미드 아데닌 디뉴클레오타이드 포스페이트이다. 이러한 코엔자임은 탄수화물과 지질, 아미노산 대사에서 수소와 전자가 전달되는 여러 산화환원 반응에 필수적이다. 그들은 또한 미토콘드리아 전자 전달 시스템을 포함하여 다양한 에너지 생성과 생합성 경로에 관여한다. 트립토판은 많은 동물에서 니아신으로 대사 전환될 수 있지만 특정 연어류에서는 적용되지 않는다(Poston and DiLorenzo, 1973; Poston and Combs, 1980). Ng et al.(1997)은 니아신이 결핍된 사료에서 과량의 트립토판이 차넬메기의 성장, 헤마토크리트 또는 간 NAD 농도를 개선하지 않았다고 보고했다. 많은 어류에서 니아신 결핍이 쉽게 유발될 수 있다는 사실은 대부분의 어류가 니아신 합성 능력이 부족함을 나타낸다.

송어와 연어를 대상으로 니아신이 부족한 사료를 공급할 경우 신경성 식욕 부진, 성장 부진, 사료 전환 효율 저하, 색소 침착 또는 화상, 장 병변, 복부 부종, 근육 약화, 경련과 폐사율 증가를 보였다(McLaren et al., 1947; Phillips and Brockway, 1947; Halver, 1957). 차넬메기(Andrews and Murai, 1978)와 잉어(Aoe et al., 1967b)는 니아신이 결핍된 사료를 2~6주 동안 섭취했을 때 피부와 지느러미 병변, 높은 폐사율, 피부 출혈, 빈혈이 나타났다. 뱀장어를 대상으로 14주 동안 니아신이 결핍된 사료를 공급했을 때 피부 출혈과 피부염, 빈혈, 비정상적인 유영 운동 장애 등이 관찰되었다(Arai et al., 1972). 니아신이 결핍된 사료를 섭취한 무지개송어를 자외선에 2주간 노출시킨 후 표피의 조직병리학적 부분에서 점액 생성 세포의 총 손실이 관찰되었다. 니아신이 부족한 어류, 무지개송어의 피부 병변(Poston and Wolfe, 1985)과 지느러미, 구강 병변, 출혈 그리고 잡종 틸라피아에서 아가미 부종(Shiau and Suen, 1992), 인도메기(*Heteropneustes fossilis*, Shaik Mohamed and Ibrahim, 2001)의 빈혈, 식욕 부진, 혼수, 피부 출혈이 관찰되었다.

사료 내 복합 탄수화물은 니아신 요구량을 증가시킬 수 있다. Shiau and Suen (1992)은 포도당과 덱스트린을 탄수화물 공급원으로 하는 잡종 틸라피아를 대상으로 26 mg 니아신/kg, 121 mg 니아신/kg이 필요하다고 보고했다.

고농도의 니아신(10,000 mg/kg) 섭취는 간지방 증가, 체지방 감소, 민물송어 치어의 성장률 감소 등의 부정적인 효과가 나타났다(Poston, 1969b).

니아신은 수산물에 니코틴산 또는 니아신아미드 중 하나로 양어사료에 첨가되고, 유사한 생물학적 활성을 띠고 있다. 니코틴산 또는 니아신아미드는 건조된 형태로 종합 비타민제 프리믹스에 첨가되며, 압출 펠렛, 저장 중에 상당히 안정적이며, 일반적으로 손실은 10% 이하이다(Gabaudan and Hardy, 2000).

9.2.6 비오틴(Biotin)

비오틴은 카르복실화와 탈카르복실화 반응 동안 이산화탄소의 중간 매개체로서 특정 대사 반응에 작용한다. 비오틴이 필요한 특정 효소로는 아세틸-CoA 카르복실화효소와 피루브산 카르복실화효소, 프로피오닐-CoA 카르복실화효소가 있다. 비오틴이 필요한 대사 경로에는 장쇄지방산의 생합성과 퓨린의 합성이 포함된다.

많은 동물에서 비오틴 결핍증은 아비딘(avidin: 계란 흰자에서 발견되는 당단백질로 비오틴과 결합하여 장에서 비타민의 흡수를 막음)을 공급할 경우 나타난다. Robinson and Lovell (1978)은 비오틴이 없는 화학적으로 규정된 사료에 아비딘을 첨가하여 차넬메기에게 공급하였고, 그 종에서 장내 미생물의 비오틴 합성 작용을 유도하기 위한 성장 억제에 주목했다. 그러나 Lovell and Buston (1984)의 후속 연구에서 차넬메기의 장내 미생물 비오틴 합성은 검출되지 않았다. 잉어를 대상으로 8~12주 동안 비오틴 결핍 사료를 공급했을 때(Ogino et al., 1970a) 성장 저하가 나타났으며, 차넬메기는 11주(Lovell and Buston, 1984) 동안 공급한 후 성장 저하가 나타났다. 무지개송어에서도 15°C에서 4~8주 동안 공급한 후에 유사한 증상이 나타났다(Woodward and Frigg, 1989). 비오틴 결핍 사료 공급에 따른 식욕 부진, 감소된 체중은 무지개송어 성어보다 무지개송어 치어에서 명확하게 나타났다(Walton et al., 1984). 비오틴이 결핍된 차넬메기는 비늘에서 색소 탈색이 나타났으나(Robinson and Lovell, 1978), 장어는 착색이 더 어두워졌다(Arai et al., 1972), 초기 중량이 25 g인 무지개송어에서는 12주 후에도 비오틴 결핍에 따른 조직학적 증상이 관찰되지 않았다(Walton et al., 1984). 그러나 초기 중량이 각각 1.3 g과 6.7 g인 무지개송어와 강송어는 심각한 결핍 증상이 나타났다(Poston and Page, 1982; Woodward and Frigg, 1989). 무지개송어와 강송어(*Salvelinus namaycush*)는 아가미(Castledine et al., 1978; Poston and Page, 1982), 간(Poston, 1976b, Poston and Page, 1982), 신장(Poston and Page, 1982)에서 비오틴 관련 조직병리학적 증상이 나타났다. 비오틴 결핍 사료는 아시아메기(*Clarias batrachus*, Shaik Mohamed et al., 2000)의 섭취 부진, 피부 착색, 경련과 높은 폐사율을 유발하였고, 인도메기에서는 경련, 높은 폐사율, 무기력 상태, 저조한 사료 전환효율과 사료 섭취량, 어두운 피부색, 파상풍과 어체중 감소를 유발했다(Shaik Mohamed, 2001b).

지질이 첨가되지 않고 비오틴이 결핍된 사료를 섭취한 무지개송어의 간 피루브산 카르복실화효소 활성은 지질원을 첨가한 후 정상 수준의 50%로 회복이 되었지만, 지질과 비오틴이 충분한 사료를 섭취한 무지개송어보다 3.3% 감소하였다(Walton et al., 1984). 대조적으로 비오틴 결핍 사료의 지질 첨가는 차넬메기에서 간 피루브산 카르복실화효소 활성을 증가시키지 않았다(Robinson and Lovell, 1978). 간 피루브산 카르복실화효소와 아세틸-CoA 카르복실화효소의 활성도는 잡종 틸라피아(Shiau and Chin, 1999), 아시아메기(Shaik Mohamed et al., 2000), 인도메기(Shaik Mohamed, 2001b), 얼룩새우(Shiau and Chin, 1998)의 비오틴 상태를 평가하기 위해 사용되어 왔다.

무지개송어(Castledine et al., 1978) 또는 차넬메기(Lovell and Buston, 1984)에서 비오틴이 첨가되지 않고, 각각 24주, 17주 동안 자연 먹이를 공급한 경우 비오틴 결핍 증상은 각각 발견되지 않았다. Mæland et al.(1998)은 대서양연어의 최적 성장, 생존과 최대 간 피루브산 카르복실화효소(hepatic pyruvate carboxylase) 활성을 달성하기 위해서 사료 내 비오틴 첨가는 필요하지 않다고 보고했다. 이 연구는 어류의 요구량을 충족시키는데 사용되는 사료에 첨가되는 다양한 사료원에서 비오틴이 적절하게 함유되어 있다고 결론지었다.

비오틴은 생물학적 활성 형태인 D-비오틴 형태로 사료에 첨가된다. 이성체 L-비오틴은 생물학적 활성이 없다. D-비오틴의 활성은 중량 기준으로 2%이며, 압출 펠렛팅과 3개월 동안의 상온 보관 시 비오틴의 안정성은 70~90% 범위이다(Gabaudan and Hardy, 2000).

9.2.7 엽산(Folic Acid)

'엽산'은 생물학적 활성을 질적으로 나타내는 엽산과 관련 화합물의 일반적인 기술어로 사용된다. 엽산은 메틸렌 가교를 통해 p-아미노벤조산으로 연결된 프테리딘 고리로 구성되어 프테로산(pteroic acid)을 형성하며, 이 프테로산은 글루탐산에 아미드로 연결된다. 엽산은 조직에서 활성 코엔자임 형태인 세라마이드산과 효소적 감소를 겪는다. 비타민 B_{12}, 비오틴, 니아신, 메티오닌, 콜린, 베타인, 호모시스테인을 포함하는 복잡한 효소 반응에서 일탄소 그룹의 중개자 역할을 한다. 이러한 반응에서 메틸과 메틸렌, 기타 제1탄소 그룹의 한 분자에서 다른 분자로 이동한다. 세린의 C-3는 엽산 대사에서 제1탄소 단위의 주원인이다. 다른 근거는 포름산염(formate)을 포함하며, 그 대부분은 미토콘드리아에서의 세린 대사와 히스티딘의 C-2로부터 유도된다. 엽산 의존성 반응은 특정 아미노산의 신진대사와 퓨린, 피리미딘의 생합성, DNA와 RNA에서 발견되는 뉴클레오타이드에서 발견된다.

엽산 결핍 사료를 섭취한 송어와 연어류는 섭식과 성장 저하, 사료 전환효율 저하, 아가미 비대증, 거대세포성과 정색소성 그리고 적혈구부동증(anisocytosis), 기형 적혈구증(poikilocytosis)을 특징으로 하는 거대적혈모구빈혈(Smith, 1968; Smith and Halver, 1969)을 나타냈다. 적혈구는 비정상적으로 분열되고 수축된 핵이 크고, 전방 신장(anterior kidney)의 적혈구 생성조직(erythropoietic tissue)에 다수의 거대적혈구 모세포의 전적혈구(megaloblastic proerythrocytes)가 존재한다. 엽산 결핍 사료를 섭취한 어류는 시간이 지남에 따라 적혈구 생산이 감소했다. 이러한 증상 중 일부는 로후(*Labeo rohita*)에서 관찰되었다(John and Mahajan, 1979).

뱀장어를 대상으로 10주 동안 엽산 결핍사료를 공급한 결과 어두운 착색과 성장 저하가 나타났다(Arai et al., 1972). 엽산이 결핍된 방어 또한 지느러미와 기관지 외피의 울혈, 어두운 피부 착색, 빈혈을 보였다(Hosokawa, 1989). 엽산 결핍 사료를 섭취한 무지개송어는 혈액 병리 증상을 보였다(즉, 거대적아구성빈혈, Cowey and Woodward, 1993). 차넬메기의 엽산 결핍 증상은 성장 감소, 빈혈과 세균 감염에서 감수성이 증대되는 것으로 나타냈다(Duncan and Lovell, 1991). 잉어(Aoe et al., 1967c), 잡종 틸라피아(Shiau and Huang, 2001b) 그리고 얼룩새우(Shiau and Huang, 2001a)는 결핍 증상이 관찰되지 않았는데, 아마도 장내 세균 생성에 의한 영향인 것으로 추정된다(Kashiwada et al., 1971; Duncan et al., 1993).

간중량지수(HSI: hepatosomatic index)는 잡종 틸라피아(Shiau and Huang, 2001a)와 얼룩새우(Shiau and Huang, 2001b)의 엽산 요구량을 산정하기 위한 성장과 조직 농도 외 유용한 매개변수로 보고되었다.

엽산은 결정 형태 또는 분무 건조 형태의 건조 희석액으로 합성되고 비타민 프리믹스에 첨가된다. 결정 형태는 정전식(electrostatic)이며 기계에 부착되는 경향이 있지만 분무 건조 형태는 사료에서 비타민의 높은 회수율에 기여하지 않는다. 압출과 사료 보관 과정에서 엽산의 안정성은 50~65%로 비교적 낮다(Gabaudan and Hardy, 2000).

9.2.8 비타민 B_{12}(Vitamin B_{12})

'비타민 B_{12}'는 시아노코발라민(cyanocobalamin)의 생물학적 활성을 질적으로 나타내는 모든 코리노이드(corrinoid)의 일반적인 기술어로 사용되고 있다. 이 비타민은 이전에는 비타민 B_{12} 또는 시아노코발라민으로 알려져 있었다. 비타민 B_{12}는 코발트 원자를 포함하는 대형 분자(분자량 1,355)이다. 고등 식물과 동물은 비타민 B_{12}를 합성할 수는 없지만 둘 다 미량의 미생물에 의존한다. 동물에서 비타민 B_{12}는 ① 프로피온산(propionic acid)이 석신산염(succinate)으로 전환되는 메틸-말로닐 CoA 뮤테아제 ② 메티오닌, 메탄의 촉매인 메틸테트라히드로폴레이트(methyltetrahydrofolate)-호모시스테인 메틸전이효소(homocysteine methyltransferase), 아세테이트 합성효소이다. 비타민 B_{12}는 적혈구의 정상적인 성숙과 발달, 지방산의 대사, 호모시스테인의 메티오닌 메틸화 그리고 테트라하이드로엽산(tetrahydrofolic acid)의 정상적인 재순환에 필요하다. 따라서 비타민 B_{12}의 결핍은 엽산 결핍과 유사한 증상이 나타날 수 있다.

저농도의 비타민 B_{12}를 섭취한 연어(Halver, 1957)와 송어(Phillips et al., 1964)는 단세포 적혈구 수치와 헤모글로빈 수치의 높은 가변성을 보였고, 소적혈구와 저색소성 빈혈 경향을 보였다. 36주 동안 비타민 B_{12}가 결핍된 사료를 섭취한 차넬메기는 성장이 감소했지만 체내 다른 증상은 나타나지 않았다(Dupree, 1966). John and Mahajan (1979)은 로후를 대상으로 비타민 B_{12}가 결핍된 사료를 공급할 경우 성장 감소와 적혈구 용적률 저하를 관찰했다. 뱀장어는 정상적인 식욕과 성장을 위해 비타민 B_{12}가 요구되는 것으로 관찰되었다(Arai et al., 1972).

장내 미생물 합성은 잉어의 비타민 B_{12} 요구량을 충족시키는 것으로 관찰되었다(Kashiwada et al., 1970). 나일틸라피아(Lovell and Limsuwan, 1982), 잡종 틸라피아(Shiau and Lung, 1993a), 차넬메기(Limsuwaa and Lovell, 1981),

얼룩새우(Shiau and Lung, 1993b)는 빈혈 예방을 위해 사료 내 비타민 B_{12} 첨가가 요구되었다. 비타민 B_{12}의 장내 미생물 합성은 잉어(Kashiwada et al., 1970; Sugita et al., 1991a), 차넬메기(Limsuwan and Lovell, 1981; Sugita et al., 1990, 1991a), 나일틸라피아(Lovell and Limsuwan, 1982; Sugita et al., 1990, 1991a), 무지개송어(Sugita et al., 1991b), 은어, 금붕어(Sugita et al., 1991a)에서 입증되었다. Sugita et al.(1991a)은 다양한 어류의 장내에서 Bacteroides 타입 A의 수와 비타민 B_{12} 함량 사이에 밀접한 관계가 있음을 발견했다. 그들은 이 박테리아에 비타민 B_{12}가 필요하지 않으며, 비타민 B_{12}를 필요로 하는 어류에는 결핍된 어류의 장 내용물에서 존재하고 있는 것을 발견했다. 코발트는 주요 비타민 B_{12} 분자에서 미네랄로 인식된다. 그루퍼는 최적 성장을 위해 사료 내 10 mg Co/kg가 요구된다고 보고되었다. 이 코발트 함량은 그루퍼의 요구량을 공급하기에 충분한 양으로 비타민 B_{12}의 위장 세균 생산을 촉진할 수 있으므로 추가적인 비타민 B_{12} 첨가제는 필요하지 않다(Lin et al., 2010).

비타민 B_{12}는 발효에 따라 생성되며 1%의 활성을 띠는 건식 희석물로서 사료 기준으로 사용된다. 3개월간의 상온 저장 후 압출 사료의 비타민 B_{12} 안정성은 40~80% 범위로 다양하다(Gabaudan and Hardy, 2000).

9.2.9 콜린(Choline)

다른 수용성 비타민과 달리 콜린에는 조효소 기능이 알려져 있지 않다. 콜린은 다음과 같은 3가지 주요 신진대사 기능이 있다. 생물학적 막과 지질 활용에 구조적 기능이 있는 포스파티딜콜린의 구성 요소와 신경전달물질 아세틸콜린의 전구체 그리고 호모시스테인의 메티오닌, 구아니도아세트산(guanidoacetic acid)에서 크레아틴의 형성 같은 메틸화 반응을 위한 불안정한 메틸기의 공급원으로서 작용하는 베타인의 전구체로서 사용된다.

콜린이 결핍된 사료를 섭취한 무지개송어에서 밝은 노란색의 간, 안구돌출, 빈혈, 복부 팽창 증상이 나타났다(Kitamura et al., 1967b). 12주 동안 콜린이 결핍된 사료를 섭취한 강송어는 성장률이 감소했고 간 지방 함량은 증가했다(Ketola, 1976). 콜린이 결핍된 사료를 섭취한 뱀장어에서 성장 저하, 섭식활동 저하, 회색의 장이 관찰되었다(Arai et al., 1972). 콜린 결핍 사료를 섭취한 잉어(Ogino et al., 1970a)와 차넬메기(Wilson and Poe, 1988), 잡종 줄무늬농어(Griffin et al., 1994)에서 간 지질 함량의 증가가 관찰되었다. 반면에 콜린이 결핍된 사료를 섭취한 홍민어(Craig and Gatlin, 1996)와 잡종 틸라피아(Shiau and Lo, 2000)에서는 간 지방 함량이 감소했다. 또한 잉어는 10주간 이러한 사료를 섭취한 후 간세포에서 액포화현상(vacuolization)이 나타났다(Ogino et al., 1970a). 콜린이 결핍된 철갑상어에서는 장벽 근육이 얇아지고 외분비 췌장의 국소 변성이 관찰되었다(Hung, 1989).

차넬메기는 과량의 메티오닌을 함유한 카제인 젤라틴 사료를 섭취하여도 콜린 결핍증이 나타내지 않았지만, 메티오닌 함량이 과다한 함량으로 공급되지 않을 경우 결핍 증상이 나타났다(Wilson and Poe, 1988). Rumsey (1991)는 무지개송어의 콜린 요구량의 50%가 베타인으로부터 충족될 수 있다고 제안했다. 이러한 관찰은 특정 어류가 S-아데노실 메티오닌으로부터 메틸기를 사용하는 에탄올 아민의 메틸화를 콜린의 합성을 통해 콜린 요구량의 일부분을 충족시킬 수 있음을 나타낸다.

담수산 물벼룩 *Moina macrocopa* (D' Abramo and Baum, 1981)는 7,500~8,500 mg 콜린/kg의 사료가 요구된다. 고지질 사료는 콜린 요구량을 증가시킬 수 있다. Shiau and Cho (2002)는 얼룩새우 사료에 지질 5%와 11%가 함유된 사료에는 각각 6,400 mg 콜린/kg과 7,800 mg 콜린/kg 함량이 필요하다고 보고했다. 흰다리새우 사료에서 1.5%와 3%의 인지질(레시틴)을 추가로 공급할 때 콜린 요구량은 존재하지 않았다(Gong et al., 2003).

콜린은 염화물로서 사료 첨가용으로 생산되며, 중량 기준으로 25%, 50% 또는 60%의 활성을 띠는 건식 희석물 또는 70% 활성을 띠는 액체로서 이용 가능하다. 분자량 기준으로, 콜린 염화물은 86.8% 순도의 콜린이다. 콜린은 사료 펠렛팅과 저장 중에 완전히 안정되지만 흡습성 물질이다. 이러한 물질은 비타민 프리믹스에 첨가될 때 비타민 E와 비타민 K 같은 다른 비타민의 활동을 감소시킨다. 따라서 혼합물을 공급하기 위해 별도로 첨가해야 한다(Gabaudan and Hardy, 2000).

9.2.10 미오이노시톨(Myoinositol)

이노시톨은 7개의 시각적으로 비활성인 형태 중 하나와 활성화된 이성질체의 한 쌍으로 존재할 수 있다. 이러한 형태 중 하나인 미오이노시톨은 생물학적 활성을 띠고 있다. 이노시톨은 생물학적으로 활성인 사이클로헥시톨(cyclohexitol)이며 포스파티딜이노시톨(phosphatidylinositol)과 같은 생물학적 막의 구조 성분으로 사용된다. 포스파티딜이노시톨은 여러 대사 과정의 신호 전달에 관여하는 것으로 나타났다(Mathews and van Holde, 1990). 아데닐산 고리화효소(adenylate cyclase) 전달 시스템과 많은 면에서 유사하지만 포스포이노시티드(phosphoinositide) 시스템은 호르몬 자극이 제2전달자를 생성하는 반응을 활성화한다는 점에서 특이하다. 막결합 포스파티딜이노시톨 4,5-비스인산(phosphatidylinositol 4,5-bisphosphate)은 세포막상의 수용체와 호르몬 또는 작용제의 상호작용에 따라 *sn*-1,2-디아실글리세롤(diacylglycerol)과 이노시톨 1,4,5-3인산염을 방출한다. 이노시톨 1,4,5-3인산염은 소포체의 세포 내 저장에서 칼슘의 방출을 자극하고 *sn*-1,2-디아실글리세롤은 단백질 키나아제 C를 활성화해 특정 단백질을 인산화한다. 포스포이노시티드 제2전달 시스템으로 제어되는 세포 과정의 예는 아밀라아제 분비, 인슐린 분비, 원활한 근육 수축, 간 글리코겐 분해, 혈소판 응집, 히스타민 분비물, 섬유 모세포와 림프종의 DNA 합성을 포함한다.

이노시톨 결핍의 징후에는 송어(McLaren et al., 1947; Kitamura et al., 1967b)와 참돔(Yone et al., 1971), 뱀장어(Arai et al., 1972), 파랑비늘돔(Ikeda et al., 1988), 방어(Hosokawa, 1989)에서 섭식활동 저하, 빈혈, 성장 저하, 지느러미 침식, 어두운 피부 착색, 위 배출 속도 감소, 콜린에스테라아제(cholinesterase)와 특정 아미노 전이효소 활성이 감소한다고 보고되었다. 이노시톨이 없는 사료를 섭취한 무지개송어는 간 중성 지질이 많이 축적되어 콜레스테롤과 트리글리세라이드의 수치는 증가했지만 총 인지질, 포스포티딜콜린, 포스포티딜-에탄올아민, 포스포티딜 이노시톨의 양은 감소했다(Holub et al., 1982). 이노시톨 결핍 사료를 섭취한 잡종 틸라피아(Shiau and Su, 2005)와 그루퍼(Suu and Shiau, 2004), 얼룩새우(Shiau and Su, 2004)는 총 지질 함량이 증가했다. Lee et al.(2009)은 넙치가 이노시톨이 없는 사료를 섭취했을 때 비정상적인 지질 대사와 다중 불포화지방산량이 감소했다고 보고했다.

이노시톨은 잉어 내장에서 합성되는 것으로 보이나(Aoe and Masuda, 1967) 이 비타민의 외래성 공급원이 없는 치어의 정상적인 성장을 유지하기에 충분한 양은 아니다. 왜냐하면 치어는 성어보다 높은 수준의 이노시톨이 필요하기 때문이다. 고농도의 포도당이 사료에 첨가될 경우 일부 어류에서 이노시톨의 필요성을 증가시킬 수 있다(Yone et al., 1971). Burtle and Lovell (1989)은 차넬메기의 간에서 이노시톨의 합성과 장 합성을 입증했다. Deng et al.(2002)은 이노시톨의 de novo 합성이 잡종 줄무늬농어(Shiau and Su, 2005)와 넙치(Lee et al., 2009)의 정상적인 성장과 조직 보유에 충분함을 입증했다. 미오이노시톨이 없는 사료에 항생제를 첨가하여 섭취한 어류의 성장과 조직 내 미오이노시톨 농도는 첨가되지 않은 사료를 섭취한 어류와 유사하였기 때문에 장내 미생물 합성은 잡종 틸라피아를 대상으로 이노시톨의 중요한 공급원이 아니었다. Peres et al.(2004)은 나일틸라피아가 정상적인 성장과 사료 이용, 적혈구 생성을 위해 외인성 이노시톨 공급원이 필요하지 않다고 보고했다. 또한 사료에 이노시톨을 첨가해도 어류의 질병 저항성은 개선되지 않았다. 대서양연어 치어를 대상으로 어분 기초사료(296 mg 이노시톨/kg)를 공급할 경우 이노시톨 첨가제가 필요하지 않았다(WaagbØ et al., 1998). 미오이노시톨은 비타민 프리믹스에서 건조 분말이 필요할 때 양어사료에 첨가된다.

9.2.11 비타민 C(Vitamin C)

대부분의 동물은 D-포도당으로부터 비타민 C 또는 L-아스코르브산(AA)을 합성할 수 있지만, 대다수의 어류가 합성하지 못한다(Kitamura et al., 1965; Poston, 1967; Halver et al., 1969; Wilson, 1973; Dabrowski, 1990). 내인성 AA 합성은 갑각류 치하의 요구량을 충족하지 못하는 것으로 관찰되지만, 새우는 비타민 C를 합성하는 제한적인 능력이 있는 것으로 보고되었다(Lightner et al., 1979; He and Lawrence, 1993b). AA는 강한 환원제이며 탈수소 AA로 쉽게 산화된다. 탈수소 AA는 글루타치온 또는 NADP가 감소된 동물조직에서 효소를 통하여 AA로 다시 환원될 수 있다. 콜라겐의 전구체인 프로콜라겐에서 AA는 프롤린과 라이신을 히드록시프롤린, 히드록라이신으로 히드록실화(hydroxylation)하는 조효소이다. 따라서 AA는 결합조직(connective tissue)과 상처 치료 시 반흔조직(scar tissue), 골격 매트릭스 형성에 필요하다(Sandel and Daniel, 1988). AA는 또한 철분의 흡수를 촉진하여(Hsu and Shiau, 1999c) AA 결핍성 어류에서 자주 관찰되는 빈혈을 예방한다. 또한 AA는 어류 조직에서 지질의 과산화를 최소화하기 위해 비타민 E와 기능을 같이한다(Heikkila and Manzino, 1987). 이전 연구에서 비타민 C가 성장과 번식, 스트레스 요인 반응, 상처 치유, 면역 반응 등 여러 가지 생리 과정에 관여한다는 것이 나타났다(Gabaudan and Verlhac, 2001). 또한 산화 후 비타민 E의 재생에 필수적이다.

비타민 C가 결핍된 연어와 송어는 대개 섭취 저하와 무기력증(Halver et al., 1969; Hilton et al., 1978; Tsujimura et al., 1978; Sato et al., 1983), 복수(ascites), 출혈성 외사혈증(Poston, 1967), 고농도의 혈장 중성지방과 콜레스테롤(John et al., 1979) 같은 비특이적 징후를 보였고, 구조적 기형(척추만곡증, 척주전만, 안구, 아가미, 지느러미의 비정상적인 연골)과 내출혈이 나타났다. 차넬메기(Wilson and Poe, 1973; Andrews and Murai, 1975, Lim and Lovell, 1978, Wilson et al., 1989)와 인도잉어(*Cirrhinus mrigala*)(Agrawal and Mahajan, 1980), 잉어와 로치(*Rutilus rutilus*)(Dabrowski et al., 1988, 1989), 푸른틸라피아(Sticky et al., 1984), 나일틸라피아(Soliman et al., 1986a,b), 방어(Sakaguchi et al., 1969), 잡종 메기(Khajarern and Khajarern, 1997), 홍민어(Aguirre and Gatlin, 1999), 잡종 줄무늬농어(Sealey and Gatlin, 1999), 넙치(Wang et al., 2002), 돌돔(*Oplegnathus fasciatus*, Wang et al., 2003a), 농어(*Lateolabrax japonicus*, Ai et al., 2004), 아프리카메기(*Heterobranchus longifilis*, Ibiyo et al., 2007)에서 비타민 C 결핍으로 오는 척추만곡증과 전만증 같은 기형이 관찰되었다. 비타민 C가 결핍된 사료를 섭취한 뱀장어는 10주 후에 성장률이 감소했고, 14주 후에 머리와 지느러미에서 출혈이 나타났다(Arai et al., 1972). 터봇의 비타민 C 결핍 증상으로는 각막과 신장 과립증의 불투명성이 나타났다(Messager, 1986; Messager et al., 1986). 빈혈은 비타민 C 부족으로 괴혈병이 발생한 잡종 틸라피아에서 발견되었다(Shiau and Jan, 1992a).

일부 연구에서는 갑각류 종에서 AA의 본질을 증명하지는 못했지만(Desjardins et al., 1985), AA가 없는 사료는 성장과 콜라겐 형성에 영향을 미친다는 것을 관찰하였다. 더욱이 차선의 AA 상태는 푸른새우와 *Felimare californiensis*의 '흑사병' 증후군과 관련이 있다(Lightner et al., 1977; Magarelli et al., 1979). Kanazawa (1985)는 보리새우를 대상으로 수행한 연구에서 폐사율에 관한 AA의 명확한 농도 관련 예방법을 발견했다. 유사한 병변이 얼룩새우(Catacutan and Lavilla-Pitogo, 1994)와 흰다리새우(Montoya and Molina, 1995)에서도 나타났다. He and Lawrence (1993b)는 비타민 C가 결핍된 사료를 섭취한 흰다리새우는 흑사병 증후군 외에도 비정상적인 색소 침착, 간췌장 부종, 움직이지 않는 상태와 무반응을 나타냈다고 보고했다. 비타민 C 결핍 증상은 보리새우에서 탈색과 껍질, 하복부, 보행다리의 끝부분에 비정상적인 회백색이 발현하는 등 다소 차이가 나타났다(Deshimaru and Kuroki, 1976).

번식 과정에서 암컷 친어는 비타민 C 요구량이 증가하는 것으로 관찰된다. 21주 동안 비타민 C가 없는 사료를 섭취한 암컷 틸라피아는 검출 가능한 AA를 함유하지 않는 알과 자어를 생산했다(Soliman et al., 1986b). 무지개송어 또한 비타민 C 결핍 사료를 섭취할 경우, 생식 능력이 감소된 것으로 보고되었다(Sandnes et al., 1984).

AA 보유량은 배아(Sato et al., 1987)와 특정 어류의 자어 발생(Dabrowski et al., 1988, 1989; Dabrowski, 1990) 과정에서 급속히 고갈되어 초기 생활사 때 요구량은 치어나 성어에 비해 높을 수 있음을 시사한다. 무지개송어에서는 정자 농도와 운동성이 비타민 C의 정액 혈장 농도와 상관관계가 있는 것으로 나타났다(Ciereszko and Dabrowski, 1995). 긍정적인 효과가 나타나는 비타민 C의 농도는 사료 내 AA 농도가 130~270 mg AA/kg인 것으로 나타났다. 부화율과 AA의 혈장 농도 간 상관관계는 7.3 μg AA/ml 미만의 정맥혈장을 지닌 무지개송어 수컷으로부터 배아의 생존이 감소한 것을 통하여 증명되었다(Dabrowski and Ciereszko, 1996).

연어류의 비타민 C 결핍 지표는 간(Hilton et al., 1977; Sato et al., 1983)과 신장(Halver et al., 1969)의 AA 농도가 20 μg/g 미만인 것으로 나타났다. 차넬메기(Lim and Lovell, 1978)와 대서양연어(Sandnes et al., 1992)의 간에서는 AA 농도가 26 μg/g, 10 μg/g 미만의 값이 비타민 C 결핍 지표로 제안되었다. 가물치에서 신장 내 농도가 100 μg/g일 경우 비타민 C 결핍 증상이 나타났다(Mahajan and Agrawal, 1979).

척추 콜라겐 수치는 차넬메기(Wilson and Poe, 1973; Lim and Lovell, 1978; El Naggar and Lovell, 1991)와 무지개송어(Sato et al., 1978)에서 비타민 C 상태의 지표인 것으로 관찰되었다.

L-AA는 분자 구조의 락톤 고리에 있는 2개의 탄소 원자에서 상대적으로 산화에 민감하다. 따라서 수분과 열, 산화 방지제에 노출은 비타민 C 활성을 감소시킨다. Lovell and Lim (1978), El Naggar and Lovell (1991)은 사료의 압출 가공 중에 AA 비타민 역가의 약 50%가 손실되었음을 보여주었다. Shiau and Hsu (1993)는 가공과 1시간 실온 보관하는 동안 새우 사료에서 AA의 약 75%가 손실될 수 있음을 발견했다. 어류와 새우의 사료 내 비타민 C 요구량을 수립하기 위한 많은 연구에서 AA를 사용했다. 비타민 C 요구량은 요구량과 변동성이 높은 것으로 나타났다. 변동성의 큰 부분은 사료 내 AA가 불안정한 형태로 사용되기 때문이었다.

L-아스코르빌-2-황산(C2S), L-아스코르빌-2-1인산염-Mg (C2MP-Mg), L-아스코르빌-2-1인산염-Na (C2MP-Na), L-아스코르빌-2-1인산염-Ca (C2MP-Ca), L-아스코르빌-2-1인산염-Na/Mg (C2MP-Na/Mg), L-아스코르빌-2-중합인산염(C2PP), 아스코르브산염-2-포도당(C2D)을 포함하는 AA 유도체는 친화합물(parent compound)보다 더 안정적인 것으로 나타났으며, 어류와 새우에서 괴혈병 치료의 활성을 제공하는 것으로 관찰되었다. 무지개송어(Halver et al., 1975; Grant et al., 1989)와 차넬메기(Murai et al., 1978; Brandt et al., 1985; Wilson et al., 1989; El Naggar and Lovell, 1991), 푸른틸라피아(Soliman et al., 1986a), 잡종 틸라피아(Shiau and Hsu, 1995), 그루퍼(M. F. Lin and Shiau, 2005b)는 C2S를, 아시아농어(*Lates calcarifer*, Phromkunthong et al., 1997)와 잡종 틸라피아(Shiau and T. S. Hsu, 1999), 엔젤피시(*Pterophyllum scalare*, Blom et al., 2000), 그루퍼(Lin and Shiau, 2004), 얼룩새우(Hsu and Shiau, 1998), 보리새우(Moe et al., 2004)는 C2MP-Mg를, 잡종 틸라피아(Shiau and T. S. Hsu, 1999)와 그루퍼(Lin and Shiau, 2004), 얼룩새우(Hsu and Shiau, 1998)는 C2MP-Na를, 무지개송어(Grant et al., 1989)와 차넬메기(Wilson et al., 1989), 잡종 줄무늬농어(Sealey and Gatlin, 1999), 그루퍼(M. F. Lin and Shiau, 2005b), 참조기(Ai et al., 2006), 흰다리새우(He and Lawrence, 1993b), 얼룩새우(Chen and Chang, 1994)는 C2PP를, 대서양연어(Sandnes et al., 1992)와 조피볼락(Wang et al., 2003b)은 C2MP-Ca를, 보리새우(Moe et al., 2004)는 C2MP-Na/Ca를, 잡종 클라라메기(*hybrid Clarias catfish*, Khajaren and Khajaren, 1997)와 조피볼락(Wang et al., 2003c)은 C2D를 포함하는 것으로 나타났다. 아스코르브산염-2-황산염은 특정 어류에서는 비교적 안정적인 AA의 다른 형태처럼 사용되지 않는 것으로 관찰되었다(Murai et al., 1978; Soliman et al., 1986a; Dabrowski and Kock, 1989; Dabrowski et al., 1990). 그리고 차넬메기에서는 AA 또는 C2MP만큼의 비타민 C 활성을 7%만 보유하는 것으로 나타났다(Lovell and El Naggar, 1990). El Naggar and Lovell (1991)은 일반적으로 C2MP-Mg와 AA는 비타민 C 효능이 동일하지만 C2S는 AA의 비타민 활성이 5.2%라고 보고했다. Shiau and Hsu (1995)는 잡종 틸라피아가 성장과 콜라겐 합성을 위해 C2MP와 C2S를 동등하게 사용할 수 있다고 지적했다.

실험 조건과 순도가 동일하지 않기 때문에 이전 연구 결과와 AA 공급원의 효능을 엄격하게 비교하는 것은 오차가 발생할 수 있다. 따라서 개별적인 수산어종 연구 내 다른 AA 유도체 간 비교는 각각 다른 연구의 AA 유도체 효능을 교차비교하는 것보다 선호된다. C2S와 C2PP, C2MP–Mg, C2MP–Na의 교차비교 결과 얼룩새우와 그루퍼를 대상으로 이들 화합물의 생물학적 능력은 C2MP–Mg (1) > C2MP–Na (84%) > C2PP (64%) > C2S (25%)(Shiau, 2001)와 C2Mp–Na (1) > C2PP (84%) > C2Mp–Mg (46%) > C2S (32%)(Lin and Shiau, 2004, 2005b, c)인 것으로 나타났다.

어류에서 면역체계 세포의 식균 작용은 강력한 미생물학적 요인인 활성산소 라디칼을 생성하지만 어류 대식세포의 자가중독 또한 나타난다(Secombes et al., 1988). 비타민 C는 식세포와 주변 조직을 산화적 손상으로부터 보호하는 것으로 관찰된다. 고농도의 비타민 C 첨가제로 생기는 면역 반응의 증가는 차넬메기(Durve and Lovell, 1982; Li and Lovell, 1985)와 무지개송어(Blazer and Wolke, 1984b; Wahli et al., 1986; Navarre and Halver, 1989; Verlhac et al., 1996), 터봇(Roberts et al., 1995), 귀족도미(Henrique et al., 1998; Ortuño et al., 1999), 동자개(Anbarasu and Chandran, 2001), 백색잉어(Sobhana et al., 2002), 농어(Ai et al., 2004), 그루퍼(M. F. Lin and Shiau, 2005a), 참조기(*Pseudosciaena crocea*)(Ai et al., 2006), 인도잉어(Misra et al., 2007; Nayak et al., 2007), 뱀장어(Ren et al., 2007), 얼룩새우(Lee ind Shiau, 2002)를 대상으로 수행한 연구에서 입증되었다. Wang et al.(2006)은 농축된 *Artemia*에 함유된 비타민 C가 흰다리새우의 면역 반응과 환경 스트레스에 대한 저항성을 향상시킬 수 있다고 지적했다. 생체 외 연구에서 저농도(0.002 mg/ml)와 비교하여 고농도(2 mg/ml)의 비타민 C를 섭취한 도미는 백혈구의 자연 세포 독성 활성이 유의적으로 증가하였다(Cuesta et al., 2002). 그러나 Lall et al.(1990)은 *Aeromonas salmonicida*와 *Vibrio anguillarum* 백신을 접종한 후에 대서양연어를 대상으로 0~2,000 mg 비타민 C/kg을 함유하는 사료를 공급할 경우 체액 반응과 보체 시스템에 차이가 없음을 관찰했다. Li et al.(1993)는 사료 내 비타민 C 농도의 증가가 메기의 병원체 *Edwardsiella ictaluri* 내성을 향상시키지 못한다는 것을 발견했다. 자주복(*Takifugu rubripes*)은 AA (> 160 mg/kg)가 과다 첨가된 사료를 섭취하여도 비특이적 면역력이 향상되지 않았다(Eo and Lee, 2008).

중금속(Yamamoto and Inoue, 1985)과 염화 탄화수소 살충제(Mayer et al., 1978) 같은 식이성, 환경오염물질은 어류의 비타민 C 요구량을 증가시킨다. AA의 유도체는 미네랄과 다르게 상호작용할 수 있다. C2MP–Mg와 C2PP를 섭취한 얼룩새우는 C2S를 섭취한 새우에 비해 간췌장의 Fe 농도가 높았다. 사료 내 아스코르브산염 첨가 농도를 증가시키면 C2S로 사료를 섭취한 얼룩새우보다 C2MP–Mg 또는 C2PP를 섭취한 새우 내 간 췌장의 Cu 농도를 낮출 수 있다(Hsu and Shiau, 1999c). Lee and Shiau (2003)는 사료 내 C2MP–Mg의 증가가 높은 농도의 Cu를 섭취한 얼룩새우에서 조직 내 Cu 축적을 방지한다는 것을 발견했다.

비타민 C는 막에 결합된 비타민 E 산화를 회복하기 위해 생체 내에서 기능할 수 있다(Chan, 1993). 차넬메기와 큰징거미새우(*Macrobrachium rosenbergii*, Cavalli et al., 2003)는 비타민 C가 적절하게 첨가된 사료는 비타민 E에 보전 효과를 나타내지 않았다. 사료 내 아스코르브산염 첨가 함량의 증가, 비타민 E에 대한 비타민 C 보전 효과가 잡종 틸라피아(Shiau and Hsu, 2002)와 잡종 줄무늬농어(Sealey and Gatlin, 2002a, b), 참조기(Lee and Dabrowski, 2004), 차넬메기(Yildirim–Aksoy et al., 2008)에서 발견되었으나, 터봇(Ruff et al., 2003)과 황금잉어(*Notemigonus crysoleucas*)(Chen et al., 2004)에서는 발견되지 않았다. 큰징거미새우를 대상으로 사료 내 고농도(900 mg/kg)의 비타민 C와 E의 첨가는 큰징거미새우 치하의 건강과 암모니아 내성을 향상시켰다(Cavalli et al., 2003).

결정질 AA (무게 기준으로 100% 활성)는 산화에 매우 취약하며 Oregon 생사료로 실험한 결과 냉동 저장하지 않은 사료는 3일 이내에 모든 비타민 C 활성이 사라졌다는 사실이 나타났다. 따라서 사료는 사용시까지 냉동 상태를 유지하고, 산화에 내성이 강한 코팅 형태(지방 코팅, 에틸 셀룰로오스 코팅)를 사용하였다. 건조,

펠렛팅한 양어사료에서 스팀 펠렛팅, 저장 후 약 20%의 비타민 C 활성이 유지되었으므로 배합사료는 결정질 또는 코팅 AA를 5배 더 많이 첨가하면 사료 내 요구량을 충족시키기에 충분했다. 양어사료 생산에서 압출 펠렛팅을 사용하면 펠리팅 공정에 추가적인 열과 압력이 가해지면서 지방 코팅을 녹이고 양어사료의 AA 활성 손실을 촉진시킬 수 있다. 따라서 AA의 2번 탄소 위치에 작용기(functional group)를 첨가하여 AA를 산화로부터 보호하는 접합체가 개발되었다. 1차 생성물은 아스코르브산염-2-황산염으로 매우 안정적이지만 생물학적 활성이 낮다. 2차 생성물은 아스코르브산염-2-중합인산염으로 완전한 생물학적 활성을 갖지만 중합인산염의 상대적인 무게 때문에 분자량 기준으로는 상대적으로 활성이 낮았다. 최근에는 AA 함량을 증가시키는 아스코르브산염-2-1 인산염이 개발되었다. 이 제품은 아스코르베이트-2-1 인산염의 Na/Ca 염으로 오늘날 양식업에서 널리 사용되고 있으며 에틸셀룰로오스 코팅 또는 지방 코팅 AA의 경우 70~90%의 활성 손실을 보이지만, 압출 펠렛팅, 3개월간의 상온보관에서 15% 미만의 활성 손실을 보였다. 스팀 펠렛 사료의 경우, 결정질 아스코르브산의 손실은 펠렛팅과 건조, 보관 조건에 따라 30~70%이며, 아스코르브산염-2-인산염이 10% 미만으로 손실되었다. 비타민 C의 다양하고 보호된 형태를 이용하는 상대적 기능은 흡수 차이의 결과일 가능성이 크다. 따라서 각 아스코르브산염 공급원의 생물학적 기능은 어류와 새우에게 필요한 첨가 함량을 결정하는 데 중요하다. 이전 연구와 아스코르브산염 유도체의 요구량을 비교할 때 주의해야 한다. 다양한 수산생물 종에서 생물학적 특성에 대한 더 많은 연구가 필요하다(Gabaudan and Hardy, 2000).

9.3 비타민 유사 기타 화합물

9.3.1 아스타잔틴(Astaxanthin)

많은 식물과 동물은 어류의 신체와 비늘, 알에 노란색과 주황색, 빨간색 등 색상을 부여하는 천연색소를 다양하게 포함하고 있다. 식물과 동물계에서 가장 중요한 천연색소 그룹 중 하나가 카로티노이드이다. 연어에서 2가지 옥시카로티노이드인 아스타잔틴(3,3'-디히드록시-4,4'-디케토-β-카로틴)과 칸타크산틴(4-4'-디케토-β-카로틴)은 근육, 피부, 지느러미의 빨간색과 주황색 색소를 담당한다. 아스타잔틴은 야생 연어의 주요 카로티노이드 색소이며 주로 동물성 플랑크톤에서 유래한다. 아스타잔틴은 무지개송어(Storebakken and No, 1992)와 대서양연어(Christiansen et al., 1995), 북극곤들매기(*Salvelinus alpinus*, Olsen and Mortensen, 1997), 호주통돔(*Chrysophrys auratus*, Doolan et al., 2009), 얼룩새우(Okada et ah, 1994), 보리새우(Chien and Jeng, 1992)의 주요 색소인 것으로 관찰된다.

카로티노이드는 ① 광합성에서 보조색소, ② 광 증감(photosensitization) 보호 색소, ③ 프로비타민 A 공급원, ④ 수산동물에서 소통을 비롯한 여러가지 생리 기능이 있는 것으로 나타났다. 카로티노이드의 생리학적 또는 약리학적 투여에 나타나는 반응은 일반적으로 행동에 따라 분류된다. 카로티노이드 작용과 관련된 잠재적 기작에는 항산화와 단일항 산소 퀜칭(singlet oxygen quenching), 프로비타민 A 활성, DNA 발현의 상향조절, 공역 산화 작용(cooxidation), 종양 면역 증가, 대식세포와 림프구 활성화 조절과 관련된 면역 기능 강화가 포함된다(Bendich, 1993).

아스타잔틴을 사료에 첨가함으로써 대서양연어의 성장률이 향상되었다(Torrissen, 1984; Christiansen et al., 1994). 나일틸라피아(Boonyaratpalin and Unprasert, 1989)와 보리새우(Chien and Jeng, 1992)에서도 유사한 결과를 보였다. 결과적으로 아스타잔틴은 어류와 새우에게 필요한 비타민으로 고려해야 한다고 제안되어 왔다(Torrissen and Christiansen, 1995).

사료에 첨가된 아스타잔틴은 대서양대구(Sawanboonchun et al., 2008)의 알의 질과 자어 생산을 개선하고 얼룩새우(Pangantihon-Kuhlmann et al., 1998; Huang et ah, 2008)의 산란율과 번식률 향상에 긍정적인 영향을 주는 것으로 나타났다. 새우가 아스타잔틴을 섭취하는 동안 얼룩새우의 열과 삼투압 스트레스 이후의 항산화 능력과 생존율은 향상되었다(Chien et al., 2003). 사료(Kumar et al., 2009) 또는 주사에 따른 아스타잔틴 혼합(Angeles et al., 2009)은 큰징거미새우의 면역 반응과 질병 저항성을 향상시켰다. 그러나 Christiansen and Torrissen (1997)은 대서양연어에서 아스타잔틴이 수정과 알 부화율에 필수적이지 않다고 보고했다. Choubert et al.(1998)는 아스타잔틴을 보충함으로써 암컷이 성숙하는 빈도 또는 무지개송어의 성숙기간이 향상되지 않는다는 것을 발견했다. 어류와 새우 사료에서 아스타잔틴의 필수성에 관한 더 많은 정보는 질적 요소뿐만 아니라 양적으로(용량-반응 관계)도 필요하다. 화합물 부재에 따른 결핍 증상의 증거도 필요하다.

참고문헌

Abdelghany, A. E. 1996. Growth response of Nile tilapia *Oreochromis niloticus* to dietary L-ascorbic acid, L-ascorbyl-2-sulfate, and L-ascorbyl-2-polyphosphate. J. World Aquacult. Soc. 27:449-455.

Adron, J. W., D. Knox, C. B. Cowey, and G. T. Ball. 1978. Studies on the nutrition of marine flatfish. The pyridoxine requirement of turbot (*Scophthalmus maximus*). Br. J. Nutr. 40:261-268.

Agrawal, N. K., and C. L. Mahajan. 1980. Nutritional deficiency disease in an Indian major carp, *Cirrhina mrigala* Hamilton, due to avitaminosis C during early growth. J. Fish Dis. 3:231-248.

Aguirre, P., and D. M. Gatlin, III. 1999. Dietary vitamin C requirement of red drum *Sciaenops ocellatus*. Aquacult. Nutr. 5:247-249.

Ai, Q., K. Mai, C. Zhang, W. Xu, Q. Duan, B. Tan, and Z. Liufu. 2004. Effects of dietary vitamin C on growth and immune response of Japanese seabass, *Lateolabrax japonicus*. Aquaculture 242:489-500.

Ai, Q., K. Mai, B. Tan, W. Xu, W. Zhang, H. Ma, and Z. Liufu. 2006. Effects of dietary vitamin C on survival, growth, and immunity of large yellow croaker, *Pseudosciaena crocea*. Aquaculture 261:327-336.

Albrektsen, S., K. Sandnes, J. Glette, and R. Waagbø. 1995. Influence of dietary vitamin B_6 on tissue vitamin B_6 contents and immunity in Atlantic salmon, *Salmo salar* L. Aquac. Res. 26:331-339.

Alexis, M. N., K. K. Karanikolas, and R. H. Richards. 1997. Pathological findings owing to the lack of ascorbic acid in cultured gilthead seabream (*Sparus aurata* L.). Aquaculture 151:209-218.

Al-Amoudi, M. M., A. M. N. El-Nakkadi, and B. M. El-Nouman. 1992. Evaluation of optimum dietary requirement of vitamin C for the growth of *Oreochromis spilurus* fingerlings in water from the Red Sea. Aquaculture 105:165-173.

Amezaga, M. R., and D. Knox. 1990. Riboflavin requirements in on-growing rainbow trout, *Oncorhynchus mykiss*. Aquaculture 88:87-98.

Anbarasu, K., and M. R. Chandran. 2001. Effect of ascorbic acid on the immune response of the catfish, *Mystus gulio* (Hamilton), to different bacterins of *Aeromonas hydrophila*. Fish Shellfish Immun. 11:347-355.

Andrews, J. W., and T. Murai. 1975. Studies on the vitamin C requirements of channel catfish (*Ictalurus punctatus*). J. Nutr. 105:557-561.

Andrews, J. W., and T. Murai. 1978. Dietary niacin requirements of channel catfish. J. Nutr. 108:1508-1511.

Andrews, J. W., and T. Murai. 1979. Pyridoxine requirements of channel catfish. J. Nutr. 109:533-537.

Andrews, J. W., T. Murai, and J. W. Page. 1980. Effects of dietary cholecalciferol and ergocalciferol on catfish. Aquaculture 19:49-54.

Angeles, I. P., Jr., Y. H. Chien, and M. M. Tayamen. 2009. Effects of different dosages of astaxanthin on giant freshwater prawn *Macrobrachium rosenbergii* (De Man) challenged with *Lactococcus garvieae*. Aquac. Res. 41:70-77.

Aoe, H., and I. Masuda. 1967. Water-soluble vitamin requirements of carp. 2. Requirements for *p*-aminobenzoic acid and inositol. B. Jpn. Soc. Sci. Fish. 33:674-680.

Aoe, H., I. Masuda, T. Saito, and A. Komo. 1967a. Water-soluble vitamin requirements of carp. 1. Requirement for vitamin B2. B. Jpn. Soc. Sci. Fish. 33:355-360.

Aoe, H., I. Masuda, and T. Takada. 1967b. Water-soluble vitamin requirements of carp. 3. Requirement for niacin. B. Jpn. Soc. Sci. Fish. 33:681-685.

Aoe, H., I. Masuda, T. Saito, and T. Takada. 1967c. Water-soluble vitamin requirements of carp. 5. Requirement for folic acid. B. Jpn. Soc. Sci. Fish. 33:1068-1071.

Aoe, H., I. Masuda, T. Mimura, T. Saito, and A. Komo. 1968. Requirement of young carp for vitamin A. B. Jpn. Soc. Sci. Fish. 34:959-964.

Aoe, H., I. Masuda, T. Mimura, T. Saito, A. Komo, and S. Kitamura. 1969. Water-soluble vitamin requirements for carp. 6. Requirements for thiamin and effects of antithiamins. B. Jpn. Soc. Sci. Fish. 35:459-465.

Arai, S., T. Nose, and Y. Hashimoto. 1972. Qualitative requirements of young eels, *Anguilla japonica*, for water-soluble vitamins and their deficiency symptoms. B. Freshwater Res. Lab. Tokyo 22:69-83.

Bai, S. C. 2001. Requirements of L-ascorbic acid in a viviparous marine teleost, Korean rockfish, *Sebastes schlegeli* (Hulgendorf). Pp. 69-85 in Ascorbic Acid in Aquatic Organisms, K. Dabrowski, ed. Boca Raton, FL: CRC Press.

Bai, S. C., and K. J. Lee. 1998. Different levels of dietary DL-α-tocopheryl acetate affect the vitamin E status of juvenile Korean rockfish,

Sebastes schlegeli. Aquaculture 161:405-414.

Barnett, B. J., C. Y. Cho, and S. J. Slinger. 1982a. Relative biopotency of ergocalciferol and cholecalciferol and the role of and requirement for vitamin D in rainbow trout (*Salmo gairdneri*). J. Nutr. 112:2011-2019.

Barnett, B. J., G. Jones, C. Y. Cho, and S. J. Slinger. 1982b. The biological activity of 25-hydroxycholecalciferol and 1,25-dehydroxycholecalciferol for rainbow trout (*Salmo gairdneri*). J. Nutr. 112:2020-2026.

Bell, J. G., C. B. Cowey, J. W. Adron, and A. M. Shanks. 1985. Some effects of vitamin E and selenium deprivation on tissue enzyme levels and indices of tissue peroxidation in rainbow trout (*Salmo gairdneri*). Br. J. Nutr. 53:149-157.

Bendich, A. 1993. Biological functions of dietary carotenoids. Ann. NY Acad. Sci. 691:61-67.

Blazer, V. S., and R. E. Wolke. 1984a. The effects of α-tocopherol on the immune response and non-specific resistance factors of rainbow trout (*Salmo gairdneri* Richardson). Aquaculture 37:1-9.

Blazer, V. S., and R. E. Wolke. 1984b. Effect of diet on the immune response of rainbow trout (*Salmo gairdneri*). Can. J. Fish. Aquat. Sci. 41:1244-1247.

Blom, J. H., K. Dabrowski, and J. Ebeling. 2000. Vitamin C requirements of the angelfish *Pterophylum scalare*. J. World Aquacult. Soc. 31:115-118.

Boonyaratpalin, M. 1998. Nutrition of *Penaeus merguiensis* and *Penaeus indicus*. Rev. Fish. Sci. 6:69-78.

Boonyaratpalin, M., and N. Unprasert. 1989. Effect of pigments from different sources on colour changes and growth of red *Oreochromis niloticus*. Aquaculture 79:375-380.

Boonyaratpalin, M., and W. Phromkunthong. 2001. Bioavailability of ascorbyl phosphate calcium in hybrid catfish, *Clarias macrocephalus* (Gunther) × *Clarias gariepinus* (Burchell) feed. Aquac. Res. 32(Suppl. 1):126-134.

Braekkan, O. R., O. Ingebrigoten, and H. Myklestead. 1969. Interconversion of vitamins A and A2 in fishes. Int. Z. Vitaminforech. 39:123-130.

Brandt, T. M., C. W. Doyoe, and P. A. Seib. 1985. Alternate sources of vitamin C for channel catfish. Prog. Fish Cult. 47:55-59.

Brown, P. B. 1988. Vitamin D Requirement of Juvenile Channel Catfish Reared in Calcium-Free Water. Ph.D. Dissertation, Texas A&M University, College Station, Texas.

Brunson, M. W., H. R. Robinette, P. R. Bowser, and T. L. Wellborn. 1983. Nutritional gill disease associated with starter feeds for channel catfish fry. Prog. Fish Cult. 45:119-120.

Burtle, G. J., and R. T. Lovell. 1989. Lack of response of channel catfish (*Ictalurus punctatus*) to dietary myo-inositol. Can. J. Fish. Aquat. Sci. 46:218-222.

Castledine, A. J., C. Y. Cho, S. J. Slinger, B. Hicks, and H. S. Bayley. 1978. Influence of dietary biotin level on growth, metabolism and pathology of rainbow trout. J. Nutr. 108:698-711.

Catacutan, M. R., and C. R. Lavilla-Pitogo. 1994. L-ascorbyl-2-phosphate Mg as a source of vitamin C for juvenile *Penaeus monodon*. Isr. J. Aquacult. Bamidgeh 46:40-47.

Cavalli, R. O., F. M. M. Batista, P. Lavens, P. Sorgeloos, H. J. Nelis, and A. P. De Leenheer. 2003. Effect of dietary supplementation of vitamin C and E on maternal performance and larval quality of the prawn *Macrobrachium rosenbergii*. Aquaculture 227:131-146.

Cerezuela, R., A. Cuestaa, J. Meseguera, and M. Á. Esteban. 2009. Effects of dietary vitamin D_3 administration on innate immune parameters of seabream (*Sparus aurata* L.). Fish Shellfish Immun. 26:243-248.

Chan, A. C. 1993. Partners in defense, vitamin E and vitamin C. Can. J. Physiol. Pharm. 71:725-731.

Chavan, S. L., H. S. Dhaker, and S. K. Barve. 2003. Influence of dietary biotin level on growth and survival of fry of *Liza parsia*. Appl. Fish. Aquac. 3:42-44

Chavez de Martinez, M. C. 1990. Vitamin C requirement of the Mexican native cichlid (*Cichlasoma urophthalmus*, Gunther). Aquaculture 86:409-416.

Chen, H. Y., and C. F. Chang. 1994. Quantification of vitamin C requirements for juvenile shrimp (*Penaeus monodon*) using polyphosphorylated L-ascorbic acid. J. Nutr. 124:2033-2038.

Chen, H. Y., and G. Hwang. 1992. Estimation of the dietary riboflavin required to maximize tissue riboflavin concentration in juvenile shrimp (*Penaeus monodon*). J. Nutr. 122:2474-2478.

Chen, H. Y., F. C. Wu, and S. Y. Tang. 1991. Thiamin requirement of juvenile shrimp (*Penaeus monodon*). J. Nutr. 121:1984-1989.

Chen, H. Y., F. C. Wu, and S. Y. Tang. 1994. Sensitivity of transketolase to the thiamin status of juvenile marine shrimp (*Penaeus monodon*). Comp. Biochem. Phys. A 109:655-659.

Chen, R., R. Lochmann, A. Goodwin, K. Praveen, K. Dabrowski, and K. J. Lee. 2004. Effects of dietary vitamin C and E on alternative complement activity, hematology, tissue composition, vitamin concentrations and response to heat stress in juvenile golden shiner (*Notemigonus crysoleucas*). Aquaculture 242:553-569.

Chen, S., and A. Li. 1994. Investigation on nutrition of vitamin A for shrimp *Penaeus chinensis*: 1. Effects of vitamin A on shrimp's growth and visual organ. Acta. Zool. Sin. Dongwu. Xuebao. 40:266-273.

Chien, Y. H., and S. C. Jeng. 1992. Pigmentation of kuruma shrimp, *Penaeus japonicus* Bate, by various pigment sources and levels and feeding regimes. Aquaculture 102:333-346.

Chien, Y. H., C. H. Pan, and B. Hunter. 2003. The resistance to physical stresses by *Penaeus monodon* juveniles fed diets supplemented with astaxanthin. Aquaculture 216:177-191.

Cho, C. Y., and B. Woodward. 1990. Dietary pantothenic acid requirements of young rainbow trout (*Oncorhynchus mykiss*) (abstract). FASEB J. 4:3747.

Choubert, G., J. M. Blanc, and H. Poisson. 1998. Effects of dietary keto-carotenoids (canthaxanthin and astaxanthin) on the reproductive performance of female rainbow trout *Oncorhynchus mykiss* (Walbaum). Aquacult. Nutr. 4:249-254.

Christiansen, R., and O. J. Torrissen. 1997. Effects of dietary astaxanthin supplementation on fertilization and egg survival in Atlantic salmon (*Salmo salar* L.). Aquaculture 153:51-62.

Christiansen, R., Ø. Lie, and O. J. Torrissen. 1994. Effect of astaxanthin and vitamin A on growth and survival during first feeding of Atlantic salmon *Salmo salar* L. Aquac. Res. 25:903-914.

Christiansen, R., G. Struksnæs, R. Estermann, and O. J. Torrissen. 1995. Assessment of flesh colour in Atlantic salmon, *Salmo salar* L. Aquac. Res. 26:311-321.

Ciereszko, A., and K. Dabrowski. 1995. Sperm quality and AA concentration in rainbow trout semen are affected by dietary vitamin C: A cross-season study. Biol. Reprod. 52:982-988.

Clerton, P., D. Troutauda, V. Verlhacb, J. Gabaudanb, and P. Deschaux. 2001.

Dietary vitamin E and rainbow trout (*Oncorhynchus mykiss*) phagocyte functions: Effect on gut and on head kidney leucocytes. Fish Shellfish Immun. 11:1-13.

Coates, J. A., and J. E. Halver. 1958. Water-soluble vitamin requirements of silver salmon. Special Scientific Report Fisheries 281. Washington, DC: Bureau of Sport Fisheries and Wildlife.

Comacho, A. S. 1978. Characterization of Thiamine Deficiency in Channel Catfish Fed Heated and Nonheated Catfish Processing Waste. Ph.D. Dissertation, Auburn University, Auburn, Alabama.

Cowey, C. B., and B. Woodward. 1993. The dietary requirement of young rainbow trout (*Oncorhynchus mykiss*) for folic acid. J. Nutr. 123:1594-1600.

Cowey, C. B, J. W. Adron, and D. Knox. 1975. Studies on the nutrition of marine flatfish. The thiamin requirement of turbot, *Scophthalmus maximus*. Brit. J. Nutr. 34:383-390.

Cowey, C. B., J. W. Adron, M. J. Walton, J. Murray, A. Youngson, and D. Knox. 1981. Tissue distribution, uptake and requirement for a α-tocopherol of rainbow trout (*Salmo gairdneri*) fed diets with a minimal content of unsaturated fatty acids. J. Nutr. 111:1556-1567.

Cowey, C. B., J. W. Adron, and A. Youngson. 1983. The vitamin E requirement of rainbow trout (*Salmo gairdneri*) given diets containing polyunsaturated fatty acids derived from fish oil. Aquaculture 30:85-93.

Craig, S. R., and D. M. Gatlin, III. 1996. Dietary choline requirement of juvenile red drum (*Sciaenops ocellatus*). J. Nutr. 126:1696-1700.

Cuesta, A., M. A. Esteban, J. Ortuño, and J. Meseguer. 2001. Vitamin E increases natural cytotoxic activity in seabream (*Sparus aurata* L.). Fish Shellfish Immun. 11:293-302.

Cuesta, A., M. A. Esteban, and J. Meseguer. 2002. Natural cytotoxic activity in seabream (*Sparus aurata* L.) and its modulation by vitamin C. Fish Shellfish Immun. 13:97-109.

D'Abramo, L. R., and N. A. Baum. 1981. Choline requirement of the microcrustacean *Moina macrocopa*: A purified diet for continuous culture. Biol. Bull. 161:357-365.

D'Abramo, L. R., C. A. Moncreiff, F. P. Holcomb, J. L. Montanez, and R. K. Buddington. 1994. Vitamin C requirement of the juvenile freshwater prawn, *Macrobrachium rosenbergii*. Aquaculture 128:269-275.

Dabrowski, K. 1990. Ascorbic acid status in the early life of whitefish (*Coregonus lavaretus* L.). Aquaculture 84:61-70.

Dabrowski, K., and A. Ciereszko. 1996. AA protects against male infertility in a teleost fish. Experientia 52:97-100.

Dabrowski, K., and G. Kock. 1989. Absorption and interaction with minerals of ascorbic acid and ascorbic sulfate in digestive tract of rainbow trout. Can. J. Fish. Aquat. Sci. 46:1952-1957.

Dabrowski, K., S. Hinterleitner, C. Sturmbauer, N. El-Fiky, and W. Wieser. 1988. Do carp larvae require vitamin C? Aquaculture 72:295-306.

Dabrowski, K., H. Segner, R. Dallinger, S. Hinterleitner, C. Sturmbauer, and W. Wieser. 1989. Rearing of roach larvae; the vitamin C, minerals interrelationship and nutrition-related histology of the liver and intestine. J. Anim. Physiol. An. N. 62:188-202.

Dabrowski, K., D. Lackner, and C. Doblander. 1990. Utilization of ascorbic sulfate in rainbow trout. Effect of dietary ascorbate on the tissue ascorbic acid, dehydroascorbic acid, ascorbic sulfate and ascorbic sulfate sulfahydrolase. Can. J. Fish. Aquat. Sci. 47:1518-1525.

Deng, D. F., and R. P. Wilson. 2003. Dietary riboflavin requirement of juvenile sunshine bass (*Morone chrysops* ♀ × *Morone saxatilis* ♂). Aquaculture 218:695-701.

Deng, D. F., G. I. Hemre, and R. P. Wilson. 2002. Juvenile sunshine bass (*Morone chrysops* ♀ × *Morone saxatilis* ♂) do not require dietary *myo*-inositol. Aquaculture 213:387-393.

Deshimaru, O., and K. Kuroki. 1976. Studies on a purified diet for prawn. VII. Adequate dietary levels of ascorbic acid and inositol. B. Jpn. Soc. Soc. Sci. Fish. 42:571-576.

Deshimaru, O., and K. Kuroki. 1979. Requirement of prawn for dietary thiamin, pyridoxine, and choline chloride. B. Jpn. Soc. Soc. Sci. Fish. 45:363-367.

Desjardins, L. M., J. D. Castell, and J. C. Kean. 1985. Synthesis of dehydroascorbic acid by subadult lobsters (*Homarus americanus*). Can. J. Fish. Aquat. Sci. 42:370-373.

Doolan, B. J., M. A. Booth, G. L. Allan, and P. L. Jones. 2009. Effects of dietary astaxanthin concentration and feeding period on the skin pigmentation of Australian snapper *Pagrus auratus* (Bloch & Schneider, 1801). Aquac. Res. 40:60-68.

Draper, H. H., and A. S. Csallany. 1969. A simplified hemolysis test for vitamin E deficiency. J. Nutr. 98:390-394.

Duncan, P. L., and R. T. Lovell. 1991. Effect of folic acid on growth, survival and hematology in channel catfish (*Ictalurus punctatus*). Twenty-second Annual Conference of the World Aquaculture Society, June 16-20, 1991, San Juan, Puerto Rico.

Duncan, P. L., R. T. Lovell, C. E. Butterworth, L. F. Freeberg, and T. Tamura. 1993. Dietary folate requirement determined for channel catfish, *Ictalurus punctatus*. J. Nutr. 123:1888-1897.

Dupree, H. K. 1966. Vitamins essential for growth of channel catfish, *Ictalurus punctatus*. Technical Paper No. 7. Washington, DC: U.S. Bureau of Sport Fisheries and Wildlife.

Dupree, H. K. 1968. Vitamin E requirement of channel catfish. Pp. 220-222 in Progress in Sport Fishery Research, 1967. Resource Publication No. 77. Washington, DC: U.S. Bureau of Sport Fisheries and Wildlife.

Dupree, H. K. 1970. Dietary requirement of vitamin A acetate and beta carotene. Pp. 148-150 in Progress in Sport Fishery Research, 1969. Resource Publication No. 88. Washington, DC: U.S. Bureau of Sport Fisheries and Wildlife.

Durve, V. S., and R. T. Lovell. 1982. Vitamin C and disease resistance in channel catfish. Can. J. Fish. Aquat. Sci. 39:948-951.

Eckhert, C. D., and A. R. Kemmerer. 1974. Effect of vitamin A and methionine on growth and amino acid composition of body protein in rainbow trout fingerlings. J. Nutr. 104:865-870.

El Naggar, G. O., and R. T. Lovell. 1991. L-Ascorbyl-2-monophosphate has equal antiscorbutic activity as L-ascorbic acid but L-ascorbyl-2-sulfate is inferior to L-ascorbic acid for channel catfish. J. Nutr. 121:1622-1626.

Eo, J., and K. J. Lee. 2008. Effect of dietary ascorbic acid on growth and non-specific immune responses of tiger puffer, *Takifugu rubripes*. Fish Shellfish Immun. 25:611-616.

Eya, J. C. 1996. "Broken-skull disease" in African catfish *Clarias gariepinus* is related to a dietary deficiency of ascorbic acid. J. World Aquacult. Soc. 27:493-498.

Feng, L., W. He, J. Jiang, Y. Liu, and X. Q. Zhou. 2009. Effects of dietary pyridoxine on disease resistance, immune responses and intestinal microflora in juvenile Jian carp (*Cyprinus carpio* var. Jian). Aquacult. Nutr. doi:10.1111/j.1365-2095.2009.00660.x.

Fernández-Palacios, H., M. S. Izquierdo, and L. Robaina. 2005. Efecto de distintas dietas para reproductores de dorada (*Sparus aurata*) sobre la calidad de sus puestas. Informes Técnicos del Instituto Canario de Ciencias marinas no. 12.

Fournier, V., M. F. Gouillou-Coustans, and S. J. Kaushik. 2000. Hepatic ascorbic acid saturation is the most stringent response criterion for determining the vitamin C requirement of juvenile European sea bass (*Dicentrarchus labrax*). J. Nutr. 130:617-620.

Furuita, H., H. Tanaka, T. Yamamoto, N. Suzuki, and T. Takeuchi. 2003. Supplemental effect of vitamin A in diet on the reproductive performance and egg quality of the Japanese flounder *Paralichthys olivaceus* (T & S). Aquac. Res. 34:461-468.

Furuita, H., T. Ishida, T. Suzuki, T. Unuma, T. Kurokawa, T. Sugita, and T. Yamamoto. 2008. Vitamin content and quality of eggs produced by broodstock injected with vitamins C and E during artificial maturation in Japanese eel *Anguilla japonica*. Aquaculture 289:334-339.

Gabaudan, J., and R. W. Hardy. 2000. Vitamin sources for fish feeds. Pp. 961-965 in Encyclopedia of Aquaculture, R. R. Stickney, ed. New York: John Wiley & Sons, Inc.

Gabaudan, J., and V. Verlhac. 2001. Critical review of the requirements of ascorbic acid in cold and cool water fishes (salmonids, percids, plecoglossids, and flatfishes). Pp. 33-48 in Ascorbic Acid in Aquatic Organisms, K. Dabrowski, ed. Boca Raton, FL: CRC Press.

Gatlin, D. M., III, W. E. Poe, and R. P. Wilson. 1986a. Effects of singular and combined dietary deficiencies of selenium and vitamin E on fingerling channel catfish (*Ictalurus punctatus*). J. Nutr. 116:1061-1067.

Gatlin, D. M., W. E. Poe, R. P. Wilson, A. J. Ainsworth, and P. R. Bowser. 1986b. Effects of stocking density and vitamin C status on vitamin E-adequate and vitamin E-deficient fingerling channel catfish. Aquaculture 56:187-195.

George, J. C., B. J. Barnett, C. Y. Cho, and S. J. Slinger. 1981. Vitamin D_3 and muscle function in the rainbow trout. Cytobios 31:7-18.

Gong, H., A. L. Lawrence, D. H. Jiang and D. M. Gatlin, III. 2003. Effect of dietary phospholipids on the choline requirement of *Litopenaeus vannamei* juveniles. J. World Aquacult. Soc. 34:289-299.

Goswami, U. C. 1984. Metabolism of cryptoxanthin in freshwater fish. Brit. J. Nutr. 25:575-581.

Gouillou-Coustans, M. F., P. Bergot, and S. J. Kaushik. 1998. Dietary ascorbic acid needs of common carp *Cyprinus carpio* larvae. Aquaculture 161:453-461.

Graff, I. E., S. Høie, G. K. Totland and Ø. Lie. 2002. Three different levels of dietary vitamin D3 fed to first-feeding fry of Atlantic salmon (*Salmo salar* L.): Effect on growth, mortality, calcium content and bone formation. Aquacult. Nutr. 8:103-111.

Grahl-Madsen, E., and Ø. Lie. 1997. Effects of different levels of vitamin K in diets for cod (*Gadus morhua*). Aquaculture 151:269-274.

Grant, B. F., P. A. Seib, M. L. Liao, and J. A. Corpron. 1989. Polyphosphorylated L-ascorbic acid: A stable form of vitamin C for aquaculture feeds. J. World Aquacult. Soc. 20:143-157.

Griffin, M. E., K. A. Wilson, M. R. White, and P. B. Brown. 1994. Dietary choline requirement of juvenile hybrid striped bass. J. Nutr. 124:1685-1689.

Guary, M., A. Kanazawa, N. Tanaka, and H. J. Ceccaldi. 1976. Nutritional requirements of prawn: VI. Requirement for ascorbic acid. Mem. Fac. Fish. Kagoshima Univ. 25:53-57.

Halver, J. E. 1957. Nutrition of salmonids fishes. 4. Water-soluble vitamin requirements of Chinook salmon. J. Nutr. 62:225-243.

Halver, J. E. 1972. The vitamins. Pp. 29-103 in Fish Nutrition, J. E. Halver, ed. New York: Academic Press.

Halver, J. E., L. M. Ashley, and R. R. Smith. 1969. Ascorbic acid requirements of coho salmon and rainbow trout. T. Am. Fish. Soc. 90:762-771.

Halver, J. E., R. R. Smith, B. M. Tolbert, and E. M. Baker. 1975. Utilization of ascorbic acid in fish. Ann. NY Acad. Sci. 258:81-102.

Hamre, K., and Ø. Lie. 1995. α-Tocopherol levels in different organs of Atlantic salmon (*Salmo salar* L.): Effects of smoltification, dietary levels of n-3 polyunsaturated fatty acid and vitamin E. Comp. Biochem. Phys. A 111A:547-554.

Hardie, L. J., T. C. Fletcher, and C. J. Secombes. 1990. The effect of vitamin E on the immune response of the Atlantic salmon (*Salmo salar* L.). Aquaculture 87:1-13.

Hardy, R. W., J. E. Halver, and E. L. Brannon. 1979. Effect of dietary protein level on the pyridoxine requirement and disease resistance of Chinook salmon. Pp. 253-260 in Finfish Nutrition and Fish Feed Technology, Volume 1, J. E. Halver and K. Tiews, eds. Berlin, Germany:

Heeneman GmbH.

Hari, B., and B. M. Kurup. 2002. Vitamin C (Ascorbyl 2 polyphosphate) requirement of freshwater prawn *Macrobrachium rosenbergii* (de Man). Asian Fish. Sci. 15:145-154.

Harlioˇglu, M. M., and O. Barim. 2004. The effect of dietary vitamin E on the pleopodal egg and stage-1 juvenile numbers of freshwater crayfish *Astacus leptodactylus* (Eschscholtz, 1823). Aquaculture 236:267-276.

Hashimoto, Y., S. Arai, and T. Nose. 1970. Thiamin deficiency symptoms experimentally induced in the eel. B. Jpn. Soc. Sci. Fish. 36:791-797.

He, H., and A. L. Lawrence. 1991. Estimation of dietary pyridoxine requirement for the shrimp, *Penaeus vannamei* (Abstr.). Paper presented at the 22nd Annual conference, World Aquaculture Society, June 16-20, 1991, San Juan, Puerto Rico.

He, H., and A. L. Lawrence. 1993a. Vitamin E requirements of *Penaeus vannamei*. Aquaculture 118:245-255.

He, H., and A. L. Lawrence. 1993b. Vitamin C requirements of the shrimp *Penaeus vannamei*. Aquaculture 114:305-316.

He, H., A. L. Lawrence, and R. Liu. 1992. Evaluation of dietary essentiality of fat-soluble vitamins, A, D, E and K, for penaeid shrimp (*Penaeus vannamei*). Aquaculture 103:177-185.

He, W., X. Q. Zhou, L. Feng, J. Jiang, and Y. Liu. 2009. Dietary pyridoxine requirement of juvenile Jian carp (*Cyprinus carpio* var. Jian). Aquacult. Nutr. 15:402-408.

Heikkila, R. E., and L. Manzino. 1987. Ascorbic acid, redox cycling, lipid peroxidation, and the binding of dopamine receptor antagonists. Ann. NY Acad. Sci. 498:63-76.

Hemre, G. I., A. Mangor-Jensen, and Ø. Lie. 1994. Broodstock nutrition in turbot (*Scophthalmus maximus*) effect of dietary vitamin E. Fiskeridir. Skr., Ser. Ernær., 8:21-29.

Hemre, G. I., D. F. Deng, R. P. Wilson, and M. H. G. Berntssen. 2004. Vitamin A metabolism and early biology responses in juvenile sunshine bass (*Morone chrysops* × *M. saxatilis*) fed graded levels of vitamin A. Aquaculture 235:645-658.

Henrique, M. M. F., E. F. Gomes, M. F. Gouillou-Coustans, A. Oliva-Teles, and S. J. Davies. 1998. Influence of supplementation of practical diets with vitamin C on growth and response to hypoxic stress of seabream, *Sparus aurata*. Aquaculture 161:415-426.

Hepher, B. 1988. Vitamins. Pp. 224-234 in Nutrition of Pond Fishes. New York: Cambridge University Press.

Hernandez, L. H. H., S. I. Teshima, M. Ishikawa, S. Alam, S. Koshio, and Y. Tanaka. 2005. Dietary vitamin A requirements of juvenile Japanese flounder *Paralichthys olivaceus*. Aquacult. Nutr. 11:3-9.

Hernandez, L. H. H., S. I. Teshima, S. Koshio, M. Ishikawa, Y. Tanaka, and S. Alam. 2007. Effects of vitamin A on growth, serum anti-bacterial activity and tansaminase activities in the juvenile Japanese flounder, *Paralichthys olivaceus*. Aquaculture 262:444-450.

Hilton, J. W., and H. W. Ferguson. 1982. Effect of excess vitamin D_3 on calcium metabolism in rainbow trout *Salmo gairdneri* Richardson. J. Fish. Biol. 21:373-379.

Hilton, J. W., C. Y. Cho, and S. J. Slinger. 1977. Factors affecting the stability of supplemental ascorbic acid in practical trout diets. J. Fish. Res. Board Can. 34:683-687.

Hilton, J. W., C. Y. Cho, and S. J. Slinger. 1978. Effect of graded levels of supplemental ascorbic acid in practical diets fed to rainbow trout (*Salmo gairdneri*). J. Fish. Res. Board Can. 35:431-436.

Holub, B. J., B. Bregeron, and T. Woodward. 1982. The effect of inositol deficiency on the hepatic neutral lipid and phospholipid composition of rainbow trout. J. Nutr. 112(6):xxi.

Hosokawa, H. 1989. The Vitamin Requirements of Fingerling Yellowtail, *Seriola quinqueradiata*. Ph.D. Dissertation, Kochi University, Japan.

Hsiao, S. M., and W. C. Mak. 1978. Artificial fertilization and incubation of fertilized eggs pond reared ayu. China Fish. Mon. 305:2-11.

Hsu, T. S., and S.Y. Shiau. 1997. Comparison of L-ascorbyl-2-polyphosphate with L-ascorbyl-2-sulfate in meeting vitamin C requirements of juvenile grass shrimp, *Penaeus monodon*. Fisheries Sci. 63:958-962.

Hsu, T. S., and S. Y. Shiau. 1998. Comparison of vitamin C requirement for maximum growth of grass shrimp, *Penaeus monodon*, using L-ascorbyl-2-monophosphate-Na and L-ascorbyl-2-monophosphate-Mg. Aquaculture 163:203-213.

Hsu, T. S., and S. Y. Shiau. 1999a. DL-α-tocopheryl acetate is not the only tissue storage form of vitamin E in tilapia fed dietary DL-α-tocopheryl acetate. Fisheries Sci. 65:959-960.

Hsu, T. S., and S. Y. Shiau. 1999b. Tissue storage of vitamin E in grass shrimp *Penaeus monodon* fed dietary DL-α-tocopheryl acetate. Fisheries Sci. 65:169-170.

Hsu, T. S., and S. Y. Shiau. 1999c. Influence of dietary ascorbate derivatives on tissue copper, iron and zinc concentrations in grass shrimp, *Penaeus monodon*. Aquaculture 179:457-464.

Hu, C. J., S. M. Chen, C. H. Pan, and C. H. Huang. 2006. Effects of dietary vitamin A or ß-carotene concentrations on growth of juvenile hybrid tilapia, *Oreochromis niloticus* × *O. aureus*. Aquaculture 253:602-607.

Huang, J., L. Tian, X. Wu, H. Yang, and Y. Liu. 2010. Effects of dietary riboflavin levels on antioxidant defense of the juvenile grouper *Epinephelus coioides*. Fish Physiol. Biochem. 36:55-62.

Huang, J. H., S. G. Jiang, H. Z. Lin, F. L. Zhou, and L. Ye. 2008. Effects of dietary highly unsaturated fatty acids and astaxanthin on the fecundity and lipid content of pond-reared *Penaeus monodon* (Fabricius) broodstock. Aquac. Res. 39:240-251.

Huang, J. W., L. X. Tian, Z. Y. Du, H. J. Yang, and Y. J. Liu. 2007. Effects of dietary thiamin on the physiological status of the grouper *Epinephelus coioides*. Fish Physiol. Biochem. 33:167-172.

Hughes, S. G. 1984. Effect of excess dietary riboflavin on growth of rainbow trout. J. Nutr. 114:1660-1663.

Hughes, S. G., G. L. Rumsey, and J. G. Nichum. 1981a. Riboflavin requirement of fingerling rainbow trout. Prog. Fish Cult. 43:167-172.

Hughes, S. G., R. C. Riis, J. G. Nichum, and G. L. Rumsey. 1981b. Biomicroscopic and histologic pathology of the eye in riboflavin deficient rainbow trout (*Salmo gairdneri*). Cornell Vet. 71:269-279.

Hung, S. S. O. 1989. Choline requirement of hatchery-produced juvenile white sturgeon (*Acipenser transmontanus*). Aquaculture 78:183-194.

Hung, S. S. O., C. Y. Cho, and S. J. Slinger. 1980. Measurement of oxidation in fish oil and its effect on vitamin E nutrition of rainbow trout (*Salmo gairdneri*). Can. J. Fish. Aquat. Sci. 37:1248-1253.

Hung, S. S. O., C. Y. Cho, and S. J. Slinger. 1981. Effect of oxidized fish oil, DL-α-tocopheryl acetate and ethoxyquin supplementation on the vitamin E nutrition of rainbow trout (*Salmo gairdneri*) fed practical diets. J. Nutr. 111:648-657.

Ibiyo, L. M. O., J. O. Atteh, J. S. Omotosho, and C. T. Madu. 2007. Vitamin C (ascorbic acid) requirements of *Heterobranchus longifilis* fingerlings. Afr. J. Biotechnol. 6:1559-1567.

Ikeda, S., Y. Ishibashi, O. Murata, T. Nasu, and T. Harada. 1988. Qualitative requirements of the Japanese parrotfish for water-soluble vitamins. B. Jpn. Soc. Sci. Fish. 54:2029-2035.

Ishibashi, Y., S. Ikeda, O. Murata, T. Nasu, and T. Harada. 1992. Optimal supplementary ascorbic acid level in the Japanese parrot fish diet. Nippon Suisan Gakk. 58:267-270.

Jiang, M., W. Wang, H. Wen, F. Wu, Z. Zhao, A. Liu, and W. Liu. 2007. Effects of dietary vitamin K3 on growth, carcass composition and blood coagulation time for grass carp fingerling (*Ctenopharyngodon idellus*) [in Chinese]. Freshwater Fish. 37:61-64.

John, M. J., and C. L. Mahajan. 1979. The physiological response of fishes to deficiency of cyanocobalamin and folic acid. J. Fish Biol. 14:127-133.

John, T. M., J. C. Gorge, J. W. Hilton, and S. J. Slinger. 1979. Influence of dietary ascorbic acid on plasma lipid levels in the rainbow trout. Int. J. Vitam. Nutr. Res. 49:400-405.

Jurss, K. 1978. Effect of pyridoxine deficiency and starvation on activities of aminotransferase in liver and muscle of rainbow trout (*Salmo gairdneri*). Zool. Jahrb. Allg. Zool. 82:141-149.

Jurss, K., and L. Jonas. 1981. Electron microscopic and biochemical investigations on the pyridoxine deficiency of the rainbow trout (*Salmo gairdneri* Richardson). Zool. Jahrb. Allg. Zool. 85:181-196.

Kaewsrithong, J., T. Ohshima, H. Ushio, R. Nagasaka, M. Maita, and M. Sawada. 2001. Effects of an excess dose of dietary α-tocopherol on hydroperoxide accumulation and erythrocyte osmotic fragility of sweet smelt *Plecoglossus altivelis* (Temminck et Schlegel). Aquac. Res. 32 (Suppl. 1):191-198.

Kanazawa, A. 1985. Prawn Feed. Taipei, Taiwan: American Soybean Association.

Kanazawa, A., S. Teshima, and N. Tanada. 1976. Nutritional requirements for choline and inositol. Mem. Fac. Fish. Kagoshima Univ. 28:27-33.

Kanazawa, A., S. I. Teshima, S. Koshio, M. Higashi, and S. Itoh. 1992. Effect of L-ascorbyl-2-phosphate-Mg on the yellowtail, *Seriola quinqueradiata* as a vitamin C source. Nippon Suisan Gakk. 58:337-341.

Karges, R. G., and B. Woodward. 1984. Development of lamellar epithelial hyperplasia in gills of pantothenic acid-deficient rainbow trout, *Salmo gairdneri* Richardson. J. Fish. Biol. 25:57-62.

Kashiwada, K., S. Teshima, and A. Kanazawa. 1970. Studies on the production of B vitamins by intestinal bacteria of fish. 5. Evidence of the production of vitamin B_{12} by microorganisms in the intestinal canal of carp, *Cyprinus carpio*. B. Jpn. Soc. Sci. Fish. 36:421-424.

Kashiwada, K., A. Kanazawa, and S. Teshima. 1971. Studies on the production of B vitamins by intestinal bacteria. 6. Production of folic acid by intestinal bacteria of carp. Mem. Fac. Fish. Kagoshima Univ. 20:185-189.

Katsuyama, M., and T. Matsuno. 1988. Carotenoid and vitamin A and metabolism of carotenoids, beta-carotene, canthaxanthin astaxanthin zeaxanthin lutein and tunaxanthin in tilapia *Tilapia nilotica*. Comp. Biochem. Phys. B 90B:134-139.

Ketola, H. G. 1976. Choline metabolism and nutritional requirement of lake trout (*Salvelinus namaycush*). J. Anim. Sci. 43:474-477.

Khajarern, J., and S. Khajarern. 1997. Stability and bioavailability of vitamin C-glucose in *Clarias* hybrid catfish (*Clarias gariepinus* × *Clarias macrocephalus*). Aquaculture 151:219-224.

Kiron, V., J. Puangkaew, K. Ishizaka, S. Satoh, and T. Watanabe. 2004. Antioxidant status and non-specific immune responses in rainbow trout (*Oncorhynchus mykiss*) fed two levels of vitamin E along with three lipid sources. Aquaculture 234:361-379.

Kissil, G. W., C. B. Cowey, J. W. Adron, and R. H. Richards. 1981. Pyridoxine requirements of the gilthead bream (*Sparus aurata*). Aquaculture 23:243-255.

Kitamura, S., S. Ohara, T. Suwa, and K. Nakagawa. 1965. Studies on vitamin requirements of rainbow trout, *Salmo gairdneri*. 1. On the ascorbic acid. B. Jpn. Soc. Sci. Fish. 31:818-826.

Kitamura, S., T. Suwa, S. Ohara, and K. Nakagawa. 1967a. Studies on vitamin requirements of rainbow trout. 3. Requirement for vitamin A and deficiency symptoms. B. Jpn. Soc. Sci. Fish. 33:1126-1131.

Kitamura, S., T. Suwa, S. Ohara, and K. Nakagawa. 1967b. Studies on vitamin requirements of rainbow trout. 2. The deficiency symptoms of fourteen kinds of vitamin. B. Jpn. Soc. Sci. Fish. 33:1120-1125.

Kocabas, A. M., and D. M. Gatlin, III. 1999. Dietary vitamin E requirement of hybrid striped bass (*Morone chrysops* female × *M. saxatilis* male). Aquacult. Nutr. 5:3-7.

Krossøy, C., R. Waggbø, P. G. Fjelldal, A. Wargelius, E. J. Lock, I. E. Graff, and R. Ørnsrud. 2009. Dietary menadione nicotinamide bisulphite (vitamin K_3) does not affect growth or bone health in first-feeding fry of Atlantic salmon (*Salmo salar* L.). Aquacult. Nutr. 15:638-649.

Kumar, V., B. R. Pillai, P. K. Sahoo, J. Mohanty, and S. Mohanty. 2009.

Effect of dietary astaxanthin on growth and immune response of giant freshwater prawn *Macrobrachium rosenbergii* (De Man). Asian Fish. Sci. 22:61-69.

Lall, S. P., and D. E. M. Weerakoon. 1990. Vitamin B_6 requirement of Atlantic salmon (*Salmo salar*) (abstract). FASEB J. 4:3749.

Lall, S. P., G. Olivier, J. A. Hines, and H. W. Ferguson. 1988. The role of vitamin E in nutrition and immune response of Atlantic salmon (*Salmo salar*). Bull. Aqua. Assoc. Can. 88-2:76.

Lall, S. P., G. Olivier, D. E. M. Weerakoon, and J. A. Hines. 1990. The effect of vitamin C deficiency and excess on immune response in Atlantic salmon (*Salmo salar* L.). Pp. 427-441 in Proceedings of the Fish Nutrition Meeting, Toba, Japan, M. Takeda and T. Watanabe, eds. Tokyo, Japan: Japan Translation Center.

Lavens, P., G. Merchie, X. Ramos, AL-H. Kujan, A. Van Hauwaert, A. Pedrazzoli, H. Nelis, and A. De Leenheer. 1999. Supplementation of ascorbic acid 2-monophosphate during the early postlarval stages of the shrimp *Penaeus vannamei*. Aquacult. Nutr. 5:205-209.

Lee, B. J., K. J. Lee, S. J. Lim, and S. M. Lee. 2009. Dietary *myo*-inositol requirement for olive flounder, *Paralichthys olivaceus* (Temminch et Schlegel). Aquac. Res. 40:83-90.

Lee, K. J., and K. Dabrowski. 2004. Long-term effects and interactions of dietary vitamin C and E on growth and reproduction of yellow perch, *Perca flavescens*. Aquaculture 230:377-389.

Lee, K. J., K. W. Kim, and S. C. Bai. 1998. Effects of different dietary levels of L-ascorbic acid on growth and tissue vitamin C concentration in juvenile Korean rockfish, *Sebastes schlegeli* (Hilgendorf). Aquac. Res. 29:237-244.

Lee, M. H., and S. Y. Shiau. 2002. Dietary vitamin C and its derivatives affect immune responses in grass shrimp, *Penaeus monodon*. Fish Shellfish Immun. 12:119-129.

Lee, M. H., and S. Y. Shiau. 2003. Increase of dietary vitamin C improves haemocyte respiratory burst response and growth of juvenile grass shrimp, *Penaeus monodon*, fed with high dietary copper. Fish Shellfish Immun. 14:305-315.

Lee, M. H., and S. Y. Shiau. 2004. Vitamin E requirements of juvenile grass shrimp, *Penaeus monodon*, and effects on immune responses. Fish Shellfish Immun. 16:475-485.

Lee, P. H. 1987. Carotenoids in Cultured Channel Catfish. Ph.D. Dissertation, Auburn University, Auburn, Alabama.

Lehmitz, R., and L. Spannhof. 1977. Transketolase activity and thiamin deficiency in the kidney of rainbow trout, *Salmo gairdneri*, fed raw herring. Arch. Tierernahr. 27:287-295.

Leith, D., J. Holmes, and S. Kaattari. 1990. Effects of vitamin nutrition on the immune response of hatchery-reared salmonids. Final Report, Project 84-45A and 84-45B. Portland, OR: Bonneville Power Administration.

Li, J., L. Zhang, K. S. Mai, Q. H. Ai, J. Wan, C. Zhang, and J. Zhang. 2010. Estimation of dietary biotin requirement of Japanese seabass, *Lateolabrax japonicus* C. Aquacult. Nutr. 16:231-236.

Li, M. H., M. R. Johnson, and E. H. Robinson. 1993. Elevated dietary vitamin C concentrations did not improve resistance of channel catfish, *Ictalurus punctatus*, against *Edwardsiella ictaluri* infection. Aquaculture 117:303-312.

Li, M. H., D. J. Wise, and E. H. Robinson. 1998. Effect of dietary vitamin C on weight gain, tissue ascorbate concentration, stress response, disease resistance of channel catfish *Ictalurus punctatus*. J. World Aquacult. Soc. 29:1-8.

Li, P., X. Wang, and D. M. Gatlin, III. 2008. RRR-α-tocopheryl succinate is a less bioavailable source of vitamin E than all-rac-α-tocopheryl acetate for red drum, *Sciaenops ocellatus*. Aquaculture 280:165-169.

Li, W., X. Q. Zhou, L. Feng, Y. Liu, and J. Jiang. 2010. Effect of dietary riboflavin on growth, feed utilization, body composition and intestinal enzyme activities of juvenile Jian carp (*Cyprinus carpio* var. Jian). Aquacult. Nutr. 16:137-143.

Li, Y., and R. T. Lovell. 1985. Elevated levels of dietary ascorbic acid increase immune responses in channel catfish. J. Nutr. 115:123-131.

Lie, Ø., A. Sandvin, and R. Waagbø. 1994. Transport of alpha-tocopherol in Atlantic salmon (*Salmo salar*) during vitellogenesis. Fish Physiol. Biochem. 13:241-247.

Lightner, D. V., L. B. Colvin, C. Brand and D. A. Donald. 1977. Black death, a disease syndrome of penaeid shrimp related to a dietary deficiency of ascorbic acid. Proc. World Maricult. Soc. 8:611-623.

Lightner, D. V., B. Hunter, P. C. Magarelli, Jr., and L. B. Colvin. 1979. Ascorbic acid:nutritional requirement and role in wound repair in penaeid shrimp. Proc. World Maricult. Soc. 10:513-519.

Lim, C., and R. T. Lovell. 1978. Pathology of the vitamin C deficiency syndrome in channel catfish (*Ictalurus punctatus*). J. Nutr. 108:1137-1146.

Lim, C., B. R. LeaMaster, and J. A. Brock. 1993. Riboflavin requirement of fingerlings red hybrid tilapia grown in seawater. J. World Aquacult. Soc. 24:451-458.

Lim, C., B. R. LeaMaster, and J. A. Brock. 1995. Pyridoxine requirement of fingerling red hybrid tilapia growth in seawater. J. Appl. Aquacult. 5:49-60.

Limsuwan, T., and R. T. Lovell. 1981. Intestinal synthesis and absorption of vitamin B_{12} in channel catfish. J. Nutr. 111:2125-2132.

Lin, M. F., and S. Y. Shiau. 2004. Requirements of vitamin C (L-ascorbyl-2-monophosphate-Mg and L-ascorbyl-2-monophosphate-Na) and its effects on immune responses of grouper, *Epinephelus malabaricus*. Aquacult. Nutr. 10:327-333.

Lin, M. F., and S. Y. Shiau. 2005a. Dietary L-ascorbic acid affects growth, non-specific immune responses and disease resistance in juvenile grouper, *Epinephelus malabaricus*. Aquaculture 244:215-221.

Lin, M. F., and S. Y. Shiau. 2005b. Requirements of vitamin C (L-ascorby1-2-sulfate and L-ascorby1-2-polyphosphate) and its effects on immune responses of grouper, *Epinephelus malabaricus*. Aquacult. Nutr. 11:183-189.

Lin, Y. H., and S. Y. Shiau. 2005. Dietary vitamin E requirements of grouper, *Epinephelus malabaricus*, under two lipid levels, and their effects on immune responses. Aquaculture 248:235-244.

Lin, Y. H., and S. Y. Shiau. 2009. Mutual sparing of dietary requirements for alpha-tocopherol and selenium in grouper, *Epinephelus malabaricus*. Aquaculture 294:242-245.

Lin, Y. H., J. Y. Wu, and S. Y. Shiau. 2010. Dietary cobalt can promote gastrointestinal bacterial production of vitamin B12 in sufficient amounts to supply growth requirements of grouper, *Epinephelus malabaricus*. Aquaculture 302:89-93.

Liu, A. L., H. Wen, M. Jiang, Z. Y. Zhao, F. Wu, and W. Liu. 2007. Dietary pantothenic acid requirement of grass carp (*Ctenopharyngodon idella*) fingerlings. Fisheries Sci. 26:263-266.

Liu, T. B., A. J. Li, and J. M. Zhang. 1993. Studies on vitamin nutrition for the shrimp Penaeus chinensis: 10. Studies on the choline chloride and inositol requirements in the shrimp *Penaeus chinensis*. J. Ocean Univ. Qingdao 23:67-74.

Liu, T., Z. Jiameng, and A. J. Li. 1995. Studies on the optimal requirements of pantothenic acid, biotin, folic acid and vitamin B12 in the shrimp *Penacus chinensis*. J. Fish. Sci. China 2:48-55.

Liu, Y., W. N. Wang, A. L. Wang, J. M. Wang, and R. Y. Sun. 2007. Effects of dietary vitamin E supplementation on antioxidant enzyme activities in *Litopenaeus vannamei* (Boone, 1931) exposed to acute salinity changes. Aquaculture 265:351-358.

Lovell, R. T., and J. C. Buston. 1984. Biotin supplementation of practical diets for channel catfish. J. Nutr. 114:1092-1096.

Lovell, R. T., and G. O. El Naggar. 1990. Vitamin C activity for L-ascorbic acid, L-ascorbyl-2-sulfate, and L-ascorbyl-2-phosphate Mg for channel catfish. Proceedings of the Fish Nutrition Meeting, Toba, Japan, M. Takeda and T. Watanabe, eds. Tokyo, Japan: Japan Translation Center.

Lovell, R. T., and Y. P. Li. 1978. Essentiality of vitamin D in diets of channel catfish (*Ictalurus punctatus*). T. Am. Fish. Soc. 107:809-811.

Lovell, R. T., and C. Lim. 1978. Vitamin C in pond diets for channel catfish. T. Am. Fish. Soc. 107:321-325.

Lovell, R. T., and T. Limsuwan. 1982. Intestinal synthesis and dietary nonessentiality of vitamin B_{12} for *Tilapia nilotica*. T. Am. Fish. Soc. 111:485-490.

Lovell, R. R., T. Miyazaki, and S. Rabegnator. 1984. Requirement for α-tocopherol by channel catfish fed diets low in polyunsaturated triglycerides. J. Nutr. 114:894-901.

Mæland, A., R. Waagbø, K. Sandnes, and B. Hjeltnes. 1998. Biotin in practical fish-meal based diet for Atlantic salmon *Salmo salar* L. fry. Aquacult. Nutr. 4:231-247.

Magarelli, P. C., Jr., B. Hunter, D. V. Lightner, and L. B. Colvin. 1979. Black death: An ascorbic acid deficiency disease in penaeid shrimp. Comp. Biochem. Phys. A 63A:103-108.

Mahajan, C. L., and N. K. Agrawal. 1979. Vitamin C deficiency in *Channa punctatus* Bloch. J. Fish Biol. 15:613-622.

Mahajan, C. L., and N. K. Agrawal. 1980. Nutritional requirements of ascorbic acid by Indian major carp *Cirrhina mrigala* during early growth. Aquaculture 19:37-48.

Mai, K., L. Xiao, Q. Ai, X. Wang, W. Xu, and W. Zhang. 2009. Dietary choline requirement for juvenile cobia, *Rachycentron canadum*. Aquaculture 289:124-128.

Maranesi, M., M. Marchetti, D. Bochicchio, and L. Cabrini. 2005. Vitamin B_6 supplementation increases the docosahexaenoic acid concentration of muscle lipids of rainbow trout (*Oncorhynchus mykiss*). Aquac. Res. 36:431-438.

Margolis, L. 1953. The effect of fasting on the bacterial flora of the intestine of fish. J. Fish. Res. Board Can. 10:62-63.

Martins, M. L. 1995. Effect of ascorbic acid deficiency on the growth, gill filament lesions and behavior of pacu fry (*Piarctus mesopotamicus* Holmberg, 1987). Braz. J. Med. Biol. Res. 28:563-568.

Masumoto, T., R. W. Hardy, and E. Casillas. 1987. Comparison of transketolase activity and thiamin pyrophosphate levels in erythrocytes and liver of rainbow trout (*Salmo gairdneri*) as indicators of thiamin status. J. Nutr. 117:1422-1426.

Mathews, C. K., and K. E. van Holde. 1990. Biochemistry. Redwood City, CA: Benjamin/Cummings.

Mayer, F. L., P. M. Mehrle, and P. L. Crutcher. 1978. Interactions of toxaphene and vitamin C in channel catfish. T. Am. Fish. Soc. 107:326-333.

McLaren, B. A., E. Keller, D. J. O'Donnell, and C. A. Elvehjem. 1947. The nutrition of rainbow trout. 1. Studies of vitamin requirements. Arch. Biochem. Biophys. 15:169-178.

Mengqing, L., J. Wenjuan, C., Qing, and W. Jialin. 2004. The effect of vitamin A supplementation in broodstock feed on reproduction performance and larval quality in *Penaeus chinensis*. Aquacult. Nutr. 10:295-300.

Merchie, G., P. Lavens, V. Storch, U. Ubel, H. Nelis, A. Deleenheer, and P. Sorgeloos. 1996. Influence of dietary vitamin C storage on turbot (*Scophthalmus maximus*) and European seabass (*Dicentrarchus labrax*) nursery stages. Comp. Biochem. Phys. A 114A:117-121.

Messager, J. L. 1986. Influence de l'acide ascorbique sur l'hypertyrosinemie granulomateuse du turbot d'elevage, *Scophthalmus maximus* L. Pp. 381-390 in Pathology in Marine Aquaculture, C. P. Vivares, J. R. Bonami, and E. Jaspers, eds. European Aquaculture Society, Special Publication 9. Breden, Belgium: European Aquaculture Society.

Messager, J. L., D. Ansquer, R. Metailler, and J. Person-Le Ruyet. 1986. Induction experimentale de l'hypertyrosinemie granulomateuse chez le trubot d'elevage (*Scophthalmus maximus*) par une alimentation carencee en acide ascorbique. Ichtyophysiol. Acta 10:201-214.

Misra, C. K., B. K. Das, S. C. Mukherjee, and J. Pradhan. 2007. Effects of dietary vitamin C on immunity, growth and survival of Indian major carp *Labeo rohita*, fingerlings. Aquacult. Nutr. 13:35-44.

Mishra, S., and P. K. Mukhopadhyay. 1996. Ascorbic acid requirement of catfish fry *Clasrias batrachus* (Linn). Indian J. Fish. 43:157-162.

Moccia, R. D., S. S. O. Hung, S. J. Slinger, and H. W. Ferguson. 1984. Effect of oxidized oil, vitamin E and ethoxyquin on the histopathology and haematology of rainbow trout, *Salmo gairdneri*. J. Fish. Dis. 7:269-282. Moe, Y. Y., S. Koshio, S. I. Teshima, M. Ishikawa, Y. Matsunaga, and A. Panganiban. 2004. Effect of vitamin C derivatives on the performance of larval kuruma shrimp, *Marsupenaeus japonicus*. Aquaculture 242:501-512.

Moe, Y. Y., S. Koshio, M. Ishikawa, S. I. Teshima, A. Panganiban, M. Thu, F. R. Michael and T. Ren. 2005. Vitamin C requirement of kuruma shrimp postlarvae, *Marsupenaeus japonicus* (Bate), using l-ascorbyl-2-monophosphate-Na-Ca. Aquac. Res. 36:739-745.

Montero, D., L. Tortb, L. Robainaa, J. M. Vergarac, and M. S. Izquierdoc. 2001. Low vitamin E in diet reduces stress resistance of gilthead seabream (*Sparus aurata*) juveniles. Fish Shellfish Immun. 11:473-490.

Montoya, N., and C. Molina. 1995. Optimum supplemental level of L-ascorbyl-2-phosphate-Mg to diet for white shrimp *Penaeus vannamei*. Fisheries Sci. 61:1045-1046.

Moren, M., I. Opstad, M. H. G. Berntssen, J.-L. Z. Infante, and K. Hamre. 2004. An optimum level of vitamin A supplements for Atlantic halibut (*Hippoglossus hippoglossus* L.) juveniles. Aquaculture 235:587-599.

Morito, C. L. H., D. H. Conrad, and J. W. Hilton. 1986. The thiamin deficiency signs and requirement of rainbow trout (*Salmo gairdneri*, Richardson). Fish Physiol. Biochem. 1:93-104.

Morris, P. C., R. T. M. Baker, and S. J. Davies. 1998. Nicotinic acid supplementation of diets for the African catfish, *Clarias gariepinus* (Burchell). Aquac. Res. 29:791-799.

Mukhopadhyay, P. K., D. N. Chattopadhyay, and G. Mitra. 2003. Brood-stock nutrition, the key to quality seed production. Infofish International 3:25-31.

Murai, T., and J. W. Andrews. 1974. Interactions of dietary α-tocopherol, oxidized menhaden oil and ethoxyquin on channel catfish (*Ictalurus punctatus*). J. Nutr. 104:1416-1431.

Murai, T., and J. W. Andrews. 1977. Vitamin K and anticoagulant relationships in catfish diets. B. Jpn. Soc. Sci. Fish. 43:785-794.

Murai, T., and J. W. Andrews. 1978a. Riboflavin requirement of channel catfish fingerlings. J. Nutr. 108:1512-1517.

Murai, T., and J. W. Andrews. 1978b. Thiamin requirement of channel catfish fingerlings. J. Nutr. 108:176-180.

Murai, T., and J. W. Andrews. 1979. Pantothenic acid requirement of channel catfish fingerlings. J. Nutr. 109:1140-1142.

Murai, T., J. W. Andrews, and J. C. Bauerfeind. 1978. Use of L-ascorbic acid, ethocel coated ascorbic acid and ascorbic 2-sulfate in diets of channel catfish (*Ictalurus punctatus*). J. Nutr. 108:1761-1766.

Mustin, W. G., and R. T. Lovell. 1992. Na-L-ascorbyl-2-monophosphate as a source of vitamin C for channel catfish. Aquaculture 105:95-100.

Navarre, O., and J. E. Halver. 1989. Disease resistance and humoral antibody production in rainbow trout fed high levels of vitamin C. Aquaculture 79:207-221.

Nayak, S. K., P. Swaina, and S. C. Mukherjeeb. 2007. Effect of dietary supplementation of probiotic and vitamin C on the immune response of Indian major carp, *Labeo rohita* (Ham.). Fish Shellfish Immun. 23:892-896.

Ng, W. K., G. Serrini, Z. Zhang, and R. P. Wilson. 1997. Niacin requirement and inability of tryptophan to act as a precursor of NAD^+ in channel catfish, *Ictalurus punctatus*. Aquaculture 152:273-285.

Ng, W. K., C. N. Keembiyehetty, and R. P. Wilson. 1998. Bioavailability of niacin from feed ingredients commonly used in feeds for channel catfish, *Ictalurus punctatus*. Aquaculture 161:393-404.

Ng, W. K., Y. Wang, P. Ketchimenina, and K. H. Yuen. 2004. Replacement of dietary fish oil with palm fatty acid distillate elevates tocopherol and tocotrienol concentrations and increases oxidative stability in the muscle of African catfish, *Clarias gariepinus*. Aquaculture 233:423-437.

Niu, J., L. X. Tian, Y. J. Liu, K. S. Mai, H. J. Yang, C. X. Ye, and W. Gao. 2009. Nutrient values of dietary ascorbic acid (L-ascorbyl-2-polyphosphate) on growth, survival and stress tolerance of larval shrimp, *Litopenaeus vannamei*. Aquacult. Nutr. 15:194-201.

NRC (National Research Council). 1983. Nutrient Requirements of Warmwater Fishes and Shellfishes, Revised Edition. Washington, DC: National Academy Press.

Ogino, C. 1965. B vitamin requirements of carp, *Cyprinus carpio*. 1. Deficiency symptoms and requirements of vitamin B5. B. Jpn. Soc. Sci. Fish. 31:546-551.

Ogino, C. 1967. B vitamin requirements of carp. 2. Requirements for riboflavin and pantothenic acid. B. Jpn. Soc. Sci. Fish. 33:351-354.

Ogino, C., N. Uki, T. Watanabe, Z. Iida, and K. Ando. 1970a. B vitamin requirements of carp. 4. Requirement of choline. B. Jpn. Soc. Sci. Fish. 36:1140-1146.

Ogino, C., T. Watanabe, J. Kakino, N. Iwanaga, and M. Mizuno. 1970b. B vitamin requirements of carp. 3. Requirement for biotin. B. Jpn. Soc. Sci. Fish. 36:734-740.

Okada, S., S. A. Nur-E-Borhan, and Y. Yamaguchi. 1994. Carotenoid composition in the exoskeleton of commercial black tiger prawn. Fisheries Sci. 60:213-215.

Olsen, R. E., and A. Mortensen. 1997. The influence of dietary astaxanthin and temperature on flesh colour in Arctic charr *Salvelinus alpinus* L. Aquac. Res. 28:51-58.

Olson, J. A. 1989. Biological action of carotenoids. J. Nutr. 119:94-95.

Ørnsrud, R., I. E. Graff, S. Høie, G. K. Totland and G. I. Hemre. 2002. Hypervitaminosis A in first-feeding fry of the Atlantic salmon (*Salmo salar* L.). Aquacult. Nutr. 8:7-13.

Ortuño, J., M. A. Esteban, and J. Meseguer. 1999. Effect of high dietary intake of vitamin C on non-specific immune response of gilthead seabream (*Sparus aurata* L.). Fish Shellfish Immun. 9:429-443.

Ortuño, J., M. A. Esteban, and J. Meseguer. 2000. High dietary intake of α-tocopherol acetate enhances the non-specific immune response of gilthead seabream (*Sparus aurata* L.). Fish Shellfish Immun. 10:293-307.

Pangantihon-Kühlmann, M. P., O. Millamena, and Y. Chern. 1998. Effect of dietary astaxanthin and vitamin A on the reproduction performance of *Penaeus monodon* broodstock. Aquat. Living Resour. 11:403-409.

Paul, B. N., S. Sarkar, and S. N. Mohanty. 2004. Dietary vitamin E requirement of mrigal, *Cirrhinus mrigala* fry. Aquaculture 242:529-536.

Peng, L. I., and D. M. Gatlin, III. 2009. Dietary vitamin E requirement of the red drum *Sciaenops ocellatus*. Aquacult. Nutr. 15:329-337.

Peres, H., C. Lim, and P. H. Klesius. 2004. Growth, chemical composition and resistance to *Streptococcus iniae* challenge of juvenile Nile tilapia (*Oreochromis niloticus*) fed graded levels of dietary inositol. Aquaculture 235:423-432.

Phillips, A. M., and D. R. Brockway. 1947. The niacin and biotin requirement of trout. T. Am. Fish. Soc. 76:152-159.

Phillips, A. M., A. V. Tunison, H. B. Shaffer, G. K. White, M. W. Sullivan, C. Vincent, D. R. Brockway, and C. M. McCay. 1945. The nutrition of trout. The vitamin requirement of trout. Fish. Res. Bull. 7:1-31.

Phillips, A. M., Jr., H. A. Podoliak, H. A. Poston, D. L. Livingston, H. E. Booke, E. A. Pyle, and G. L. Hammer. 1964. The production of anemia in brown trout. Pp. 66-70 in Fisheries Research Bulletin No. 27. Albany: State of New York Conservation Department.

Phromkunthong, W., M. Boonyaratpalin, and V. Storch. 1997. Different concentrations of ascoryl-2-monophosphate-magnesium as dietary sources of vitamin C for seabass, *Lates calcarifer*. Aquaculture 151:225-243.

Poston, H. A. 1964. Effect of dietary vitamin K and sulfaguanidine on blood coagulation time, microhematocrit, and growth of immature brook trout. Prog. Fish Cult. 26:59-64.

Poston, H. A. 1967. Effect of dietary L-ascorbic acid on immature brook trout. Pp. 45-51 in Fisheries Research Bulletin No 31. Albany: State of New York Conservation Department.

Poston, H. A. 1969a. Effects of massive doses of vitamin D_3 fingerling brook trout. Pp. 45-50 in Fisheries Research Bulletin No. 32. Albany: State of New York Conservation Department.

Poston, H. A. 1969b. The effect of excess levels of niacin on the lipid metabolism of fingerling brook trout. Pp. 9-12 in Fisheries Research Bulletin No. 32. Albany: State of New York Conservation Department.

Poston, H. A. 1971a. Effect of feeding excess vitamin A on the carbohydrate and lipid metabolism and growth of brook trout. Pp. 22-26 in Fisheries Research Bulletin No. 34. Albany: State of New York Conservation Department.

Poston, H. A. 1971b. Effect of excess vitamin K on the growth, coagulation time, and hematocrit values of brook trout fingerlings. Pp. 41-42 in Fisheries Research Bulletin No. 34. Albany: State of New York Conservation Department.

Poston, H. A. 1976a. Relative effect of two dietary water-soluble analogues of menaquinone on coagulation and packed cell volume of blood of lake trout, *Salvelinus namaycush*. J. Fish. Res. Board Can. 33:1791-1793.

Poston, H. A. 1976b. Optimum level of dietary biotin for growth, feed utilization, and swimming stamina of fingerling lake trout (*Salvelinus namaycush*). J. Fish. Res. Board Can. 33:1803-1806.

Poston, H. A., and G. F. Combs, Jr. 1980. Nutritional implications of tryptophan catabolizing enzymes in several species of trout and salmon. P. Soc. Exp. Biol. Med. 163:452-454.

Poston, H. A., and R. N. DiLorenzo. 1973. Tryptophan conversion to niacin in the brook trout (*Salvelinus fontinalis*). P. Soc. Exp. Biol. Med. 144:110-112.

Poston, H. A., and D. L. Livingston. 1969. Effects of massive doses of dietary vitamin E on fingerling brook trout. Pp. 6-12 in Fisheries Research Bulletin No. 33. Albany: State of New York Conservation Department.

Poston, H. A., and D. L. Livingston. 1971. The influence of dietary levels of protein and vitamin A on the liver vitamin A level, lipid metabolism, and growth of brook trout. Pp. 27-34 in Fisheries Research Bulletin No. 34. Albany: State of New York Conservation Department.

Poston, H. A., and J. W. Page. 1982. Gross and histological signs of dietary deficiency of biotin and pantothenic acid in lake trout, *Salvelinus namaycush*. Cornell Vet. 72:242-261.

Poston, H. A., and M. J. Wolfe. 1985. Niacin requirement for optimum growth, feed conversion and protection of rainbow trout, *Salmo gairdneri* Richardson, from ultraviolet-B-irradiation. J. Fish. Dis. 8:451-460.

Poston, H. A., D. L. Livingston, E. A. Pyle, and A. M. Phillips, Jr. 1966. The toxicity of high levels of vitamin A in the diet of brook trout. Pp. 20-24 in Fisheries Research Bulletin No. 29. Albany: State of New York Conservation Department.

Poston, H. A., G. F. Combs, Jr., and L. Leibovitz. 1976. Vitamin E and selenium interrelations in the diets of Atlantic salmon (*Salmo salar*): Gross, histological and biochemical deficiency signs. J. Nutr. 106:892.

Poston, H. A., R. C. Riis, G. L. Rumsey, and H. G. Ketola. 1977. The effect of supplemental dietary amino acids, minerals and vitamins on salmonids fed cataractogenic diets. Cornell Vet. 67:472-509.

Puangkaew, J., V. Kiron, T. Somamoto, N. Okamoto, S. Satoh, T. Takeuchi, and T. Watanabe. 2004. Nonspecific immune response of rainbow trout (*Oncorhynchus mykiss* Walbaum) in relation to different status of vitamin E and highly unsaturated fatty acids. Fish Shellfish Immun. 16:25-39.

Qin, Z. H., J. Li, F. Wang, Q. Liu, and Q. Wang. 2007. Effect of L-ascorbyl-2-polyphosphate on growth and immunity of shrimp (*Penaeus chinensis*) larvae. Fisheries Sci. 26:21.

Ren, T., S. Koshio, M. Ishikawa, S. Yokoyama, F. R. Micheal, O. Uyan, and H. T. Tung. 2007. Influence of dietary vitamin C and bovine lactoferrin on blood chemistry and non-specific immune responses of Japanese eel, *Anguilla japonica*. Aquaculture 267:31-37.

Ren, T., S. Koshio, S. Teshima, M. Ishikawa, A. Panganiban, Jr., O. Uyan, and M. S. Alam. 2008. Effectiveness of L-ascorbyl-2-monophosphate Na/Ca as a vitamin C source for yellowtail *Seriola quinqueradiata* juveniles. Aquacult. Nutr. 14:416-422.

Roberts, M. L., S. J. Davies, and A. L. Pulsford. 1995. The influence of ascorbic acid (vitamin C) on non-specific immunity in the turbot (*Scophthalmus maximus* L.). Fish Shellfish Immun. 5:27-38.

Robinson, E. 1990. Reevaluation of the ascorbic acid (vitamin C) requirement of channel catfish (*Ictalurus punctatus*) (abstract). FASEB J. 4:3745.

Robinson, E. H., and R. T. Lovell. 1978. Essentiality of biotin for channel catfish *Ictalurus punctatus* fed lipid and lipid-free diets. J. Nutr. 108:1600-1605.

Roem, A. J., C. C. Kohler, and R. R. Stickney. 1990. Vitamin E requirements of the blue tilapia, *Oreochromis aureus* (Steindachner), in relation to dietary lipid levels. Aquaculture 87:155-164.

Rosenlund, G., L. Jorgensen, R. Waagbø and K. Sandnes. 1990. Effect of different dietary levels of ascorbic acid in plaice *Pleuronectes platessa* L. Comp. Biochem. Phys. A 96A:395-398.

Ruff, N., R. D. Fitzgerald, T. F. Cross, K. Hamre, and J. P. Kerry. 2003. The effect of dietary vitamin E and C level on market-size turbot (*Scophthalmus maximus*) fillet quality. Aquacult. Nutr. 9:91-103.

Rumsey, G. L. 1991. Choline-betaine requirements of rainbow trout (*Oncorhynchus mykiss*). Aquaculture 95:107-116.

Sakaguchi, H., F. Takeda, and K. Tange. 1969. Studies on vitamin requirements by yellowtail. 1. Vitamin B_6 and vitamin C deficiency symptoms. B. Jpn. Soc. Sci. Fish. 35:1201-1206.

Salte, R., T. Asgard, and K. Liestol. 1988. Vitamin E and selenium prophylaxis against "Hitra Disease" in farmed Atlantic salmon—A survival study. Aquaculture 75:45-55.

Sandel, L. J., and J. C. Daniel. 1988. Effect of ascorbic acid on collagen in RNA levels in short term chondrocyte cultures. Connect. Tissue Res. 17:11-22.

Sandnes, K., Y. Ulgens, O. R. Braekkan, and F. Utne. 1984. The effect of ascorbic acid supplementation in broodstock feed on reproduction of rainbow trout (*Salmo gairdneri*). Aquaculture 43:167-177.

Sandnes, K., O. Torrissen, and R. Waagbø. 1992. The minimum dietary requirement of vitamin C in Atlantic salmon *Salmo salar* fry using Ca ascorbat-2-monophosphate as dietary source. Fish Physiol. Biochem. 10:315-319.

Saroglia, M., and G. Scarano. 1992. Experimental induction of ascorbic acid deficiency in seabass in intensive aquaculture. Bull. Eur. Assn. Fish P. 12:96.

Sato, M., R. Yoshinaka, and S. Ikeda. 1978. Dietary ascorbic acid requirement of rainbow trout for growth and collagen formation. B. Jpn. Soc. Sci. Fish. 44:1029-1035.

Sato, M., T. Kondo, R. Yashinaka, and S. Ikeda. 1982. Effect of dietary ascorbic acid levels on collagen formation in rainbow trout. B. Jpn. Soc. Sci. Fish. 48:553-556.

Sato, M., T. Kondo, R. Yoshinaka, and S. Ikeda. 1983. Effect of water temperature on the skeletal deformity in ascorbic acid deficient rainbow trout. B. Jpn. Soc. Sci. Fish. 49:443-446.

Sato, M., R. Yoshinaka, R. Kuroshima, H. Morimoto, and S. Ikeda. 1987. Changes in water-soluble vitamin contents and transaminase activity of rainbow trout egg during development. B. Jpn. Soc. Sci. Fish. 53:795-799.

Satoh, S., T. Takeuchi, and T. Watanabe. 1987. Requirement of tilapia for α-tocopherol. Nippon Suisan Gakk. 53:119-124.

Sau, S. K., B. N. Paul, K. N. Mohanta, and S. N. Mohanty. 2004. Dietary vitamin E requirement, fish performance and carcass composition of rohu (*Labeo rohita*) fry. Aquaculture 240:359-368.

Sawanboochun, J., W. J. Roy, D. A. Robertson, and J. G. Bell. 2008. The impact of dietary supplementation with astaxanthin on egg quality in Atlantic cod broodstock (*Gadus morhua*, L.). Aquaculture 283:97-101.

Sealey, W. M., and D. M. Gatlin, III. 1999. Dietary vitamin C requirement of hybrid striped bass (*Morone chrysops* ♀ × *M. saxatilis* ♂). J. World Aquacult. Soc. 30:297-301.

Sealey, W. M., and D. M. Gatlin, III. 2002a. Dietary vitamin C and vitamin E interact to influence growth and tissue composition of juvenile hybrid striped bass (*Morone chrysops* ♀ × *M. saxatilis* ♂) but have limited effects on immune responses. J. Nutr. 132:748-755.

Sealey, W. M., and D. M. Gatlin, III. 2002b. In vitro manipulations of vitamin C and vitamin E concentrations alter intracellular O2-production of hybrid striped bass (*Morone chrysops* ♀ × *M. saxatilis* ♂) head-kidney cells. Fish Shellfish Immun. 12:131-140.

Secombes, C. J., S. Chung, and A. H. Jeffries. 1988. Superoxide anion production by rainbow trout macrophages detected by the reduction of ferricytochrome C. Dev. Comp. Immunol. 12:201-206.

Serrini, G., Z. Zhang, and R. P. Wilson. 1996. Dietary riboflavin requirement of fingerling channel catfish (*Ictalurus punctatus*). Aquaculture 139:285-290.

Shaik Mohamed, J. 2001a. Dietary pyridoxine requirement of the Indian catfish, *Heteropneustes fossilis*. Aquaculture 194:327-335.

Shaik Mohamed, J. 2001b. Dietary biotin requirement determined for Indian catfish, *Heteropneustes fossilis* (Bloch), fingerlings. Aquac. Res. 32:709-716

Shaik Mohamed, J., and A. Ibrahim. 2001. Quantifying the dietary niacin requirement of the Indian catfish, *Heteropneustes fossilis* (Bloch), fingerlings. Aquac. Res. 32:157-162.

Shaik Mohamed, J., B. Ravisankar, and A. Ibrahim. 2000. Quantifying the dietary biotin requirement of the catfish, *Clarias batrachus*. Aquacult. Int. 8:9-18.

Shaik Mohamed, J., V. Sivaram, T. S. Christopher Roy, M. Peter Marian, S. Murugadass, and M. Saffiq Hussain. 2003. Dietary vitamin A requirement of juvenile greasy grouper (*Epinephelus tauvina*). Aquaculture 219:693-701.

Shiau, S. Y. 2001. Vitamin C requirement in crustaceans. Pp. 87-95 in Ascorbic Acid in Aquatic Organisms, K. Dabrowski, ed. Boca Raton, FL: CRC Press.

Shiau, S.Y., and Y. Chen. 2000. Estimation of the dietary vitamin A requirement of juvenile grass shrimp, *Penaeus monodon*. J. Nutr. 130:90-94.

Shiau, S. Y., and Y. H. Chin. 1998. Dietary biotin requirement for maximum growth of juvenile grass shrimp, *Penaeus monodon*. J. Nutr. 128:2494-2497.

Shiau, S. Y., and Y. H. Chin. 1999. Estimation of the dietary biotin requirement of juvenile hybrid tilapia, *Oreochromis niloticus* × *O. aureus*. Aquaculture 170:71-78.

Shiau, S. Y., and W. H. Cho. 2002. Choline requirements of grass shrimp, *Penaeus monodon*, are affected by dietary lipid level. Anim. Sci. 75:97-102.

Shiau, S. Y., and H. L. Hsieh. 1997. Vitamin B_6 requirements of tilapia *Oreochromis niloticus* × *O. aureus* fed two dietary protein

concentrations. Fisheries Sci. 63:1002-1007.
Shiau, S. Y., and C. W. Hsu. 1999. Dietary pantothenic acid requirement of juvenile grass shrimp, *Penaeus monodon*. J. Nutr. 129:718-721.
Shiau, S. Y., and C. Y. Hsu. 2002. Vitamin E sparing effect by dietary vitamin C in juvenile hybrid tilapia, *Oreochromis niloticus* × *O. aureus*. Aquaculture 210:335-342.
Shiau, S. Y., and T. S. Hsu. 1993. Stability of ascorbic acid in shrimp feed during analysis. Nippon Suisan Gakk. 59:1535-1537.
Shiau, S. Y., and T. S. Hsu. 1994. Vitamin C requirement of grass shrimp, *Penaeus mondon*, as determined with L-ascorbyl-2-monophosphate. Aquaculture 122:347-357.
Shiau, S. Y., and T. S. Hsu. 1995. L-Ascorbyl-2-sulfate has equal antiscorbutic activity as L-ascorbyl-2-monophosphate for tilapia, *Oreochromis niloticus* × *O. aureus*. Aquaculture 133:147-157.
Shiau, S. Y., and T. S. Hsu. 1999. Quantification of vitamin C requirement for juvenile hybrid tilapia, *Oreochromis niloticus* × *O. aureus*, with L-ascorbyl-2-monophosphate-Na and L-ascorbyl-2-monophosphate-Mg. Aquaculture 175:317-326.
Shiau, S. Y., and S. Y. Huang. 2001a. Dietary folic acid requirement for maximal growth of juvenile tilapia, *Oreochromis niloticus* × *O. aureus*. Fisheries Sci. 67:655-659.
Shiau, S. Y., and S. Y. Huang. 2001b. Dietary folic acid requirement determined for grass shrimp, *Penaeus monodon*. Aquaculture 200:339-347.
Shiau, S. Y., and J. Y. Hwang. 1993. Vitamin D requirement of juvenile hybrid tilapia *Oreochromis niloticus* × *O. aureus*. Nippon Suisan Gakk. 59:553-558.
Shiau, S. Y., and J. Y. Hwang. 1994. The dietary requirement of juvenile grass shrimp, *Penaeus monodon*, for vitamin D. J. Nutr. 124:2445-2450.
Shiau, S. Y., and F. L. Jan. 1992a. Dietary ascorbic acid requirement of juvenile tilapia *Oreochromis niloticus* × *O. aureus*. Nippon Suisan Gakk. 58:671-675.
Shiau, S. Y., and F. L. Jan. 1992b. Ascorbic acid requirement of grass shrimp, *Penaeus monodon*. Nippon Suisan Gakk. 58:363.
Shiau, S. Y., and J. S. Liu. 1994a. Quantifying the vitamin K requirement of juvenile marine shrimp, *Penaeus monodon*, with menadione. J. Nutr. 124:277-282.
Shiau, S. Y., and J. S. Liu. 1994b. Estimation of the dietary vitamin K requirement of juvenile *Penaeus chinensis* using menadione. Aquaculture 126:129-135.
Shiau, S. Y., and P. S. Lo. 2000. Dietary choline requirements of juvenile hybrid tilapia, *Oreochromis niloticus* × *O. aureus*. J. Nutr. 130:100-103.
Shiau, S. Y., and P. S. Lo. 2001. Dietary choline requirement of juvenile grass shrimp, *Penaeus monodon*. Anim. Sci. 72:477-482.
Shiau, S. Y., and C. Q. Lung. 1993a. No dietary vitamin B_{12} required for juvenile tilapia *Oreochromis niloticus* × *O. aureus*. Comp. Biochem. Phys. A 105A:147-150.
Shiau, S. Y., and C. Q. Lung. 1993b. Estimation of the vitamin B_{12} requirements of grass shrimp, *Penaeus monodon*. Aquaculture 117:157-163.
Shiau, S. Y., and L. F. Shiau. 2001. Re-evaluation of the vitamin E requirements of juvenile tilapia (*Oreochromis niloticus* × *O. aureus*). Anim. Sci. 72:529-534.
Shiau, S. Y., and S. L. Su. 2004. Dietary inositol requirement determined for juvenile grass shrimp, *Penaeus monodon*. Aquaculture 241:1-8.
Shiau, S. Y., and S. L. Su. 2005. Juvenile tilapia (*Oreochromis niloticus* × *O. aureus*) requires dietary myo-inositol for maximal growth. Aquaculture 243:273-277.
Shiau, S. Y., and G. S. Suen. 1992. Estimation of the niacin requirements for tilapia fed diets containing glucose or dextrin. J. Nutr. 122:2030-2036.
Shiau, S. Y., and G. S. Suen. 1994. The dietary requirement of juvenile grass shrimp (*Penaeus monodon*) for niacin. Aquaculture 125:139-145.
Shiau, S. Y., and M. H. Wu. 2003. Dietary vitamin B_6 requirement determined for grass shrimp, *Penaeus monodon*. Aquaculture 225:397-404.
Shigueno, K. 1988. Use of Mg-L-ascorbyl-2-phosphate as a vitamin C source in shrimp diets. J. World Aquacult. Soc. 19:168-174.
Shimeno, S. 1991. Yellowtail, *Seriola quinqueradiata*. Pp. 181-191 in Handbook of Nutrient Requirements of Finfish, R. P. Wilson, ed. Boca Raton, FL: CRC Press.
Smith, C. E. 1968. Hematological changes in coho salmon fed a folic acid deficient diet. J. Fish. Res. Board Can. 25:151-156.
Smith, C. E., and J. E. Halver. 1969. Folic acid anemia in coho salmon. J. Fish. Res. Board Can. 26:111-114.
Smith, C. E., M. Brin, and J. E. Halver. 1974. Biochemical, physiological, and pathological changes in pyridoxine-deficient rainbow trout (*Salmo gairdneri*). J. Fish. Res. Board Can. 31:1893-1898.
Sobhana, K. S., C. V. Mohan, and K. M. Shankar. 2002. Effect of dietary vitamin C on the disease susceptibility and inflammatory response of mrigal, *Cirrhinus mrigala* (Hamilton) to experimental infection of *Aeromonas hydrophila*. Aquaculture 207:225-238.
Soliman, A. K., and R. P. Wilson. 1992a. Water-soluble vitamin requirements of tilapia. II. Riboflavin requirement of blue tilapia, *Oreochromis aureus*. Aquaculture 104:309-314.
Soliman, A. K., and R. P. Wilson. 1992b. Water-soluble vitamin requirements of tilapia. I. Pantothenic acid requirement of blue tilapia, *Oreochromis aureus*. Aquaculture 104:121-126.
Soliman, A. K., K. Jauncey, and R. J. Roberts. 1994. Water-soluble vitamin requirements of tilapia: ascorbic acid (vitamin C) requirement of Nile tilapia, *Oreochromis niloticus* (L.). Aquacult. Fish. Manage. 25:269-278.
Soliman, A. K., K. Jauncey, and R. J. Roberts. 1986a. The effect of varying forms of dietary ascorbic acid on the nutrition of juvenile tilapias (*Oreochromis niloticus*). Aquaculture 59:1-6.
Soliman, A. K., K. Jauncey, and R. J. Roberts. 1986b. The effect of dietary ascorbic acid supplementation on hatchability, survival rate and fry

performance in *Oreochromis mossambicus* (Peters). Aquaculture 59:197-208.

Steffens, W. 1970. The vitamin requirements of rainbow trout (*Salmo gairdneri*). Int. Rev. Ges. Hydrobio. 59:255-282.

Stéphan, G., J. Guillaume, and F. Lamour. 1995. Lipid peroxidation in turbot (*Scophthalmus maximus*) tissue: Effect of dietary vitamin E and dietary *n*-6 or *n*-3 polyunsaturated fatty acids. Aquaculture 130:251-268.

Stickney, R. R., R. B. McGeachin D. H. Lewis, J. Marks, A. Riggs, R. F. Sis, E. H. Robinson, and W. Wurts. 1984. Response of *Tilapia aurea* to dietary vitamin C. J. World Maricult. Soc. 15:179-185.

Storebakken, T., and H. K. No. 1992. Pigmentation of rainbow trout. Aquaculture 100:209-229.

Su, S. L., and S. Y. Shiau. 2004. Requirements of dietary myo-inositol of juvenile grouper, *Epinephelus malabaricus*. J. Fish. Soc. Taiwan 31:313-317.

Sugita, H., C. Miyajima, and Y. Deguchi. 1990. The vitamin B_{12}-producing ability of intestinal bacteria isolated from tilapia and channel catfish. Nippon Suisan Gakk. 56:701.

Sugita, H., C. Miyajima, and Y. Deguchi. 1991a. The vitamin B_{12}-producing ability of the intestinal microflora of freshwater fish. Aquaculture 92:267-276.

Sugita, H., J. Takahashi, C. Miyajima, and Y. Deguchi. 1991b. Vitamin B_{12}-producing ability of the intestinal microflora of rainbow trout (*Oncorhynchus mykiss*). Agr. Biol. Chem. Tokyo 55:893-894.

Suttie, J. W. 1985. Vitamin K. Pp. 225-311 in The Fat-Soluble Vitamins, A. T. Diplock, ed. London, UK: William Heinemann.

Takeuchi, L., T. Takeuchi, and C. Ogino. 1980. Riboflavin requirements in carp and rainbow trout. B. Jpn. Soc. Sci. Fish. 46:733-737.

Takeuchi, T., K. Watanabe, S. Satoh, and T. Watanabe. 1992. Requirement of grass carp fingerlings for α-tocopherol. Nippon Suisan Gakk. 58:1743-1749.

Takeuchi, T., J. Dedi, Y. Haga, T. Seikai, and T. Watanabe. 1998. Effect of vitamin A compounds on bone deformity in larval Japanese flounder (*Paralichthys olivaceus*). Aquaculture 169:155-165.

Teshima, S. I., A. Kanazawa, S. Koshio, and S. Itoh. 1991. L-ascorbyl-2-phosphate-Mg as vitamin C source for the Japanese flounder (*Paralichthys olivaceus*). Pp. 157-166 in Fish Nutrition in Practice, Coll. les Colloq., No. 61S., J. Kaushik and P. Lequet, eds. Paris, France: INRA.

Thompson, I., G. Ghoubert, D. F. Houlihan, and C. J. Secombes. 1995. The effect of dietary vitamin A and astaxanthin on the immunocompetence of rainbow trout. Aquaculture 133:91-102.

Tocher, D. R., G. Mourente, A. Van Der Eecken, J. O. Evjemo, E. Diaz, J. G. Bell, I. Geurden, P. Lavens, and Y. Olsen. 2002. Effects of dietary vitamin E on antioxidant defence mechanisms of juvenile turbot (*Scophthalmus maximus* L.), halibut (*Hippoglossus hippoglossus* L.) and sea bream (*Sparus aurata* L.). Aquacult. Nutr. 8:195-207.

Torrissen, O. J. 1984. Pigmentation of salmonids-effect of carotenoids in eggs and startfeeding diet on survival and growth rate. Aquaculture 43:185-193.

Torrissen, O. J., and R. Christiansen. 1995. Requirements for carotenoids in fish diets. J. Appl. Ichthyol. 11:225-230.

Tsujimura, M., H. Yoshikawa, T. Hasegawa, T. Suzuki, T. Kaisai, T. Suwa, and S. Kitamura. 1978. Studies on the vitamin C activity of ascorbic acid 2-sulfate on the feeding test of newborn rainbow trout. Vitamins (Japan) 52:35-44.

Twibell, R. G., and P. B. Brown. 2000. Dietary choline requirement of juvenile yellow perch (*Perca flavescens*). J. Nutr. 130:95-99.

Verlhac, V., J. Gabaudan, A. Obach, W. Schüep, and R. Hole. 1996. Influence of dietary glucan and vitamin C on non-specific and specific immune responses of rainbow trout (*Oncorhynchus mykiss*). Aquaculture 143:123-133.

Villeneuve, L., E. Gisbert, H. Le Delliou, C. L. Cahu, and J. L. Zambonino-Infante. 2005a. Dietary levels of all-trans retinol affect retinoid nuclear receptor expression and skeletal development in European sea bass larvae. Brit. J. Nutr. 93:791-801.

Villeneuve, L., E. Gisbert, J. L. Zambonino-Infante, P. Quazuguel, and C. L. Cahu. 2005b. Effect of nature of dietary lipids on European sea bass morphogenesis: Implication of retinoid receptors. Brit. J. Nutr. 94:877-884.

Waagbø, R., K. Sandnes, and Ø. Lie. 1998. Effects of inositol supplementation on growth, chemical composition and blood chemistry in Atlantic salmon, *Salmo salar* L., fry. Aquacult. Nutr. 4:53-59.

Wahli, T., W. Meier, and K. Pfister. 1986. Ascorbic acid induced immunemediated decrease in mortality in *Ichw. thyophthirius multifiliis* infected rainbow trout (*Salmo gairdneri*). Acta Trop. 43:287-289.

Wald, G. 1945-1946. The chemical evolution of vision. Harvey Lect. 41:117-160.

Walton, M. J., C. B. Cowey, and J. W. Andron. 1984. Effects of biotin deficiency in rainbow trout (*Salmo gairdneri*) fed diets of different lipid and carbohydrate content. Aquaculture 37:21-38.

Wang, D., L. Zhao, and Y. Tan. 1995. Requirement of the fingerling grass carp (*Ctenopharyngodon idella*) for choline [in Chinese]. J. Fish. China 19:132-139.

Wang, W. N., L. Wang, and A. L. Wang. 2006. Effect of supplemental l-ascorbyl-2-polyphosphate (APP) in enriched live food on the immune response of *Penaeus vannamei* exposed to ammonia-N. Aquaculture 256:552-557.

Wang, X., K. W. Kim, and S. C. Bai. 2002. Effects of different dietary levels of L-ascorbyl-2-polyphosphate on growth and tissue vitamin C concentrations in juvenile olive flounder, *Paralichthys olivaceus* (Temminck et Schlegel). Aquac. Res. 33:261-267.

Wang, X., K. W. Kim, S. C. Bai, M. D. Huh, and B. Y. Cho. 2003a. Effects of the different levels of dietary vitamin C on growth and tissue ascorbic acid changes in parrot fish (*Oplegnathus fasciatus*). Aquaculture 215:203-211.

Wang, X., K. W. Kim, and S. C. Bai. 2003b. Comparison of L-ascorbyl-2-monophosphate-Ca with L-ascorbyl-2-monophosphate-Na/Ca on growth and tissue ascorbic acid concentrations in Korean rockfish (*Sebastes schlegeli*). Aquaculture 225:387-395.

Wang, X., K. W. Kim, G. J. Park, S. M. Choi, H. K. Jun, and S. C. Bai. 2003c. Evaluation of L-ascorbyl-2-glucose as the source of vitamin C for juvenile Korean rockfish *Sebastes schlegeli* (Hilgendorf). Aquac. Res. 34:1337-1341.

Wang, Z., K. Mai, Z. Liufu, H. Ma, W. Xu, Q. Ai, W. Zhang, B. Tan, and X. Wang. 2006. Effect of high dietary intakes of vitamin E and n-3 HUFA on immune responses and resistance to *Edwardsiella tarda* challenge in Japanese flounder (*Paralichthys olivaceus*, Temminck and Schlegel). Aquac. Res. 37:681-692.

Watanabe, T., F. Takashima, C. Ogino, and T. Hibiya. 1970a. Requirements of young carp for α-tocopherol. B. Jpn. Soc. Sci. Fish. 36:972-976.

Watanabe, T., F. Takashima, C. Ogino, and T. Hibiya. 1970b. Effects of α-tocopherol deficiency on carp. B. Jpn. Soc. Sci. Fish. 36:623-630.

Watanabe, T., T. Takeuchi, M. Wada, and R. Vehara. 1981a. The relationship between dietary lipid levels and α-tocopherol requirement of rainbow trout. B. Jpn. Soc. Sci. Fish. 47:1463-1471.

Watanabe, T., M. Wada, T. Takeuchi, and S. Aria. 1981b. Absence of interconversion of tocopherols in rainbow trout. B. Jpn. Soc. Sci. Fish. 47:1455-1462.

Watanabe, T., T. Takeuchi, and M. Wada. 1981c. Dietary lipid levels and α-tocopherol requirement of carp. B. Jpn. Soc. Sci. Fish. 47:1585-1590.

Wen, H., Z. Zhao, M. Jiang, A. Liu, F. Wu, and W. Liu. 2007. Dietary myoinositol requirement for grass carp, *Ctenopharyngodon idella* fingerling [in Chinese]. J. Fish. China 14:794-800.

Wen, Z. P., X. Q. Zhou, L. Feng, J. Jiang and Y. Liu. 2009. Effect of dietary pantothenic acid supplement on growth, body composition and intestinal enzyme activities of juvenile Jian carp (*Cyprinus carpio* var. Jian). Aquacult. Nutr. 15:470-476.

Wilson, R. P. 1973. Absence of ascorbic acid synthesis in channel catfish, *Ictalurus punctatus* and blue catfish, *Ictalurus frucatus*. Comp. Biochem. Phys. B 46B:635-638.

Wilson, R. P., and W. E. Poe. 1973. Impaired collagen formation in the scorbutic channel catfish. J. Nutr. 103:1359-1364.

Wilson, R. P., and W. E. Poe. 1988. Choline nutrition of fingerling channel catfish. Aquaculture 68:65-71.

Wilson, R. P., P. R. Bowser, and W. E. Poe. 1983. Dietary pantothenic acid requirement of fingerling channel catfish. J. Nutr. 113:2124-2134.

Wilson, R. P., P. R. Bowser, and W. E. Poe. 1984. Dietary vitamin E requirement of fingerling channel catfish. J. Nutr. 114:2053-2058.

Wilson, R. P., W. E. Poe, and E. H. Robinson. 1989. Evaluation of L-ascorbyl-2-polyphosphate (ASPP) as a dietary ascorbic acid source for channel catfish. Aquaculture 81:129-136.

Woodall, A. N., L. M. Ashley, J. E. Halver, H. S. Olcott, and J. van der Veen. 1964. Nutrition of salmonid fishes. XIII. The α-tocopherol requirement of Chinook salmon. J. Nutr. 84:125-135.

Woodward, B. 1982. Riboflavin supplementation of diets for rainbow trout. J. Nutr. 112:908-913.

Woodward, B. 1983. Sensitivity of hepatic D-amino acid oxidase and glutathione reductase to the riboflavin status of the rainbow trout (*Salmo gairdneri*). Aquaculture 34:193-201.

Woodward, B. 1984. Symptoms of severe riboflavin deficiency without ocular opacity in rainbow trout (*Salmo gairdneri*). Aquaculture 39:275-281.

Woodward B. 1985. Riboflavin requirement for growth, tissue saturation and maximal flavin-dependent enzyme activity in young trout (*Salmo gairdneri*) at two temperatures. J. Nutr. 115:78-84.

Woodward, B. 1990. Dietary vitamin B6 requirements of young rainbow trout (*Oncorhynchus mykiss*). FASEB J. 4:3748 (abstr.).

Woodward, B., and M. Frigg. 1989. Dietary biotin requirements of young trout (*Salmo gairdneri*) determined by weight gain hepatic biotin concentration and maximal biotin-dependent enzyme activities in liver and white muscle. J. Nutr. 119:54-60.

Wu, D. H., C. X. Liao, and Z. Z. Huang. 1990. Studies on the requirement of grass carp for α-tocopherol in early growth [in Chinese]. J. Chinese Acad. Fish. Sci. 3:42-47.

Wu, F., M. Jiang, Z. Zhao, A. Liu, W. Liu, and H. Wen. 2007a. The dietary niacin requirement of juvenile *Ctenopharyngodon idellus* [in Chinese]. J. Fish. China 29:695-669.

Wu, F., H. Wen, M. Jiang, Z. Zhao, A. Liu, and W. Liu. 2007b. Effects of dietary vitamin B12 on growth, body composition and hemopoiesis of juvenile grass carp (*Ctenopharyngodon idellus*) [in Chinese]. J. Jilin Agric. Univ. 29:695-669.

Xiao, L. D., K. S. Mai, Q. H. Ai, W. Xu, X. J. Wang, W. B. Zhang, and Z. G. Liufu. 2009. Dietary ascorbic acid requirement of cobia, *Rachycentron canadum* Linneaus. Aquacult. Nutr., doi:10.1111/j.1365-2095.2009.00695.x.

Xie, Z., and C. Niu. 2006. Dietary ascorbic acid requirement of juvenile ayu (*Plecoglossus altivelis*). Aquacult. Nutr. 12:151-156.

Yamamoto, Y., and M. Inoue. 1985. Effects of dietary ascorbic acid and dehydroascorbic acid on the acute cadmium toxicity in rainbow trout. B. Jpn. Soc. Sci. Fish. 51:1299-1303.

Yang, Q., X. Zhou, J. Jiang and Y. Liu. 2008. Effect of dietary vitamin A deficiency on growth performance, feed utilization and immune responses of juvenile Jian carp (*Cyprinus carpio* var. Jian). Aquac. Res. 39:902-906.

Yildirim-Aksoy, M., C. Lim, M. H. Li, and P. H. Klesius. 2008. Interaction between dietary levels of vitamin C and E on growth and immune responses in channel catfish, *Ictalurus punctatus* (Rafinesque). Aquac. Res. 39:1198-1209.

Yone, Y., and M. Fujii. 1974. Studies on nutrition of red sea bream. 10. Qualitative requirements for water-soluble vitamins. Rep. Fish. Res. Lab. Kyushu Univ. (Jpn) 2:25-32.

Yone, Y., M. Furuichi, and K. Shitanda. 1971. Vitamin requirements of the red sea bream. 1. Relationship between inositol requirements and glucose levels in diet. B. Jpn. Soc. Sci. Fish. 37:149-155.

Zhao, Z., H. Wen, F. Wu, A. Liu, M. Jiang, and W. Liu. 2008. Dietary folic acid requirement for grass carp fingerling, *Ctenopharyngodon idella* [in Chinese]. J. Shanghai Fish. Univ. 17:187-192.

Zhou, Q., Y. Ding, S. Zheng, S. Su and L. Zhang. 2004. The effect of dietary vitamin C supplementation on growth and anti-disease ability of shrimp, *Penaeus vannamei*. Acta Hydrobiol. Sin. 28:592-598.

제10장

사료 첨가제

사료 첨가제(feed additives)는 사료의 물리적, 화학적 성질에 영향을 미치거나 어류의 성장 또는 건강에 영향을 주고 사료조성에 포함되는 원료 중 비영양 성분으로 정의되어 있다(Barrows, 2000). 이러한 사료 첨가제의 화학적 특성은 매우 다양하며, 양식용 상업사료에서 사용 또한 상당히 다양하다. 사료 품질에 영향을 미치는 첨가제로는 펠렛 점결제와 보존제(항균 화합물, 항산화제), 섭취 촉진제가 있다. 이러한 첨가제는 일반적으로 최적의 물리적, 화학적 특성을 유지하기 위해 상업사료의 조성에 포함된다. 어류의 성장이나 건강에 직접적인 영향을 미치는 기타 첨가제는 산미제와 화학요법제, 색소, 외인성 효소, 면역강화제, 프로바이오틱스, 프리바이오틱스를 포함한다. 이러한 첨가제의 대부분은 특정 목적을 달성하기 위해 사료에 첨가된다. 이 장에서는 다양한 사료 첨가제와 수산동물 영양의 특정 기능을 검토한다.

10.1 항균제(Antimicrobial Agents)

가축 생산에서 치료제로 다양한 항생제가 사용된다. 그러나 oxytetracycline과 ormetoprim/sulfadimethoxine, florfenicol 같은 3가지 상업 제품만이 미국식품의약국(FDA)이 정한 휴약기간 이후에 인간의 섭취를 목적으로 하는 어류 양식에 사용하도록 승인받았다(FDA, 2009). 일반적으로 이러한 화합물은 특히 현장 양식시스템에서 사료를 통해 가장 효율적으로 투여된다. 전형적으로 이들 화합물은 압축 펠렛팅 공정과 저장 중 안정적이다. 그러나 압출 가공은 거의 모든 옥시테트라사이클린을 불활성화하고 사료 내 설파디메톡신/오메토프림의 농도에 제한적인 부작용을 보인다.

항생제 공급량은 조절되어야 한다. 어류 조직에 항생제가 침적되는 것을 줄이거나 수생 환경으로 배출될 수 있는 사육수로 방출하기 위해서는 적절한 공급 속도와 휴약기간을 따라야 한다. 등록 과정에서 다양한 항생제와 대상 어종의 구체적인 공급, 휴약 절차가 수립되었다. 항생제는 미국에서 허가받은 제조업체에서만 첨가할 수 있다.

양어사료에서 항생제의 치료학적 농도는 장내 미생물 조성에 영향을 미칠 수 있으며 때로는 성장과 사료효율을 높일 수 있다(Viola and Arieli, 1987; Ahmed and Matty, 1989; Rawles et al., 1997). 그러나 항생제 내성 강화 우려와 어류, 환경에서 잔류물 축적 우려로 항생제의 불완전한 약제학적 사용을 억제함으로써 다양한 수산동물 종의 세균 감염 예방 또는 치료의 대체 방법 연구가 필요하게 되었다(Shao, 2001; Cabello, 2006).

곰팡이와 다른 미생물 오염물질의 번식을 방지하기 위해서 보통 다양한 항균 화합물을 제조된 양어사료에 첨가한다. 이 항균제는 사료 내 수분함량이 12% 이상일 때 효모와 박테리아, 곰팡이 생물이 상온(22~25℃)에서 빠르게 자랄 수 있기 때문에 약간 눅눅하거나 습한 사료에서 특히 중요한 역할을 한다. 양어사료에 일반적으로 사용되는 항균제에는 benzoic acid과 propionic acid, sorbic acid 그리고 이들 산에 칼슘, 칼륨, 나트륨염이 포함된다(Hardy and Barrows, 2002).

10.2 항산화제(Antioxidants)

해양과 일부 식물성 지질에는 자가분해에 상당히 취약한 고도불포화지방산이 많이 함유되어 있다. 이러한 지질의 산화 생성물에는 알데히드와 케톤뿐만 아니라 자유 라디칼이 포함되어 있어 사료 내 카로티노이드와 비타민 C, E 같은 항산화 영양소의 수요가 증가한다. 사료에서 산화된 지질 생성물의 존재는 어류에 직접 영향을 주거나 항산화 비타민의 결핍을 악화시킬 수 있으며 간 퇴행, 비장 이상, 빈혈을 포함한 병리학적 상태를 유발할 수 있다(NRC, 1993; Gatlin, 2002). 수분과 지질 함량, 지방산 불포화 농도 같은 사료 내 영양소뿐만 아니라 온도와 같은 환경적 요인도 산화율에 영향을 줄 수 있다. 에톡시퀸(ethoxyquin), 뷰틸레이트하이드록시아니솔(BHA: butylated hydroxylanisole, 2 (3)–tertbutyl–4–hydroxyanisole), 뷰틸레이트하이드록시톨루엔(BHT: butylated hydroxytoluene, 3,5–di–tert–butyl–4–hydroxytoluene) 같은 다양한 합성 항산화제와 갈산프로필(propyl gallate)은 산화로부터 적절한 보호를 위해 일반적으로 유지나 완전한 사료에 첨가된다. 항산화물질 유형과 메커니즘의 자세한 내용을 확인할 수 있다(예: Porter, 1980). FDA가 허용하는 BHA와 BHT의 최대 농도는 지질 함량의 0.02%이며, 에톡시퀸의 경우 150 mg/kg이다.[1]

10.3 점결제(Binding Agents)

점결제는 양어사료에 포함되어 수중 안정성을 향상시키고, 펠렛의 경도를 높이며, 가공과 취급 중 생성되는 미립자 가루의 양을 감소시킨다. 이러한 점결제는 새우 사료에서 특히 중요한데, 이는 일반적으로 사료 섭취 과정에서 비교적 오랫동안 수중에 잔존하게 되는 새우의 섭취 습관에서 기인한다. 가장 널리 사용되는 점결제는 나트륨과 칼슘벤토나이트, 리그노술폰산염(lignosulfonate), 헤미셀룰로오스(hemicellulose), 카르복시메틸셀룰로오스(carboxymethylcellulose), 알긴산염, 구아검이 있다(Hardy and Barrows, 2002). 최근에는 일부 불활성 중합체 점결제가 도입되었지만 일반적으로 양식 어류와 새우에게 미치는 이들의 조성이나 독성에 관한 정보는 제한적이다. 시리얼 곡물에는 젤라틴화되었을 때 펠렛의 내구성을 높이고 물이 잘 고정되게 하는 전분이 함유되어 있다. 따라서 압출 가공에 따라 펠렛팅된 제형은 펠렛 점결제가 필요하지 않다. 젤라틴화 전분은 충분한 양의 결합을 가능하게 한다. 유청(whey)과 밀 글루텐, 전젤라틴화전분(pregelatinized starches), 당밀 같은 특정 사료원은 펠렛의 안정성을 향상시키고 영양가를 높이기 위해 영양 결합제로 간주된다. 점토 또는 셀룰로오스 물질로 구성된 결합체를 포함하여 다른 점결제는 비활성인 것으로 간주되며 영양가가 제한적이거나 전혀 없는 것도 있다. 이러한 점결제는 압축 펠렛팅으로 생성된 응집 입자의 밀도를 증가시키는 경향이 있다.

---

[1]121 C.F.R. § 573.380, 582.3169, 582.3173 (1987).

10.4 착색제

어류와 새우는 산소가 함유된 크산토필(xanthophyll)을 사용하여 어체와 피부, 알의 색소를 형성한다(Shahidi et al., 1998; Higuera-Ciapara et al., 2006). 이러한 색소는 어류와 새우 스스로 합성할 수 없으므로 사료에 포함되어야 한다. 카로티노이드는 비타민 A의 전구체 역할, 항산화제와 단일항 산소 퀜칭기능 보유, 어종 간 행동 의사소통(예: 암컷과 교미선택을 위한 수컷의 교미 경쟁) 등을 지원, 다양한 어종과 갑각류의 성장 촉진 등 다양한 기능을 한다(Chien and Jeng, 1992; Torrissen and Christiansen, 1995). 비록 성숙하는 동안 어육에서 피부와 생식기의 난소까지 카로티노이드 동원이 잘 설명되어 있지만, 번식과 관련된 기능은 아직 완전히 이해되지 않고 있다. 이러한 물질은 낮은 산소장력에서 알 속의 강력한 항산화제라는 가설을 세우고 있으며, 따라서 연어와 송어 알과 같이 오랫동안 품어야 하는 알에 중요하다.

연어에서 두 가지 옥시 카로티노이드인 아스타잔틴(3,3'-디히드록시-4,4'-디케토-β-카로틴)과 칸타잔틴(4-4'-디케토-B-카로틴)은 살, 피부, 지느러미의 적색에서 주황색까지의 색을 담당한다. 아스타잔틴은 야생 연어류와 모든 갑각류의 조직에서 주요 카로티노이드 색소이다. 이 화합물은 주로 스피루리나 같은 식물성 플랑크톤에서 파생되어 먹이사슬로 올라간다. 그러나 양식업에서 합성 아스타잔틴은 주로 인간의 식욕을 돋우기 위해 시각적인 효과로 사용된다. 합성 칸타잔틴은 연어류에 색소를 공급하는 데도 사용되었다(Hardy and Barrows, 2002; Breithaupt, 2007). 적색 효모 *Phaffia rhodozyma*는 *Haematococcus* 조류(Lorenz and Cysewst, 2000)처럼 아스타잔틴(Higuera-Ciapara et al., 2006)의 천연 공급원으로, 이들 성분은 착색을 위해서 양어사료에 포함될 수 있다. 식물에서 유래한 사료에는 일반적으로 연어 살에 원하는 색을 전달하는 색소가 포함되어 있지 않다. 주요 식물 카로티노이드는 알팔파, 노란 옥수수, 조류에서 발견되는 루테인(3R, 3'R, 6'R-β,ε-카로틴-3,3'-디올)과 제아잔틴(3R, 3'R-β,β-카로틴-3,3'-디올)이다. 사료 내 루테인은 황색을 띠고, 제아잔틴은 황색과 오렌지색을 신체 조직에 전달한다. **표 10-1**은 지금까지 양어사료에 사용된 성분의 크산토필과 아스타잔틴의 함량을 요약한 것이다.

양식어류의 색소 침착은 바람직하지 않을 수 있다. 예를 들면 차넬메기의 살에서 노란색 색소 침착은 일반적으로 소비자가 흰살을 선호하기 때문에 바람직하지 않은 것으로 간주된다. 크산토필의 농도가 11 mg/kg에 도달하면 차넬메기의 어육에서 노란색 착색이 관찰된다(Lovell, 1998). Li et al.(2007)은 β-카로틴과 루테인, 제아잔틴, 칸타잔틴, 아스타잔틴을 포함한 다양한 카로티노이드 색소가 차넬메기의 살 착색에 미치는 영향을 평가했다. 시각적 황색 강도는 메기가 섭취한 루테인이 가장 높았고, 제아잔틴과 아스타잔틴, 칸타잔틴이 그 뒤를 이었으며, 기초, β-카로틴 첨가 사료를 섭취한 어류는 가장 낮았다.

피부 색소 침착은 방어, 홍민어, 참돔 같은 다른 어종에서 소비자 수용성에 영향을 미친다(Fujita et al., 1983; Lorenz and Cysewski, 2000; Tejera et al., 2007; Doolen et al., 2009). 이들 어류는 자연에서 아스타잔틴을 공급하는 갑각류와 다른 유기체를 섭취하지만 배합사료를 섭취하면 자연 채색이 손실된다. 홍민어는 유리 아스타잔틴(Lorenz and Cysewski, 2000)보다 더 효율적으로 아스타잔틴의 에스테르 형태를 형성한다. 귀족도미는 다양한 천연, 합성 카로티노이드를 피부에 침착시키기 위해 효과적으로 사용하지만 어육에는 사용하지 않는다(Gomes et al., 2002). 그러나 어느 색소도 피부 색소화에서 예외적인 차이는 없다. 금붕어와 다른 관상용 어류는 아스타잔틴과 다른 카로티노이드를 피부에 침착시켜 색을 부여하기도 한다(Lorenz and Cysewski, 2000). 금붕어와 잉어는 사료 내 제아잔틴을 아스타잔틴으로 전환시킬 수 있으며(Hata and Hata, 1972), *Marsupenaeus japonicus* (Tanaka et al., 1976)에서도 유사한 전환 기능이 보고되었다.

표 10-1 식물성 원료의 크산토필(Xanthophyll) 함량과 양어사료에 사용되는 아스타잔틴(Astaxanthin) 함량

원료	학명	mg/kg
Plant Materials		**Xanthophylls**
Alfalfa meal		260-330
Alfalfa juice protein		800
Algae meals		2,000-4,000
Capsicum, Spanish		275
Corn (Maize), yellow		17
Corn (Maize) gluten meal		175-290
Corn gluten feed		17
Corn, distillers dried grains + solubles		4-34
Marigold petal meal		7,000
Seaweeds		340-920
Yeast	*Phaffia rhodozyma*	30–800
Animal Products		**Astaxanthin**
Capelin oil	*Mallotus villosus*	64-94
Copepod	*Calanus finmarchicus*	39-84
Copepod oil	*C. finmarchicus*	520
Crab, freeze dried	*Geryon quinquedens*	76
Crab, red	*Pleuroncodes planipes*	100-160
Crab, red, oil extract	*P. planipes*	1,500
Crab, vacuum dried	*Chinochetes opilio*	5
Crayfish, oil extract	*Procambrus clarkii*	750
Crayfish, meal	*P. clarkii*	137
Krill	*Euphausia pacifica*	100-130
Krill, codried with oil	*E. pacifica*	200
Krill, oil	*E. pacifica*	727
Krill	*Megannyctiphanes norvegica*	46-93
Mackerel	*Scomber scomburs*	6-11
Shrimp	*Pandalus borealis*	20-128
Shrimp, vacuum dried	*P. borealis*	100
Shrimp, steam dried	*P. borealis*	192
Shrimp oil	*P. borealis*	1,095

어류 조직에서의 카로티노이드 보유는 흡수와 수송, 대사, 이들 화합물의 배설을 포함하는 요인에 달려있다(Torrissen et al., 1989). 효모와 새우 부산물에서 발견되는 아스타잔틴의 소화율은 일반적으로 낮다. 그러나 새우 부산물의 사일리지는 새우 껍질에서 키틴-칼슘-단백질-카로티노이드 복합체(카로틴 단백질 화합물)를 분해함으로써 아스타잔틴의 소화율을 향상시킨다(Torrissen et al., 1981). 유리 아스타잔틴은 아스타잔틴 에스테르보다 더 효율적으로 흡수되며, 연어의 소화관에서 유리 아스타잔틴을 생산하기 위한 아스타잔틴 에스테르의 가수분해 속도는 제한적이다. 어육에 함유된 아스타잔틴의 약 90%는 유리 형태로 존재하는 반면에 에스테르 형태는 피부에서 강하다. 연어류는 카로티노이드에 산소를 공급할 수 없지만, 이미 섭취된 산화 카로티노이드는 변형되지 않고 축적된다. 카로티노이드 축적의 큰 차이는 이들 화합물의 흡수 차이로 발생할 수 있다. 아스타잔틴은 대서양연어와 무지개송어의 칸타잔틴보다 상당히 높은 농도로 축적되기 때문에 카로틴 골격에 히드록시기가 결합됨으로써 흡수가 증가한다는 것은 명백하다(Torrissen, 1986; Choubert and Storebakken, 1989; Torrissen, 1989). 연어에서는 아스타잔틴과 칸타잔틴의 흡수가 루테인과 제아잔틴보다 10~20배 더 효율적이다.

대조적으로 닮은 아스타잔틴의 3배의 속도로 제아잔틴을 흡수한다(Schiedt et al., 1985).

아스타잔틴은 일반적으로 갑각류에서 1차 색소로 발견되며 외골격에서 가장 큰 비중을 차지한다(Katayama et al., 1972; Meyers and Latscha, 1997). D' Abramo et al.(1983)의 연구에서는 바닷가재 치하를 대상으로 다른 카로티노이드 화합물 또는 이들 화합물의 공급원을 함유하는 사료를 공급한 결과 섭취한 착색 농도(강도)는 아스타잔틴 최종 생성물의 생합성 경로에서 사료 내 카로티노이드 화합물의 근접성과 직접적으로 관련되어 있는 것으로 나타났다. 야생 개체군과 관련된 짙은 녹색보다 푸른 색조를 띤 양식 새우는 카로티노이드 함유량이 부족한 사료를 섭취하고 있는 것으로 평가된다. 수산생물의 수용(Meyers and Latscha, 1997)에 미치는 색상의 영향을 임계 조직 수준으로 유지하기 위해 권장량은 50~100 ppm의 아스타잔틴(astaxanthin)이지만, 카로티노이드 화합물(자체)의 가능성에 따라 권장량도 달라진다. 갑각류 치하, *Macrobrachium rosenbergii*와 *Litopenaeus vannamei* (Kovalenko et al., 2002; D' Abramo et al., 2006)의 사료 내 100 g당 230 mg의 칸타잔틴의 농도(2,300 ppm)는 살아 있는 *Artemia nauplii*를 먹이로 섭취한 것과 같은 색소 침착을 보였다. 갑각류 사료에 사용된 카로티노이드의 공급원은 남극 크릴(Maoka et al., 1985)과 스피루리나(Liao et al., 1993), 효모 *Phaffia rhodozyma* (Meyers and Sanderson, 1992), 미세조류 *Haematococcus pluvialis* (Choubert and Heinrich, 1993)로 사료 내 3.0%로 나타났다.

Torrissen (1990)은 사료 내 카로티노이드가 갑각류뿐만 아니라 양어사료에도 필요하다는 결론을 내렸으며, 이러한 화합물은 비타민 A, D와 유사한 대사작용을 한다고 시사했다. Miki (1991)는 카로티노이드의 항산화 활성이 α-토코페롤의 100배에 달하고, 카로티노이드는 막 지질을 과산화로부터 보호한다는 사실을 구명했다.

10.5 효소

식물 유래 사료원에는 특정 소화효소가 부족하기 때문에 비반추동물(nonruminant)에게 쉽게 소화되지 않는 다양한 형태의 영양소가 포함되어 있다. 이러한 영양소의 활용도를 높이기 위해 최근 몇 년간 특히 돼지, 가금류 등 육상 가축을 중심으로 외인성 효소 첨가가 연구되고 있다(Bedford, 2000). 수산동물의 경우 식물성 사료에서 인의 주요 저장형태인 인산염은 이용률이 낮아 주요 연구 대상인 것으로 나타났다. 이것은 어류의 배설을 초래하여 잠재적으로 수분을 풍부하게 한다. 식물성 사료원에 포함된 인의 최대 70%는 종자(곡물, 지방종자 등)의 주요 저장 형태인 피틴산염일 수 있다.

양식 과정에서 인 폐기물 제한의 우려로 미생물 효소 파이타아제의 첨가를 통한 사료 내 피틴산의 이용 증가가 가장 광범위하게 추구되었다. *Aspergillus niger*의 파이타아제를 사료 첨가제로 사용하면 어류에서 인의 유용성을 크게 향상시킬 수 있다는 많은 연구 결과가 있다(Gatlin and Li, 2008). 일반적으로, kg당 500~1,000단위의 파이타아제를 첨가하면 강화된 뼈 회분, 뼈 인, 인 보존이나 감소된 인으로 측정했을 때 파이테이트 이용이 충분히 증가하였다. 칼슘, 마그네슘, 철, 아연 같은 다른 미네랄의 명백한 가용성은 일반적으로 첨가하면서 증가한다. 사료 내 피틴산은 단백질 소화를 저해할 수 있는 잠재력이 있지만, 파이타아제 첨가를 통하여 단백질 소화율이나 질소 이용 개선은 수산동물 종에서 일관되게 관찰하지 못했다(Spinelli et al., 1983; Storebakkea etal., 1998).

다른 외인성 효소를 첨가하여 사료 내 단백질 이용을 향상시키는 것은 매우 바람직하다. 그러나 지금까지의 시도는 제한적이었다. Kolkovski (2001)는 자어와 치어의 사료 배합에 효소의 잠재적인 사용을 검토한 결과 단백질 분해효소의 첨가가 사료 내 소화율이나 특정 어류의 성장을 지속적으로 개선하지 못했다고 결론지었다. 많은 먹이생물로부터 외인성 단백질 분해효소와 당질 분해효소가 기여함으로써 실질적으로 어류의 소화 과정에 도움을 줄 수 있기 때문에 이 분야에는 더 많은 연구가 필요하다(Kuz'mina and Golovanova, 2004).

α-아밀라아제와 자일란 분해효소(xylanase), β-글루칸 소화효소(glucanase)를 포함한 탄수화물 분해효소 같은 다른 외인성 효소의 첨가 효과는 주로 돼지와 가금류 사료를 대상으로 수행되었다(Bedford, 2000). α-아밀라아제 등의 효소는 육상 가축의 사료에 첨가되어 옥수수와 수수 같은 비점성 곡물에서 전분의 소화율을 증가시킨 반면에 다른 효소의 첨가는 보리, 귀리, 밀 같은 점착성 곡물 내 비전분다당류(NSP)의 부작용을 줄일 수 있다. 이들 효소는 많은 식물성 원료에서 β-만난(β-mannan)을 가수분해하는 β-만나나아제(β-mannanase), 주로 밀에서 발견되는 자일란을 가수분해하는 자일란 분해효소, 보리에서 두드러지는 β-글루칸을 가수분해하는 β-글루칸 소화효소를 포함한다(Lobo, 1998). 이러한 점성이 있는 곡물의 NSP는 전형적으로 장 점도를 증가시키고 소화 속도를 감소시키며 습하고 점성이 있는 분뇨의 생산에 기여한다. 따라서 점성이 있는 곡물을 함유한 사료에 적절한 탄수화물효소를 첨가하면 NSP의 빠른 소화를 촉진할 수 있다. α-갈락토시다아제(α-galactosidase) 같은 효소는 대두 함유 사료에서 올리고당을 가수분해하여 사료의 소화율을 증가시킬 수 있다(Lobo, 1998).

이러한 효소를 양어사료에 첨가하면 유기 성분의 소화가 촉진되어 양식시스템의 생화학적 산소 요구량뿐만 아니라 폐수에서 침강되는 고형물도 감소될 수 있다. 그러나 어류를 대상으로 한 이 같은 효소 평가는 현재까지 극히 제한적이다. 어류를 대상으로 수행한 일부 연구 중에서 Glencross et al.(2003)는 라피노스(raffinose), 스타키오스(stachyose), 베르바스코오스(verbascose) 같은 상대적으로 높은 수크로스의 α-갈락토실 상동체가 존재하기 때문에 루핀박(lupine meal)을 함유한 사료에 α-갈락토시다아제를 첨가해 평가하였다. α-갈락토시다아제를 첨가하면 단백질 소화가 현저하게 개선되고 무지개송어에서 질소가 없는 추출물과 에너지 소화율이 높아지는 경향을 보였다. 마찬가지로 카놀라박(canola meal)이 함유된 사료에 탄수화물 분해효소 혼합물을 첨가하면 얼룩새우의 소화율과 성장이 증가했는데, 이는 카놀라박이 포함된 사료에서 글루코사이드와 다른 비영양성 인자의 부정적인 효과를 제거하는 데서 기인하는 것으로 관찰된다(Buchanan et al., 1997). 바람직하지 않은 NSP를 포함하는 배합사료에서 다른 식물성 사료원에 탄수화물 분해효소를 적용하면 어패류의 영양가가 증가할 수 있다. 따라서 향후에는 양식생물을 대상으로 다양한 식물성 원료의 영양 가치 향상을 목표로 하는 연구가 필요하다.

사료 내 외인성 효소를 첨가하는 데 주요 제약조건 중 하나는 이러한 효소의 대부분이 약 95°C 이상에서 안정적이지 않다는 것이다. 따라서 그들은 압축 펠렛 또는 압출 가공으로 이루어지는 과정에서 손실될 수 있다. 캡슐화는 현재 효소 첨가제의 내열성을 향상시키기 위해 연구되고 있는 기술이다. 현재, 액체 효소의 사출 후 적용하는 기술은 더 많은 내열성 형태가 이용 가능해질 때까지 요구된다. 진공 주입은 펠렛 형성 후에 효소의 효율적인 적용을 허용할 수 있는 하나의 기술이다.

10.6 유기산(Organic Acid)

아세트산과 부티르산, 구연산, 포름산, 젖산, 말산, 프로피온산, 소르브산 등 유기산과 그 염류는 동물 사료에서 산미제로 사용되어 왔다. 이 화합물은 사료 내 미생물의 성장을 제한하고 영양소의 이용 가능성을 높이며 동물의 위장관 기능과 에너지 대사를 변화시킴으로써 동물의 성장 향상 같은 유익한 효과가 나타났다(Luckstadt, 2008). 지금까지 어류를 대상으로 수행한 일부 연구에 따르면 육상 가축과 마찬가지로 사료 내 유기산은 강력한 항균 효과를 발휘할 수 있고, 잠재적으로 성장, 영양소 이용, 질병 저항성을 증가시킬 수 있다는 것을 보여주었다(예: Ng et al., 2009).

지금까지 유기산과 어류에 관한 대부분의 연구는 인과 다른 미네랄의 이용에 초점을 맞추고 있다. 예를 들어 구연산과 구연산나트륨의 첨가는 무지개송어의 어분 소화율을 향상시킬 수 있었다(Sugiura et al., 1998). 포름산을 4 ml/kg 또는 10 ml/kg으로 첨가할 경우 무지개송어에서 인의 소화율과 보유율을 크게 향상시켰다(Vielma and Lall, 1997). 어분 또는 육골분이 포함된 사료에 4~30 g/kg의 농도로 구연산을 첨가하면 무지개송어와 도미의 인 활용이 개선되었다(Vielma et al., 1999; Sarker et al., 2005). Pandey and Satoh(2008)는 1% 구연산 첨가가 저어분 사료를 섭취하는 무지개송어의 인 보유를 현저하게 향상시켰다는 것을 관찰했다. 유기산 첨가는 무위체(agastric) 어류를 대상으로 사료 내 인의 소화율을 향상시키는 것으로 관찰되었다(Leng et al., 2006). 유기산의 긍정적인 효과는 어분에서 뼈 미네랄의 가용화 때문일 것이며, 장내 브러시보더에서 칼슘과 인을 침전시킬 수 있는 킬레이트 효과 때문일 것이다(Sugiura et al., 1998; Sarker et al., 2005). Baruah et al.(2005)는 대두를 기반으로 한 사료에 구연산을 첨가(30 g/kg)할 경우, 로후(*Labeo rohita*)의 뼈에서 인 함유량을 증가시킨 것을 관찰했다. 이전 연구에서는 또한 구연산과 파이타아제 효소가 뼈의 인 함량에 중요한 상호작용을 관찰했는데, 이는 2가지 사료 첨가제의 시너지 효과를 나타낸다.

육돈 사료에서 고농도의 유리 형태 유기산은 사료 섭취를 줄이고, 위장관에 점막 손상을 입히며, 뼈 탈회(demineralization)와 신진대사 산증(Partanen and Mroz, 1999; Gauthier, 2002)을 유발할 수 있고, 궁극적으로 동물의 성장에 부정적인 영향을 미칠 수 있다. Sugiura et al.(1998)는 구연산 농도가 최대 5% (50 g/kg)까지는 무지개송어의 사료 섭취에 영향을 미치지 않았지만, 금붕어(*Carassius auratus*)의 사료 섭취량을 현저하게 감소시키는 결과를 초래했다고 보고하였다. 유기산은 또한 산 염기 균형과 미네랄의 항상성을 방해할 수 있지만, 수산동물을 대상으로 더 많은 후속 연구가 필요하다.

10.7 사료 유인성과 섭취 촉진제

어분과 크릴박(krill meal), 새우박(shrimp meal), 어즙(fish solubles), 어유, 각종 단백질 가수분해물 같은 해양 유래 사료원은 수산생물 사료의 기호성을 높이는 것으로 알려져 있다(Barrows, 2000). 식물성 원료가 어류의 기호성에 적합한 해양 유래 원료를 대체할 경우 사료 적응력은 감소하고, 육식성 어류는 성장이 감소하게 될 수 있다(Hardy and Barrows, 2002). 따라서 식물성 원료를 함유한 사료의 기호성 향상은 생산 비용을 줄이기 위해 해양 원료의 함유를 줄이고 이러한 성분의 의존도를 높이기 위해 최근 큰 주목을 받아온 주요 연구 분야이다.

해양 유래 원료의 부족으로 사료 기호성 저하에 따른 부작용을 극복하는데 다양한 천연, 합성 성분이 효과적인 것으로 나타났다. 이들 성분은 기호성 촉진제, 미각자극제 또는 유인물이라고 할 수 있지만, 엄밀한 의미에서 유인물질은 잠재적인 먹이를 향해 멀리 떨어진 곳에 있는 동물들이 지향하게 하는 물질로 정의된다(Guillaume and Metailler, 2001). 섭취를 유도하는 성분을 일반적으로 촉진제라고 한다. 어류의 사료 섭취를 자극하는 것으로 알려진 화합물은 저분자량과 비휘발성, 수용성, 질소성 등이 특징이다(Carr, 1982). Guillaume and Metailler (2001)는 어류 유인 물질을 ① L-아미노산 ② 베타인 또는 5가 질소 원자를 갖는 다른 분자 ③ 뉴클레오사이드와 뉴클레오타이드로 구성된 3개의 주요 군으로 분류했으며, 인산염 뉴클레오타이드가 가장 효과적인 것으로 나타났다. 다양한 어분과 어류 가용물은 뉴클레오타이드가 풍부하고, 어류 단백질 가수분해물은 유리 아미노산을 함유하며, 무척추동물 분은 질소성 염기가 풍부하기 때문에 이전에 섭취 촉진 인자로 언급된 해양 유래 사료원은 이 범주에 적합하다. 이 같은 섭취 촉진제의 대부분은 일반적으로 다양한 어류와 새우 종의 자연적인 먹이로서 조직 추출물에서 고농도로 발견된다. 섭취 촉진제는 보통 종마다 다르며, 혼합물은 일반적으로 섭취를 증가시키는데 단일 화합물보다 더 효과적이다. 아미노산 글라이신은 베타인과 다양한 조합으로서 베타인과 글리신, 다른 아미노산이 있는 사료 내 2% 수준까지 여러 육식성 어류에서 섭취 촉진제로 사용된다(Gatlin and Li, 2008). 사료에 2% 또는 4%에 포함된 L-알라닌과 L-세린, 이노신 5'-모노포스페이트, 베타인의 혼합물뿐만 아니라 주로 식물성 원료에 기초한 사료에 포함된 다른 아미노산 유인물질 혼합물은 육식성 어류의 체중 증가와 사료 섭취를 향상시키는 결과를 초래하였다.

사료 내 뉴클레오타이드는 최근에 다양한 어류(다음 장에서 설명)를 위한 면역 조절 화합물로서 주목받았다. 그러나 이 화합물은 또한 양어사료에 실질적으로 영향을 미칠 수도 있다. 이노신과 이노신 5'-모노포스페이트는 여러 어류에서 섭취를 개선하는데 효과적이었다(Gatlin and Li, 2007).

10.8 면역강화제(Immunostimulants)

최근에는 질병을 치료하기 위한 항생제 의존도를 줄이기 위해 수산동물의 건강과 면역에 긍정적인 영향을 미치는 영양 첨가제의 개발에 관심이 높아지고 있다. 특히 비영양적인 면역강화제를 사료에 첨가하는 것은 다양한 어종의 면역 생성 능력과 질병 저항성을 향상시키는 효과적인 방법으로 인식되고 있다. 면역 자극 특성을 띤 것으로 확인된 화합물은 화학적 조성과 면역 자극의 형태가 매우 다양하다. 일부 수산동물 종에 유익한 영향을 미치는 것으로 밝혀진 화합물은 다음 문단에서 설명할 것이다.

10.8.1 미생물, 식물, 동물 분획

비활성화된 천연 미생물 또는 β-글루칸, 지질다당류(lipopolysaccharide), 펩티도글리칸(peptidoglycan) 같은 미생물 물질은 세포 매개 면역계를 자극할 수 있다. 이러한 물질 중 일부는 소화 시스템에서 완전히 분해되지 않고 구강으로 전달될 수 있으며 장 점막에 흡수되어 양식업을 위한 잠재적인 면역촉진제로 사용될 수 있다.

β-글루칸은 다양한 수산동물에서 면역강화제로 널리 인정되어 왔다(Sealey and Gatlin, 2001; Gatlin, 2002). 다양한 β-글루칸은 많은 미생물 분획물에서 추출한 양조장 효모, 보리 같은 물질에 함유하고 있다. 이들 화합물은 일반적으로 활성화된 대식세포에서 혈액 호중구 산화 라디칼 생성과 슈퍼옥사이드 음이온 생성 같은 비특이적 면역력에 영향을 미치는 것으로 나타났다. 이러한 변화는 다른 병원성 유기체에 노출된 어류의 폐사율을 크게 감소시킬 수 있다. 척추동물의 백혈구 표면에 있는 Dectin-1과 Toll 유사 수용체 같은 β-글루칸 수용체의 발견은 β-글루칸에 의한 면역 반응 유발 인자의 기전을 이해할 수 있게 했다(Brown and Gordon, 2003). 효모 글루칸의 장시간 투여 효능의 연구 고찰은 아직 부족하다. 그러나 일부 연구에서는 시험관 내, 생체 내 연구 결과를 통하여 β-글루칸의 부적절한 사용은 세포와 유기체 수준에서 면역을 억제할 수 있다고 보고하였다(Gatlin, 2002).

락토페린(lactoferrin)은 염증 시 호중구 과립에서 방출되는 철분 함유 당단백질이다. 포유류의 우유나 다른 외분비 분비물에 존재하며 척추동물에서 항균제와 항바이러스제, 항진균제, 항염증제, 항산화제, 면역 조절 작용을 하는 것으로 보인다. 이 단백질은 열 충격 단백질의 발현과 같은 여러 생리학적 과정을 조절할 수 있다. 그러나 이들 단백질은 사료에 첨가되었을 때의 소화, 흡수, 운반이 정의되지 않았다. 일부 연구에서는 사료에 락토페린을 첨가할 경우 호흡 폭발(respiratory burst), 어류의 자연 세포 독성(Esteban et al., 2005), 페놀 산화효소 활성, 갑각류 내 박테리아 응집 역가 같은 세포 내 반응에 따른 면역력에 긍정적인 영향을 미치는 것으로 확인되었다(Chand et al., 2006). 락토페린은 고온(Yokoyama et al., 2005), 저염분(Koshio et al., 2000), 감염성 박테리아 같은 환경적 스트레스 요인에서 어류와 새우의 내성 강화(Sakai et al., Chand et. aL 2006), 바이러스성 질병(Zhong et al., 2002)의 저항성을 향상시키는 것으로 보고되었다. 여러 연구에서 보고된 효과적인 첨가 함량은 100~1,000 mg/kg까지 다양하다.

주로 다당류인 해조류에서 추출한 일부 물질은 면역 반응을 변형시키고, 여러 어종에서 감염성 질병의 저항성을 향상시켰다(Chiu et al., 2008). 만누론산 중합체(86~99.9% M-block, High-M-알긴산염이라 함)를 높은 비율로 함유하는 알긴산염은 대서양가자미(Skjermoa and Berghb, 2004)와 대서양대구(Skjermoa et al., 2006)에서 면역력을 증강시킨다. 알긴산나트륨 또한 면역력을 강화시키며, 능성어(Chiu et al., 2008; Yeh et al., 2008)와 흰다리새우(Cheng et al., 2005)의 질병 저항성을 향상시키는 것으로 나타났다.

키틴은 글루코사민의 중합체로서 무척추동물과 곰팡이, 효모의 껍질이나 세포벽에서 발견된다. 이 화합물은 갑각류 외골격의 주성분으로 유기 화합물의 50~80%를 차지하며 산화칼슘과 단백질 단위로 구성된다. 아미노다당류(aminopolysaccharide)인 키토산은 키틴을 알칼리로 처리하여 추출한다. 키틴과 키토산은 모두 잉어의 면역력을 강화시키는 것으로 나타났다(Gopalakannan and Arul, 2006).

펩티도글리칸과 지질다당류, 황화다당류, 3, 3', 5-트리요오드-L-티로닌, β-하이드록시-β- 메틸부티레이트와 정유(essential oil)같은 특정 허브 생성물 면역강화제가 어류와 새우의 건강에 미치는 영향은 추가 연구가 필요하다. 예를 들어 꽃박하 정유(oregano essential oil)에서 추출한 페놀화합물 카바크롤(carvacrol)과 티몰(thymol)은 상당한 항균성을 띠고 있는 것으로 나타났으며, 차넬메기 사료에 첨가하면 *Aeromonas hydrophila* 저항성이 증가하는 것으로 나타났다(Zheng et al., 2009).

10.8.2 뉴클레오사이드(Nucleoside)와 뉴클레오타이드(Nucleotide)

뉴클레오사이드와 뉴클레오타이드는 대사적으로 합성되기 때문에 필수영양소로 간주되지 않았으며 사료에서 제외되었을 때 결핍 증상은 관찰되지 않았다. 따라서 뉴클레오사이드와 뉴클레오타이드, 올리고뉴클레오타이드의 영양가는 계속 논의되고 있다. 최근에는 상처 치료 중 뉴클레오타이드 요구량이 증가하고, 뉴클레오타이드 결핍으로 간과 심장, 내장, 면역력을 저하시킬 수 있다는 연구결과가 발표되면서 이러한 의견이 수정되었다(Gatlin and Li, 2007). 어류의 뉴클레오타이드 영양의 초기 연구는 1990년대 초반으로 거슬러 올라갈 수 있다. 전 세계적으로 Burrells et al.(2001a,b)의 연구로 주목받았다. 뉴클레오타이드는 대서양연어의 다양한 병원체 면역력에 영향을 미치고 저항성을 강화시키는 것으로 나타났다. 그러나 사료 내 뉴클레오타이드로 유도된 생리학적, 면역학적 반응과 관련된 분자 메커니즘의 이해는 여전히 부족한 실정이다. 장 점막과 골수, 조혈세포, 림프구, 뇌 같은 조직은 뉴클레오타이드의 de novo 합성 능력이 제한되어 있고 샐비지(salvage) 합성경로에서 공급을 이끌어내는 것으로 알려져 있다. 따라서 뉴클레오타이드의 내인성 공급은 불충분할 수 있으며, 패혈증과 외상 같은 스트레스가 많은 조건하에서 최적의 기능, 특히 면역 체계에 필요한 첨가제가 필요할 수 있다(Gatlin and Li, 2007). 0.62~5 g/kg의 다양한 뉴클레오타이드 첨가제를 사용하여 여러 수산생물에서 다양한 박테리아와 바이러스, 리케치아(rickettsial), 외부 기생충 저항성이 개선되었다고 보고되었다. 전신 대식세포의 세포 내외 과산화 음이온 생성뿐만 아니라 항체반응, 호중구 산화 라디칼 생성과 혈청 라이소자임 등 특이적 면역체계와 비특이적 면역력 같은 요소가 뉴클레오타이드 첨가에 따라 영향을 받았다.

10.8.3 합성 화학물질

구충제(levamisole)는 인간과 동물에서 선충류(nematodes) 치료에 사용되는 구충제 화합물(antihelminthic compound)이다. FK−565 (heptanoyl−γ−D−glutamyl−(L)−meso−diaminopimelyl−(D)−alanine)는 *Streptomyces olivaceogriseus*의 배양균과 격리된 락토일 테트라펩타이드(lactoyl tetrapeptide)와 관련된 펩타이드로 쥐의 미생물 감염에 활성을 보이는 것으로 나타났다(Mine et al., 1983). 이러한 합성 화학물질인 구충제와 FK−565는 어류에서 면역 조절 효과를 나타내는 것으로 보고되었다(Sakai, 1999; Li et al., 2006).

10.9 프로바이오틱스와 프리바이오틱스(Probiotics and Prebiotics)

인간과 가축의 건강을 증진시키는 살아 있는 미생물 첨가제로 정의된 프로바이오틱스(probiotics)는 최근 양식에서 연구 대상이 되고 있다(Gatesoupe, 1999; Gatlin, 2002; Irianto and Austin, 2002; Burr et al., 2005). 이러한 첨가제는 위장관(GI)의 미생물을 변화시켜 숙주의 성장과 소화, 면역, 질병 저항에 중요한 역할을 하는 것으로 알려져 있다. 일부 프로바이오틱스는 잠재적인 병원균을 경쟁적으로 배제하기 위해 수생 환경을 치료하도록 고안되었지만, 대부분의 프로바이오틱스는 첨가제를 통해 숙주에게 전달된다.

최근 몇 년 동안 수산동물의 성장과 면역, 수많은 질병의 내성을 향상시키기 위해 사료 내 프로바이오틱스 사용의 잠재적 가치를 보여주는 연구가 많이 수행되었다. 그러나 프로바이오틱스와 관련한 모든 연구가 긍정적인 결과를 내지는 못했다. 박테리아 외에도 미세조류 같은 다른 생물체도 사료에 프로바이오틱스로 첨가되었다. 양식생물의 건강증진을 위한 효과적인 전략으로 프로바이오틱스 첨가가 점점 중요해질 것으로 예상된다. 프로바이오틱스 사용에 있어서 제한 요소는 사료 제조 과정에서 미생물의 생존율을 유지하는 것이다. 프리바이오틱스와 비활성화된 프로바이오틱스는 최근 연구된 사료 첨가제이다. 프리바이오틱스는 위장관에서 유용 박테리아의 성장을 선택적으로 자극하거나 신진대사를 촉진하여 숙주에게 유익한 영향을 미치는 비흡수성 사료 성분으로 정의된다(Gibson and Roberfroid, 1995). 다양한 화합물은 이미 육상동물과 일부 어류, 새우에게 생물학적 영향을 미치는 것으로 확인되었다. 이들 화합물에는 만나노리올리고당, 프락토올리고당, 갈락토올리고당 같은 올리고당류뿐만 아니라 자가 분해 양조효모와 유당, 발효 산물의 혼합물을 포함하는 일부 상업제품이 포함된다(Gatlin and Li, 2008).사료 내 지방산과 탄수화물은 이전에 어류의 위장관에서 미생물을 변화시키는 것으로 보여 프리바이오틱으로 잠재적으로 응용될 수 있다(Ringø et al., 1998; Ringo and Olsen, 1999). 이러한 첨가제 사용은 양식업 초기 단계에 머물러 있다. 그러나 위장관 내 미생물의 특이적 반응을 포함하여 수산생물에 미치는 프리바이오틱스의 영향과 관련한 추가 문헌이 계속 증가하고 있다. 일부 프리바이오틱은 체중 증가와 사료 효율, 일부 면역 반응과 일부 세균, 기생충 감염의 저항력을 향상시키는 것으로 나타났다. 비록 어류와 새우의 모든 프리바이오틱 조사가 긍정적인 반응을 나타내지는 않았지만 프리바이오틱 첨가에 따른 부정적인 영향 또한 보고되지 않았다.

비활성화 프로바이오틱스는 무지개송어(Irianto and Austin, 2002)와 금붕어(Irianto et al., 2003)를 포함한 일부 어류에서 감염성 질병의 면역력을 보여주었다. 이 연구에서 사료에 추가된 포르말린−불활성화된 세포는 박테리아 감염을 억제하는 데 도움이 되었다. 그러나 불활성화된 세포를 프로바이오틱스, 면역강화제 또는 경구 백신 등으로 분류하는 것은 불확실하다. 따라서 첨가제로 사멸한 세포를 사용하는 이점은 추가로 고려해야 한다. 프리바이오틱스와 결합된 프로바이오틱스 첨가제 개발은 양식에 많은 응용이 있을 수 있으며 추가적인 연구가 필요하다.

10.10 호르몬제

다양한 자연, 합성 호르몬은 산란의 유도, 성 전환 또는 단성 개체군 생산뿐만 아니라 성장 촉진을 포함하여 다양한 목적을 위해 양식에 사용되어 왔다. 성장호르몬, 갑상샘호르몬, 생식샘 자극 호르몬, 프로락틴, 인슐린 다양한 스테로이드를 포함한 여러 생식 실험에서 다양한 호르몬이 평가되었지만, FDA로부터 사람이 섭취할 예정인 어류에 사용하도록 승인된 호르몬은 없으므로 배합사료에 첨가되지 않는다.

합성 안드로겐의 실험적인 공급은 성장을 촉진하고 일부 어종, 특히 연어의 사료 전환효율을 개선하는 것으로 나타났다(Donaldson et al., 1979; Higgs et al., 1982; Matty, 1986). 약 20종의 어류가 스테로이드에 동화작용을 보였다(Donaldson et al., 1979; Matty, 1986). 그러나 차넬메기 같은 일부 온수성 어종(Gannam and Lovell, 1991a,b)은 안드로겐의 공급에 부정적인 반응을 보였다. 성장 촉진을 위한 스테로이드 치료의 연장은 조기 생식샘 발달, 골격 기형, 감염 감수성 증가, 간과 신장, 소화관의 병리학적 변화를 포함한 해로운 부작용을 일으킬 수 있다(Zohar, 1989; Gannam and Lovell, 1991a,b).

성호르몬은 또한 일부 어종, 연어와 잉어, 틸라피아의 성별을 바꾸기 위해 사료에 투여되었다(Pandian and Sheela, 1995). 이 호르몬은 일반적으로 에탄올에 용해되어 사료에 첨가되며, 이는 최초 사료를 섭취하는 어류에게 약 1개월 동안 투여해 동성 집단을 만든다. 이 같은 방법으로 17-α-메틸테스토스테론을 틸라피아에 투여하면 수컷 어류가 암컷보다 더 빨리 자라며 원하지 않은 번식을 제한하기도 한다. 어류가 인간의 섭취를 목적으로 하는 것이라면 FDA의 승인된 New Animal Drug Application에 따라 수행되어야 한다. 연구에 따르면 17-α-메틸테스토스테론은 4℃ 이하에서 보관할 경우 안정적이지만 고온에서는 시간에 따라 선형적으로 감소한다는 연구결과가 나왔다(Barry et al., 2007). 그것은 인간의 음식 안전을 위협하지 않을 정도로 어류의 내장과 전어체로부터 빠르게 소멸되고(Johnstone et al., 1983), 광산화(photo-oxidation)와 박테리아 분해 민감성은 부정적인 환경으로 이어지지 않을 것으로 보인다(Green and Teichert-Coddington, 2000).

참고문헌

Ahmed, T. S., and A. J. Matty. 1989. The effects of antibiotics on growth and body composition of carp (*Cyprinus carpio*). Aquaculture 77:211-220.

Barrows, F. T. 2000. Feed additives. Pp. 335-340 in Encyclopedia of Aquaculture, R. R. Stickney, ed. Hoboken, NJ: John Wiley and Sons.

Barry, T. P., A. Marwah and P. Marwah. 2007. Stability of 17α-methyltestosterone in fish feed. Aquaculture 271:523-529.

Baruah, K., A. K. Pal, N. P. Sahu, K. K. Jain, S. C. Mukherjee, and D. Debnath. 2005. Dietary protein level, microbial phytase, citric acid and their interactions on bone mineralization of *Labeo rohita* (Hamilton) juveniles. Aquac. Res. 36:803-812.

Bedford, M. 2000. Exogenous enzymes in monogastric nutrition—their current value and future benefits. Anim. Feed Sci. Tech. 86:1-13.

Breithaupt, D. E. 2007. Modern application of xanthophylls in animal feeding—a review. Trends Food Sci. Tech. 18:501-506.

Brown G. D., and S. Gordon. 2003. Fungal ß-glucans and mammalian immunity. Immunity 19:11-315.

Buchanan, J., H. Z. Sarac, D. Poppi, and R. T. Cowan. 1997. Effects of enzyme addition to canola meal in prawn diets. Aquaculture 151:29-35.

Burr, G., D. M. Gatlin, III, and S. Ricke. 2005. Microbial ecology of the gastrointestinal tract of fish and the potential application of prebiotics and probiotics in finfish aquaculture. J. World Aquacult. Soc. 36:425-436.

Burrells, C., P. D. William, and P. F. Forno. 2001a. Dietary nucleotides: A novel supplement in fish feeds. 1. Effects on resistance to diseases in salmonids. Aquaculture 199:159-169.

Burrells, C., P. D. William, P. J. Southage, and S. L. Wadsworth. 2001b. Dietary nucleotides: A novel supplement in fish feeds. 2. Effects on vaccination, salt water transfer, growth rate and physiology of Atlantic salmon. Aquaculture 199:171-184.

Cabello, F. C. 2006. Heavy use of prophylactic antibiotics in aquaculture: A growing problem for human and animal health and for the environment. Environ. Microbiol. 8:1137-1144.

Carr, W. E. S. 1982. Chemical stimulation of feeding behavior. Pp. 259-273 in Chemoreception in Fishes, T. J. Hara, ed. Amsterdam, the Netherlands: Elsevier.

Chand, R. K., P. K. Sahoo, J. Kumari, B. R. Pillai, and B. K. Mishra. 2006. Dietary administration of bovine lactoferrin influences the immune ability of the giant freshwater prawn *Macrobrachium rosenbergii* (de Man) and its resistance against *Aeromonas hydrophila* infection and nitrite stress. Fish Shellfish Immun. 21:119-129.

Cheng, W., C. H. Liu, C. M. Kuo, and J. C. Chen. 2005. Dietary administration of sodium alginate enhances the immune ability of white shrimp *Litopenaeus vannamei* and its resistance against *Vibrio alginolyticus*. Fish Shellfish Immun. 18:1-12.

Chien, Y.-H., and S.-C. Jeng. 1992. Pigmentation of kuruma prawn, *Penaeus japonicas* Bate, by various pigment sources and levels and feeding regimes. Aquaculture 102:333-346.

Chiu, S. T., R. T. Tsai, J. P. Hsu, C. H. Liu, and W. Cheng. 2008. Dietary sodium alginate administration to enhance the non-specific immune responses, and disease resistance of the juvenile grouper *Epinephelus fuscoguttatus*. Aquaculture 277:66-72.

Choubert, G., and O. Heinrich. 1993. Carotenoid pigments of the green alga *Haematococcus pluvialis*: assay on rainbow trout, *Oncorhynchus mykiss*, pigmentation in comparison with synthetic astaxanthin and canthaxanthin. Aquaculture 112:217-226.

Choubert, G., and T. Storebakken. 1989. Dose response to astaxanthin and canthaxathin pigmentation of rainbow trout fed various carotenoid concentrations. Aquaculture 81:69-77.

D'Abramo, L. R., N. A. Baum, C. E. Bordner, and D. E. Conklin. 1983. Carotenoids as a source of pigmentation in juvenile lobsters fed a purified diet. Can. J. Fish. Aquat. Sci. 40:699-704.

D'Abramo, L. R., E. I. Perez, R. Sangha, and A. Puello-Cruz. 2006. Successful culture of the larvae of *Litopenaeus vannamei* fed a microbound formulated diet exclusively from either stage PZ2 or M1 to PL1. Aquaculture 261:1356-1362.

Donaldson, E. M., U. H. M. Fagerlund, D. A. Higgs, and J. R. McBride. 1979. Hormonal enhancement of growth in fish. Pp. 455-597 in Fish Physiology, Vol. 8, W. S. Hoar, D. J. Randall, and J. R. Brett, eds. New York: Academic Press.

Doolen, B. J., M. A. Booth, G. L. Allan, and P. L. Jones. 2009. Changes in skin colour and cortisol response of Australian snapper *Pagrus auratus* (Bloch & Schneider, 1801) to different background colours. Aquac. Res. 40:542-550.

Esteban, M. A., A. Rodriguez, A. Cuesta, and J. Meseguer. 2005. Effects of lactoferrin on non-specific immune responses of gilthead seabream (*Sparus auratus* L.). Fish Shellfish Immun. 18:109-124.

FDA (U.S. Food and Drug Administration). 2009. Aquaculture: Approved Drugs, 06/18/2009. Available online at: *http://www.fda.gov/Animal Veterinary/DevelopmentApprovalProcess/Aquaculture/ucm132954. htm*. Accessed on May 11, 2010.

Fujita, T., M. Satake, S. Hikichi, M. Takeda, S. Shimeno, H. Kuwabara, W. Miki, K. Yamaguchi, and S. Konosu. 1983. Pigmentation of cultured yellowtail with krill oil. B. Jpn. Soc. Sci. Fish. 49:1595-1600.

Gannam, A. L., and R. T. Lovell. 1991a. Effects of feeding 17 alpha-methyltestosterone, 11-ketotesterone, 17 beta-estradiol and 3,5,3'-triiodothyronine to channel catfish, *Ictalurus punctatus*. Aquaculture 92:377-388.

Gannam, A. L., and R. T. Lovell. 1991b. Growth and bone development in channel catfish fed 17-α-methyltestosterone in production ponds. J. World Aquacult. Soc.22:95-100.

Gatesoupe, F. J. 1999. The use of probiotics in aquaculture. Aquaculture 180:147-165.

Gatlin, D. M., III. 2002. Nutrition and fish health. Pp. 671-702 in Fish Nutrition, 3rd edition, J. E. Halver and R.W. Hardy, eds. San Diego, CA: Academic Press.

Gatlin, D. M., III, and P. Li. 2007. Nucleotides. Pp. 193-209 in Dietary Supplements for the Health and Quality of Cultured Fishes, H. Nakagawa, M. Sato, and D. M. Gatlin III, eds. Oxon, UK: CABI.

Gatlin, D. M., III, and P. Li. 2008. Use of Diet Additives to Improve Nutritional Value of Alternative Protein Sources. Pp. 501-522 in Alternative Protein Sources in Aquaculture Diets, C. Lim, C. D. Webster, and C.-S. Lee, eds. New York: Haworth Press.

Gauthier, R. 2002. The mode of action of acidifiers and the interest they generate in the growing-finishing phase. P. 16 in Current Developments in Pig Production. Maisons-Alfort, France: French Association of Swine Practitioners.

Gibson, G. R., and M. B. Roberfroid. 1995. Dietary modulation of the human colonic microbiota: Introducing the concept of prebiotics. J. Nutr. 125:1401-1412.

Glencross, B. D., T. Boujard, and S. J. Kaushik. 2003. Influence of oligosaccharides on the digestibility of lupin meals when fed to rainbow trout, *Oncorhynchus mykiss*. Aquaculture 219:703-713.

Gomes, E., J. Dias, P. Silva, L. Valente, J. Empis, L. Gouveia, J. Bowen, and A. Young. 2002. Utilization of natural and synthetic sources of carotenoids in the skin pigmentation of gilthead seabream (*Sparus aurata*). Eur. Food Res. Technol. 214:287-293.

Gopalakannan, A., and V. Arul. 2006. Immunomodulatory effects of dietary intake of chitin, chitosan and levamisole on the immune system of *Cyprinus carpio* and control of *Aeromonas hydrophila* infection in ponds. Aquaculture 255: 179-187.

Green, B. W., and D. R. Teichert-Coddington. 2000. Human food safety and environmental assessment of the use of 17α-methyltestosterone to produce male tilapia in the United States. J. World Aquacult. Soc. 31:337-357.

Guillaume, J., and R. Metailler. 2001. Raw materials and additives used in fish foods. Pp. 281-295 in Nutrition and Feeding of Fish and Crustaceans, J. Guillaume, S. Kaushik, P. Bergot, and R. Metailler, eds. Chichester, UK: Praxix Publishing.

Hardy, R. W., and F. T. Barrows. 2002. Diet formulation and manufacture. Pp. 505-600 in Fish Nutrition, J. E. Halver and R. W. Hardy, eds. San Diego, CA: Academic Press.

Hata, M., and M. Hata. 1972. Carotenoid pigments in goldfish. 4. Carotenoid metabolism. B. Jpn. Soc. Sci. Fish. 38:331-338.

Higgs, D. A., U. H. M. Fagerlund, J. G. Eales, and J. R. McBride. 1982. Application of thyroid and steroid hormones as anabolic agents in fish culture. Comp. Biochem. Phys. B 73B:143-146.

Higuera-Ciapara, I., L. Felix-Valenzuela, and F. M. Goycoolea. 2006. Astaxanthin: A review of its chemistry and applications. Crit. Rev. Food Sci. 46:185-196.

Irianto, A., and B. Austin. 2002. Use of probiotics to control furunculosis in rainbow trout, *Oncorhynchus mykiss* (Walbaum). J. Fish Dis. 25:333-342.

Irianto, A. P. A., W. Robertson, and B. Austin. 2003. Oral administration of formalin-inactivated cells of *Aeromonas hydrophila* A3-51 controls infection by atypical *A. salmonicida* in goldfish, *Carassius auratus* (L.). J. Fish Dis. 26:117-120.

Johnstone, R., D. J. Macintosh and R. S. Wright. 1983. Elimination of orally administered 17α-methyltestosterone by *Oreochromis mossambicus* (tilapia) and *Salmo gairdneri* (rainbow trout) juveniles. Aquaculture 35:249-257.

Katayama, T., T. Katama, and C. O. Chichester. 1972. The biosynthesis of astaxanthin in the prawn Penaeus japonicus Bate (Part II). Int. J. Biochem. 3:363-368.

Kolkovski, S. 2001. Digestive enzymes in fish larvae and juveniles—Implications and applications to formulated diets. Aquaculture 200:181-201.

Koshio, S., S. Yokoyama, M. Ishikawa, H. Hayasawa, and K. Oshida. 2000. Effect of bovine lactoferrin on growth survival and tolerance to stress of kuruma prawn *Penaeus japonicus*. Pp. 443-449 in Lactoferrrin: Structure, Function and Applications, K. Shimazaki, ed. Amsterdam, the Netherlands: Elsevier.

Kovalenko, E. E., L. R. D'Abramo, C. L. Ohs, and R. K. Buddington. 2002. A successful microbound diet for the larval culture of freshwater prawn (*Macrobrachium rosenbergii*). Aquaculture 220:769-780.

Kuz'mina, V. V., and I. L. Golovanova. 2004. Contribution of prey proteinases and carbohydrases in fish digestion. Aquaculture 234:347-360.

Leng, X. J., F. Lun, X.Q. Li, Z.Q. Wang, and K. J. Xu. 2006. Effects of citric acid on growing performance and nutrients digestibility of allogynogenetic crucian carp. J. Shanghai Fish. Univ. 15:178-181.

Li, M. H., E. H. Robinson, D. F. Oberle, and P. V. Zimba. 2007. Effects of various dietary carotenoid pigments on fillet appearance and pigment absorption in channel catfish *Ictalarus punctatus*. J. World Aquacult. Soc. 38:557-563.

Li, P., X. Wang, and D. M. Gatlin III. 2006. Evaluation of levamisole as a feed additive for growth and disease management of hybrid striped bass *Morone chrysops* × *M. saxatilis*. Aquaculture 251:201-209.

Liao, W. L., S. A. Nur-E-Borhan, S. Okada, T. Matsui, and K. Yamaguchi. 1993. Pigmentation of a cultured black tiger prawn by feeding with a *Spirulina*-supplemented diet. Nippon Suisan Gakk. 59:165-169.

Lobo, J. P. 1998. How can enzymes benefit me? Feed Manag. 49:12-16.

Lorenz, R. T., and G. R. Cysewski. 2000. Commercial potential for *Haematococcus* microalgae as a natural source of astaxanthin. Trends Biotechnol. 18:160-167.

Lovell, T. 1998. Nutrition and Feeding of Fish, 2nd edition. Boston, MA: Kluwer Academic Publishers.

Luckstadt, C. 2008. The use of acidifiers in fish nutrition. CAB Reviews: Perspectives in Agriculture, Veterinary Science, Nutrition and Natural Resources. Vol. 3, no. 44. doi: 10.1079/PAVSNNR20083044.

Maoka, T., M. Katsuyama, N. Kaneko, and T. Matsuno. 1985. Stereochemical investigation of carotenoids in the Antarctic krill *Euphuasia superba*. B. Jpn. Soc. Sci. Fish. 51:1671-1673.

Matty, A. J. 1986. Nutrition, hormones and growth. Fish Physiol. Biochem. 2:141-150.

Meyers, S. P., and T. Latscha. 1997. Carotenoids. Pp. 164-193 in Crustacean Nutrition, Advances in World Aquaculture, Vol. 6, L. R. D'Abramo, D. E. Conklin, and D. M. Akiyama, eds. Baton Rouge, LA: World Aquaculture Society.

Meyers, S. P., and G. W. Sanderson. 1992. Natural pigments for salmon feed. Feed Manag. 43:12-16, 20.

Miki, W. 1991. Biological functions and activities of animal carotneoids. Pure Appl. Chem. 63:141-146.

Mine, Y., Y. Yokota, Y. Wakai, S. Fukuda, M. Nishida, S. Gota, and S. Kuwahara. 1983. Immunoactive peptide, FK-156 and FK-565: 1. Enhancement of host resistance to microbial infection in mice. J. Antibiot. 36:1045-1050.

Ng, W.-K., C.-B. Koh, K. Sudesh, and A. Siti-Zahrah. 2009. Effects of dietary organic acids on growth, nutrient digestibility and gut microflora of red hybrid tilapia, *Oreochromis* sp., and subsequent survival during a challenge test with *Streptococcus agalactiae*. Aquac. Res. 40:1490-1500.

NRC (National Research Council). 1993. Nutrient Requirements of Fish. Washington, DC: National Academy Press.

Pandey, A., and S. Satoh. 2008. Effects of organic acid on growth and phosphorus utilization in rainbow trout *Oncorhynchus mykiss*. Fish. Sci. 74(4):867-874.

Pandian, T. J., and S. G. Sheela. 1995. Hormonal induction of sex reversal in fish. Aquaculture 138:1-22.

Partanen, K., and Z. Mroz. 1999. Organic acids as an alternative for prophylactic medication of pig diets. Nutr. Res. Rev. 12:117-145.

Porter, W. L.1980. Recent trends in food applications of antioxidants. Pp. 295-365 in Autoxidation in Food and Biological Systems, M. G. Simic and M. Karel, eds. New York: Plenum.

Rawles, S. D., A. Kocabas, and D. M. Gatlin, III. 1997. Dietary supplementation of Terramycin and Romet-30 does not enhance growth of channel catfish but does influence tissue residues. J. World Aquacult. Soc. 28:392-401.

Ringø, E., and R. E. Olsen. 1999. The effect of diet on aerobic bacterial flora associated with intestine of Arctic charr, *Salvelinus alpinus* L. J. Appl. Microbiol. 86:22-28.

Ringø, E., H. R. Bendiksen, S. J. Gausen, A. Sundsfjord, and R. E. Olsen. 1998. The effect of dietary fatty acids on lactic acid bacteria associated with the epithelial mucosa and from faecalia of Arctic charr, *Salvelinus alpinus* L. J. Appl. Microbiol. 85:855-864.

Sakai, M. 1999. Current research status of fish immunostimulants. Aquaculture 172:63-92.

Sakai, M., T. Obubo, S. Atsuta, and M. Kobayashi. 1993. Enhancement of the resistance to bacterial infection in rainbow trout, *Oncorhynchus mykiss* (Walbaum), by oral administration of bovine lactoferrin. J. Fish Dis. 16:239-247.

Sarker, S. A., S. Satoh, and V. Kiron. 2005. Supplementation of citric acid and amino acid-chelated trace element to develop environment-friendly feed for red sea bream, *Pagrus major*. Aquaculture 248:3-11.

Schiedt, K., F. J. Leuenberger, M. Vecchi, and E. Glinz. 1985. Absorption, retention, and metabolic transformations of carotenoids in rainbow trout, salmon and chicken. Pure Appl. Chem. 57:685-692.

Sealey, W. M., and D. M. Gatlin, III. 2001. Overview of nutritional strategies affecting the health of marine fish. Pp. 103-118 in Nutrition and Fish Health, C. Lim and C. D. Webster, eds. Binghamton, NY: The Haworth Press Inc.

Shahidi, F., Metusalach, and J. A. Brown. 1998. Carotenoid pigments in seafoods and aquaculture. Critical Rev. Food Sci. 38:1-67.

Shao, Z. J. 2001. Aquaculture pharmaceuticals and biologicals: current perspectives and future possibilities. Adv. Drug Deliver. Rev. 50:229-243.

Skjermoa, J., and Ø. Berghb. 2004. High-M alginate immunostimulation of Atlantic halibut (*Hippoglossus hippoglossus* L.) larvae using *Artemia* for delivery, increases resistance against vibriosis. Aquaculture 238:107-113.

Skjermoa, J., T. R. Størseth, K. Hansen, A. Handå, and G. Øie. 2006. Evaluation of β-(1→3, 1→6)-glucans and high-M alginate used as immunostimulatory dietary supplement during first feeding and weaning of Atlantic cod (*Gadus morhua* L.). Aquaculture 261:1088-1101.

Spinelli, J., C. R. Houle, and J. C. Wekell. 1983. The effect of phytates on the growth of rainbow trout (*Salmo gairneri*) fed purified diets containing varying quantities of calcium and magnesium. Aquaculture 30:71-83.

Storebakken, T., K. D. Shearer, and A. J. Roem. 1998. Availability of protein, phosphorus and other elements in fish meal, soy-protein concentrate and phytase-treated soy-protein-concentrate-based diets to Atlantic salmon, *Salmo salar*. Aquaculture 161:365-379.

Sugiura, S. H., F. M. Dong, and R. W. Hardy. 1998. Effects of dietary supplements on the availability of minerals in fish meal; preliminary observations. Aquaculture 160:283-303.

Tanaka, Y., H. Matsuguchi, and T. Katayama. 1976. The biosynthesis of astaxanthin. XVI. The carotenoids in crustacea. Comp. Biochem. Phys. B 54B:391-393.

Tejera, N., J. Rosa Cejas, C. Rodríguez, B. Bjerkeng, S. Jerez, A. Bolaños, and A. Lorenzo. 2007. Pigmentation, carotenoids, lipid peroxides and lipid composition of skin of red porgy (*Pagrus pagrus*) fed diets supplemented with different astaxanthin sources. Aquaculture 270:218-230.

Torrissen, O. J. 1986. Pigmentation of salmonids—A comparison of astaxanthin and canthaxanthin as pigments sources for rainbow trout. Aquaculture 53:271-278.

Torrissen, O. J. 1989. Pigmentation of salmonids—Interactions of astaxanthin and canthaxanthin on pigment deposition in rainbow trout. Aquaculture 81:129-136.

Torrissen, O. J. 1990. Biological activities of carotenoids in fishes. The current status of fish nutrients in aquaculture. Pp. 387-399 in Proceedings of the Third International Symposium on Feeding and Nutrition of Fish, M. Takeda and T. Watanabe, eds. Tokyo, Japan: Tokyo University of Fisheries.

Torrissen, O. J., and R. Christiansen. 1995. Requirements for carotenoids in fish diets. J. Appl. Ichthyol. 11:225-230.

Torrissen, O. J., E. Tidemann, F. Hansen, and J. Raa. 1981. Ensiling in acid: A method to stabilize astaxanthin in shrimp processing byproducts and improve uptake of this pigment by rainbow trout. Aquaculture 26:77-83.

Torrissen, O. J., R. W. Hardy, and K. D. Shearer. 1989. Pigmentation of salmonids—Carotenoid deposition and metabolism. Rev. Aquat. Sci. 1:209-225.

Vielma, J., and S. P. Lall. 1997. Dietary formic acid enhances apparent digestibility of minerals in rainbow trout, *Oncorhynchus mykiss* (Walbaum). Aquacult. Nutr. 3:265-268.

Vielma, J., K. Ruohonen, and S. P. Lall. 1999. Supplemental citric acid and particle size of fish bone-meal influence the availability of minerals in rainbow trout *Oncorhynchus mykiss* (Walbaum). Aquacult. Nutr. 5:65-71.

Viola, S., and Y. Arieli. 1987. Non-hormonal growth promoters for tilapia and carp I. Screening tests in cages. Isr. J. Aquacult. Bamidgeh 42:91-94.

Yeh, S. P., C. A. Chang, C. Y. Chang, C. H. Liu, and W. Cheng. 2008. Dietary sodium alginate administration affects fingerling growth and resistance to *Streptococcus* sp. and iridovirus, and juvenile non-specific immune responses of the orange-spotted grouper, *Epinephelus coioides*. Fish Shellfish Immun. 25:19-27.

Yokoyama, S., S. Koshio, N. Takakura, K. Oshida, M. Ishikawa, F. J. Gallardo-Cigarroa, and S. Teshima. 2005. Dietary bovine lactoferrin enhances tolerance to high temperature stress in Japanese flounder *Paralichthys olivaceus*. Aquaculture 249:367-373.

Zheng, Z. L., J. Y. W. Tan, H. Y. Liu, X. H. Zhou, X. Xiang, K. Y. Wang. 2009. Evaluation of oregano essential oil (*Origanum heracleoticum* L.) on growth, antioxidant effect and resistance against *Aeromonas hydrophila* in channel catfish (*Ictalurus punctatus*). Aquaculture 292:214-219.

Zhong, J., Y. Wang, and Z. Zhu. 2002. Introduction of the human lactoferrin gene into grass carp (*Ctenopharyngodon idellus*) to increase resistance against GCH virus. Aquaculture 214:93-101.

Zohar, Y. 1989. Endocrinology and fish farming: Aspects in reproduction, growth, and smoltification. Fish Physiol. Biochem. 7:395-405.

제 11 장

사료 내 항영양인자와 외래독소

'항영양인자(ANF: anti nutritional factor)'와 '항영양소(antinutrients)'는 동물이나 사람이 섭취했을 때 건강과 영양 균형에 부정적인 영향을 미치는 식품과 사료의 내인성 물질을 의미한다. 일부 식물이나 식물 유래의 영양 성분을 함유한 사료는 급성 중독 증상을 일으킬 수 있지만, 식물의 장기간 섭취에 따른 영향은 정상적인 사료공급 조건에서 일반적인 현상이다. 이러한 영향에는 소화 과정과 성장 장애, 사료 효율 저하, 췌장 비대증, 저혈당, 간 기능 장애, 갑상샘종, 면역 억제 등이 포함될 수 있다. 다양한 동물성 부산물에는 적절히 보존되거나 처리되지 않으면 동물에게 악영향을 줄 수 있는 항영양소가 포함되어 있다. 효과는 어종, 발달 단계 또는 연령, 크기, 성별, 건강 상태, 영양 상태 그리고 이러한 변수에 중첩될 수 있는 스트레스 요인에 따라 다양하다.

현재 양식업에서 또는 어류의 공급원으로 사용하는 식물과 동물 사료원은 **표 11-1**에서 각 물질의 저해인자와 함께 수록되어 있다. 기존의 가축이나 쥐 같은 동물에게 해롭지 않은 식물성 원료 또한 어류에게는 부정적인 영향을 미칠 수 있다. 또한 식물에서 지금까지 확인되지 않은 화합물이 어류 영양과 건강에 중요할 수 있다.

표 11-1 양어사료에 존재하는 중요한 항영양소

식물성 원료	항영양소 존재
Soybean meal	Proteinase inhibitors, lectins, phytic acid, saponins, phytoestrogens, antivitamins, phytosterols, allergens
Kidney beans	Proteinase inhibitors, amylase and lipase inhibitors, lectins, phytic acid, saponins, phytoestrogens, antivitamins, phytosterols, allergens
Rapeseed meal	Proteinase inhibitors, glucosinolates, phytic acid, tannins, erucic acid
Lupin seed meal	Proteinase inhibitors, saponins, phytoestrogens, alkaloids
Pea seed meal	Proteinase inhibitors, lectins, tannins, cyanogens, phytic acid, saponins, antivitamins Sunflower oil cake Proteinase inhibitors, saponins, arginase inhibitor
Cottonseed meal	Phytic acid, phytoestrogens, gossypol, antivitamins, cyclopropenoid acid
Alfalfa leaf meal	Proteinase inhibitors, saponins, phytoestrogens, antivitamins
Mustard oil cake	Glucosinolates, tannins
Sesame meal	Phytic acid, proteinase inhibitors
Raw fish	Thiaminase
Crustaceans	Chitin, fluorine

출처: Francis et al. (2001b).

노르웨이 식품안전위원회(Hemre et al., 2009)는 양어사료 내 식물성 원료의 사용에 관한 위험을 평가하였으며, Krogdahl et al.(2009)의 리뷰 논문과 Francis et al.(2001a)의 종합적인 리뷰에서 중점적으로 기술하였다. 표 11-1에서 열거된 대부분의 화합물을 다양하게 기술하였고, 어류를 대상으로 항영양인자를 사용한 실험에서 얻은 결과에 초점을 두었다. 새우를 대상으로 항영양소의 영향에 관한 정보는 거의 발견되지 않았다.

'후천성 독소(adventitious toxin)'라는 용어는 동물 사료용 제품이나 병원성 약제를 제외하고는 인간으로부

표 11-2 양어사료를 오염시키는 외래 독소 물질[a]

항목	물질
이온 또는 원소(Ions or elements)	Arsenic, Lead, Fluorine, Mercury, Nitrites, Cadmium
보관 또는 가공품 (Products produced under storage or processing)	Aflatoxin B_1 and other mycotoxins Hydrocyanic acid Theobromine Volatile mustard oil Vinyl thiooxazolidone Rye ergot (*Claviceps purpurea*) Weed seeds and unground and uncrushed fruits containing alkaloids, glucosides, or other toxic substances separately or in combination (including *Lolium temulentum* L., *Lolium remotum* Schrank, and *Dantura stramonium* L.) Castor oil plant (*Ricinus communis* L.) Crotalaria (*Crotalaria* spp.) Oxidized fatty acids, aldehydes, and ketones Biogenic amines
유기 할로겐화 화합물 (Organohalogenated compounds)	Aldrin Dieldrin Camphechlor(toxaphene) Chlordane Dichlorodiphenyltrichloroethane (DDT) Endosulfan Endrin Heptachlor Hexacholorobenzene(HCB) Hexacholorocyclo-hexane(HCH) Dioxins and dioxin-like PCBs
식물성 불순물 (Botanical impurities)	Apricots (*Prunus armeniaca* L.) Bitter almonds (*Prunus dulcis* [Mill] D.A. Webb var. *amara* [DC.] Focke) = (*Prunus amygdalus Batsch* var. *amara* [DC.] Focke) Unhusked beech mast (*Fagus silvatica* L.) Camelina (*Camelina sativa* L. Crantz) Mowrah, Bassia, Madhuca (*Madhuca longifolia* L. Macbr.) = (*Bassia longifolia* L.) = (*Illiped malabrorum* Engl.) = Gmelin (*Madhuca indica*) = (*Bassia latifolia* Roxb.) = (*Illipe latifolia* [Roscb.] F. Mueller) Purghera (*Jatropha curcas* L.) Croton (*Croton tiglium* L.) Indian mustard (*Brassica juncea* L. Czern. and Coss. spp.) = (*intergrifolia* [West.] Thell.) Sareptian mustard (*Brassica juncea* L. Czern. and Coss. spp. *Juncea*) Chinese mustard (*Brassica juncea* L. Czern. and Coss. spp.), (*juncea* var. *lutea* Batalin) Black mustard (*Brassica nigra* L. Koch) Ethiopian mustard (*Brassica carinata* A. Braun)

[a]Directive 2002/32/EC, 유럽 위원회에서 채택됨; 유럽 공동체 위원회(2003).

터 유래된 자연적 또는 우발적인 오염 물질을 말하며, 동물 또는 인간의 건강 또는 환경에 영향을 미치거나 어류와 새우 생산에 악영향을 미칠 수 있다. 주로 살충제, 진균독소(mycotoxins), 환경오염물질 또는 산화된 지방산 등의 물질, 산화지방산이나 폴리아민 등 사료 원료의 저장, 가공 과정에서 생성되는 폴리아민 등이다. 또한 사료 성분은 높은 농도의 고유 물질을 포함할 수 있는데, 예를 들어 일부 식물 유래 사료원은 토양의 지질학적 특성에 따라 증가된 농도의 중금속을 포함한다. **표 11-2**는 양어사료에서 잠재적으로 주의가 필요한 다양한 화합물을 나열한 것이다(Hemre et al., 2009). 다음 섹션에서는 양어사료에 사용되는 사료에서 가장 두드러지는 ANF와 독소 정보를 자세하게 제공한다.

11.1 식물성 원료내 항영양인자

11.1.1 효소 저해제(Enzyme Inhibitors)

대부분의 식물 종자는 외인성 요인으로부터 주요 성분을 보호하는 저해제, 즉 단백질과 전분, 지질의 저해제를 함유한다. 그들은 가열, 알코올 추출, 발효 같은 처리에 따라 변성되는 단순하거나 또는 복잡한 단백질이다. 그러나 완전 불활성화는 일반적으로 동물에게 영양염을 공급하지 못하게 하는 부작용을 유발하기 때문에 의도된 것이 아니다.

단백질 분해효소 저해제, 즉 트립신, 키모트립신, 엘라스타제, 엔테로키나아제, 카르복시펩티다아제의 저해제는 효소와 함께 가역적 복합체를 형성하고 위장관에서의 활성을 억제하는 단백질이다(Liener, 1980; Bhat et al., 1981). 단백질 분해효소 저해제의 특이성은 다양하다. 일부 효소는 트립신이나 카르복시펩티다아제 같은 한 종류의 효소만 억제한다. 또 일부 효소는 2~3가지를 억제한다. 단백질 분해효소 저해제는 사료 내 함량이 낮아도 무지개송어(*Oncorhynchus mykiss*)의 단백질뿐만 아니라 지질의 외관상 소화율을 감소시키는 것으로 나타났다(Berg-Lea et al., 1989; Krogdahl et al., 1994; Olli et al., 1994a). 단백질 분해효소 저해제는 췌장 효소 분비를 자극하는 것으로 보인다. 그러나 장기적으로 섭취할 경우 췌장으로부터 분비를 증가시켜 활성 저해제를 보충하지 못할 수도 있다.

가축에서 아밀라아제를 억제하는 단백질인 아밀라아제 저해제는 대두와 곡물, 덩이줄기(tuber) 같은 전분이 풍부한 식물성 원료에서 발견된다(Whitaker, 1997; Gibbs and Alii, 1998; Sawada et al., 2002). 어류를 대상으로 아밀라아제 저해제의 효과 연구는 제한적으로 수행된다. Fernandez et al.(2001)와 Natarajan et al.(1992)은 밀에서 추출한 아밀라아제 저해제가 도미와 잉어, 틸라피아의 아밀라아제에 활성을 띠는 것으로 나타났다. 연어와 대구의 아밀라아제는 대두 내 저해제에 영향을 받는다(Froystad et ah, 2006). 그러나 이 종의 아밀라아제에는 결함이 있는 기질 앵커(anchor)가 존재하여 촉매작용이 감소하기 때문에 대서양연어 사료에서 아밀라아제 저해제의 영향은 제한적인 것으로 관찰된다. 췌장에서 분비도 제한적으로 보인다. 최근 대서양연어를 대상으로 한 사육실험에서 일반 대두에서 추출한 아밀라아제 저해제 농축액을 2 g/kg의 펠렛 사료에 첨가하여 공급할 경우 단백질과 총 지질, 지방산의 소화율과 전분 소화율에 영향을 미치지 않았다(Chikwati, 2007). 이 함량은 대두와 기타 식물성 원료를 많이 포함하고 있는 배합사료에서 더 높은 함량이어야 한다.

리파아제 저해제는 리파아제의 지질 보존량 자동소화를 방지하는데 중요한 것으로 관찰되는 여러 종자 유지에 존재한다(Gargouri et al., 1984; Wang and Huang, 1984; Bau et al., 1997; Gupta et al., 2003). 리파아제 저해제는 본질적으로 단백질이며 대두(Gargouri et al., 1984; Wang and Huang, 1984; Satouchi et al., 1998, 2002)와 해바라기(Wang and Huang, 1984; Chapman, 1987), 땅콩(Wang and Huang, 1984)의 종자에 존재한다. 리파아제 저해제 단백

질은 밀(Borel et al., 1989; Cara et al., 1992; Tani et al., 1994, 1995; O'Connor et al., 2003), 귀리(O'Connor et al., 2003), 수수, 보리 등 여러 곡물에서도 입증되었다(Cara et al., 1992).

대두에서 추출한 리파아제 저해제는 유화된 지질의 표면에 결합하는 것을 방해하여 리파아제의 기능을 저해한다고 여겨진다(Gargouri et al., 1984; Wang and Huang, 1984). 그러나 해바라기 종자 내 리파아제 저해제의 경우 단단히 결합된 단백질과 리파아제 복합체 형성으로 효소와 저해제 사이의 직접적인 상호작용은 저해제와 리파아제 사이의 상호작용이 유사한 것으로 가정되었다(Chapman, 1987). 밀의 리파아제 저해제는 대두 리파아제 저해제와 유사한 방식으로 활성되는 것으로 보인다(Borel et al, 1989).

열처리된 대두 분말에서 억제 활성의 존재는 리파아제 저해제의 열 안정성 정도와 용매로 추출한 대두박의 존재 가능성을 제시한다. 대서양연어 사료에서 리파아제 저해제 활성은 부분적으로 대두의 용매 추출물을 포함할 경우 지질 소화율이 저하되는 것으로 설명할 수 있다(Olli and Krogdahl, 1994; Olli et al., 1994b; Storebakken et al., 1998a; Refstie et al., 2000, 2001).

비용적인 문제 때문에 고가의 지질을 사료에 적게 첨가함에도 불구하고 어류를 대상으로 리파아제 저해제로 부정적인 효과를 연구한 사육실험은 수행되지 않았다. 따라서 다양한 어종에서 생체 내 생물학적 활성은 알려지지 않았으며, 최대 함유량을 추정할 수도 없다. 곡물에 함유된 리파아제 저해제가 어류에 미치는 영향은 곡물 섬유와 연관되는 어류의 주요 영양소 소화율에 영향을 미친다.

11.1.2 렉틴(Lectins)

렉틴[과거에는 응집소(agglutinins) 또는 혈구응집소(hemagglutinins)로 알려짐]은 특정 모노 또는 올리고당에 가역적으로 결합하는 하나 이상의 비촉매 영역을 지닌 수용성 불균질(당단백질) 단백질 그룹이다(Peumans and Van Damme, 1995). 식물에서 처음으로 발견되었지만(Stillmark, 1888), 이후에는 미생물과 동물에서도 발견되었다.

탄수화물의 구체적인 인식은 분류에 사용되는 렉틴의 특성 중 하나이다. 따라서 식물 유래 렉틴은 적혈구를 응집시키거나 생체 내에서 당포합체(glycoconjugate)를 침전시키는 것을 방지하는 단당류 또는 올리고당류에 따라 분류된다(Van Damme et al., 1998).

대두(콩) 유래 렉틴은 상동 단백질의 주요 계열이다(Sharon and Lis, 1990). 대부분의 대두와 식물 종자에는 kg당 1~5 g이 포함되어 있지만 일부 종자에는 사료 건물 기준으로 kg당 20 g이 포함되어 있다. 단백질 기준으로 종자 내 렉틴은 전체 단백질의 0.1~5%를 차지하지만, 일부 Phaseolus 종에서는 최대 50%까지 차지한다. 각 품종 사이의 렉틴 함량은 차이가 있으며, 성장 과정에서 식물이 겪는 스트레스 요인과 생태학적, 기후학적 조건에 따라 다르게 나타난다.

렉틴은 식물과 작물에서 광범위하게 존재하며 열변성에는 부분적으로 저항성이 있고, 소화관을 통과하는 동안 파괴되기도 한다(Hara et al., 1984; Pusztai et al., 1990; Bardocz et al., 1995). 이들 렉틴은 그것을 섭취하는 모든 상위, 하위 동물의 장상피 세포의 내인성 표면 수용체와 상호작용한다. 융모축(crypt-villus axis)을 따라 이동하는 동안 성숙한 장상피 세포는 세포막 내 성분의 당화반응 측면에서 지속적으로 변화한다. 이러한 당화반응 패턴의 다양성은 다른 동물 종에서 서로 다른 렉틴의 생물학적 효과의 다양성을 설명하는데 도움을 준다(Roth, 1987; Pusztai et al., 1995). 렉틴은 동물세포 수용체상 복합형 접합체에 결합하는 능력 때문에 장 기능에 현저한 생물효과는 물론이고 리셉터의 기능에 따라 전신에 영향을 미칠 수 있다. 렉틴이 세포 신진대사에 미치는 영향은 리간드 결합 강도와 관련이 있으며, 이는 리간드의 정의된 당, 탄수화물의 특이성뿐만 아니라 리간드의 다른 구조적 복잡성에도 의존한다(Grant et. al., 1983).

대서양연어와 무지개송어의 장내 경계막에 있는 탄수화물 부분, 특히 N-아세틸-d-갈락토사민에 대두 렉틴(대두 응집소, SBA라고도 함)의 결합이 증명되었고(Hendricks et al. 1990; Buttle et al., 2001), 근위부에 비해 원위부에서 더 높은 최대 결합도와 더 낮은 해리상수가 관찰되었다(Hendriks et al., 1990). 대두 렉틴은 사료 1 kg당 35 g 수준으로 포함되어 있는데, 이는 사료 1 kg당 600 g 용매로 추출된(solvent-extracted) 대두박과 유사한 수준이며, 대서양연어의 원위장에서 조직학적 변화가 발생하는 것으로 추측된다(Buttle et al., 2001). Bakke-McKellepet al.(2008)의 연구에서 강낭콩(*Phaseolus vulgaris*)의 렉틴은 조직이 체외에서 노출되었을 때 대서양연어의 장 상피로 수송되는 포도당을 억제한다고 밝혔다. 콩 렉틴은 포도당 흡수의 유사한 억제를 나타내지 않았다.

1990년에 최초로 대서양연어(van den Ingh and Krogdahl, 1990; van den Ingh et al., 1991)와 무지개송어(Rumsey et al., 1993, 1994), 잉어(Uran et al., 2008)를 대상으로 한 후속 연구에서는 대두 유발성 장염에 렉틴의 관여는 강력한 요소를 제거하는 알코올 혼합물에서 낮은 용해성을 갖기 때문에 의문이 제기되었다. 또한 Buttle et al.(2001)이 보고한 조직학적 변화의 특징은 대두 유발 장염에서 관찰된 것과 다르다. 그러나 Francis et al.(2001b)는 다른 ANF가 있을 때 렉틴의 해로운 영향이 더 강력하다고 제시했다.

다양한 식물성 단백질원에서 렉틴의 최대 함유량은 아직 결정되지 않았으며 위의 논의에서 나타난 것처럼 특정 렉틴과 어종에 따라 크게 달라질 수 있다.

11.1.3 사포닌(Saponins)

사포닌은 주로 식물, 특히 대두과 식물에서 생산되는 매우 다양한 배당체 그룹이지만, 해양동물과 몇몇 박테리아의 작용으로 생성된다. 100개 이상의 식물군이 사포닌을 포함하는 것으로 알려져 있으며 화학구조의 상당한 이질성이 존재하는 것으로 알려져 있다. 사포닌은 열에 안정적이며 알코올에 용해되는 화합물이다. 그들은 하나 이상의(친수성) 당 사슬이 부착된 소수성 스테로이드 또는 트리테르페노이드 아글리콘을 함유한 양친매성 분자이다. 당 잔기(oligosaccharide)는 보통 포도당, 갈락토오스, 글루쿠론산, 자일로스, 람노오스 또는 소수성 아글리콘(aglycone/sapogenin)에 배당체 결합된 메틸펜토즈를 포함한다.

사포닌에는 다양한 생물학적 효과가 있는 것으로 보고되었다. 그들은 항진균성, 항암성, 항바이러스성, 면역강화와 항산화성, 단백질 소화와 비타민 흡수 억제 효과, 글루코 코르티코이드 유사 효과를 보여준다(Francis et al., 2002). 사포닌은 미셀을 형성하고 콜레스테롤이 포함된 막으로 상호작용을 할 수 있다. 사포닌은 또한 알레르겐과 같이 일반적으로 흡수되지 않는 물질의 섭취를 원활하게 하여 침투성을 증가시킴으로써 포유류의 장 상피세포의 기능에 영향을 미친다(Johnson et al.1986; Gee et al., 1996).

구강 내 투여된 사포닌은 세포막에 통합되어 최종적으로 정상적인 상피 교체 과정에서 소실될 것이다(Sjolander and Cox, 1998). 사포닌은 콜레스테롤과 결합함에 따라 소실되어 흡수되지 않는 불용성 복합체를 형성한다(Malinow et al., 1977). 어류에 경구로 투여된 사포닌에 관한 유일하게 출판된 논문에서는 대두사포닌(soyasaponins)이 대서양연어의 위장관을 통과하는 동안 분해되지 않는 것으로 관찰되었다(Knudsen et al., 2006).

Knudsen et al.(2007,2008)은 사포닌이 대두 효과로 유발성 장염에서 중요한 역할을 하지만, 미지의 다른 성분이 필요하다는 사실을 강력히 시사하고 있다. 반정제된 대두 사포닌 제품을 어분 기초사료(1.7 g/kg, 2.6 g/kg)에 첨가해도 장 형태는 변하지 않았다. 그러나 사료에 루핀박이 첨가되었을 때 사포닌 첨가제는 대두 함유 사료를 섭취한 연어와 유사한 증상이 나타났다. 루핀 + 사포닌을 공급한 어류의 장내 벽의 생체 외 연구는 증가된 투과성을 증가시켰다. 연구자들은 대두 사포닌이 장의 상피 투과성을 증가시키지만 그 자체로는 장염을 유발하지 않는다고 결론지었다.

현재까지의 연구는 어류를 대상으로 사포닌의 안전한 수준을 확실하게 예측하기에는 불충분하다. Twibell and Wilson (2004)의 연구에서 0.26%의 정제된 사포닌으로 반정제된 사료에 첨가해도 성장이나 사료 섭취량에는 변화가 없었다. 허용 가능한 수준을 결정할 때는 주의해야 한다. 섭취 영향으로 사포닌 함량이 높은 사료에서는 사료 섭취량이 감소하는 것으로 나타났다. 다양한 사포닌에서 보이는 어종의 구체적인 반응이나 민감도는 적절하게 기술하지 않았으며, 초식성 또는 잡식성 어류는 육식성 어류보다 사포닌에 다른 허용 오차를 보일 수 있다. 사포닌에는 상당한 화학적 이질성이 존재하며, 서로 다른 사포닌은 다양한 수준의 생물학적 활성을 나타낸다는 점에 유의해야 한다(Yoshiki et al., 1998; Oda et al., 2000).

11.1.4 식물성 에스트로겐(Phytoestrogens)

식물성 에스트로겐은 대두, 루핀, 면실(cottonseed), 아마인(linseed), 잇꽃(safflower), 알팔파(alfalfa) 등 여러 식물성 원료에 기초한 양어사료에 함유되어 있는 것으로 보고되었다(Francis et al., 2001b). 이들 에스트로겐은 아이소플라본과 쿠메스탄(coumestans), 리그난을 포함한다. 식물성 에스트로겐은 아이소플라본으로 여러 부분에 위치한 하나 이상의 하이드록실 그룹에 부착된 당 부분을 갖는 배당체로 발생한다(Pellisero et al., 1991a). 대두의 아이소플라본 총 함량은 다양하고 4,200 mg/kg 수준까지 도달할 수 있지만(Wang and Murphy, 1994a), 품종과 위치, 재배 조건에 따라 상당한 차이가 있다(Wang and Murphy, 1994b).

식물성 에스트로겐의 효과와 관련한 우려 중 하나는 생식 능력에 미치는 영향이지만, 이 문제를 기술한 연구는 거의 없다. Pelissero et al.(1991a)은 시베리아철갑상어(*Acipenser baerii*)에서 카제인에 기초한 대조군 사료를 섭취한 개체에 비해 대두를 함유한 사료를 섭취한 수컷 미성어와 난황을 형성하지 않은 암컷의 혈장에서 자성특이단백질(vitellogenin)의 증가 현상이 나타났다. Pelissero et al.(1991b)은 이 종에서 복강 내 주사 후 다이드제인(daidzein)과 비오카닌 A (biochanin A), 제니스테인(genistein), 이퀼(equol), 쿠메스트롤(coumestrol)의 에스트로겐 활성에 관한 직접적인 증거를 발표했다. 그러나 이 활성은 에스트라디올의 영향에 비해 상당히 적었다. 어류에서 제니스테인의 혈장 결합 단백질 친화도는 Tollefsen et al.(2004)과 Milligan et al.(1998)의 연구에서 보고된 바와 같이 내인성 에스트로겐보다 훨씬 낮게 관찰되었다. Milligan et al.(1998)은 식물성 에스트로겐이 쿠메스트롤이라는 결론을 내렸다. 제니스테인과 다이드제인은 무지개송어의 혈장 결합 단백질에서 내생 스테로이드를 대체함으로써 효과를 발생시키지 않는 것으로 추정된다. 1년 동안 kg당 500~1,000 mg의 아글리콘 제니스테인을 함유한 사료를 섭취한 무지개송어에서 혈장 에스트라디올 농도의 차이는 발견되지 않았다(Bennetau–Pelissero et al., 2001). 생식능력은 영향을 받았지만 제니스테인 500 mg/kg을 함유한 사료를 섭취한 암컷에서만 나타났다. 그러나 무지개송어 수컷은 11–케톤테스토스테론과 테스토스테론 수치가 감소하고 정자 운동성은 감소되었으나 정자 부피는 증가했다. 제니스테인을 고농도로 섭취한 수컷의 스퍼마토크릿(spermatocrit)은 감소했다. Inudo et al.(2004)은 송사리(*Oryzias latipes*)가 58.5 mg/kg의 제니스테인과 37.3 mg/kg의 다이드제인을 함유한 사료를 28일 동안 섭취했을 때 송사리의 생식력에 미치는 영향은 없었지만 수컷의 경우 난황 형성이 유도된 것을 찾아냈다.

식물의 아이소플라보노이드는 주로 배당체로 발생하지만, 대부분의 연구는 아글리콘 형태에 초점을 맞추고 있다. 어류 위장에서 배당체 형태가 변환되는지 여부와 어류가 아글리콘 아이소플라보노이드를 섭취할 때 동일한 변화가 유도되는지는 알려져 있지 않다. 어류의 다른 생리학적 과정에서 사료 내 아이소플라보노이드의 중요성을 이해하는데 필요한 정보는 불완전하다. D' Souza et al.(2005)은 무지개송어가 제니스테인 아글리콘을 섭취할 경우 용량–반응 또는 시간적인 연관성은 발견되지 않았지만 근육에 축적된 것을 발견했다. 포유류에서 사료 내 아이소플라보노이드의 중요한 생리학적 역할을 달성하기 위해서는 장내 미생물 작용에 따른 배당체 가수분해와 탈글루크론화(deglucuronidation)를 통하여 후장 내 재이용과 재흡수가 필요하다는 증거가 제시되고 있다(Gatlin et al., 2007). 어류의 식물성원료에서 발견되는 에스트로겐 화합물의 천연 형태의 신진대사를 명확히 하기 위해서는 추가 연구가 필요하다.

안전한 함량 수준을 신뢰성 있게 예측하기 위해 어류에서 사료 내 식물성 에스트로겐의 효과에 관한 정보는 불충분하므로 추가 연구가 필요하다.

11.1.5 글루코시놀산(Glucosinolates)과 갑상샘종 유발 물질(Goitrogens)

대두박뿐만 아니라 유채과 식물 같은 십자화과(cruciferous) 사료원은 동물과 인간의 갑상샘호르몬 분비를 방해한다. 갑상샘 파괴의 원인 물질(goitrogens)은 글루코시놀산이다. 글루코시놀산의 함량과 성분은 식물 종과 농업적 관행, 기후 조건에 따라 다양하다. 글루코시놀산의 주요 대사산물은 티오시안산염(thiocyanate)과 아이소티오시안산염(isothiocyanate), 니트릴(nitrile), 5-비닐-2-옥사졸리딘티온(5-vinyl-2-oxazolidinethione), 5-비닐-1,3-옥소졸로신-2-티온(5-vinyl-1,3-oxyzolodine-2-thione, VOT)이 포함된다. 유채박의 상이한 글루코시놀산 조성은 동물 조직에서 다양한 수준의 글루코시놀산염 대사산물을 유발한다(Burei et al., 2001; Francis et al., 2001b; Tripathi and Mishra, 2007). 글루코시놀산염의 가수분해는 물리적 장벽에 막혀 기질로부터 분리되어 사료 자체에 존재하는 티오글루코시드 가수분해효소(thioglucosidase)에 의해 촉매 작용이 일어날 수 있다. 식물 조직의 손상은 효소를 방출하고 결국 독성물질을 발생시키는 가수분해를 시작할 것이다. 또한 위장관의 일부 미생물은 티오글루코시드 가수분해효소를 지니고 있으며, 이것은 가수분해를 촉진시킨다(Combourieu et al., 2001; Shapiro et al., 2001; Fuller et al., 2007).

일반적으로 동물에서 글루코시놀산 섭취의 주요 부정적인 영향은 식욕을 감퇴시키고 성장과 생산을 감소시킨다(Tripathi and Mishra, 2007). 티오시안산염은 요오드 유효성을 저해하는 반면에 VOT는 갑상샘의 형태학적, 생리학적 변화를 초래한다. 니트릴은 간과 신장 기능에 영향을 미치는 것으로 알려져 있다.

Tripathi and Mishra (2007)는 카놀라와 유채박이 포함된 사료에 나타내는 어류의 일반적인 반응은 긍정적인 것으로 보고했으나 모든 연구에서 사료 내 글루코시놀산 함량을 제한할 것을 권고한다. 글루코시놀산 0.22~2.18 mmol/kg을 함유한 사료는 홍민어(*Pagrus auratus*)의 섭취, 성장 또는 갑상샘호르몬 수치에 영향을 미치지 않았다(Glencross et al., 2004a,b). 글루코시놀산 2.18 mmol/kg은 성장률을 약 15% 감소시켰다. 무지개송어(*Oncorhynchus mykiss*)는 1.4~19.3 mmol/kg의 글루코시놀산을 함유한 사료를 섭취했을 때 갑상샘 조직에서 성장과 변화가 유의적으로 감소했다(Burei et al., 2000). 1일 기준 어체중량 30~47 μmol/kg의 글루코시놀산 섭취 시 유의적인 성장 저하가 관찰되었다. 1.4 μmol/g을 함유하는 사료는 성장 저하 영향은 없지만 혈장 T3 농도는 감소시켰다. 연구자들은 1.4 μmol/g의 총 글루코시놀산 함량이 안전한 상한선으로 간주되는 것으로 발표했는데, 이는 낮은 수준의 갑상샘종 유발 물질(goitrogenicity)을 유도할 수 있다.

11.1.6 탄닌(Tannins)

탄닌은 분자량이 500~3,000인 수용성 페놀 화합물이다. 그들은 가수분해성 비가수분해성 또는 응축된 두 가지 부류로 분류된다(Marquardt, 1989). 가수분해 가능한 탄닌은 갈산(gallic acid), 헥사하이드록시디페닉산(hexahydroxydiphenic acid)이나 이들의 유도체, D-포도당 또는 퀴닌산 같은 페놀산의 폴리에스테르이다. 응축된 탄닌은 가수분해 가능한 탄닌 같은 탄수화물 핵을 갖지 않는 탄소-탄소 결합을 통해 연결된 플라반-3-올(flavan-3-ols), 플라반-3,4-디올(flavan-3,4-diols) 또는 관련 플라바놀 잔기의 중합체이다(Mueller-Harvey and McAllan, 1992). 갈색 대두와 유채박은 응축된 탄닌이 풍부하며 종자를 채색하는 갈색 색소 기능을 하는 것으로 나타났다(Rao and Prabhavathi, 1982; Francis et al., 2001b). 이러한 응축된 탄닌은 소화효소를 결합하거나 단백질 또는 미네랄 같은 성분을 먹이기 위해 복합적으로 작용하여 소화를 방해할 수 있으며, 또한 떫고 쓴맛이 있다(Liener, 1989; Marquardt, 1989; Mueller-Harvey and McAllan, 1992; Sandoval and Carmona, 1998).

어류에 미치는 탄닌의 영향은 광범위하게 조사되지 않았다. 잉어는 사료 섭취와 성장에 어떤 영향도 나타나지 않으면서 kg당 20 g의 응축된(케브라초) 탄닌 분말이 함유된 사료를 섭취하는 것으로 나타났다(Becker and Makkar, 1999). 그러나 상업적으로 이용 가능한 정제된 탄닌이 식물 종자에서 자연적으로 발생하는 응축된 탄닌으로서 긍정적으로 이용되는지는 알려져 있지 않다. 이에 비추어 볼 때 응축된 탄닌 함량이 높은 누에콩(*Vicia faba*)은 대두에 비해 체외 단백질 소화율이 낮았고, 무지개송어보다 잉어의 소화에서 차이가 더 뚜렷했다(Grabner and Hofer, 1985). 이것은 탄닌이 장내의 다른 사료원과 상호작용하는 종간 차이를 나타낸다.

어류의 탄닌 정보가 너무 제한적이어서 많은 양의 탄닌을 함유한 사료를 양어사료에 첨가할 때 주의해야 한다. 탄닌이 풍부한 종자 원료가 양어사료에 사용되는 경우 짙은 색의 종자는 제거해야 하며 탈피한 종자(알맹이)만 사용해야 한다. 그러나 연어 사료에 사용되는 대부분의 식물 종자는 밝은색을 띤다. 이러한 성분을 섭취할 때 탄닌의 악영향은 방지되어야 한다.

11.1.7 피틴산(Phytic Acid)

피틴산(myoinositol, 1,2,3,4,5,6 hexakis-dihydrogen phosphate)과 파이테이트(phytate, 피틴산의 혼합 양이온염)는 식물성 원료에서 상당한 양으로 발견되며 일반적으로 종자에서 인산염과 이노시톨의 1차 저장 형태로 간주된다. 대두박 또는 유채박 같은 일반적인 식물성 원료는 kg당 10~15 g과 50~75 g의 파이테이트를 함유하고 있다(Francis et al., 2001b). 피틴산은 물에서 적정한 12개의 수소(6개의 인산염 그룹)를 내포하고 있다. 이러한 음으로 하전된 부위는 주로 K^+, Mg^{2+}과 결합하고 알칼리성 pH에서 Ca^{2+}, Mn^{2+}, Zn^{2+}, Ba^{2+}, Fe^{3+} 등의 다른 양이온과 함께 염을 형성하고 침전한다(Lott et al., 2000; Hídvégi and Lásztity, 2002). 피틴산은 또한 낮은 pH, 단백질의 등전점 이하에서 피틴산이 용해될 때 단백질과 복합체를 형성한다(Hídvégi and Lásztity, 2002). 따라서 피틴산과 단백질 복합체는 펩신의 작용에 따라 부분적으로만 가수분해되고(Spinelli et al., 1983), 피틴산은 트립신의 안정성을 감소시킨다(Caldwell, 1992).

어류의 경우 피틴산 5 g/kg을 첨가하면 무지개송어의 경우 성장률이 10% 감소되었지만(Spinelli et al., 1983), 반면에 피틴산 26 g/kg을 첨가한 사료는 왕연어의 성장이 현저하게 감소되었다(Richardson et. al., 1985). 후자의 연구에서는 피틴산 함량이 높고 아연 함량이 낮은 사료를 섭취했을 때 백내장 발병률이 증가하는 것으로 나타났다. 5~10 g/kg의 피틴산 첨가는 잉어의 성장을 둔화시켰다(Hossain and Jauncey, 1993). 이와 함께 디피틴화된(dephytinized) 표준 대두 단백질(Vielma et al., 2004), 대두 단백질 농축액(Vielma et al., 2002, 2004), 유채 단백질 농축액(Teskeredzic et al., 1995)을 비교했을 때 무지개송어에서는 향상된 성장, 단백질과 미네랄 원소의 높은 소화율과 보유성이 나타났다.

그러나 사료 내 탈피대두 농축단백질을 50% 포함한 대서양연어 사료와 비교할 때 Storebakken et al.(1998b)은 성장에 차이가 없음을 발견했다. 그러나 여전히 사료 내 피틴산의 예상되는 효과에 따라 단백질, 인의 외관상 소화율 유지뿐만 아니라 회분과 Ca, Mg, Zn의 전어체 농도는 탈피대두박을 섭취한 어류에서 더 높았다. 이를 뒷받침하는 연구는 Denstadli et al.(2006)이 수행한 대서양연어의 사료 섭취와 성장과 관련하여 파이테이트의 내성에 관한 연구이다. Mg과 Zn의 외관상 소화율은 사료 내 피틴산에 따라 용량 의존적으로 감소되었고, 이에 따라 소화율과 단백질 보유는 거의 영향을 받지 않았지만, 전어체에서 Ca과 Mg 농도가 낮아지고 척추에서 Zn 농도가 낮아지는 것으로 나타났다(Helland et al., 2006). 피틴산 21 g/kg을 사료로 섭취할 때 대장의 트립신 활성은 대서양연어에서도 상당히 감소했다(Denstadli et al., 2006).

Richardson et al.(1985)은 26 g/kg의 피틴산을 섭취했을 때 무지개송어의 갑상샘과 신장, 소화관 형태에 이상이 나타났다. 또한 유문수는 비정상적으로 비대해지고 세포질 액포형성을 보여주는 것으로 나타났다. 이를 지지하는 연구는 Hossain and Jauncey (1993)가 연구한 10 g/kg 피틴산을 섭취한 잉어에서 장 상피세포질의 비대화와 액포형성을 발견한 연구이다. 따라서 피틴산은 조직 질량과 잠재적으로 어류의 소화기관 기능에 영향을 줄 수 있으며 매우 높은 농도에서는 잠재적으로 독성을 나타낼 수 있다. 그러나 21 g/kg의 피틴산까지 섭취했을 때, 대서양연어의 원위 소장에서 어떤 조직 형태학적 변화도 일으키지 않았다(Denstadli et al., 2006). 이 피틴산의 수준은 어류의 미네랄 함량을 낮추었지만 사료를 섭취한 지 80일 이내에 어떤 골격기형도 유도하지 않고 36 g에서 시작한 체중이 3배가 되었다(Helland et al., 2006).

11.1.8 고시폴(Gossypol)

고시폴($C_{30}H_{30}O_8$)은 목화(*Gossypium* 속, Malvaceae 과)에서 유래된 황색의 지용성 폴리페놀알데히드이다. 이 식물은 면실박의 주요 독성 성분이며 식물의 다양한 부분에 있는 별개의 색소선에서 발견된다. 면실박의 고시폴 함량은 미량에서 약 6%까지 다양하다. 그것은 식물 품종뿐만 아니라 기후, 토양 유형같은 환경 요인의 영향을 받는다. 고시폴은 '무농약' 면화를 제외한 모든 자연 성분이다. 고시폴은 결합 형태와 유리 형태로 발생한다. 고시폴 유도체, 변형 또는 분해 생성물을 포함한 유리 고시폴은 단일위 동물에게 유독할 수 있다. 유리 형태는 2가지 거울상 이성질체(Huang et al., 1987)로 발견되며, 비율은 품종과 가공 방법에 따라 다양하다(Gamboa et al., 2001). 고시폴과 그 대사산물은 pro-와 항산화 잠재력을 발휘한다. 이러한 결과는 산화 스트레스, 반응성 산소 종의 형성, DNA 절단, 생체시스템에서의 전자 전달에 따른 산화 환원-사이클링의 특성을 가리킨다(Kovacic, 2003). 또한 고시폴은 미세 소체 막에 결합하여 DNA 합성을 억제하고 포유류 세포에서 철과 글루타치온의 고갈을 일으킨다(Gawai et al., 1995).

사료원료에 존재하는 고시폴은 펩타이드, 특히 라이신과 결합하여 철분 친화성이 높다. 결합된 고시폴은 쉽게 흡수되지 않으며 라이신 흡수를 방지하고 라이신 결핍을 유도할 수 있다. 유리 고시폴은 위장관에서 쉽게 흡수된다. 고시폴의 접합과 신진대사, 이뇨 배설은 제한적이고, 대부분은 분에서 제거된다.

고시폴의 독성 영향은 여러 어종에서 보고되었다(Li and Robinson, 2006). 종별로 다른 수준의 독성이 보고되었으며, 종 내에서도 다양한 독성 수준이 보고되었다. 이러한 차이의 원인은 다양한 조건, 어류의 연령과 크기, 사료, 분석 방법 때문일 수 있다. 보고된 독성 영향에는 사료 효율 감소, 성장, 헤마토크릿, 헤모글로빈, 생식능력이 포함된다. 조직학적 병변은 간과 신장, 비장, 생식샘에서 발견되었다. 무지개송어에서 고시폴이 생식에 미치는 영향을 연구한 결과 부작용과 그 화합물이 후대에 전이된 것을 알 수 있었다(Blom et al., 2001). 여러 가지 독성 영향의 보고에도 불구하고 고시폴 독성증으로 폐사한 어류는 거의 보고되지 않았다.

Yildirim et al.(2003)은 차넬메기(*Ictalurus punctatus*)를 대상으로 카제인-젤라틴 기반의 사료 900 mg 고시폴/kg을 공급할 경우 면역 조절(대식세포 주화성 비율, 혈청 라이소자임 활성 개선), *Edwardsiella ictaluri* 저항성 증가를 보고했다. 그러나 이후 연구에서 대두박을 기본으로 한 800 mg 고시폴/kg 사료를 섭취한 메기 치어 대상으로는 *E. ictaluri* 저항성의 차이가 관찰되지 않았다(Yildirim-Aksoy et al., 2004).

고시폴은 목화식물 중 '분비기관이 없는' 품종의 면실박이 사료에 이용되면 독성을 유발하지 않을 것으로 예상된다. 고시폴을 함유한 면실박의 첨가 농도가 낮을 것으로 예상된다는 점을 고려할 때 고시폴을 함유한 면실박 원료는 문제가 되지 않아야 한다는 제안도 제기되었다(Li and Robinson, 2006). 유럽 공동체위원회는 사료 중 자유 고시풀 함유량을 제한한다. 어류의 최대 섭취 허용 농도는 20 mg/kg이다(Commission of the Europeas Communities, 2003).

11.1.9 사이클로프로펜 지방산(Cyclopropene Fatty Acids), 스테르쿨산(Sterculic Acid), 말발산(Malvalic Acid)

8−(2−octyl−cyclopropen−l−yl)−옥탄산(octanoic acid) 또는 스테르쿨산, 7−(2−octyl−cyclopropen−l−yl)−헵탄산(heptanoic acid) 또는 말발산(malvalic acid)으로 특징되는 사이클로프로펜 고리를 함유하는 2개의 지방산이 아욱목(Malvales)의 식물군에서 추출한 많은 종자 유지에서 발견된다. 양식업의 맥락에서 가장 중요한 원료는 면실박이다. 사이클로프로펜 지방산은 상업용 면실박과 면실유에서 발견된다. 이러한 지방산은 어류를 비롯한 많은 동물 종에서 지질대사를 변화시키고 결과적으로 포화지방산 축적을 억제한다(Raju and Reiser, 1967). 사이클로프로펜 고리는 반응성이 매우 높으며, 작용 기작은 고리 구조와 효소의 티올 부분 간 돌이킬 수 없는 반응인 것으로 보인다(Raju and Reiser, 1967).

무지개송어에서도 유사한 대사 효과가 관찰되었다(Roehm et al., 1970; Malevski et al., 1974; Struthers et al., 1975; Hendricks, 2002). 무지개송어는 산화효소(Eisele et al., 1978)와 다른 간 효소(Selivonchick et al., 1981)의 혼합 기능 변화를 보여주었다. 그 영향은 조직학적 변화와 비정상적인 글리코겐 축적, 괴사, 섬유성 축적과 함께 간에서 구조적 변화를 일으킨다. 무지개송어에는 7.5%의 면실유가 함유된 사료와 90 mg/kg의 스테르쿨산이 함유된 사료를 섭취했을 때 12개월차에 3분의 1은 간 종양이 발생한 반면에 3분의 2는 25%의 분비기관이 없는 면실박을 섭취한 경우 유사한 증상을 보였다(Hendricks et al., 1980a). 사이클로프로펜 지방산과 다른 간암 발암물질인 아플라톡신 사이의 상호작용 효과가 연구되었다. 사용된 아플라톡신 종에 의존하는 시너지 효과가 관찰되었다. AFB_1은 AFQ_1보다 강력하다(Sinnhuber et al., 1974; Hendricks et al., 1980b). 어류에 함유된 사이클로프로펜 지방산의 영향에 관한 정보는 무지개송어를 이용한 실험에서 나온 것이다. 그러나 발암 과정은 홍연어에서도 관찰되었지만 아플라톡신 AFB_1과 함께 공급될 때만 차넬메기에서 스테르쿨산이 성장 저하를 유발하는 것으로 관찰되었다(Hendricks, 2002).

면실박이 친어사료에 첨가될 경우 사이클로프로펜 지방산이 친어에서 종자로 유전될 가능성이 있으므로 주의를 기울여야 한다. 더욱이 치어는 성어보다 취약하기 때문에 면실박이 초기 사료에 포함되기 전에 주의를 기울여야 한다(Hendricks, 2002).

11.1.10 글리코알칼로이드(Glycoalkaloids)

감자 같은 덩이줄기에는 스테로이드 글리코알칼로이드(SGA) α−솔라닌(solanine)과 α−차코닌(chaconine) 같은 2차 대사산물이 포함되어 있다. 이 두 화합물은 당화 과정만 다르다. 후자에는 D−포도당 대신에 L−만노오스가 들어 있다. 과량의 SGA 함량(20 mg/100 g 이상)은 쓴맛을 유발하고, 덩이줄기는 사람이 섭취하기에 부적합하게 된다. 스테로이드 글리코알칼로이드 함량은 광주기, 파장, 광도, 토양 수분, 성장 단계, 저장 조건, 생장기, 대기, 토양 온도에 따라 정량적으로 또는 질적으로 다양하다. 고온 건조한 기후에서 재배된 감자에는 고지대의 서늘한 기후에서 재배된 감자보다 글리코알칼로이드가 많이 포함되어 있는 것으로 보고되었다. 따라서 감자 식물을 생리적인 스트레스와 극단적인 기후 조건에 노출시키면 덩이줄기에 SGA가 축적된다. 감자 방어 메커니즘에서 SGA의 역할은 명확하지 않다. 감자에는 곤충과 미생물의 공격으로부터 결핵을 보호하는 다른 단백질과 대사산물도 포함되어 있다(Friedman, 2006).

포유류에 미치는 SGA의 주된 영향은 세포막 투과성과 콜린 에스테라아제 활성 억제이다. 후자의 작용으로 SGA는 근경련과 마취, 진통 작용을 초래할 수 있고, 혈청 내 에스테르 프로드러그(prodrug) 활성화에 영향을 미칠 수 있다. 주요 감자 GA인 α-솔라닌과 α-차코닌은 특정 농도에서 심각한 식중독을 유발할 수 있지만 토마토의 알칼로이드인 토마틴(tomatine)은 사람에게 독성이 적은 것으로 관찰된다(Morris and Lee, 1984).

감자 단백질 농축액(PPC)은 어류에게 필요한 식물성 단백질 농축액 후보물질이다. 표준 PPC는 감자 전분 생산을 위한 감자 가공에서 부산물로 생산된다. 감자에는 감자즙에 녹아 있는 단백질을 함유하고 있다. 이 단백질을 얻기 위해 감자즙을 가열하면 단백질이 침전된다. 원심분리와 건조 후, 침전물은 PPC가 된다. 고품질 PPC는 건조 물질(DM) 기준으로 85% 이상의 조단백질(CP; N × 6.25)을 함유하고 있으며 단백질의 아미노산 조성은 어류에 균형이 잘 잡혀 있다. 그러나 무지개송어에게 필요한 사료에서 표준 PPC를 첨가하여 실험한 결과 5% 정도의 낮은 함량 수준에서도 심각한 섭식저하가 나타났다. 이것은 PPC의 솔라니딘 글리코알칼로이드에 기인하며, 그중 α-솔라닌과 α-차코닌이 가장 잘 알려져 있다(Refstie and Tiekstra, 2003). 이전 연구에서 무지개송어 배아는 차코닌, 솔라소딘(solasodine), 레핀(repin), 솔라닌에 독성 반응을 나타내지만, 송사리(*Oryzias latipes*) 배아는 차코닌과 솔라닌의 화합물 작용으로만 영향을 받는 것으로 나타났다(Crawford and Kocan, 1993).

관련 과학적 정보가 부족하여 양어사료에서 알칼로이드의 최대 수준을 예측할 수 없다. 그러나 감자 알칼로이드는 독성이 매우 심해 사료에 포함하면 안 된다.

11.1.11 아르기나아제 저해제(Arginase Inhibitors)

아르기나아제 효소 저해제는 해바라기 종자와 대두에서 발생한다(Reifer and Morawska, 1963). 저해제는 페놀계 화합물인 클로로겐산(CGA: chlorogenic acid, Morawska-Muszynska and Reifer, 1965; Reifer and Augustyniak, 1968)의 불안정한 질소 유도체이다. 이 화합물은 산성, 알칼리성 조건 모두에서 빠르게 분해된다.

해바라기 종자와 대두는 고농도의 CGA를 내포한 식물성 단백질원이다. 해바라기 종자 알맹이의 클로로겐산 농도는 11~45 g/kg (평균 28 g/kg)(Dorrell, 1976; Dreher and Holm, 1983)이며 카페오일퀴닉산(caffeoylquinic acid, 5-CQA)은 우성 화합물이다. 해바라기 종자의 CGA 함량은 작물 종류에 따라 다르며 종자유 함량과 상관관계가 높다. 농도는 기후 차이에 크게 영향을 받지 않는 것으로 보인다(Dorrell, 1976). 대두에는 10 g/kg(Pratt and Birac, 1979)의 농도가 존재한다. 카페오일퀴닉산은 아르기나아제뿐만 아니라 간과 신장 포도당-6-포스파타아제 시스템의 글리세롤-3-인산포도당탈수소효소와 트란스로카제(translocase) T1 같은 다른 효소를 억제한다(Arion et al., 1997, 1998). 아르기나아제와 관련하여 5-CQA는 선형적으로 용량 의존적인 방식으로서 저해제 활성을 띠는 반면에 N-5-CQA는 저해제 농도의 로그 함수(Reifer and Augustyniak, 1968)에 따라 억제 활성을 나타냈다. 저해제-효소 상호작용의 성질은 완전히 확립되어 있지 않다. N-5-CQA에 따른 아르기나아제 억제는 L-시스테인, 환원된 글루타치온, 2-메르캅토에탄올, 아스코르베이트 등 유기 환원제로 역전되어 차단될 수 있다(Moraxska-Muszynska and Reifer, 1965; Reifer and Augustyniak, 1968). 아르기나아제 저해제 N-5-CQA는 불안정하고 산화로 비활성화된다. 아르기나아제의 존재는 저해제를 안정화하고 클로로겐산(Muszynska and Reifer, 1970)에 따른 산화로부터 보호한다.

어류의 아르기닌은 L-아르기닌 대사와 생합성에 관여하는 것으로 보고되었다(Wright, 1995; Jenkinson et al., 1996; Berge et al., 1997). 또한 대식세포의 대체 활성화(Joerink et al., 2006), 열악한 환경에서의 생화학적 생존에 관여하는 것으로 보고되었다(Randall et al., 1989; Wright and Land, 1998; Steele et al., 2001). 아르기나아제 저해제는 많은 조직에서 폴리아민 생합성을 방해함으로써 어류의 세포 증식, 분화를 감소시킨다. 증식과 분화, 이동이 항상성의 기초를 형성하고 장세포의 적응 반응을 나타내는 장은 특히 취약하다. 또한 아르기닌 활성을 억제하면 결과적으로 산화질소매개 세포 독성과 관련 합병증을 동반한 질소산화물의 과잉생산이 발생할 수 있다.

모든 동물 종에서 아르기나아제 저해제의 생물학적 이용 가능성, 아르기나아제 억제 활성을 띤 N-유도체로 CGA의 체내 수정 가능성, 어류 또는 다른 동물 종에서 항염소인자로 CGA와 관련 페놀 화합물의 영향에 관한 자료가 부족하다. 양어사료에서 해바라기 종자(SFM)의 영양가 연구가 많이 수행되었다. 무지개송어(*Oncorhynchus mykiss*)(Sanz et al., 1994; Gill et al., 2006)는 40%, 유럽장어(*Anguilla anguilla*)(Garcia-Gallego et al., 1998)는 64%, 틸라피아(*Tilapia rendalli*)는 20%, 대서양연어(*Salmo salar*; Gill et al., 2006)는 22%, 귀족도미(*Sparus aurata*; Gill et al., 2006; Lozano et al., 2007)는 12%의 SFM 포함 수준이 성장과 사료 효율에 악영향을 미치지 않는 것으로 보고되었다. 그러나 20% 이상의 SFM이 포함된 사료는 대서양연어의 조단백질 소화율 감소와 관련이 있으며(Gill et al., 2006; Aslaksen et al., 2007), 대부분이 아미노산의 소화율 감소를 반영한다. 이 발견은 라이신과 시스테인, 메티오닌(Pierpoin, 1970), 알라닌, 페닐알라닌, 글루탐산을 포함한 아미노산의 생체 이용률을 in vitro에서 감소시키는 클로로겐산과 카페산(caffeic acid), 퀸산(quinic acid)을 대상으로 보고된 효과와 일치한다(Sripad et al. 1982).

11.1.12 퀴놀리자이딘 알칼로이드(Quinolizidine Alkaloids)

식물에 의해 생성되는 알칼로이드는 식물의 방어에 중요한 역할을 하는 2차 대사산물이다. 이들은 아미노산에서 추출되며, 이황환(heterocyclic ring)에 질소를 함유하고 있다. 퀴놀리자이딘 알칼로이드는 다양한 식물에서 발견되며 루핀(루핀속)의 주요 항영양소이다. 알칼로이드 조성은 300종 이상의 루핀에 따라 다양하다(Wink et al., 1995). 루핀에는 다른 알칼로이드도 포함되어 있지만 퀴놀리자이딘 알칼로이드는 동물 건강 연구에 가장 큰 관심사이다.

다양한 종류의 루핀은 다양성과 위치, 성장에 영향을 받는 다양한 알칼로이드 조성을 포함한다(Sujak et al., 2006). *L. albus*의 주요 알칼로이드는 루파닌(lupanine, 70%), 알비민(15%), 13α-히드록실파닌(hydroxylananine, 8%), 다중플로린(multiflorin, 3%)이다. *L. angustifolius*에서 루파닌(70%), 13α-hydroxylananine (12%), 안구스티폴린(angustifoline)(10%)이 우세하고 *L. luteus*에서는 루파닌(60%), 스파르테인(sparteine, 30%), p-코마릴-루피닌(p-coumaryl-lupinine, 5%)이 우점적이다(Wink et al., 1995). 선별적 육종은 알칼로이드 함량이 낮은 루핀의 종류를 생산해왔다. 현재 낮은 알칼로이드 품종은 600 mg/kg 미만의 DM을 함유하고 있으며, 일부 품종은 지속적으로 100 mg/kg 미만을 함유하고 있다(Glencross, 2001). 야생형 고알칼로이드 품종은 종자 1 kg 당 40,000 mg 이하의 알칼로이드를 함유할 수 있다.

어류에서 퀴놀리자이딘 알칼로이드가 끼친 직접적인 생물학적 영향에 관한 보고는 거의 없다. 포유류에서 퀴놀리자이딘 알칼로이드는 신경학적 효과를 통해 독성을 유발하여 운동 조절과 근육 조절의 상실을 초래하는 것으로 보인다. 루핀에서 발견되는 모든 주요 퀴놀리자이딘 알칼로이드는 항무스카린성(antimuscarinic) 아세틸 콜린 수용체 활성을 나타내지만 일부는 항니코틴(antinicotinic) 활성을 나타낸다(Wink et al 1998). 루핀과 스파르테인은 또한 α_2 아드레날린 수용체를 억제하는 반면에 스파르테인은 또한 부틸콜린 에스테라아제를 억제한다(Wink et al., 1998). 어류에서 유사한 효과에 관한 직접적인 증거는 부족하다.

루핀 알칼로이드의 쓴맛은 알칼로이드 함량이 높은 사료 섭취율 감소의 원인으로 추정된다. 루핀의 저알칼로이드 품종은 기호성 문제를 야기하지는 않지만 함유량이 높을 경우 성장을 감소시킨다(Glencross, et al., 2004a, b). Glencross et al.(2006)은 루핀에서 발견된 인돌 알칼로이드를 무지개송어 사료에 최대 10,000 mg/kg까지 첨가했고, 사료 섭취량이 500 mg 알칼로이드/kg 이상으로 감소했다고 보고했다. 고농도의 알칼로이드 함량이 첨가된 사료를 섭취한 어류는 유지단백질과 에너지 요구량을 충족시키기 위해 매우 적은 양의 사료 섭취만 가능했다. 연구자들은 사료 내 그라민(gramine)의 증가 함량에 따라 전신에 있는 멜라노 대식세포 중심의 농도가 증가한다고 언급했으나 알칼로이드의 직접적인 독성 영향에 관한 증거가 없기 때문에 성장 저하와 관련된 차이를 설명하였다. 간과 신장, 비장, 유문수, 장에서는 유의적인 병변이 관찰되지 않았다.

Chien and Chiu (2003)는 틸라피아 치어(*Oreochromis niloticus* × *O. aureus*)를 대상으로 사료 내 *L. angustifolius* 종자(670 g/kg)에서 알칼로이드를 제거하면 사료 효율은 증가하지만 성장에는 영향을 미치지 않는다고 보고했다. 연구자들은 이 효과에 관해 어떤 고찰도 하지 않았다. 그러나 추출 전(40 mg/kg)과 추출 후(20 mg/kg)의 종자의 알칼로이드 함량은 모두 낮았다. 또한 연구자들은 모든 실험 사료에서 메티오닌과 라이신, 트레오닌이 결핍되었음을 지적했지만 첨가하지는 않았다. 그러므로 관찰된 효과가 알칼로이드 함량에 기인하는 것인지는 명확하지 않다.

어류를 대상으로 한 사료에서 루핀 알칼로이드의 안전한 수준을 신뢰성 있게 예측하기에는 연구가 불충분하다. 함유량을 결정할 때는 주의해야 한다. 섭취 감소는 기호성에 영향을 주어 고농도의 알칼로이드가 함유된 사료 섭취량이 감소하는 것이 관찰되었다. Glencross et al.(2006)에 따르면 무지개송어에서 그라민 섭취가 감소하지 않는 가장 높은 수준의 섭취량은 100 mg/kg이었다(그 다음으로 높은 섭취는 500 mg/kg으로 식이에서 섭취 감소가 관찰됨). 또한 다른 어류가 루핀 알칼로이드에 다양한 민감성을 보이는지 또는 한 종 또는 루핀의 안전 수준이 다른지는 알려지지 않았다.

11.1.13 시안화물 방출 화합물(Cyanide-Releasing Compounds)

시안화합물은 시안화수소(HCN)를 방출하는 식물에 존재하는 분자이다. 카사바와 아마인, 수수(sorghum), 대두, 옥수수, 보리, 밀, 땅콩, 유채박 같은 경제적으로 중요한 식물의 상당수를 포함하여 3,000종 이상의 고등식물은 청록색이다(Poulton 1990; Jones, 1998; Lechtenberg and Nahrstedt, 1999; IPCS, 2004). 현재까지 보고된 HCN이 함유된 생명체는 청록색 식물의 약 10%에서만 확인되었다(Poulton, 1990). 최소 60개의 청산글리코시드(cyanogenic glycosides)가 알려져 있으며(Lechtenberg and Nahrstedt, 1999), 모두 시아노하이드린(cyanohydrins; α-hydroxynitriles)의 O-β-배당체 유도체로서, 이들은 타이로신, 페닐알라닌, 발린, 류신, 이소류신 등 5개의 소수성단백질 아미노산 또는 비단백질 아미노산 사이클로펜테닐글라이신(cyclopentenylglycine)으로부터 유래된 것이다(Poulton, 1990). 식물조직에서 청산글리코시드는 시안화수소를 방출하기 위해 분해하는 가수분해효소에 따라 완전히 분리되어 저장된다.

시안화수소는 무색의 고휘발성, 가연성 액체이며 물과 완전히 섞이고, 부분적으로 해리되어 시안화이온(CN^-)을 유리시켜 약산성 용액을 형성한다. 이것은 식물과 동물, 인간 모두에게 유독하다. 이 독성은 다양한 금속단백질(metalloprotein), 특히 미토콘드리아 호흡기 체인의 시토크롬 C 산화효소의 보조인자, 철, 망간 또는 구리와 연결되는 능력에서 비롯된다(EFSA, 2007). 어류의 HCN 흡수는 섭취, 피부 또는 아가미 호흡 상피를 통해 이루어질 수 있으며, 이어서 호흡기 상피는 금속 단백질에 결합하여 어체 전체에 빠르게 분포된다. 시토크롬 C 산화효소는 급속한 치명적인 시안화 작용의 주된 부위이며, 뇌는 HCN- 유도 세포 독성 저산소증의 주요 표적 기관이다(Eisler, 1991). 그 결과 세포호흡이 중단되어 세포독성 저산소증(cytotoxic hypoxia)과 조직 산소결핍증(tissue anoxia)을 유발하고 호기성에서 혐기성 신진대사로 반응하는 변화가 일어난다. 세포 독성 저산소증과 젖산 산중의 복합에 따른 중추신경계의 우울증으로 오는 호흡 정지는 폐사의 원인이다(Eisler, 1991; Beasley and Glass, 1998).

현재 사료 내 HCN의 효과를 연구한 논문이나 HCN의 다른 형태의 경구 투여와 관련된 실험적 연구는 수행되지 않았다. 보고된 HCN의 어류에 미치는 독성은 산업 폐수에서 자연 서식지의 오염을 연구하는 생태 독성 실험에서 수중 시안화와 관련되어 있는 것으로 나타났다. 이러한 노출은 어류의 번식력과 다른 측면에 영향을 미치는 만성적인 시안화물 독성이 어류에 초래한다. Eisler (1991)와 EFSA (2007)는 이와 관련한 상세한 리뷰를 발표했다. 사료를 통한 시안화물에 어류가 노출되는 문제를 연구한 유일한 보고서는 나일틸라피아가 수침한 카사바와 수침하지 않고 자연광에 건조한 카사바를 섭취한 것을 비교한 사육실험이다. 이때 총 시안화물은 각각 9.9 mg/kg와 71.1 mg/kg이었다(Ng and Wee, 1989). 두 실험군은 유사한 성장이 나타났으므로 어류의 성장을 저해하지 않는 것으로 나타났다. 어류를 대상으로 최대 첨가 수준 관련 정보는 없다.

11.1.14 에루신산(Erucic Acid)

에루신산, 시스형-13-도코센산(cis-13-docosenoic acid)은 식물의 배추속(*Brassica*)에 따라 생산되는 단일 지방산이다. 특히 유채박과 겨자유(mustard oil)에는 60%에 달하는 높은 지방산 수치가 발견된다. 이 지방산은 항영양제로, 긍정적인 생체 활성 화합물로 주목받았다. 역학 연구에 따르면 사료 내 지방에서 에루신산 비율이 높으면 관상동맥 질환을 예방할 수 있다고 한다(Rastogi et al., 2004). 반면에 에루신산은 심장 조직에 해로운 영향을 끼칠 수도 있다. 쥐는 에루신산이 고농도로 함유된 유지를 섭취할 때 심장에 지질, 조직 병변이 축적되는 것으로 나타났다(McCutcheon et al., 1976). 에루신산이 긍정적 영향과 부정적 영향의 주된 원인물질인지는 확인되지 않았다(Food Standards Australia New Zealand, 2003). 일부 유채유는 단독으로 또는 에루신산과 상호작용하는 효과에 중요한 생물학적 활성 화합물을 함유하고 있다. 고농도의 에루신산이 함유된 유채유의 부정적 영향은 코호(coho)연어를 대상으로 유채박 6%와 12%를 함유한 사료를 공급한 실험에서 관찰되었다(Hendricks, 2002). 실험어는 성장 저하와 폐사, 피부, 아가미, 신장, 심장 조직에서 병리 현상이 나타냈다. 심장 외막은 결합조직에서 지질을 축적했으나 심장 근육에서는 괴사가 관찰되지 않았다. 유채유는 여러 연구에서 양어사료의 한 원료이다(Hendricks, 2002). 이들 중 어느 것도 부정적인 증상이 나타나지 않았다. 유채유의 긍정적인 특성뿐만 아니라 부정적인 특성의 잠재적인 결과로, 에루신산의 함량이 높거나 낮은 유채가 식물 육종을 통해 개발되었다. 에루신산과 글루코시놀레이트의 함량이 두 배로 낮은 유채유는 현재 양어사료에 사용되는 주요 품종이다. 이 유지는 양어사료에서 해양 유래 유지를 대체하는 것으로 매우 가치가 있다. 유채유는 단일불포화지방산 C18:1이 풍부하고 n-6 지방산은 낮다. n-3:n-6의 지방산 비율은 해양유래 유지를 대체할 수 있다는 점에서 다른 식물성 유지보다 우수하다. 유채유로 대체하면 대두유 또는 기타 식물성유지로 대체하는 것보다 인간 대상의 권장량에 부합하는 제품으로 지방산 조성을 확보할 수 있다.

11.1.15 알레르겐(Allergens)

사료 또는 식품 알레르겐은 IgE 항체와 반응하여 알레르기 민감증 · 반응을 유발하는 물질로서 일반적으로 비만세포 탈과립(mast celldegranulation)과 히스타민 방출을 통해 생성된다. 일반적인 구조가 항원이 알레르겐인지 여부를 예측할 수는 없지만 일반적으로 알레르기 항원은 위장관에서 효소 가수분해에 저항한다(Aalberse, 1997).

어류가 알레르기성 반응을 하는지, 즉 I형 과민반응을 일으키는지 여부는 입증되지 않았다. 농어목(Perciformes; 틸라피아, 농어, 도미, Mulero et al., 2007)을 제외하고, 연어류와 대부분의 지느러미를 가진 어류는 비만세포가 히스타민(Reite, 1965, 1972; Dezfuli et al., 1998)을 함유하지 않으며, 히스타민의 혈관 내 주입에 반응하지 않았다(Reite, 1972). 또한 경골어류는 단조로운 IgE와 유사한 구조를 지니지 않고 단지 4분자체 IgM과 단조로운 IgD를 지닌 것으로 관찰된다(Wilson et al., 1997; Choi et al., 2007). 반면에 일부 어류의 원위장은 항원 자극에 민감한 것으로 보이며, 이 부위에 전달된 항원으로 강력한 면역력을 얻는다(Ellis, 1995).

일부 콩과 식물의 종자와 곡물의 단백질 성분이 동물에게 항원 효과를 유발한다. 이 화합물은 장내 점막 병변, 기형적인 융모, 특이적 · 비특이적 면역력, 장을 통한 소화불량 등을 유발할 수 있다(D' Mello, 1991; Lalles and Peltre, 1996). 대두 단백질에는 글리시닌과 베타콘글리시닌(beta conglycinin) 같은 화합물이 함유되어 있는데, 이는 많은 동물과 사람에게 알레르겐으로 작용한다. Rumsey et al.(1993, 1994)는 대두박에서 면역학적으로 고농도의 글리시닌과 베타콘글리시닌이 무지개송어의 성장에 부정적인 영향을 미친 것으로 보고했다. 그들은 알레르기 항원의 영향이 단백질 분해효소 저해제와 렉틴이 불활성화된 대두박이 어떠한 원인으로 연어류의 성장을 저해하는지에 그 해답을 제시할 수 있다고 추정했다. 동일한 연구자의 혈구 응집 억제 시험결과 탈지와 토스팅(toasting) 같은 처리방법은 대두박의 항원성 수준을 유의적으로 감소시키지 않는 것으로 나타났다. 그러나 실제로 글리시닌, 베타콘글리시닌 또는 대두박의 다른 알레르겐 · 항원이 염증을 일으킨다는 직접적인 증거는 아니다. Kaushik et al.(1995)은 대두 단백질 농축액에서 항원 단백질을 발견하지 못했지만, 탈지(defatted)와 토스팅된 대두 분말에서 글리시닌과 베타콘글리시닌이 검출되었다. 무지개송어를 대상으로 다양한 농도의 2가지 대두박 사료원을 12주간 공급한 결과 2가지 대두박 사료원에서 어류의 혈청에 있는 대두 단백질에서 검출 가능한 수준의 항체를 도출하지 못했다. 외관상 소화율 건물과 단백질, 성장은 다른 대두박 원료와 유의적인 차이가 나타나지 않았다. 따라서 무지개송어는 대두박 사료원에서 알레르기 반응을 보이지 않는다. Van den Ingh et al.(1991, 1996), Bæverfjord and Krogdahl (1996), Krogdahl et al.(2000)은 용매로 추출한 대두박 또는 대두박 유래 알코올 추출물을 함유한 사료를 섭취한 대서양연어는 원위장의 장염 같은 변화가 나타났다. 사료에 존재하는 항원성 화합물은 어류의 장에서 다양한 비특이적이고 특이적인 면역 반응을 일으킬 수 있고(Baeverfjord and Krogdahl, 1996; Bakke–McKellep et al., 2000, 2007), 이는 성장 저하를 초래할 수 있다.

일반적인 식물 유래 사료원에서 어류가 반응하는 알레르기 항원이나 항원의 존재 여부는 여전히 논쟁 요소이다. 그러나 인간 CD3–엡실론(epsilon) 항체에 양성세포의 관여가 대서양연어의 원위장에서 관찰되어 대두박에 따른 염증반응이 관찰됨으로써(Bakke–McKellep et al., 2007), 추정 T세포(putative T cell)가 장 질병에 관여하고 있음을 시사했다. 또한 조직 내 CD4와 CD8–베타 mRNA의 상향 조절은 T세포의 혼합된 집단을 나타낸다. 따라서 염증은 세포독성(CD8+)뿐만 아니라 T helper cell CD4+를 포함하는 IV형 과민반응과 유사함을 시사한다. 연어류에서 대두박으로 유발된 장염의 구체적인 병원성과 원인은 아직 밝혀지지 않았다.

11.2 식물성 영양소의 병용 효과

양어사료에 사용되는 많은 원료는 하나 이상의 항영양인자를 함유하고 있기 때문에 ANF 간의 상호작용에 관한 상세한 지식이 특히 필요하다. 또한 서로 다른 ANF 조성과 함께 다른 성분의 혼합물은 실제 사료 배합에 종종 사용된다. 다양한 식물에서 유래한 사료원과 유사한 비율의 항생제 혼합물의 영향을 평가하기 위한 연구가 필요하다.

복합적인 효과는 유익하거나 해로울 수 있다. 탄닌은 다른 항영양인자와 상호작용하는 것으로 알려져 있다. 예를 들어 탄닌과 렉틴 간의 상호작용은 아밀라아제에 대한 탄닌 억제 작용을 제거하고(Fish and Thompson, 1991), 탄닌과 시아노기 배당체 간의 상호작용(Goldstein and Spencer, 1985)은 후자의 유해한 영향을 감소시켰다. 더욱이 쥐가 사포닌과 탄닌을 동시에 섭취하면 독성이 없어지게 된다(Freeland et al., 1985). 이것은 두 물질의 화학적인 반응으로 탄닌과 사포닌 복합체가 형성되어 이들의 생물학적 활성이 불활성화되기 때문인 것으로 추측된다. 한편 Alvarez and Torres-Pinedo (1982)는 토끼의 공장 장세포 아피질막(jejunal enterocyte apical membranes)에 결합한 대두 렉틴이 상피 장벽 기능에 대한 사포닌의 부정적인 영향에 효능을 발휘한다고 제안했다. Knudsen et al.(2008)은 어분 기초사료에 첨가된 대두박으로부터 정제된 사포닌이 대서양연어의 원위장에서 염증반응 또는 분(fecal) 건물의 변화를 유발하지 않았으며, 푸른루핀(*L. angustifolius*) 또한 유발하지 않는 것으로 나타났다. 그러나 대두 사포닌과 루핀박의 조합은 탈지(추출된) 대두박 대조군에서 관찰된 것과 유사한 원위장 내 염증 반응을 일으켰다. 이 사포닌과 루핀박의 조합은 어분 대조군과 비교했을 때 장내 투과성이 높아지므로 대두박 대조군에서 측정한 것과 같지 않았다. 연구자들은 루핀박에서 사포닌과 미확인 요소의 조합이 염증을 유발하고 조직 투과성을 증가시킨다는 결론을 내렸다. 그러나 사료 원료가 다르기 때문에 사포닌과 미생물의 상호작용으로 나타나는 장내 미생물의 변화는 배제할 수 없다.

Bakke-McKellep et al.(2008)은 대서양연어를 대상으로 대두 렉틴(SBA)과 대두 트립신 저해제의 조합은 체외 기관에서 포도당 흡수에 따라 장 상피기능을 심각하게 감소시킨 것을 발견했다. ANF에 노출되지 않은 조직에 비해 2가지 항영양제는 장 조직에서 포도당 흡수에 영향을 주지 않는다. 강낭콩 유래 렉틴인 식물성혈구응집소(PHA)는 동일한 실험에서 SBA · 트립신 저해제 조합과 유사한 방식으로 포도당 흡수를 감소시켰다. 따라서 PHA가 SBA보다 대서양연어 장내세포에 독성이 더 강한 렉틴인 것으로 추측된다.

Iwashita et al.(2008, 2009)은 항영양인자 상호작용의 중요성을 강조한다. 무지개송어를 대상으로 반정제 사료에 사포닌과 렉틴을 단독 첨가하여 공급한 결과, 장에서 형태학적 변화를 일으키지 않았다. 그러나 이들 성분은 원위장의 점막 주름에서 증식성(hyperplastic) 결합 조직의 발달을 유도했다. 이러한 변화는 연어와 일부 다른 어종에서 관찰된 대두에서 유래한 전형적인 장염과는 다르며 심각한 수준은 아니었다(Bæverfjord and Krogdahl, 1996; Uran et al., 2008). 타우로콜산염(taurocholate)을 첨가하면서 이 같은 변화를 방지하였다.

11.3 동물사료 내 항영양소

11.3.1 항비타민 · 티아민 분해효소(Thiaminase)

항비타민이라는 용어는 비타민 사용의 감소와 연관된 사료 실험에서 관찰된 효과와 관련이 있다. 이 성분은 명확하게 정의되어 있지 않으며 어류에 미치는 영향과 관련한 정보는 부족하다(Francis et al., 2001b). Francis et al.(2001b)에 따르면 이는 열에 불안정한 것으로 보고된다. 티아민 분해효소를 제외한 항비타민제는 향후 연구가 필요하다.

청어와 고등어, 잉어, 홍합, 조개, 새우 같은 어종은 티아민 분해효소와 같은 활성 성분(NRC, 1982)을 함유하고 있다. 잉어 간에서 티아민 분해효소가 어류에서는 최초로 보고되었다(Bos and Kozik, 2000). 그것은 55 kD의 분자량이 나타났고 단일 펩타이드 사슬을 포함하는 것으로 관찰되었다. 해산 어류 청대치(*Fistularia petimba*)에서 추출한 티아민 분해효소도 보고되어 있으며(Nishimune et al., 2008), 총 분자량 100 kD인 활성, 비활성 하위 조직 1개를 지닌 단백질로 관찰되었다. 티아민 분해효소는 피리딘, 프롤린 또는 시스테인 같은 아민 또는 설파이드 함유 화합물에 의존하는 것으로 관찰되며(Bos and Kozic, 2000), 열처리에 따라 불활성화된다

(Zajicek et al., 2009). 효소는 활어류와 생사료에서 활성을 띤다. 그것은 분자의 두 고리 구조 사이의 다소 불안정한 연결을 끊어서 티아민을 불활성화한다. 초기 연어 양식에서 티아민 결핍증이 여러 건 보고되었다. 티아민 결핍은 야생 어류에서 고농도의 티아민 분해효소를 함유한 먹이를 섭취하는 어류에서도 발생한다(Fisher et al., 1998). 효소는 소화관에 농축되어 간에서 추출되었지만(Nishimune et al., 2008) 장내 미생물에서 유래하기도 한다(Honeyfield et al., 2002). 티아민 분해효소의 부작용은 모피동물(fur animal) 생산에서도 잘 알려져 있다. 티아민 분해효소 활성이 높은 종의 신선한 제품으로 만들어진 양어사료는 먹이를 섭취하기 전에 일정 기간 이상 보관하면 안 된다. 양어사료에서 어업 혼획(bycatch)물질을 광범위하게 사용하는 경우 티아민 결핍을 예방하기 위해 티아민 첨가가 필요할 수 있다(Ishihara et al., 1974; Anglesea and Jackson, 1985).

11.3.2 키틴(Chitin)

키틴은 N–아세틸 글루코사민 단위체의 선형 고분자로서 갑각류 외골격의 주성분이다. 키틴이 풍부한 외골격은 총에너지의 20%를 차지한다. 만약 키틴이 소화되지 않으면 분으로 배출되기까지 사료로부터 에너지 손실을 초래하여 사료 섭취량을 늘리고 에너지 사용을 줄인다. 키틴 소화율은 키틴분해효소의 활성이 변하기 때문에 어종에 따라 다를 수 있다(Krogdahl et al., 2005). 그러나 현재 키틴 소화율 정보는 제한적이다. 연어는 매우 저조한 키틴 소화율을 보인다(Lindsay et al., 1984; Olsen et al., 2006). 소화되지 않은 내장의 키틴은 영양소 소화를 방해할 수 있다. 키틴은 수용성이 높으며 담즙산뿐만 아니라 지방산에도 결합될 수 있다. 이 같은 특성은 무지개송어(Lindsay et al., 1984)와 다량의 키틴을 함유한 사료를 섭취한 하이브리드틸라피아(*Oreochromis niloticus* × *Oreochromis aureus*; Shiau and Yu, 1999)에서 관찰된 영양소 소화율과 성장에 끼치는 부작용을 설명할 수 있다. 대서양연어에서도 비슷한 결과가 나타났다(Olsen et al., 2006). 키틴은 또한 일부 수산어종에서 면역 자극 특성을 띤 것으로 나타났다(제10장 참조).

11.3.3 플루오린(Fluorine)

수산 양식을 위한 크릴과 잠재적인 해양 유래 단백질원은 고농도의 불소가 함유되어 있어서 양식업에서는 우려의 대상이 되고 있다. 그러나 대서양대구와 대서양연어, 무지개송어, 대서양넙치(*Hippoglossus hippoglossus*)를 대상으로 연구한 결과 크릴(*Thysanoessa inermis*과 *Euphausia superba*)과 단각류(amphipod) *Themisto libellula*의 불소는 이들 어종에게 유해하지 않은 것으로 나타났다(Moren et al., 2007). 체내 장기도 불소 함량이 증가되지 않았고, 성장과 건강에도 부정적인 영향을 미치지 않았다. 단각류 원료는 4,000±800 mg/kg의 가장 높은 불소 농도를 보였으나 *Thysanoessa inermis*와 *Euphausia superba*의 사료원에서는 각각 약 780±160 mg/kg과 1,160±230 mg/kg으로 나타났다.

11.4 후천적 독성

11.4.1 산화지질

해양유래 지질은 자가 분해에 상당히 취약한 다량의 불포화지방산을 함유하고 있다. 이러한 지질의 산화제로는 알데히드와 케톤뿐만 아니라 항산화물질의 수요를 증가시키는 유리 라디칼이 포함된다. 따라서 사료 내 산화지질 물질의 존재는 어류에게 직접 영향을 줄 수 있으며, 항산화 비타민 결핍을 악화시켜 간 퇴행과 비장 이상 빈혈을 비롯한 다양한 병적 증상을 유발할 수 있다(NRC, 1993; Hardy, 2001). 에톡시퀸(ethoxyquin) 같은 합성 산화 방지제는 일반적으로 해양 지질에 첨가되어 산화로부터 적절하게 보호한다.

11.4.2 생체아민(Biogenic Amines)

생체아민 함유량은 육류 도축산업에서 어분과 사료원의 신선도 품질 기준으로 사용된다. 생체아민의 축적은 일반적으로 박테리아 성장과 유사하다(Chin and Koehler, 1986). 생체아민은 혐기성 박테리아의 작용을 통해 유리 아미노산을 탈카르복시화함으로써 생산된다. 페닐알라닌과 라이신, 히스티딘, 티로신, 메티오닌 아미노산은 각각 페네틸아민(phenethyl amine), 카다베린(cadaverine), 히스타민, 티라민(tyramine), 스페르미딘(spermidine), 스페르민(spermine, Sander et al., 1996)의 전구체이다. 높은 수준의 히스타민을 함유한 어종을 사용하여 생산된 어분은 닭에게 독성이 있으므로, 닭은 양어사료 내 어분의 적합성을 평가하는데 사용된다. 대서양연어(Anderson et al., 1997), 대서양넙치(Aksnes and Mundheim, 1997), 열대 새우 종(Ricque et al., 1998)은 신선하지 않은 어분으로 만든 사료를 섭취할 때 사료 섭취량과 성장이 감소되는 것으로 나타났다. Opstvedt et al.(2000)은 대서양연어를 대상으로 카다베린과 히스타민, 퓨트레신(putrescine), 티라민이 첨가된 고품질 어분 또는 신선하지 않은 어분을 기반으로 제조한 사료를 공급하는 사육실험을 수행하였다. 대서양연어는 저품질 어분을 사용한 사료를 섭취했을 때 사료 섭취량과 성장률, 사료 효율은 감소했지만 생체아민은 이러한 영향의 원인이 아닌 것으로 관찰되었다. 대서양연어 실험과 유사한 실험방법으로 청새우(*Litopenaeus stylirostris*)를 대상으로 사육실험을 수행한 결과(Tapia-Salazar et al., 2004) 신선하지 않은 어분으로 제조한 사료를 섭취한 새우에서는 생존율과 사료 섭취량, 최종 무게가 감소되었지만 생체아민의 함량이 원인은 아니었다. 무지개송어에서 생체아민의 독성을 평가하기 위해 수행된 실험은 무지개송어가 대서양연어보다 신선하지 않은 어분으로 제조한 사료에 비교적 민감성이 적은 것을 알 수 있었다(Fairgrieve et al., 1994). 이 연구는 16주간 사료 공급 후 무지개송어에서는 닭에서 나타나는 급성 독성, 폐사율 또는 사료 섭취에 미치는 영향을 전혀 유발하지 않았으며, 히스타민과 푸트레신(putresine), 카다베린을 첨가한 카제인을 기반으로 한 사료도 영향을 미치지 않았다. 그러나 고농도의 히스타민을 섭취한 어류에서는 위 팽창이 관찰되었다. 현재의 연구 지식에서 생체아민은 어류 또는 새우에서 독성 증상을 일으키지 않는 것처럼 보이지만, 신선하지 않은 어분의 다른 성분은 부정적인 영향을 미칠 수도 있다.

11.4.3 진균독소(Mycotoxins)

진균독소는 사료원을 오염시키면서 양어사료를 오염시키는 다양한 곰팡이 종으로 생성되는 잠재적 독성 대사산물이다(NRC, 1993; Manning, 2001). 전 세계 작물 중 25% 이상이 진균독소로 오염되어 있고, 여러 진균독이 빈번히 관찰되는 것으로 추정된다(CAST, 2003). 곰팡이는 작물 수확 과정에서 또는 사료원으로 저장, 운송, 가공 중에 발생할 수 있다. 이것은 주로 환경 조건, 즉 온도, 습도와 관련이 있다. 일반적으로 곡물이나 지방종자에 영향을 미치는 진균독을 생성하는 곰팡이는 수분 함량을 12% 이하로 유지함으로써 억제할 수 있다. 부적절한 가공이나 보관조건은 진균독 생산의 위험을 증가시키고 어류의 잠재적인 영양 공급원의 사용을 제한할 수 있다. 최근 몇 년간 바이오 연료 산업에서 부산물의 이용 증가는 양식어류가 진균독에 노출되는 위험성을 높였다(Hooft and Bureau, 2010). 진균독이 어류에 미치는 영향에 관한 현재의 지식은 축산업에 비해 제한적이다. 동물에서 진균독성의 증상은 사료 섭취 감소, 소화 장애와 내분비, 면역학적, 신경학적 영향 그리고 다양한 장기 질병과 폐사를 포함한다(Roberts, 2002; Santacroce et al., 2008). 진균독 감수성은 종간과 종 내 모두 크게 다르며, 생활사와 영양 상태, 건강 상태, 환경 조건에 따라 다르다.

양어사료 조성에 사용되는 사료원을 오염시키는 가장 흔한 독소를 생산하는 곰팡이 생물은 *Aspergillus*와 *Penicillium*, *Fusarium*이다. 어류 영양에서 가장 중요하게 기술되는 독소는 아플라톡신(aflatoxin) B_1과 오크라톡신(ochratoxin) A, 푸모니신(fumonisin) B_1, 트리코테센(trichothecene), 특히 데옥시니발레놀(deoxynivalenol, DON), T-2 독소와 제아랄레논(zearalenone)이다. 일부 진균독은 오크라톡신과 사이클로피아존산(cyclopiazonic acid)과 같이 둘 이상의 속으로부터 나온 곰팡이의 산물로 *Aspergillus*와 *Penicillium*균 종이 모두 생산된다(Varga et al., 2001).

4가지 아플라톡신은 *Aspergillus* 곰팡이의 작용으로 생성된다. 아플라톡신 B_1은 30년 전 무지개송어를 대상으로 매우 독성이 강한 것으로 보고되었다. 무지개송어가 극소량(0.4~20 μg/kg)의 아플라톡신 B_1을 섭취했을 때 간 암종(liver carcinoma)과 폐사가 관찰되었다(Halver and Mitchell, 1969). 80 μg/kg 이상에서는 간 괴사, 상완 부종(brachial edema), 출혈 등 급성 독성 효과를 유발했다(Roberts, 2002). 무지개송어는 다른 연어류에 비해 아플라톡신 B_1에 더 취약하고 차넬메기와 틸라피아 같은 온대 어종보다는 훨씬 민감하다는 평가를 받고 있다(Manning, 2001). 땅콩과 코프라(copra), 야자수, 면실박, 옥수수, 이들 작물에서 파생한 원료는 동물 사료에서 아플라톡신 오염의 주요 원인으로 간주된다(Santacroce et al., 2008).

*Aspergillus*와 *Penicillium*에서 생산되는 오크라톡신 A (OTA)는 세계에서 두 번째로 큰 진균독군으로 간주된다. 주요 작용 기작은 페닐알라닌-tRNA 합성과 미토콘드리아 ATP 생산의 저해와 산화 스트레스의 유도에 따른 세포 기능의 방해로 보인다. 동물 연구에 따르면 OTA는 신장과 간 독소, 면역 억제제, 강력한 기형 발생물질, 발암 물질이다(El-Sayed et al., 2009). 어류와 새우에서 OTA가 미치는 독성학적 영향과 관련한 조사는 거의 없다. 무지개송어는 급성 용량을 복강 내 주사한 후 폐사율, 신장과 간의 괴사율을 증가시켰다(Doster et al., 1973). 차넬메기는 OTA로 오염된 사료 2 mg/kg과 4 mg/kg을 섭취했을 때 체중과 사료 효율의 감소, 간과 신장의 병리학적 병변, 폐사율 증가를 보였다(Manning et al., 2003,2005). 농어는 285 μg/kg 체중의 급성 치사량으로 추정되는 OTA에 민감성을 보였다(El-Sayed et al., 2009).

푸모니신은 A, B, C 3개 그룹으로 분류되는 적어도 28종의 다른 화합물로 구성되어 있다. 그룹 B에 속하는 화합물은 독성이 가장 강한 것으로 간주된다. 푸모니신 B_1은 널리 퍼져 있으며 가장 중점적으로 연구되고 있다(Sulyok et al., 2007). 주요 작용 메커니즘은 스핑고지질 대사 간섭이다. 스핑고지질은 세포 생존과 분화, 스트레스 저항, 세포 사멸에 필수적인 세포벽의 구성 요소이다(Hannun and Obeid, 2002; Spiegel and Milstien, 2002). 푸모니신 B_1 (20~720 mg/kg)을 함유한 사료를 섭취한 차넬메기 치어에서 사료 섭취와 사료 효율 감소, 항체 생산 저하, 간 병변, 혈액학적 변화가 관찰되었다(Lumlertdacha et al., 1995; Yildirim et al., 2000). 최저 농도에서는 사료 섭취량에 미치는 영향만 관찰되었고, 최고농도에서는 높은 폐사율이 관찰되었다. 나일틸라피아는 차넬메기와 마찬가지로 푸모니신 B_1에 동일한 감수성이 나타난다(Tuan et al., 2003). 반면에 잉어는 비교적 심하게 반응하며 뇌에서 신경 독성과 퇴행성 변화를 나타낸다(Petrinec et al., 2004; Kovacic et al. 2009).

트리코테센(trichothecene)은 주로 *Fusarium* 종에 따라 생산되는 화학적으로 관련된 진균독의 큰 그룹이다. 이들은 화학적 성질에 따라 일반적으로 A, B, C, D 4개 그룹으로 나뉜다. 가장 일반적으로 연구되는 것은 T-2 독소와 디옥시니발레놀(DON: deoxynivalenol) 디아세톡시실페놀(DAS: diacetoxyscirpenol)이다. 트리코테센은 60S 리보솜 소단위에 작용하는 단백질 합성의 강력한 억제제이다(Rocha et al., 2005). 그들은 세포 분열에 영향을 미치고, 미토콘드리아 기능을 억제하며, 세포 사멸을 유도한다. 이들은 폐와 내장의 피부, 점막 같은 신체 장벽을 쉽게 통과하며, 부정적인 영향을 주기 위한 신체의 활성화는 필요하지 않다. 높은 세포 회전율을 지닌 조직은 트리코테센에 가장 민감하다. 동물에게 미치는 트리코테센의 총 독성 영향으로는 성장 저하, 난소 기능의 감소와 생식 장애, 면역 반응 변화, 사료 거부와 구토가 포함된다(Rocha et al., 2005). Manning et al.(2003)은 T−2 독소(1.3~5.0 mg/kg)를 섭취하는 차넬메기의 위 조직, 전신과 신장에서 병리학적 변화를 관찰했고, *Edwardsiella ictaluri* 내성 감소도 각각 1 mg/kg과 2 mg/kg을 섭취했을 때 관찰되었다(Manning et al., 2005). 또한 T−2 독소는 15 mg/kg을 섭취한 무지개송어에서 성장 감소, 부종과 장, 혈액학적 변화가 관찰되었다(Poston et al., 1982). Woodward et al.(1983)은 인공적으로 감염된 옥수수에 1.0~12.9 mg/kg 범위의 다양한 농도의 DON을 함유한 사료는 무지개송어 치어의 증체율, 사료 섭취량과 사료 효율을 크게 저하시키는 것으로 보고했다. 최근 Hooft (2010)는 자연적으로 오염된 옥수수에 0.3~2.6 mg/kg DON을 함유한 사료를 무지개송어 치어(24 g)가 섭취했을 때 성장과 영양소 이용률이 현저하게 감소한 것으로 보고했다. 그 효과는 단순히 사료 섭취량이 감소한 결과만이 아니었으며, 0.3 (대조군)~2.0 mg/kg DON을 함유하는 어분 사료의 조단백질과 총에너지의 외관상 소화율 계수에는 차이가 관찰되지 않았다. 그러나 1.4 mg/kg과 2.6 mg/kg을 함유한 사료를 어류가 섭취했을 때 간의 조직병리학적 변화가 주목되었다(Hooft, 2010). 여러 종의 어류에서 DON 민감성의 변동은 다른 종의 장내 미생물이 DON을 독성이 적은 대사산물로 변형시키는 능력의 차이에 기인한다(Guan et al., 2009).

일부 붉은곰팡이 종에 따라 생산된 제랄레논은 많은 동물 종의 번식을 방해하는 에스트로겐 화합물로서 곡물에서 발견된다. 제랄레논의 복강 내 주입은 무지개송어의 비텔로제닌과 방사대 단백질 생산을 유도했으며(Arukwe et al., 1999; Celius et al., 2000) 잉어의 정자 수와 품질에 영향을 미쳤다(Sandor and Ványi, 1990).

진균독이 어류에 미치는 영향 관련 지식은 제한적이지만, 진균독으로 오염된 사료원을 양어사료에 첨가하면 어류에 심각한 건강 문제를 일으킬 수 있으며 결과적으로 경제적 손실이 발생할 수 있다. 또한 사료에서 어류에 진균독이 전달될 가능성도 우려된다. 육상동물 생산을 통해 일부 진균독이 사료에 존재할 경우 고기와 우유, 알 등으로 이동하는 것으로 잘 알려져 있다(Galtier, 1998; Goyarts, 2007). 진균독 오염을 방지하기 위해서는 사료와 완제품을 적절히 보관하는 것이 중요하다. 이 같은 조건으로는 낮은 수분(12% 이하)과 낮은 상대습도, 제한된 산소가 포함된다. 사료 내 프로피온산 같은 주형 억제제를 보충하는 등 추가 예방책을 강구할 수 있다.

11.4.4 살충제(Pesticides)

오늘날의 농업에서는 광범위한 살충제가 사용되고 있다. 따라서 사료 성분은 잠재적으로 그러한 화합물의 잔류물을 포함한다. 그러나 사료 원료와 양어사료에는 살충제에 관한 연구가 한정되어 있다. 살충제의 가장 높은 함량은 동물성 원료, 특히 어분과 어유에서 발견된다. 어류 살충제의 독성 연구는 한정적이다. 어류는 유기염소 농약의 수인성 노출에 매우 민감한 것으로 보이고 일부 연구는 어류가 구강 노출에도 민감하지만 심각한 영향을 미칠 수 있음을 보여준다(Petri et al., 2006; Glover et al., 2007). 식물 기원의 사료원에서 이들의 존재를 철저히 조사하고 어류의 잠재적인 독성 연구를 수행하며 공식 사료에서 유해한 수준을 제한할 필요가 있다.

11.4.5 기타 화합물

자연적, 산업적으로 다양한 화합물은 어류를 위한 사료나 원료를 오염시킬 수 있다. 이러한 화합물의 예로는 폴리사이클릭 방향족 탄화수소(PAHs: polycyclic aromatic hydrocarbons)와 다이옥신, 다이옥신과 유사한 PCBs, 노디옥신(nodioxin)과 유사한 PCBs, 폴리브롬화디페닐에테르(PBDEs), 염소화 파라핀, 불소 유기 주석 화합물, PFOS (periluorooctane sulfonate) 카드뮴, 납, 수은 등 다른 광물질과 같은 물질을 포함하고 있다(Hendricks, 2002; Alexander et al., 2007; Ikonomou et al., 2007; Friesen et al., 2008). 이들 화합물의 부작용은 성장 감소, 조직 병변, 폐사율을 포함할 수 있지만 이러한 조건의 심각성은 어류뿐만 아니라 오염물질 농도에 따라 상당히 다르다. 사료의 품질을 관리하는데 주의를 기울이면 일반적으로 이러한 오염 물질의 잠재적인 부작용을 제한할 수 있다. 광물의 추가 정보는 제7장에서 찾을 수 있다.

11.5 미지 화합물

아직 발견되지 않은 항영양인자, 항원, 어류의 기능을 손상시킬 수 있는 독소의 존재는 배제할 수 없으며 염두에 두어야 한다. 새로운 양어사료 성분의 지속적인 검색은 단일 세포 단백질, 크릴과 해조류 같은 새로운 영양원에 집중된다. 성분의 분리, 분석뿐만 아니라 분류할 때 종종 발생하는 사료 성분의 복잡성과 어려움은 화학적 변화, 새로운 화합물 또는 심지어 특정 화합물의 파괴를 초래하여 식별, 활성화가 방해된다. 많은 분석 방법에서 민감도의 한계로 매우 낮은 수준에서 잠재적으로 유해한 화합물의 식별을 방해할 수 있다.

11.6 결론

정제된 ANF와 외래 성분뿐만 아니라 다양한 사료 성분 반응에 관한 지식은 유기체의 생산과 건강에 미치는 영향, 가능한 역할의 통찰력을 제공한다. 최근 연구 결과는 위에 언급된 특정 ANF를 비롯한 다양한 ANF의 조합이 개별 ANF가 유도하는 것보다 낮은 수준의 방어 메커니즘과 장 구조 기능에 해로운 영향을 주는 데 특별한 의미가 있음을 시사한다. 게다가 식물이나 다른 비전통적 사료 성분이 많은 사료에서 흔히 볼 수 있는 성능과 영양소 이용 감소와 관련하여 미확인 성분이 중요한 역할을 한다는 것을 배제할 수 없다. 건강상의 문제는 또한 이러한 구성 요소, 특히 장 증상을 유발하는 구성 요소와 관련하여 보고된다. 또한 장내미생물은 영양 억제제와 우발적인 화합물의 영향 간 중요한 중재자가 될 수 있다. 여러 가지 ANF의 결과를 개별적으로 또는 조합으로 위장관에서 미생물의 역할을 밝히기 위해서는 더 많은 연구가 필요하다. 영양 성분의 장기적인 영향으로 사료 또는 사료 조합이 대상 수산생물 종에 어떤 영향을 미칠지 예측하고 유해한 건강 영향을 감소 또는 예방하기 위한 단계를 식별하는 데 도움이 될 수 있다.

참고문헌

Aalberse, R. C. 1997. Food allergens. Environ. Toxicol. Phar. 4:55-60.

Aksnes, A., and H. Mundheim. 1997. The impact of raw material freshness and processing temperature for fish meal on growth, feed efficiency and chemical composition of Atlantic halibut (*Hippoglossus hippoglossus*). Aquaculture 149:87-106.

Alexander J., L. Frøyland, G. I., Hemre, B. K. Jacobsen, E. Lund, H. M. Meltzer, and J. Utne Skåre. 2007. A comprehensive assessment of fish and other seafood in the Norwegian diet, Opinion of The Norwegian Scientific Committee for Food safety. Oslo, Norway: VKM (Norwegian Scientific Committee for Food Safety).

Alvarez, J. R., and R. Torres-Pinedo. 1982. Interactions of soybean lectins, soyasaponins, and glycinin with rabbit jejunal mucosa in vitro. Pediatr. Res. 16:728-731.

Anderson, J. S., D. A. Higgs, R. M. Beames and M. Rowshandeli. 1997. Fish meal quality assessment for Atlantic salmon (*Salmo salar*, L.) reared in sea water. Aquacult. Nutr. 3:25-38.

Anglesea, J. D., and A. J. Jackson.1985. Thiaminase activity in fish silage and moist fish feed. Anim. Feed Sci. Tech.13:39-46.

Arion, W. J., W. K. Canfield, F. C. Ramos, P. W. Schindler, H. J. Burger, H. Hemmerle, G. Schubert, P. Below, and A. W. Herling. 1997. Chlorogenic acid and hydroxynitrobenzaldehyde: New inhibitors of hepatic glucose 6-phosphatase. Arch. Biochem. Biophys. 339:315-322.

Arion, W. J., W. K. Canfield, F. C. Ramos, M. L. Su, H. J. Burger, H. Hemmerle, G. Schubert, P. Below, and A. W. Herling. 1998. Chlorogenic acid analogue S 3483: A potent competitive inhibitor of the hepatic and renal glucose-6-phosphatase systems. Arch. Biochem. Biophys. 351:279-285.

Arukwe, A., T. Grotmol, T. B. Haugen, F. R. Knudsen, and A. Goksoyr. 1999. Fish model for assessing the in vivo estrogenic potency of the mycotoxin zearalenone and its metabolites. Sci. Total Environ. 236:153-161.

Aslaksen, M. A., O. F. Kraugerud, M. Penn, B. Svihus, V. Denstadli, H. Y. Jørgensen, M. Hillestad, Å. Krogdahl, and T. Storebakken. 2007. Screening of nutrient digestibilities and intestinal pathologies in Atlantic salmon, *Salmo salar*, fed diets with legumes, oilseeds, or cereals. Aquaculture 272:541-555.

Bæverfjord, G., and Å. Krogdahl. 1996. Development and regression of soybean meal induced enteritis in Atlantic salmon, *Salmo salar* L., distal intestine: A comparison with the intestines of fasted fish. J. Fish Dis. 19:375-387.

Bakke-McKellep, A. M., C. McL Press, G. Bæverfjord, Å Krogdahl, and T. Landsverk. 2000. Changes in immune and enzyme histochemical phenotypes of cells in the intestinal mucosa of Atlantic salmon, *Salmo salar* L., with soybean meal-induced enteritis. J. Fish Dis. 23:115-127.

Bakke-McKellep, A. M., M. H. Penn, P. M. Salas, S. Refstie, S. Sperstad, T. Landsverk, E. Ringo, and Å. Krogdahl. 2007. Effects of dietary soyabean meal, inulin and oxytetracycline on intestinal microbiota and epithelial cell stress, apoptosis and proliferation in the teleost Atlantic salmon (*Salmo salar* L.). Brit. J. Nutr. 97:699-713.

Bakke-McKellep, A. M., M. Penn, E. Chikwati, E. Hage, C. Chunfang, and Å. Krogdahl. 2008. In vitro effects of various antinutritional factors on intestinal glucose absorption and histology in Atlantic salmon, Abstract. XIII International Symposium on Fish Nutrition and Feeding, June 1-5, Florianópolis, Brasil.

Bardocz, S., G. Grant, S. W. B. Ewen, T. J. Duguid, D. S. Brown, K. Englyst, and A. Pusztai. 1995. Reversible effect of phytohaemagglutinin on the growth and metabolism of rat gastrointestinal tract. Gut 37:353-360.

Bau, H. M., C. Villaume, J. P. Nicolas, and L. Mejean. 1997. Effect of germination on chemical composition, biochemical constituents and antinutritional factors of soya bean (*Glycine max*) seeds. J. Sci. Food Agr. 73:1-9.

Beasley, D. M. G., and W. I. Glass. 1998. Cyanide poisoning: Pathophysiology and treatment recommendations. Occup. Med-C. 48:427-431.

Becker, K., and H. P. S. Makkar. 1999. Effects of dietary tannic acid and quebracho tannin on growth performance and metabolic rates of common carp (*Cyprinus carpio* L.). Aquaculture 175:327-335.

Bennetau-Pelissero, C., B. Breton, B. Bennetau, G. Corraze, F. Le Menn, B. Davail-Cuisset, C. Helou, and S. J. Kaushik. 2001. Effect of genisteinenriched diets on the endocrine process of gametogenesis and on reproduction efficiency of the rainbow trout *Oncorhynchus mykiss*. Gen. Comp. Endocr. 121:173-187.

Berge, G. E., E. Lied, and H. Sveier. 1997. Nutrition of Atlantic salmon (*Salmo salar*): The requirement and metabolism of arginine. Comp. Biochem. Phys. A 117:501-509.

Berg-Lea, T., L. E. Brattås, and Å. Krogdahl. 1989. Soybean proteinase inhibitors affect nutrient digestion in rainbow trout. Pp. 99-102 in Recent Advances of Research in Antinutritional Factors in Legume Seeds, J. Huisman, T. F. B. van der Pool, and I. Liener, eds. Wageningen, the Netherlands: Pudoc.

Bhat, P. G., R. T. Jacob, and T. N. Pattabiraman. 1981. Enzyme inhibitors from plants: Enterokinase inhibitors in tubers and seeds. J. Biosciences 4:371-378.

Blom, J. H., K. J. Lee, J. Rinchard, K. Dabrowski, and J. Ottobre. 2001. Reproductive efficiency and maternal-offspring transfer of gossypol in rainbow trout (*Oncorhynchus mykiss*) fed diets containing cottonseed meal. J. Anim. Sci. 79:1533-1539.

Borel, P., D. Lairon, E. Termine, R. Grataroli, and H. Lafont. 1989. Isolation and properties of lipolysis inhibitory proteins from wheat germ and wheat bran. Plant Food. Hum. Nutr. 39:339-348.

Bos, M., and A. Kozik. 2000. Some molecular and enzymatic properties of a homogeneous preparation of thiaminase I purified from carp liver. J. Protein Chem. 19:75-84.

Burel, C., T. Boujard, A. M. Escaffre, S. J. Kaushik, G. Boeuf, K. A. Mol, S. Van der Geyten, and E. R. Kuhn. 2000. Dietary low glucosinolate rapeseed meal affect thyroid status and nutrient utilization in rainbow trout (*Oncorhynchus mykiss*). Brit. J. Nutr. 83:653-664.

Burel, C., T. Boujard, S. J. Kaushik, G. Boeuf, K. A. Mol, S. Van der Geyten, V. M. Darras, E. R. Kuhn, B. Pradet-Balade, B. Querat, A. Quinsac, M. Krouti, and D. Ribaillier. 2001. Effects of rapeseed meal-glucosinolates on thyroid metabolism and feed utilization in rainbow trout. Gen. Comp. Endocr. 124:343-358.

Buttle, L. G., A. C. Burrells, J. E. Good, P. D. Williams, P. J. Southgate, and C. Burrells. 2001. The binding of soybean agglutinin (SBA) to the intestinal epithelium of Atlantic salmon, *Salmo salar* and rainbow trout, *Oncorhynchus mykiss*, fed high levels of soybean meal. Vet. Immunol. Immunop. 80:237-244.

Caldwell, R. A. 1992. Effect of calcium and phytic acid on the activation of trypsinogen and the stability of trypsin. J. Agr. Food Chem. 40:43-47.

Cara, L., P. Borel, M. Armand, H. Lafont, G. Lesgards, and D. Lairon. 1992. Milling and processing of wheat and other cereals affect their capacity to inhibit pancreatic lipase in vitro. J. Food Sci. 57:466-469.

CAST (The Council for Agricultural Science and Technology). 2003. Mycotoxins: Risks in Plant, Animal, and Human Systems. Task Force Report from The Council for Agricultural Science and Technology. Ames, IA: CAST.

Celius, T., J. B. Matthews, J. P. Giesy and T. R. Zacharewski. 2000. Quantification of rainbow trout (*Oncorhynchus mykiss*) zona radiata and vitellogenin mRNA levels using real-time PCR after in vivo treatment with estradiol-17[beta] or [alpha]-zearalenol. J. Steroid Biochem. 75:109-119.

Chapman, G. W., Jr. 1987. A proteinaceous competitive inhibitor of lipase isolated from Helianthus annuus seeds. Phytochemistry 26:3127-3131.

Chien, Y. H., and Y. H. Chiu. 2003. Replacement of soybean (Glycine max (L.) Merrill) meal by lupin (Lupinus angustifolius) seed meal in diet for juvenile tilapia (*Oreochromis niloticus* × *O. aureus*) reared indoors. Aquac. Res. 34:1261-1268.

Chikwati, E. 2007. Effects of Soy Saponins and Phytosterols on Structure, Function and Dietary Lipid Digestion and Uptake by Atlantic

Salmon Intestine. Masters thesis, Norwegian School of Veterinary Science, Oslo, Norway.

Chin, E. D., and P. E. Koehler. 1986. Effect of salt concentration and incubation temperature on formation of histamine, phenethylamine, t tamine, and tyramine during miso fermentation. J. Food Protect. 49:423-427.

Choi, D. H., H. N. Jang, D. M. Ha, J. W. Kim, C. H. Oh, and S. H. Choi. 2007. Cloning and expression of partial Japanese flounder (*Paralichthys olivaceus*) IgD. J. Biochem. Mol. Biol. 40:459-466.

Combourieu, B., L. Elfoul, A. M. Delort, and S. Rabot. 2001. Identification of new derivatives of sinigrin and glucotropaeolin produced by the human digestive microflora using H-1 NMR spectroscopy analysis of in vitro incubations. Drug Metab. Dispos. 29:1440-1445.

Commission of the European Communities. 2003. Commission directive 2003/100/EC of 31 October 2003 amending Annex I to Directive 2002/32/EC of the European Parliament and of the Council on Undesirable Substances in Animal Feed. Official J. EU L 285:33-37.

Crawford, L., and R. M. Kocan. 1993. Steroidal alkaloid toxicity to fish embryos. Toxicol. Lett. 66:175-181.

D'Mello, F. J. P. 1991. Antigenic proteins. Pp. 108-125 in Toxic Substances in Crop Plants, F. J. P. D'Mello, C. M. Duffus, and J. H. Duffus, eds. Science Park, Cambridge, UK: The Royal Society of Chemistry, Thomas Graham House.

D'Souza, N., D. I. Skonberg, M. E. Camire, K. E. Guthrie, J. Malison, and L. Lima. 2005. Influence of dietary genistein levels on tissue genistein deposition and on the physical, chemical, and sensory quality of rainbow trout, *Oncorhynchus mykiss*. J. Agr. Food Chem. 53:3631-3636.

Denstadli, V., A. Skrede, Å. Krogdahl, S. Sahlstrøm, and T. Storebakken. 2006. Feed intake, growth, feed conversion, digestibility, enzyme activities and intestinal structure in Atlantic salmon (*Salmo salar* L.) fed graded levels of phytic acid. Aquaculture 256:365-376.

Dezfuli, B. S., S. Arrighi, C. Domeneghini, and G. Bosi. 2000. Immunohistochemical detection of neuromodulators in the intestine of *Salmo trutta* L. naturally infected with *Cyathocephalus truncatus* Pallas (Cestoda). J. Fish Dis. 23:265-273.

Dorrell, D. G., 1976. Chlorogenic acid content of meal from cultivated and wild sunflowers. Crop Sci. 16:422.

Doster, R. C., G. H. Arscott, and R. O. Sinnhube. 1973. Comparative toxicity of ochratoxin A and crude aspergillus-ochraceus culture extract in Japanese-Quail (Coturnix-Coturnix-Japonica). Poultry Sci. 52:2351-2353.

Dreher, M. L., and E. T. Holm. 1983. A high performance liquid chromatographic method for chlorogenic acid determination in sunflower seeds. Statistics 10:100.

EFSA (European Food Safety Authority). 2007. Opinion of the Scientific Panel on Contaminants in the Food Chain on a request from the Commission related to cyanogenic compounds as undesirable substances in animal feed. The EFSA Journal 434:1-67.

Eisele, T. A., J. E., Nixon, N. E. Pawlowski, and R. O. Sinnhuber. 1978.

Effects of dietary cyclopropene fatty acids on the mixed function oxidase system of the rainbow trout (*Salmo gairdneri*). J. Environ. Pathol. Tox. 1:773-778.

Eisler, R. 1991. Cyanide hazards to fish, wildlife and invertebrates: A synoptic review, Biological Report 85 (1.23). Contaminant Hazard Reviews 1-35, 1-58. Laurel, MD: Patuxent Wildl. Res. Center, U.S. Geological Survey.

Ellis, A. E. 1995. Recent development in oral vaccine delivery systems. Fish Pathol. 30:293-300.

El-Sayed, Y. S., R. H. Khalil, and T. T. Saad. 2009. Acute toxicity of ochratoxin-A in marine water-reared sea bass (*Dicentrarchus labrax* L.). Chemosphere 75:878-882.

Fairgrieve, W. T., M. S. Myers, R. W. Hardy, and F. M. Dong. 1994. Gastric abnormalities in rainbow trout (*Oncorhynchus mykiss*) fed aminesupplemented diets or chicken gizzard-erosion-positive fish meal. Aquaculture 127(2-3):219-232.

Fernandez, I., M. Diaz, T. Martinez, and F. J. Moyano. 2001. A quick method for the assessment of activity and inhibition of fish amylases. Aquacult. Nutr. 7:19-23.

Fish, B. C., and L. U. Thompson. 1991. Lectin-tannin interactions and their influence on pancreatic amylase activity and starch digestibility. J. Agr. Food Chem. 39:727-731.

Fisher, J. P., S. B. Brown, G. W. Wooster, and P. R. Bowser. 1998. Maternal blood, egg and larval thiamin levels correlate with larval survival in landlocked Atlantic salmon (*Salmo salar*). J. Nutr. 128:2456-2466.

Food Standards Australia New Zealand. 2003. Erucic acid in food: A Toxicological Review and Risk Assessment, June 2003. Technical report series No. 21. Canberra, Australia: Food Standards Australia New Zealand.

Francis, G., H. P. S. Makkar, and K. Becker. 2001a. Antinutritional factors in plant-derived alternate fish ingredients and their effects in fish. Aquaculture 199:197-227.

Francis, G., H. P. S. Makkar, and K. Becker. 2001b. Effects of cyclic and regular feeding of a *Quillaja* saponin supplemented diet on growth and metabolism of common carp (*Cyprinus carpio* L.). Fish Physiol. Biochem. 24:343-350.

Francis, G., H. P. S. Makkar, and K. Becker. 2002. Dietary supplementation with a *Quillaja* saponin mixture improves growth performance and metabolic efficiency in common carp (*Cyprinus carpio* L). Aquaculture 203:311-320.

Freeland, W. J., P. H. Calcott, and L. R. Anderson. 1985. Tannins and saponin: Interaction in herbivore diet. Biochem. Syst. Ecol. 13(Ž2):189-193.

Friedman, M. 2006. Potato glycoalkaloids and metabolites: Roles in the plant and in the diet. J. Agr. Food Chem. 54:8655-8681.

Friesen, E. N., M. G. Ikonomou, D. A. Higgs, K. P. Ang, and C. Dubetz. 2008. Use of terrestrial based lipids in aquaculture feeds and the effects on flesh organohalogen and fatty acid concentrations in farmed Atlantic salmon. Environ. Sci. Technol. 42:3519-3523.

Froystad, M. K., E. Lilleeng, A. Sundby, and Å. Krogdahl. 2006. Cloning and characterization of alpha-amylase from Atlantic salmon (*Salmo salar* L.). Comp. Biochem. Phys. A 145:479-492.

Fuller, Z., P. Louis, A. Mihajlovski, V. Rungaparnestry, B. Ratcliffe, and A. J. Duncan. 2007. Influence of cabbage processing methods and prebiotic manipulation of colonic microflora on glucosinolate breakdown in man. Brit. J. Nutr. 98:364-372.

Galtier, P. 1998. Biological fate of mycotoxins in animals. Rev. Med. VetToulouse 149:549-554.

Gamboa, D. A., M. C. Calhoun, S. W. Kuhlmann, A. U. Haq, and C. A. Bailey. 2001. Tissue distribution of gossypol enantiomers in broilers fed various cottonseed meals. Poultry Sci. 80:920-925.

Garcia-Gallego, M., H. Akharbach, and M. De la Higuera. 1998. Use of protein sources alternative to fish meal in diets with amino acids supplementation for the European eel (*Anguilla anguilla*). Anim. Sci. 66:285-292.

Gargouri, Y., R. Julien, G. Pieroni, R. Verger, and L. Sarda. 1984. Studies on the inhibition of pancreatic and microbial lipases by soybean proteins. J. Lipid Res. 25:1214-1221.

Gatlin, D. M., III, F. T. Barrows, P. Brown, K. Dabrowski, T. G. Gaylord, R. W. Hardy, E. Herman, G. Hu, A. Krogdahl, R. Nelson, K. Overturf, M. Rust, W. Sealey, D. Skonberg, E. J. Souza, D. Stone, R. Wilson, and E. Wurtele. 2007. Expanding the utilization of sustainable plant products in aquafeeds: A review. Aquac. Res. 38:551-579.

Gawai, K. R., C. Cox, J. Jackson, and R. R. Dalvi. 1995. Changes in the activity of metabolic and non-metabolic liver enzymes in rats following co-administration of gossypol with phenobarbital. Pharmacol. Toxicol. 76:289-291.

Gee, J. M., G. M. Wortley, I. T. Johnson, K. R. Price, A. A. J. J. Rutten, G. F. Houben, and A. H. Penninks. 1996. Effects of saponins and glycoalkaloids on the permeability and viability of mammalian intestinal cells and on the integrity of tissue preparations in vitro. Toxicol. in Vitro 10:117-128.

Gibbs, B. F., and I. Alli. 1998. Characterization of a purified [alpha]-amylase inhibitor from white kidney beans (*Phaseolus vulgaris*). Food Res. Int. 31:217-225.

Gill, N., D. A. Higgs, B. J. Skura, M. Rowshandeli, B. S. Dosanjh, J. Mann, and A. L. Gannam. 2006. Nutritive value of partially dehulled and extruded sunflower meal for post-smolt Atlantic salmon (*Salmo salar* L.) in sea water. Aquac. Res. 37:1348-1359.

Glencross, B. 2001. Feeding lupins to fish: A review of the nutritional and biological values of lupins in aquaculture feeds. North Beach, Australia: Department of Fisheries, Government of Western Australia.

Glencross, B., W. Hawkins, and J. Curnow. 2004a. Nutritional assessment of Australian canola meal. Part I. Evaluation of canola oil extracted methods and meal processing conditions on the digestible value of canola meal fed to the red seabream (*Pagrus auratus*, Paulin). Aquac. Res. 35:15-24.

Glencross, B., W. Hawkins, and J. Curnow. 2004b. Nutritional assessment of Australian canola meal. Part II. Evaluation of canola oil extracted methods on the protein value of canola meal fed to the red seabream (*Pagrus auratus*, Paulin). Aquac. Res. 35:25-34.

Glencross, B., D. Evans, N. Rutherford, W. Hawkins, P. McCafferty, K. Dods, B. Jones, D. Harris, L. Morton, M. Sweetingharn, and S. Sipsas. 2006. The influence of the dietary inclusion of the alkaloid gramine, on rainbow trout (*Oncorhynchus mykiss*) growth, feed utilisation and gastrointestinal histology. Aquaculture 253:512-522.

Glover, C. N., D. Petri, K.-E. Tollefsen, N. Jørum, R. D. Handy, and M. H. G. Berntssen. 2007. Assessing the sensitivity of Atlantic salmon (*Salmo salar*) to dietary endosulfan exposure using tissue biochemistry and histology. Aquat. Toxicol. 84:346-355.

Goldstein, W. S., and K. C. Spencer. 1985. Inhibition of cyanogenesis by tannins. J. Chem. Ecol. 11:847-857.

Goyarts, T., S. Dänickse, H. Valenta and K. H. Ueberschär. 2007. Carry-over of *Fusarium* toxins (deoxynivalenol and zearalenone) from naturally contaminated wheat to pigs. Food Addit. Contam. 24:364-380.

Grabner, M., and R. Hofer. 1985. The digestibility of the proteins of broad bean (*Vicia faba*) and soybean (*Glycine max*) under in vitro conditions stimulating the alimentary tracts of rainbow trout (*Salmo gairdneri*) and carp (*Cyprinus carpio*). Aquaculture 48:111-122.

Grant, G., L. J. More, N. H. McKenzie, J. C. Stewart, and A. Pusztai. 1983. A survey of the nutritional and haemagglutination properties of legume seeds generally available in the UK. Brit. J. Nutr. 50:207-214.

Guan, S., J. W. He, C. Young, H. Zhu, X. Z. Li, C. Ji, and T. Zhou. 2009. Transformation of trichothecene mycotoxins by microorganisms from fish digesta. Aquaculture 290:290-295.

Gupta, A., H. R. Sadeghipour, and S. C. Bhatla. 2003. Subcellular detection of lipase activity in plant protoplasts using fluorescence microscopy. Plant Growth Regul. 41:259-264.

Halver, J. E., and I. A. Mitchell. 1969. Trout hepatoma research conference papers. Bur. Sport Fish. Wildlife Rep. 70. Washington, DC: U.S. Department of the Interior.

Hannun Y. A., and L. M. Obeid. 2002. The Ceramide-centric universe of lipid-mediated cell regulation: Stress encounters of the lipid kind. J. Biol. Chem. 277:25847-25850.

Hara, T., Y. Mukunoki, I. Tsukamoto, M. Miyoshi, and K. Hasegawa. 1984. Susceptibility of Kintoki bean lectin to digestive enzymes in vitro and its behavior in the digestive organs of mouse in vivo. J. Nutr. Sci. Vitaminol. 30:381-394.

Hardy, R. W. 2001. Nutritional deficiencies in commercial aquaculture: Likelihood, onset, and identification. Pp. 131-147 in Nutrition and Fish Health, C. Lim and C. D. Webster, eds. London, UK: The Haworth Press, Inc.

Helland, S., V. Denstadli, P. E. Witten, K. Hjelde, T. Storebakken, A. Skrede, T. Åsgård, and G. Bæverfjord. 2006. Hyper dense vertebrae and mineral content in Atlantic salmon (*Salmo salar*) fed diets with graded levels of phytic acid. Aquaculture 261:603-614.

Hemre, G. I., H. Amlund, M. Aursand, A. M. Bakke, R. E. Olsen, E. Ringø, and B. Svihus. 2009. Criteria for safe use of plant ingredients in diets for aquacultured fish, Opinion of the Panel on Animal Feed of the Norwegian Scientific Committee for Food Safety. Oslo, Norway: VKM.

Hendricks, J. D. 2002. Adventitious toxins. Pp. 601-649 in Fish Nutrition, 3rd Edition, J. E. Halver and R. W. Hardy, eds. Amsterdam, the Netherlands: Elsevier.

Hendricks, J. D., R. O. Sinnhuber, P. M. Loveland, N. E. Pawlowski, and J. N. Nixon. 1980a. Hepatocarcinogenicity of glandless cottonseeds and cottonseed oil to rainbow trout (*Salmo gairdneri*). Science 208:309-311.

Hendricks, J. D., R. O. Sinnhuber, J. E. Nixon, J. H. Wales, M. S. Masri, and D. P. Hsieh. 1980b. Carcinogenic response of rainbow trout (*Salmo gairdneri*) to aflatoxin Q1 and synergistic effect of cyclopropenoid fatty acids. J. Natl. Cancer I. 64:523-528.

Hendriks, H. G. C. J. M., T. S. G. A. M. van den Ingh, Å. Krogdahl, J. Olli, and J. F. J. G. Koninkx. 1990. Binding of soybean agglutinin to small intestinal brush border membranes and brush border membrane enzyme activities in Atlantic salmon (*Salmo salar*). Aquaculture 91:163-170.

Hídvégi, M., and R. Lásztity. 2002. Phytic acid content of cereals and legumes and interaction with proteins. Period. Polytech. Chem. 46:59-64.

Honeyfield, D. C., J. P. Hinterkopf, and S. B. Brown. 2002. Isolation of thiaminase-positive bacteria from alewife. T. Am. Fish. Soc. 131:171-175.

Hooft, J. 2010. The Effects of Feed-borne Fusarium Mycotoxins on the Performance and Health of Rainbow Trout (*Oncorhynchus mykiss*). Masters Thesis, University of Guelph, Guelph, Ontario, Canada.

Hooft, J., and D. P. Bureau. 2010. Mycotoxins in Feed Affect Fish Health, Performance. The Global Aquacult. Advocate Magazine March/April: 31-32.

Hossain, M. A., and K. Jauncey. 1993. The effect of varying dietary phytic acid, calcium and magnesium levels on the nutrition of common carp, *Cyprinus carpio*. Pp. 705-715 in Fish Nutrition in Practice, S. J. Kaushik and P. Luquent, eds. Proc. IV International Symposium on Fish Nutrition and Feeding, June 24-27, 1991, Biarritz, France.

Huang, L., D. K. Zheng, and Y. K. Si. 1987. Resolution of acemic gossypol. J. Ethnopharmacol. 20:13-20.

Ikonomou, M. G., D. A. Higgs, M. Gibbs, J. Oakes, B. Skura, S. McKinley, S. K. Balfry, S. Jones, R. Withler, and C. Dubetz. 2007. Flesh quality of market-size farmed and wild British Columbia salmon. Environ. Sci. Technol. 41:437-443.

Inudo, M., H. Ishibashi, N. Matsumura, M. Matsuoka, T. Mori, S. Taniyama, K. Kadokami, M. Koga, R. Shinohara, T. H. Hutchinson, T. Iguchi, and K. Arizono. 2004. Effect of estrogenic activity, and phytoestrogen and organochlorine pesticide contents in an experimental fish diet on reproduction and hepatic vitellogenin production in medaka (*Oryzias latipes*). Comparative Med. 54:673-680.

IPCS (International Panel on Chemical Safety). 2004. Hydrogen cyanide and cyanides: Human health aspects. Cicads 61. Geneva, Switzerland: World Health Organization.

Ishihara, T., M. Yasuda, S. Kashiwag, and M. Yagi. 1974. Studies on thiaminase-I in marine fish. 5. Preventive effect of thiamine on nutritional disease of yellowtail fed anchovy. B. Jpn. Soc. Sci. Fish. 40:675-682.

Iwashita, Y., T. Yamamoto, H. Furuita, T. Sugita, and N. Suzuki. 2008. Influence of certain soybean antinutritional factors supplemented to a casein-based semipurified diet on intestinal and liver morphology in fingerling rainbow trout *Oncorhynchus mykiss*. Fish. Sci. 74:1075-1082.

Iwashita, Y., N. Suzuki, H. Matsunari, T. Sugita, and T. Yamamoto. 2009. Influence of soya saponin, soya lectin, and cholyltaurine supplemented to a casein-based semipurified diet on intestinal morphology and biliary bile status in fingerling rainbow trout *Oncorhynchus mykiss*. Fish. Sci. 75:1307-1315.

Jenkinson, C. P., W. W. Grody, and S. D. Cederbaum. 1996. Comparative properties of arginases. Comp. Biochem. Phys. B 114:107-132.

Joerink, M., H. F. J. Savelkoul, and G. F. Wiegertjes. 2006. Evolutionary conservation of alternative activation of macrophages: Structural and functional characterization of arginase 1 and 2 in carp (*Cyprinus carpio* L.). Mol. Immunol. 43:1116-1128.

Johnson, I. T., J. M. Gee, K. Price, C. Curl, and G. R. Fenwick. 1986. Influence of saponins on gut permeability and active nutrient transport invitro. J. Nutr. 116:2270-2277.

Jones, D. A. 1998. Why are so many food plants cyanogenic? Phytochemistry 47:155-162.

Kaushik, S. J., J. P. Cravedi, J. P. Lalles, J. Sumpter, B. Fauconneau, and M. LaRoche. 1995. Partial or total replacement of fish-meal by soybean protein on growth, protein-utilization, potential estrogenic or antigenic effects, cholesterolemia and flesh quality in rainbow-trout, *Oncorhynchus-mykiss*. Aquaculture 133:257-274.

Knudsen, D., O. Ron, G. Baardsen, J. Smedsgaard, W. Koppe, and H. Froklaer. 2006. Soyasaponins resist extrusion cooking and are not degraded during gut passage in Atlantic salmon (*Salmo salar* L.). J. Agr. Food Chem. 54:6428-6435.

Knudsen, D., P. Uran, A. Arnous, W. Koppe, and H. Frokiaer. 2007. Saponincontaining subfractions of soybean molasses induce enteritis in the distal intestine of Atlantic salmon. J. Agr. Food Chem. 55:2261-2267.

Knudsen, D., F. Jutfelt, H. Sundh, K. Sundell, W. Koppe, and H. Frokiaer.

2008. Dietary soya saponins increase gut permeability and play a key role in the onset of soyabean-induced enteritis in Atlantic salmon (*Salmo salar* L.). Brit. J. Nutr. 100:120-129

Kovacic, P. 2003. Mechanism of drug and toxic actions of gossypol: focus on reactive oxygen species and electron transfer. Curr. Med. Chem. 10:2711-2718.

Kovacic, S., S. Pepeljnjak, Z. Petrinec, and M. S. Klaric. 2009. Fumonisin B-1 neurotoxicity in young carp (*Cyprinus Carpio* L.). Arh. Hig. Rada Toksiko. 60:419-426.

Krogdahl, Å., T. Berg-Lea, and J. J. Olli. 1994. Soybean proteinase inhibitors affect intestinal trypsin activities and amino acid digestibilities in rainbow trout (*Oncorhyncus mykiss*). Comp. Biochem. Phys. A 107:215-219.

Krogdahl, Å., A. M. Bakke-McKellep, K. H. Røed, and G. Bæverfjord. 2000. Feeding Atlantic salmon (*Salmo salar* L.) soybean products: Effects on disease resistance (furunculosis), and lysozyme and IgM levels in the intestinal mucosa. Aquacult. Nutr. 6:77-84.

Krogdahl, Å., G. I. Hemre, and T. P. Mommsen. 2005. Carbohydrates in fish nutrition: Digestion and absorption in postlarval stages. Aquacult. Nutr.11:103-122.

Krogdahl, Å., M. H. Penn, J. Thorsen, S. Refstie, and A. M. Bakke. 2009. Important antinutrients in plant feedstuffs for aquaculture: An update on recent findings regarding responses in salmonid. Aquac. Res. 41:333-344.

Lalles, J. P., and G. Peltre. 1996. Biochemical features of grain legume allergens in humans and animals. Nutr. Rev. 54:101-107.

Lechtenberg, M., and A. Nahrstedt. 1999. Cyanogenic glycosides. Pp. 147-191 in Naturally Occurring Glycosides, R. Ikan, ed. Chichester, UK: John Wiley & Sons.

Li, M. H. H., and E. H. Robinson. 2006. Use of cottonseed meal in aquatic animal diets: A review. N. Am. J. Aquacult. 68:14-22.

Liener, I. 1980. Toxic Constituents of Plant Foodstuffs. New York: Academic Press.

Liener, I. E., 1989. Antinutritional factors in legume seeds: State of the art. Pp. 6-14 in Recent Advances of Research in Antinutritional Factors in Legume Seeds, J. Huisman, T. F. B. van der Poel, and I. E. Liener, eds. Wageningen, the Netherlands: Pudoc Wageningen.

Lindsay, G. J. H., M. J. Walton, J. W. Adron, T. C. Fletcher, C. Y. Cho, and C. B. Cowey. 1984. The growth of rainbow trout (*Salmo gairdneri*) given diets containing chitin and its relationship to chitinolytic enzymes and chitin digestibility. Aquaculture 37:315-334.

Lott, J. N. A., I. Ockenden, V. Raboy, and G. D. Batten. 2000. Phytic acid and phosphorus in crop seeds and fruits: A global estimate. Seed Sci. Res. 10:11-33.

Lozano, N. B. S., A. T. Vidal, S. Martínez-Llorens, S. N. Mérida, J. E. Blanco, A. M. López, M. P. Torres, and M. J. Cerdá. 2007. Growth and economic profit of gilthead sea bream (*Sparus aurata*, L.) fed sunflower meal. Aquaculture 272:528-534.

Lumlertdacha, S., R. T. Lovell, R. A. Shelby, S. D. Lenz, and B. W. Kemppainen. 1995. Growth, hematology, and histopathology of channel catfish, ictalurus-punctatus, fed toxins from fusarium-moniliforme. Aquaculture 130:201-218.

Malevski, Y., J. H. Wales, and M. W. Montgomery. 1974. Liver damage in rainbow trout, *Salmo gairdneri*, fed cyclopropenoid fatty acids. J. Fish. Res. Board Can. 31:1397-1400.

Malinow, M. R., P. Mclaughlin, L. Papworth, C. Stafford, G. O. Kohler, A. L. Livingston, and P. R. Cheeke. 1977. Effect of alfalfa saponins on intestinal cholesterol absorption in rats. Am. J. Clin. Nutr. 30:2061-2067.

Manning, B. B. 2001. Mycotoxins in fish feeds. Pp. 267-287 in Nutrition and Fish Health, C. Lim and D. Webster, eds. London, UK: The Haworth Press.

Manning, B. B., R. M. Ulloa, M. H. H. Li, E. H. Robinson, and G. E. Rottinghaus. 2003. Ochratoxin A fed to channel catfish (*Ictalurus punctatus*) causes reduced growth and lesions of hepatopancreatic tissue. Aquaculture 219:739-750.

Manning, B. B., J. S. Terhune, M. H. Li, E. H. Robinson, D. J. Wise, and G. E. Rottinghaus. 2005. Exposure to feedborne mycotoxins T-2 toxin or ochratoxin a causes increased mortality of channel catfish challenged with Edwardsiella ictaluri. J. Aquat. Anim. Health 17:147-152.

Marquardt, R. R. 1989. Dietary effects of tannins, vicine and convicine. Pp. 141-155 in Recent Advances of Research in Antinutritional Factors in Legume Seeds, J. Huisman, T. F. B. van der Poel, and I. E. Liener, eds. Wageningen, the Netherlands: Pudoc Wageningen.

McCutcheon, J. S., T. Umermura, M. K. Bhatnager, and B. L. Walker. 1976. Cardiopathogenicity of rapeseed oils and oil blends differing in erucic, linoleic, and linolenic acid content. Lipids 11:545-552.

Milligan, S. R., O. Khan, and M. Nash. 1998. Competitive binding of xenobiotic oestrogens to rat alpha-fetoprotein and to sex steroid binding proteins in human and rainbow trout (*Oncorhynchus mykiss*) plasma. Gen. Comp. Endocr. 112:89-95.

Morawska-Muszynska, G., and I. Reifer. 1965. Preparation and properties of the arginase inhibitor from sunflower seeds. Acta Biochim. Pol. 12:187-194.

Moren, M., M. K. Malde, R. E. Olsen, G. I. Hemre, L. Dahl, O. Karlsen, and K. Julshamn. 2007. Fluorine accumulation in Atlantic salmon (*Salmo salar*), Atlantic cod (*Gadus morhua*), rainbow trout (*Oncorhyncus mykiss*) and Atlantic halibut (*Hippoglossus hippoglossus*) fed diets with krill or amphipod meals and fish meal based diets with sodium fluoride (NaF) inclusion. Aquaculture 269:525-531.

Morris, S. C., and T. H. Lee. 1984. The toxicity and teratogenicity of solanaceae glycoalkaloids, particularly those of the potato (*Solanum tuberosum*)—A review. Food Technol. Aust. 36:118-124.

Mueller-Harvey, I., and A. B. McAllan. 1992. Tannins: Their biochemistry and nutritional properties. Pp. 151-217 in Advances in Plant Cell Biochemistry and Biotechnology, I. M. Morrison, ed. London, UK: JAI Press Ltd.

Mulero, I., M. P. Sepulcre, J. Meseguer, A. García-Ayala, and V. Mulero. 2007. Histamine is stored in mast cells of most evolutionarily advanced fish and regulates the fish inflammatory response. P. Nat. Acad. Sci. USA 104:19434-19439.

Muszynska, G., and I. Reifer. 1970. The arginase inhibitor from sunflower seeds: Purification and inhibitory properties. Acta. Biochim. Pol. 17:247-252.

Natarajan, M., B. Ross, and L. G. Ross. 1992. Susceptibility of carp and tilapia [alpha]-amylase to purified wheat amylase inhibitor. Aquaculture 102:265-274.

Ng, W. K., and K. O. K. L. Wee. 1989. The nutritive value of cassava leaf meal in pelleted feed for Nile tilapia. Aquaculture (Amsterdam) 83:45-58.

Nishimune, T., Y. Watanabe, and H. Okazaki. 2008. Studies on the polymorphism of thiaminase I in seawater fish. J. Nutr. Sci. Vitaminol. 54:339-346.

NRC (National Research Council). 1982. Nutrient Requirements of Mink and Foxes. Washington, DC: National Academy Press.

NRC. 1993. Nutrient Requirements of Fish. Washington, DC: National Academy Press.

O'Connor, C. J., D. Sun, B. G. Smith, and L. D. Melton. 2003. The inhibitory effects of brans and their aqueous extracts on the lipolysis of tributyrin catalyzed by calf pregastric lipase. J. Food Sci. 68:1818-1825.

Oda, K., H. Matsuda, T. Murakami, S. Katayama, T. Ohgitani, and M. Yoshikawa. 2000. Adjuvant and haemolytic activities of 47 saponins derived from medicinal and food plants. Biol. Chem. 381:67-74.

Olli, J. J., and Å Krogdahl. 1994. Nutritive value of four soybean products as protein sources in diets for Rainbow trout (*Onorhyncus mykiss*, Walbaum) reared in fresh water. Acta Agr. Scand. 44:185-192.

Olli, J. J., K. Hjelmeland, and Å. Krogdahl. 1994a. Soybean trypsin inhibitors in diets for Atlantic salmon (*Salmo salar*, L): Effects on nutrient digestibilities and trypsin in pyloric caeca homogenate and intestinal content. Comp. Biochem. Phys. A 109:923-928.

Olli, J. J., Å. Krogdahl, T. S. G. A. M van den Ingh, and L. E. Brattås. 1994b. Nutritive value of four soybean products in diets for Atlantic salmon (*Salmo salar*, L). Acta Agr. Scand. A-An 44:50-60.

Olsen, R. E., J. Suontama, E. Langmyhr, H. Mundheim, E. Ringo, W. Melle, M. K. Malde, and G. I. Hemre. 2006. The replacement of fish meal with Antarctic krill, Euphausia superba in diets for Atlantic salmon, *Salmo salar*. Aquacult. Nutr. 12:280-290.

Opstvedt, J., H. Mundheim, E. Nygård, H. Aase, and I. H. Pike. 2000. Reduced growth and feed consumption of Atlantic salmon (*Salmo salar* L.) fed fish meal made from stale fish is not due to increased content of biogenic amines. Aquaculture 188:323-337.

Pelissero, C., F. Lemenn, and S. Kaushick. 1991a. Estrogenic effect of dietary soya bean meal on vitellogenesis in cultured Siberian sturgeon *Acipenser baeri*. Gen. Comp. Endocr. 83:447-457.

Pelissero, C., B. Bennetau, P. Babin, F. Lemenn, and J. Dunogues. 1991b. The estrogenic activity of certain phytoestrogens in the Siberian sturgeon *Acipenser baeri*. J. Steroid Biochem. 38:293-299.

Petri, D., C. N. Glover, S. Ylving, K. Kolas, G. Fremmersvik, R. Waagbo, and M. H. G. Berntssen. 2006. Sensitivity of Atlantic salmon (*Salmo salar*) to dietary endosulfan as assessed by haematology, blood biochemistry, and growth parameters. Aquatic Toxicology 80:207-216.

Petrinec Z., S. Pepeljnjak, S. Kovacic, and A. Krznaric. 2004. Fumonisin B-1 causes multiple lesions in common carp (*Cyprinus carpio*). Deut. Tierarztl. Wochenschrift 111:358-363.

Peumans, W. J., and E. J. M. Van Damme. 1995. Lectins as plant defense proteins. Plant Physiol. 109:347-352.

Pierpoin, W. S. 1970. Formation and behaviour of o-quinones in some processes of agricultural importance. Rep. Rothamsted Exp. Stn., Harpenden, Herts, UK 2:199-218.

Poston, H. A., J. L. Coffin, and G. F. Combs. 1982. Biological effects of dietary T-2 toxin on rainbow-trout, *Salmo-gairdneri*. Aquat. Toxicol. 2:79-88.

Poulton, J. E. 1990. Cyanogenesis in plants. Plant Physiol. 94:401.

Pratt, D., and P. M. Birac. 1979. Source of antioxidant activity of soybeans and soy products. J. Food Sci. 44:541-544.

Pusztai, A., S. W. B. Ewen, G. Grant, W. J. Peumans, E. J. M. Van Damme, Rubio, and S. Bardocz. 1990. The relationship between survival and binding of plant lectins during small intestinal passage and their effectiveness as growth factors. Digestion 46:308-316.

Pusztai, A., S. W. B. Ewen, G. Grant, W. J. Peumans, E. J. M. Van Damme, E. Coates, and S. Bardocz. 1995. Lectins and also bacteria modify the glycosylation of gut surface receptors in the rat. Glycoconjugate J. 12(1):22-35.

Raju P. K., and R. Reiser. 1967. Inhibition of fatty acyl desaturase by cyclopropene fatty acids. J Biol Chem 242:379-384.

Randall, D. J., C. M. Wood, S. F. Perry, H. Bergman, G. M. O. Maloiy, T. P. Mommsen, and P. A. Wright. 1989. Urea excretion as a strategy for survival in a fish living in a very alkaline environment. Nature 337:165-166.

Rao, B. S. N., and T. Prabhavathi. 1982. Tannin content of foods commonly consumed in India and its influence on ionisable iron. J. Sci. Food Agr. 33:89-96.

Rastogi, T., K. S. Reddy, M. Vazm, D. Spiegelman, D. Prabhakaran, W. C. Willett, M. Stampfer, and A. Ascherio. 2004. Diet and risk of ischemic heart disease in India. Am. J. Clin. Nutr. 79:582-592.

Refstie, S., and H. A. J. Tiekstra. 2003. Potato protein concentrate with low content of solanidine glycoalkaloids in diets for Atlantic salmon (*Salmo salar*). Aquaculture 216:283-298.

Refstie, S., Ø. J. Korsøen, T. Storebakken, G. Bæverfjord, I. Lein, and A. J. Roem. 2000. Differing nutritional responses to dietary defatted soybean meal in rainbow trout (*Oncorhynchus mykiss*) and Atlantic salmon (*Salmo salar*). Aquaculture 190:49-63.

Refstie, S., T. Storebakken, G. Bæverfjord, and A. J. Roem. 2001. Long-term protein and lipid growth of Atlantic salmon (*Salmo salar*) fed diets with partial replacement of fish meal by soy protein products at medium or high lipid level. Aquaculture 193:91-106.

Reifer, I., and H. Augustyniak. 1968. Preliminary identification of the arginase inhibitor from sunflower seeds. B. Acad. Pol. Sci. Biol. 16:139-144.

Reifer, I., and G. Morawska. 1963. An arginase inhibitor from sunflower seeds (*Helianthus annuus*). Acta Biochim. Pol. 10:413-417.

Reite, O. B. 1965. A phylogenetical approach to the functional significance of tissue mast cell histamine. Nature 206:1334-1336.

Reite, O. B. 1972. Comparative physiology of histamine. Physiol. Rev. 52:778-819.

Richardson, N. L., D. A. Higgs, R. M. Beames, and J. R. McBride. 1985. Influence of dietary calcium, phosphorus, zinc and sodium phytate level on cataract incidence, growth and histopathology in juvenile Chinook salmon (*Oncorhynchus tsawytscha*). J. Nutr. 115:553-567.

Ricque-Marie, D., M. I. Abdo-De La Parra, L. E. Cruz-Suarez, G. Cuzon, M. Cousin, and I. H. Pike. 1998. Raw material freshness, a quality criterion for fish meal fed to shrimp. Aquaculture 165:95-109.

Roberts, R. J. 2002. Nutritional pathology. Pp. 453-504 in Fish Nutrition, 3rd Edition, J. E. Halver and R. W. Hardy, eds. Amsterdam, the Netherlands: Elsevier.

Rocha, O., K. Ansari, and F. M. Doohan. 2005. Effects of trichothecene mycotoxins on eukaryotic cells: A review. Food Addit. Contam. 22:369-378.

Roehm J. N., D. J. Lee, J. H. Wales, S. D. Polityka, and R. O. Sinnhuber. 1970. The effect of dietary sterculic acid on the hepatic lipids of rainbow trout. Lipids 5:80-84.

Roth, J. 1987. Subcellular organization of glycosylation in mammalian cells. Biochim. Biophys. Acta 906:405-436.

Rumsey, G. L., S. G. Hughes, and R. A. Winfree. 1993. Chemical and nutritional evaluation of soya protein preparations as primary nitrogen sources for rainbow trout (*Oncorhynchus mykiss*). Anim. Feed Sci. Tech. 40:135-151.

Rumsey, G. L., A. K. Siwicki, D. P. Anderson, and P. R. Bowser. 1994. Effect of soybean protein on serological response, non-specific defense mechanisms, growth, and protein utilization in rainbow trout. Vet. Immunol. Immunop. 41:323-339.

Sander, J. E., T. Cai, N. Dale, and L. W. Bennett. 1996. Development of biogenic amines during fermentation of poultry carcasses. J. Appl. Poultry Sci. 5:161-166

Sándor, G., and A. Ványi. 1990. Mycotoxin research in the Hungarian Central Veterinary Institute. Acta Vet. Hung. 38:61-68

Sandoval, W., and A. Carmona. 1998. Comparative study of condensed and hydrolysable tannin interaction with isolated proteins and enzymes. Pp. 39-42 in Recent Advances of Research in Antinutritional Factors in Legume Seeds and Rapeseed, A. J. M. Jansman, G. D. Hill, J. Huisman, and A. F. B. van der Poel, eds. Wageningen, the Netherlands: Wageningen Pers.

Santacroce, M. P., M. C. Conversano, E. Casalino, O. Lai, C. Zizzadoro, G. Centoducati, and G. Crescenzo. 2008. Aflatoxins in aquatic species: Metabolism, toxicity and perspectives. Rev. Fish Biol. Fisher. 18:99-130.

Sanz, A., A. E. Morales, M. De La Higuera, and G. Cardenete. 1994. Sunflower meal compared with soybean meal as partial substitutes for fish meal in rainbow trout (*Oncorhynchus mykiss*) diets: Protein and energy utilization. Aquaculture (Amsterdam) 128:287-300.

Satouchi, K., K. Hirano, O. Fujino, M. Ikoma, T. Tanaka, and K. Kitamura. 1998. Lipoxygenase-1 from soybean seed inhibiting the activity of pancreatic lipase. Biosci. Biotech. Bioch. 62:1498-1503.

Satouchi, K., Y. Kodama, K. Murakami, T. Tanaka, H. Iwamoto, and M. Ishimoto. 2002. A lipase-inhibiting protein from lipoxygenase-deficient soybean seeds. Biosci. Biotech. Bioch. 66:2154-2160.

Sawada, S., Y. Takeda, and M. Tashiro. 2002. Primary structures of alpha- and beta-subunits of alpha-amylase inhibitors from seeds of three cultivars of Phaseolus beans. J. Protein Chem. 21:9-17.

Selivonchick D. P., J. L. Williams, and H. W. Schaup. 1981. Alteration of liver microsomal proteins from rainbow trout (*Salmo gairdneri*) fed cyclopropenoid fatty acids. Lipids 16:211-214.

Shapiro, T. A., J. W. Fahey, K. L. Wade, K. K. Stephenson, and P. Talalay. 2001. Chemoprotective glucosinolates and isothiocyanates of broccoli sprouts: Metabolism and excretion in humans. Cancer Epidem. Biomar. 10:501-508.

Sharon, N., and H. Lis. 1990. Legume lectins—a large family of homologous proteins. FASEB J. 4:3198-3208.

Shiau, S. Y., and Y. P. Yu. 1999. Dietary supplementation of chitin and chitosan depresses growth in tilapia, *Oreochromis niloticus* × *O. aureua*. Aquaculture 179:439-446.

Sinnhuber, R. O., D. J. Lee, J. H Wales, M. K. Landers, and A. C. Keyl. 1974. Hepatic carcinogenesis of aflatoxin M1 in rainbow trout (*Salmo gairdneri*) and its enhancement by cyclopropene fatty acids. J. Natl. Cancer I. 53:1285-1288.

Sjolander, A., and J. C. Cox. 1998. Uptake and adjuvant activity of orally delivered saponin and ISCOM $^{(TM)}$ vaccines. Adv. Drug Deliver. Rev. 34:321-338.

Spiegel, S., and S. Milstien. 2002. Sphingosine 1-phosphate, a key cell signaling molecule. J. Biol. Chem. 277:25851-25854.

Spinelli, J., C. R. Houle, and J. C. Wekell. 1983. The effect of phytates on the growth of rainbow trout (*Salmo gairdneri*) fed purified diets containing varying quantities of calcium and magnesium. Aquaculture 30:71-83.

Sripad, G., V. Prakash, and M. S. N. Rao. 1982. Extractability of polyphenols of sunflower seed in various solvents. J. Biosciences 4:145-152.

Steele, S. L., T. D. Chadwick, and P. A. Wright. 2001. Ammonia detoxification and localization of urea cycle enzyme activity in embryos of the rainbow trout (*Oncorhynchus mykiss*) in relation to early tolerance to high environmental ammonia levels. J. Exp. Biol. 204:2145-2154.

Stillmark, H. 1888. Über Ricin ein giftiges Ferment aus den Samen von *Ricinus communis* L. und einige anderen Euphorbiaceen. Tartu: Inaugural Dissertation Dorpat.

Storebakken, T., I. S. Kvien, K. D. Shearer, B. Grisdale-Helland, S. J. Helland, and G. M. Berge. 1998a. The apparent digestibility of diets containing fish meal, soybean meal or bacterial meal fed to Atlantic salmon (*Salmo salar*): Evaluation of different faecal collection methods. Aquaculture 169:195-210.

Storebakken, T., K. D. Shearer, and A. J. Roem. 1998b. Availability of protein, phosphorus and other elements in fish meal, soy-protein concentrate and phytase-treated soy-protein-concentrate-based diets to Atlantic salmon, *Salmo salar*. Aquaculture 161:365-379.

Struthers, B. J., D. J. Lee, and R. O. Sinnhuber. 1975. Altered lipid metabolism in liver of rainbow trout fed cyclopropenoid fatty acids. Exp. Mol. Pathol. 23(2):181-187.

Sujak, A., A. Kotlarz, and W. Strobel. 2006. Compositional and nutritional evaluation of several lupin seeds. Food Chem. 98:711-719.

Sulyok, M., R. Krska, and R. Schuhmacher. 2007. A liquid chromatography/ tandem mass spectrometric multi-mycotoxin method for the quantification of 87 analytes and its application to semi-quantitative screening of moldy food samples. Anal. Bioanal. Chem. 389:1505-1523.

Tani, H., H. Ohishi, and K. Watanabe. 1994. Purification and characterization of proteinaceous inhibitor of lipase from wheat flour. J. Agr. Food Chem. 42:2382-2385.

Tani, H., H. Ohishi, and K. Watanabe. 1995. Kinetics studies of a wheatderived lipase inhibitor. J. Agr. Food Chem. 43:2796-2797.

Tapia-Salazar, M., L. E. Cruz-Suarez, D. Ricque-Marie, I. H., Pike, T. K. Smith, A. Harris, E. Nygard, and J. Opstvedt. 2004. Effect of fishmeal made from stale versus fresh herring and of added crystalline biogenic amines on growth and survival of blue shrimp Litopenaeus stylirostris fed practical diets. Aquaculture 242:437-453.

Teskeredžic, Z., D. A. Higgs, B. S. Dosanjh, J. R. McBride, R. W. Hardy, R. M. Beames, J. D. Jones, M. Simell, T. Vaara, and R. B. Bridges. 1995. Assessment of undephytinized and dephytinized rapeseed protein concentrate as sources of dietary protein for juvenile rainbow trout (*Oncorhynchus mykiss*). Aquaculture 131:261-277.

Tollefsen, K. E., J. Ovrevik, and J. Stenersen. 2004. Binding of xenoestrogens to the sex steroid-binding protein in plasma from Arctic charr (*Salvelinus alpinus* L.). Comp. Biochem. Phys. C 139:127-133.

Tripathi, M. K., and A. S. Mishra. 2007. Glucosinolates in animal nutrition: A review. Anim. Feed Sci. Tech. 132:1-27.

Tuan, N. A., B. B. Manning, R. T. Lovell, and G. E. Rottinghaus. 2003. Responses of Nile tilapia (*Oreochromis niloticus*) fed diets containing different concentrations of moniliformin or fumonisin B-1. Aquaculture 217:515-528.

Twibell, R. G., and R. P. Wilson. 2004. Preliminary evidence that cholesterol improves growth and feed intake of soybean meal-based diets in aquaria studies with juvenile channel catfish, *Ictalurus punctatus*. Aquaculture 236:539-546.

Uran, P. A., A. A. Goncalves, J. J. Taverne-Thiele, J. W. Schrama, J. A. J. Verreth, and J. H. W. M. Rombout. 2008. Soybean meal induces intestinal inflammation in common carp (*Cyprinus carpio* L.). Fish Shellfish Immun. 25:751-760.

van Damme, E. J. M., W. J. Peumans, A. Pusztai, and S. Bardocz. 1998. Handbook of Plant Lectins: Properties and Biomedical Applications. West Sussex, UK: John Wiley & Sons.

van den Ingh, T. S., and Å. Krogdahl. 1990. Negative effects of antinutritional factors from soybeans in Salmonidae [in Dutch]. Tijdschr. Diergeneesk. 15:935-938.

van den Ingh, T. S. G. A. M., Å. Krogdahl, J. Olli, H. G. C. J. M. Hendricks, and J. F. J. G. Koninkx. 1991. Effects of soybean-containing diets on the proximal and distal intestine in Atlantic salmon (*Salmo salar*): A morphological study. Aquaculture 9:297-305.

van den Ingh, T. S. G. A. M., J. J. Olli, and Å. Krogdahl. 1996. Alcoholsoluble components in soybeans cause morphological changes in the distal intestine of Atlantic salmon, *Salmo salar* L. J. Fish Dis. 19:47-53.

Varga, J., K. Rigo, J. Teren, and A. Mesterhazy. 2001. Recent advances in ochratoxin research-I. Production, detection and occurrence of ochratoxins. Cereal Res. Commun. 29(1-2):85-92.

Vielma, J., K. Ruohonen, and M. Peisker. 2002. Dephytinization of two soy proteins increases phosphorus and protein utilisation by rainbow trout, *Oncorhynchus mykiss*. Aquaculture 204:145-156.

Vielma, J., K. Ruohonen, J. Gabaudan, and K. Vogel. 2004. Top-spraying soybean meal-based diets with phytase improves protein and mineral digestibilities but not lysine utilisation in rainbow trout, *Oncorhynchus mykiss* (Walbaum). Aquac. Res. 35:955-964.

Wang, H. J., and P. A. Murphy. 1994a. Isoflavone content in commercial soybean foods. J. Agr. Food Chem. 42:1666-1673.

Wang, H. J., and P. A. Murphy. 1994b. Isoflavone composition of American and Japanese soybeans in Iowa—Effects of variety, crop year, and location. J. Agr. Food Chem. 42:1674-1677.

Wang, S. M., and A. H. C. Huang. 1984. Inhibitors of lipase activities in soybean and other oil seeds. Plant Physiol. 76:929.

Whitaker, J. R. 1997. Protease and alpha-amylase inhibitors of higher plants. Antinutrients and phytochemicals in food. ACS Symposium Series, 210th National Meeting of the American Chemical Society, August 20-25, 1995, Chicago, IL.

Wilson, M., E. Bengten, N. W. Miller, L. W. Clem, L. DuPasquier, and G. W. Warr. 1997. A novel chimeric Ig heavy chain from a teleost fish shares similarities to IgD. P. Natl. Acad. Sci. USA. 94:4593-4597.

Wink, M., C. Meissner, and L. Witte. 1995. Patterns of quinolizidine alkaloids in 56 species of the genus *Lupinus*. Phytochemistry 38:139-153.

Wink, M., T. Schmeller, and B. Latz-Bruning. 1998. Modes of action of allelochemical alkaloids: Interaction with neuroreceptors, DNA, and other molecular targets. J. Chem. Ecol. 24:1881-1937.

Woodward, B., L. G. Young, and A. K. Lun. 1983. Vomitoxin in diets for rainbow-trout (*Salmo gairdneri*). Aquaculture 35:93-101.

Wright, P. 1995. Induction of ornithine-urea cycle enzymes and nitrogen metabolism and excretion in rainbow trout (*Oncorhynchus mykiss*) during early life stages. J. Exp. Biol. 198:127-135.

Wright, P. A., and M. D. Land. 1998. Urea production and transport in teleost fishes. Comp. Biochem. Phys. A 119:47-54.

Yildirim, M., B. B. Manning, R. T. Lovell, J. M. Grizzle, and G. E. Rottinghaus. 2000. Toxicity of moniliformin and fumonisin B-1 fed singly and in combination in diets for young channel catfish *Ictalurus punctatus*. J. World Aquacult. Soc. 31:599-608.

Yildirim, M., C. Lim, P. J. Wan, and P. H. Klesius. 2003. Growth performance and immune response of channel catfish (*Ictalurus puctatus*) fed diets containing graded levels of gossypol-acetic acid. Aquaculture 219:751-768.

Yildirim-Aksoy, M., C. Lim, P. Wan, and P. H. Klesius. 2004. Effect of natural free gossypol and gossypol-acetic acid on growth performance and resistance of channel catfish (*Ictalurus punctatus*) to *Edwardsiella ictaluri* challenge. Aquacult. Nutr. 10:153-165.

Yoshiki, Y., S. Kudou, and K. Okubo. 1998. Relationship between chemical structures and biological activities of triterpenoid saponins from soybean. Biosci. Biotech. Bioch. 62:2291-2299.

Zajicek, J. L., L. Brown, S. B. Brown, D. C., Honeyfield, J. D. Fitzsimons, and D. E. Tillitt. 2009. Variations of thiaminase I activity pH dependencies among typical Great Lakes forage fish and *Paenibacillus thiaminolyticus*. J. Aquat. Anim. Health 21:207-216.

제 12 장

소화율과 유용성

'소화율'과 '유용성'이란 용어는 소화기관을 통과하면서 분으로 배설되어 먹이에서 사라지는 영양소 또는 양분의 종류(예: 조단백질)의 양 또는 비율을 나타낸다. 결과적으로 소화율은 주로 영양소 소실의 척도이다. 소화된 영양물은 성장과 신진대사를 위해 유기체가 이용할 수 있는 것으로 추정되지만 모두 그런 것은 아니다. 소화율은 흡수되기 전에 아미노산으로 가수분해되는 단백질과 같이 소화 과정에 따라 달라지는 영양소에 사용되는 용어이다. 영양소(예: 아미노산)의 생체 이용률은 특정 공급원에서 섭취한 영양소가 동물의 신진대사에 활용될 수 있는 형태로 흡수되는 비율로 정의되었다(Batterham, 1992; Ammerman et al., 1995; Lewis and Bayley, 1995). 영양소의 생물학적 이용 가능성은 다양한 방법론적 접근법을 사용하여 평가된다. 생체 이용률은 이 장의 범위를 벗어나는 주제인 영양소의 대사 이용을 의미한다.

먹이 또는 사료가 유기체로 섭취된 후에는 소화관을 통과하여 복잡한 화합물이 더 단순한 화합물로 분해되고 영양소가 다양한 메커니즘(단순 확산, 확산 촉진, 활성 수송)을 통해 흡수된다. 흡수되지 않은 물질은 분으로 배설되거나 배출된다. 따라서 사료와 분에서 영양소 또는 에너지를 측정하는 것은 소화율을 계산하는데 필요한 정보를 제공한다. 예를 들어 가소화 에너지(DE) 섭취량은 소비된 총에너지와 먹이를 섭취한 후 어류나 새우의 분에서 배출되는 총에너지의 차이를 나타낸다. 에너지 분할은 제4장에서 자세히 설명한다.

영양소가 흡수된 후 영양분의 일부 에너지는 소변이나 아가미를 통해 NH_3^+와 요소 같은 질소화합물로 배출된다. 이러한 물질의 에너지 함량을 측정하여 가소화 값에서 뺀 값을 대사 가능 에너지(ME)라고 한다. 과거의 NRC 어류 영양 저서에서는 DE와 ME 값이 모두 제시되었지만 측정에 사용된 방법론과 관련된 ME 값의 부정확성의 우려와 획득의 어려움으로 DE 값만 제시되었다. 거기에다 DE 값은 이제 연구용과 상업용 어류 배합 제형에서 독점적으로 사용되고 있다.

12.1 소화율을 이용한 분석방법

동물에서 사료의 소화율을 결정하기 위해서는 분(배설물)을 수집해야 한다. 분을 수집하는데 직간접적인 방법이 사용된다. 사료성분을 단독으로 공급하거나 일반적인 사료의 원료로 공급하는 것을 포함한다. 어류에게 사용되는 직접적인 방법은 측정된 양의 사료를 먹이고 그 사료로 배출되는 모든 분을 수집하는 것이다. 수산동물의 총 분 수집은 섭취하지 않은 사료 입자와 요로, 아가미 배설물에서 동물이 배출하는 분 물질을 별도로 수집하는데 어려움이 따른다. Smith (1971, 1976)는 어류로 이러한 문제를 해결하기 위한 시스템을 개발했다. 직접적인 방법의 가장 큰 장점은 분에 영양분이나 사료 성분이 손실되지 않는다는 것이다. 수용성 화합물까지도 모든 것이 수집되어 어류와 새우 분 샘플링과 관련된 잠재적인 오류를 제거한다. 직접적인 방법의 단점은 어류가 고정된 지수식 시스템에 있고 강제로 섭취되어야 한다는 것이다. 이것은 어류에게 스트레스를 유발하여 소화와 대사 과정에 영향을 미칠 수 있고 신뢰할 수 없는 소화율이 산출될 수 있다.

소화율 측정의 간접적인 방법은 대부분의 양식 어류와 새우에서 널리 사용된다. 이 방법은 먹이 입자가 없는 분 샘플의 수집과 사료에 첨가된 크롬산화물 또는 산화 이트륨 같은 무독성, 비활성, 소화가 불가능한 소화 지표의 사용에 의존한다. 지시제는 사료와 동일한 속도로 소화관을 통과하며 소화 과정에 영향을 받지 않는다(예: 흡수되지 않는 것). 영양소 소화율은 사료에 존재하는 수준과 비교하여 소화 지표와 함께 분의 상대적 농축을 토대로 추정된다. 간접적인 방법은 전체 분 수집보다는 수집된 샘플이 일정 기간 배설되는 분을 대표한다고 가정하면서 지속적인 먹이섭취에서 분 샘플을 수집하는데 의존한다. 어류나 새우는 분 수집을 위해 특별히 제작된 사육 시설 또는 특수 수조에 머물게 할 수 있다. 간접 방법은 직접 방법보다 장점이 많다. 환경과 관련된 스트레스가 적다는 것과 많은 어류 또는 새우가 하나의 반복구 수조를 사용될 수 있다는 것은 종 또는 그룹 내에서 더 안전한 장점이 있다. 다른 장점으로는 어류 또는 새우 크기(연령)의 유연성, 어류와 새우가 강제로 섭취하지 않고 자발적으로 사료를 섭취한다는 사실이 포함된다.

분은 능동적 또는 수동적 방법으로 수집된다. 사료 내 영양소의 외관상 소화율 계수(ADC)는 다음 계산식을 사용하여 사료와 분에서 간접 표지(예: 크롬 산화물)의 농도를 사용하여 계산된다.

$$\text{외관상 소화율 계수} = 1 - \frac{\text{사료 내 } Cr_2O_3}{\text{분 내 } Cr_2O_3}$$

사료의 특정 영양소, 근접 카테고리 또는 에너지의 외관상 소화력 계수는 다음과 같이 계산할 수 있다.

$$\text{외관상 소화율 계수} = 1 - \frac{\text{사료 내 } Cr_2O_3}{\text{분 내 } Cr_2O_3} \times \frac{\text{분 내 영양소}}{\text{사료 내 영양소}}$$

분은 소화되지 않은 사료원과 흡수되지 않은 어체의 잔여물로 구성된다. 이 잔여물은 동물의 소화관에 방출되는 점막세포, 소화효소, 점액 단백질, 기타 분비물과 소화관에 서식하는 미생물의 잔여물이다(Nyachoti et al., 1997). 섭취한 사료에서 직접 발생하는 분 손실은 아니지만 동물 자체에서 발생하는 배설물 손실은 내인성 내장 손실이라고 한다. '외관상 소화율 계수'라는 용어는 직접 또는 간접적인 방법으로 얻은 값이 내인성 내장 손실에 따라 보정되지 않았다는 사실을 인정하는데 사용된다.

사료와 성분에서 영양소의 '진정한' 소화율을 계산하기 위해 내인성 내장 손실을 정량화하는 연구에 중점을 두고 있다. 육상동물의 경우 내인성 질소 손실(ENL)을 교정하기 위해 단백질이 없는 사료를 섭취하기도 한다. 그러나 어류와 새우는 단백질이 없는 사료를 섭취하지 않을 것이므로 ENL의 의미 있는 추정치를 계산하기가 매우 어렵다. 더욱이 단백질이 없는 사료를 섭취하는 동물에게서 생성된 ENL의 양은 단백질을 함유한 사료를 섭취한 동물의 ENL과 상당히 다르다는 증거가 있다. 일부 사료성분(섬유, 항영양 성분)은 ENL을 향상시킬 수 있다(Nyachoti et al., 1997). 이런 이유로 단백질 없는 사료를 섭취한 동물에게서 얻은 ENL의 추정치를 사용하여 계산된 '진정한' 단백질 소화율 계수의 정확성을 의심하는 것은 일리가 있다. ENL의 정확한 산정을 위해서는 더 정교한 기법이 필요할 수도 있다(Nyachoti et al., 1997, review 참조). 이 작업은 어류와 함께 수행되어야 한다.

높은 사료 섭취량을 유지하는 어류의 경우 총 배설 질소에 ENL의 기여는 아마도 작을 것이다. 이러한 조건하에서 단백질의 '진정한' 소화율과 다른 점은 현저히 작다(Hardy, 1997). Cho et al.(1982)의 연구에서 제안한 대로 영양학적으로 균형 잡힌 기준과 실험사료를 사용하면 일반적으로 어류가 많은 사료 섭취량과 양호한 성장률을 유지할 수 있으며, 이는 신뢰성 있는 반복 가능한 외관상 소화율 값을 측정할 수 있게 한다.

간접적인 방법으로 분을 수집하는 것은 능동적 또는 수동적 방식으로 수행될 수 있다. 능동적인 분수집 방법에는 수동 스트리핑(stripping), 해부 또는 진공 제거가 포함된다. 스트리핑은 복부, 캐비티(cavity)에 부드러운 압력을 가하여 약하게 마취된 어류의 장 말단 부분에서 소량의 배설물을 수동으로 배출하는 것을 포함한다. 전형적으로 1개의 반복 수조당 20~30마리의 실험어류가 사용되며, 상당한 양의 분을 생성하기에 충분한 크기의 어류를 이용한다(> 100 g). 부분적으로 소화된 사료나 체액을 수집 팬에 배출하기 위해 어류를 너무 강하게 짜지 않도록 주의하면 어류 상해도 방지할 수 있다. 해부는 어류를 죽이고 장의 원위 부분에서 분변물질을 수집하는 방법이다. 이것은 장을 냉동시킨 후에 하는 것이 가장 효율적이다(Hemre et al., 2003). 진공 제거는 어류의 항문에 삽입된 작은 튜브를 사용하고 배설물을 수집하기 위해 진공 압력을 가하는 것이다. 이들 방법 각각은 부분적으로 소화된 식품이나 내인성 물질의 분 시료 오염을 야기할 수 있다.

수동적인 분 수집 방법은 동물이 자연적으로 배출되는 분변 물질의 수집에 의존한다. 배설물은 수조 폐수를 선별 또는 여과하거나 부유된 배설물을 저유량 기구에 정착시켜 수조 폐수로부터 수집된다. 분을 사이펀이나 그물로 수집할 수도 있다. 겔프(Guelph) 또는 개조된 겔프 시스템으로 불리는 특수 수조는 대변 수집을 위한 고장 시설로 설계되었다(Cho and Slinger, 1979; Hajes et al., 1993). 이 시스템은 물의 흐름을 조절하여 방뇨된 배설물을 물의 흐름이 느린 수직 침강 기둥에서 수조 밖으로 배설물이 빠르게 빠져나오도록 설치된다. 유출수는 컬럼 상부에서 부드럽게 배출된다. 일반적으로 어류는 정해진 시간에 먹이를 주며, 수조와 수집 장소는 먹지 않은 사료가 없도록 청소하고 밤에 배설물을 모아 아침에 수집한다. 분을 함유한 수조 폐수를 이동식 스크린 시스템으로 유도하여 분을 걸러 내고 상자에 넣음으로써 수집이 완료된다(Choubert et al., 1979). Ogino et al.(1973)는 분을 함유한 유출수가 통과되었지만 분 입자를 가두기 위해 'TUF'라는 시스템을 개발했다.

능동적인 방법은 새우에서 분을 수집하는 방법이 아니다. 따라서 분은 겔프 시스템의 변형을 사용하여 배설물이 중단된 수조 유출수를 사이펀, 그물망 또는 침전시켜 수조에서 분을 수집한다. 일부 연구자는 수조당 비교적 적은 수의 새우를 사용한다. 많은 연구자는 사료당 수조 사용을 반복하고 장기간 연구를 수행하여 분석하기에 충분한 양의 분변 물질, 적어도 2 g의 건조물질 또는 약 30 g의 습식 배설물질을 수집한다(Smith et al., 2007). 연구자들은 수조당 많은 새우를 입식시키고 사료당 반복 수조를 더 적게 사용한다(Davis et al., 2002). 대부분의 연구는 사료 공급 후 정해진 시간에 분변 물질을 수집하지만(Cruz-Suarez et al., 2007; Smith et al., 2007), 일부는 나오자마자 수집하기도 한다(Davis et al., 2002). 배설물이 물에 오래 노출될수록 수용성 영양분이 손실될 가능성이 커지고 계산된 값이 실제 소화력을 과대평가할 가능성이 높아진다. 배설물질, 식분증(coprophagia), 공식, 탈피, 소량의 분변 물질에서 영양분의 침출과 관련된 잠재적인 문제에도 불구하고 새우용으로 결정된 일반적인 사료 성분의 생체 내 소화율 계수로 발표된 값은 어류를 사용하여 측정된 것과 크게 다르지 않다.

12.1.1 잠재적 오차

분 채집을 위한 능동적인 방법은 부분적으로 소화된 물질을 배출하는 결과를 초래할 수 있다. 이 기술은 일반적으로 분이 배설되기 전에 재흡수될 수 있는 내인성 물질과 배설물이 오염되어 영양소(특히 단백질)의 소화 가능성을 과소평가하게 된다(Cho et al., 1982; Hajen et al., 1993; Vandenberg and de la Noüe, 2001).

분 수집을 위한 수동적인 방법은 유리 아미노산 같은 수용성 영양소의 손실을 초래할 수 있으며, 수집한 물질의 영양소 함량이 자연적으로 배출되는 배설물보다 적기 때문에 소화 가능성을 과대평가로 이어질 수 있다. 수용성 영양소는 일반적으로 쉽게 흡수되기 때문에 보통 큰 오차의 원인이 아니다. 이전 연구에서 능동 수집 방법과 수동 수집 방법 사이에 약 5~9%의 차이가 있는 것으로 보고되었다.

어류를 대상으로 사용되는 분 수집 방법과 관련된 ADC 값의 정확성 차이는 논의 대상이 되어 왔다(Windell et al., 1978a). 동일한 실험에서도 ADC 값의 차이가 종종 발견되기 때문에 연구를 통해 사료의 ADC와 어분 같은 실제 원료를 비교하는 것은 어렵다. 이것은 주로 서로 다른 공급원이나 일부 사료 성분 사이에 존재하는 실제 차이의 결과이다. 이 차이는 렌더링 된 동물성 단백질 성분과 어분에 특히 중요하다. 많은 실용적인 원료의 공급원에는 차이가 있다. 대조적으로 카제인과 같이 정제된 성분의 ADC 값의 차이는 사용되는 분 수집 방법에 관계없이 상대적으로 적다. 사료와 성분의 분석 오류도 ADC 값의 변동에 작용할 수 있다. 해수 속 배설물의 안정성은 담수보다 낮기 때문에 수집 이전에 침전지에서 수용성 영양분의 손실로 ADC 값이 과대평가될 가능성도 존재한다. 고형물의 배설물 안정성을 향상시키는 구아검 같은 성분을 기본 사료에 보충하면 분 정착 방법을 사용하여 결정된 ADC 값의 정확성을 향상시킬 수 있다(Brinker, 2007).

분과 사료 분석은 정상적인 분석 방법을 따른다. 분석은 일반적으로 건조한 샘플에서 수행된다. ADC의 값을 계산하기 위해서는 아미노산이나 미네랄 같은 특정한 영양소의 성분, 에너지 함량 또는 함량을 결정하기 위한 추가 분석이 필요하다. 소화 지표의 농도도 측정된다. 분석에 필요한 배설물의 양은 얼마나 많은 화학 분석이 수행되는지에 달려 있다. 어류 배설물은 약 90%의 수분을 흡수하므로 배설물 50 g을 수집하면 건물 5 g을 얻을 수 있어 일반성분과 에너지, 영양 분석에 충분하다. 적은 양의 시료가 필요한 분석 방법을 사용할 경우 적은 양으로도 충분하다.

12.2 소화율과 사료원

사료원의 소화율 측정은 사료의 소화율을 측정하는 것과 동일한 수집 프로토콜을 따르지만, 대부분의 사료원을 단독으로 공급할 수 없으므로 성분은 기본 사료와 함께 보통 70:30 비율로 혼합된다(70% 기본 사료 + 30% 함유 성분). 소화율 연구에 사용되는 기초 사료는 어종에 따라 다르지만 주로 카제인과 젤라틴, 덱스트린으로 구성되었다. 실제 원료로 구성된 사료는 소화가 정상적으로 이루어지도록 하는 동시에 수집과 분석을 위한 충분한 분 물질을 생산하기 위해 소화 가능성 평가에서 많은 사료 섭취량이 중요하기 때문에 사료 성분의 소화율 측정에 널리 사용된다. 또한 많은 어종은 카제인 · 젤라틴 사료를 원활하게 섭취하지 않는다. 그러나 특정 상황에서는 기초 사료에 고도로 정제된 원료를 사용하는 것이 바람직하다. 그 이유는 기본 사료와실험 사료원에서 저농도 또는 다른 농도의 영양소 내 외관상 소화율을 측정하는 것과 관련된 합병증을 줄이기 때문이다. 예를 들어 인의 농도가 기본 사료에서 높고 실험 원료가 낮으면 인산염 ADC를 정확하게 측정하기가 어렵다. 크릴 또는 베타인 같은 카제인 · 젤라틴 사료의 기호성을 향상시키는 성분은 사료 섭취를 증가시킬 수 있다. 또 다른 옵션은 카제인과 젤라틴을 오징어 단백질, 어육 단백질 또는 밀글루텐 단백질 같은 고단백질 기능성 원료와 같은 정제된 단백질로 대체하는 것이다.

영양분과 가장 가까운 범위의 ADC 값은 사료에 비활성 표시기를 추가하여 완전한 사료에서 쉽게 결정할 수 있다. 이 방법은 소화성에 관한 펠렛팅 조건의 효과를 측정하거나 개별 성분의 ADC 값의 추가성을 테스트하는데 유용하다.

12.2.1 소화율 측정의 해석과 한계

사료 성분에서 가까운 범주 또는 개별 영양소의 소화율 값을 계산하려면 사료와 분 샘플에서 비활성 지표의 농도를 알아야 한다. 또한 기초 사료의 ADC 값을 알아야 한다. ADC 값은 건중량 기준으로 계산되므로 사료와 분 샘플이 완전히 건조되어야 한다. ADC 값은 수학적으로 결정되기 때문에 기초 사료와 성분 샘플의 수분 함량에서 차이와 분석 결정의 오차가 작으면 ADC 값에 큰 오차가 발생할 수 있다. 정확도는 기초사료 대 성분 비율 70:30에서 작은 편차 또는 기초 사료와 실험 원료의 수분 함량 차이에도 영향을 받는다. 이 같은 불가피한 오류의 영향은 ADC 값을 계산하는 데 사용되는 수학 공식에 따라 증폭되어 100%보다 크거나 0% 미만으로 계산할 수 있게 된다. ADC 값을 계산하는 데 사용된 수학적 방정식은 이 같은 오류의 일부를 설명하기 위해 검토, 비평, 수정되었다(Sugiura et al., 1998; Forster, 1999; Bureau and Hua, 2006). ADC 값을 계산하는 데 선호되는 방정식은 다음과 같다.

$$ADC_{\text{실험 원료}} = ADC_{\text{실험사료}} + ((ADC_{\text{실험사료}} - ADC_{\text{비교사료}}) \times 0.7 \times D_{ref}/0.3 \times D_{\text{원료}}))$$

여기서 D_{ref}는 기준 사료의 영양소 또는 kcal/g 총에너지의 백분율이고 D원료는 성분의 영양소 또는 kcal/g 총에너지의 백분율이다.

위 공식에서 기준 사료와 성분의 농도는 70%와 30%의 값이 사용되었다. 실제로 기준 사료와 성분의 비율은 어떤 방식으로든 어류에게 전달될 수 있고(즉, 펠렛팅되거나 물리적 입자로 만들어질 수 있음) 어류는 사료를 섭취하며, 그 비율은 정상적인 소화가 일어나는 것이다.

연구자들은 동일한 기초 사료 배합을 사용하고 동일한 사료원을 획득하여 실험실에서 서로 다른 시간에 수행한 연구에서 소화 가능성 결과를 비교하고 프로토콜과 ADC 값의 일관성을 검사해야 한다. 연구자들은 다른 연구자가 ADC 결과를 해석할 수 있도록 기초 사료의 제형과 ADC 값을 보고해야 한다. 이론적으로 다른 기초사료를 사용하면 사료 성분의 ADC 값에 영향을 미치지 않아야 하지만 실제로는 영향을 미칠 수 있다. 또한 ADC 값을 과도하게 해석하지 않는 것이 좋다. 예를 들어 실험실 간 동일한 성분에 대한 ADC 단백질 값의 1~2% 차이는 거의 실질적인 의미가 없다. 유사한 경우로 동일한 실험실 연구에서 평가된 두 성분의 차이는 통계적으로 유의할 만하지만 생물학적 의미는 없다. 반면에 단일 성분의 점진적 대체가 이루어지고 있는 사료 중 1~2 %의 차이가 중요할 수 있다.

12.2.2 소화율에 영향을 미치는 요인

사료 섭취량과 어류 크기, 수온은 소화율에 영향을 미칠 수 있는 실험 변수이다. 사료 처리 조건은 일부 구성요소의 ADC 값에도 영향을 준다. 많은 연구에서 사료 크기가 증가함에 따라 소화 흡수 효율이 감소하지만(Pandian, 1967; Solomon and Brafield, 1972; Windell et al., 1978b), 대부분의 연구에 따르면 사료 섭취량이 합리적인 성장률을 지원하는데 필요한 양보다 적지 않다고 가정할 때, 영양소의 소화율에 영향을 미치지 않는다는 것을 보여준다. 이 결론은 장 흡수능이 장내 영양소 부하를 크게 초과하며 영양소 소화를 위한 제한요인이 될 가능성이 낮다는 연구로 뒷받침된다.

초기 연구에서는 수온이 무지개송어의 단백질과 에너지의 ADC에 아무런 영향을 미치지 않는다고 보고했다(Windell et al., 1978b; Cho and Slinger, 1979; Cho and Kaushik, 1990). 그러나 최근의 연구는 수온이 무지개송어에 공급된 사료의 단백질과 지질, 전분, 에너지의 ADC에 영향을 준다는 확실한 증거를 제시한다(Chouber et al., 1982; Brauge et al., 1995; Médale et al., 1991, 1999; Azevedo et al., 1998; Bureau et al., 2008; Moreira et al., 2008; Hua and Bureau, 2009a,b). Choubert et al.(1982)와 Azevedo et al.(1998)은 무지개송어에서 6ºC에서 15ºC까지 온도가 상승함에 따라 단백질과 에너지의 ADC에서 약 1%의 선형 증가를 제안한다. 실험 프로토콜의 차이점은 수온이 낮아짐에 따라 섭식 수준도 감소하고 내인성 손실에 따른 분 내 질소와 에너지 비율이 증가한다는 사실과 다른 연구자들이 보고한 외관상 소화율의 차이를 설명할 수 있다. 지질과 전분 소화율에 미치는 수온의 영향은 주로 사료원의 물리 화학적 특성과 관련이 있다.

12.2.3 단백질 소화율

단백질은 크기와 구조, 용해도, 결과적으로 소화율이 다른 복합 화합물이다(**표 12-1**). 단백질은 그 자체로 흡수되지 않고 단백질을 구성하는 아미노산이 흡수된다. 따라서 단백질의 소화율은 단백질을 유리아미노산으로 가수분해할 수 있는 정도에 따라 달라진다. 이것은 단백질의 종류와 아미노산 사슬(아미노산 사슬상의 시스테인 사이 이황화물 결합) 또는 아미노산과 다른 화합물(예: 당 단백질) 사이의 연결고리를 가수분해할 수 있는 정도에 의존한다. 결합조직(콜라겐)과 깃털, 머리카락, 발굽, 비늘 같은 단백질은 알부민 같은 가용성 단백질보다 더 많은 이황화결합을 함유하고 있어 결과적으로 소화가 더 어렵다. 어분이나 가금부산물 같은 복잡한 단백질 성분은 소화하기 어렵고(가수분해), 소화가 적게 되는 단백질의 비율이 다양하다. 복합 단백질 성분의 소화율은 성분을 구성하는 다양한 단백질의 소화 가능성 합계이다. 따라서 소화가 어려운 단백질을 부분적으로 분해 또는 제거하기 위한 사료 성분의 처리는 단백질 소화율을 향상시킨다. 극단적인 예는 가금류 우모분이 있는데, 이는 우모분 내 단백질의 이황화결합을 가수분해하기 위해 강한 알칼리성 조건하에서 압력 없이는 사실상 소화가 잘 안된다. 가수분해한 우모분의 단백질은 소화율이 충분히 높아 유용한 사료 성분이 된다. 연골 단백질 같은 낮은 ADC 값을 취하는 단백질은 선별(Rathbone et al., 2001) 또는 분류를 통해 동물성 또는 어분으로부터 제거할 수 있다.

식물성 단백질은 전형적으로 소화효소의 작용을 방해한다. 식물성 단백질의 소화율을 높이려면 종자(곡물과 지방 종자)를 빻아 단백질로 둘러싼 전분을 방출해야 한다. 열처리는 트립신 저해제의 활성을 감소시켜 대두 단백질 같은 식물성 단백질의 소화율을 향상시킨다. 그러나 과도한 열처리는 식물성 단백질(Arndt et al., 1999)뿐만 아니라 어분(Opstvedt et al., 1984; Arndt et al., 1999)에서도 소화에 저항성이 있는 단백질에 새로운 결합을 생성함으로써 단백질 소화율을 낮춘다. Maillard (Browning) 반응은 포도당과 같이 소화율을 낮추는 환원당(glucose)의 존재하에서 식물성 단백질이 가열될 때 발생하는 가장 일반적인 화학적 변화이다(Scott et al., 1982). 라이신과 아르기닌, 히스티딘, 트립토판은 소화효소의 작용으로 가수분해되지 않는 결합을 형성하는 반응성 엡실론 아미노 그룹을 포함한다. 화학 분석 결과 아미노산은 소화되지 않더라도 존재한다는 것을 알 수 있다. Carpenter (1960)의 라이신 관련 방법을 사용하면 연어 사료에서 이러한 문제를 해결할 수 있다(Opstvedt et al., 1984).

12.2.4 아미노산 소화율

단백질의 ADC 값은 아미노산과 사료 성분의 다른 질소 화합물에 대한 ADC 값의 합계이다(**표 12-2**). 그러나 각 아미노산의 ADC 값은 주어진 성분의 단백질 ADC 값과 반드시 일치하지는 않다. 일부는 더 높거나, 더 낮은 것으로 나타났다(Storebakken et al., 2000). 또한 아미노산 소화율의 차이는 여러 가지 방법으로 처리된 일부 성분에서 발견된다. 예를 들어 혈분 중 라이신의 소화율은 사료 건조 과정에 따라 다르다(Ehab and Bureau, 2007).

표 12–1 다양한 어류 및 새우에 대한 선별된 사료 성분에서의 단백질 소화율

Feedstuff	International Feed No.	Salmon	Rainbow Trout	Atlantic Cod	European Sea Bass	Hybrid Striped Bass	Silver Perch
Alfalfa meal	1-00-023	—	61[a]	—	—	—	—
Blood meal	5-00-381	30[c]	84–99[d,e,f]	—	91[g]	86[h]	90[i]
Casein	5-01-162	100[n]	92–95[a,o]	—	—	—	—
Canola meal	5-06-145	79[c]	—	79[r]	—	43[s]	83[i]
Corn, grain	4-02-935	—	95[v]	—	—	—	—
Corn gluten meal	5-28-242	92[aa]	92–97[f,aa]	86[r]	91[bb]	—	95[i]
Cottonseed meal	5-01-621	—	82–88[gg]	—	—	84[h]	83[i]
Feather meal, hydrolyzed	5-03-795	71–80[c,aa]	77–87[d,e,aa]	62[r]	—	—	93[i]
Fish meal, not specified		—	—	—	—	—	89–94[i]
Fish, anchovy meal	5-01-985	91[aa]	94–97[f,aa]	92[r]	—	—	—
Fish, herring meal	5-02-000	91–95[c,aa]	95[aa]	93[r]	—	—	—
Fish, menhaden meal	5-02-009	83–88[c,aa]	86–90[f,aa]	—	—	88[h]	—
Krill meal	5-16-423	—	—	96[r]	—	—	—
Lupin meal		100[n]	85–97[n,o,oo]	90[r]	94[bb]	—	97[i]
Meat and bone meal	5-00-388	85[v]	83–88[d]	—	—	73[h]	73[i]
Meat meal		—	—	—	—	—	—
Peanut meal	5-03-650	—	—	—	—	80[s]	98[i]
Poultry byproduct meal	5-03-798	74–94[c,aa]	83–96[d,e,aa]	80[r]	97[g]	55[s]	—
Poultry meal		—	—	—	—	—	85[i]
Rapeseed meal	5-03-871	—	91[oo]	—	—	—	—
Rice bran	4-03-928	—	64[f]	—	—	71[h]	—
Shrimp meal		—	—	67[r]	—	—	—
Sorghum, grain	4-04-383	—	—	—	—	—	78[i]
Soybean meal	5-04-612	77–94[c,n]	90–99[n,o]	92[r]	90[g]	80[h]	95[i]
Soy protein concentrate		90[n]	98–100[n,o]	99[r]	97[bb]	—	—
Soy protein isolate		97[n]	98[n,o]	97[r]	—	—	—
Squid meal		—	—	—	—	—	—
Starch, corn		—	—	—	—	—	—
Wheat flour	4-05-199	98[aa]	82–100[f,aa]	—	—	—	—
Wheat gluten	5-05-221	99[aa]	100[f,aa]	100[r]	98[g]	—	100[i]
Wheat middling	4-05-205	86[aa]	68–91[f,aa]	—	—	92[h]	—
Yeast, brewer's	7-05-527	—	57[e]	—	—	54[s]	—

참고 : (–) 표시는 데이터가 없는 경우를 나타냄. IGIR, 소화율은 지표, Guelph 또는 그 변형 된 시스템 및 참조 사료에 공급된 성분에 의해 결정되었음. ISIR, 지표, 스트리핑 방법 및 참조 사료로 공급되는 성분에 의해 결정됨. 지표 방법에 의해 결정된 ISPIR, 사이펀으로 수집된 대변, 참조 사료로 공급된 성분; IEIM, 지표 방법에 의해 결정, 외과적 절제에 의해 수집된 대변, 혼합 사료로 공급된 성분; IEIS, 지표 방법에 의해 결정, 외과적 절제에 의해 수집된 대변, 단일 성분 공급; IEIM, 지표 방법에 의해 결정, 외과적 절제에 의해 수집된 대변, 혼합 사료로 공급된 성분.

연어에는 대서양, 치누크 및 코호 연어가 포함.

[a]Smith (1977) and Smith et al. (1980) by metabolism chamber, single ingredients fed; [b]Popma (1982) by indicator method, feces collected by frequent removal from water, ingredient fed in mixed diet; [c]Hajen et al. (1992) by indicator method, feces collected from water, ingredient fed in mixed diet; [d]Bureau et al. (1999) by IGIR; [e]Cheng et al. (2004) by IGIR; [f]Gaylord et al. (2009); [g]da Silva and Oliva–Teles (1998) by IGIR; [h]Sullivan and Reigh (1995) by ISIR; [i]Allan et al. (2000) by IGIR; [j]McGoogan and Reigh (1996) by ISIR;

Protein (%)											
Red Drum	Channel Catfish	Nile/Blue Tilapia	Siberian Sturgeon	Haddock	Gilthead Sea Bream	Cobia	Yellowtail	Largemouth Bass	Pacu	Rockfish	Penaid Shrimp
—	—	66[b]	—	—	—	—	—	—	—	—	—
100[j]	—	—	—	—	90[k]	—	—	—	—	87[l]	66–71[m]
—	97[p]	—	—	—	—	—	95[q]	—	—	—	96.4[m]
—	—	—	—	83[t]	—	—	—	—	—	—	80[u]
—	60[w]	75–84[b,x]	—	—	—	—	—	—	86[y]	—	66–83[z]
—	—	89–97[x,cc]	—	92[t]	90[dd]	94[ee]	50[q]	94[ff]	96[y]	92[l]	59[m]
76–85[j,hh]	83[ii]	82[jj]	88[kk]	—	75[dd]	—	—	—	—	81[l]	83[ll]
—	74[w]	79[jj]	91[kk]	—	58[dd]	—	—	—	—	79[l]	64[m]
—	—	86–90[jj,mm]	95[kk]	—	83[k]	96[ee]	89[q]	88[ff]	85[y]	95[l]	88[m]
—	—	91[cc]	—	—	—	—	—	—	—	95[l]	83–89[m,nn]
—	—	—	—	96[t]	96[dd]	—	—	—	—	—	90[m]
77–96[j,hh]	88[ii]	85[b]	—	—	—	—	—	—	—	—	84–89[m]
—	—	—	—	—	—	—	—	—	—	—	81[m]
—	—	—	—	—	—	—	—	—	—	—	93–97[pp]
74–79[j,hh]	78[b]	78[jj]	85[kk]	—	72[dd]	87[ee]	—	—	—	—	60–88[ll,qq]
—	—	—	—	—	79–90[k,dd]	—	80[q]	—	—	91[l]	75[rr]
—	—	—	—	—	—	90[ee]	—	—	—	—	93[rr]
—	—	74–90[jj,mm]	90[kk]	—	82[dd]	—	—	82[ff]	—	—	79[m]
—	—	87[x]	—	—	80[k]	91[ee]	—	—	—	—	—
—	—	85[x]	—	—	—	89[ee]	—	—	—	—	—
77[j]	—	—	—	—	—	—	—	—	—	—	58[ll]
—	—	—	—	74[t]	—	—	—	—	—	—	58[ll]
77[j]	—	86[x]	92[kk]	—	—	—	—	—	—	—	66–83[z]
80–86[j,hh]	93[ii]	87–94[b,cc]	—	92[t]	87–91[k,dd]	91[ee]	—	94[ff]	91[y]	84[l]	89–97[ll,rr,ss,tt]
—	—	—	—	—	—	—	87[q]	—	—	—	93[tt]
—	—	—	—	—	—	—	—	—	—	—	94[m]
—	—	—	—	—	85[k]	—	—	—	—	—	82–87[m,ll]
—	—	—	—	—	—	—	—	—	—	—	81–96[ss,uu]
—	—	80[x]	—	—	82[k]	—	—	—	—	95[l]	67–87[z]
—	—	—	—	—	—	—	—	—	—	—	96[m]
87[j]	72[w]	75[mm]	—	—	—	—	—	—	—	—	81[ll]
—	—	—		—	—	—	—	—	—	78[l]	—

[k]Lupatsch et al. (1997) by indicator method, feces collected by stripping, single ingredient fed; [l]Lee (2002) by IGIR; [m]Lemos et al. (2009); [n]Glencross et al. (2004) by IGIR; [o]Glencross et al. (2005) by ISIR; [p]Saad (1989) by IEIM; [q]Masumoto et al. (1996) by IGIR; [r]Tibbetts et al. (2006) by IGIR; [s]Gaylord et al. (2004) by ISIR; [t]Tibbetts et al. (2004) by IGIR; [u]Cruz-Suarez et al. (2001) by ISPIR; [v]Cho et al. (1982) by IGIR; [w]Cruz (1975) by IEIS; [x]Sklan et al. (2004) by ISPIR; [y]Abimorad et al. (2008) by IGIR; [z]Davis and Arnold (1995); [aa]Sugiura et al. (1998) by IGIR; [bb]Kaushik (2002) by IGIR; [cc]Koprucu and Ozdemir (2005) by IGIR; [dd]Nengas et al. (1995) by IGIR; [ee]Zhou et al. (2004) by IGIR; [ff]Portz and Cyrino (2004) by IGIR; [gg]Cheng and Hardy (2002b) by IGIR; [hh]Gaylord and Gatlin III (1996) by ISIR; [ii]Wilson and Poe (1985) by IEIM; [jj]Guimaraes et al. (2008) by IGIR; [kk]Liu et al. (2009) by indicator method, feces collected by ladling out water, ingredient fed in mixed diet; [ll]Brunson et al. (1997) by ISPIR; [mm]Hanley (1987) by IEIS; [nn]Ezquerra et al. (1997) by in vitro hydrolysis; [oo]Burel et al. (2000) by IGIR; [pp]Smith et al. (2007) by ISPIR; [qq]Forster et al. (2003) by IGIR; [rr]Yang et al. (2009) by IGIR; [ss]Akiyama et al. (1989) by ISPIR; [tt]Cruz-Suarez et al. (2009) by ISPIR; [uu]Cousin et al. (1996) by ISPIR.

표 12-2 대서양연어(Atlantic Salmon)[a], 무지개송어(Rainbow Trout)[b,c,d], 줄무늬농어(Striped Bass)[e,f], 챠넬메기(Channel Catfish)[g], 틸라피아(Nile Tilapia)[h,i], 도미(Gilthead Sea Bream)[j], 시베리아철갑상어(Siberian Sturgeon)[k], 농어(Largemouth Bass)[l], 파쿠(Pacu)[m], 조피볼락(Rockfish)[n], 은농어(Silver Perch)[p] 및 흰다리새우(Pacific White Shrimp)[q,r,s,t,u]의 사료 성분의 아미노산 가용성 및 단백질의 소화율

Feedstuff Fish Species Common Name	International Feed No.	Crude Protein (%)	ARG (%)	CYS (%)	HIS (%)	ILE (%)	LEU (%)	LYS (%)	MET (%)	PHE (%)	THR (%)	TRP (%)	TYR (%)	VAL (%)
Barley, protein concentrate														
Rainbow trout		92	93	—	89	80	91	85	83	91	87	—	89	89
Barley, waxbar			91											
Rainbow trout		57		—	67	61	79	68	64	82	62	—	76	72
Blood meal	5-00-381	9												
Gilthead sea bream		0	97	—	95	80	96	94	89	95	96	—	—	96
Rainbow trout		88	97	—	87	86	87	90	91	89	90	—	87	81
Rockfish		87	90-91	48-81	90-99	65-77	96-99	86-91	95-98	96-98	89-93	—	87-92	98-99
Silver perch		90	93	87	94	80	93	93	92	93	94	—	93	92
Striped bass		63	70	—	66	38	71	73	64	69	59	—	69	64
Canola meal	5-06-145													
Atlantic salmon		—	97	97	95	87	85	92	100	89	93	—	93	84
Rainbow trout		79	92	—	96	85	92	88	87	90	90	—	90	87
Silver perch		83	92	80	92	85	88	86	89	88	88	—	90	85
Striped bass		43	61	—	42	45	53	54	62	54	54	—	54	37
Casein	5-01-162													
Yellowtail		95	96	96	98	97	98	98	98	97	95	—	98	95
Pacific white shrimp		99	99	—	99	99	100	100	—	99	99	—	99	99
Corn, grain	4-02-935													
Channel catfish		—	—	82	90	68	88	97	71	82	70	—	78	74
Pacu		86	93	—	92	81	91	82	80	90	81	—	—	81
Rainbow trout		65	99	—	89	86	94	73	64	71	73	—	80	90
Corn, gluten meal	5-28-241													
Atlantic salmon		95	100	91	95	90	88	100	94	91	92	—	92	91
Cobia		94	96	—	93	95	95	97	96	96	96	—	96	96
Largemouth bass		94	98	—	92	95	89	96	83	93	96	80	—	97
Nile tilapia		90	89	87	90	90	88	88	94	90	89	—	86	89
Pacu		96	96	—	94	89	94	89	90	94	89	—	—	89
Rainbow trout		92	99	—	96	91	97	91	92	95	93	—	95	94
Rockfish		92	89-92	80	83-90	93-95	99	84-87	98-99	96-97	88-93	—	80-97	91-92
Striped bass		91	95	87	83	92	96	87	91	—	93	—	—	93
Yellowtail		50	48	47	51	45	47	48	50	47	43	—	51	40
Pacific white shrimp		88	88	34	82	73	65	89	71	76	70	—	55	71
Cottonseed meal	5-01-621													
Channel catfish		—	91	—	82	72	76	71	76	84	77	—	73	76
Nile tilapia		82	90	88	82	86	81	69	82	70	74	88	84	81
Rainbow trout		75-88	87-94	73	87-93	83-85	85-89	84	82-89	86-90	82-90	96	89-90	85-87
Rockfish		81	86-87	63	68-81	78-80	83-85	77-79	70-82	86	80-81	—	87	82
Siberian sturgeon		88	95	—	83	81	84	81	81	89	82	—	—	83
Silver perch		83	91	79	87	74	75	60	74	83	78	—	83	77

표 12-2 계속

Feedstuff Fish Species Common Name	International Feed No.	Crude Protein (%)	ARG (%)	CYS (%)	HIS (%)	ILE (%)	LEU (%)	LYS (%)	MET (%)	PHE (%)	THR (%)	TRP (%)	TYR (%)	VAL (%)
Feather meal	5-03-795													
Nile tilapia		79	85	82	78	82	80	86	95	78	75	78	68	74
Rainbow trout		85	92	—	88	87	88	91	85	91	88	—	86	85
Siberian sturgeon		91	96	—	74	96	95	86	89	94	91	—	—	95
Silver perch		93	96	92	93	94	94	90	96	94	93	—	91	93
Fish meal, not specified														
Cobia		96	98	—	97	97	97	98	96	95	97	—	97	95
Gilthead sea bream		83	93	—	85	88	92	91	91	88	93	—	—	90
Largemouth bass		88	93	—	86	89	86	96	83	91	88	82	—	92
Nile tilapia		89	91	96	88	92	87	95	93	91	86	93	86	81
Pacu		85	95	—	94	88	93	89	90	93	88	—	—	88
Silver perch		89-94	91-98	89-100	96-98	93-97	94-97	95-97	91-98	92-96	93-97	—	93-96	93-97
Yellowtail		89	93	90	93	90	91	93	92	89	89	—	90	86
Pacific white shrimp		85-92	91-93	72-79	89	87	81-88	91-93	90-95	82-87	79-84	—	75	85-88
Fish meal, anchovy	5-01-985													
Atlantic salmon		77	82	—	76	82	82	81	—	80	81	81	87	82
Nile tilapia		91	92	90	92	91	91	91	94	90	90	—	91	90
Rainbow trout		97	99	—	96	100	94	97	99	94	97	—	95	100
Rockfish		95	93-98	93-94	88-97	89-96	98-99	90-95	98-99	95-97	96-98	—	93-99	96-97
Fish meal, herring	5-02-000													
Atlantic salmon		83-94	94-96	86-96	88-94	89-95	89-94	90-96	88-92	89-93	93-100	57-93	90-96	88-94
Striped bass		88	94	64	89	90	93	92	89	—	90	—	—	90
Fish meal, menhaden	5-02-009													
Atlantic salmon		86	87-91	92	85-91	89-91	89-90	84-88	84	87-89	85-88	73-89	86-92	86-90
Channel catfish		78-89	91	—	85	87	89	86	83	87	87	—	89	87
Rainbow trout		86	92	—	92	90	94	95	94	92	91	—	92	90
Fish meal, sardine														
Rainbow trout		90	98	—	98	96	99	99	97	98	98	—	97	97
Lupin meal														
Pacific white shrimp		94	97	94	96	97	96	93	100	95	92	—	98	94
Meat and bone meal	5-00-388													
Cobia		87	93	—	88	91	92	85	93	92	92	—	92	91
Channel catfish		—	88	—	82	81	82	87	80	85	76	—	83	81
Nile tilapia		78	87	93	85	77	82	83	95	84	79	81	76	82
Siberian sturgeon		85	86	—	62	84	87	82	85	87	83	—	—	85
Silver perch		72	74	68	76	75	78	76	82	75	76	—	81	74
Pacific white shrimp		74	88	75	90	90	89	93	91	88	86	91	88	87
Meat meal														
Gilthead sea bream		79	89	—	75	82	83	86	86	80	88	—	—	81
Rockfish		91	92-95	64-75	79-90	81-90	85-91	89-90	94-99	83-91	83-89	—	88-92	82-89
Yellowtail		80	82	44	86	76	78	85	84	78	74	—	76	72
Pacific white shrimp		75	77	63	76	70	70	76	74	73	67	—	58	67

(계속)

표 12-2 계속

Feedstuff Fish Species Common Name	International Feed No.	Crude Protein (%)	ARG (%)	CYS (%)	HIS (%)	ILE (%)	LEU (%)	LYS (%)	MET (%)	PHE (%)	THR (%)	TRP (%)	TYR (%)	VAL (%)
Peanut meal	5-03-650													
Cobia		90	97	—	92	95	96	96	94	95	95	—	95	95
Channel catfish		—	98	—	89	93	95	94	91	96	93	—	95	93
Silver perch		98	96	98	95	92	92	90	98	94	90	—	97	93
Striped bass		80-85	92-93	71	65-68	83-88	88	85-94	82-94	88	81-85	—	85	80-87
Pacific white shrimp		93	94	85	92	93	94	92	97	94	80	—	79	92
Poultry byproduct	5-03-798													
Largemouth bass		82	91	—	93	86	89	91	71	88	86	52	—	83
Nile tilapia		90	91	97	97	91	88	96	97	95	86	93	91	81
Siberian sturgeon		90	94	—	76	94	95	91	95	95	91	—	—	94
Striped bass		55	74	—	59	60	67	61	67	62	58	—	67	61
Poultry meal														
Cobia		91	94	—	91	92	93	92	93	91	93	—	93	92
Gilthead sea bream		80	91	—	80	82	84	86	91	82	89	—	—	83
Silver perch		85	89	91	91	85	87	89	92	86	88	—	86	85
Rapeseed meal	5-03-871													
Cobia		89	94	—	86	91	92	93	91	90	91	—	91	90
Rice bran	4-03-928													
Channel catfish		—	94	—	83	88	91	95	88	90	88	—	94	89
Rainbow trout		64	86	—	60	57	78	68	61	72	74	—	74	71
Pacific white shrimp		76	85	—	83	73	75	81	—	75	73	—	76	76
Shrimp meal														
Pacific white shrimp		75	82	—	75	82	82	86	—	76	84	—	77	79
Soybean meal	5-04-604													
Atlantic salmon		88	87	—	86	79	76	84	94	79	85	50	83	77
Channel catfish		—	97	—	88	80	84	94	85	84	88	—	83	79
Cobia		91	93	—	89	91	91	93	92	90	90	—	90	89
Gilthead sea bream		87	96	—	89	89	90	92	89	89	91	—	—	89
Largemouth bass		94	98	—	91	97	98	96	80	95	96	87	—	99
Nile tilapia		87	89	86	89	86	87	83	84	86	87	—	86	84
Pacu		91	96	—	94	89	93	90	89	94	88	—	—	88
Rainbow trout		89	98	—	100	98	98	93	90	95	95	—	95	99
Rockfish		84	86-88	71-76	74-81	76-83	80-86	82-88	71-90	78-84	81-86	—	84-85	83-87
Siberian sturgeon		92	98	—	82	94	95	93	89	95	94	—	—	94
Silver perch		95	98	94	97	95	95	97	96	96	96	—	96	95
Striped bass		93	97	70	92	94	95	95	92	—	91	—	—	93
Pacific white shrimp		89	93-99	51	89-95	87-96	86-94	90-97	85-97	87-95	74-94	—	78	82-95
Soy protein concentrate	5-08-038													
Rainbow trout		99	98	—	97	92	97	96	96	96	93	—	96	93
Yellowtail		87	90	87	93	88	87	91	87	89	83	—	89	80
Pacific white shrimp		—	95	—	91	90	88	93	93	90	87	—	—	89
Soy protein isolate														
Pacific white shrimp		—	98	—	96	95	94	97	95	95	94	—	—	94

표 12-2 계속

Feedstuff Fish Species Common Name	International Feed No.	Crude Protein (%)	ARG (%)	CYS (%)	HIS (%)	ILE (%)	LEU (%)	LYS (%)	MET (%)	PHE (%)	THR (%)	TRP (%)	TYR (%)	VAL (%)
Squid meal														
Gilthead sea bream		87	93	—	88	91	92	93	93	90	94	—	—	91
Wheat, flour	4-05-199													
Rainbow trout		82	42	—	71	87	91	71	85	92	96	—	73	95
Wheat, middlings	4-05-205													
Channel catfish		—	95	—	95	88	90	96	83	93	89	—	89	90
Rainbow trout		68	79	—	96	90	96	90	72	90	90	—	90	93
Wheat, gluten	5-05-221													
Nile tilapia		100	97	—	95	92	97	95	97	97	94	—	96	94
Pacific white shrimp		89	88	47	88	93	91	83	93	93	83	—	76	91
Yeast, brewer's	7-05-527													
Rainbow trout			69	43	65	47	56	64	76	57	42	56	—	52
Rockfish		78	81-87	76-86	63-76	72-76	74-81	70-80	61-83	74-81	71-74	—	73-87	70-73
Striped bass		54	75	—	54	49	69	100	94	58	67	—	66	50

참고: ARG: 아르기닌, CYS: 시스틴, HIS: 히스티딘, ILE: 이소류신, LEU: 류신, LYS: 라이신, MET: 메티오닌, PHE: 페닐알라닌, THR: 트레오닌, TRP: 트립토판, TYR: 티로신, VAL: 발린, IGIR, 지표, Guelph 또는 그 변형 시스템 및 참조식으로 공급되는 성분에 의해 결정. ISIR, 지표 별, 스트리핑 방법 및 기준 사료로 공급되는 성분; ISPIR, 지표 방법, 사이폰으로 수집 한 배설물 및 참조 사료로 공급되는 성분.

[a]Anderson et al. (1992, 1995) by ISIR; [b]Gaylord et al. (2009) by ISIR; [c]Cheng et al. (2002b) by IGIR; [d]Cheng et al. (2004) by IGIR; [e]Gaylord et al. (2004) by ISIR; [f]Small et al. (1999) by indicator method, feces collected by stripping, ingredient fed in mixed diet comparing with a protein-free diet; [g]Wilson et al. (1981) by indicator method, surgical excision, ingredient fed in mixed diet comparing with a protein-free diet; [h]Koprucu and Ozdemir (2005) by IGIR; [i]Gui- maraes et al. (2008) by IGIR; [j]Lupatsch et al. (1997) by indicator method, feces collected by stripping, single ingredient fed; [k]Liu et al. (2009) by indicator method, feces collected by ladling out water, ingredient fed in mixed diet; [l]Portz and Cyrino (2004) by IGIR; [m]Abimorad et al. (2007) by IGIR; [n]Lee (2002) by IGIR; [o]Masumoto et al. (1996) by IGIR; [p]Allan et al. (2000) by IGIR; [q]Akiyama et al. (1989) by ISPIR; [r]Forster et al. (2003) by IGIR; [s]Smith et al. (2007) by ISPIR; [t]Cruz-Suarez et al. (2009) by ISPIR; [u]Yang et al. (2009) by IGIR.

라이신과 아르기닌 간의 경쟁적 상호작용은 육상 동물, 특히 조류에서 잘 알려져 있으며 신장에서 아르기닌 분해효소 활성이 증가함에 따라 발생한다(Scott et al., 1982). 사료 내 아르기닌 농도를 증가시키면 조류의 성장 저하를 예방할 수 있다. 라이신과 아르기닌은 장에서 능동적인 전달 체계를 공유하기 때문에 과도한 수준의 흡수가 다른 흡수에 영향을 줄 수 있다. 라이신 · 아르기닌 상호작용의 일부 증거는 어류의 흡수와 대사 수준에서 보고되었지만(Kaushik and Fauconneau, 1984; Chiu et al., 1987; Davies et al., 1997; Berge et al., 2002), 거의 모든 연구는 어류 성장에 영향을 미치기에 충분한 라이신 · 아르기닌 상호작용의 부재를 보여준다(Robinson et al., 1981; Tibaldi et al., 1994; Berge et al., 2002).

12.2.5 에너지 소화율

단백질(아미노산)과 지질, 탄수화물은 모두 사료의 에너지에 기여한다. 따라서 에너지의 소화율은 사료 원료 또는 사료 내 단백질과 지질, 탄수화물의 부분적 ADC 값의 합이다(**표 12-3**).

12.2.6 탄수화물 소화율

탄수화물은 소화 가능한 당류, 젤라틴화된 전분과 키틴 같은 소화되지 않는 화합물, 불용성 탄수화물 같은 화합물의 혼합물이다(Stone, 2003). 사료 성분과 전체 공급량은 이들 물질의 비율과 소화율에 따라 크게 다르다(**표 12-4**). 여러 탄수화물의 분석은 추정 소화력을 지정하기가 어렵다.

표 12–3 다양한 어류 및 흰다리새우(*Litopenaeus vannamei*)의 선별 사료 성분에서 에너지의 소화율

Feedstuff	International Feed No.	Atlantic Salmon	Rainbow Trout	Atlantic Cod	European Sea Bass	Hybrid Striped Bass	Silver Perch
Blood meal	5-00-381	—	80–99[a,b]	—	92[c]	—	100[d]
Casein	5-01-162	100[i]	92[j]	—	—	—	—
Canola meal	5-06-145	—	56–75[k]	61[l]	—	—	58[d]
Corn, grain	4-02-935	—	—	—	—	41[n]	—
Corn gluten meal	5-28-242	—	—	83[l]	87[s]	—	100[d]
Cottonseed meal	5-01-621	—	—	—	—	65–73[n,x]	53[d]
Feather meal, hydrolyzed	5-03-795	—	—	—	—	—	—
Fish meal, not specified		—	99[j]	—	—	—	89–98[d]
Fish, anchovy meal	5-01-985	—	—	86[l]	—	—	—
Fish, herring meal	5-02-000	—	—	93[l]	—	—	—
Fish, menhaden meal	5-02-009	—	—	—	—	96[n]	—
Krill meal	5-16-423	—	—	96[l]	—	—	—
Lupin meal		70[i]	64[j]	75[l]	87[s]	—	51–70[d]
Meat and bone meal	5-00-388	—	68–83[a]	—	—	80[n]	75–81[d]
Meat meal		—	—	—	—	—	—
Peanut meal	5-03-650	—	—	—	—	—	77[d]
Poultry byproduct meal	5-03-798	—	75–87[a,b]	71[l]	97[c]	—	—
Poultry meal		—	—	—	—	—	94[d]
Feather meal, hydrolyzed	5-03-795	—	76–80[a,b]	59[l]	—	—	100[d]
Rapeseed meal	5-03-871	—	76[cc]	—	—	—	—
Rice bran	4-03-928	—	—	—	—	47–93[n,x]	—
Shrimp meal		—	—	41[l]	—	—	—
Sorghum, grain	4-04-383					44[x]	38[d]
Soybean meal	5-04-612	89[i]	72[j]	88[l]	69[c]	55[n]	78[d]
Soy protein concentrate		100[i]	87[j]	95[l]	88[s]	—	—
Soy protein isolate		100[i]	96[j]	92[l]	—	—	—
Squid meal		—	—	—	—	—	—
Wheat flour	4-05-199	—	—	—	—	—	31–53[d]
Wheat gluten		—	—	95[l]	93[c]	—	94[d]
Wheat middling	4-05-205	—	—	—	—	61[n]	—
Yeast, brewer's		—	—	—	—	—	—

참고 : (–) 표시는 데이터가 없는 경우를 나타냄. IGIR, 소화율은 지표, Guelph 또는 그 수정 된 시스템 및 참조식으로 공급된 성분에 의해 결정. ISIR, 지표, 스트리핑 방법 및 참조 사료로 공급되는 성분에 의해 결정. 지표 방법에 의해 결정된 ISPIR, 사이펀으로 수집된 대변, 참조 사료로 공급된 성분; IEIM, 지표 방법에 의해 결정, 외과적 절제에 의해 수집된 대변, 혼합 사료로 공급된 성분; IEIS, 지표 방법에 의해 결정, 외과적 절제에 의해 수집된 대변, 단일 성분 공급; IEIM, 지표 방법에 의해 결정, 외과적 절제에 의해 수집된 대변, 혼합 사료로 공급된 성분.

[a]Bureau et al. (1999) by IGIR; [b]Cheng et al. (2004) by IGIR; [c]da Silva and Oliva–Teles (1998) by IGIR; [d]Allan et al. (2000) by IGIR; [e]McGoogan and Reigh (1996) by ISIR; [f]Lupatsch et al. (1997) by indicator method, feces collected by stripping, single ingredient

Energy (%)										
Red Drum	Channel Catfish	Nile Tilapia	Siberian Sturgeon	Haddock	Gilthead Sea Bream	Cobia	Largemouth Bass	Pacu	Rockfish	Pacific White Shrimp
58[e]	—	—	—	—	58–90[f,g]	—	—	—	84–86[h]	—
—	—	—	—	—	—	—	—	—	—	—
—	—	—	—	60[m]	—	—	—	—	—	—
56[e]	57[o]	61[p]	—	—	—	—	—	76[q]	—	60[r]
—	—	83–89[p,t]	—	81[m]	80[g]	94[u]	77[v]	86[q]	89[h]	87[w]
70[y]	80[o]	—	72[k]	—	39[g]	—	—	—	41–55[h]	61[r]
—	—	—	80[k]	—	64[g]	96[u]	—	—	73–85[h]	—
—	—	89[p]	93[k]	—	80[f]	—	78[v]	75[q]	90–99[h]	87[w]
—	—	92[t]	—	—	—	—	—	—	93–96[h]	—
—	—	—	—	92[m]	94[g]	—	—	—	—	—
60–92[e,y]	92[o]	—	—	—	—	—	—	—	—	75[r]
—	—	—	—	—	—	—	—	—	—	—
—	—	—	—	—	—	—	—	—	—	77[z]
86[y]	76[o]	—	75[k]	—	69[g]	90[u]	—	—	—	62–85[r,w]
—	—	—	—	—	78[f]	—	—	—	90–93[h]	76[w]
—	—	—	—	—	—	84[u]	—	—	—	82[w]
72[y]	—	59[aa]	86[k]	—	80[g]	—	85[v]	—	—	—
—	—	79[p]	—	—	78–80[f]	91[u]	—	—	—	—
—	67[bb]	—	—	—	—	—	—	—	—	—
—	—	57[p]	—	—	—	83[u]	—	—	—	—
12[e]	—	—	—	—	—	—	—	—	—	—
—	—	—	—	70[m]	—	—	—	—	—	44[r]
53[e]		69[p]								
63[y]	72[bb]	84[t]	80[k]	92[m]	72[f]	87[u]	75[v]	78[q]	61–64[h]	76–81[r,w]
—	—	—	—	—	—	—	—	—	—	—
—	—	—	—	—	—	—	—	—	—	—
—	—	—	—	—	87[f]	—	—	—	—	—
62[y]	—	72[p]	—	—	88[f]	—	—	—	39–46[h]	66[r]
—	—	—	—	—	—	—	—	—	—	86–100[r,w]
34[e]	—	58[aa]	—	—	—	—	—	—	—	52[r]
—	—	—	—	—	—	—	—	—	60–66[h]	—

fed; [g]Nengas et al. (1995) by IGIR; [h]Lee (2002) by IGIR; [i]Glencross et al. (2004) by IGIR; [j]Glencross et al. (2005) by ISIR; [k]Liu et al. (2009) by indicator method, feces collected by ladling out water, ingredient fed in mixed diet; [l]Tibbetts et al. (2006) by IGIR; [m]Tibbetts et al. (2004) by IGIR; [n]Sullivan and Reigh (1995) by ISIR; [o]Wilson and Poe (1985) by IEIM; [p]Sklan et al. (2004) by ISPIR; [q]Abimorad et al. (2007) by IGIR; [r]Brunson et al. (1997) by ISPIR; [s]Kaushik (2002) by IGIR; [t]Koprucu and Ozdemir (2005) by IGIR; [u]Zhou et al. (2004) by IGIR; [v]Portz and Cyrino (2004) by IGIR; [w]Yang et al. (2009) by IGIR; [x]Rawles and Gatlin, III (2000) by ISIR; [y]Gaylord and Gatlin, III (1996) by ISIR; [z]Smith et al. (2007) by ISPIR; [aa]Hanley (1987) by IEIS; [bb]Cruz (1975); [cc]Burel et al. (2000) by IGIR.

표 12-4 다양한 어류 및 흰다리새우(*Litopenaeus vannamei*)의 선별 사료 성분의 지질 및 탄수화물 소화율

		Lipid (%)										Carbohydrate (%)				
Feedstuff	International Feed No.	Rainbow Trout	Red Drum	Channel Catfish	Nile/ Blue Tilapia	Hybrid Striped Bass	Haddock	Gilthead Sea Bream	Cobia	Largemouth Bass	Pacific White Shrimp	Rainbow Trout	Channel Catfish	Nile/ Blue Tilapia	Gilthead Sea Bream	Pacific White Shrimp
Alfalfa meal	1-00-023	71[a]	—	51[b]	—	—	—	—	—	—	—	—	12[c]	27[d]	—	—
Barley		—	—	—	82[e]	—	—	—	—	—	—	—	—	61[e]	—	—
Blood meal	5-00-381	88–99[f]	—	—	—	—	—	—	—	—	—	—	—	—	—	—
Canola meal	5-06-145	—	—	—	—	—	87[g]	—	—	—	—	—	—	—	—	100[h]
Corn, grain	4-02-935	—	—	76[b]	76–90[d,e]	82[i]	—	—	—	—	—	—	66[c]	45–58[d,e]	—	—
Corn gluten meal	5-28-242	—	—	—	90–94[e,j]	—	57[g]	83[k]	96[l]	83[m]	92[n]	—	—	80[e]	—	—
Cottonseed meal	5-01-621	60–79[o]	75[p]	88[b]	—	92[i]	—	50[k]	—	—	—	84[q]	17[c]	—	—	—
Feather meal, hydrolyzed	5-03-795	40–83[f]	—	83[b]	—	—	—	—	—	—	—	—	—	—	—	—
Fish meal, not specified		—	—	—	90[e]	—	—	95[r]	96[l]	98[m]	93[n]	—	—	—	—	—
Fish, anchovy meal	5-01-985	—	—	—	98[j]	—	—	—	—	—	—	—	—	—	—	—
Fish, herring meal	5-02-000	97[a]	—	—	—	—	98[g]	—	—	—	—	—	—	—	—	—
Fish, menhaden meal	5-02-009	—	68[p]	97[b]	98[d]	95[i]	—	—	—	—	—	—	—	—	—	—
Meat and bone meal	5-00-388	77–93[a,f]	67[p]	—	—	88[i]	—	90[k]	92[l]	—	84[n]	—	—	—	—	—
Meat meal		—	—	—	—	—	—	88[r]	—	—	—	—	—	—	—	—
Peanut meal	5-03-650	—	—	—	—	—	—	—	94[l]	—	95[n]	—	—	—	—	—
Poultry byproduct meal	5-03-798	92[f]	59[p]	—	—	—	—	84[k]	—	98[m]	—	—	—	—	—	—
Poultry meal		—	—	—	78[e]	—	—	95[r]	92[l]	—	90[n]	—	—	—	—	—
Rapeseed meal	5-03-871	—	—	—	92[e]	—	—	—	94[l]	—	—	—	—	50[e]	—	—
Sorghum	4-04-383	—	—	—	83[e]	—	—	—	—	—	—	—	—	70[e]	—	—
Soybean meal	5-04-612	—	63[p]	81[b]	90–92[e,j]	54[i]	83[g]	63[k]	92[l]	93[m]	92[n]	—	—	54–65[d,e]	49[r]	—
Squid meal		—	—	—	—	—	—	83[r]	—	—	—	—	—	—	—	—
Starch, corn (cooked)		—	—	—	—	—	—	—	—	—	—	52[q]	—	66[s]	—	—
Starch, corn		—	—	—	—	—	—	—	—	—	82[t]	24[q]	—	55[s]	—	—
Starch, potato		—	—	—	—	—	—	—	—	—	80[t]	—	—	—	—	—
Wheat flour	4-05-199	—	88[p]	—	80[e]	—	—	—	—	—	—	—	—	—	77[r]	—
Wheat middling	4-05-205	—	—	—	—	84[i]	—	—	—	—	—	—	—	—	—	—
Wheat grain	4-05-268	—	—	96[b]	—	66[i]	—	—	—	—	—	—	59[c]	61–72[d,e]	—	—
Wheat gluten	5-05-221	—	—	—	—	—	—	—	—	—	93[n]	—	—	—	—	—

참고: (—) 표시는 데이터가 없는 경우를 나타냄. IGIR, 소화율은 지표, Guelph 또는 그 수정된 시스템 및 참조식으로 공급된 성분에 의해 결정. ISIR, 지표, 스트리핑 방법 및 참조 사료로 공급되는 성분에 의해 결정. 지표 방법에 의해 결정된 ISPIR, 사이펀으로 수집된 대변, 기준 다이에 공급된 성분; IEIM, 지표 방법에 의해 결정, 외과적 절제에 의해 수집된 대변, 혼합 사료로 공급된 성분; IEIS, 지표 방법에 의해 결정, 외과적 절제에 의해 수집된 대변, 단일 성분 공급.

[a]Cho et al. (1982) by IGIR; [b]Cruz (1975) by IEIS; [c]Cruz (1975) by IEIS; [d]Popma (1982) by ISPIR; [e]Sklan et al. (2004) by ISPIR; [f]Bureau et al. (1999) by IGIR; [g]Tibbetts et al. (2004) by IGIR; [h]Cruz–Suarez et al. (2001) by ISPIR; [i]Rawles and Gatlin III (2000) by ISIR; [j]Koprucu and Ozdemir (2005) by ISIR; [k]Nengas et al. (1995) by IGIR; [l]Zhou et al. (2004) by IGIR; [m]Portz and Cyrino (2004) by IGIR; [n]Yang et al. (2009) by IGIR; [o]Cheng and Hardy (2002b) by IGIR; [p]Gaylord and Gatlin III (1996) by ISIR; [q]Smith (1977) and Smith et al. (1980) determined by metabolism chamber, single ingredient fed; [r]Lupatsch et al. (1997) determined by indicator method, feces collected by stripping, single ingredient fed; [s]Saad (1989) by IEIM; [t]Cousin et al. (1996) by ISPIR.

원료와 젤라틴화 전분의 소화 가능성에서 중요한 차이가 많은 연구에서 보고된 바 있다(Krogdahl et al., 2005). 발표된 연구 자료를 분석한 결과 원료와 젤라틴화 전분의 소화율이 크게 달랐으며 ADC 값은 사료 내 함유량에 따라 부정적인 영향을 받는 것으로 나타났다(Hua and Bureau, 2009a). 이 분석은 전분 소화율과 전분을 소화하는 능력의 종간 차이에 수온이 유의미한 영향이 있음을 보여주었다. 마지막으로 분 수집 방법은 연구를 통해 보고된 가소화 전분의 다양성에 크게 기여하는 것으로 나타났다. Davis and Arnold (1995)는 압출된 통밀, 옥수수가루, 쌀가루, 마일로(milo) 전분의 젤라틴화 정도가 더 높다고 보고했으나 흰다리새우 내 사료 성분의 소화 정도가 항상 더 높은 것은 아니었다. Venou et al.(2003)는 압출 과정에서 옥수수의 경우 사료의 ADC 값을 증가시켰지만, 밀이 탄수화물 공급원이었을 때는 ADC 값에 차이를 발견하지 못했다. 그러나 대부분의 식물성 단백질 공급원에서 압출은 전분 소화율을 증가시킨다. 잠두(faba bean)를 섭취한 농어에서 전분의 ADC 값은 95.7%로, 이 사료원에 대한 압출의 긍정적 효과를 나타냈다(Adamidou et al., 2009). 유사하게 Theissen et al.(2003)은 탈피 완두콩 추출 후 무지개송어에서 ADC_{starch} 값이 24.7에서 100으로 증가했다고 보고했다.

전분은 다양한 식물 공급원이 포함된 사료에 첨가된다. 또한 지질과 단백질 같은 몇몇 비전분 성분은 전분 과립과 관련되어 있다. 이들 성분은 전분과 소화효소 사이의 접촉을 감소시키거나 사료 가공 중 전분 과립의 특성에 영향을 줌으로써 전분의 소화에 영향을 줄 수 있다(Svihus et al., 2005). 원료 대 젤라틴화 전분으로 분류하는 것은 젤라틴화 정도에 근거한 것으로, 이질적 화합물 군의 다소 단순화한 표현이다. 기원이 다른 전분은 전분 과립 크기, 아밀로오스와 아밀로펙틴 비의 1차 구조의 관점에서 매우 가변적이며, 모두 소화율의 차이에 기여할 수 있다(Svihus et al., 2005). Gaylord et al.(2009)는 무지개송어(41~77마리)가 섭취한 다양한 보리 품종의 ADC_{starch} 값을 보고했다. ADC_{starch} 값은 아밀로오스 감소와 아밀로펙틴 수치 증가에 따라 증가했다. 같은 연구에서 Gaylord et al.(2009)는 왁스밀(waxy wheat)의 경우 ADC_{starch} 값이 66이고 왁스밀보다 아밀로오스와 아밀로펙틴 수준이 낮은 백색 밀의 경우 51로 보고되었다. Amesen and Krogdahl (1995)은 밀가루 전분(Bergot and Breque, 1983)에서 관찰된 것과 달리 기존 형태의 귀리 전분도 무지개송어의 소화율이 매우 높음을 발견했다. Amesen and Krogdahl (1995)은 어류가 하나의 원료보다 혼합 전분을 더 효율적으로 사용하는 것으로 보인다는 점을 발견했는데, 이는 다른 원료로부터 유래한 전분 간의 긍정적인 상호작용을 제안했다. Aslaksen et al.(2007)은 대두과 식물에 있는 전분이 대서양연어의 곡물 전분보다 소화성이 낮은 것을 관찰했다. 대서양연어를 대상으로 전분의 소화율은 담수보다 해수에서 낮게 나타나는 반면에 무지개송어에서는 유의적인 영향을 미치지 않았다(Hua and Bureau, 2009a).

12.2.7 섬유소 소화율

섬유소는 셀룰로오스와 헤미셀룰로오스, β-글루칸, 펙틴, 검류(gums) 같은 비전분다당류를 포함한 일반성분 분석 카테고리이다(Krogdahl et al., 2005). 새우 같은 갑각류 외골격의 글루코사민도 일반성분 분석에서 섬유질로 간주된다. 섬유질은 초어(*Ctenopharyngodon idella*) 같은 예외는 있지만 본질적으로 거의 모든 어종에서 소화되지 않는다. 셀룰라아제 활성은 잉어의 장과 간췌장에서 검출되었으며, 사료 내 셀룰로오스 양이 증가함에 따라 활성이 증가했다(Das and Tripathi, 1991). 그러나 항생제를 사료에 첨가했을 때 활성이 감소하여 장 내 셀룰라아제 활성이 미생물에서 비롯되었음을 시사했다. 육상 척추동물과 달리 어류의 위장관은 환경과 지속적으로 접촉하고 있어 어류의 내장에서 셀룰라아제 활성이 박테리아를 번식시켜 생성되는지, 물에서 생기는 박테리아에 따라 발생되는지 또는 섭취된 식물 물질에 존재하는 박테리아에 따라 생성되는지를 판단하기는 어렵다(Saha et al., 2006).

셀룰로오스는 사료에서 에너지 함량의 차이를 조정하기 위해 실험사료에 사용된다. Hansenand Storebakken

(2007)은 압출사료에서 최대 15%의 셀룰로오스가 대서양연어의 영양소 소화율에 아무런 영향을 미치지 않는다는 것을 보여주었다.

12.2.8 지질 소화율

지질은 구조와 구성이 서로 다른 화합물을 함유한 복잡한 물질이다(Sargent et al., 2002). 지질원에는 트리글리세롤과 왁스에스테르, 인지질, 스핑고지질, 스테롤 등 5가지 지질층이 있다. 스테롤을 제외한 다른 지질원은 짧은 탄소 중추에 연결된 2~3개의 지방산으로 구성된다. 지방산은 흡수되기 위해 탄소 중추에서 가수분해되어야 한다. 다른 종류의 지질은 역할과 서로 다른 공급원에 관련이 있다. 예를 들어 트리글리세롤은 동 · 식물(종자)의 저장 지질이다. 인지질은 세포막에서 발견된다. 왁스에스테르는 해양 동물성 플랑크톤에 풍부하다. 지질층은 지질원의 소화율을 결정하는데 중요하지 않은 것으로 관찰된다(**표 12-4**). 예를 들어 해양 동물성 플랑크톤의 왁스에스테르는 연어에게 쉽게 소화된다(Olsen et al., 2004; Bogevik et al., 2008).

지방산은 포화도를 기준으로 분류되는데, 예를 들어 탄소 사슬을 따라 이중 결합을 갖지 않는 포화지방산(SFA)과 이중 결합을 하나 갖는 단일 불포화지방산(MFA), 2개 이상의 이중 결합을 갖는 다중 불포화지방산(PUFA) 등이 있다. 연구 결과에 따르면 온수종과 냉수종의 지질원에서 SFA의 비율이 증가함에 따라 ADC 값이 감소하는 것으로 나타났다(Austreng et al., 1979; Cho and Kaushik, 1990; Olsen and Ringø, 1998; Menoyo et al., 2003; Ng et al., 2003, 2004; Bahurmiz and Ng, 2007). 그러나 SFA 수준이 높은 지질원과 MFA 또는 PUFA에서 높은 지질원(예: 대두, 유채, 어유)을 조합하면 가금류와 유사하게 SFA의 소화율이 증가한다(Sibbald, 1978). Hua and Bureau (2009b)는 무지개송어와 대서양연어의 지질 소화율 연구 결과를 분석하여 사료 내 지질 소화율을 추정하는 모델을 개발했다. 본질적으로 이 모델은 서로 다른 범주의 지방산(SFA, MFA, PUFA)의 분별 소화율 값을 추가하여 ADC 값에 도달한 다음, 인자를 추가하여 MFA와 PUFA, 수온의 긍정적 영향을 고려한다. 이 모델은 지질 소화 가능성 추정의 정교함과 정확성을 추가했다.

12.2.9 미네랄 소화율

미네랄의 소화율은 주로 염화물, 황산염 또는 산화물 같은 화학적 형태에 영향을 받는다. 일반적으로 산화물처럼 염화물과 같이 위장의 산성 환경에서 쉽게 분리되는 형태의 경우 미네랄의 소화율이 그렇지 않은 형태보다 높다. 미네랄 첨가제는 특히 위가 없는 어류의 경우 분리되는 화학적 형태여야 한다.

인은 특히 사료에 식물 유래 성분이 포함되어 있을 때 충분히 고려해야 한다. 양어사료에 포함된 인은 인산염이나 피틴산 인, 뼈(인산칼슘) 같은 유기화합물이나 사료 보조제로서 존재할 수 있고(제일인산칼슘, 제이인산칼슘, 인산나트륨), 이들의 ADC 값은 다르다(**표 12-5**). 또한 사료 중의 인 소화율은 다른 성분의 영향을 받을 수 있다. 예를 들어 인 소화율은 칼슘(뼈) 함량이 증가함에 따라 70%에서 25%로 감소한다(Sugiura et al., 2000). 어분 같은 사료원, 어패류 등의 성분, 특히 어패류 가공 부산물로 만들어지는 성분 또는 청보리멸 같은 골질의 어류(Albrektsen et al., 2009)는 사료의 인 소화성을 떨어뜨린다. 피틴산 인은 종자(곡물, 지방 종자, 루핀)에 있는 인의 저장 형태로, 어류와 모든 단일 위장 동물에서는 본질적으로 소화되지 않는다. 미생물 파이타아제를 첨가하여 피틴산 인을 가수분해하여 섭취하면, 그 유용성을 증가시킨다(Rodehutscord and Pfeffer, 1995; Jackson et al., 1996; Hughes and Soares, 1998; Forster et al., 1999; Vielma et al., 2000; Suguira et al., 2001; Cheng and Hardy, 2002a). 인의 소화율을 낮추는 상호작용은 사료에서 결합될 때 성분에 대한 인의 ADC 값의 비첨가성을 초래한다. Hua and Bureau (2006)와 Hua et al.(2008)은 양어사료에서 인의 소화 가능성을 평가하는 모델을 설

표 12–5 다양한 어류 및 흰다리새우(*Litopenaeus vannamei*)의 선별 사료 성분의 인 가용성

Source	International Feed No.	Phosphorus (%)										
		Coho Salmon	Rainbow Trout	Red Drum	European Sea Bass	Nile Tilapia	Channel Catfish	Common Carp	Cobia	Yellowtail	Largemouth Bass	Pacific White Shrimp
Animal products												
Blood meal	5-00-381	—	88–99[a]	—	—	—	—	—	—	—	—	—
Casein	5-01-162	—	90[b]	—	—	—	90[c]	97[b]	—	—	—	—
Egg albumin		—	—	—	—	—	—	71[b]	—	—	—	—
Feather meal, hydrolyzed	5-03-795	75[d]	62[d]	—	—	—	—	—	—	—	—	—
Fish meal, not specified		—	—	—	49–63[e]	—	—	—	—	—	72[f]	—
Fish meal, anchovy	5-01-985	47[d]	50[d]	—	—	28[g]	—	—	—	—	—	—
Fish meal, brown		—	74[b]	—	—	—	—	24[b]	—	—	—	—
Fish meal, herring	5-02-009	57[d]	44[d]	—	—	—	—	—	—	—	—	—
Fish meal, menhaden	5-02-009	40[d]	37[d]	48[h]	—	—	60[i]	—	—	—	—	—
Fish meal, white		—	66[b]	—	—	—	—	18[b]	—	—	—	—
Meat and bone meal	5-00-388	—	58–93[a]	66[h]	—	—	—	—	62[j]	—	—	76[k]
Poultry byproduct meal	5-03-798	68[d]	64[d]	27[h]	—	—	—	—	—	—	94[f]	—
Poultry meal		—	—	—	—	—	—	—	62[j]	—	—	76[k]
Inorganic phosphates												
Calcium, monobasic	6-01-082	—	94[b]	—	65[e]	—	94[i]	94[b]	—	92[l]	—	46[m]
		—	71[b]	—	66[e]	—	65[i]	46[b]	—	59[l]	—	19[m]
Calcium, dibasic	6-01-080	—	64[b]	—	42[e]	—	—	13[b]	—	49[l]	—	10[m]
Calcium, tribasic	6-01-084	—	—	—	—	—	—	—	—	96[l]	—	68[m]
Potassium, monobasic												
Sodium, monobasic	6-04-288	—	—	—	—	—	90[i]	—	—	95[l]	—	68[m]
Plant products												
Corn gluten meal	5-28-242	16[d]	9[d]	—	—	28[g]	25[i]	—	70[j]	—	83[f]	71[k]
Cottonseed meal	5-01-621	—	54[n]	40[h]	—	—	—	—	—	—	—	—
Peanut meal	5-03-650	—	—	—	—	—	—	—	58[j]	—	—	59[k]
Rapeseed meal	5-03-871	—	26–42[o]	—	—	—	—	—	56[j]	—	—	—
Rice bran	4-03-928	—	19[b]	—	—	—	—	25[b]	—	—	—	—
Soybean meal	5-04-612	28[d]	22[d]–57[p]	47[h]	—	30[g]	29[c]	—	59[j]	—	88[f]	64[k]
Soy protein concentrate	5-08-038	30	59[p]	—	—	—	—	—	—	—	—	—
Soy protein isolate		—	42[p]	—	—	—	—	—	—	—	—	—
Wheat flour	4-05-199	50[d]	47[d]	—	—	—	—	—	—	—	—	—
Wheat germ	5-05-218	—	58[b]	—	—	—	—	57[b]	—	—	—	—
Wheat gluten	5-05-221	57[d]	75[d]	—	—	—	—	—	—	—	—	72[k]
Wheat middlings	4-05-205	41[d]	55[d]	—	—	—	28[i]	—	—	—	—	—
Yeast, brewer's	7-05-527	—	69[q]	—	—	—	—	93[b]	—	—	—	—

참고: (–) 표시는 데이터가 없는 경우를 나타냄. IGIR, 소화율은 지표, Guelph 또는 그 수정된 시스템과 참조식으로 공급된 성분에 의해 결정. ISIR, 지표, 스트리핑 방법 및 기준식에 공급된 성분에 의해 결정.

[a]Bureau et al. (1999) by IGIR; [b]Ogino et al. (1979); [c]Wilson et al. (1982); [d]Sugiura et al. (1998) by IGIR; [e]Pimentel–Rodrigues and Oliva–Teles (2007); [f]Portz and Cyrino (2004) by IGIR; [g]Koprucu and Ozdemir (2005); [h]Gaylord and Gatlin, III (1996) by ISIR; [i]Lovell (1978); [j]Zhou et al. (2004) by IGIR; [k]Yang et al. (2009); [l]Sarker et al. (2009); [m]Davis and Arnold (1994); [n]Cheng and Hardy (2002b) by IGIR; [o]Burel et al. (2000); [p]Glencross et al. (2004) by IGIR; [q]Cheng et al. (2004) by IGIR.

명했다. 지질 모델과 유사하게 인 모델은 사료 또는 사료 성분에서 인 성분의 소화 가능성을 더하고, 인의 소화율을 낮추는 성분 사이의 상호작용을 설명하는 요소를 첨가한다.

아연의 ADC 값은 다른 성분의 영향을 받는데, 이는 높은 회분 어분이나 높은 피틴산 수준의 식물성 단백질 농축액을 함유하는 사료에서 아연의 ADC 값이 감소되기 때문이다(Richardson et al., 1985; Shearer and Hardy, 1987; Gatlin and Phillips, 1989; Brown et al., 1992). 양어사료를 조성할 때 사료 생산자는 이러한 상호작용을 고려해야 한다.

비사료 공급원의 흡수, 삼투균형의 유지와 관련된 장에서 미네랄 배출이 활발하기 때문에 해산 어류의 미네랄 소화 가능성 측정이 어렵다.

12.2.10 사료 가공 효과

Wilson and Poe (1985)는 압출 가공이 에너지 소화율을 증가시키지만 메기 사료의 펠렛 가공에 비해 단백질의 소화율에는 아무런 영향을 미치지 않는다는 점을 발견했다. 유사한 결과가 은농어(*Bidyanus bidyanus*)를 연구한 Booth et al.(2000)의 연구에서 밝혀졌다. 에너지의 ADC 값 향상 중 대부분은 전분 젤라틴화에 미치는 압출의 긍정적 효과에 기인할 수 있다. 다양한 압출 조건(온도, 압력)은 무지개송어의 단백질 ADC, 아미노산 또는 어분 · 밀가루의 에너지에 부정적인 영향을 미치지 않았다(Sørensen et al., 2002). 대조적으로 Booth et al.(2000)와 Cheng and Hardy (2003)는 사료를 섭취한 은농어와 전지대두박(full-fat soybean meal)을 함유한 사료를 섭취한 무지개송어에서 ADC 단백질 값의 향상성을 증명했다. Barrows et al.(2007)는 옥수수 글루텐에서 ADC 값에 압출 효과가 없다고 보고했다. 이 연구는 단백질 또는 에너지 ADC 값에 압출의 긍정적 효과가 성분 또는 사료 조성에 따라 결정된다는 것을 명확하게 보여준다. 사료 성분의 입자 크기는 은농어나 무지개송어에서 ADC 값에 영향을 미치지 않는다(Booth et al., 2000; Zhu et al., 2008).

사료 성분 중 미네랄의 ADC 값은 압출 효과와 상충된다는 연구 결과가 보고되었다. Cheng and Hardy (2003)는 압출 처리가 전지 대두박에서 ADC 값을 낮추었다고 보고했는데, 아마도 내인성 파이타아제를 비활성화하여 내장의 인을 유리시켰을 것이라고 추정했다. 압출된 유채박 원료에서는 그 반대의 결과가 나타났다(Burel et al., 2000).

사료 성분이나 양어사료의 ADC 값의 중요한 압출 가공 효과는 전분 젤라틴화에 있다. 이 효과는 컨디셔닝과 압출 과정에 사용되는 온도와 시간, 압력에 따라 다르지만 전분 공급원에 따라서도 달라진다.

12.2.11 ADC 값의 가중성에 영향을 미치는 상호작용

개별 성분 중 단백질과 아미노산, 에너지, 지질의 ADC 값은 성분별 부분 ADC 값을 추가하여 사료의 소화율을 예측하는데 사용할 수 있다(Lupatsch et al., 1997). 이 실험에서는 재료에서 측정된 ADC 값이 사료 처리에 영향을 받지 않는다고 가정한다. 그러나 탄수화물의 ADC 값(근사치 분석에서의 NFE)은 원료가 사료에 혼합될 때 반드시 추가되지는 않는다. 특정 하위 범주의 ADC 값은 다른 하위 범주의 첨가 함량, 특정 영양소, 사료 처리 조건 또는 지질의 경우 수온의 영향을 받을 수 있다. 따라서 사료 내의 지질과 탄수화물, 인의 소화율은 이 같은 영향을 받을 수 있어 부분 ADC 값의 비첨가성을 초래할 수 있다. 새로 개발된 모델은 지질과 인의 하위 카테고리의 부분 ADC 값을 고려한다(Hua and Bureau, 2006,2009b; Hua et al., 2008). 이 모델은 원료의 ADC 값을 사용하여 사료 내 ADC 값의 추정치를 더 정확하게 산출한다.

참고문헌

Abimorad, E. G., D. J. Carneiro, and E. C. Urbinati. 2007. Growth and metabolism of pacu (piaractus mesopotamicus holmberg 1887) juveniles fed diets containing different protein, lipid and carbohydrate levels. Aquac. Res. 38(1):36-44.

Abimorad, E. G., G. H. Squassoni, and D. J. Carneiro. 2008. Apparent digestibility of protein, energy, and amino acids in some selected feed ingredients for pacu *Piaractus mesopotamicus*. Aquacult. Nutr. 14:374-380.

Adamidou, S., I. Nengas, M. Alexis, E. Foundoulaki, D. Nikolopoulou, P. Campbell, I. Karacostas, G. Rigos, G. J. Bell, and K. Jauncey. 2009. Apparent nutrient digestibility and gastrointestinal evacuation time in European seabass (*Dicentrarchus labrax*) fed diets containing different levels of legumes. Aquaculture 289:106-112.

Akiyama, D. M, S. R. Coelho, A. L. Lawrence, and E. H. Robinson. 1989. Apparent digestibility of feedstuffs by the marine shrimp *Penaeus vannamei* BOONE. Nippon Suisan Gakk. 55:91-98.

Albrektsen, S., B. Hope, and A. Aksnes. 2009. Phosphorous (P) deficiency due to low P availability in fishmeal produced from blue whiting (*Micromesistius poutassou*) in feed for under-yearling Atlantic salmon (*Salmo salar*) smolt. Aquaculture 296:318-328.

Allan, G. L., S. Parkinson, M. A. Booth, D. A. Stone, S. J. Rowland, J. Frances, and R. Warner-Smith. 2000. Replacement of fish meal in diets for Australian silver perch, *Bidyanus bidyanus*: I. Digestibility of alternative ingredients. Aquaculture 186:293-310.

Ammerman, C. B., D. H. Baker, and A. J. Lewis. 1995. Bioavailability of nutrients for animals: Amino acids, minerals and vitamins. New York: Academic Press.

Anderson, J. S., S. P. Lall, D. M. Anderson, and J. Chandrasoma. 1992. Apparent and true availability of amino acids from common feed ingredients for Atlantic salmon (*Salmo salar*) reared in seawater. Aquaculture 108:111-124.

Anderson, J. S., S. P. Lall, D. M. Anderson, and M. A. McNiven. 1995. Availability of amino acids from various fish meals fed to Atlantic salmon (*Salmo salar*). Aquaculture 138:291-301.

Arndt, R. E., R. W. Hardy, S. H. Sugiura, and F. M. Dong. 1999. Effects of heat treatment and substitution level on palatability and nutritional value of soy defatted flour in feeds and coho salmon, *Oncorhynchus kisutch*. Aquaculture 180:129-145.

Arnesen, P., and Å. Krogdahl. 1995. Nutrient digestibilities, weight gain and plasma and liver levels of carbohydrate in rainbow trout, *Oncorhynchus mykiss* (Walbaum), fed diets with oats. Aquacult. Nutr. 1:201-211.

Aslaksen, M. A., O. F. Kraugerud, M. Penn, B. Svihus, V. Denstadli, H. Y. Jorgensen, M. Hillestad, Å. Krogdahl, and T. Storebakken. 2007. Screening of nutrient digestibilities and intestinal pathologies in Atlantic salmon, *Salmo salar*, fed diets with legumes, oilseeds, or cereals. Aquaculture 272:541-555.

Austreng, E., A. Skrede, and A. Eldegard. 1979. Effect of dietary fat source on the digestibility of fat and fatty acids in rainbow trout and mink. Acta Agr. Scand. 29:119-126.

Azevedo, P. A., C. Y. Cho, S. Leeson, and D. P. Bureau. 1998. Effects of feeding level and water temperature on growth, nutrient and energy utilization and waste outputs of rainbow trout (*Oncorhynchus mykiss*). Aquat. Living Resour. 11(4):227-238.

Bahurmiz, O. M., and W. K. Ng. 2007. Effects of dietary palm oil source on growth, tissue fatty acid composition and nutrient digestibility of red hybrid tilapia, *Oreochromis* sp., raised from stocking to marketable size. Aquaculture 262:382-392.

Barrows, F. T., D. A. J. Stone, and R. W. Hardy. 2007. The effects of extrusion conditions on the nutritional value of soybean meal for rainbow trout (*Oncorhynchus mykiss*). Aquaculture 265:244-252.

Batterham, E. S. 1992. Availability and utilization of amino acids for growing pigs. Nutr. Res. Rev. 5:1-18.

Berge, G. E., H. Sveier and E. Lied. 2002. Effects of feeding Atlantic salmon (*Salmo salar* L.) imbalanced levels of lysine and arginine. Aquacult. Nutr. 8:239-248.

Bergot, F., and J. Breque. 1983. Digestibility of starch by rainbow trout: Effects of the physical state of starch and of the intake level. Aquaculture 34:203-212.

Bogevik, A. S., D. R. Tocher, H. Langmyhr, R. Waagbo, and R. E. Olsen. 2008. Atlantic salmon (*Salmo salar*) postsmolts adapt lipid digestion according to elevated dietary wax esters from *Calanus finmarchicus*. Aquacult. Nutr. 15:94-103.

Booth, M. A., G. L. Allen, and R. Warner-Smith. 2000. Effects of grinding, steam conditioning and extrusion of a practical diet on digestibility and weight gain of silver perch, *Bidyanus bidyanus*. Aquaculture 182:287-299.

Brauge, C., G. Corraze, and F. Médale. 1995. Effect of dietary levels of lipid and carbohydrate on growth performance, body composition, nitrogen excretion and plasma glucose levels in rainbow trout reared at 8 or 18°C. Reprod. Nutr. Dev. 35:277-290.

Brinker, A. 2007. Guar gum in rainbow trout (*Oncorhynchus mykiss*) feed: The influence of quality and dose on stabilization of fecal solids. Aquaculture 267:315-327.

Brown, M. L., G. R. Nematipour, and D. M. Gatlin, III. 1992. Dietary protein requirement of juvenile sunshine bass at different salinities. Prog. Fish. Cult. 54:148-156.

Brunson, J. F., R. P. Romaire, and R. C. Reigh. 1997. Apparent digestibility of selected ingredients in diets for white shrimp *Penaeus setiferus* L. Aquacult. Nutr. 3:9-16.

Bureau, D. P., and K. Hua. 2006. Letter to the editor of Aquaculture. Aquaculture 252:103-105.

Bureau, D. P., A. M. Harris, and C. Y. Cho. 1999. Apparent digestibility of rendered animal protein ingredients for rainbow trout (*Oncorhynchus mykiss*). Aquaculture 180:293-310.

Bureau, D. P., K. Hua, and A. M. Harris. 2008. The effect of dietary lipid and long-chain n-3 PUFA levels on growth, energy utilization, carcass quality and immune function of rainbow trout, *Oncorhynchus mykiss*. J. World Aquacult. Soc. 39:1-21.

Burel, C., T. Boujard, F. Tulli, and S. J. Kaushik. 2000. Digestibility of extruded peas, extruded lupin and rapeseed meal in rainbow trout

(*Oncorhynchus mykiss*) and turbot (*Psetta maxima*). Aquaculture 188:285-298.

Carpenter, K. J. 1960. The estimation of the available lysine in animalprotein foods. Biochem J. 77:604-610.

Cheng, Z. J., and R. W. Hardy. 2002a. Effect of microbial phytase on apparent nutrient digestibility of barley, canola meal, wheat and wheat middlings, measured *in vivo* using rainbow trout (*Oncorhynchus mykiss*). Aquacult. Nutr. 8:271-277.

Cheng, Z. J., and R. W. Hardy. 2002b. Apparent digestibility coefficients and nutritional value of cottonseed meal for rainbow trout (*Oncorhynchus mykiss*). Aquaculture 212:361-372.

Cheng, Z. J., and R. W. Hardy. 2003. Effects of extrusion and expelling processing, and microbial phytase supplementation on apparent digestibility coefficients of nutrients in full-fat soybeans for rainbow trout (*Oncorhynchus mykiss*). Aquaculture 218:501-514.

Cheng, Z. J., R. W. Hardy, and N. J. Huige. 2004. Apparent digestibility coefficients of nutrients in brewer's and rendered animal by-products for rainbow trout (*Oncorhynchus mykiss* (Walbaum)). Aquac. Res. 35:1-9.

Chiu, Y. N., R. E. Austic, and G. L. Rumsey. 1987. Interactions among dietary minerals, arginine and lysine in rainbow trout (*Salmo gairdneri*). Fish Physiol. Biochem. 4:45-55.

Cho, C. Y., and S. J. Kaushik. 1990. Nutritional energetics in fish: Energy and protein utilization in rainbow trout (*Salmo gairdneri*). Pp.132-172 in Aspects of Food Production, Consumption and Energy Values, World Review of Nutrition and Dietetics, G. H. Bourne, ed. Basel, Switzerland: Karger.

Cho, C. Y., and S. J. Slinger. 1979. Apparent digestibility measurement in feedstuffs for rainbow trout. Pp. 239-247 in Proceedings of the World Symposium on Finfish Nutrition and Fish Feed Technology, Vol. II, June 20-23, 1978, Hamburg, Germany.

Cho, C. Y., S. J. Slinger, and H. S. Bayley. 1982. Bioenergetics of salmonid fishes: Energy intake, expenditure and productivity. Comp. Biochem. Phys. B 73B:25-41.

Choubert, G., Jr., J. de la Noüe, and P. Luquet. 1979. Continuous quantitative automatic collector for fish feces. Prog. Fish Cult. 41:64-67.

Choubert, G., Jr., J. de la Noüe, and P. Luquet. 1982. Digestibility in fish: Improved device for the automatic collection of feces. Aquaculture 29:185-189.

Cousin, M., G. Cuzon, and J. Guillaume. 1996. AQUACOP. Digestibility of starch in *Penaeus vannamei*: In vivo and in vitro study on eight samples of various origin. Aquaculture 140:361-372.

Cruz, E. M. 1975. Determination of Nutrient Digestibility in Various Feedstuffs for Channel Catfish. Ph.D. dissertation, Auburn University, Auburn, AL.

Cruz-Suarez, L. E., D. Ricque-Marie, M. Tapia-Salazar, I. M. McCallum, and D. Hickling. 2001. Assessment of differently processed feed pea (*Pisum sativum*) meals and canola meal (*Brassica* sp.) in diets for blue shrimp (*Litppenaeus stylirostris*). Aquaculture 196:87-104.

Cruz-Suarez, L. E., M. Nieto-Lopez, C. Guajardo-Barbosa, M. Tapia-Salazar, U. Scholz, and D. Ricque-Marie. 2007. Replacement of fish meal with poultry by-product meal in practical diets for *Litopenaeus vannamei*, and digestibility of the tested ingredients and diets. Aquaculture 272:466-476.

Cruz-Suarez, L. E., M. Tapia-Salazar, D. Villarreal-Cavazos, J. Beltran-Rocha, M. G. Nieto-Lopez, A. Lemme, and D. Ricque-Marie. 2009. Apparent dry matter, energy, protein and amino acid digestibility of four soybean ingredients in white shrimp *Litopenaeus vannamei* juveniles. Aquaculture 292:87-94.

Da Silva, J. G., and A. Oliva-Teles. 1998. Apparent digestibility coefficients of feedstuffs in seabass (*Dicentrarchus labrax*) juveniles. Aquat. Living Resour. 11:187-192.

Das, K. M., and S. D. Tripathi. 1991. Studies on the digestive enzymes of grass carp, *Ctenopharyngodon idella* (Val.). Aquaculture 92:21-32.

Davies, S. J., P. C. Morris and R. T. M. Baker. 1997. Partial substitution of fish meal and full-fat-soya bean meal with wheat gluten and influence of lysine supplementation in diets for rainbow trout *Oncorhynchus mykiss* (Walbaum). Aquac. Res. 28:317-328.

Davis, D. A., and C. R. Arnold. 1994. Estimation of apparent phosphorus availability from inorganic phosphorus sources for *Penaeus vannamei*. Aquaculture 127:245-254.

Davis, D. A., and C. R. Arnold. 1995. Effects of two extrusion processing conditions on the digestibility of four cereal grains for *Penaeus vannamei*. Aquaculture 133:287-294.

Davis, D. A., C. R. Arnold, and I. McCallum. 2002. Nutritional value of feed peas (*Pisum sativum*) in practical diet formulations for *Litopenaeus vannamei*. Aquacult. Nutr. 8:87-94.

Ehab, E.-H. R., and D. P. Bureau. 2007. Comparison of the bioavailability of lysine in blood meals of various origins to that of L-lysine HCl for rainbow trout (*Oncorhynchus mykiss*). Aquaculture 262:402-409.

Ezquerra, J. M., F. L. Garcia-Carreno, and O. Carrillo. 1997. In vitro digestibility of dietary protein sources for white shrimp (*Penaeus vannamei*). Aquaculture 163:123-136.

Forster, I. P. 1999. A note on the method of calculating coefficients of digestibility for nutrients provided by single ingredients to feeds of aquatic animals. Aquacult. Nutr. 5:143-145.

Forster, I., D. A. Higgs, B. S. Dosanjh, M. Rowshadeli, and J. Parr. 1999. Potential for dietary phytase to improve the nutritive value of canola protein concentrate and decrease phosphorus output in rainbow trout (*Oncorhynchus mykiss*) held in 11°C fresh water. Aquaculture 179:109-125.

Forster, I. P., W. Dominy, L. Obaldo, and A. G. J. Tacon. 2003. Rendered meal and bone meals as ingredients of diets for shrimp *Litopenaeus vannamei* (Boone, 1931). Aquaculture 219:655-670.

Gatlin, D. M., III, and H. F. Phillips. 1989. Dietary calcium, phytate and zinc interactions in channel catfish. Aquaculture 79:259-266.

Gaylord, T. G., and D. M. Gatlin, III. 1996. Determination of digestibility coefficients of various feedstuffs for red drum (*Sciaenops ocellatus*). Aquaculture 139:303-314.

Gaylord, T. G., S. D. Rawles, and D. M. Gatlin, III. 2004. Amino acid availability from animal, blended, and plant feedstuffs for hybrid striped bass (*Morone chrysops* × *M. saxatilis*). Aquacult. Nutr. 10:345-352.

Gaylord, T. G., F. T. Barrows, S. D. Rawles, K. Liu, P. Bregitzer, A. Hang, D. E. Obert, and C. Morris. 2009. Apparent digestibility of nutrients and energy in extruded diets from cultivars of barley and wheat selected for nutritional quality in rainbow trout, *Oncorhynchus mykiss*. Aquacult. Nutr. 15:306-312.

Glencross, B. D., C. G. Carter, N. Duijster, D. R. Evans, K. Dods, P. McCafferty, W. E. Hawkins, R. Maas, and S. Sipsas. 2004. A comparison of the digestibility of a range of lupin and soybean protein products when fed to either Atlantic salmon (*Salmo salar*) or rainbow trout (*Oncorhynchus mykiss*). Aquaculture 237:333-346

Glencross, B., D. Evans, K. Dods, P. McCafferty, W. Hawkins, R. Maas, and S. Sipsas. 2005. Evaluation of the digestible value of lupin and soybean protein concentrates and isolates when fed to rainbow trout, *Oncorhynchus mykiss*, using either stripping or settlement faecal collection methods. Aquaculture 245:211-220.

Guimaraes, I. G., L. E. Pezzato, and M. M. Barros. 2008. Amino acid availability and protein digestibility of several protein sources for Nile tilapia, *Oreochromis niliticus*. Aquacult. Nutr. 14:396-404.

Hajen, W. E., D. A. Higgs, R. M. Beames, and B. S. Dosanjh. 1992. Digestibility of various feedstuffs by post-juvenile Chinook salmon (*Oncorhynchus tshawylsche*) in sea water. 2. Measurement of digestibility. Aquaculture 112:333-348.

Hajen, W. E., R. M. Beames, D. A. Higgs, and B. S. Dosanjh. 1993. Digestibility of various feedstuffs by post-juvenile Chinook salmon in sea water. 1. Validation of technique. Aquaculture 112:321-332.

Hanley, F. 1987. The digestibility of foodstuffs and the effects of feeding selectivity on digestibility determinations in tilapia, *Oreochromis niloticus* (L). Aquaculture 66:163-179.

Hansen, J. Ø., and T. Storebakken. 2007. Effects of dietary cellulose level on pellet quality and nutrient digestibilities in rainbow trout (*Oncorhynchus mykiss*). Aquaculture 272:458-465.

Hardy, R. W. 1997. Understanding and using apparent digestibility coefficients in fish nutrition. Aquacult. Mag. 23:84-89.

Hemre, G.-I., Ø. Karlsen, A. Mangor-Jensen, and G. Rosenlund. 2003. Digestibility of dry matter, protein, starch and lipid by cod, *Gadus morhua*: Comparison of sampling methods. Aquaculture 225:225-232.

Hua, K., and D. P. Bureau. 2006. Modeling digestible phosphorus fractions of salmonid fish feeds. Aquaculture 254:455-465.

Hua, K., and D. P. Bureau. 2009a. A mathematical model to explain variations in estimates of starch digestibility and predict digestible starch content of salmonid fish feeds. Aquaculture 294:282-287.

Hua, K., and D. P. Bureau. 2009b. Development of a model to estimate digestible lipid content of salmonid fish feeds. Aquaculture 286:271-276.

Hua, K., C. F. M. de Lange, A. J. Niimi, G. Cole, R. D. Moccia, M. Z. Fan, and D. P. Bureau. 2008. A factorial model to predict phosphorus waste output of rainbow trout (*Oncorhynchus mykiss*). Aquac. Res. 39:1059-1068.

Hughes, K. P., and J. H. Soares. 1998. Efficacy of phytase on phosphorus utilization in practical diets fed to striped bass *Morone saxatillis*. Aquacult. Nutr. 4:122-142.

Jackson, L. S., M. H. Li, and E. H. Robinson. 1996. Use of microbial phytase in channel catfish *Ictalurus punctatus* diets to improve utilization of phytate phosphorus. J. World Aquacult. Soc. 27:297-302.

Kaushik, S. J. 2002. European Sea Bass, *Dicentrarchus labrax*. Pp. 28-39 in Nutrient Requirements and Feeding of Finfish for Aquaculture, C. D. Webster and C. E. Lim, eds. Wallingford, UK: CABI Publishing.

Kaushik, S. J., and B. Fauconneau. 1984. Effects of lysine administration on plasma arginine and on some nitrogenous catabolites in rainbow trout. Comp. Biochem. Physiol. 79A:459-462.

Koprucu, K., and Y. Ozdemir. 2005. Apparent digestibility of selected feed ingredients for Nile tilapia (*Oreochromis niloticus*). Aquaculture 250:308-316.

Krogdahl, A., G.-I. Hemre, and T. P. Mommsen. 2005. Carbohydrates in fish nutrition: Digestion and absorption in postlarval stages. Aquacult. Nutr. 11:103-122.

Lee, S. M. 2002. Apparent digestibility coefficients of various feed ingredients for juvenile and grower rockfish (*Sebastes schlegeli*). Aquaculture 207:79-95.

Lemos, D., A. L. Lawrence, and A. J. Siccardi, III. 2009. Prediction of apparent protein digestibility of ingredients and diets by *in vitro* pH-stat degree of protein hydrolysis with species-specific enzymes for juvenile Pacific white shrimp *Litopenaeus vannamei*. Aquaculture 295:89-98.

Lewis, A. J., and H. S. Bayley. 1995. Bioavailability of Nutrients for Animals: Amino Acids. New York: Academic Press.

Liu, H., X. Wu, M. Zhao, M. Xue, L. Guo, Y. Zheng, and Y. Yu. 2009. Nutrients apparent digestibility coefficients of selected protein sources for juvenile Siberian sturgeon (*Acipenser baerii* Brandt), compared by two chromic oxide analyses methods. Aquacult. Nutr. 15:650-656.

Lovell, R. T. 1978. Dietary phosphorus requirement of channel catfish (*Ictalurus punctatus*). T. Am. Fish. Soc. 107:617-621.

Lupatsch, I., G. W. M. Kissil, D. Sklan, and E. Pfeffer. 1997. Apparent digestibility coefficients of feed ingredients and their predictability in compound diets for gilthead seabream, *Sparus aurata* L. Aquacult. Nutr. 3:81-89.

Masumoto, T., T. Ruchimat, Y. Ito, H. Hosokawa, and S. Shimeno. 1996. Amino acid availability values for several protein sources for yellowtail (*Seriola quinqueradiata*). Aquaculture 146:109-119.

McGoogan, B. B., and R. C. Reigh. 1996. Apparent digestibility of selected ingredients in red drum (*Sciaenops ocellatus*) diets. Aquaculture 141:233-244.

Médale, F., P. Aguirre, and S. J. Kaushik. 1991. Utilization of dietary carbohydrates by rainbow trout at two water temperatures. Pp. 392-

395 in Energy Metabolism of Farm Animals, European Association for Animal Production Pub. 58, C. Wenk and M. Boessinger, eds. Wageningen, the Netherlands: Pudoc.

Médale, F., J. M. Poli, F. Vallée, and D. Blanc. 1999. Comparaison de l'utilisation digestive et métabolique d'un régime riche en glucides par la carpe à 18ºC et 25ºC. Cybium 23:139-152.

Menoyo, D., C. J. Lopez-Boge, J. M. Bautista, and A. Obach. 2003. Growth, digestibility and fatty acid utilization in large Atlantic salmon (*Salmo salar*) fed varying levels on n-3 and saturated fatty acids. Aquaculture 225:295-307.

Moreira, I. S., H. Peres, A. Couto, P. Enes, and A. Oliva-Teles. 2008. Temperature and dietary carbohydrate level effects on performance and metabolic utilisation of diets in European sea bass (*Dicentrarchus labrax*) juveniles. Aquaculture 274:153-160.

Nengas, I., M. N. Alexis, S. J. Davies, and G. Petichakis. 1995. Investigation to determine digestibility coefficients of various raw materials in diets for gilthead sea bream, *Sparus auratus* L. Aquac. Res. 26:185-194.

Ng, W. K., P. J. Campbell, J. R. Dick, and J. G. Bell. 2003. Interactive effects of dietary palm oil concentration and water temperature on lipid digestibility in rainbow trout (*Oncorhynchus mykiss*). Lipids 38:1031-1038.

Ng, W. K., T. Sigholt, and J. G. Bell. 2004. The influence of environmental temperature on the apparent nutrient and fatty acid digestibility in Atlantic salmon (*Salmo salar* L.) fed finishing diets containing different blends of fish oil, rapeseed oil and palm oil. Aquac. Res. 35:1228-1237.

Nyachoti, C. M., C. F. M. de Lange, B. W. McBride, and H. Schulze. 1997. Significance of endogenous gut nitrogen losses in the nutrition of growing pigs: A review. Can. J. Anim. Sci. 149-163.

Ogino, C., J. Kakino, and M. S. Chen. 1973. Determination of metabolic fecal nitrogen and endogenous nitrogen excretion of carp. B. Jpn. Soc. Sci. Fish. 39:519-523.

Ogino, C., T. Takeuchi, H. Takeda, and T. Watanabe. 1979. Availability of dietary phosphorus in carp and rainbow trout. B. Jpn. Soc. Sci. Fish. 45:1527-1532.

Olsen, R. E., and E. Ringø. 1998. The influence of temperature on the apparent nutrient and fatty acid digestibility of Arctic charr, *Salvelinus alpines* L. Aquac. Res. 29:695-701.

Olsen, R. E., R. J. Henderson, J. Sountama, G. I. Hemre, E. Ringø, W. Melle, and D. R. Tocher. 2004. Atlantic salmon, *Salmo salar*, utilizes wax ester-rich oil from *Calanus finmarchicus* effectively. Aquaculture 240:433-339.

Opstvedt, J., R. Miller, R. W. Hardy, and J. Spinelli. 1984. Heat-induced changes in sulfhydryl groups and disulfide bonds in fish protein and their effect on protein and amino acid digestibility in rainbow trout (*Salmo gairdneri*). J. Agr. Food Chem. 32:929-935.

Pandian, T. J. 1967. Intake, digestion, absorption and conversion of food in the fishes *Megalops cyprinoides* and *Ophiocephalus striatus*. Mar. Biol. 1:16-32.

Pimentel-Rodrigues, A., and A. Oliva-Teles. 2007. Phosphorus availability of inorganic phosphates and fish meals in European sea bass (*Dicentrarchus labrax* L.) juveniles. Aquaculture 267:300-307.

Popma, T. J. 1982. Digestibility of Selected Feedstuffs and Naturally Occurring Algae by Tilapia. Ph.D. Dissertation, Auburn University, Auburn, AL.

Portz, L., and J. Cyrino. 2004. Digestibility of nutrients and amino acids of different protein sources in practical diets by largemouth bass *Micropterus salmoides* (Lacepede, 1802). Aquac. Res. 35:312-320.

Rathbone, C. K., J. K. Babbitt, F. M. Dong, and R. W. Hardy. 2001. Performance of juvenile coho salmon *Oncorhynchus kisutch* fed diets containing meals from fish wastes, deboned fish wastes, or skin-and-bone by-product as the protein ingredient. J. World Aquacult. Soc. 32:21-29.

Rawles, S. D., and D. M. Gatlin, III. 2000. Nutrient digestibility of common feedstuffs in extruded diets for Sunshine Bass *Morone chrysops* ♀ × *M. saxatilis* ♂. J. World. Aquacult. Soc. 31:570-579.

Richardson, N. L., D. A. Higgs, R. M. Beames, and J. M. McBride. 1985. Influence of dietary calcium, phosphorus, zinc and sodium phytate level on cataract incidence, growth and histopathology in juvenile Chinook salmon (*Oncorhynchus tshawytscha*). J. Nutr. 115:553-567.

Robinson, E. H., R. P. Wilson, and W. E. Poe. 1981. Arginine requirement and apparent absence of a lysine-arginine antagonism in fingerling channel catfish. J. Nutr. 111:46-52.

Rodehutscord, M., and E. Pfeffer. 1995. Effects of supplemental microbial phyatse on phosphorus digestibility and utilization in rainbow trout (*Oncorhynchus mykiss*). Water Sci. Technol. 31:143-147.

Saad, C. R. 1989. Carbohydrate Metabolism in Channel Catfish. Ph.D. Dissertation, Auburn University, Auburn, AL.

Saha, S., R. N. Roy, S. K Sen, and A. K. Ray. 2006. Characterization of cellulase-producing bacteria from the digestive tract of tilapia, *Oreochromis mossambica* (Peters) and grass carp, *Ctenopharyngodon idella* (Valenciennes). Aquac. Res. 37:380-388.

Sargent, J. R., D. R. Tocher, and J. G. Bell. 2002. The lipids. Pp. 181-257 in Fish Nutrition, 3rd Edition, J. E. Halver and R. W. Hardy, eds. New York: Academic Press, Inc.

Sarker, P. K., H. Fukada, and T. Masumoto. 2009. Phosphorus availability from inorganic phosphorus sources in yellowtail (*Seriola quinqueradiata* Temminck and Schlegel). Aquaculture 289:113-117.

Scott, M. L., M. C. Nesheim, and R. J. Young. 1982. Nutrition of the Chicken, 3rd edition. Ithaca, NY: M. L. Scott and Associates.

Shearer, K. D., and R. W. Hardy. 1987. Phosphorus deficiency in rainbow trout fed a diet containing deboned fillet scrap. Prog. Fish Cult. 49:192-197.

Sibbald, I. R. 1978. The true metabolizable energy values of mixtures of tallow with either soybean oil or lard. Poultry Sci. 57:473-477.

Sklan, D., T. Prag, and I. Lupatsch. 2004. Apparent digestibility coefficients of feed ingredients and their prediction on diets for tilapia *Oreochromis niloticus* × *Oreochromis aureus* (Teleostei, Cichlidae). Aquac. Res. 35:358-364.

Small, B. C., R. E. Austic, and J. H. Soares, Jr. 1999. Amino acid availability of four practical feed ingredients fed to striped bass *Morone saxatilis*. J. World. Aquacult. Soc. 30:58-64.

Smith, D. M., S. J. Tabrett, B. D. Glencross, S. J. Irvin, and M. C. Barclay. 2007. Digestibility of lupin kernel meals in feeds for the black tiger shrimp, *Penaeus monodon*. Aquaculture 264:353-362.

Smith, R. R. 1971. A method for measuring digestibility and metabolizable energy of fish feeds. Prog. Fish Cult. 33:132-134.

Smith, R. R. 1976. Metabolizable energy of feedstuffs for trout. Feedstuffs 48:16-21.

Smith, R. R. 1977. Recent research involving full-fat soybean meal in salmon diets. Salmonid 1:8-18.

Smith, R. R., M. C. Peterson, and A. C. Allred. 1980. The effect of leaching on apparent digestion coefficients in determining digestibility and metabolizable energy of feedstuffs for salmonids. Prog. Fish Cult. 42:195-199.

Solomon, D. J., and A. G. Brafield. 1972. The energetic of feeding, metabolism and growth of perch (*Perca fluviatlilis* L.). J. Anim. Ecol. 41:699-718.

Sørensen, M., K. Ljøkjel, T. Storebakken, K. D. Shearer, and A. Skrede. 2002. Apparent digestibility of protein, amino acids and energy in rainbow trout (*Oncorhynchus mykiss*) fed a fish meal based diet extruded at different temperatures. Aquaculture 211:215-225.

Stone, D. A. J. 2003. Dietary carbohydrate utilization by fish. Rev. Fish. Sci. 11(4):337-369.

Storebakken, T., K. D. Shearer, G. Baeverfjord, B. G. Nielsen, T. Asgard, T. Scott, and A. DeLaporte. 2000. Digestibility of macronutrients, energy and amino acids, absorption of elements and absence of intestinal enteritis in Atlantic salmon, *Salmo salar*, fed diets with wheat gluten. Aquaculture 184:115-132.

Sugiura, S. H., F. M. Dong, C. K. Rathbone, and R. W. Hardy. 1998. Apparent protein digestibility and mineral availabilities in various feed ingredients for salmonid feeds. Aquaculture 159:177-202.

Sugiura, S. H., J. K. Babbitt, F. M. Dong, and R. W. Hardy. 2000. Utilization of fish and animal by-product meals in low-pollution feeds for rainbow trout, *Oncorhynchus mykiss* (Walbaum). Aquac. Res. 31(7):585-593.

Sugiura, S. H., J. Gabaudan, F. M. Dong, and R. W. Hardy. 2001. Dietary microbial phytase supplementation and the utilization of phosphorus, trace minerals and protein by rainbow trout [*Oncorhynchus mykiss* (Walbaum)] fed soybean meal-based diets. Aquac. Res. 32:583-592.

Sullivan, J. A., and R. C. Reigh. 1995. Apparent digestibility of selected feedstuffs in diets for hybrid striped bass (*Morone saxatilis* × *Morone chrysops*). Aquaculture 138:313-322.

Svihus, B., A. K. Uhlen, and O. M. Harstad. 2005. Effect of starch granule structure, associated components and processing on nutritive value of cereal starch: A review. Anim. Feed Sci. Tech. 122:303-320.

Thiessen, D. L., G. L. Campbell, and P. D. Adelizi. 2003. Digestibility and growth performance of juvenile rainbow trout (*Oncorhynchus mykiss*) fed with pea and canola products. Aquacult. Nutr. 9:67-75.

Tibaldi, E., F. Tulli and D. Lanari. 1994. Arginine requirement and effect of different arginine and lysine levels for fingerling sea bass (*Dicentrarchus labrax*). Aquaculture 127:207-218.

Tibbetts, S. M., S. P. Lall, and J. E. Milley. 2004. Apparent digestibility of common feed ingredients by juvenile haddock, *Melanogrammus aeglefinus* L. Aquac. Res. 35:643-651.

Tibbetts, S. M., J. E. Milley, and S. P. Lall. 2006. Apparent protein and energy digestibility of common and alternative feed ingredients by Atlantic cod, *Gadus morhua* (Linnaeus, 1759). Aquaculture 261:1314-1327.

Vandenberg, G., and J. de la Noüe. 2001. Apparent digestibility comparison in rainbow trout (*Oncorhynchus mykiss*) assessed using three methods of faeces collection and three digestibility markers. Aquacult. Nutr. 7:237-245.

Venou, M. N., N. Alexis, E. Fountoulaki, I. Enegas, M. Apostolopoulou, and I. Castritsi-Cathariou. 2003. Effect of extrusion of wheat and corn on gilthead bream (*Sparus aratus*) growth, nutrient utilization efficiency, rates of gastric evacuation and digestive enzyme activities. Aquaculture 225:207-223.

Vielma, J., T. Makinen, P. Ekholm, and J. Koskela. 2000. Influence of dietary soy and phytase levels on performance and body composition of large rainbow trout (*Oncorhynchus mykiss*) and algal availability of phosphorus load. Aquaculture 183:349-362.

Wilson, R. P., and W. E. Poe. 1985. Apparent digestibility of protein and energy in feed ingredients for channel catfish. Prog. Fish Cult. 47:154-158. Wilson, R. P., E. H. Robinson, and W. E. Poe. 1981. Apparent and true availability of amino acids from common feed ingredients for channel catfish. J. Nutr. 111:923-929

Wilson, R. P., E. H. Robinson, D. M. Gatlin, III, and W. E. Poe. 1982. Dietary phosphorus requirement of channel catfish. J. Nutr. 112:1197-1202.

Windell, J. T., J. W. Foltz, and J. A. Sarokon. 1978a. Methods of fecal collection and nutrient leaching in digestibility studies. Prog. Fish Cult. 40:51-55.

Windell, J. T., J. W. Foltz, and J. A. Sarokok. 1978b. Effect of fish size, temperature and amount fed on nutrient digestibility of a pelleted diet by rainbow trout, (*Salmo gairdneri*). T. Am. Fish. Soc. 107:613-616.

Yang, Q., X. Zhou, Q. Zhou, B. Tan, S. Chi, and X. Dong. 2009. Apparent digestibility of selected feed ingredients for white shrimp *Litopenaeus vannamei*, Boone. Aquac. Res. 1-9.

Zhou, Q. C., B. P. Tan, K. S. Mai, and Y. J. Liu. 2004. Apparent digestibility of selected feed ingredients for juvenile cobia *Rachycentron canadum*. Aquaculture 241:441-451.

Zhu, S., S. Chen, R. W. Hardy, and F. T. Barrows. 2008. Digestibility, growth and excretion response of rainbow trout (*Oncorhynchus mykiss* Walbaum) to feeds of different ingredient particle sizes. Aquac. Res. 32:885-893.

제 13 장

영양소와 사료 공급

어류와 새우의 영양분 공급과 요구량은 다른 가축 생산 부문에 알려지지 않은 수많은 어려움을 수반한다. 사료와 사료 공급 전략은 어류와 새우 양식에서 중요한 부분을 차지하며 종, 계통과 생활사, 환경 조건과 사육 기준뿐만 아니라 사용된 사료의 특성을 포함한 다양한 요소의 영향을 받는다. 유형(생사료, 신선함, 냉동 또는 혼합 사료), 물리적 특성(사료 입자 크기, 분쇄 정밀도, 밀도 또는 비중)과 기호성 같은 특성은 다양한 생활사와 종의 영향을 신중히 고려해야 한다. 사료 허용량과 공급량, 사료 공급 빈도는 영양소 섭취와 유지, 결과적으로 동물의 성장과 건강, 품질에 영향을 미치는 중요한 요소이다. 사료 유형(부상 또는 침강)과 사료 공급 방법의 선택은 종, 양식시스템, 사료를 공급하는 데 사용되는 장비와 인력에 따라 결정된다. 모든 종과 생산 시스템에 적합한 단일 공급 프로토콜이나 방법은 없다. 결과적으로 이 장에서는 영양분 공급과 이용 효율성, 비용 효과, 생산 시스템의 지속 가능성을 향상시키기 위한 접근방식과 분석뿐만 아니라 영양분 공급의 다양한 측면을 기술하였다.

13.1 초기사료

새롭게 부화한 어류와 갑각류에는 다양한 종류의 생리학적 형태가 포함되며, 간결성을 위해 일반적으로 자어로 표현된다. 제14장에서 설명한 것처럼 사료의 성공적인 사용은 종, 크기, 자어 크기, 소화기관의 유형 또는 발달 단계를 포함하는 다양한 요소와 관련된다. 기초 소화기관을 가진 자어는 일반적으로 사료 섭취가 가장 어렵고 먹이생물이 필요한 반면에 좀 더 발달된 소화기관을 가진 자어는 사료만으로도 사육될 수 있다.

13.1.1 먹이생물

자어와 갑각류가 선호하는 살아 있는 먹이생물은 식물성 플랑크톤과 동물성 플랑크톤을 포함한 자연에 있는 생물이다. 식물성 플랑크톤은 수생 먹이사슬의 기초를 이루며 많은 종에서 자어 사육을 위한 필수 먹이이다. 식물성 플랑크톤은 쌍각류 조개 연체동물, 갑각류의 치하 단계, 일부 어류의 초기 성장 단계, 자어, 새우의 먹이로 사용되는 수많은 동물성 플랑크톤 종의 사육에 중요한 먹이 공급원이다(Couteau, 1996). 동물성 플랑크톤 배양에 사용되는 다양한 미세조류(살아 있는 상태, 페이스트[paste]로 보존 또는 건조 상태)는 영양 성분과 품질, 배양의 용이성에 차이가 있다. 로티퍼(*Brachionus* spp.)와 알테미아(*Artemia* spp.)는 자어의 먹이생물로서 대량 생산되고 있는 대표적인 동물성 플랑크톤이다. 지리적 기원이 다르고 다른 조건에서 배양된 식물성 플랑크톤과 동물성 플랑크톤은 주로 n−3, n−6 다중불포화지방산(PUFA) 함량에서 영양 품질에 차이가 있을 수 있다(Watanabe et al., 1983; Volkman et al., 1989; Reitan et al., 1997). 많은 어류의 자어는 n−3 PUFA 결핍에 매우 민감하다(Watanabe et al., 1983; Gatesoupe and Le Millinaire, 1985; Rainuzzo et al., 1997; Sargent et al., 1999). 따라서 동물성 플랑크톤 먹이에서 지방산의 조성과 함량은 자어의 성장과 생존에 영향을 미친다. 적절한 수준의 PUFA를 보장하기 위한 동물성 플랑크톤 농축은 두 가지 과정을 거쳐 달성될 수 있다(Sorgeloos, 1980). ① 동물성 플랑크톤은 고농도의 PUFA를 함유한 미세조류(예: 클로렐라 종) 또는 효모 같은 살아 있는 미생물로 24시간 공급할 수 있어야 하고 ② 동물성 플랑크톤 노플리우스(nauplii)는 자어에게 공급되기 전 3시간에서 12시간 PUFA가 풍부한 지질(어유 그리고 유화된 화합물)이 첨가된 미세 미립자 사료, 보존성 조류 페이스트 같은 영양성분이 공급되어야 한다.

미세조류는 일반적으로 농축 배지로서 동물성 플랑크톤의 생산에 이용된다. 또한 미세조류는 동물성 플랑크톤의 살아 있는 먹이생물일 뿐만 아니라 자어에게도 직접 영양소 역할을 할 수 있다(Reitan et al., 1997). 집약적 양식시스템에서 미세조류 사용은 수중의 박테리아 개체군을 조정하고, 수질을 향상시키며, 먹이생물의 영양분 함량을 안정화하고, 광량을 조절하며, 생물의 소화를 자극하고, 초기 장내미생물 조성에 기여하는 등 많은 장점이 있다(Reitan et al., 1997; Liao et al., 2001; Palmer et al., 2007).

자어는 항상 최적의 크기, 양, 질을 갖춘 먹이를 섭취할 수 있어야 하기 때문에 먹이생물 생산 시스템의 관리뿐만 아니라 양식시스템의 먹이생물 농도도 적절해야 한다. 자어는 조방적이거나 집약적인 양식시스템에서 먹이생물을 획득할 수 있다. 영양학적 관점에서 보면 먹이생물이 추가되는 집약적 양식시스템은 자연적으로 생산되는 조방적 양식시스템보다 먹이의 품질과 양을 더 효율적으로 제어할 수 있다. 특정 먹이 밀도는 많은 어류 자어(예: 10~20마리의 로티퍼/ml)에서 효과적인 것으로 관찰된다. 그러나 최적의 먹이 밀도는 종과 개체 발생, 먹이의 크기, 양식시스템에 따라 달라질 수 있다(Lee and Ostrowski, 2001). 최적의 밀도를 결정하는 가장 좋은 방법은 섭취 시 자어 먹이 수와 양식시스템에서 먹이 밀도를 모니터링하여 섭식 부족과 과식을 방지하는 방법이다(Palmer et al., 2007). 감식(underfeeding)은 자어의 성장과 발달을 저해하는 반면에 과식은 포획 성공률을 감소시키고 수질을 저하시킬 수 있다. *Artemia*는 번식하여 배양 종과 경쟁할 수 있다(Lee and Ostrowski, 2001). 마지막으로 집약적 양식시스템에서 동물성 플랑크톤을 위한 먹이가 없기 때문에 동물성 플랑크톤의 영양 품질은 시간이 지남에 따라 떨어질 것이다.

13.1.2 자어와 치어 사료

자어를 위한 사료는 일반적으로 미세미립자 사료라고 한다. 자어 사료 품질의 향상에도 불구하고 오직 일부 어종의 자어만 사료로 사육될 수 있다(Jones et al., 1993; Liao et al., 2001). 이들은 먹이생물을 함께 섭취하는데 혼합 공급되기도 한다. 자어의 미세미립자 사료는 자어의 영양소 요구량을 충족하고, 섭취에 적합한 크기여야 하며, 자어에게 적합한 부력과 질감, 색 같은 물리적 특성도 지녀야 한다. 자어에게 필요한 사료의 영양성분은 주로 인지질, 필수 지방산, 유리 아미노산 또는 짧은 펩타이드로 치어기 사료와 유의적인 차이가 있다(Jones et al., 1997; Jones, 1998; Cahu and Infante, 2001). 자어와 치어 사이의 정량적인 영양 성분의 차이에 관한 정보는 제한적이지만, 자어의 신진대사율이 높기 때문에 사료 내 영양소와 에너지를 더 많이 섭취할 수 있다는 이점이 있다(Dabrowski, 1986).

최적의 사료 입자 크기는 어류 크기에 비례하여 증가하며 구강 부위의 20%를 초과하면 안된다(Dabrowski and Bardega, 1984). 자어를 사육할 때는 치어나 자어 이후 단계에서 자주 사료를 공급하는 것이 중요하다. 먹이는 하루에 10~24회 또는 거의 지속적으로 공급하거나 과도하게 공급될 수 있다(Charlon and Bergot, 1984; Charlon et al., 1986). 자어 사료를 이용할 때 사료의 영양소 함량과 전달이 중요하지만, 사료가 수질에 미치는 영향도 중요하다. 미세미립자 사료는 표면적 대비 부피 비율이 높고, 섭취량을 초과하여 사료를 공급해야 하며, 영양소의 수분 침출량이 증가하여 수질 악화를 초래하기 때문에 적절히 관리하지 않으면 양식시스템에서 박테리아 개체가 증가하게 된다(Jones et al., 1993).

자어와 치어[1]를 위한 배합사료는 일반적으로 고품질의 해양 원료를 함유하고 있다. 이 사료는 종종 상대적으로 큰 사료 입자를 섭취하기에 충분히 큰 다른 종의 치어에도 사용된다. 단일 세포 단백질과 동결 건조 동물 조직을 함유한 자어 사료는 잉어, 초어(grass carp), 백련어(silver carp) 등을 대상으로 위가 없는 자어에서 성공적으로 입증되었다(Dabrowski et al., 1984; Dabrowski and Poczyczynski, 1988). 해양 어류 치어와 새우 치하를 위한 미세미립자 사료는 어류와 게, 오징어, 홍합, 효모, 달걀 노른자, 모시조개, 크릴 등의 미세분상의 사료원(Kanazawa, 1986; Kanazawa et al., 1989; Kanazawa, 1990; Cahu and Infante, 2001), 카제인과 젤라틴 같은 반정제 성분을 활용했다(Paibulkichakul et al., 1998). 실제 배합은 포함된 점결제의 양과 유형 같은 제조 방법에 따라 달라질 것이다.

13.2 사료 제품과 관리

어류 양식은 양식 전문가가 사료를 조절한다는 점을 포함하여 몇 가지 주요 측면에서 육상동물 사육과 다르다. 사료 섭취량을 어류 스스로 완전히 통제할 수 있는 양식시스템은 상대적으로 적다. 따라서 사료 관리는 어류 양식의 성패에 결정적인 요소이다. 어류는 성장 잠재력이 실현될 수 있도록 사료를 주는 것이 중요하지만 사료를 낭비하지 않는 것도 중요하다. 섭취하지 않은 사료는 경제적 손실을 나타내며, 복구가 어렵고, 양식 환경의 악화와 작업 결과물의 낭비일 수 있다. 수중 환경에서 생물을 양식하면 다른 가축(예: 가금류와 돼지)과 비교하여 성장 모니터링, 생물량 모니터링, 사료 공급과 배설물 산출 관리 등이 크게 복잡해진다. 양식시스템에서 어류의 성장과 생물량의 정확한 추정치가 없으면 작업 간 또는 생산주기 간 사료 효율을 계산하기가 어렵다. 결과적으로 적절한 사료 공급은 경제적 관점과 환경적 측면 모두에서 중요하다.

13.3 사료 이용과 어류 성장

성장 또는 새로운 조직의 침착은 유전적 잠재력과 영양 섭취, 환경 조건을 반영한다. 성장을 위한 최대 잠재력은 유전적으로 결정되며 적절한 영양 섭취와 함께 적절한 환경 조건에서만 도달할 수 있다. 성장은 소화되지 않은 영양소, 대사 폐기물이 처리되고 유지보수와 자발적 활동이 충족되면 동물이 섭취하는 영양소의 최종 결과이다. 동물의 생물량(생체중) 증가는 물, 단백질, 지방, 미네랄뿐만 아니라 소량의 다른 화합물의 침전 결과이기도 하다. 생체중 증가 단위당 축적된 영양분의 양은 일정하지 않지만 동물의 무게와 사료의 영양분 함량, 생리학적 상태 같은 다양한 요인에 따라 변한다. **그림 13-1**은 크기가 다양한 무지개송어의 상대적 구성 변화를 다양한 사료 실험에서 보여준다. 유사한 결과는 Shearer (1994)와 Lupatsch et al.(1998)의 연구에서 보고

[1]유생은 외인성 섭취 초기부터 치어로 변태하는 유기체이다. 유생 단계에서 동물은 치어 또는 성어와 외형 및 행동이 크게 다르다. 자어는 유생의 후기 단계에서 어린 어류를 설명하는 데 사용되는 용어이다. 부화에서 자어 단계까지의 모든 단계는 잠재적으로 "자어"로 지칭할 수 있다. 출처: www. aqualex.org.

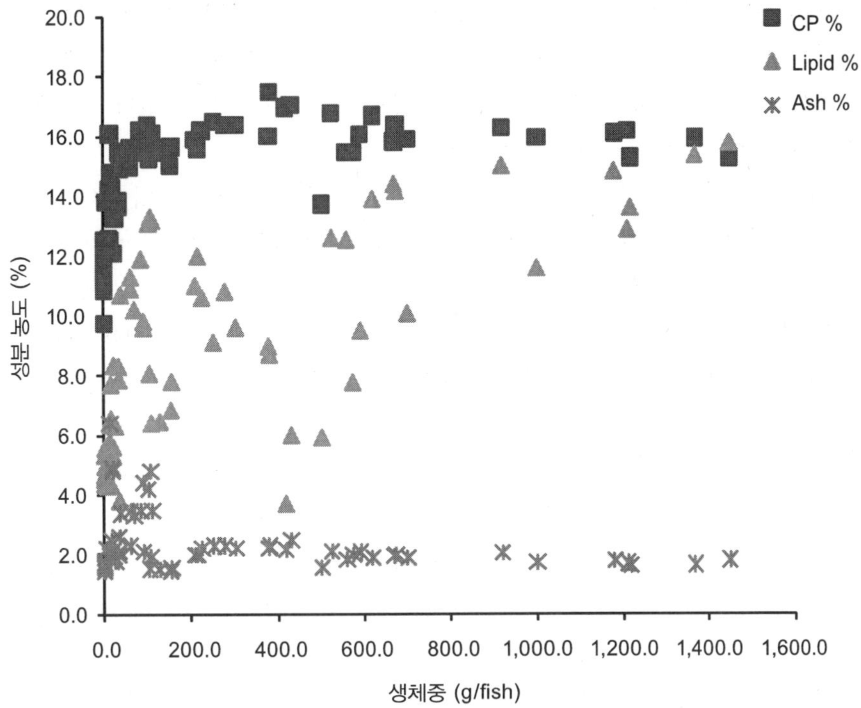

그림 13-1 무지개송어(*Oncorhynchus mykiss*)의 전어체 성분(제4장 참조).

되었다. 어류의 건물(즉, 단백질 + 지질 + 회분) 함량은 어류가 자라면서 극적으로 증가한다. 결과적으로 생물량 이득의 1단위(예: 1 g 또는 1 kg의 생물량 이득)는 어류가 성장함에 따라 달라지는 양의 건물을 의미한다. 다른 많은 요인(사료의 영양 성분, 공급 수준의 생리적 · 환경적 요인) 또한 어류 구성에 영향을 줄 수 있다. 따라서 생물량의 변화는 동물이 성장하거나 조건이 변함에 따라 영양소의 다양한 양을 나타낼 수 있기 때문에 '절대적' 또는 '일정한' 구성이 아니다.

사료 이용률 대비 동물용 먹이생물 증가량의 가장 보편적인 척도는 사료 전환 효율(FCR)이다. 이것은 습윤체중량 증가당 사료 섭취량으로 가장 정확하게 정의된다. 건조 사료 섭취 대비 생체중 증가 비의 역수 비율은 사료효율(FE)로 지칭되며 흔히 백분율로 표시된다. 현장에서는 FCR가 일반적으로 계산되지 않는다. FCR나 수조당 전환 효율(Swingle [1968]의 연구에서 기술) 대신 종종 양식장에서 공급하는 사료량과 주어진 기간에 판매된 제품의 양(단위당 사료 첨가량)에 근거하여 계산된다. 이것은 FCR의 정확한 척도는 아니지만 개체군 수준에서 제공되고 수확된 생물량을 측정한 값이다. 이러한 값은 살아 있는 동물의 실제 FCR뿐만 아니라 자연 먹이 기여도(결과적으로 FCR가 감소), 소비되지 않은 사료, 생산 주기(폐사 포함)에 폐사된 어류를 통하여 계산될 수 있다. 따라서 양식장에서 관찰된 FCR (사료: 증체량)는 종종 부정확하게 정의되며 일반적으로 사료의 영양 품질을 측정하는 특정 양식업의 전반적인 효율의 기준이 된다.

다양한 내인성(유전적, 성별), 외인성(환경, 축산) 요인이 사료효율에 미치는 영향을 모델링하기 위해 많은 연구가 수행되었다. 이들 연구에서 얻은 결과와 모델은 현재까지 사용되고 있다. 그러나 이들 연구에는 많은 모순이 있다. 예를 들어 일부 연구는 최대 FE가 최대 성장(G_{max})에 필요한 수준보다 낮은 사료 공급 수준에서 달성된다고 제안한다(Brett and Groves, 1979). 반대로 Talbot (1993)은 최대 사료 섭취량(R_{max})과 G_{max}에서 최대 FE를 얻을 수 있다고 제안했다. 이들 연구의 차이점은 이러한 분석과 모델(공급되는 사료 질량, 생물량 이득, G_{max}, R_{max}, 성장률, FE, FCR 등)에 사용된 매개변수가 모두 상대적이거나 반정량적 매개변수라는 사실과 크게 관련된다. 이러한 여러 변수(성장률, G_{max}, R_{max})의 한계와 관련한 논의는 4장에서 확인할 수 있다(Cho, 1992; Azevedo et al., 1998; Cho and Bureau, 1998; Bureau and Hua, 2008).

어류가 특정 증체량을 달성하기 위해 요구되는 사료량은 주로 사료 섭취량의 영양소 밀도에 따라 달라지는데, 이는 일일 섭취량을 결정한다. 따라서 영양학적으로 적절하고 균형이 잡힌다고 가정할 때 동일한 성장 목표를 달성하기 위해서는 저영양 사료(또는 낮은 소화율 사료)가 고영양 사료(또는 높은 소화율 사료)와 비교하여 더 많은 양이 공급되어야 할 것이다. 간단한 예로 30% 가소화 단백질과 3,000 kcal 소화에너지(DE)/kg 비율로 100% 공급한 것과 40% 가소화 단백질과 4,000 kcal DE/kg의 사료를 75% 공급하는 것은 동일한 일일 섭취량이 산출된다(사료가 적절히 균형잡혔다고 가정). 사료 내 소화율이나 영양분 밀도가 감소함에 따라 동일한 생물량 증가를 유지하기 위해서는 더 많은 사료가 요구되어 FCR가 증가하거나 FE가 감소하게 된다.

사료 조성의 다양성은 양식업이 급속하게 발전하는 사실과도 관련이 있다. 송어와 연어 사육에 사용되는 사료는 지난 30년 동안 급속도로 발전했다. 예를 들어 1980년대 초 무지개송어 사료는 단백질(예: 35~10%)과 지방(예: 8~10%)은 비교적 낮지만 전분(35~40%)은 풍부했다. 현장에서 무지개송어의 사료전환효율(FCR = 사료/증체량)은 2~2.5가 일반적이었다. 오늘날에는 탄수화물 첨가가 낮아지면서 소화성이 높은 사료(예: 34~55% 조단백질, 18~32% 지방, 10~20% 전분)를 사용하면서 무지개송어의 FCR는 0.8~1.2가 된다.

'사료'와 '어류'는 모두 화학적인 성분이 매우 다양하기 때문에 FE 또는 FCR는 오직 '반정량적' 매개 변수로만 간주될 수 있으며 사료 내 영양소(투입물)를 어류 생물량으로 전환하는 효율성의 절대 지표가 될 수는 없다. FE와 FCR 연구, 시설, 계절, 채집 간격 등을 통해 비교할 때 주의해야 한다. FE : FCR를 설명하고 예측하는 것은 다양한 사료와 어류 크기, 환경 등에 따라 가능하지만 단순한 작업은 아니다. 최선의 FCR 값 사용은 현장 수준의 경제적 분석을 위한 것이며, 사료의 경제적 효율과 공급 방법, 관리 같은 요소로 추정할 수 있다.

13.3.1 밀도 평가

양식시스템에서 개체군의 크기와 전체 생물량을 결정하는 것은 적절한 사료 관리의 핵심 구성 요소이다. 육상 시스템에서 폐사한 동물뿐만 아니라 살아 있는 동물도 밀도를 결정하기 위해 직접 개체 수를 계산할 수 있다. 양식은 수조, 레이스웨이(raceway), 연못, 가두리 같은 다양한 환경에서 이루어진다. 최상의 조건하에서는 물의 혼탁과 빛의 반사, 회절(diffraction)로 양어 밀도가 관찰되기 어렵다. 포획과 운송, 체킹은 평균 무게와 생존율을 모니터링하는 빈도와 정확성을 제한한다. 따라서 개체 수와 크기 분포, 총 생물량을 결정하는 데는 어려움이 따르며, 비효율적인 양식의 주된 원인 중 하나가 될 수 있다.

개체수는 밀폐된 양식시스템(수조, 레이스웨이, 케이지)에서 효율적으로 관리되며 양식어류를 정기적으로 계량화할 수 있으며 폐사어를 쉽게 식별할 수 있다. 밀폐된 시스템에서 개체수를 산출하는 것은 일반적으로 한 양식 수조에서 다른 양식 수조로 양식어류의 물리적 이동이나 계수 장치 통과를 유도하는 등 스트레스를 최소화할 수 있는 방법으로 이루어진다. 이러한 장치는 물 전도도, 광학 심상(optical imagery) 또는 수중 음향의 변동을 사용하여 개체 수를 산출할 수 있다(Eatherley et al., 2005). 어류 생물량의 가장 보편적인 척도는 개체수를 전수측정으로 산출하는 것이지만, 이것은 어류에게 스트레스와 손상을 일으킬 수 있으며 노동 집약적 방법이다. 다양한 형태의 디지털 영상(예: 입체 사진)을 포함한 최신 기술을 이용하여 어류 크기를 예측할 수 있다(Ruff et al., 1995; Beddow et al., 1996; Van Rooij and Videler, 1996; Petrell et al. Costa et al., 2006).

수조 사육 시스템에서 개체 수를 산출할 경우 어류를 포획하는 것은 매우 비효율적이며 문제가 될 수 있고, 크기 등급을 정하는 것도 제대로 이루어지지 않는 경우가 많다. 수조의 개체군은 정량화할 수 있지만 일반적으로 배수 수확이 필요하며 상대적으로 비용 면에서 효과적이지 않다. 따라서 수조시스템에서 동물을 정확히 정량화하는 유일한 두 가지 방법은 입식 중일 때와 수조에서 측정할 때이다.

모든 양식시스템에서 입식의 정확성과 생존율은 적절한 사료 관리에 중요하다. 동물을 쉽게 정량화할 수 없는 생산 시스템(예: 연못 양식)에서 입식 중 적절한 운송이 특히 중요하다. 입식 때 부적절하게 수량화되거나 입식 후 폐사가 발생하고 이를 계량화하지 않으면 개체군 추정치가 부정확하고 사료 공급이 초과될 가능성이 높다. 새우 또는 단일 배치 생산 시스템과 같이 한 시즌 후에 배수로 수확되는 생산 시스템에서 생존율 추정은 종종 전수 조사(예: 그물을 활용한 새우 수확) 및 폐사율에 대한 직접적인 관찰 및 기록된 결과를 기반으로 평가하고 있다. 정기적으로 측정하지 않는 못 양식(예: 다중 배치 메기 양식)을 기술할 때 생존율 추정은 상당히 문제가 되고 있다. 개체수 추정의 비효율 성과 목표 크기(최고 수확량을 벗어나 상업 크기 이상으로 성장하는 어류)보다 더 큰 양식 어류를 보유하는 것은 생산시스템의 상당한 비효율성을 초래할 수 있다. 일반적으로 이러한 시스템은 더 자주 수확할수록 생존율 추정이 더 정확하고, 배수 수확 사이의 기간이 짧을수록 전체 개체수 관리가 향상된다.

13.3.2 사료 공급

영양학적으로 사료를 최적으로 활용하기 위한 핵심은 주어진 성장률에 따른 종의 영양소 요구량을 충족시키기 위해 적절한 함량으로 적절한 기간에 사료를 공급하는 것이다. 이것은 동물이 섭취하고자 하는 최대한의 사료를 제공하거나(만복공급), 제한된 사료를 제공하는 것을 의미할 수도 있다(제한공급). 만복공급은 일반적으로 섭취하고 싶은 욕구를 충족시킬 정도로 사료를 공급하는 것을 의미한다. 따라서 하나는 사료공급 횟수 또는 시간 내에 양식어가 소비할 모든 사료를 제공하는 것이다(예를 들면 1일 2회, 15분 이내에 섭취될 수 있는 최대 사료). 사료 활용을 최적화하기 위해서는 사료 섭취량, 성장, 어류 수, 양식시스템의 생물 저장량 등 정확한 기록과 함께 성장과 사료 소비에 영향을 미칠 수 있는 환경적 요인을 유지하는 것이 필수적이다. 성장과 생존율은 예측하기 어렵기 때문에 사료 공급 수준을 어렵게 한다. 사료 섭취량은 사용된 사료의 영양소 함량과 유형에 따라 달라진다. 고려해야 할 특성으로는 사료 내 영양소 밀도, 사료제조(분쇄, 성형, 코팅), 펠렛의 크기와 유형(부상/침강), 하루 사료 공급 횟수와 사료 공급 메커니즘, 사료 공급량을 포함한다. 각 유형의 양식시스템에서 사료 공급 방법은 차이가 있다. 결론적으로 사료 공급의 개념은 단일 프로토콜보다 훨씬 중요하다.

13.3.3 펠렛 특성

양식시스템의 경제적 비효율성과 오염 부하를 최소화하기 위해 사료는 신속하고 완전한 소비를 촉진하는 형태여야 한다. 사료의 크기와 형태는 양식 종과 크기, 양식 조건, 사료 공급에 따라 달라진다. 사료의 입자 크기는 동물의 크기에 따라 점진적으로 증가해야 한다. 일반적으로 어류의 사료량은 구강 크기의 20~50%에서, 새우의 사료량은 쉽게 잡을 수 있는 크기에서 결정한다(Obaldo and Tacon, 2001). 입자가 큰 사료를 공급하면 사료 섭취율이 저하되고, 작은 사료를 제공하면 어류가 충분히 섭취하기 어려워져 영양염의 유실이 증가하며 양식 어종의 사료 섭취가 복잡해진다. 사료의 크기를 선택할 때 또 다른 고려사항은 양식 조건에서 어류의 크기가 모두 같지 않다는 것이다. 어류의 크기가 너무 빨리 크게 되면 큰 어류는 쉽게 사료를 섭취할 수 있지만 작은 어류는 어려움을 겪을 수 있어 어류 크기의 변동성이 더 커진다. 결과적으로 일부 조건에서는 사료 입자 크기가 혼합되어 더 큰 입자크기로 전환하는데 사용된다. 어류 사이에 스트레스가 많은 경쟁을 피하기 위해서는 모든 어류가 동시에 먹이를 먹을 수 있도록 충분한 양의 펠렛을 공급해야 한다.

사료 밀도는 사료가 부상 또는 침강하는지 결정하기 때문에 공급 방법에 결정적인 역할을 한다. 수중에 존재하도록 할 때 사료는 섭취하기에 충분한 밀도를 유지해야 한다. 침강사료는 수중에서 어류가 섭취하거나 수조 바닥에 서식하는 새우가 쉽게 사료를 섭취할 수 있다. 부상 사료는 주로 일정 기간 수면에 존재하도록 제조된 것이다. 이것은 플레이크(flake) 사료와 압출 가공한 배합사료를 포함한다. 압출 가공은 밀도를 더 잘 제어하고 높은 지질 함량을 지닌 사료를 생산할 수 있기 때문에 대부분의 양어사료 생산을 위한 선택 과정이다. 따라서 대부분의 부상 사료, 저속의 침강 사료는 압출 가공 기술을 활용하여 생산된다. 새우 같은 갑각류 종과 다수의 어종에 공급하는 침강 사료는 펠렛팅 공정으로 생산된다. 사료를 생산하는 공정과 상관없이 적절한 크기와 밀도의 형태여야 한다.

사료가 섭취되기 전에 저장되고 이동되어야 하기 때문에 펠렛의 내구성도 중요한 문제이다. 대부분의 사료는 대량 취급 시스템에 따라 이동되고 대형 컨테이너로 운반되며 기계 또는 공압 이송 시스템을 사용하여 공급된다. 사료를 공급하기 전에 펠렛이 부서지면 컨베이어시스템을 방해할 수 있고 양식 종이 쉽게 섭취할 수 없게 되며 양식시스템의 오염 부하가 일어나기 때문에 경제적 손실을 초래할 수 있다. 부드러운 펠렛은 운송 중 부서지기 쉽고, 단단하거나 높은 결합 수준을 함유한 펠렛은 섭취할 수 없거나 다른 문제를 야기할 수 있다. 이러한 현상에 보이는 반응은 종마다 다르다. 그러나 무지개송어의 경우 높은 결합력과 펠렛 내구성, 수중 안정성은 사료 섭취량과 소화율에 부정적인 영향을 미칠 수 있다(Hilton et al., 1981; Storebakken, 1985; Baeverfjord et. al., 2006). 불안정한 펠렛은 송어의 위장에 지방이 방출되어 역류를 일으킬 수 있다(Baeverfjord et al., 2006).

13.3.4 사료 공급 시스템

사료는 다양한 방법으로 양식 종에 공급될 수 있다. 이러한 시스템은 사료를 보관하고, 무게를 측정하고, 손으로 분산 공급하는 등 간단할 수도 있고, 벌크통을 사용하는 컴퓨터 자동 시스템처럼 사료를 복잡하게 자동으로 운반하거나 어류의 반응을 측정하기 위한 사료와 결합한 양식시스템으로 분산될 수도 있다. 이러한 공급 시스템은 크게 ① 공급의 배급 규모와 시간이 미리 결정된 비수요시스템 ② 사료 공급의 피드백을 활성화하거나 제공하는 수요 또는 자가 공급 시스템으로 분류된다. 두 경우 모두 수동으로 공급하거나 회전벨트 또는 디스크를 이용하는 기계식 공급기, 진동 또는 공압식 힘을 사용하여 공급을 제공하는 장비를 사용할 수 있다. Lekang (2007)은 다양한 사료 공급 시스템을 다음과 같이 설명했다.

13.3.5 반집약적 양식시스템 사료 공급

조방적이고 반집약적인 양식시스템은 수천 년 동안 이용되어 왔다. 이 시스템은 영양소 섭취가 제한되는 자어와 치어 그리고 대규모 양식업뿐만 아니라 소규모 양식업에도 사용된다. 이러한 시스템에서 생산된 어류는 일반적으로 먹이사슬에서 부족한 양을 섭취한다(예: 흰다리새우, 잉어, 틸라피아). 이들 어류는 다양한 조건하에서 양식이 가능하며, 양식시스템에서 발견되는 자연 먹이로부터 영양 섭취가 보충되기 때문에 사료를 차선책으로 사용할 수 있다. 쌀겨 같은 단일 원료, 농장에서 생산된 또는 불완전한 사료와 최종적, 상업적으로 생산된 배합사료 등으로 이동하면서 양식생산량이 늘어난다(Tacon and De Silva, 1997, El-Sayed, 2006).

양식시스템(예: 새우, 틸라피아, 잉어의 수조 양식)에 존재하는 자연 먹이를 이용할 수 있는 양식 조건과 종의 경우 사료 비용이 줄어들기 때문에 자연 먹이의 사용을 장려하고 있다. 안정적인 탄소동위원소 분석은 흰다리새우(Anderson et al., 1987)와 황금잉어(Lochmann and Phillips, 1996), 잉어, 틸라피아(Schroeder, 1983) 같은 종별 다양한 먹이의 상대적 기여도를 입증하는 유용한 방법인 것으로 입증되었다. 이 경우 자연 생산력은 양식 종에서 탄소 침적의 40~80%에서 기여했다. 이것은 반집약적인 조건에서도 그리고 일부 경우에는 집약적 양식 조건에서도 자연 먹이 공급원의 잠재적 기여도를 분명하게 나타낸다. 비옥한(well-fertilized) 연못 양식 시스템에서 자연 먹이는 종종 CSC (critical standing crop)로 불리는 일정한 수준의 생물량을 지원할 수 있다(El-Sayed, 2006). CSC에 도달할 때까지 준비된 사료를 사용해도 생산량은 증가하지 않는다. 따라서 공급을 절식하거나 줄이면 자원을 좀 더 효율적으로 활용할 수 있다. 예를 들어 틸라피아의 반집약적인 양식에서 자어는 자연 먹이가 풍부한 못 수조에 입식된다. Diana et al.(1996)은 초기 입식 밀도가 3 fish/m^{2}일 때 어류는 100 g 정도 될 때까지 빠르게 자랄 수 있는 충분한 자연 먹이를 획득했으며, 그 후 생산을 극대화하기 위해 사료를 준비해야 한다고 설명했다. 비옥한 못 수조에서 사료 공급을 지연해도 어류 생산량은 감소하지 않지만 적절한 입식 밀도가 사용된다면 사료 비용은 감소한다(El-Sayed, 2006). 사료 공급 수준은 반집약적 시스템의 또 다른 중요한 요소이다. 자연 먹이가 존재하기 때문에 만복급이로 공급하면 생산량은 증가하지 않지만 생산 비용은 증가한다. Diana et al.(1994)는 틸라피아 생산 수조(3 fish/m^2)의 사료 공급을 만복급이의 50%로 줄이면 생산량이 감소하지 않는다고 보고했다. 이 공급 수준은 어류가 자연 먹이를 사료로 섭취하도록 유도하고, 사료 섭취량이 생물량을 수확할 때까지 관찰된 전환율을 향상시켰다. 가능하다면 사료 관련 비용을 줄일 수 있기 때문에 자연 먹이의 소비를 권장해야 한다. 그러나 자연 먹이량과 질은 수조 내, 수조 간, 시간별로 매우 다양하다. 그러므로 자연 먹이의 기여도를 최적화하려면 현장 특유의 관리 방법을 개발해야 한다.

13.3.6 집약적 양식시스템의 사료 공급

방류사업을 위해 양식하는 비영리 양식 운영을 제외하고 집약적 양식시스템은 상업적 생산을 위해 사용되며 따라서 경제적 고려에 따라 추진된다. 집약적 양식시스템은 일반적으로 자연적인 먹이가 없기 때문에 영양학적으로 완전한 사료가 사용된다. 사료 관리 투자에 따른 경제적 이익은 경영 의사 결정에 주된 원동력이다. 그러나 정부 규정, 폐기물과 특정 제품(예: 착색 펠렛)의 소비자 요구 또한 사료의 선택, 영양소와 성분 조성, 생산에 크게 영향을 줄 수 있다.

적절한 사료 공급은 상업 양식의 가장 복잡한 요소이다. 개체군 크기와 평균 체중, 계획된 성장이 충분한 정확도로 달성될 수 있다면 사료 공급량을 정확하게 산출할 수 있다. 생물량 증가(증체량)는 동물의 성장 잠재력과 수온, 광주기, 염분, 기상 조건 같은 환경 요인에 따라 결정된다. 결과적으로 상업용 크기에 도달하는 데 필요한 생물량 증가와 시간이 항상 지난해 실적이나 발표된 권장량, 예측 모델에 따라 정확하게 예측될 수는 없다.

정확한 재고 평가를 저해하는 동일한 요소는 사료 공급을 복잡하게 만든다. 사료는 생물량에 관한 정확한 지식 없이 부분적으로만 확인하거나 많은 경우에 사료 공급 방법에서 보이는 어류의 반응(예: 만복공급 또는 사료공급 기계사용)에 따라 공급되는 경우가 많다. 공급되었지만 소비되지 않은 사료는 특수 장비와 시스템을 사용하는 경우를 제외하고는 낭비하게 되고 복구, 정량화하기가 어렵다. 과잉 공급은 경제적 손실과 폐기물 배출량을 증가시킨다. 포화도에 가깝게 섭취하거나 포화상태보다 70% 정도 섭취해도 영양소 보유력의 효율성이 떨어지지는 않는다(Azevedo et al., 1998). 그러나 영양 부족은 어류의 성장 잠재력을 제한하여 경제적 손실(기회비용)을 초래하고 수익성에 영향을 줄 수 있다.

양식장에서 부상사료를 사용할 때는 어류의 사료 섭취를 육안으로 관찰할 수 있는 기회이다. 공급되는 사료에 보이는 어류의 반응은 수질 상태(낮은 용존 산소 또는 높은 암모니아 수준은 종종 사료 섭취량을 감소시킴),

어류의 건강 또는 질병 상태뿐만 아니라 식욕(만복에 가까워질수록 섭취반응이 느려짐)을 나타내기 때문에 중요한 관리수단이다. 만복공급은 어류가 섭취 반응을 나타내지 않을 때까지 사료를 제공하는 방법이다. 이것은 어류가 정해진 날에 섭취할 수 있는 최대 배급량을 공급하는 쉬운 방법이다. 먹이 반응을 육안으로 관찰하며 수행할 수 있다. 육안 관찰의 경우 사료는 일정 시간(약 15~30분) 동안 제공되며, 그 시간 동안 어류는 만복할 때까지 사료를 섭취하도록 공급된다. 공급 방법은 사료가 어류에게 제공될 수 있는 전체 시간 동안 지속적으로 공급하여야 한다. 어류는 사료를 섭취함에 따라 섭취활동이 느려지게 되어 결국 사료 섭취가 중단된다.

천천히 침강되는 사료는 물의 탁도가 낮을 경우 직접 관찰하거나 해상에서 일반적으로 사용되는 다양한 피드백 시스템을 사용하여 만복으로 공급할 수 있다. 비디오카메라와 적외선 광전 센서, 수중 음파탐지기를 사용하여 해상 케이지(cage)에서 어류의 사료 공급을 자동으로 관찰하고 제어하기 위한 다양한 장치가 개발되었다. 이 같은 케이지에서 어류에게 공급하는 것은 특정 간격으로 일정량의 사료를 공급하는 자동 공급기로 시작된다. 어류가 포만감에 도달하고 있다는 것을 나타내는 장비(생체 모니터링 또는 수중 음파탐지기를 통해)에 어류가 통과할 때까지 지속적으로 사료가 공급된다. 케이지의 바닥에 도달하는 사료는 수집과 기록을 위해 펌프로 표면에 들어 올려져 재사용될 수 있다. 이러한 피드백은 섭식에 따라 역동적인 사료 공급을 가능하게 한다. 마찬가지로 자체 공급 메커니즘이 제대로 활용되면 어류가 섭취하고 싶은 만큼 섭취할 때까지 사료를 공급하게 된다.

어류에게 부상사료를 공급하는 것(또는 다른 종류의 피드백 시스템을 사용)은 장 · 단점이 있다. 섭취 반응의 관찰은 어류가 얼마나 잘 섭취하는지의 통찰력을 제공하고 실제 수요에 근거한 사료 섭취량을 매일 조정할 수 있는 중요한 도구이다. 부상사료의 사용과 사료를 만복상태로 공급하는 것은 일반적으로 좋은 성장과 합리적인 사료 이용을 위한 매우 보편적인 사료 공급 방법이다. 이것은 다중 배치의 메기 양식시스템 또는 틸라피아의 혼합성 수조 양식 같은 시스템에서 사용되는 일반적인 방법이다. 한 가지 장점은 현재의 환경 조건과 크기, 특정량의 영양소 요구량에 따라 어류가 사료 섭취량을 조절한다는 것이다. 따라서 환경 조건이 적절하기 때문에 개체군은 좋은 성장을 위해 적절한 양의 사료를 섭취하게 된다. 생물량과 어류 크기, 수에 관한 개체군 관련 지식은 요구되지 않는다. 만복공급은 최대 성장률을 달성하게 하지만, 일부 종은 특정 조건에서 영양분(단백질) 침착과 관련하여 생물량 증가가 높은 수준으로 떨어지기 때문에 FCR 값에 부정적인 결과가 나타날 수 있다(Alanärä, 1992; Musiri and LovelL 1993; Bureau et al., 2006). 또한 현장 양식에서는 사료 공급 반응이나 사료 공급 강도가 감소하여 섭취하지 않은 사료가 허실되는 결과를 초래하기 때문에 과잉 공급되기 쉽다. 성장률과 총생산량은 사료 전환 효율보다 양식업의 수익성에 더 큰 영향을 미치기 때문에 포화상태의 사료 공급은 어류 양식에서 가장 인기있는 사료 전략 중 하나이다.

재고 관리가 어렵거나(예: 다중 배치 생산 시스템), 만복으로 공급하기를 원하지 않는 경우 부상사료를 사용하여 만복상태에 도달하는 데 필요한 사료 공급 수준을 예측할 수 있다. 사료 공급은 일정 기간 만복 이하의 수준(90%)으로 설정될 수 있으며, 그 후에 사료 공급 수준은 다른 만복공급과 그 다음 회차의 공급에 따라 재평가된다. 마찬가지로 공급 테이블 또는 컴퓨터 프로그램을 사용하여 사료 공급을 미리 결정한 상황에서 사료 공급을 예측하기 위해 다양한 기술을 사용하고 부상사료를 사용하면 섭식 반응을 관찰하고 소비되지 않은 사료까지 추정할 수 있다(표면에 남아있는 사료의 시각적 추정치). 사료 공급을 시각화하기 위해 부상사료를 사용하는 것은 많은 공급 전략에서 중요한 관리 도구이며 실용적일 때 활용되어야 한다.

대부분의 경우 공급 테이블 또는 컴퓨터를 사용하여 필요한 일일 공급량을 추정한다. 일일 섭취량은 영양소와 같은 다양한 요인, 즉 사료 밀도와 소화율, 환경적 요인, 유전적 질병 발생으로 달라질 수 있기 때문에 계산된 공급량은 지침에 따라 고려되어야 한다. 배급량을 '미리 결정'하는 방법의 이점은 영양 섭취량이 통제되고 일반적으로 만복상태보다 낮게 설정된다는 것이다. 이것은 성장 속도가 가장 빠를 수는 없지만 종종 최고의 FCR를 만들어낼 것이다. 예를 들어 **표 13-1**은 다양한 크기의 메기와 틸라피아, 잉어에게 28%의 단백질 부상 사료를 공급하고 약 28°C 수온의 집약적인 양식조건에서 사육된다. 일일 공급량은 총 공급량을 1개 이상의 공급량으로 나누어 어체중의 백분율(% 어체중 × 사료무게 = 일일 공급)로 표시된다. 양식어류의 크기가 증가함에 따라 일일 사료 공급량이 줄어들고 다중 사료 공급의 필요성 또한 감소한다. 영양소 섭취가 성장률에 정비례하기 때문에 양식어가 커질수록 상대적 성장률(일일 비율 증가)이 감소하므로 이는 논리적이다. **표 13-2**는 어체중과 수온에 따라 일일 공급량을 조정한 사료 표의 또 다른 예이다. 이 표에는 일일 사료와 DE 요구량이 모두 제시되어 있다. 이 경우 특정 크기의 어류가 생물이 성장을 위한 최적의 온도 범위 내에 있으면 일일 사료와 에너지 요구량은 온도에 따라 증가한다. 이 수준을 초과하는 수온은 스트레스를 유발하고 성장 속도가 감소할 수 있다. **표 13-3**은 미국 남부의 옥외 수조에서 상업 크기로 성장한 차넬메기의 단일 배치에 따른 성장 속도의 예이다. 사료 공급률은 어체중에 따라 예상한 만큼 크게 변하지 않는다. 이것은 사료 섭취량 대비 어체중과 수온의 상호작용에 따른 것이며 온대어류 양식시스템에서는 전형적이다. 결과적으로 사료 요구량은 어류의 유전적인 잠재력과 건강 상태, 생리적 상태, 환경적 조건, 기타 여러 요소의 결과이다.

표 13-1에서는 어류가 성장할수록 사료 공급 횟수가 줄어든다. 다중 사료 공급의 필요성은 사료의 영양과 영양소 요구량을 유지하기 위한 위장의 물리적 용량에 따라 좌우된다. 실질적인 관점에서 사료 공급은 사료 관련 노동 비용과 성장률뿐만 아니라 영양분 적재에 따라 조절된다. 사료를 공급하는 빈도는 새로 부화한 자어와 치어의 경우 크기 또는 생활사에 따라 하루 24회까지 다양하며, 치어는 하루에 3~4회, 미성어는 하루에 1~3회까지 다양하다.

표 13-1 단일 배치 생산 시스템에서 28°C에서 32% 단백질 부상 사료를 사용하여 챠넬메기, 잉어 및 나일틸라피아 생산을 위한 일일 사료 공급률(체중의 %) 및 빈도[a]

	Channel Catfish (*Ictalurus punctatus*)		Common Carp (*Cyprinus carpio*)		Nile Tilapia (*Oreochromis niloticus*)	
평균 어체중 (g)	사료 공급률 (%)	빈도 (×per day)	사료 공급률 (%)	빈도 (×per day)	사료 공급률 (%)	빈도 (×per day)
25	4.0	2	4.5	3	4.5	3
50	3.5	2	4.0	3	3.7	3
75	3.2	2	3.6	3	3.4	3
100	3.0	2	3.3	3	6.2	3
150	2.8	1	3.1	2	3.0	2
200	2.5	1	3.0	2	2.8	2
250	2.2	1	2.6	2	2.5	2
300	2.0	1	2.4	2	2.3	2
400	1.6	1	2.1	2	2.0	2
500	1.4	1	1.7	2	1.7	2
600	1.2	1	1.4	2	1.4	2

[a]Schmittou et al. (1998).
다음 일정에 따라 온도 변화에 근거하여 사료 허용량을 조정해야 함.
≤ 15°C에서 1% 비율로 하루에 1회, 주 3회만 공급함.
16 – 19°C에서 계산된 허용량의 60%로 매일 1회 공급함. 20–24°C에서 계산된 허용량의 80%를 매일 1~2회 공급함.
25 – 29°C에서 매일 계산된 허용량과 최대 빈도의 100%로 공급함.
30 – 32°C에서 계산된 허용량의 80%로 공급함.
33°C 이상에서는 어류가 섭취할 경우에만 공급함.

표 13-2 영양 에너지 모델을 사용하여 계산된 다양한 크기의 무지개송어(*Oncorhynchus mykiss*)의 일일 소화 에너지(DE) 및 사료 요구량(제4장 참조)

	5°C		10°C		15°C	
생체중 (g/fish)	DE 요구량 (kcal/fish per day)	사료 (g/100 g fish)	DE 요구량 (kcal/fish per day)	사료 (g/100 g fish)	DE 요구량 (kcal/fish per day)	사료 (g/100 g fish)
1	0.09	2.05	0.19	4.34	0.31	6.88
5	0.29	1.18	0.60	2.42	0.85	3.89
10	0.44	0.98	0.97	1.94	1.37	3.05
25	0.84	0.75	1.80	1.48	2.43	2.35
50	1.69	0.59	2.96	1.23	4.46	1.85
75	1.92	0.56	3.85	1.13	5.78	1.70
100	2.45	0.53	4.91	1.06	7.36	1.58
150	3.31	0.49	6.63	0.99	10.3	1.47
200	4.23	0.47	8.20	0.95	12.7	1.41
250	4.38	0.47	10.0	0.92	15.5	1.38
300	6.10	0.45	12.2	0.91	18.9	1.35
350	7.14	0.45	13.9	0.90	20.8	1.35
400	8.09	0.45	15.7	0.90	25.0	1.34
450	9.14	0.45	17.8	0.89	27.4	1.34
500	10.0	0.45	20.0	0.90	30.0	1.34
600	12.1	0.45	23.9	0.90	35.8	1.35
700	14.4	0.46	28.5	0.91	42.7	1.37
800	16.6	0.46	33.8	0.93	50.6	1.40
900	19.1	0.47	37.8	0.94	59.8	1.43
1,000	21.3	0.48	44.5	0.97	65.0	1.44

참고: 영양학적으로 충분한 4,500 kcal DE/kg의 사료를 공급하였을 때, 서로 다른 온도에서 성장한 0.220의 열 단위 성장 계수(성장률). 소화 가능한 에너지 요구량 계산에 대한 자세한 내용은 4장을 참고바람.

표 13-3 치어부터 판매 크기까지 옥외 연못에서 양식된 메기(*Ictalurus punctatus*)의 사료 소비율 예[a]

Date	AM Water Temperature(°C)	Fish Weight (g)	Feeding Rate (% body weight)
May 1	18.9	50	2.1
May 15	22.2	62	3.4
June 1	21.1	82	2.9
June 15	27.2	111	3.2
July 1	27.2	143	2.7
July 15	27.8	176	2.4
August 1	27.8	233	1.8
August 15	27.2	285	2.0
September 1	25.0	335	1.5
September 15	25.0	382	1.3
October 1	18.9	462	1.1

[a]Adapted from Robinson et al. (2001).

미성어는 상업크기로 성장한다는 측면에서 수조와 케이지, 레이스웨이에서 양식될 때 메기의 사료입자 크기에 제한적인 영향을 미친 것으로 관찰된다(Li and Lovell, 1992; Webster et al., 1992; Jarboe and Grant, 1996; Wu et al., 2004). 송어와 연어 같은 종은 하루에 2~3번 사료를 섭취하는 것과 같이 증가하는 공급 횟수에 더욱 반응한다(Thomassen and Fjaera, 1996; Ruohonen et al., 1998). 여러 차례의 사료 공급은 위가 작고 지속적인 섭식행동(예: 잉어, 틸라피아, 새우)을 하는 종의 성장 속도를 향상시킬 가능성이 더 높다. 예를 들어 새우 양식 기간에 사료 공급 횟수를 증가시키면 생산량이 향상될 것이다(Robertson et al., 1993; Carvalho and Nunes, 2006). 하루에 1회에서 2회 공급으로 다소 큰 향상이 이루어지지만, 공급 횟수가 증가함에 따라 향상은 감소되고 일일 4회 공급 후에는 차이가 대체로 경미하다. 옥외 수조에서 새우에게 공급하는 것과 관련된 노동력과 연료 비용을 감안할 때 양식업자는 일반적으로 성장기에 사료를 하루 2회 공급한다.

옥외 수조 양식시스템에서는 인건비와 연료비는 종종 상업용 사료 공급을 결정하는데 중요한 역할을 하므로 종종 공급 횟수를 하루 1~2회로 제한한다. 사료는 손으로 공급할 수 있지만, 대부분의 경우 공압식 기계 공급기로 분배되어 사료를 수면으로 방출한다. 어류가 사료에 동등하게 접근할 수 있도록 사료는 상대적으로 넓은 지역에 분산시켜야 한다. 어류가 케이지나 수조 같은 상대적으로 좁은 구역에 집중되는 경우 노동 비용과 연료 비용이 종종 감소되고 자체 공급이나 자동화 시스템을 활용할 기회가 있다. 이때 사료 공급은 자가공급시스템(수요공급장치), 자동화된 피드백 시스템, 사전 프로그래밍된 공급 방법 또는 동물적 시각 관찰을 이용한 직접 공급을 통해 조절될 수 있다. 공급 방법과 횟수에 관계없이 사료에 보이는 반응의 관찰은 모든 양식 관리 전략의 중요한 구성 요소이다.

13.3.7 성장과 영양소, 사료 효율 예측

생물에너지학 접근법은 영양 성분이 성장과 사료 공급, FCR, 배설물 산출을 예측하고 다른 환경에서 사육되는 것을 예측하는데 효과적으로 이용되었다(Cho et al., 1991, 1994; Cho, 1992; Cho and Bureau, 1998; Kaushik, 1998; Lupatsch and Kissil 1998, 2005; Lupatsch et al., 1998, 2001; Cui and Xie, 1999; Bureau et al., 2002, 2003; Azevedo et al., 2005; Papatryphon et al., 2005; Zhou et al., 2005; Bureau and Hua, 2008). 다른 속도로 성장하는 어류는 또한 다른 속도로 영양분을 축적한다. 따라서 그들은 서로 다른 에너지와 사료 요구량을 취할 것이다. 결과적으로 일일 에너지 요구량은 주어진 수준의 성장(예: 예상 성장 수준 또는 달성 가능한 수준)과 사료 구성(영양소 밀도), 생활사를 기준으로 계산해야 한다. 이는 생물의 에너지나 영양소 요구량을 다른 구성 요소로 나누는 요인분석법(Cho and Bureau, 1998; Lupatsch et al., 1998; Booth et al., 2010; Pirozzi et al., 2010)을 활용하여 수행할 수 있다.

이 개념은 최근 'Fish−PrFEQ' 모델(Cho and Bureau, 1998)에 통합되어 기대되는 수준의 성장과 사료 내 DE 함량, 예상되는 신체 에너지 축적에 기초하여 어류의 에너지 요구량을 예측하고 있다. Fish−PrFEQ 모델의 추가 개발 또는 다양한 응용이 Kaushik (1998)와 Bureau et al.(2002, 2003), Papatryphon et al.(2005), Zhou et al.(2005)의 연구에서 제안되었다. 주된 전제는 "동물은 제약적인 조건에 따라 제한되거나 외부의 관리된 개입에 따라 중단되지 않는 한 목표 또는 선호하는 성과를 달성하기에 적절한 사료를 섭취하도록 노력한다"이다(Oldham et el., 1997). Fish−PrFEQ 모델은 '원하는' 성장(어류의 유전적 잠재력과 지배적인 조건에 따라 결정됨)을 달성하기 위한 DE 요구량을 평가한다. 계산된 DE 요구량은 공급되는 사료의 DE 함량(kcal/g 사료)을 고려하여 사료 요구량으로 변환된다.

생물에너지학 모델은 사료 요구량의 모델링과 사료의 영양 성분, 영양 구성의 상세한 분석을 통해서가 아니라 어류의 DE 요구량을 비교적 간단하게 추정하여 사료 효율을 예측할 수 있기 때문에 매우 유용하고 실용적이다. 사료공급 비교는 DE 함량을 기반으로 간단히 수행할 수도 있다. 특히 가소화 탄수화물 함량이 높은 사료를 공급하거나(Bureau et al., 1998), 다른 어종을 다른 생활사에서 비교할 때 많은 연구에서 신중해야 할 필요성이 나타났지만, DE 성분 기준의 사료 비교가 적합하다는 점이 여러 차례 입증되었다(Azevedo et al., 2004a,b).

생물에너지학 모델 사용자는 생물 에너지가 '방법론' 또는 '시스템'이라는 점을 항상 기억해야 한다. 동물은 본질적으로 '에너지'를 대사하지 않지만 '영양소'는 대사한다. 살아 있는 동안 효과적으로 '유지'되거나 '하네스되는(harnessed)' 에너지의 양(에너지 이용의 효율성)은 이러한 영양소가 어떻게 활용되는지에 따라 결정된다. 더 중요한 것은 대부분의 영양소는 매우 구체적인 역할이 있으며, 많은 영양소가 서로 대체될 수 없다는 것이다. 연구결과에 따르면 에너지를 생산하는 영양소의 이용은 영양소의 유형(단순히 '에너지'값이 아니라)과 균형, 어류의 유전적 · 생리학적 상태에 크게 좌우된다(Azevedo et al., 2004a,b, Encarnação et al., 2006). 따라서 단순히 '자유 에너지' 함량에 근거하여 영양 공급량을 고려하는 것은 대부분 비합리적이다.

생물에너지 모델의 가장 중요한 한계는 '에너지 배분의 계층 구조'에 기초한다는 것이다. 성장은 에너지의 다른 모든 요소가 포함하거나 만족한 후의 에너지의 잉여를 의미한다(Kitchell et al., 1977). 생물에너지 모델은 결과적으로 신체 에너지 증가량(NRC [1981] 명명법에 따른 재생에너지[RE])가 0일 때(RE = 0) 성장(생체중 증가)과 사료 효율(이득 · 사료)이 0이어야 한다고 예측한다. 결과적으로 생물에너지 모델은 '에너지 축적'과 성장(생물량 증가)의 관계는 절대적이라고 가정하는데, 이는 부정확한 것으로 나타났다. RE는 동물의 몸에 에너지를 산출하는 영양소(대부분의 단백질과 지질)의 축적과 관련한 '평균 무게'를 반영한다. RE = 0을 허용하는 공급량을 섭취한 동물(돼지, 닭, 어류)은 체내 단백질(양성 질소 균형과 관련 에너지 증가)을 축적할 수 있고 체지방을 동원하면서 체중을 늘릴 수 있다는 면을 보여준다. 결과적으로 생체중 증가는 축적된 조직 단백질과 관련된 3~6 g의 수분이 있기 때문에 단백질 축적으로 유발된다(Cho and Kaushik, 1990; Bureau et al., 2002). 어류에서 지질은 수분을 대체하여 조직에 저장되기 때문에 지질 증가는 생체중이 없거나 중요하지 않다(Shearer, 1994).

현재 생물에너지 모델은 매우 유용하며 광범위한 어류, 갑각류 종과 함께 이용되어 왔다. 그러나 다양한 조건하에서 사료 공급량의 생물량으로 전환 효율을 예측하고 적절하게 기술할 수 있을 정도로 견고하지는 않다(Bureau and Hua, 2008). 따라서 에너지 형태의 단순한 영양소 집합체와 달리 특정 영양소의 대사적 용도를 기술하는 좀 더 진보된 모델이 필요하다. 이 필요성을 충족시키기 위해 영양분 유동 모델로 이동하는 경향이 있다. 이 모델에서 영양분 변환은 생물학적 원리에 근거한 전체 동물 수준에서 나타난다. 그러한 모델은 영양소 이용을 더욱 견고하게 할 것이며 영양과 유전학, 건강, 동물 관리, 성장과 영양 배설 간의 관계 평가를 가능하게 할 것이다.

모델의 메커니즘에 관계없이 현재와 미래의 성장, 생존과 사료 투입을 예측하기 위한 생물학적 모델은 생산 시스템의 관리 효율성, 수익성을 향상시키는 도구이다. 생물학적 모델의 산출물은 미래의 생산과 생산 전략을 용이하게 하기 위해 재무(현금)적, 경제적(현금, 비현금 자원) 분석과 합병하기 위해 자주 사용된다. 예를 들어 Cacho et al.(1990)은 차넬메기 생산을 위한 비용 구조에서 사료 내 단백질과 공급량의 효과를 평가하기 위해 결합된 모델을 이용했다. 과거의 입력을 활용하고 동물의 생물학적 반응(성장, 크기 분포, 사료 이용, 배설물 산출, 생존)과 양식시스템을 위해 미래의 산출물을 예측할 수 있는 적합한 모델을 구축할 수 있다면, 가변적이고 고정된 비용과 사료의 영양분 함량과 사료 섭취량, 기타 관리, 마케팅 전략과 관련하여 좀 더 합리적인 결정을 내릴 수 있다.

13.4 오염물 축적과 배설물 관리

사료는 직접적으로 불안전한 사료 또는 간접적으로 생물학적 폐기물로서 양식업 운영을 위한 주된 오염원이다(Cho, 1991; Cho et al., 1991, Cho and Bureau, 2001; Gatlin and Hardy, 2002, Bureau and Hua, 2008). 이 같은 오염물질에는 영양소 공급, 고형 폐기물, 용해 폐기물 등이 포함되는데, 이는 사육수가 배출될 경우 양식시스템과 환경의 영양소 부하에 영향을 미친다. 어류가 생성하는 분과 대사 폐기물은 일반적으로 양식장에서 부분적으로만 회수될 수 있다. 특히 환경에 빠르게 분산되는 분변과 대사 폐기물의 회수가 극히 어렵기 때문에 케이지 양식 공정에서 영양염류가 특히 문제된다. 주요 관심사는 질소와 인, 고형 유기물 폐기물의 방출이다. 질소와 인은 해양과 담수 생태계에서 조류 성장을 위한 영양소에서 제한하고 있다. 이러한 오염물질의 영향은 즉각적이고 광범위하며 폐기물의 생물학적, 화학적 처리와 관련된 비용 증가로 생산 시스템에서 환경 문제와 경제적 비효율을 초래할 수 있다. 영양분 부하의 영향은 폐기물 생성을 최소화하고 물에서 오염물질을 차단, 제거하거나 생물학적 처리를 통해 중재될 수 있다. 폐기물을 줄이는 가장 직접적인 방법은 사료의 영양소 밀도와 소화율을 조절해서 적절한 공급 전략과 결합하여 낮은 오염도와 영양소 밀도를 고려하는 것이다(Cho and Bureau, 2001).

양식업의 폐기물 배출량을 줄이는 것은 세계에서 양식업의 장기적인 지속 가능성을 위한 핵심 요소로 고려된다. 어류 양식 운영과 정부 규제당국은 생산과 관련된 폐기물(객관적 또는 계획적)의 환경적 영향을 예측하거나 감소시키기 위한 방법을 설정하기가 어렵다. 양식 시설의 유출에 따른 폐기물 배출량을 직접 모니터링하고 추정하는 것은 부정확하고 비용이 많이 드는 과정이다(Cho et al., 1991, 1994). 케이지 양식업 같은 특정 유형의 시설에서는 극히 어렵다(Reid, 2004). 양식 폐기물은 궁극적으로 생물학적으로 사료원에서 발생하기 때문에 영양소 질량 균형을 사용하면 폐기물 산출량을 산정하는 화학적 방법 대신 간단하고 경제적인 대안이 될 수 있다. Cho et al.(1991, 1994)은 영양 물질 균형 접근법을 사용하여 어류 양식업의 폐기물 배출량 평가가 어류에게 사료 투입과 사료원 이용에 기초하여 정확하고 경제적으로 매우 유연하게 추정할 수 있다. 영양소 질량 균형 모델이 개발되어 증체량과 사료 요구량, 고체 질소, 인 폐기물 배출량(Cho et al., 1991, 1994; Bureau et al., 2003; Papatryphon et al., 2005)뿐만 아니라 폐기물 운송(Dudley et al., 2000)을 예측하기 위한 실질적인 어류 양식업에 매우 유용함이 입증되었다(Dudley et al., 2000).

동물의 고형 폐기물은 주로 소화되지 않은 탄수화물과 미네랄로 구성된다. 단백질과 지질은 일반적으로 이들 영양소의 소화율이 상당히 좋기 때문에 낮다. 고형물은 폐수 중 총 질소의 7~33%와 총 인의 30~84%를 운반하며 가능한 한 빨리 제거되어야 한다(Cripps and Bergheim, 2000). 퇴적물에 침전되는 유기물 또는 고체 폐기물(배설물, 폐사료)은 저서 생태계에 영향을 줄 수 있다. 그러한 영향은 규제 당국의 관심사이며 폐기물 배출량을 예측하기 위한 모델 개발에 상당한 노력을 기울여왔다(Cho and Bureau, 2001; Islam, 2005).

폐기물의 봉쇄와 수거는 매우 어렵고 비용이 많이 든다. 따라서 폐기물 배출 최소화는 폐기물 관리의 중요한 요소이다(Cripps and Bergheim, 2000). 수산 양식에서 발생하는 폐기물의 영향을 줄이기 위한 핵심 개념은 소화가 잘되는 원료 선택, 사료의 낮은 소화성과 소화되지 않는 성분의 감소 그리고 사료 내 인 농도의 최소화를 포함한다. 고형 폐기물 배출량을 줄이는 것은 원료의 소화율을 높이고 탄수화물 함량을 줄임으로써 얻을 수 있다. 이는 탄수화물 함량을 줄임으로써 사료 내 단백질과 에너지 함량을 증가시켜 영양가가 더 높은 사료를 얻는 것을 의미한다. 단백질의 이화작용을 최소화하고 아미노산의 침전 또는 체류를 촉진함으로써 질소 폐기물의 방출을 개선할 수도 있다. 이렇게 하기 위해서는 가소화 에너지 대비 단백질 비율뿐만 아니라 아미노산이 균형잡힌 사료가 적절하게 제조되어야 한다. 불균일한 아미노산 조성, 과도한 수준의 아미노산 또는 낮은 수준의 비단백질 에너지는 일반적으로 아미노산의 이화작용과 질소 폐기물의 방출을 증가시킬 것이다(Cho and Bureau, 2001). 유사한 개념을 인의 배출에도 적용할 수 있다.

앞서 언급한 개념을 이용하여 송어 양식업은 폐기물 배출량을 크게 줄일 수 있었다. Gatlin and Hardy

(2002)는 오늘날의 송어 사료가 1980년대와 비교했을 때 약 70%의 이뇨 감소와 50%의 분내 인의 손실을 초래한다고 추정했다. 질소배설과 유기 폐기물 생산의 유사한 감소가 나타났다(Bureau and Hua, 2010). 영양소 보유량과 폐기물 발생량의 개선은 영양소 요구량이 잘 정립되어 있고 성분 측정을 위한 소화율 계수가 있는 경우에만 달성할 수 있다. 그러므로 우리는 주요 양식 종의 영양소 요구량과 유용성 값을 정확하게 결정하는 것이 중요하다.

13.5 결론

적절한 사료 관리 전략과 함께 적절한 사료를 선택하는 것이 효율적인 양식 생산의 중요한 열쇠이다. 적절한 영양분을 제공하기 위해 사료 공급량과 사료의 영양분 밀도를 적절하게 관리하여 양식 어종의 잠재적인 성장률을 관리하는 것은 매우 어려운 작업 중 하나이다. 그러나 중요성 측면에서 오해되거나 간과될 가능성도 매우 큰 과제이다. 동물이 섭취할 수 없는 사료를 과다 섭취하거나 전달할 때 약간의 실수는 이익의 직접적인 손실로 이어지고 양식시스템의 영양염 부하를 증가시킨다. 최소 시장 규모를 초과하는 어류에게 먹이를 공급하는 것은 수확의 비효율성으로 종종 큰 어류를 양식하는 것이 비효율적일 뿐만 아니라 질병이나 다른 문제로 개체군의 일부가 손실될 가능성이 커지기 때문에 최종 생산물로 사료를 전환하지 못하는 결과를 초래한다. 사료 섭취량과 개체 수, 성장률에서 최상의 기록을 유지하는 것은 사료 관리상 중요한 통제 지점이다. 또한 사료 관리는 양식시스템의 영양염 부하와 관련되어 있어야 하며 사료 공급 후 산소 소비와 동물이 직 · 간접적으로 방출하는 폐기물 농도를 고려해야 한다.

참고문헌

Alanärä, A. 1992. The effect of time-restricted demand feeding on feeding activity, growth and feed conversion in rainbow trout (*Oncorhynchus mykiss*). Aquaculture 108:357-368.

Anderson, R. K., P. L. Parker, and A. Lawrence. 1987. A $^{13}C/^{12}C$ tracer study of the utilization of presented feed by a commercially important shrimp *Penaeus vannamei* in a pond growout system. J. World Aquacult. Soc. 18:148-155.

Azevedo, P. A., C. Y. Cho, S. Leeson, and D. P. Bureau. 1998. Effects of feeding level and water temperature on growth, nutrient and energy utilization and waste outputs of rainbow trout (*Oncorhynchus mykiss*). Aquat. Living Resour. 11:227-238.

Azevedo, P. A., S. Leeson, C. Y. Cho, and D. B. Bureau. 2004a. Growth, nitrogen, and energy utilization by four juvenile salmonid species: Diet, species, and size effects. Aquaculture 234:393-314.

Azevedo, P. A., S. Leeson, C. Y. Cho, and D. B. Bureau. 2004b. Growth and feed utilization of large size rainbow trout and Atlantic salmon reared in freshwater: diet and species effects, and responses over time. Aquacult. Nutr. 10:401-411.

Azevedo, P. A., J. van Milgen, S. Leeson, and D. P. Bureau. 2005. Comparing efficiency of metabolizable energy utilization by rainbow trout (*Oncorhynchus mykiss*) and Atlantic salmon (*Salmo salar*) using factorial and multivariate approaches. J. Anim. Sci. 83:842-851.

Baeverfjord, G., S. Refstie, P. Krogedal, and T. Åsgård. 2006. Low feed pellet water stability and fluctuating water salinity cause separation and accumulation of dietary oil in the stomach of rainbow trout (*Oncorhynchus mykiss*). Aquaculture 261:1335-1345.

Beddow, T. A., L. G. Ross, and J. A. Marchant. 1996. Predicting salmon biomass remotely using a digital stereo-imaging technique. Aquaculture 146:189-203.

Booth, M. A., G. L. Allan, and I. Pirozzi. 2010. Estimation of digestible protein and energy requirements of yellowtail kingfish *Seriola lalandi* using a factorial approach, *Aquaculture* in press, doi: 10.1016/j. aquaculture.2010.07.019.

Brett, J. R., and T. D. D. Groves. 1979. Physiological energetics. Pp. 279-352 in Fish Physiology, Vol. 8, W. S. Hoar, D. J. Randall, and J. R. Brett, eds. New York: Academic Press.

Bureau, D. P., and K. Hua. 2008. Models of nutrient utilization by fish and potential applications for fish culture operations. Pp. 442-461 in Mathematical Modelling in Animal Nutrition, J. France, and E. Kebreab, eds. Wallingford, UK: CAB International.

Bureau, D. P., and K. Hua. 2010. Towards effective nutritional management of waste outputs in aquaculture, with particular reference to salmonid aquaculture operations. Aquac. Res. 41:777-792.

Bureau, D. P., J. B. Kirkland, and C. Y. Cho. 1998. The partitioning of energy from digestible carbohydrate by rainbow trout (*Oncorhynchus mykiss*). Pp. 163-166 in Energy Metabolism of Farm Animals, K. J. McCracken, E. F. Unsworth, and A. R. G. Wylie, eds. Wallingford, UK: CAB International Press.

Bureau, D. P., S. J. Kaushik, and C. Y. Cho. 2002. Bioenergetics. Pp. 1-53 in Fish Nutrition, J. E. Halver and R. W. Hardy, eds. San Diego, CA: Academic Press.

Bureau, D. P., S. Gunther, and C. Y. Cho. 2003. Chemical composition and preliminary theoretical estimates of waste outputs of rainbow trout reared on commercial cage culture operations in Ontario. N. Am. J. Aquacult. 65:33-38.

Bureau, D. P., K. Hua, and C. Y. Cho. 2006. Effect of feeding level on growth and nutrient deposition in rainbow trout (*Oncorhynchus mykiss* Walbaum) growing from 150 to 600 g. Aquac. Res. 37:1090-1098.

Cacho, O. J., U. Hatch, and H. Kinnucan. 1990. Bioeconomic analysis of fish growth: Effects of dietary protein and ration size. Aquaculture 88:223-238.

Cahu, C. L., and J. L. Z. Infante. 2001. Substitution of live food by formulated diets in marine fish larvae. Aquaculture 200:161-180.

Carvalho, E. A., and A. J. P. Nunes. 2006. Effects of feeding frequency on feed leaching loss and grow-out patterns of the white shrimp *Litopenaeus vannamei* fed under a diurnal feeding regime in pond enclosures. Aquaculture. 252:494-502.

Charlon, N., and P. Bergot. 1984. Rearing system for feeding fish larvae on dry diets. Trial with carp (*Cyprinus carpio* L.) larvae. Aquaculture 41:1-9.

Charlon, N., H. Durante, A. M. Escaffre, and P. Bergot. 1986. Alimentation artificielle des larves de carpe (*Cyprinus carpio*). Aquaculture 54:83-88.

Cho, C. Y. 1991. Prediction model for energy requirement of salmonid fishes. Pp. 446-449 in Proceedings of the 12th Symposium of Energy Metabolism of Farm Animals, EAAP Publ. No. 58, C. Wenk and M. Boessinger, eds. Zurich, Switzerland: Kartause Ittingen.

Cho, C. Y. 1992. Feeding systems for rainbow trout and other salmonids with reference to current estimates of energy and protein requirements. Aquaculture 100:107-123.

Cho, C. Y., and D. P. Bureau. 1998. Development of bioenergetic models and the Fish-PrFEQ software to estimate production, feeding ration and waste output in aquaculture. Aquat. Living Resour. 11:199-210.

Cho, C. Y., and D. P. Bureau. 2001. A review of diet formulation strategies and feeding systems to reduce excretory and feed wastes in aquaculture. Aquac. Res. 32:349-360.

Cho, C. Y., and S. J. Kaushik.1990. Nutritional energetics in fish: Energy and protein utilization in rainbow trout (*Salmo gairdneri*). World Rev. Nutr. Diet. 61:132-172.

Cho, C. Y., J. D. Hynes, K. R. Wood, and H. K. Yoshida. 1991. Quantification of fish culture wastes by biological (nutritional), and chemical (luminological) methods; the development of high nutrient dense (HND) diets. Pp. 37-50 in Nutritional Strategies and Aquaculture Waste, Proceedings of the First International Symposium on Nutritional Strategies in Management of Aquaculture Waste, C. B. Cowey, and C. Y. Cho, eds. Guelph, ON: University of Guelph.

Cho, C. Y., J. D. Hynes, K. R. Wood, and H. K. Yoshida. 1994. Development of high-nutrient-dense, low-pollution diets and prediction of aquaculture wastes using biological approaches. Aquaculture 124:293-305.

Costa, C., A. Loy, S. Cataudella, D. Davis, and M. Scardi. 2006. Extracting fish size using dual underwater cameras. Aquacult. Eng. 35:218-227.

Couteau, P. 1996. Micro-Algae. Pp. 7-47 in Manual on the Production and Use of Live Food for Aquaculture, FAO Fisheries Technical Paper 361, P. Lavens and P. Sorgeloos, eds. Rome, Italy: FAO.

Cripps, S. J., and A. Bergheim. 2000. Solids management and removal for intensive land-based aquaculture production systems. Aquacult. Eng. 22:33-56

Cui, Y., and S. Xie. 1999. Modelling growth in fish. Pp. 413-434 in Feeding Systems and Feed Evaluation Models, M. K. Theodorou, and J. France, eds. Wallingford, UK: CAB International.

Dabrowski, K. 1986. Ontogenetical aspects of nutritional requirements in fish. Comp. Biochem. Phys. A 85A:639-655.

Dabrowski, K., and R. Bardega. 1984. Mouth-size and recommendation of feed size preferences in three cyprinid fish. Aquaculture 40:41-46.

Dabrowski, K., and P. Poczyczynski. 1988. Mass rearing of coregonid larvae and juveniles on dry diet. Aquaculture 69:307-316.

Dabrowski, K., P. Bergot, and S. Kaushik. 1984. Rearing of coregonid larvae using dry and live food. Preliminary data. Aquaculture 41:11-20.

Diana, J. S., C. K. Lin, and K. Jaiyam. 1994. Supplemental feeding of tilapia in fertilized ponds. J. World Aquacult. Soc. 25:497-506.

Diana, J. S., C. K. Lin, and Y. Yi. 1996. Timing of supplemental feeding for tilapia production. J. World Aquacult. Soc. 27:410-419.

Dudley, R. W., V. G. Panchang, and C. R. Newell. 2000. Application of a comprehensive modeling strategy for the management of net-pen aquaculture waste transport. Aquaculture 187:319-349.

Eatherley, D. M. R., J. L. Thorley, A. B. Stephen, I. Simpson, J. C. MacLean, and A. F. Youngson. 2005. Trends in Atlantic salmon: The Role of Automatic Fish Counter Data in Their Recording. Scottish Natural Heritage Commissioned Report No. 100 (ROAME No. F01NB02). Edinburgh, Scotland: Scottish Natural Heritage.

El-Sayed, A-F. M. 2006. Tilapia Culture. Cambridge, MA: GABI Publishing. Encarnação, P., C. F. M. de Lange, and D. P. Bureau. 2006. Diet energy source affect lysine utilization for protein deposition in rainbow trout (*Oncorhynchus mykiss*). Aquaculture 261:1371-1381.

Gatesoupe, F. J., and C. Le Millinaire. 1985. Adaptation de la qualité alimentaire des filtreurs-proies aux besoins nutritifs des larves de poissons marins. Coll. Franco-Japenais d'Océanogr. Marseille. 8:51-63.

Gatlin, D. M., III, and R. W. Hardy. 2002. Manipulations of diets and feeding to reduce losses of nutrient in intensive aquaculture. Pp. 151-165 in Aquaculture and the Environment in the United States, J. Tomasso, ed. Baton Rouge, LA: U.S. Aquaculture Society.

Hilton, J. W., C. Y. Cho, and S. J. Slinger. 1981. Effect of extrusion processing and steam pelleting diets on pellet durability, pellet water absorption, and physiological response of rainbow trout (*Salmo gairdneri* R.). Aquaculture 25:185-194.

Islam, S. 2005. Nitrogen and phosphorus budget in coastal and marine cage aquaculture and impacts of effluent loading on ecosystem: Review and analysis towards model development. Mar. Pollut. Bull. 50:48-62.

Jarboe, H. H., and W. J. Grant. 1996. Effects of feeding time and frequency on growth of channel catfish *Ictalurus punctatus* in closed recirculating raceway systems. J. World Aquacult. Soc. 27:235-239.

Jones, D. A. 1998. Crustacean larval microparticulate diets. Rev. Fish. Sci. 6:41-54.

Jones, D. A., M. S. Kamarudin, and L. L. Vay. 1993. The potential for replacement of live feeds in larval culture. J. World Aquacult. Soc. 24:199-210.

Jones, D. A., A. B. Yule, and D. L. Holland. 1997. Larval nutrition. Pp. 353-389 in Crustacean Nutrition, D. Akiyama, D. Conklin, and L. R. D'Abramo, eds. Baton Rouge, LA: World Aquaculture Society.

Kanazawa, A.1986. New developments in fish nutrition. Pp. 9-14 in The First Asian Fisheries Forum, J. L. Maclean, L. B. Dizon, and L. V. Hsillos, eds. Manila, Philippines: Asian Fisheries Society.

Kanazawa, A. 1990. Microparticluate feeds for Penaeid larvae. Adv. Trop. Aquacult. 9:395-404.

Kanazawa, A., S. Koshio, and S. Teshima. 1989. Growth and survival of larval red sea bream Pagrus major and Japanese flounder *Paralichthys divaceus* fed microbound diets. J. World Aquacult. Soc. 20:31-37.

Kaushik, S. J. 1998. Nutritional bioenergetics and estimation of waste production in nonsalmonids. Aquat. Living Resour. 11:211-217.

Kitchell, J. F., D. J. Stewart, and D. Weininger. 1977. Applications of a bioenergetics model to yellow perch (*Perca flavescens*) and walleye (*Stizostedion vitreum vitreum*). J. Fish. Res. Board Can. 34:1922-1935.

Lee, C. S., and A. C. Ostrowski. 2001. Current status of marine finfish larviculture in the United States. Aquaculture 200:89-109.

Lekang, O. I. 2007. Aquaculture Engineering. Oxford, UK: Blackwell Publishing Ltd.

Li, M., and R. T. Lovell. 1992. Comparison of satiate feeding and restricted feeding of channel catfish with various concentrations of dietary protein in production ponds. Aquaculture 103:165-175.

Lochmann, R., and H. Phillips. 1996. Stable isotopic evaluation of the relative assimilation of natural and artificial foods by golden shiner *Notemigonus crysoleucas* in ponds. J. World Aquacult. Soc. 27:168-177.

Liao, I. C., H. M. Su, and E. Y. Chang. 2001. Techniques in finfish larviculture in Taiwan. Aquaculture 200:1-31.

Lupatsch, I., and G. W. Kissil. 1998. Predicting aquaculture waste from gilthead seabream (*Sparus aurata*) culture using a nutritional approach. Aquat. Living Resour. 11:265-268.

Lupatsch, I., and G. W. Kissil. 2005. Feed formulations based on energy and protein demands in white grouper (*Epinephelus aeneus*). Aquaculture 248:83-95.

Lupatsch, I., G. W. Kissil, D. Sklan, and E. Pfeffer. 1998. Energy and protein requirements for maintenance and growth in gilthead seabream (*Sparus aurata* L.). Aquacult. Nutr. 4:165-173.

Lupatsch, I., G. W. Kissil and D. Sklan 2001. Optimization of feeding regimes for European seabass *Dicentrarchus labrax*: A factorial approach. Aquaculture 202:289-302.

Musiri, P., and R. T. Lovell. 1993. Comparison of satiate and restricted feeding of channel catfish with diets of varying protein quality in production ponds. J. World Aquacult. Soc. 24:459-465.

NRC (National Research Council). 1981. Nutrient Requirements of Fish. Washington, DC: National Academy Press.

Obaldo, L. G., and A. G. J. Tacon. 2001. Manufacturing different diet sizes and its effect on pellet water stability and growth of three size classes of Pacific white shrimp, *Litopenaeus vannamei*. J. Appl. Aquacult. 11:57-66.

Oldham, J. D., G. Emmans, and I. Kyriazakis. 1997. Limits and limitations to nitrogen use in farm animals. P. Nutr. Soc. 56:535-545.

Palmer, P. J., M. J. Burke, C. J. Palmer, and J. B. Burke. 2007. Developments in controlled green-water larval culture technologies for estuarine fishes in Queensland, Australia and elsewhere. Aquaculture 272:1-21.

Paibulkichakul, C., S. Piyatiratitivorakul, P. Kittakoop, V. Viyakarn, A. W. Fast, and P. Menasveta. 1998. Optimal dietary levels of lecithin and cholesterol for black tiger prawn *Penaeus monodon* larvae and postlarvae. Aquaculture 167:273-281.

Papatryphon, E., J. Petit, H. M. G. Van Der Werf, K. J. Sadasivam, and K. Claver. 2005. Nutrient-balance modeling as a tool for environmental management in aquaculture: The case of trout farming in France. Environ. Manage. 35:161-174.

Petrell, R. J., X. Shi, R. K. Ward, A. Naiberg, and C. R. Savage 1997. Determining fish size and swimming speed in cages and tanks using simple video techniques. Aquacult. Eng. 16:63-84.

Pirozzi, I., M. A. Booth, and G. L. Allan. 2010. A factorial approach to deriving dietary specifications and daily feed intake for mulloway, *Argyrosomus japonicus*, based on the requirements for digestible protein and energy. Aquaculture 302:235-242. doi: 10.1016/j.aquaculture.2010.02.032.

Rainuzzo, J. R., K. I. Reitan, and Y. Olsen. 1997. The significance of lipids at early stages of marine fish: A review. Aquaculture 155:103-115.

Reid, G. K. 2004. Evaluation of Nutrient Loading Dynamics from Tank and Cage Cultured Rainbow Trout. Ph.D. Dissertation, University of Guelph, Guelph, Canada.

Reitan, K. I., J. R. Rainuzzo, G. Oie, and Y. Olsen. 1997. A review of the nutritional effects of algae in marine fish larvae. Aquaculture 1500:207-221.

Robertson, L., A. L. Lawrence, and F. L. Castille. 1993. Effect of feeding frequency and feeding time on growth of *Penaeus vannamei* (Boone). Aquac. Res. 24:1-6.

Robinson, E. H., M. H. Li, and B. B. Manning. 2001. A Practical Guide to Nutrition, Feed, and Feeding, 2nd Revision. Mississippi Agricultural and Forestry Experiment Station Bulletin No. 1113. Mississippi State: Mississippi Agricultural and Forestry Experiment Station.

Ruff, B. P., J. A. Marchant, and A. R. Frost. 1995. Fish sizing and monitoring using a stereo image analysis system applied to fish farming. Aquacult. Eng. 14:155-173.

Ruohonen, K., J. Vielma, and D. J. Grove. 1998. Effects of feeding frequency on growth and food utilisation of rainbow trout *Oncorhynchus mykiss* fed low-fat herring or dry pellets. Aquaculture 165:111-121.

Sargent, J., L. McEvoy, A. Estevez, G. Bell, M. Bell, J. Henderson, and D. Tocher. 1999. Lipid nutrition of marine fish during early development: Current status and future directions. Aquaculture 179:217-229.

Schmittou, R. H., Z. Jian, and M. C. Cremer. 1998. Principles and Practices of 80:20 Pond Fish Farming. St. Louis, MO: American Soybean Association.

Schroeder, G. L. 1983. Sources of fish and prawn growth in polyculture ponds as indicated by δ C analysis. Aquaculture 35:29-42.

Shearer, K. D. 1994. Factors affecting the proximate composition of cultured fishes with emphasis on salmonids. Aquaculture 119:63-88.

Sorgeloos, P. 1980. The use of the brine shrimp Artemia in aquaculture. Pp. 25-46 in The Brine Shrimp Artemia: Ecology, Culture and Use in Aquaculture, Vol. 3, G. Persoon and P. Sorgeloos, eds. Wetteren, Belgium: Universa Press.

Storebakken, T. 1985. Binders in fish feeds: I. Effect of alginate and guar gum on growth, digestibility, feed intake and passage through the gastrointestinal tract of rainbow trout. Aquaculture 47:11-26.

Swingle, H. S. 1968. Estimaton of standing crops and rates of feeding fish in ponds. FAO Fish. 44:416-423.

Tacon, A. G. J., and S. S. DeSilva. 1997. Feed preparation and feed management strategies within semi-intensive fish farming systems in the tropics. Aquaculture 51:379-404.

Talbot, C. 1993. Some aspects of the biology of feeding and growth in fish. P. Nutr. Soc. 52:403-416.

Thomassen J. M., and S. O. Fjaera. 1996. Studies of feeding frequency for Atlantic salmon (*Salmo salar*). Aquaculture Engineering. 15:149-157.

Van Rooij, J. M., and J. J. Videler. 1996. A simple field method for stereophotographic length measurement of free-swimming fish: Merits and constraints. J. Exp. Mar. Biol. Ecol. 195:237-249.

Volkman, J. K., S. W. Jeffrey, P. D. Nichols, G. I. Rogers, and C. D. Garland. 1989. Fatty acid and lipid composition of 10 species of microalgae used in mariculture. J. Exp. Mar. Biol. Ecol. 128:219-240.

Watanabe, T., C. Kitajima, and S. Fujita. 1983. Nutritional value of live organisms used in Japan for mass propagation of fish: A review. Aquaculture 34:115-143.

Webster, C. D., J. H. Tidwell, and D. H. Yancey. 1992. Effect of protein level and feeding frequency on growth and body composition of cage-reared channel catfish. Prog. Fish Cult. 54:92-96.

Wu, G., I. P. Saoud, C. Miller, and D. A. Davis. 2004. The effect of feeding regimen on mixed-size pond-growth channel catfish, *Ictalurus punctatus*. J. Appl. Aquacult. 15:115-125.

Zhou, A., S. Xie, W. Lei, X. Zhu, and Y. Yang. 2005. A bioenergetic model to estimate feed requirement of gibel carp, *Carassius auratus gibelio*. Aquaculture 248:287-297.

제 14 장

자어의 영양

자어와 갑각류의 영양소 요구량 관련 정보는 아직 초기 단계이다. 성공적인 양식을 위해서 자어의 영양 이해는 담수어와 해산어종의 양식화를 위한 기초이다. 알테미아와 로티퍼, 요각류 종의 새롭게 부화한 노우플리우스(nauplius)는 일반적으로 어류와 갑각류 중 많은 종의 자어를 위한 훌륭한 먹이 공급원으로 사용되었다. 살아 있는 알테미아 노우플리우스는 자연환경에서 채집된 포낭의 부화를 통해 얻어지며 수요를 예측할 수 없으므로 정기적 채집량은 부족하다. 결과적으로 가격이 상승하여 생산 비용이 전반적으로 증가한다. 또한 시스트(cyst) 채집의 시간적 또는 공간적 차이에 따른 부화된 알테미아 노우플리우스의 영양 품질 변화는 만성적인 문제로 남아있다. 이러한 고유 문제는 알테미아, 로티퍼와 관련된 추정된 영양소 결핍을 극복하기 위해 고안된 여러 가지 방법에 따라 해결되었다(Clawson and Lovell, 1992).

지난 25년간 자어의 미립자 사료 개발에 주목할 만한 진전이 이루어졌지만 먹이생물이 계속 사용되고 있고 경험적으로 유도된 많은 영양가 정보를 양식에 이용할 수 있다(Conceicão et al., 2010). 그러나 생먹이를 사용하면 자어의 영양소 요구량과 영양분의 상호작용으로 제한된다. 또한 자어의 영양 이해는 소화관의 해부학적 구조와 특정 효소의 존재에 따라 종종 몇 주에 걸쳐 변하기 때문에 자어 발달의 여러 단계의 영양소 요구량을 변경함으로써 복잡해진다.

먹이생물의 영양소 강화는 필수영양소의 이해를 돕는다. 그러나 정량적 영양소 요구량과 영양분 상호작용 관련 지식은 먹이생물을 섭취함으로써 달성되는 성장률과 생존율, 생리학적 지표를 독점적으로 달성할 때만 정확하게 결정되고 실질적으로 증가할 수 있다. 영양소 요구량을 결정하기 위하여 제조된 사료는 반드시 영양분 조성을 조절하여 활성할 수 있는 화학적으로 정의된 성분으로 구성되어야 한다. 이러한 실험 사료의 사용으로부터 얻은 정보는 궁극적으로 상업적 제조를 위해 실제적으로 사용될 수 있는 사료 개발에 활용될 수 있다. 현재 10년 동안 노력한 결과는 성공적인 배합사료(Langdon, 2003)를 생산할 수 있음을 보여주었고, 이러한 사료는 일부 어종의 자어기에 독점적인 영양소 공급원으로 작용할 수 있는 것으로 입증되었다. 그러나 많은 종류의 어류와 갑각류 자어 양식은 식물성 플랑크톤이나 동물성 플랑크톤의 유용성과 사용에 불확실하게 의존한다. 이 장은 영양소 요구량을 결정할 수 있는 성공적인 사료 개발과 관련된 자어 생리학적 지식에 초점을 두고 있으며, 이 정보는 상업적 사료 제조에 적용된다. 영양소 함량이 높은 먹이생물 또는 제조된 사료를 사용한 실험에서 도출된 요건에 관한 권고안이 제시된다.

14.1 소화효소

영양소 요구량의 만족은 자어 발달의 다른 단계(연령)에서 생성되는 소화효소의 종류와 양의 영향을 확실히 받는다. Jones et al.(1997a)은 갑각류 치하에서 효소의 유형과 활성 수준의 존재, 유전학적 변화를 관찰했다. 이 같은 변화는 섭취된 먹이의 유형, 즉 식물, 동물 또는 조합의 변화에 대응하여 일어났다. 트립신 효소 활성은 아밀라아제 활성이 뒤따르는 십각류 유생단계에서 지배적이다. 비교적 낮은 수준의 트립신 활성은 효율적인 동화작용과 결합된 긴 장의 유지 시간에 해당하는 것으로 보인다.

한때 자어 양식에서 지속적인 실패에 관한 일반적인 설명은 불충분한 효소활동 때문이었다. 연구자들은 소화관 내부의 효소 생산 능력이 필요한 정도보다 훨씬 낮았으며 효과적인 소화는 먹이생물의 원천에서 비롯된 외인성 효소의 도움을 통해서만 이루어졌다고 추측했다(Lauff and Hoffer, 1984; Munilla-Moran et al., 1990; Kolkovski et al., 1993, 1997a). 그러나 Lovett and Felder (1990)는 알테미아 먹이의 효소 활성 기여도가 *Penaeus setiferus* 치하에서 측정한 것보다 매우 낮다는 점을 발견했다. Cahu and Zambonino Infante (1997)는 유럽농어(*Dicentrarchus labrax*) 자어(15~40일생)에서 제조된 사료를 섭취하는 것이 충분한 내인성 효소 활동의 결핍 때문이 아니라는 것을 발견했다. Garcia-Ortega et al.(1998)은 자어가 섭취한 먹이에서 자어의 내장에 이르기까지 효소가 최소한으로 기여하는 것을 관찰했다. Lazo et al.(2000a)은 홍민어(*Sciaenops ocellatus*) 자어에서 소화효소의 활성이 사료와 먹이의 유용성, 외인성 근원으로부터 오는 기여에 영향을 받지 않는다는 것을 발견했다. 트립신의 경우 먹이에 기인할 수 있는 효소 활성의 비율은 연령에 따라 증가하지만 17%까지만 도달했다. Lazo et al.(2007)은 또한 알칼리성 프로테아제가 처음에는 홍민어 자어에서 생성되고, 산성 프로테아제는 위가 형성될 때 훨씬 늦게 생성되는 것을 관찰했다. 트립신 유사 리파아제와 아밀라아제 효소가 외인성 먹이가 섭취되기 전에 존재한다. Lazo et al.(2007)은 개발 과정에서 일부 효소의 활성이 유전적 메커니즘으로 조절된다고 추측했다. 그러나 변태 기간 장내에서 생산된 효소의 유형은 몇 가지 문제점을 가진다. 비효과적인 부분은 자어 발달의 다른 단계에서 존재하는 효소의 양과 특이성 이해가 부족할 수 있다. 배합사료 성분과 관련된 자어의 소화 용량은 장의 여러 부분의 발달 · 성숙에 해당하는 종 또는 단계별로 상이할 수 있다. Puello-Cruz et al.(2002)은 트립신 활동이 단계 발달과 종 특유의 것으로, 아마도 기능성 위장의 질병과 상응한다는 점을 발견했다. 충분한 양의 효소가 존재하더라도 특이성은 영양소의 특정 사료 공급원에 미치는 효과를 제한할 수 있다. 소화효소의 배열이 상이하고 질적으로 제한되어 있지만, 특히 발달 초기 단계에서 충분한 수와 농도의 효소가 결국 내생적으로 생산되어 변성의 다른 단계를 통해 좋은 성장과 생존율을 달성하는 것으로 나타난다.

배합사료를 공급했을 때 성장하지 못하는 것은 자어의 효소 용량과 양립할 수 없는 물리적 또는 화학적 특성 때문일 수 있다. 예를 들어 다양한 방법으로 생산된 미생물 사료를 사용하여 큰징거미새우(*Macrobrachium rosenbergii*) 치하를 배양하려는 노력은 성공하지 못했다(Ohs et al., 1998). 이 사료는 쉽게 소비되었고 장이 가득 찼지만, 먹이생물로 얻은 성장률과 생존율보다 현저히 낮았다. 이 사료는 유사한 알의 알부민을 기반으로 한 사료를 변형한 것으로, 담수산 물벼룩 *Moina macrocopa*의 연속적인 세대의 무균 양식에 성공했다(D' Abramo, 1979). 알의 알부민이 단백질의 주된 원재료로 사용되었을 때(Kovalenko et al., 2002) 5단계에서 변태를 거쳐 유생 후 단계까지 독점적으로 공급된 미립자 사료로 달성한 성장률과 생존율은 본질적으로 살아 있는 알테미아 유생으로 달성한 것과 동등했다. 난황 사용에 따른 영양성분 구성의 사소한 변화가 발생했지만, 우수한 아미노산 조성을 보유하고 있음에도 불구하고 필수아미노산을 공급하기 위해 단백질이 효율적으로 소화되지 않도록 알부민이 화학적으로 변형되었을 가능성이 있는 것으로 보인다. 이 독특한 반응이 다른 갑각류 종에서도 적용되는지는 알려져 있지 않다.

해산 어류에서 펩티다아제의 매우 높은 활성이 발달 초기 단계에서 발견되었다(Cahu and Zambonino Infante, 2001). 이 조건은 자어 초기 발달 동안 가수분해물의 형태로 단백질을 제공하는 것이 아미노산 요구량을 충족시키는 효과적인 수단이 될 수 있음을 시사한다. 그 후 내장이 발달함에 따라 소화관 계통의 장 세포로부터 유래된 다양한 효소가 다른 효소를 대량으로 보충하기 시작한다.

정성적인 효소 활동의 순차적 변화는 담수성 큰징거미새우(*Macrobrachium rosenbergii*)의 초기 자어기의 엄격한 육식성 사료 공급과 일치한다(Kamarudin et al., 1994). 정성, 정량 효소 활성의 개체 발생학적 변화는 대서양새우 *Penaeus setiferus* (Lovett and Felder, 1990) 치하에서도 기술되었다. 소화율은 소화 시스템의 해부학적 발달에 해당하며, 이는 차례로 변태하는 동안 서식지, 사료 변화와 관련이 있을 수 있다(Lovett and Felder, 1989). 소화율은 또한 섭취되는 먹이의 질에 기초할 수 있다(Zambonino Infante and Cahu, 1994a,b). 자어는 트리글리세라이드보다는 사료 내 인지질을 대사하는데 더 효과적인 것으로 보인다.

발달 도중 소화효소 활동의 조성 설명은 소화효소의 사료 조절의 영역과 관련한 연구로 보완되고 있다(Zambonino Infante and Cahu, 2007). 효소 활성의 표현은 특정 영양소의 영향을 받는다. 영양소는 자어의 일부 발달 유전자의 규칙적인 주요 인자일 수 있다. 예를 들어 비타민 A의 첨가 농도는 유럽농어(Villeneuve et al., 2005)의 내장과 췌장의 성숙에 중요한 역할을 하는 것으로 나타났다. Gisbert et al.(2005)는 사료 내 지질의 양과 질이 유럽농어의 장 점막에서 지질 흡수의 패턴에 영향을 미친다는 것을 발견했다.

14.2 자어기, 장 보유 기간과 효소 활성 수준의 관계

자어나 갑각류의 내장을 통한 먹이의 통과속도는 영양분의 소화율과 결합되어 성장과 생존을 위한 필수영양소의 적절한 공급을 위해 제조된 사료의 상대적 효과에 분명히 영향을 미친다. 먹이생물의 경우, 개체 발생 기간 먹이 섭취 비율이 감소하고, 가재(*Homarus gammarus*) 치하에서 관찰되는 것과 같이 식량 유지의 평균 시간이 상응하게 증가한다(Kurmaly et al., 1990). 갑각류 치하의 먹이 습성이 초식성에서 육식성으로 바뀌면서, 한 종 내에서 다른 단계의 유생발달 단계를 통해 변화함에 따라 트립신 수준이 감소하는 경향이 있다(LeVay et al., 2001). 초식성 십각류 유생은 에너지 함량이 상대적으로 낮은 먹이를 섭취하며, 따라서 높은 효소 활성과 빠른 회전율을 보이기 때문에 낮은 동화 효율을 초래한다(Jones et al., 1997a). 가장 낮은 수준의 효소 활성은 내장에서 먹이 체류시간의 최고 수준과 일치한다. 따라서 단위 시간당 소비되는 사료의 양이 감소함에 따라 장내 체류시간은 증가하지만 효소 활성 수준은 감소한다. 육식성 자어는 단위 시간당 먹이 섭취량이 적으므로 위장에서 체류시간이 비교적 길다. 낮은 효소 활동에 노출된 사료는 그에 상응하는 높은 에너지 함량으로 소화가 매우 잘된다. 따라서 육식성 단계의 자어에게 공급되는 사료는 소화율이 높아야 한다. 초식성이며 소비율이 높은 초기 단계의 일부 자어에서는 내장을 통한 체류시간은 짧지만 효소 활성은 상대적으로 높다. 그러므로 자어 발달의 상이한 단계별로 효과적인 형태의 사료를 개발하기 위해 소화생리학(효소 활성과 소비율)에서 단계별 의존성 차이를 고려해야 한다. 예를 들어 자어의 초식성 단계를 위한 식단은 소화가 잘되고 적절한 성분(아미노산 프로파일)을 가지고 있는 한 소화가 잘될 필요는 없으므로 단백질을 적게 함유할 수 있다.

발생단계에서 내장의 소화 용량도 여러 요인 중 하나이다. 육식성 어류와 갑각류의 높은 사료 소화율 달성은 어려운 일이다. 왜냐하면 충분한 효소 활성이 기본 내장에 존재하기는 하지만 효소의 품질은 제한되기 때문이다. 사료 내 영양소의 성분 공급원은 특히 내장의 초기 발달 기간에 기존 소화 능력과 양립할 수 있어야 한다. 자어 사료는 대규모 표본의 성장과 생존에 성공한 것으로 입증된 상업용 사료의 단순한 부분일 수 없다.

14.3 먹이생물의 영양강화

자어의 영양소 요구량과 관련한 많은 정보는 살아 있는 먹이, 특히 로티퍼와 알테미아 노우플리우스의 영양 강화를 통해 획득되었다. 로티퍼의 지방산과 비타민 함량은 해양유래 지질의 유화작용에 따라 단기간(8시간 이하) 접촉됨으로써 개선되었다. 이 접근법은 영양 성분 조성 관련 통제가 적고 종종 지질 함량을 높인다. 장기적인 농축 기술은 구성 성분이 일정한 매개체를 통한 지속적 영양소 공급에 기초한다. 로티퍼의 비타민 함량을 풍부하게 하기 위해 다양한 제품이 사용되었다. 예를 들어 유화제나 건조 조류 세포와 함께 지방산을 농축하기 위해 설계된 아스코르빌 팔미틴산염 같은 상업제품과 동일한 지질 수용성 비타민 또는 수용성 비타민의 유도체의 사용에 기초하고 있다(Merchie et al., 1997). 응축된 *Chlorella* spp. 파스테는 비타민을 첨가하기 위해 사용되었다. 상업적 농축 제품인 Culture Selco® (CS)와 AlgaMac®은 로티퍼와 알테미아에 특정사료 수준의 DHA와 EFA를 공급하는데 로티퍼의 경우는 조류나 빵 효모의 혼합물을 공급하여 얻을 수 있는 수준보다 누적된 함량이 훨씬 높다(Léger et al., 1989).

14.4 배합사료

생사료를 완전히 대체할 수 있는 제조된 사료는 생사료의 지속적인 영양분 함량의 부족과 비용 때문에 필요하다. 생사료와 동등하고 일관성 있는 생산을 달성할 수 있는 공식 사료는 아직 존재하지 않으며 전 세계적으로 해산 어류 양식의 발전에 장애가 되어왔다.

영양학적으로 완벽한 자어사료 개발과 평가를 기술한 연구가 30년 이상 수행되었다. 대부분의 사료는 대체로 완전한 대체가 아닌 첨가제로 사용되었다(Kumlu and Jones, 1995). 제조된 사료의 영양과 물질 특성의 발전은 일부 성공했고, 일부 양식 종에게 생사료를 사용하는 먹이붙임(preweaning) 기간이 급격히 감소하였다. 자어를 위한 실용적인 미립자 사료의 성공적인 미래 개발은 유용한 사료를 생산하기가 쉽고 기술적 성공이 사료의 바람직한 특성을 모두 충족시키는데서 타협을 받아들인다는데 기초한다는 인식을 통해 달성될 수 있다. 미립자 사료는 많은 종에 광범위한 유용성을 제공하는 고유한 유연성(inherent flexibility)을 지녀야 한다. 더욱이 양식을 위한 성공적인 치어 사료로 자어 사료의 성분 구성을 모방하려는 시도는 발달 형태에서의 생리학적 차이 때문에 적용 가능성이 부족하므로 유익하지 않을 수 있다. 또한 일반적으로 자어와 갑각류는 어류 치어보다 높은 신진대사율을 가지므로 더 높은 농도의 영양소와 에너지를 제공함으로써 이익을 얻는다고 알려져 있다(Dabrowski, 1986).

지난 10년간 미세결합, 미세캡슐화 또는 마이크로코팅으로 특징지어지는 미립자 사료의 개발을 통해 자어 양식에 상당한 진전이 이루어졌다(Tucker, 1998). 미세캡슐화 사료의 성분은 가교 결합 단백질 또는 지질로 구성된 막 또는 캡슐 벽으로 둘러싸여 있다. 미세캡슐화된 입자는 사료 성분을 코팅하는 물방울을 분사하여 생성될 수 있다. 또 다른 방법은 구성분(바인더 포함)이 함유된 물방울을 바인더로 활성화하는 액체 용액으로 분사한다. 어떤 경우에는 제조비용이 많이 들고, 제한적인 성공으로 소화가 잘되지 않고 캡슐을 구성하는 비영양성분의 수치가 상대적으로 높았기 때문이다(Yúfera et al., 2005). Yúfera et al.(2005)은 사료 내 성분을 칼슘-알지네이트 매트릭스에 '포획(entrapping)'함으로써 내부 겔화 미세캡슐화 과정을 변형시켰다.

미세결합 사료는 가장 단순하고 일반적으로 사용되는 형태의 미립자 사료이다. 사료 내 성분은 결합제로서 보통 한천, 알긴산 칼슘, 카라기난, 카제인, 젤라틴, 제인 또는 카르복시메틸 셀룰로오스와 혼합되어 원하는 물리적 안정성을 부여하는 결합을 달성한다. 결합은 일반적으로 온도나 화학 반응에 따라 활성화된다. 사료는 건조 후 분쇄하여 먹기 위해 원하는 크기로 체에 거른다. 비록 물리적인 완성도가 달성되더라도 영양소 이용은 그에 상응하여 감소될 수 있기 때문에 바인더의 사용에 주의를 기울여야 한다(Gawlicka et al., 1996). 미세코팅된 사료는 수용성 성분의 침출을 줄이기 위해 지질 또는 지질단백질층으로 코팅된 미생물 사료이다. 지질벽의 사용을 통한 수용성 영양소의 캡슐화에 일부 노력을 기울여왔다(Onal and Langdon, 2004). 이들 캡슐 내에 함유된 수용성 영양소의 침출은 실질적으로 감소된다. 캡슐은 차례로 미세 입자에 삽입되었다. 수용성 영양소를 효과적으로 대량 전달하기 위해 이러한 기법을 사용하는 것은 발달 단계에 머물러 있지만, 영양소 요구량과 영양소 전달의 결정에 큰 잠재력이 있다. 호르몬 또는 항생제와 같은 화합물 전달 또한 매력적인 가능성이 있다.

미립자 사료는 제약산업의 장비를 사용하여 준비되었다. 방사형 배출 압출(MEM: 미세 압출 성형) 또는 압출기(PARA: 입자 보조 회전 응집)와 결합된 마루머라이저(marumerizer)를 사용하여 수분 안정적이고 선호하는 입자(≈500 μm)를 생산하여 월아이피시(*Sander vitreus*) 자어에게 사료를 공급하는 것으로 어느 정도 성공을 거두었다(Barrows and Lellis, 2006). PARA 공정에 따라 생성된 입자는 MEM 공정에 따라 생성된 입자보다 작고 밀도가 낮았다. 이러한 미립자 사료는 자어의 질적, 정량적 영양소 요구량을 결정하기 위한 유망한 응용력이 있다.

일부 미립자 사료는 상업용 부화장에서 성공적으로 사용되었지만 생사료의 일부 대체용으로만 사용되었다(Kumlu, 1999). 상업적으로 이용 가능한 액체 공급은 본질적으로 배지 중에 부유하는 미립자이다.

14.4.1 사료의 물리적 형태

자어에게 효과적인 영양소의 공급은 미립자 사료의 물리적 형태에 크게 의존한다. 사료의 성공적인 섭취는 사료 내 수분 함량에 따라 달라질 수 있으며, 이는 사료의 물리적 형태에 영향을 미친다. 이상적으로는 수분 함량이 낮은 사료가 장기간 냉동 보관 시 수분 보존의 장점이 있기 때문에 가장 바람직하다. 이와 대조적으로 수분 함량이 높은 사료는 자연스럽게 저장기간과 유통기한이 제한된다. 또한 수용성 영양소의 침출 속도는 수분 함량이 높은 배합사료에서 증폭될 수 있다. 그 이유는 수분 함량이 높은 사료가 물리적인 파괴가 더 쉽기 때문이다. 건식 사료도 장점이 많다고는 하지만 이는 편익에 근거한 편견으로 좋은 소비를 실현하는데 비실용적이다. 수분 함량이 높은 사료는 건조한 사료로는 달성할 수 없는 기호성과 궁극적인 소비를 제공한다.

건식 사료의 경우 건조 방법 또한 사료의 성능에 영향을 줄 수 있다. Teshima and Kanazawa (1983)는 보리새우 치하를 대상으로 서로 다른 조건에서 건조된 카라기닌 · 마이크로 결합 사료를 공급한 결과 성장률과 생존율에서 차이가 있음을 발견했다. 사료의 물리적 완성도를 수립하기 위해서는 종종 탄수화물의 첨가가 필요하기 때문에 자연적인 먹이에서 발견되는 상대적인 양을 가능한 한 많이 반영하는 사료의 목표는 달성하기 어렵다. Femandez–Díaz and Yúfera (1995)는 사료 내 단백질과 탄수화물로 구성된 사료 내 미립자의 물리적, 화학적 분해가 가교 작용에 따라 가변적이라는 것을 발견했다.

모양과 크기는 중요한 특성이다. 어류와 여과 섭식하는 갑각류 치하를 위해 고안된 배합사료는 일반적으로 입자 크기와 무관하게 완전히 소비될 만큼 작은 입자로 제한된다. 귀족도미(*Sparus aurata*) 자어는 구강 크기의 60~80%인 불활성 입자를 섭취하는 것으로 관찰되었다(Femandez–Díaz et al., 1994). 톱날꽃게(*Scylla serrata*) 자어는 조에아 I(zoea I) 단계에서 메갈로파(megalopa)까지 4단계로 변태됨에 따라 입자 크기 선호도가 150 μm 미만에서 400~600 μm으로 증가했다(Genodepa et al., 2004a). 그러나 입자의 크기가 항상 결정적인 요인이 되는 것은 아닐 수 있으며, 이는 사료 소비 특성 때문에 나타나는 종 특이성일 수도 있다.

수분 함량이 높은 사료는 150 μm 미만의 입자를 생산할 수 없지만 수분 함량 여부에 따라 부과된 입자 크기의 제한은 육식성 동물인 갑각류 치하의 일부 종에서는 중요하지 않을 수 있다. 이들 종은 물리적으로 변화한 입자를 섭취하는 크기로 파악하고 조작할 수 있도록 하는 입이나 부속지를 가지고 있다.

입자의 모양은 또한 침하율(부력)과 배합사료 섭취에 영향을 줄 수 있다. 일부 종은 불규칙한 크기의 입자를 선호하는 반면에 다른 어떤 종의 사료 섭취는 부드러운 입자로 제한될 수 있다. 이러한 종 특이 선호도는 자어를 대상으로 한 사료 공급 비디오 촬영이 배합사료의 소비적 '적절성' 평가의 중요한 기준이 되어야 함을 시사했다. 사료는 필요한 크기와 영양소 조성을 내포하고 있을 수 있지만 여전히 형태에 따라 수용되지 않은 채로 남아 있다. 수괴에서 사료에 접근할 수 있는 만큼 중립적으로 부상하는 사료를 만들기 위해 상당한 노력을 기울여 왔다. 그러나 그 이상을 달성하는 것은 불필요할 수 있다. 일부 사료는 비교적 침하율이 높을 수 있지만, 적절한 반복(용승 운동을 일으킴) 또는 양식 수조의 설계를 통해 수괴의 유지 보수를 달성할 수 있다. 침하율의 감소는 예를 들어 지질 코팅에 따라 조성된 입자의 밀도 감소를 통해 가능할 수 있다. 부력의 부족은 바닥에서 쉽게 섭취할 것으로 관찰된 일부 종의 성공적인 양식에 위협이 되지 않을 수 있다. 자어를 미립자 사료에 일찍 적응시키면 급수관을 통해 급속한 침하에 따른 손실을 신속한 섭취를 통하여 상쇄시킬 수 있다. 배합사료의 섭취 부족은 실제로 시각적 자극의 부족일 수 있다. 그 자극의 일부는 살아 있는 먹이의 움직임이나 색깔, 즉 배합사료에 없거나 정상적이지 않은 특징에 있을 수 있다.

14.4.2 자어 사료 공급

자어 단계는 부화에서 치어기까지 외부, 생리학적 특성의 변형 단계와 비례한다. 치어의 외부 특성과 주요 장기 기능은 미성어의 기능과 일치한다. 실용적인 영양소 요구량을 위해 자어와 갑각류는 소화관의 형태와 내장에 분비되는 효소의 종류와 순서에 따라 3개 그룹으로 분류할 수 있다(Dabrowski, 1984). 첫 번째 그룹에는 가재 같은 갑각류뿐만 아니라 연어와 차넬메기 같은 어류가 포함되어 있으며 내생적 영양소에서 외부 영양소로 전환하기 전에 기능성 위장과 차별화된 소화 시스템을 가진 것으로 관찰된다. 두 번째 그룹은 줄무늬농어 같은 어류와 많은 해산 어류와 새우를 포함하는데, 초기 자어 단계에는 기능적 위선 또는 분화된 위선이 없는 매우 기초적인 소화기관이 존재한다. 발달 과정에서 어류는 소화 시스템에서 복잡한 변화가 나타나게 된다. 세 번째 그룹은 기능성 소화관을 발달시키지만 잉어와 같이 위장이 없는 것으로 구성된다. 처음 먹이를 섭취할 때 구조적 또는 기능적으로 차별화된 소화관이 있는 종은 초기 섭이에 문제가 발생하지 않는다. 이러한 종(예: 연어, 메기, 틸라피아)은 종종 고품질의 치어 사육에서 높은 성공을 이루는 경우가 많다. 처음 먹이를 섭취할 때 분화가 저조하거나 발달된 소화 시스템이 있는 자어는 사료를 섭취하기가 더 어려우며 보통 사료와 생사료를 혼합하여 공급해야 한다.

자어와 갑각류는 특정한 단계에서 배합사료로 먹이 붙임을 할 수 있다(Holt, 1993; Fontagné et al., 2000; Cahu et al., 2003; Cumow et al., 2006). 대부분의 자어는 후반기에 배합사료로 먹이 붙임을 할 수 있지만, 처음 사료를 공급할 경우 먹이 붙임을 할 수 있는 유생은 거의 없다(Le Ruyet et al., 1993; Palmer et al., 2007). 예를 들어 21~42일만에 변형을 완료하는 줄무늬농어는 초기 먹이를 섭취한지 5일차에는 배합사료를 섭취할 수 없지만, 15일 이후에는 섭취할 수 있다(Baragi and Lovell, 1986; Tuncer et al., 1990). 잉어는 15~30 mg 크기로 상업용 건식 식단을 섭취할 수 있지만(Bryant and Matty, 1980), 반면에 화이트피시 자어는 50 mg 크기에서 배합사료를 섭취할 수 있다(Dabrowski aua Poczyczynski, 1988). 먹이생물에서 배합사료로 전환은 점진적인 과정이며 종에 따라 다양하다. 세네갈서대(*Solea senegalensis*)를 대상으로 배합사료의 성공적인 먹이 붙임은 먹이생물과 배합사료를 혼합 공급함으로써 이루어졌다(Cañavate and Fernández-Díaz, 1999). 혼합 공급을 통한 성공적인 먹이 붙임의 두 가지 중요한 요소는 생사료와 배합사료의 공급 시기와 적절한 비율이다. 홍민어 자어는 일반적으로 생후 1주에 먹이 붙임을 할 수 있다. 배합사료는 자어가 먼저 먹이를 섭취하는 것을 쉽게 받아들이며, 표준사료 프로토콜은 5일동안 미립자 배합사료와 로티퍼를 공급하고, 그 후 크기가 조금 증가한 미립자 사료만 공급한다(Holt, 1993). 홍민어의 경우 조류가 포함된 미립자 사료의 혼합 공급은 먹이생물의 섭취와 유사한 결과를 보여 처음 먹이를 섭취할 때 자어 양식을 가능하게 하는 성공적인 기술로 입증되었다(Laze et al., 2000b). 그러한 결과는 자어의 영양 섭취에 관한 지식을 향상시킴으로써 생사료의 대체가 되는 사료가 현실화할 수 있음을 증명하였다.

일부 자어, 특히 해산 어류 자어는 처음으로 먹이를 섭취할 때 사료를 섭취하는 능력이 감소한 데는 여러 가지 이유가 존재하는데(Lauff and Hoffer, 1984; Kolkovski et al., 1993,1997b), 여기에는 섭취율과 소화율 저하(낮은 효소 활성 또는 효소 분비의 불충분한 자극), 부적절한 영양 섭취(Kolkovski et al., 1993; Tesima et al., 2000; Lazo et al., 2000b)가 포함된다. 일부 자어가 배합사료를 즉각적으로 섭취할 수 없는 것은 호르몬이나 조절기, 성장 요인의 부재 때문일 수도 있는데, 이 경우 생사료(Lauff and Hofer, 1984; Baragi and Lovell, 1986)나 소화 촉진제가 공급된다(Ronnestad et al., 2007). 먹이생물은 자어의 호르몬 작용을 억제하거나 자극할 수 있다. 갑상선호르몬은 자어의 변태와 소화 시스템의 분화, 성장에 중요한 역할을 하는 것으로 관찰된다. 갑상선호르몬의 역할을 조사한 실험 결과는 양성, 음성 모두이며 사료 내 함량과 전달 방법 때문에 이 같은 결과가 나타날 수 있다(Power et al., 2001). De Jesus et al.(1998)은 그루퍼(*Epinephelus coioides*) 자어의 변이율이 갑상선 용액에서 배양될 때 긍정적인 영향을 받는다는 것을 증명했다. 호르몬은 모계에서 기원한 것으로 보인다. 갑상샘 수치는 사료원의 영향을 받을 수 있다(Miwa and Inui, 1987; Specker, 1988; Inui et al., 1989). 대부분의 경우 배합사료는 처음 먹이에 사용할 수 없지만, 먹이생물을 부분적으로 대체하는 경우라 하더라도 자어 사육 과정에서 배합사료를 포함하면 긍정적인 이점이 있다.

14.4.3 자어 사료의 성공적인 형태

Ferhandez-Díaz et al.(1994)은 자어의 발달 단계에 따라 효과적인 소비를 위해 적절한 크기의 입자를 사용하는 것이 중요함을 강조했다. 이러한 미립자 사용을 위해 사료 또는 다른 성분은 균질하게 분포되도록(즉, 이들 성분의 영양소가 각 입자 내에서 의도된 비율로 이용 가능하도록) 미세하게 분쇄되어야 한다. 미세 입자와 관련된 열처리에 따라 특정 사료원의 영양소가 바뀔 수 있으므로 주의를 기울여야 한다. 어류, 게, 오징어, 홍합, 효모, 달걀 노른자, 가리비, 크릴 등의 미립자 사료원(Kanazawa, 1990; Cahu and Zambonino Infante, 2001)뿐만 아니라 카제인과 젤라틴 같은 성분이 사용되었다(Paibulkichakul et al., 1998). 육식성 자어의 비교적 짧은 장내 체류 시간은 특히 변태 초기에는 빠른 소화가 중요하기 때문에 불충분하게 소화되는 사료의 사용을 배제한다. 이것은 갑각류 치하의 초식성 양식이 가장 크게 성공을 거둔 이유이다(Bautista et al., 1989; Koshio et al., 1989). 미세코팅과 미세캡슐 사료는 zoea 단계에서 여과 섭식하는 보리새우와 자어를 대상으로 매우 성공적인 것으로 나타났다(Jones et al., 1979a). 초식성 *Penaeid* 새우 양식의 경우 가장 높은 수준의 효소 활동과 결합된 내장을 통한 신속한 운송 시간(Jones et al., 1997b)은 소화가 잘되지 않는 사료로 영양소 요구량을 충족할 수 있다.

Teshima et al.(1993)은 보리새우 치하의 영양 연구를 위한 주요 단백질 공급원으로 카제인을 포함한 카라기난과 결합한 미립자 사료를 성공적으로 만들었다. 육식성 새우 종의 경우 Kovalenko et al.(2002)은 알테미아 노우플리우스의 전용 대체물로 미세미립자 사료를 공급함으로써 민물새우인 큰징거미새우(*M. rosenbergii*) 치하를 V 단계에서 후기 단계까지 성공적으로 양식했다. 배합사료를 섭취하는 자어의 생존과 성장은 모두 n-3 계열 PUFA의 장쇄 다중불포화지방산(LC-PUFA)을 많이 포함하고 있는 살아 있는 알테미아 노우플리우스로 얻은 것과 동일했다. 톱날꽃게(*Scylla serrata*)의 메갈로파는 결합제로서 3% 제인(zein)을 함유한 미립자 사료를 사용하여 게 단계까지 양식하는데 성공했다(Genodepa et al., 2004b). 미립자 사료나 100% 알테미아 노우플리우스를 섭취한 메갈로파의 생존율은 크게 차이가 없었다. D' Abramo et al.(2006)은 흰다리새우(*Litopenaeus vannamei*)의 치하를 PZ2 또는 M1에서 PL1로 성공적으로 양식했으며, 다시 알테미아 노우플리우스를 대체할 수 있는 미립자 사료와 로티퍼, 조류를 혼합해 공급하였다. 성장과 생존, 트립신 활성의 의존성 차이는 관찰되지 않았다. 귀족도미의 자어에게 공급된 미립자 사료는 로티퍼를 섭취한 자어와 유사한 성장률과 생존율을 나타내었다(Yúfera et al., 1999). 그러나 이 연구와 많은 다른 연구에서 사료가 부화 후 8~15일에서만 공급되었기 때문에 이러한 사료의 적용 가능성에는 의문의 여지가 있다. 따라서 먹이생물을 완전히 대체하는 사료의 성공은 종종 특정 단계의 자어 발달이 기술되거나 제한된다. Holme et al.(2006)은 톱날꽃게(*S. serrata*) 치하를 이용하여 제인에 기초한 미립자 사료가 초기 조에아 III 단계보다 후기 메갈로파 단계에 훨씬 더 효과적이라는 것을 발견했다. 흰다리새우의 PII를 통한 유생 단계 PIII의 발육 지표와 생존은 오직 먹이생물(미세조류와 알테미아 노우플리우스) 또는 미립자 사료를 섭취했을 때 본질적으로 동등했다(Pedroza–Islas et al., 2004).

14.5 영양소 요구량

미립자 사료로 해산 어류를 양식하는 시도는 대체로 성공적이지 못했다. 대부분의 연구는 생사료에서 미립자 사료로 먹이 붙임을 하는데 전념했다. 따라서 영양소 요구량 이해는 초기 단계에 머물러 있다. 일부 어류와 새우 치하의 영양소 요구량 또는 특정 성분의 유효성이 발표된 결과의 해석과 관련하여 주의를 기울일 필요가 있다. 결론은 확신하기에 너무 낮은 생존 반응을 기반으로 하기 때문에 종종 오해의 소지가 있다. 미립자 사료를 독점적으로 사용해 온 실험의 경우 파생된 정보는 주로 본질적으로 질적이며 대부분의 조사는 자어 주기의 지속 기간 중 작은 부분으로 구성되어 제한된 정보를 제공한다. 일부 정량적인 요구량을 권장하지만, 많은 사료는 침출수나 저조한 섭취에 기능하는 물리적인 단점을 내포하고 있어 자어 영양소의 효과적인 전달을 감소시키는 데 영향을 미친다. 섭취를 정량화하는 확실한 수단의 부족으로 영양소 요구량의 정확성에 의문이 제기된다. 또한 자어의 상태는 이러한 실험에 적응해야 하므로 친어 영양의 상태가 교란변수가 될 수 있다. 영양소 요구량의 이해를 돕는 대부분의 연구는 먹이생물의 영양소 변형을 통해 수행되었으며 지질 요구량에 초점을 맞추고 있다. 자어와 새우는 사료 내 LC–PUFA와 세포 생체막 합성을 위해 적절한 인지질을 사용하여 빠르게 발달한다. 그러므로 난자가 자어의 정상적인 성장과 건강을 증진시키기 위해 친어의 영양이 중요해진다. Sargent et al.(1999)은 해산 어류 자어의 총 정량적 사료 내 지질 요구량이 해산 어류 자어의 난황낭에서 발견된 수준이기 때문에 약 10%라고 보고했다.

어류와 새우 치하의 비교적 높은 성장률은 이 같은 영양소의 적절한 공급원을 통해 충족되어야 하는 중요한 양적 영양소 요구량을 초래한다. 예를 들어 치어 양식을 위한 우수한 단백질 공급원은 소화 활동의 유사한 특성이 부족하기 때문에 자어 형태에 상응하여 효과가 없을 수 있다.

14.5.1 단백질과 아미노산

자어는 합성할 수 없기 때문에 어류와 새우의 치어, 성어로 설명되었던 동일한 10가지 필수아미노산(EAA)이 필요하다고 가정한다. EAA의 정량적 요구량 관련 정보가 부족하다. 부족한 양을 암시하는 아미노산 조성 기능을 띤 단백질 공급원은 순수한 EAA를 추가함으로써 영양학적으로 향상될 수 있다(Cahu et al., 1999). 그러나 성장을 촉진시키기 위해 균형잡힌 EAA를 제공할 목적으로 제조된 자어 사료에 유리 아미노산을 추가하는 방안의 이점은 결정적이지 않다. 예를 들어 일련의 EAA를 함유한 미립자 사료는 10일 동안 귀족도미 치어에게 공급할 때 살아 있는 알테미아처럼 효과적이었다(Aragão et al., 2007). 일부 아미노산은 수중에 존재할 경우 처음 5분이 지나면 40~60%가 손실된다.

Kanazawa (1990)는 자어 사료의 단백질 함량이 23~57%가 되어야 한다고 권고했다. Durruty et al.(2002)의 연구 결과 흰다리새우와 *L. setiferus*는 단백질 요구량이 조에아에서 미시스 단계까지 2배, 30~60% 증가할 수 있다고 제안했다. 55.8~61.2%의 조단백질이 함유된 상업용 사료를 섭취한 넙치 자어의 성장을 조단백질이 40%, 50%, 60% 함유된 실험적인 사료를 섭취했을 때의 성장과 비교했을 때, 최적의 성장을 달성하는 사료 내 단백질 농도는 적어도 60%의 조단백질을 포함해야 한다는 결과가 나왔다(Bai et al., 2001). 이 실험에서 부화 후 첫 45일 동안 먹이생물을 함유한 배합사료가 공급되었고, 이후 38일 동안은 일반 배합사료가 공급되었다.

자어와 새우의 다른 종 대비 EAA의 실제 요구량을 이해하려면 생물학적 이용 가능성에 영향을 미치는 요인의 이해가 필요하다(Conceicão et al., 2003). EAA의 생물학적 이용 가능성을 이해하면 자어에게 공급되는 효과적인 단백질 공급원이 무엇인지, 특정 EAA 보충이 필요한지 알게 될 것이다. 유리 아미노산을 첨가하면 화학 유인 물질로 작용하여 선호와 함께 소비를 향상시킬 수 있다(Kolkovski et al., 1997c).

가수분해물의 형태로 된 단백질은 금붕어(Szlaminska et al., 1993), 농어(Cahu and Zambonino Infante, 1995), 넙치(*Paralichthys dentatus*, Lian et al., 2008) 같은 종의 자어를 대상으로 성장을 강화하는 것으로 관찰된다. 이 가수분해물은 섭취율을 높이는 화학 유인 물질로 작용할 것이다. Kolkovski(2008)는 미립자 사료에서 사료 유인 물질과 단백질 공급원으로 사용되는 가수분해물의 개요를 발표했다.

Carvalhoet al.(1999)은 어류 단백질 가수분해물이 사료 내 질소의 총 공급량의 50%를 차지할 때 잉어 자어의 성장이 개선되는 것을 관찰했다. 잉어의 첫 번째 먹이 자어의 성장과 생존의 조합은 손상되지 않은 단백질(카세인)과 어류 단백질 가수분해물의 1:1 혼합물을 실험 사료에 사용했을 때 가장 좋았다(Carvalho et al., 1997). 사료 내 펩타이드 형태의 단백질은 초기 자어 발달의 고농도 펩티다제 활성을 보여줄 수 있고, 장을 통해 전달되는 시간을 늘리기 위해 막 운반체의 존재와 결합될 수 있다. Kotzamanis et al.(2007)은 성장과 장내 미생물이 다른 단백질 분자 가수분해물의 분자량과 수준에 영향을 받을 수 있다고 보고하였고, 점박이이리치(*Anarhichas minor*)를 연구한 Savoie et al.(2006)의 보고서를 뒷받침하였다. 그러나 대서양넙치(*Hippoglossus hippoglossus*)의 자어는 사전 가수분해된 단백질을 포함한 미립자 사료가 도움되지 못했다(Kvale et al., 2007). 이 같은 결과는 자어의 종 특유의 먹이 섭취 활동에 기인한 것으로 추측되어 중요한 사료 내 아미노산이 손실될 수 있기 때문인 것으로 추측되었다.

14.5.2 지질과 지방산

어류 자어와 갑각류 치하는 일반적으로 치어보다 비교적 사료 내 높은 지질 함량이 필요한 것으로 관찰된다. 이 요구량은 아마도 위의 성장 속도와 상응하는 높은 수준의 에너지를 기반으로 하며 이러한 조건에서 신진대사가 필요하다. 다른 종의 해산 어류 자어에게 권장되는 사료 내 지질 함량은 10~37%이다.

어류 자어 대비 LC-PUFA의 상대적 영양 가치는 절식 연구를 통해 결정될 수 있다. Rover et al.(1989)는 귀족도미 자어의 절식 상태에서 n-6 > n-9 > n-3의 패턴을 발견했다. n-3 LC-PUFA의 경우 DHA는 에이코사펜타엔산(EPA)보다 우선적으로 보존되었다. Rainuzzo et al.(1994)은 터봇(*Scophthalmus maximus*) 자어의 경우 EPA가 DHA와 20:4 n-6 아라키돈산(ARA)의 보존 기간에 사용되었음을 발견했다. Jones et al.(1979b)은 표지된 팔미트산을 함유한 미립자 사료를 공급하여 보리새우 자어가 n-3와 n-6 PUFA를 n-3, n-6 LC-PUFA로 연장할 수 있는 능력이 제한적이라는 증거를 발견했다.

어류 치어는 일반적으로 n-3 LC-PUFA의 0.5~1.0%를 요구하며, 자어의 이들 지방산 요구량은 아마도 훨씬 높아 일반적으로 1% 이상이다. Sargent et al.(1997)가 LC-PUFA에 집중하여, 해양 어류 자어의 고도 불포화지방산 영양의 종합적인 검토를 제공했다. 과거에 제조된 사료의 제한적인 수용은 LC-PUFA가 농축된 먹이생물에서 유래된 지방산 요구량 정보를 제한하였다. 먹이생물의 경우 일반적으로 두 가지 LC-PUFA, 도코사헥사엔산(DHA, 22:6n-3)과 에이코사펜타엔산(EPA, 20:5n-3)의 농도 향상과 이에 상응하는 자어의 반응에 초점을 맞추고 있다. 예를 들어 조류 종 *Isochrysis galbana*와 *Pavlova lutheri*는 고농도의 22:6n-3가 로티퍼에 흡수되기 때문에 로티퍼를 공급하기 위해 일반적으로 양식되는 종이다. 조류 *Nannochloropsis oculata*는 일반적으로 20:5n-3의 좋은 공급원으로 섭취되고, 영양학적으로 강화된 로티퍼는 어류 자어에게 공급된다. 조류는 또한 영양 공급원 역할을 할 수 있다(Reitan et al., 1997).

해산 어류 자어의 자연 먹이에서 LC-PUFA의 공급원은 인지질 화합물의 일부로 소비되며 22:6n-3에서 20:5n-3의 비율은 일반적으로 2:1이다. 먹이생물의 경우 알테미아는 주로 20:5n-3과 22:6n-3(Léger et al., 1986; Navarro et al., 1992)이 부족하기 때문에 어유로 충족된다. 농축은 어유에서 추출한 레시틴과 22:6n-3의 사용을 통해 효과적으로 이루어졌다(McEvoy et al., 1995, 1996). 도미 자어(Kanazawa, 1985)의 연구에 따르면 육상 공급원(대두 레시틴)보다는 해양(가다랑어 알)에서 추출한 레시틴이 더 효과적이다. 가다랑어와 대두에서 각각 추출한 순수 포스파티딜콜린(PC) 또는 포스파티딜 이노시톨(PI)의 1.0% 수준이 자어의 성장과 생존에 가장 효과적인 것으로 나타났다(Kanazawa et al., 1985a). 계란에서 추출한 순수 PC와 가다랑어 알, 양의 뇌에서 추출한 순수한 포스파티딜 에탄올아민(PE)은 동일한 효과를 나타내지 않았다.

살아 있는 요각류는 자연적 인지질에서 유도된 LC-PUFA의 공급원이지만, 요각류 조성은 해조류 섭취에 따라(Graeve et al., 1994), 요각류의 발달 단계에 따라 달라질 수 있다. Shields et al.(1999)의 연구에서는 대서양 가자미(halibut) 자어의 생존과 색소 침착, 망막 형태와 비교하여 자연 요각류를 섭취하는 것이 알테미아 노우플리우스 섭취보다 우수하다는 것을 발견했다. 이러한 반응은 고농도의 DHA 공급과 관련이 있다고 발표되었다. 그러나 요각류 양식의 비용 효율성과 실용성은 여전히 관심사이다. DHA의 높은 요구량은 뇌와 망막을 포함한 신경조직의 발달에 관여한다(Mourente et al., 1991; M. V. Bell et al., 1995). Rodriguez et al.(1994)은 귀족도미 자어에게 먹이는 로티퍼에서 DHA의 함량이 높을수록 성장률과 생존율이 향상된다는 것을 발견했다. 추후 연구(Rodriquez et al., 1997)에서 DHA:EPA가 0.6 미만의 비율을 함유한 로티퍼보다 비율이 1.5인 로티퍼를 섭취했을 때 도미 자어의 높은 성장률을 관찰했다.

연구에 따르면 22:6n-3은 성장, 생존과 관련하여 유생의 영양에서 매우 중요한 지방산이라고 밝혀졌다. 사료 내 22:6n-3은 또한 참돔(*Pagrus major*) 자어(Kanazawa, 1997)에서 스트레스 내성을 개선하여 자어의 건강을 증진하는데 효과적이라는 것이 밝혀졌다. Gapasin et al.(1998)은 갯농어(*Chanos chanos*) 자어에 공급된 LC-PUFA *Brachionus plicatilis*가 성장과 염분 스트레스 대비 성장과 내성을 강화시켰음을 보여주었다.

0.5~1.0%의 LC-PUFA (DHA + EPA)의 양적 요구량과 1.0% LC-PUFA의 함유량은 사료에 효과가 있는지 알아보기 위한 좋은 기초가 되는 것으로 보인다. 22:6n-3은 20:5n-3에서 신장과 불포화를 통해 생합성될 수 있다는 증거가 있지만, 합성 속도는 22:6n-3의 사료 내 결핍을 보충하기에 불충분한 것으로 보인다. 실험 결과에 따르면 n-3 LC PUFA는 세포막 구조에서 수행되는 역할 때문에 우선적으로 보존될 것이다. 특히 이 같은 지방산을 생장에 사용할 수 있게 하려면 포화, 단일 불포화지방산을 쉽게 대사되는 에너지원으로 효과적인 제공이 필요하다.

치어 난소의 성장과 생존을 위한 사료 내 ARA의 중요성은 Castell et al.(1994)의 연구에서 처음 확인되었다. J.G. Bell et al.(1995)은 인지질의 지방산 조성, 프로스타글란딘의 생산과 관련하여 가치를 입증했다. 귀족도미(Bessonart et al., 1999) 유생의 ARA 사료 내 농도를 각각 1.0%와 1.8%로 향상시켜 성장률과 생존율을 향상시켰다. Koven et al.(2001)은 ARA가 풍부한 로티퍼가 섭취될 때 핸들링으로 오는 스트레스가 감소함을 발견했다.

미립자 사료에 함유된 중성 지질의 공급원은 어분, 대구 간유, 청어유, 알을 섞은 유지를 포함하는 반면에 인지질 공급원은 대두나 해양에서 추출한 것이다. 제조된 사료는 일반적으로 트리아실글리세롤 형태로 중성 지질을 사용하며 일반적으로 22:6n−3 대비 20:5n−3의 비율은 자어의 자연 먹이 특성이 이전에 언급된 2:1이 아니라 대략 1:1이다. 예를 들어 DHA/EPA 비율이 높은 로티퍼의 공급과 관련된 생장에 미치는 긍정적 효과가 서로 다른 농축에 따라 영향을 받은 것으로, 대서양대구(*Gadus morhua*) 자어의 연구에서 보고되었다(Park et. al., 2006). 자연적인 해양 환경에서 섭취되는 먹이생물에서 일반적으로 발견되는 비율을 달성하기 위해서는 22:6n−3의 추가가 필요할 것이다.

14.5.3 인지질(Phospholipids)

은어(*Plecoglossus altivelis*) 자어의 긍정적인 인지질 효과는 Kanazawa et al.(1981)의 연구에서 처음 보고되었다. 대부분의 자어 양식은 여전히 인지질에 일반적으로 풍부한 먹이생물의 사용이 필요하다. 따라서 인지질은 제조된 사료로 먹이 붙임하기 전에 일정 기간 이미 섭취되었기 때문에 영양소 요구량을 결정하기 위한 통제된 실험이 어렵다. 고도로 정제된 인지질을 사용한 연구는 드문 경우이며 일반적으로 해산 어류 자어의 먹이에서 유래한 해양 자원보다는 식물 유래의 인지질이 사용된다.

대두 레시틴 형태의 인지질이 결핍된 경우 보리새우의 zoea는 100% 폐사율을 보였다(Kanazawa et al., 1985a). Kanazawa et al.(1985a)의 연구에서 보리새우 자어는 23.6% PC를 함유한 3.5~6%의 대두 레시틴의 첨가에 비교적 긍정적인 성장, 생존 반응이 보고되었다. 처음 사료를 섭취한 잉어 자어의 생존율과 최종 무게는 다른 공급원에서 나온 사료 내 2%의 인지질 첨가로 향상되었다(Guerden et al., 1995a,b). 5% 대두 레시틴 사료를 금붕어(Szlaminska et al., 1993)와 참돔(Kanazawa et al., 1983)에게 공급해 인지질 요구량을 도출하였다. 통제된 연구와 사료 내 인지질 품질의 통제가 적은 다른 연구에서는 어류와 새우 치하 사료에서 활성이 가장 높은(효율적인) 인지질 분자가 PC와 PI임을 시사한다. 그러나 PC 대 PI의 종에 따른 차등 효과는 완전히 이해되지 않았다. Kanazawa et al.(1985b)은 자어의 성장과 생존을 위해 PC (42% 순도) 또는 PC + PI (92% 인지질)가 PE (모든 인지질의 63%)보다 더 효과적이라는 것을 관찰했다. Kanazawa et al.(1985a)의 연구에서 보리새우 치하의 각기 다른 인지질의 효과가 입증되었다. Teshima et al.(1986)은 대두 PE (95% PE)가 대두 PI (모든 PL의 60%)보다 열등하며, 이는 보리새우 치하의 성장과 생존을 위해 PC (전체 인지질의 68%)보다 열등하다는 것을 발견했다. Kanazawa (1993)는 또한 PI보다 PC의 첨가가 넙치(*Paralichthys olivaceus*)의 성장을 향상시켰음을 발견했다. 자어 양식에 필요한 인지질의 필수 사료 내 농도는 최소한 동일하며, 일반적으로 어류 치어와 갑각류의 보고된 농도를 초과할 가능성이 가장 높은 것으로 추측된다. Kanazawa (1993)는 돌돔(*Oplegnathus fasciatus*) 자어의 대두 레시틴 요구량은 5%이지만 치어의 경우 3% (PC + PI = 1.6~1.0%)로 감소한다는 것을 발견했다. Teshima et al.(1986)은 보리새우가 3.0% 대두 PC를 함유한 사료를 섭취한 자어에서 최상의 변태 활성을 관찰했다. 이 결과는 Coutteau et al.(1997)이 제안한 인지질 요구량 범위(1~3%, 건물량)에 해당한다. 해산 어류 자어의 낮은 수치는 사료원 내의 PC 함량이 높기 때문일 것으로 추측된다. 대두 레시틴이 인지질 공급원으로 사용될 때 어류와 새우 치하의 사료 내 최적 함량은 3.5~7.0%이다. 일반적으로 대두 레시틴의 PC 함량은 약 25%이며 따라서 PC의 실제 사료 내 PL 요구량은 0.83~1.75%라고 보고된다. Camara et al.(1997)은 정제된 대두 PC (95% 순수)를 사용하여 1.5~3.0% 함량이 자어의 변태에 최적이라는 점을 발견했다.

인지질은 갑각류와 어류의 지질 운송에 사용되는 지단백질 성분으로 알려져 있다. 치어와 새우의 경우 사료 내 인지질은 장에서 중장선(새우)까지, 궁극적으로는 순환계에서 콜레스테롤의 높은 전환율에 기여하는데 중요한 역할을 하는 것으로 나타났다.

어류와 갑각류 모두 인지질을 생합성할 수 있지만 사료는 높은 성장 속도와 신진대사의 요구를 충족시키기에 불충분한 합성 비율의 결과라고 생각된다. 사료 내 콜레스테롤과 트리글리세라이드의 효과적인 흡수에 사료 내 인지질도 역할을 할 수 있다(Jones et al., 1997b). 모든 인지질 또는 인지질 조합이 사료 내 요구량을 충족시킬 수 있는 것은 아니다. 인지질 분자의 *sn*−2 위치에서 에스테르 결합에 따라 연결된 LC−PUFA 분자의 위치는 인지질 분자의 활성 발현에 중요하다. 그러나 LC−PUFA 함유 인지질을 함유하는 사료를 섭취한 후 LC−PUFA 분자가 인지질 분자의 일부로서 동화되는지 아니면 분리되어 있는지는 증거가 부족하다.

인지질 효과는 특정 분자가 제공하는 콜린, 이노시톨 또는 특정 지방산 같은 다른 필수영양소의 효과적인 공급의 결과가 아니라 세포당 분자와 관련이 있다. 자어 사료에서 사료 내 인지질의 장점은 분자가 소화가 잘 되고 그 성분이 배합사료의 안정성(물리적 무결성)에 기여하기 때문이다. 사료 내 인지질은 더 높은 수준에서 제공될 때 성장을 억제하는 효과가 있는 것으로 나타났다.

효과적인 것으로 간주되는 화합물의 비율을 포함하는 인지질의 공급원이 다르므로 인지질 요구량에 관한 정보를 적용할 때 주의해야 한다. 최저 요구량은 PC의 양이 더 많기 때문에 식물 유래 공급원보다는 해양 유래 공급원과 관련이 있을 것이다.

14.5.4 콜레스테롤과 기타 스테롤

연구된 모든 갑각류(제6장 참조)에서 요구되는 것으로 반복적으로 입증된 영양소인 콜레스테롤은 갑각류 치하에서도 요구되는 것으로 나타났다. 갑각류 치하의 스테롤 요구량 연구는 Teshima et al.(1982)의 연구에서 시작되었는데, 연구자들은 보리새우의 정상적인 변태와 생존을 위해 사료 내 콜레스테롤이 필요하다는 것을 입증했다.

콜레스테롤 요구량은 구체적이며 다른 사료 내 스테롤의 공급을 통해 충족될 수 없다. 1:1에서 1:100 (콜레스테롤:시토스테롤)의 비율로 사료 내 시토스테롤을 함유한 치하(1.0% 수준) 또는 포스트라바(0.05% 수준) 보리새우의 사료 내 콜레스테롤 대체 자원이 없음을 Teshima et al.(1989)의 연구에서 밝혀졌다. 유전적으로 분리된 스테롤 화합물(콜레스테롤 전구체) 중 보리새우 치하의 사료 내 콜레스테롤의 총 대체물로 작용하는 것은 없다(Teshima et al., 1983).

14.5.5 비타민

Kanazawa (1990)의 연구에서 수행된 초기 연구의 결과에서 미세 수용성, 미립자 사료를 사용하여 여러 수용성 비타민과 지용성 비타민(토코페롤)의 영양소 요구량이 보고되었다. 그는 사료 내 영양소의 침출 때문에 요구량이 과대 평가되었을 것으로 인정되었다. 비타민과 미네랄의 정확한 요구량은 결정하기 어렵고 수중 용해도에 영향을 받는 미립자 사료의 침출 속도에 따라 과대평가되는 것으로 간주된다. Merchie et al.(1997)은 아스코르브산(비타민 C)의 안정적인 인산 에스테르를 사용하여 20 mg/kg의 아스코르브산이 유럽농어 자어의 정상적인 성장과 생존에 충분하다고 결정했다. 비타민과 미네랄 요구량을 추정할 때 정밀도는 조사 기간에 다량의 사료를 산발적으로 공급하기보다는 소량의 사료를 지속적으로 공급하거나 침출을 제거하기 위한 캡슐화 기술이 필요하다. 실용적인 사료의 경우 필요한 양을 초과하는 수용성 비타민을 제공하는 비타민 혼합제의 배합이 필요한 양을 전달하는 가장 효과적인 전략일 수 있다. 캡슐화 또는 지속적인 공급이라는 대안은 노동 집약적이며 비용 효율적이다.

14.6 결론

어류나 갑각류 종의 자어기에서 먹이생물을 완전히 영양학적으로 대체할 수 있는 배합사료가 성공적으로 개발되면 영양소 요구량을 정확하게 결정하는 능력이 크게 높아질 것이다. 대부분의 양적 영양소 요구량 정보는 그다지 명확하지 않으며 광범위한 범위로 더 효율적인 사료를 개발할 필요가 있다. 따라서 이 검토에 명시된 영양소 요구량은 신중하게 수용되어야 하며 더 나은 통제를 수행하도록 설계된 향후 조사를 위한 기초 자료로 사용되어야 한다. 영양소 요구량을 조사하는 연구가 명확하게 연구되기 전에 사료의 물리적 형태가 불충분하거나 사료를 제대로 수용하지 못해 발생하는 생존율 저하는 극복해야 할 것이다. 자어의 영양소 요구량 결정은 수용성 영양소의 침출을 최소화하여 정확성을 보장하기 위해 연속적으로 또는 특정 간격 · 펄스로 섭취되는 수용성 사료로 가장 잘 나타난다(Rabe and Brown, 2000). 이상적인 점결제는 영양적으로 비활성이며 또한 영양소의 전달과 이용에 영향을 미치지 않을 것이다. 효과적인 제제는 또한 사료 내 영양소의 그 자체가 기관 형성과 관련 효소 활동을 포함하여 자어의 발달에 미치는 영향을 보여주는 연구 결과를 통합해야 한다. 이러한 지식은 해양생물의 성공적인 자어 양식과 양식업의 확장에 만성적으로 병목현상이 되어온 생존을 증가시키는데 의심할 여지도 없이 도움이 될 것이다. 영양소 요구량을 이해하는 과정에서 종별 특정한 표준화된 관행이 필요할 수 있다. 영양소 요구량 결정의 목표는 동일하지만 지식을 발전시키기 위해서는 다른 유형의 사료가 필요할 수 있다. 이전에는 성공적인 양식은 먹이생물과 배합사료의 조합을 통해서만 달성될 수 있는 것처럼 보였다. 그러나 최근의 발전은 Lazo et al.(2000b), Kovalenko et al.(2002), D' Abramo et al.(2006)의 연구에서 개발 초기에 배합사료의 배타적인 공급이 달성될 수 있다고 보고했다. 자어 발육의 후반 단계에 제조된 식단을 배타적으로 공급하는 것조차도 상업적인 수준에서 식량과 노동의 상당한 비용 절감을 의미한다. 제조된 미립자 사료의 성공적인 사용 증가는 사료 내 영양소 조성을 조작함으로써 영양소 요구량을 정확하게 결정할 수 있는 기반을 마련한다. 영양소 요구량의 평가는 효과적인 불활성 마커의 사용으로부터 파생된 미세 영양 섭취의 정확한 결정과 이해가 반드시 필요할 것이다(Teshima et al., 2000).

어류와 갑각류 치하는 발육의 특별한 필요성을 충족시키기 위해 반드시 고에너지 사료를 요구하며, 이 에너지의 공급원은 단백질과 지질이다. 같은 종의 유년기에 비해 자어는 대사율과 성장률이 높아 사료 내 단백질과 지질이 더 많이 필요하다. 따라서 배합사료는 에너지가 매우 높아야 한다. 이는 단백질 요구량이 50~60% 범위에 있어야 하는 것으로 관찰된다. 풍부한 자연먹이, 배합사료 또는 조합 여부와 관계없이 사료 내 인지질과 LC-PUFA의 중요성을 나타내는 충분한 증거가 있다. 종합적으로 일련의 연구 결과는 대략 3%의 사료 내 함량에서 인지질, 주로 PC의 포함을 제안한다. 트리글리세라이드 형태로 1% 이상의 LC-PUFA를 권장하며 22:6n-3~20: 5n-3에 대비 2:1의 비율이 LC-PUFA를 해산 자어에게 공급하기 위한 이상적인 목표이다. 미세 미립자 사료는 다양한 자어의 어체와 영양소 요구량을 충족시킬 수 있는 형태로 생산하고 조절하기 쉬우며 상업적 생산으로 전환하는 데 가장 실용적인 것으로 보인다. 자어와 갑각류의 영양소 요구량을 결정하는 데 앞으로의 진전은 먹이생물로 달성되는 것과 동등한 성장과 생존을 이루는 효과적인 배합사료를 기반으로 한다. 이 사료는 개체 발생 동안 특정 생리적 요구를 충족시키고 양식의 대부분이나 전체 자어기에서 사용할 수 있고 다양한 크기와 다양한 영양 성분을 생산할 수 있도록 수정될 필요가 있다. 또한 정확한 생리학적 지수를 사용하여 사료 내 질과 영양소의 양을 비교해 상대적으로 성능을 평가하는 데 사용할 필요가 있다.

참고문헌

Aragão, C., L. E. C. Conceicão, M. Lucuisse, M. Yúfera, and M. T. Dinis. 2007. Do dietary amino acid profiles affect performance of larval gilthead seabream? Aquat. Living Resour. 20:155-161.

Bai, S., Y.-T. Cha, and X. Wang. 2001. Preliminary study on the protein requirement of larval Japanese flounder *Paralichthys olivaceus*. N. Am. J. Aquacult. 63:92-98.

Baragi, V., and R. T. Lovell. 1986. Digestive enzyme activities in striped bass from first feeding through larva development. T. Am. Fish. Soc. 115:478-484.

Barrows, F. T., and W. A. Lellis. 2006. Effect of diet processing method and ingredient substitution on feed characteristics and survival of larval walleye, Sander vitreus. J. World Aquacult. Soc. 37(2):154-160.

Bautista, M. N., O. M. Millamena, and A. Kanazawa. 1989. Use of kappacarrageenan microbound diet (C-MBD) as feed for *Penaeus japonicus* larvae. Mar. Biol. 103:169-173.

Bell, J. G., J. D. Castell, D. R. Tocher, F. M. MacDonald, and J. R. Sargent. 1995. Effect of different arachidonic acid:docosahexenoic acid ratios on phosopholipid fatty acid compositions and prostaglandin production in juvenile turbot (*Scophthalmus maximus*). Fish Physiol. Biochem. 14:139-151.

Bell, M. V., R. S. Batty, J. R. Dick, K. Fretwell, J. C. Navarro, and J. R. Sargent. 1995. Dietary deficiency of docosahexaenoic acid impairs vision at low light intensities in juvenile herring (*Clupea harengus* L.). Lipids 30:373-476.

Bessonart, M., M. S. Izquierdo, M. Salhi, C. M. Hernandez-Cruz, M. M. Gonzalez, and H. Fernandez-Palacios. 1999. Effect of dietary arachidonic acid on growth and fatty acid composition of gilthead sea bream (*Sparus aurata* L.) larvae. Aquaculture 179:265-275.

Bryant, P. L., and A. J. Matty. 1980. Optimisation of Artemia feeding rate for carp (*Cyprinus carpio* L.) larvae. Aquaculture 21:203-212.

Cahu, C. L., and J. L. Zambonino Infante. 1995. Maturation of the pancreatic and intestinal digestive functions in sea bass (*Dicentrarchus labrax*): Effect of weaning with different protein sources. Fish Physiol. Biochem. 14:431-437.

Cahu, C. L., and J. L. Zambonino Infante. 1997. Is the digestive capacity of marine fish larvae sufficient for compound diet feeding? Aquacult. Int. 5:151-160.

Cahu, C. L., and J. L. Zambonino Infante. 2001. Substitution of live food by formulated diets in marine fish larvae. Aquaculture 200:161-180.

Cahu, C. L., J. Guillaume, S. Kaushik, P. Bergot, and R. Metailler. 1999. Nutrition and feeding of penacid shrimp larvae. Pp. 253-263 in Nutrition and Feeding of Fish and Crustaceans, J. Guillaume, S. Kaushik, P. Bergot, and R. Metailler, eds. London, UK: Springer.

Cahu, C. L., J. L. Z. Infante, and V. Barbosa. 2003. Effect of dietary phospholipid level and phospholipid:neutral lipid value on the development of sea bass (*Dicentrarchus labrax*) larvae fed a compound diet. Brit. J. Nutr. 90:21-28.

Camara, M. R., P. Coutteau, and P. Sorgeloos. 1997. Dietary phosphatidylcholine requirements in larval and post larval *Penaeus japonicus*. Bate. Aquacult. Nutr. 3:39-47.

Cañavate, J. P., and C. Fernández-Díaz. 1999. Influence of co-feeding larvae with live and inert diets on weaning the sole *Solea senegalensis* onto commercial dry feeds. Aquaculture 174:255-263.

Carvalho, A. P. C., A.-M. Escaffre, A. Oliva Teles, and P. Bergot. 1997. First feeding of common carp larvae on diets with high levels of protein hydrolysates. Aquacult. Int. 5:361-367.

Carvalho, A. P. C., A. M. Escaffre, A. Oliva Teles, and P. Bergot. 1999. Protein hydrolysate vs. fish meal in compound diets for 10-day old sea bass *Dicentrarchus labrax* larvae. Aquaculture 171:109-119.

Castell, J. D., J. G. Bell, D. R. Toucher, and J. R. Sargent. 1994. Effects of purified diets containing different combinations of arachidonic and docosahexenoic acid on survival, growth, and fatty acid composition of juvenile turbot (*Scophthalmus maximus*). Aquaculture 128:315-333.

Clawson, J. A., and R. T. Lovell. 1992. Improvement of nutritional value of *Artemia* for hybrid striped bass/white bass (*Morone saxatilis* × *M. chrysops*) larvae by n-3 HUFA enrichment of nauplii with menhaden oil. Aquaculture 108:125-134.

Conceicão, L. E. C., H. Grasdalen, and I. Ronnestad. 2003. Amino acid requirements of fish larvae and post-larvae: new tools and recent findings. Aquaculture 227:221-232.

Conceicão, L. E. C., M. Yúfera, P. Makridis, S. Morais, and M. T. Dinis. 2010. Live feeds for early stages of fish rearing. Aquac. Res. 41(5):613-640.

Coutteau, P., I. Guerden, M. R. Camara, P. Bergot, and P. Zorruelos. 1997. Review of the dietary effects of phospholipids in fish and crustacean larviculture. Aquaculture 155:149-164.

Curnow, J., J. King, J. Bosmans, and S. Kolkovski. 2006. The effect of reduced Artemia and rotifer use facilitated by a new microdiet in the rearing of barramundi *Lates calcarifer* (BLOCH) larvae. Aquaculture 257:204-213.

D'Abramo, L. R. 1979. Dietary fatty acid and temperature effects on the productivity of the cladoceran *Moina macrocopa*. Biol. Bull. 157:234-248.

D'Abramo, L. R., E. I. Perez, R. Sangha, and A. Puello-Cruz. 2006. Successful culture of larvae of *Litopenaeus vannamei* fed a microbound formulated diet exclusively from either stage PZ2 or M1 to PL1. Aquaculture 261:1356-1362.

Dabrowski, K. 1984. The feeding of fish larvae. Present state of the art and perspectives. Reprod. Nutr. Dev. 24:807-833.

Dabrowski, K. 1986. Ontogenetical aspects of nutritional requirements in fish. Comp. Biochem. Phys. A 85A:639-655.

Dabrowski, K., and P. Poczyczynski. 1988. Mass rearing of coregonid larvae and juveniles on dry diet. Aquaculture. 69:307-316.

de Jesus, E. G. T., J. D. Toledo, and M. S. Simpas. 1998. Thyroid hormones promote early metamorphosis in grouper (*Epinephelus coioides*) larvae. Gen. Comp. Endocr. 112:10-16.

Durruty, C., L. Maldonado, G. Gaxiola, T. Garcia, and R. Pedroza. 2002. Requerimientos de proteina dietética en larvas de *Litopenaeus setiferus* y *Litopenaeus vannamei*. P. 104 in Book of Abstracts, 6th International Symposium on Aquatic Nutrition, Cancún, Mexico.

Fernandez-Díaz, C., and M. Yúfera. 1995. Capacity of gilthead seabream *Sparus aurata* L. larvae to break down dietary microcapsules. Aquaculture 134:269-278.

Fernandez-Díaz, C., E. Pascual, and M. Yúfera. 1994. Feeding behavior and prey selection size of gilthead sea bream, *Sparus aurata*, larvae fed on inert and live food. Mar. Biol. 118:323-328.

Fontagné, S., J. Robin, G. Corrazea, and P. Bergota, 2000. Growth and survival of European sea bass (*Dicentrarchus labrax*) larvae fed from first feeding on compound diets containing medium-chain triacylglycerols. Aquaculture 190:261-271.

Gapasin, R. S. J. 1998. Enrichment of live food with essential fatty acids and vitamin C: Effects on milkfish (*Chanos chanos*) larval performance. Aquaculture 162:269-286.

Garcia-Ortega, A., J. Verreth, P. Coutteau, H. Segner, E. A. Huisman, and P. Sorgeloos. 1998. Biochemical and enzymatic characterization of decapsulated cysts and nauplii of the brine shrimp *Artemia* at different developmental stages. Aquaculture 161:501-514.

Gawlicka, A., L. McLaughlin, S. S. O. Hung, and J. de la Novie. 1996. Limitations of carrageenan microbound diets for feeding white sturgeon, *Acipenser transmontanus* larvae. Aquaculture 141:245-265.

Genodepa, J., P. C. Southgate, and C. Zeng. 2004a. Diet particle size preference and optimal ration for mud crab, *Scylla serrata*, larvae fed microbound diets. Aquaculture 230:493-505.

Genodepa, J., C. Zeng, and P. C. Southgate. 2004b. Preliminary assessment of a microbound diet as an Artemia replacement for mud crab, *Scylla serrata*, megalopa. Aquaculture 236:497-509.

Gisbert, E., L. Villenueve, J. L. Zambonino Infante, P. Quazuguel and C. L. Cahu. 2005. Dietary phospholipids are more efficient than neutral lipids for long chain polyunsaturated supply in European sea bass *Dicentrarchus labrax* larval development. Lipids 40:609-618.

Graeve, M., G. Kattner, and W. Hagen. 1994. Diet induced changes in the fatty acid composition of Arctic copepods: Experimental evidence of trophic markers. J. Exp. Mar. Biol. Ecol. 182:97-100.

Guerden, I., N. Charlon, D. Marion, and P. Bergot. 1995a. Dietary phospholipids and body deformities in carp *Cyprinus carpio* larvae. Pp. 162-165 in Larvi '95, Fish and Shellfish Symposium, European Aquaculture Society Special Publication 24, P. Lavens, E. Jaspers, and I. Roelants, eds. Ghent, Belgium: European Aquaculture Society.

Guerden, I., J. Radunz-Neto, and P. Bergot. 1995b. Essentiality of dietary phospholipids for carp *Cyprinus carpio* larvae. Aquaculture 131:303-314.

Holme, M.-H., C. Zeng, and P. C. Southgate. 2006. Use of microbound diets for larval culture of the mud crab, Scylla serrata. Aquaculture 257:482-490.

Holt, G. J. 1993. Feeding larval red drum on microparticulate diets in a closed recirculating water system. J. World Aquacult. Soc. 24(2):225-230.

Inui, Y., M. Tagawa, S. Miwa, and T. Hirano. 1989. Effect of bovine TSH on the tissue thyroxine level and metamorphosis in premetamorphic flounder larvae. Gen. Comp. Endocr.74:406-410.

Jones, D. A., A. Kanazawa, and S. A. Rahman. 1979a. Studies on the presentation of artificial diets for rearing the larvae of *Penaeus japonicus* Bate. Aquaculture 17:33-43.

Jones, D. A., A. Kanazawa, and K. Ono. 1979b. Studies on the nutritional requirements of the larval stages of *Penaeus japonicus* using microencapsulated diets. Mar. Biol. 54:261-267.

Jones, D. A., M. Kumlu, L. LeVay, and D. J. Fletcher. 1997a. The digestive physiology of herbivorous, omnivorous and carnivorous crustacean larvae: A review. Aquaculture 155:285-295.

Jones, D. A., A. B. Yule, and D. L. Holland. 1997b. Larval nutrition. Pp. 353-389 in Crustacean Nutrition, L. R. D'Abramo, D. E. Conklin, and D. M. Akiyama, eds. Baton Rouge, LA: World Aquaculture Society.

Kamarudin, M. S., D. A. Jones, L. Le Vay, and A. Z. Abidin. 1994. Ontogenetic changes in digestive enzyme activity during larval development of *Macrobrachium rosenbergii*. Aquaculture 123:323-333.

Kanazawa, A. 1985. Essential fatty acid and lipid requirement in fish. Pp. 281-298 in Nutrition and Feeding of Fish, C. B. Cowey, A. M. Mackie, and J. G. Bell, eds. London: Academic Press.

Kanazawa, A. 1990. Microparticulate feeds for penaeid larvae. Adv. Trop. Aquacult. Actes de Colloque 9:395-404.

Kanazawa, A. 1993. Essential phospholipids of fish and crustaceans. Pp. 519-530 in Fish Nutrition in Practice, S. J. Kaushik, and P. Luquet, eds. Proceedings of the Fourth International Symposium on Fish Nutrition and Feeding, June 24-27, 1991, Biarritz, France.

Kanazawa, A. 1997. Effects of docosahexenoic acid and phospholipids on stress tolerance of fish. Aquaculture 155:129-134.

Kanazawa, A., S. Teshima, T. Inamori, T. Iwashita, and A. Nagao. 1981. Effect of phospholipids on growth, survival rate and incidence of malformation in larval ayu. Mem. Fac. Fish. Kagoshima University 30:301-309.

Kanazawa, A., S. Teshima, S. Inamori, and S. Matsubara. 1983. Effects of dietary phospholipids on growth of larval red sea bream and knife jaw. Mem. Fac. Fish. Kagoshima University 30:301-309.

Kanazawa, A., S. Teshima, and M. Sakamoto 1985a. Effects of dietary lipids, fatty acids and phospholipids on growth and survival of the prawn (*Penaeus japonicus*) larvae. Aquaculture 50:39-49.

Kanazawa, A., S. Teshima, and M. Sakamoto 1985b. Effects of dietary bonito-egg phospholipids on growth and survival of the larval ayu, *Plecoglossus altivelis*. ZX. Angew Ichthyol. 4:165-170.

Kolkovski, S. 2008. Advances in marine fish larvae diets. Pp. 20-45 in Avances en Nutricion Acuicola IX., eds. L. E. Cruz Suárez, D. Ricque Marie, M. T. Salazar, M. G. Nieto López, D. A. Villarreal Cavazos, J. P. Lazo and M. T. Viana. IX Simposio Internacional de Nutrición

Acuícola, 24-27 Noviembre, Universidad Autonóma de Nuevo León, Monterey, Nuevo León, México.

Kolkovski, S., A. Tandler, G. W. Kissil, and A. Gertler. 1993. The effect of dietary exogenous digestive enzymes on ingestion, assimilation, growth, and survival of gilthead seabream (*Sparus aurata*, Sparidae, Linneaus) larvae. Fish Physiol. Biochem. 12:203-209.

Kolkovski, S., A. Tandler, and M. S. Izquierdo. 1997a. Effects of live food and dietary digestive enzymes on the efficiency of microdiets for seabass (*Dicentrarchus labrax*) larva. Aquaculture 148:313-332.

Kolkovski, S., A. Arieli, and A. Tandler. 1997b. Visual and chemical cues stimulate microdiet ingestion in seabream larvae. Aquacult. Int. 5:527-536.

Kolkovski, S., W. M. Koven and A. Tandler. 1997c. The mode of action of Artemia in enhancing utilization of microdiet by gilthead seabream *Sparus aurata* larvae. Aquaculture 155:193-205.

Koshio, S., A. Kanazawa, S. Teshima, and J. D. Castell. 1989. Nutritive evaluation of crab protein for larval *Penaeus japonicus* fed microparticulate diets. Aquaculture 81:145-154.

Kotzamanis, Y. P., E. Gisbert, F. J. Gatesoupe, J. Zambonino, and C. Cahu. 2007. Effects of different dietary levels of fish protein hydrolysates on growth, digestive enzymes, gut microbiota, and resistance to Vibrio anguillarum in European sea bass (*Dicentrarchus labrax*) larvae. Comp. Biochem. Phys. A 147:205-214.

Kovalenko, E. E., L. R. D'Abramo, C. L. Ohs, and R. K. Buddington. 2002. A successful microbound diet for the larval culture of freshwater prawn (*Macrobrachium rosenbergii*). Aquaculture 210:385-395.

Koven, W. M., G. Kissil, and A. Tandler. 1989. Lipid and (n-3) requirement of *Sparus aurata* larvae during starvation and feeding. Aquaculture 79:185-189.

Koven, W. M., Y. Bar, S. Lutzky, I. Ben-Atia, R. Weiss, M. Harel, P. Behrens, and P. Tandler. 2001. The effect of dietary arachidonic acid (20:4n-6) on growth, survival, and resistance to handling stress in gilthead seabream (*Sparus sparus*) larvae. Aquaculture 193:107-122.

Kumlu, M. 1999. Feeding and digestion in larval decapod crustaceans. Turk. J. Biol. 23:215-229.

Kumlu, M., and D. A. Jones. 1995. The effect of live and artificial diets on growth, survival, and trypsin activity in larvae of *Penaeus indicus*. J. World Aquacult. Soc. 26(4):406-415.

Kurmaly, K., D. A. Jones, and A. B. Yule. 1990. Acceptability and digestion of diets fed to larval stages of *Homarus gammarus* and their role of dietary conditioning behaviour. Mar. Biol. 106:181-190.

Kvale, A., A. Nordgreen, S. K. Tonheim, and K. Hamre. 2007. The problem of meeting dietary protein requirement in intensive aquaculture of marine fish larvae with emphasis on Atlantic halibut (*Hippoglossus hippoglossus* L.). Aquacult. Nutr. 13:170-185.

Langdon, C. 2003. Microparticle types for delivering nutrients to marine fish larvae. Aquaculture 227:259-275.

Lauff, M., and R. Hoffer. 1984. Proteolytic enzymes in fish development and the importance of dietary enzymes. Aquaculture 37:335-346.

Lazo, J. P., G. J. Holt, and C. R. Arnold. 2000a. Ontogeny of pancreatic enzymes in larval red drum *Sciaenops ocellatus*. Aquacult. Nutr. 6(3):183-192.

Lazo, J. P., M. T. Dinis, G. J. Holt, C. Faulk, and C. R. Arnold. 2000b. Cofeeding microparticulate diets with algae: toward eliminating the need of zooplankton at first feeding in larval red drum (*Sciaenops ocellatus*). Aquaculture 188:339-351.

Lazo, J. P., R. Mendoza, G. J. Holt, C. Aguilera, and C. R. Arnold. 2007. Characterization of digestive enzymes during larval development of red drum (*Sciaenops ocellatus*). Aquaculture 265:194-205.

Léger, P., D. A. Bengston, K. L. Simpson, and P. Sorgeloos. 1986. The use and nutritional value of Artemia as a food source. Oceanogr. Mar. Biol. 24:521-623.

Léger, P., D. Grymonpre, E. Van Ballaer, and P. Sorgeloos. 1989. Advances in the enrichment of rotifers and *Artemia* as food sources in marine larviculture. Aquaculture Europe'89, Short Communications and Abstracts, Special Publication 10:141-142.

Le Ruyet, J. P., J. C. Alexandre, L. Thébaud, and C. Mugnier. 1993. Marine fish larvae feeding: Formulated diets or live prey? J. World Aquacult. Soc. 24:211-224.

Le Vay, L., D. A. Jones, A. C. Puello-Cruz, R. S. Sangha, and C. Ngamphongsai. 2001. Digestion in relation to feeding strategies exhibited by crustacean larvae. Comp. Biochem. Phys. A 128:623-630.

Lian, P., C. E. Lee, and D. A. Bengston. 2008. Development of a squid-hydrolysate-based larval diet and its feeding performance on summer flounder, *Paralichthys dentatus*, larvae. J. World Aquacult. Soc. 39:196-204.

Lovett, D. L., and D. L. Felder. 1989. Ontogeny of gut morphology in the white shrimp *Penaeus setiferus* (Decapoda, Penaeidae). J. Morphol. 201:253-272.

Lovett, D. L., and D. L. Felder. 1990. Ontogenetic change in digestive enzyme activity of larval and postlarval white shrimp *Penaeus setiferus* (Crustacea, Decapoda, Penaeidae). Biol. Bull. 178:144-159.

McEvoy, L. A., J. C. Navarro, F. Amat, and J. R. Sargent. 1995. Optimisation of a phospholipid-enhanced enrichment emulsion for *Artemia*. Pp. 141-144 in Larvi '95. Fish and Shellfish Symposium, European Aquaculture Society Special Publication 24, P. Lavens, E. Jaspers, and Roelants, eds. Gent, Belgium: European Aquaculture Society.

McEvoy, L. A., J. C. Navarro, F. Hontoria, F. Amat, and J. R. Sargent. 1996. Two novel *Artemia* enrichment diets containing polar lipid. Aquaculture 144:339-352.

Merchie, G., P. Lavens, and P. Sorgeloos. 1997. Optimization of dietary vitamin C in fish and crustacean larvae: A review. Aquaculture 155:165-181.

Miwa, S., and Y. Inui. 1987. Effect of various doses of thyroxine and triiodothyronine on the metamorphosis of flounder (*Paralichthys divaceus*). Gen. Comp. Endocr. 67:356-363.

Mourente, G., D. Toucher, and J. Sargent. 1991. Specific accumulation of docosahexaenoic acid (22:6n-3) in brain lipids during development of juvenile turbot *Scophthalmus maximus* L. Lipids 26:871-877.

Munilla-Moran, R., J. R. Stark, and A. Barbour. 1990. The role of exogenous enzymes on the digestion of the cultured turbot larvae, *Scophthalmus maximus* L. Aquaculture 88:337-350.

Navarro, J. C., F. Amat, and J. R. Sargent. 1992. Fatty acid composition of coastal and inland *Artemia* spp. populations from Spain. Aquaculture 102:219-230.

Ohs, C. L., L. R. D'Abramo, R. K. Buddington, H. R. Robinette, and J. M. Roethke. 1998. Evaluation of a spray-dried artificial diet for larval culture of freshwater prawn *Macrobrachium rosenbergii*, and striped bass, *Morone saxatilis*. Aquacult. Nutr. 4:73-82.

Onal, U., and C. Langdon. 2004. Lipid spray beads for delivery of riboflavin to first-feeding fish larvae. Aquaculture 233:477-493.

Paibulkichakul, C., S. Piyatiratitivorakul, P. Kittakoop, V. Viyakarn, A. W. Fast, and P. Menasveta. 1998. Optimal dietary levels of lecithin and cholesterol for black tiger prawn *Penaeus monodon* larvae and postlarvae. Aquaculture 167:273-281.

Palmer, P. J., M. J. Burke, C. J. Palmer, and J. B. Burke. 2007. Developments in controlled green-water larval culture technologies for estuarine fishes in Queensland, Australia and elsewhere. Aquaculture 272:1-21.

Park, H. G., V. Puvanendran, A. Kellett, C. C. Parrish, and J. A. Brown. 2006. Effect of enriched rotifers on growth, survival, and composition of larval Atlantic cod (*Gadus morhua*). ICES J. Mar. Sci. 63:285-295.

Pedroza-Islas, R., P. Gallardo, E. J. Vernon-Carter, T. García-Galano, C. Rosas, C. Pascual, and G. Gaxiola. 2004. Growth, survival, quality and digestive enzyme activities of larval shrimp fed microencapsulated, mixed and live diets. Aquacult. Nutr. 10:167-173.

Power, D. M., L. Llewellyn, M. Faustino, M. A. Nowell, B. Th. Björnsson, I. E. Einarsdottir, A. V. M. Canario, and G. E. Sweeny. 2001. Thyroid hormones in growth and development of fish. Comp. Biochem. Phys. C 130:447-459.

Puello-Cruz, A. C., R. S. Sangha, D. A. Jones, and L. LeVay. 2002. Trypsin enzyme activity during larval development of *Litopenaeus vannamei* (Boone) fed on live feeds. Aquac. Res. 33:333-338.

Rabe, J., and J. A. Brown. 2000. A pulse feeding strategy for rearing larval fish: an experiment with yellowtail flounder. Aquaculture 191:289-302.

Rainuzzo, J. R., K. I. Reitan, L. Jorgensen, and Y. Olsen. 1994. Lipid composition in turbot larvae fed live feed cultured by emulsion of different lipid classes. Comp. Biochem. Phys. A 107:699-710.

Reitan, K. I., J. R. Rainuzzo, G. Oie, and Y. Olsen. 1997. A review of nutritional effects of algae in marine fish larvae. Aquaculture 155:207-221.

Rodriguez, C., J. A. Perez, M. S. Izquierdo, J. Mora, A. Lorenzo, and H. Fernandez-Palacios. 1994. Essential fatty acid requirements of larval gilthead sea bream (*Sparus aurata* L.) Aquacult. Fish. Manage. 25:295-304.

Rodriquez, C., J. A. Perez, M. Diaz, and M. S. Izquierdo. 1997. Influence of EPA/DHA ratio in rotifers on gilthead seabream (*Sparus aurata*) larval development. Aquaculture 150:77-89.

Rønnestad, I., Y. Kamisaka, L. E. C. Conceicão, S. Morais and S. K. Tonheim. 2007. Digestive physiology of marine fish larvae: Hormonal control and processing capacity for proteins, peptides and amino acids. Aquaculture 268:82-97.

Sargent, J. R., L. A. McEvoy, and J. G. Bell. 1997. Requirements, presentation, and sources of polyunsaturated fatty acids in marine fish larval feeds. Aquaculture 155:117-127.

Sargent, J. R., L. McEvoy, A. Estevez, G. Bell, M. Bell, J. Henderson, and D. Tocher. 1999. Lipid nutrition of marine fish during early development: current status and future directions. Aquaculture 179:217-229.

Savoie, A., N. R. Le Francois, C. Cahu, P. U. Blier, and I. Andreassen. 2006. Do protein hydrolysates improve survival and growth of newly-hatched spotted wolffish (Anarichas minor), a non-metamorphic aquaculture fish species? Aquaculture 261:782-788.

Shields, R. J., J. G. Bell, F. S. Luizi, B. Gara, N. R. Bromage, and J. Sargent. 1999. Natural copepods are superior to enriched *Artemia* nauplii as feed for halibut larvae (*Hippoglossus hippoglossus*) in terms of survival, pigmentation and retinal morphology: Relation to dietary essential fatty acids. J. Nutr. 129:1186-1194.

Specker, J. L. 1988. Preadaptative role of thyroid hormones in larval and juvenile salmon: Growth, the gut and evolutionary considerations. Am. Zool. 28:337-349.

Szlaminska, M., A. M. Escaffre, N. Charlon, and P. Bergot. 1993. Preliminary data on semi-synthetic diets for goldfish (*Carassius auratus* L.) larvae. Pp. 607-612 in Fish Nutrition in Practice, S. J. Kaushik and P. Luquet, eds. Proceedings of the Fourth International Symposium on Fish Nutrition and Feeding, June 24-27, 1991, Biarritz, France.

Teshima, S., and A. Kanazawa. 1983. Effects of several factors on growth and survival of the prawn larvae reared with microparticulate diets. B. Jpn. Soc. Sci. Fish. 49:1893-1896.

Teshima, S., A. Kanazawa, H. Sasada, and M. Kawasaki. 1982. Requirements of the larval prawn for cholesterol and soybean phospholipids. Mem. Fac. Fish. Kagoshima University 31:193-199.

Teshima, S., A. Kanazawa, and H. Sasada. 1983. Nutritive value of dietary cholesterol and other sterols to larval prawn, *Penaeus japonicus* Bate. Aquaculture 31:159-167.

Teshima, S., A. Kanazawa, and Y. Kakuta. 1986. Growth, survival, and body composition of the prawn larvae receiving several dietary phospholipids. Mem. Fac. Fish. Kagoshima University 35:17-27.

Teshima, S., A. Kanazawa, S. Koshio, and N. Kondo. 1989. Nutritive value of sitosterol for prawn, *Penaeus japonicus*. Nippon Suisan Gakk. 55:153-157.

Teshima, S., M. Ishikawa, and S. Koshio. 1993. Recent developments in nutrition and microparticulate diets of larval prawns. Isr. J. Aquacult. Bamidgeh 45(4):175-184.

Teshima, S., M. Ishikawa, and S. Koshio. 2000. Nutritional assessment and feed intake of microparticulate diets in crustacean and fish. Aquac.

Res. 31:691-702.

Tucker, J. W., Jr. 1998. Marine Fish Culture. Boston, MA: Kluwer Academic Publishers.

Tuncer, H., R. M. Harrell, and E. D. Houde. 1990. Acceptance and consumption of food by striped bass and hybrid larvae. J. World Aquacult. Soc. 21(3):225-235.

Villeneuve, L., E. Gisbert, H. Le Delliou, C. L. Cahu, and J. L. Zambonino Infante. 2005. Dietary levels of all-trans retinal affect retinoid nuclear receptor expression and skeletal development in European sea bass larvae. Brit. J. Nutr. 93:1-12.

Yúfera, M., E. Pascual, and C. Fernandez-Díaz. 1999. A highly efficient microencapsulated food for rearing larvae of marine fish. Aquaculture 177:249-256.

Yúfera, M., C. Fernández-Díaz, and E. Pascual. 2005. Food microparticles for larval fish prepared by internal gelation. Aquaculture 248:253-262.

Zambonino Infante, J. L., and C. L. Cahu. 1994a. Development and response to a diet change of some digestive enzymes in sea bass (*Dicentrarchus labrax*) larvae. Fish Physiol. Biochem. 12:399-408.

Zambonino Infante, J. L., and C. L. Cahu. 1994b. Influence of diet on pepsin and some pancreatic enzymes in sea bass (*Dicentrarchus labrax*) larvae. Comp. Biochem. Phys. A 109A, 209-212.

Zambonino Infante, J. L., and C. L. Cahu. 2007. Dietary modulation of some digestive enzymes and metabolic processes in developing marine fish: Application to diet formulation. Aquaculture 268:98-105.

제 15 장

원료, 배합, 가공

어류 영양의 실제 적용은 양식된 수산동물의 성장, 건강을 충족시키는 사료를 생산하는 것이다. 이 목표는 적절한 사료원을 선택하고, 수산양식 동물의 영양소 요구량을 충족시키기 위해 이들을 어떻게 결합해야 하는지를 결정하고 실제 조합에 적합한 물리적 형태로 성분 또는 혼합물을 처리함으로써 달성된다. 어류와 새우 사료를 만드는 과정에서 단계마다 구체적인 정보와 판단이 필요하다. 영양소 함량, 공급원 또는 생산자 간의 품질과 잠재적 변이성, 영양 성분, 오염 수준, 양식 어류 또는 새우 영양소의 소화율을 포함하여 완전한 사료원 정보가 이용 가능해야 한다. 사료는 어류나 새우의 각 생활사에서 영양소 요구량을 알고 있어야 한다. 필수 영양소의 생체 이용률에 영향을 미칠 수 있는 사료 성분 사이의 상호작용뿐만 아니라 펠렛으로 가공할 수 있는 방법에 영향을 줄 수 있는 사료 성분 혼합물의 물리적 특성을 고려해야 한다. 사료원 혼합물을 펠렛으로 가공하는 경우에도 신중히 고려해야 한다. 경도와 내구성, 수분 안정성과 다공성 같은 펠렛의 물리적 특성은 공급 혼합물에 사용된 성분 혼합물과 펠렛팅의 컨디셔닝 중 사용되는 가공 기술에 따라 결정된다. 또한 가공 기술은 사료에서 일부 영양소의 가용성을 증가시키지만 다른 사료의 가용성은 감소시킨다. 공급용 펠렛이 사용되는 특정 용도는 가공 방법의 선택과 공급 혼합물에 사용되는 성분, 펠렛팅 장비의 작동 방법에 영향을 미친다. 예를 들어 공급용 펠렛의 부력은 부동 또는 가라앉는 펠렛을 생산하기 위해 다양할 수 있다. 그러므로 전체적으로 사료 제조는 여러 상황에 적용될 수 있는 일련의 단계로 축소될 수 없는 복잡한 과정이다. 거의 모든 사료 제조 과정에서 판단력과 타협이 이루어진다. 그러나 여러 가지 직접적인 고려사항은 사료 제조의 복잡성과 사료 생산을 기반으로 하는 상대적으로 단순한 원칙을 모두 보여주는 사료 제조업의 가이드 역할을 할 수 있다. 양어사료 제조에 관한 더 많은 정보를 얻고자 하면 Hardy and Barrows (2002)를 참고할 것을 추천한다.

15.1 사료원

사료원은 어류의 성장, 건강과 번식, 어육 품질을 지원하기 위해 아미노산과 비타민, 미네랄, 필수지방산 같은 필수영양소와 에너지를 공급하기 위해 선택되고 결합된다. 원료는 또한 펠렛의 물리적 특성에 어떤 영향을 미치는지에 따라 선택되고 결합된다. 성분비와 수급 가능성, 물리적 특성, 가용성 또한 사료원 선택에 영향을 준다. 많은 사료원은 대두박과 옥수수 글루텐박 같은 인간을 위한 식품의 생산 부산물로, 식용유 생산의 부산물이다. 반대로 어분은 동물 사료 전용으로 생산된다. 양어사료에 사용되는 대부분의 원료는 가축이나 가금류 사료에도 사용되지만 일부는 오징어 간과 같이 양어사료에만 사용된다.

이상적으로 사료의 구성 요소로 선택된 각 원료는 사료에서 특정 역할을 담당한다. 단백질이 풍부한(35% 이상의 조단백질) 원료로 정의된 단백질 첨가제는 단백질 혼합물에 단백질이나 특정 아미노산을 공급하기 위해 선택된다. 지질 공급원은 에너지와 필수지방산, 갑각류 사료에 스테롤을 공급하기 위해 선택된다. 밀 또는 옥수수 전분 같은 전분 공급원은 에너지를 제공하고 영양 점결제 역할을 하기 위해 첨가되며, 전분 젤라틴화 동안 압출 펠렛이 팽창하도록 허용한다. 그러나 모든 원료는 영양소와 비영양소, 생체 활성 화합물, 경우에 따라 소화 또는 신진대사를 방해하는 화합물(항영양인자)의 복합 혼합물이다. 항영양인자는 주로 식물성 원료에서 발견된다. 이들 원료의 복잡성을 감안할 때 사료원은 어류와 동물에게 유익성과 위해성을 모두 내포하고 있다. 그러나 고품질의 영양가 높은 사료를 생산하기 위해서는 생산자가 재료의 유익성과 위해성을 모두 이해해야 한다. 사료원의 영양 억제 성분에 관한 더 자세한 정보는 제 11장뿐만 아니라 Francis et al.(2001), Gatlin et al.(2007), Krogdahl (2010) 등의 연구를 참조해야 한다.

사료는 해산 어류(어분, 어유, 가수분해물), 식물 종자(곡물, 지방 종자 등), 동물성 단백질(가금 부산물, 육분과 육골분, 혈분 등) 해산물 가공 부산물과 단세포 유기체를 포함한다. 각 사료원은 원료 설명, 가공 방법, 사료의 경우 성숙 단계와 영양 성분을 포함하는 구체적인 정의를 가지고 있다. 특정 사료원과 이들이 규제되는 방법 관련 정보는 미국사료관리협회(AAFCO, www.aafco.org) 또는 AAFCO의 공식 간행물(AAFCO, 2010)에서 얻을 수 있다. 사료 성분 정의와 구성에 관한 다른 정보 출처로는 Hertrampf and Piedad-Pascual (2000), 미국과 캐나다 사료 영양맵(NRC, 1972)이 있다. 모든 공급원에는 사료의 원료로서 장 · 단점이 있다. 항영양인자 함량, 오염원의 존재, 곰팡이가 발생하거나 아플라톡신 발생 경향, 저조하거나 가변적인 품질, 산화 가능성, 지속 가능성 또는 비용 등의 단점이 있지만 일반적으로 영양소 함량과 관련된 장점이 있다.

프리믹스는 비타민과 미네랄을 공급하는데 사용된다. 이러한 농축된 혼합물은 소량으로 첨가되어 적절한 수준의 필수 비타민과 미네랄을 제공한다. 일반적으로 비타민 프리믹스는 자연 먹이를 이용할 수 없는 집약적 양식시스템에 사용되는 모든 필수비타민 요구량을 충족시키기 위해 추가된다. 사료 성분에 함유된 비타민의 잠재적 기여는 일반적으로 고려되지 않는다. 반집약적인 양식시스템에서 비타민 프리믹스는 모든 필수비타민 요구량을 충족시킬 것으로 기대하지 않는다.

첨가제는 사료에 소량으로 공급되어 특정 사료원의 소화를 증가시키고, 색상을 부여하고, 어류의 생리를 변화시키고, 필수영양소를 공급하고, 사료 섭취를 증가시키며, 미생물 부패를 방지한다. 사료 성분 소화 가능성을 증가시키는데 사용되는 첨가제의 예는 효소와 파이타아제, 아밀라아제이다. 카로티노이드 색소는 피부, 근육 또는 알에 색을 부여하기 위해 사료에 공급된다. 예로는 조류 종인 *Haematococcus pluvialis*, 크릴과 갑각류 가공 부산물인 아스타잔틴이 있다. 생리적 기능 변화에 추가된 첨가제에는 면역강화제와 프리바이오틱스, 프로바이오틱스, 연어에서 해수 이동 성공률을 향상시키고 스몰팅을 향상시키도록 고안된 제품이 포함된다. 아미노산 첨가제는 사료에 첨가되어 라이신, 메티오닌 또는 트레오닌 수준을 균형있게 조절한다. 일부 사료에서는 어류 가수분해 분획, 베타인 또는 인산화된 뉴클레오타이드의 혼합물 같은 기호성 향상 물질을 첨가하여 일부 사료에서 개선될 수 있다. 사료 첨가제는 제10장에 자세히 설명되어 있다.

15.2 사료 배합

사료 배합은 사료원을 조합하여 펠렛팅과 선적, 저장될 수 있는 혼합물을 생산하기 위해 가축, 조류 또는 어류의 영양소 요구량을 충족시키는 과정이다. 비교적 수중에서 안정적이고, 성장과 건강 증진을 지원하며,

사용하기에 경제적이다. 배합은 사료에서 단백질, 에너지, 필수영양소의 목표 수준을 설정하는 것으로 시작된다. 이 수준은 목표 종에서 확립되거나 추정된 요구량에 기초한다. 두 번째 단계는 위에서 언급한 기준에 따라 영양소의 적절한 원료와 적절한 성분을 선택하는 것이다. 고려 중인 각 원료의 영양 성분 함량을 알고 있어야 하며, 가능하다면 각 원료의 영양분의 명백한 소화 가능성을 알아야 한다. 대부분의 사료 배합은 사료에 지정된 첨가 함량의 영양 성분을 충족시키기 위해 가장 경제적인 성분 조합을 계산하는 최소 비용의 컴퓨터 프로그램을 사용하여 수행된다. 각 원료의 비용은 최소 비용의 사료를 생산하기 위해 고려되어야 한다. 최소 비용 공식은 제약 내에서 가장 저렴한 비용 공식이라는 점에서 다소 잘못된 표현이다. 예를 들어 최적의 어류 성장을 보장하기 위해서는 상대적으로 비싼 사료원이 낮은 비율로 필요할 수 있다. 이 경우 이 최소 제약 조건을 제거하면 공급 비용이 낮아지지만 이 성분의 최소 수준이 설정된다. 최소 비용 배합 프로그램을 사용하는 사료 배합은 이 점을 기술하기 위해 점차 '정밀 배합'으로 불린다.

사료 배합 프로그램은 유용하고 시간을 절약해주는 도구이지만, 펠렛팅되거나 어류의 빠른 성장과 건강을 유지할 수 없기 때문에 실패할 경우 성분이 매우 효율적으로 혼합되어 계산되는 것으로 유명하다. 최소 비용 배합 프로그램에 따라 생성된 문제를 피하기 위해, 결과 혼합물이 실용적인지 확인하기 위해 사료 성분에 상한과 하한이 적용된다. 예를 들어 어유나 식물성 기름은 훌륭한 에너지원이다. 사료에 첨가할 수 있는 기름의 양에는 한계가 있지만, 최소 비용의 제제는 자동으로 이 제한을 고려하지 않는다. 마찬가지로 전분은 내구성이 있고 물에 안정적인 펠렛을 만들기 위해 필요하기 때문에 사료 혼합물에 최소한의 전분은 있어야 한다. 위에서 언급했듯이 일부 양식 어류의 경우 최소 사료 비율이 사료에 포함되어야 하는데, 존재하지 않을 경우성장률이 감소한다. 일부 사료원 내 항영양인자의 경우 어류의 성장을 감소시키거나 건강에 영향을 미치는 것으로 알려진 수준 이하로 유지되도록 해야 한다. 숙련된 사료 제조 업체는 최종 사료원과 영양분 함량의 상한선과 하한선을 설정하고 사료 펠렛팅과 저장 중에 발생하는 필수영양소(예: 비타민)의 부분 손실을 허용할 수 있다. 사료 배합 프로그램의 사용과 관련된 또 다른 잠재적인 함정은 사료 kg당 mg (또는 g)으로 표시되는 요구량을 사용할 때 에너지, 단백질 또는 소화율 값의 변화를 고려하지 않는 것이다. 숙련된 운영자는 사료 배합에서 에너지 수준의 차이를 설명하기 위해 필수영양소 요구량, 특히 필수아미노산과 인을 조정한다. mg 또는 g/kg을 기준으로 필수영양소의 사료 배합 프로그램에서 최소 수준을 설정했을 때 이 같은 조정이 이루어지지 않으면 최종 배합의 결핍을 초래할 수 있다.

비용이 가장 적게 드는 공식은 컴퓨터 프로그램을 운영하는 사람들이 종종 깨닫지 못한다는 가정에 근거한다. 첫째, '이상적인' 공식은 없다. 가능한 많은 제제가 원료 배합의 영양 성분 함량을 설정한 규격을 충족시킬 수 있다. 유용한 원료 배합을 만드는 열쇠는 원료와 영양분 함량의 상한과 하한이다. 둘째로, 사료 배합 프로그램은 달리 명시되지 않는한 다양한 사료원의 영양소가 동일한 가치를 지니고 있다고 가정한다. 즉, 영양소의 외관상 소화율 또는 생물학적 이용 가능성이 고려되지 않는 한 어분의 총 라이신 또는 인은 대두박의 라이신 또는 인과 동일하다. 최소 비용의 사료 배합 프로그램을 사용할 때는 이러한 가정을 기억하는 것이 좋다.

15.3 사료 제조

사료 제조는 사료 원료 혼합물을 어류 또는 새우의 사료로 사용하기 위한 입자로 형성하는 물리적 과정이다. 사료 제조의 또 다른 용어는 펠렛팅(pelleting)이지만 이 용어는 플레싱 사료, 미세 바운드(microbound) 사료, 미세 압출 마르멜리화(MEM: microextruded marumerized) 펠렛, 입자 보조 회전 응집(PARA: particle-assisted rotational agglomerization)으로 생성된 사료, 스프레이 비들렛(spray beadlets) 같은 자어를 위해 생산된 다른 유형의 사료는 제외한다. 미립자 사료와 다양한 영양소가 들어있는 작은 입자를 함유한 사료 입자인 복합 사료가 있다(Hardy and Barrows, 2002). 사용된 기술이나 생산된 사료의 종류에 관계없이 제조 공정의 목표는 물리적, 기계적 힘을 이용하여 선박에 보관하고 사용하는 데 실용적인 입자를 만드는 것이다. 대부분의 상업사료(자어 제외)는 압출, 압축 펠렛 또는 냉간 압출로 공정하여 펠렛으로 제조된다.

원료 혼합물은 펠렛 형태에 관계없이 분쇄, 혼합, 컨디셔닝, 펠렛팅, 냉각과 건조, 탑 드레싱, 포장, 보관, 선적을 포함하는 사료 제조 과정에서 일련의 단계를 거친다. 간단히 말하면 분쇄는 성분 입자의 표면적을 증가시키기 위해 펠렛팅하기 전 원료 또는 혼합물의 입자 크기를 줄이고, 상이한 사료원으로부터 입자의 평균 크기의 차이를 감소시키기 위해 수행된다. 사료원의 평균 입자 크기가 다른 경우 혼합 중에 성분이 분리되어 혼합물의 균질성에 영향을 줄 수 있다. 분쇄는 컨디셔닝과 펠렛팅을 용이하게 하기 위해 입자 크기를 줄이고 모든 영양소가 들어있는 개별 원료 입자가 충분히 작아지도록 하는 것이 중요하다. 양어사료의 혼합물은 가축이나 가금류 사료에 필요한 것보다 작은 입자 크기로 분쇄된다. 대부분의 양어사료의 경우 혼합물은 200 μm 스크린을 통과하도록 연마된다. 상대적으로 높은 지질 함량을 함유한 어류 사료에 사용되는 일부 성분 때문에 이 작은 스크린 크기로 분쇄하면 스크린이 막히게 된다. 이를 최소화하기 위해 높은 공기 흐름을 이용하여 강풍 미분쇄기(windswept pulverizers)로 불리는 스크린을 통해 입자를 강제로 분쇄하는 분쇄기는 종종 상업사료 생산에 사용된다. 볼밀(ball mill)은 어분과 같이 지질이 5% 이상인 원료의 입자 크기를 줄이는 또 다른 방법이다. 사료 생산자는 개별 성분이나 사료 혼합물을 분쇄할 수 있다. 혼합과 관련하여 목표로 하는 것은 건조한 원료의 균질 블렌드를 생산하는 것이다. 혼합은 입자가 재료 밀도에 따라 분리되기 때문에 과도한 혼합(너무 오랫동안 혼합)이 언더믹싱(undermixing)만큼 유해할 수 있다. 적절한 혼합 시간은 혼합물에 철 줄밥(iron filings)을 추가해 간격을 두고 샘플을 채취하고 자석을 이용하여 믹서에서 추출한 샘플의 철 줄밥의 무게를 결정하고 철 줄밥을 제거할 수 있다. 믹서는 배치 믹서 또는 연속 믹서일 수 있다. 대부분의 양어사료 생산자는 배치 시스템을 선호한다.

혼합 후 공급 혼합물을 증기와 물리적 교반이 도입되는 체임버에서 조절된다. 컨디셔닝은 펠렛팅과 수분 함량 증가, 혼합물 가열, 글루텐 단백질 활성화 에너지 추가를 위한 사료 혼합물을 준비한다. 이 과정은 주변 압력에서 발생한다. 30초~5분간의 컨디셔닝 후 사료 배합, 펠렛팅 유형과 스팀 첨가 속도에 따라 혼합물은 압축 펠렛팅 챔버 또는 압출 배럴로 들어가 펠렛으로 혼합물을 형성한다. 압축 펠렛은 정적 롤러로 10~30초 동안 건조한 증기에 노출된 사료 혼합물을 도넛이나 타이어를 닮은 회전 다이(rotating die)의 테이퍼형 구멍을 통해 강제로 압축하는 것을 포함한다. 열과 습기, 압력은 혼합물을 회전 다이의 외부 표면에서 나올 때 고정된 칼에 잘린 고밀도 실로 압축한다. 펠렛 지름은 회전 다이의 구멍 직경으로 결정되며, 펠렛 길이는 칼의 조정으로 결정된다. 압출 펠렛은 돌출된 펠렛과 비교하여 밀도가 높기 때문에 흔히 침강 펠렛으로 불린다. 일반적인 압축 펠렛 시스템의 변형은 컨디셔너와 압축 펠렛터 사이에 익스팬더(expander)를 설치하는 것이다. 익스팬더는 단순히 사료 혼합물이 강제로 밀려나는 원추형이며, 전분 소화율을 높이기 위해 펠렛팅하기 전에 전분을 젤라틴화하는 압력을 생성한다. 펠렛이 회전 다이에서 나온 후 벨트를 따라 이동되어 강제 공기가 수분을 제거하고 고온 펠렛을 냉각시키는 건조 챔버를 통과한다. 곰팡이 발생을 방지하기 위해 목표 수분 수준을 12% 이하로 낮추면 추가 열이 필요하지 않다.

쿠킹-압출 펠렛은 압착기 배럴의 과정에서 더 많은 조건화(수증기와 교반이 추가됨), 사료 혼합물의 수분 함량 증가(20~23%), 압축 배럴의 경로에 따른 훨씬 더 많은 힘과 압력이 필요하다는 점에서 압축 펠렛과 다르다. 압출기 배럴은 가압되고 추가 증기가 혼합물이 배럴을 통해 이동할 때 추가된다. 배럴 내부에는 나사가 있어 플라이트(flights)가 가깝게 되어 압력과 힘이 증가한다. 이것은 추가된 수분을 액체 상태로 유지한다. 결과적으로 전분 젤라틴화가 더 완벽해진다. 공급 혼합물이 배럴 끝 부분에 구멍이 있는 판 모양의 다이를 통과하면 압력이 주변의 외부 공기 압력으로 떨어지고 갇힌 수분이 즉시 가스(스팀)로 전환되어 펠렛 가닥 내에 마이크로 포켓을 만들어 회전 절단기(rotating knife) 길이로 절단된다. 마이크로 포켓으로부터의 펠렛 팽창은 펠렛의 대량 밀도를 감소시킨다. 펠렛 밀도는 압출기의 배럴 내 조건(압력, 습기, 열)을 조정하여 부유, 중성 부력 또는 천천히 가라앉는 펠렛을 제조함으로써 변화될 수 있다. 그 다음 펠렛은 강제 공기, 가열 건조기를 통과하여 수분을 12% 이하로 감소시킨다.

압축 펠렛과 압출 펠렛 모두 액체 첨가제로 코팅될 수 있으며, 이 공정을 톱 드레싱(top-dressing)이라고 한다. 일반적으로 어유나 식물성유지 혼합물은 펠렛팅 후에 펠렛에 첨가된다. 펠렛팅이 펠렛 압축을 방해하기 전에 혼합물에 많이 첨가한다. 프로바이오틱스나 파이타아제 같은 효소와 동일한 다른 액체 첨가제는 톱 드레싱으로 추가할 수 있다. 압출된 펠렛은 밀도의 차이에 따라 압축된 펠렛보다 많은 양의 기름을 흡수할 수 있다. 진공 챔버는 고지방 압출 연어 사료를 생산하는 데 사용된다. 이러한 챔버는 압착 펠렛의 경우와 같이 압력을 낮추고 배치한 다음, 펠렛의 공기를 대체하는 지방을 첨가하여 펠렛 전체에 지방을 적시는 것이 아니라 표면에 첨가하는 대신 펠렛 전체에 흠뻑 젖게 한다.

저온압출은 단순히 열이나 증기를 첨가하지 않는 압출을 의미한다. 저온 압출 성형으로 안정된 펠렛을 생산하려면 바인더가 공급 혼합물에 포함되어야 하며 혼합물은 28~32%의 수분을 함유해야 한다. 저온 압출 펠렛은 건조되거나 냉동되지 않는 한 단기간 내에 사용해야 한다. 오리건 습식 펠렛 같은 최초의 상업적인 연어 사료는 저온 압출 방식으로 제조되었다. 마르멜리화 펠렛은 또한 저온 압출로 생산된다(아래 참조).

자어 사료 제조에는 몇 가지 문제점이 있다. 첫째, 사료 입자의 크기가 매우 작기 때문에 사료 혼합물은 매우 세밀하게 분쇄되어야 한다. 둘째, 입자는 수중에 안정적이어야 하며 중립적으로 부력을 가져야 한다. 셋째, 수중에 안정적인 입자를 만드는 기술은 영양소 소화율을 감소시키지 않아야 한다. 넷째, 입자는 사육수를 오염시키지 않아야 한다. 마지막으로, 입자는 어류가 먹이로 인식하고, 선호해야 하고, 섭취하여야 한다.

자어 사료는 미세결합과 온사이즈(on-sized), 미세캡슐화, 복합 사료로 분류할 수 있다. 미세결합 사료는 압출 펠렛 또는 압축 펠렛을 제조하기 위해 사료원의 특수한 조합을 사용하는 제품으로, 특정 범위 내에서 입자를 스크리닝하여 크기를 결정한다. 박편형 사료는 다양한 미립자 크기로 분쇄되고 크기가 조정될 수 있다. 이러한 입자는 일반적으로 자어 단계를 거치지 않는 연어류와 다른 양식 종의 초기 사료로 사용된다. 자어의 경우 미세결합과 크럼블(crumbled) 사료가 때로 효과적이지만 그 효과에는 한계가 있다. 대조적으로 온사이즈 사료는 소형 의약품 제조에 사용되는 기술로 생산되는 미세 펠렛이다. 이들은 MEM 또는 PARA 프로세스를 사용하여 생산된다. 미세캡슐화 사료는 영양소가 함유된 사료 혼합물을 불침투성 코팅 또는 용해(제어 방출)되도록 설계된 코팅제에 따라 생산된다. 이 같은 예로는 가교결합 단백질과 지질벽 미세 캡슐이 있으며, 후자를 흔히 '복합 사료'라고 한다. 이들은 MEM이나 PARA 공정에 따라 생산된 마이크로 펠렛으로, 마이크로 펠렛 물질 내에 분포된 다른 방법으로 생산된 더 작은 미세캡슐을 포함하고 있다. 복합 사료 입자의 장점은 내부 입자 구성 요소가 입자의 주요 본체와 다른 특성을 갖도록 만들 수 있다는 것이다. 예를 들어 소형 매개체는 입자로부터 침출될 수 있는 수용성 영양소를 전달하도록 만들어지거나 위를 통과한 후에 장에 있는 영양소를 배출하도록 설계될 수 있다.

15.4 사료 품질 평가

사료 생산은 정확하지만 항상 고정된 것은 아니다. 원료는 배합마다 성분과 품질이 다르다. 일부 필수영양소의 함유량은 펠렛팅과 건조, 보관 중에 감소한다. 이것을 설명하기 위해 사료 제조업체는 항상 약간의 단백질과 지질, 기타 필수영양소를 공급하기 위해 사료를 제조하여 사료를 사용할 때 충분한 수준의 필수영양소가 있는지 확인한다. 사료 제조업체는 또한 품질 테스트를 위해 사료 샘플을 보유하고 있으며, 양식업자가 사료를 사용한 후에 사료 품질에 관한 분쟁이 발생하는 경우를 대비한다. 사료의 조성과 지질 산화 상태는 일상적으로 검사를 하게 된다. 새우 사료는 또한 정기적으로 수중 안정성 테스트를 거친다. 수분 또는 과도한 열에 노출되거나 제조사의 권장 사료 수명을 초과하는 장기간 보관 같은 부적절한 보관 조건은 현장의 사료 품질 문제의 주요 원인이다. 사료의 열 생성에 따른 육안검사 또는 산화에 따른 곰팡이 징후를 나타내는 사료는 어류 건강 문제를 예방하기 위해 버려야 한다.

우연히 또는 의도적으로 사료원 혼탁, 대체 또는 잘못 표기하는 것은 사료 제조업체의 중대한 문제이다. 혼탁이란 영양가를 높이지 않고 경제적 가치를 높이기 위해 원료에 추가 재료를 첨가하는 것을 말한다. 예를 들면원료의 겉보기 단백질 함량을 증가시키기 위해 멜라민을 첨가하는 것이다. 멜라민은 분자량 기준으로 66.64%의 질소를 함유하고 있다. 따라서 멜라민을 사료원에 첨가하면 질소 함량이 증가하고 켈달 질소의 단백질 함량(N × 6.25)을 분석하면 단백질 함량이 증가한 것으로 나타난다. 켈달 질소로 분석하면 아미노산의 합계가 원료의 전체 단백질과 일치하지 않기 때문에 아미노산 분석을 수행하면 멜라민으로 의심되는 물질을 쉽게 검출할 수 있다. 대두박에 대두 껍질을 추가하는 것과 같은 다른 종류의 불순물은 단백질원 함량이 부족하면 쉽게 감지할 수 있다. 공통 성분의 분석 결과가 표본값과 크게 다른 경우 불량, 대체 또는 잘못 표기할 가능성이 있다. 원료 품질을 확인하는 또 다른 유용한 기술은 사료 현미경 검사(feed microscopy)이다. 이 현미경 검사를 효과적으로 활용하려면 훈련과 경험이 필요하지만 이 기술은 여전히 강력한 도구이다. 이 기술의 자세한 내용 확인은 사료 현미경 검사와 품질 관리 매뉴얼, 제3판(Khajarern and Khajarern, 1999)을 참조하면 된다.

15.5 환경과 지속 가능성 문제

환경과 지속 가능성 문제의 우려는 지난 10년 동안 양어사료에 큰 영향을 미쳤다. 예를 들어 사료 중 과량의 인은 과도한 인의 배설로 이어지고, 이에 따라 하천과 호수로 양식장 폐수가 유출되어 부영양화를 형성시킨다. 양식장 폐수에서 인 농도를 제한하는 규제에 따라 사료의 인 농도를 어류의 인 요구량과 일치시키고 사료에서 인을 제한하기 위해 더 정교한 사료 배합이 이루어졌다. 이와 대조적으로 양식장 폐수에서 인 감소를 달성하기 위한 사료 내 인 농도 조절은 사료 배합과 사료 공급 전략의 변화와 관련된 혁신적인 해결책이 제한적이다. 단백질은 사료 중 가장 값비싼 성분이며 에너지로 대사되는 단백질은 조직 단백질로서 사료 내 단백질의 낮은 상태로 유지되고 질소를 수생 환경으로 과도하게 배출하게 된다. 비단백질 공급원을 포함한 사료 내에 에너지 요구량을 충족하기 위해 사료 공급 기술이 점점 더 발달되어 단백질 보유력을 높이고 질소 손실을 줄인다. 어류 양식업자들은 영양 손실을 최소화하고 어류의 성장을 지원하기 위해 단백질 사용량을 증가시키면서 경제적 이익을 취하고 있다. 어류 양식장이 다른 사료를 사용하였을 때 인과 질소 손실을 예측할 수 있도록 정교한 모델이 개발되었다(Hua and Bureau, 2006; Dumas et al., 2007; Bureau and Hua, 2010).

어분과 어유 생산에 사용되는 해양 자원은 수십 년 동안 충분히 활용된 유한한 자원이다. 해산물 가공 부산물의 회수율과 이용률을 높이는 방법 외에는 수산업으로부터 해산 어류의 어분과 어유 생산을 증가시킬 방안은 없다(Naylor et al., 2009). 따라서 사료 생산의 지속적인 성장은 공급이 지속 가능한 원료로부터 단백질과 지질의 대체원의 개발과 사용에 달려있다. 다행스럽게도 연어와 새우, 많은 해양 생물 같은 주요 양식종에서 어분과 어유의 대체원료 확보에 관한 이론적 근거를 뒷받침하는 연구가 증가하고 있다(제16장 참조). 그러나 중요한 양식종의 사료 내 영양소 요구량의 정보 부족과 상업사료에서 원료 대체 효과 정보가 부족하여 단백질과 지질의 대체 공급원이 사용될 수 있는 범위는 제한된다. 앞서 언급했듯이 어분은 식물 영양소에는 없는 필수 영양소와 생물학적 활성 화합물의 다양한 배열을 포함하는 복잡한 물질로, 특히 식물성 단백질이 많이 결핍되어 있다. 또한 식물성 단백질은 영양소, 불용성 탄수화물 같은 부정적인 특성을 지니고 있어 어류의 성장, 건강 또는 생식에 미치는 악영향을 피하기 위해 대체 원료 개발로 극복해야 한다. 양어사료에서 어유를 대체 지질원으로 대체하는 것은 필수지방산 요구량이 충족되는 한 일반적으로 어류 성장에 영향을 미치지 않는다(**표 19-3** 참조). 그러나 어류 조직의 지방산 분포는 사료 내 지방산 구성을 반영하기 때문에 양어사료에서 대체 지질을 과도하게 사용함으로써 장쇄 다중 불포화지방산(PUFA)의 함량을 낮추지 않도록 주의해야 한다. 현재 어유는 양식 어류와 갑각류 사료에 사용되는 EPA와 DHA 같은 장쇄 다중 불포화지방산의 유일한 실제 공급원이다(제6장, 제16장 참조). 양식과 사료 생산을 위한 방안의 지속 가능한 개선을 위해 해양 자원을 식물 유래 사료원과 가능한 한 더 높은 수준의 단일 세포 단백질로 대체하기 위해서는 연구 개발에 더 많은 투자가 필요하다.

참고문헌

AAFCO (Association of American Feed Control Officials). 2010. Official Publication. Oxford, IN: Association of American Feed Control Officials.

Bureau, D. P., and Hua, K. 2010. Towards effective nutritional management of waste outputs in aquaculture. Aquac. Res. 41:777-792.

Dumas, A., C. F. M. de Lange, J. France, and D. P. Bureau. 2007. Quantitative description of body composition and rates of nutrient deposition in rainbow trout (*Oncorhynchus mykiss*). Aquaculture 273:165-181.

Francis, G., H. P. S. Makkar, and K. Becker. 2001. Antinutritional factors present in plant-derived alternate fish feed ingredients and their effects in fish. Aquaculture 199:197-227.

Gatlin, D. M., III, F. T. Barrows, D. Bellis, P. Brown, J. Campen, K. Dabrowski, T. G. Gaylord, R. W. Hardy, E. Herman, G. Hu, Å. Krogdahl, R. Nelson, K. Overturf, M. Rust, W. Sealey, D. Skonberg, E. Souza, D. Stone, R. Wilson, and E. Wurtele. 2007. Expanding the utilization of sustainable plant products in feeds—a review. Aquac. Res. 38:551-579.

Hardy, R. W., and F. T. Barrows. 2002. Diet formulation and manufacturing. Pp. 505-600 in Fish Nutrition, 3rd Edition, J. E. Halver and R. W.Hardy, eds. New York: Academic Press, Inc.

Hertrampf, J. W., and F. Piedad-Pascual. 2000. Handbook on Ingredients for Aquaculture Feeds. Dordrecht, the Netherlands: Kluwer Academic Publishers.

Hua, K., and D. P. Bureau. 2006. Modeling digestible phosphorus content of salmonid fish feeds. Aquaculture 254:455-465.

Khajarern, J., and S. Khajarern. 1999. Manual of Feed Microscopy and Quality Control, 3rd Edition. American Soybean Association and U.S. Grains Council. Available online at: *http://www.asasea.com/index. php?language=en&screenname=__docs_Feed%20Microsopy%20 Manuals*. Accessed on November 18, 2010.

Krogdahl, Å. 2010. Important antinutrients in plant feedstuffs for aquaculture. An update on recent findings regarding responses in salmonids. Aquac. Res. 41:333-344.

Naylor, R., R. Hardy, D. Bureau, A. Chiu, M. Elliott, A. Farrell, I. Forster, D. Gatlin, R. Goldberg, K. Hua, and P. Nichols. 2009. Feeding aquaculture in an era of finite resources. P. Natl. Acad. Sci. USA 106(36):15103-15110.

NRC (National Research Council). 1972. Atlas of Nutritional Data on United States and Canadian Feeds. Washington, DC: National Academy Press.

제 16 장

해양자원의 대체: 대체 원료와 전략이 영양 품질에 미치는 영향

미국 국립연구위원회(NRC: National Research Council)의 이전 발행된 책에서는 어류의 성장과 질병 예방을 위한 영양학적 요구량에 중점을 두었다(NRC, 1993). 그 후 여러 가지 주요 변화에 따라 어류와 해산물 생산량뿐만 아니라 영양소 함량과 인간 소비자에게 미치는 제품의 영양 품질이 양식에서 중요한 고려사항이라는 점을 보여주었다. 일부 변화는 주로 먹는 음식과 건강 상태 사이의 연관성을 이해하는 소비자에 따라 크게 좌우된다. 선진국의 소비자에게 중요한 것은 어류는 n−3 또는 'ω−3' 장쇄 불포화지방산(LC−PUFA)과 EPA, DHA이 풍부한 공급원으로 어린이의 신경발달과 심혈관 · 염증성 질환, 신경계 질환을 포함한 다양한 인체 병리학에 유익한 효과를 내포하고 있는 것으로 잘 알려져 있다(Brouwer et al., 2006; Eilander et al., 2007; Ruxton et al., 2007). 이러한 효과는 어류와 해산물을 '건강에 좋은' 옵션으로 시장에 신속하게 출시하여 ω−3와 함께 특정 건강 증진 영양소의 중요하고 특별한 경우를 제공하고 사료의 구성 요소로 받아들여졌다. 'ω−3'의 건강상 이점은 거의 전적으로 EPA와 DHA에서 오는 것이며 따라서 지방산의 함량이 양식 어류와 해산물에서 유지되는 것이 중요하다. 이 목적을 달성하는 것과 관련 있는 것은 1993년 이후 두 번째 큰 변화이며, 이는 어분에 EPA와 DHA를 공급하는 가장 중요한 사료인 해양의 어분(FM)과 어유(FO) 공급이 급속히 이루어지기 때문에 양식 생산량의 성장을 제한하게 되었다(Naylor et al., 2009).

16.1 해양 자원, 어분과 어유의 공급, 사용의 제한

양식 어획량이 전 세계적으로 감소함에 따라 양식업은 2006년에 47% 증가한 양식 어류를 공급하고 있으며, 양식 생산량이 빠르게 증가하고 있고, 매년 생산량이 평균 9%씩 증가하고 있다(FAO, 2009). 그러나 역설적으로 육식성, 해양성 어류와 갑각류의 사료는 주로 전통적으로 주요 사료원이었던 해양 자원, 특히 가치가 낮은 원양 어류에 기반을 두고 있다. 일부 지역, 주로 아시아 지역에서는 제조된 압출 사료의 사용을 촉진하기 위한 노력이 계속되지만, 이러한 어류는 이른바 '잡어(trash fish)' 사료로서 육식성 어류(아시아 농어, 날새기, 참돔, 참다랑어 등)에 직접 먹이로 공급된다. 그러나 펠렛 사료는 전통적으로 멸치와 정어리, 청어, 고등어 같은 작은 원양어종의 상업사료 등급 어업(환원 어업)에서 파생된 FM, FO를 기반으로 한다.이러한 원양 어종의 환원 어업은 지속 가능한 한도에 도달했으며, 지난 30년 동안 매년 2,000만~2,500만 톤의 사료용 어획량을 보이면서 약 6~7 Mt의 FM과 1.0~1.4 Mt FO로 줄어들었다. 1992년의 양식업은 전 세계 FM과 FO 공급량의 약 15%와 20%를 소비했다(Tacon, 2005). 2006년의 양식업은 이용 가능한 FM의 약 68%, FO의 약 89%를 소비했다(Tacon and Metian, 2008a). 향후 FM과 FO 생산이 증가할 현실적인 전망은 없으며 실제로 이러한 작은 원양 어류를 대상으로 인간 소비를 위한 직접적인 경쟁이 증가하고 있다(Tacon and Metian, 2009a,b). 또한 엘니뇨 같은 환경적 영향은 심각한 영향을 미칠 수 있으며, 1998년의 주요 현상은 FO 생산량을 0.8 Mt 미만으로 감소시켰다는 것이다.

공급을 제한하는 것 외에도 소비자와 정부 간에 인간 활동의 생태적 결과와 환경적 영향에 관한 인식이 높아지고 있다. 결과적으로 특히 양식업이 해양 수산업의 착취를 주도하는 것으로 인식되는 등 수산물을 사료용으로 사용하는 데서 우려가 나오고 있다(Naylor et al., 2000). 사료 내 영양분을 식용으로 전환시키는 양식 활동의 효율성 또한 상당한 관심을 끌고 있으며 종종 FIFO (fish−in fish−out) 비율로 계산되며 정확한 계산은 논쟁의 대상이다(Kaushik and Troell, 2010). 그러나 이 논쟁은 FM 사용, 특히 FO의 사용 규모가 일반적으로 경제 선진국에서 양식되는 고가, 고영양 수준의 육식성 어종에서 가장 크기 때문에 전 세계 양식업 내에서의 큰 차이에 주목했다(Tacon et al., 2010). 이런 점을 반영하여, 특히 연어 양식의 FIFO 비율은 상당한 주목을 받았다. 보고된 수치는 종종 논란의 여지가 있지만, 최근 보고서는 연어와 해산 어류, 새우를 포함한 주요 육식성 어종의 경우 FIFO 비율이 약 1.4에서 4.9에 이르는 것으로 추산했다(Tacon and Metian, 2008a). 이 수치는 감소하는 추세를 보이고 있지만 위에서 언급한 유한 FM과 FO의 공급에 따라 파생한 한계는 양식업에서 지속적인 수산물의 높은 사용이 지속 불가능하고 과도하게 천연자원으로 인식되어 해양 의존도를 감소시켜야 한다는 압력이 가해지고 있음을 의미한다(Naylor et al., 2009). 그러나 FM과 FO의 대체 원료는 환경에 영향을 미친다는 점에 유의해야 한다. 생활사 평가 · 분석(LCA: Life Cycle Assessment/analysis)은 그 존재에 따라 야기되거나 필요하게 된 특정 제품이나 서비스의 환경영향 대비 조사와 평가로서, 양어 사료에 점점 더 많이 적용되고 있다(Papatryphon et al., 2004). 평가는 원료 추출, 주요 원료의 생산과 변형, 사료 제조, 양식장에서 사료 사용, 운송과 에너지 자원의 생산과 사용을 포함한다. 연어 사료의 분석은 양식장에서 해양 어업 자원과 영양염 배출의 사용이 잠재적인 환경 영향에 가장 많은 영향을 미친다는 점을 보여주었다(Papatryphon et al., 2004).

또한 소비자는 식품, 섭취와 관련된 위험성을 더 잘 알고 있다. 중금속, 잔류 유기 오염물(POP: persistent organic pollutants), 살모넬라균, 마이코톡신(mycotoxin), 수의약품 같이 사료원 내의 내인성 오염물질 또는 저장 중 사료의 오염으로 수산 양식사료의 사용과 관련된 다양한 잠재적 식품 안전에 대한 위험성이 있다. 농산물과 기타 화학물질, 과도한 광물 중 특히 POP는 FM과 FO의 사용과 관련이 있다(Tacon and Metian, 2008b). 야생에서 중금속과 연어 같은 지질 용해성 POP에서 신체에 상당한 양의 지질을 축적시키는 특정 문제가 발생했다. 그 결과 상어와 황새치의 수은 함량과 양식 연어의 POP 수치 등 어류 섭취에 따른 건강상 두려움이 있었다(Hites et al., 2004). 양식 연어에 들어있는 POP의 함량은 미국 식품의약국(FDA), 영국과 유럽 식품안전청, 세계보건기구(WHO), EU 식품안전청이 설정한 모든 국내, 국제 기준 이하인 것으로 나타났지만(Bell and Waagbø, 2008), 부정적인 결과는 판매와 양식어를 향한 소비자의 인식에 유의미한 영향을 미칠 수 있다. 양식 어류의 잠재적 위해성을 중심으로 일어나는 과학적 논쟁과는 상관없이 동물 사료와 식용에 허용되는 오염물질의 농도는 엄격하게 통제되며 감소 추세를 보일 것이다. 또한 양식 어류의 오염물질 농도를 지속적으로 감소시키는 것이 어류와 관련된 모든 사람을 위한 최우선 방안이다.

따라서 엄격하게 제한된 공급 대비 수요의 증가로 가격 상승과 지속 가능한 자원을 사용하는 데 미치는 환경적 압력, 동물 사료 내 오염 물질 규제는 양식업이 계속 확장하는 데 FM과 FO의 지속 가능한 대안이 요구된다.

16.2 어분 대체

16.2.1 어분 대체원

양어사료의 단백질원은 담수어류보다 사료 내 단백질 요구량이 높은 육식성 해산 어류의 경우 가장 중요하고 고가의 단일 사료원이다(Wilson, 2002). 이전에는 FM이 주요 단백질 공급원이었으며, 일반적으로 양어사료의 20~60%를 차지했다(Watanabe, 2002). 고품질의 FM은 우수한 영양 특성을 띤 원료이다. 이것은 소화가 가능하며 필수아미노산이 많이 함유되어 있다. 어분은 또한 n−3 LC−PUFA와 미네랄 같은 수많은 필수영양소 또는 조건부 필수영양소를 함유하고 있으며 어류 사료의 원료로서 전반적인 가치에 기여하는 다른 영양소를 공급한다. 그러나 체계적인 연구에 따르면 경제적인 사료는 낮은 수준의 FM과 FO로 제조할 수 있으며 공급 사료에는 보조원료가 포함되어 있어야 한다. 따라서 양질의 단백질을 위한 양식어류의 사료 내 요구량은 육상동물 유래 단백질과 단일 세포 단백질, 식물성 원료를 포함하여 FM 이외의 다른 요인으로 충족될 수 있으며 에너지와 필수영양소 수준이 충분하고 항영양성분이 통제된다고 가정한다(Glencross et al., 2007). 그러나 FM이 없는 사료 생산에는 고도로 가공되고 고가의 원료(대두 단백질 농축물, 카놀라 단백질 농축물, 육상동물 단백질, 크릴분, 아미노산, 사료 유인성 물질)의 사용이 필요하다. 최근까지 이러한 원료는 FM을 함유한 사료보다 생산 비용이 높았지만 사료 단백질 농축물의 생산과 함께 FM 가격의 상승은 이전에는 식품 등급 단백질 농축물 사용과 관련된 가격 제약을 변화시켰다. 그럼에도 불구하고 연어와 해산 어류 사료에 소량의 FM (예: 5~20%)을 사용하는 것은 현 시점에서 경제적이며 실제 산업적인 의미를 갖는 것으로 관찰된다. 다양한 단백질 공급원은 배합사료의 시작 이후 양어사료 배합의 일부분이었기 때문에 현재 상황은 근본적인 변화보다는 대체 단백질 공급원의 사용이 증가하는 경우이다(Hardy, 1989; Rumsey, 1993).

혈분과 우모분, 육분, 육골분, 가금 부산물 같은 가공 동물성 단백질원(종종 육상동물 원료 또는 LAP라고도 함)은 양어사료에서 사용된 많은 단백질 공급원과 단위당 단백질에 비해 유리하다. LAP는 다양한 원료와 가공, 건조 과정을 거쳐 생산된다. LAP는 아미노산 조성이 대부분의 식물성 원료보다 FM에 더 유사하고, 사료에 따라 필수 미네랄과 인지질, 콜레스테롤을 함유하고 있기 때문에 FM을 가장 직접적으로 비교할 수 있는 대체원료이다. 그러나 LAP는 영양 성분면에서는 매우 다양하다. 1980년대 영국의 광우병(BSE: Bovine Spongiform Encephalopathy)이 발생하자 수년 동안 EU 내에서 양어사료에 배합 사용을 금지하게 되었다. 이 금지령은 혈분 같은 일부 원료에서 완화되었지만, 주로 동물 사료에 동물 부산물을 포함하는 것으로 인식되는 위험에 기반한 소비자와 소매업체의 저항으로 유럽의 양어사료 내에서만 LAP 사용이 제한적이었다.

일반적으로 종자(대두, 유채[카놀라], 해바라기, 면실박), 곡물(밀, 콘글루텐), 콩류(완두콩, 대두, 땅콩, 루핀)의 원료를 비롯해 다양한 식물성 단백질 공급원이 양어사료에 사용된다. 식물성 원료가 높은 함량으로 첨가된 사료를 제조할 때 고려해야 할 두 가지 주된 요소가 있다. 에너지 밀도로서 일부 원료는 탄수화물 함량이 높아서(예: 비전분다당류) 육어성, 육식성 종에서는 영양학적 가치가 거의 없고 아미노산 함량이 낮다. 그 이유는 라이신과 메티오닌 같은 일부 필수아미노산은 일반적으로 식물성 단백질원에서 함량이 낮기 때문이다(Gatlin et al., 2007). 또한 단백질 효소 저해제와 렉틴, 사포닌, 피틴산을 포함해 식물성 원료에 존재하는 광범위한 항영양인자는 통제되어야 한다(Hardy and Barrows, 2002; Krogdahl et al., 2010). 탈지 대두박은 지속적으로 이용 가능하고 비용 효과적이며, 여러 식물성 단백질 공급원에 비해 유리한 아미노산 구성을 보유하고 있다. 또한 일반적으로 대부분의 어종에서 정성적, 양적으로 수용될 수 있다(Watanabe, 2002). 그러나 일부 지역, 특히 유럽에서는 식물성 단백질에 관한 추가적인 우려는 GM, 특히 콩과 카놀라, 옥수수에서 유래한 원료에 있다(Pusztai and Bardocz, 2006). GM 제품과 비GM 대용 물질을 함유한 양어사료를 섭취한 어류의 성장에는 차이가 없다(Hemre et al., 2004, 2007; Li et al., 2008; Sissener et al., 2009a,b). 그러나 대서양연어를 대상으로 한 연구에서 짧은 형질 전환 서열이 위장 조직에서 검출되었지만 간, 근육 또는 뇌에서는 형질 전환 단편이 발견되지 않았다(Sanden et al., 2004).

다양한 식물성 원료를 사용할 수 있다는 점을 감안하면 식물성 단백질원을 혼합할 경우 사료 내 FM을 대체할 수 있는 전략이 될 수 있다. 저단백질, 탄수화물(NSP) 비율이 높게 함유된 사료를 피함으로써 에너지 밀도를 유지할 수 있고, 단백질 농축물과 아미노산 조성, 함량은 결정성 아미노산 첨가제와 균형을 이룰 수 있다. 열처리와 파이타아제, 식물의 장기적인 유전적 개선을 통해 항영양인자를 조절할 수 있다. 이들 쟁점은 제4장과 제6장, 제11장에서 자세하게 기술되어 있다.

어분은 또한 콜레스테롤과 인지질을 포함하여 상당량의 지질을 공급하며 후자는 FO보다 높은 수준이다. 따라서 FM의 지질 함량은 무게의 5~13%에서 트리아실글리세롤(TAG) · 인지질인 경우 2:1 정도 될 수 있으며(de Koning, 2005), 인지질은 총 지질의 5~25%를 차지할 수 있다(Johnson and Barnett, 2003). 식물성 원료는 일반적으로 훨씬 더 낮은 수준의 인지질 함량을 함유한 기존의 종자에 따라 잔류 인지질 수준이 훨씬 낮다. 대두는 0.3~0.6%의 인산염으로 20~25%의 지방질을 함유한 전지 대두박(FFSM: full-fat soybean meal)의 수치가 가장 높으며, 주로 포스파티딜콜린(PC), 포스파티딜 에탄올아민(PE), 포스파티딜이노시톨(PI), 포스파티드산(PA: phosphatidic acid)을 함유하고 있다. FM의 개별 인지질 등급 구성은 어류의 인지질 조성(PC, PE, PI, PS, PA, 라이소 인지질)을 반영한다(Tocher, 1995). 지질, 인지질 함량과 다른 식물성 원료의 관계를 연구한 결과는 거의 없다. 콜레스테롤은 동물에서 가장 많이 사용되는 스테롤이며, 식물성 원료(기름, 종자)는 일반적으로 총 스테롤 중 5% 미만의 콜레스테롤을 함유한다(Tocher et al., 2008). 따라서 FM과 FO로 제조된 사료는 콜레스테롤이 적어도 1 g/kg이 될 것이고 식물성 원료로 대체하면 사료 중 콜레스테롤 공급량은 크게 감소할 것이다. 반대로 식물조직에는 다른 스테롤(식물스테롤)이 존재하는데 Δ_5-아베나스테롤(avenasterol), 스티그마세트레롤(stigmasterol), 브라시카스테롤(brassicasterol)이 소량 함유된 β-시토스테롤(sitosterol)과 캄페스테롤(campesterol)이 있다(Padley et al., 1994).

16.2.2 어류 성장과 어분 대체 영향

대부분의 종의 어류와 새우 사료의 어분 함량은 지난 10년간 약 절반으로 감소했다. 비록 FM의 대체는 잉어과 어류나 틸라피아 같은 많은 담수종보다 연어류와 해산 어류에서 영향력이 높지만, FM의 상당 부분을 다른 단백질원으로 대체하는 것은 성장과 영양소 이용, 연어류의 건강에 부정적인 영향을 미치지 않으면서 이루어질 수 있다(Kaushik et al., 1995; Rodehutscord et al., 1995; Espe et al., 2006. 2007). 송어를 대상으로 FM이 없는 사료에 다른 식물성 또는 동물성 단백질원을 조합하여 공급한 결과 FM 기반 사료와 유사한 성장이 나타났다(Lee et al., 2002; Barrows et al., 2007). 그러나 다른 연구에서는 실험 사료가 영양학적으로 적절함에도 불구하고 어류의 성장이 현저하게 낮아졌다. 연어에서는 대두박을 섭취했을 때 장내 염증 같은 건강 문제가 관찰되었다(Baeverfjord and Krogdahl, 1996; Bureau et al., 1998). 사료 배합의 차이와 대체 단백질원의 선택은 다른 결과가 나타날 수 있는 원인이다(Kaushik et al., 1995; Teskeredzic et al., 1995; Medale et al., 1998; Watanabe et al., 1998; Glencross et al., 2004; Morris et al., 2005). 실험사료의 실험기간도 FM 대체와 다른 결과를 설명하는 요소일 수 있다. 예를 들어 6개월간의 실험에서 FM의 75% 이상을 치환하면 결정질 아미노산을 첨가했음에도 불구하고 무지개송어의 성장률이 감소했다. 그러나 성장률은 많은 영양학적 실험의 기간과 유사하지만(de Francesco et al., 2004), 이것은 FM 대체물에서 일부 미지영양소가 부족한 것이 원인일 수 있다. 연어류의 성장 감소는 외관상 단백질과 아미노산 소화율의 영향보다는 사료 섭취량 감소와 내장 상태와 관련한 영향의 결과일 수도 있는 것으로 추측된다(Kaushik et al., 2004; Espe et al., 2006). 일부 연구는 사료의 기호성과 물리적 특성의 변화가 특히 초기 실험기간에 사료 섭취를 감소시킬 수 있다고 제안하는 것으로 보인다(Gomes et al., 1995; de Francesco et al., 2004; Kaushik et al., 2004; Espe et al., 2006). 대서양연어는 무지개송어보다 높은 수준의 식물성 단백질원을 수용하지 못하는 것으로 관찰되며, 소화율과 항영양인자에 반응하는 민감성의 차이와 관련이 있는 것으로 추측된다(Refstie et al., 2000; Glencross et al. 2004; Mundheim et al., 2004; Espe et al., 2006).

유럽농어를 대상으로 사료 내 FM을 옥수수 글루텐과 대두 단백질 농축물로 완전히 대체할 경우 사료 섭취량과 성장률을 유의하게 감소시켰다(Dias, 1999). 12주간의 도미 대상의 실험에서 50~75%의 식물성 단백질원을 함유한 사료를 섭취한 그룹은 FM을 완전히 대체한 그룹보다 30%의 성장률 감소와 사료 섭취량의 유의한 감소가 나타났다(Gomez-Requeni et al., 2004). 옥수수 글루텐 또는 루핀을 섭취한 터봇에서도 사료 섭취의 감소가 관찰되었다(Burel et al., 2000a,b). 그러나 터봇을 대상으로 12주 동안 루핀, 밀, 옥수수 글루텐과 보조 결정성 아미노산을 90~100%의 대체율로 혼합한 사료를 공급한 실험군에서만 성장률이 저하되었다(Fournier et al., 2004). 또한 사료 내 단백질의 98%를 식물성으로 구성한 사료를 12주 동안 섭취한 농어는 사료 섭취량이나 성장률이 감소하지 않았으며(Kaushik et al., 2004), 도미를 대상으로 수행한 장기간의 실험에서도 75% 식물성 단백질원이 포함된 사료는 성장률을 감소시키지 않는 것으로 나타났다(Sitja-Bobadilla et al., 2005).

이들 연구 중 일부 연구에서 알 수 없는 영양 결핍(예: 아라키돈산[ARA], 타우린, 콜레스테롤, 인지질 또는 고지질)과 가소화 영양 성분의 차이가 중요한 요소일 가능성이 있는 것으로 관찰되었다. 특정 사료원, 특히 LAP의 사용이 제한되었다. 가장 경제적인 대체 사료원(예: 대두박, 콘글루텐밀, 카놀라박, 육분과 육골분, 우모분과 동물성 지방)은 심각한 제한이 있으며 대부분의 양어사료에서 매우 높은 함량으로 사용할 수 없었다. 따라서 FM과 FO에 낮게 의존하는 비용 효과적인 사료를 공식화하려면 경제적인 원료로 조합해야 하고 어류의 영양소 요구량을 완전히 이해해야 할 뿐만 아니라 항영양인자 대비 내성, 영양소 간의 상호작용과 배합사료의 기호성이 잘 정의되지 않은 몇 가지 요소에 관한 연구도 필요하다. 따라서 다양한 사료원, 영양소 이용가능성, 가변성, 한계 정보가 공통적으로 중요하다. FM을 대체하기 위해 식물성, 기타 대체 사료원의 조합이 필요할 것이며, 양식어류의 경제 생산에 필요한 성장률을 지원하는 FM이 낮은 사료를 생산하기 위해서는 아미노산과 향료, 파이타아제 같은 사료 첨가제가 필요할 것이다(Gatlin et al., 2007; Webster et al., 2007). 동물의 필수아미노산 요구량을 모두 충족시키는 것이 필수적이다. 실제로 해산 어류인 세네갈서대(*Solea senegalensis*)를 대상으로 사료 내 아미노산 조성이 적절하게 이루어지면 FM이 없는 사료를 공급해도 효과적으로 양식할 수 있다는 것이 밝혀졌다(Silva et al., 2009).

요약하면 이 같은 연구는 제조 공정에 많은 관심을 기울일 경우 FM이 거의 없거나 적은 상태에서 경제적인 사료를 공식화할 수 있음을 보여주었다. 기존 발표된 많은 연구에서 관찰된 저어분 사료를 섭취한 어류의 저조한 성장은 영양소 결핍, 가소화 영양소 함량의 차이, 섭취 증진과 관련된 사료 섭취량 감소 가능성을 통하여 설명될 수 있다.

16.2.3 어류의 영양분에서 어분 대체의 영향

다수의 문헌은 많은 대체 원료와 어종, 대체 비율을 포함한 연구를 통해 어류 사료 내 대체 단백질 공급원으로 FM을 선택한 효과를 기술하고 있으나, 상대적으로 영양 성분 또는 육질에 미치는 영향을 거의 모니터링하지는 못하였다. Gatlin et al.(2007)은 식물성 단백질 공급원의 어류 육질에 미치는 영향을 조사한 연구를 검토한 결과 연구 중 약 40%에서 중대한 영향이 보고되었다. 체색이 단백질 공급원에 따라 가장 큰 영향을 미치는 요인이었지만, 특히 FM 대체 수준이 높은 경우에는 질감과 향에도 영향을 미칠 수 있다. 대조적으로 여러 연구에서 식물성 단백질 첨가 사료의 30~60%의 범위에 있을 때 어류 육질이 소비자 수용에는 차이가 없다고 보고했다. 따라서 모순된 연구가 다수 존재한다. 양어사료에서 식물성 단백질을 대체할 수 있는 다른 단백질 공급원의 영향과 영양, 육질에 미치는 영향 관련 연구가 필요하다.

16.3 어유 대체

16.3.1 어유 대체원

사료 내 지질(기름 또는 지방)은 고밀도 에너지 공급과 필수지방산(EFA)의 공급원으로서 두 가지 중요한 역할을 한다. 이용 가능한 대체 지질원은 일반적으로 매우 효과적으로 에너지를 공급할 수 있지만, 유리한 EFA 조성을 띠는 지질원은 거의 없다. 따라서 양어사료에서 해양 FO의 거의 유일한 특징은 LC-PUFA와 EPA, DHA의 공급원으로서 모든 어종의 EFA 요구량을 충족시킬 수 있다(Tocher, 2003). FM이 아닌 FO의 제한된 공급은 현재 두 가지 이유로 더 심각한 문제이다. 첫째, 사료공급업계는 이미 부족한 부분을 보완하고 있으나, FM은 앞으로 몇 년 동안 제한을 두지 않을 것이다(FAO, 2009). 둘째로 위에서 설명한 바와 같이 많은 대체 단백질원과 전략이 FM을 대체할 수 있지만 LC-PUFA의 공급자로서 해양 FO를 대체할 수 있는 이상적인 대체 원료는 없다.

해양유래 지질 대체원

해양 생태계에서 LC-PUFA는 주요 생산자, 주로 식물성 플랑크톤으로 합성되며 동물성 플랑크톤의 지질과 어류의 지질에 통합된다. 오징어와 바다표범 유지 등 어류와 비슷한 영양 수준의 종에서 나온 몇 가지 대체 해양성 기름이 있지만, 소량으로 생산된다. 그 지방은 FO보다 더 지속 가능한 것으로 간주될 수 없고 동일한 생태학적 문제를 지니고 있다고 볼 수도 없다. 해양 LC-PUFA의 다른 대체 공급원에는 낮은 영양 수준, 특히 동물성 플랑크톤 수확이 포함된다(Olsen et al., 2010). 잠재적인 동물성 플랑크톤 종에는 가장 풍부한 것으로 여겨지는 요각류를 포함하며 다음과 같다. 남극크릴(*Euphausia superba*), 북태평양크릴(*E. pacifica*), 북극크릴(*Meganyctiphanes norvegica*)을 포함하는 난바다곤쟁이류(euphausiids)와 단각류(amphipods)이다. 동물성 플랑크톤 수확과 관련해서는 몇 가지 문제가 있다. 특히 작은 동물을 포획하는 기술적 어려움과 높은 에너지 수요에 따른 환경적 영향 그리고 동물성 플랑크톤이 매우 낮은 안정성을 유지하며 포획 후에 상태가 단기간에 악화되기 때문에 잡은 것을 즉시 처리해야 할 필요성이 있다(Sæther et al., 1986). 그러나 동물성 플랑크톤 지질의 함량과 조성 그리고 종과 계절, 생활 주기를 기반으로 한 이들의 지방산 조성에 큰 차이가 있기 때문에 생물학적인 문제가 있다. 칼라노이드(calanoid) 요각류 지방은 TAG가 아닌 왁스에스테르가 풍부해 지방성 알코올의 함량이 높은 것과 관련된 화학적 문제도 있을 수 있다. 가장 큰 단점은 생태학적 문제이다. 현재는 수확량이 매우 적은 바이오매스의 탐색적 어획을 제외하고는 일반적으로 지자체에서 허용하지 않는다. 현재 바이오매스와 연간 생산량, 어류와 해양 포유류 소비량 등의 지식은 제한적이어서 대규모 상업적 수확이 지속가능하다고 증명할 수 없다. 그러나 기존의 바이오매스와 잠재력을 염두에 두고 연구 프로그램이 많은 나라에서 바이오매스와 생산에 관한 좋은 추정치를 얻기 위한 것이다. 따라서 일부 수확이 허용될 가능성도 있다.

해양성 지질의 또 다른 잠재적 공급원은 100 m 깊이의 유영 지대와 1,000 m의 빛이 유입되지 않는 깊은 용정지대 중간 원양 수괴에 서식하는 중저층 생물이다. 대부분의 종은 플랑크톤과 서로를 먹이로 삼는 표해수

대(epipelagic zone)로 야간에 광범위한 수직 이동을 한다. 거대한 바이오매스(Gjøsæter and Kawaguchi, 1980)에도 불구하고 1970년대에는 많은 중저층 어종의 획득이 실패했다. 한 가지 이유는 칼라노이드 요각류와 마찬가지로 이들 종은 약 완하제이며 모발과 피부 손상(지루성)을 유발할 수 있기 때문에 인간의 영양에 적합하지 않은 왁스에스테르가 풍부하다는 것이다(Place, 1992). 그러나 왁스에스테르는 해양 환경에서 주요 지질 저장 물질을 대표하며(Lee et al., 2006), 대서양연어를 포함한 많은 어류는 요각류 지방을 효과적으로 사용하는 것으로 보인다. 따라서 왁스에스테르가 풍부한 지방은 유용한 해양성 지질원이다(Olsen et al., 2004).

해양성 지방의 다른 잠재적인 원료는 부수어획(bycatches)과 부산물을 포함한다. 대상이 아닌 부수어획은 폐기물로 간주되어 일반적으로 바다에서 버려진다. 그것은 세계적으로 잡을 수 있는 양의 약 8% (약 7 Mt)로 추정된다(Kelleher, 2005). 그러나 아시아에서는 이제 저지대 어획량이 사료 공급에 사용된다. 6 Mt 이상의 '폐기 어류'는 전 세계적으로 양식업에서 사용되는 것으로 평가되었다(Tacon et al., 2006). 폐기물을 생산하는 주요 수산업 도구는 새우(특히 열대성)와 모든 어획량의 50% 이상을 차지하는 저서성 어망이다. 북태평양은 폐기율이 가장 높은 지역으로 모든 폐기물의 40%를 차지한다. 연어, 청어, 고등어 같은 모든 지방성 어류와 양식 어류를 포함한 원양 어업에서 부산물을 가공하는 것은 FO의 다른 잠재적인 원료이다. 생산된 폐기물의 양은 가공 유형에 크게 좌우되며, 펠렛의 생산으로 약 50%의 폐기물이 발생한다. 2006년 대서양청어와 고등어, 다양한 연어의 어업은 2.25 Mt, 0.56 Mt, 0.89 Mt (FAO, 2009)이었으며, 평균 지질 20%를 함유한 1.9 Mt의 폐기물이 0.38 Mt의 LC-PUFA가 풍부한 FO를 잠재적으로 발생시킬 수 있다. 해산물 가공 폐기물은 알래스카(Crapo and Bechtel, 2003)에서 1 Mt, 노르웨이에서는 약 0.65 Mt (Rubin, 2007)에 이르는 것으로 추산되며 전 세계적으로 보면 그 양은 아마도 어획량과 유사할 것이다. 이 같은 자원을 이용하려는 목적과 결합된 부산물의 증가된 가치는 이용률이 증가하고 있음을 시사한다. 2007년 노르웨이에서는 가공된 어류 폐기물과 배설물, 상업용 어업 폐기물의 상당 부분을 포함하여 약 0.5 Mt이 가공되었다. 잉어 같은 주요 양식 담수어종의 폐기물 처리는 n-3 LC-PUFA의 수준이 낮을 수 있기 때문에 제한적일 것으로 추정된다.

단세포와 조류의 지방

해양 LC-PUFA의 대다수는 규조류 등 미세조류와 밀접한 관련이 있는 조류 같은 미생물과 박테리아와 같은 단세포 유기체에서 유래한다. 단세포 지방(SCO)은 본질적으로 다양한 세균, 곰팡이(효모 포함)와 종속 영양세균, 광합성 미세조류로 생성되는 미생물 지질이다. 예를 들어 다양한 유질의 접합균류(oleaginous Zygomycetes)는 곰팡이 *Mortierella alpina*로 생성된 ARA 같은 LC-PUFA를 포함하는 특정 지방산 조성에 따라 잠재적인 의학적 또는 영양학적 관심을 끌 수 있다(Kendrick and Ratledge, 1992; Certik and Shimizu, 2000). 부등편모조류(heterokont)와 분류학적으로 정렬된 해양 microheterotrophs 같은 트라우스토카이트리드(thraustochytrids)는 비교적 높은 바이오매스와 DHA가 풍부한 지질 함량을 생성하는 발효 같은 기술을 사용하여 양식할 수 있다(Bajpai et al., 1991; Kendrick and Ratledge, 1992). 트라우스토카이트리드를 사료 내 FO로 대체하는 것은 대서양연어에서 9주간 성장에 아무런 영향을 미치지 않았으며 조직 DHA 함량은 유의하게 증가하였다(Miller et al., 2007). 그러나 생성은 현재 FO를 대체하기 위해 요구되는 규모 또는 비용이 아니므로 트라우스토카이트리드 지방과 바이오매스는 해양 어류 자어 사료와 농축 사료 같은 특수한 상황에서만 사용할 수 있다. 현재 이용 가능한 다른 중요한 조류 지질원은 DHA가 풍부한 지질을 생성하고 현재 자어 영양 성분으로 분무 건조된 해양 종속 영양 미생물류인 와편모조류(*Crypthecodinium cohnii*)에서 유래한 것이다. 빛을 에너지원으로 사용하는 플라스틱 생물 반응기에서 *Isochrysis galbana*, *Nannochloropsis oculata*와 *Pavlova lutheri*를 포함한 광영양생물(광합성) 미세조류의 생산은 현재 로티퍼(*Brachionus* spp.)와 알테미아(*Artemia* spp.) 또는 소위 '녹색물' 해양 자어와 어패류이다. 따라서 그것은 부산물 수준이며 주요 상업 생산 물질은 없다. 따라서 해양 식물성 플랑크톤의 생산은 현재 FO를 대체할 규모로 조류 바이오매스를 생산할 수 없는 생물 반응기 시스템 기술에 준해 제한적이다. 결과적으로 현재 EPA가 풍부한 SCO의 좋은 원료는 없다. 생산 시스템과 균주의 유전적 변형을 개선하기 위해서는 더 많은 연구와 개발이 필요하다.

마지막으로 현재 생물 연료 생산을 위한 조류와 기타 미생물에 관심이 높다. 다소 다른 시장의 연료는 기술 발전을 더욱 빠른 속도로 추진할 수 있으며, 성공한다면 큰 산업으로 발전할 수 있다. 유기체 · 종과 양식 조건에 따라 세포성 물질 같은 잠재적인 산업에서 유래한 유류 추출 부산물은 양식 사료를 제공하는데 유용한 영양과 지방산 조성 효과를 볼 수 있다.

유전자 이식(Transgenics)

주요 작물과 미세조류, 고등식물을 포함하여 미생물에서 척추동물에 이르는 생물체에서 LC-PUFA 합성의 분자 메커니즘을 밝히는데 상당한 발전이 있었다. 분자 기계와 유전자, cDNA의 분리와 복제는 유질의 효모와 유지 종자를 포함한 지질 생산 생물체에서 n-3 LC-PUFA (EPA와 DHA) 합성에서 형질을 유전적으로 조작할 수 있는 가능성을 열어놓았다. 예를 들어 *Yarrowia lipolytica*는 건물량의 40%까지 지방을 축적할 수 있지만, 보통 PUFA는 18:2n-6이다. 신진대사 공학은 EPA 함량이 50% 이상인 TAG를 생성할 수 있는 균주를 생산했다(Zhu et al., 2009). 그러나 현재 미생물로부터 저비용의 n-3 LC-PUFA를 대량 생산하기 위해서는 발

표 16-1 주요 식물성 기름 및 동물성 지방의 지방산 조성(총 지방산 비율)[a]

기름/지방	16:0	18:0	18:1n-9	18:2n-6	18:3n-3	기타 중요 지방산
Borage	10	4	18	36	tr[b]	26 (18:3n-6), 6 (C20/22)
Buglossoides	4	2	7	11	39	5 (18:3n-6), 18 (18:4n-3)
Camelina	5	2	12	15	47	19 (C20 monos)
Coconut	8	3	6	2	0	76 (sats < 16:0)
Corn	11	2	24	58	1	
Cottonseed	23	2	17	52	0.2	
Echium	7	4	16	15	32	11 (18:3n-6), 14 (18:4n-3)
Evening primrose	8	2	11	68	tr	10 (18:3n-6)
Linseed/Flaxseed	5	4	20	13	53	
Olive	11	2	73	8	0.6	
Palm	44	4	37	9	0	
Palm kernel	8	2	16	2	0	72 (sats < 16:0)
Peanut	10	2	45	32	0	7 (LC-sat/mono)
Perilla	6	2	12	16	64	
Rapeseed/Canola	3	2	60	20	12	
SDA-soybean	12	4	15	21	11	7 (18:3n-6), 26 (18:4n-3)
Sesame	9	6	38	45	0.6	
Soybean	10	4	23	51	7	
Sunflower	6	5	20	66	0	
Lard	24	14	41	10	1	3 (16:1)
Poultry	22	6	37	20	1	6 (16:1)
Tallow	25	19	36	3	1	4 (16:1)

[a]Padley et al. (1986, 1994); Gunstone and Harwood (2007).
[b]tr = 극미량.

효 기반이거나 아닐 경우 생산 시스템의 기술적 진보와 중요한 인프라 개발이 필요하다. 대조적으로 종자 생산과 가공을 위한 기술, 기반 시설은 이미 전 세계적으로 이용 가능하며, 형질 전환 종자는 궁극적으로 가장 효과적이고 비용 효율적인 해결책을 제공할 수 있다.

고등식물은 정상적으로 LC−PUFA를 합성하지 못한다(**표 16−1**). 그러나 지난 15년 동안 연구 노력으로 이 같은 GM 종자 작물의 특성을 생물공학적으로 연구했다. 초기 연구는 대두박과 잇꽃(safflower)에서 다양한 Δ6 불포화효소의 발현을 조사하여 전체 지방산의 70%에 달하는 γ− 리놀렌산(GLA, 18:3n−6) 함량을 나타냈다(Damude and Kinney, 2008). 그러나 Δ6 유전자와 함께 ω−3 (Δ15) 불포화효소 유전자의 발현은 스테아리돈산(SDA: stearidonic acid, 18:4n−3)을 생산하는데 필요하다. 최근 보리지(borage) Δ6와 애기장대(*Arabidopsis*) ω−3 불포화효소 유전자의 대두박에서 동시 발현은 SDA 함량을 30%까지 높였다(Eckert et al., 2006). SDA가 풍부한 GM 대두유가 개발되었고 n−3 PUFA를 함유한 최초의 형질 전환 종자가 상업적으로 판매될 가능성이 높아졌다(Monsanto, 2008, 표 16−1).

지방 종자에서 LC−PUFA와 EPA, DHA의 생산을 위해 여러 가지 가능한 전략이 있다. 식물에서 미생물 또는 동물 경로를 재현하거나 일부 트라우스토카이트리드에서 발견되는 폴리케티드(PKS: polyketide) 경로를 재현하는 것이다. Qi et al.(2004)의 연구에서는 미생물 경로를 다시 만드는 애기장대(*Arabidopsis*)에서 미세조류와 곰팡이로부터 3개의 유전자를 발현하여 잎에 약 3%의 EPA를 생성했다. 결과적으로 대두박에서 EPA의 생산은 모티에렐라(*Mortierella*)로부터의 Δ6 불포화효소와 애기장대의 n−3 불포화효소와 종자 지방산의 10%에 해당하는 물곰팡이(*Saprolegnia*, Kinney et al., 2004)의 동시 발현이 달성되었다. 모티에렐라 Δ6 불포화 효소를 물곰팡이 Δ6로 대체하면 종자 EPA가 20%까지 증가했다. *Thraustochytrium*의 Δ4 불포화효소 유전자가 첨가되었을 때 대두유에서 3% 이상의 DHA가 관찰되었다(Kinney et al., 2004).

GLA와 SDA의 생성이 관찰되었지만 규조류 *Phaeodactylum tricornutum*과 곰팡이 *Physcomitrella patens*의 유전자로 변형된 아마인에서도 EPA 생산(~2%)이 입증되었다(Abbadi et al., 2004). 이것은 탈지화에 필요한 인지질 기질과 신장(elongation)에 필요한 아실−CoA(Napier, 2007) 사이에서 지방산이 이동해야 하는 "기질−이분법 병목 현상(substrate−dichotomy bottleneck)" 때문인 것으로 제안되었다. 따라서 *Thraustochytrium*과 n−3 불포화 효소로부터 리소파티딜 아실기전이효소(lysophosphatidyl acyltransferase)를 첨가하면 *Brassica juncea* 종자에서 총 지방산의 15%까지 EPA 생산이 증가되었다(Wu et al., 2005). 또한 무지개송어의 연장 효소와 *Thraustochytrium*의 Δ4 불포화효소를 첨가하면 소량의 DHA가 생산되어(~1.5%) 동물 유전자의 사용이 가능할 수도 있음이 입증되었다. 실제로, 아실−CoA 기질을 사용하는 동물성 불포화효소의 사용은 기질 이분법 병목 현상을 피하기 위한 메커니즘으로 제안되었다(Domergue et al., 2005; Robert et al., 2005). 따라서 애기장대에서 선충류 *Caenorhabditis elegans*의 아실−CoA 연장 효소와 함께 제브라피시의 이작 기성 Δ6/Δ5 아실−CoA 불포화효소의 발현은 종자유에서 2.5%의 EPA가 검출되었다(Robert et al., 2005). *Pavlova salina*의 Δ5 신장효소(elongase)와 Δ4 불포화화효소(desaturase) 유전자를 지닌 식물의 재조합은 종자 지방에 미량의 DHA(0.5%)가 나타났다.

여러 가지 효소로 LC−PUFA 경로를 조절하는 것은 복잡하다(Napier, 2007). 대안은 단일 폴리펩타이드에서 EPA 또는 DHA 합성에 필요한 대부분의 활성을 띠는 폴리케티드(PKS) 복합체를 발현하는 것이다. *Schizochytrium*에서 세 개의 유전자를 표현한다. 아라비돕시스에서 말로닐−CoA로부터 DHA 합성을 촉매하는 PKS의 암호화 서브 유닛은 종자 지방산의 약 1%의 DHA 함량을 얻었다(Metz et al., 2006). 그러나 이것은 이후 약 2.5%로 증가되었다(Metz et al., 2007).

유전자 이식이 어류의 신진대사에 맞게 사료(GM 종자)를 변형시키는 데 사용될 수 있는 것처럼 똑같이 이용 가능한 사료에 맞게 어류의 신진대사를 변형시키는 데에도 사용될 수 있다. 변형된 제브라피시는 Δ6-불포화효소 같은 1-세포 배아의 미세 주입으로 생성되었다. 형질 전환 제브라피시의 EPA와 DHA 수치는 야생형 대조군보다 약간 증가했지만 유의적으로 증가했다. 그러므로 양어사료 산업을 변화시킬 수 있는 분자 도구와 기술은 이미 이용 가능하며 빠르게 발전하고 있다. 그러나 이러한 도구의 적용은 현재 유럽 전역의 소비자가 먹이사슬에서 GM 제품에 반대하고 있는 현재 전 세계적으로 상당히 다양해지는 기술의 수용에 달려있다.

동물성 지방

주요 동물성 지방은 쇠고기 · 양 수지(tallow)와 돼지 지방덩어리(lard)이며, 2008년에는 16 Mt이 생산되었다(**표 16–2**). 또한 약 7 Mt의 버터도 생산되었다. 세계적으로 높은 수준의 가금류 생산과 소비에도 불구하고 가금류의 지방 · 유류 생산에 관한 자료는 거의 없지만 주로 동물 렌더링 산업의 부산물로 생산되고 폐기된 가금류 부산물에서 추출된다. 동물성 지방의 지방산 조성은 일반적으로 고포화(최대 50%), 단일 불포화지방산(**표 16–1**)으로 조성되지만, 동물에게서 유래한 원료에 따라 다양하다. 예를 들어 가금류 지방은 20%의 PUFA, 낮은 수준의 EPA와 DHA를 함유할 수 있으며, 호주의 가금류 지방은 카놀라(유채 지방)를 공급하는 방법에 따라 50% 이상의 단일 불포화지방산, 주로 18:ln-9 이하의 단일불포화지방산을 포함할 수 있다(J. G. Bell, 2009). 일반적으로 동물성 지방에는 n-3 LC-PUFA가 부족한 것으로 간주될 수 있다. 그러므로 높은 포화 지방, 낮은 PUFA 그리고 LC-PUFA의 부재와 트랜스지방산의 존재(Padley et al., 1986, 1994; Gunstone and Harwood, 2007)는 동물성 지방이 비록 유용한 에너지원이 될 수는 있지만, 일반적으로 좋은 대체물로 간주될 수 없다고 규정하고 있다. 대부분 종의 지방산 구성면에서 사료 내 FO의 경우 일부 종에서는 적절한 수준의 사료원에 통합되면 유용한 에너지원이 될 수 있다. 수지는 또한 결합 리놀레산(CLA: conjugated linoleic acid)의 합리적인

표 16–2 2008년도 전 세계적 기름과 지방 생산량[a]

기름/지방	백만 톤 (Mt)
Palm	42.4
Soybean	37.7
Rapeseed/Canola	19.4
Sunflower	10.1
Cottonseed	5.1
Palm kernel	4.9
Peanut	4.5
Olive	2.9
Corn	2.4
Coconut	3.1
Sesame	0.8
Linseed/Flaxseed	0.6
Castor	0.6
Total vegetable oil	**134.5**
Tallow	8.6
Lard	7.7
Butter	7
Fish	1.1
Total animal fat/oil	**24.4**

[a]Gunstone (2010).

공급원이 될 수 있다.

식물성 지방

위의 잠재적 원유 중 현재 FO를 대체할 만한 것은 없다. 모두 하나 이상의 생태학적, 환경적, 기술적, 영양학적, 지속 가능성 또는 공급과 사용을 제한하는 다른 문제를 지니고 있다. 이와 대조적으로 육상 식물, 특히 식물성 기름(VO)을 생산하는 유지 종자 작물은 생산과 사용이 환경과 영양 문제를 각각 제기하지만, 공급 제약은 거의 없다. 2008년 세계 FO 생산량은 약 1.1 Mt이었다. 대조적으로 야자나무(palm; 42.4 Mt), 대두(37.7 Mt), 유채(캐놀라, 19.4 Mt), 해바라기(10.1 Mt) 등 4가지 주요 지질원으로 VO의 생산량은 135 Mt을 초과하여 전체의 80% 이상을 차지한다(Gunstone, 2010).

FO와 VO의 주된 차이는 지방산 조성인데, 일반적으로 고등식물은 C_{18}보다 큰 사슬 길이를 가진 지방산을 생산하지 않으므로 C_{20}과 C_{22} LC-PUFA는 VO 성분도 아니다. 주요 지방산은 다양하지만 대부분의 VO의 지방산 조성은 16:0, 18:0, 18:1n−9, 18:2n−6 등 4가지 지방산에 지배된다. 따라서 포화지방산이 풍부한 오일에는 팜유(palm oil; 16:0)와 단쇄 또는 라우린산(12:0)이 풍부한 지방, 코코넛과 야자나무 알맹이가 포함된다. 모노에노산(18:1n−9)이 풍부한 지방은 유채와 올리브유에, 리놀레산(18:2n−6)이 풍부한 지방은 콩, 해바라기, 면실박, 참깨에 포함되어 있다(**표 16–1**). 리놀렌산(18:3n−3)은 비교적 흔하지 않다. 이 지방산이 풍부한 유일한 주요 VO는 아마유(flax)이지만 여전히 세계 VO 생산량의 0.5%만을 차지한다(**표 16–2**). 다른 리놀렌산이 풍부한 카멜리나(camelina)와 페릴라(perilla)에서 훨씬 적은 양으로 생산되고 있다. 대두와 유채 지방에는 합리적인 양의 리놀렌산이 들어있지만 리놀레산(18:2n−6) 대 리놀렌산(18:3n−3) 비율은 각각 7과 2 이상이다. **표 16–1**과 **표 16–2**의 자료는 지방의 함유량(퍼센트)에 해당 지방의 톤수를 곱함으로써 개별 지방산의 총 풍부도를 계산하는 데 사용할 수 있다. 이것은 수소화 후 세계 지방 공급에서 리놀레산(18:2n−6)대 리놀렌산(18:3n−3) 비율이 약 24임을 보여준다. 보리지와 달맞이꽃 지방에는 18:3n−6이, 에키움(echium)과 개지치(buglossoides) 지방에는 SDA (18:4n−3)가 함유되어 있는데, 이런 일부 지방종자는 Δ6 불포화효소를 발현하므로 Δ6 불포화지방산을 포함하는 여러 지방을 사용할 수 있다.

지방산 조성의 한계에도 불구하고 VO는 현재 양식업을 위해 유일하게 쉽게 구할 수 있고, 비용 효과적이며 지속 가능한 대체 지질원이다. 지난 수십 년간 담수 종(메기, 잉어, 틸라피아), 연어류(대서양연어, 무지개송어, 북극곤들매기), 해수 종(귀족도미, 유럽농어, 터봇, 대구)의 FO를 VO로 완전 또는 부분적인 대체 효과를 조사하기 위해 상당한 연구가 수행되었다(Turchini et al., 2009). 가장 일반적으로 사용되는 VO는 유채(카놀라), 대두, 야자, 해바라기, 올리브, 아마씨, 에키움(Turchini et al., 2009)이 포함되어 있다. 최근까지는 문헌 검토가 제한적이지만 연구 문헌의 출판물 수는 현재 수백 건에 이른다(G. Bell et al., 2005; Bell and Waagbø, 2008; Tocher, 2009; Turchini et al., 2009). 다음 문단에서는 이 주제의 포괄적인 최근 참조 자료를 검토하여 취합한 여러 연구의 결과를 요약하였다(Turchini et al., 2010).

16.3.2 사료 내 어유를 식물성 지방으로 대체할 경우 어류의 성장에 미치는 영향

많은 연구에도 불구하고 FO의 VO로 대체되는 효과가 성장에 미치는 영향은 명확하지 않다. 최근 리뷰에서 Turchini et al.(2009)은 EFA 요구량이 충족되면 FO의 상당 부분(60~75%)이 연구된 거의 모든 어류에서 대체될 수 있다고 결론지었다. 따라서 FO 대체의 가장 큰 문제는 EFA 요구량이 충족되지 않으면 모든 종에서 FO의 100%를 대체하지 못하는 것일 수도 있다. 많은 요인이 다른 대체 원료(예: FM과 기타 단백질 공급원의 수준), 사육실험기간에 어류의 크기와 가능한 환경 조건을 포함하여 종과 대체 기름의 지방산 구성, 전체 사료의 지방산 구성에서 많은 요인이 결과에 영향을 미칠 수 있다. 종은 주된 요소이다. 어류는 생태학, 특히 수온(추위, 온화하고 따뜻함)과 먹이 습관(육식성, 잡식성, 초식성)에 기초하여 여러 그룹으로 분류될 수 있지만(Turchini et al., 2009), EFA의 요구량의 생화학에 근거한 그룹은 LC−PUFA가 필요한 그룹과 C_{18} PUFA를 통해 요구량을 충족할 수 있는 그룹은 두 가지뿐이다(Tocher, 2010).

대부분의 연구에 따르면 전반적인 결론은 성장이나 사료 효율에 영향을 미치지 않으면서 C_{18} PUFA (담수종, 연어류)가 EFA 요구량을 충족시킬 수 있는 어류에서 FO가 VO로 100% 대체될 수 있다는 것이다(Turchini et al., 2009). 그러나 대다수의 연구 결과는 다량의 단백질이 FM에 따라 공급된 실험에서 얻어졌다. 40% FM 함량은 일반적으로 최소 4%의 지질을 공급하고, n−3 LC−PUFA를 사료 내 1~1.5%로 공급하여 EFA 요구량을 충족하기에 충분하다. 따라서 FO 대체는 사료 내 FM 함량과 함께 고려해야 한다. FO와 FM의 이중 대체는 사료 내 LC−PUFA 수치 감소 효과를 완전히 평가하는데 필요하다(Torstensen et al., 2008). 송어를 대상으로 FM의 첨가 수준이 40%일 때 FO와 VO를 100% 대체하여 성장에 아무런 영향을 미치지 않는 것으로 보고되었지만 FM이 20%로 감소했을 때 성장 지연이 관찰되었다(Drew et al., 2007). LC−PUFA가 필요한 종(대부분의 해산 어류)의 경우 더 복잡하며 60~75%의 범위에서 성장에 영향을 미치지 않고 FO 대체의 최대 수준이 가능하다. 담수 · 연어류와 비교한 최대 대체 함량의 차이는 일반적으로 EFA 요구량의 질적 차이로 설명되었다. 따라서 VO는 EFA(18:3n−3이나 18:2n−6)를 담수 · 연어류에 공급할 수 있지만 EPA나 DHA가 필요한 해산 어류에는 공급할 수 없다(Tocher, 2010). 그러나 위에 요약된 연구 같은 대부분의 연구에서 일반적으로 n−3 LC−PUFA 수준의 측면에서 제한으로 간주되지 않는 FM 기반 사료를 사용했기 때문에 고함량의 FO 대체에서 성장 지연은 더 많은 설명이 필요하다. 아마도 이 같은 결과는 어류의 EFA 요구량을 예측하기가 어렵다는 점을 반영한다. 대부분의 EFA 요구량 연구는 현재 상업적으로 사용되는 것과 비교하여 상대적으로 낮은 지질 수준을 사용했는데, 결과적으로 사료 내 총 중량의 백분율로 실험한 PUFA 또는 LC−PUFA의 수준은 고함량 어분, 고함량 어유에 상업적으로 사용되는 수준보다 높지 않을 수 있다. 이는 결핍증을 예방하기 위한 최소한의 EFA 요구량을 제시한다. 이 수준은 본질적으로 EFA 요구량을 측정한 바에 따라 결정되지만 최적 성장을 위한 또 다른 수준이 있을 수 있다(Tocher, 2010). 즉, EFA를 증가시키는 것이 성장률을 증가시킬 수 있는 두 함량 사이에 범위가 있음을 의미한다. 필요한 연구가 완료되지 않았기 때문에 이 가설을 뒷받침하는 직접적인 증거는 거의 없지만, 사료 내 LC−PUFA 수치가 감소했을 때 성장에 미치는 영향이 관찰되었으나 여전히 EFA 요구량을 초과한다는 사실은 그러한 경우를 암시한다. 이 효과는 연어에서 18:3n−3에서 EPA와 DHA를 생산할 수 있기 때문에 그 효과가 명확하게 관찰되지 않았다. 최소 EFA 수준과 최적 EFA 수준의 차이는 LC−PUFA의 내인성 합성에 따라 다소 가려진다.

사료 내 어유를 식물성 지방으로 대체할 경우 어류의 영양소 함량에 미치는 영향: n−3 LC−PUFA 농도

어류의 최종 지방산 조성은 소화와 흡수 과정을 포괄하는 사료 내 투입과 내생 대사의 결과로서 소화가능성, 다른 지방산 또는 지방산 유도체로 전환, 산화, 증착성(deposition)으로 측정된다. 종과 내인성 신진대사에 관계없이 FO를 VO로 대체하면 LC−PUFA, ARA, EPA, DHA의 비율은 감소하고, 18:1n−9, 18:2n−6, 18:3n−3의 비율은 증가했다(**표 16−3**). 정확한 변화는 해당 지질원에 따라 다르다. 북반구 FO가 교체되면 장쇄 모노엔(20:1과 22:1)의 수준도 감소한다. C_{18}의 상대적 변화는 지방산은 VO를 대체하는 것에 달라지는데, 특히 유채 기름(카놀라유) 또는 올리브유의 경우 18:ln−9가 증가한다. 18:2n−6은 대두, 해바라기 또는 옥수수유를 사용하면 크게 증가하고 아마인유를 사용하면 18:3n−3이 증가한다. 변화의 정량적 범위는 또한 대체 수준과 지속 기간에 달려있다(Tocher et al., 2010). 또한 지방산 조성은 막 지질, TAG, 막 인지질 이상에 영향을

표 16-3 식물성 지방에 의한 어유의 완전 또는 부분 대체가 연어 및 해양 어류 내 지방산 조성에 미치는 영향[a]

	Atlantic Salmon[b] (*Salmo salar*)		Arctic Charr[c] (*Salvelinus alpinus*)		Atlantic Salmon[d] (*Salmo salar*)		Gilthead Sea Bream[e] (*Sparus auratus*)		Atlantic Cod[f] (*Gadus morhua*)		European Sea Bass[g] (*Dicentrarchus labrax*)	
Fatty Acid	FO	LO	FO	EO	FO	VO	FO	LO	FO	EO	FO	VO
14:0	4.7	0.7	3.3	2.6	4.9	0.8	4.6	2.6	1.2	0.7	2.6	1.3
16:0	12.9	8.3	15.5	14.0	13.0	12.9	19.0	15.1	15.3	13.1	16.8	15.2
18:0	1.9	3.6	2.5	2.9	2.6	3.1	4.0	4.0	3.3	4.2	3.8	4.1
Total saturated	19.9	12.7	22.1	20.1	21.1	17.0	28.0	21.6	20.0	18.2	24.5	21.7
16:1n-7	7.5	0.8	4.9	3.9	4.4	0.9	7.4	4.2	1.8	0.7	4.6	2.8
18:1n-9	16.0	18.6	15.9	16.9	2.7	2.5	15.6	19.9	10.9	11.4	14.7	21.1
18:1n-7	3.8	1.3	2.4	2.0	14.6	41.3	2.8	2.1	2.3	1.6	2.6	2.1
20:1n-9	16.6	1.6	5.0	3.8	11.4	2.7	2.2	1.3	2.7	1.9	2.1	2.0
22:1n-11	9.9	1.1	5.6	3.9	12.3	1.3	2.3	1.4	1.6	0.9	1.0	0.9
Total monoenes	57.1	24.2	36.7	32.8	48.2	49.0	31.8	29.8	20.5	17.6	26.0	29.7
18:2n-6	3.9	13.1	4.4	8.4	3.3	14.4	6.2	12.0	2.0	9.9	3.8	8.5
18:3n-6	0.1	0.0	0.2	3.0	tr	tr	0.1	nd	0.5	3.8	0.2	0.2
20:3n-6	0.2	0.1	0.3	0.9	0.1	0.7	nd	nd	0.1	0.6	0.3	0.4
20:4n-6	0.3	0.1	0.7	0.5	0.7	0.9	0.8	0.5	1.6	0.7	0.9	0.6
Total n-6 PUFA	4.9	14.0	6.3	13.3	4.5	17.0	7.1	12.7	5.3	15.6	6.8	10.9
18:3n-3	0.8	38.7	3.3	8.9	1.1	8.2	1.7	16.6	2.0	11.8	1.1	11.0
18:4n-3	1.5	1.2	2.7	5.2	1.5	1.2	1.6	1.1	1.4	4.0	1.2	0.7
20:4n-3	1.2	1.8	1.2	1.3	1.4	0.9	0.4	0.7	0.8	0.6	0.4	0.3
20:5n-3	4.3	1.3	6.7	5.2	4.6	1.6	11.0	6.0	12.8	7.9	9.3	5.7
22:5n-3	1.5	0.4	1.5	1.2	2.1	0.6	2.8	1.8	2.0	1.0	1.5	0.9
22:6n-3	8.1	3.1	18.5	12.9	12.7	3.4	13.0	8.2	33.3	22.1	17.3	11.7
Total n-3 PUFA	17.5	49.1	34.1	35.0	23.4	16.0	31.6	35.3	52.4	47.5	31.8	31.1

참고: EO, 에키움 오일; FOR, 어유; LO, 아마인유; PO, 팜유; 또는, 유채(카놀라)유; tr, (극미량); nd, (결정되지 않음).
[a]Tocher et al. (2010)에서 응용함.
[b]Bell et al. (2004); 초기 무게 127 g; 40주 동안 100% 대체.
[c]Tocher et al. (2006); 초기 무게 5 g; 16주 동안 80% 대체.
[d]Torstensen et al. (2005); 초기 무게 0.16 g; 100% 대체, 22개월 동안 RO/PO/LO (3.7:2:1).
[e]Izquierdo et al. (2003); 초기 무게 10 g; 101일 동안 60% 대체.
[f]Bell et al. (2006); 초기 무게 4 g; 18주 동안 100% 대체.
[g]Mourente and Bell (2006); 초기 무게 5 g; 60% 대체, 64주 동안 LO/PO/RO(7:3:2).

미치기 때문에 지방 함량과 TAG와 인지질의 상대 비율에 따라 다른 종류와 조직에 다른 원료의 영향이 반영된다(Tocher, 20031). 예를 들어 연어 같은 기름기 많은 어류와 비교하여 대구와 같은 육질 함량이 낮은 살코기 종에서는 FO 대체 효과가 정량적으로 적다(**표 16-3**). 또한 지방산 연어의 성분은 간보다 지질이 많이 축적된 근육에 더 많이 함유되어 있다.

아마인유와 같이 18:3n-3가 많이 함유된 경우 연어와 담수어류에서 SDA와 20:4n-3의 증가된 수치를 통해 18:3n-3이 충족되었다는 증거가 보고되었다. 반대로 농어와 도미에서는 아마인유를 섭취하였을 때 SDA나 20:4n-3과 같은 불포화 중간체의 비율은 증가하지 않았다. 종과 관계없이 18:3n-3의 공급은 사료 내

LC-PUFA의 결핍을 보완하지 않으며 실제로 사료에서 18:3n-3의 농도가 클수록 조직 EPA와 DHA의 감소가 커진다. 에키움 지방은 연어와 해양 어류 모두에서 사료 내 FO의 대안으로 조사되었지만 사용과 잠재적 편익에 관한 근거는 두 그룹에서 다소 상이하다(Bell et al., 2006; Tocher et al., 2006). 그러나 비슷한 수준의 아마인유를 공급한 연어류의 다른 시험에서 관찰된 것보다 더 적었지만, 에키움 지방을 공급한 연어와 북극곤들매기에서 EPA와 DHA의 수준을 유지할 수는 없었다. 유사하게 대구 조직에서 20:4n-3의 수준의 에키움 지방을 섭취하여도 증가하지 않았기 때문에 에키움은 아마인유와 또 다른 18:3n-3이 풍부한 지방에 비해 어떤 이점도 제시하지 못했다. 결론적으로 사료 내 에키움 지방은 그 지방산 조성에서 제안한 이점을 전달하지 못했다.

따라서 FO를 VO로 대체하는 것은 어류의 지방산 조성에 두 가지 별개의 영향을 미친다. 성장을 촉진하는 n-3 LC-PUFA의 수준을 감소시키고, C_{18} PUFA의 수준을 증가시킨다. C_{18} PUFA는 동등하게 간주되면 안된다는 점에 유의해야 한다. 많은 염증성 병리 현상과 관련이 있는 인간의 지질 영양의 주요 쟁점은 특히 선진국 국민의 식품에서 n-6 PUFA:n-3 PUFA 비율이 매우 높으며, 대부분의 인간 진화기간에 1~2:1과 비교하여 10~20:1의 비율을 보인다(Simopoulos, 2006). 이 변화는 지난 250년의 농업 · 산업 혁명에 의해 크게 좌우되었으며, 18:2n-6의 풍부한 곡물과 최근에는 지방 종자의 생산이 크게 증가했다. 현재 18:2n-6 관련 논쟁과 인간 식품에 미치는 영향 관련 논란이 있지만, 대부분의 관점은 과잉이 해롭다는 것이다(Whelan, 2008; Ramsden et al., 2009). 이것은 어류에서 18:2n-6의 과도한 수준을 피하는 것이 바람직하다고 추측하도록 하였다. 따라서 단순한 경로의 종에서 LC-PUFA 합성을 위한 잠재적인 기질을 제공하는 것 이상의 모든 어류가 18:2n-6을 제한하고 균형을 맞추기 위해서는 사료 내 VO 제형에 18:3n-3이 필요하다. 18:3n-3 자체가 인간의 영양에 도움이 된다는 연구 결과가 있다(Brenna et al., 2009). 유사하게 SDA가 VO를 먹은 어류에서 EPA를 유지하는데 효과적이지 않더라도 어류에서 SDA 자체의 증가된 수준은 인간 영양에서 잠재적인 이점이 있는 것으로 인식되기 때문에 유용할 수 있다(Whelan, 2009). 영양학적으로 더 균형 잡힌 구성을 얻으려면 VO 혼합이 필요하다. 약 4:2:1의 비율로 유채, 팜, 아마인을 혼합물은 포화 수준(야자 기름에서 16:0 포함), 단일 불포화($C_{20}/_{22}$ 대신 18:1~9), 북반구 FO에서 발견되는 다중 불포화지방산(LC-PUFA보다는 C_{18})을 제공했다(G. Bell et al., 2005; Torstensen et al., 2008). 유채 종자와 아마인의 사용은 18:2n-6을 가능한 한 낮게 유지하고 비슷한 수준의 18:3n-3으로 균형을 유지하도록 했다. 그러나 사료 생산 공장에서는 3가지 이상의 지방을 사용할 수 있는 설비가 없기 때문에 3개까지의 지방(FO 포함) 혼합이 업계 표준이다. 요약하면 얼마나 효과적인 VO 혼합이 사료 내 지방산 조성의 균형을 이루고 있는지에 관계없이 n-3 LC-PUFA의 감소를 예방할 수는 없으며, 이는 잠재적으로 인간 소비자를 위한 어류 육질의 영양 품질에 영향을 줄 수 있다.

16.3.3 사료 내 어유를 식물성 콜레스테롤과 인지질로 대체했을 때 미치는 영향

콜레스테롤과 인지질

위에서 설명한대로 식물은 일반적으로 많은 콜레스테롤을 생산하지 않는다. 따라서 VO는 가능성이 매우 적은 콜레스테롤(kg당 40~200 mg)이 함유되어 새우에 잠재적인 문제를 제기할 뿐만 아니라 어류에도 영향을 미칠 수 있다(Tocher et al., 2008). 간 세포의 미세배열(microarray) 분석을 이용한 연어의 유전자 발현을 조사한 연구에 따르면 FO를 섭취하는 어류에 비해 콜레스테롤 합성 경로의 여러 가지 유전자가 VO에서 증가하는 것으로 나타났다(Leaver et al., 2008; Taggart et al., 2008). 콜레스테롤의 조직 수준이 감소하지 않았기 때문에 콜레스테롤 생합성의 상향 조절이 낮은 섭취량을 효과적으로 보상한다고 추측된다(Leaver et al., 2008). 유전자 전사에 영향을 미치는 촉발 요인은 콜레스테롤을 감소시킬 수 있지만 FO를 대신하여 VO를 섭취한 어류에서 보고된

VO 유래 식물스테롤의 존재일 수도 있다(Miller et al., 2008). 이 부분은 사료 내 콜레스테롤 농도가 감소하고 식물성 원료와 지방의 비율이 증가함에 따라 식물성 스테롤이 증가하게 되므로, 향후 추가적인 연구가 필요하다.

원유를 사용하지 않는 한 양어사료에서 대부분의 인지질은 주로 단백질 공급원과 다른 원료에서 유래될 것이다. FO, VO와 같이 정제된 지방의 인지질 함량은 탈검(degumming) 과정에서 제거되기 때문에 매우 낮다. 대두와 해바라기, 유채(카놀라) 지방은 각각 1.5~3.1%, 0.5~1.0%, 0.5% 미만의 총 인지질을 함유하고 있으며, 이를 제거하여 상업용 제품, 레시틴을 형성한다. 그들은 다양한 인지질 함량과 종류 구성을 가질 수 있지만 일반적으로 50~60%의 총 인지질과 PC, PE, PI, PA를 같은 비율로 함유하고 있다(Tocher et al., 2008). 탈지된 식물성 원료와 탈지성 VO로 제형화된 사료는 아마도 전통적인 FM, FO 사료보다 인지질이 적을 것이다. 이것은 자어와 새우 유생에게 투입하는 사료의 잠재적인 문제이다(Teshima, 1997; Tocher et al., 2008). 그러나 어류나 새우에서 손상되지 않은 인지질이 필요하다는 증거는 없다. 첨가 함량을 낮추면 문제가 될 것으로 예상되지만 모니터링이 필요하며, 필요한 경우 인지질(레시틴)을 통해 보충할 수 있다(Tocher et al., 2008).

오염물(Contaminants)

어류는 영양소 외에 수은과 비소, 유기 오염물질(POP) 등의 유해원소를 포함하여 규정에 준해 바람직하지 않은 화합물을 공급받는데, 여기에는 폴리염화디벤조-p-다이옥신과 퓨란(다이옥신, 퓨란), 폴리염화바이페닐(PCB: polychlorinated biphenyls), PBDE (poly-brominated diphenyl ether) 등이 포함된다(Bell and Waagbp, 2008). POP는 수십 년의 생물학적 반감기를 지니고 있고, 친유성이므로 먹이사슬의 상단에 있는 포식자에게 특히 축적될 수 있다. 바다는 본질적으로 이러한 오염물질이 가라앉기 때문에 모든 해양 어류와 해산물은 종과 지리적 위치의 생리에 따라 다양한 오염물질을 포함할 수 있다. 예를 들어 유럽에서 양식된 대서양연어에서 높은 수준의 POP가 보고되었지만(Hites et al., 2004), 캐나다 브리티시컬럼비아주의 연어 오염 수준 관련 연구는 POP가 시장 규모의 양식어류와 야생어류 모두에서 상대적으로 낮다는 면을 보여주었다(Ikonomou et al., 2007).

어류는 인간의 식생활에서 비소의 주요 공급원이지만, 약 99%는 AsB (arsenobetaine)와 AsC (arsenocholine) 형태이며, 유독성 무기비소(1% 미만)는 소량에 불과하다. 유사하게 수은이 가장 독성이 강한 비방사성 요소이지만 메틸-Hg이 독성이 가장 강하며 어류의 수은(Hg)은 주로 독성이 적은 Hg-시스테인으로 존재한다. 양식 어류에는 수은 함량이 높지 않지만 상어와 황새치, 왕고등어 등은 상당 수준의 수은을 축적할 수 있다(FDA, 2006). 2004년 미국 식품의약국(FDA)은 임신 가능성이 있는 여성과 임산부, 수유부, 어린 자녀에게 이러한 종의 섭취를 피하도록 권고했다. 연어와 송어, 청어, 고등어를 포함한 기름진 어류의 수은 함량은 황새치의 수은 함량의 약 16분의 1이며 통조림 참치는 신선한 참치의 약 절반을 포함한다.

해양 유래 물질을 섭취한 양식 어류는 오염물질을 축적할 수 있는데, 이는 육류에 상당한 양의 지질을 퇴적시키는 연어 같은 종에서 지용성 POP를 사용하는 경우에 특히 문제가 된다. 다이옥신(퓨란)은 자연적으로 불완전한 유기 연소의 산물로서 또는 강철과 도료, 제지의 생산을 포함한 공정을 통해 자연적으로 발생하지만, 1950년대 이래로 환경에 포함한 수준은 감소되었다. 마찬가지로 1976년에 도료와 가소제, 유전체 유체에서 발견된 PCB가 금지된 이후 환경 내에서도 수치가 감소하고 있다. 그러나 PBDE는 1980년대 후반부터 섬유와 가구, 컴퓨터 장비, 케이블의 난연제로 사용되었다. 2004년 EU에서 좀 더 영구적인 deca-PBDE를 선호하여 독성이 강한 테트라(tetra), 펜타(penta), 헥사(hexa)와 nona-BDE가 생산됨에도 불구하고 환경오염 수준이 증가하고 있다. 총 210개의 '다이옥신' 화합물이 확인되었지만, 17개의 다이옥신 유사체만이 독성물질로 간주된다. 따라서 다이옥신 농도는 일반적으로 독성 잠재성, 인간 건강 위험과 관련한 세계보건기구(WHO)의 독성동등성계수(TEF)에 개별 동족체의 농도를 곱하여 생성되는 독성 등가물(TEQ)로 표시된다. 국가 기관 외에도 2006년 EU는 FDA가 다이옥신이 아닌 PCB에만 제한을 설정하고 있지만 동물 사료와 식품에서 다이옥신과 다이옥신 유사 PCB의 제한을 설정했다.

어류는 대부분 사료에서 오염물질을 섭취하며, 양식어류에서 다양한 방법으로 통제할 수 있다. 한 가지 옵션은 단순히 오염이 적은 환경에서 원자재를 공급하는 것이다. 예를 들어 남반구의 FO의 다이옥신과 PCB는 북대서양보다 낮다. 발트해 같은 일부 환경에서는 오염물질 수준이 동물 사료의 최대 한도를 초과하므로 FO를 사용할 수 없도록 하는 오염물질 기준을 포함한다(Bell and Waagbo, 2008). 따라서 두 번째 옵션은 사료원에서 오염을 제거하는 것이다. 어류 중 매우 낮은 함량(다이옥신의 경우 1조당 부분)은 오염 제거가 1 Mt 어류에서 0.2 g의 다이옥신류와 다이옥신 유사 PCB (DL-PCB)를 제거한다는 사실이 부각되고 있다. 유럽에서 많은 가공 공장이 운영되고 있지만 현재 용량이 제한되어 있고 비용이 추가되지만 오염된 FO를 사용할 수 있게 하는 능력은 제한된 공급 시장에서 매우 중요하다. 세 번째 옵션은 FO를 VO와 같이 오염되지 않았거나 낮은 수준의 오염된 지방으로 대체하는 것이다. 2년 생장주기를 통해 100% FO와 VO 혼합으로 대체한 결과 연어 근육의 다이옥신과 DL-PCB 수준은 2.01에서 0.68 TEQ/kg으로 66% 감소했다(G. Bell et al., 2005). 유사한 실험에서 2년 동안 100% FO를 연어에 공급할 경우 어체의 다이옥신과 DL-PCB 수준은 1.76 TEQ/kg이었고, 이는 75% 또는 100% VO를 섭취한 어류에서 0.63 TEQ/kg, 0.30 TEQ/kg로 감소했다(JG Bell et al. 2005; Bemtssen et al., 2005). 또한 PBDE의 수준은 연어를 대상으로 75% VO 사료를 공급한 근육에서 100% FO를 섭취한 어류 그룹과 비교했을 때 72% 감소한 것으로 나타났다(Bell and Waagbp, 2008). 캐나다에서는 대서양연어의 사료에서 아마인유로 FO를 대체하여 POP가 비슷한 수준으로 감소한 것으로 보고되었다(Friesen et al., 2008). 이러한 모든 시도에서 사료원은 FM으로 공식화되었으므로 부분적인 FM 대체로 오염 물질 수준을 더 낮출 수 있었다. EPA와 DHA 수치를 복원하기 위해 어류에 100% FO를 공급한 뒤 24주 후 이전에 100% VO로 양식된 어류 중 다이옥신과 DL-PCB 농도는 처음부터 끝까지 FO를 섭취한 어류에서 볼 수 있는 값보다 약 50% 정도 낮았다(JG Bell et al., 2005). 오염이 제거된 FO로 마무리 사료를 제조하는 것은 양식어류에서 n-3 LC-PUFA 수준을 유지하면서 FO 축적량을 보존하고 오염물질 수준을 줄이는 전략의 개선점이 될 것이다(Bell et al., 2008; Tocher, 2009). 그러나 VO가 해양 유래 오염물질은 매우 낮지만 동등하게 모니터링이 필요한 살충제, 제초제 같은 다른 오염 물질을 포함할 수 있음을 유의해야 한다.

관능(Organoleptic)과 기타 어육 품질 문제

대서양연어와 무지개송어, 귀족도미, 유럽농어의 다양한 감각과 품질 특성에 FO를 VO로 대체하는 효과가 결정되었다(RAFOA, 2005). 감각적인 속성에는 생선회, 조리, 훈제 제품의 미각 패널 분석에 따라 측정된 조직적 특성과 휘발성 물질의 전자코 분석(electronic nose analyses)이 포함되었다. 결정된 어육 품질과 유통기한 특성에는 각종 색상, 펠렛 질감, 수분함량, 지질 산화에 대한 품질 지수법(QIM)을 사용하여 측정한 신선도가 포함된다. 사료에서 높은 수준의 VO는 가공되지 않은 어류, 요리 연어 또는 훈제 연어의 유기농 특성에 미미한 영향을 미쳤다. 선호도 시험에서 VO를 섭취한 어류는 FO를 섭취한 어류보다 선호되는 경향이 있었다. 마찬가지로 사료 내 VO는 조리된 훈제 무지개송어와 조리된 도미의 감각적 특성에 약간의 영향을 미쳤다. 그러나 매우 신선한 농어에서는 FO를 섭취한 어류가 VO를 섭취한 어류보다 높은 점수를 받는 경향이 있었다. FO만을 함유하는 마무리 사료를 급식하면 유기농 성질의 차이가 없어졌다. 무지개송어에서 최종적으로는 전자식 코 분석으로 구별한다. 전자 코 분석 결과와 장기(감각) 또는 품질 분석 간에는 상관관계가 없었다. FO를 VO로 대체하는 것은 일반적으로 제품 품질과 저장 안정성에 미미한 영향을 미쳤으며, 연구된 모든 종에서 사료 품질보다 냉동 저장 시간이 더 중요했다(RAFOA, 2005). 그러나 최근 연구에서 틸라피아가 팜유 기반 사료를 섭취한 어류 근육은 FO가 함유된 사료를 섭취한 그룹과 비교하여 냉동 저장 중에 유의적으로 높은 산화 안정성을 나타냈다(Ng and Bahurmiz, 2009). FO 사료를 섭취한 어류와 비교했을 때 추정에 따르면(Rpra et al., 2005), 연어에서 지질 산화는 18:3n−3가 풍부한 어유를 포함하여 사료에 VO를 첨가하면 산화가 잘될 것으로 예상된다. 지질 산화 생성물은 송어와 해산 어류에서 훨씬 낮았고, 지질 함량이 더 낮았다. FO를 섭취한 어류에 비해 VO를 섭취한 어류에서는 낮은 수치의 경향이 있었지만 사료 품질 향상 효과는 거의 없었다.

어류 건강에 미치는 영향

일부 연구는 사료 내 VO가 어류의 건강에 영향을 줄 수 있음을 보여준다. 그러나 여러 가지 효과가 보고되었지만 종간 또는 동종에서 다른 실험 간에 일관성이 없다. 일반화를 배제하는 많은 상호작용과 교란 요인이 관련되어 있다. 다음은 대표적이고 포괄적인 참고문헌이 없는 다양한 종의 연구에서 보고된 효과의 범위를 요약한 것이다. 비슷한 효과가 관찰되지 않은 연구도 종종 있다는 점에 유의하는 것이 중요하다. 이 자료는 광범위한 참고문헌 목록과 함께 최근의 포괄적인 검토에서 주로 참고하였다(Montero and Izquierdo, 2010).

보고된 여러 가지 효과는 세포질 지방산 조성의 직접적인 결과일 수 있다. 구체적으로 사료 내 EPA 감소와 18:2n−6 증가는 n−3 PUFA:n−6 PUFA와 더 중요한 EPA:ARA 비율에 영향을 미치고, 후자는 에이코사노이드 대사에 잠재적 영향을 미친다(Tocher, 2003). 양어사료 내 VO에서는 n−6에서 유래한 에이코사노이드의 생산량 증가와 n−3에서 유래한 에이코사노이드의 생산량 감소가 보고되었다(Gjoen et al., 2004; Ganga et al., 2005; Mourente et al., 2007). 에이코사노이드 생산에서 VO 대체 효과는 사료 내 지방산 조성과 LC−PUFA를 생산할 수 있는 종의 능력에 달려있다. 위장관에서 장세포의 급속한 전환은 특히 사료 내 지방산에 민감하여 막 지방산 조성, 형태, 세포 간 투과성, 상피 전달 기능과 소화, 흡수에서 기능, 영양분의 이용과 면역력에 모두 영향을 줄 수 있는 장내 미생물의 변화를 일으킨다(Olsen et al., 1999, 2000; Cahu et al., 2000; Caballero et al., 2002; Jutfelt et al., 2007). 간 조직학에서 VO 공급의 효과는 기형성 발달을 포함하여 가장 일관성이 있다(Caballero et al., 2002; Mourente et al., 2007).

면역세포 기능은 사료 내 VO에 따라 영향을 받는 것으로 나타났으며, 대식세포의 식균 작용과 살균 작용, 대식세포와 순환 백혈구에서 호흡 폭발과 과산화수소 생성은 FO가 공급된 어류에 비해 VO를 섭취한 어류에서 감소하였다(Montero et al. 2003; Bell et al., 2006; Lin and Shiau, 2007; Mourente et al., 2007). 대조적으로 다른 연구에서 VO가 공급된 어류의 면역세포의 기능성을 증가한 것으로 보고되었다(Gjoen et al., 2004; Balfry et al., 2006). 두 경우 모두 VO가 면역세포의 LC−PUFA 수준을 감소시키고 18:3n−3과 18:2n−6 수준을 증가시키는 것으로 나타났기 때문에 세포 지방산 조성의 변화에 따른 것일 수 있다(Montero et al., 2003; Mourente et al., 2007). 인간의 말초 혈액 백혈구에서 n−3/n−6 PUFA 비율과 강한 상관관계가 있는 식균 작용이 포유류의 면역 세포 지방산 조성에 따라 증식과 호흡 폭발, 사이토카인 생산에 영향을 미친다(Kew et al., 2003).

다른 연구에서는 이 결과를 언급하지 않았지만(Balfry et al., 2006; Bell et al., 2006), 면역 기능에서 VO 공급의 다른 효과 중 한 가지는 순환 백혈구 수가 감소한 것이다(Mourente et al., 2005, 2007; Petropoulos et al., 2009). 체액계에서 VO 첨가 효과와 관련하여 라이소자임 활성은 영향을 받지 않는 것으로 관찰된다(Montero et al., 2003; Bell et al., 2006; Mourente et al., 2007; Petropoulos et al., 2009). 그러나 대체 보완 활동(Montero et al., 2003; Lin and Shiau, 2007)과 항체 생산(Kiron et al., 1995), 렙틴(Ganga et al., 2005)은 모두 감소했다. 바이러스 감염의 영향은 거의 알려져 있지 않지만, 사료 내 VO는 이전에 포유류에서 관찰된 바와 같이 Mx (바이러스 혼합 내성 단백질)의 간 내 발현을 증가시켰다(Montero et al., 2008). 일반적으로 단일 VO에 따른 치환은 면역 매개 변수 n−3 PUFA가 풍부한 VO가 연어 면역계에 더 강한 부정적 영향을 미친다(Montero et al., 2003; Balfry et al., 2006; Lin and Shiau, 2007; Montero et al., 2008) 반면에 n−6 PUFA가 풍부한 VO는 해양 어류에 더 큰 부정적 영향을 미친다(Montero et al., 2008). 그러나 면역 매개변수에서 VO 대체가 면역(백신) 효율성에 미치는 큰 영향은 관찰되지 않았지만 내성이 증가하거나(Fracalossi and Lovell, 1994; Lodemel et al., 2001; Gjoen et al., 2004) 감소하는(Thompson et al., 1996; Bransden et al., 2003) 것으로 보고되어 질병 내성이 반드시 감소되는 것은 아니다(Kiron et al., 1995; Bransden et al., 2003; Balfry et al., 2006).

어류 건강은 또한 스트레스 후 혈장 코티졸 수치가 18:3n−3의 풍부한 아마인유에 따라 증가했기 때문에 VO 대체의 영향을 받을 수 있다. 반면에 18:2n−6에 풍부한 VO는 유의한 영향이 나타나지 않았다(Montero et al., 2003). ACTH에 따라 유도된 코티졸 방출은 아마인유를 섭취한 어류의 신장세포에서 더 높았다(Ganga et al., 2010). 마지막으로 사료 내 VO 포함은 죽상 경화증(atherosclerosis)과 심장병변, 백내장 발달과 관련이 있을 수 있다(Bell et al., 1993; RAFOA, 2005; Seierstad et al., 2005).

결론적으로 사료 내 FO를 VO로 대체하는 것은 어류의 건강에 영향을 줄 수 있는 것으로 추측된다. 그러나 어종, VO 사용량, 대체 수준과 지속 기간, 기타 성분과 환경 조건을 포함하여 많은 요소에 따라 다양하다. 지금까지 주요 병리는 밝혀지지 않았지만 사료 조성의 주요 변화가 미칠 수 있는 영향을 완전히 이해하려면 각 종에 관한 추가 연구가 필요하다.

16.3.4 어유 대체원이 어류의 영양소 함량과 영양 품질에 미치는 영향을 최소화하기 위한 전략

사료 내 FO를 n−3 LC−PUFA가 결핍된 VO 같은 지방으로 대체함으로써 잠재적인 부정적 영향은 대체 지질원과 FO의 선택, 대체 수준과 지속 기간, 공급 시스템을 포함하는 다수의 전략에 따라 최소화될 수 있다. '마무리' 사료의 사용을 포함하여 인간의 식품에 어류를 포함시키는 것은 2가지 방향에서 유익하다. 그것은 n−3 LC−PUFA 섭취를 증가시킬 뿐만 아니라 육고기를 대체할 수 있다. 양식 과정에서 FO를 대체하기 위해 지방 선택에서 똑같은 원칙이 적용된다. 중요한 특정 지방산의 함유뿐만 아니라 다른 지방산의 사용을 줄이는 것도 중요하다.

이 같은 맥락에서 대체 지방 또는 지방 혼합은 높은 단일 불포화지방산 함량을 포함한 몇 가지 일반적인 기준을 이상적으로 충족시켜야 한다. 이것은 단일 불포화물질이 좋은 에너지원으로서 사료 내 지질의 중요한 역할 중 하나를 충족시킬 뿐만 아니라 C_{18} PUFA의 수준을 감소시키기 때문이다. 비교적 낮은 C_{18} PUFA 함량 또한 바람직하다. 높은 C_{18} PUFA (> 50 %)를 함유한 지방은 신진대사를 통해 유지되는 *sn*−2 위치에 상당량의 지방산을 포함하므로 이 지방은 막 인지질에서 LC−PUFA와 경쟁, 대체하는데 더 효과적이다. 이 같은 이유로 높은 C_{18} PUFA를 지닌 지방은 가급적 적게 사용되어야 한다. 또한 제한된 18:2n−6 함량의 높은 n3/n6 비율이 권장된다. 영양학적 측면에서 볼 때 인간 식품은 매우 높은 수준의 n−6 PUFA, 특히 18:2n−6으로 불균형해지므로 높은 n−3/n−6 비율을 유지하는 것이 목표일 것이다(Simopoulos, 2006). 그러므로, 대체 혼합 지방은 EPA와 DHA로 전환시킬 수 있는 종자뿐만 아니라 18:3n−3을 포함하여 n3/n−6 비율을 유지하고 18:2n−6 포함을 제한하는데 도움이 되기 때문에 18:3n−3을 포함해야 한다. 아마(아마인) 같은 18:3n−3의 풍부한 지방을 단순히 어유로 대체하는 것은 위에서 언급한 이유 때문에 비생산적이다.

단일 유류의 경우 유채(카놀라) 지방은 식물성 지방 중에서 기준을 가장 충족하는 원료이다. 그러나 일부 연구는 지방의 혼합이 어류의 건강 측면에서 더 우수한 것으로 나타났다(Montero and Izquierdo, 2010). 이러한 이점은 전체 지방산 조성이 유사하더라도 인지질 조성에 상이한 효과를 나타낼 수 있는 TAG와 관련이 있을 수 있다.

대체 지방이 지방산 조성 균형에 관계없이 n−3 LC−PUFA의 감소를 예방할 수는 없지만 적절한 공급 방법으로 최소화할 수는 있다. 여러 연구에서 체내 n−3 LC−PUFA의 수준을 회복하기 위해 FO를 함유한 '최종 사료'의 사용을 조사했다(Bell and Waagbp, 2008). 이 전략은 공정이 단순한 희석 동역학을 따르기 때문에 몇 가지 제한이 있으며, 따라서 수익 감소 법칙이 적용된다(Jobling, 2003; Robin et al., 2003). 그러므로 어류가 최종 사료를 공급하는 시간의 길이에 따라 합리적으로 성공할 수 있다. 연어의 경우 이것은 육체의 높은 지질과 TAG 함량으로 4~6개월일 수 있지만, 낮은 육질의 지질 함량을 지닌 해양 어류에서는 더 짧을 수 있다(Bell and Waagbo, 2008). 이 과정이 EPA와 DHA 수준을 복원하는 데는 성공적이지만, FO로 급식된 어류의 경우 최대 80%의 값을 유지할 수 있다. 18:3n−3과 특히 18:2n−6의 '워시아웃(wash−out)'은 부분적이다(Bell and Waagbo, 2008). FO 사용을 줄이는 측면에서 볼 때 이 전략은 출하 크기에 도달한 어류를 대상으로 마무리 기간에는 높은 사료 공급이 필요하기 때문에 부분적으로만 성공한다. 그러나 연어의 2년 생산주기 동안 대부분의 시간에 100% VO를 공급한 다음 5개월의 마무리 기간을 거치면 FO 소비가 50% 감소했다(J. G. Bell, 미출간자료). 함유량이 낮은 수준에서는 사료 내 VO는 지방산 조성에 낮은 영향을 미친다(Robin et al., 2003). 그러므로 마무리 사료의 대안은 근육의 LC−PUFA 감소를 제한하기 위해 VO와 FO 혼합물을 선택하여 전체 성장 단계에서 낮은 수준으로 FO를 대체하는 것이다(Pratoomyot et al., 2008). 따라서 남아메리카의 FO는 더 높은 수준의 n−3 LC−PUFA를 포함하므로 북대서양 FO보다 낮은 포함 수준에서 유사한 수준의 n−3 LC−PUFA를 제공할 수 있으며, 남반구 FO에서 낮은 단일 불포화, 높은 포화지방산 수치를 보충하기 위해 VO를 선택했다. FO의 선택은 다른 사료 전략에서도 중요하다. 높은 교체(마무리) 사료 전략을 통해 높은 에너지 장쇄 불포화지방산이 풍부한 FO (예: 카펠린, 청어, 고등어)를 에너지 요구량이 높은 성장 단계에서 사용할 수 있으며 높은 n−3 LC−PUFA FO (예: 멸치, 정어리, 청어)는 EPA와 DHA를 복원하기 위해 사료에 사용된다. 이 남반구 FO는 대개 북반구의 FO보다 유기 오염물질 농도가 낮기 때문에 시장에 더 근접하게 사용하는 것이 유리할 수 있으며, 그 대안이 오염되지 않은 북반구 FO이다. 마무리 사료가 없는 낮은 수준의 대체 전략의 대안으로는 높은 n−3 LC−PUFA FO가 확실한 선택이다.

위 단락은 n−3 LC−PUFA의 전통적인 FO 배출원의 대안으로서 n−3 LC−PUFA의 적절하고 지속 가능한 공급원의 부족에 따라 제안된 방법이다. 비록 형질 전환 접근법을 통해 유전자 변형 생물체로부터 새로운 제품 생산이 가능하더라도 지속 가능하고 비용 효과적인 n−3 LC−PUFA 공급원의 증가 상황은 향후에는 변할 가능성이 높다. 양어사료를 공급하기 위한 이들 제품의 효과적인 적용은 새롭고 독특한 도전 과제를 제공할 것이다.

16.4 결론

상업사료는 일반적으로 상당한 양의 FM과 FO를 함유하고 있다. 그러나 최근 몇 년 동안 이러한 자원의 수요 증가는 사료 수준이 감소하지 않는 한 공급을 능가할 것이라는 것이 분명해졌다. 결과적으로 대체원의 확인과 개발, 평가를 대상으로 한 상당한 연구가 이루어지고 있다. 그러한 연구의 진전이 있었음에도 불구하고 현재 양식업의 확장에 부응할 수 있는 대체원이 부족하며 이는 여전히 매우 활발한 연구 분야이다.

이 문제를 복잡하게 하는 것은 어류가 FO를 함유한 사료를 섭취했을 때 그것은 인간을 위한 식품의 중요한 구성 요소인 n−3 LC−PUFA의 독특하고 풍부한 공급원이라는 점이다. FO가 VO로 대체되면 이러한 독특한 지방산의 함량이 감소한다.

참고문헌

Abbadi, A., F. Domergue, J. Bauer, J. A. Napier, R. Welti, U. Zahringer, P. Cirpus, and E. Heinz. 2004. Biosynthesis of very-long-chain polyunsaturated fatty acids in transgenic oilseeds: Constraints on their accumulation. Plant Cell 16:2734-2748.

Alimuddin, G. Yoshizaki, V. Kiron, S. Satoh, and T. Takeuchi. 2005. Enhancement of EPA and DHA biosynthesis by over-expression of masu salmon Δ6-desaturase-like gene in zebrafish. Transgenic Res. 14:159-165.

Alimuddin, G. Yoshizaki, V. Kiron, S. Satoh, and T. Takeuchi. 2007. Expression of masu salmon Δ5-desaturase-like gene elevated EPA and DHA biosynthesis in zebrafish. Mar. Biotechnol. 9:92-100.

Alimuddin, V. Kiron, S. Satoh, T. Takeuchi, and G. Yoshizaki. 2008. Cloning and over-expression of masu salmon (*Oncorhynchus masou*) fatty acid elongase-like gene in zebrafish. Aquaculture 282:13-18.

Baeverfjord, G., and Å. Krogdahl. 1996. Development and regression of soybean meal induced enteritis in Atlantic salmon, *Salmo salar* L., distal intestine: A comparison with the intestines of fasted fish. J. Fish. Dis. 19:375-387.

Bajpai, P. K., P. Bajpai, and O. P. Ward. 1991. Optimization of production of docosahexaenoic acid (DHA) by *thraustochytrium aureum* ATCC 34304. J. Am Oil Chem. Soc. 68:509-514.

Balfry, S. K., J. Oakes, M. Rowshandeli, G. Deacon, B. J. Skura, and D. A. Higgs. 2006. Efficacy of an equal blend of canola oil and poultry fat as an alternate dietary lipid source for Atlantic salmon (*Salmo salar* L.) in seawater. II: Effects on haematology and immunocompetence. Aquac. Res. 37:192-199.

Barrows, F., T. G. Gaylord, D. J. Stone, and C. E. Smith. 2007. Effect of protein source and nutrient density on growth efficiency of rainbow trout (*Oncorhynchus mykiss*). Aquac. Res. 38:1747-1758.

Bell, G., B. Torstensen, and J. Sargent. 2005. Replacement of marine fish oils with vegetable oils in feeds for farmed salmon. Lipid Technol. 17:7-11.

Bell, J. G., and R. Waagbø. 2008. Safe and nutritious aquaculture produce: benefits and risks of alternative sustainable aquafeeds. Pp. 185-225 in Aquaculture in the Ecosystem, M. Holmer, K. D. Black, C. M. Duarte, N. Marba, and I. Karakassis, eds. London, UK: Springer Verlag BV.

Bell, J. G., A. H. McVicar, J. R. Sargent, and K. D. Thompson. 1993. Dietary sunflower, linseed and fish oils affect phospholipid fatty acid compostition, development of cardiac lesions, phospholipase activity and eicosanoid production in Atlantic salmon (*Salmo salar*). Prostag. Leukotr. Ess. 49:665-673.

Bell, J. G., R. J. Henderson, D. R. Tocher, and J. R. Sargent. 2004. Replacement of dietary fish oil with increasing levels of linseed oil; modification of flesh fatty acid compositions in Atlantic salmon (*Salmo salar*) using a fish oil finishing diet. Lipids 39:223-232.

Bell, J. G., F. McGhee, J. R. Dick, and D. R Tocher. 2005. Dioxin and dioxin-like polychlorinated biphenyls (PCBs) in Scottish farmed salmon: Effects of replacement of dietary marine fish oil with vegetable oils. Aquaculture 243:305-314.

Bell, J. G., F. Strachan, J. Good, and D. R. Tocher. 2006. Effect of dietary echium oil on growth, fatty acid composition and metabolism, gill prostaglandin production and macrophage activity in Atlantic cod (*Gadus morhua* L.). Aquac. Res. 37:606-617.

Bell, J. G., M. Sprague, E. A. Bendiksen, J. R. Dick, F. Strachan, J. Pratoomyot, M. H. G. Berntssen, and D. R. Tocher. 2008. Using decontaminated fish oil or a vegetable/fish oil blend to reduce organic contaminant concentrations in diets and flesh of farmed Atlantic salmon (*Salmo salar*). Organohalogen Compd. 70:894-897.

Berntssen, M. H. G., A.-K. Lundebye, and B. E. Torstensen. 2005. Reducing the levels of dioxins and dioxin-like PCBs in farmed Atlantic salmon by substitution of fish oil with vegetable oil in the feed. Aquacult. Nutr. 11:219-231.

Bransden, M. P., C. G. Carter, and P. D. Nichols. 2003. Replacement of fish oil with sunflower oil in feeds for Atlantic salmon (*Salmo salar* L.): Effect on growth performance, tissue fatty acid composition and disease resistance. Comp. Biochem. Phys. B 135:611-625.

Brenna, J. T., N. Salem Jr., A. J. Sinclair, and S. C. Cunnane. 2009. α-Linolenic acid supplementation and conversion to n-3 long-chain polyunsaturated fatty acids in humans. Prostag. Leukotr. Ess. 80:85-91.

Brouwer, I. A., A. Geelen, and M. B. Katan. 2006. *n*-3 fatty acids, cardiac arrhythmia and fatal coronary heart disease. Prog. Lipid Res. 45:357-367.

Bureau, D. P., A. M. Harris, and C. Y. Cho. 1998. The effect of purified alcohol extracts from soy products on feed intake and growth of Chinook salmon *Oncorhynchus tsawytsscha* and rainbow trout *Oncorhynchus mykiss*. Aquaculture 161:27-43.

Burel, C., T. Boujard, S. J. Kaushik, G. Boeuf, S. Van Der Geyten, K. A. Mol, E. R. Kuhn, A. Quinsac, M. Krouti, and D. Ribaliller. 2000a. Potential of plant protein sources as fish meal substitutes in diets for turbot (*Psetta maxima*): Growth, nutrient utilisation and thyroid status. Aquaculture 188:363-382.

Burel, C., T. Boujard, F. Tulli, and S. J. Kaushik. 2000b. Digestibility of extruded peas, extruded lupin, and rapeseed meal in rainbow trout (*Oncorhynchus mykiss*) and turbot (*Psetta maxima*). Aquaculture 188:285-298.

Caballero, M. J., A. Obach, G. Rosenlund, D. Montero, M. Gisvold, and M. S. Izquierdo. 2002. Impact of different dietary lipid sources on growth, lipid digestibility, tissue fatty acid composition and histology of rainbow trout, *Oncorhynchus mykiss*. Aquaculture 214:253-271.

Cahu, C. L., J. L. Zambonino Infante, G. Corraze, and D. Coves. 2000. Dietary lipid level affects fatty acid composition and hydrolase activities of intestinal brush border membrane in seabass. Fish Physiol. Biochem. 23:165-172.

Certik, M., and S. Shimizu. 2000. Kinetic analysis of oil biosynthesis by an arachidonic acid-producing fungus, mortierella alpina 1S-4. Appl. Microbiol. Biot. 54:224-230.

Crapo, C., and P. J. Bechtel. 2003. Utilization of Alaska's seafood processing by-products. Pp. 105-119 in Advances in Seafood By-Products 2002 Conference Proceedings, P. J. Bechtel, ed. Fairbanks: Alaska Sea Grant College Program, University of Alaska.

Damude, H. G., and A. J. Kinney. 2008. Enhancing plant seed oils for human nutrition. Plant Physiol. 147:962-968.

De Francesco, M., G. Parisi, F. Medale, S. J. Kaushik, and B. M. Poli. 2004. Effect of long term feeding with a plant protein mixture based diet on growth and body/fillet quality traits of large rainbow trout (*Oncorhynchus mykiss*). Aquaculture 263:413-429.

De Koning, A. J. 2005. Properties of South African fish meal: A review. S. African J. Sci. 101:21-25.

Dias, J. 1999. Lipid Deposition in Rainbow Trout (*Oncorhynchus mykiss*) and European Seabass (*Dicentrarchus labrax* L.): Nutritional Regulation of Hepatic Lipogenesis. Ph.D. Dissertation, Univ. Porto (Portugal) and Univ. Bordeaux I (France).

Domergue, F., A. Abbadi, U. Zahringer, H. Moreau, and E. Heinz. 2005. In vivo characterization of the first acyl-CoA delta6-desaturase from a member of the plant kingdom, the microalga *Ostreococcus tauri*. Biochem. J. 389:483-490.

Drew, M. D., A. E. Ogunkoya, D. M. Janz, and A. G. Van Kessel. 2007. Dietary influence of replacing fish meal and oil with canola protein concentrate and vegetable oils on growth performance, fatty acid composition and organochlorine residues in rainbow trout (*Oncorhynchus mykiss*). Aquaculture 167:260-268.

Eckert, H., B. LaVallee, B. J. Schweiger, A. J. Kinney, E. B. Cahoon, and T. Clemente. 2006. Co-expression of the borage Δ6 desaturase and the Arabidopsis Δ15 desaturase results in high accumulation of stearidonic acid in the seeds of transgenic soybean. Planta 224:1050-1057.

Eilander, A., D. C. Hundscheid, S. J. Osendarp, C. Trander, and P. L. Zock. 2007. Effects of n-3 long chain polyunsaturated fatty acid supplementation on visual and cognitive development throughout childhood: A review of human studies. Prostag. Leukotr. Ess. 76:189-203.

Espe, M., A. Lemme, A. Petri, and A. El-Mowafi. 2006. Can Atlantic salmon grow on diets devoid of fish meal? Aquaculture 255:255-262.

Espe, M., A. Lemme, A. Petri, and A. El-Mowafi. 2007. Assessment of lysine requirement for maximal protein accretion in Atlantic salmon using plant protein diets. Aquaculture 263:168-178.

FAO (Food and Agricultural Organization of the United Nations). 2009. The State of World Fisheries and Aquaculture 2008 (SOFIA). Rome, Italy: FAO Fisheries and Aquaculture Department.

FDA (U.S. Food and Drug Administration). 2006. Mercury levels in commercial fish and shellfish. Available online at: *http://www.cfsan.fda.gov/~frf/sea-mehg.html*. Accessed on May 19, 2010.

Fournier, V., C. Huelvan, and E. Debruyeres. 2004. Incorporation of a mixture of plant feedstuffs as a substitute for fish meal in diets of juvenile turbot (*Psetta maxima*). Aquaculture 236:451-465.

Fracalossi, D. M., and R. T. Lovell. 1994. Dietary lipid sources influence responses of channel catfish (*Ictalurus punctatus*) to challenge test with the pathogen *Edwardsiella ictaluri*. Aquaculture 119:287-298.

Friesen, E. N., M. G. Ikonomou, D. A. Higgs, K. P. Ang, and C. Dubetz. 2008. Use of terrestrial based lipids in aquaculture feeds and the effects on flesh organohalogen and fatty acid concentrations in farmed Atlantic salmon. Environ. Sci. Technol. 42:3519-3523.

Ganga, R., J. G. Bell, D. Montero, L. Robaina, M. J. Caballero, and M. S. Izquierdo. 2005. Effect of dietary lipids on plasma fatty acid profiles and prostaglandin and leptin production in gilthead seabream (*Sparus aurata*). Comp. Biochem. Phys. B 142:410-418.

Ganga, R., J. G. Bell, D. Montero, E. Atalah, Y. Vraskou, L. Tort, L. Fernandez, and M. S. Izquierdo. 2010. ACTH-stimulated cortisolrelease by the head-kidney-interrenal tissue from sea bream (*Sparus aurata*) fed with linseed and soybean oil. Br. J. Nutr. Endocrinol. doi:10.1017/S0007114510003430.

Gatlin, D. M., III, F. T. Barrows, P. Brown, K. Dabrowski, G. T. Gibson, R. W. Hardy, H. Elliot, G. Hu, Å. Krogdahl, R. Nelson, K. Overturf, M. Rust, W. Sealey, D. Skonberg, E. J. Souza, D. Stone, R. Wilson, and E. Wurtele. 2007. Expanding the utilization of sustainable plant products in aquafeeds: A review. Aquac. Res. 38:551-579.

Gjøen, T., A. Obach, C. Røsjø, B. G. Helland, G. Rosenlund, E. Hvattum, and B. Ruyter. 2004. Effect of dietary lipids on macrophage function, stress susceptibility and disease resistance in Atlantic salmon (*Salmo salar*). Fish Physiol. Biochem. 30:149-161.

Gjøsæter, J., and K. Kawaguchi. 1980. A Review of the World Resources of Mesopelagic Fish, FAO Technical Report No.193. Rome, Italy: FAO Fisheries and Aquaculture Department.

Glencross, B. D., C. G. Carter, N. Duijster, D. R. Evans, K. Dods, P. McCafferty, W. E. Hawkins, R. Maas, and S. Sipsas. 2004. A comparison of the digestibility of a range of lupin and soybean protein products when fed to either Atlantic salmon (*Salmo salar*) or rainbow trout (*Oncorhynchus mykiss*). Aquaculture 237:333-346.

Glencross, B. D., M. Booth, and G. L. Allan. 2007. A feed is only as good as its ingredients—a review of ingredient evaluation strategies for aquaculture feeds. Aquacult. Nutr. 13:17-34.

Gomes, E. F., P. Rema, and S. J. Kaushik. 1995. Replacement of fish meal by plant proteins in the diet of rainbow trout (*Oncorhynchus mykiss*): Digestibility and growth performance. Aquaculture 130:177-186.

Gomez-Requeni, P., M. Mingarro, S. Kirchner, J. A. Calduch-Giner, F. Medale, S. A. M. Martin, D. F. Houlihan, S. J. Kaushik, and J. Perez-Sanchez. 2004. Protein growth performance, amino acid utilisation and somatotrophic axis responsiveness to fish meal replacement by plant protein sources in gilthead sea bream (*Sparus aurata*). Aquaculture 232:493-510.

Gunstone, F. D. 2010. The world's oils and fats. Pp. 61-98 in Fish Oil Replacement and Alternative Lipid Sources in Aquaculture Feeds, G. M. Turchini, W. K. Ng, and D. R. Tocher, eds. Boca Raton, FL: Taylor & Francis, CRC Press.

Gunstone, F. D., and J. L. Harwood. 2007. Occurrence and characteristics of oils and fats. Pp. 37-142 in The Lipid Handbook, 3rd edition, F. D. Gunstone, J. L. Harwood, A. J. Dijkstra, eds. Boca Raton, FL: Taylor & Francis, CRC Press.

Hardy, R. W. 1989. Diet preparation. Pp. 473-546 in Fish Nutrition, 2nd Edition, J. E. Halver, ed. New York: Academic Press.

Hardy, R. W., and F. T. Barrows. 2002. Diet formulation and manufacture. Pp. 505-600 in Fish Nutrition, 3rd Edition, J. E. Halver and R. W. Hardy, eds. San Diego, CA: Academic Press.

Hemre, G.-I., M. Sanden, A. M. Bakke-McKellep, A. Sagstad, and Å. Krogdahl. 2004. Growth, feed utilization and health of Atlantic salmon

Salmo salar L. fed genetically modified compared to non-modified commercial hybrid soybeans. Aquacult. Nutr. 11:157-167.

Hemre, G.-I., A. Sagstad, A. M. Bakke-McKellep, A. Danieli, R. Acierno, M. Maffia, M. Frøystad, Å. Krogdahl, and M. Sanden. 2007. Nutritional, physiological and histological responses in Atlantic salmon *Salmo salar* L. fed diets with genetically modified maize. Aquacult. Nutr. 13:186-199.

Hites, R. A., J. A. Foran, D. O. Carpenter, M. C. Hamilton, B. A. Knuth, and S. J. Schwager. 2004. Global assessment of organic contaminants in farmed salmon. Science 303:226-229.

Ikonomou, M. G., D. A. Higgs, M. Gibbs, J. Oakes, B. Skura, S. McKinley, S. K. Balfry, S. Jones, R. Withler, and C. Dubetz. 2007. Flesh quality of market-size farmed and wild British Columbia salmon. Environ. Sci. Technol. 41:437-443.

Izquierdo, M. S., A. Obach, L. Arantzamendi, D. Montero, L. Robaina, and G. Rosenlund. 2003. Dietary lipid sources for seabream and seabass: Growth performance, tissue composition and flesh quality. Aquacult. Nutr. 9:397-407.

Jobling, M. 2003. Do changes in Atlantic salmon, *Salmo salar* L. fillet fatty acids following a dietary switch represent wash-out or dilution? Test of a dilution model and its application. Aquac. Res. 34:1215-1221.

Johnson, R. B., and H. J. Barnett. 2003. Determination of fat content in fish feed by supercritical fluid extraction and subsequent lipid classification of extract by thin layer chromatography-flame ionization detection. Aquaculture 216:263-282.

Jutfelt, F., R. E. Olsen, B. T. Bjornsson, and K. Sundell. 2007. Parr-smolt transformation and dietary vegetable lipids affect intestinal nutrient uptake, barrier function and plasma cortisol levels in Atlantic salmon. Aquaculture 273:298-311.

Kaushik, S., and M. Troell. 2010. Taking the fish-in fish-out ratio a step further. Aquacult. Eur. 35:15-17.

Kaushik, S. J., J. P. Cravedi, J. P. Lalles, J. Sumpter, B. Fauconneau, and M. Laroche. 1995. Partial or total replacement of fishmeal by soybean protein on growth, protein utilisation, potential estrogenic or antigentic effects, cholesterolemia and flesh quality in rainbow trout, *Oncorhynchus mykiss*. Aquaculture 133:257-274.

Kaushik, S. J., D. Covès, G. Dutto, and D. Blanc. 2004. Almost total replacement of fish meal by plant protein sources in the diet of a marine teleost, the European sea bass (*Dicentrarchus labrax*). Aquaculture 230:391-404.

Kelleher, K. 2005. Discards in the world's marine fisheries: An update. FAO Fisheries Technical Paper. No. 470. Rome, Italy: FAO Fisheries and Aquaculture Department.

Kendrick, A., and C. Ratledge. 1992. Lipids of selected molds grown for production of n-3 and n-6 polyunsaturated fatty acids. Lipids 27:15-20.

Kew, S., T. Banerjee, A. M. Minihane, Y. E. Finnegan, C. M. Williams, and P. C. Calder. 2003. Relation between the fatty acid composition of peripheral blood mononuclear cells and measures of immune cell function in healthy, free-living subjects aged 25-72 y. Am. J. Clin. Nutr. 77:1278-1286.

Kinney, A. J., E. B. Cahoon, H. G. Damude, W. D. Hitz, C. W. Kolar, and Z. B. Liu, inventors. 2004. Enhancing plant seed oils for human nutrition: Production of very long chain polyunsaturated fatty acids in oilseed plants. International Patent Publication WO2004071467.

Kiron, V., H. Fukuda, T. Takeuchi, and T. Watanabe. 1995. Essential fatty acid nutrition and defence mechanisms in rainbow trout *Oncorhynchus mykiss*. Comp. Biochem. Phys. A 111:361-367.

Krogdahl, Å., M. H. Penn, J. Thorsen, S. Refstie, and A. M. Bakke. 2010. Important antinutrients in plant feedstuffs for aquaculture: An update on recent findings regarding responses in salmonids. Aquac. Res. 41:333-344.

Leaver, M. J., L. A. N. Villeneuve, A. Obach, L. Jensen, J. E. Bron, D. R. Tocher, and J. B. Taggart. 2008. Functional genomics reveals increased cholesterol and highly unsaturated fatty acid biosynthesis after dietary substitution of fish oil with vegetable oils in Atlantic salmon (*Salmo salar*). BMC Genomics 9:299. doi:10.1186/1471-2164-9-299.

Lee, K.-J., K. Dabrowski, J. H. Blom, S. C. Bai, and P. C. Stromberg. 2002. Mixture of animal and plant protein sources can completely replace fish meal in a diet for juvenile rainbow trout (*Oncorhynchus mykiss*). J. Anim. Physiol. An. N. 86:201-213.

Lee, R. F., W. Hagen, and G. Kattner. 2006. Lipid storage in marine zooplankton. Mar. Ecol-Prog. Ser. 307:273-306.

Li, M. H., G. F. Hartnell, and E. H. Robinson. 2008. Evaluation of cottonseed meal diets from genetically modified cotton as feed ingredients for channel catfish, *Icatalus puntatus*. Aquacult. Nutr. 14:490-498.

Lin, Y. H., and S. Y. Shiau. 2007. Effects of dietary blend of fish oil with corn oil on growth and non-specific immune responses of grouper *Epinephelus malabaricus*. Aquacult. Nutr. 13:137-144.

Lodemel, J. B., T. M. Mayhew, R. Myklebust, R. E. Olsen, S. Espelid, and E. Ringø. 2001. Effect of three dietary oils on disease susceptibility in Arctic charr (*Salvelinus alpinus* L.) during cohabitant challenge with *Aeromonas salmonicida subsp. salmonicida*. Aquac. Res. 32:935-945.

Medale, F., T. Bouchard, F. Vallee, D. Blanc, M. Mambrini, A. Roem, and S. J. Kaushik. 1998. Voluntary feed intake, nitrogen and phosphorous losses in rainbow trout, *Oncorhynchus mykiss*. Aquaculture 124:117-126.

Metz, J. G., J. H. Flatt, and J. M. Kuner, inventors. 2006. The genes for the enzymes of the polyunsaturated fatty acid polyketide synthase of Schizochytrium and their use in the manufacture of polyunsaturated fatty acids. International Patent Publication WO 2006135866.

Metz, J. G., J. M. Kuner, and J. C. Lippmeier, inventors. 2007. Polyunsaturated fatty acid production in genetically modified organisms using PUFA polyketide synthase systems. International Patent Publication WO2007106903.

Miller, M. R., P. D. Nichols, and C. G. Carter. 2007. Replacement of fish oil with thraustochytrid *schizochytrium* sp. L oil in Atlantic salmon parr (*Salmo salar* L) diets. Comp. Biochem. Phys. A 148:382-392.

Miller, M. R., P. D. Nichols, and C. G. Carter. 2008. The digestibility and accumulation of dietary phytosterols in Atlantic salmon (*Salmo salar* L.) smolt fed diets with replacement plant oils. Lipids 43:549-557.

Monsanto. 2008. Monsanto and the Solae Company to collaborate on soy based omega-3 portfolio. Monsanto Company. Available online at:

www. monsanto.com/features/omega.asp. Accessed on April 16, 2008.

Montero, D., and M. Izquierdo. 2010. Health and welfare of fish fed vegetable oils as alternative lipid sources to fish oil. Pp. 439-485 in Fish Oil Replacement and Alternative Lipid Sources in Aquaculture Feeds, G. M. Turchini, W. K. Ng, and D. R. Tocher, eds. Boca Raton, FL: Taylor & Francis, CRC Press.

Montero, D., T. Kalinowski, A. Obach, L. Robaina, L. Tort, M. J. Caballero, and M. S. Izquierdo. 2003. Vegetable lipid sources for gilthead seabream (*Sparus aurata*): effects on fish health. Aquaculture 225:353-370.

Montero, D., V. Grasso, M. S. Izquierdo, R. Ganga, F. Real, L. Tort, M. J. Caballero, and F. Acosta. 2008. Total substitution of fish oil by vegetable oils in gilthead seabream (*Sparus aurata*) diets: Effects on hepatic Mx expression and some immune parameters. Fish Shellfish Immun. 24:147-155.

Morris, P. C., P. Gallimore, J. Handley, G. Hide, P. Haughton, and A. Black. 2005. Full-fat soya for rainbow trout (*Oncorhynchus mykiss*) in freshwater: Effects on performance, composition and flesh fatty acid profile in absence of hind gut enteritis. Aquaculture 248:147-161.

Mourente, G., and J. G. Bell. 2006. Partial replacement of dietary fish oil with blends of vegetable oils (rapeseed, linseed and palm oils) in diets for European sea bass (*Dicentrarchus labrax* L.) over a long term growth study: Effects on muscle and liver fatty acid composition and effectiveness of a fish oil finishing diet. Comp. Biochem. Phys. B 145:389-399.

Mourente G., J. E. Good, and J. G. Bell. 2005. Partial substitution of fish oil with rapeseed, linseed and olive oils in diets for European sea bass (*Dicentrarchus labrax* L.): effects on flesh fatty acid composition, plasma prostaglandins E_2 and $F_{2}\alpha$, immune function and effectiveness of a fish oil finishing diet. Aquacult. Nutr. 11:25-40.

Mourente, G., J. E. Good, K. D. Thompson, and J. G. Bell. 2007. Effects of partial substitution of dietary fish oil with blends of vegetable oils, on blood leucocyte fatty acid compositions, immune function and histology in European sea bass (*Dicentrarchus labrax* L.). Brit. J. Nutr. 98:770-779.

Mundheim, H., A. Aksnes, and B. Hope. 2004. Growth, feed efficiency and digestibility in salmon (*Salmo salar* L.) fed different dietary proportions of vegetable protein sources in combination with two fish meal qualities. Aquaculture 237:315-331.

Napier, J. A. 2007. The production of unusual fatty acids in transgenic plants. Annu. Rev. Plant Biol. 58:295-319.

Naylor, R. L., R. J. Goldberg, J. H. Primavera, N. Kautsky, M. C. M. Beveridge, J. Clay, C. Folke, J. Lubchenco, H. Mooney, and M. Troell. 2000. Effect of aquaculture on world fish supplies. Nature 405:1017-1024.

Naylor, R. L., R. W. Hardy, D. P. Bureau, A. Chiu, M. Elliot, A. P. Farrell, I. Forster, D. M. Gatlin, R. J. Goldburg, K. Hua, and P. D. Nichols. 2009. Feeding aquaculture in an era of finite resources. P. Natl. Acad. Sci. USA 106:15103-15110.

Ng, W.-K., and O. M. Bahurmiz. 2009. The impact of dietary oil source and frozen storage on the physical, chemical and sensorial quality of fillets from market-size red hybrid tilapia, Oreochromis sp. Aquaculture 113:1041-1048.

NRC (National Research Council). 1993. Nutrient Requirements of Fish. Washington, DC: National Academy Press.

Olsen, R. E., R. Myklebust, T. Kaino, and E. Ringø. 1999. Lipid digestibility and ultrastructural changes in the enterocytes of Arctic charr (*Salvelinus alpinus* L.) fed linseed oil and soybean lecithin. Fish Physiol. Biochem. 21:35-44.

Olsen, R. E., R. Myklebust, E. Ringø, and T. M. Mayhew. 2000. The influences of dietary linseed oil and saturated fatty acids on caecal enterocytes in Arctic charr (*Salvelinus alpinus* L.): A quantitative ultrastructural study. Fish Physiol. Biochem. 22:207-216.

Olsen, R. E., R. J. Henderson, J. Sountama, G.-I. Hemre, E. Ringø, W. Melle, and D. R. Tocher. 2004. Atlantic salmon, *Salmo salar*, utilizes wax ester-rich oil from *Calanus finmarchicus* effectively. Aquaculture 240:433-449.

Olsen, R. E., R. Waagbø, and S. P. Lall. 2010. Alternative marine resources. Pp. 267-324 in Fish Oil Replacement and Alternative Lipid Sources in Aquaculture Feeds, G. M. Turchini, W. K. Ng, and D. R. Tocher, eds. Boca Raton, FL: Taylor & Francis, CRC Press.

Padley, F. B., F. D. Gunstone, and J. L. Harwood. 1986. Occurrence and characteristics of oils and fats. Pp. 49-170 in The Lipid Handbook, F. D. Gunstone, J. L. Harwood, and F. B. Padley, eds. London, UK: Chapman and Hall.

Padley, F. B., F. D. Gunstone, and J. L. Harwood. 1994. Occurrence and characteristics of oils and fats. Pp. 47-223 in The Lipid Handbook, 2nd edition, F. D. Gunstone, J. L. Harwood, and F. B. Padley, eds. Cambridge, UK: Chapman and Hall.

Papatryphon, E., J. Petit, S. J. Kaushik, and H. M. G. van der Werf. 2004. Environmental impact assessment of salmonid feeds using Life Cycle Assessment (LCA). Ambio 33:316-323.

Petropoulos, I. K., K. D. Thompson, A. Morgan, J. R. Dick, D. R. Tocher, and J. G. Bell. 2009. Effects of substitution of dietary fish oil with a blend of vegetable oils on liver and peripheral blood leucocyte fatty acid composition, plasma prostaglandin E2 and immune parameters in three strains of Atlantic salmon (*Salmo salar*). Aquacult. Nutr. 15:596-607.

Place, A. R. 1992. Comparative aspects of lipid digestion and absorption—physiological correlates of wax ester digestion. Am. J. Physiol. 263:R464-R471.

Pratoomyot, J., E. Å Bendiksen, J. G. Bell, and D. R. Tocher. 2008. Comparison of effects of vegetable oils blended with southern hemisphere fish oil and decontaminated northern hemisphere fish oil on growth performance, composition and gene expression in Atlantic salmon (*Salmo salar* L.). Aquaculture 280:170-178.

Pusztai, A., and S. Bardocz. 2006. GMO in animal nutrition: Potential benefits and risks. Pp. 513-540 in Biology of Nutrition in Growing Animals, R. Mosenthin, J. Zentek, and T. Zebrowska, eds. Edinburgh, Scotland: Elsevier.

Qi, B., T. Fraser, S. Mugford, G. Dobson, O. Sayanova, J. Butler, J. A. Napier, A. K. Stobart, and C. M. Lazarus. 2004. Production of very long chain polyunsaturated omega-3 and omega-6 fatty acids in plants. Nat. Biotechnol. 22:739-745.

RAFOA (Researching Alternatives to Fish Oils in Aquaculture). 2005. Researching alternatives to fish oil in aquaculture. European Union Framework programme 5 RT & D project, Q5RS-2000-30058. Available online at: *http://www.rafoa.stir.ac.uk/project_results.html*. Accessed on May 19, 2010.

Ramsden, C. E., J. R. Hibbeln, and W. E. Lands. 2009. Letter to the Editor re: Linoleic acid and coronary heart disease, Prostag. Leukotr. Ess. (2008), by W.S. Harris. Prostag. Leukotr. Ess. 80:77-79.

Refstie, S., O. J. Korsoen, T. Storebakken, G. Baeverfjord, I. Lein, and A. J. Roem. 2000. Differing nutritional responses to dietary soybean meal in rainbow trout (*Oncorhynchus mykiss*) and Atlantic salmon (*Salmo salar*). Aquaculture 190:49-63.

Robert, S., S. P. Singh, X. R. Zhou, J. R. Petrie, S. I. Blackburn, P. M. Mansour, P. D. Nichols, Q. Liu, and A. Green. 2005. Metabolic engineering of Arabidopsis to produce nutritionally important DHA in seed oil. Funct. Plant Biol. 32:473-479.

Robin, J., C. Regost, J. Arzel, and S. Kaushik. 2003. Fatty acid profile of fish following a change in dietary fatty acid source: Model of fatty acid composition with a dilution hypothesis. Aquaculture 225:283-293.

Rodehutscord, M. S. Mandel, M. Pack, S. Jacobs, and E. Pfeffer. 1995. Free amino acids can replace protein-bound amino acids in test diets for studies in rainbow trout. J. Nutr. 125:956-963.

Rørå, A. M. B., B. Ruyter, J. Skorve, R. K. Berge, and K.-E. Slinning. 2005. Influence of high content of dietary soybean oil on quality of large fresh, smoked and frozen Atlantic salmon (*Salmo salar*). Aquacult. Int. 13:217-231.

Rubin. 2007. Marine by-products—a huge unexploited potential for value adding. Available online at: *http://www.rubin.no/eng*. Accessed on May 19, 2010.

Rumsey, G. L. 1993. Fish meal and alternative sources of protein. Fisheries 18:14-19.

Ruxton, C. H. S., S. C. Reed, M. J. A. Simpson, and K. J. Millington. 2007. The health benefits of omega-3 polyunsaturated fatty acids: A review of the evidence. J. Hum. Nutr. Diet. 20:275-285.

Sæther, O., T. E. Ellingsen, and V. Mohr. 1986. Lipolysis post mortem in North Atlantic krill. Comp. Biochem. Phys. B 83:51-55.

Sanden, M., I. J. Bruce, M. A. Rahman, and G.-I. Hemre. 2004. The fate of transgenic sequences present in genetically modified plant products in fish feed, investigating the survival of GM soybean DNA fragments during feeding trials in Atlantic salmon, *Salmo salar* L. Aquaculture 237:391-405.

Seierstad, S. L., T. T. Poppe, E. O. Koppang, A. Svindland, G. Rosenlund, L. Frøyland, and S. Larsen. 2005. Influence of dietary lipid composition on cardiac pathology in farmed Atlantic salmon, *Salmo salar* L. J. Fish Dis. 28:677-690.

Silva, J. M. G., M. Espe, L. E. C. Conceicao, J. Dias, and L. M. P. Valente. 2009. Senegalese sole juveniles (*Solea senegalensis* Kaup, 1858) grow equally well on diets devoid of fish meal provided the dietary amino acids are balanced. Aquaculture 296:309-317.

Simopoulos, A. P. 2006. Evolutionary aspects of diet, the omega-6/omega-3 ratio and genetic variation: Nutritional implications for chronic diseases. Biomed. Pharmacother. 60:502-507.

Sissener, N. H., M. Danden, A. M. Bakke, Å. Krogdahl, and G. I. Hemre. 2009a. A long term trial with Atlantic salmon (*Salmo salar* L.) fed genetically modified soy; focusing general health and performance before, during and after the parr-smolt transformation. Aquaculture 298:101-1107.

Sissener, N. H., M. Danden, A. M. Bakke, Å. Krogdahl, and G. I. Hemre. 2009b. An assessment of organ and intestinal histomorphology and cellular stress response in Atlantic salmon (*Salmo salar* L.) fed genetically modified Roundup Ready® soy. Aquaculture 294:108-117.

Sitja-Bobadilla, A., S. Pena-Llopis, P. Gomez-Requeni, F. Medale, S. J. Kaushik, and J. Perez-Sanchez. 2005. Effect of fish meal replacement by plant protein sources on non-specific defence mechanisms and oxidative stress in gilthead sea bream (*Sparus aurata*). Aquaculture 249:387-400.

Tacon, A. G. J. 2005. Salmon aquaculture dialogue: Status of information on salmon aquaculture feed and the environment. International Aquafeed 8:22-37.

Tacon, A. G. J., and M. Metian. 2008a. Global overview on the use of fish meal and fish oil in industrially compounded aquafeeds: Trends and future prospects. Aquaculture 285:146-158.

Tacon, A. G. J., and M. Metian. 2008b. Aquaculture feed and food safety: The role of the Food and Agriculture Organization and the Codex Alimentarius. Ann. NY Acad. Sci. 1140:50-59.

Tacon, A. G. J., and M. Metian. 2009a. Fishing for aquaculture: Non-food use of small pelagic forage fish—A global perspective. Rev. Fish. Sci. 17:305-317.

Tacon, A. G. J., and M. Metian. 2009b. Fishing for feed or fishing for food: Increasing global competition for small pelagic forage fish. Ambio 38:294-302.

Tacon, A. G. J., M. R. Hasan, and R. P. Subasinghe. 2006. Use of fishery resources as feed inputs to aquaculture development: Trends and policy implications. FAO Fisheries Circular No.1018. Rome, Italy: FAO Fisheries and Aquaculture Department.

Tacon, A. G. J., M. Metian, G. M. Turchini, and S. S. DeSilva. 2010. Responsible aquaculture and trophic level implications to global fish supply. Rev. Fish. Sci. 18:94-105.

Taggart, J. B., J. E. Bron, S. A. M. Martin, P. J. Seear, B. Hoyheim, R. Talbot, L. Villeneuve, G. E. Sweeney, D. F. Houlihan, C. J. Secombes, D. R. Tocher, and A. J. Teale. 2008. A description of the origins, design and performance of the TRAITS/SGP Atlantic salmon (*Salmo salar* L.) cDNA microarray. J. Fish Biol. 72:2071-2094.

Teshima, S. I., 1997. Phospholipids and sterols. Pp. 85-107 in Crustacean Nutrition, L. R. D'Abramo, D. E. Conklin, and D. M. Akiyama, eds. Baton Rouge, LA: World Aquaculture Society.

Teskeredzic, Z., D. A. Higgs, B. S. Dosanjh, J. R. McBride, R. W. Hardy, R. M. Beames, J. D. Jones, M. Simell, T. Vaara, and R. B. Bridges. 1995. Assessment of undephytinised and dephytinised rapeseed protein concentrate as sources of dietary protein for juvenile rainbow trout, *Oncorhynchus mykiss*. Aquaculture 131:261-277.

Thompson, K. D., M. F. Tatner, and R. J. Henderson. 1996. Effects of dietary (n-3) and (n-6) polyunsaturated fatty acid ratio on the immune response of Atlantic salmon (*Salmo salar* L.). Aquacult. Nutr. 2:21-31.

Tocher, D. R., 1995. Glycerophospholipid metabolism. Pp. 119-157 in Biochemistry and Molecular Biology of Fishes, Vol. 4, Metabolic and Adaptational Biochemistry, P. W. Hochachka, and T. P. Mommsen, eds. Amsterdam, the Netherlands: Elsevier Press.

Tocher, D. R. 2003. Metabolism and functions of lipids and fatty acids in teleost fish. Rev. Fish. Sci. 11:107-184.

Tocher, D. R. 2009. Issues surrounding fish as a source of w3 long-chain polyunsaturated fatty acids. Lipid Technol. 21:13-16.

Tocher, D. R. 2010. Fatty acid requirements in ontogeny of marine and freshwater fish. Aquac. Res. 41:717-732.

Tocher, D. R., J. R. Dick, P. MacGlaughlin, and J. G. Bell. 2006. Effect of diets enriched in Δ6 desaturated fatty acids (18:3n-6 and 18:4n-3), on growth, fatty acid composition and highly unsaturated fatty acid synthesis in two populations of Arctic charr (*Salvelinus alpinus* L.). Comp. Biochem. Phys. B 144:245-253.

Tocher, D. R., E. Å. Bendiksen, P. J. Campbell, and J. G. Bell. 2008. The role of phospholipids in nutrition and metabolism of teleost fish. Aquaculture 280:21-34.

Tocher, D. R., D. S. Francis, and K. Coupland. 2010. n-3 polyunsaturated fatty acid-rich vegetable oils and blends. Pp. 209-244 in Fish Oil Replacement and Alternative Lipid Sources in Aquaculture Feeds, G. M. Turchini, W.-K. Ng, and D. R. Tocher, eds. Boca Raton, FL: Taylor & Francis, CRC Press.

Torstensen, B. E., J. G. Bell, G. Rosenlund, R. J. Henderson, I. E. Graff, D. R. Tocher, Ø. Lie, and J. R. Sargent. 2005. Tailoring of Atlantic salmon (*Salmo salar* L.) flesh lipid composition and sensory quality by replacing fish oil with a vegetable oil blend. J. Agr. Food Chem. 53:10166-10178.

Torstensen, B. E., M. Espe, M. Sanden, I. Stubhaug, R. Waagbo, G.-I. Hemre, R. Fontanillas, U. Nordgarden, E. M. Hevroy, P. Olsvik, and M. Berntssen. 2008. Novel production of Atlantic salmon (*Salmo salar*) protein based on combined replacement of fish meal and fish oil with plant meal and vegetable oil blends. Aquaculture 285:193-200.

Turchini, G. M., B. E. Torstensen, and W.-K. Ng. 2009. Fish oil replacement in finfish nutrition. Rev. Aquacult. 1:10-57.

Turchini, G. M., W.-K. Ng, and D. R. Tocher, eds. 2010. Fish Oil Replacement and Alternative Lipid Sources in Aquaculture Feeds. Boca Raton, FL: Taylor & Francis, CRC Press.

Watanabe, T. 2002. Strategies for further development of aquatic feeds. Fish. Sci. 68:242-252.

Watanabe, T., V. Verakunpiriya, K. Watanabe, K. Viswanath, and S. Satoh. 1998. Feeding rainbow trout with non-fishmeal diets. Fisheries Sci. 63:258-266.

Webster, C., C. Lim, and S.-C. Lee. 2007. Use of Alternative Protein Sources in Aquaculture Diets. New York: The Haworth Press.

Whelan, J. 2008. The health implications of changing linoleic acid intakes. Prostag. Leukotr. Ess. 79:165-167.

Whelan, J. 2009. Dietary stearidonic acid is a long chain (n-3) polyunsaturated fatty acid with potential health benefits. J. Nutr. 139:1-6.

Wilson, R. P. 2002. Amino acids and proteins. Pp. 143-179 in Fish Nutrition, 3rd Edition, J. E. Halver and R. W. Hardy, eds. San Diego, CA: Academic Press.

Wu, G., M. Truksa, N. Datla, P. Vrinten, J. Bauer, T. Zank, P. Cirpus, E. Heinz, and X. Qiu. 2005. Stepwise engineering to produce high yields of very long-chain polyunsaturated fatty acids in plants. Nat. Biotechnol. 23:1013-1017.

Zhu, Q., Z. Xue, N. Yadav, P. Sharpe, H. Damude, D. Xie, D. Short, R Hong, A. Kinney, and B. Tyreus. 2009. Commercial production of eicosapentaenoic acid by fermentation of engineered yeast. Pp. 65 in Lipids, Fats and Oils: From Knowledge to Application, book of abstracts, 7th Euro Fed Lipid Congress, October 18-21, 2009, Graz, Austria. Frankfurt, Germany: European Federation for the Science and Technology of Lipids.

제 17 장

핵심 연구 필요성

국립연구위원회(NRC)는 1993년 간행물을 출간한 이후 어류와 새우 영양 분야의 진전 상황을 검토하고 어류와 새우 영양의 초점 분야에서 현재의 지식 상태를 검토할 수 있었다. 이러한 노력은 독특한 관점의 개발, 어류와 새우의 영양에 관한 기존의 지식과 유의적인 격차를 나타냈다. 특정 연구 분야가 각 장의 글에서 다수 확인되고 있듯이, 이러한 격차를 염두하여 이 장에서는 핵심 연구 필요성을 기술하고자 한다. NRC는 1993년 간행물인 어류 영양소 요구량(Nutrient Requirements of Fish)에서 **표 18-1**에 더 적게 포함되는 요구량 값을 추가할 수 있음을 발견하였다. 이전 책에서는 가장 잘 확립된 양식 어류와 새우 종의 영양소 요구량의 정교한 추정치를 얻는데 제한적이었고, 더욱이 현재 수산양식 개발 또는 생산의 일부 단계에서 수많은 양식 어류와 새우의 사료 영양소 요구량을 추정하기 위한 연구는 거의 포함되지 않았다.

1993년 간행물 발간 이후 어류와 새우 생리학에서 특정 영양소의 역할 이해를 높이기 위해 새로운 분석 기술이 많이 개발되었다. 영양소가 유전자 활동과 성장에 영향을 미칠 수 있는 방법과 이유와 관련한 새로운 분야 연구가 빠르게 진행되고 있고, 양식 종에서 원하는 특성의 유전자 조작 기술이 매년 향상되고 있다. 따라서 어류와 새우의 영양소 요구량을 조사하는 연구에서 생산적인 연구를 위한, 상대적으로 새로운 분야를 설명하고자 한다.

17.1 영양소 요구량과 전달, 상호작용

양식 어류와 새우의 영양소 요구량의 정의가 지체되는 여러 가능성이 존재한다. 사료 제조업체는 과거 양어사료에서 어분을 다량 사용함으로써 대부분 어종의 필수아미노산 요구량을 정확하게 측정하지 않고 사료를 생산할 수 있었으며, 이것이 가능했던 이유는 사료 내 충분한 영양의 어분이 포함될 경우 어분의 질 좋은 아미노산 함량이 대부분의 양식어종의 영양소 요구량을 충족시키는 것이 가능했기 때문이다. 양어사료의 비타민 첨가 수준이 대부분의 사료원 내 비타민 성분을 고려하지 않기 때문이다. 오히려 모든 비타민은 필요한 수준 또는 과잉으로 첨가된다. 어류는 서식하는 수중에서 많은 필수미네랄을 얻을 수 있다. 사료 내 요구량을 충족시키기 위해 공급되어야 하는 것들은 첨가제로 추가되거나 사료원에서 얻어지며 그중 어분이 주요 원료이다.

양어사료의 원료로 어유를 사용하면 필수지방산 결핍을 피할 수 있다. 어유와 사료의 저용량 수준으로 양어사료 조성을 전환하는 것은 식물성 단백질과 지질원의 높은 사용으로 전환과 더불어 어류 양식 효율을 보장하고 단백질을 개선하기 위한 사료의 영양소 요구량을 정확하게 산정하는 데 중요성이 증폭된다. 그리고 인 보존, 배설물 감소, 잉어, 틸라피아, 해산 어류, 보리새우의 필수아미노산 요구량의 정제된 추정치를 확립할 필요가 있다. 라이신과 메티오닌, 아르기닌, 류신 요구량이 연구되었지만, 많은 연구의 결과에서 트레오닌과 이소류신, 페닐알라닌, 발린, 히스티딘 같은 다른 필수아미노산의 평가 또한 가능하다. 필수아미노산 요구량을 확립하기 위해서는 더 엄격한 연구가 필요하다. 현재의 표현법(g/16 g N, g/kcal, 소화에너지[DE])을 대체하여 어류와 새우의 아미노산 요구량을 표현하기 위해 좀 더 나은 시스템을 개발해야 할 필요성이 있다. 또한 어류와 새우의 성장 단계와 성장 속도, 사료 효율의 영향과 관련해 절대, 상대 아미노산 요구량 관련 문제도 연구할 필요가 있다.

종 간의 질적 필수지방산 요구량(PUFA: LC-PUFA)의 주요 차이점이 환경서식지(해수, 기수 또는 담수)에 의존하는지 여부의 이해 또는 섭식 습관(육식성, 잡식성, 초식성)이 똑같이 적용되는지를 고려해야 한다. 정량적 필수지방산(EFA) 요구량에 사료 내 지질 함량과 에너지 수준의 영향을 설명할 필요가 있다. EFA의 정확한 양적 요구량은 특히 자어 발육과 친어에 이르는 전체 생활사에서 여러 종을 대상으로 연구되어야 한다.

신진대사와 에너지 분배에서 탄수화물 공급원의 역할을 좀 더 정확하게 이해할 필요가 있다. 사료 중 지질과 지방산 함량에서 탄수화물 함량의 관계 또한 양식 어류와 새우 종 연구가 이루어져야 한다. 아미노산과 단백질 요구량에서 탄수화물 보존의 역할은 추가 연구가 필요하며 최신 에너지 계산 기술을 통합해야 한다.

양식 어류와 새우의 미량 영양소 요구량 또한 연구가 필요하다. 정상적인 성장 이외에 건강과 생리 상태를 유지하기 위해서 수용성, 지용성 비타민의 효율적이고 효과적인 수준을 결정하는 연구가 수행되어야 한다. 미량 영양소 요구량이 결핍 징후 또는 성장 장애를 예방하는데 필요한 최소 수준을 기준으로 하는지 또는 다른 기준을 기반으로 해야 하는지는 생각해 봐야 할 문제이다. 셀레늄이 적절한 예이다. 성장과 스트레스 내성, 질병 저항성을 포함하는 다양한 반응에 기초한 다른 수산어종의 셀레늄 요구량은 재평가될 필요가 있다. 모든 미량 영양소의 모든 생활사에 필요한 요구량을 결정해야 한다. 육성된 종의 특정 영양소 요구량 또한 중요한 연구이다.

마지막으로 연구는 특정 영양소 이용 가능성에 영향을 주고 상호작용할 수 있는 다양한 형태와 영양소의 이성질체를 포함하여 여러 유형의 배합사료에 영양분을 포함하는데 중점을 두어야 한다.

17.2 어분과 어유 대체원

양식 생산량 증가와 관련하여 예상되는 사료 요구량을 감안할 때 전 세계의 어분과 어유 공급량은 수요를 충당하기에 확실히 부적절하며 사료 내 사용 수준은 감소되어야 한다. 해산 유래 원료의 사용을 줄이려면 제형 관리가 훨씬 더 필요하며 어류와 새우 종에 따라 필수영양소 요구량을 정확하게 추정해야 한다. 사료에서 어분을 줄이거나 없애기 위해서는 곡물, 지방 종자, 동물과 가금류 부산물, 해산물 가공 부산물, 단세포 단백질, 조류 또는 식물 단백질 농축물, 다른 잠재적인 원료에서 추출한 대체 단백질원을 사용해야 한다. 어분 함량을 줄이는 것은 특히 인과 중요한 미량 미네랄과 비타민, 타우린과 준 필수영양소 공급원의 감소를 수반하기 때문에 또 다른 문제를 제시하게 된다. 곡물과 기름 종자에 단백질 농축물을 추가할 경우 피틴산을 추가하여 양어사료에서 사용가능한 인의 수준을 낮출 수 있다. 어유 함량을 줄이면 사료의 필수지방산 함량과 지용성 비타민 수치가 변하게 된다.

17.3 사료 배합과 공정

사료원에서 필수아미노산의 생물학적 이용 가능성을 평가하는 좀 더 엄격한 방법론이 필요하다. 효율적인 단백질 사료를 만들기 위해서는 대체 단백질 원재료의 성분에서 아미노산 소화율의 정확한 값이 필요하다. 다양한 종의 유지와 이화작용을 위해 다른 아미노산 요구량을 더 잘 이해할 필요가 있다. 다양한 아미노산의 이용 효율 대비 에너지 생성 영양소(전분, 지질, 아미노산 유형)의 효과를 이해하는 것이 중요하다.

사료를 위한 대체 지질원을 광범위하게 발굴해야 한다. 새로운 해조류 제조 같은 기존의 해양 자원에서 유래하지 않은 필수지방산을 공급하기 위해 완전히 새로운 n−3 LC−PUFA 공급원을 개발하고 평가해야 한다. 형질 전환 미생물과 변형된 종자 식물 같은 유전적으로 변형된 제품의 유효성이 사료원료로 사용되도록 조사되어야 한다.

어류와 새우 사료를 개발하기 위해 새로운 원료와 제제, 가공 방법이 사용되면서 아미노산과 지방산, 수용성 탄수화물, 지질 간의 영양 상호작용을 조사해야 한다. 생물학적 이용 가능성과 무기물, 무기질 미네랄을 환경 시스템에 비교하는 포괄적인 연구는 재순환 양식시스템이나 또는 사육수를 적게 환수하거나 또는 환수하지 않는 새우 양식 같은 다른 시스템에서 여러 종의 양식이 확대됨에 따라 중요할 것이다.

자어 사료에 수용성 영양소를 전달하는 것은 특히 영양 사료를 빨리 소비하지 않는 종에서 영양소 섭취와 해당 요구량 측정에 영향을 미치는 주된 요인으로 남아 있다. 많은 종의 영양소 보유량과 폐기물 생산량의 정량화가 부족하다. 제한된 자료는 환경적 상호작용뿐 아니라 영양소 활용과 경제적 수익을 포함하도록 양식 시스템을 모델링하려는 노력을 제한한다. 사료 품질과 양식장 평가 기준의 표준이 부족하다. 양식, 다종 양식(polyculture) 상황에서 영양소의 최적 이용에 관한 중요한 정보 또한 부족하다. 마지막으로 어류와 관련된 질병의 가능성을 제거함으로써 종자의 공급을 안정시키고 생물학적 안전을 개선하기 위해 어류와 새우 유생, 모하를 위한 자연 먹이의 필요성을 제거하기 위한 연구가 필요하다.

17.4 영양유전학적 효과와 대사

현대의 분자 기술을 적용하는 것은 기본적인 대사 반응이 일어나는 세포와 세포 기관 수준에서 영양소의 영향을 결정하는 데 필수적이다. 영양유전학은 유전자 기능과 영양 사이의 상호작용 연구를 위해 표본과 단백체학의 사용을 정의하는 용어로, 사료 제형의 변화와 관련된 생화학적, 분자생리적 반응 메커니즘을 결정하는 데 필요하다. 향상된 분자 연구는 다른 단백질 또는 탄수화물 사료원의 효과를 측정할 때 동물생리학에서 정확한 생화학과 대사 효과를 묘사하기 위해 특히 중요하다. 에너지 사용과 세포 내막의 지단백질의 결합에 따른 다른 지방산의 영향을 조사할 때 분자 분석은 의심할 여지도 없이 이러한 복잡한 대사 과정의 분석을 위한 최상의 도구이다. 어종 처리량이 많은 염기서열과 전체 유전자 지도의 개발과 함께 생리학적 과정과 관련하여 유전자 특이적 조절의 확인에는 추가적인 관련성이 있다. 이는 유전자 기능과 영양소(유전자) 상호작용 이해를 증대시킬 뿐만 아니라 후보 유전자 선택과 선택적 육종 향상에 사용할 가능성이 있기 때문이다. 해결되어야 할 기타 특정 연구 분야는 에너지원으로서의 당질 조절, 포도당 수송과 가공, 다양한 사료원의 면역학적 영향, 다양한 성분의 대사 과정의 상호작용 확인 등이 있다. 어류 양식 기술의 특정 개발을 위한 특정 영양소 요구량과 제제 기술의 최신 지식을 향상시키기 위해서는 많은 추가 연구가 필요하다.

17.5 결론

위에 언급된 중요한 요구량 연구는 양식 분야의 지속적인 성장을 지원하기 위해 기술해야 할 주요 분야이다. 어류와 새우의 경제적 생산을 보장하고 생산자가 대체 성분의 사용 증가와 관련된 사료의 변화에 대처할 수 있도록 하기 위해서는 지속적인 연구가 필요하다. 항생제와 프로바이오틱스, 기타 면역강화제 사용에 관한 연구는 질병으로 미치는 엄청난 경제적, 환경적 문제와 식품 안전 문제가 전 세계적으로 발생하기 때문에 중요하다. 소비자는 안전하고 영양가 있는 양식 어류와 새우 제품을 기대하고 있다. 사료원은 소비자에게 해산물의 영양가에 중대한 영향을 미치며 위에서 설명한 중요한 연구 필요성을 인식한다. 사회는 또한 양식 어류와 새우의 건강과 복지를 지속적으로 개선하고 수생 환경에서 양식 생물의 품질 저하의 영향을 줄이는데 중요한 역할을 한다. 선진 연구 노력은 두 분야의 진전을 보장하는 열쇠이다.

이러한 중대한 필요성이 개별적으로 언급됨에 따라 결과적으로 양식 생산의 경제적 측면을 개선하고 동시에 어류의 건강을 향상시키는 데 큰 영향을 미친다. 제품의 영양 품질과 안전성이 동시에 개선될 것이다. 마지막으로 환경 관리는 수중 환경에 미치는 영향을 최소화하면서 해양 자원을 더욱 효율적이고 효과적으로 사용함으로써 반영될 것이다.

제 18 장

영양소 요구량표

영양소 요구량 표의 값은 실험 조건에서 어류와 새우의 최대 성장에 필요한 최소 요구량을 나타낸다(**표 18.1~표 18.3**). 예외가 거의 없으며, 어류와 새우 유생, 치하를 대상으로 최적 상태로 판단되는 조건에서 자료를 수집하였다. 그러나 필수영양소(예: 필수지방산, 비타민) 요구량은 발달 단계와 생리 단계에 따라 다를 수 있다(**표 18.4**). 문헌에 여러 값이 나타나는 경우 표에 제시된 값은 요구량의 가장 합리적인 추정치를 나타낸다. 새우에 필요한 요구량 중 일부는 어류에 비해 훨씬 높다. 그 차이는 아마도 새우의 먹이 습성에 따라 섭취하기 전에 사료에서 특정 영양소를 상당 부분 잃을 수 있기 때문일 것이다. 이들 값은 과학적 문헌에서 보고된 유일한 값이기 때문에 실제 신진대사 요구량을 충족시킬 필요가 없다 하더라도 제시된다.

명시된 요구량에는 잉여분이 포함되어 있지 않다. 그러나 실제로는 가공과 저장 손실, 사료원의 영양소 구성과 생물학적 이용 가능성의 변화, 상호작용 효과와 환경 영향에 따른 요구량의 변화를 보완하기 위해 영양분 수준이 증가되는 안전 오차범위가 일반적으로 추가된다. 사료가 서로 다른 소화 영양염 밀도(예: 표에 열거된 값보다 가소화 또는 단백질의 농도를 높거나 낮게 포함하도록 조성됨)를 포함하는 경우 다른 영양소 농도를 적절하게 수정해야 한다. 필수영양소 요구량을 정의하고 충족시키는 것과 관련된 문제는 이전 장에서 논의되었다.

아미노산과 지방산, 비타민, 미네랄 요구량은 유기체에 고도로 소화 가능한 정제되고 화학적으로 정의된 성분을 함유하는 사료로 결정된다. 따라서 표의 값은 표적 종을 대상으로 거의 100% 생체 이용률을 나타낸다. 결과적으로 영양소의 생체 이용률은 보통 정제된 사료에서 영양소의 생체 이용률보다 실질적으로 적기 때문에 실제 사료를 공식화할 때 영양소 생체 이용률을 고려해야 한다.

많은 양식 어류의 경우 아미노산 요구량 관련 데이터가 없다. 실제로 이러한 종의 사료는 필수아미노산 요구량이 육식성 어종 간에 유사하다는 전제하에 연어나 송어의 필수아미노산 요구량을 충족시키도록 한다. 비슷한 접근법이 일반적으로 새우를 위한 사료의 공식화에 사용된다. 어류와 새우의 필수아미노산 요구량에 관한 자세한 내용은 제5장을 참조하면 된다. 다른 필수영양소의 경우 사료는 과도하게 강화되거나(비타민) 또는 유사한 종의 요구량을 충족시키도록 한다.

표 18-1 담수 어종의 영양소 요구량(건중량 기준)[a,b]

Item	Atlantic Salmon *Salmo salar*	Common Carp *Cyprinus carpio*	Rohu *Labeo rohita*	Tilapia *Oreochromis* spp.	Channel Catfish *Ictalurus punctatus*	Hybrid Striped Bass *Morone saxatilis* × *Morone chrysops*	Rainbow Trout *Oncorhynchus mykiss*	Pacific Salmon *Oncorhynchus* spp.
Typical Energy and Protein Concentrations[c]								
Digestible energy (kcal/kg diet)	4,400	3,200	3,200	3,400	3,000	4,000	4,200	4,200
Digestible protein (%)	36	32	32	29	29	36	38	40
Nutrient Requirements								
Amino acids (%)								
Arginine	1.8	1.7	1.7	1.2	1.2	1.0	1.5	2.2
Histidine	0.8[d]	0.5	0.9	1.0	0.6	NT	0.8	0.7
Isoleucine	1.1	1.0	1.0	1.0	0.8	NT	1.1	1.0
Leucine	1.5	1.4	1.5	1.9	1.3	NT	1.5	1.6
Lysine	2.4	2.2	2.3	1.6	1.6	1.6	2.4	2.2
Methionine	0.7	0.7	0.7	0.7	0.6	0.7	0.7	0.7
Methionine + cystine	1.1	1.0	1.0	1.0	0.9	1.1	1.1	1.1
Phenylalanine	0.9	1.3	0.9	1.1	0.7	0.9	0.9	0.9
Phenylalanine + tyrosine	1.8	2.0	1.6	1.6	1.6	NT	1.8	1.8
Threonine	1.1	1.5	1.7	1.1	0.7	0.9	1.1	1.1
Tryptophan	0.3	0.3	0.4	0.3	0.2	0.3	0.3	0.3
Valine	1.2	1.4	1.5	1.5	0.8	NT	1.2	1.2
Taurine	NR	NR	NT	NT	NR	NR	NR[e]	NT
Fatty acids								
(%)18:3n-3	1.0	0.5-1.0	NT	NT	1.0-2.0	NR	0.7-1.0	1.0
n-3 LC-PUFA[f]	0.5-1.0	R	NT	R	0.5-0.75	0.5-1.0	0.4-0.5	1.0
18:2n-6	NT	1.0	NT	0.5-1.0	NT	NT	1.0	1.0
Cholesterol (%)	NT	NT	NT	NT	NT	NT	NT	NT
Phospholipids (%)	NT (4.0-6.0)[g]	NT (2.0)[g]	NT	NT	NT	NT	NT (4.0-14.0)[g]	NT
Macrominerals (%)								
Calcium	NR	0.34	NT	R/0.7[h]	R/0.45[h]	NR	NR	NR
Chlorine	NT	NT	NT	0.15	0.17	NT	NT	NT
Magnesium	0.04	0.05	NT	0.06	0.04	NT	0.05	NT
Phosphorus	0.80	0.70	NT	0.40	0.33	0.50	0.70	0.60
Potassium	NT	NT	NT	0.20-0.30	0.26	NT	NT	0.80
Sodium	NR	NT	NT	0.15	0.06	NT	NR	NT

(계속)

표 18-1 계속

Item	Atlantic Salmon *Salmo salar*	Common Carp *Cyprinus carpio*	Rohu *Labeo rohita*	Tilapia *Oreochromis* spp.	Channel Catfish *Ictalurus punctatus*	Hybrid Striped Bass *Morone saxatilis* × *Morone chrysops*	Rainbow Trout *Oncorhynchus mykiss*	Pacific Salmon *Oncorhynchus* spp.
Microminerals (mg/kg)								
Copper	5	3	NT	5	5	NT	3	NT
Iodine	R	NT	NT	NT	1.1	NT	1.1	1
Iron	30-60	150	NT	85	30	NT	NT	NT
Manganese	10	12	NT	7	2.4	NT	12	NT
Selenium	NT	NT	NT	NT	0.25	0.25	0.15	R
Zinc	37	15	NT	20	20	37	15	NT
Fat-soluble vitamins[i]								
A (mg/kg)	NT	1.2	NT	1.8	0.6	0.5	0.75	R
D (μg/kg)	NT	NT	NT	9	12.5	NT	40	NR
E (mg/kg)	60	100	132	60	50	28	50	50
K (mg/kg)	< 10	NT	NT	NT	R	NT	R	R
Water-soluble vitamins (mg/kg)								
Thiamin	NT	0.5	NT	NT	1	NT	1	10
Riboflavin	NT	7	NT	6	9	5	4	7
Vitamin B6	5	6	NT	15	3	NT	3	6
Pantothenic Acid	NT	30	NT	10	15	25	20	20
Niacin	NT	28	NT	26	14	NT	10	150
Biotin	NT	1	NT	0.06	R	NT	0.15	1
Vitamin B12	NT	NR	NT	NR	R	NT	R	0.02
Folacin	NT	NR	NT	1	1.5	NT	1	2
Choline[j]	NT	1,500	NT	1,000	400	500	800	800
Myoinositol[j]	NT	440	NT	400	NR	NR	300	300
Vitamin C[k]	20	45	NT	20	15	22	20	NT

[a]이러한 요구량은 영양소가 소화가 잘되는 고도로 정제된 성분으로 결정되었음. 제시된 값은 100% 생체 이용률을 나타냄.

[b]R, 사료에는 필요하지만 함량이 결정되지 않음. NR, 실제 조건에서 필요하지 않음(예: 해양 및 육상 동물 단백질과 어유 및 중간 경도 이상의 물에서 추출한 성분을 포함하는 사료) 및 NT, 테스트되지 않음.

[c]상업적 사료에서 일반적인 소화 에너지 및 소화 가능한 조단백 농도(소화성 N×6.25).

[d]해수로 옮겨진 후 급속하게 성장하는 대서양연어 미성어는 안구 병리(양측 백내장)를 예방하기 위해 최대 1.4%의 사료 내 히스티딘이 필요한 것으로 사료됨.

[e]타우린은 정상적인 아미노산이 아니지만(시스테인의 유도체인 아미노술폰산) 여기에 포함됨. 한 연구에서 타우린은 모든 식물성 단백질을 공급한 무지개송어에 필요하다고 보고되고 있음.

[f]20:5n−3 및 / 또는 22:6n−3.

[g]괄호 안의 값은 유생 초기 단계에 대해 보고된 요구량을 나타냄.

[h]수인성 칼슘이 없는 경우의 섭취 요구량.

[i]지용성 비타민의 전환 인자는 다음과 같음. 10,000 IU ≈ 3,000 μg 비타민 A (레티놀), 1 IU = 0.025 μg 비타민 D (콜레칼시페롤).

[j]인지질이 없는 사료. 콜린, 이노시톨 및 인지질에 대한 자세한 내용은 제9장의 비타민 참조.

[k]L−아스코르빌−2−모노포스페이트 또는 L−아스코르빌−2−폴리포스페이트. 다양한 비타민 C 안정 형태에 대한 자세한 내용은 제9장, 비타민 참조.

표 18-2 해산 어종의 영양소 요구량(건중량 기준)[a,b]

Item	Asian Sea Bass (Barramundi) *Lates calcarifer*	Cobia *Rachycentron canadum*	European Sea Bass *Dicentrarchus labrax*	Japanese Flounder *Paralichthys olivaceus*	Grouper *Epinephelus* spp.	Red Drum *Sciaenops ocellatus*	Yellowtail *Seriola* spp.
Typical Energy and Protein Concentrations[c]							
Digestible energy (kcal/kg diet)	4,200	4,200	4,000	4,000	4,000	4,000	4,200
Digestible protein (%)	38	38	40	40	42	36	38
Nutrient Requirements							
Amino acids (%)							
Arginine	1.8	NT	1.8	2.0	NT	1.8	1.6
Histidine	NT	NT	NT	NT	NT	NT	NT
Isoleucine	NT	NT	NT	NT	NT	NT	NT
Leucine	NT	NT	NT	NT	NT	NT	NT
Lysine	2.1	2.3	2.2	2.6	2.8	1.7	1.9
Methionine	0.8	0.8	NT	0.9	NT	0.8	0.8
Methionine + cystine	1.2	1.1	1.1	NT	NT	1.2	1.2
Phenylalanine	NT	NT	NT	NT	NT	NT	NT
Phenylalanine + tyrosine	NT	NT	NT	NT	NT	NT	NT
Threonine	NT	NT	1.2	NT	NT	0.8	NT
Tryptophan	NT	NT	0.3	NT	NT	NT	NT
Valine	NT	NT	NT	NT	NT	NT	NT
Taurine[d]	R	R	0.2	R	R	R	R
Fatty acids (%)							
18:3n-3	NT	NT	NR	NT	NT	NR	NT
n-3 LC-PUFA[e]	NT	NT	1.0	1.4	1.0	0.5-1.0	2.0-3.9
18:2n-6	NT	NT	NT	NT	NT	NT	NT
Cholesterol (%)	NT	NT	NT	NT	NT	NT	NT
Phospholipids (%)	NT	NT	2-3 (12)[f]	7 (7)[f]	NT	NT	NT
Macrominerals (%)							
Calcium	NT	NT	NT	NT	NT	NT	NT
Chlorine	NT	NT	NT	NT	NT	R	NT
Magnesium	NT	NT	NT	NT	NT	NT	NT
Phosphorus	NT	NT	0.65	0.60	NT	0.80	NT
Potassium	NT	NT	NT	NT	NT	NT	NT
Sodium	NT	NT	NT	NT	NT	R	NT
Microminerals (mg/kg)							
Copper	NT	NT	NT	NT	5	NT	NT
Iodine	NT	NT	NT	NT	NT	NT	NT
Iron	NT	NT	NT	NT	NT	NT	NT
Manganese	NT	NT	NT	NT	NT	NT	NT
Selenium	NT	NT	NT	NT	0.7	NT	NT
Zinc	NT	NT	NT	NT	NT	20	NT

(계속)

표 18-2 계속

Item	Asian Sea Bass (Barramundi) *Lates calcarifer*	Cobia *Rachycentron canadum*	European Sea Bass *Dicentrarchus labrax*	Japanese Flounder *Paralichthys olivaceus*	Grouper *Epinephelus* spp.	Red Drum *Sciaenops ocellatus*	Yellowtail *Seriola* spp.
Fat-soluble vitamins[g]							
A (mg/kg)	NT	NT	31	2.7	0.9	NT	5.6
D (μg/kg)	NT	NT	NT	NT	NT	NT	NR
E (mg/kg)	NT	NT	NT	NT	115	31	119
K (mg/kg)	NT	NT	NT	NT	NT	NT	NR
Water-soluble vitamins (mg/kg)							
Thiamin	NT	NT	NT	NT	NT	NT	11
Riboflavin	NT	NT	NT	NT	NT	NT	11
Vitamin B_6	NT	NT	NT	NT	NT	NT	12
Pantothenic Acid	NT	NT	NT	NT	NT	NT	36
Niacin	NT	NT	NT	NT	NT	NT	12
Biotin	NT	NT	NT	NT	NT	NT	0.67
Vitamin B_{12}	NT	NT	NT	NT	NR	NT	0.05
Folacin	NT	NT	NT	NT	NT	NT	1.2
Choline[h]	NT	700	NT	NT	NT	600	1,000
Myoinositol[h]	NT	NT	NT	NT	350	NT	420
Vitamin C[i]	30	45-54	20	NT	18	15	43-52

[a]이러한 요구량은 영양소가 소화가 잘되는 고도로 정제된 성분으로 결정되었음. 제시된 값은 100% 생체 이용률을 나타냄.

[b]R, 사료에는 필요 하지만 함량이 결정되지 않음. NR, 실제 조건에서 필요하지 않음(예: 해양 및 육상 동물 단백질과 어유 및 중간 경도 이상의 물에서 추출한 성분을 포함하는 사료) 및 NT, 테스트되지 않음.

[c]상업적 사료에서 일반적인 소화 에너지 및 소화 가능한 조단백 농도(소화성 N×6.25).

[d]타우린은 일반적인 아미노산은 아니지만(시스테인의 유도체인 아미노술폰산) 여기에 포함됨. 타우린은 약 0.5%, 특히 어류를 대상으로 낮은 수준의 어분 또는 기타 동물성 단백질이 포함된 사료를 공급할 때 필요할 수 있음.

[e]20:5n−3 및 / 또는 22:6n−3.

[f]괄호 안의 값은 자어/치어 단계에서 보고된 요구량을 나타냄.

[g]지용성 비타민의 전환 인자는 다음과 같음. 10,000 IU ≈ 3,000 μg 비타민 A (레티놀), 1 IU = 0.025 μg 비타민 D (콜레칼시페롤).

[h]인지질이 없는 사료. 콜린, 이노시톨 및 인지질에 대한 자세한 내용은 제9장의 비타민 참조.

[i]L− 아스코르빌−2−모노포스페이트 또는 L−아스코르빌−2−폴리포스페이트. 다양한 비타민 C 안정 형태에 대한 자세한 내용은 제9장, 비타민 참조.

표 18–3 새우의 영양소 요구량(건중량 기준)[a,b]

Item	Kuruma Prawn *Marsupenaeus japonicus*	Fleshy Prawn *Fenneropenaeus chinensis*	Pacific White Shrimp *Litopenaeus vannamei*	Tiger Shrimp *Penaeus monodon*
Typical Energy and Protein Concentrations[c]				
Digestible energy (kcal/kg diet)	4,400	3,200	3,000	3,000
Digestible protein (%)	38	32	30	34
Nutrient Requirements				
Amino acids (%)				
Arginine	1.6	NT	NT	1.9
Histidine	0.6	NT	NT	0.8
Isoleucine	1.3	NT	NT	1.0
Leucine	1.9	NT	NT	1.7
Lysine	1.9	NT	1.6	2.1
Methionine	0.7	NT	NT	0.7
Methionine + cystine	1.0	NT	NT	1.0
Phenylalanine	1.5	NT	NT	1.4
Phenylalanine + tyrosine	1.3	NT	NT	NT
Threonine	0.4	NT	NT	1.4
Tryptophan	1.4	NT	NT	0.2
Valine		NT	NT	NT
Fatty acids (%)				
18:3n-3	NT	0.7-1.0	NR	1.2
n-3 LC-PUFA[d]	1.1	1.0	0.25-0.50	0.9
18:2n-6	NT	NT	NR	1.2
Cholesterol (%)[e]	0.2	NT	0.13	NT
Phospholipids (%)[f]	1.0-1.5	NT	R	1.0-1.5
Macrominerals (%)				
Calcium	NR	NT	R	NR
Chlorine	NT	NT	NT	NT
Magnesium	0.3	NT	0.26-0.35	NT
Phosphorus	1.0	NT	0.3-0.7	0.7
Potassium	1.0	NT	R	1.2
Sodium	NT	NT	NT	NT
Microminerals (mg/kg)				
Copper	R	25	16-32	10-30
Iodine	NT	NT	NT	NT
Iron	R	R	R	R
Manganese	R	NT	R	NT
Selenium	NT	NT	0.2-0.4	NT
Zinc	NT	15	15	NT
Fat-soluble vitamins[g]				
A (mg/kg)	NT	36-54	1.4	2.5
D (μg/kg)	NT	NT	NT	100
E (mg/kg)	NT	NT	100	90
K (mg/kg)	NT	185	NT	35

(계속)

표 18-3 계속

Item	Kuruma Prawn *Marsupenaeus japonicus*	Fleshy Prawn *Fenneropenaeus chinensis*	Pacific White Shrimp *Litopenaeus vannamei*	Tiger Shrimp *Penaeus monodon*
Water-soluble vitamins (mg/kg)[h]				
Thiamin	60-120	NT	NT	14
Riboflavin	80	NT	NT	23
Vitamin B_6 Pantothenic	120	NT	80-100	72-89
Acid	NT	100	NT	100
Niacin	400	NT	NT	7.2
Biotin	NT	0.4	NT	2
Vitamin B_{12}	NT	0.01	NT	0.20
Folacin	NT	5	NT	2
Choline[i]	600	NT	NT	6,200
Myoinositol[i]	2,000	4,000	NT	3,000
Vitamin C[j]	50-100	600	50-100	50-100

[a]이러한 요구량은 영양소가 소화가 잘되는 고도로 정제된 성분으로 결정되었음. 따라서 제시된 값은 100% 생체 이용률을 나타냄. 새우의 비타민 값은 그 자체로 진정한 요구량은 아니지만 결핍 징후를 예방하고 성장과 건강을 증진하기 위해 실험에서 요구되는 사료 내 수준임. 따라서 섭취 중 침출 및 손실을 설명할 수 있는 허용치임.

[b]R, 사료에 필요하지만 함량이 결정되지 않았음. NR, 실제 조건에서 필요하지 않음(예: 해양 및 육상 동물 단백질과 어유 및 중간 경도 이상의 물에서 추출한 성분을 포함하는 사료) 및 NT, 테스트 되지 않음.

[c]상업용 사료의 일반적인 소화 가능 에너지 및 소화 가능한 조단백질 농도(소화 가능 N × 6.25).

[d]20:5n-3 및 / 또는 22:6n-3.

[e]사료 내 인지질이 있는 경우.

[f]포스파티딜콜린으로 표현됨.

[g]지용성 비타민의 변환 계수는 다음과 같음. 10,000 IU ≈ 3,000 μg 비타민 A (레티놀), 1 IU = 0.025 μg 비타민 D (콜레칼시페롤).

[h]새우의 섭취 습관과 관련된 펠렛의 영양소가 상당 부분 손실되기 때문에 값은 실제 대사 요구량이 아닐 가능성이 높음.

[i]인지질이 없는 사료. 콜린, 이노시톨 및 인지질에 대한 자세한 내용은 제9장, 비타민을 참조.

[j]L-아스코르빌-2-모노포스페이트 또는 L-아스코르빌-2-폴리 포스페이트 또는 기타 안정화 된 형태. 다양한 비타민 C 안정 형태에 대한 자세한 내용은 제9장, 비타민을 참조.

표 18-4 필수영양소 결핍과 관련된 결핍 징후 및 병리적 특징의 부분 요약(자세한 설명은 제5~9장 참조)[a]

Nutrient	Time to Onset[b]	Signs of Deficiency[c]	Comments
Amino acids			
Histidine	Several weeks	Lens cataracts	Observed in Atlantic salmon smolts at seawater transfer and warm ocean temperatures
Methionine		Lens cataracts	
Tryptophan	12 weeks	Spinal deformities (scoliosis), cataract	Reported in juvenile Pacific salmon
Essential Fatty Acids		Myocarditis, pale/swollen (fatty) liver, intestinal steatosis, fin erosion, bleeding from gills, lordosis, reduced reproductive potential, and shock syndrome, anemia	
Cholesterol (%)			No requirement in finfish
Phospholipids (%)		Skeletal malformations	
Macrominerals (%)			
Magnesium		Low Mg levels in tissues (bone), spinal deformity, renal calcinosis	
Phosphorus	7-10 weeks	Cessation of feeding, low P levels in skin and bones, operculum and jaw deformities	In rapidly growing rainbow trout
Microminerals			
Copper		Poor growth, low tissue Cu levels	Cataracts reported in common carp
Iodine		Thyroid hyperplasia (goiter)	
Iron		Hypochromic normocytic anemia	
Manganese		Short-body dwarfism	
Selenium		High fry mortality, reduced glutathione peroxidase activity	Symptoms exacerbated with tocopherol deficiency
Zinc		Bilateral lens cataracts, low tissue Zn levels	
Fat-soluble vitamins			
A	> 15 weeks	Exopthalmia, edema, ascites, hemorrhages at base of fins	
D	12 weeks	Lethargy, tetany	
E	12-20 weeks	Anemia, acites, fragile erythrocytes, dermal depigmentation, steatitis	
K	10-14 weeks	Prolonged blood clotting time, hemorrhages in muscle and viscera	

(계속)

표 18-4 계속

Nutrient	Time to Onset[b]	Signs of Deficiency[c]	Comments
Water-soluble vitamins			
Thiamin	8-12 weeks	Hyperexcitability to sudden stimulus with paralysis or aberrant swimming	
Riboflavin	8-12 weeks	Cataracts (bilateral), photophobia	
Vitamin B_6	3-4 weeks	Convulsions, rapid and gasping breathing, paralysis (tail down, head up position)	
Pantothenic acid	8-12 weeks	Fusion (hyperplasia) of gill lamella	
Niacin	14-16 weeks	Muscle spasms, gastric edema	
Biotin	8-12 weeks	Skin lesions	
Vitamin B_{12}	12-16 weeks	Fragmented erythrocytes, increased level of immature erythrocytes	
Folacin	10-12 weeks	Anemia, absence of immature erythrocytes	
Choline	3-4 weeks	No specific clinical signs	
Myoinsitol	8-12 weeks	Distended abdomen, hemorrhages at base of fins	
Vitamin C	12-20 weeks	Spinal deformities (lordosis, scoliosis)	

[a]특정 결핍 징후만 나열. 대부분의 영양 결핍의 경우, 성장 감소를 초래하는 식욕 부진이 나타나는 첫 번째 임상 징후임.
[b]완전히 결핍된 사료를 먹인 치어의 발병 시간. 미성어의 경우에는 더 많은 조직 보유량으로 인해 비타민, 필수지방산 및 일부 미네랄의 결핍 징후 발병 시간이 더 길어짐. 사육실험 시작 시간 특히 사료가 변경될 때 특정 결함을 배제하는 유용한 도구가 될 수 있음.
[c]결핍의 1차 임상 징후에만. 많은 조직에서 신진대사의 변화는 관련 병리와 함께 존재할 가능성이 있음. Deficiency signs from Roberts, R. J., ed. 2001. Fish Pathology, 3rd Edition. New York: Harcourt Publishers, Ltd; Halver, J. E., and R. W. Hardy, eds. 2002. Fish Nutrition, 3rd Edition. Amsterdam, the Netherlands: Academic Press.

제 19 장

사료 조성표

사료 성분 조성표(**표 19-1~표 19-6**)는 어류와 새우 사료를 영양학적으로 정의하고 연구, 상업적 용도로서 경제적으로 제조할 수 있는 정보를 제공한다. 표의 자료는 다양한 출처의 위원회에서 수집했다. 주요 출판물은 이 간행물의 이전 판과 동물의 영양소 요구량에 관한 기타 NRC 간행물, 미국과 캐나다 사료 영양지도(NRC, 1972), 양식용 원료 안내서(Hertrampf and Piedad-Pascual, 2000), USDA 식품 조성 데이터베이스(USDA, 2005)를 참조했다. 신규 또는 부수적인 원료의 경우 이러한 원료를 설명하는 논문에서 가져왔다. 일부 자료의 경우 신뢰할 수 있는 것으로 간주되는 다른 출간 자료에서 얻었으며, 경우에 따라 게시되지 않은 자료가 통합되었다. 위원회는 하나 이상의 사료원이 있을 때 가장 최신의 값을 사용했다. 표의 값은 평균값이다. 사료 성분은 가공 방법과 기타 요인에 따라 종종 조성이 다양하다. 국제원료번호 자료가 포함되었으나 국제사료정보센터가 더는 활성화되어 있지 않기 때문에 많은 원료에 사료원 번호를 사용하지 않았다. 표의 값은 '공급량(as-fed)'으로 표시된다.

참고문헌

AAFCO (Association of American Feed Control Officials). 2009. Official Publication. Oxford, IN: AAFCO.

Hertrampf, J. W., and F. Piedad-Pascual. 2003. Handbook on Ingredients for Aquaculture Feeds. Dordrecht, The Netherlands: Kluwer Academic Publishers.

NRC (National Research Council). 1972. Atlas of Nutritional Data on United States and Canadian Feeds. Washington, DC: National Academy of Sciences.

USDA (United States Department of Agriculture). 2005. USDA National Nutrient Database for Standard Reference, Release 18. Nutrient Data Laboratory Home Page, *http://www.nal.usda.gov/fnic/foodcomp*. Accessed October 15, 2010.

표 19–1 양어사료에 일반적으로 사용되는 천연 및 화학적으로 정의된 성분에 대한 전형적인 건조 물질 및 근접 조성 값(급이 기준)[a]

사료원	국제 피드번호[b]	건물(%)	일반성분(%)			
			조단백질	조지방	조섬유	회분
Alfalfa meal, dried, 17% CP	1-00-023	92	17.1	2.8	24.1	9.8
Algae meal, *Spirulina*	5-19-931	93	57.5	7.7	3.6	6.2
Barley, whole grain ground	4-00-526	92	11.5	1.9	5.0	2.5
Blood meal, flash-dried porcine		92	87.6	1.6	—	—
Blood meal, spray dried	5-00-381	93	88.6	1.4	1.0	5.8
Bone meal, fish processing byproduct		92	39.5	3.5	—	45.0
Brewers' dried grains	5-02-141	92	23.1	6.4	13.7	3.7
Camelina meal		90	33.9	12	12.4	5.8
Canola (rapeseed) low erucic acid		89	32.9	3.2	—	—
Canola (rapeseed) meal, solvent extracted	5-03-871	93	38.0	3.8	11.1	6.8
Canola (rapeseed) protein concentrate meal		90	69.2	0.1	2.8	—
Casein, dried	5-01-162	91	84.0	0.2	0.2	3.5
Coconut meal, mechanically extracted	5-01-572	93	22.0	6.0	12.0	7.0
Corn, dent yellow, grain	4-02-935	88	8.5	3.6	2.3	1.3
Corn distillers grains with solubles, dried	5-02-843	91	27.0	9.3	9.1	6.4
Corn distillers solubles, dried	5-02-844	90	27.6	8.5	4.6	7.5
Corn grain meal		88	10.2	4.8	2.8	1.6
Corn gluten meal, dried, 60% CP min	5-09-538	91	63.7	2.2	1.5	1.6
Corn gluten feed, dried	5-02-903	90	21.5	3	9.4	7.0
Corn starch, gelatinized	4-02-889	90	0.4	0.4	0.1	0.1
Cottonseed meal, solvent extracted, 41% CP	5-07-872	92	41.7	1.8	11.3	6.4
Crab meal, process residue, dried	5-01-663	92	32.0	2.5	10.6	41.0
Fish solubles, condensed, 30% CP	5-01-969	50	31.5	6.1	0.5	9.6
Fish solubles, dried, 60% CP	5-01-971	93	64.1	8.2	1.3	2.5
Fish meal, anchovy, mechanically extracted	5-01-985	92	65.4	7.6	1.0	14.3
Fish meal, herring, mechanically extracted	5-02-000	92	72.0	8.4	0.6	10.4
Fish meal, menhaden, mechanically extracted	5-02-009	92	64.5	9.6	0.7	19.0
Fish meal, salmon, mechanically extracted	5-02-012	90	70.3	10.1	—	10.2
Fish meal, tuna, mechanically extracted	5-02-023	93	59.0	9.24	0.8	21.5
Fish meal, white, mechanically extracted	5-02-025	92	62.0	7.8	0.8	21.3
Gelatin	5-14-503	88	85.9	0.10	0.00	1.30
Kelp meal, dried		91	8.9	1.60	3.90	17.30
Krill meal, with shell	5-16-423	92	58.8	9.2	6.4	13.6
Linseed meal (flax meal), solvent extracted	5-02-048	90	35.0	1.6	8.9	5.7
Lupin meal (sweet white)	5-27-717	92	30.4	6.7	1.1	3.7
Meat and bone meal	5-00-388	94	50.9	9.7	2.4	29.2
Meat and bone meal, porcine		97	59.0	11.0	—	20.0
Meat meal	5-00-385	93	55.6	5.6	2.3	27.0
Molasses, cane, dried	4-04-695	94	9.6	0.8	6.2	12.5
Oats	4-03-309	90	11.2	5.4	10.6	2.6
Oat groats	4-03-331	90	15.5	6.1	2.5	2.0
Peanut meal (groundnut meal), solvent extracted	5-03-650	92	49.0	1.3	9.9	5.9
Peas (shelled and extruded)	5-03-600	90	25.3	1.4	6.9	3.3
Pea protein concentrate		90	55.0	2.0	—	6.0
Potato protein concentrate		93	81.1	2.7	—	0.5
Poultry byproduct meal, feed grade	5-03-798	89	55.9	13.6	2.1	14.5
Poultry byproduct meal, feed grade low ash		89	62.1	19.8	—	7.5
Poultry byproduct meal, pet food grade		91	57.7	—	—	—

표 19–1 계속

사료원	국제 피드 번호[b]	건물(%)	일반성분(%)			
			조단백질	조지방	조섬유	회분
Poultry feather meal, hydrolyzed, dried	5-03-795	93	83.3	5.4	1.2	2.9
Rice bran, with germ, solvent extracted	4-03-930	91	15.7	1.7	13.7	16.7
Rice bran	4-03-928	91	13.0	7.4	17.9	24.7
Rice polishings	4-03-943	90	13.6	14.5	4.2	8.3
Rice, broken with polishings (brewers' rice)	4-03-932	91	7.4	0.6	0.4	0.7
Rice protein concentrate		92	68.9	10.2	2.7	3.9
Safflower meal, mechanically extracted	5-04-109	91	20.0	6.7	35.4	4.1
Safflower meal, solvent extracted	5-08-501	90	22.0	1.4	—	—
Sesame meal, mechanically extracted	5-04-220	94	42.0	7.0	6.5	12.0
Shrimp meal, dried	5-04-226	88	39.5	3.2	12.8	27.2
Sorghum, milo, grain	4-04-444	89	9.9	2.8	2.3	1.8
Soybean seeds, extruded, full fat	5-04-597	90	35.2	18.0	5.0	4.5
Soybean meal, solvent extracted, 44% CP	5-04-604	89	44.0	1.5	7.3	6.3
Soybean meal, toasted, solvent extracted without	5-04-612	90	48.5	0.9	3.4	5.8
hulls, 48% CP				0.5	4.5	—
Soybean protein concentrate		92	63.6			
Soybean protein isolate	5-08-038	95	80.7	3.4	5.6	3.6
Squid liver meal	5-09-286	89	45.2	15.3	—	6.8
Squid meal	5-04-671	95	76.5	3.8	—	6.1
Sunflower meal, solvent extracted	5-04-737	90	32.3	2.3	21.0	7.0
Sunflower meal, partially dehulled, solvent extracted	5-04-739	93	46.5	0.5	13.0	7.1
Wheat, hard red winter, grain	4-05-268	88	14.8	1.8	2.5	2.1
Wheat, soft white, grain	4-05-336	86	10.8	1.7	2.8	2.0
Wheat bran	4-05-190	89	14.8	4.0	9.9	5.3
Wheat flour	4-05-199	88	11.7	1.2	1.3	0.4
Wheat gluten meal	5-05-220	89	80.7	1.5	0.5	0.7
Wheat middlings	4-05-205	89	16.6	4.0	7.5	4.5
Whey, dried, low-lactose	4-01-182	93	16.7	0.7	0.2	9.8
Yeast, brewers', dried	7-05-527	93	42.6	1.0	3.2	6.6
Yeast, Torula, dried	7-05-534	93	49.0	1.5	2.2	7.7
Cellulose powder		96	0	0	92.6	0

[a]대쉬(–)는 데이터를 이용할 수 없음을 나타냄.
[b]AAFCO (2009)에는 숫자와 정의가 기재되어 있음.

표 19–2 사료원의 아미노산 조성 (급이 기준)[a]

Ingredient	International Feed Number	Dry Matter (%)	Typical Crude Protein (%)	Arginine (%)	Histidine (%)	Isoleucine (%)	Leucine (%)	Lysine (%)	Methionine (%)	Cystine (%)	Phenylalanine (%)	Tyrosine (%)	Threonine (%)	Tryptophan (%)	Valine (%)
Alfalfa meal, dried, 17% CP	1-00-023	92	17.10	0.77	0.33	0.81	1.28	0.85	0.27	0.29	0.80	0.54	0.71	0.34	0.88
Algae meal, *Spirulina*	5-19-931	93	57.50	4.15	1.09	3.21	4.95	3.03	1.15	0.66	2.78	2.58	2.97	0.93	3.51
Barley, whole grain ground	4-00-526	92	11.50	0.50	0.23	0.42	0.80	0.53	0.18	0.25	0.62	—	0.36	0.17	0.62
Blood meal, flash-dried porcine		92	87.60	3.70	7.00	1.51	12.30	8.22	1.67	0.82	5.48	2.80	3.18	1.00	7.70
Blood meal, spray dried	5-00-381	93	88.60	2.35	5.00	0.80	10.30	7.10	1.00	1.40	5.10	2.30	3.80	1.00	5.20
Bone meal, salmon processing byproduct		92	39.50	2.56	0.66	1.13	2.04	2.06	0.91	0.27	1.12	0.81	1.36	0.29	1.50
Brewers' dried grains	5-02-141	92	23.10	1.27	0.52	1.54	2.49	0.09	0.46	0.35	1.44	1.20	0.93	0.37	1.61
Camelina meal		90	33.90	2.62	0.75	1.20	2.13	1.54	0.61	0.66	1.40	—	1.30	0.42	1.61
Canola (rapeseed) meal, solvent extracted	5-03-871	93	38.00	2.32	1.10	1.51	2.60	2.02	0.77	0.97	1.50	0.99	1.50	0.46	1.94
Canola (rapeseed) meal, double low		93	38.00	2.32	0.64	1.09	2.89	0.65	0.50	0.46	1.39	0.99	0.98	0.10	1.50
Canola (rapeseed) meal, low erucic acid		89	32.90	2.06	0.99	1.35	2.50	1.98	0.71	0.30	1.41	0.79	1.56	0.43	1.79
Canola (rapeseed) meal, low glucosinolate		89	35.20	0.49	0.24	0.49	0.70	0.48	0.15	—	0.39	—	—	—	—
Canola (rapeseed) protein concentrate meal		90	69.20	4.20	1.70	2.82	4.92	3.10	1.26	1.27	2.81	0.99	2.49	0.20	3.33
Casein, dried	5-01-162	91	84.00	3.26	2.82	4.66	8.79	7.35	2.70	0.41	4.79	4.77	3.98	1.14	6.10
Coconut meal, mechanically extracted	5-01-572	93	22.00	2.30	0.30	1.00	1.49	0.54	0.33	0.20	0.80	—	0.60	0.20	1.00
Corn distillers grains with solubles, dried	5-02-843	91	27.00	1.10	0.65	1.00	2.80	0.90	0.51	0.50	1.20	0.31	0.92	0.20	1.33
Corn distillers solubles, dried	5-02-844	90	27.60	1.00	0.60	1.20	2.10	0.20	0.60	0.60	1.50	0.99	0.98	0.20	1.50
Corn gluten feed, dried	5-02-903	90	21.50	1.04	0.67	0.66	1.96	0.63	0.35	0.46	0.76	0.58	0.74	0.07	1.01
Corn gluten meal, dried, 60% CP	5-09-318	91	63.70	1.90	1.20	2.30	9.40	1.07	1.90	1.10	3.80	0.87	2.00	0.30	2.70
Corn grain meal		88	10.20	0.40	0.25	0.29	1.00	0.26	0.18	0.19	0.42	—	0.30	0.07	0.42
Corn, dent yellow, grain	4-02-935	88	8.50	0.40	0.25	0.29	1.00	0.24	0.18	0.18	0.42	—	0.29	0.07	0.42
Cottonseed meal, solvent extracted, 41% CP	5-07-872	92	41.70	4.18	1.07	1.45	2.32	1.60	0.58	0.73	2.18	0.94	1.34	0.53	1.90

Crab meal, process residue, dried	15-01-663	92	32.00	3.97	0.83	1.15	1.80	1.89	0.50	0.45	2.10	0.80	1.02	0.42	1.68
Fish solubles, condensed, 30% CP	5-01-969	50	31.50	1.66	1.09	0.70	1.54	1.38	0.53	0.24	0.70	0.40	1.00	0.29	1.00
Fish solubles, dried, 60% CP	5-01-971	93	64.10	3.05	2.10	2.05	2.97	3.51	1.18	0.62	1.53	0.85	1.35	0.59	2.10
Fish meal, anchovy, mechanically extracted	5-01-985	92	65.40	3.68	1.56	3.06	5.00	5.11	1.95	0.61	2.66	2.15	2.82	0.76	3.51
Fish meal, herring, mechanically extracted	5-02-000	92	72.00	3.73	1.53	3.64	4.69	7.30	2.20	1.60	2.68	2.10	2.49	0.67	3.26
Fish meal, menhaden, mechanically extracted	5-02-009	92	64.50	3.66	1.78	2.57	4.54	4.81	1.77	0.57	2.51	2.04	2.64	0.66	3.03
Fish meal, salmon byproduct, mechanically extracted	5-02-012	90	70.30	6.84	2.46	4.10	7.20	7.38	3.04	—	4.32	3.69	4.19		5.07
Fish meal, tuna byproduct, mechanically extracted	5-02-023	93	59.00	3.43	1.75	2.45	3.79	4.22	1.47	0.47	2.15	1.69	2.31	0.57	2.77
Fish meal, white byproduct, mechanically extracted	5-02-025	92	62.00	4.02	1.34	2.72	4.36	4.53	1.68	0.75	2.28	1.83	2.57	0.67	3.02
Gelatin	5-14-503	88	85.90	6.62	0.76	1.38	2.91	3.55	0.73	0.13	1.79	0.52	1.76	0.05	2.09
Kelp meal, dried		91	8.90	0.10	—	—	0.09	0.04	0.10	—	—	—	0.03	—	—
Krill meal, with shell	5-16-423	92	58.80	3.47	1.23	2.82	4.41	4.17	1.76	—	2.53	—	2.53	0.53	2.82
Linseed meal (flax meal), solvent extracted	5-02-048	90	35.00	2.97	0.68	1.56	2.06	1.24	0.59	0.59	1.57	1.03	1.26	0.52	1.74
Lupin meal (sweet white)	5-27-717	92	30.40	3.38	0.77	1.38	2.43	1.54	0.27	0.51	1.22	1.35	1.20	0.26	1.29
Meat and bone meal	5-00-388	94	50.90	3.60	0.96	1.70	3.20	2.60	0.67	0.33	1.70	1.30	1.70	0.26	2.25
Meat and bone meal, porcine		96	53.00	3.95	1.06	1.77	3.66	3.07	0.83	0.41	1.89	1.48	1.95	0.41	2.60
Meat meal	5-00-385	93	55.60	3.60	1.14	1.60	3.84	3.07	0.80	0.60	2.17	1.40	1.97	0.35	2.66
Oat groats	4-03-331	90	15.50	0.90	0.25	0.50	1.00	0.18	0.20	0.26	0.65	—	0.50	0.18	0.65
Oats	4-03-309	90	11.20	0.70	0.18	0.43	0.81	0.39	0.17	0.19	0.52	0.46	0.36	0.15	0.56
Pea protein concentrate		90	55.00	4.83	1.30	2.15	3.75	3.75	0.41	0.62	2.56	1.58	1.85	0.49	2.35
Peanut meal (groundnut meal), solvent extracted	5-03-650	92	49.00	3.37	0.96	1.43	3.00	2.67	0.65	0.50	1.70	1.09	1.65	0.30	2.45

(계속)

표 19-2 계속

Ingredient	International Feed Number	Dry Matter (%)	Typical Crude Protein (%)	Arginine (%)	Histidine (%)	Isoleucine (%)	Leucine (%)	Lysine (%)	Methionine (%)	Cystine (%)	Phenylalanine (%)	Tyrosine (%)	Threonine (%)	Tryptophan (%)	Valine (%)
Peas (shelled and extruded)	5-03-600	90	25.30	1.87	0.54	0.86	1.51	1.50	0.21	0.31	0.98	0.71	0.78	0.19	0.98
Potato protein concentrate		93	81.10	4.02	1.77	4.62	7.94	6.09	1.77	1.27	5.19	4.56	4.62	—	5.33
Poultry byproduct meal, feed grade	5-03-798	89	55.91	4.32	1.05	2.30	4.27	3.32	1.29	0.92	1.66	1.21	2.14	—	3.65
Poultry byproduct meal, feed grade low ash		89	62.13	4.99	1.17	2.38	4.14	3.44	1.24	—	1.63	1.30	2.39	—	3.03
Poultry byproduct meal, pet food grade		91	57.70	5.02	0.99	2.19	4.06	3.22	1.32	—	1.49	1.06	2.32	—	2.99
Poultry feather meal, hydrolyzed, dried	5-03-795	93	83.30	5.80	0.70	4.15	6.94	1.81	0.50	3.84	4.12	2.00	3.85	0.55	4.55
Rice bran	4-03-928	91	13.00	1.00	0.34	0.44	0.92	0.57	0.26	0.27	0.56	0.40	0.48	0.14	0.68
Rice bran, with germ, solvent extracted	4-03-930	91	15.70	0.85	0.29	0.51	1.01	0.54	0.21	0.20	0.56	0.54	0.45	0.21	0.65
Rice polishings	4-03-943	90	13.60	0.82	0.28	0.43	0.82	0.58	0.23	0.22	0.49	0.44	0.44	0.13	0.75
Rice, broken with polishings (brewers' rice)	4-03-932	91	7.37	0.55	0.18	0.36	0.64	0.27	0.18	0.13	0.36	—	0.27	0.09	0.46
Rice protein concentrate		92	68.90	5.58	1.38	5.51	2.75	2.41	1.77	1.45	3.52	3.32	2.54	0.81	4.34
Safflower meal, mechanically extracted	5-04-109	91	20.00	1.20	0.48	0.28	1.10	0.70	0.40	0.50	1.00	—	0.47	0.30	1.00
Safflower meal, solvent extracted	5-08-501	90	22.00	1.90	0.50	0.27	1.20	0.70	0.33	0.35	1.00	—	0.50	0.26	1.00
Sesame meal, mechanically extracted	5-04-220	94	42.00	5.06	1.16	2.28	3.30	1.37	1.48	0.60	2.32	—	1.71	0.82	2.53
Shrimp meal, dried	5-04-226	88	39.50	1.54	0.51	0.91	1.62	1.66	0.55	0.59	0.99	—	3.24	0.24	1.03
Sorghum, milo, grain	4-04-444	89	9.90	0.40	0.27	0.40	1.30	0.27	0.10	0.20	0.45	0.30	0.27	0.09	0.53
Soybean meal, solvent extracted without hulls, 48% CP	5-04-612	90	48.50	3.60	1.30	2.60	3.80	2.24	0.70	0.71	2.70	1.25	2.00	0.70	2.70
Soybean meal, solven extracted, 44% CP	5-04-604	89	44.00	3.23	1.17	1.99	3.42	2.83	0.61	0.70	2.18	1.69	1.73	0.61	2.40
Soybean protein concentrate		92	63.63	4.64	1.58	2.94	4.92	3.93	0.81	0.89	3.28	2.30	2.47	0.84	3.06

Soybean protein isolate	5-08-038	95	80.70	4.15	1.08	3.21	4.95	3.02	1.15	0.66	2.78	2.58	2.97	0.93	3.51
Soybean seeds, extruded, full fat	5-04-597	90	35.20	2.60	0.96	1.61	2.75	2.22	0.53	0.55	1.83	1.32	1.41	0.48	1.68
Squid liver meal	5-09-286	89	45.20	2.48	—	—	—	2.56	0.97	—	—	—	1.74	0.49	
Squid meal	5-04-671	95	76.50	5.78	2.05	3.98	6.92	5.99	2.69	—	3.26	—	3.42	0.86	3.95
Sunflower meal, solvent extracted	5-04-737	90	32.30	2.93	0.92	1.44	2.31	1.20	0.82	0.66	1.66	1.03	1.33	0.44	1.74
Sunflower meal, solvent extracted without hulls	5-04-739	93	46.50	3.50	1.00	2.10	2.60	1.70	1.50	0.70	1.23	0.76	1.48	0.38	2.30
Wheat bran	4-05-190	89	14.80	0.64	0.30	0.51	0.89	0.36	0.21	0.27	0.63	0.43	0.37	0.17	0.59
Wheat flour	4-05-199	88	11.70	0.86	0.39	0.51	0.92	0.58	0.19	0.26	0.55	0.38	0.46	0.25	0.69
Wheat gluten meal	5-05-220	89	80.70	3.80	2.00	3.70	6.30	4.90	1.60	—	4.50	—	1.60	1.05	4.00
Wheat middlings	4-05-205	89	16.60	0.97	0.44	0.70	1.10	0.70	0.12	0.19	0.50	0.29	0.51	0.20	0.75
Wheat, hard red winter, grain	4-05-268	88	14.80	0.60	0.17	0.69	1.00	0.40	0.25	0.30	0.78	—	0.69	0.18	0.69
Wheat, soft, grain	4-05-336	86	10.80	0.40	0.20	0.43	0.60	0.12	0.14	0.20	0.49	—	0.28	0.12	0.48
Whey, dried, low-lactose	4-01-182	93	16.70	0.60	0.27	0.96	1.54	1.40	0.41	0.43	0.55	0.46	0.95	0.27	0.87
Yeast, brewers', dried	7-05-527	93	42.60	2.20	1.09	2.15	3.13	3.22	0.74	0.50	1.83	1.55	2.20	0.56	2.39
Yeast, Torula, dried	7-05-534	93	49.00	2.60	1.40	1.98	3.50	3.80	0.67	0.49	3.00	1.50	2.60	0.52	2.90

[a]대쉬(—)는 데이터를 이용할 수 없음을 나타냄.

표 19–3 일반적으로 사용되고 있는 양어사료 내 미네랄 함량(급이 기준)[a]

Ingredient	International Feed Number	Dry Matter (%)	Calcium (%)	Phosphorus (%)	Sodium (%)	Chlorine (%)	Potassium (%)	Magnesium (%)	Sulfur (%)	Copper (mg/kg)	Iron (mg/kg)	Manganese (mg/kg)	Selenium (mg/kg)	Zinc (mg/kg)
Alfalfa meal, dried, 17% CP	1-00-023	92	1.40	0.23	0.10	0.47	2.38	0.29	0.23	10.00	404.0	31.00	0.33	19.0
Algae meal, *Spirulina*	5-19-931	93	0.12	0.12	1.05	—	1.36	0.20	—	61.00	285.0	19.00	0.07	20.0
Barley, whole grain, ground	4-00-526	92	0.08	0.42	0.03	0.14	0.56	0.12	0.15	8.00	80.0	16.00	0.20	30.0
Blood meal, flash-dried porcine		92	0.04	0.17	0.60	—	0.58	0.02	—	7.00	2,200.0	0.80	—	20.0
Blood meal, spray dried	5-00-381	93	0.41	0.30	0.38	0.25	0.15	0.15	0.34	8.20	2,769.0	6.40	—	309.0
Bone meal, fish-processing byproduct		92	15.33	7.69	1.21	—	0.47	0.23	—	5.00	50.0	34.00	—	142.0
Brewers' dried grains	5-02-141	92	0.29	0.51	0.20	0.13	0.09	0.15	0.29	21.70	233.0	37.20	0.70	27.0
Camelina meal		90	0.33	0.94	0.10	—	1.24	0.40	—	9.00	—	45.00	—	85.0
Canola (rapeseed) meal, solvent extracted	5-03-871	93	0.63	1.01	0.07	0.11	1.22	0.51	0.85	6.00	142.0	49.00	1.10	69.0
Casein, dried	5-01-162	91	0.61	0.82	0.01	0.04	0.01	0.01	0.60	3.80	14.0	4.30	0.13	27.0
Coconut meal, mechanically extracted		93	0.17	0.60	0.06	0.03	0.60	—	—	—	—	—	—	—
Corn, dent yellow, grain	4-02-935	88	0.03	0.28	0.01	0.05	0.33	0.11	0.11	3.50	33.0	5.70	0.07	19.0
Corn distillers grains with solubles, dried	5-02-843	91	0.14	0.66	0.52	0.16	0.40	0.16	0.35	52.80	236.0	22.80	0.35	80.0
Corn distillers solubles, dried	5-02-844	90	0.30	1.44	0.23	0.26	1.64	0.59	0.36	81.00	555.0	72.80	0.36	84.0
Corn gluten meal, dried, 60% CP	5-09-318	91	0.07	0.44	0.05	0.07	0.19	0.07	0.57	26.10	229.0	6.30	0.83	31.0
Corn gluten feed, dried	5-02-903	90	0.22	0.83	0.15	0.22	0.92	0.33	0.22	48.00	460.0	24.00	0.27	70.0
Cottonseed meal, solvent extracted, 41% CP	5-07-872	92	0.17	1.17	0.04	0.04	1.39	0.41	0.30	19.00	208.0	21.00	0.06	61.0
Crab meal, process residue, dried	5-01-663	92	14.56	1.59	0.88	1.51	0.45	0.94	0.25	32.73	4,356.0	133.00	3.80	102.0
Fish solubles, condensed, 30% CP	5-01-969	50	0.16	0.57	2.45	2.93	1.64	0.03	0.12	46.60	276.0	13.20	1.97	43.0
Fish solubles, dried, 60% CP	5-01-971	93	0.40	1.20	0.40	2.50	—	0.27	0.45	20.00	948.0	10.00	2.70	76.0
Fish meal, anchovy, mechanically extracted	5-01-985	92	3.73	2.43	1.10	1.00	0.90	0.24	0.54	9.03	220.0	9.50	1.36	103.0

Fish meal, herring, mechanically extracted	5-02-000	92	2.20	1.67	0.59	0.99	1.08	0.14	0.46	5.60	114.0	4.80	1.95	125.0
Fish meal, menhaden, mechanically extracted	5-02-009	92	5.19	2.88	0.41	0.55	0.70	0.15	0.56	10.30	544.0	37.00	2.15	144.0
Fish meal, salmon, mechanically extracted	5-02-012	90	3.00	2.08	0.68	—	0.78	0.20	—	10.70	130.0	3.50	—	183.0
Fish meal, tuna, mechanically extracted	5-02-023	93	7.86	4.21	0.74	1.01	0.72	0.23	0.68	10.31	355.0	8.40	4.30	211.0
Fish meal, white, mechanically extracted	5-02-025	92	6.65	3.59	0.78	1.28	0.85	0.18	0.48	6.00	299.0	12.00	1.62	90.0
Fish meal, white, processing byproduct, presscake meal		91	7.31	3.81	0.78	0.50	0.83	0.18	0.48	5.90	181.0	12.40	1.62	90.0
Gelatin	5-14-503	88	0.06	0.04	0.20	—	0.02	0.02	—	21.60	11.1	1.05	0.40	1.4
Kelp meal, dried		91	1.20	0.16	2.40	—	2.30	0.85	0.73	5.00	566.0	62.00	0.40	46.0
Krill meal, with shell	5-30-288	92	0.46	0.29	0.73	—	0.09	0.23	—	10.00	10.0	2.70	—	47.0
Linseed meal (flax meal), solvent extracted	5-30-288	90	0.49	0.06	—	—	—	0.05	—	—	—	—	—	—
Lupin meal (sweet white)	5-27-717	92	0.22	0.51	0.02	0.03	1.10	0.19	0.24	6.00	54.0	1,390.00	0.07	32.0
Meat and bone meal	5-00-388	94	9.99	4.98	0.63	0.69	0.65	0.41	0.38	11.00	606.0	17.00	0.31	96.0
Meat and bone meal, porcine		96	8.70	4.30	0.64	—	0.64	0.23	—	10.00	320.0	22.00		140.0
Meat meal	5-00-385	93	9.00	3.88	0.80	0.97	0.57	0.35	0.45	10.00	440.0	10.00	0.37	94.0
Peanut meal (groundnut meal), solvent extracted	5-03-650	92	0.77	0.08	0.16	2.26	2.98	0.31	0.35	59.00	196.0	43.70	—	16.0
Peas (shelled and extruded)	5-03-600	90	0.11	0.39	0.04	0.05	1.02	0.12	0.20	9.00	65.0	23.00	0.38	23.0
Pea protein concentrate		90	0.09	0.84	0.01	—	1.96	0.22	0.39	15.00	85.0	25.00	0.08	59.0
Potato protein concentrate		93	0.15	0.45	0.05	—	0.80	0.10	—	—	40.0	—	—	—
Poultry byproduct meal, feed grade	5-03-798	89	0.27	0.61	0.07	0.03	1.16	0.27	0.31	15.00	142.0	26.70	—	20.0
Poultry feather meal, hydrolyzed, dried	5-03-795	93	3.51	1.83	0.82	0.54	0.39	0.18	0.52	14.12	442.0	11.00	0.78	121.0
Rice bran	4-03-928	91	0.25	0.66	0.69	0.28	0.28	0.20	1.47	6.40	74.0	12.50	0.82	68.0
Rice polishings	4-03-943	91	0.11	1.37	0.10	0.07	1.48	0.95	0.18	13.00	187.0	232.20	—	30.0
Rice, broken with polishings (brewers' rice)	4-03-932	90	0.08	0.13	0.06	0.04	0.15	0.02	0.15	3.30	12.2	12.30	—	2.1
Safflower meal, mechanically extracted	5-04-109	91	0.03	0.27	0.07	0.08	0.13	0.11	0.04	—	—	18.00	0.27	17.0

(계속)

표 19-3 계속

Ingredient	International Feed Number	Dry Matter (%)	Calcium (%)	Phosphorus (%)	Sodium (%)	Chlorine (%)	Potassium (%)	Magnesium (%)	Sulfur (%)	Copper (mg/kg)	Iron (mg/kg)	Manganese (mg/kg)	Selenium (mg/kg)	Zinc (mg/kg)
Safflower meal, solvent extracted	5-08-501	90	0.34	0.75	0.05	0.08	0.76	0.35	0.13	10.00	495.0	18.00	—	41.00
Sesame meal	5-04-220	94	2.00	1.30	0.04	0.06	1.39	0.80	0.40	—	95.0	48.00	—	100.00
Shrimp meal, dried	5-04-226	88	6.30	1.60	1.70	1.20	0.70	0.70	—	—	64.0	33.20	—	32.00
Sorghum, milo, grain	4-04-444	89	0.34	0.76	0.05	—	0.75	0.34	0.13	9.90	497.0	18.20	—	41.00
Soybean seeds, steam cooked, full fat	5-04-597	90	0.25	0.59	0.03	0.03	1.70	0.28	0.30	16.00	80.0	30.00	0.11	39.00
Soybean meal, solvent extracted, 44% CP	5-04-604	89	0.03	0.28	0.04	0.08	0.31	0.13	0.08	10.00	48.0	15.80	0.20	17.00
Soybean meal, solvent extracted without hulls, 48% CP	5-04-612	90	0.34	0.69	0.02	0.05	2.14	0.30	0.44	20.00	176.0	36.00	0.27	55.00
Soybean protein concentrate		92	0.30	0.65	0.04	0.04	2.11	0.29	0.42	23.00	140.0	30.60	0.10	52.00
Soybean protein isolate	5-08-038	95	0.18	0.78	1.00	—	0.08	0.04	—	15.99	145.0	390.00	0.00	40.00
Squid liver meal	5-09-286	89	—	—	—	—	—	—	—	—	—	—	—	—
Squid meal	5-04-671	95	0.09	0.99	—	—	—	—	—	—	—	—	—	—
Sunflower meal, solvent extracted	5-04-737	90	0.36	0.86	0.02	0.10	1.07	0.68	0.30	26.00	254.0	41.00	0.50	66.00
Sunflower meal, solvent extracted without hulls	5-04-739	93	0.42	0.94	0.22	0.16	1.19	0.69	0.21	4.00	31.0	18.90	2.13	98.00
Wheat, hard red winter, grain	4-05-268	88	0.04	0.37	0.02	0.05	0.43	0.12	0.14	5.10	35.0	30.40	0.29	35.00
Wheat, soft white, grain	4-05-336	86	0.05	0.30	0.06	0.07	0.40	0.10	0.10	9.70	43.0	30.00	0.10	28.00
Wheat bran	4-05-190	89	0.13	1.16	0.05	0.05	1.22	0.57	0.21	11.00	145.0	115.00	0.64	95.00
Wheat middlings	4-05-205	89	0.13	0.89	0.12	0.04	0.98	0.34	0.17	15.90	60.0	114.10	0.74	97.00
Wheat gluten meal	5-05-220	89	0.14	0.26	0.03	—	0.10	0.03	—	1.82	52.0	—	0.40	8.50
Whey, dried, low lactose	4-01-182	93	0.75	0.72	0.94	1.40	1.96	0.13	0.72	13.00	130.0	3.00	0.12	10.00
Yeast, brewers', dried	7-05-527	93	0.14	1.36	0.07	0.07	1.69	0.24	0.43	38.40	109.0	6.70	0.91	39.00
Yeast, Torula, dried	7-05-534	93	0.58	1.52	0.07	0.12	1.94	0.20	0.55	17.00	222.0	13.00	0.02	99.00

[a]대쉬(—)는 데이터를 이용할 수 없음을 나타냄.

표 19-4 일반적으로 사용되고 있는 양어사료 내 비타민 함량(급이 기준)[a]

Ingredient	International Feed Number	Biotin (mg/kg)	Choline (mg/kg)	Folacin (mg/kg)	Niacin (mg/kg)	Pantothenic Acid (mg/kg)	Pyridoxine (Vitamin B_6) (mg/kg)	Riboflavin (mg/kg)	Thiamin (mg/kg)	Vitamin A (mg/kg)	Vitamin D (mg/kg)	Vitamin B_{12} (mg/kg)	Vitamin E (mg/kg)	Vitamin K (mg/kg)
Alfalfa meal, dried, 17% CP	1-00-023	0.33	1,369	4.34	37.0	29.7	7.10	12.9	3.40	—	—	—	111.0	9.00
Algae meal, *Spirulina*	5-19-931	—	—	—	—	—	—	—	—	—	—	—	—	—
Barley, whole grain ground	4-00-526	0.20	1,027	0.40	57.2	6.4	—	2.0	5.00	—	—	—	36.0	—
Blood meal, spray dried	5-00-381	0.28			22.0	3.2	4.45	2.9	0.30	—	—	13.0	—	—
Brewers' dried grains	5-02-141	0.63	1,652	7.10	44.0	8.2	0.68	1.5	0.60	—	—	4.0	26.7	—
Camelina meal	—	—	—	—	—	—	—	—	—	—	—	—	—	—
Canola (rapeseed) meal, solvent extracted	5-03-871	0.98	6,700	0.83	160.0	9.5	7.2	5.8	5.20	—	—	0.0	13.4	—
Casein, dried	5-01-162	0.04	208	0.47	1.0	2.7	0.42	1.5	0.40	—	—	—	—	—
Coconut meal, mechanically extracted	5-01-572	—	1,100	—	28.6	6.1	—	3.3	0.66	—	—	—		—
Corn, dent yellow, grain	4-02-935	0.07	504	0.30	23.0	5.1	4.69	1.1	3.70	—	—	—	20.9	0.22
Corn distillers grains with solubles, dried	5-02-843	0.77	2,551	0.90	72.0	13.9	5.00	8.3	2.80	—	—	—	39.1	—
Corn distillers solubles, dried	5-02-844	1.63	4,687	1.30	122.0	22.9	8.85	17.0	6.60	—	—	3.0	50.5	—
Corn gluten meal, dried, 60% CP	5-09-318	0.19	352	0.30	60.0	3.5	6.90	2.0	0.30	—	—	—	23.4	—
Corn gluten feed, dried	5-02-903	0.14	1,518	0.28	66.0	17.0	13.00	2.4	2.00	—	—	0.0	8.5	—
Cottonseed meal, solvent extracted, 41% CP	5-07-872	0.97	2,764	1.40	41.0	13.7	7.00	3.3	6.60	—	—	0.0	16.0	—
Crab meal, process residue, dried	5-01-663	0.07	2,011	0.11	45.0	6.5	6.63	6.1	0.40	—	—	438.3	—	—
Fish solubles, condensed, 30% CP	5-01-969	0.14	3,370	0.20	176.0	35.7	12.14	12.9	5.50	—	—	507.0	—	—
Fish meal, anchovy, mechanically extracted	5-01-985	0.23	4,408	0.20	100.0	15.0	4.64	7.1	0.10	—	—	352.0	5.0	2.20
Fish meal, herring, mechanically extracted	5-02-000	0.49	5,266	0.30	85.0	17.3	4.77	9.7	0.40	—	—	430.0	22.1	—
Fish meal, menhaden, mechanically extracted	5-02-009	0.18	3,112	0.12	55.0	8.6	4.66	4.8	0.60	—	—	123.0	12.0	—

(계속)

표 19–4 계속

Ingredient	International Feed Number	Biotin (mg/kg)	Choline (mg/kg)	Folacin (mg/kg)	Niacin (mg/kg)	Pantothenic Acid (mg/kg)	Pyridoxine (Vitamin B_6) (mg/kg)	Riboflavin (mg/kg)	Thiamin (mg/kg)	Vitamin A (mg/kg)	Vitamin D (mg/kg)	Vitamin B_{12} (mg/kg)	Vitamin E (mg/kg)	Vitamin K (mg/kg)
Fish meal, tuna, mechanically extracted	5-02-023	0.20	2,994	—	144.0	7.7	—	6.8	1.50	—	—	300.1	5.6	—
Fish meal, white, mechanically extracted	5-02-025	0.13	4,050	0.37	59.0	9.9	5.90	9.1	1.70	—	—	90.0	5.0	—
Fish meal, white, processing byproduct, presscake meal		0.08	3,099	0.35	59.0	9.9	5.92	9.1	1.70	—	—	89.5	8.9	—
Kelp meal, dried		0.10	275	0.10	23.0	7.0	—	5.0	1.00	66.00	—	0.0	150.0	—
Krill meal, with shell	5-16-423	—	—	—	—	—	—	—	—	—	—	—	—	—
Linseed meal (flax meal), solvent extracted	5-02-048	—	1,760	1.30	32.8	16.5	—	4.1	6.60	—	—	—	5.8	—
Lupin meal (sweet white)	5-27-717	0.05	—	—	—	—	—	—	—	—	—	—	7.5	—
Meat and bone meal	5-00-388	0.08	1,996	0.41	49.0	4.1	—	4.7	0.40	—	—	90.0	1.6	—
Meat meal	5-00-385	0.08	2,077	0.50	57.0	5.0	2.40	4.7	0.60	—	—	80.0	1.2	—
Molasses, cane	4-04-696	0.11	1,922	0.50	53.0	4.9	4.60	5.3	0.20	—	—	91.0	1.0	—
Molasses, cane, dried	4-04-695	0.14	2,136	0.50	51.0	4.4	8.74	4.5	0.20	—	—	217.0	1.1	—
Oat groats	4-03-331	0.20	900	—	14.3	10.0	—	1.3	—	—	—	—	20.0	—
Oats	4-03-309	0.28	992	0.40	14.0	7.8	2.50	1.5	6.30	—	—	—	15.0	—
Pea protein concentrate		—	—	—	—	—	—	—	—	—	—	—	—	—
Peanut meal (groundnut meal), solvent extracted	5-03-650	0.67	704	0.10	36.0	37.5	4.22	2.8	0.90	—	—	—	5.4	—
Peas (shelled and extruded)	5-03-600	0.15	547	0.20	31.0	18.7	1.00	1.8	4.60	—	—	0.0	0.2	—
Potato protein concentrate		—	—	—	—	—	—	—	—	—	—	—	—	—
Poultry byproduct meal, feed grade	5-03-798	0.33	1,896	0.70	178.0	46.6	6.38	9.1	5.70	—	—	0.0	2.9	—
Poultry feather meal, hydrolyzed, dried	5-03-795	0.09	6,029	0.51	47.0	11.0	4.41	10.5	0.20	—	—	301.2	2.2	—
Rice bran	4-03-928	0.04	895	0.22	21.0	8.9	2.98	2.0	0.10	—	—	83.3	—	—
Rice polishings	4-03-943	0.42	1,128	2.20	284.0	23.0	29.12	2.9	22.60	—	—	—	60.7	—
Safflower meal, mechanically extracted	5-04-220	0.08	878	0.20	23.0	3.3	—	0.4	1.40	—	—	—	14.5	—

Safflower meal, solvent extracted	5-08-501	1.03	820	0.50	11.0	33.9	12.00	2.3	4.60	—	—	0.0	16.0	—
Sorghum, milo, grain	4-04-444	1.43	816	0.40	11.0	37.3	—	2.0	—	—	—	—	0.9	—
Soybean seeds, steam cooked, full fat	5-04-597	0.24	2,307	3.60	22.0	15.0	10.80	2.6	11.00	—	—	0.0	18.1	—
Soybean meal, solvent extracted, 44% CP	5-04-604	0.23	638	0.20	37.0	11.0	4.70	1.1	4.10	—	—	—	12.1	—
Soybean meal, solvent extracted without hulls, 48% CP	5-04-612	0.26	2,731	1.37	22.0	15.0	6.40	3.1	3.20	—	—	0.0	2.3	—
Soybean protein concentrate		0.32	2,609	0.60	28.0	16.3	6.00	2.9	6.00	—	—	—	2.4	—
Soybean protein isolate	5-08-038	0.32	2,753	0.70	22.0	14.8	4.90	2.9	3.10	—	—	—	3.3	—
Sunflower meal, solvent extracted	5-04-737	1.40	3,791	1.14	264.0	29.9	11.10	3.0	3.00	—	—	0.0	9.1	—
Sunflower meal, solvent extracted without hulls	5-04-739	—	3,632	—	242.0	40.6	13.70	3.5	3.10	—	—	—	11.1	—
Wheat, hard red winter, grain	4-05-268	0.11	1,004	0.40	53.0	10.1	3.00	1.3	4.50	—	—	—	11.1	—
Wheat, soft winter, grain	4-05-268	—	929	0.40	52.0	9.6	3.20	1.5	4.50	—	—	—	16.0	—
Wheat bran	4-05-190	0.38	1,232	1.80	197.0	28.0	8.50	3.6	8.40	—	—	—	14.3	—
Wheat middlings	4-05-205	0.24	1,247	1.20	95.0	17.8	8.00	2.0	14.20	—	—	—	23.9	—
Whey, dried	4-01-182	0.27	1,820	0.85	10.0	47.0	4.00	27.1	4.10	—	—	23.0	0.3	—
Yeast, brewers', dried	7-05-527	1.04	3,847	9.70	443.0	110.7	37.10	34.1	85.20	—	—	1.0	2.1	—
Yeast, Torula, dried	7-05-534	0.58	2,881	22.40	492.0	84.2	36.30	49.9	6.20	—	—	—	—	—

[a]대쉬(–)는 데이터를 이용할 수 없음을 나타냄.

표 19–5 동물성 지방, 어유 및 식물성 기름의 지방산(총 지방산 비율) 및 콜레스테롤 함량(급이기준)[a,b]

Lipid Source	International Feed Number	Sat ≤12	14:0	16:0	18:0	Total Sat	16:1	18:1	20:1	22:1	Total Mono	18:2 n-6	18:3 n-6	20:4 n-6	18:3 n-3	18:4 n-3	20:5 n-3
Animal Fat																	
Tallow	4-08-127	0.9	3.7	24.9	18.9	52.1	4.2	36.0	0.3	—	40.5	3.1	—	—	0.6	—	—
Pork fat (Lard)	4-04-790	0.3	1.3	23.8	13.5	41.1	2.7	41.2	1.0	—	44.9	10.2	—	—	1.0	—	—
Poultry fat	4-09-319	0.1	0.9	21.6	6.0	31.2	5.7	37.3	0.1	—	43.1	19.5	—	—	1.0	1.1	—
Yellow grease		—	1.9	16.2	10.5	29.9	2.5	47.5	—	—	50.0	17.5	—	—	1.9	—	—
Fish Oils																	
Anchovy	7-01-994	—	7.4	17.4	4.0	34.6	10.5	11.6	1.6	1.2	24.9	1.2	0.1	0.1	0.8	3.0	17.0
Capelin		—	7.9	11.1	1.0	20.0	11.1	17.0	18.9	14.7	61.7	1.7	t	0.1	0.4	2.1	4.6
Channel catfish, cultured		—	1.4	17.4	6.1	24.9	2.9	49.1	1.4	—	53.4	10.5	—	0.3	1.0	0.2	0.4
Cod liver	7-16-709	—	3.2	13.5	2.7	19.4	9.8	23.7	7.4	5.1	46.0	1.4	—	1.6	0.6	0.9	11.2
Copepod		—	10.6	14.5	1.7	26.8	4.3	10.3	7.0	11.4	33.8	3.3	—	0.4	2.5	11.8	7.6
Herring, Atlantic	7-08-048	0.2	6.4	12.7	0.9	22.8	8.8	12.7	14.1	20.8	56.4	1.1	0.2	0.3	0.6	1.7	8.4
Herring, Pacific		—	5.7	16.6	1.8	24.1	7.6	22.7	10.7	12.0	53.0	0.6	0.1	0.4	0.4	1.6	8.1
Krill		—	9.8	21.3	1.1	32.9	4.6	16.8	1.1	0.5	23.4	2.1	0.2	0.3	2.4	6.5	17.4
Mackerel		0.1	7.8	15.9	1.7	27.5	8.2	12.9	12.0	13.9	48.9	1.3	0.1	0.4	1.0	2.5	7.6
Menhaden	7-08-049	—	7.3	19.0	4.2	33.3	9.0	13.2	2.0	0.6	24.8	1.3	t	0.2	0.3	2.8	11.0
Pollock		—	4.0	13.3	2.5	20.1	6.8	22.7	7.2	4.9	42.5	0.9	—	0.4	0.7	2.4	12.6
Salmon, wild		—	3.7	10.2	4.7	18.6	8.7	18.6	8.4	5.5	41.2	1.2	—	0.9	0.6	2.1	12.0
Salmon, farmed byproduct		—	5.0	14.0	3.8	23.6	6.9	21.5	7.2	6.6	42.7	6.0	0.1	0.7	1.6	1.7	7.7
Sardine (Pacific-Californian)		—	7.6	16.2	3.5	28.6	9.2	11.4	3.2	3.6	27.4	1.3	—	1.6	0.9	2.0	16.9
Squid		—	4.9	15.5	3.0	24.3	6.7	15.6	7.2	5.0	34.5	2.8	—	t	—	3.0	14.1
Tuna (orbital oil)		—	2.9	17.2	4.9	24.4	5.2	15.3	t	1.4	25.7	8.0	—	1.6	1.2	1.0	6.6
Whitefish		—	—	—	—	—	—	—	—	—	—	—	—	—	—	—	—
Vegetable Oils																	
Canola (rapeseed)	4-06-144	—	—	3.1	1.5	7.4	—	60.0	1.3	1.0	62.3	20.2	—	—	12.0	—	—
Coconut	4-09-320	58.7	16.8	8.2	2.8	91.9	—	5.8	—	—	5.8	1.8	—	—	—	—	—
Corn	4-07-882	—	—	10.9	1.8	13.3	—	24.2	—	—	24.2	58.0	—	—	0.7	—	—
Cottonseed	4-20-836	—	0.8	22.7	2.3	27.1	0.8	17.0	—	—	17.8	51.5	—	—	0.2	—	—
Echium		—	—	7.0	4.0	11.0	t	16.0	t	t	16.0	15.0	11.0	—	32.0	14.0	—
Linseed	4-14-502	—	—	5.3	4.1	9.4	—	20.2	—	—	20.2	12.7	—	—	53.3	—	—
Olive		—	0.0	11.0	2.2	14.1	0.8	72.5	t	—	73.3	7.9	—	—	0.6	—	—
Palm		—	1.0	43.5	4.3	51.6	0.3	36.6	0.1	—	37.0	9.1	—	—	0.2	—	—
Palm kernel		56.4	16.0	8.2	2.2	82.8	—	15.5	—	—	15.5	2.2	—	—	—	—	—
Peanut	4-03-658	—	0.1	9.5	2.2	17.8	0.1	44.8	1.3	—	46.2	32.0	—	—	—	—	—
Safflower	4-20-526	—	0.1	6.2	2.2	9.5	0.4	11.7	—	—	12.1	74.1	—	—	0.4	—	—
Soybean	4-07-983	—	0.1	10.3	3.8	15.1	0.2	22.8	0.2	—	23.2	51.0	—	—	6.8	—	—
Sunflower	4-20-833	—	—	5.9	4.5	10.6	—	19.5	—	—	19.5	65.7	—	—	—	—	—

표 19–5 계속

Lipid Source	International Feed Number	22:5 n-3	22:6 n-3	n3:n6 Ratio	Total n-3 LC-PUFA	U:S	Iodine Value	Vitamin A (mg/kg)	Vitamin D (mg/kg)	Vitamin E Activity (mg a-TE)	Cholesterol (mg/kg)	Energy Content (kcal/kg) DE[c]
Animal Fat												
Tallow	4-08-127	—	—	0.2	—	0.9	44	—	—	27	1,000	8,000
Pork fat (Lard)	4-04-790	—	—	0.1	—	1.4	64	90	—	15	950	8,285
Poultry fat	4-09-319	—	—	0.1	—	2.2	78	—	—	27	770	8,520
Yellow grease		—	—	0.1	—	2.3	75	—	—	—	—	8,550
Fish Oils												
Anchovy	7-01-994	1.6	8.8	24.0	27.4	1.9	183	—	—	—	—	8,445
Capelin		0.3	3.0	6.8	7.9	4.0	145	—	—	—	—	—
Channel catfish, cultured		0.3	1.3	0.3	2.0	3.0	—	—	—	—	—	—
Cod liver	7-16-709	1.7	12.6	9.0	25.5	4.2	—	300	2500	220	5700	—
Copepod		0.6	9.0	8.5	17.2	2.7	—	—	—	—	—	—
Herring, Atlantic	7-08-048	0.8	4.9	12.7	14.1	3.4	110	—	—	92	7660	8,680
Herring, Pacific		0.8	4.8	15.7	13.7	3.1	140	—	—	—	—	—
Krill		0.5	11.4	14.4	30.1	2.0	—	—	—	—	—	—
Mackerel		0.6	7.7	10.8	15.9	2.6	147	—	—	—	5210	—
Menhaden	7-08-049	1.9	9.1	16.7	22.0	2.0	175	—	—	75	—	8,475
Pollock		1.3	9.7	12.2	24.2	4.0	—	—	—	—	4850	—
Salmon, wild		2.9	13.8	15.0	28.7	4.4	—	—	—	—	—	—
Salmon, farmed byproduct		3.2	9.8	3.7	22.1	3.2	145	—	—	—	710	—
Sardine (Pacific-Californian)		2.5	12.9	12.1	32.3	2.5	162	—	—	—	13,000	—
Squid		1.1	17.0	12.9	33.1	3.1	190	—	—	—	—	—
Tuna (orbital oil)		1.4	23.5	3.1	31.4	3.1	—	—	—	—	—	—
Whitefish		—	—	—	—	—	—	—	—	—	—	—
Vegetable Oils												
Canola (rapeseed)	4-06-144	—	—	0.6	—	12.5	118	—	—	215	t	8,760
Coconut	4-09-320	—	—	0.0	—	0.1	10	—	—	7	t	8,405
Corn	4-07-882	—	—	0.0	—	6.5	125	—	—	198	t	8,755
Cottonseed	4-20-836	—	—	0.0	—	2.7	105	—	—	428	t	8,605
Echium		—	—	1.8	—	8.1	198	—	—	—	t	—
Linseed	4-14-502	—	—	4.2	—	9.6	185	—	—	18	t	—
Olive		—	—	< 0.1	—	6.1	86	—	—	120	t	8,750
Palm		—	—	0.0	—	0.9	50	—	—	335	t	8,010
Palm Kernel		—	—	0.0	—	0.2	18	—	—	62	t	—
Peanut	4-03-658	—	—	0.0	—	4.6	92	—	—	152	t	8,735
Safflower	4-20-526	—	—	0.0	—	9.5	140	—	—	349	—	8,760
Soybean	4-07-983	—	—	0.1	—	5.6	130	—	—	171	t	8,750
Sunflower	4-20-833	—	—	0.0	—	8.5	133	22	—	492	t	8,760

[a]대쉬(–)는 데이터를 이용할 수 없음을 나타냄; t = 미량.

[b]지방산 값은 다음 참고문헌에서 발췌하였음: Pearl (1995) of the Fats and Protein Research Foundation; USDA Food Composition Standard Release 11 (1997); Rossell, B., ed. 2009. Fish Oils. Oils and Fats Handbook, Volume 4. Oxford, UK: Leatherhead Food International, Leatherhead and Wiley–Blackwell; Padley, F. B., F. D. Gunstone, and J. L. Harwood. 1986. Occurrence and characteristics of oils and fats. Pp. 49 – 170 in The Lipid Handbook, D. Gunstone, J. L. Harwood, and F. B. Padley, eds. London, UK: Chapman Hall; Padley, F. B., F. D. Gunstone, and J. L. Harwood. 1994. Occurrence and characteristics of oils and fats. Pp. 47 – 223 in The Lipid Handbook, 2nd Edition, F. D. Gunstone, J. L. Harwood, and F. B. Padley, eds. London, UK: Chap– man Hall; Gunstone, F. D., and J. L. Harwood. 2007. Occurrence and characterisation of oils and fats. Pp. 37 – 141 in The Lipid Handbook, 3rd Edition, F. D. Gunstone, J. L. Harwood, and A. J. Dijkstra, eds. London, UK: Chapman Hall. 지방산 함량 값의 총합은 100%인 것은 아니며, 기체–액체 크로마토그래피에 의해 분석된 다양한 값으로부터 도출한 평균 값임.

[c]다음과 같은 계산식을 사용함(Powles et al., 1995): $DE\ (kcal/kg) = 36.898 - (0.005 \times FFA) - (7.330 \times e^{-0.906 \times U:S})/4.184$ 여기서 FFA는 유리 지방산 함량(g/kg)이고 U:S는 불포화 지방산과 포화 지방산의 비율임. DE를 계산할 때 모든 지방의 유리 지방산 농도는 50 g/kg (또는 5%)으로 가정하였음.

표 19-6 수산동물 연구에 일반적으로 사용되는 정제 사료 성분의 화학적 조성(급이 기준)[a]

Ingredient	International Feed Number	Dry Matter (%)	DE (kcal/kg)	Crude Protein (%)	Crude Fat (%)	Calcium (%)	Phosphorus (%)	Lysine[b] (%)
Casein	5-01-162	91	4,135	84.0	0.2	0.61	0.82	7.35
Corn starch	4-02-889	90	4,000	0.4	0.4	0.00	0.03	—
Gelatin	5-14-503	88	2,800	85.9	0.1	0.60	0.4	3.55
Glucose monohydrate	4-02-125	90	3,360	0.3	—	—	—	—
Lactose	4-07-881	96	3,525	0.3	—	—	—	—
Sucrose	4-04-701	99	3,795	0.0	0.0	0.04	0.01	—

[a]대쉬(–)는 데이터를 이용할 수 없음을 나타냄.

[b]카제인의 아미노산 조성은 표 19-2와 같음. 젤라틴 내 기타 아미노산: 아르기닌, 6.60%; 히스티딘, 0.66%; 이소류신, 1.42%; 류신, 2.91%; 메티오닌, 0.76%; 시스틴, 0.12%; 페닐알라닌, 1.74%; 티로신, 0.43%; 트레오닌, 1.82%; 트립토판, 0.05%; 그리고 발린, 2.26%.

제20장

종의 일반명 및 학명

표 20-1 종의 일반명 및 학명

Common Name	Scientific Name	Alternative Names
FISH		
African catfish	*Clarias gariepinus*	
Almaco jack	*Seriola rivoliana*	
American eel	*Anguilla rostrata*	
Angelfish	*Pterophyllum scalare*	
Arctic charr	*Salvelinus alpinus*	
Atlantic cod	*Gadus morhua*	
Atlantic halibut	*Hippoglossus hippoglossus*	
Atlantic salmon	*Salmo salar*	
Atlantic silverside	*Menidia menidia*	
Ayu	*Plecoglossus altivelis*	
Barramundi	*Lates calcarifer*	Asian sea bass
Basa	*Pangasius bocourti*	
Bighead carp	*Hypophthalmichthys nobilis*	
Black bullhead catfish	*Ameiurus melas*	
Black sea bream	*Mylio macrocephalus*	*Acanthopagrus schlegelii* or *Sparus macrocephalus*
Blue tilapia	*Oreochromis aureus*	*Oreochromis aurea*
Bluegill	*Lepomis macrochirus*	
Brook trout	*Salvelinus fontinalis*	
Brown trout	*Salmo trutta linnaeus*	*Salmo trutta trutta*
Catfish	*Schilbeades mollis*	
Catla	*Catla catla*	
Channel catfish	*Ictalurus punctatus*	
Cherry salmon	*Oncorhynchus masou*	Japanese salmon
Chinese longsnout catfish	*Leiocassis longirostris*	
Chinese sucker	*Myxocyprinus asiaticus*	
Chinook salmon	*Oncorhynchus tshawytscha*	
Chum salmon	*Oncorhynchus keta*	
Cobia	*Rachycentron canadum*	Ling or Lemon fish
Coho salmon	*Oncorhynchus kisutch*	

(계속)

표 20-1 계속

Common Name	Scientific Name	Alternative Names
Common carp	*Cyprinus carpio*	Fancy red carp
Crucian carp	*Carassius carassius*	
Cuneate drum	*Nibea miichthioides*	
Cutthroat trout	*Oncorhynchus clarki bouvieri*	
Estuary grouper	*Epinephelus striatus*	
Eurasian perch	*Perca fluviatilis*	
European bass	*Morone labrax*	
European eel	*Anguilla anguilla*	
European sea bass	*Dicentrarchus labrax*	
European whitefish	*Coregonus lavaretus*	
Freshwater catfish	*Mystus nemurus*	
Giant sea perch	*Archoplites interruptus*	
Gibel carp	*Carassius auratus gibelio*	
Gilthead (sea) bream	*Sparus auratus*	*Sparus aurata*
Golden shiner	*Notemigonus crysoleucas*	
Goldfish	*Carassius auratus*	*Carassius auratus auratus*
Grass carp	*Ctenopharyngodon idella*	
Grey mullet	*Mugil cephalus*	
Grouper	*Epinephelus* spp.	
Guppy	*Poecilia reticulata*	
Haddock	*Melanogrammus aeglefinus*	
Hake	*Merluccius bilinearis*	
Herring	*Clupea harengus*	*Clupea harengus harengus*
Hybrid catfish	*Clarias gariepinus* × *Clarias macrocephalus*	
Hybrid striped bass	*Morone chrysops* × *Morone saxatilis*	Striped bass
Hybrid tilapia	*Oreochromis niloticus* × *Oreochromis aureus*	
Indian catfish	*Heteropneustes fossilis*	
Japanese (blue) parrotfish	*Scarus coeruleus*	
Japanese croaker	*Argyrosomus japonicus*	Mulloway
Japanese eel	*Anguilla japonica*	
Japanese flounder	*Paralichthys olivaceus*	
Japanese medaka	*Oryzias latipes*	
Japanese sea bass	*Lateolabrax japonicus*	Japanese sea perch
Jundia	*Rhamdia quelen*	
Lake trout	*Salvelinus namaycush*	
Largemouth bass	*Micropterus salmoides*	
Lingcod	*Ophiodon elongatus*	
Mahi mahi	*Coryphaena hippurus*	
Malabar grouper	*Epinephelus malabaricus*	
Mandarin fish	*Siniperca chuatsi*	
Milkfish	*Chanos chanos*	
Mossambique tilapia	*Oreochromis mossambicus*	Mozambique tilapia
Mrigal carp	*Cirrhinus mrigala*	Indian major carp
Mulloway	*Argyrosomus japonicus*	
Nile tilapia	*Oreochromis niloticus*	*Oreochromis nilotica*

표 20-1 계속

Common Name	Scientific Name	Alternative Names
Olive flounder	*Paralichthys olivaceus*	
Orange-spotted grouper	*Epinephelus coioides*	
Oriental weatherfish	*Misgurnus anguillicaudatus*	
Pacific salmon	*Oncorhynchus* spp.	
Pacu	*Piaractus mesopotamicus*	
Pangasius spp.	*Pangasius bocourti*, *P. hypophthalmus*	
Parrot fish	*Oplegnathus fasciatus*	Knife jaw
Pike	*Esox lucius*	
Pikeperch	*Sander lucioperca*	Zander
Pink salmon	*Oncorhynchus gorbuscha*	
Plaice	*Pleuronectes platessa*	
Plaice (American)	*Hippoglossoides platessoides*	
Platyfish (Southern)	*Xiphophorus maculatus*	*Xiphophorus hellerii*
Pollock	*Pollachius virens*	
Puffer (marbeled)	*Sphoeroides dorsalis*	
Rainbow trout	*Oncorhynchus mykiss*	
Red drum	*Sciaenops ocellatus*	
Red hybrid tilapia	*Oreochromis mossambicus* × *Oreochromis niloticus*	
Red pacu	*Piaractus brachypomus*	
Red sea bream	*Pagellus bogaraveo*	*Chrysophrys major* or *Pagrus major*
Red snapper	*Lutjanus argentimaculatus*	
Roach	*Rutilus rutilus*	
Rockfish (Japanese)	*Sebastes schlegelii*	Korean rockfish
Rohu carp	*Labeo rohita*	Indian major carp
Sabaki tilapia	*Oreochromis spilurus*	
Sablefish	*Anoplopoma fimbria*	
Sheatfish	*Silurus glanis*	
Siberian sturgeon	*Acipenser baerii*	
Silver bream	*Rhabdosargus sarba*	
Silver carp	*Hypophthalmichthys molitrix*	
Silver perch	*Bidyanus bidyanus*	
Skate	*Raja* spp.	
Skipjack tuna	*Katsuwonus pelamis*	
Smallmouth bass	*Micropterus dolomieu*	
Snakehead	*Channa striata*	
Sockeye salmon	*Oncorhynchus nerka*	
Starry flounder	*Paralichthys stellatus*	
Striped bass	*Morone saxatilis*	
Striped jack	*Longirostris delicatissimus*	*Pseudocaranx dentex*
Sturgeon	*Acipenser* spp.	
Sunfish (redbreast)	*Lepomis auritus*	
Swordfish (green)	*Xiphophorus helleri*	
Tambaqui	*Colossoma macropomum*	Black pacu
Tiger puffer	*Takifugu rubripes*	

(계속)

표 20-1 계속

Common Name	Scientific Name	Alternative Names
Tra catfish	*Pangasianodon hypothalamus*	
Turbot	*Scophthalmus maximus*	*Psetta maxima*
Walleye	*Sander vitreus*	
White bass	*Morone chrysops*	
White grouper	*Epinephelus aeneus*	
White sturgeon	*Acipenser transmontanus*	
Whitefish	*Coregonus* spp.	
Winter flounder	*Pseudopleuronectes americanus*	
Yellow croaker	*Pseudosciaena crocea*	
Yellow perch	*Perca flavescens*	
Yellowtail	*Seriola lalandi*	*Seriola quinqueradiata* or Kingfish
Yellowtail flounder	*Pleuronectes ferrugineus*	
Zebrafish	*Danio rerio*	
Zillii's tilapia	*Tilapia zillii*	Zill's tilapia
SHRIMP and OTHER CRUSTACEANS		
American lobster	*Homarus americanus*	
Atlantic ditch shrimp	*Palaemonetes varians*	
Atlantic rock crab	*Cancer irroratus*	
Atlantic white shrimp	*Penaeus setiferus*	
Australian red claw crayfish	*Cherax quadricarinatus*	
Banana shrimp	*Fenneropenaeus merguiensis*	
Blue shrimp	*Litopenaeus stylirostris*	*Penaeus stylirostris*
Brown shrimp	*Penaeus aztecus*	
Common prawn	*Palaemon serratus*	
Common shrimp	*Crangon crangon*	Brown shrimp or Caridean shrimp
Fleshy prawn	*Fenneropenaeus chinensis*	*Penaeus chinensis* or *Penaeus orientalis*
Giant river prawn	*Macrobrachium rosenbergii*	Caridean shrimp
Indian white prawn	*Fenneropenaeus indicus*	*Penaeus indicus*
Kuruma prawn	*Marsupenaeus japonicus*	*Penaeus japonicus* or Kuruma shrimp
Louisiana crayfish	*Procambarus clarkii*	
Margaret River marron crayfish	*Cherax tenuimanus*	
Marine shrimp	*Penaeus penicillatus*	
Mexican cichlid	*Cichlasoma urophthalmus*	
Northern brown shrimp	*Penaeus aztecus*	
Oriental river prawn	*Macrobrachium nipponense*	
Pacific white shrimp	*Litopenaeus vannamei*	Whiteleg shrimp
Pink shrimp	*Pandalus borealis*	
Signal crayfish	*Pacifastacus leniusculus*	
Tiger shrimp	*Penaeus monodon*	Black tiger shrimp
Yellow leg shrimp	*Penaeus californiensis*	

찾아보기

A

ANOVA 9

E

EAA 16

F

Fad 149

FBW 12

G

GRE 9

H

HMB 86

I

IBW 12

R

RRL 96

S

SAM 83

SDA 49

T

TSAA 84

ㄱ

가소화단백질 64

가소화 아미노산 81, 97

가소화 에너지 45, 64, 94

가소화 질소 섭취량 48

간중량지수 265

간췌장 33

갑상샘 비대증 223

게실 33

고도불포화지방산 133

공액리놀레산 162

과당-1,6-이중인산 197

구아검 184

구연산 216

구충제 296

궬프 시스템 332

글라이신 78

글라이신환원효소 86

글루코오스 30

글루코키나아제 195

글루타민 78

글루타민산염 78

글루타치온 87

글루타치온 과산화효소 86, 87

글루타치온 페록시다아제 226

글루탐산 79

글리코겐 합성효소 197

기초대사 49, 51

길항작용 88

ㄴ

내강 35

내인성 질소 손실 331

뇌의 에너지 손실 47

능동수송 31
니코틴아미드 262
니코틴아미드 아데닌디뉴클레오타이드 263

ㄷ

다당류 181
다량 미네랄 3
다변량분석 60
다중선형 회귀분석 60
다중회귀분석 58
단백질 보유 효율 94
단백질 수화 75
단백질 요구량 93
단백질전환 효율 13
단백질 절약 94
담즙산 24
당 생성 아미노산 79
당포합체 304
대사에너지 47
대사율 49
동시 성장 속도 12
동적 작용 55
디옥시니발레놀 319
디펩타이드 74

ㄹ

라미나린 34
라세미화 77
라이신 78, 83
라이실수산화효소 83
락토페린 294
루테인 289
류신 78

ㅁ

매드산 151
메나디온 259
메일라드 반응 83
메티오닌 78, 83
멜라토닌 90
모노아실글리세롤 57
몰리브덴 3
뮤신 23
미네랄 3
미량 미네랄 3
미엘린 커버링 87
미오신 75

ㅂ

반데르발스 힘 75
발린 78
변온동물 50
볼밀 393
분산분석 9
분에너지 46
뷰틸레이트하이드록시아니솔 288
뷰틸레이트하이드록시톨루엔 288
브러시보더 27
비들렛 254
비선형분석 15
비필수아미노산 78

ㅅ

사료 전환율 13
사료 전환 효율 357
사료효율 13, 64, 357
사이토크롬C 산화효소 222
색소 침착 289
생물에너지학 66
설파구아니진 258
성장 반응 분석 96
세관 23
세로토닌 90
세린 78
셀레노메티오닌 87
셀레노시스테인 86
셀룰로오스 184
소화 19
소화기관 2
소화에너지 81
소화율 3
수산화 77

수용성 3
순에너지 94
스테로이드 글리코알칼로이드 310
스테롤 135
스핑고미엘린 136
시스타티오닌 85
시스타티오닌-β-분해효소 84
시스타티오닌-β-합성효소 84
시스테인 78, 83, 84
시아노코발라민 265
시안화수소 313
시토스테롤 159
시트르산 회로 79
신장효소 149
신진대사율 51
신진대사 혼란 51

ㅇ

아르기닌 78, 88
아미노산 유지 요구량 80
아미노산 이화작용 81
아미노펩티다아제 35
아밀로오스 181
아밀로펙틴 181
아비딘 263
아스코르브산 268
아스타잔틴 253, 271
아스파라긴 78
아스파르트산염 78
아실글리세롤 133
아이소플라보노이드 306
아플라톡신 319
알라닌 78
알리신 83
액틴 75
에너지 손실 47
에너지 요구량 66
에너지 이용률 66
에르고칼시페롤 255
에이코사노이드 151, 157
에톡시퀸 288
에틸렌디아민사초산 222
엔도펩티다아제 24, 34
엔탈피 45
엔테로키나아제 34
엘라스타아제 29
엘라스틴 75
연속 희석법 96
열단위 성장 계수 12
열량 증가 49
열 생산 50
엽 23
영양소 2
영양에너지학 66
오스테오칼신 258
오크라톡신 319
옥살로아세트산 78, 79
올리고머 74
외관상 소화율 계수 331
외삽법 50
요구량 비율 측정 96
요인분석 58
요인성 모형 16
우로칸산 90
위액 23
위이법 57
위장관 21
유기 오염물질 411
유문수 21
유미 32
유지 에너지 요구량 52
이노시톨 267
이소류신 78
이형환기 77
이화작용 81
이황화결합 83
인돌 90
인슐린 194
인슐린 유사 성장인자 194
인지질 135

ㅈ

자가분해 29
자일란 분해효소 292
전분 181
제아잔틴 289
조단백질 92
조섬유 185
줄 45
중합도 176
증체율 12
지수 성장률 9
지수함수 15
지용성 3
지질단백질 155
지질 방울 25

ㅊ

초과산화물 불균등화효소 222
촉진수송 30
총 식이섬유 185
총에너지 45
총 황아미노산 요구량 84
축적에너지 61

ㅋ

카로티노이드 253, 271
카르복실 에스테르 리파아제 29
칸타잔틴 253
칸타크산틴 271
칼로리 45
코발트 3, 228
코엔자임 A 262
콜레시스토키닌 27
콜레칼시페롤 255
크산토필 289
클로로겐산 311
키모트립신 29, 34
키틴 187, 295

ㅌ

타우린 78, 86
타이로신 78
탄수화물 2
탈아미노화 79
테트라데실티오아세트산 162
테트라요오드티로닌 5'탈요소효소 86
튜불린 75
트랜스페린 224
트레오닌 78, 89
트레오닌 탈수소효소 89
트로포미오신 75
트리글리세라이드 75
트리아실글리세라이드 57
트리아실글리세롤 32, 133, 135
트리코테센 319
트리펩타이드 78
트립신 34
트립토판 77, 78, 90
티로신 91
티아민 피로인산염 259
티오레독신환원효소 86
티오바르트루르산 반응 물질 257
티올 83

ㅍ

파이타아제 291
파티딜에탄올아민 152
페닐알라닌 78, 91
펙틴 184
펠렛팅 392
펩시노겐 23
펩타이드 내부분해효소 29
펩타이드 말단분해효소 29
포도당-6-인산가수분해효소 197
포름산탈수소효소 86
포스파티드산 135, 157
포스파티딜이노시톨 152, 157
포스파티딜콜린 152
포스포글리세리드 135
포스포에놀피루브산 카르복시키나아제 197
포스포트레오닌 89
폭탄열량측정법 46

폴리사이클릭 방향족 탄화수소 320
폴리염화바이페닐 411
폴리펩타이드 74
푸모니신 319
프로텍틴 152
프롤린 77
프테로산 264
플라빈 모노뉴클레오타이드 260
플라빈 아데닌 디뉴클레오타이드 260
피루브산 78, 89, 137
피루브산염 79
피리독신 261
필수아미노산 16, 78

ㅎ
하이드록시라이신 83
항생제 287
항영양소 301
항영양인자 3
항온동물 50
해중합 187
헥소키나아제 195
혈소판 활성화 인자 157
호모시스테인 83, 84
황전환 85
회귀분석 80
후천성 독소 302
히스타민 314, 318
히스티딘 78, 90

기타
B세포 34
EAA 요구량 요인분석 97
F세포 34
L–메티오닌 83
Met + Cys 요구량 84
R세포 35
S–아데노실 메티오닌 83
S–아데노실호모시스테인 83
S자형 응답분석 15
TCA 회로 79
α–케토글루타르산염 78, 79
α–케토산탈수소효소 84
α–토코페롤 256
β–글루칸 184, 294
β–글루칸 소화효소 292
β–카로틴 253
2–하이드록시–4–(메틸티오)부탄산 85
3–인글리세르산 78
6–포스포프럭토–1–인산화효소 196